QUANTUM BIOCHEMISTRY

量子生化学

B. プルマン／A. プルマン 著
Bernard Pullman　Alberte Pullman

江﨑俊之 訳
Toshiyuki Esaki

地人書館

QUANTUM BIOCHEMISTRY

by

Bernard Pullman and Alberte Pullman

First Edition was originally published in English in 1963.

by INTERSCIENCE PUBLISHERS

a division of John Wiley & Sons

序　　文

　本書が扱うのは，多くの科学——量子力学，化学，物理学，生物学，薬理学など——の境界領域で行われた研究の成果である．もちろん，われわれはこれらの領域のすべてに精通しているわけではない．したがって本書中には数多くの誤り，省略，誤引用などが散在すると思われる．そのことに対してわれわれは弁解するつもりはない．ただただ，読者の寛容を乞うしだいである．

　本書を執筆したわれわれの目的は次の二つである．すなわち，（1）生命体を構成する要素の構造と作用様式に関して量子力学的解答を生化学者に提示すること，（2）量子化学が貢献できる生化学的側面の概要を量子化学者に提示すること．実際のところ，量子化学を専攻する友人の多くはこの領域に参入したいと思っている．しかし生化学が複雑な学問であるため，そのことが難しいことを表明している．本書はそのような彼らにとって研究の道筋を見つけ出す助けになると思われる．

　われわれの見解では本書には重大な欠陥が二つある．第一に，重要と思われるさまざまな話題が平等に取り扱われていない点である．すなわちある種の主題は詳細に記述されているが，別の主題は同等の重要性を持つにもかかわらずまったく省略されていることである．この状況はまさに量子生化学の現状を反映している．この科学はまだ発展のきわめて初期の段階にあり，ごく限られた主題についてしか取り上げることができないのである．これまでになされた仕事はジャングルの中に刻まれた足跡を追跡しただけである．高速道路が作られるのはさらにそのあとのことである．生化学的物質の分光学的性質の議論や生化学における金属の役割についての詳細な研究は本書では意図的に省略された．これらの二つの話題は今後出版されるはずの第II巻*以降に回された．というのはこれらの話題は広範な範囲に広がっているため，それらも含めるとなると本書の分量が妥当な限界を超えてしまうのである．またこれらの問題はさらに洗練された一連の計算を行うべきと考えられた．そのため光合成，ヘモグロビンによる酸素運搬といった重要な話題が後回しにされた．

　読者はある種の生物学的問題に関して断片的側面しか考慮されず，単純化されすぎていることに気づかれたことであろう．現時点では，このような問題を量子力学的に完全な形で議論することは不可能である．生命を方程式の形で書き下すことはまだできないし，たとえできたとしてもそれを解くことはおそらく不可能であろう．

　本書の執筆に当たり，いろいろな形でわれわれを助けてくれた多くの友人や仲間に対して謝意を表したい．特に原稿の一部に目を通したり批判的な意見や忠告を加えて下さった方々，中でもA. Albert 教授，P. Elving 教授，E. Friden 教授，R. Fuoss 教授，I. C. Gunsalum 教授，W.C.

Holland 教授，B. Howard 博士，R. Hubbard 博士，F.M. Huennekens 教授，M. Kasha 教授，I. Klotz 教授，P. O. Lowdin 教授，D. E. Metzler 教授，J. R. Platt 教授，H. Pohl 教授，W. Rhodes 教授，M. Tamres 教授，G. Wald 教授，F. R. Williams 博士および R. Wurmser 教授にお礼申し上げる。また第8章と14章さらには第13章に提示されたデータの編集の一部を手伝って下さった A-M. Pérault 嬢にも感謝したい。本書の一部はフロリダ州立大学（Tallahassee, U. S. A.）の分子生物物理研究所の客員教授時代に執筆されたものである。多くの実りある議論に対して M. Kasha 教授と彼の同僚に謝意を表したい。最後になるが，海洋生物学研究所（Woods Hole, U. S. A.）の筋肉研究施設を訪ねた際に交わした Albert Szent-Gyorgyi 教授や彼の同僚との多くの有用な議論について深謝したいと思う。

Alberte Pullman

Bernard Pullman

*本書の第Ⅱ巻とは，*Electronic Aspects of Biochemistry* ed. by Bernald Pullman, Academic Press, 1964.（Proceedings of the international Symposium held at Ravello, Italy, September 16-18, 1963, sponsored by NATO）のことを指すと思われる──訳者。

目　　次

序　　文 ……………………………………………………………………………… iii

第 I 部　生化学者のための分子軌道法 ……………………… 1

第 1 章　なぜ分子軌道なのか？ ………………………………… 3

第 2 章　基本的概念 ……………………………………………… 7

2.1　電子の波動力学的記述 ………………………………………………… 7

　　2.1.1　波動関数 …………………………………………………………… 7

　　2.1.2　波動方程式 ………………………………………………………… 9

　　2.1.3　スピン ……………………………………………………………… 10

　　2.1.4　単一核場内の一電子：水素原子および原子軌道の概念 ………… 11

　　　　（A）　一般的考察 ……………………………………………………… 11

　　　　（B）　基底状態：原子軌道の記述 ………………………………… 13

　　　　（C）　励起状態：s, p, d, … 軌道 ………………………… 15

　　　　（D）　原子軌道の一般化された概念 ………………………………… 17

　　2.1.5　二つの核場内にある一電子：分子軌道の概念 ………………… 17

　　　　（A）　一般的考察 ……………………………………………………… 17

　　　　（B）　σ 軌道 ……………………………………………… 19

　　　　（C）　π 軌道 …………………………………………………… 19

2.2　多電子系の表現 ………………………………………………………… 20

　　2.2.1　粒子系の量子力学的原理 ………………………………………… 20

　　2.2.2　多電子問題への「個別軌道的アプローチ」：構成原理 ………… 21

　　2.2.3　変分法 ……………………………………………………………… 23

　　　　（A）　原理 ……………………………………………………………… 23

　　　　（B）　実例 ……………………………………………………………… 24

2.3　原子軌道 ………………………………………………………………… 26

　　2.3.1　多電子原子の構造 ………………………………………………… 26

2.3.2	原子価殻：価電子と孤立電子対		28
2.3.3	価電子状態と混成		29
2.3.4	電気陰性度		31

2.4 分子軌道の LCAO 近似 ··32
  2.4.1 基本的原理 ··32
  2.4.2 線形試行関数に対する変分法 ··33
  2.4.3 二原子系の LCAO 分子軌道 ··36
    （A） 一電子の場合の LCAO 近似 ··36
    （B） 二原子分子の表し方 ··40
  2.4.4 多原子分子 ··42
    （A） 局在化結合と非局在化結合 ··42
    （B） 基本的な炭素化合物の構造 ··44
  引用文献 ··45

第3章　共役分子 ···47

3.1 非局在化 π 電子と多中心分子軌道 ··47
3.2 共役系に対する LCAO 近似の原理 ··49
3.3 炭化水素類に対するヒュッケル近似 ··50
  3.3.1 仮定 ···50
  3.3.2 永年方程式の書き方と解き方 ··51
    （A） 実例と表記法 ··51
    （B） 分子対称の利用 ··53
  3.3.3 エネルギー値とエネルギー指標 ··60
  3.3.4 構造的指標 ··61
    （A） 電子·密度 ··62
    （B） 結合次数 ··63
    （C） 自由原子価 ··64
3.4 ヒュッケル近似の精密化 ··66
3.5 置換分子と複素環式分子 ··70
  3.5.1 概要 ···70
  3.5.2 さまざまなタイプの置換基とヘテロ原子 ··71
  3.5.3 パラメータ類の選択 ··75
    （A） 一般的考察 ··75
    （B） 具体的数値 ··79
  3.5.4 計算の実例 ··82
  3.5.5 エネルギー指標と構造的指標 ··87

引用文献 ……………………………………………………………………………… 89

第4章　電子構造的指標の主な応用 …………………………………… 93

4.1　共鳴エネルギー ………………………………………………………… 93

   4.1.1　ケト–エノール互変異性 …………………………………………… 95

   4.1.2　可逆系の酸化還元電位 …………………………………………… 97

   4.1.3　フリーラジカルの形成と安定性 ………………………………… 97

   4.1.4　酸強度と塩基強度 ………………………………………………… 97

   4.1.5　化学変換における生成物の安定性 ……………………………… 98

4.2　最高被占分子軌道エネルギーと最低空分子軌道エネルギー ……… 101

   4.2.1　電子供与的性質 …………………………………………………… 101

   4.2.2　電子受容的性質 …………………………………………………… 104

   4.2.3　電荷移動錯体 ……………………………………………………… 105

4.3　遷移（励起）エネルギー ……………………………………………… 107

4.4　反磁性異方性 …………………………………………………………… 112

4.5　電子密度 ………………………………………………………………… 113

4.6　結合次数 ………………………………………………………………… 114

4.7　化学反応性 ……………………………………………………………… 119

   4.7.1　孤立分子近似 ……………………………………………………… 119

   4.7.2　反応分子近似 ……………………………………………………… 122

   4.7.3　二つの近似間の関係 ……………………………………………… 129

4.8　自由原子価指標の補完的応用 ………………………………………… 131

4.9　生化学への分子軌道アプローチ：その展望 ………………………… 135

4.10　第Ⅰ部の理解に役立つ一般的参考書 ……………………………… 138

引用文献 …………………………………………………………………… 138

第Ⅱ部　基本的な生化学物質の電子構造 ………………………… 143

第5章　プリン類，ピリミジン類および核酸類の分子下構造 ……… 145

5.1　核酸類の分子構造 ……………………………………………………… 145

5.2　核酸類の生化学的役割 ………………………………………………… 153

5.3　生物学的に重要な関連プリン類と関連ピリミジン類 ……………… 155

   5.3.1　代謝的に重要なプリン類とピリミジン類 ……………………… 155

   （A）　プリン類 ………………………………………………………… 155

   （B）　ピリミジン類 …………………………………………………… 158

   5.3.2　異性体 ……………………………………………………………… 159

viii　目　　次

5.4	プリン類とピリミジン類における互変異性	160
5.5	共鳴エネルギーの重要性	163
5.6	電子供与的性質と電子受容的性質	167
5.7	局所的な構造的性質	173
5.8	炭素原子の性質	173
5.9	環窒素原子の性質	178
5.9.1	ピリジン型窒素	178
5.9.2	プリン類の N_9 窒素とピリミジン類の N_1 窒素	182
5.10	プリン代謝拮抗物質の抗腫瘍活性	184
5.11	プリン類やピリミジン類のアミノ基に関する反応	189
5.12	金属錯体の形成	192
5.13	キサンチンオキシダーゼによるプリン類の代謝的分解の機構	196
5.14	放射能効果の構造的側面	201
5.14.1	一般的側面	201
5.14.2	実験的データ	203
5.14.3	解釈	207
5.15	さまざまな反応	211
5.16	概観	214
引用文献		217

第6章　共役系としてのタンパク質　229

6.1	タンパク質の分子構造	229
6.2	タンパク質の生化学的役割	235
6.3	エネルギーバンドの存在とタンパク質の半導体的性質	236
6.3.1	仮説	236
6.3.2	導体と絶縁体	237
6.3.3	タンパク質の半導体的性質	239
6.3.4	タンパク質の電子状態に関する量子力学的計算	240
6.3.5	ペプチドのフリーラジカル	245
6.4	芳香族アミノ酸残基の電子的性質	247
6.4.1	概要	247
6.4.2	トリプトファンの電子供与的性質	249
6.4.3	トリプトファンの代謝	252
6.4.4	他の芳香族アミノ酸類に関するコメント	256
引用文献		258

目　　次　　ix

第7章　高エネルギー化合物 ················· 263

7.1　生体エネルギー論の基本的概念 ················· 263
7.1.1　自由エネルギー変化 ················· 263
7.1.2　活性化の自由エネルギー ················· 264
7.1.3　ΔF の性質 ················· 265
7.1.4　反応の共役 ················· 267

7.2　高エネルギー物質の主なタイプ ················· 272
7.2.1　高エネルギーリン酸類 ················· 272
（A）　主なタイプ ················· 272
（B）　エネルギー財産の理論 ················· 277
（C）　求電子的反応物としてのリン酸類 ················· 289
（D）　ATP の構造 ················· 292
7.2.2　他のタイプの高エネルギー化合物 ················· 294
（A）　アシルチオエステル類 ················· 294
（B）　アセチルイミダゾール ················· 298
（C）　オニウム化合物類 ················· 300

引用文献 ················· 301

第8章　プテリジン類 ················· 305

8.1　一般的役割 ················· 305
8.2　リボフラビンと葉酸の代謝 ················· 306
8.2.1　リボフラビンの合成と分解 ················· 306
8.2.2　葉酸の合成と分解 ················· 308
8.3　電子的性質 ················· 310
8.3.1　異性現象と互変異性 ················· 310
8.3.2　共鳴エネルギーの重要性 ················· 312
8.3.3　電子の供与的性質と受容的性質 ················· 313
8.3.4　炭素原子の反応性 ················· 314
8.3.5　窒素原子の性質 ················· 317
（A）　ピリミジン型窒素 ················· 317
（B）　ピロール型窒素 ················· 317
8.3.6　キサンチンオキシダーゼによる酵素的酸化 ················· 319

引用文献 ················· 321

第9章　ポルフィリン類と胆汁色素類 ················· 323

9.1　ポルフィリン類 ················· 323

x 目 次

  9.1.1 概観 ……………………………………………………………… 323
  9.1.2 金属を含まないポルフィリン類の電子構造 …………………… 325
  9.1.3 鉄-ポルフィリン錯体の一般的特性 ………………………… 331
  9.1.4 鉄-ポルフィリン錯体の分子軌道計算 ……………………… 334
   （A） 錯体の分子軌道の構築 ………………………………… 334
   （B） エネルギー準位の分布 ………………………………… 335
   （C） 電子密度の分布 ………………………………………… 337
 9.2 胆汁色素類 ……………………………………………………… 339
 引用文献 ……………………………………………………………… 345

第 10 章　共役型ポリエン類 …………………………………………… 347
 10.1 カロテノイド類とビタミン A 類 ……………………………… 347
  10.1.1 一般的側面 …………………………………………………… 347
  10.1.2 ビタミン A へのカロテノイド類の *in vivo* 変換 ………… 351
   （A） ビタミン A ……………………………………………… 352
   （B） ビタミン A へのカロテノイド類の変換機構 …………… 352
   （C） 構造とプロビタミン A 活性 …………………………… 361
 10.2 レチネン類と視覚色素類 ……………………………………… 366
  10.2.1 視覚色素類の組成 …………………………………………… 366
  10.2.2 ロドプシン系におけるレチネンの 11-シス異性体の発生 … 368
  10.2.3 レチネン異性体の電子構造 ………………………………… 372
 引用文献 ……………………………………………………………… 375

第 11 章　キノン類 …………………………………………………… 379
 11.1 一般的特徴 ……………………………………………………… 379
  11.1.1 キノン類の酸化還元的性質 ………………………………… 380
   （A） 実験的データ …………………………………………… 380
   （B） 理論的指標との相関 …………………………………… 382
  11.1.2 電荷移動錯体におけるキノン類 …………………………… 385
  11.1.3 キノン類の化学反応性 ……………………………………… 386
   （A） 電子的指標 ……………………………………………… 386
   （B） 特徴的な反応性 ………………………………………… 388
 11.2 生物学的に特に重要なキノン類 ……………………………… 390
  11.2.1 ビタミン K ………………………………………………… 390
   （A） 定義 ……………………………………………………… 390
   （B） 血液凝固活性 …………………………………………… 391

| | | 目　次　xi |

（C）　その他の役割 ……………………………………………………………… 394

11.2.2　ユビキノン（補酵素 Q）と関連化合物 ……………………………… 394

11.2.3　ビタミン E ……………………………………………………………… 395

（A）　一般的特徴 …………………………………………………………… 395

（B）　ビタミン E およびその他のフェノール性化合物の抗酸化活性 ……… 397

11.3　メラニン類のバンド構造 ……………………………………………………… 399

引用文献 ……………………………………………………………………………… 401

第Ⅲ部　　酵素反応の電子的側面 ……………………………………………… 405

第 12 章　酵素反応の一般的側面 ……………………………………………… 407

引用文献 ……………………………………………………………………………… 410

第 13 章　酸化還元酵素類 ……………………………………………………… 411

13.1　電子伝達系 ……………………………………………………………………… 411

13.2　呼吸補酵素の電子供与的性質と電子受容的性質 …………………………… 417

13.3　ピリジンタンパク質の機能機構 ……………………………………………… 419

13.3.1　主な反応 ………………………………………………………………… 419

13.3.2　化学的側面 ……………………………………………………………… 420

13.3.3　電子的解釈 ……………………………………………………………… 423

13.4　フラビンタンパク質の機能機構 ……………………………………………… 429

13.4.1　主な反応 ………………………………………………………………… 429

13.4.2　化学的側面 ……………………………………………………………… 430

13.4.3　電子的側面 ……………………………………………………………… 435

13.5　分子軌道と酸化還元電位 ……………………………………………………… 439

13.6　生化学的に重要な有機染料の酸化還元的性質 ……………………………… 441

13.7　シトクロム類 …………………………………………………………………… 443

13.8　酸化的リン酸化 ………………………………………………………………… 445

引用文献 ……………………………………………………………………………… 451

第 14 章　葉酸補酵素類 ………………………………………………………… 459

14.1　一般的特徴 ……………………………………………………………………… 459

14.2　葉酸補酵素類によって触媒される主な代謝的反応 ………………………… 460

（A）　核酸類の代謝に関係した反応 ……………………………………… 460

（B）　タンパク質類の代謝に関係した反応 ……………………………… 461

14.3　葉酸補酵素類の主な機能：一般的概念 ……………………………………… 463

xii　目　　次

14.4　1炭素単位の担体としての葉酸補酵素類：実験的データ ・・・・・・・・・・・・・・・・・ 465

　14.4.1　1炭素単位受容体としての FH_4 ・・・・・・・・・・・・・・・・・・・・・・・・・・・・・・・・・・・・・ 465

　（A）　補因子としてのみ FH_4 を必要とする反応 ・・・・・・・・・・・・・・・・・・・・・・・・ 465

　（B）　FH_4 に加え，補完的活性化因子として K^+ や ATP を必要とする反応 ・・・・・・・・・・ 468

　（C）　強酸媒体中での FH_4 と C_1 単位との化学的反応・・・・・・・・・・・・・・・・・・・・ 468

　（D）　結論 ・・ 469

　14.2.2　1炭素単位の供与体としての FH_4 ・・・・・・・・・・・・・・・・・・・・・・・・・・・・・・・・ 469

14.5　1炭素単位の担体としての葉酸補酵素類：電子的側面 ・・・・・・・・・・・・・・・ 471

　14.5.1　葉酸とその誘導体の分子軌道計算に関する一般的所見 ・・・・・・・・・ 471

　14.5.2　1炭素単位の受容体としての FH_4 ・・・・・・・・・・・・・・・・・・・・・・・・・・・・・・・・ 471

　14.5.3　1炭素単位の供与体としての FH_4 ・・・・・・・・・・・・・・・・・・・・・・・・・・・・・・・・ 476

14.6　1炭素単位の酸化還元反応に対する基質としての葉酸補酵素類 ・・・・・・ 480

14.7　葉酸とその補酵素類の酸化還元的変換 ・・・・・・・・・・・・・・・・・・・・・・・・・・・・・・・・ 481

　14.7.1　1炭素単位の還元に対する補酵素としての FH_4 ・・・・・・・・・・・・・・・・・・ 481

　14.7.2　F → FH_4 への変換 ・・ 482

　14.7.3　酸化還元的変換の機構 ・・・ 483

14.8　葉酸代謝拮抗物質 ・・ 486

　14.8.1　抗葉酸剤のタイプ ・・ 486

　14.8.2　抗葉酸剤の電子構造と作用様式 ・・・・・・・・・・・・・・・・・・・・・・・・・・・・・・・・・・ 488

引用文献 ・・・ 493

第15章　ピリドキサールリン酸酵素類 ・・・・・・・・・・・・・・・・・・・・・・・・・・・・・・・・・ 499

15.1　一般的側面 ・・・ 499

15.2　Braunstein-Snell 理論の概要 ・・・・・・・・・・・・・・・・・・・・・・・・・・・・・・・・・・・・・・・ 500

15.3　電子的解釈 ・・・ 503

　15.3.1　ピリドキサールリン酸類の量子力学的計算に関する一般的所見 ・・・・・ 503

　15.3.2　初期シッフ塩基の構造 ・・ 503

　15.3.3　α-プロトンの不安定化に由来する反応・・・・・・・・・・・・・・・・・・・・・・・・・ 504

　（A）　アミノ基転移 ・・ 504

　（B）　ラセミ化 ・・ 509

　（C）　α-β 脱離 ・・ 510

　（D）　γ-脱離 ・・・ 513

　15.3.4　α-カルボキシ基の不安定化に由来する反応・・・・・・・・・・・・・・・・・・・・・ 515

　15.3.5　アミノ酸の R 基の不安定化に由来する反応 ・・・・・・・・・・・・・・・・・・・・・・ 517

　15.3.6　結論 ・・・ 518

引用文献 ・・・ 519

第16章　チアミン - ピロリン酸触媒型反応 ···················· 521

16.1　チアミン–ピロリン酸酵素類の主な機能 ····················· 521

16.2　作用様式の理論 ································· 524

16.3　電子的側面 ································· 528

　16.3.1　計算 ································· 528

　16.3.2　結果 ································· 529

引用文献 ································· 535

第17章　酵素的加水分解 ································· 539

17.1　酵素的加水分解における基質の一般的特徴 ················· 539

17.2　加水分解酵素の活性部位の一般的特徴 ··················· 548

17.3　エステラーゼ類に対する有機リン剤の電子構造と活性 ··········· 548

引用文献 ································· 550

第18章　結論：電子の非局在化と生命の過程 ············ 553

引用文献 ································· 554

付　　　　録 ································· 555

訳者あとがき ································· 725

人 名 索 引 ································· 727

事 項 索 引 ································· 729

第Ⅰ部　生化学者のための分子軌道法

第1章　なぜ分子軌道なのか？

　量子化学は分子の電子構造を研究するための基本的方法を二つ我々に提供する。すなわち原子価結合法と分子軌道法である。前者を単純化した定性的方法はしばしば共鳴理論と呼ばれる。いずれも分子に関するシュレーディンガー方程式の近似解を得るための近似的手法である。後ほどさらに詳しく議論されるが，この方程式は量子論の基礎を形作っている。その解は化学種における電子のエネルギー準位と電子雲の分布をもたらす。我々が近似的手続きを必要とするのは，最も簡単な系を除いて原子系や分子系のシュレーディンガー方程式を厳密に解くことができないからである。

　上記の二つの手法は有機化学において顕著な成功を収め，「有機化学の電子論」とか「量子化学」といった名称で呼ばれる。この分野をうまく説明した書物も多数出版されている。

　生化学へ量子論を応用しようとすると基本的かつ予備的な問題が立ち表れる。すなわちこの分野に最も適した計算法を先験的に選択するという問題である。

　一見したところ，最も適した方法は原子価結合法であると思われる。というのはこの手法は化学者や生化学者がよく知っている概念を利用するからである。しかしこの方法の基本的原理を注意深く考察してみると，その数学的手法を検討するまでもなく，この方法は生化学物質の構造研究に利用するには複雑すぎ，かつ取扱いにくいことが容易に分る。

　一例としてたとえば共役（共鳴）分子を考えてみよう。周知のとおり，共役分子はこの方法の最良の「基質」であり，本書の主要なテーマでもある。ベンゼンはこの種の化合物の古典的一例であるが，我々にとって特に興味深いのは通常の化学式の二重結合を構成するいわゆる易動性電子すなわちπ電子の挙動と性質である。というのは分子の化学的性質や物理化学的性質を考える際，これらの電子は最も重要と考えられるからである。（このことはいずれ分かるが生化学的性質においても同様である）。分子の基本骨格を形作っているのはいわゆるσ電子と呼ばれる通常の一重結合を構成する電子である。π電子はσ電子で作られた基本骨格の中を動き回っている。また周知のとおり，通常の化学構造はπ電子の真の分布を記述するには不十分である。原子価結合法ではこの困難を克服するため，このような分子と関連があり，かつπ電子の見掛けの分布のみが異なる多数の構造を同時に考慮する。

I

II

III

IV
V

たとえばベンゼンの場合，上に示した五つの構造（I～V）がそれに相当する。これらの構造はどれも単独ではいかなる物理的意味ももっていない。実際の分子構造の正しい描像はそれらを重ね合わせたとき初めて得られる。

　量子力学ではこのような状況は次のように記述される。すなわち系の真の波動関数（wave function）—系の電子の真の分布を与える数学関数—は，化合物に対して書き下されるさまざまな古典的構造と関連した波動関数の線形結合で表される（すなわち数学関数は各構造のπ電子分布の特性を量子力学的言語へ翻訳したもの）。次に原子価結合法では，量子力学の一般的手順に基づいて，化学式に含まれる構造断片を表した波動関数を用いて合成関数すなわち真の波動関数が計算される[1]。

　この時点でさまざまな困難が立ち現れる。

　計算では特定の方程式を解く必要がある。その方程式の次数は化合物に対して書き下される古典的構造の数に等しい。たとえばベンゼンの次数は5である。この程度であれば取り扱いは簡単である。しかし残念ながら，分子が大きくなるとこの次数はとてつもなく増加する。すなわち極限構造の数はナフタレンでは42個，アントラセンでは429個にもなる。したがってナフタレンの問題を完全に扱おうとすると42次の方程式を解く必要があり，アントラセンに至っては429次の方程式を解くことになる。高度な対称性が存在すれば計算は単純化されるが，それでも手に負えそうもない仕事である。実際にはこれらの簡単な分子でさえ計算が完全に行われることはない。得られるのは近似解だけである[2]。

　実際には状況はここで示されたよりもさらに悪い。というのはVI，VIIおよびVIIIといったイオン構造も多数存在し，計算にはそれらも含める必要があるからである。しかし残念ながら，イオン構造も計算に含めることは不可能である。たとえばベンゼンでさえ，その数は170個にも達する。これはベンゼンに対する原子価結合行列の次数を5から175へと増加させることになる。このことは原子価結合法を生化学物質の電子構造の研究へ適用する上で克服不能な障害となっている。

　またおそらく，読者の多くはこの方法の定性的なバージョンである共鳴理論が素朴かつ曖昧すぎて実際の使用に耐えられないという個人的感想をおもちであろう。

　この状況の一例を示そう。たとえば生化学において基本骨格を形作るプリン分子を考えてみよう。この分子は5個の炭素，4個の窒素および4個の水素から構成され，10個の易動性（π）電子をもつ系である。このπ電子系には，炭素当たり1個のπ電子，水素をもたない窒素当たり1個のπ電子，水素をもつ9位窒素からは1対のπ電子すなわち孤立電子対（これについては第3章で詳しく説明する）が寄与している。窒素

の電気陰性度は炭素のそれよりも大きい。したがって実際の基底状態では1，3および7位の窒素は過剰のπ電子をもち，一方炭素はπ電子が欠乏しているであろう。すなわち前者は負の形式電荷をもち，後者は正の形式電荷をもつと考えられる。9位の窒素もまた正の形式電荷をもつ。というのはその孤立電子対の一部はπ電子プールへ移動するからである。この最後の観察はπ電子が欠乏しているのは炭素のみではないことを示している。特に8位炭素は隣接する二つの窒素―電子求引性または電子供与性―のどちらが影響を及ぼすかに依存し，過小または過剰電荷を帯びた状態にある。

　このような一般的洞察は生化学者にとっては，たとえあるとしてもごく限られた価値しかない。彼が真に知る必要があることは，（生化学においてきわめて重要な問題であるが）たとえばプロトン化されていない三種の窒素のうちどれが最も過剰にπ電子をもち，どの炭素が最もπ電子が少ないかという問題である。このような情報は（生化学的挙動と直接関係のある）プリン塩基の多くの性質に光を投げかける。（このことに関しては本書の後章で取り上げることになろう）。しかし定性的な共鳴理論からはこのような情報は得られない。たとえプリンに対するイオン構造をすべて書き下したとしてもそうである。というのは我々はこれらの極限構造式の相対的重要性を推測できないからである。適切な結果は計算によってのみ得られるが，事実上それを行うことは不可能である。

　次に量子化学の第二の基本的方法である分子軌道法を取り上げよう。この方法は生化学分野においては原子価結合法よりも有用であると思われる。一見すると，分子軌道法には生化学者を驚かす重要なハンディキャップをもつ。すなわちこの方法は計算なくしては何も得られない数学的手法である。そのため原子価結合法と異なり，方程式を使わなくても結論が引き出せる共鳴理論のような単純化されたバージョンをもち合わせていない。

　事実周知のとおり，分子軌道法は有機化学の多くの分野で顕著な成功を収めている。このことは生化学においてもまもなく明らかになろう。実際，分子軌道法にはこの観点を正当化し生化学における有用性を予見する二つの本質的な特徴がある。すなわち(1)特別な困難を伴うことなく大分子へも定量的に応用できる，(2)その数学的枠組みが簡単であるという特徴である。

　共役分子を例にとってこの方法の基本的原理をもう一度説明しておこう。原子価結合法と同様，分子軌道法はこのような化合物におけるπ電子分布の状態を適切に記述しようとする。しかし原子価結合法が多数の仮想的構造を重ね合わせることによってそのような記述を得ようとするのに対し，分子軌道法は他の電子や原子核が作る場の中での個々のπ電子の動きを調べることによって同じ結果に到達しようとする。ひとたび（分子波動関数すなわち分子軌道の形で）個々のπ電子を正しく記述できれば，全分子系の記述は個々のπ電子に関する記述を適当に加え合わせることにより得られる。

　このアプローチの利点は方法のもつ幅広い応用性や比較的簡単な枠組みと関係が深い。後ほど詳しく示すように，その計算は適当な方程式の解から構成され，含まれる行列の次数は対応する原子価結合法の次数よりも一般にはるかに小さい。たとえば分子軌道法では共役系に対する行列式の次数は系に含まれるπ電子の数に等しい（ただし孤立電子対を含んだ化合物では，行列式の

次数は π 電子をもつ原子の数に等しくなる)。すなわちこの次数はベンゼンでは 6，ナフタレンでは 10，アントラセンでは 14 となる。これらの次数は原子価結合法による膨大な数の行列式に比べればはるかに扱いやすい。行列要素自体も原子価結合法に比べて分子軌道法の方がはるかに単純である。というのはこれらの要素は，分子軌道法では一電子波動関数に対応するが，原子価結合法では化学式を表す多電子波動関数と関連があるからである。また分子軌道法の行列式における次数の低さは幅広い一連の化合物に対して同じ近似が使えることを示唆する。

したがって分子軌道法は生化学での利用にとって好都合な利点を備えていると思われる。次に問題となるのはその実際的な可能性の評価である。この点に関しては注意が必要である。すなわちあらゆる近似法がそうであるように，分子軌道法はさらなる改良を必要とする段階にある。分子軌道法には，たとえばヒュッケル LCAO（原子軌道関数の一次結合）近似，自己無撞着場 LCAO 分子軌道近似，配位混合近似などがある。これらの近似法はすべて同じ一般原理に基づくが，数学的展開や精度の点で互いに大きく異なる。また必要とする労力の点でもそれらは互いに大きく異なる。より洗練された近似を用いるということは，量子力学の一部の専門家しか使えない難しい数学的手続きを利用することを意味する。一方，単純ヒュッケル近似は数学に関して一般的な教育しか受けていない化学者でも利用できるという利点がある。本書では，生化学の対象となる化学構造の多くは少なくとも第一近似として単純ヒュッケル法でも十分扱えることが示される。もちろん精密化は常に歓迎され，かつ有用である（それらの多くは我々の研究室でも利用されている）。しかし多くの問題では，重要な結果や概念，電子レベルでの機能といった知見はこの簡単な近似を用いても十分得られるのである。最初から精度の高い近似を必要とするのはごく限られた場合だけである。

したがって本書ではまず分子軌道法の原理と手法について要約する。また上述の理由により話はヒュッケル近似に限定される。ただし議論の過程においては，より精度の高い近似を用いて得られた結果を引用することもある。そのような場合，理論的手順の詳細を知りたい読者は技術面を扱ったレビューをお読みになるとよい。

引用文献

1.　この「真」の波動関数とは，もちろん計算に使われた他の近似に比べて「真」に近いという意味である。実際にはきわめて稀な例外を除き「真」の波動関数を得ることはできない。

2.　Pullman, B., and Pullman, A., *Les Théories Electroniques de la Chimie Organique*, Masson, Paris, 1952.

第 2 章　基本的概念

　生化学的現象の詳しい性質は一般化学のそれと同様，原子核や他の電子によって作られた場の中での電子の挙動によって定まる。化学結合も本質的に電子的性格を備えるので，生化学物質の分子構造もまた核の配置やそれと関連した電子の分布によって記述される。化学反応は本質的に電子雲の相互作用に他ならない。したがって，生化学的変換もまた電子的な分極や変位によって記述される。生化学物質における電子的挙動の理解は量子生化学の主要テーマのひとつである。本章では，我々はこの基本的粒子（電子）の近代的記述を最初に取り上げる。

2.1　電子の波動力学的記述

　古典力学では電子は点粒子として記述される。その軌道は時間による座標の変化が分かれば完全に定まる。しかし，その記述は精確すぎて物理測定の不確定性とは相容れない。近代科学では，我々は与えられた瞬間の電子の位置と速度を同時に定めることができない。そのためより統計的な記述に満足せざる得ない。このような記述は量子力学によって与えられる。そこでは我々は軌道ではなく，ある瞬間の与えられた位置に電子を見出す確率を与える分布関数（distribution function）を求めることになる。このことは量子化学や生化学へ立ち入る前に把握すべき第一のポイントである。

　第二のポイントは電子と関連したすべての動的量，特にそのエネルギーは量子化されていることである。このことは適当な理論方程式から見出される特定の許容値しか取れないことを意味する。最後にスピン（spin）とその結果に馴染む必要がある。というのは，古典力学ではこの概念に対応するものがないからである。

　我々は本章において，量子力学の発展段階に関する歴史的記述を行うつもりはないし，その概念を論理的に誘導するつもりもない。量子力学は自然現象を記述したり化学的または生化学的事実を理解するための一組の原理と見なされる。理論の利用は特定言語の習得を必要とするが，ここではその話は最小限に留めたい。

2.1.1　波動関数

　量子力学の基本原理によれば，電子はその座標と時間の数学関数いわゆる波動関数（wave function）によって記述される。

$$\Psi(x, y, z, t) \tag{1}$$

この関数は虚数 $i = \sqrt{-1}$ を含むため[1]，それ自身何の物理的意味ももたない。波動力学の第二の基本的原理は，波動関数の絶対値の二乗がある時間の特定位置に電子を見出す確率を表すことである。すなわち

$$|\Psi(x, y, z, t)|^2 dxdydz \tag{2}$$

の値は時間 t に体積要素（$x \sim x + dx,\ y \sim y + dy,\ z \sim z + dz$）の中に電子を見出す確率を与える。言い換えれば，もし座標点 $(x_1,\ y_1,\ z_1)$ での $|\Psi|^2$ の値が他の座標点 $(x_2,\ y_2,\ z_2)$ の値に比べて大きければ，与えられた瞬間 t において電子は第二の点よりも第一の点のあたりに見出されやすい。すなわち波動関数が空間の１点を除きすべての点で消失しなければ，電子はいかなる位置にも見出されるはずである。また $|\Psi|^2$ が座標と共に変化する様式に従って，より好まれる位置がいくつか存在する。

　波動関数の確率論的解釈が意味をなすためには波動関数はある種の条件に従わねばならない。第一の条件は規格化条件（normalization condition）と呼ばれる。体積要素 $dxdydz$ の中に電子を見出す確率が方程式(2)で与えられるならば，運動が許容される全空間 D に電子を見出す全確率は次の積分で与えられる。

$$\int_D |\Psi|^2 dv \tag{3}$$

ここで dv は体積要素を表す。もし電子が必ず D の内部にあるならばこの全確率は１になり，波動関数は次の条件に従う。

$$\int_D |\Psi|^2 dv = 1 \tag{4}$$

このことは適当な方程式を解いてひとたび波動関数 Ψ が求まれば，この波動関数に適当な定数が掛けたものも式(4)を満たすことを意味する。

　規格化の条件に加えて，波動関数は物理学で使われるすべての数学関数と同様，行儀が良けねばならない。すなわち，全空間において一価で，連続かつ有限でなければならず，さらに無限遠でゼロにならなければならない。

　確率分布の概念は絵入り言語へと翻訳されることも多い。後者は必ずしも正確なものではないが広く利用されており，かつ有用と考えられる。いま空間のすべての点にその点の確率関数値に等しい数を割り付けたとしよう。たとえば点 A を数 $\frac{1}{5}$ でラベルし，点 B を数 $\frac{2}{5}$ でラベルしたならば，このことは電子が A よりも B に２倍見出されやすいことを意味する。もし測定の数が十分大きければ，それらの 20% は電子が A に存在し，40% は B に存在することを示す。各点の雲の密度が対応する確率値に等しいとすれば，ラベルした空間の表示を可視化することができる。このことは厳密には正しくないが，雲は全空間での電荷の広がりを表すと考えてよい。各点の密度はそこに見出される電荷の一部に対応する。この概念によれば，電子の $\frac{2}{5}$ は B にあり $\frac{1}{5}$ は A にあることになる。

　後ほど見るように，この表現は量子化学では広く利用される。もちろん使用された分数は１個の電子が小さな断片へと分けられることを意味しない。実際には確率密度を表すことを知っている限り，この表現はきわめて都合が良いのである。

2.1.2　波動方程式

古典力学では，粒子の軌道は指定された運動方程式を解くことにより得られる。同様に量子力学では，波動関数は波動方程式（wave equation）の解として得られる。方程式を構成する正確な項は粒子すなわち電子が受ける力に依存する。

波動関数 Ψ の電子に対する波動方程式の一般形は次の通りである。

$$H\Psi = -\frac{h}{2\pi i}\frac{\partial \Psi}{\partial t} \tag{5}$$

ここで h はプランク定数，$i = \sqrt{-1}$，H はハミルトン演算子（Hamiltonian operator）で，その定義は次の観念を含む。

(a)　演算子とは例えば掛け算，微分，平方根の抽出などの数学的操作を表す記号である。それは関数（ここでは波動関数）に作用したときのみ意味をもつ。

(b)　量子力学では古典力学的関数はすべて演算子と関係づけられる。たとえば，座標 x は x を掛けるという演算子と関係があり，運動量 $p_x = mv_x$ は演算子 $\frac{h}{2\pi i}\frac{\partial}{\partial x}$ と関係がある。したがって，座標と運動量に依存する（運動エネルギーと位置エネルギーの和である）全エネルギーの古典的表現は，（運動エネルギー演算子 T とポテンシャルエネルギー演算子 V の和である）エネルギー演算子（energy operator）すなわちハミルトニアン（Hamiltonian）になる。

$$H = T + V = -\frac{h^2}{8\pi^2 m}\left(\frac{\partial^2}{\partial x^2} + \frac{\partial^2}{\partial y^2} + \frac{\partial^2}{\partial z^2}\right) + V \tag{6}$$

式(6)の括弧の中の表現はラプラシアンと呼ばれ，しばしば ∇^2 と表記される。直交座標系では ∇^2 は二次微分の和になる。

$$\nabla^2 = \frac{\partial^2}{\partial x^2} + \frac{\partial^2}{\partial y^2} + \frac{\partial^2}{\partial z^2} \tag{7}$$

ある種の問題に対して直交座標系よりも適切な，例えば（球座標系や円筒座標系のような）他の座標系では ∇^2 は標準的な表現が仮定される。

この表記法を使うとハミルトニアンは次式で与えられる。

$$H = -\frac{h^2}{8\pi^2 m}\nabla^2 + V \tag{8}$$

座標と時間のみに依存するポテンシャル演算子 V は単なる乗数である。

量子化学や量子生化学で遭遇するほとんどの問題では電子に働くポテンシャルは時間に依存しない。このような場合，波動関数は空間に依存する部分と時間に依存する部分へ因数分解される。

$$\Psi = \psi(x, y, z)f(t) \tag{9}$$

そして波動方程式は定常状態シュレーディンガー方程式（stationary-state Schrödinger equation）になる。

$$H\psi = E\psi \tag{10}$$

または

10　第2章　基本的概念

$$\left(-\frac{h^2}{8\pi m}\nabla^2 + V\right)\psi = E\psi \tag{11}$$

この式は電子のエネルギー E が定数であることを示す[2]。

　与えられた問題に対して電子が運動するポテンシャル場がわかっているとき，次に行うべき操作は V に対して適当な式を設定し，それをハミルトニアン(8)へ代入してシュレーディンガー方程式(10)を解くことである。この操作は適当な値をもつ波動関数 ψ を与える。一般にシュレーディンガー方程式は多くの解を与える。ただし思い出していただきたいのは，受け入れられるのは行儀が良いという条件と規格化条件を満たした解のみである。さらに波動方程式(10)の解は E の特定の値に対してのみ可能である。すなわち波動関数の解はエネルギーの値と電子に対する波動関数の値を同時にもたらす。エネルギーの各値は電子が採りうる状態（state）に対応する。また空間での電子の分布は条件を満たす波動関数 ψ の二乗の絶対値で与えられる。エネルギーの最低値は電子が取りうる最も安定な状態に対応し，それは基底状態（ground state）と呼ばれる。他のエネルギー値は基底状態の電子にエネルギーを付与した励起状態（excited state）に対応する。各励起状態における確率分布は関連波動関数の二乗で与えられる。

　容認された波動関数の解は互いに直交するという重要な性質を備える。すなわち $i \neq j$ のとき次の関係が満たされる。

$$\int \psi_i^* \psi_j dv = 0 \tag{12}$$

もし ψ が条件(4)に従って正規化されているならば，波動関数が ψ で与えられる電子のエネルギーに対して方程式(10)は次のように変形される。

$$E = \int \psi^* H\psi dv \tag{13}$$

　もし方程式(10)の両辺に左側から ψ^* を掛け全空間にわたって積分すると次式が得られる。

$$\int \psi^* H\psi dv = \int \psi^* E\psi = E\int \psi^* \psi dv = E$$

なぜならば E は積分記号の外に出すことのできる定数であり，かつ ψ は規格化されているからである。

　同様の式は他の力学量に対しても当てはまる。もし対応する演算子 α を考えるならば，変数の平均値は次の積分で与えられる。

$$\bar{\alpha} = \int \psi^* \alpha\psi dv \tag{14}$$

ただし電子の状態は波動関数 ψ で記述されるものとする。

2.1.3　スピン

　完全を期すには電子の記述はスピン（spin）の概念も含まなければならない。これは古典力学にはない概念である。スピンの値は軸の回りの電子の回転に由来する角運動量に等しい。この角運動量は所定の軸への投影が二つの値（$+\frac{1}{2}\frac{h}{2\pi}$ か $-\frac{1}{2}\frac{h}{2\pi}$）しかとれないように量子化されている。

　電子の量子力学的表現にスピンを含める方法の一つは波動関数にスピン変数 σ を導入することである。その結果，シュレーディンガー方程式は次のように書き換えられる。

$$H\psi(x, y, z, \sigma) = E\psi(x, y, z, \sigma) \tag{15}$$

　原則として，電子の「軌道」運動を定義する座標とスピン座標との間には相互作用が存在する。しかし実際問題として，多くの目的でこの「スピン-軌道」共役は無視できる。したがって電子の波動関数は，空間依存性関数いわゆる軌道（orbital）[3] と（スピン波動関数の原則に従い一般に α と β という二つの値しか取れない）スピン関数へと分解される。軌道とスピン関数の積はスピン軌道（spinorbital）と呼ばれる [4]。第一近似として電子に磁場が作用しなければ，ハミルトン演算子はスピンとは独立で，式(15)はシュレーディンガー方程式(10)へと変形される。ただし ψ は電子の軌道である。この方程式の解として得られる各軌道 ψ に対しては次の二つのスピン軌道が対応する。

$$\psi\alpha \, \text{と} \, \psi\beta$$

スピン関数 α と β は互いに直交し，かつ規格化されている。我々はそれらをさらに明細に記す必要はない。

　我々は所定のポテンシャル場での電子の記述に必要な要素をすべてもち合わせている。すなわち我々は一電子しか含まない化学的問題ならいかなるものでも解くことができる。量子化学において前述の観念を直接応用した事例は二つ存在する。(1)第一は水素原子である。この場合，単一の電子は陽子が作る場の中を運動する。(2)第二は水素分子イオン（H_2^+）である。この場合，単一の電子は 2 個の水素核が作る場の中を運動する。いずれの事例も興味深い。と言うのは，それらは量子力学の記号体系を使用した実例として優れているからである。またそれらは波動方程式の厳密な解が得られる唯一の事例でもある。すなわちこれらの事例はさらに複雑な化学系，もっとはっきり言えばすべての多電子化合物で使用される近似法に対して基礎を提供するからである。最後にこれらの事例は我々の議論の中心にある基本的観念の導入にも役立つ。すなわち水素原子の研究は原子軌道（atomic orbital）の本質的概念をもたらし，H_2^+ イオンの研究は分子軌道（molecular orbital）の概念をもたらす。ここではこれらの二つの場合を別々に取り扱う。

2.1.4　単一核場内の一電子：水素原子および原子軌道の概念

（A）　一般的考察

　本書では水素原子の波動方程式を解くための数学的詳細を記述するつもりはない。というのはその詳細は専門の教科書に記載されており，かつ微分方程式の解法よりも難しい問題は含まれていないからである。ここでは，式(10)で表される一般式やエネルギーと波動関数に関する結果のみを提示する。

　水素原子では，質量 m で電荷 $-e$ の電子は単一の正電荷核が作るポテンシャル場内を運動する。核からの電子の距離を r とすれば，ハミルトニアン H の式へ挿入されるポテンシャルは次式で与えられる。

$$V = -\frac{e^2}{r} \tag{16}$$

いまの場合，使用すべき最も適切な座標系は明らかに核に中心を置く球面座標系である（図

1)。この系では第2項で定義されたラプラス演算子（∇^2）は次のような扱いにくい式になる。

$$\nabla^2_{r,\theta,\psi} = \frac{\partial^2}{\partial r^2} + \frac{2}{r}\frac{\partial}{\partial r} + \frac{1}{r^2}\left[\frac{1}{\sin^2\theta}\frac{\partial^2}{\partial \phi^2} + \frac{\partial^2}{\partial \theta^2} + \cot\theta\frac{\partial}{\partial \theta}\right] \quad (17)$$

球面座標系では水素原子に対するシュレーディンガー方程式は次のようになる。

$$-\left[\frac{h^2}{8\pi^2 m}\nabla^2_{r,\theta,\phi} + \frac{e^2}{r}\right]\psi = E\psi \quad (18)$$

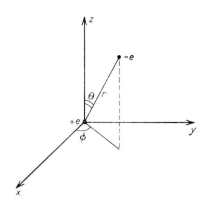

図1　水素原子の電子に対する球面座標

式(18)を解く際に重要となるのは次の二つの事実である。
　(a)　数学的形は次式で与えられる。

$$\psi(r,\theta,\phi) \quad (19)$$

　この式は二つの関数（動径に依存する関数と角座標に依存する関数）の積で表される。すなわち

$$\psi(r,\theta,\phi) = R(r)Y(\theta,\phi) \quad (20)$$

　(b)　この種の微分方程式の積分過程で行儀よく振舞いかつ規格化された波動関数を得るにはある種の定数が必要である。それらは三つ存在し，いわゆる量子数（quantum number）n，lおよびm_lで区別される。軌道の動径部分はnとlに依存し，角部分はlとm_lに依存する。この関係は次式で与えられる。

$$\psi_{n,l,ml} = R_{n,l}(r)Y_{l,ml}(\theta,\phi) \quad (21)$$

量子数は相互に関連があり次の条件を満たす。
　(1)　nは主量子数（principal quantum number）と呼ばれ，1，2，3，…などの整数値をとる。
　(2)　所定のnに対しては方位量子数（azimuthal quantum number）のlが定義される。このlは0，1，2，...　$n-1$といった値をとる。
　(3)　所定のlに対しては磁気量子数（magnetic quantum number）のm_lが定義される。m_lは0，±1，±2，...，±lといった値しか取らない。
さらにエネルギーEの値は次のようになる。

$$E_n = -\frac{2\pi^2 me^4}{n^2 h^2} \tag{22}$$

すなわち水素原子における電子のエネルギーは主量子数 n のみに依存する。したがって n の値が小さければエネルギーは低くなる。

(B) 基底状態：原子軌道の記述

$n=1$ に対する次のエネルギー値は基底状態（ground state）の電子エネルギーを表す。

$$E_1 = -\frac{2\pi^2 me^4}{h^2} = -13.6\,\text{eV} \tag{23}$$

負符号は原子から電子を引き離すのにこれだけのエネルギーが必要であることを示す。言い換えれば，符号を逆転した E_1 の値は電子のイオン化ポテンシャル（ionization potential）である。

基底状態のエネルギーを表すこの値は1個の波動関数と結びついている。実際，量子数を結びつける規則によれば $n=1$ のとき l と m_l はゼロしかとれない。この場合，波動関数(21)は回転角とは無関係である。そのため基底状態の軌道（ground state orbital）は次の簡単な関数になる。

$$\psi_{1,0,0} = Ae^{-kr} \tag{24}$$

ただし A と k は定数である。

関数(24)は角座標とは無関係である。同様のことは関数の二乗で定義される確率密度に対しても当てはまる。その結果，核に中心を置く一定半径の球上に電子を見出す確率は一定である。もちろんこの確率は核との距離に応じて変化する。それは図2に示すように r と共に指数関数的に減少する。たとえば $r=2a_0$（1.058Å）では確率関数の値はきわめて小さい。

確率密度の分布が球対称であるという事実は（一定値の $|\psi|^2$ を表す）同心球によるこの分布のグラフ表示を可能にした（図3）。

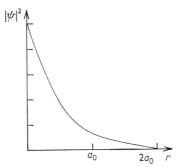 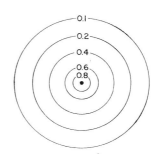

図2 水素原子の基底状態における核距離の関数としての点確率密度のグラフ（a_0=ボーア半径 $=h^2/4\pi^2 me^2=0.529$Å）

図3 一定値の $|\psi|^2$ に対する球の赤道切断面

この表示法は電子分布の記述にしばしば使われる有用な観念すなわち動径密度関数（radial density function）と結びついている。

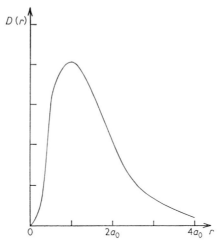

図4　水素原子の基底状態軌道に対する境界面

この動径密度関数は半径 r の球と半径 $r+dr$ の球との間の体積素片に電子が見出される全確率として定義される。この体積素片は $4\pi r^2 dr$ であるから動径密度関数は次式で与えられる。

$$D(r) = 4\pi r^2 |R(r)|^2 dr \tag{25}$$

図4によれば，水素原子の基底状態における動径密度の変化は核との距離の関数で表される。この関数は $r=a_0$ のとき最大値を与える。したがって量子理論ではボーア半径は電子が最も見出されやすい距離である。

　動径密度は距離と共にすみやかにゼロになる。このことは十分大きな半径の球の外側では電子を見出す全確率がきわめて小さいことを意味する。式(25)を r から ∞ まで積分すれば，半径 r の球の外側に電子を見出す確率が計算できる。もちろん外側に電子を見出す確率がきわめて小さくなるように（たとえば全確率の数％）この球を選ぶこともできる。この球は（電子雲の主要部分を取り囲み，電荷分布の手ごろな描像となる）境界面（boundary surface）を我々に提示する。このような表面は図5に示されるように $\psi_{1,0,0}$ 軌道の電子に対応する。

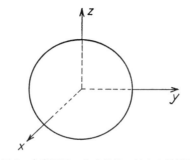

図5　水素原子の基底状態に対する境界面

標準状態の水素原子における電子雲の広がりを知るには，（電荷の 10％を外側に残した）境界面の半径が $2.65 \times a_0 = 1.4 \text{Å}$ に等しいことを指摘したい。

量子力学の原理に従えば，水素原子の基底状態にある電子は適当なスピン関数（α，β）を掛けた軌道（24）によって記述される。スピン関数は m_l と同じ性質をもつ m_s と呼ばれるスピン量子数（spin quantum number）に依存する。スピン量子数は $+\frac{1}{2}$ と $-\frac{1}{2}$ の二つの値しか取れない。単一の電子ではどちらのスピンが関与するかは問題ではない。

(C)　励起状態：s, p, d, ... 軌道

式(22)によれば電子のエネルギーは主量子数 n の値によってさまざまな値をとる。$n > 1$ は吸収スペクトルや発光スペクトルを引き起こす状態すなわち原子の励起状態（excited state）に対応する。

これらの状態がもつ重要な特性は n すなわちエネルギーの各値が多数の波動関数と結びついていることである。すなわち各励起エネルギーの準位は縮退（degenerate）している。たとえば $n=2$ の場合，量子数の間の相関関係に関する規則によれば l は 0 か 1 しかとれない。また $l=0$ の場合，m_l は 0 しかとれないが，$l=1$ の場合には m_l は 0，-1 および $+1$ のいずれかをとる。すなわち第一励起状態に対応する軌道量子数の組は次の 4 つである。

n	l	m_l
2	0	0
2	1	0
2	1	-1
2	1	$+1$

同様にして第二励起準位（$n=3$）は 9 つの軌道量子数の組に対応する。

n	l	m_l
3	0	0
3	1	0
3	1	-1
3	1	$+1$
3	2	0
3	2	-1
3	2	$+1$
3	2	-2
3	2	$+2$

量子数の各組はそれぞれ式(21)の軌道と関係がある。これらの軌道は l の値に従いきわめて簡単な記法で指定される。

（a）　$l=0$ の軌道は s 軌道と呼ばれる。主量子数 n の値に拘らず，s 軌道は必ず 1 個存在する。s 軌道に関する重要な事実はそれらが角座標に依存しないことである。この s 軌道について

は水素の基底状態の議論ですでに遭遇している。その境界面は核に中心を置く球であった。s軌道はいずれも同様の境界面をもつ。励起準位のs軌道と基底状態のs軌道は波動関数の動径方向の拡がりが異なる。nの値が大きいほど境界面の半径は大きくなる。ただし境界半径の外側にも電荷はある程度残っている。nの値に従いs軌道は$1s$, $2s$, $3s$…と呼ばれる。s軌道に関して覚えておきたい事実はそれらが球対称であることである。

(b) $l=1$の軌道はp軌道と呼ばれる。それらの本質的特徴は電荷の分布がもはや球対称ではなく優先軸に沿って電子の局在化が起こることである。そのためp軌道の境界面の形は亜鈴型になる。つまり隣接する2個の球が所定の軸に沿って並置された状態になる。

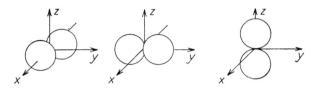

図6　p軌道に対する近似境界面

量子数m_lは縮退しているのでp軌道はp_x, p_yおよびp_zの3個存在する。それらはそれぞれx, yおよびz軸に沿って濃縮された電子雲に対応する（図6）。これらの3個の軌道は空間での方向を除いて完全に等価である。主量子数nが1よりも大きければこのような軌道は各主量子数に対して3個ずつ存在し，それらは$2p$, $3p$, $4p$軌道などと呼ばれる。もちろんs軌道と同様，境界面における電子分布の一般的形状は同じである。また境界面の内部では電子密度は一様ではない。各点における電子密度の値は$|\psi|^2$で与えられ，かつ動径座標と角座標の二つに依存する。p軌道に関して覚えておきたいことは，それらがもはやs軌道のように球状ではなく軸方向に局在化することである。

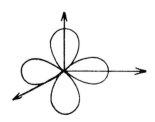

図7　d軌道の境界断面

これらの軌道は軸に垂直でかつ電子雲の対称面である節面をもち三重に縮重している。

(c) $l=2$の軌道ではm_lの値は5個存在する。それらは五つの等価なd軌道を構成する。d軌道の一般的形状はs軌道やp軌道よりも複雑である。図7はこの軌道タイプの赤道面における境界面の断面である。

もちろんnの値に従い$3d$, $4d$軌道などが存在する。

(D) 原子軌道の一般化された概念

前述の結果の重要性は水素原子への応用をはるかに越えたところにまで及ぶ。すなわち以上の結果は各種正電荷によるクーロン場での単一電子という一般的問題にも明らかに当てはまる（水素原子は電子を1個だけ残し，他をすべて取り除いたものに相当する）。このような場合，全体の操作に導入できる唯一の変更はポテンシャル式(16)の値に適当な核電荷 Z を掛けることである。波動方程式の解に関する結果はすべて H 原子の場合と同じで，違うのはエネルギーの値が Z^2 倍され，波動関数の動径部分 r が Zr で置き換えられることである。しかし波動関数の角部分は Z とは無関係である。さらに電子に作用する場が中心場である限り，クーロン場であるか否かに依存しない。実際，電子に作用するポテンシャル V が r のみの関数であれば，波動関数は動径部分と角部分の積で書き表され，しかも角部分は水素原子のそれと同じ式で表される。

すなわち（軌道の角依存性を反映した）$s, p, d, \cdots$ 電子の境界面の形状に関する結果は中心場にあるいかなる電子にも当てはまる。

2.1.5 二つの核場内にある一電子：分子軌道の概念

(A) 一般的考察

最も簡単な分子系は電子1個と核2個からなる系である。このような系は（電子による衝撃が水素分子に加わる）放電管中では安定に存在する。

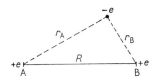

図8 水素分子イオン

この系は水素分子イオン（H_2^+）として知られる。その基底状態は平衡距離が $1.06\,\text{Å}\,(2a_0)$ で，解離エネルギーが $2.79\,\text{eV}$ に対応する。すでに要約された量子力学的原理によれば，2個のプロトンからなる場内に存在する電子は適当なシュレーディンガー方程式に従う波動関数 ψ で記述される。ただしハミルトニアン H はポテンシャルの関数で表されるとする。また，電子に作用するポテンシャルは二つの核によるクーロン場からもたらされ（図8），次式で与えられる。

$$V = -\frac{e^2}{r_A} - \frac{e^2}{r_B} \tag{26}$$

したがって H_2^+ に対するシュレーディンガー方程式は次の通りである。

$$-\frac{h^2}{8\pi^2 m}\nabla^2\psi - \left(\frac{e^2}{r_A} + \frac{e^2}{r_B}\right)\psi = E\psi \tag{27}$$

この方程式の解は分子内の電子のエネルギー値すなわちエネルギー準位を表す定数 E に対して一組の離散値を与える。関連波動関数はこれらのさまざまな状態における電子分布を記述する。

原子波動関数を「原子軌道」と呼んだように，ここで得られた波動関数は分子場内での電子の状態を記述するため「分子軌道（molecular orbital）」と呼ばれる。

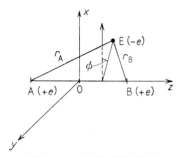

図9　H_2^+ に対する楕円座標

H_2^+ の事例で特に重要なのはこの系が厳密に解くことのできる唯一の分子系であることである。したがって，さらに複雑な系で用いられる他の近似法の妥当性を検証する際にはこの系は参照事例として用いられる。またこの系は電子に対して期待される分子軌道の性質についての直接的情報をもたらす。したがって H_2^+ は原子の量子理論における水素原子と同様の役割を分子の量子理論において演じる。

水素原子の場合と同様，式(27)の解法に関する数学はここでの議論とは無関係である[5]。ただ核間距離 R の真ん中に中心を置く楕円座標および ABE 面と xz 面が作る角 ψ を用いれば，この方程式の解は得られることを指摘しておこう（図9）。ただし，

$$\mu = \frac{r_A + r_B}{R}, \quad \nu = \frac{r_A - r_B}{R}$$

この座標系では式(27)は三つの変数 μ，ν および ϕ に分離され，解 ψ は3個の関数の積で表される。ただし各関数はそれぞれ3変数の一つを含んでいる。

$$\psi = M(\mu)N(\nu)\Phi(\phi) \tag{28}$$

方程式の解は（定整数と相互依存値を許容する）3種の定数（量子数）を与える。また，電子の許容エネルギー準位 E は定数のこのセットから求まる。解の動径依存性はかなり複雑であるが，特に一般的興味を引き付けるものではない。一方，基本的に重要なのはきわめて簡単な角依存性の方である。というのは水素原子の場合と同様，角依存性は分子軌道の一般形を与え境界面（boundary surface）の形状を定めるからである。さらに水素原子に対する軌道の角部分が中心場にあるいかなる電子にも当てはまるように，H_2^+ に対する分子軌道の角部分に関する結果は円筒対称な場にあるいかなる電子にも当てはまる。すなわち，これらの概念は二原子分子あるいは一般に結合の記述に適用可能である。

H_2^+ に対する波動関数の角部分に関する重要な結果は次のように要約されよう。
 1. 波動関数の角部分は 0，±1，±2 等の値しか取らない量子数 λ によって特性づけられる。
 2. エネルギーは λ^2 にのみ依存するため，エネルギー準位は2種類しかない。すなわち $\lambda = 0$

に対する非縮重準位と $\lambda = \pm 1$, ± 2 等に対する2個の縮重準位である。前者は1個の分子軌道と関連があり，後者はそれぞれ2個の等価軌道と関連がある。

3. 軌道は $|\lambda|$ の値に従って，$\lambda = 0$ では σ，$|\lambda| = 1$ では π，$|\lambda| = 2$ では δ とそれぞれ表記される。これらの分子軌道は原子軌道の場合と同様，明確な対称性をもつ。最初の二種すなわち σ 軌道と π 軌道は化学結合や分子構造を記述する際に重要な役割を演じる。次にこれらの軌道の主要な特性について説明する。

(B) σ軌道

$\lambda = 0$（σ 軌道）では関数 $\Phi(\phi)$ は定数になる。すなわち σ 軌道は分子軸の回りの回転とは無関係である。言い換えれば，分子軸から所定の距離に電子を見出す確率は一定である。すなわち定数 $|\psi|^2$ の等高線は軸に中心を置く円になる（図10）。σ 軌道は円筒対称である。

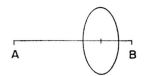

図10　一定の $|\psi|^2$ 値をとる σ 軌道に対する等高線

H_2^+ 系と関連した σ 軌道は多数存在する。各軌道はさまざまなエネルギー値に対応し，さまざまな動径分布で表される。空間での大きさと境界面の形状はそれぞれ異なるが，すべて円筒対称という性質を備える（図11）。ある意味で σ 軌道は原子系の s 軌道と同様の役割を分子系で担うと考えられる。

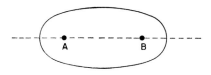

図11　σ 型軌道の境界面

H_2^+ の基底状態は電子が最も低い σ 軌道を占有した状態に対応する。また他の σ 軌道の占有は化合物の励起状態をもたらす。

(C) π軌道

$|\lambda| = 1$（π 軌道）では波動関数の角部分は二つの値をとり，それらの形状はそれぞれ $\cos\phi$ や $\sin\phi$ のように変化する。このことは対応する境界面が核間軸の回りの回転に関して対称ではなく優先的方向に局在化することを意味する。たとえば

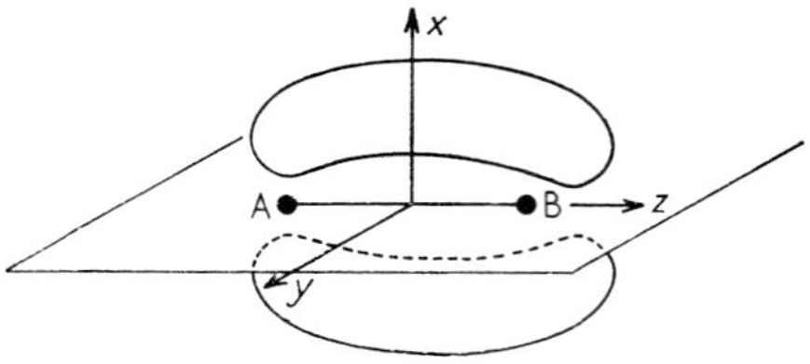

図 12　π_x 型軌道の境界面

核間軸を z 軸にとれば，$\cos\phi$ 軌道は核間軸の両側にあり，かつ zx 平面のまわりに位置する（バナナ形の）二つの同一領域から構成される。実際，二つの領域は分子軸を含む節面によって分離される（図 12 参照）。これらは π_x 軌道と呼ばれる。$\sin\phi$ 軌道は π_x 軌道を z 軸の回りに $\pi/2$ だけ回転させた軌道で，形状は $\cos\phi$ 軌道と同じである。zy 平面のまわりに局在化されるので π_y 軌道を呼ばれる。

　動径波動関数の値によれば，他の π_x 軌道や π_y 軌道もまた空間的にさまざまな拡がりを見せるが，それらもすべて図 12 に示したものと同じ対称性をもつ。これらの分子軌道は p_x および p_y 原子軌道とある程度関連がある。この点に関しては第 2.4 節でもう一度立ち返ることになる。

2.2　多電子系の表現

2.2.1　粒子系の量子力学的原理

　原子でも分子でもどちらでも良いが，多数電子を含んだ系の量子力学的記述は一電子系で使われるものと同じ原理に従う。それらは次のように要約される

（a）　電子系の記述は全電子の座標に依存する波動関数 Ψ によって与えられる。

（b）　この関数の絶対値の二乗は座標の全集合で定義される「コンフィグレーション」に系が見出される確率を与える。

（c）　系の波動関数は行儀がよくかつ規格化されている。

（d）　波動関数は一電子系と同じ一般形をもつシュレーディンガー方程式に従う。またハミルトニアンは系に作用する力をすべて含むように構築される。核の質量は電子のそれよりもはるかに大きい。その結果，核の運動は電子のそれよりもはるかに遅い。そのためボルン-オッペンハイマー則として知られる通常の近似が適用される。この近似では核は中心に固定されたものとして系の電子エネルギーが評価される。通常の計算では，ハミルトニアンは次に示す電子の運動エネルギー演算子と系（核と電子）の全粒子間の相互作用ポテンシャルを含んでいる。

$$-\frac{h^2}{8\pi^2 m}\nabla^2$$

したがって原子や分子の多電子系に対するシュレーディンガー方程式は次式で与えられる。

$$\left[-\frac{h^2}{8\pi^2 m}\sum_i \nabla_i^2 + V \right]\Psi = E\Psi \tag{29}$$

ここで求和はすべての電子 i にわたって行われる。この式は一電子系に対する式(11)とよく似ている。違いは $\sum_i$ 項だけである。

(e) スピンは波動関数にスピン変数を含めることにより一電子方程式と同じ様式で説明される。

シュレーディンガー方程式と上述の条件(c)に加えて，電子系の波動関数 Ψ はパウリの原理として知られる補完的条件も満たさなければならない。すなわち Ψ は系の2個の電子座標の交換に関して反対称（符号の変化）でなければならない。この概念の実際的意味合いを簡単に説明すれば次の通りである。

原理的には，多電子系の取扱いは一電子系で概要を述べた一般的手順に従う。しかし実際には，ハミルトニアンは電子間反発項のため，二電子問題に対してさえすでにきわめて複雑である。そのためいかなる座標系を用いても波動方程式における変数の分離は不可能である。すなわち多電子系に対する正確な波動関数はいまだ見出されていない。そのため波動関数と多電子系のエネルギーを得たければ近似法へ向かわざるを得ない。

2.2.2 多電子問題への「個別軌道的アプローチ」：構成原理

最も有望かつ効果的なのは「個別軌道的アプローチ」に基づいた方法である。これは個々の電子の波動関数の「組み合わせ」として多電子系の全波動関数を表す方法である。

最も単純な近似では，核で構成された枠組み内に分布した電子系に対して電子間反発は一般に完全に無視される。また各電子は核の場内に単独で存在するかのごとく扱われる。したがってその波動関数は一電子シュレーディンガー方程式に従う。すなわちその方程式は，原子では H 原子，二原子分子では H_2^+ の方程式に似ている。方程式の解はこれらの基本的事例で見出された原子軌道や分子軌道のそれと同じであり，エネルギーも対応している。たとえば N 電子系の原子では許容されるのはすでに述べた $1s$，$2s$，$2p$，…などの軌道である。

次の問題はここから出発して全体の系をどのように記述するかである。電子間には相互作用が存在しないので，個々の電子は許容された波動関数の一つに分配され，系の全波動関数は個々の波動関数の数学的組合せとして記述される。最も簡単には，個々の電子は最低許容準位へ割り当てられる。しかしこのような発想は明らかに間違った表現をもたらす。というのはこの発想に従えば，たとえば原子の場合，すべての電子を $1s$ 電子としたとき結論は実験事実をまったく説明できないのである。明らかに個々の波動関数を選ぶ際に選択則が必要である。ことにそれらの組合せを選ぶ際にはそうである。

手掛かりは大部分パウリの原理によって与えられる。この原理のことはすでに説明したが，ここではさらに詳しく検討してみよう。

もし電子的相互作用を無視すれば，全ハミルトニアンは個々の一電子ハミルトニアンの単純な和で与えられる。このことは（もし各電子に対する波動関数の解が分れば，全波動関数は個々の波動関数の単純な積で表せ，かつ全エネルギーは個々のエネルギーの単純な和になるという）量

子力学の一般則を用いれば容易に証明される。

しかし簡単な積で表された波動関数は満足できるものではない。というのは，系の量子力学的表現では電子は互いに区別できないからである 事実，波動関数の確率論的解釈は電子を区別することを許さない。たとえばある瞬間において一方の電子が座標 $(x_1, y_1, z_1, \sigma_1)$ で定義される状態にあり，もう一方の電子が座標 $(x_2, y_2, z_2, \sigma_2)$ にある場合，どちらの電子がその状態にあるかを言うことはできない。言い換えれば，全確率関数は電子を入れ替えても変化しない。このことはもし式(30)の積

$$\psi_1(x_1, y_1, z_1, \sigma_1)\,\psi_2(x_2, y_2, z_2, \sigma_2) \tag{30}$$

が二電子系の表現として正しければ，式(31)の積

$$\psi_1(x_2, y_2, z_2, \sigma_2)\,\psi_2(x_1, y_1, z_1, \sigma_1) \tag{31}$$

もまた満足な解であることを意味する。

このような場合，この状態を説明する最良の方法は系の波動関数として式(30)と式(31)の線形結合すなわちそれらの和または差をとることである。というのはこれらの式は式(30)や式(31)と同等の重要性をもつからである。

もし式(30)と式(31)を簡単にしてそれぞれ $\psi_1(1)\,\psi_2(2)$ と $\psi_1(2)\,\psi_2(1)$ と表記すれば［ただし $\psi_1(1)$ は ψ_1 に電子 1 が入ることを意味する］，これらの一次結合は次のように表される。

$$\psi_1(1)\,\psi_2(2) + \psi_1(2)\,\psi_2(1) \tag{32}$$

および

$$\psi_1(1)\,\psi_2(2) - \psi_1(2)\,\psi_2(1) \tag{33}$$

さて電子の座標を交換したとき式(32)の一次結合は変化しないが，式(33)の一次結合は符号が変化する。最初の一次結合は対称（symmetrical）であると言い，第二の一次結合は反対称（antisymmetrical）であると言われる。パウリの原理によれば，二電子系の実際の挙動を正しく表現するのは反対称の一次結合のみである。

もちろんこの議論は n 電子系にも一般化される。このような系の全波動関数は一電子波動関数のすべての積の和で与えられる。

$$\psi_1(1)\,\psi_2(2)\cdots\psi_n(n) \tag{34}$$
$$\psi_1(2)\,\psi_2(1)\cdots\psi_n(n) \tag{35}$$

各積には符号＋または－が割り付けられる。全波動関数は一対の電子の交換によって符号が変化する。このような関数は次のような行列（determinant）で表すとよいことが知られている。

$$\begin{vmatrix} \psi_1(1) & \psi_1(2) & \cdots & \psi_1(n) \\ \psi_2(1) & \psi_2(2) & \cdots & \psi_2(n) \\ \psi_3(1) & \psi_3(2) & \cdots & \psi_3(n) \\ \cdot & \cdot & \cdot & \cdot \\ \cdot & \cdot & \cdot & \cdot \\ \cdot & \cdot & \cdot & \cdot \\ \cdot & \cdot & \cdot & \cdot \\ \psi_n(1) & \psi_n(2) & \cdots & \psi_n(n) \end{vmatrix} \tag{36}$$

全波動関数のこの行列形は個々の波動関数が全体の構築にどのように関与するかを示せるという利点がある。事実，行列式の基本的性質として，もし二つの行が同一であれば行列式の値はゼロになる。すなわち，もし二つの波動関数が同一であれば式(36)の全波動関数はゼロになる。このことは系内の2個の電子を同じ波動関数ψ_iへ割り付けられないことを意味する。もしψ_iが軌道関数とスピン関数の積で表され，かつスピン関数は二つの値しか取れないことを思い出すならば，パウリの原理のよく知られた表現すなわちスピンの異なる2個の電子は同じ軌道を「占有できる」が，同じスピンをもつ2個の電子は異なる軌道へ入らなければならないという基本則が導かれる。言い換えれば，原子内の2個の電子は四つの量子数がすべて同じということはあり得ない。すなわち個々の軌道は2個の電子によって占有されるが，それらのスピンの符号は反対でなければならない。

いまや我々は個々の原子または分子軌道から多電子波動関数を組み立てるための基本則を手元にもち合わせている。これは「構成原理（aufbau principle）」として知られる規則で次のように要約される。まず最初に原子または分子コアが作り出す場内で個々の電子に許容される軌道を決定する。次に利用可能な各軌道は反対のスピンをもつ2個の電子によって占有される。利用できる電子が全部なくなるまで，エネルギーが増加する順に電子は軌道を占有していく。全波動関数は被占スピン軌道の反対称化積として書き下される。電子による低エネルギー軌道の占有は系の基底状態を与える。最初の励起状態は最高被占軌道の電子を1個，最低空軌道へ入れることによって得られる。また他の励起状態は他の空軌道を占有することによってもたらされる。

このような体系に対する最強の反対はそれが電子的相互作用を完全に無視している点にある。したがってこの方法は多電子系を表すための粗い近似に過ぎない。最良の近似を得たければ理論大系へ電子的反発も組み込まなければならない。これはさまざまな方法でなされるが，一電子アプローチのもつ便利さを損なうことなく，それを実現する最も実り多い操作は次のような方法である。すなわち個別スピン軌道から構築された行列式波動関数によって系を表すという発想を保持しつつ，他の電子の存在も考慮した個別軌道を決定することである。

このような個別軌道を決定するにはいわゆる変分法と呼ばれる古典的操作が用いられる。この方法は原子的および分子的問題へ軌道アプローチの枠を適用する際の最後の礎石である。

2.2.3　変分法
（A）　原理
量子力学における最も基本的な定理は変分原理（variation theorem）である。この定理によれば，もしΦが規格化された行儀の良い関数でかつHが所定の問題の正確なハミルトニアンであるならば，次の積分値

$$I = \int \Phi^* H \Phi \, dv \tag{37}$$

は（第2.1.2項で指摘された）系の真のエネルギー（E）よりも常に大きい。

$$E = \int \Psi^* H \Psi \, dv \tag{38}$$

ここでΨは問題の正確な波動関数である。

24   第2章　基本的概念

　このことはもし任意関数Φをとり，Iの値が減少するように関数を変化させると，その値はエネルギーの正確な値に限りなく近づき，正確な波動関数Ψのより良い近似が得られることを意味する。したがって変分計算の手順は次のようになる。すなわち問題のハミルトニアンを与えれば，我々はn個の可変パラメータλ_iを含んだ試行関数（trial function）Φを決めることができる。

$$\Phi = f(\lambda_i) \tag{39}$$

式(37)の積分を計算し，各パラメータλ_iに関してその極小値を求める。このことは次の数学的条件で表される。

$$\frac{\partial I}{\partial \lambda_i} = 0 \tag{40}$$

式(40)の条件はパラメータ(λ_i)の数だけ存在する。このことはn個の連立方程式を与え，その解はn個の変分パラメータλ_iの値をもたらす。もちろんこのようにして正確なエネルギーに近いエネルギー値が得られる可能性は，試行関数Φの妥当性やパラメータλ_iの数に依存する。パラメータの数は計算の複雑さの程度によって必然的に制限されるが，この制限は試行波動関数形の選択に注意を払えば大部分埋め合わされる。

（B）　実例

　実際の応用に関する計算を記述するため，ここでは一例として水素原子の次に簡単なヘリウム原子を取り上げてみよう。この原子は2個の電子と$Z=2$の電荷をもつ核とから構成される。一電子波動関数から系を組み立てるため，次の行列式で全波動関数を表すことにする。

$$\Phi = N \begin{vmatrix} \psi_1(1) & \psi_1(2) \\ \psi_2(1) & \psi_2(2) \end{vmatrix} \tag{41}$$

ここで，ψ_1とψ_2は電子が2個入った一電子スピン波動関数で，Nは規格化因子である。このような行列式はしばしば次のような簡略形で表される。

$$\Phi = N \left| \psi_1(1)\psi_2(2) \right| \tag{42}$$

　引用事例へ変分法を適用するには適切な試行波動関数ψを選択した後，適当なハミルトニアンを用いて式(37)の積分を計算しその値を極小化しなければならない。いまの場合，ハミルトニアンは次式で与えられる。

$$H = -\frac{h^2}{8\pi^2 m}(\nabla_1^2 + \nabla_2^2) - \frac{Ze^2}{r_1} - \frac{Ze^2}{r_2} + \frac{e^2}{r_{12}} \tag{43}$$

ここで∇_1^2と∇_2^2は各電子に対するラプラス演算子で，r_1とr_2は核との距離，r_{12}は電子間の距離である。

　最初に式(43)のように，ハミルトニアンがスピンとは独立で，かつ各スピン軌道が軌道χとスピン関数αまたはβの積で表せる場合を考える。この場合には式(37)の積分は次のように簡単化される[6]。

$$\int \chi_1(1)\chi_2(2) H \chi_1(1)\chi_2(2) dv_1 dv_2 \tag{44}$$

ここで問題となるのは試行軌道χの形である。この選択への手掛かりは次のように考えれば見

出されよう。すなわち一方の電子が核に近く，もう一方の電子が核から遠く離れた原子状態を考える。第一の電子は他の電子への正核の作用に関して「遮蔽物」として振舞い，その有効場を減少させる。もちろん，このことは遮蔽された核の推定「有効」場内を運動する各電子に対して起こる。なお，遮蔽された核の電荷はいわゆる「有効値Z_{eff}」にまで減少すると考えられる。この概念の利点は各電子に作用する中心場の描像が保持できる点である。この事実は 2.1 節ですでに見たように動径座標からの角変数の分離を可能にした。すなわちこのような描像では一電子軌道の形は次のようになる。

$$\chi = f(r)\,Y_{l,\,ml}(\theta,\phi) \tag{45}$$

さて量子数 Z の水素様イオンの最低軌道（$1s$ 軌道）が次の動径部分をもつことを思い起こすならば，

$$\exp(-Zr\,/\,a_0) \tag{46}$$

ヘリウム原子の最低軌道として，有効原子数 Z' を変分パラメータとする指数関数を試みることは自然の成り行きであろう。

$$\chi = \exp(-Z'r\,/\,a_0) \tag{47}$$

したがって極小化すべきは積分に介在する次の積である。

$$\exp(-Z'r_1\,/\,a_0)\exp(-Z'r_2\,/\,a_0) \tag{48}$$

式(43)に示した正確なハミルトニアンと標準的な積分法を用いると，式(37)の積分に対して次の式が見出される。

$$I = \left[2Z'^2 + 4Z'(Z-Z') - \frac{5}{4}Z'\right]E_1 \tag{49}$$

ここで，E_1 は水素原子の基底状態のエネルギー(23)である[7]。

Z' に関する式の極小化の条件は次式で与えられる。

$$\frac{\partial I}{\partial Z'} = 0 \tag{50}$$

その結果，次の式が得られる。

$$-4Z' + 4Z - \frac{5}{4} = 0 \tag{51}$$

書き換えれば，この式は $Z' = Z - \dfrac{5}{16}$ となる。

興味深いことに，この Z' の値から計算されたエネルギーの誤差はヘリウム原子の全エネルギーの2%に過ぎない。電子的相互作用を完全に無視してエネルギーを計算してみよう。すなわち式(48)の積を次式で置き換えてみよう。

$$\exp(-Zr_1\,/\,a_0)\exp(-Zr_2\,/\,a_0)$$

ただし $Z=2$ である。この場合には誤差は約30%にもなる。試行軌道 χ に対してさらに複雑な式を用いれば，ヘリウム原子の場合，実験とよく一致する結果が得られるはずである。

実際の核電荷 Z と「有効」核電荷との差は遮蔽定数（screening constant）と呼ばれる。ヘリウム原子の $1s$ 軌道ではそれは $\dfrac{5}{16}$ に等しい。

2.3 原子軌道

2.3.1 多電子原子の構造

多電子問題への「個別軌道」アプローチによれば，少なくとも原理的には変分法を用いればいかなる原子に対しても最良の一電子軌道が見出される。量子化学で使われる原子軌道はヘリウムに対するそれと良く似た様式で決定されるので，このことは実際問題として正しい。問題電子に及ぼす他電子の作用は核引力を減らす「遮蔽効果」として扱われる。すなわち各電子は場強度が「有効」核電荷の値に依存する中心場（central field）を受ける。

さて中心場では，電子の軌道は次の形の積で表される。

$$f_{n,l}(r) Y_{l,ml}(\theta, \phi) \tag{52}$$

それらの幾何学的形状は水素原子や水素様イオンで説明された $1s$, $2s$, $2p_x$, $2p_y$, $2p_z$, $3s$ などの軌道の形状に対応する。$Y_{l,ml}$ は核電荷にはまったく依存しないが，$f(r)$ は依存する。たとえば $n=1$, $l=0$ に対する $f(r)$ の形状は次式で与えられる。

$$k \exp(-Zr / a_0) \tag{53}$$

一方，$n=2$, $l=0$ に対しては $f(r)$ は次のようになる。

$$k' \left(2 - \frac{Zr}{a_0} \right) \exp(-Zr / a_0) \tag{54}$$

ただし k と k' は規格化定数である。

しかし原子構造の一般表現では，Z の値は各電子あるいは少なくとも各軌道すなわち反対称化スピンの各電子対に対して異なる。というのは，遮蔽は残存する電子の数に依存するからである。したがってこのタイプの一般的取り扱いでは，$1s$, $2s$, $2p_x$ などの軌道概念は動径部分 $f_{n,l}(r)$ の一般解析形を保存することにより保護される。しかしそれらの各々では，Z 値は変分パラメータ（variational parameter）として扱われる。最良の Z 値の組はスピン軌道の反対称化積を用いて計算される全エネルギーを極小化するように決定される。この操作は量子数の各系列に対する一連の動径関数と遮蔽定数をもたらす。このタイプの関数で最も広く使われるのはツェナー–スレーター軌道あるいは単にスレーター軌道と呼ばれる。本書で使われた分子軌道法の内部形式は原子軌道の陽関数表示を含まないので，この問題にはこれ以上触れない。スレーター軌道の詳細に関心のある読者は量子化学に関する多くの一般教科書を参照されたい[8]。

実際にはハートリー–フォックのいわゆる自己無撞着場法（self-consistent field method of Hartree–Fock）を用いればさらに正確な一電子軌道と対応する個別エネルギーを定めることもできる。この方法はより洗練された様式で変分操作を用いる。すなわち一連の一電子軌道から出発し，この組を用いて i 番目の電子に及ぼす場を計算する。さらに変分計算により i 番目の軌道の新しい値を決定する。この操作は各電子に対して施され，新しい一電子軌道の組が得られる。全体の操作は自己無撞着が達成されるまで，すなわち n 番目の軌道の組が $(n-1)$ 番目の組と一致するまで繰り返される。

軌道を定める技術的詳細が何であれ根底の原理は同じである。また平均中心場の仮説が維持される限り，$1s$，$2s$，$2p$，$3s$，$3p$ などの分類は保持され，対応する境界面の形状に関する結果は同じになる。水素以外の原子では np_x，np_y，np_z 軌道の縮重は存続するが，エネルギーの異なる ns 軌道と np 軌道の縮重は失われる。さらに，内部電子による遮蔽で $4s$ と $3d$ 電子のエネルギー順序は水素原子の場合とは（一般に）逆になる。同様のことは $5s$ と $4d$ 軌道や $6s$ と $4f$ 軌道などの間でも起こる。したがって充填配置での個別軌道のエネルギー順序は大雑把に言うと次のようになる。

$$1s, \ 2s, \ 2p, \ 3s, \ 4s, \ 3d, \ 4p, \ 5s, \ 4d, \ 5p, \ 6s, \ 4f, \ 5d, \ 6p, \ \text{など}$$

いかなる原子の構造も 2.2.2 項に示した「構成」原理を用いれば確定される。たとえばヘリウムよりも電子が 1 個多いリチウムは $1s$ 電子を 2 個，$2s$ 電子を 1 個もっている。またベリリウムは $1s$ 電子を 2 個，$2s$ 電子を 2 個もつ。これらの原子の構造は一般に次のように書き表される。

Li: $(1s)^2 2s$

Be: $(1s)^2 (2s)^2$

同様にしてホウ素は次のように表される。

B: $(1s)^2 (2s)^2 2p$

周期表の次の原子，すなわち炭素や p 状態に電子が 2 個以上または 4 個以下の原子に対しては p_x，p_y および p_z 軌道の縮重があるので補則が必要となる。この補則はいわゆるフントの規則によって提供される。この規則によると，電子はできる限り多くの縮重軌道を占有し，かつ平行スピンの数を最大化しようとする。この状況は電子が互いに反発し，できる限り近づかないという事実に由来する。

このことは炭素原子では 2 個の $2p$ 電子が二つの別々の $2p$ 軌道たとえば $2p_x$ と $2p_y$ 軌道を占有し，かつそれらは平行スピンをもつことを意味する。窒素原子では $2p$ 電子が 3 個存在するので，そ

表1　各種元素の電子配置

元素	基底状態の電子配置	$I(\mathrm{v})^a$
C	$(1s)^2(2s)^2(2p)^2$	11.26
N	$(1s)^2(2s)^2(2p)^3$	14.54
O	$(1s)^2(2s)^2(2p)^4$	13.61
P	$(1s)^2(2s)^2(2p)^6(3s)^2(3p)^3$	11.0
S	$(1s)^2(2s)^2(2p)^6(3s)^2(3p)^4$	10.36
F	$(1s)^2(2s)^2(2p)^5$	17.42
Cl	$(1s)^2(2s)^2(2p)^6(3s)^2(3p)^5$	13.01
Br	$(1s)^2(2s)^2(2p)^6(3s)^2(3p)^6(3d)^{10}(4s)^2(4p)^5$	11.84
I	$(1s)^2(2s)^2(2p)^6(3s)^2(3p)^6(3d)^{10}(4s)^2(4p)^6(4d)^{10}(5s)^2(5p)^5$	10.45
Fe	$(1s)^2(2s)^2(2p)^6(3s)^2(3p)^6(3d)^6(4s)^2$	7.90

a Moore, C.E., *Atomic Energy Levels as Derived from the Analysis of Optical Spectra* (Circular of the National Bureau of Standards 467, Government Printing Office, Washington, Dc, 1949-58).

れらは利用可能な$2p$軌道の各々に1個ずつ収容され、しかもそれらのスピンは平行である。次の元素の酸素では、$2p$軌道の一つは反対スピンをもつ1対の電子を含み、他の2個の$2p$電子は炭素の場合と同様、二つの別々の$2p$軌道を占有し、かつそれらは平行スピンをもつ。

もちろん同じ規則は縮重した$3d$軌道や縮重したいかなる軌道系列に対しても当てはまる。

この規則に基づけば原子はうまく周期的に分類される。しかしこの問題についてはこれ以上詳細な議論はしない。表1には（水素を除く）生化学物質の必須構成元素である炭素、窒素、酸素、リン、硫黄およびハロゲン類の基底状態の電子配置情報を要約した。また図13はこれらの元素における外殻のsおよびp電子の分布を詳細に記述したものである。表1は必須の生化学的金属である鉄の基底状態の電子配置も含んでいる。鉄は本書でかなり詳細に扱われる唯一の金属である。この原子は基底状態配置で$3d$電子を6個もち、それらのうちの一対は逆スピンをもち同じ$3d$軌道に収容される。他の4個の電子は残った四つの$3d$軌道を別々に占有し、かつそれらのスピンは互いに平行である。

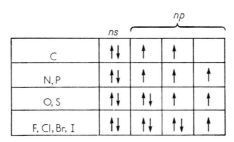

図13 特定元素の外殻における電子分布の概略

表1の最右列には対応する元素の第一イオン化ポテンシャル（ionization potential）の値が示されている。イオン化ポテンシャルとは気体状態にある原子から電子を1個取り除くに必要なエネルギーである。第一イオン化ポテンシャルは原子へ最も弱く結合した電子に対応する。これらのデータは本書でも後ほど利用されることになる。

2.3.2 原子価殻：価電子と孤立電子対

結合形成の近代理論によれば、化学結合は二つの原子間で電子対を共有することにより形成される。この形成に関与する因子は第2.4.4項で議論される。この本質的問題は原子内のどの電子が結合形成に関与するのかという問題と関係がある。明らかに、同じ原子軌道にあってすでに対をなしている電子は他の原子からの電子と結合を形成することはできない。すなわち原子の正常な原子価はその不対電子に帰せられる。たとえば窒素やリンの正常な三価はそれらの外殻にある3個のp電子によるものである。フントの規則によれば、それらの電子は3個の縮重したp軌道を占有する（図13参照）。同様にして酸素と硫黄は二価である。というのは、外殻に不対p電子は2個しか存在しないからである。一方、不対p電子を1個しかもたないハロゲン類は一価である。しかし、原子軌道上ですでに対を作っている電子は結合の形成に関して常に完全に無視され

るわけではない。たとえば NH_4^+ イオンでは窒素の $2s$ 対は明らかに補完的結合に関与している。（窒素の $2s$ 対のように）価電子が同じ殻にあるか（酸素やハロゲン類の $2p$ 対のように）同じ副殻にある孤立電子対は結合形成や分子的性質に関してしばしば重要な役割を演じる。このことはいわゆる共役分子に特に当てはまる。（本書の核心部分をなす）共役分子の電子構造は第3章で詳しく取り上げられる。このような対は一般に孤立電子対（lone pair）と呼ばれる。NとPは孤立電子対を1個もち，OとSは2個もつことに注意されたい。

2.3.3 価電子状態と混成

前節の価電子と孤立電子対の事例において炭素を省いたのは偶然ではない。事実，表1と図13および2節の定義によれば，炭素は2価でかつ $2s$ 孤立電子対をもつ。しかし周知のように，稀な場合を除き実際には炭素はすべての化合物において4価である。この現象を説明するには，分子の形成に関与する原子の「価電子状態」は最外殻に不対電子を4個もつと考えなければならない。このような電子配置は $2s$ 電子の一つを空の p 軌道へ励起することにより得られる。すなわち

$$(1s)^2,\ 2s,\ 2p_x,\ 2p_y,\ 2p_z$$

この「昇位」に必要なエネルギーは原子エネルギー項の値から分光学的に約96.4kcal/moleと見積もられた[9]。しかしこのような電子配置は完全に満足すべきものではない。というのは，この配置は互いに垂直な方向を向いた3個の等価な軌道と境界面が球対称な s 軌道を1個含むからである。このような配置はたとえば CH_4 のような基本的化合物において等価な結合を4個形成する炭素の能力を説明できない。またこのような化合物の既知幾何構造を説明することもできない。

この問題の解への手掛かりは軌道混成の考え方にある[10]。この概念に従えば，化学結合の形成に与る軌道は純粋な s 軌道や p 軌道ではなくそれらの一次結合で与えられる混成軌道である。この一次結合の推進力となるのは純粋な軌道よりも混成軌道の方が強い結合を形成するという事実である。このことは二原子間の化学結合の強度が最大重なりの原理（principle of maximum overlapping）[10,11] に支配されるという事実に由来する。この原理によれば，異なる原子にある二つの軌道の重なりが大きいほど（すなわち対応する電子分布の相互貫入が大きいほど），対合によって生じる結合は強くなる。

実際に4個の軌道 $2s,\ 2p_x,\ 2p_y$ および $2p_z$ を組み合わせると，優先方向での最大の広がりは純粋な p 軌道の広がりよりも大きくなった（なお p 軌道は s 軌道よりも広がりが大きい）。混成軌道をもたらす数学的手順は原理的には変分手順に基づいている。ここでは計算の詳細には立ち入らず[12] 最も重要な結果のみを提示する。

たとえば四つの軌道（$2s$ を1個，$2p$ を3個）を混成した場合では，得られた混成軌道の解析的表現は次のようになる。

$$\phi_1 = \frac{1}{2}(s + p_x + p_y + p_z)$$

$$\phi_2 = \frac{1}{2}(s + p_x - p_y - p_z)$$

$$\phi_3 = \frac{1}{2}(s - p_x + p_y - p_z)$$

$$\phi_4 = \frac{1}{2}(s - p_x - p_y + p_z)$$

それらの最大値は核に中心を置く正四面体の隅を向いている。このような軌道は四面体軌道（tetrahedral orbital）または sp^3 軌道と呼ばれる。このことは sp^3 軌道が s 軌道 1 個と p 軌道 3 個を混合することにより得られたことを示す。図 14 はこのタイプの軌道に対する境界面の形状を示したものである。図中に示された点線（純粋な p 軌道）と比較して最大値方向への sp^3 軌道の広がりははるかに大きい（角最大値の比はほぼ $sp^3 : p : s = 2 : \sqrt{3} : 1$ である）。

すなわち少なくとも飽和化合物では炭素の 4 価は分光学的基底状態 $(2s)^2(2p)^2$ から「価電子状態」への電子の昇位を認めることによりうまく説明される。昇位の誘因となるのは得られた軌道配置が結合形成にとってより好ましいという事実である。

混成軌道の概念はかなり一般的で，すべてではないにしても多くの化合物で用いられる。

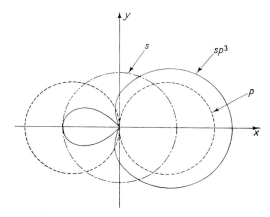

図 14　sp^3 および p または s 軌道の形状比較

s 軌道と p 軌道に関する限り，その他にも重要な混成様式が二つほどある。一つは s 軌道 1 個と p 軌道 2 個を組み合わせた sp^2 混成である。この sp^2 混成は最初の二つの p 軌道の方向を含んだ平面内で互いに 120° をなす 3 個の等価な軌道を与える。なお，第三の p 軌道は摂動を受けず前述の平面に対して垂直の方向を向く（図 15 参照）。このような混成はトリゴナル（trigonal）または sp^2 と呼ばれる。トリゴナル軌道の境界面は最大値方向への拡がりがわずかに小さいことを除けば四面体境界面のそれと形状的にほぼ同じである。

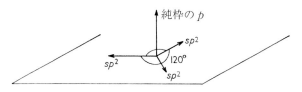

図 15　sp^2 軌道の方向的性質

s 軌道と p 軌道を混成する第三の様式では，二つの p 軌道はそのままで，残った p 軌道 1 個と s 軌道を組み合わせる．これは sp またはダイゴナル（digonal）混成と呼ばれ，完全な二つの p 軌道の方向に垂直な直線に沿って互いに反対方向を向いた二つの混成軌道を与える（図 16 参照）．ここでも，sp 軌道は sp^3 軌道や sp^2 軌道とよく似た形をもつ．しかし，その拡がりはトリゴナル軌道に比べてはるかに小さい．

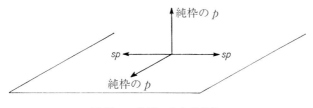

図 16　sp 軌道の方向的性質

トリゴナル混成とジゴナル混成はそれぞれエチレン様（または芳香族）化合物とアセチレン様化合物における炭素の価電子状態に対応する．このタイプの化合物については後ほどさらに詳しく取り上げることになろう．

もちろん孤立原子の価電子状態は観測できないことに注意されたい．というのは価電子状態は分子形成の際，接近し合う原子の相互摂動によって徐々に生じるからである．

2.3.4　電気陰性度

電気陰性度は化学者が経験に基づいて示唆した分子内原子の性質である．一つの報告を引用しよう[13]．「『F は元素の中で最も電気的陰性である』．化学者がこう言ったとき，化学結合 XF における電子分布はイオン対 X^-F^+ よりもイオン対 X^+F^- に近いことを意味する．X と F との電気陰性度の差は両者間で化学結合が形成される際，原子 X から原子 F への電子移動の度合いを示す尺度と見なせる」．

この概念に従えば，電気陰性度は分子内電子に対して中性原子が及ぼす引力として定義される．しかし電気陰性度は直接測定できる量ではない．そのため他の測定可能な量との関連において定義されなければならない．周知の通り，電気陰性度には二つの定義が存在する．一つは Pauling による定義であり[14]，もう一つは Mulliken による定義である[15]．Pauling の定義では，二つの元素の電気陰性度の差はそれらの元素間の実際の結合エネルギーと純粋な共有結合エネルギーとの差と関連がある．広範なエネルギーデータを利用すれば，かなり完全な電気陰性度の尺度が導かれる．ただし水素の値は任意に 2.1 と定められた．表 2 は生化学者にとって興味ある元素に対して Pauling が示した値である．

その定義から推察されるように，電気陰性度はもちろんあらゆる環境で原子を特性づける絶対的な定数ではない．というのは，それは化合物のタイプや価電子状態に依存する分子内原子の性質である．Pauling の尺度に関してはさまざまな補正を施した改良が多数試みられた．しかしどの改良も相対値を大きく変えることはなかった．そのためここではこの問題にこれ以上言及しな

いことにする。

表2 生化学的に興味深い元素の電気陰性度の値

H 2.1			
C 2.5	N 3.0	O 3.5	F 4.0
	P 2.1	S 2.5	Cl 3.0
			Br 2.8
			I 2.5

　Mulliken は元素に対する絶対的な電気陰性度の値がイオン化ポテンシャル I と電子親和力 E の平均値で定義できることを示した。ただし，E は中性原子に電子を付与して負イオンを生成する際に放出されるエネルギーである。このようにして得られた電気陰性度の値は Pauling の値に比例した。Mulliken の定義は，もし孤立原子の値の代わりに適当な I と E を使用しても，価電子状態の違いを導入できるという利点がある。しかし同時に電子親和力の実験値が少なすぎるという弱点をもつ。

　第3章では共役複素環式化合物が分子軌道法で扱われるが，電気陰性度の概念はそこでも利用される。

2.4　分子軌道の LCAO 近似

2.4.1　基本的原理

　すでに述べたように，ボルン-オッペンハイマー則が成り立つ限り分子は核が平衡位置に配置された多電子系と見なせる。すなわち第2.2節の結論に従えば，このような系の分子軌道アプローチでは，分子は逆平行スピンの対によって電子が供給される最良個別軌道の行列式で表され，その解は変分法により求まる。原子の場合には，水素原子の軌道に関する解析形の知識は試行関数の選択を容易にし，かつ計算を比較的簡単にした。しかし分子の問題は（最も簡単な等核二原子分子の場合でさえ）きわめて難しい。というのは最も簡単な水素分子イオン H_2^+ の一電子軌道でさえ，すでにきわめて複雑なため変分関数として扱うことができない。

　量子論的アプローチを分子へ拡張する際，我々が最初に遭遇するのはこれらの一電子軌道に対する適切な近似法を決める問題である。Lennard-Jones によれば，最も簡単でかつ同時にかなり満足な結果を与える近似法は LCAO（linear combinations of atomic orbitals）である [17]。

　このアプローチの基本的な考え方は次のように考えれば直感的に理解できよう。すなわち分子

内の一電子が核の近傍にあるとき，それに作用する力は主に核とその近傍にある他の電子による力である。その力は対応原子内の電子に働く力と大きく異ならない。すなわち電子の分子軌道はその核の近傍では対応電子の原子軌道に似ているはずである。もちろんこのことが成り立つのは核の近傍だけである。そこで電子の分子軌道が原子軌道の一次結合で近似できるという考え方が現れた。

$$\phi = c_1 \chi_1 + c_2 \chi_2 + \cdots c_n \chi_n \tag{55}$$

ここでこの操作は「LCAO 近似」と呼ばれる [18]。たとえば水素分子イオンの場合，原子軌道は水素原子の $1s$ 軌道である。いま核 1 および 2 の水素型原子軌道をそれぞれ $1s_1$ および $1s_2$ とすれば，分子軌道は次のように書き下される。

$$\phi = c_1(1s_1) + c_2(1s_2) \tag{56}$$

さらに二つの核が明らかに等価である場合には，分子の対称性により原子軌道 $1s_1$ と $1s_2$ は全確率関数 $|\phi|^2$ において同等の役割を演じる。したがって c_1^2 は c_2^2 に等しい。このことは分子軌道 ϕ に関して二つの可能性をもたらす。すなわち

$$\phi_1 = N_1(1s_1 + 1s_2) \tag{57}$$
$$\phi_2 = N_2(1s_1 - 1s_2) \tag{58}$$

ここで N_1 と N_2 は式(4)に示した規格化条件から容易に計算される規格化定数である。

たとえば ϕ_1 に対するこの条件は次式で与えられる。

$$N_1^2 \left[\int |1s_1|^2 dv + \int |1s_2|^2 dv + 2 \int 1s_1 1s_2 dv \right] = 1 \tag{59}$$

$1s_1$ と $1s_2$ は水素原子に対する波動関数の解であるから，それらは規格化されており，式(59)の最初の二つの積分は 1 に等しい。また式(59)の最後の積分を S とすれば，ϕ_1 に対する規格化定数は次のようになる。

$$N_1 = \frac{1}{\sqrt{2(1+S)}} \tag{60}$$

ϕ_2 に対する同様の計算は次式を与える。

$$N_2 = \frac{1}{\sqrt{2(1-S)}} \tag{61}$$

この特別な場合には対称性と規格化条件から係数の値が定まった。しかし実際には次の第 2.4.2 項で示されるように，H_2^+ に対する 2 個の $1s$ 原子軌道から構築できる最良の線形分子軌道は関数 ϕ_1 である。言い換えれば，分子エネルギーの値を極小化するのはこの関数である。すなわちこの関数は H_2^+ の基底状態を記述する。一方，関数 ϕ_2 は水素分子イオンの他の励起状態を表す。この方法は成分原子の励起状態の軌道たとえば二つの $2s$ 軌道や二つの $2p$ 軌道を組み合わせて水素分子イオンの他の励起状態も説明することができる。この問題は第 2.4.3 項で詳しく議論される。

2.4.2　線形試行関数に対する変分法

分子軌道法を原子軌道の線形結合で表すことは，二原子分子だけでなく多原子分子へも拡張で

34 第2章 基本的概念

きるかなり一般性のある概念である。このことは任意の数の原子軌道の線形結合を変分関数として用いることを意味する。そして幸運なことに変分法はこのような目的にきわめて有用で，かつ形式が比較的簡単である。関与する方程式はきわめて一般性があり，本書全体を通じて生化学系の研究に用いられる手法の基礎をなす。ここでは次にその一般的手順を説明する。

　試行関数は次の示す既知関数 χ_1，$\chi_2 \cdots \chi_n$ の線形結合で表される。

$$\phi = c_1 \chi_1 + c_2 \chi_2 + \cdots + c_n \chi_n \tag{62}$$

ただし原子軌道 χ_i は次式により規格化され，その値は 1 である。

$$\int |\chi_i|^2 dv = 1 \tag{63}$$

また χ_i は実数である。この仮定は本書で扱われる問題では正当化される。

　方法のもつ数学を理解するには二つの χ 関数から ϕ を組み立てる方法を詳しく説明する必要がある。すなわち

$$\phi = c_1 \chi_1 + c_2 \chi_2 \tag{64}$$

エネルギー関数(37)は次式で与えられ，その極小化は未知係数 c_1，c_2 を与える。

$$E = \frac{\int \phi H \phi dv}{\int \phi \phi dv} = \frac{c_1^2 \int \chi_1 H \chi_1 dv + 2c_1 c_2 \int \chi_1 H \chi_2 dv + c_2^2 \int \chi_2 H \chi_2 dv}{c_1^2 \int |\chi_1|^2 dv + 2c_1 c_2 \int \chi_1 \chi_2 dv + c_2^2 \int |\chi_2|^2 dv} \tag{65}$$

展開はハミルトニアンの一般的性質を考慮すれば得られる。すなわち行儀の良い関数にハミルトニアンを作用させると（実関数の場合）次の関係が成立する。

$$\int \chi_1 H \chi_2 dv = \int \chi_2 H \chi_1 dv \tag{66}$$

簡単に表すため次の記法が一般に用いられる。

$$\int \chi_i H \chi_j dv = H_{ij} \tag{67}$$

$$\int \chi_i \chi_j dv = S_{ij} \tag{68}$$

これらの記法を用いると式(65)は次のように書き直される。

$$E = \frac{c_1^2 H_{11} + 2c_1 c_2 H_{12} + c_2^2 H_{22}}{c_1^2 + c_2^2 + 2c_1 c_2 S_{12}} \tag{69}$$

極小化の条件は次の通りである。

$$\frac{\partial E}{\partial c_1} = 0 \tag{70}$$

$$\frac{\partial E}{\partial c_2} = 0 \tag{71}$$

式(69)を直接微分すると次の二つの方程式が得られる。

$$\frac{(c_1 H_{11} + c_2 H_{12})}{c_1^2 + 2c_1 c_2 S_{12} + c_2^2} - (c_1 + c_2 S_{12}) \frac{c_1^2 H_{11} + 2c_1 c_2 H_{12} + c_2^2 H_{22}}{(c_1^2 + 2c_1 c_2 S_{12} + c_2^2)^2} = 0$$

$$\frac{(c_1 H_{12} + c_2 H_{22})}{c_1^2 + 2c_1 c_2 S_{12} + c_2^2} - (c_1 S_{12} + c_2) \frac{c_1^2 H_{11} + 2c_1 c_2 H_{12} + c_2^2 H_{22}}{(c_1^2 + 2c_1 c_2 S_{12} + c_2^2)^2} = 0 \tag{72}$$

　式(69)を代入すると式(72)は次のように書き換えられる。

$$c_1 H_{11} + c_2 H_{12} - (c_1 + c_2 S_{12}) E = 0 \tag{73}$$

$$c_1 H_{12} + c_2 H_{22} - (c_1 S_{12} + c_2) E = 0$$

式(73)は通常次のように書き直される。

$$c_1(H_{11} - E) + c_2(H_{12} - ES_{12}) = 0$$
$$c_1(H_{12} - ES_{12}) + c_2(H_{22} - E) = 0 \tag{74}$$

これらの二つの式は同時に満たされなければならない。第一の式から c_1 を求めると次のようになる。

$$c_1 = -c_2 \frac{H_{12} - ES_{12}}{H_{11} - E} \tag{75}$$

また式(75)を式(74)の第二の式へ代入すると次式が得られる。

$$-\frac{(H_{12} - ES_{12})^2}{H_{11} - E} + H_{22} - E = 0 \tag{76}$$

整理すると

$$E^2(1 - S_{12}{}^2) - E(H_{11} + H_{22} - 2S_{12}H_{12}) + H_{11}H_{12} - H_{12}{}^2 = 0 \tag{77}$$

E の値はこの式から定まる。式(77)の最小解は式(64)の線形結合から得られる最良のエネルギー値を与える。このエネルギー値を計算し式(75)へ代入すれば比 c_1/c_2 の値が得られる。最後に全波動関数 ϕ を規格化すれば両係数の値も数値的に定まる。

この一般図式は，いかなる数の基底関数群 χ へも容易に拡張される。たとえば3個の関数 χ_1，χ_2 および χ_3 からなる試行関数 ϕ の場合には，式(74)に対応する方程式群は次のようになる。

$$c_1(H_{11} - E) + c_2(H_{12} - ES_{12}) + c_3(H_{13} - ES_{13}) = 0$$
$$c_1(H_{12} - ES_{12}) + c_2(H_{22} - E) + c_3(H_{23} - ES_{23}) = 0$$
$$c_1(H_{13} - ES_{13}) + c_2(H_{23} - ES_{23}) + c_3(H_{33} - E) = 0 \tag{78}$$

これらの方程式から係数を消去すると E に関する三次方程式が得られる。その最小根は系のエネルギーに対する最良の近似となる。また式(78)において E をこの値で置き換え，さらに規格化条件を用いれば係数が求まる。

一般に基底関数 χ の数が任意のとき ϕ は次式で与えられる。

$$\phi = \sum_i c_i \chi_i \tag{79}$$

この場合には一連の連立方程式は次のように表される。

$$\sum_j c_j (H_{ij} - ES_{ij}) = 0 \tag{80}$$

i の各値に対して方程式が1個対応する。この同次線形方程式群はしばしば永年方程式（secular equation）と呼ばれる。一般にその解 c_j が得られるのは E が次の条件を満たしたときである[19]。

$$|H_{ij} - ES_{ij}| = 0 \tag{81}$$

このことは係数 c_i で作られた永年行列式（secular determinant）がゼロでなければならないことを意味する。この条件は E の次数が関数 χ_j の数に等しいことを示す。この方程式の最小根は系の基底状態に対応する最良エネルギー値を与える。また変分原理の拡張は他の E 値が系の励起状態エネルギーの良好な近似値であることを示した。

式(81)の永年方程式を解き，ひとたび E の値が得られたならば対応する係数や波動関数が計

2.4.3 二原子系の LCAO 分子軌道
(A) 一電子の場合の LCAO 近似

水素分子イオンに対する式(57)と式(58)の分子軌道へ立ち戻ろう。それらは $1s$ 原子軌道が 2 個組み合わされた軌道で、その方程式の解は線形変分法により解かれた。この方法によればエネルギー値は次の方程式の解である。

$$E^2(1-S^2) - 2E(H_{11} - SH_{12}) + H_{11}^2 - H_{12}^2 = 0 \tag{82}$$

χ_1 と χ_2 は同じであるから $H_{11} = H_{22}$ が成立する。すなわち式(82)は式(77)から導かれる。この方程式の解は次のようになる。

$$E_1 = \frac{H_{11} + H_{12}}{1 + S} \tag{83}$$

$$E_2 = \frac{H_{11} - H_{12}}{1 - S} \tag{84}$$

これらの値を式(75)へ代入すると比 c_2/c_1 の値が求まる。その値は E_1 では $+1$、E_2 では -1 であった。したがって水素分子イオンの分子軌道 ϕ_1 と ϕ_2 に対して式(57)と式(58)が得られた。正確なハミルトニアンは次式で与えられる (第 2.1.5A 項)。

$$H = -\frac{h^2}{8\pi^2 m}\nabla^2 - \frac{e^2}{r_A} - \frac{e^2}{r_B} \tag{85}$$

H_{11} と H_{12} はいずれも数値的に計算可能である。このことは核間距離の関数としての電子エネルギー E_1 と E_2 の値をもたらした。その結果によると、E_1 は特定の核間距離で極小点を与えたが、E_2 は核間距離が減少しても常に増加し続けた。すなわち E_1 は安定な分子状態に対応するのに対し、E_2 は $H + H^+$ へと解離する不安定な状態を表す。このような理由に基づき、第一の状態は結合性 (bonding) と呼ばれ、第二の状態は反結合性 (antibonding) と呼ばれる。図 17 は E_1 と

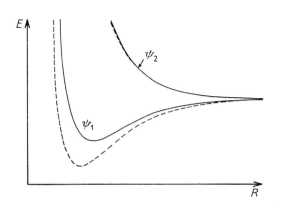

図 17 核間距離と H_2^+ の LCAO エネルギーとの関係。点線は正確な関数に対応する (引用文献 3 を参照).

E_2 に核間反発エネルギー（e^2/R）を付け加えた全分子エネルギーの変動を示したグラフである。エネルギーの LCAO 近似値と正確な計算結果との対応はかなり良好であった。

ϕ_1 と ϕ_2 が核間軸の回りで円筒対称な電子分布をもつことはそれらの式から明らかである。また第 2.1.5B 項の表記法に従えば，それらはいずれも σ 軌道である。図 18 はそれらの境界面の形状を示したものである。すなわち ϕ_1 では電子密度が核間領域にかなり積み重なっている。一方，ϕ_2 ではその領域の電子密度は低い。この状況は ϕ_1 を結合性，ϕ_2 を反結合性とする指定を実証している。それらはそれぞれ記号 σ と σ^* で示される。

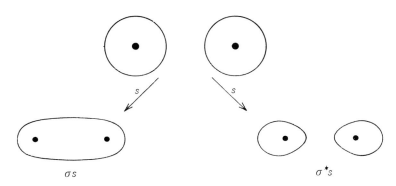

図 18　1s 原子軌道から構築された結合性および反結合性 σ 軌道の境界面

エネルギーに関する式(83)と式(84)の慎重な検討は手法の特徴をなす基本量の意味について興味深い光を投げかけた。電子エネルギーは包括的に次式で表される。

$$E = \frac{\alpha \pm \beta}{1 \pm S} \tag{86}$$

ただし次の関係が成り立つとする

$$H_{11} = \alpha \tag{87}$$
$$H_{12} = \beta \tag{88}$$

ここで α と β はエネルギー演算子の行列要素で，それぞれクーロン積分（Coulomb integral）および共鳴積分（resonance integral）と呼ばれる。また積分 S はすでに遭遇したことのある重なり積分（overlap integral）である。この重なり積分は二原子間における電子分布の重なりの程度を表す尺度である。

エネルギー式へのこれらの積分の寄与様式は試行関数の形すなわち原子軌道の一次結合からもたらされる。たとえばもしおおよその分子軌道として単に原子軌道 1s を選択し，電子エネルギーの修正に他核の場のみを許容するならば，このエネルギーは次のようになる。

$$\int 1s_1 H 1s_1 dv \tag{89}$$

ただしハミルトニアンは式(85)で表されるとする。この場合，エネルギーはクーロン積分 α に等しい。近似分子軌道として二個の原子軌道の線形結合を選べば，全エネルギーは共鳴積分 β に依存する量だけ修正される。この点をさらに明確にするには次の特別な量 γ を定義すると都合が好

い。

$$\gamma = \beta - S\alpha \tag{90}$$

式 (86) の β を対応する値 $\gamma + S\alpha$ で置き換えると E_1 と E_2 に関する式は次のようになる。

$$E_1 = \alpha + \frac{\gamma}{1+S} \tag{91}$$

$$E_2 = \alpha - \frac{\gamma}{1-S} \tag{92}$$

この表し方の利点は E_1 と E_2 が α からそれぞれ量 $\frac{\gamma}{1+S}$ と $-\frac{\gamma}{1-S}$ だけ異なることを示せることである。すなわち実際には共鳴積分の名に値する量は γ である。というのは，それはエネルギー値の修正量を表すからである。線形結合関数を用いたときにはこの修正量は電子が核上あるいは核間で「共鳴」または「交換」されたときに生じる。これらの積分の重要性については第 3 章でさらに詳しく論ずることになる。

真の解では結合性軌道と反結合性軌道のエネルギー式に含まれる分母はそれぞれ $1+S$ と $1-S$ である。そのため，結合性軌道の「結合性」は反結合性軌道の「反結合性」に比べて弱いことに注意されたい。このことは第 2.4.3B 項で利用される。

すでに指摘した通り，励起状態の分子軌道は二つの励起原子軌道の一次結合により得られる。有効な組合せを生じる軌道の性質に関しては次に示す実際的な規則が存在する。すなわち

(a)　それぞれの原子に含まれる χ_1 と χ_2 のエネルギーは同程度の大きさでなければならない。

(b)　χ_1 と χ_2 に対応する電子分布はできる限り重なり合う必要がある。

(c)　χ_1 と χ_2 は分子軸に関して同じ対称性をもたなければならない。

規則 (a) と (b) はここで適用されたように変分法の方程式から容易に導かれる[21]。たとえば式 (83) と式 (84) によると，もし（S と H_{12} がいずれもきわめて小さく）条件 (b) が満たされなければ，E_1 と E_2 は H_{11} と等しくなり，このような軌道を結合させても結合性は得られない。また規則 (c) は関与する関数が同じ対称性をもたなければ，演算子の行列要素はすべてゼロになるという事実からもたらされる。

H_2^+ へのこれらの規則の適用は最良の組合せが次のようになることを示した。

$1s_1 + 1s_2,$

$2s_1 + 2s_2,$

$(2p_x)_1 + (2p_x)_2,$

$(2p_y)_1 + (2p_y)_2,$

$(2p_z)_1 + (2p_z)_2,$

$3s_1 + 3s_2$

……

これらのさまざまな線形結合へ変分法を適用すると，エネルギー値と分子軌道に対して $1s$ 原子関数の場合と同様な式が得られる。また積分に対して適当な値を与えればそれらの数値も計算可能である。得られた一般的結果は次の通りである。

(a) 二つ原子軌道の線形結合は，すでに定義された意味で結合性軌道 1 個と反結合性軌道 1 個の計 2 個の分子軌道を生成する。

(b) 二つの s 軌道または二つの p 軌道（z 軸を核間軸とする）の組合せは分子軸のまわりで円筒対称な電荷分布をもたらし σ 型軌道を生じる。結合性の組合せでは核間に高い電子密度が現れる。一方，反結合性の組合せでは核間の電子密度は低い。それらの成分原子軌道によれば，結合性と反結合性の σ 軌道は $\sigma 1s$, $\sigma^* 1s$, $\sigma 2s$, $\sigma^* 2s$, $\sigma 2p$, $\sigma^* 2p$, … と呼ばれる。図 19 は 2 個の p_z 原子軌道から σ および σ^* 分子軌道が形成される様子を図式的に示したものである。このような連結は p 軌道のアキシャル連結（axial coupling）と呼ばれる。

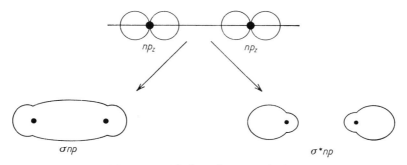

図 19　p_z 原子軌道から作られた σ 軌道

(c) 2 個の p_x 軌道または 2 個の p_y 軌道の組合せは電子分布が核間軸のまわりで対称とならない分子軌道を生じる。たとえば 2 個の p_x 原子軌道から生じた結合性分子軌道は zx 面にある二つのバナナ型領域からなり（図 20 参照），それらの領域は元の p_x 軌道に対する節面によって分離されている。このような分子軌道は π 軌道と呼ばれる。結合性軌道には π_x と π_y があり，反結合性軌道には π_x^* と π_y^* がある。この場合，結合性軌道では電子は核間に蓄積し，反結合性軌道ではその領域の電子密度は低い。

p_x または p_y 軌道の連結は p 軌道のパラレル連結（parallel coupling）と呼ばれる。一方，σp 結合の形成に関与した連結はアキシャル連結であった。

これらの σ および π LCAO 軌道と第 2.1 節で述べた正確な H_2^+ 軌道との関連は明らかである。すなわち LCAO アプローチの利点は，正確だが抽象的な計算の結果を個々の原子から導かれた結合形成の周知の概念と結びつけることができる点である。

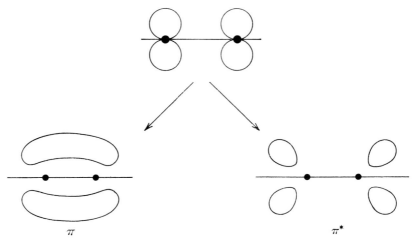

図20 π および π* 軌道の生成に関する概略

(B) 二原子分子の表し方

前述の結果と「構成」原理（第2.2.2項参照）は，多電子分子の LCAO 近似においても分子軌道を記述する際の基礎となる。実際，このような記述は次の仮定に基づいている。

(1) 分子の基底状態では，逆平行スピンをもつ電子対はエネルギーが増加する順に個々の分子軌道を占有する。

(2) 分子軌道は原子軌道の一次結合で近似される。

(3) 電子的相互作用は分子軌道のレベルで導入される。言い換えれば，個々の分子軌道は少なくとも一部，電子的相互作用を考慮して決められる。これを行う最も簡単な方法は，すでに述べた線形変分法の方程式で一電子「有効」ハミルトニアンを用いて行列要素を決めることである。

(4) 分子の励起状態は基底状態を占有する分子軌道から空軌道へ電子を昇位させることにより得られる。

簡単な二原子分子の構造と安定性はこの図式を用いればうまく説明される。

すなわち第一周期元素の二原子分子の分子軌道に対するエネルギーは次の順序で増加する[22]。

$$\sigma 1s < \sigma^* 1s < \sigma 2s < \sigma^* 2s < \sigma 2p < \pi_x 2p = \pi_y 2p < \pi_x^* 2p = \pi_y^* 2p < \sigma^* 2p$$

したがって水素分子の基底状態では，その2個の電子は $\sigma 1s$ 分子軌道へ割り当てられる。この $\sigma 1s$ 分子軌道は式(60)の規格化定数をもち，その解析形は式(57)の ϕ_1 で表される。また有効ハミルトニアンの値を適当に設定したとき，対応するエネルギーは式(83)で与えられる。このことは使用されたクーロン積分と共鳴積分が H_2 に対して適切であり，暗に電子的相互作用を含むことを意味する。

次に考えられる二原子分子はヘリウム分子（He_2）である。実際にはこの分子は存在しない。しかし，分子軌道による表現はこのような分子が不安定である理由をうまく説明した。すなわち He_2 は次の電子配置をもつはずである。

$$\text{He}_2 : (\sigma 1s)^2 (\sigma^* 1s)^2$$

エネルギーの観点からはこの配置は都合が悪い。というのはすでに見たように，反結合性軌道は対応する結合性軌道が結合性であるよりもさらに反結合性が強い。（式(91)と式(92)を参照）。そのため，もし両方の軌道が同数の電子で占有されたならば，全体として電子雲の反発が起こることになる。

実際には，同数の電子が結合性軌道と関連反結合性軌道を占有すると，原子間結合へのそれらの寄与は相殺される。このような軌道群と関連した電荷分布は対応する原子分布の和とほとんど等しい。このことは分子では内殻電子がその原子特性をかなり保存していることを意味する。

たとえば電子対でそれぞれ占有された $\sigma 1s$ 軌道と $\sigma^* 1s$ 軌道の重ね合わせから生じる電荷分布は次式で与えられる。

$$2\left[\frac{(1s_1 + 1s_2)^2}{2(1+S)} + \frac{(1s_1 - 1s_2)^2}{2(1-S)}\right] \tag{93}$$

この式は次のように書き直される。

$$\frac{2}{1-S^2}\left[(1s_1)^2 + (1s_2)^2 - 2S(1s_1 1s_2)\right] \tag{94}$$

さて，二つの $1s$ 軌道の重なり積分 S は原子番号や核間距離の増加と共にすみやかに減少し，Li_2 ではすでに無視できる程度の大きさである。このことは式(94)に示した電荷分布が二つの $1s$ 原子分布の和にまで減少することを意味する。

さらに S が無視できるときエネルギーは次の値にまで減少する。

$$\alpha + \beta \tag{95}$$

および

$$\alpha - \beta \tag{96}$$

すなわちそれらの和は共鳴積分には全く依存しない。

したがって Li_2 の電子配置は次のように表される。

$$\text{Li}_2 : (\sigma 1s)^2 (\sigma^* 1s)^2 (\sigma 2s)^2$$

$\sigma 1s$ 軌道と $\sigma^* 1s$ 軌道からの寄与は互いの効果を消し合い，結合は実質的に二つの $2s$ 電子間に形成された σ 型一重結合によるものとなる。

同様の規則を適用すると N_2 分子は次のように表される。

$$\text{N}_2 : (\sigma 1s)^2 (\sigma^* 1s)^2 (\sigma 2s)^2 (\sigma^* 2s)^2 (\sigma 2p)^2 (\pi 2p_x)^2 (\pi 2p_y)^2$$

結合は明らかに p_z 軌道のアキシアル連結（$\sigma 2p$ 結合）と p_x（および p_y）軌道のパラレル連結に基づく三重結合によるものである（二つの $\pi 2p$ 結合は互いに垂直）。

O_2 分子はかなり特別でその電子配置は次のように表される。

$$\text{O}_2 : (\sigma 1s)^2 (\sigma^* 1s)^2 (\sigma 2s)^2 (\sigma^* 2s)^2 (\sigma 2p)^2 (\pi 2p_x)^2 (\pi 2p_y)^2 (\pi^* 2p_x)(\pi^* 2p_y)$$

この分子では最初の σ 型結合は2個の電子が $\sigma 2p$ 軌道を占有することによるものである。さらに分子は4個の電子が二つの結合性 π 軌道を占有し，かつ2個の電子が二つの反結合性 π^* 軌道を占有した状態にある。反結合性 π^* 軌道の縮重と電子数の不足により軌道は完全に占有されて

42　第2章　基本的概念

いない。そのためこれらの二つのπ^*軌道はそれぞれ電子を1個しか含まない。したがって全体のπ結合性は2個の電子によるものであり，この事実は二重結合の一般概念と矛盾しない。この結果はO_2のビラジカル性や関連常磁性をも説明した。

　一般に一重結合は常にσ結合である。また二重結合は常に1個のσ結合と1個のπ結合からなり，三重結合は1個のσ結合と相互に垂直な2個のπ結合から構成される

　異核二原子分子も同様の様式で表現される。等核二原子分子との違いは一電子分子軌道が電気陰性度の高い原子の方へ歪んでいることである。次の線形結合を考えてみよう。

$$\phi = c_1 \chi_1 + c_2 \chi_2 \tag{97}$$

比c_2/c_1はもはや± 1ではなく行列要素H_{11}とH_{22}の相対値に依存するようになる。これらの行列要素は分子内の電子に対する各原子の引力を表す。中心対称の欠如を除いて上述の結果は明らかにすべて当てはまる。特にσ分子軌道とπ分子軌道への分割や結合性分子軌道と反結合性軌道への分割，電子配置の表示に関する規則などはそうである。

2.4.4　多原子分子

（A）　局在化結合と非局在化結合

　原理的には多原子分子へのLCAO分子軌道近似の拡張は容易である。次にその正しい手順を示す。まず個々の分子軌道は分子を構成するすべての原子の原子軌道の線形結合で表される。これらの軌道は有効ハミルトニアンを用いた変分法により評価される。また構成原理に基づき，逆平行スピンを対にして電子は最も安定な軌道へ供給される。

　しかし実際問題として，多原子分子へのLCAO分子軌道操作の適用は一般に簡易化された形で行われる。実際には多原子分子は二つの基本カテゴリーすなわち非共役（non-conjugated）分子と共役（conjugated）分子へ分割され，それぞれに対して別々のタイプの近似が適用される。第一のカテゴリーは飽和物質すなわち一重結合のみを含んだ物質や（他の多重結合や原子価殻に孤立電子対をもつ原子から少なくとも1個の飽和原子によって隔てられた）孤立多重（二重，三重）結合を含んだ物質である。第二のカテゴリーを構成するのは共役分子である。このグループには多重結合を2個以上もつ化合物や多重結合の隣に孤立電子対をもつ化合物が含まれる。たとえば水（H_2O），メタン（CH_4），エチレン（C_2H_4），アセチレン（C_2H_2）は非共役分子のカテゴリーに属し，ブタジエン（$CH_2 = CH - CH = CH_2$），ベンゼン（C_6H_6），クロロエチレン（$CH_2 = CHCl$）は共役分子のカテゴリーに属する。

　このような分割は理論的にも実験的にも可能である。理論的観点からは分割は局在化（localized）分子軌道と非局在化（non-localized）分子軌道の区別に基づいて行われる。すなわち化合物の特定結合と関連した二中心分子軌道と分子全体の枠組み（あるいはその大部分）と関係した多中心分子軌道は区別される。局在化結合として表したとき，非共役分子の電子構造は少なくとも第一近似としてうまく説明される。このような化合物は互いにほぼ独立した結合空間において並置によって組み立てられる。各結合は二原子分子の分子軌道と同様，局在化した二中心分子軌道によって記述される。一方，共役分子の構造は第一近似でさえもこのような簡単な手順

2.4 分子軌道のLCAO近似　43

では記述できない。この場合に使われるのは多中心分子軌道である。

　実験的には局在化結合と非局在化結合（または共役分子と非共役分子）の区別は結合的性質の加成性の有無といった形で現れる。局在化分子軌道による多原子分子の記述はこのような化合物を作る結合の性質が本質的に不変であり，一方から他方へ結合が移動したときその変化はほとんど無視できることを意味する。結合的性質のこのような不変性は共役分子では期待できない。実験はこの区別を立証した。特に局在化結合と関連した一連の性質は非共役分子の全カテゴリーで実質的に変わらないことが確認された。このような性質には結合エネルギー（たとえば非共役分子のエネルギーは構成結合のエネルギー和で与えられる），結合距離，振動周波数，力の定数，極性などがある。表3には重要な局在化結合に対するこれらの特性のいくつかを示した[23]。

表3　局在化した結合の特性

結合	距離（Å）	エネルギー（kcal/mole）[a]
C—C	1.54	83.1
C=C	1.33_5	147
C≡C	1.21	194
N—N	1.45	38.4
N=N	1.24	100
N≡N	1.10	226
C—N	1.47	69.7
C=N	1.26	147
C≡N	1.15	213
C—O	1.43	84.0
C=O	1.14	171 アルデヒド類
		174 ケトン類
C—S	1.82	62.0
C=S		114
C—Cl	1.76	78.5
O—H	0.96	110.6
N—H	1.01	93.4
S—H	1.35	81.1
C—H	1.09	98.8

[a] Pauling, L., *The Nature of the Chemical Bond*, 3rd ed., Cornell University Press, Ithaca, N.Y., 1960.

　次章では共役分子の問題と非局在化分子軌道について詳しく説明される。本章の最終節では局在化結合の近似の条件と重要性が少し明快に指摘される。この目的に適した事例を次に紹介する。

　ここでは最も簡単な三原子分子の一つである水（H_2O）を考えてみよう。酸素原子の電子配置は $(1s)^2(2s)^2(2p_z)^2 2p_x 2p_y$ である。結合形成に利用される原子軌道は酸素の $2p_x$ 軌道と $2p_y$ 軌道および水素原子の2個の $1s$ 軌道である。結合は最大重なりの原理に従って形成される。すなわちこの場合，水素原子は x 軸と y 軸に沿って配置される（図21参照）。このような配置では重なりは軌道 $2p_x - 1s_1$ と $2p_y - 1s_2$ の各対に対して最大となる。同時に，Oの $2p_x$ 軌道と H_2 の $1s$ 軌道（あるいはOの $2p_y$ 軌道と H_1 の $1s$ 軌道）との間に重なりはない。重なりのない原子軌道と関係のあ

る行列要素は無視できるほど小さいので，原子軌道の線形結合は実質的に二中心分子軌道の問題へ還元される。

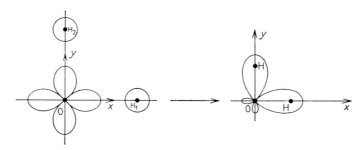

図 21　H$_2$O における結合の形成

この事例は局在化結合の条件と形成機構を説明した一例である。このような結合は 2 個の隣接原子軌道に強い相互重なりが存在するときのみ可能である。ただしこれらの二つの軌道が近傍に存在する他の原子軌道と重なり合う可能性は除外される。このような条件は飽和分子では一般に多く認められる。そのためそれらの結合は大部分，互いに電子的に独立であると考えられる。同じ条件は次章で見るように共役分子ではもはや満たされない。このような近似は共役分子では破綻するからである。

同じ水分子の事例は局在化結合の近似の限界を示すのにも使われる。すなわち，もしこの近似が完全に正しければ，二つの OH 結合間の角度は 90° になるはずである。しかし実際には，その値は 90° よりも少し大きい（約 104°）。理論値からの逸脱は近似が一部失敗したことを示す。原子価角が増加した本質的原因は 2 個の水素間の静電的反発の存在である。2 個の水素はいずれも O−H 結合の極性により形式正電荷を帯びている。そのため二つの O−H 結合の間には反発が存在し，かつ酸素孤立電子対の介入も考えられる。したがって水の二つの O−H 結合は互いに完全に独立した厳密な局在化結合とは考えにくい。実際にはこのような仮定は正しくない。多原子分子は常に複雑な構造をもち，そのさまざまな部分はたとえわずかではあっても必ず互いに相互作用している。この意味において局在化結合の説明は完全に正しいものではない。にもかかわらず，大きな分子群に対する第一近似として満足すべき結果を与える。

(B)　基本的な炭素化合物の構造

第 2.3 節で指摘されたように，分子内の原子の記述に適した原子軌道は s, p, d などの純粋な軌道ではなく混成軌道である。また，これらの混成軌道は分子軌道を作るために線形結合の形で利用される。このことは特に炭素化合物によく当てはまる。この元素は生化学において基本的に重要である。ここでは非共役系に属する含炭素分子の代表的構造について簡単に要約する。

メタン（CH$_4$）のような飽和炭化水素では炭素は sp^3 混成の状態にあり，四つの C−H 結合の形成には 4 個の四面体混成軌道が使われる。これらの混成軌道の各々はもっぱら水素原子の 1s

軌道と重なり合う。四つの結合は σ 型で正四面体の頂点へ向かい，正四面体の中心は炭素原子によって占有される。

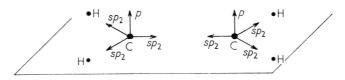

図 22　エチレン（C_2H_4）の形成における炭素の原子軌道の方向性

エチレンでは二つの炭素は sp^2 混成の状態にある。それらの各々は同一平面に三つの混成軌道を配し，互いに 120° の角をなす。また，混成軌道の平面に垂直な方向には純粋な p 軌道が 1 個存在する。混成軌道はエチレンの五つの σ 結合が作り出す基本骨格の形成に利用される。σ 結合の内訳は C–H 結合 4 個と C–C 結合 1 個である。また二つの純粋な p 軌道は横方向の重なりにより π 型の C–C 結合を生じる（図 22 参照）。p 軌道の横方向の連結は最大重なりの原理に従う。このことはこれらの二つの軌道が同じ方向を向くことを意味する。π 結合の形成は分子内のすべての原子を共平面の状態にする。エチレンの炭素–炭素二重結合では σ 結合（C–C 軸の回りの円筒対称な電子分布）に π 結合（分子表面に垂直な平面の近傍に局在化する電子分布）が重なり合う。実際にはいかなる二重結合もこのような構造をとる。

最後にアセチレンでは二つの炭素は sp 混成の状態にある。それらは二つの sp 混成軌道を逆方向に配し，かつ二つの純粋な p 軌道は相互に垂直である。混成軌道は三つの σ 結合の形成に利用される。σ 結合の内訳は C–H 結合が二つ，C–C 結合が一つである。p 原子軌道は二つの π 分子軌道を形成し，それらは互いに垂直な方向を向いている（図 23 参照）。すなわちアセチレンの三重炭素–炭素結合は σ 結合一つと相互に垂直な二つの π 結合から構成される。いかなる三重結合もすべて同様の構造をもつ。

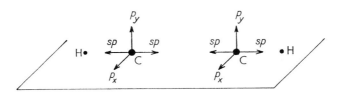

図 23　アセチレン（C_2H_2）の形成における炭素の原子軌道の方向性

引用文献

1. 関数 f の複素共役は f^* で表される。これは式 f の中の i を $-i$ で置き換えることにより得られる。さらに積 f^*f は（i を含まず）常に実数である。それは $|f|^2$ と書かれ，f 二乗の絶対値と呼ばれる。
2. 本書を通して，波動関数という名称は時間に依存しない部分 ψ を表すのに用いられる。
3. Mulliken, R. S., *Phys. Rev.*, **41**, 49 (1932).

4. Milliken, R. S., *J. chim. phys.*, **46**, 497 (1949).

5. Kauzmann, W., *Quantum Chemistry*, Academic Press, New York, 1957.

6. Pullman, B., and Pullman, A., *Les Théories Electroniques de la Chimie Organique*, pp. 134-5, Masson, Paris, 1952.

7. Eyring, H., Walter, J., and Kimball, G. E., *Quantum Chemistry*, Section 4d, Wiley, New York, 1944.

8. Zener, C., *Phys. Rev.*, **36**, 51 (1930); Slater, J. C., *Phys. Rev.*, **36**, 57 (1930); Guillemin, V., and Zener, C., *Z. Physik*, **61**, 199 (1930).

9. Shenstone, A. C., *Phys. Rev.*, **72**, 411 (1947).

10. Pauling, L., *Proc. Natl. Acad. Sci. U. S.*, **14**, 359 (1928).

11. Pauling, L., *J. Am. Chem. Soc.*, **53**, 1367 (1931).

12. 炭素の場合： Pullman, B., and Pullman, A., *Les Théories Electroniques de la Chimie Organique*, pp. 43-54, Masson, Paris, 1952.

13. Pritchard, H., and Skinner, H. A., *Chem. Revs.*, **55**, 745 (1955).

14. Pauling, L., *J. Am. Chem. Soc.*, **54**, 3570 (1932).

15. Mulliken, R. S., *J. Chem. Phys.*, **2**, 782 (1934).

16. Pauling, L., *The Nature of the Chemical Bond*, 3rd ed., p. 90, Cornell University Press, Ithaca, N. Y., 1962.

17. Lennard-Jones, J. E., *Trans. Faraday Soc.*, **25**, 668 (1929).

18. Mulliken, R. S., *J. Chem. Phys.*, **3**, 375 (1935).

19. 行列式に対する省略記法である $|H_{ij} - ES_{ij}|$ は次の行列式を表すことに注意されたい。

$$\begin{vmatrix} H_{11} - ES_{11} & H_{12} - ES_{12} & \cdots & H_{1n} - ES_{1n} \\ H_{21} - ES_{21} & H_{22} - ES_{22} & \cdots & H_{2n} - ES_{2n} \\ \cdot & \cdot & & \cdot \\ \cdot & \cdot & & \cdot \\ \cdot & \cdot & & \cdot \\ H_{n1} - ES_{n1} & H_{n2} - ES_{n2} & \cdots & H_{nn} - ES_{nn} \end{vmatrix}$$

20. Coulson, C. A., and Longuet-Higgins, H. C., *Proc. Roy. Soc. (London)*, **A191**, 39 (1947).

21. Coulson, C. A., *Valence*, 2nd ed., Oxford University Press, Oxford, 1961.

22. しかし最後の二つの軌道は B_2 と C_2 から N_2 と O_2 へ行く際に入れ替わる。

23. Pullman, B., and Pullman, A., *Les Théories Electroniques de la Chimie Organique*, pp. 85-114, Masson, Paris, 1952.

第3章　共役分子

3.1　非局在化π電子と多中心分子軌道

　前章の終わりに述べたように，一重結合のみで形成された分子や孤立二重結合を含んだ分子は，少なくとも第一近似では，隣接原子間の電子軌道の比較的閉鎖的な連結によって形成された局在化結合からなり，特徴的な結合的性質を備える。この簡単な近似が破綻する共役分子ではより複雑な状況が生じる。この状況は具体的な事例の考察を通じてうまく視覚化される。ここでは最も簡単な共役系の一つであるブタジエン分子（Ⅰ）を考えてみよう。

$$\mathrm{CH_2=CH-CH=CH_2}$$

Ⅰ．ブタジエン

この分子は最も簡単な共役系の一つである。古典的な化学的表現によれば，この分子は炭素-炭素一重結合で隔てられた二つの炭素-炭素二重結合からなる。

　前章の最終節に示したように，二重結合を含んだ化合物における炭素原子の原子価状態は sp^2 混成である。すなわち炭素はその配置において，互いに120°の角をなす3個の共平面な sp^2 混成軌道と混成軌道面に垂直な方向に純粋な p 軌道をもつ。エチレン分子ですでに見たように，二つのこのような炭素はトリゴナル軌道面が一致するように配置されるので，それらの p 軌道は平行になる。これは軌道間の側面の重なりが最大になる配置であり，かつ系全体に対して最大の安定化をもたらす配置でもある。ブタジエンの場合には，この機構は隣接炭素対の間ではたらく。そのため4個の p 電子は平行になる傾向がある。この傾向は炭素-炭素一重結合と炭素-水素一重結合からなる系全体の共平面配置を補強することになる。研究のこの段階では，一重結合と p 軌道

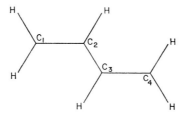

図1　ブタジエンにおける一重結合の共平面配置

の配置はそれぞれ図1と図2のようになる。

明らかにこのような配置では，C—C と C—H の一重結合は局在化された σ 型で局在化結合の近似によってうまく記述される。しかし p 軌道によって形成される結合に関しては状況はまったく異なる。図2を一瞥すると，炭素2の p 軌道は右側と左側の炭素軌道と等しく重なり合う。すなわち炭素2の p 電子は炭素1の p 電子や炭素3の p 電子と完全に共役しているとは考えられない。

同様の考察は炭素3の p 電子と炭素2および4の p 電子との共役にも当てはまる。言い換えればこの場合，隣接炭素間のいかなる対に対しても p 電子の厳密な局在化は起こらない。すなわち離散した「二重」結合の存否は不明である。このような構造では二重結合は非局在化（delocalized）されている。すなわち分子内の結合は純粋に一重とか二重とか考えるべきではなく中間タイプの新しい結合と考えるべきである。時々指摘されるように，それらはいくらか二重結合的性質をもった一重結合である。実際には状況は次のように述べるのが正しい。すなわち4個の p 軌道は（まだ確立されてはいないが）特有の様式で分子の枠組み全体にわたって分布する一つの π 電子雲と考えるべきである。

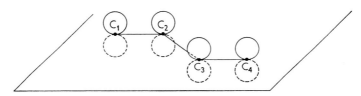

図2　ブタジエンにおける p 軌道の配置

したがってこのタイプの系を扱う際には次の二つのグループに電子を分けるべきである：(a) 局在化結合の基本骨格を形作る σ 電子，(b) σ 骨格に広がり，より流動的な単一系を形作る π 電子。σ 骨格は局在化した二中心（bicentric）分子軌道によって記述される。一方，π 系の記述はさらに多くの原子に広がった多中心（polycentric）分子軌道の使用を要求する。

この状況の結果として，共役分子中の結合は局在化結合と結びついた硬い特性を示さず，結合の加成性の概念も成立しない。この予測は実験的にも実証された。たとえば共役分子のエネルギーは単に「局在化」した結合のエネルギーを加え合わせるだけでは得られない。同様に，共役分子の結合長もまた飽和分子のそれとは明らかに異なる。これまでの議論から予想されるように，それらの値は「純粋な」一重結合と「純粋な」二重結合との中間値をとる。同様のことは結合の他の性質についても当てはまる。

非局在化 π 電子と多中心分子軌道の存在は共役分子の本質的に新しい性質であり，かつ最も重要な性質である。このような系の化学的，物理化学的および生化学的性質はそれらの π 電子によって定まる。というのは，π 電子は σ 電子よりはるかに「動きやすい」ため，化学的および生化学的過程に関与しやすいからである。π 電子の研究は一連の新しい概念を必要とする。そこで本章ではこのような共役分子の分子軌道的取り扱いについて詳細に論じる。

3.2 共役系に対する LCAO 近似の原理

すでに述べたように，σ結合の局在性によりp電子以外の電子はすべて核の幾何配置に対応して局在化結合の固定枠の形成に使われる。一方，易動性電子すなわちπ電子は枠全体に広がる分子軌道ϕを占有する。この軌道は有効なp原子軌道の線形結合で近似される。

$$\phi = \sum_r c_r \chi_r \tag{1}$$

さらに易動性電子は（核の引力，σ電子の反発，他の易動性電子の反発といった）個別場（individual field）の影響下で運動すると仮定される。ハミルトニアンによるこの個別場の表現を用いて，（同様に軌道を決めなければならない）他の易動性電子との平均相互作用を説明することは容易ではない。実際には後ほど明らかになるが，個々の「有効」ハミルトニアンが系の易動性電子に対して同じである限り，一電子分子ハミルトニアンの形を明確にする必要はない。

これらの仮定に基づけば，個々の分子軌道ϕは第2章の2.4.2項で述べた線形変分法の方程式の解として得られる。

これらの方程式によれば，電子の個別エネルギーの値は永年行列式の根になる。

$$\left| H_{rs} - E S_{rs} \right| = 0 \tag{2}$$

ここで行列要素は次のように定義される。

およそ
$$\begin{aligned} H_{rs} &= \int \chi_r H \chi_s dv \\ S_{rs} &= \int \chi_r \chi_s dv \end{aligned} \tag{3}$$

原子軌道は常に規格化されていると仮定すれば次式が成り立つ。

$$S_{rr} = 1 \tag{4}$$

式(1)の試行関数に関与する原子軌道χ_rが$2n$個存在するとすれば，式(2)の永年行列式は$2n$次となり一電子エネルギーの値E_iは$2n$個存在する。各E_iに対しては分子軌道ϕ_iが対応し，その$2n$個の係数c_{ri}は$2n$連立方程式の解である。

$$\sum_s c_{si}(H_{rs} - E_i S_{rs}) = 0 \qquad r = 1,2\cdots\cdots,2n \tag{5}$$

式(5)の方程式群を解けば，たとえばc_{1i}の関数としてすべてのc_{si}値が得られる。また軌道ϕ_iに規格化条件を課せばc_{1i}が求まる。

$$\int \phi_i \phi_i dv = 1 \tag{6}$$

または式(1)を用いれば，

$$\sum_r \left(c^2_{ri} + \sum_{s \neq r} c_{ri} c_{si} S_{rs} \right) = 1 \tag{7}$$

「構成」原理によれば，n個の軌道ϕ_iは系の基底状態ではエネルギーが増加する順に逆平行スピンの電子対により占有されていく。

さて有効ハミルトニアン近似では，π電子系の全エネルギーは系の全ハミルトニアン$\mathscr{H}$を個々の有効ハミルトニアン$H(v)$の和へ分解したのち計算される。

$$\mathscr{H} = \sum_v H(v) \tag{8}$$

もしπ系の全波動関数Ψが個々のスピン軌道の反対称化積で表せるならば，全エネルギー$\mathscr{E}$は占

有軌道の個々のエネルギー E_i の和で与えられる。このことは容易に証明される。ただし ϕ_i は互いに直交しているとする。ここではこの最後の条件は自動的に満たされる。というのは，ϕ_i は同じ線形変分問題の解だからである[1]。この近似では，スピンが適切であれば全波動関数は占有軌道の単純な積になる。実際にその場合，全エネルギーは軌道が直交するか否かに拘らず個々のエネルギーの和になる。ただし共役分子の易動性電子の取扱いではこの単純化は不要である。

　後ほどの議論に役立つので，系の全エネルギーは原子軌道の係数と行列要素 H_{rs} を用いて簡単な形で表せることに言及しておこう。すなわち分子軌道 ϕ_i にある電子の個々のエネルギー E_i は次式で与えられる。

$$E_i = \int \phi_i H \phi_i dv \tag{9}$$

ただし ϕ_i は次式で表されるとする。

$$\phi_i = \sum_r c_{ri} \chi_r \tag{10}$$

また H_{rs} に関する式(3)の定義を用いると E_i は次のように書き表される。

$$E_i = \sum_r (c^2_{ri} H_{rr} + \sum_{s>r} 2 c_{ri} c_{si} H_{rs}) \tag{11}$$

もし二重に占有されたすべての軌道にわたってこの式を合計したならば，系の全 π 電子エネルギーは次式で与えられる。

$$\mathcal{E} = 2\sum_i E_i = 2\sum_i \sum_r (c^2_{ri} H_{rr} + \sum_{s>r} 2 c_{ri} c_{si} H_{rs}) \tag{12}$$

この一般形は次の第3.3節で利用される。

　これまで暗黙のうちに，炭素原子当たり1個で偶数個の p 電子を含んだ共役炭化水素類しか扱ってこなかった。実際には，この手法は本来この特定タイプの化合物を扱うために誘導された方法である。しかし奇数個の電子を p 個含んだ系（最高被占分子軌道が電子を1個しか含まないフリーラジカル類）や炭化水素類の置換誘導体および複素環類へも容易に一般化される。方法についての以下の説明では，（簡単ではあるが，十分実例となりうる）炭化水素類の処理で用いられる手順を最初に記述し，後ほど置換系や複素環式系への拡張も取り上げる。

3.3　炭化水素類に対するヒュッケル近似

3.3.1　仮定

　各炭素原子が p 電子を1個供給し，かつ σ 結合の共平面性が保証され，すべての p 電子の重なりが最大となる炭化水素をまず取り上げよう。

　永年行列式は次のように簡略化して記述される。

$$|H_{rs} - E S_{rs}| = 0 \tag{13}$$

次にクーロン積分と共鳴積分が導入される。これらの積分は二原子分子で定義されたものと同じである（第2章の 2.4.3 項）。すなわち

$$\alpha_r = \int \chi_r H \chi_r dv \tag{14}$$

$$\beta_{rs} = \int \chi_r H \chi_s dv \tag{15}$$

いまの場合，クーロン積分はすべて等しく同じ値 α をとる。というのは χ_r はすべて同じだか

らである。したがって式(13)の対角要素はすべて次の値をとる。

$$\alpha - E \tag{16}$$

さて最も簡単なバージョンであるヒュッケル近似では，さらに加えて次の仮定が採用される[2]。

(a) 非隣接原子間に形成される $r-s$ 対と関連した β_{rs} 項と S_{rs} 項はすべて無視される。この仮定は化学的に結合した原子に対応した要素を除き式(13)の行列式の非対角要素をすべてゼロにすることに等しい。後ほど分るように，これはきわめて妥当な仮定である。

(b) 残りの β_{rs} 項と S_{rs} 項はすべて同じ値 β と S をとると仮定される。もちろんこの仮定が厳密に正しいのは，ベンゼンのように C — C 距離がすべて等しく，かつ完全に対称的な分子の場合だけである。後ほど明らかになるが，距離による行列要素の変動を導入することは容易であり，この近似の重要性を判断することも可能である。この第二の仮定は非ゼロの非対角要素をすべて次の値にする効果がある。

$$\beta - ES \tag{17}$$

(c) 重なり積分 S は計算からすべて除外される。この操作は異なる原子の原子軌道が直交すると仮定したのに等しい。この仮定の重要性は後ほど議論される。差し当たり，この仮定は前述の非対角要素をすべて β にする効果がある。

これらの三つを仮定することにより，式(5)の永年方程式は次のように簡単化される。

$$c_{ri}(\alpha - E_i) + \sum_{r\text{に隣接する}s} \beta c_{si} = 0 \qquad r = 1,2\cdots\cdots, 2n \tag{18}$$

また式(7)の規格化条件は次のようになる。

$$\sum_r c_{ri}^2 = 1 \tag{19}$$

3.3.2 永年方程式の書き方と解き方

（A） 実例と表記法

前述の仮定に従うと，たとえばエチレンに対する永年方程式は次のようになる。

$$
\begin{aligned}
c_1(\alpha - E) + c_2\beta &= 0 \\
c_1\beta + c_2(\alpha - E) &= 0
\end{aligned} \tag{20}
$$

永年行列式は古典的な二原子行列式である。

$$\begin{vmatrix} \alpha - E & \beta \\ \beta & \alpha - E \end{vmatrix} = 0 \tag{21}$$

同様にしてブタジエンに対する一組の方程式は次のようになる。ただしナンバリングは図2に従う。

$$
\begin{aligned}
c_1(\alpha - E) + c_2\beta &= 0 \\
c_1\beta + c_2(\alpha - E) + c_3\beta &= 0 \\
c_2\beta + c_3(\alpha - E) + c_4\beta &= 0 \\
c_3\beta + c_4(\alpha - E) &= 0
\end{aligned} \tag{22}
$$

対応する永年行列式は次の通りである。

52 第3章 共役分子

$$
\begin{vmatrix}
\alpha - E & \beta & 0 & 0 \\
\beta & \alpha - E & \beta & 0 \\
0 & \beta & \alpha - E & \beta \\
0 & 0 & \beta & \alpha - E
\end{vmatrix} = 0
\tag{23}
$$

これらの方程式の書き方に馴染むため，ヘキサトリエン，ベンゼンおよび3-メチレン-1,4-ペンタジエンに対する行列式を表1に示した。これらの化合物はσ骨格を異にするが，π電子の数は同じでいずれも6個である。

表1 三種の6電子系に対する永年行列式

		1	2	3	4	5	6	
	1	$\alpha - E$	β	0	0	0	0	
	2	β	$\alpha - E$	β	0	0	0	
ヘキサトリエン	3	0	β	$\alpha - E$	β	0	0	$= 0$
	4	0	0	β	$\alpha - E$	β	0	
	5	0	0	0	β	$\alpha - E$	β	
	6	0	0	0	0	β	$\alpha - E$	
	1	$\alpha - E$	β	0	0	0	β	
	2	β	$\alpha - E$	β	0	0	0	
ベンゼン	3	0	β	$\alpha - E$	β	0	0	$= 0$
	4	0	0	β	$\alpha - E$	β	0	
	5	0	0	0	β	$\alpha - E$	β	
	6	β	0	0	0	β	$\alpha - E$	
	1	$\alpha - E$	β	0	0	0	0	
	2	β	$\alpha - E$	β	0	0	β	
3-メチレン-1,4-	3	0	β	$\alpha - E$	β	0	0	$= 0$
ペンタジエン	4	0	0	β	$\alpha - E$	0	0	
	5	0	0	0	0	$\alpha - E$	β	
	6	0	β	0	0	β	$\alpha - E$	

方程式を解いてEの値とcの値を求めるには，永年行列式の各項を次のように共鳴積分βで割るとよい。

$$
y = \frac{\alpha - E}{\beta}
\tag{24}
$$

このようにすると永年行列式は多項式へと展開される。多項式をゼロに等しいと置くと特性方程式（characteristic equation）が得られる。その根yはエネルギーEの許容値と次の関係にある。

$$
E = \alpha - y\beta
\tag{25}
$$

yの値に対する特性方程式を解き，さらに次の置き換えを行う。

$$k = -y \tag{26}$$

エネルギー準位は次の形に書き換えられる。

$$E = \alpha + k\beta \tag{27}$$

α と β はいずれも負量である。したがってこの記法に従えば，k が最も大きな正値をとるときエネルギー準位は最も安定である。

表2はこれらの慣例に従って行われたエチレンに対する計算結果をまとめたものである。

表2　エチレンに対するヒュッケル近似の概要

	永年方程式	永年行列式	
	$c_1 y + c_2 = 0$ $c_1 + c_2 y = 0$	$\begin{vmatrix} y & 1 \\ 1 & y \end{vmatrix} = 0$	
特性方程式：		$y^2 - 1 = 0$	
根 y		-1	$+1$
k 値		$+1$	-1
エネルギー準位 E_i		$\alpha + \beta$	$\alpha - \beta$
基底状態での占有状況		↑↓	
基底状態での全エネルギー	$\mathcal{E} = 2\sum_i E_i$	$2\alpha + 2\beta$	
係数の決定			
y 値		-1	$+1$
永年方程式		$\begin{cases} -c_1 + c_2 = 0 \\ c_2 = c_1 \end{cases}$	$c_1 + c_2 = 0$ $c_2 = -c_1$
規格化されていない ϕ		$c_1(\chi_1 + \chi_2)$	$c_1(\chi_1 - \chi_2)$
規格化条件		$2c_1^2 = 1$	$2c_1^2 = 1$
規格化された c		$c_2 = c_1 = \dfrac{1}{\sqrt{2}}$	$-c_2 = c_1 = \dfrac{1}{\sqrt{2}}$
規格化された軌道 ϕ		$\dfrac{1}{\sqrt{2}}(\chi_1 + \chi_2)$	$\dfrac{1}{\sqrt{2}}(\chi_1 - \chi_2)$

(B)　分子対称の利用

共役分子の多くは対称的性質をもつ。このことを利用すると，永年行列式の次数を減らすことができる。しかしほとんどの生化学者は群論になじみがない。ここでは群論の使用をわざと避け，簡単な一般的考察に基づいて対称性による単純化を試みる。

取り上げるのはブタジエンの事例である。この分子の骨格は対称性を考慮すると図3のように図式化される。

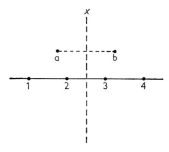

図3　ブタジエン骨格の対称性

54　第3章　共役分子

　分子軌道アプローチの基本的概念によれば，分子内の個々のπ電子はσ結合の枠組みが作り出す対称的なポテンシャル場内を運動する。その結果，各分子軌道に対応する分布確率は同一の対称的性質に従う。ブタジエンの場合には，点(a)のポテンシャルはx軸に関して点(a)と対称的位置にある点(b)のポテンシャルと同じである。したがって点(a)にπ電子を見出す確率$|\phi|^2$は点(b)に見出す確率と同じでなければならない。このことは個々の分子軌道ϕに対して次式が成立することを意味する。

$$|\phi(\mathrm{a})|^2 = |\phi(\mathrm{b})|^2 \tag{28}$$

したがって

$$\phi(\mathrm{b}) = \pm\phi(\mathrm{a}) \tag{29}$$

　分子軌道を原子軌道の線形結合で表すと次式が成り立つ。

$$\phi(\mathrm{a}) = c_1\chi_1(\mathrm{a}) + c_2\chi_2(\mathrm{a}) + c_3\chi_3(\mathrm{a}) + c_4\chi_4(\mathrm{a}) \tag{30}$$

$$\phi(\mathrm{b}) = c_1\chi_1(\mathrm{b}) + c_2\chi_2(\mathrm{b}) + c_3\chi_3(\mathrm{b}) + c_4\chi_4(\mathrm{b}) \tag{31}$$

　分子の対称性により原子軌道χは次の関係を満たす。

$$\begin{aligned}
\chi_1(\mathrm{a}) &= \chi_4(\mathrm{b}) \\
\chi_2(\mathrm{a}) &= \chi_3(\mathrm{b}) \\
\chi_3(\mathrm{a}) &= \chi_2(\mathrm{b}) \\
\chi_4(\mathrm{a}) &= \chi_1(\mathrm{b})
\end{aligned} \tag{32}$$

したがって

$$\phi(\mathrm{a}) = c_1\chi_4(\mathrm{b}) + c_2\chi_3(\mathrm{b}) + c_3\chi_2(\mathrm{b}) + c_4\chi_1(\mathrm{b}) \tag{33}$$

　条件$\phi(\mathrm{a}) = \phi(\mathrm{b})$を満たすためには，式(31)と式(33)の比較から次の等式が成り立つはずである。

$$\begin{aligned}
c_4 &= +c_1 \\
c_3 &= +c_2
\end{aligned} \tag{34}$$

同様に，$\phi(\mathrm{b}) = -\phi(\mathrm{a})$に対しては係数は次の条件を満たさなければならない。

$$\begin{aligned}
c_4 &= -c_1 \\
c_3 &= -c_2
\end{aligned} \tag{35}$$

　軌道ϕは，第一の場合にはx軸に関して対称であると言い，第二の場合には反対称であると言う。すべての分子軌道はいずれかのカテゴリーに属さなければならない。

　この規則を永年方程式の分解へ利用するのは簡単である。すなわち次の手順に従えばよい：(a) まず分子骨格の対称軸を決める。(b) 次に軸に関して式(34)と式(35)の二つの対称条件を書き下す。(c) さらにこれらの条件の下に永年方程式をより簡単な形に書き直す。

　たとえばブタジエンの場合には永年方程式は次のようになる。

$$\begin{aligned}
c_1 y + c_2 &= 0 \\
c_1 + c_2 y + c_3 &= 0 \\
c_2 + c_3 y + c_4 &= 0 \\
c_3 + c_4 y &= 0
\end{aligned} \tag{36}$$

式(34)と式(35)の条件を用いてより簡単な方程式へ直すと，式(36)は式(37)と式(38)を与える。

$$c_1 y + c_2 = 0$$
$$c_1 + c_2 (y+1) = 0 \tag{37}$$

および

$$c_1 y + c_2 = 0$$
$$c_1 + c_2 (y-1) = 0 \tag{38}$$

対応する永年行列式はそれぞれ次のようになる。

$$\begin{vmatrix} y & 1 \\ 1 & y+1 \end{vmatrix} = y^2 + y - 1 = 0 \tag{39}$$

および

$$\begin{vmatrix} y & 1 \\ 1 & y-1 \end{vmatrix} = y^2 - y - 1 = 0 \tag{40}$$

特性方程式の根が次のようになることは容易に証明される。

$$y_S = -1.618 と +0.618; \quad y_A = -0.618 と +1.618$$

ここで，下付き添え字の S と A はそれぞれ軸に関して対称および反対称であることを表す。

y_S 値を式(37)へ代入し規格化すると，次の対称軌道が得られる。

$$\phi_1 = 0.3717(\chi_1 + \chi_4) + 0.6015(\chi_2 + \chi_3)$$
$$\phi_3 = 0.6015(\chi_1 + \chi_4) - 0.3717(\chi_2 + \chi_3) \tag{41}$$

同様にして y_A 値と式(38)を用いると，次の反対称軌道が得られる。

$$\phi_2 = 0.6015(\chi_1 - \chi_4) + 0.3717(\chi_2 - \chi_3)$$
$$\phi_4 = 0.3717(\chi_1 - \chi_4) - 0.6015(\chi_2 - \chi_3) \tag{42}$$

　分子対称の利用は，ϕ の作成の基礎となる原子軌道群 χ_i を χ の和や差で表される「対称軌道」群で置き換えることに等しい。このことは元の行列式を初期行列要素の和や差で表される新しい行列式で置き換えることになる。たとえばブタジエンに対する式(23)の行列式は従来の形では次のように表される。

$$\begin{vmatrix} y & 1 & 0 & 0 \\ 1 & y & 1 & 0 \\ 0 & 1 & y & 1 \\ 0 & 0 & 1 & y \end{vmatrix} \tag{43}$$

この行列式の1列と4列および2列と3列をそれぞれ加え合わせ，さらに1列から4列および2列から3列をそれぞれ引くと，行列式は次のように書き換えられる。

$$\begin{vmatrix} y & 1 & y & 1 \\ 1 & y+1 & 1 & y-1 \\ 1 & 1+y & -1 & 1-y \\ y & 1 & -y & -1 \end{vmatrix} \tag{44}$$

行に対しても同様の操作を行うと，式(44)は次のように変換される。

$$\begin{vmatrix} 2y & 2 & 0 & 1 \\ 2 & 2(y+1) & 0 & 0 \\ 0 & 0 & 2y & 2 \\ 0 & 0 & 2 & 2(y-1) \end{vmatrix} \qquad (45)$$

この行列式は式(39)と式(40)に示した二つの行列式の積に定数を掛けたものになっている。

　係数に対する対称条件の証明は容易である。対応する小行列式は少し練習すればただちに書き下せる。表3は（全行列式を表1に示した）ヘキサトリエンに対する計算を図式化したものである。

表3　ヘキサトリエンに対するヒュッケル近似

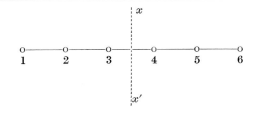

xx'に関する対称条件

$$S\begin{cases} c_6 = c_1 \\ c_5 = c_2 \\ c_4 = c_3 \end{cases} \qquad A\begin{cases} c_6 = -c_1 \\ c_5 = -c_2 \\ c_4 = -c_3 \end{cases}$$

分子軌道の形

$$\phi_S = c_1(\chi_1 + \chi_6) + c_2(\chi_2 + \chi_5) + c_3(\chi_3 + \chi_4)$$
$$\phi_A = c_1(\chi_1 - \chi_6) + c_2(\chi_2 - \chi_5) + c_3(\chi_3 - \chi_4)$$

永年方程式と永年行列式

$$S\begin{cases} c_1 y + c_2 = 0 \\ c_1 + c_2 y + c_3 = 0 \\ c_2 + c_3(y+1) = 0 \end{cases} \qquad A\begin{cases} c_1 y + c_2 = 0 \\ c_1 + c_2 y + c_3 = 0 \\ c_2 + c_3(y-1) = 0 \end{cases}$$

$$\begin{vmatrix} y & 1 & 0 \\ 1 & y & 1 \\ 0 & 1 & y+1 \end{vmatrix} = 0 \qquad \begin{vmatrix} y & 1 & 0 \\ 1 & y & 1 \\ 0 & 1 & y-1 \end{vmatrix} = 0$$

特性方程式とその根

$$y^3 + y^2 - 2y - 1 = 0 \qquad y^3 - y^2 - 2y + 1 = 0$$
$$y_S = -1.8019\,;\ -0.4450\,;\ +1.2470 \qquad y_A = -1.2470\,;\ +0.4450\,;\ +1.8019$$

エネルギーの昇順に並べた k 値

$$1.8019\,;\ 1.2470\,;\ 0.4450\,;\ -0.4450\,;\ -1.2470\,;\ -1.8019$$

基底状態におけるエネルギー準位 E_i とその占有状況

$$\alpha + 1.8019\beta \quad \alpha + 1.2470\beta \quad \alpha + 0.4450\beta \quad \alpha - 0.4450\beta \quad \alpha - 1.2470\beta \quad \alpha - 1.8019\beta$$
$$\uparrow\downarrow \qquad\qquad \uparrow\downarrow \qquad\qquad \uparrow\downarrow$$

基底状態における全エネルギー：$\mathcal{E} = 2\sum E_i = 6\alpha + 6.988\beta$

被占軌道に対する係数の決定

$$S\begin{cases} c_2 = -yc_1 \\ c_3 = -\dfrac{c_2}{y+1} = \dfrac{yc_1}{y+1} \end{cases} \qquad A\begin{cases} c_2 = -yc_1 \\ c_3 = -\dfrac{c_2}{y-1} = \dfrac{yc_1}{y-1} \end{cases}$$

c_1 を与える規格化条件：$2(c_1^2 + c_2^2 + c_3^2) = 1$

y	$-1.8019(S)$	$-1.2470(A)$	$-0.4450(S)$
$\dfrac{c_2}{c_1}$	1.8019	1.2470	0.4450
$\dfrac{c_3}{c_1}$	2.2470	0.5550	-0.8019
c_1	0.2319	0.4179	0.5211
c_2	0.4179	0.5211	0.2319
c_3	0.5211	0.2319	-0.4179

規格化された基底状態の分子軌道

$\phi_1 = 0.2319(\chi_1 + \chi_6) + 0.4179(\chi_2 + \chi_5) + 0.5211(\chi_3 + \chi_4)$
$\phi_2 = 0.4179(\chi_1 - \chi_6) + 0.5211(\chi_2 - \chi_5) + 0.2319(\chi_3 - \chi_4)$
$\phi_3 = 0.5211(\chi_1 + \chi_6) + 0.2319(\chi_2 + \chi_5) - 0.4179(\chi_3 + \chi_4)$

同様にして 3-メチレン-1,4-ペンタジエンに対するエネルギーと係数の計算は表 4 に要約される。

表 4　3-メチレン-1,4-ペンタジエンに対するヒュッケル近似

xx' に関する対称条件

$$S\begin{cases} c_6 = c_3 \\ c_5 = c_4 \end{cases} \qquad A\begin{cases} c_1 = -c_1 = 0 \\ c_2 = -c_2 = 0 \\ c_6 = -c_3 \\ c_5 = -c_4 \end{cases}$$

分子軌道の形

$$\phi_S = c_1\chi_1 + c_2\chi_2 + c_3(\chi_3 + \chi_6) + c_4(\chi_4 + \chi_5) \qquad \phi_A = c_3(\chi_3 - \chi_6) + c_4(\chi_4 - \chi_5)$$

永年方程式と永年行列式

$$S\begin{cases} c_1y + c_2 = 0 \\ c_1 + c_2y + 2c_3 = 0 \\ c_2 + c_3y + c_4 = 0 \\ c_3 + c_4y = 0 \end{cases} \qquad A\begin{cases} c_3y + c_4 = 0 \\ c_3 + c_4y = 0 \end{cases}$$

$$\begin{vmatrix} y & 1 & 0 & 0 \\ 1 & y & 2 & 0 \\ 0 & 1 & y & 1 \\ 0 & 0 & 1 & y \end{vmatrix} \qquad \begin{vmatrix} y & 1 \\ 1 & y \end{vmatrix}$$

特性方程式とその根

$y^4 - 4y^2 + 1 = 0$　　　　　　　　　　　　　　　$y^2 - 1 = 0$
$y_S = -1.9318;\ -0.5176;\ +0.5176;\ +1.9318$　　　$y_A = -1;\ +1$

エネルギーの昇順に並べた k 値
$1.9318 ; 1 ; 0.5176 ; -0.5176 ; -1 ; -1.9318$

基底状態におけるエネルギー準位 E_i とその占有状況
$\alpha + 1.9318\beta \quad \alpha + \beta \quad \alpha + 0.5176\beta \quad \alpha - 0.5176\beta \quad \alpha - \beta \quad \alpha - 1.9318\beta$
$\quad\quad \uparrow\downarrow \quad\quad\quad \uparrow\downarrow \quad\quad\quad \uparrow\downarrow$

基底状態での全エネルギー：$\mathscr{E} = 2\sum E_i = 6\alpha + 6.899\beta$

被占軌道に対する係数の決定

$S\begin{cases} c_2 = -c_1 y \\ c_1 - c_1 y^2 + 2c_3 = 0 \quad c_3 = c_1 \dfrac{y^2-1}{2} \\ c_4 = -\dfrac{c_3}{y} = -c_1\dfrac{y^2-1}{2y} \end{cases} \quad\quad A\begin{cases} c_1 = c_2 = 0 \\ c_4 = -c_3 y \end{cases}$

規格化条件

$S : c_1^2 + c_2^2 + 2c_3^2 + 2c_4^2 = 1$ $\quad\quad\quad\quad\quad\quad\quad\quad\quad A : 2c_3^2 + 2c_4^2 = 1$

	S		A
y	-1.9318	-0.5176	-1
$\dfrac{c_2}{c_1}$	1.9318	0.5176	$c_1 = c_2 = 0$
$\dfrac{c_3}{c_1}$	1.3660	-0.3660	$c_4 = c_3$
$\dfrac{c_4}{c_1}$	0.7071	-0.7071	c_3（規格化による）: 0.5
c_1（規格化による）	0.3251	0.6280	
c_2	0.6280	0.3251	
c_3	0.4440	-0.2299	
c_4	0.2299	-0.4440	

規格化された基底状態の分子軌道
$\phi_1 = 0.3251\chi_1 + 0.6280\chi_2 + 0.4440(\chi_3 + \chi_6) + 0.2299(\chi_4 + \chi_5)$
$\phi_2 = 0.5(\chi_3 - \chi_6 + \chi_4 - \chi_5)$
$\phi_3 = 0.6280\chi_1 + 0.3251\chi_2 - 0.2299(\chi_3 + \chi_6) - 0.4440(\chi_4 + \chi_5)$

　図4に示したベンゼン，ナフタレンおよびアントラセンのように，分子殻が対称軸を二つもつ場合でも，同様の手順で行列式の次数を減らすことができる．次にベンゼンの場合について説明する．ベンゼンは高い対称性をもつのではるかに洗練された様式で取り扱うこともできるが[3]，ここではナフタレンやアントラセンへの拡張を考慮し対称軸が二つの場合を取り上げる．

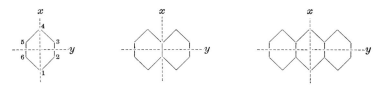

図4　ベンゼン，ナフタレンおよびアントラセンにおける対称軸

対称性をまず x 軸に関して利用してみよう。その結果，次の二つの条件群が導かれる。

$$S_x \begin{cases} c_5 = c_3 \\ c_6 = c_2 \end{cases} \qquad A_x \begin{cases} c_5 = -c_3 \\ c_6 = -c_2 \\ c_4 = c_1 = 0 \end{cases} \tag{46}$$

一方，y 軸に関する対称性から次の二つの条件群が得られる。

$$S_y \begin{cases} c_4 = c_1 \\ c_3 = c_2 \\ c_6 = c_5 \end{cases} \qquad A_y \begin{cases} c_4 = -c_1 \\ c_3 = -c_2 \\ c_6 = -c_5 \end{cases} \tag{47}$$

これらの条件群を組み合わせると，次の四つの可能性が導かれる。

$$S_x S_y \begin{cases} c_4 = c_1 \\ c_6 = c_5 = c_3 = c_2 \end{cases} \qquad S_x A_y \begin{cases} c_4 = -c_1 \\ c_6 = -c_5 = -c_3 = c_2 \end{cases}$$

$$A_x S_y \begin{cases} c_4 = c_1 = 0 \\ c_6 = c_5 = -c_3 = -c_2 \end{cases} \qquad A_x A_y \begin{cases} c_4 = c_1 = 0 \\ c_6 = -c_5 = c_3 = -c_2 \end{cases} \tag{48}$$

いまや方程式と行列式は次に示すように非常に簡単な形で表すことができる。

$$S_x S_y \begin{cases} c_1 y + 2c_2 = 0 \\ c_1 + c_2(y+1) = 0 \end{cases} \qquad \begin{vmatrix} y & 2 \\ 1 & y+1 \end{vmatrix} = y^2 + y - 2 = 0 \tag{49}$$

$$S_x A_y \begin{cases} c_1 y + 2c_2 = 0 \\ c_1 + c_2(y-1) = 0 \end{cases} \qquad \begin{vmatrix} y & 2 \\ 1 & y-1 \end{vmatrix} = y^2 - y - 2 = 0 \tag{50}$$

$$A_x S_y \qquad c_2(y+1) = 0 \qquad\qquad\qquad y+1 = 0 \tag{51}$$

$$A_x A_y \qquad c_2(y-1) = 0 \qquad\qquad\qquad y-1 = 0 \tag{52}$$

特性方程式の根が次のようになることは容易に証明される。

$$\frac{S_x S_y}{\begin{matrix} -2 \\ +1 \end{matrix}} \quad \frac{S_x A_y}{\begin{matrix} +2 \\ -1 \end{matrix}} \quad \frac{A_x S_y}{-1} \quad \frac{A_x A_y}{+1}$$

係数の計算は簡単である。たとえば $S_x S_y$ 系の $y = -2$ は次の関係を与える。

$$-2c_1 + 2c_2 = 0 \tag{53}$$

すなわち

$$c_2 = c_1 \tag{54}$$

他の c に対する対称条件も合わせると，結果は次の軌道を与えた。

$$\phi(-2) = c_1(\chi_1 + \chi_2 + \chi_3 + \chi_4 + \chi_5 + \chi_6) \tag{55}$$

規格化条件を適用すると，c_1 として次の値が得られた。

$$c_1 = \frac{1}{\sqrt{6}} \tag{56}$$

同様にして，$S_x S_y$ の $y = +1$ は次式を与えた。

$$c_1 + 2c_2 = 0 \tag{57}$$

$$c_2 = -\frac{1}{2}c_1 \tag{58}$$

したがって

$$\phi(+1) = c_1 (\chi_1 - \tfrac{1}{2}\chi_2 - \tfrac{1}{2}\chi_3 + \chi_4 - \tfrac{1}{2}\chi_5 - \tfrac{1}{2}\chi_6) \tag{59}$$

$y = +1$ のもう一つの根は $A_x A_y$ 系に属し，対応する軌道は次のようになった。

$$\phi(+1) = c_2 (\chi_2 - \chi_3 + \chi_5 - \chi_6) \tag{60}$$

ベンゼンに対する完全な規格化軌道群は要約すれば表5のようになった。

表5 規格化されたベンゼンの分子軌道

y	E_i	基底状態での占有状況	規格化された分子軌道
+2	$\alpha - 2\beta$		$\frac{1}{\sqrt{6}}(\chi_1 - \chi_2 + \chi_3 - \chi_4 + \chi_5 - \chi_6)$
+1	$\alpha - \beta$		$\frac{1}{2\sqrt{3}}(2\chi_1 - \chi_2 - \chi_3 + 2\chi_4 - \chi_5 - \chi_6)$
+1	$\alpha - \beta$		$\frac{1}{2}(\chi_2 - \chi_3 + \chi_5 - \chi_6)$
−1	$\alpha + \beta$	↑↓	$\frac{1}{2}(\chi_2 + \chi_3 - \chi_5 - \chi_6)$
−1	$\alpha + \beta$	↑↓	$\frac{1}{2\sqrt{3}}(2\chi_1 + \chi_2 - \chi_3 - 2\chi_4 - \chi_5 + \chi_6)$
−2	$\alpha + 2\beta$	↑↓	$\frac{1}{\sqrt{6}}(\chi_1 + \chi_2 + \chi_3 + \chi_4 + \chi_5 + \chi_6)$

3.3.3 エネルギー値とエネルギー指標

引用例から明らかなように，許容分子軌道は第2章で定義された意味において「結合性」と「反結合性」の二つのクラスへ分類される。「結合性」軌道はエネルギー尺度でクーロン積分 α よりも低く正の k 値をもつ。これまで考察された分子では，基底状態を占有した軌道はすべて「結合性」であった。一方，基底状態で占有されない軌道はすべて「反結合性」であり，それらのエネルギーはクーロン積分 α よりも高かった。現在の LCAO 近似では，k（β の係数）で示されるエネルギー準位はクーロン積分 α を基準のゼロとするのが一般的である。注意したいことは正の k 値は結合性軌道に対応し，負の k 値は反結合性軌道に対応することである。また k の絶対値が小さいほどエネルギー準位は α（尺度のゼロ）に近くなる。k 値を用いると，たとえばヘキサトリエンの占有軌道はエネルギーが高くなる順に $+1.802$，$+1.247$，$+0.445$ となり，空軌道は -0.445，-1.247，-1.802 の順になる。

エネルギー値に依存する量は多数定義され物理化学的に検証可能な概念と関連づけられた。特に重要なエネルギー指標は次の通りである。

(a) 最高被占分子軌道（highest occupied molecular orbital）のエネルギー。分子軌道の定義によれば，各エネルギー準位はその準位から電子を1個取り除くのに必要なエネルギーの負値で近似され，その値は対応するイオン化ポテンシャル（ionization potential）の負値とほぼ等しい。すなわち最高被占分子軌道は π 電子の第一分子イオン化ポテンシャルの目安となる。

(b)　同様に考えると，最低空分子軌道（lowest empty molecular orbital）のエネルギーは分子の電子親和力（electron affinity）すなわち電子を受け入れる傾向の尺度となる。

(c)　共鳴エネルギー（resonance energy）。この量はπ電子系のエネルギー計算値とすべての二重結合が局在化したとき系がもつエネルギーとの差として定義される。ヒュッケル法では，全エネルギーは被占エネルギー準位（もちろん二重に占有された準位は2回計上される）の和で与えられる。一方，同じ図式において局在化した二重結合のエネルギーはエチレン分子のエネルギーに等しい。すなわち

$$2\alpha + 2\beta \tag{61}$$

したがって，たとえばベンゼンの共鳴エネルギーは次のようになる。

$$R = 2(\alpha + 2\beta + \alpha + \beta + \alpha + \beta) - 3(2\alpha + 2\beta) \tag{62}$$

すなわち

$$R = 2\beta \tag{63}$$

厳密に言えば，この理論量は非局在化エネルギー（delocalization energy）と呼ぶべきであろう。

(d)　遷移エネルギー（transition energy）。これまで取り上げた特性は分子の基底状態に関するものであった。方法のもつ一般図式は励起状態（excited state）を表すのにも利用される。これらの状態は被占準位から空準位へ電子を昇位させることにより得られる。励起状態の全エネルギーはその状態における被占軌道のエネルギーとの和で与えられる。たとえばベンゼンの第一励起状態は$k=1$から$k=-1$へ電子を昇位させることにより得られる。したがって第一励起状態のエネルギーは次のようになる。

$$\mathcal{E}_1 = 2(\alpha + 2\beta) + 2(\alpha + \beta) + \alpha + \beta + \alpha - \beta = 6\alpha + 6\beta \tag{64}$$

一方，基底状態のエネルギーは次式の通りである。

$$\mathcal{E}_0 = 6\alpha + 8\beta \tag{65}$$

すなわち第一励起エネルギーすなわち遷移エネルギーは次式で与えられる。

$$\Delta\mathcal{E}_1 = \mathcal{E}_1 - \mathcal{E}_0 = -2\beta \tag{66}$$

一般に，電子が1個，軌道k_1から軌道k_2へ昇位すると，励起エネルギー（単位：β）は単にk値の差に等しい。

$$\Delta\mathcal{E}_1 = k_2 - k_1 \tag{67}$$

共鳴エネルギーや遷移エネルギーのような指標はパラメータβを用いて表されるが，個々の分子軌道のエネルギーはαとβの二つのパラメータに依存することに注意されたい。これらのエネルギー指標が分子の物理化学的性質の解釈にどのように利用されるかについては第4章で取り上げる。

3.3.4　構造的指標

エネルギー値はある種の「エネルギー」指標の定義を許容し，分子軌道の係数はある種の「構造」的指標の定義を可能にする。このような構造的指標は共役分子における電子分布の記述に利

62　第3章　共役分子

用される。

　重要な構造的指標は電子密度（electron density），結合次数（bond order）および自由原子価（free valence）の三つである。

（A）　電子密度

　次式で示されように分子軌道は原子軌道の線形結合で表される。

$$\phi_i = \sum_r c_{ri} \chi_r \qquad (68)$$

確率密度$|\phi_i|^2 dv$を全空間にわたって積分したものは全確率密度と呼ばれ，その値は1である。この事実はϕ_iと関連した全π電子密度が1に等しいことに対応する。式(68)を用いてそのことを表すと次のようになる。

$$\int |\phi_i|^2 dv = \sum_r \left[(c_{ri})^2 \int \chi_r \chi_r dv + \sum_{s>r} 2c_{ri}c_{si} \int \chi_r \chi_s dv \right] = 1 \qquad (69)$$

すなわち

$$\int |\phi_i|^2 dv = \sum_r \left[(c_{ri})^2 + \sum_{s>r} 2c_{ri}c_{si} S_{rs} \right] = 1 \qquad (70)$$

　重なりが無視されるヒュッケル近似では式(70)は次のようになる。

$$\int |\phi_i|^2 dv = \sum_r (c_{ri})^2 = 1 \qquad (71)$$

　この最後の式から，軌道ϕ_iと関連した全ユニタリー電子密度は便宜的に核rと関連した画分すなわち$(c_{ri})^2$に等しい各画分へ分割できることは明らかである。この意味で$(c_{ri})^2$は分子軌道ϕ_iにおける原子rのまわりの電子密度を表すと見なせる。

　もしすべての軌道iにわたって式(71)の電子密度を加え合わせると（ただし基底状態で二重に占有された軌道は2回数える），次式に示す全π電子密度Qが得られる。

$$Q = 2\sum_i \sum_r (c_{ri})^2 = \sum_r \sum_i 2(c_{ri})^2 \qquad (72)$$

次のように書き改めると

$$q_r = \sum_i 2(c_{ri})^2 \qquad (73)$$

式(72)は次式のように表される。

$$Q = \sum_r q_r \qquad (74)$$

ここでq_rは分子内の原子rと結びついたπ電子密度である[4]。

　たとえば表2に与えられた被占分子軌道の係数を用いて，エチレンに対するこれらの電子密度を計算すると次の結果が得られる。

$$q_1 = 2c_1^2 = 1$$
$$q_2 = 2c_2^2 = 1 \qquad (75)$$

同様にして，式(41)と式(42)に示されたブタジエンの被占分子軌道ϕ_1とϕ_2は次の電子密度を与える。

$$q_1 = 2(0.3717)^2 + 2(0.6015)^2 = 1$$
$$q_2 = 2(0.6015)^2 + 2(0.3717)^2 = 1$$
$$q_3 = 2(0.6015)^2 + 2(0.3717)^2 = 1 \tag{76}$$
$$q_4 = 2(0.3717)^2 + 2(0.6015)^2 = 1$$

表3，4および5の軌道を利用すれば，ヘキサトリエン，ベンゼンおよび 3-メチレン -1,4- ペンタジエンの炭素上の π 電子密度はすべて1に等しいことが証明される。実際には，このことはあらゆるエチレン系およびベンゼン系の炭化水素類に当てはまる結果である。第Ⅳ節で知ることになるが，複素環式分子や置換分子では状況はまったく異なる。これらの化合物では，π 電子密度は一般に1ではなく分子内の原子により値が異なる。

エネルギーに関する式(12)の一般式と電子密度の定義から，ヒュッケル近似では次の関係が成り立つ[5]。

$$q_r = \frac{\partial E}{\partial \alpha_r} \tag{77}$$

(B) 結合次数

第2節で見たように，エチレン分子の基底状態を占有する分子軌道のエネルギーは次式で与えられる。

$$E = \alpha + \beta \tag{78}$$

第2章 2.4 節 2.4.3 (A) 項で展開された議論によれば，共鳴積分 β は π 結合による軌道安定性の増加の尺度と考えられる。一般に分子軌道のエネルギーは次の形に書き下される（第3.2節の式(11)参照）。

$$E_i = \sum_r (c_{ri}{}^2 \alpha_r + \sum_{s>r} 2c_{ri}c_{si}\beta_{rs} \tag{79}$$

前の議論を拡張すると，結合 rs に沿った π 結合による軌道安定性の増加は式(79)では $2c_{ri}c_{si}\beta_{rs}$ 項に対応づけられる。すべての被占軌道に関して加え合わせると，結合 rs に沿った π 結合による安定性の増加は次式で与えられる。

$$2\sum_i 2c_{ri}c_{si}\beta_{rs} \tag{80}$$

式(80)は次のように書き換えられる。

$$2p_{rs}\beta_{rs} \tag{81}$$

ただし次式が成り立つとする。

$$p_{rs} = \sum_i 2c_{ri}c_{si} \tag{82}$$

式(82)によれば量 p_{rs} は分子内における結合 rs の「二重結合性」の尺度と見なせる。エチレンでは式(80)に対応する式は 2β であるから，p_{rs} で表される二重結合性は1になる。p_{rs} は結合 rs の易動性結合次数（mobile bond order）[6]，または単に結合次数（bond order）と呼ばれる。

式(82)に示した p_{rs} の定義と式(12)に示した全エネルギーの一般式から次の関係が成り立つことがわかる[5]。

$$p_{rs} = \frac{1}{2} \frac{\partial E}{\partial \beta_{rs}} \tag{83}$$

式(83)によればβがすべて同じ値をとるとき，全エネルギーEにおけるβの係数は結合次数の和の2倍に等しい。この関係は数値計算の検証を役立つ。

前述の定義によれば，ブタジエンの結合次数は基底状態の軌道ϕ_1とϕ_2の係数から容易に計算される。

	ϕ_1	ϕ_2
c_1:	0.3717	0.6015
c_2:	0.6015	0.3717
c_3:	0.6015	-0.3717
c_4:	0.3717	-0.6015

すなわち

$$p_{12} = 4(0.3717)(0.6015) = 0.894 \tag{84}$$

および

$$p_{23} = 2(0.6015)(0.6015) + 2(0.3717)(-0.3717) = 0.447 \tag{85}$$

同様にしてベンゼンにおける各結合の結合次数が0.667になることは容易に証明される。またヘキサトリエンでは結合次数は次のようになる。

$$p_{12} = 0.871$$
$$p_{23} = 0.483 \tag{86}$$
$$p_{34} = 0.785$$

さらに3-メチレン-1,4-ペンタジエンでは結合次数は次のようになる。

$$p_{12} = 0.816$$
$$p_{23} = 0.408 \tag{87}$$
$$p_{34} = 0.908$$

(C) 自由原子価

分子内の原子rに対してその原子から出発するすべての結合の結合次数の和を考える。これはいわゆる原子rの結合数（bond number）と呼ばれ，通常記号N_rで表される。

$$N_r = \sum_{r\text{に隣接した}s} p_{rs} \tag{88}$$

この和は分子内でπ結合を形成する原子rの能力を示す。もちろんこの能力は原子によって異なる。たとえばブタジエンの場合，原子1に対する和N_1は次式で与えられる。

$$N_1 = p_{12} = 0.894 \tag{89}$$

一方，原子2に対する値は次のようになる。

$$N_2 = p_{12} + p_{23} = 1.341 \tag{90}$$

また3-メチレン-1,4-ペンタジエンでは，炭素1の結合数は次のようになる。

$$N_1 = p_{12} = 0.816 \tag{91}$$

炭素2の結合数は次の通りである。

$$N_2 = p_{12} + p_{23} + p_{26} = 1.632 \tag{92}$$

同様に計算すると，炭素3は1.316，炭素4は0.908となる。

さて各炭素原子の全結合能力に最大値があると仮定し，それを$N_{\max}$と呼ぶことにしよう。そして各炭素原子に対して次の数値F_rを定義する。

$$F_r = N_{\max} - N_r \tag{93}$$

この数値F_rはπ結合で利用されない炭素原子rの潜在結合能力の尺度と見なされ，原子rの自由原子価（free valence）と呼ばれる[7]。炭素に対する$N_{\max}$の値は1.732である。

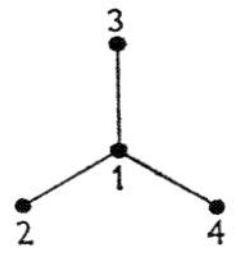

図5　炭素原子の最大結合性

この$N_{\max}$値の由来は次のように考えれば理解できよう。いまsp^2混成状態にある炭素原子を考える。この炭素は同じ状態にある他の3個の炭素原子へ結合している。これらの4個の炭素原子は共平面にあり，それらのp軌道の重なりは最大化されている（図5参照）。原子2, 3および4は炭素1とのみπ結合している。このような構造では中心原子はその「π結合能力」を最大限利用しており，次式に示す結合次数の和は$N_{\max}$に等しい。

$$p_{12} + p_{13} + p_{14} \tag{94}$$

さてこの仮定構造に対する永年方程式は次式で与えられる。

$$\begin{vmatrix} y & 1 & 1 & 1 \\ 1 & y & 0 & 0 \\ 1 & 0 & y & 0 \\ 1 & 0 & 0 & y \end{vmatrix} = 0 \tag{95}$$

この式は次の特性方程式を与える。

$$y^2(y^2 - 3) = 0 \tag{96}$$

その根は次の通りである。

$$-\sqrt{3},\ 0,\ 0,\ \sqrt{3}$$

したがって基底状態の全エネルギーは次式で与えられる。

$$\mathcal{E} = 4\alpha + 2\sqrt{3}\beta \tag{97}$$

結合rsはすべて等価であるから次式が成り立つ。

$$p_{rs} = \frac{1}{3}\left(\frac{1}{2}\frac{\partial \mathcal{E}}{\partial \beta}\right) = \frac{\sqrt{3}}{3} \tag{98}$$

したがって最終的に次式が得られる。

$$N_{\max} = 3p_{rs} = \sqrt{3} = 1.732 \tag{99}$$

66 第3章 共役分子

　図6はヘキサトリエンと 3-メチレン -1,4-ペンタジエンにおける自由原子価の値をまとめたものである。

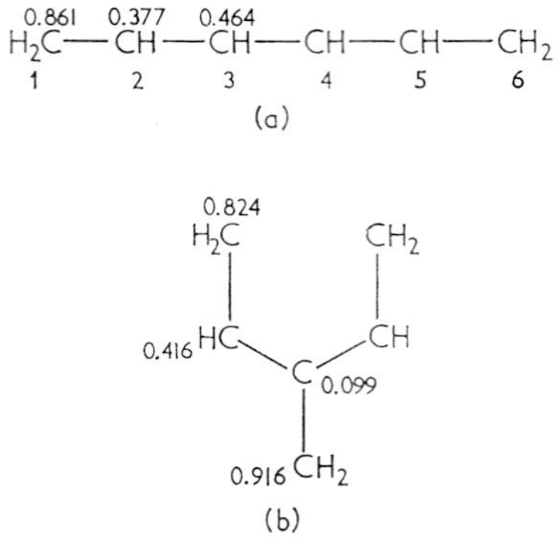

$$
\begin{array}{cccccc}
0.861 & 0.377 & 0.464 & & & \\
H_2C & CH & CH & CH & CH & CH_2 \\
1 & 2 & 3 & 4 & 5 & 6
\end{array}
$$
(a)

（b）

図6　自由原子価
(a) ヘキサトリエン：(b) 3-メチレン -1,4-ペンタジエン

3.4　ヒュッケル近似の精密化

　共役炭化水素類の計算ではしばしば次のような精密化の操作が必要になる。

（a）　結合長に伴う共鳴積分 β の変動

　β の定義から明らかなように，その値は結合長に依存する。同一炭化水素内であっても結合長は結合によって異なる。そのため，計算では各種結合に対して別々の β 値の使用が示唆された[8]。標準的な β を 1 として各 β_{rs} を表す限り，この精密化は計算を特に複雑にはしなかった。

$$\beta_{rs} = \eta_{rs}\beta \tag{100}$$

永年行列式では，対角要素はこれまでと等しくすべて次式で与えられた。

$$\frac{\alpha - E}{\beta} \tag{101}$$

また値が 1 となる非対角要素はすべて η_{rs} で置き換えられた。

　距離による β_{rs} の変動は次のように計算された[8]。すなわちエチレンにおける二重結合のエネルギーは次式で与えられる。

$$2\alpha + 2\beta \tag{102}$$

同様の近似において一重結合のエネルギーは 2α に等しい。したがって β は二重結合と一重結合のエネルギー差の半分に等しい。すなわち

$$\beta = \frac{1}{2}(E_d - E_s) \tag{103}$$

　もし距離による結合エネルギー E_d と E_s の変動をしかるべきポテンシャルエネルギー曲線（モース関数）で表せば，β は結合長の関数として得られる。このようにして得られた図7は C－C

距離に対する β_{C-C} の変動曲線にほかならない[9]。

炭化水素類の計算では，結合長に対する β_{C-C} の依存性はあからさまに考慮される[10]。もちろんこの精密化は分子軌道エネルギーの計算値を変化させる。しかし実際には結果の一般的側面に影響を及ぼすに過ぎない。実際には，結合次数に依存する性質との相関が重要になるのは芳香族炭化水素類ではなく共役ポリエン類の場合である。というのは，結合長の違いが大きく表れるのは第一の化合物群（共役ポリエン群）においてである。

一方，結合長による β の変動は非隣接原子間の共鳴積分の無視を正当化した。このような原子間距離では β の値は無視できるからである。

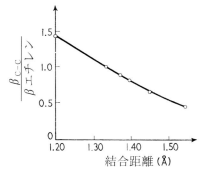

図7　結合長による β_{C-C} の変動

(b) クーロン積分 α の変動

分子内の原子 r のすべてに対して同一の原子軌道 χ_r を用い，かつ電子的相互作用を平均し各軌道に対して同じ有効ハミルトニアン H を用いるならば，次のクーロン積分はすべての炭素に対して同じになる。

$$\alpha_r = \int \chi_r H \chi_r dv \tag{104}$$

しかし二つの異なる分子を比較する場合には骨格による H の変動は α の変化を引き起こす。もし β_{C-C} に対して同じ経験的平均値を用い，かつ分子イオン化ポテンシャルの実験値と最高被占分子軌道エネルギーの負値を同じものと見なせば，このような変化を評価することも可能である[11]。このような操作を行えば，分子内の原子数の増加と共に α は小さくなることが分る。しかし（α が 8.1，7.4 および 7.2 eV といった値をとる）エチレン，1,3-ブタジエンおよびベンゼンの場合には α の変動は 1 eV の数分の一を越えない。さらに精密化が重要になるのは，性質が個々の分子軌道のエネルギーに依存する場合に限られる。

しかし特定グループの共役炭化水素類ではこの精密化はきわめて重要である。このグループとはフルベン類，アズレン類などのいわゆる非ベンゼン系芳香族炭化水素類である。これらの化合物はベンゼン系炭化水素類と異なりかなりの双極子モーメントをもつ。これらの分子では π 電子密度は1ではなく炭素の位置により異なる。この事実によりヒュッケル近似は双極子モーメントの存在を説明する。しかしこの近似により予測された双極子モーメントは実験値よりもはるかに大きい。ヒュッケル法のもつこの弱点は炭素原子のクーロンパラメータ α に変動を導入すること

で補正できることが示唆された[12]。

(c) 重なりの導入

炭素の2個の2p原子軌道の側面重なり積分は1.39ÅのC-C距離に対して0.25程度である。この事実に照らすと，ヒュッケル法で採用されたゼロ重なりの仮定は少し極端である。実際にはこの仮定に実用的な重要性はない。それどころか重なりの概念は単純なゼロ重なり近似で得られた結果へのあと知恵である[13,14]。いま一般形で表された元の永年行列式を考えて見よう。

$$|H_{rs} - ES_{rs}| = 0 \tag{105}$$

重なりを含めて対角要素はすべて $\alpha_r - E$ となり，炭化水素類の場合には次の同じ値になる。

$$\alpha - E \tag{106}$$

いまヒュッケル近似の仮定(a)および(b)と同じ仮説を採用すれば（第3.3.1項参照），非隣接炭素原子間の非対角要素はゼロで，隣接原子間のそれは次式で与えられる。

$$\beta - ES \tag{107}$$

もし永年行列式の各要素をすべて $\beta - ES$ で割り次のように置けば

$$y = \frac{\alpha - E}{\beta - ES} \tag{108}$$

行列式はゼロ重なり仮説のそれと正確に一致する。すなわちヒュッケル近似で式を作り，それを解けば十分である。いま $k = -y$ と置けば，エネルギーは次式で表される。

$$E = \frac{\alpha + k\beta}{1 + kS} \tag{109}$$

さらに特別の量として γ を次式で定義する。この γ は第2章で述べた二原子の場合にすでに遭遇したことのある量である。

$$\gamma = \beta - S\alpha \tag{110}$$

したがって式(109)は次のように変換される。

$$E = \alpha + \frac{k}{1 + kS}\gamma \tag{111}$$

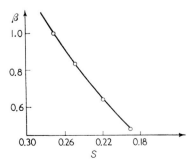

図8　S の関数としての β

すなわち α と「重なりを含んだ共鳴積分」である γ を用いれば，E は次のように定義される。

$$E = \alpha + m\gamma \tag{112}$$

この式は α と「重なりを含まない共鳴積分」である β を用いて表された次式と形式が同じである。

$$E = \alpha + k\beta \tag{113}$$

ただし m は次の簡単な変換により k から求められる。

$$m = \frac{k}{1+kS} \tag{114}$$

もし β_{rs} が距離 rs と共に変化し，かつ β_{rs}，γ_{rs} および S_{rs} との間に次の比例関係が成り立つならば[15]，同一の代数学が適用されよう。

$$\frac{\gamma_{rs}}{\gamma} = \frac{\beta_{rs}}{\beta} = \frac{S_{rs}}{S} = \eta_{rs} \tag{115}$$

他の近似も考慮したときこのような仮定が正当化されることは，結合距離に対する β_{rs} の変動と p 原子軌道に対して計算された重なり積分の変動を比較すれば明らかである（図8参照）[16]。

永年方程式は重なりの有無に拘らず同じ形になる。違うのは重なりのある場合の係数 (d_r) が重なりのない場合のそれ (c_r) と比べて一定の因子 p だけ異なる点である。この因子を求めるには重なりを含んだ規格化条件を書き下せばよい。すなわち

$$\sum_r \left(d_r^2 + 2\sum_{s>r} d_r d_s S_{rs} \right) = 1 \tag{116}$$

または

$$\frac{1}{p^2} = \sum_r \left(c_r^2 + \sum_{s>r} c_r c_s S_{rs} \right) \tag{117}$$

もし β がすべて等しいと仮定すれば，式(79)から明らかなように所定の分子軌道に対して次式が成り立つ。

$$2\sum_r \sum_{s>r} c_r c_s = k \tag{118}$$

さらに重なりを含まないときの規格化条件は $\sum_r c_r^2 = 1$ である。また S_{rs} はすべて S に等しいので次式が得られる。

$$p^2 = \frac{1}{1+kS} \tag{119}$$

このことは各分子軌道に対して重なりを含んだときの係数が重なりを含まないときの係数から次の簡単な割り算により導き出せることを意味する。

$$d_r = \frac{c_r}{\sqrt{1+kS}} \tag{120}$$

重なりを含めて電子密度や結合次数を定義するには第3.3.4項とは異なる定義が必要になる。その結果，エネルギーに対するこれらの構造的指標の関係を保護する定義が見出された。なおエチレン系およびベンゼン系炭化水素類では，重なりを含めても結合次数と電子密度は変化しない[17]。

実際には重なりを含めるとエネルギー準位の間隔が変化した。しかし構造的指標やエネルギー指標に関する結果の相対値は，非ベンゼン系分子においてさえほとんど変化しなかった。それど

ころか，この精密化は本書で考察された問題のほとんどにおいて一般に不必要であった[18]。

　結論として，一般にはヒュッケル法への精密化の導入は特に難しいことではない。（電子計算機の利用により行列式の計算がきわめて簡単になった今日では）初期のヒュッケル法における技術的改善の余地はほとんどない。本質的結果はすべてこれらの精密化を行わなくても得られる。

3.5　置換分子と複素環式分子

3.5.1　概要

　ヘテロ原子や置換基を含んだ共役分子構造が扱えるようにヒュッケル法を拡張することは容易である。

　この拡張はきわめて簡単な原理に基づく。すなわち炭化水素の場合と同様，系の各 π 電子はLCAO 分子軌道によって記述される。

$$\phi = \sum_r c_r \chi_r \tag{121}$$

この分子軌道は電子的反発の平均効果を含んだ有効分子ハミルトニアン H の支配下にある。電子に対して許容されるエネルギー値は次の永年行列式の解として得られる。

$$\left| H_{rs} - E S_{rs} \right| = 0 \tag{122}$$

ここで H_{rs} と S_{rs} の定義はこれまでと同じである。通常の近似では S_{rs} は異なる χ の間ではゼロと仮定され，H_{rs} は非結合原子間では無視される。また炭素原子のクーロン積分 H_{rr} に対してはすべて同じ値 α が割り付けられる。しかし非炭素原子 r に対しては異なる値 α_r が宛がわれる。共鳴積分 H_{rs} は一般に炭素–炭素結合ではユニークな値 β に等しいと仮定されるが，炭素–ヘテロ原子間の結合に対しては特定の値が割り付けられる[19]。理論の他の箇所についての変更はなかった。

　したがって，もし π 電子を保有するすべての非炭素原子の α_r と β_{rs} に対して適切な値を割り当てることができるならば，いかなる複素環式分子や置換分子もこのヒュッケル理論で扱うことができるはずである。

　実際には，ヘテロ原子 X の積分は対応する炭素の積分値 α と β を用いて表すと都合がよい。すなわち

$$\alpha_X = \alpha + \delta_X \beta \tag{123}$$

および

$$\beta_{CX} = \eta_{CX} \beta \tag{124}$$

これらの取り決めを用いると，行列式の対角要素は次の形に書き下される。

$$\alpha_r - E = \alpha - E + \delta_r \beta \tag{125}$$

またゼロではない非対角要素は次のようになる。

$$\beta_{rs} = \eta_{rs} \beta \tag{126}$$

行列式のすべての要素を β で割り，炭化水素類の場合と同じ取り決めを適用する。すなわち

$$y = \frac{\alpha - E}{\beta} \tag{127}$$

このようにすると，軌道エネルギー E の最終値は非置換分子のそれと同じゼロ値になる。

これらの取り決めを用いると，n 原子軌道系に対して式(5)に示した一組の永年方程式が書き下される。

$$c_{ri}(y+\delta_r)+\sum_{r\text{に隣接した}s}\eta_{rs}c_{si}=0 \qquad r=1, 2, \ldots, n \tag{128}$$

次にヘテロ原子と置換基を簡単に分類し，生化学で重要なそれらに対するパラメータ値 δ と η の値を示す。

3.5.2 さまざまなタイプの置換基とヘテロ原子

電子の非局在化，正確には π 電子系の関与の観点から，置換基やヘテロ原子は π 電子系へ寄与する電子の数に従って次の二つのグループへ分類される。

(a) 寄与する π 電子が 1 個の場合 　（環内や環外置換基内の）ヘテロ原子と炭素原子や別のヘテロ原子へ二重結合したヘテロ原子が含まれる。このグループに属する原子はピリジン型窒素，C＝O 結合の酸素，C＝S 結合の硫黄，P＝O 結合のリンなどである。

(b) 寄与する π 電子が 2 個の場合 　（環内や環外置換基内に存在し）孤立電子対をもつヘテロ原子と一重結合のみで隣接原子と結合したヘテロ原子が含まれる。このグループに属する原子はピロール型窒素，アニリン型窒素，フラン型酸素，フェノール型酸素，チオフェン型硫黄，スルフヒドリル型硫黄などである。

実際には，分子軌道的取扱いの観点からこの分類には第三の置換基グループも付け加えられる。

(c) 　超共役グループ　CH_2, CH_3, C_2H_5 など

まず第一に窒素原子を例にとり，グループ(a)とグループ(b)の違いを説明する。第 2 章 2.3 節の表 1，図 13 およびその後の議論によれば，基底状態の窒素は 3 個の価電子（p_x, p_y, p_z）をもつ。それらの軌道は互いに垂直な方向を向き，$2s$ 軌道は孤立電子対である。この幾何配置は NH_3 のような化合物の構造にほぼ対応する。しかし炭素の場合には $2s$ 軌道と $2p$ 軌道の間で混成が起こり，ピラミッド型配置よりも三角形型配置の方が結合形成にとって好都合である。にもかかわらず窒素で混成が起こると，軌道のうち三つだけが原子価軌道として結合形成に利用され，残った軌道は孤立電子対の 2 個の電子を収容する。

さてピリジン（II）やピロール（III）のような共役複素環へ N 原子が入り込むと，いずれの場合も第一近似として三角形型の sp^2 混成状態が想定される。

しかしこれらの分子では，窒素の軌道は同じ様式で使われるわけではない。いずれの場合も三角形型混成軌道面は分子面と一致し，窒素の垂直な p 軌道は環炭素原子の p 軌道と平行になる。ピリジンの場合には，sp^2 混成軌道のうち二つは隣接炭素原子との間の σ 結合の形成に利用され，

第三のsp^2混成軌道は分子面に局在化され孤立電子対によって占有される。それゆえ結合性には関与しない（図9(a)）。炭素のp電子と重なり合う窒素のp軌道は電子を1個しか含まない。一方，ピロールでは3個のsp^2共平面状混成軌道はσ結合（そのうちの二つは隣接炭素原子との結合，他の一つは水素との結合）に利用され，純粋なp軌道は孤立電子対によって占有される（図9(b)）。すなわち第一の場合には窒素からπ電子系へ寄与する電子は1個だけであるが，第二の場合には2個の電子がπ電子系へ寄与する。

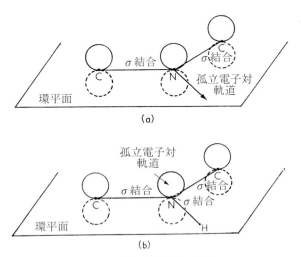

図9　2種の共役窒素の概略
(a) 二重結合性窒素（ピリジン）；(b) 一重結合性窒素（ピロール）

言い換えると，一般にヘテロ原子が共役系の炭素へ二重結合すると，系の他のπ電子と共役できるのはこの二重結合に関与するp電子だけである。このヘテロ原子上に存在する孤立電子対はこの関与に必要な対称性を備えていない。一方，このようなヘテロ原子が共役系の原子へ一重結合するだけであれば，利用可能な孤立電子対の一つは系の他のπ電子と同じ平面に配置され全体の共役に関与することになる。

実際には，ここで考慮されたさまざまなタイプの複素環式化合物における窒素の混成状態は多様であり，化合物ごとに異なる分数指数で記述される。状況が明らかになるのは，窒素の原子価角が120°ではなくピリジンやピロールの値とも異なる場合である。しかしこの状況はここで示された一般的説明を変えるものではない[20]。

明らかにこれらの二つのタイプの窒素原子を計算に組み入れる様式は同じではない。ピリジンとピロールの何れの場合もπ電子系は6個の電子を含んでいる。すなわちピリジンでは，各環原子から提供される電子は1個である。一方，ピロールでは電子は各炭素原子から1個，窒素から2個それぞれ提供される。分子内のこれらの電子はそれぞれ次の分子軌道によって記述される。

$$\phi = \sum_r c_r \chi_r \tag{129}$$

ただし，ピリジンでは式(129)は次式に示すように6個の原子軌道を含んでいる。

$$\phi_{\text{ピリジン}} = c_1\chi_1 + c_2\chi_2 + c_3\chi_3 + c_4\chi_4 + c_5\chi_5 + c_6\chi_6 \tag{130}$$

一方，ピロールでは式(129)は次に示すように原子軌道を5個しか含まない。

$$\phi_{ピロール} = c_1\chi_1 + c_2\chi_2 + c_3\chi_3 + c_4\chi_4 + c_5\chi_5 \tag{131}$$

それゆえ永年方程式はピリジンでは6次になるが，ピロールでは5次に過ぎない。ピリジンでは許容された分子電子エネルギー準位は六つ存在し，その内の三つは基底状態にあって6個のπ電子によって占有され，残りの三つは空軌道である。一方，ピロールでは許容された分子電子エネルギー準位は五つしかない。基底状態ではその内の三つは6個のπ電子によって占有され，残りの二つは空のままである。

1電子寄与原子と2電子寄与原子の区別がもたらすもう一つの重要な結果は，分子周辺での電子密度分布の議論において見られる（第3.5.5項）。

二つのタイプの酸素原子の区別も同様である。C=O結合では酸素の二つの価電子のうちの一つはσ結合の形成にかかわり，第二の電子はπ結合の形成にかかわる（図10(a)）。もし炭素原子自身が平面状共役系の一部をなすならば，酸素のp軌道は炭素のp軌道と同じ方向すなわち平面に垂直な方向を向き全体の電子的非局在化に関与するであろう。この配置では酸素の二つの「孤立電子対」は共役に関与しない。というのは，孤立電子対の一つは$2s$軌道にあり，もう一つは別のp軌道にあるからである。実際には，この場合もまた複雑な原子価状態がおそらく関与している。すなわち，それは三つの共平面状三角形軌道を用いたsp^2混成状態に近く，それらの軌道の二つはそれぞれ孤立電子対を収容している（図10(b)）。明らかにこの状況は前述の結論に何ら影響を及ぼさない。

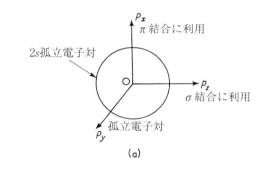

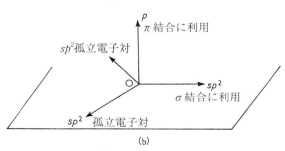

図10　C=O結合の形成における酸素軌道の利用

一方，フラン（Ⅳ）やフェノール（Ⅴ）のように酸素が二つの原子へ一重結合している分子では，O原子から発した二つのσ結合はトリゴナル混成を構成すると考えられる。

第三の共平面混成軌道は第一の孤立電子対を収容し，混成軌道に垂直なp軌道は第二の孤立電子対を収容する（図11参照）。この第二の孤立電子対は明らかに環の他のp電子と共役する。

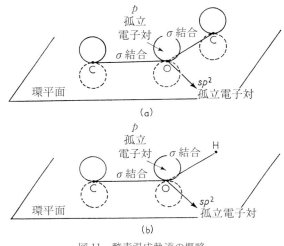

図11 酸素混成軌道の概略
(a) フラン；(b) フェノール

すなわち，カルボニル化合物の酸素は共役系へ電子を1個と原子軌道を一つ供給するのに対し，フラン型複素環の酸素やフェノール類の酸素は共役系へ電子を2個と原子軌道を一つ供給する。

硫黄の場合は，少なくともチオン化合物（C＝S）に関する限り酸素の場合と同じである。チオフェン（Ⅵ）型化合物では，硫黄は二つの隣接原子へ一重結合しており，状況はさらに曖昧でかつ複雑である。

Ⅵ チオフェン

このような化合物を検討するための一つの方法は，ピロールの窒素やフランの酸素と同様に硫黄原子がπ電子雲へ孤立電子対を供給すると考えることである。また，硫黄のp軌道と原子価殻の空のd軌道との混成を考慮する立場の研究者もいる[21]。このような記述では，硫黄原子はπ電子系の残りとの共役に適した対称性を備えた等価な二つの非直交性混成軌道をもつと見なされる。

このような理論体系では，硫黄原子は共役系へ孤立電子対を 1 個と原子軌道を 2 個供給している。

結合形成への $3d$ 軌道の関与は生物学的リン化合物の一般的特徴である。実際には，リン酸エステル類は $3s$ 軌道から $3d$ 軌道へ電子を 1 個昇位させてほぼ四面体の混成配置をとる。

本書で取り上げた計算ではハロゲン原子の定量的取扱いはなされなかった。しかしそれらは我々の分類ではタイプ（b）の属することを指摘したい。というのは，それらは π 電子系へ（孤立電子対として）電子を 2 個供給するからである。

最後に超共役（hyperconjugation）にも言及しなければならない。この超共役は $-CH_2$ や $-CH_3$ のような原子団によって生じる弱い共役である[22]。実際にはこのような原子団は疑似二重結合（$C=H_2$）や疑似三重結合（$C\equiv H_3$）として扱われる。これは実験的証拠に基づいて示唆された概念であり，理論的にはグループ軌道（group orbital）の考え方に基づいている。たとえば原子団 CH_3 の場合，3 個の水素原子上の $1s$ 軌道は線形結合しており，このような結合はグループ軌道を三つ与える。これらのグループ軌道の一つは σ 軌道の対称性をもち，他の二つは（互いに垂直な）π 軌道の対称性をもつ。それゆえこれらの π グループ軌道は近くに存在する π 軌道と相互作用して電子的非局在化に関与する。しかしそれらは比較的固定された π 軌道であり，その非局在化の程度は通常の π 軌道に比べて小さい。

原子団 CH_2 でも同様に二つのグループ軌道が存在し，その内の一つは σ 型で，他の一つは π 型である。π 型のグループ軌道は系の他の π 軌道と相互作用する可能性がある。

3.5.3　パラメータ類の選択

（A）　一般的考察

すでに強調したように，クーロン積分 α と共鳴積分 β は（平均された電子的相互作用を含めた）一電子有効ハミルトニアンを用いて定義される。このようなハミルトニアンは明確には書き下せないため，理論的にその積分を計算することはできない。そのため炭化水素類の場合，α と β はパラメータとして扱われる。

同じ理由により，ヘテロ原子や置換基の積分もまた *ab initio* 的には計算できない。にもかかわらず，理論的考察に基づきさまざまな原子や結合に対する積分の「相対」値を定めることは可能である。後ほど分るが，パラメータの相対値を知ることはしばしばきわめて重要である。もしパラメータの値が妥当な限界内に収まるならば，一連の関連分子の比較研究から明らかなように，多くの場合，積分値は適当なパラメータの相対値に依存しており正確な値とはほとんど無関係である。

まずクーロン積分について考えてみよう。

$$\alpha_X = \int \chi_X H \chi_X dv \tag{132}$$

ただし原子 X はたとえばピリジン様窒素や二重結合性酸素のように π 系へ電子を 1 個と軌道を 1 個供給する。

一電子分子ハミルトニアン H は通常，運動項とポテンシャル項の和で表される。

$$H = T + V \tag{133}$$

「有効」ポテンシャル V は次のように「原子中心」項の和で表すと好都合である。

$$V = V_1 + V_2 + \ldots + V_X + \ldots + V_n \tag{134}$$

さて式(132)のクーロン積分への主な寄与は V_X に由来する。この V_X は「中心」X（p 電子を取り除いた原子 X を指す）の電子1個に対する引力にほぼ相当する。それゆえ一連の元素における α_X の変化は適当な価電子状態のイオン化ポテンシャルの変動とほぼ並行する[23]。このようなポテンシャルの値は表に見出される[24]。また標準的な公式を用いて求めることもできる[25]。たとえば二重結合した炭素，窒素および酸素に対する価電子状態イオン化ポテンシャルはそれぞれ 11.54 eV，14.0 eV および 17.21 eV である。それによると，α の値は（絶対値で）$\alpha_C < \alpha_N < \alpha_O$ の順に増加する。

α_X の変化を見出すもう一つの操作は電気陰性度の値を利用する。実際には，Mulliken は（クーロン積分 α_X の負数に相当する）原子 X の「絶対理論的な電気陰性度」ν_X を定義した。それによれば結合 AB の分子軌道表現では，原子への電子の蓄積が起こるのはクーロン項 α_A と α_B の差がゼロでないときだけである[26]。α を構成する項の大雑把な評価によれば，この概念はイオン化ポテンシャルと電子親和力の平均値を原子の電気陰性度とする Mulliken の初期の定義と等価であった（第2章 2.3.4 項）。Mulliken の関係や（α の差を電気陰性度の差と結びつける）さらに古い経験式[27]は次の事実と一致した。すなわち価電子に対する原子 r の引力（ほぼポテンシャル V_r に対応）は，元素の電気陰性度と同様に周期律表の行に沿って増加し列に沿って減少した。たとえば炭素，窒素および酸素に対する電気陰性度の値はそれぞれ 2.5，3.0 および 3.5 である（第2章の表2参照）。

価電子状態イオン化ポテンシャルや電気陰性度の値に基づいて予測された α の大きさの相対的序列は相互によく一致した。この状況は次の関係から考えて驚くに当たらない。

$$\text{電気陰性度} \cong I + E \tag{135}$$

またイオン化ポテンシャルの変化は電子親和力のそれよりもはるかに大きい。したがってこれらの相関は α を選択する際の指針として役立つ。

価電子状態イオン化ポテンシャルを含んだ相関は（ピロールの N 原子やヒドロキシ基の O 原子のように）π 系へ電子を2個供給するヘテロ原子（第 3.5.2 項のタイプ（b））へも適用される。このような原子に対しては，有効ハミルトニアンの分解式(134)における V_r 項は原子中心 r が二重にイオン化するため同一タイプの一電子寄与原子の対応項とは異なる。というのは Orgel らが指摘したように[29]，一電子寄与体の α_X 値は変換 X → X$^+$ に対応したイオン化ポテンシャルと関連があるのに対し，二電子寄与体の α_X 値は X → X$^+$ と X$^+$ → X^{2+} に関連したイオン化ポテンシャルの平均になる。第二イオン化ポテンシャルの高値は α の値を高める効果がある。表6は N と O に対する第一および第二価電子状態イオン化ポテンシャルの値を示したものである。

表6 窒素と酸素に対する価電子状態イオン化ポテンシャル[a]

価電子状態	イオン化ポテンシャル (ev)
$N(2s2p_x^2 2p_y 2p_z) \rightarrow N^+(2s2p_x 2p_y 2p_z)$	11.95
$N^+(2s2p_x 2p_y 2p_z) \rightarrow N^{++}(2s2p_y 2p_z)$	29.16
$O(2s^2 2p_x^2 2p_y 2p_z) \rightarrow O^+(2s^2 2p_x 2p_y 2p_z)$	14.75
$O^+(2s^2 2p_x 2p_y 2p_z) \rightarrow O^{++}(2s^2 2p_y 2p_z)$	34.16

[a] 原子分光学的データ (Suard, M., Berthier, G., and Pullman, B., *Biochim. et Biophys. Acta*, **52**, 254 (1961)) からの計算値.

結論として，これまでの考察によればC，NおよびOに対するクーロン積分の相対値は次の不等式に従うはずである（αは負であるが，ここでは絶対値で示した）。

$$\alpha_C < \alpha_{=N-} < \alpha_{O=}$$

$$\alpha_{=N-} < \alpha_{-N-} < \alpha_{=N\pm}$$

$$\alpha_{O=} < \alpha_{-O-}$$

さらに硫黄は炭素とよく似た電気陰性度をもつ。

$$\alpha_S \approx \alpha_C$$

またリンの電気陰性度は炭素の値よりも小さい。

$$\alpha_P < \alpha_C$$

次に共鳴積分について考えてみよう。

Lennard-Jones は共鳴積分 $\beta_{C=C}$ が二重結合と一重結合のエネルギー差の半分であると考えた（本章の第3.4節参照）[30]。

$$\beta_{C=C} = \frac{1}{2}(E_d - E_s) \tag{136}$$

この前提に基づき，共鳴積分 $\beta_{C=X}$ と対応する共鳴積分 $\beta_{C=C}$ の比は次の近似式に従うと仮定した[31]。

$$\frac{\beta_{C=X}}{\beta_{C=C}} = \frac{E_{C=X} - E_{C-X}}{E_{C=C} - E_{C-C}} \tag{137}$$

実際には，式(136)へ至る議論は厳密には同一原子間の結合に対してのみ成り立つ。いまこの概念を異極結合 C−X へ拡張してみよう。その場合，差 $E_d - E_s$ は $H_2C = X$ 分子に対する永年方程式の最小根の二倍と対応する一重結合に対する和 $\alpha_X + \alpha_C$ との差に等しい。$H_2C = X$ に対する永年方程式は次のように書き下される。

$$\begin{vmatrix} \alpha_C - E & \beta_{CX} \\ \beta_{CX} & \alpha_X - E \end{vmatrix} = 0 \tag{138}$$

その最小根は次のようになる。

$$E = \frac{1}{2}(\alpha_C + \alpha_X) + \sqrt{\beta_{C=X}^2 + \frac{(\alpha_X - \alpha_C)^2}{4}} \tag{139}$$

したがって次式が成り立つ。

$$E_{C=X} - E_{C-X} = 2\sqrt{\beta^2_{C=X} + \frac{(\alpha_X - \alpha_C)^2}{4}} \tag{140}$$

あるいは第V.1節で導入されたパラメータを用いると次のように書き直される。

$$E_{C=X} - E_{C-X} = 2\beta_{C=C}\sqrt{\eta^2 + \frac{\delta^2}{4}} \tag{141}$$

それゆえ C−X に対する Lennard-Jones 関係は実際には次のようになる[32]。

$$\sqrt{\eta^2 + \frac{\delta^2}{4}} = \frac{E_{C=X} - E_{C-X}}{E_{C=C} - E_{C-C}} \tag{142}$$

平方根内の第2項を無視すると式(137)が得られる。

第3.4節で開発され式(136)の関係をもたらした理論によれば，同じ距離に対して $E_d - E_s$ の値を用いるには結合長による結合エネルギーの変化を認めなけれなならない。

しかし二重結合距離に対して E 値を与える補正項は結合が C−C，C−N あるいは C−O の何れであっても実質的に同じである[33]。それゆえその省略は式(137)の値をそれほど大きく変化させない。

明らかにこの操作は η の大雑把な評価を与えるに過ぎない。

β の決定にしばしば利用されるもう一つの関係式は共鳴積分 β_{rs} を重なり積分 S_{rs} と結びつける式である。重なりを含めたヒュッケル理論では複素環分子や置換分子の計算を簡単にするため，Wheland はすべてのタイプの結合に対して次の簡単な比例関係を仮定した[34]。

$$\beta_{rs} = kS_{rs} \tag{143}$$

この仮定は二つの共鳴積分の比が対応する重なり積分の比で与えられることを示唆した。特にしかるべき距離に対しては次式が成り立つ。

$$\frac{\beta_{C=X}}{\beta_{C=C}} = \frac{S_{C=X}}{S_{C=C}} \tag{144}$$

実際には第3.4節で述べたように，式(143)の関係の妥当性は炭素−炭素結合の場合には結合長の関数としての $\beta_{C=C}$ の変動を二つの炭素スレーター $2p$ 軌道に対する重なり積分の変動と比較することにより立証されている。類似の関係は他のタイプの等核結合や異核結合に対してさえも同じように当てはまると考えてよい。もっとも，このことは比例定数 k がすべてのタイプの結合に対して同じであるという意味ではない。実際には X が C に比べて電気陰性度が高い場合，C−X のコア引力は C−C のそれよりも強いと考えられる。つまり，重なり積分の変化とは逆に β_{CX} の絶対値は β_{CC} のそれよりも大きい[35]。たとえば C−N，C−O，N−N および O−O の $2p$ 軌道に対する，原子間距離の関数としての重なり積分の曲線はすべて C−C 軌道に対する対応曲線より下になる[36]。そのため式(143)の比例定数として同じ値を仮定すると，これらの場合の β 値は β_{CC} よりも小さくなる。この結論はたとえばカルボニル化合物の性質（下記参照）[37]や Lennard-Jones 関係の結果とは一致しない。

それゆえ現時点では，Lennard-Jones 関係は基本的化合物の実験的性質の詳細研究と共に二重結合に対する β 値を決定するための最良の指針となる。また所定の結合タイプでは，結合距離に

よる β の変動と重なり積分の変動との並行関係が利用される。

ただし二重結合した原子 X を含んだ結合や共役系へ孤立電子対を供給する原子 X を含んだ結合に対しては次の関係は利用できない。

$$\beta_{CX} = kS_{CX} \tag{145}$$

というのはこの最後のタイプの結合は二重結合とは考えられず，むしろ超共役に関与する一重結合と考えるのが妥当である。

（B） 具体的数値

上で試みた一般的な理論的考察では，相対値やヘテロ原子の α および β の大きさは順序が固定された。これらのパラメータに対する正確な数値の選択はきわめて難しい問題で，完全に満足な解はいまだ得られていない。最も一般的なのは（化学反応性，双極子モーメント，共鳴エネルギー，吸収スペクトルなどの）経験的性質と計算結果との比較に基づいた半経験的アプローチである。上述の一般則に従い，かつ理論的予測と実験的観察が最もよく一致するパラメータ値は最も満足な結果を与えた。近年，第二のさらに理論的な操作も一部利用できるようになった。それらの計算には自己無撞着場（SCF）分子軌道法が用いられた。この方法はヒュッケル近似法よりも基本的に信頼できる結果を与えた。SCF 法で得られた結果は LCAO 近似のパラメータを固定するのに利用される。すなわちこれらのパラメータは SCF 近似で得られた結果が再現されるように選択される。

これらの操作がもつ明らかな弱点の一つは，使用されるパラメータ群が作成者により異なることである。すなわちそれらのパラメータ群の選択はアプローチの様式や作成者の経験量に左右される。また計算に要する労力との関係で，理論と実験との一致は最良ではなく，しばしば満足な一致を与えるパラメータ群が使用される。作成者がパラメータ群の適切かつ均質な相対値の使用を心がける限り，これらは重大ではあるが必ずしも本質的な障害ではない。しかし得られた結果の性質やそれらの適切な理解と解釈への実際的なアプローチとしてそれは重要である。この問題は方法の主要な応用分野が何であるかを説明した第 4 章以降で詳しく議論される。

もちろん所定のヘテロ原子に対する α と β の値は相互に関係があり，ヒュッケル近似でのこの原子の量子力学的個性はこれらの値によって定まる。

＝ N －原子と対応する C ＝ N 結合に対するパラメータ

式(137)を適用すると，対応する結合エネルギーの値に依存して C ＝ N 二重結合（長さ 1.26 Å）は $\eta = 1.1$ または 1.2 なる値を与えた[38]。平均結合長が 1.36 Å の芳香族 C － N 結合では，対応する重なり積分の比に従い η の値はさらに小さくなり $\eta = 1$ なる値を与えた。実際には，この値はアザ複素環式化合物を扱った大多数の文献で芳香族 C － N 結合に対して一般に使用される値である[39-48]。

この η を用いると，0.4 〜 0.6 の δ 値に対して物理化学的性質や化学的性質の実験値と理論値との間に満足な相関が得られた。この領域の代表的研究としてはピリジン，ジアジン類，ピコリ

ン類，キノリン，フタラジンなどの双極子モーメントや[40,42,43,48]，ヘテロ環式フェノール類の酸性度定数[48]，一連のヘテロ環式芳香族化合物の塩基性度やイオン化ポテンシャル[49]，メチル化された 4- アミノアゾベンゼン類のプロトン親和力[50]，化学反応性（たとえばピリジン[51]やその高級同族体，キノリンおよびアクリジン[52]のフリーラジカル反応性，および分光遷移の解釈[53]）などがある。SCF 計算の結果が再現されるという理由でより小さな $\delta_N = 0.2$ なる値も提案された[54,55]。しかし問題を詳しく吟味してみると，これらの「精密」計算は（複素環式化合物における分光遷移の結果に適合するように決められた）窒素の経験的コアパラメータを含んでいる。もしこのパラメータに対して経験値の代わりに適当な価電子状態イオン化ポテンシャルの値が使用されたならば，新しい SCF 計算の結果は $\delta_{=N-}$ を 0.5 とするヒュッケル計算によってうまく再現された[56]。それゆえ，本書の計算で使用された $\delta_{=N-} = 0.4$ は容認できる範囲内の値である。

　ピロール型窒素やアニリン型窒素と関連したパラメータはその他にも存在する。このような原子（一般には共役プールへ孤立電子対を提供する原子）を含んだ結合に対するパラメータ η の値は一重結合をわたる超共役の結果との比較によって定まる。もしメチル基が π 系へ電子対を提供する擬ヘテロ原子として扱われるならば，C_{arom}—CH_3 一重結合に対して用いられる共鳴積分値は約 $0.7\beta_{CC}$ である[57]。この種の共役の非局在化はきわめて弱く，一重結合を渡る 2p 孤立電子対の非局在化の下限と見なせる。したがって C−N 結合には共役量を少し高めた $0.8 \sim 0.9\beta$ 程度の η 値を割り付けるのが望ましい。ほとんどの研究者はこの範囲の値を利用している[58]。もっとも，このような結合と芳香性結合を区別しない研究者もいる[40,47,59]。我々はこのパラメータに対して 0.9β なる値を割り付けた。共鳴積分に対するこの値との関連で，クーロン積分には $\delta = 1$ なる値が採用された。この値は Matsen のイオン化ポテンシャルの値から得られ[57]，満足な双極子モーメントを与えた。このパラメータ群すなわち $\eta_{C-N} = 0.9$ と $\delta_{-N-} = 1$ を用いて行われた計算は一連の芳香族アミン類の化学的および物理化学的性質をうまく説明した[60]。もっとも δ_{-N-} に対してもっと大きな値を提唱する研究者もいる[47,61]。

　第四級窒素 $=N^+$ のクーロン積分は明らかにさらに大きな値を必要とする。SCF 計算結果の詳細な検討とヒュッケル近似によるそれらの再現は $\delta = 2$ なる理論値をもたらした[62,63]。

　この値を用いると，理論的計算と（芳香族および複素環式アミン類の塩基性度[64,65]，酸性溶媒中でのアザヘテロ環式化合物のニトロ化速度[66]といった）経験的性質との間できわめて満足な一致が得られた。

<u>酸素に関連したパラメータ</u>

　C＝O 結合に対する共鳴積分の仮定値は，Lennard–Jones 関係を適用することにより得られる。対応する結合エネルギーに対して採用された値によると，η は 1.3[67] から 2.0[68] の間で変動した。$\eta_{C=O}$ に対しては大きな値が好まれる。このことは（反磁性異方性，原子間距離，紫外分光法，赤外振動数といった）カルボニル化合物の物理化学的性質の研究から導かれた。それによれば，C＝O 結合は C＝C 結合よりもはるかに局在化している[69]。補完的議論はセミキノンイオン類に対する電子スピン共鳴の測定結果をヒュッケル型計算で説明しようとした最近の試みに基づい

ている[70]。それによると，この目的に使用される$\eta_{C=O}$の値は1.56であった。この値はこれらのイオンにおけるC–O結合距離の平均（1.33Å）に対応した。もし共鳴積分β_{CO}と重なり積分S_{CO}との比例関係を認めるならば，1.20ÅのC=O結合に対しては$\eta_{C=O}=2$が得られる。本書の計算ではC=O結合に対してこの値が採用された。

またパラメータδに関しては$\delta_{O=}$として1.2なる値が採用された[71,72]。これは多数の分子のカルボニル振動数の研究に基づいた値である。この値やそれに近い値はキノン類の酸化還元電位[73]，ケトン類やアルデヒド類の還元電位[74]およびカルボニル化合物の化学反応性[75]の研究に利用され成功を収めた。

（たとえばフランやフェノールのように）O原子がπ電子プールへ孤立電子対を提供する化合物のC–O結合に対しては，関連窒素化合物の場合と同様な議論に基づきη_{C-O}は0.9に等しいとした。これらの分子タイプの計算を行う研究者のほとんどは，C–OとC–Nに対して同一のη値すなわち$0.8 \sim 0.9$なる値を用いる[58]。ただしヘテロ原子の関連δ値はもちろん異なる。たとえば$\delta_{-\ddot{O}-}$では，イオン化ポテンシャルの値に基づいた測定は$\delta_{-\ddot{O}-}=2$なる値を与えるが[57]，この結果はヒドロキシ基の孤立電子対の共役量がアミノ基のそれより小さいという事実とよく一致する[76]。

すなわち酸素と窒素（これらの元素は主なヘテロ原子として炭素や水素と共に生体の99％を構成する）に関する限り，本書の計算では一般に次のパラメータ群が使用される。

結合	η	δ
C=N—	1	$\delta_{=N-} = 0.4$
C—Ṅ—	0.9	$\delta_{-\ddot{N}-} = 1$
C=N⁺—	1	$\delta_{=\overset{+}{N}-} = 2$
C=O	2	$\delta_{=O} = 1.2$
C—O—	0.9	$\delta_{-\ddot{O}-} = 2$

これらのパラメータの相対的順序は上述の一般的な理論則に従う。ただしこれらの集合が最良の選択であるという保証はない。しかしそれは妥当な選択であり，化学や物理化学でのその利用は顕著な成功を収めている。この成功が生化学の分野でも当てはまるか否かは読者自身でご判断いただきたい。さらにこの成功はパラメータの数値とはほとんど無関係であることに注意されたい。もしこれらのパラメータが相対値を定めるための一般的な理論則に従って絶対値の妥当な範囲内で選択され，関連分子系列内での関連性質の比較研究に使われたならば，到達した結論は用いた正確なパラメータとは無関係である。方法の上手な利用に関する最後の条件は，方法の応用事例を説明したあと，第4章の終わりでさらに強調されることになろう。

次に他のヘテロ原子のパラメータも取り上げよう。このような元素の一つは硫黄である。この原子に対するパラメータは酸素や窒素ほどには分っていない。炭素と硫黄の電気陰性度は実質的に同じなので，α_Sはα_Cに等しいと見なされる。C–S共鳴積分については，C–O結合の値よりもかなり小さいと思われる。採用された値は$\eta_{C=S}=1.2$と$\eta_{C-S-}=0.6$である。

82　第 3 章　共役分子

同様の困難はリンでも生じる。この原子を含んだ計算で利用されるパラメータの詳細は第 7 章で取り上げる。

多くの場合，計算には CH_3 基や CH_2 基と芳香系との超共役が含まれる。この現象に特徴的なパラメータは一連の理論的研究や実験によってかなりよく確立されている[77]。$C_{arom} - C_{aliph} \equiv H_3$ に対して使われる値は次の通りである。

$$\delta_{Carom} = -0.1$$
$$\delta_{Caliph} = -0.2$$
$$\eta_{Carom-Caliph} = 0.7$$
$$\eta_{C \equiv H_3} = 2$$

計算には水素結合も含まれることがある。その効果は微妙であるため洗練された手法を用いるのが望ましい。このような手法はタンパク質の研究で用いられる（第 6 章）。しかし第一近似ではヒュッケル法で計算が行われることもある。利用されるパラメータは経験的であり，その目的はいくつかの一般的特性を検出することである（第 5 章）。水素結合の効果はこれらの結合でつながれたヘテロ原子のクーロン積分に適当な変更を施し，かつこれらの結合へ小さな交換積分を割り付けることである。実際には水素供与性ヘテロ原子のクーロン積分は 0.2β だけ一律に減らされ，水素受容性ヘテロ原子のクーロン積分は 0.2β だけ一律に増やされる。「水素結合」に割り付けられる交換積分は 0.2 である。この最後の仮定は水素結合を介して π 電子の非局在化が起こることを前提としている。このような非局在化は中間の H 原子の $2p$ 軌道も考慮した計算の結果と一致した[78,79]。

3.5.4　計算の実例

読者を置換分子の取扱いに慣れさせるために，まずプリン（Ⅶ）とシトシンの二つの互変異性体（Ⅷ，Ⅸ）の永年行列式とその解および被占軌道の係数の数値について説明する。

Ⅶ
プリン

Ⅷ
シトシン
（ラクチム形）

Ⅸ
シトシン
（ラクタム形）

プリン

計算に使われた原子のナンバリングはⅦに示した通常の化学的ナンバリングである。分子の環骨格は炭素 5 個と窒素 4 個を含めた計 9 個の原子から構成される。ヘテロ原子に対する分類に従い，N_1，N_3 および N_7 は π 系へ電子を 1 個と原子軌道一つを提供するのに対し，N_9 は孤立電子対の電子を 2 個と原子軌道を一つ提供する。また各炭素原子は π 系へ電子を 1 個と原子軌道を一つ提供しており，全体の共役系は電子を 10 個と分子軌道を九つ含んでいる。また各分子軌道は

次に示すように，九つの原子軌道の一次結合で表される。

$$\phi = c_1\chi_1 + c_2\chi_2 + \ldots + c_9\chi_9 \tag{146}$$

第3.3節で述べた図式に従い，かつ $-N=$ と $\overset{\overset{\cdots}{N}}{\underset{|}{}}$ に対して採用されたパラメータ値を考慮すると，永年行列式は次のように書き下される（便宜上，対応原子の行と列には番号を付与した）。

$$
\begin{vmatrix}
 & 1 & 2 & 3 & 4 & 5 & 6 & 7 & 8 & 9 \\
1 & y+0.4 & 1 & 0 & 0 & 0 & 1 & 0 & 0 & 0 \\
2 & 1 & y & 1 & 0 & 0 & 0 & 0 & 0 & 0 \\
3 & 0 & 1 & y+0.4 & 1 & 0 & 0 & 0 & 0 & 0 \\
4 & 0 & 0 & 1 & y & 1 & 0 & 0 & 0 & 0.9 \\
5 & 0 & 0 & 0 & 1 & y & 1 & 1 & 0 & 0 \\
6 & 1 & 0 & 0 & 0 & 1 & y & 0 & 0 & 0 \\
7 & 0 & 0 & 0 & 0 & 1 & 0 & y+0.4 & 1 & 0 \\
8 & 0 & 0 & 0 & 0 & 0 & 0 & 1 & y & 0.9 \\
9 & 0 & 0 & 0 & 0.9 & 0 & 0 & 0 & 0.9 & y+1
\end{vmatrix} = 0
$$

したがって対応する永年方程式の集合は次のようになった。

$$
\begin{aligned}
c_1(y+0.4) + c_2 + c_6 &= 0 \\
c_1 + c_2 y + c_3 &= 0 \\
c_2 + c_3(y+0.4) + c_4 &= 0 \\
c_3 + c_4 y + c_5 + 0.9c_9 &= 0 \\
c_4 + c_5 y + c_6 + c_7 &= 0 \\
c_1 + c_5 + c_6 y &= 0 \\
c_5 + c_7(y+0.4) + c_8 &= 0 \\
c_7 + c_8 y + 0.9c_9 &= 0 \\
0.9c_4 + 0.9c_8 + c_9(y+1) &= 0
\end{aligned}
\tag{147}
$$

分子骨格には対称性がないので，特性方程式は九次となり縮約できない。その根 y と対応する k 値および各軌道のエネルギー値は次の通りである。

y	k	E	基底状態での占有状況
-2.5079	$+2.5079$	$\alpha + 2.5079\,\beta$	↑↓
-1.8133	$+1.8133$	$\alpha + 1.8133\,\beta$	↑↓
-1.4492	$+1.4492$	$\alpha + 1.4492\,\beta$	↑↓
-0.9366	$+0.9366$	$\alpha + 0.9366\,\beta$	↑↓
-0.6887	$+0.6887$	$\alpha + 0.6887\,\beta$	↑↓
$+0.7386$	-0.7386	$\alpha - 0.7386\,\beta$	
$+1.0599$	-1.0599	$\alpha - 1.0599\,\beta$	
$+1.3442$	-1.3442	$\alpha - 1.3442\,\beta$	
$+2.0530$	-2.0530	$\alpha - 2.0530\,\beta$	

84 第3章 共役分子

分子の基底状態では，エネルギーの最も低い五つの軌道は二重に占有されており，全エネルギーは次のようになる。

$$\mathcal{E} = 10\alpha + 14.7914\beta \tag{148}$$

永年方程式へ別の y を入れると，それぞれの y 値に対応して係数 c の集合が得られる。それらの一つはたとえば c_1 と呼ばれる。また c_1 の値は通常の規格化操作により定まる。表7はプリンの九つのエネルギー準位に対してそのように得られた規格化されていない係数と規格化された係数をまとめたものである。

シトシン（ラクチム形）

シトシンのラクチム形(Ⅷ)では，10個の π 電子（環内原子から各1個と環外置換基から各2個の孤立電子対）が八つの原子中心の間に分布している。パラメータに適当な値を設定すると，その永年行列式と（原子軌道の係数を求めるための）永年方程式の集合は次のようになる。

	1	2	3	4	5	6	7	8	
1	$y+0.4$	1	0	0	0	1	0	0	
2	1	y	1	0	0	0	0	0.9	
3	0	1	$y+0.4$	1	0	0	0	0	
4	0	0	1	y	1	0	0.9	0	$=0$
5	0	0	0	1	y	1	0	0	
6	1	0	0	0	1	y	0	0	
7	0	0	0	0.9	0	0	$y+1$	0	
8	0	0.9	0	0	0	0	0	$y+2$	

$$
\begin{aligned}
(y+0.4)c_1 + c_2 + c_6 &= 0 \\
c_1 + yc_2 + c_3 + 0.9c_8 &= 0 \\
c_2 + (y+0.4)c_3 + c_4 &= 0 \\
c_3 + yc_4 + c_5 + 0.9c_7 &= 0 \\
c_4 + yc_5 + c_6 &= 0 \\
c_1 + c_5 + yc_6 &= 0 \\
0.9c_4 + (y+1)c_7 &= 0 \\
0.9c_2 + (y+2)c_8 &= 0
\end{aligned}
\tag{149}
$$

八次の特性方程式の解は（分子軌道の八つのエネルギー値に対応する）八つの y 値を与える。基底状態ではエネルギーの最も低い五つの準位は10個の電子によって占有される。これらの準位は次の通りである。

y	E
-2.6048	$\alpha + 2.6048\beta$
-2.0528	$\alpha + 2.0528\beta$
-1.4962	$\alpha + 1.4962\beta$

表7 プリンの各種分子軌道の係数 c_{ri}

y	-2.5079	-1.8133	-1.4492	-0.9366	-0.6887	0.7386	1.0599	1.3441	2.0530
$c_1{}^a$	1	1	1	1	1	1	1	1	1
c_2	0.9648	0.8484	-1.3515	0.2873	-16.5221	1.3739	-1.0157	-2.8628	-1.0192
c_3	1.4195	0.5384	-2.9585	-0.7309	-12.3793	-2.0147	0.0765	2.8480	1.0923
c_4	2.0273	-0.0875	-1.7525	-0.6795	12.9478	0.9202	0.9040	-2.1046	-1.6605
c_5	1.8670	0.0243	2.4789	-0.7665	10.5781	0.8557	-0.5291	-2.5036	1.9439
c_6	1.1431	0.5649	2.4006	0.2493	16.8108	-2.5125	-0.4443	1.1186	-1.4338
c_7	1.5119	-0.4334	2.9443	-0.2877	-22.4732	0.9603	0.1011	4.3511	-0.8964
c_8	1.3198	-0.6368	0.6101	0.6121	17.0668	-1.9491	0.3815	-5.0854	0.2549
c_9	1.9977	-0.8014	-2.2890	0.9567	11.9097	0.5326	-0.5617	2.7605	0.4144
$c_1{}^b$	0.2189	0.5291	0.1565	0.4938	0.0228	0.2245	0.5128	0.1107	0.2788
c_2	0.2112	0.4489	-0.2115	0.1419	-0.3763	0.3084	-0.5208	-0.3168	-0.2842
c_3	0.3108	0.2849	-0.4629	-0.3609	-0.2820	-0.4523	0.0392	0.3151	0.3046
c_4	0.4438	-0.0463	-0.2742	-0.3355	0.2949	0.2066	0.4635	-0.2329	-0.4630
c_5	0.4087	0.0129	0.3879	-0.3785	0.2409	0.1921	-0.2713	-0.2770	0.5420
c_6	0.2502	0.2989	0.3757	0.1231	0.3829	-0.5640	-0.2278	0.1238	-0.3998
c_7	0.3310	-0.2293	0.4607	-0.1421	-0.5119	0.2156	0.0518	0.4815	-0.2499
c_8	0.2889	-0.3369	0.0955	0.3023	-0.3887	-0.4376	0.1956	-0.5627	0.0711
c_9	0.4373	-0.4240	-0.3582	0.4724	0.2713	0.1196	-0.2880	0.3055	0.1155

[a] c_1 に関する係数.
[b] 規格化された係数.

$$-0.9804 \qquad \alpha + 0.9804\,\beta$$

$$-0.6458 \qquad \alpha + 0.6458\,\beta$$

したがって基底状態における π 電子系の全エネルギーは次のようになる。

$$\mathcal{E} = 10\,\alpha + 15.5672\,\beta \tag{150}$$

表 8 はエネルギーの最も低い五つの準位に対する規格化された係数の値を示したものである。

表 8 規格化されたシトシン（ラクチム形）の係数

y	-2.6084	-2.0528	-1.4962	-0.9804	-0.6458
c_1	0.2890	0.1241	-0.5771	0.0076	-0.4498
c_2	0.4707	-0.0309	-0.1518	0.3651	-0.1913
c_3	0.3121	0.2861	0.1059	0.6405	0.2118
c_4	0.2186	0.5038	0.2679	0.0066	0.2434
c_5	0.1481	0.3604	-0.1423	-0.3612	0.5019
c_6	0.1676	0.2360	-0.4808	-0.3607	0.0808
c_7	0.1223	0.4307	0.4858	-0.3031	-0.6184
c_8	0.6962	-0.5262	0.2712	-0.3223	0.1272

シトシン（ラクタム形）

シトシンのラクタム形（IX）もまた 10 個の電子が八つの原子中心の間に分布している。この互変異性体では環の 4 個の炭素と N_3 窒素および酸素原子はそれぞれ π 電子を 1 個ずつ提供し，N_1 窒素とアミノ基の窒素はそれぞれ π 電子を 2 個ずつ提供する。

永年行列式と永年方程式は次の通りである。

$$
\begin{array}{c|cccccccc}
 & 1 & 2 & 3 & 4 & 5 & 6 & 7 & 8 \\
\hline
1 & y+1 & 0.9 & 0 & 0 & 0 & 0.9 & 0 & 0 \\
2 & 0.9 & y & 1 & 0 & 0 & 0 & 0 & 2 \\
3 & 0 & 1 & y+0.4 & 1 & 0 & 0 & 0 & 0 \\
4 & 0 & 0 & 1 & y & 1 & 0 & 0.9 & 0 \\
5 & 0 & 0 & 0 & 1 & y & 1 & 0 & 0 \\
6 & 0.9 & 0 & 0 & 0 & 1 & y & 0 & 0 \\
7 & 0 & 0 & 0 & 0.9 & 0 & 0 & y+1 & 0 \\
8 & 0 & 2 & 0 & 0 & 0 & 0 & 0 & y+1.2
\end{array} = 0
$$

$$
\begin{aligned}
(y+1)\,c_1 + 0.9c_2 + 0.9c_6 &= 0 \\
0.9c_1 + yc_2 + c_3 + 2c_8 &= 0 \\
c_2 + (y+0.4)\,c_3 + c_4 &= 0 \\
c_3 + yc_4 + c_5 + 0.9c_7 &= 0 \\
c_4 + yc_5 + c_6 &= 0 \\
0.9c_1 + c_5 + yc_6 &= 0 \\
0.9c_4 + (y+1)\,c_7 &= 0 \\
2c_2 + (y+1.2)\,c_8 &= 0
\end{aligned}
\tag{151}
$$

表9は，エネルギーの最も低い五つの被占分子軌道に対する y 値と対応する規格化された係数をまとめたものである。

表9　シトシン（ラクタム形）の係数

y	-3.0682	-2.0077	-1.5920	-0.7847	-0.5951
c_1	0.3146	0.1129	0.6810	0.2669	0.4158
c_2	0.6037	-0.1267	-0.0454	0.0273	-0.1206
c_3	0.2765	0.2714	-0.2215	0.5243	-0.4950
c_4	0.1342	0.5631	-0.2186	0.1744	0.0240
c_5	0.0826	0.4065	0.1726	0.2689	0.5573
c_6	0.1192	0.2530	0.4934	0.0366	0.3076
c_7	0.0584	0.5029	-0.3323	-0.7292	-0.0534
c_8	0.6463	-0.3137	-0.2318	-0.1314	0.3987

この互変異性体に対する π 電子系の全エネルギーは次の通りである。

$$\mathscr{E} = 10\,\alpha + 16.0954\,\beta \tag{152}$$

3.5.5　エネルギー指標と構造的指標

本章の 3.3.3 項と 3.3.4 項で示された炭化水素類のエネルギー指標と構造的指標の定義は，もしヘテロ原子がもたらす新しい特徴を適切に考慮したならば複素環式分子や置換分子に対しても問題なく適用される。これらの特徴は共鳴エネルギーの計算や「形式電荷」と自由原子価の定義の際に現れる。

（a）　共鳴エネルギー

定義によりこの量は π 系の全エネルギーとすべての二重結合が局在化したときの系のエネルギーとの差である。ヒュッケル理論によれば，炭化水素ではこの量は通常の原子価結合構造に含まれる二重結合の数に炭素－炭素二重結合のエネルギーすなわち $2\alpha + 2\beta$ を掛けたものに等しい。

ヘテロ原子の含んだ対照構造では，局在化した個々の C＝C 結合はもちろん同様に計数され，かつ局在化した C＝X 結合には 3.5.3A 項ですでに遭遇した次のエネルギー値が割り当てられる（式(139)参照）。

$$2\,\alpha + \beta\left[\delta_{\mathrm{X}} + 2\sqrt{\eta^2_{\mathrm{C=X}} + \frac{\delta^2_{\mathrm{X}}}{4}}\right] \tag{153}$$

さらに原子 Y に局在化した孤立電子対には（次の方程式に対応する）エネルギー値の 2 倍が割り付けられる。

$$y + \delta_{\mathrm{Y}} = 0 \tag{154}$$

すなわち

$$\mathscr{E} = 2\,\alpha + 2\delta_{\mathrm{Y}}\beta \tag{155}$$

たとえばプリンの共鳴エネルギーの計算では局在化された対照構造はXで表される。

X

そのエネルギーは次のようになる。

$$E_{C=C} + 3E_{C=N} + E(\text{N}_9\text{の孤立電子対}) \tag{156}$$

α と β を用いて表すと

$$2\alpha + 2\beta + 3(2\alpha + 2.4396\beta) + 2\alpha + 2\beta \tag{157}$$

$$= 10\alpha + 11.3188\beta \tag{158}$$

すでに計算したように全 π エネルギーは $10\alpha + 14.7914\beta$ である。したがって共鳴エネルギーの値は次のようになる。

$$R = 3.47\beta \tag{159}$$

同様にすれば，シトシンのラクチム形とラクタム形の共鳴エネルギーはそれぞれ 2.69β と 2.28β になることが証明される。

(b) 形式電荷

置換分子で使われる電子密度の定義は炭化水素類に対するものと同じである。しかし今の場合，各原子の電子密度はエチレン系またはベンゼン系炭化水素類のユニタリー値とは異なる。すなわち電子密度のいくつかは1よりも大きく，またあるものは1よりも小さい。しかしもちろん総和は分子の π 電子の数に等しい。

この状況は形式電荷（net charge）なる重要な概念をもたらした。この形式電荷は局在化した状態での原子の電子密度と実際の計算値との差として定義される。たとえば π 電子を1個提供する原子では前者の量は1（電子単位）であり，孤立電子対ではその量は2になる。すなわち電子を1個提供する原子の形式電荷は次式で与えられる。

$$1 - q_r \tag{160}$$

また電子を2個提供する原子の形式電荷は次のようになる。

$$2 - q_r \tag{161}$$

それゆえ原子の形式電荷は共役によってもたらされる電子密度の増加または減少，言い換えれば非共役状態における電子密度の過剰や不足を表している。前述の定義で用いた符号に関する約束に従い，符号＋は電子の欠乏を意味し，符号－は電子の過剰を表す。電子を2個提供する原子は孤立電子対の非局在化に対応し，常に正の形式電荷をもつ。

一例を示そう。図12(a)はプリンとシトシンの2種の互変異性体における電子密度を示しており，図12(b)は同じ分子の形式電荷を示している。

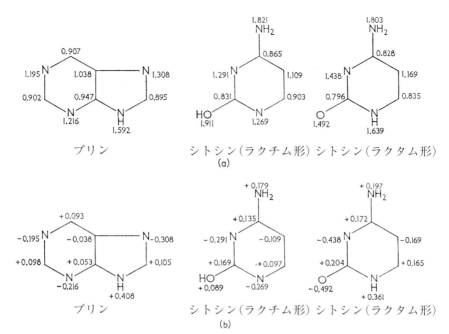

図 12　プリンおよびシトシンの互変異性体 2 種の電子的特性
(a) 電子密度；(b) 形式電荷

(c)　自由原子価

ヘテロ原子に対する自由原子価の指標は炭素の場合と同様にして定義される。

$$F_r = N_{max} - \sum_{r \text{に隣接した} s} p_{rs} \tag{162}$$

しかしもちろん結合数の最大値はヘテロ原子の種類によって異なる。本書で引用された計算では窒素に対する値は次の通りである。

$$N_{max} = \sqrt{2} \tag{163}$$

一方，酸素では次のような値になる。

$$N_{max} = 1 \tag{164}$$

引用文献

1. このことは二原子局在化分子軌道には当てはまらない。このような分子軌道の直交性はたとえば直交した適当な原子軌道群を用いて確認されなければならない。
2. Hückel, E., *Z. Physik*, **70**, 204 (1931); **72**, 310 (1931); **76**, 628 (1932); **83**, 632 (1933); *Z. Elektrochem.*, **43**, 752 (1937).
3. Pullman, B., and Pullman, A., *Les Théories Electroniques de la Chimie Organique*, pp. 187-93, Masson, Paris, 1952.
4. この記法はヒュッケル近似で最初に導入された：Wheland, G. W., and Pauling, L., *J. Am. Chem. Soc.*, **57**, 2086 (1935).
5. Coulson, C. A., and Longuet-Higgins, H. C., *Proc. Roy. Soc.* (*London*), **A191**, 39 (1947).

6. Coulson, C. A., *Proc. Roy. Soc.* (*London*), **A169**, 413 (1939).

7. Coulson, C. A., and Longuet-Higgins, H. C., *Rev. Sci.*, **85**, 929 (1947).

8. Lennard-Jones, J. F., *Proc. Roy. Soc.* (*London*), **A158**, 280 (1937).

9. Mulliken, R. S., Rieke, C. A., and Brown, W. G., *J. Am. Chem. Soc.*, **63**, 41 (1941).

10. Pullman, B., and Pullman, A., *Les Théories Electroniques de la Chimie Organique*, p. 226, 349-52, 356, 400, 406, *etc.*, Masson, Paris, 1952.

11. Mulliken, R. S., *Phys. Rev.*, **74**, 763 (1948).

12. Wheland, G. W., and Mann, D. E., *J. Chem. Phys.*, **17**, 264 (1949).

13. Mulliken, R. S., and Rieke, C. A., *J. Am. Chem. Soc.*, **63**, 1770 (1941).

14. Wheland, G. W., *J. Am. Chem. Soc.*, **63**, 2025 (1941).

15. Wheland, G. W., *J. Am. Chem. Soc.*, **64**, 900 (1942).

16. Mulliken, R. S., *J. Phys. Chem.*, **56**, 295 (1952).

17. Chirgwin, B. H., and Coulson, C. A., *Proc. Roy. Soc.* (*London*), **A201**, 197 (1950).

18. 重なりの有無による結果の違いの詳細な比較：Pullman, B., and Pullman, A., *Les Théories Electroniques de la Chimie Organique*, Masson, Paris, 1952; Streitwieser, Jr., A., *Molecular Orbital Theory for Organic Chemists*, Wiley, New York, 1961.

19. さらに近似を進めた方法では，もちろん炭素原子や炭素−炭素結合に対して別の α や β が割り付けられることもある。しかし炭素が異なる混成状態になければ，このようなことはめったに起こらない（超共役を参照）。

20. 各種共役化合物における窒素の正確な混成状態についての詳細：Fischer-Hjalmars, I., *Arkiv Fysik*, **5**, 377 (1952); **7**, 165 (1953).

21. Longuet-Higgins, H. C., *Trans. Faraday Soc.*, **45**, 173 (1949).

22. Mulliken, R. S., Rieke, C. A., and Brown, W. G., *J. Am. Chem. Soc.*, **63**, 41 (1941); Coulson, C. A., *Valence*, 2nd ed., p. 360, Oxford University Press (1961); Dewar, M. J. S., *Hyperconjugation*, Ronald Press (1962).

23. Mulliken, R. S., *Rev. Mod. Phys.*, **14**, 257 (1942); Coulson, C. A., *Trans. Faraday Soc.*, **42**, 106 (1946).

24. Skinner, H. A., and Pritchard, H. O., *Trans. Faraday Soc.*, **49**, 1254 (1953); Moore, C. A., *Atomic Energy Levels*, N. B. S. Circular No. 467; U. S. Government Printing Office, Washington D. C., Vol. I, III.

25. Mulliken, R. S., *J. Chem. Phys.*, **2**, 782 (1934).

26. Mulliken, R. S., *J. chim. phys.*, **46**, 536 (1949).

27. Coulson, C. A., and Longuet-Higgins, H. C., *Proc. Roy. Soc.* (*London*), **A191**, 39 (1947); Coulson, C. A., and de Heer, J., *J. Chem. Soc.*, 483 (1952); Coulson, C. A., *Valence*, p. 242, Oxford University Press, London (1952).

28. これらの値は Pauling 尺度に基づく。第 2 章 2.3.4 項で指摘したように，それらは Mulliken 尺度の値と比例する。

29. Orgel, L. E., Cottrell, T. L., Dick, W., and Sutton, L. E., *Trans. Faraday Soc.*, **47**, 113 (1951).

30. Lennard-Jones, J. E., *Proc. Roy. Soc.* (*London*), **A158**, 280 (1937).

31. Coulson, C. A., *Trans. Faraday Soc.*, **42**, 106 (1946).

32. この関係は Orgel らにより引用文献 29 で利用された。

33. 式 $\Delta E = \frac{1}{2} K (r - r_e)$ はこれらの結合に対してそれぞれ 12.9，12.7 および 12.9 kcal/mole なる値を与

えた。

34. Wheland, G. W., *J. Am. Chem. Soc.*, **64**, 900 (1942).
35. Pullman, A., 未発表データ.
36. 次の文献に収録された表から計算された値：Mulliken, R. S., Rieke, C. A., Orloff, D., and Orloff, H., *J. Chem. Phys.*, **17**, 248 (1949).
37. Streitwieser, Jr., A., *J. Am. Chem. Soc.*, **82**, 4123 (1960).
38. 第2章の表3に与えられた結合エネルギーの値を使用。また結合長の変動に対する補正では $\eta = 1.17$ とした。
39. Longuet-Higgins, H. C., and Coulson, C. A., *Trans. Faraday Soc.*, **43**, 87 (1947)
40. Orgel, L. E., Cottrell, T. L., Dick, W., and Sutton, L. E., *Trans. Faraday Soc.*, **47**, 113 (1951).
41. Davies, D. W., *Trans. Faraday Soc.*, **51**, 457 (1955).
42. Löwdin, P. O., *J. Chem. Phys.*, **19**, 1323 (1951).
43. Hameka, H. F., and Liquori, A. M., *Mol. Phys.*, **1**, 8 (1958).
44. Brown, R. D., *J. Chem. Soc.*, 272 (1956).
45. Murrell, J. N., *Mol. Phys.*, **1**, 384 (1958).
46. Goodman, L., and Harrell, R. W., *J. Chem. Phys.*, **30**, 1131 (1959).
47. Owen, A. J., *Tetrahedron*, **14**, 237 (1961).
48. Mason, S. F., *J. Chem. Soc.*, 674 (1958).
49. Nakajima, T., and Pullman, A., *Compt. rend.*, **246**, 1047 (1958).
50. Pullman, A., and Pullman, B., *Compt. rend.*, **243**, 1322 (1956).
51. Brown, R. D., *J. Chem. Soc.*, 463 (1949).
52. Pullman, B., and Effinger, J., *Calcul des Fonctions d'Onde Moleculaires*, Colloque International de C. N. R. S., p. 351, Paris, 1958.
53. Mataga, N., *Bull. Chem. Soc. Japan*, **31**, 453 (1958).
54. McWeeny. R., and Peacock, T. E., *Proc. Phys. Soc.* (*London*), **70**. 41 (1957).
55. Amos, A. T., and Hall, G. G., *Mol. Phys.*, **4**, 25 (1961).
56. Veillard, A., 未発表データ.
57. Matsen, F. A., *J. Am. Chem. Soc.*, **72**, 5243 (1950).
58. Streitwieser, Jr., A., *Molecular Orbital Theory for Organic Chemists*, Wiley, New York, 1961.
59. Brown, R. D., and Heffernan, M. L., *Trans. Faraday Soc.*, **54**, 757 (1958).
60. Pullman, B., and Tarrago, G., *J. chim. phys.*, **55**, 502, 782 (1958).
61. Brown, R. D., and Coller, B. A. W., *Australian J. Chem.*, **12**, 152 (1959).
62. Brown, R. D., and Penfold, A., *Trans. Faraday Soc.*, **53**, 397 (1957); Brown, R. D., and Heffernan, M. L., *Australian J. Chem.*, **10**, 21 (1957).
63. さらにこの場合にはパラメータ値が大きいため，小さな摂動（$\delta = 0.3$）もまた N^+ に隣接した炭素のクーロン積分へ導入された。
64. Longuet-Higgins, H. C., *J. Chem. Phys.*, **18**, 275 (1950).
65. Eliott, J. J., and Mason, S. F., *J. Chem. Soc.*, 2352 (1959).
66. Dewar, M. J. S., and Maitlis, P. M., *J. Chem. Soc.*, 2518 (1957).
67. 第2章の表3に示された結合エネルギーを用いて得られた値である。また二重結合距離への一重結合の圧縮に対する補正も加えられた。

68. Coulson, C. A., *Trans. Faraday Soc.*, **42**, 106 (1946).

69. Pullman, B., and Pullman, A., *Les Théories Electroniques de la Chimie Organique*, Masson, Paris, 1952.

70. Vincow, G., and Fraenkel, G. K., *J. Chem. Phys.*, **34**, 1333 (1961).

71. Bonino, G., and Scrocco, E., *Rend. Accad. Linc.*, **6**, 421 (1949); **8**, 183 (1950); Scrocco, E., and Chiorboli, P., *ibid.*, **8**, 248 (1950).

72. Berthier, G., Pullman, B., and Pontis, J., *J. chim. phys.*, **49**, 367 (1952).

73. Evans, M. G., Geogely, J., and de Heer, J., *Trans. Faraday Soc.*, **45**, 312 (1949); Pullman, A., *Tetrahedron*, in press; *J. Theor. Biol.*, **2**, 259 (1962).

74. Fueno, T., Morokuma, K., and Furukawa, J., *Bull. Inst. Chem. Research, Kyoto Univ.*, **36**, 96 (1958); Chandhuri, J. N., and Basu, S., *Nature*, **182**, 179 (1958); Schmidt, R. W., and Heilbronner, E., *Helv. Chim. Acta*, **37**, 1453 (1954).

75. Deschamps, J., *Thèse*, Univ. de Bordeaux (1958); Paoloni, L., *J. chim. phys.*, **51**, 385 (1954); Pullman, B., and Diner, S., *Calcul des Fonctions d'Onde Moléculaires*, Colloque International du C. N. R. S., p. 365, Paris, 1958.

76. Pullman, B., *Bull. soc. chim. France*, **15**, 533 (1948).

77. Mulliken, R. S., Rieke, C. A., and Brown, W. G., *J. Am. Chem. Soc.*, **63**, 41 (1941); Pullman, A., and Berthier, G., *Bull. soc. chim. France*, **17**, 81 (1950); Coulson, C. A., and Crawford, V. A., *J. Chem. Soc.*, 2052 (1953); Muller, N., Pickett, L. W., and Mulliken, R. S., *J. Am. Chem. Soc.*, **76**, 4770 (1954); I'Haya, Y., *J. Chem. Phys.*, **23**, 1165, 1171 (1955); Muller, N., and Mulliken, R. S., *J. Am. Chem. Soc.*, **80**, 3489 (1958).

78. Paoloni, L., *J. Chem. Phys.*, **30**, 1045 (1959); Fischer-Hjalmars, I., *Acta Chem. Scand.*, **12**, 584 (1958).

79. Suard, M., *Biochim. et Biophys. Acta*, **64**, 400 (1962).

第4章　電子構造的指標の主な応用

　分子構造の量子力学的研究と結びついた電子的指標の，生化学的問題への応用は本書の第Ⅱ部と第Ⅲ部で扱われる。第Ⅱ部と第Ⅲ部にはこれらの指標を利用した多数の事例が紹介されている。本章では不慣れな読者による研究を促すため，これらの指標の応用分野のいくつかを簡単に概観する。このレビューは単に概要的なもので，かつ若干の事例を含むに過ぎない。そうでなければ，このレビューは量子物理化学的論文へと発展したであろう。また補足的詳細や事例を含んだ参考文献も併せて紹介した。

　本章では，第3章で定義されなかったが生化学物質の議論に有用な電子的構造指標も適宜定義される。

4.1　共鳴エネルギー

　共鳴エネルギーは量子化学で最もよく使われる概念の一つである。特に化学平衡を含んだ問題では無数の応用が見られる。生化学へのこのような応用事例は本書の第Ⅱ部と第Ⅲ部で取り上げられる。本節ではこの概念の重要性についての議論に話を限定し，いくつかの事例を用いて実際問題での利用条件を示すことにしよう[1]。

　共鳴エネルギーでは易動性電子すなわち π 電子の非局在化による共役化合物の安定性の増加が測定される。分子軌道法の半経験的 LCAO 近似ではそれは共鳴積分 β の関数で得られる。

表1　各種芳香族炭化水素類の共鳴エネルギー

化合物	分子軌道法による 計算値（単位： β ）	実験値[a] （kcal/mole）
ベンゼン	2.00	36
ナフタレン	3.68	61
アントラセン	5.31	83.5
フェナントレン	5.44	91.3
ナフタセン	6.93	110
1,2-ベンゾアントラセン	7.10	111.6
クリセン	7.19	116.5
トリフェニレン	7.26	117.7
3,4-ベンゾフェナントレン	3.58	109.6
ピレン	6.51	108.9
ペリレン	8.25	126.3

[a] 引用文献2を参照.

94 第4章 電子構造的指標の主な応用

　共鳴エネルギーは共役分子の燃焼熱や水素化の測定を介して経験的にも得られる[2]。計算値と測定値の比較はパラメータ β（β_{res} と呼ばれる）の半経験値の決定を可能にする。表1は代表的な芳香族炭化水素類に対するこのような比較を示したものである。

　ベンゼンの場合から推測された β の値は 18 kcal/mole である。表1の化合物全体を平均した値はそれよりも少し小さい（16 kcal/mole）。この β 値は他の共役分子に対する理論値の定量的予測に利用される。しかしこのような手順には注意が必要である。というのは芳香族炭化水素系列から求めた β 値が他の分子系列へ適用できるか否かは不明だからである。実際にはこのパラメータの値は関連分子系列では比較的一定であることが期待される。しかし化合物のグループにより変化することも知られている[3]。生化学物質におけるこのパラメータ値の変動を確めることは容易ではない。というのはこのタイプの分子では共鳴エネルギーを求めることは事実上できないからである。いくつかの単独事例によるとその変動はかなり大きい。たとえば尿素では共鳴エネルギーの計算値は $1.87\,\beta$ で，実験値は 33 kcal/mole であった（ただし $\beta \fallingdotseq 18$ kcal/mole とする）。またインドールでは計算値は $3.40\,\beta$ で，実験値は 49 kcal/mole であった（ただし $\beta \fallingdotseq 14$ kcal/mole とする）。

　したがって次のことが望ましい。(1) 共鳴エネルギーの計算値をパラメータ β で表す。(2) 共鳴エネルギーの比較はできる限り関連分子間に制限されるべきである。にもかかわらず共鳴エネルギーの絶対値の推定が必要な場合には β の近似的な平均値が用いられる。著者らによれば一般に使用されるのは 16 から 20 kcal/mole までの値であった。

　共鳴エネルギーの概念はすでに述べたように共役分子を含んだ化学平衡の問題で特に有用である。環境によっては共鳴エネルギーが平衡位置を支配することもある。

　ごく一般的には化学平衡の位置は自由エネルギーの変化（ΔF）によって定まる。言い換えると試薬と生成物との間のエントロピー差（ΔS）とエンタルピー（熱含量）差（ΔH）によって定まる。

$$\Delta F = \Delta H - T \Delta S$$

平衡定数 K は次式によって ΔF と関連づけられる。

$$\Delta F = -RT \log K$$

分子のエントロピーは本質的に振動，回転および並進モードの関数であり簡単には評価できない。したがって一連の関連化合物に関する平衡の研究では，この因子は一般に無視され展開はエンタルピー変化のみによって定まると見なされる。多くの場合，この手順は実験とよく一致する。この事実は一連の関連化合物で起こる反応ではエントロピー変化は本質的に一定であることを示している。しかし場合によってはこのことが成り立たないこともある。

　エンタルピー差には二つの主要な結果が寄与すると考えられる。すなわち一つは結合エネルギー和の変動であり，もう一つは反応物と生成物との間の共鳴エネルギーの変動である。さて一連の関連化合物で起こる平衡では，少なくとも第一近似として反応の初期生成物と最終生成物との間の結合エネルギー和の差が系全体を通じて一定値に保たれる。このような場合，平衡の位置は初期生成物と最終生成物との間の共鳴エネルギー差によって定まる。これらは共鳴エネルギー

4.1.1 ケト–エノール互変異性

互変異性平衡は今述べた状況を説明する最良の実例の一つである．次に実験データが特に多いケト–エノール互変異性を取り上げてみよう．

$$-\underset{H}{\overset{|}{C}}-C=O \rightleftarrows -\overset{|}{C}=\overset{|}{C}-OH$$

簡単な非共役系では平衡はケト側へ片寄っている．たとえば酢酸アルデヒドはほぼ完全にケト形で存在する．

$$CH_3-\overset{H}{\underset{}{C}}=O$$

エノール形はごく微量でほとんど無視できる程度である．

$$CH_2=\overset{H}{\underset{}{C}}-OH$$

このタイプの分子では電子の非局在化はほとんど起こっていない．そのため状況は明らかにケト形がより安定であることを示している．このことは（たとえば Pauling の結合エネルギー表を用いたとき）ケト形の結合エネルギーの和がエノール形のそれよりも約 14 kcal/mole 大きいという事実によって容易に説明される．

状況はフェノールの二つの互変異性形に対しても同じである．

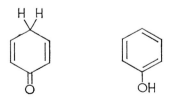

この分子はほぼ完全にエノール形で存在する．エノール形への平衡の移動はおそらく約 30 kcal/mole 高い共鳴エネルギーによるものである．すなわちエノール形はケト形に比べて約 30 kcal/mole − 14 kcal/mole = 16 kcal/mole だけ安定である．

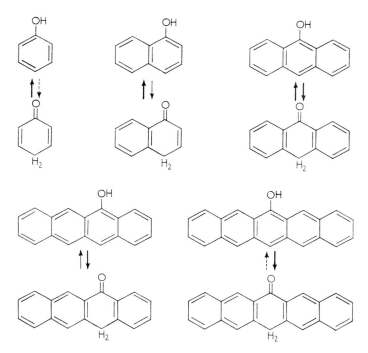

図1　フェノール類のケト‐エノール互変異性における平衡の移動

　フェノールの高級同族体では興味深い現象が起こる。すなわち図1に図式的に示したように平衡はゆっくりとケト形へと戻る。この傾向は縮合環の鎖が大きくなるにつれより重要となる。たとえばペンタセノールはほとんどケト形で存在する[4]。この状況は上で略述した一般的な考察によってうまく説明される。結合エネルギーの和に関する限り，ケト‐エノール互変異体の各対に対してケト形はエノール形よりも約 14 kcal/mole 安定である。一方，共鳴エネルギーに関する限りエノール形はケト形よりも常に安定である。しかしケト形と比べたエノール形の過剰な安定性は縮合環の鎖の長さが増加するにつれ次第に低下していく。近似計算によると，フェノールと比べたときこの過剰な低下はアントロールでは約 50%，ペンタセノールでは 70% であった[5]。したがってその量はアントロールでは 15 kcal/mole，ペンタセノールでは 9 kcal/mole にそれぞれほぼ等しかった。したがってアントロールのエノール形における共鳴エネルギーの過剰は対応するケト形の固有安定性の増大を補うに十分である。それゆえ化合物は二つの互変異性体のほぼ 50-50 混合物として存在すると考えられる。一方，ペンタセノールではエノール形の共鳴エネルギーの過剰はケト形の高い固有安定性を埋め合わせるには不十分であった。そのため化合物は実質的にケト形で存在した。

　本書の第 II 部と第 III 部では，我々は生化学における互変異性の問題を取り上げた多くの事例に遭遇することになろう。

4.1.2 可逆系の酸化還元電位

共鳴エネルギーの重要な応用は可逆系の酸化還元電位の分野で現れた。たとえばキノン類では，酸化形と還元形との間の共鳴エネルギーの変動は，一方のキノン‐ヒドロキノン対からもう一方の対へ移行する際に観測される電位の変動を左右する主要な因子である。この問題はキノン類を扱った第11章でさらに詳しく議論される。そのためここではこれ以上のことは取り上げない。

4.1.3 フリーラジカルの形成と安定性

共役フリーラジカルの形成と安定性は化学平衡における共鳴エネルギーの重要性を示すもう一つの実例である。ヘキサアリールエタン類の均等解離によるトリアリールメチルフリーラジカル類の形成は古典的だがいまなお優れた事例である。すなわち二つのメチルラジカル類へのエタンの解離エネルギーは80 kcal/mole の大きさであるが，二つのトリフェニルメチルフリーラジカル類へのヘキサフェニルエタンの解離エネルギーは11 kcal/mole の大きさである。すなわち

$$CH_3-CH_3 \rightarrow 2CH_3\cdot -80 \text{ kcal}$$
$$C(C_6H_5)_3-C(C_6H_5)_3 \rightarrow 2C(C_6H_5)_3\cdot -11 \text{ kcal}$$

したがってエタンは室温で安定であるが，ヘキサフェニルエタンは同一条件下でトリフェニルメチルフリーラジカル類へと解離する。その割合は約3％である。しかしこの割合はアリール基の性質に手を加えればほぼ100％に達することもある。

ヘキサアリールエタン類における中央C−C結合の解離エネルギーの低下と関係のある因子は次の二つである。すなわち第一は立体的性質で，かさ高い芳香環の間の反発によるものである。この因子はエネルギー低下の約半分を説明すると考えられる。第二の因子は芳香環と奇数電子との共役による芳香性フリーラジカル類の共鳴安定化に基づくものである。すなわちヘキサフェニルエタンの共鳴エネルギーは孤立ベンゼン環の共鳴エネルギーの6倍に等しい。解離に際しては，全エネルギーはトリフェニルメチルのラジカル共鳴エネルギー（radical resonance energy）の2倍に等しい量だけ増加する。ラジカル共鳴エネルギーが意味するものは，ベンゼン環3個と比較したフリーラジカルの共鳴エネルギー過剰分である。この量はほぼ平面状のトリフェニルメチルでは1.79βに等しい。しかし化合物は完全な平面構造ではないため真の値はこの上限よりも小さい。いかなる場合もフリーラジカル類の存在はこの付加的な安定化により説明される。

4.1.4 酸強度と塩基強度

共役分子の酸強度や塩基強度への共鳴効果の寄与もまたよく検討されている[6]。その寄与は中性分子と対応イオンとの共鳴安定化の差からもたらされる。たとえばフェノールは飽和アルコール類よりも強い酸である。このことは次のように説明される。すなわち飽和アルコール類では中性分子と（プロトンが離脱した）その負イオンの共鳴安定化はいずれも無視される。一方，フェノールではこの安定化ははるかに大きく，かつその効果は分子とイオンでは異なる。計算によると，実際には共鳴安定化は分子よりもイオンの方が大きい。すなわち酸的性質は共鳴安定化によって増強される。

相補的にアニリンは飽和アミン類よりも弱い塩基である。このことは逆方向の作用ではあるが同様の原因によるものである。すなわち飽和アミン類では中性分子と（プロトンを捕獲して得られた）正イオンの共鳴安定化はいずれも無視される。一方，アニリンではそれらははるかに大きく，かつ分子とイオンで異なる。計算によると共鳴安定化は分子よりもイオンの方が小さい。それゆえ塩基的性質は共鳴安定化によって低下する。

一般にイオン類に対する分子軌道計算は中性分子のそれに比べて難しく，かつ信頼性に乏しい。そのため共鳴エネルギーに基づいた上述の考察はしばしば電子密度分布の考察で置き換えられる。共役分子中で形式正電荷をもつヘテロ原子は飽和分子では孤立電子対をそのまま保存するという事実を考慮すると，フェノール類の酸強度とアニリンの塩基強度は同じ結論に達することが示された[6]。フェノールではO原子上の正電荷はプロトンと反発し合い，化合物の酸強度を高めた。一方，アニリンではN原子上の正電荷は接近したプロトンへ反発力を及ぼし，分子の塩基強度を減少させた。この種のモノ置換誘導体では，ヘテロ原子上の形式電荷と酸強度または塩基強度との間に定量的相関が存在することが示された（第4.8節参照）。

この観点から生化学で特に興味深いのは，たとえばピリミジンのように環内に窒素原子を含んだ複素環式化合物の塩基強度の問題である。これまでの議論を拡張すると，このような分子の塩基性度はより強くなり環窒素の形式負電荷もより大きくなることが期待される。このことは一窒素型複素環では近似的に正しいが，環に窒素が2個以上含まれる化合物では状況ははるかに複雑である。後者の化合物では環窒素の電子密度は塩基性度の唯一の尺度ではなくさらに複雑な関数が必要とされる[7]。この問題はプリン類やピリミジン類の塩基性度と関連して第5章で提示される。

4.1.5　化学変換における生成物の安定性

化学変換における共鳴エネルギーの減少量や増加量は一連の生成物の相対安定性について有用な情報をもたらし，変換が最も起こりやすい条件を指し示すことができる。この問題が考慮されるのはことに付加反応や脱離反応においてである。

典型的な付加反応はディールス-アルダー反応すなわちジエン合成である。たとえば次に示す芳香族炭水化物類への無水マレイン酸の付加はその一例である。

反応は芳香系による共鳴エネルギーの減少を伴いπ電子を2個失う。評価した結果によると，減少はベンゼンでは2β，ナフタレンの炭素1-4への付加では1.68β，アントラセンの炭素1-4への付加では1.63β，1,2,5,6-ジベンゾアントラセンの炭素9-10への付加では1.52β，アントラセ

ンの炭素 9-10 への付加では 1.31β であった。実験的には無水マレイン酸は最後の二つの分子のみに付加した。また平衡定数はジベンゾアントラセンよりもアントラセンとの付加物の方が大きかった[8]。

脱離反応の分野では，（重要な発癌物質を多数含んだ）共役炭化水素類の一次代謝生成物の一つであるジヒドロジオール類の脱水反応が優れた事例を提供した。

脱水に対するこのようなジオール類の傾向はフェノール類の代謝的出現によって実証され，大きな炭化水素類ほど高くなった。しかし奇妙なことに少なくとも一見した限りでは，ベンゼンから誘導されたジヒドロジオールは容易に水を失い，対応するフェノールのみが単離された。脱水に対するこの一般的傾向は分子が完全に芳香形へ戻ったときに生じる共鳴エネルギーの増加によって説明された（表2）。この増加は分子量の大きい芳香族化合物ほど一般に大きかった。ただしベンゼンのそれは例外的に大きかった[9]。

表2　芳香族ジヒドロジオール類の脱水

ジオール	フェノール	脱水による 共鳴エネルギーの増加 （単位：β）
		1.07
		1.21
		1.26
		1.30
		1.34
		1.35
		1.45
		1.53
		1.55

4.2 最高被占分子軌道エネルギーと最低空分子軌道エネルギー

分子軌道の中でも最高被占軌道と最低空軌道は際立って重要である。というのは，それらは分子の物理化学的性質と本質的な相関を示すからである。

4.2.1 電子供与的性質

量子化学の一般原理によれば[10]，最高被占軌道のエネルギー値は第一πイオン化ポテンシャルすなわち希薄気相において分子からπ電子を取り除くに必要なエネルギーに等しい。しかし共役型有機分子のイオン化ポテンシャルに関する精確な値はそれほど多くない。入手可能なデータによると，一連の関連化合物ではイオン化ポテンシャルと係数k_iで表される最高被占軌道エネルギーとの間には直線相関が見出される[11]。図2は共役型芳香族炭化水素系列におけるこの現象を示したものである。

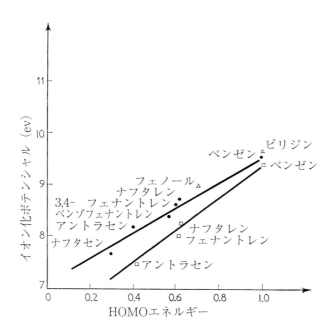

図2 芳香族炭化水素類におけるイオン化ポテンシャルとHOMOエネルギーとの関係
● : A. Streitwieser, Jr., and P. M. Nair, *Tetrahedron*, **5**, 149 (1959) に引用された D. P. Stevenson のデータ
□ : M. E. Wacks and V. H. Dibeler, *J. Chem. Phys.*, **31**, 1557 (1959) のデータ

（異なる実験室に由来する）2組の実験データに対応して二本の直線が得られた。これらの2組の実験データは互いに明らかに異なるが，それぞれ別々の最高被占軌道エネルギーと相関づけられた。

図2においてピリジンやフェノールを表す点を含んだ直線，特にStevensonのデータに基づいた相関は第一近似として芳香族炭化水素類の複素環式誘導体や置換誘導体へも拡張可能である。しかし芳香族炭化水素類とはかなり異なる分子へはこのような拡張はできない。たとえばエチレン（イオン化ポテンシャル＝10.5 eV[12]）やブタジエン（イオン化ポテンシャル＝9.07 eV[12]）を表す点は図2の曲線からかなり外れる。すなわち共役ポリエン類には別の曲線が必要であった。

もちろん分子軌道のエネルギーによって定まる（イオン化ポテンシャルのような）性質が二つのパラメータ（αとβ）の値に依存することを知っておればこの状況は決して驚くに当たらない。β値の変動の重要性はこれまでにすでに何度も議論された。第3章で見たように幾何配置や分子サイズの異なる骨格を比較したとき，共役型炭化水素類の束縛場ではα値もまたかなり変動する。特にエチレンとベンゼンとの間のα値の差は約1 eVにも達する（Mullikenによればベンゼンのαは-7.18 eVに等しく，エチレンのそれは-8.14 eVであった[13]）。この状況を考慮すれば，最高被占分子軌道エネルギーとイオン化ポテンシャルとの相関におけるベンゼンとエチレンとの間の食い違いは事実上説明された。

最近，ヒュッケル近似を出発点として半経験的にイオン化ポテンシャルの絶対値を求める手法が多数提案された[14]。しかし生化学物質に対するイオン化ポテンシャルの測定はまだ初期段階にあり，かつこの手順の利用はまだ時期尚早である[15]。現在，生化学領域での最高被占分子軌道エネルギーの最も重要な利用は相対的な電子供与的性質（electron-donor property）の決定への応用である。これらの性質は特に酸化還元反応，電荷移動錯体の形成，半導体性などを含めたさまざまな生化学的変換に関与する。本書では電子供与能という用語はイオン化ポテンシャルの半定量的同義語として使用される。前述の議論によれば，最高被占分子軌道エネルギーに関する計算結果は関連化合物内での電子供与的性質の議論に用いられる。このような系列では，エネルギーの係数k_iの値が小さいほど物質の電子供与的性質は良い。しかしタイプのまったく異なる分子を比較する場合には，信頼に足る結果が得られないので注意が必要である。しかしこのような場合でさえ，エネルギー計算値が広範囲に広がる限りしばしば良好な定性的情報が得られる。

前述の議論で強調されたのはもっぱらπ電子系のイオン化ポテンシャル（電子供与的性質）であった。実際には，共役型生化学的物質の多くはしばしば孤立電子対をもつ原子を含んでおり，それらのイオン化ポテンシャルはπ系のそれらの範囲内にある（またはそれらよりも低い）。この点に関して生化学で特に重要なのはピリジン型窒素とカルボニル酸素のイオン化ポテンシャルである。これらの原子の孤立電子対はπ電子共役に関与しない。相対的に大きな電気陰性度により，これらのヘテロ原子は共役分子ではかなり大きな形式負電荷をもち，孤立電子対へ強い反発力を及ぼしてイオン化ポテンシャルを低下させる。

実際には，ピリジンやジアジン類の第一イオン化ポテンシャルが窒素の孤立電子対によるものかπ電子系によるものかはいまだ議論の余地がある[16]。カルボニル基に関しては明確な証拠が存在する分子もある。たとえばアクラルデヒド，グリオキサール，ベンゾキノン類といった小分子では第一イオン化ポテンシャルは酸素の孤立電子対によるものである[17]。しかしさらに大きな共役分子では状況はそれほど明確ではない[18]。というのは最高被占π分子軌道のエネルギーは共役

系の大きさと共に急激に低下するが，孤立電子対のエネルギーは同一環境下ではそれほど大きく変化しないからである。

したがって共役型生化学物質におけるπ電子や孤立電子対のイオン化ポテンシャルの相対値に関しては正確な情報は存在しない。これらの値の大きさはおそらくすべて同じ範囲にある。そのため注意が払われるのは二つのタイプの電子がこれらの分子の電子供与的性質の決定に関与する可能性である。

σ電子すなわち飽和化合物のイオン化ポテンシャルはπ電子や孤立電子対のそれらに比べて一般に数 eV 高い。しかしそれらは固定されたわけではなく一連の関連分子ではかなりの範囲で変動する。たとえばメタンのイオン化ポテンシャルは 13 eV の大きさであるが，高級アルカン類になると減少しデカンでは約 10 eV である[19]。この結果に関与するのはアルキル基の誘起効果と超共役効果の相互作用である。

最高被占分子軌道エネルギーに依存する他の物理化学的性質としてはポーラログラフ酸化電位（polarographic oxidation potential）がある。たとえばアセトニトリル溶液中での芳香族炭化水素類の電気化学的酸化は回転白金陽極への 1〜2 個の電子の移動を伴う。電子は最高被占分子軌道から失われると考えられ，実際に最高被占分子軌道エネルギーに対して半波電位[20]をプロットすると直線が得られる（図 3 参照）[21]。

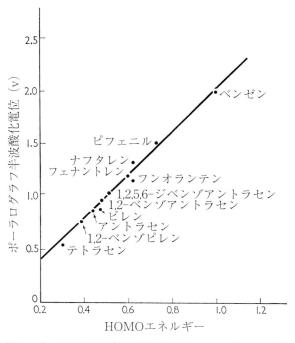

図 3　ポーラログラフ酸化電位と HOMO エネルギーとの関係

フェノール類の抗酸化活性におけるこの種の相関の生化学的重要性は後ほど示す事例で言及される（第 11 章）。

4.2.2 電子受容的性質

最低空分子軌道エネルギーの最も確立された応用はポーラログラフ還元電位（polarographic reduction potential）に関係した相関である。大多数の共役分子，ことに炭化水素類ではこのような電位は滴下水銀電極を用いて測定される[22]。（電子を受け入れる）最低空分子軌道のエネルギー係数に対して半波電位をプロットすると直線が得られる（図4参照）[23]。

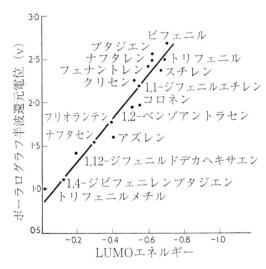

図4　ポーラログラフ還元電位とLUMOエネルギーとの関係

そのような観点から化合物を検討してみると，特に高い精度が求められる場合，それらの化合物は一緒に考察するよりも分けて考察した方が好ましい[24]。この状況には実験的因子と理論的因子の双方が関係する。さまざまな研究者がタイプの異なる化合物を扱う際に遭遇する実験条件の違いは重要な役割を演じる。たとえば環状型と線状型の共役化合物の間に見られる α と β の変動に十分な精度が導入されなければやはり食い違いの原因となる。もちろん適切な配慮がなされれば比較の範囲は拡大される。

分子の電子親和力（electron affinity）は気相で分子に電子が1個付け加わるときに放出されるエネルギーである。それは還元電位と直線関係にあり[11]，最低空分子軌道エネルギーとも相関がある。残念なことに分子の電子親和力の実験値はきわめて少なく，利用できるデータも一般に信頼性に乏しい。実際には，それらは通常，実験的手順からは直接得られない。そのためより複雑な理論的取扱いや還元電位からの半経験的誘導を経ることになる。図5では基本的な芳香族炭化水素類に対して暫定値が使われたが[25]，最低空分子軌道エネルギーとの相関は良好であった。

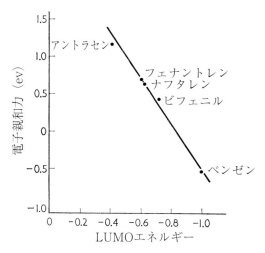

図5　芳香族炭化水素類の電子親和力とLUMOエネルギーとの関係

　実際のところ生化学物質の電子親和力に関する情報は皆無である[26]。この特徴の重要性にも拘らず，（イオン化ポテンシャルの場合と同様）これらの物質を扱った問題では不十分な結果しか得られていない。この情報不足は本書を通じて生化学物質の相対的電子受容的性質（relative electron-acceptor property）の議論で使われる最低空分子軌道エネルギーの理論的計算の重要性を高めた。このエネルギー項は電子親和力の半定量的同義語と考えられる。計算の一般的特徴に従えば，一連の関連化合物内での電子受容性の比較は理論的データを用いて行うのが望ましい。このような系列では，最低空分子軌道エネルギーの係数k_iの絶対値が小さいほど物質の電子受容的性質は強い。もちろん別の分子ファミリーへ結果を拡張する場合には注意が必要である。一般に言えることは係数の計算値が互いに大きく異なる場合には，それらの値は電子受容的性質の相対的順序しか表せないことである。また値がきわめて近い場合にはあまり確かな予測は得られない。

4.2.3　電荷移動錯体

　イオン化ポテンシャルや電子親和力の概念が重要な役割を演じる研究領域は電荷移動錯体（charge-transfer complex）の領域である。この術語は電子供与体として振舞う分子から（電子受容体として振舞う）別の分子へ電子を1個移動させることによって形成される超分子化合物を表すのに使われる。これらの二つの成分は静電引力や（ファンデルワールス力，水素結合などの）二次相互作用によって結びついている。一般に電荷移動は複合体の基底状態では比較的小さいが，第一励起状態になると顕著に現れる。この上位状態への遷移は新しい強い吸収帯の出現と関係があり，この出現はこのような複合体の最良特性の一つである[27]。

　Szent-Györgyiらによれば，このような電荷移動錯体は生化学反応の中間体や（ミトコンドリア内の呼吸鎖のような）高度に組織化された生化学的単位を含んだ超分子構造の永続的特徴とし

てきわめて重要な役割を演じる[28]。この問題については本書の第Ⅱ部と第Ⅲ部で多くの事例に遭遇する。

Mulliken は一連の論文において、これらの電荷移動錯体の形成、安定性および分光学的挙動について詳細な理論を展開した[29]。この理論によれば、複合体の結合エネルギーや励起状態への遷移に必要なエネルギーは次の関数で表される。

$$I_D - E_A - \Delta$$

ここで I_D は供与体のイオン化ポテンシャル、E_A は受容体の電子親和力および Δ は安定化エネルギーに関する項である。この第三項の寄与は絶対尺度では重要と思われるが、供与体や受容体を固定した比較研究ではしばしば無視される。すなわち一連の電荷移動錯体の形成では、電子供与体はそれぞれ異なるが電子受容体はすべて同じである。そのため供与体のイオン化ポテンシャルと複合体の安定性または新しい電荷移動帯の位置との間には一般に直線相関が見出される[30]。このような条件下やイオン化ポテンシャルの情報がない場合にはこの最高被占分子軌道エネルギーの計算値が代わりに使用される。図6は（受容体としての）トリニトロベンゼンと（電子供与体としての）一連の多環式芳香族化合物との間に形成される複合体に関してこのエネルギーに対する電荷移動帯の波長をプロットしたものである[31]。

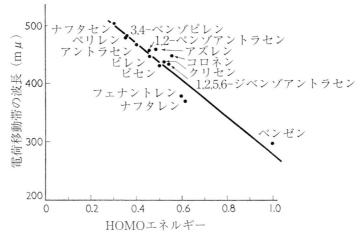

図6 トリニトロベンゼンと多環式芳香族化合物との複合体における電荷移動帯の波長と HOMO エネルギーとの関係

同様の直線関係はヨウ素と芳香族炭化水素類との複合体や[32]、キノン類と芳香族炭化水素類との複合体[33,33a]などでも認められる。

受容体分子の電子親和力に対する電荷移動錯体特性の依存性は供与体が一定の場合にはさらに確立がむずかしい。つい最近、（電子供与体としての）ピレンと一連の各種電子受容体との電荷移動錯体においても相関の存在が示唆された[34]。また受容体の電子親和力についての情報がない

場合には，ポーラログラフ還元に対する半波電位の値が用いられることもある．もちろん最低空軌道エネルギーの計算値も同様に用いられる．最近，酸化還元補酵素 DPN（第 13 章参照）の類似体である一連の N_1-メチルピリジニウム塩類（Ⅰ）とヨウ素（電子供与体）との間に形成される電荷移動錯体においても同様の依存性が示された[35]．

Ⅰ．N_1-メチルピリジニウム

これらの電荷移動錯体の形成は Kosower らによって広範囲に検討された[36]．彼らによると，この種の反応は補酵素の機能機作において重要な役割を演じていると考えられる．表 3 に示したように，一連の関連誘導体では電荷移動吸収帯の波長は LUMO エネルギーと良好な相関を示した．

表 3　メチルピリジニウム化合物における電荷移動吸収帯の波長と LUMO エネルギーとの関係

化合物	電荷移動帯の位置（mμ）	LUMO エネルギー
N_1-メチルピリジニウム	374	0.36
N_1-メチル-3-メチル-ピリジニウム	370	0.36
N_1-メチル-3,5-ジメチル-ピリジニウム	366	0.37
N_1-メチル-2-メチル-ピリジニウム	364	0.38
N_1-メチル-2,5-ジメチル-ピリジニウム	361	0.38
N_1-メチル-4-メチル-ピリジニウム	359	0.38
N_1-2,6-ジメチル-ピリジニウム	358	0.40
N_1-メチル-2,4-ジメチル-ピリジニウム	353	0.40
N_1-メチル-2,4,6-トリメチル-ピリジニウム	342	0.42
N_1-メチル-2,3,4,5,6-ペンタメチル-ピリジニウム	325	0.45

4.3　遷移（励起）エネルギー

　分子軌道のエネルギーに関する知識は軌道間での電子の跳躍に対応する遷移エネルギー（transition energy）の決定を可能にする．分子の基底状態では，すべての電子は逆平行スピン対の形で，エネルギーの低い分子軌道から順に占有され，その上にあるエネルギーの高い分子軌道へは入らない．被占分子軌道から空軌道への電子の励起は系の電子的励起状態を生じる．明らかに最低励起状態は最高被占分子軌道から最低空分子軌道への電子の跳躍に対応する．よく知られているように，系の最終状態（f）と初期状態（i）とのエネルギー差は次式に従い吸収帯の波長（λ）または振動数（v）を定義する．

$$h v = \frac{hc}{\lambda} = \mathcal{E}_f - \mathcal{E}_i = \Delta \mathcal{E}$$

ここで h はプランク定数，c は光の速度である．

生化学系の分光学的性質の研究へ分子軌道計算を応用する際に生じる疑問の一つは電子遷移の分類のことである。最も都合の好い分類は分子軌道のタイプと軌道昇位のタイプに基づいたものである[37]。一般に共役型生化学物質で遭遇する分子軌道は局在化したσ軌道，局在化または非局在したπ軌道および（O，N，Sなどのヘテロ原子と関係が深い）非結合性のn軌道である。σ軌道とπ軌道は結合的性質や反結合的性質に応じてσ，πまたはσ^*，π^*で表される。それらの軌道の性質は系の基底状態における占有または非占有の状態に対応する。

　図7は絶対的ではないが複雑な共役型ヘテロ原子系におけるこれらの軌道タイプの配列を示したものである。この最も一般的な配列では軌道エネルギーは次の順に増加する。

$$\sigma < \pi < n < \pi^* < \sigma^*$$

場合によってはπ軌道とn軌道の相対エネルギーは逆転することもある。さらに多電子系では，結合性と反結合性の一連のσ軌道とπ軌道が存在し，さらにヘテロ原子と関連のあるn軌道も存在する。それらは図7に示した順序でいくつかのクラスターに分けられ軌道の間では逆転も起こりうる。

図7　生化学的物質における主な（吸収の）電子遷移タイプ

　図7にはさまざまなタイプの遷移と（Kashaにより導入された）表記法も示されている[38]。またMullikenによる古い表記法にも言及した[39]。たとえば$\sigma \to \sigma^*$遷移と$\pi \to \pi^*$遷移はN→V遷移と呼ばれ，$n \to \sigma^*$遷移と$n \to \pi^*$遷移はN→Q遷移と呼ばれる（ただしN→Q遷移を形作る二つのタイプはそれぞれN→AまたはN→Bと表されることもある）。σ，nおよびπ軌道が多数存在する場合には，遷移に関与する軌道を示すのに適当な添え字が用いられる。

　電子スペクトルの解釈への分子軌道計算の利用は分子の基底状態の計算よりも複雑である。というのは後者では基底状態の幾何配置が計算に用いられるからである。一方，電子遷移の研究では励起状態も考慮される。そのためその空間配置は基底状態のそれとは明らかに異なり，かつ励起状態によっても異なる。これらの技術的理由により，複雑な分子の電子スペクトルの研究では半経験的LCAO法よりもさらに精巧な手順を用いるのが望ましい。スペクトルの研究を後回しにしたのはこのような理由に基づく。また生化学で重要な電子遷移は放射線の吸収だけでなくその放出（蛍光とりん光）も伴う。さらにこの分野では単純な分子軌道法による研究はまだほとんどなされていないのが現状である。

(半経験的 LCAO 法でうまく処理される）吸光分光法では一つの側面として電子遷移の問題がある。またそれは化学者や生化学者にとって最も興味のある問題であり，本書でもしばしば言及される。そのためここで詳細な考察を加える。この側面は共役鎖の延長や短縮といった構造変化の影響下での最大吸収波長（λ_{max}）の変位やヘテロ原子による炭素の置換，基本骨格への置換基の固定などと関連がある。

分子軌道法はこの分野の現象の大多数をうまく説明し，そのことを立証する事例も多い。たとえば一連の関連炭化水素類の λ_{max} を最高被占分子軌道から最低空分子軌道への電子の励起すなわち遷移エネルギー（$\Delta \mathcal{E}_1$）に対してプロットすると一般に直線が得られる。それは共役系の長さの増加に伴う λ_{max} の深色シフトを反映したものである。たとえば図8はジフェニルポリエン類 $C_6H_5-(CH=CH)_n-C_6H_5$ の古典的事例である。同様の結果は他の共役分子系列でも得られる[40]。

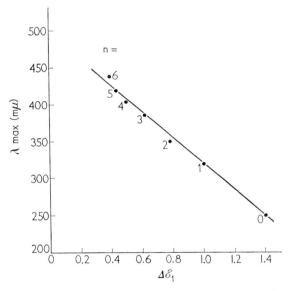

図8 ジフェニルポリエン類，$C_6H_5-(CH=CH)_n-C_6H_5$ における λ と $\Delta \mathcal{E}_1$ との関係

しかしこの説明に対してはいくつかの注釈が必要である。というのは図8でプロットされた λ_{max} は一重項-一重項遷移における最大吸収波長に対応する。しかし通常の半経験的 LCAO 法では縮重した励起一重項状態と励起三重項状態は区別されない。この困難を克服する方法は次の二つである：(1) $\Delta \mathcal{E}_1$ の計算値は関連のある励起一重項-三重項状態の「重心」と相関する；(2) $\Delta \mathcal{E}_1$ の計算値は一重項-一重項遷移と一重項-三重項遷移の両方と相関する。このことはそれぞれの場合に対して別々の β 値を仮定することに等しい。

この最後の所見は共鳴エネルギーの場合と同様にこれらの値に対して以下のコメントを提示した。

(1) 典型的な場合，$\Delta \mathcal{E}_1$ の計算値と λ_{max} の実測値を比較すれば β 値は半経験的に評価される。この半経験的な β_{spect} 値は（$\Delta \mathcal{E}_1$ が計算された）関連分子における λ_{max} の位置を予測するのに利用される。ただし化合物の系列が異なると β は変動する。そのためこのような手順は関連分子に限定するのが望ましい[41]。

(2) 計算値を β で表して関連分子間で比較を行う。

上記の方法で半経験的に求めた β_{spect} は β_{res} の値とは一般にかなり異なる。実際には β_{res} の値は約 1 eV であるが，β_{spect} の値は一般に 3 eV の大きさである。もちろん方法に対する根本的仮定やこの積分を構成する諸項の重要性を正しく考慮しているのでこの状況は驚くには当たらない。

いくつかの化合物タイプの吸光分光法で生じる「異常」現象に注意を払うならば，上述の分野における方法（λ_{max} と $\Delta \mathcal{E}_1$ との相関）の妥当性と有用性は明白である。ここでは λ_{max} における「自然浅色シフト」の発生に言及する。問題は次の通りである。すなわち化学の絶対的な一般則として共役系の大きさの増加は（平面性による干渉がなければ）λ_{max} の深色変位を常に引き起こす。この法則は実際に通常のあらゆる共役分子グループで立証され，図8に示されるように分子軌道計算はそれを申し分なく説明する。実際には法則は決して一般的なものではなく，共役系の大きさの増加が（平面性との干渉のない）λ_{max} の浅色変位を引き起こす化合物群も多数存在することは容易に示される[42]。立体障害による浅色移動と区別するため，このような効果は「自然浅色移動」と呼ばれる。あらゆる場合においてここで述べたタイプの LCAO 分子軌道計算はこのような現象を説明するのに補助的な仮定を必要としない。次に具体的な事例を紹介しよう（他の事例については引用文献 42 を参照されたい）。

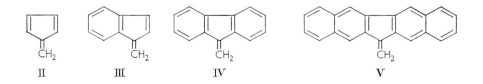

λ_{max} の規則的な深色シフトはベンゼンのナフタレンやアントラセンへの変換を伴うのに対し，浅色シフトはフルベン（II），ベンゾフルベン（III），ジベンゾフルベン（IV）の系列で観測される。なおジベンゾフルベンはベンゾフルベンの異性体から形成される。計算によると，$\Delta \mathcal{E}_1$ は前者の系列ではベンゼン（2β），ナフタレン（1.24β），アントラセン（0.83β）の順に徐々に低下するが，後者の系列ではフルベン（0.81β），ベンゾフルベン（0.88β），ジベンゾフルベン（1.03β）の順に徐々に増加する。理論的予測によれば，フルベン類で観測される λ_{max} の浅色シフトはジベンゾフルベンまでしか続かず，ジナフトフルベン（V）になると逆に λ_{max} の深色変位を示すようになる。この予測は実験的にも立証された[43]。

炭化水素類の置換誘導体における状況もまた λ_{max} と $\Delta \mathcal{E}_1$ との相関の妥当性と有用性を示した。たとえば共役炭化水素へのメチル基の置換は λ_{max} のわずかな深色変位を引き起こした。この置換は $\Delta \mathcal{E}_1$ を低下させたが，この事実はヒュッケル分子軌道法によりうまく説明された。

4.3 遷移（励起）エネルギー　111

しかしアズレン（VI）のメチル化誘導体では異常な結果が得られた。すなわちこれらの化合物は置換部位に依存して λ_{max} の深色シフトと浅色シフトのいずれかを示した。たとえば1および5位でメチル化が起こると深色シフトが見られ，2，4および6位でメチル化が起こると浅色シフトが見られた。明らかにこれらは自然浅色シフトであった。注目すべき事実は仮説を付け加えなくても，単純LCAO計算からアズレンの ΔE_1 は1および5位のメチル化により低下し，2，4および6位のメチル化により増加することであった[44,45]。

最後に共役分子の水素化との関連で起こる現象や生化学へ直接応用される現象にも言及したい。衆知の通り共役系の水素化や部分水素化は一般に λ_{max} の浅色変位をもたらす。このことは完全に理解されている。というのは水素化は π 電子の数を減らして共役系の一部または全部を壊すからである。分子軌道計算はこの現象をうまく説明した。しかし共役系の部分的水素化が λ_{max} の深色変位をもたらすこともある。このことは特に二つの基本的生化学物質グループで生じた。すなわちポルフィン（VII）は630 mμ 付近，テトラヒドロポルフィン（VIII）は800 mμ 付近をそれぞれ吸収し，ジヒドロポルフィン（IX）はそれらの中間を吸収する[46]。同様に必須酸化還元補酵素（第13章参照）の酸化形であるDPN$^+$（X）は260 mμ を吸収し，補酵素の還元形であるDPNH（XI）は340 mμ を吸収する。これらの意外な事実は単純分子軌道法によって定性的に説明される。すなわち遷移エネルギー ΔE_1 はVIIでは 0.55β，IXでは 0.53β およびVIIIでは 0.51β にそれぞれ等しい。またXでは 1.39β，XIでは 1.21β である。

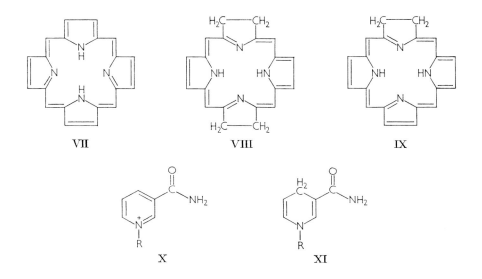

112 第4章 電子構造的指標の主な応用

この議論からここで述べたヒュッケル分子軌道計算が関連分子群における最大吸収波長の相対的変位の解釈に有用であることが確認された。

電子遷移はその振動数や波長に加えて他にも二つの本質的特徴を備える。すなわちその強度と分極の方向である。遷移の強度は本質的にいわゆる遷移モーメント（transition moment）に依存する。このモーメントは遷移確率の尺度であり次式で定義される。

$$Q = \int \psi_i \sum_r \rho_r \psi_f dr$$

ここで ψ_i と ψ_f はそれぞれ初期状態と最終状態の波動関数である。また ρ_r は r 番目の電子から原点へのベクトル距離で，求和はすべての電子に対して行われる。したがって Q は三つの軸 x, y および z に沿った成分をもつベクトルである。$Q = 0$ のとき遷移は禁制であり，$Q \neq 0$ のとき遷移は許容される。さらにたとえば $Q_x = Q_y = 0$ であれば遷移は z 方向に分極（polarized）していると言われる。

分子軌道法による遷移強度の評価手順はここでは説明されない。というのは本書ではそのようなデータは利用されないからである。一般に単純分子軌道近似で計算された電子遷移の強度は実測値とあまりよく一致しない[47,48]。

4.4 反磁性異方性

周知の通り分子の平均反磁性磁化率（K_M）はパスカルの規則によって構成原子の磁化率（K_A）から計算される。その式は構造に依存する「増分（λ）」を含んでいる。

$$K_M = \sum K_A + \lambda$$

反磁性磁化率は負の量である。非共役分子では構造的増分は正になる。たとえばエチレンでは $\lambda = 5.5 \times 10^{-6}$ c.g.s. となり，増分は二重結合の存在に帰される。一方，全増分は負であるかあるいは少なくとも $n\lambda_{(=)}$ よりもはるかに小さい。この性質は二重結合を n 個もつ共役分子に特有の性質である。言い換えれば，もし（二重結合が厳密に局在化したとき分子がもつ）仮定的磁化率を K_i とするならば次式が成り立つ。

$$K_i = \sum K_A + n\lambda_{(=)}$$

分子の磁化率の実測値（K_m）は絶対値で K_i よりも大きい。

$$K_m = K_i + G \qquad G < 0$$

反磁性の亢進（exaltation of diamagnetism）は π 電子の非局在化からもたらされる。また（磁場に対する π 電子エネルギーの二次微分のように）LCAO 分子軌道法の古典的近似から計算される理論的指標と相関を示す。

$$\Delta\chi = -\frac{d^2 \mathscr{E}}{dH^2}$$

この指標は分子の反磁性異方性（diamagnetic anisotropy）の精確な尺度である。この反磁性異方性はπ電子の非局在化に起因し，（分子面に垂直な）z軸に沿った磁化率の一部を構成する。計算はかなり複雑であるが，一般に実験から求めた異方性とよく一致する[49]。

実際には生化学物質に対する反磁性異方性の測定はまだ行われていない。しかし最近になって一連の生体分子におけるこれらの量が理論的に予測された[50]。表4はその結果をまとめたものである。異方性の計算値は慣例に従いベンゼンを基準にした値である。このような計算の有用性は核磁気共鳴スペクトルの解釈への関与によって著しく高められた。

もっともバルビツール酸は例外である。一般的見解とは逆に，この分子では電子の非局在化は反磁性異方性の亢進とは必ずしも関連がなかった。また電子の非局在化が反磁性異方性の低下（depreciation）と結びついて分子もあった[51]。

表4　基本的生化学物質における反磁性異方性の計算値

	$\dfrac{\Delta\chi}{\Delta\chi_{\text{benz}}}$
アデニン	1.120
グアニン	0.617
ヒポキサンチン	0.704
キサンチン	0.436
尿酸	0.240
シトシン	0.283
ウラシル	0.107
オロチン酸	0.102
バルビツール酸	-0.008
アデニン-チミン対	1.098
グアニン-シトシン対	0.827
イミダゾール	0.385
インドール	1.597
プテリジン	1.976
2-アミノ-4-ヒドロキシプテリジン	1.093
リボフラビン（酸化形）	1.660
リボフラビン（還元形）	0.103

4.5　電子密度

電子密度分布の知識は化学反応性の問題[52]や双極子モーメントの測定との関連で重要である。化学反応性における電子密度の重要性は第4.7節で分析される。本節の話は双極子モーメントに関する所見に限定される[53]。

双極子モーメントの実測値は次の二つの寄与から構成される：（1）π電子の分布からもたらされる双極子モーメント，（2）σ結合の分極に基づく双極子モーメント。

これらの二つの成分は別々に評価される。σ成分は分子内に存在するさまざまな一重結合と関連した双極子モーメントのベクトル成分の和と考えられる。しかし残念ながらそれらの値は研究

者によりまちまちである。生化学物質中に存在する異核 σ 結合に対する双極子モーメントの値を次の通りである（デバイ単位）[54]。

$$C^{-}\underline{\quad}^{+}H \qquad 0.4D$$

$$N^{-}\underline{\quad}^{+}H \qquad 1.3D$$

$$C^{+}\underline{\quad}^{-}N \qquad 0.45D$$

$$C^{+}\underline{\quad}^{-}O \qquad 0.8D$$

$$N^{+}\underline{\quad}^{-}O \qquad 0.5D$$

符号の＋，－は極性の方向を示しており，もちろん電荷の分離を示すものではない。

π 成分は形式電荷と標準的手順で求めた系の幾何配置に基づいて計算される[55]。

生化学物質に関する双極子モーメントの実験値はごくわずかしか知られていない。入手可能な実験値を σ 結合や（LCAO 近似で求めた）π 分布による双極子モーメントの理論値と比較すると一致は一般に良好であった。たとえばバルビツール酸，アロキサン，ベンゾイミダゾールおよびカフェインの双極子モーメントの実測値はそれぞれ 1.04 D, 2.10 D, 3.90 D および 4.40 D であった。一方，最初の三つの分子に対する双極子モーメントの計算値はそれぞれ 1.3 D，2.2 D および 3.8 D であった。また（カフェインの必須環骨格である）キサンチンの双極子モーメントの計算値は 4.7 D であった。

σ 結合モーメントの正確な値は不明であるが，この一致はある程度まで電荷分布の計算値の正しさを立証するものである。もちろん双極子モーメントは全電荷分布の結果であり，このような一致は分子骨格のまわりのこれらの電荷の詳細な濃度の正しさを保証するものではない。核磁気共鳴技術の最近の発展は特定原子上の詳細な電荷分布に関する理論的結果を立証するための手順を提供することになろう。いくつかの代表的な生体物質で得られたこの分野の結果はきわめて満足すべきものであった[56]。

4.6 結合次数

結合次数の概念が主に応用されるのは結合の物理化学的性質との相関や化学反応性の分野である。化学反応性における結合次数の重要性は次の第 4.7 節で議論される。本節では物理化学の分野での応用のいくつかを簡単に紹介する。

すでに見たように結合次数は結合に沿った π 電子の結合エネルギーの測度で，二重結合性（double-bond character）の共鳴理論概念を分子軌道的に表したものである。

共役分子の物理化学では，結合次数は隣接原子間の π 電子の結合強度に依存する結合的性質の問題で利用される。これらの性質の中でも特に著明なものは結合長，結合エネルギー，力の定数および振動数である。これらの性質の研究で結合次数の概念を利用する際の原理はいずれの場合も同じである。最も一般的かつ簡単な手順は標準的かつ重要な化合物に対する参照曲線を明らかにすることである。これらの曲線は次に新規化合物の性質の評価や予測に利用される。

結合次数が最も一般的に利用される事例として結合距離を取り上げてその実際的手順を説明し

たい。エタン，エチレンおよびアセチレンにおけるC-C結合の易動性結合次数はそれぞれ0，1および2に等しい（ただしσ結合を考慮した全結合次数はそれぞれ1，2および3である）。対応する結合長はそれぞれ1.54Å，1.33₅Åおよび1.21Åである。このデータセットは結合次数の関数としてC-C結合の結合長を表した曲線を描くのに使用された（結合次数が0.667，結合長が1.39Åのベンゼンも参照点として追加された）。曲線は対照標準と見なされ，結合次数の計算値からの結合長の予測を可能にした。この曲線は（C-N，C-O，C-Clといった）他の結合タイプに対する曲線と共に図9に示される[57]。

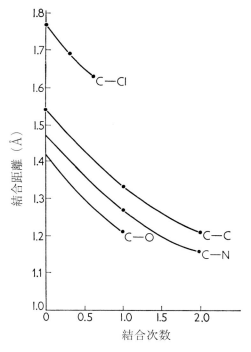

図9　結合次数-結合長関係の参照曲線

　これらの曲線は多数の共役分子，特に炭化水素類における原子間距離の解釈や予測に利用された[58]。もちろん論理的に得られる以上のものをこのような手順から期待してはならないが，計算値と実測値との一致は満足すべきものであった。ことに結合次数の値が共鳴積分値の変動に比較的鋭敏であることをよく理解されたい。すなわち結合次数が実測値とよく一致するのはこれらの積分値がうまく選択された場合に限られる。また混成状態の変化と関連してσ結合の長さの変動にも注意を払うべきである。図10は一連の関連芳香族炭化水素類で得られた代表点の広がりを示したものである。ただし点線はこのような点を含んだ区域を示している。この手順は最短または最長の結合の選択や関連系での結合長の相対的順序の比較を可能にする。

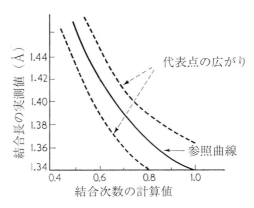

図10 共役炭化水素類における結合次数の計算値と結合長の実測値との関係
[C. A. Coulson, *J. Chem. Soc.*, 2069, (1955).]

生化学的に重要なプリン類やピリミジン類からの具体的事例を用いて一致の程度を説明しよう。表5～9は結合距離の実験値と計算値をまとめたものである。

表5 アデニンにおける結合長

	結合	アデニン塩酸塩半水和物[a]	アデニン-チミン対		結合次数[d]	結合長の計算値
	a	1.30	1.35[b]	1.34[c]	0.80	1.38
	b	1.38	1.32	1.33	0.38	1.34
	c	1.37	1.32	1.33	0.48	1.33
	d	1.30	1.32	1.33	0.65	1.32
	e	1.36	1.32	1.33	0.48	1.35
	f	1.37	1.40	1.37	0.63	1.41
	g	1.40	1.40	1.38	0.37	1.42
	h	1.37	1.32	1.37	0.51	1.36
	i	1.35	1.32	1.35	0.75	1.31
	j	1.33	1.32	1.33	0.52	1.35
	k	1.36	1.32	1.36	0.49	1.36

[a] Cochran, W., *Acta Cryst.*, **4**, 81 (1951).
[b] Pauling, L., and Corey, R. B., *Arch. Biochem. Biophys.*, **65**, 164 (1956).
[c] Spencer, M., *Acta Cryst.*, **12**, 59 (1959).
[d] Pullman A., and Pullman, B., *Bull. soc. chim. France*, 766 (1958).

表6 グアニンにおける結合長

結合	X線結晶解析による 結合距離の実験値（Å）			結合次数[d]	結合長の 計算値
	グアニン塩酸塩 一水和物[a]	グアニン‐シトシン対			
a	1.20	1.23[b]	1.22[c]	0.80	1.24
b	1.41	1.36	1.38	0.38	1.38
c	1.32	1.34	1.35	0.48	1.36
d	1.33	1.32	1.33	0.65	1.33
e	1.35	1.32	1.33	0.48	1.36
f	1.34	1.38	1.37	0.63	1.40
g	1.40	1.40	1.41	0.37	1.43
h	1.41	1.32	1.37	0.51	1.36
i	1.33	1.32	1.35	0.75	1.31
j	1.32	1.32	1.33	0.52	1.36
k	1.34	1.32	1.36	0.49	1.36
l	1.32	1.35	1.34	0.48	1.36

[a] Broomhead, J. M., *Acta Cryst.*, **4**, 92（1951）.

[b] Pauling L., and Corey, R. B., *Arch. Biochem. Biophys.*, **65**, 164（1956）.

[c] Spencer, M., *Acta Cryst.*, **12**, 59（1959）.

[d] Pullman A., and Pullman, B., *Bull. soc. chim. France*, 766（1958）.

表7 ウラシルにおける結合長

結合	結合距離の 実験値[a]	結合次数[b]	結合長の 計算値
a	1.23	0.80	1.24
b	1.38	0.37	1.39
c	1.37	0.38	1.39
d	1.41	0.37	1.39
e	1.41	0.48	1.36
f	1.34	0.82	1.38
g	1.34	0.39	1.45
h	1.24	0.81	1.24

[a] Parry, G. S., *Acta Cryst.*, **7**, 313（1954）.

[b] Pullman A., and Pullman, B., *Bull. soc. chim. France*, 594（1959）.

第4章　電子構造的指標の主な応用

表8　チミンにおける結合長

	結合	X線結晶解析による 結合距離の実験値			結合次数[d]	結合長の 計算値
		チミン一水和物[a]	アデニン-チミン対			
	a	1.39	1.36[b]	1.38[c]	0.37	1.38
	b	1.36	1.36	1.38	0.38	1.38
	c	1.36	1.36	1.38	0.37	1.38
	d	1.38	1.36	1.35	0.47	1.36
	e	1.35	1.40	1.38	0.81	1.38
	f	1.45	1.40	1.41	0.38	1.45
	g	1.23	1.23	1.22	0.80	1.24
	h	1.23	1.23	1.22	0.81	1.24
	i	1.50	1.53	1.54	0.22	1.50

[a] Gerdil, R., *Acta Cryst.*, **14**, 333 (1961).
[b] Pauling L., and Corey, R. B., *Arch. Biochem. Biophys.*, **65**, 164 (1956).
[c] Spencer, M., *Acta Cryst.*, **12**, 59 (1959).
[d] Pullman A., and Pullman, B., *Bull. soc. chim. France*, 594 (1959).

表9　シトシンにおける結合長

	結合	結合距離の実験値		結合次数[c]	結合距離の 計算値
	a	1.32[a]	1.33[b]	0.64	1.33
	b	1.34	1.35	0.43	1.38
	c	1.36	1.38	0.38	1.38
	d	1.34	1.35	0.53	1.36
	e	1.40	1.38	0.76	1.38
	f	1.40	1.38	0.53	1.41
	g	1.35	1.34	0.47	1.36
	h	1.23	1.22	0.78	1.24

[a] Furberg, S., *Acta Cryst.*, **3**, 325 (1950).
[b] Spencer, M., *Acta Cryst.*, **12**, 59 (1959).
[c] Pullman A., and Pullman, B., *Bull. soc. chim. France*, 594 (1959).

これらの事例はこのような比較で遭遇する困難も併せて説明している。ほとんどの表では「実験」データが幾つも示されている。実験データは化合物自体のX線結晶研究からだけではなく関連誘導体の研究に由来するものも多い。しかし後者のタイプのデータは対応物質の結合長に関する最良の情報ではなく、系列全体に対する結合距離の徹底解析に基づいてさらに精密化されるべき性質のものである。表にはPauling-Corey[59]やSpencer[60]により行われた解析の結果も併せて示されている。表から明らかなようにこれらの解析は元のCochranの結果とは少し異なる結果を与えた。実験データ間でのこのような不一致を考慮すると、理論的予測と実験値との一致は十分満足すべきものと考えられる。

　同様の手順は結合エネルギー、力の定数および振動数の解釈や予測にも利用された[61]。生化学の分野では結合次数や振動数を含んだ相関は特に有用である。詳細な議論によれば結合の振動数は実際に結合次数と自己分極率の関数であった[62]。しかし自己分極率の寄与はきわめて小さく、

特にかなり「二重」結合を含む場合には通常無視された[63,64]。したがって図11に示すように，一連のアルデヒド類，ケトン類およびキノン類ではC＝O結合の振動数と結合次数との間に直線関係が存在した[64]。ただしC＝O基を含んだ五員環化合物へ研究を拡張すると相関はかなり悪くなった。すなわち六員環と五員環ではC＝O基に対して少し異なる参照曲線を用いるのが望ましい[64]。この複雑化は（計算では考慮されなかった）五員環におけるひずみの効果によるものと思われる。

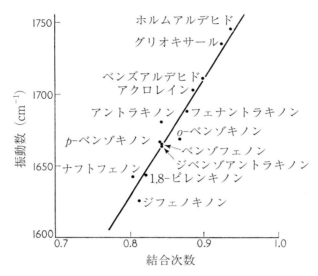

図11　カルボニル基における赤外振動数と結合次数との関係

4.7　化学反応性

化学反応性の問題は以下の理由により本節で議論される。(1) 化学反応性では電子的指標が同時に多数使用される。(2) 化学反応性のいくつかの側面は未定義の新しい指標を使用する。

量子力学的計算による化学反応性の解釈では次に示す二つのタイプのアプローチが利用される。
(1)　孤立（静的）分子近似
(2)　分極（動的または反応）分子近似

4.7.1　孤立分子近似

このアプローチは化学者や生化学者がしばしば用いているなじみ深い原理を利用する。すなわちそれが立脚するのは分子の化学反応性が主に孤立化合物の電子構造によって定まるという仮定である。このことは反応性が計算で求めた適当な電子的指標の分布によって定まることを意味する。すなわち反応性は外部試薬の接近によって引き起こされる摂動とは無関係であると仮定される。簡単にこのように述べると，手続きの妥当性はきわめて限定され成功の機会ははなはだ少な

いと思われる。しかし確固たる基礎をもつ洗練された様式で表すこともできる。すなわち化学反応性は少なくともある程度，孤立分子の構造的特性に支配されている。というのは，それは攻撃試薬によってもたらされる摂動と無関係ではなく，初期構造自体の特徴によって明確に定まるからである。

　本節で後ほどこのことが一部正しいことが明らかにされる。にもかかわらず，この孤立分子近似によって何が記述されようとも部分的な成功以上のものは望めない。このことは先験的に明らかである。しかし問題を注意深く検討すれば，この近似が応用できる限界も明らかにされよう[65]。

　孤立分子近似による化学反応性の解釈で用いられる電子的指標は電子密度，結合次数および自由原子価である。基本的な化学反応のいくつか，特に置換反応や付加反応ではこれらの指標は数多くの相関でよく利用される。

　よく知られているように多数の置換反応，特に共役系での反応は正または負イオン（それぞれ求電子または求核試薬と呼ばれる）の作用によって引き起こされる。たとえばニトロ化では活性種はNO_2^+イオン，スルホン化ではSO_3H^+イオン，アミノ化ではNH_2^-イオンである。

　孤立分子近似ではこれらのイオン試薬は共役系を攻撃するとき，反対符号の最大形式電荷をもつ原子へ優先的に引き付けられる。この概念は初歩的なものであるがたいへん成功を収めている。たとえばモノ置換ベンゼンへ導入された第二の置換基の配向をうまく説明する。周知の通り，ベンゼン環における置換基の存在は生じた電子的変位の性質に従い，オルト炭素とパラ炭素（メタ炭素は第一近似では摂動を受けない）では電子密度の増加（アニリンなど）または減少（ニトロベンゼンなど）のいずれかを誘発する。この状況と呼応し，正イオンはアニリンではオルト位とパラ位を攻撃するが，ニトロベンゼンではメタ位を攻撃する。負イオンが攻撃する場合には逆のことが起こる。

　同様に結合への分子付加は解釈が簡単で結合次数概念の主な応用の一つといえる。たとえば共役炭化水素のオゾン化は分子の周辺結合の一つへのオゾン分子の固定に他ならない。反応はオゾンと系のπ電子との相互作用を伴うので，「二重結合性」すなわち結合次数が大きいほど結合の反応性も大きくなると考えられる。この予測はオゾン化などの多くの事例で立証された[66]。たとえばナフタレンの$\alpha-\beta$結合は（$\beta-\beta$結合よりも結合次数が大きいので）一般に結合への付加反応が起こりやすい。このような相関は他の芳香族炭化水素類へも拡張でき実際に拡張された[67]。

　孤立分子近似では化学反応性の解釈への自由原子価の応用はきわめて多彩である。しかしその重要性はほとんどの場合あまり明確ではない。すなわちこの近似では自由原子価はフリーラジカルへの反応と関係があると考えられる。電気的に中性であれば，これらの試薬は正電荷や負電荷の局所的蓄積とは無関係に不飽和指標が最大となる位置へ引き付けられる。この概念はそのことで著明な成功を収めた。たとえばベンゼン環に存在する第一置換基の性質（アニリン型かニトロベンゼン型か）に拘らず，オルト炭素とパラ炭素の自由原子価はメタ炭素のそれよりも常に大きかった。実際にフリーラジカル類はモノ置換ベンゼン類のオルト炭素とパラ炭素を優先的に攻撃した。この結果は示唆された相関と完全に一致した。

　同様の理由は未置換芳香族炭化水素類へのフリーラジカル類の攻撃部位を説明するのにも利用

された。図 12 は基本的な炭化水素類において自由原子価が最大となる位置を示したものである。これらの分子の化学に精通した読者は指示された位置が最も反応性の高い炭素であることをただちに認識されるであろう[68]。実際にはこれらの分子系列における一連のフリーラジカル反応の定量的研究によると，自由原子価はこの種の反応性ときわめて高い相関を示した。この問題は本節で後ほど立ち戻りより詳しく検討される。

実際のところ芳香族炭化水素類に関する状況はさらに複雑である。第 3 章で見たように，この種の分子における炭素上の π 電子密度は一様に 1 に等しい。このような分子では求電子および求

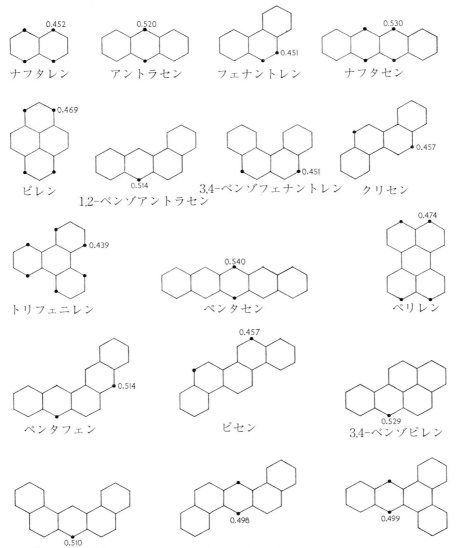

図 12　各種炭化水素類における自由原子価の最大値

122 第4章 電子構造的指標の主な応用

核置換試薬による攻撃部位は不明である。静電引力による優先的な配向は認められないので，このような試薬は不飽和指標すなわち自由原子価が最大となる炭素を攻撃すると見なすのが妥当である。このような仮説は意外な予測結果をもたらす。たとえばナフタレンのような分子では（求電子，求核およびラジカルといった）試薬の種類に拘らず置換はすべて自由原子価が最大となる α 炭素で優先的に起こる。意外にもこの予測は実験によって立証された[68]。

　これまで孤立分子近似が成功した事例のみを取り上げてきた。すでにこの時点で手続きは厳密なものではなく，たとえ成功した場合でも正しい説明ができないこともしばしばであった。さらにこの方法は常に成功するわけではない。多くの事例において孤立分子の電子的指標分布に基づいた化学反応性の予測は実験結果とは異なっていた。次に一例を挙げこの状況を説明したい。表10 はフルオランテンの各種炭素における電子密度と自由原子価を示したものである。

表10　フルオランテンの電子的指標

炭素	電子密度	自由原子価
2	0.945	0.459
3	1.005	0.398
4	0.958	0.470
10	0.997	0.438
11	1.008	0.409

フルオランテンは非ベンゼン系の芳香族炭化水素である。そのため各種炭素の π 電荷は 1 とは異なる。この観点からはこの化合物は複素環式化合物に似ている。フルオランテンでは最大の電子密度は 11 位の炭素に現れる。孤立分子近似によればこの炭素は求電子試薬による攻撃の反応中心である。しかし実験事実はこの予測と一致せず，（ニトロ化，スルホン化，臭素化などの）求電子置換はフルオランテンの 4 位炭素で起こることが知られている。4 位炭素は分子内で最も正電荷を帯びた炭素の一つであるから，この状況は意外としか言いようがない（もっとも自由原子価の観点からはこの原子は最も大きな値を与える）。

　複雑な分子の研究ではこのような事態がしばしば生じる。すなわち化学反応性の問題では，孤立分子近似は十分注意して扱わねばならないという結論になる。正確さを求めるとその妥当性は制限されざるを得ない。これらの制限をさらに詳しく定めてみよう。しかしそうする前に反応分子近似の原理を議論しておきたい。というのは，このような研究はこれらの制限の性質を明らかにするのに役立つと思われるからである。

4.7.2　反応分子近似

　孤立分子近似の本質的弱点は化学反応に必ず存在する分極効果が無視されていることである。反応分子近似は化学反応の展開が主に反応の遷移状態（transition state）に依存すると考え，この段階を省略しない。

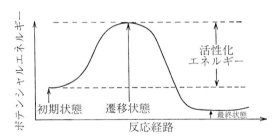

図 13　反応中のポテンシャルエネルギーの変化

すべての化学反応は相互作用種の連続的再配列を伴い，そのポテンシャルエネルギーは連続的に変化する．図 13 は反応経路に沿ったポテンシャルエネルギーの典型的変化を表したものである．（試薬間の距離を無限に引き離すことに対応する）反応の初期状態での特定の値から出発したエネルギーは最初，一定の最大値まで連続的に増加し，その後は反応の最終状態に向かって減少していく．ポテンシャルエネルギーの初期増加は試薬の接近に基づく反発によるものである．ポテンシャルエネルギーの最大値は反応の遷移状態（活性錯体（activated complex））を特性づけ，反応を起こすために克服すべきポテンシャル障壁に相当する．よく知られているように，遷移状態と初期状態の間のエネルギー差は反応の活性化エネルギー（activation energy）と呼ばれる．アレニウスの古典的方程式によれば，反応速度 K は活性化エネルギー U に依存し両者の間には次の関係が成り立つ．

$$K = A\exp(-U/RT)$$

他の化合物と同様，活性錯体でもこの式は自由エネルギー，エンタルピーおよびエントロピーといった通常の熱力学的諸量と関連がある．すなわち反応速度 K はこれらの諸量（$\Delta F^{\ne}$，$\Delta H^{\ne}$ および $\Delta S^{\ne}$）と次式により結び付けられる．

$$K = \frac{kT}{h}\exp(-\Delta H^{\ne}/RT)\exp(\Delta S^{\ne}/RT)$$

ただし k はボルツマン定数，h はプランク定数（第 7 章参照）である．

反応分子近似では，化学反応性の解釈は各種反応タイプに対する活性化エネルギーを求める問題に他ならない．原則としてこのような測定は反応の初期状態と遷移状態のエネルギーに関する知識を必要とする．もちろん今日では初期状態のエネルギーの計算は容易である．相互作用する孤立種のエネルギーを加え合わせればよいからである．しかし遷移状態に対する状況はまったく異なる．この状態のエネルギーを求める際に遭遇する困難の一つは構造に関する情報がないことである．

量子力学的計算の観点からこの問題を解決するには，（エネルギーを計算すべき）各種化学反応タイプに対する遷移状態のモデルを提示できなければならない．この分野で最も成功しているのはいわゆる「局在化エネルギー」に基づいた試みである．Wheland によって最初に導入され[69]，その後多くの研究者により発展させられたその手続きは化学反応性，特に共役分子の化学反応性の研究に対する最良の方法である．

124　第4章　電子構造的指標の主な応用

　この方法の基本的特性の一つは反応の活性化エネルギーの絶対値（absolute value）を計算しないということである。一般にこのような計算は難しすぎて手に負えないからである。そのためこの方法は活性化エネルギーの相対値（relative value）しか評価しない。その結果として，この方法は特に同一分子内での各種位置や一連の関連分子での反応感受性の比較に適している。このことは応用分野を制限することになったが，この障害はほとんど問題にならなかった。というのは化学者や生化学者は（所定の試薬に対する反応位置の決定とか同一試薬に対する関連化合物の相対反応性の比較といった）相対値の測定にしか関心を示さないからである。

　この問題が解決されたら次に問題になるのは，（たとえば芳香族炭化水素類のニトロ化といった）一連の類似反応では，活性化エネルギーの本質的変化部分が初期状態と活性化状態の間の共役分子のπ電子エネルギーの変動からもたらされるという基本的仮定である。すなわちここで述べた方法は全活性化エネルギーではなくこれらのエネルギーの相対値にとって重要な画分のエネルギーのみを計算する。この方法が成功するか否かはさまざまな寄与をいかに的確に選択するかに依存する。次に続く議論から予想されるように，成功は基本的仮定が完全に正当化されたときに達成される。

　ひとたび基本的仮定が受け入れられれば，次の段階は遷移状態を特徴づけるπ電子雲の変形の性質を知ることである。基本的な各種化学反応タイプに対応してさまざまな変形が考慮されなければならない。

　（Wheland が最初に考察した）置換反応に対しては一般に次のアプローチは用いられる。ここではたとえば（フリーラジカルやイオンといった）外部試薬によるナフタレン分子への攻撃を考えてみよう。活性錯体の形成では攻撃試薬（R°）と攻撃される炭化水素との間でまず結合が形成される。一般的な共鳴理論ではこの活性化錯体の構造は次に示す一組の共鳴構造で表される。

　ここで記号°はRの性質（求電子，求核またはラジカル）に応じて正電荷，負電荷または電子を帯びる。さて置換基の配向を支配しナフタレンのαまたはβ炭素の何れを攻撃するかを定める因子は何であろうか。Wheland の仮定によればその因子は共役系による攻撃点（point of attack）への電子供給のしやすさである。それは攻撃が正イオン，負イオンまたはフリーラジカルの何れによって引き起こされるかに依存する。ただし供給される電子の数は攻撃試薬との結合形成に必要な数である。求電子，求核およびラジカル置換に対する炭素局在化エネルギー（carbon localization energy）という名称は共役炭化水素の電子構造を攪乱するに必要なエネルギー量に対して与えられる。すなわち適当な数の電子は攻撃される炭素原子に局在化された後，共役から差し引かれ，残った電子は残余炭素原子間で共鳴を行う。もちろんこの概念は同一分子内の各種炭素原子に限定されるわけではなく一連の関連化合物で生じる反応にも適用される。もし無視さ

れた因子が一定であれば，局在化エネルギーはさらに小さくなり各炭素が適切な置換反応を行う能力は高まる．さらにベンゼン系芳香族炭化水素類の特定領域では，各炭素原子の分極エネルギーは仮定された分極の性質には依存しない．このことは炭化水素の電子構造を攪乱すれば各炭素原子に電子を 1，2 または 0 個固定するのに同量のエネルギーが必要であることを意味する．この規則からは，このような分子では攻撃試薬の性質とは無関係に同一炭素があらゆる置換の中心になる．

　この手続きの成功は注目に値する．すなわちあらゆるタイプの置換（求電子，求核，ラジカル）がナフタレンの α 炭素へ優先的に固定されるという引用済みの結果，すなわち β 炭素の局在化エネルギーが $2.48\,\beta$ であるのに対し α 炭素のそれは $2.30\,\beta$ であるという結果や他の炭化水素類における同様の結果[68] を説明するだけでなく，広範な関連分子系列における所定反応の発生も定量的に説明した．図 14 のグラフによれば，メチルラジカル類に対する反応性と共役炭化水素類の炭素局在化エネルギーとの間にきわめて良好な相関が認められる[70]．同様の結果は（フェニル化，CCl_3 ラジカル類の作用，過酸化ベンゾイルの作用などの）反応でも得られた[71]．

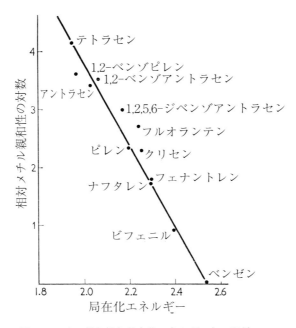

図 14　メチル親和性と局在化エネルギーとの関係

　ベンゼン系炭化水素類以外の分子へこの手順を適用した場合には状況はさらに慎重な扱いを要する．各種置換タイプに対する局在化エネルギーの最小値は共役系を形作る各種原子と一般に関連がある．このような系における反応性の実測値と局在化エネルギーの計算値との相関はいまだ明確には確認されていない．しかし入手可能な情報を検証しかつ適切な比較がなされたならば，調査した事例の大多数で理論と実験はほぼ完全に一致することが指摘された[72]．生化学物質の反

応における手順の成功は読者自身で判断されたい。

　置換反応に対する局在化エネルギーの計算はきわめて簡単で何ら困難はない。すなわち初期状態の分子を計算したら，あとは活性化された分極状態の分子を計算すればよい。もし $2n$ 個の炭素原子からなる初期の共役分子が $2n$ 個の π 電子をもち，それらが n 個の最低エネルギー分子軌道に分布するとしよう。置換反応を念頭においたとき，原子 i で分極した活性化状態では共役系は i 番目の原子軌道を除いた $(2n-1)$ 個の原子軌道からなる。すなわち活性化系の永年方程式は（原子 i に対応する行と列を除いた）初期分子の永年方程式から導かれる。修正されたこの方程式の解は通常の「構成」原理に従い $2n-1$ 個の新しい被占分子軌道を与える。これらの軌道は分極の際に原子 i に局在化する電子の数（0, 2 または 1）すなわち活性化状態が求核，求電子またはラジカル置換のいずれであるかに依存して $2n$, $2n-2$ または $2n-1$ 個の電子によって占有される。遷移状態のエネルギーはその被占分子軌道のエネルギー和に等しく（もちろん電子を2個含んだ軌道は2回数えられる），かつ原子 i に固定された電子のエネルギーだけ増加する。局在化エネルギーは遷移状態と初期状態とのエネルギー差である。

　一例としてベンゼン分子（XII）の局在化エネルギーを計算してみよう（この簡単な事例では炭素はすべて等価である）。たとえば求核局在化エネルギーはベンゼンのエネルギーから骨格（XIII）に分布する π 電子6個のエネルギーを差し引くことにより得られる。一方，求電子局在化エネルギーはベンゼンのエネルギーから同じ骨格（XIII）に分布する π 電子4個のエネルギーと局在化電子2個のエネルギー（2α）を差し引けば得られる。またラジカル局在化エネルギーはベンゼンのエネルギーから骨格（XIII）に分布する電子5個のエネルギーと局在化電子1個のエネルギー（α）を差し引けば得られる。

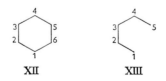

　すなわちいずれの場合も骨格（XIII）に対する行列式の根が用いられる。すでに述べたように，これらの根はベンゼンに対する行列式（第3章の表1）から6番目の行と列を取り除けば得られる。すなわち行列式は次のようになる。

$$\begin{vmatrix} \alpha-E & \beta & 0 & 0 & 0 \\ \beta & \alpha-E & \beta & 0 & 0 \\ 0 & \beta & \alpha-E & \beta & 0 \\ 0 & 0 & \beta & \alpha-E & \beta \\ 0 & 0 & 0 & \beta & \alpha-E \end{vmatrix} = 0$$

実際には骨格（XIII）は対称軸をもつので，次に示す対称関係が利用される。

$$S\begin{cases} c_5 = c_1 \\ c_4 = c_2 \end{cases} \quad A\begin{cases} c_5 = -c_1 \\ c_4 = -c_2 \\ c_3 = -c_3 = 0 \end{cases}$$

$$S\begin{cases} c_1 y + c_2 = 0 \\ c_1 + c_2 y + c_3 = 0 \\ 2c_2 + c_3 y = 0 \end{cases} \quad A\begin{cases} c_1 y + c_2 = 0 \\ c_1 + c_2 y = 0 \end{cases}$$

その結果，次に示す小行列式が得られる。

$$\begin{vmatrix} y & 1 & 0 \\ 1 & y & 1 \\ 0 & 2 & y \end{vmatrix} = 0, \quad \begin{vmatrix} y & 1 \\ 1 & y \end{vmatrix} = 0$$

また特性方程式は次のようになる。

$$y(y^2 - 3) = 0, \quad y^2 - 1 = 0$$

方程式の根は

$$y = 0 \qquad y = \pm 1.732 \qquad y = \pm 1$$

エネルギーが増加する順に k 値を並べ替えると次のようになる。

$$k = 1.732, \ 1, \ 0, \ -1, \ -1.732$$

局在化エネルギー（求核，求電子またはラジカル）は次式で与えられる。

$$\Delta E = 6\alpha + 8\beta - E$$

またそれぞれの場合に対して E の値は次のようになる。

$$E = 6\alpha + 2(2.732)\beta = 6\alpha + 5.464\beta$$

したがって局在化エネルギーは次式で与えられる。

$$\Delta E = 2.54\beta$$

エチレン系およびベンゼン系炭化水素類の場合には所定の炭素に対する 3 種の局在化エネルギーは一般に相等しい。というのは遷移状態に対する骨格は常に $y = 0$ なる根をもつからである。

手順はもちろん置換反応に限定されるわけではなく他のタイプの化学的変換へも拡張される。典型的なのは付加反応に対する応用である。共役化合物への付加反応には次の二つのタイプが存在する。

（a） 結合への付加（1–2 付加またはオルト付加）

（b） 1–4 付加またはパラ付加

結合への付加に対する局在化エネルギーはオルト局在化エネルギーと呼ばれる。付加反応では攻撃試薬は共役系の隣り合う二つの原子と結合を形成する。遷移状態では攻撃された骨格の分極はこれらの 2 原子間の二つの π 電子の局在化（二重結合）を伴うと考えられるので，系に残された $(n-2)$ 個の π 電子は残された $(n-2)$ 個の原子間で非局在化される。ナフタレンの $\alpha - \beta$ および $\beta - \beta$ 結合への攻撃に対するこのタイプの分極はそれぞれ図 15 の（a）と（b）で示される。

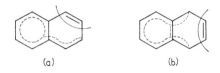

図 15　オルト付加反応の遷移状態

このタイプの遷移状態のエネルギーと初期状態のエネルギーとの差はオルト局在化エネルギーと呼ばれる。

一方，共役系への1-4付加の局在化エネルギーはパラ局在化エネルギーと呼ばれる。それは2個の電子の局在化を伴う。それらは共役骨格のパラ位にある原子に局在化しており，残った$(n-2)$個の電子は残余共役フラグメント内での共鳴が許される。このタイプの分極は図16の(a)と(b)で表される。

図 16　パラ付加反応の遷移状態

それらはそれぞれアントラセンの9-10位と1-4位への付加に対応する。このタイプの遷移状態のエネルギーと初期状態のエネルギーとの差はパラ局在化エネルギーと呼ばれる。

（オルトまたはパラ局在化からもたらされる）残余共役フラグメントは一般に既知分子骨格に対応する。そのためそれらの評価はしばしば即時的である。

付加反応は置換反応に比べて利用できる定量的事例が少ない。そのため反応性の実測値と局在化エネルギーの計算値との相関を立証するのが難しい。しかし利用可能なデータによると得られた相関は満足すべきものであった。すなわち計算は反応性の最も高い位置を常に正しく予測した。たとえばオゾンや四酸化オスミウムの付加ではナフタレンの$\alpha-\beta$結合やフェナントレンの9-10結合は正しく予測された。また無水マレイン酸の固定ではアントラセンのメソ（9-10）炭素のようなパラ位置は最も反応性が高いことが正しく予測された[68]。さらにこれらのタイプの反応では純粋な炭化水素類であるか複素環式化合物であるかにかかわらず，多数の共役分子の相対的反応性の定量的比較が可能であった[73]。このタイプの相関は分子の発癌性を電子構造の特性と関連づける研究の基礎を形作る[74]。すなわちそれらは（実験的にも実証された）発癌性物質の作用機序に関する電子理論の確立に役立った[75]。

もう一つの局在化エネルギーすなわちトランス-シス異性化に対する局在化エネルギーも最近導入された[76]。このタイプの反応はレチネン類の光異性化の議論で必要となるので第10章で改めて取り上げられる。定義は局在化手順の一般的図式に組み入れられた。すなわち二重結合のまわりでトランスからシスへ異性化するには，関与する結合のπ電子2個が脱共役すなわちそれら

の電子雲が互いに垂直方向を向く段階を経由しなければならない。この段階は反応の遷移状態に対応すると見なされる。したがって分子をこの状態へ移すのに必要なエネルギーは異性化しやすさの相対的尺度となりうる。脱共役した電子の各々は同じ側にある分子フラグメントと共役するので，遷移状態はこのようなラジカルフラグメントを 2 個必要とする。分子をこの状態へ至らせるのに使われるエネルギーは（π電子に関する限り）全共役系の初期のエネルギーと奇数フラグメント 2 個のエネルギー和との差に等しい。この差はトランス–シス異性化のための局在化エネルギーに他ならない。

この説明は遷移状態の詳細な性質，特に三重項状態が関与するか否かといった明細を必要としないことに注意されたい。分光学的遷移と同様，局在化エネルギーの評価関数では適切な β 値を選べばこのような明細に到達することが可能である。

（一重結合のまわりの異性化である）s-シスと s-トランスの異性化もまた同様に扱えることを付け加えたい。この場合には共役系の初期エネルギーと偶数フラグメント 2 個からなる二つのサブシステムとの差が局在化エネルギーの計算値に対応する。

4.7.3 二つの近似間の関係

反応分子近似はもちろん孤立分子近似よりも優れている。この方法は本書全体を通じて可能な限り使用される。しかし局在化エネルギーの計算値が入手できないことも多い。その場合には孤立分子の構造に関する結果を利用せざるを得ない。そのような結果は実測値とうまく一致することもあるが間違った予測結果を与えることもある。重要なのは化学反応性の研究における孤立分子近似の限界を如何に定めるかである。

この問題の解はまだよく分っていない。しかし大量データの編集に基づいた次の二つの観察は有用な手掛かりを提供する。

(1) ベンゼン系芳香族炭化水素類では静的分子の電子的指標と対応する局在化エネルギーとの間にほぼ完全な相関が存在する。この相関は図 17～19 に示されるように特に自由原子価と炭素の局在化エネルギー，結合次数とオルト局在化エネルギーおよび関与炭素の自由原子価の和とパラ局在化エネルギーとの間に認められる。これらの相関の存在は孤立分子近似がこの分子タイプの反応性をうまく説明するという事実を支持した。たとえば置換反応では自由原子価が最大となる炭素で優先的に反応が起こることをこの近似は説明した。

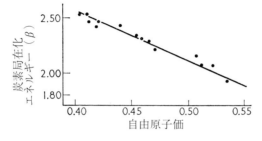

図 17　芳香族炭化水素類における炭素局在化エネルギーと自由原子価との関係

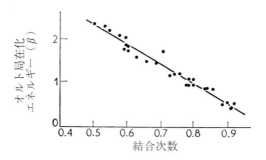

図 18　芳香族炭化水素類におけるオルト局在化エネルギーと結合次数との関係

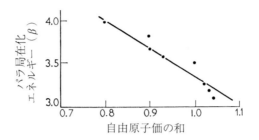

図 19　芳香族炭化水素類におけるパラ局在化エネルギーと自由原子価の和との関係

(2)　複素環式化合物や置換誘導体ではこのタイプの相関は存在しない。したがって孤立分子では，原則として電子的指標の分布に基づいて反応性を予測することはできない。このことは，たとえばこのような分子では，原子 A が原子 B よりも電子密度が大きいとしても原子 A が原子 B よりも正イオンと反応しやすいとはいえないことを意味する。この状況は他の条件が同じであれば，接近試薬の影響下では原子 B の分極率が原子 A のそれよりも大きいという事実によるものである（ただし求電子置換に対する原子 B の局在化エネルギーは原子 A のそれよりも小さい）。しかしこの分野では価値あるヒントが存在し，共役系に属する原子の分極率は一般にその自由原子価に依存する[77]。この規則はいかなるタイプの分極にも当てはまる。すなわち前述の事例で言えば，原子 A は原子 B よりも自由原子価が大きい。そのため求電子攻撃に対する原子 A の局在化エネルギーは原子 B のそれよりも小さい。同じ事例において，もし原子 B が原子 A よりもかなり大きな自由原子価をもつならば，初期分極にも拘らず逆のことがおそらく起こるであろう。

この分野ではいまだ絶対的な規則は存在しないので局在化エネルギーの計算が常に推奨される。分極率の指標としての自由原子価の重要性に適切な注意を払えば，反応性の問題では試行錯誤に基づき孤立分子の構造の計算結果を利用することもできよう。フルオランテンの事例に立ち戻ってこの状況を説明したい。表 11 はこの分子の各種炭素における自由原子価と求電子置換に対する局在化エネルギーの値をまとめたものである。

表11 フルオランテンの反応性

炭素	自由原子価	求電子置換に対する 局在化エネルギー （単位：β）
2	0.459	1.77
3	0.389	1.82
4	0.470	1.67
10	0.438	1.71
11	0.409	1.76

　求電子置換に対する局在化エネルギーは4位炭素で最小になる。この結果は電子密度の分布とは一致しないが（表10参照）実測値とはよく一致する。一方，自由原子価もまた4位炭素で最大となる。すなわちこの事例は分極率の指標としての自由原子価の有用性を示すものである。

4.8　自由原子価指標の補完的応用

　自由原子価指標が特に有効な補完領域が一つある。それは共役骨格へ結合した置換基の物理化学的および化学的性質に関する領域である。このような性質は共役系と置換基との相互作用の度合いに依存する。最大共役則（rule of maximum conjugation）と呼ばれる半経験的規則によれば[78]，置換基が結合した炭素原子の自由原子価が大きければ大きいほど置換基と共役骨格との電子的相互作用は大きい。たとえばナフタレンのα炭素はβ炭素よりも自由原子価が大きい。したがって規則からは，置換基とナフタレン環との共役は置換基がβ炭素よりもα炭素へ結合した方が大きいと推測される。

　検討した大多数の事例はこの規則に従う。そのためこの規則は分子の物理化学的性質を扱う多くの分野で幅広く応用される。最も重要な応用のいくつかは次の通りである。

（a）置換炭化水素類の共鳴エネルギー

　最大共役則によれば，置換された原子の自由原子価が大きいほど置換基と共役骨格との相互作用による共鳴エネルギーの増加は大きいと予測される。この結論はたとえばα-およびβ-ビニルナフタレン類（共鳴エネルギーはそれぞれ4.12βと4.10β）やビニルアントラセン類（共鳴エネルギーは，2，1および9位の置換に対してそれぞれ5.12β，5.74βおよび5.79β）に対する計算によって立証された。ただし実験による証明は対応データが少ないので難しい。にも拘らず規則はいくつかの事例で実証された。たとえばα-ナフトールの燃焼熱はβ異性体のそれよりもわずかに小さい[79]。同様のことはα-およびβ-ナフチルアミン類にも当てはまった[80]。

（b）ジ置換炭化水素類の脱離反応

　置換炭化水素類の共鳴エネルギーと密接に関連した問題としては脱離反応過程がある。ジヒドロジオール類，特に第4.1.5項で取り上げたo-ジヒドロジオール類は優れた事例を提示する。化学的または生化学的酸化によって得られたこれらの化合物は容易に水を失ってフェノール類を生成する。反応は残ったOHの位置に依存して2種類の異性化フェノール類を与える。

132 第 4 章 電子構造的指標の主な応用

実験によればほとんどの場合，一方の異性体のみが形成される（図 20）[81]。生成するのはより安定な異性体すなわち自由原子価が最大となる炭素原子へ OH 基が結合した異性体の方である[82]。表 12 によれば自由原子価の差はきわめて小さいが確かにそのような結果が得られた。

表 12　脱離反応に関与する炭素の自由原子価

化合物	位置	自由原子価
ナフタレン	1^a	0.452
	2	0.404
アントラセン	1^a	0.459
	2	0.408
クリセン	1	0.440
	2^a	0.457
1,2-ベンゾアントラセン	3^a	0.456
	4	0.455
1,2,5,6-ジベンゾアントラセン	3?	0.455
	4	0.453
3,4-ベンゾピレン	6^a	0.455
	7^a	0.455

^{a}　ヒドロキシ基はこれらの炭素に導入される.

(c)　置換芳香族炭化水素類の転位反応

置換芳香族化合物の分子転位もまた同じ因子に支配される。たとえば多環式 1-アリール-3-メチルアリルアルコール類（XIV）から対応する 3-アリール-1-メチルアリルアルコール類（XV）への酸触媒型アニオノトロピック転位の速度論研究は優れた事例である[83]。

$$Ar-CH-CH=CH-CH_3 \qquad Ar-CH=CH-CH-CH_3$$
$$\qquad | \qquad\qquad\qquad\qquad\qquad\qquad\qquad | $$
$$\qquad OH \qquad\qquad\qquad\qquad\qquad\qquad\quad OH$$
$$\qquad XIV \qquad\qquad\qquad\qquad\qquad\qquad\quad XV$$

転位の推進力は化合物（XV）の芳香環と側鎖二重結合との共役による共鳴エネルギーの増加である。このようにして得られた共鳴エネルギーの増加は共役の度合いに依存する。実験的にはこの転位に対する速度定数は Ar 基の性質に従って 9-フェナントリル＜フェニル＜2-ナフチル＜1-ナフチル＜9-アントリルの順に増加する。この序列は反応性が思いのほか低い 9-フェナントリルを除いて最大共役則から予想される結果とよく一致する。ただし例外に対する理由は不明である。

(d)　酸強度と塩基強度

すでに述べたようにフェノール（$pK_a = 9.96$）は飽和アルコール類よりもはるかに強い酸であ

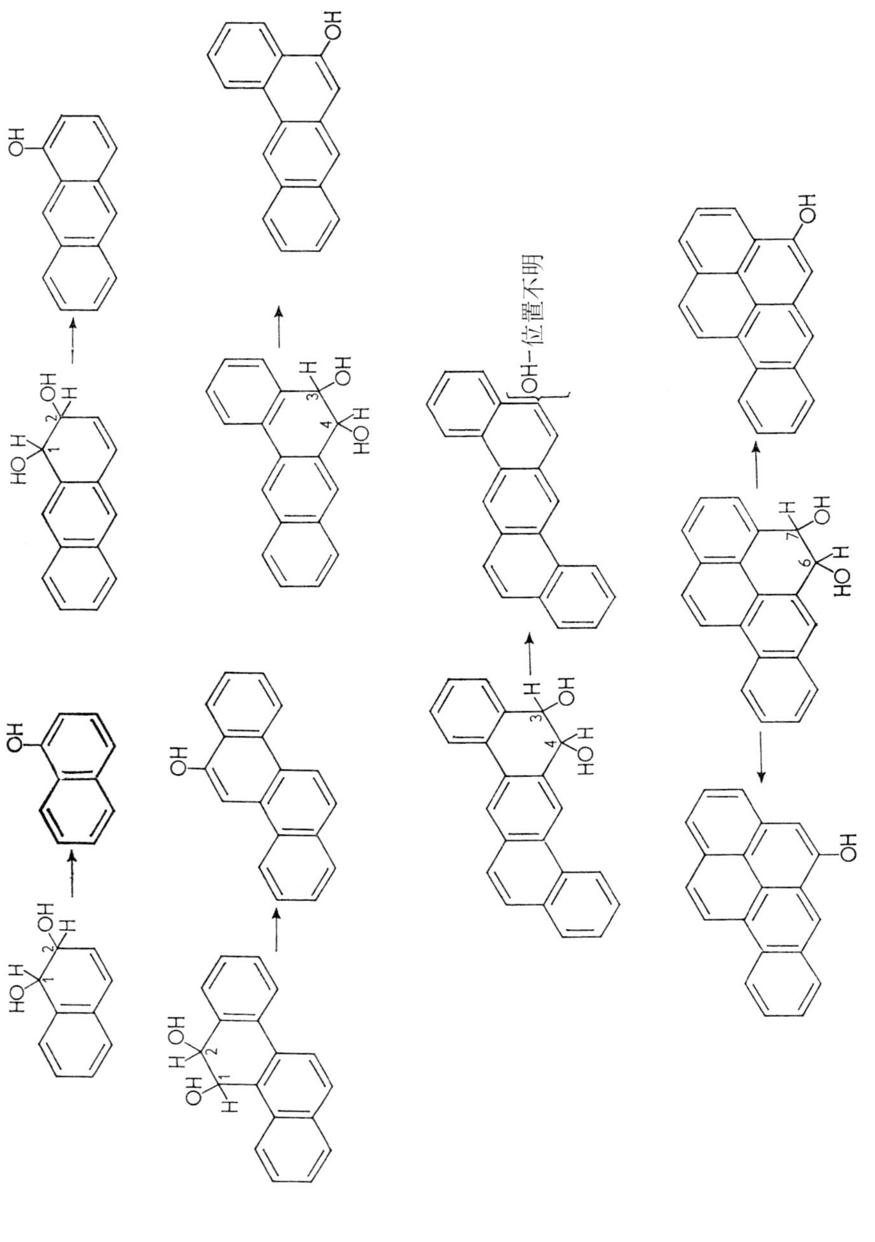

4.8 自由原子価指標の補完的応用 133

図20 ジヒドロジオール類における水の脱離経路

る。酸強度のこの増加はフェノールの OH とベンゼン核との共役に帰せられる。次の共鳴構造式
などで表されるこの共役は酸素原子への正電荷の増加をもたらし，かつプロトンに対する反発を
増加させる。最大共役則によれば，このタイプの化合物の酸強度は OH 基が結合した炭素原子の
自由原子価と共に増加するので酸強度の序列はたとえば次のようになる。

フェノール < β-ナフトール < α-ナフトール < 9-アントロール

この結論は最初の3分子のpK$_a$がそれぞれ9.96, 9.93および9.85であることから裏付けられた[84]。ただし9-アントロールのpK$_a$は不明である。同様の状況はカルボン酸類にも当てはまる[84]。

COOH	COOH	COOH	COOH
(ベンゼン)	(ナフタレン-2)	(ナフタレン-1)	(アントラセン-9)
pK$_a$ = 6.5 × 10^{-5}	6.8 × 10^{-5}	2.03 × 10^{-4}	2.26 × 10^{-4}

類似した状況は芳香族アミン類の塩基強度でも遭遇する。すでに述べたようにアニリン（pK$_a$=4.19）は脂肪族アミン類よりもはるかに弱い塩基である。塩基強度のこの弱化はNH$_2$基と芳香核との共役に帰せられる。次の共鳴構造式などで表されるこの共役は窒素上の正電荷を高め，かつプロトンの接近と固定を妨げる。

効果は共役が大きいほど，すなわち置換された炭素原子の自由原子価が大きいほど顕著になる。ここでもまた理論的予測と一致し，ナフチルアミン類のイオン化定数はアニリンのそれよりも小さい。またα-ナフチルアミンの定数（pK$_a$=3.40）はβ-ナフチルアミンのそれ（pK$_a$=3.77）よりも小さい。さらにまた9-アミノアントラセンのpK$_a$は2.7であった。

(e) 置換基の化学反応性

最後にこれらの「側鎖」で起こる反応に対する置換基の化学反応性の問題がある。この反応性は置換基と芳香族骨格との共役の度合い，すなわち置換基が結合した炭素の自由原子価の値によって定まる。反応性はもちろん反応の性質に従い，共役によって促進されることもあれば妨げられることもある。この問題については最近多くの研究がなされた。ここでは現象を説明するため特に顕著な事例のみを取り上げる。

置換基の共役によって促進される反応で特に重要なものは芳香族炭化水素類のクロロメチル誘導体のソルボリシスやハロゲン交換反応である。各種溶媒中での塩化アリールメチル類のソルボリシスはFierens-Martinら[85]やDewar-Sampson[86]によって入念に検討され，交換反応もまた前者のグループによって研究された[87]。表13はベルギーの研究者による結果をまとめたものである。英国の研究者もまた同様の結果を得た。

表 13　反応Ⅰ，交換反応：$ArCH_2Cl + KI$：反応Ⅱ，$ArCH_2Cl$ のソルボリシス；反応Ⅲ，$ArCH_2Cl$ のソルボリシス

クロロメチル–	反応の $LogK_{25°}$			CH_2Cl 基が結合した炭素の自由原子価
	Ⅰ	Ⅱ	Ⅲ	
–ベンゼン	−3.19	−7.61		0.398
–2-フェナントレン	−2.91	−7.13		0.404
–2-ナフタレン	−2.86	−7.09		0.404
–3-フェナントレン	−2.85	−6.45		0.407
–4-フェナントレン	−2.51	−5.77		0.440
–9-フェナントレン	−2.58	−6.38	−7.36	0.451
–1-ナフタレン	−2.64	−6.26	−7.31	0.452
–1-フェナントレン	−2.58	−6.55	−7.50	0.452
–3-ピレン	−2.08	−3.02	−4.46	0.469
–10-ベンゾアントラセン	−1.56		−4.35	0.514
–9-アントラセン	−1.42		−2.16	0.520

　反応速度と（置換位置の自由原子価で表された）側鎖の電子的活性化度との間には良好な相関が認められた。

　（側鎖と芳香核との共役が反応を抑制する）第二のタイプの反応に関しては（同じベルギーの研究グループによる）カルボン酸エステル類の塩基性加水分解[88]や（Sixma による）2,4-ジニトロクロロベンゼンに対する芳香族アミン類の反応性を取り上げる[89]。ここでは一例として最初の反応すなわち $ArCOOEt + NaOH$ に対する結果を表 14 に示した。

表 14　反応，$ArCOOEt + NaOH$

Ar	$K_{25°}$	COOEt 基が結合した炭素の自由原子価
フェニル	6.60×10^{-4}	0.398
2-フェナントリル	1.00×10^{-3}	0.404
2-ナフチル	1.05×10^{-3}	0.404
3-フェナントリル	1.05×10^{-3}	0.407
9-フェナントリル	5.64×10^{-4}	0.451
1-ナフチル	3.39×10^{-4}	0.452
9-アントリル	8.67×10^{-6}	0.520

ここでも安息香酸エチルを除けば得られた相関は満足すべきものであった。

4.9　生化学への分子軌道アプローチ：その展望

　表 15 は生化学の電子的側面の研究に対して分子軌道法が提供できる主な可能性を要約したものである。しかしこの研究分野へ進む前に，この科学への分子軌道アプローチの意義についていくつか注釈を加えたい。

第4章 電子構造的指標の主な応用

表15 電子的指標の主な応用

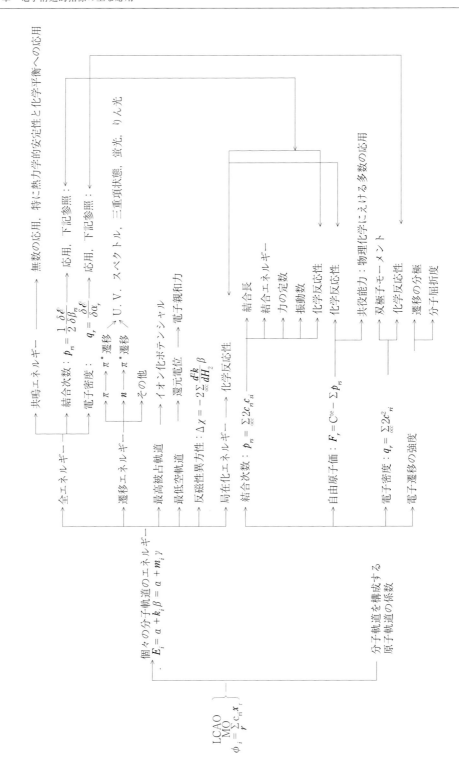

分子軌道法は本書全体を通じてほとんどの場合にヒュッケル LCAO 近似の形で利用される。ヒュッケル近似は分子軌道法の最も簡単な近似の一つであるが，きわめて強力な研究手段として特に有機化学や物理化学の分野でその価値が証明されている。しかしうまく利用するには近似の前提となる論理的結果に対して注意を払う必要がある。

方法は本質的にパラメータによる手続きである。すなわち方程式に現れる基本的積分の値は *ab initio* 計算ではなく半経験値で与えられる。さらに方法の内部形式はこのようなパラメータにしばしば明確な値を割り付けない。パラメータは一定である必要はないが，密接に関連した分子間ではパラメータの変化は小さい。ヒュッケル近似は分子の電子的構造の比較研究や関連化合物間の相対的能力の検証といった問題に特に適している。生化学への半経験的分子軌道アプローチのこの側面には十分注意を払うべきである。このことに気づけば，この方法で得られる主な結果は一般に観測された現象を大変うまく説明し，かつ実験結果との一致は良好である[90]。

さらに方法は相対的尺度でヘテロ原子を特性づけるパラメータの適切な選択，重なりの導入や無視といった一連の技術的仮定を必要とする。この領域での広範な研究によると，各種電子的指標の正確な数値はもちろんこれらの技術的仮定に依存する。しかしことに一連の関連分子での相対値はこれらの仮定にはほとんど依存しない。系のトポロジーや利用可能な電子の数が適切に考慮されれば，複素環式分子の電子的特性はしばしばヘテロ原子のパラメータを使わなくても得られる。もちろんこのような場合，パラメータがないということは間違ったパラメータを使うことと同じである。それゆえ適切な一組のパラメータを選択するのが望ましい。本書では全体を通じて現在の知識に照らして最も適切と思われる一組のパラメータを利用している。ことに各種電子的特性の相対値に関する限り，結果の一般的側面はこの特定の選択にほとんど依存せず，かつこれらのパラメータ値の変動はほぼ保存される。

それゆえ本書の以後のページでは電子的指標の数値がしばしば現れるが，それらの値は絶対的な大きさではないことに留意されたい。重要なのは定量的言語へ翻訳されたときの概念の重要性である。また多数の電子的性質に関する相対的尺度による化合物，分子領域または構成原子の分類や生化学物質の構造と機能機作の根底にある電子的相互作用の理解も重要である。

量子生化学の現状は量子化学が誕生した 30 年前ときわめてよく似ている。生化学的問題へ量子力学を適用するという発想に対してしばしば唱えられる異議はこれらの概念を化学へ適用した際に最初に提出された抗議ときわめてよく似ている。この点に関して 25 年前に述べられた次の引用はいまもなおそのまま当てはまる。「納得するためには悲観主義者よりも楽観主義者としての精神的姿勢と手順を採用すべきである。悲観主義者は厳密な仮定的理論，疑わしい近似や経験値を含まない計算を要求する。一方，楽観主義者は波動方程式の近似解で満足する。また（直接計算するのが難しい）定数を求めるのに実験値を自由に用いる。他方，悲観主義者は近似の際の省略項がかなり大きく厳密さを欠いているという理由で永久に悩み続ける。楽観主義者は純粋な経験則で記述された錯綜した実験データの体系化と理解を促すため，近似計算が優れた情報や事の成り行きについての理解をもたらすと考える」[91]。

次の引用もまた適切と考える。

「量子化学の拡がりが生物学にも及びようになった。この刺激的な分野で波動力学的考え方を利用しようとする兆しは明らかに認められる。しかし研究自体は必然的に大雑把なものにならざるを得ず，現在では主流は半経験的と呼ばれる方法である。しかし相関や理解の基本的様式の確立において細かすぎるということはない。ジャングルを通るでこぼこの道路は舗装されたハイウェイの建設に先行する。この分野では生活自体の理解や支配だけでなくその戦利品は計り知れないものがある。未来ははるか彼方にある。しかしかなり異なる状況で最初に述べたように，"Ce n'est que le premier pas qui coûte（大変なのは最初）"である。この究極的な事業において量子化学からの寄与を否定しようとする人はほとんどいない」[92]。

4.10 第Ⅰ部の理解に役立つ一般的参考書

1. Coulson, C. A., *Valence*, 2nd ed., Oxford University Press, 1961.
2. Daudel, R., Lefebvre, R., and Moser, C., *Quantum Chemistry*, Interscience, New York, 1959.
3. Eyring, H., Walter, J., and Kimball, G. E., *Quantum Chemistry*, Wiley, New York, 1944.
4. Hartmann, H., *Theorie der Chemischen Bindung*, Springer-Verlag, Berlin, 1954.
5. Kauzmann, W., *Quantum Chemistry*, Academic Press, New York, 1957.
6. Pauling, L., *The Nature of the Chemical Bond*, 3rd ed., Cornell University Press, Ithaca, 1960.
7. Pullman, A., and Pullman, B., *Cancérisation par les Substances Chimiques et Structure Moléculaire*, Masson, Paris, 1955.
8. Pullman, B., *La Structure Moléculaire*, Collection "Que sais-je?", 4th ed., Presses Universitaires de France, Paris, 1962.
9. Pullman, B., and Pullman, A., *Les Théories Electroniques de la Chimie Organique*, Masson, Paris, 1952.
10. Roberts, J. D., *Notes on Molecular Orbital Calculations*, Benjamin, New York, 1961.
11. Streitwieser, Jr., A., *Molecular Orbital Theory for Organic Chemists*, Wiley, New York, 1961.
12. Syrkin, Y. K., and Dyatkina, M. E. (translated and revised by Partridge, M. A., and Jordan, D. D.), *Structure of Molecules and the Chemical Bond*, Interscience, New York, 1950.
13. Wheland, G. W., *Resonance in Organic Chemistry*, Wiley, New York, 1955.

引用文献

1. より完全な記述は次の文献に見出される：Pullman, B., and Pullman. A., *Les Théories Electroniques de la Chimie Organique*, pp. 217-332, Masson, Paris, 1952.
2. Wheland, G. W., *Resonance in Organic Chemistry*, pp. 75-121, Wiley, New York, 1955.
3. そのような観点から芳香族炭化水素類と共役トリエン類を比較する際には注意が必要である。特に隣接結合間の β がすべて等しいとして二つのグループの化合物を同じ近似で計算した場合にはそうである。すなわちブタジエンでは β_{res} は 8 kcal/mle であるが，ベンゼンでは β_{res} ＝18 kcal/mole となり，両者の値は大きく異なる。またすべての結合に対して同じ β を用いるという仮定はベンゼン（他の芳香族炭化水素類でもほぼ成り立つ）では満足な結果を与えるが，ブタジエン（および共役ポリエン類）では信頼性に乏しい結果しか与えない。もし結合長による β の変動を考慮し，かつブ

タジエンの各種結合に対して適切な β が宛がわれたならばブタジエンの β_{res} は 17 kcal/mole になる：Pullman, B., and Pullman. A., *Les Théories Electroniques de la Chimie Organique*, p. 226, Masson, Paris, 1952.

4. Clar, E., *Die Chemie*, **56**, 293 (1943).

5. Pullman, B., and Pullman. A., *Les Théories Electroniques de la Chimie Organique*, p. 255, Masson, Paris, 1952.

6. Pullman, B., and Pullman. A., *Les Théories Electroniques de la Chimie Organique*, pp. 316-32, Masson, Paris, 1952; Wheland, G. W., *Resonance in Organic Chemistry*, pp. 340-76, New York, 1955..

7. Nakajima, T., and Pullman, A., *J. chim. phys.*, 793 (1958).

8. Bachmann, W. E., and Kloetzel, M. C., *J. Am. Chem. Soc.*, **60**, 481 (1938).

9. Pullman, A., and Pullman, B., *Advances in Cancer Research*, **3**, 117 (1955); *Bull. soc. chim. France*, **21**, 1097 (1954).

10. Mulliken, R. S., *Phys. Rev.*, **74**, 736 (1948).

11. Matsen, F. A., *J. Chem. Phys.*, **24**, 602 (1956).

12. Watanabe, K., *J. Chem. Phys.*, **26**, 542 (1957).

13. Mulliken, R. S., *Phys. Rev.*, **74**, 736 (1948); Pullman, B., and Pullman. A., *Les Théories Electroniques de la Chimie Organique*, p. 200 and 494, Masson, Paris, 1952.

14. Streiwieser, Jr., A., *J. Am. Chem. Soc.*, **82**, 4123 (1960); Ehrenson, S., *J. Phys. Chem.*, **66**, 706 (1962).

15. 少数の置換ピリミジン類を除き，生化学的に興味のある分子のイオン化ポテンシャルに関する実験情報は実質的に皆無である。利用可能な分子イオン化ポテンシャルの完全な一覧については次の文献を参照されたい：Higasi, K., Omura, I., and Tsuchiya, T., Monograph Series of the Research Institute of Applied Electricity, Hokkaido University No. 4 (1954-57).

16. Omura, I., Higasi, K., and Baba, H., *Bull. Chem. Soc. Japan*, **29**, 501, 521 (1956); *J. Chem. Phys.*, **24**, 623 (1956); Maeda, K., *Bull. Chem. Soc. Japan*, **31**, 890 (1958); Nakajima, T., and Pullman, A., *J. chim. phys.*, 793 (1958); Kasha, M., *Radiation Res., Suppl.*, **2**, 243 (1960).

17. Walsh, A. D., *Trans. Faraday Soc.*, **42**, 56 (1946).

18. Pullman, B., and Diner, S., *J. chim. phys.*, 212 (1958).

19. Dewar, M. J. S., and Pettit, R., *J. Chem. Soc.*, 1617 (1954).

20. Lund, H., *Acta Chem. Scand.*, **11**, 1323 (1957).

21. Hoijtink, G. J., *Rec. trav. chim.*, **77**, 535 (1958).

22. Laitinen, H. A., and Wawzonek, S., *J. Am. Chem. Soc.*, **64**, 1765, 2365 (1942); Wawzonek, S., and Fan, J. W., *J. Am. Chem. Soc.*, **68**, 2541 (1946); Bergman, I., *Trans. Faraday Soc.*, **50**, 829 (1954); **52**, 690 (1956).

23. Maccoll, A., *Nature*, **163**, 178 (1949).

24. Pullman, A., Pullman, B., and Berthier, G., *Bull. soc. chim. France*, **17**, 591 (1950).

25. Hush, N. S., and Pople, J. A., *Trans. Faraday Soc.*, **51**, 600 (1955).

26. 有機分子の相対的親和力の測定：Lovelock, J. E., *Nature*, **189**, 729 (1961).

27. 総説：Booth, D., *Science Progress*, **48**, 435 (1960); Murrell, J. N., *Quart. Revs. (London)*, **15**, 191 (1961); McGlynn, S. P., *Radiation Res., Suppl.*, **2**, 300 (1960).

28. Szent-Gyorgyi, A., *An Introduction to a Submolecular Biology*, Academic Press, New York, 1961.

29. Mulliken, R. S., *J. Am. Chem. Soc.*, **72**, 600 (1950); **74**, 811 (1952); *J. Phys. Chem.*, **56**, 801 (1952); *J.*

chim. phys., **51**, 341 (1954); *Rec. trav. chim.*, **75**, 845 (1956).

30. McConnell, H., Ham, J. S., and Platt, J. R., *J. Chem. Phys.*, **21**, 66 (1953); Hastings, S. H., Franklin, J. L., Schiller, J. C., and Matsen, F. A., *J. Am. Chem. Soc.*, **75**, 2900 (1953); Merrifield, R. E., and Phillips, W. D., *J. Am. Chem. Soc.*, **80**, 2778 (1958).

31. Dewar, M. J. S., and Lepley, A. R., *J. Am. Chem. Soc.*, **83**, 4560 (1961).

32. Bhattacharya, R., and Basu, S., *Trans. Faraday Soc.*, **54**, 1286 (1958).

33. Chowdhury, M., *Trans. Faraday Soc.*, **57**, 1482 (1961).

33a. 総説：Briegleb, G., *Electronen-Donator-Acceptor-Complexe*, Springer-Verlag, Berlin, 1961.

34. Peover, M. E., *Nature*, **191**, 702 (1961).

35. 未発表データ

36. Kosower, E. M., and Klinedinst, P. E., *J. Am. Chem. Soc.*, **78**, 3693 (1956); Kosower, E. M., Skorcz, J. A., Schwarz, W. M., and Patton, J. W., *J. Am. Chem. Soc.*, **82**, 2188 (1960); Kosower, E. M., and Skorcz, J. A., *J. Am. Chem. Soc.*, **82**, 2193 (1960).

37. 詳細な議論：Pullman, B., and Pullman. A., *Les Théories Electroniques de la Chimie Organique*, pp. 488-519, Masson, Paris, 1952; Pullman, B., in *Struttura delle Molecole*, Academia Nationale dei Lincei, Roma, 1959, pp. 22-50; Kasha, M., *Radiation Res., Suppl.*, **2**, 243 (1960); Kasha, M., in McElroy, W. D., and Glass, B. (Eds.), *Light and Life*, p. 31, Johns Hopkins Press, Baltimore, 1961; Matsen, F. A., in West, W. (Ed.), *Chemical Applications of Spectroscopy*, p. 629, Interscience, New York, 1956.

38. Kasha, M., *Discussions Faraday Soc.*, **9**, 14 (1950).

39. Mulliken, R. S., and Rieke, C. A., *Repts. Progr. in Phys.*, **8**, 231 (1941).

40. Streitwieser, Jr., A., *Molecular Orbital Theory for Organic Chemists*, pp. 207-26, Wiley, New York, 1961.

41. 一連の共役型生化学物質における $\Delta\mathcal{E}_1$ の計算値と λ_{max} の観測値の比較は，これらの分子では β_{spect} が一定で 10% 以内にあることを示している。また生物学的物質における β_{spect} の平均値は 3.26 eV である：Isenberg, I., and Szent-Gyorgyi, A., *Proc. Natl. Acad. Sci. U. S.*, **45**, 519 (1959).

42. Pullman, A., and Pullman, B., *Discussions Faraday Soc.*, **9**, 46 (1950); Pullman, B., *Bull. Sci. Fac. Chim. Ind. Bologna*, **13**, 3 (1955); Pullman, B., *Chimia*, **15**, 5 (1961).

43. Bergmann, E. D., *Progress Organic Chem.*, **3**, 81 (1955).

44. Pullman, B., Mayot, M., and Berthier, G., *J. Chem. Phys.*, **18**, 257 (1950).

45. 同様の現象は生物学的に重要なプリン系列でも観測される：Pullman, A., *Bull. soc. chim. France*, **25**, 641 (1958).

46. それゆえ葉は「変則」的に緑色になる。

47. 電子遷移強度の問題に関する詳細：Pullman, B., and Pullman. A., *Les Théories Electroniques de la Chimie Organique*, pp. 519-26, Masson, Paris, 1952.

48. 分子屈折度の研究も同様の手順で扱える：Mulliken, R. S., *Repts. Progr. in Phys.*, **8**, 231 (1941).

49. 計算法や結果の詳細に関心のある読者は，以下の文献を参照されたい：Pullman, B., and Pullman. A., *Les Théories Electroniques de la Chimie Organique*, pp. 527-50, Masson, Paris, 1952; McWeeny, R., *Proc. Phys. Soc.*, **66**, 714 (1953).

50. Veillard, A., Pullman, B., and Berthier, G., *Compt. rend.*, **252**, 2321 (1961).

51. このような可能性に関する他の事例：Pullman, B., and Pullman. A., *Les Théories Electroniques de*

la Chimie Organique, pp. 527-50, Masson, Paris, 1952; McWeeny, R., *Proc. Phys. Soc.*, **66**, 714 (1953).

52. 塩基的性質や酸的性質におけるヘテロ原子の電子密度の重要性といった問題は本章の4.1節と4.7節で議論される。

53. さらに完全な議論：Pullman, B., and Pullman. A., *Les Théories Electroniques de la Chimie Organique*, pp. 393-445, Masson, Paris, 1952.

54. Orgel, L. E., Cottrell, T. L., Dick, W., and Sutton, L. E., *Trans. Faraday Soc.*, **47**, 113 (1951).

55. Daudel, R., Lefebvre, R., and Moser, C., *Quantum Chemistry*, Interscience, New York, 1961.

56. Veillard, A., and Pullman, B., *Compt. rend.*, **253**, 2418 (1961).

57. C−C結合に対する曲線：Coulson, C. A., *Proc. Roy. Soc. Edinburgh*, **61**, 115 (1941)；C−N結合に対する曲線：Lofthus, A., *Mol. Phys.*, **2**, 367 (1959); Anno, T., Ito, M., Shimada, R., Sado, A., and Mizushima, S., *Bull. Chem. Soc. Japan*, **29**, 440 (1955)；**30**, 638 (1957); Goodwin, T. H., and Porte, A. L., *J. Chem. Soc.*, 3595 (1956)；C−Clに対する曲線：Anno, T., and Sado, A., *J. Chem. Phys.*, **25**, 176 (1956); *Bull. Chem. Soc. Japan*, **28**, 350 (1955).

58. 詳細な説明：Pullman, B., and Pullman. A., *Les Théories Electroniques de la Chimie Organique*, pp. 333-84, Masson, Paris, 1952.

59. Pauling, L., and Corey, R. B., *Arch. Biochem. Biophys.*, **65**, 164 (1956).

60. Spencer, M., *Acta Cryst.*, **12**, 59 (1959).

61. Pullman, B., and Pullman. A., *Les Théories Electroniques de la Chimie Organique*, pp. 384-90, Masson, Paris, 1952.

62. Coulson, C. A., and Longuet-Higgins, H. C., *Proc. Roy. Soc. (London)*, **A193**, 456 (1948).

63. Scrocco, E., and Chiorboli, P., *Atti. accad. nazl. Lincei Rend. cl. sci. fis. mat. et nat.*, **8**, 248 (1950).

64. Berthier, G., Pullman, B., and Pontis, J., *J. chim. phys.*, **49**, 367 (1952); Baudet, J., Berthier, G., and Pullman, B., *J. chim. phys.*, **54**, 282 (1957).

65. 本節で取り上げた話題についての詳細な議論：Pullman, B., and Pullman. A., *Les Théories Electroniques de la Chimie Organique*, pp. 551-629, Masson, Paris, 1952; Streitwieser, A., Jr., *Molecular Orbital Theory for Organic Chemists*, pp. 307-448, Wiley, New York, 1961.

66. Wallenberger, F. F., *Tetrahedron Letters*, **9**, 5 (1959); Badger, G. M., *Nature*, **161**, 238 (1948); *J. Chem. Soc.*, 456 (1949).

67. この相関は一段反応では結合への分子付加の概念に対応する。一方，二段反応ではしばしばそうであるようにその解釈により複雑な指標が用いられる：Pullman, B., *Cahiers Phys.*, **8**, 42 (1954); Pullman, A., and Pullman, B., *La Cancérisation par les Substances Chimiques et la Structure Moléculaire*, Masson, Paris, 1955.

68. 詳細な議論：Pullman, B., and Pullman. A., *Les Théories Electroniques de la Chimie Organique*, pp. 586-608, Masson, Paris, 1952.

69. Wheland, G. W., *J. Am. Chem. Soc.*, **64**, 900 (1942)；総説：Brown, R. D., *Quart. Revs. (London)*, **6**, 63 (1952); Pullman, B., *Cahiers Phys.*, **8**, 42 (1954).

70. 広範かつ定量的な検討：Szwarc, M., *J. phys. chim.*, **61**, 40 (1957).

71. Streitwieser, A., Jr., *Molecular Orbital Theory for Organic Chemists*, pp. 307-56, New York, 1961.

72. Streitwieser, A., Jr., *Molecular Orbital Theory for Organic Chemists*, pp. 350-56, Wiley, New York, 1961; Pullman, B., and Effinger, J., *Calcul des Fonctions d'Onde Moléculaires*, p. 351, C. N. R. S.,

Paris, 1958; Brown, R. D., *Australian J. Chem.*, **8**, 100 (1955); Brown, R. D., and Heffernan, M. L., *ibid.*, **9**, 83 (1956); **10**, 211 (1957); Brown, R. D., and Coller, B. A. W., *ibid.*, **12**, 152 (1959); Brown, R. D., and Harcourt, R. D., *J. Chem. Soc.*, 3451 (1959).

73. Brown, R. D., *J. Chem. Soc.*, 3249 (1950); 1950 (1951); *Quart. Revs. (London)*, **6**, 63 (1952); Streitwieser, Jr., A., *Molecular Orbital Theory for Organic Chemists*, pp. 432–48, Wiley, New York, 1961.

74. Pullman, A., and Pullman, B., *La Cancérisation par les Substances Chimiques et la Structure Moléculaire*, Masson, Paris, 1955; *Advances in Cancer Research*, **3**, 117 (1955).

75. Oliverio, V. T., and Heidelberger, C., *Cancer Research*, **18**, 1904 (1959); Pullman, B., "Berliner Symposium über Fragen der Carcinogenese," *Abhandl. Deut. Akad. Wiss. Berlin*, **3**, 69 (1960).

76. Pullman, A., and Pullman, B., *Proc. Natl. Acad. Sci. U. S.*, **47**, 7 (1961).

77. この相互関係の一部は次の文献で説明される：Pullman, B., and Pullman, A., *Les Théories Electroniques de la Chimie Organique*, pp. 566–76, Masson, Paris, 1952.

78. Pullman, B., and Pullman, A., *Progr. in Org. Chem.*, **4**, 31 (1958).

79. Valeur, A., *Ann. chim. phys.*, **21**, 540 (1900).

80. Klages, F., *Ber. dtsch. chem.. Ges.*, **82**, 358 (1949).

81. Cook, J. W., and Schoental, R., *J. Chem. Soc.*, 170 (1948).

82. Badger, G. W., *J. Chem. Soc.*, 2497 (1949).

83. Braude, E. A., Fawcett, J. S., and Newman, D. D. E., *J. Chem. Soc.*, 793,800 (1950).

84. Schenkel, H., *Experientia*, **4**, 383 (1948).

85. Fierens, P. J. C., Hannaert, H., Van Rysselberge, J., and Martin, R. H., *Helv. Chim. Acta*, **38**, 2009 (1955).

86 Dewar, M. J. S., and Sampson, R. J., *J. Chem. Soc.*, 2789 (1956).

87. Brändli, J., Dujardin, E., Fierens, P. J. C., Martin, R. H., and Planchon, M., *Helv. Chim. Acta*, **39**, 1501 (1956).

88. Adam-Briers, M., Fierens, P. J. C., and Martin, R. H., *Helv. Chim. Acta*, **38**, 2021 (1955).

89. Sixma, F. L. J., *Rec. trav. chim.*, **74**, 168 (1955).

90. 内部的整合性の観点から考えて結果はさらに厳密な計算とも一致した。すなわち（SCF 近似を用いた）生物学的に重要なプリン類とピリミジン類の電子的構造の計算結果はヒュッケル近似のそれとよく一致した：Veillard, A., and Pullman, B., *J. Theoret. Biol.*, **7**, 1 (1963).

91. Van Vleck, J. H., and Sherman, A., *Rev. Mod. Phys.*, **7**, 167 (1935).

92. Coulson, C. A., *Rev. Mod. Phys.*, **32**, 3 (1960).

第Ⅱ部　基本的な生化学物質の電子構造

第 5 章 プリン類，ピリミジン類および核酸類の分子下構造

5.1 核酸類の分子構造

　核酸類は（数百万の分子量をもつ）きわめて複雑かつ巨大な生化学的高分子で，あらゆる生存細胞を形作る最も重要な構成要素の一つである。それらの分子構造の解明—構成分子単位の決定，それらの相互配置および形成された化学結合の性質—は現代の生化学が達成し得た最大の成果の一つである。

　核酸類はヌクレオチド（nucleotide）と呼ばれる基本単位の繰り返しによって作られた高分子である。したがってそれらはポリヌクレオチド（polynucleotide）である。個々のヌクレオチドは三種の基本的サブユニットすなわち窒素性プリンまたはピリミジン塩基，糖残基およびリン酸基から構成される。

　核酸には二種類のものが存在する。それらは第一に上述の構成サブユニットの化学的性質によって区別される。この観点から眺めた二種の核酸の本質的違いは糖成分の性質にある。この糖は何れの酸においても（炭素原子を 5 個含んだ）ペントース型であり，かつフラノース形（炭素 4 個と酸素 1 個を含んだ環）で存在する。リボ核酸（RNA）と呼ばれる核酸タイプでは糖は D-リボース（I）であり，デオキシリボ核酸（DNA）と呼ばれる第二の核酸タイプでは糖は 2-デオキシ-D-リボース（II）である。この後者の糖は前者の糖と異なり 2 位炭素の OH 基が H 原子で置き換わっている。

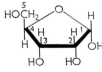 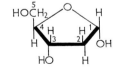

I. D-リボース　　II. 2-デオキシ-D-リボース

　窒素塩基に関しては，いずれの核酸タイプもプリン塩基 2 種とピリミジン塩基 2 種の計 4 種の塩基を含んでいる（ただしプリン類の基本骨格は構造（III），ピリミジン類のそれは構造（IV）でそれぞれ表される）。それらのうちの 3 種は二つの核酸タイプに共通である。

146　第5章　プリン類，ピリミジン類および核酸類の分子下構造

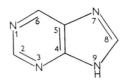

Ⅲ．プリン　　　　　　　　　　Ⅳ．ピリミジン

それらは2種のプリン塩基［アデニン（Ⅴ），グアニン（Ⅵ）］と1種のピリミジン塩基［シトシン（Ⅶ）］である。さらにRNAはピリミジン塩基のウラシル（Ⅷ），DNAはピリミジン塩基のチミン（Ⅸ）をそれぞれ含んでいる。ただしチミンはウラシルの5-メチル化誘導体であり，両者は密接な関係にある。もっとも最近の報告によると，微生物のRNAにはチミンも少量含まれているという[1]。

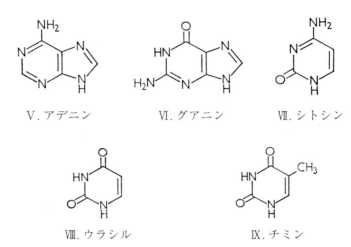

Ⅴ．アデニン　　　Ⅵ．グアニン　　　Ⅶ．シトシン

Ⅷ．ウラシル　　　Ⅸ．チミン

　これらの主な成分に加えて，ことにRNAでは他の関連塩基も少量見出されることがある[2]。これらの異常成分はプリン塩基の場合，化合物（Ⅹ）～（ⅩⅤ）で示されるアデニンやグアニンのさまざまなメチル誘導体である（ただしⅩは微生物のDNAとRNAに見出されるが，それ以外の分子は微生物のRNAにしか見出されない。またピリミジン塩基の場合，異常成分は5-メチル-および5-ヒドロキシメチルシトシン（ⅩⅥ，ⅩⅦ）や5-リボフラノシルウラシルである（ただしⅩⅥは高等生物のDNAに見出され，ⅩⅦはファージのDNAに見出される）。また5-リボフラノシルウラシルは微生物のRNAに見出され，その構造はⅩⅧで与えられる[3]。

X. 6-メチルアミノプリン　　　　XI. 6,6-ジメチルアミノプリン　　　　XII. 2-メチルアデニン

XIII. 1-メチルグアニン　　　XIV. 2-メチルアミノ-6-　　　　XV. 2,2-ジメチルアミノ-
　　　　　　　　　　　　　　　　ヒドロキシプリン　　　　　　　　6-ヒドロキシプリン

XVI. 5-メチルシトシン　　　XVII. 5-ヒドロキシメ　　　XVIII. 5-リボフラノ
　　　　　　　　　　　　　　　　チルシトシン　　　　　　　　　シルウラシル

　ヌクレオチドを構成する成分は一定の様式で互いに結びついている。その様式はすべてのプリン塩基とピリミジン塩基に対して常に同じである。実際には，ヌクレオチドはヌクレオシド（nucleoside）のリン酸エステルである。ただしヌクレオシドはプリンまたはピリミジン塩基と糖部分（ペントースまたはデオキシペントース）から構成される，ヌクレオチドよりも簡単な構造単位である。二つの成分（塩基，糖）は糖の1'位炭素とプリン塩基の9位窒素またはピリミジン塩基の1位窒素との間に形成されるβ-グリコシド結合によって連結される。たとえばアデニンヌクレオシドとシトシンヌクレオシドの構造はそれぞれXIXとXXで表される。これらのヌクレオシド類はアデノシン（アデニンリボシド）およびシチジン（シトシンリボシド）と呼ばれる。またグアニン，チミンおよびウラシルの対応ヌクレオシド類はグアノシン，チミジンおよびウリジンである。さらにデオキシリボースとの間で形成される同様のヌクレオシド類はデオキシリボシド類（たとえばアデニンデオキシリボシド，デオキシリボアデノシンなど）と呼ばれる。

XIX. アデノシン　　XX. シチジン

　リン酸によるヌクレオシド糖部のエステル化は核酸の実際上の構成単位であるヌクレオチド類を与える。エステル化はデオキシペントースを含んだヌクレオチド類では 3' および 5' 位炭素で起こり，ペントースを含んだヌクレオチド類では 2'，3' および 5' 位炭素で起こる。これらのヌクレオチド類はいずれも比較的強い酸なので，アデニル酸，グアニル酸，チミジル酸，シチジル酸およびウリジル酸とか，デオキシリボアデニル酸，デオキシリボグアニル酸などと呼ばれる。ヌクレオチド類に対しては別の呼び名も用いられる。たとえばペントース環の 3' 位炭素をリン酸でエステル化したアデニル酸はアデノシン-3'-リン酸（ⅩⅩⅠ）と呼ばれ，デオキシペントース環の 3' 位炭素をリン酸でエステル化したデオキシリボアデニル酸はデオキシリボアデノシン-3'-リン酸（ⅩⅩⅡ）と呼ばれる。

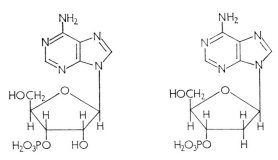

XXI. アデニル酸　　　　　XXII. デオキシリボアデニル酸
（アデノシン-3'-リン酸）　（デオキシリボアデノシン-3'-リン酸）

　特殊な記法（頭字語）で表した AMP，GMP，CMP，UMP および TMP は一般に（リン酸基が糖残基の 5' 位に結合した）アデノシン，グアノシン，シチジン，ウリジンおよびチミジンの一リン酸を表す。

　これらの基本構成単位を用いれば核酸自体におけるそれらの配列の詳しい記述が可能である。すでに述べたように，DNA と RNA はいずれもモノヌクレオチド単位の長い高分子鎖いわゆるポリヌクレオチド鎖である。これらの鎖は連続する糖残基の 3' および 5' 位炭素へ結合したリン酸基を介したモノヌクレオチド類の縮合によって形成される。交互に現れる糖-リン酸単位はポリヌクレオチド鎖の基本骨格を形作り，プリン塩基とピリミジン塩基はその側鎖として現れる。図 1 はこの配列の概略図であり，図 2 は（DNA の）骨格構造をさらに詳しく示したものである。

5.1 核酸類の分子構造

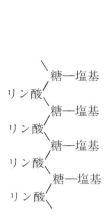

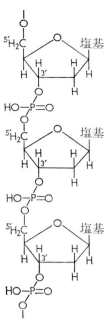

図1 ポリヌクレオチド鎖の概略 　　　図2 DNAの高分子鎖におけるリン酸-糖結合

ポリヌクレオチドとしての二種の核酸の基本的特性が明らかになったので，まず最初にDNAを取り上げる。というのはDNAはRNAに比べて構造がよく分かっているからである。特にChargaffらによる一連のDNA試料の詳細分析は以下の明確な結論をもたらした[4]。すなわち細胞内の核酸はさまざまな構成単位を含むが，DNAの塩基組成に関しては顕著な規則性が存在する。たとえばDNA内のプリン塩基とピリミジン塩基の相対比率は種によって異なる。しかし同一宿主の器官や同一微生物種の変異株ではDNA内の塩基類の相対比率は一定である。また個々の核酸におけるプリン塩基とピリミジン塩基の配列や分布は不規則であるが，塩基間には特定の相互関係が普遍的に観察される。主な規則性は次の通りである。

(1) 　アデニンのモル量はチミンのモル量に等しい。
(2) 　グアニンのモル量はシトシン（+5-メチルシトシン）のモル量に等しい。
(3) 　プリンヌクレオチド類の総和はピリミジンヌクレオシド類のそれに等しい。
(4) 　6-または4-アミノ基をもつヌクレオチド類（アデニル酸とシチジル酸）のモル和は6-または4-ケト基をもつヌクレオチド類（グアニル酸，チミジル酸およびウリジル酸）のモル和に等しい。

X線測定結果の解釈と組み合わせたとき，このような規則性の存在はWatson-CrickによるDNAの空間配置モデルをもたらした[5]。このモデルと実験結果との一致は良好であった。このモデルは単純性と美しさという二つの要素を結びつけることに成功した。このモデルによれば，DNA分子は（すでに述べたように）二本のポリヌクレオチド鎖から構成され，かつそれらは互いにらせん状に巻きついている。また糖-リン酸骨格はヘリックスの外側を構成する。一方，（ヘ

リックスの内側にある）プリン塩基とピリミジン塩基は適当な水素結合により相互に対を形成する。これらの結果は，安定で歪のない結合に必要な立体条件の検討やDNAの塩基組成の規則性に関する観察結果から導かれた。重要なのは窒素塩基の対合がプリン塩基とピリミジン塩基との間で起こり，しかも特定のプリン塩基は相補的なピリミジン塩基とのみ対を作る点である。すなわち存在し得るのはアデニン-チミンとグアニン-シトシンの二つの相補対である。図3はDNA分子の概略を示したものである。この図は図1に示したモノヌクレオチド鎖を完成させることにより得られる。明らかに水素結合した塩基対の相補性により，二本のポリヌクレオチド鎖もまた互いに相補的である。すなわち特定の塩基配列をもつ鎖はそれと相補的な配列をもつ鎖としか対を作らない。

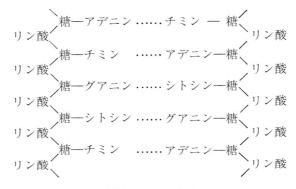

図3　DNAの略図
（塩基間の点線は水素結合を表す）

　DNAの空間配列に関するさらに詳しい画像は図4に示される。すなわち二本の鎖は矢印で示されるように逆平行になっており，二本の糖-リン酸鎖の方向は反対である。したがってこれらの鎖はファイバー軸（水平棒）に垂直で，各塩基対のほぼ中心を通る2回軸の回りに配置されている。

　ただし各鎖におけるモノヌクレオチド類の順序は相補性の存在によって定まるわけではない。実際には，骨格のモノヌクレオチド・サブユニットの反復に周期性はない。最近の結果によると，ポリヌクレオチド鎖にピリミジン塩基を多く含んだ配列はプリン塩基とピリミジン塩基が交互に現れる配列に比べて出現頻度が高い[6]。天然DNAにおけるプリン塩基やピリミジン塩基のクラスターの存在は強調に値する。と言うのは，細菌DNAに導入された異常塩基は正常な塩基配列を歪ませ，「孤立した位置」を占める傾向がある。たとえばチミンと置き換わる5-ブロモウラシルは二つのプリン塩基の間に挟まれた形で見出されることが多い[7]。

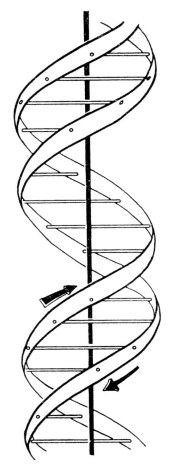

図4 DNA のワトソン–クリック模型
2本のリボンは糖–リン酸鎖を表し，
水平棒はプリン–ピリミジン塩基対を示す．

他方，DNA はほぼ二つのグループすなわち Chargaff の命名に従えばアデニンとチミンが主体となる「AT 型」とグアニンとシトシンが主な要素である「GC 型」に分けられる[8]。したがってアデニン対グアニン，チミン対シトシンおよび（アデニン＋チミン）対（グアニン＋シトシン）のモル比は AT 型の核酸では1よりも大きく，GC 型では1よりも小さい。AT 型の核酸は GC 型に比べて出現頻度がはるかに高い。実際，動物由来の DNA はほとんどすべて AT 型であり，GC 型が現れるのは微生物の DNA に限られる。大ざっぱに言えば，アデニン／グアニンの比は微生物では 2.5 から 0.4 まで変化するが，高等動物ではその値は 1.4 ± 0.2 の範囲に収まる[9,10]。

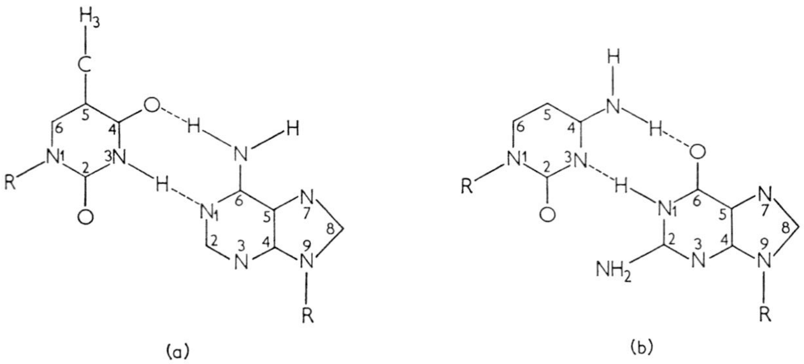

152　第5章　プリン類，ピリミジン類および核酸類の分子下構造

図5　DNA のプリン-ピリミジン対．
(a) アデニン-チミン対：(b) グアニン-シトシン対

　DNA の Watson-Crick モデルにおけるプリン-ピリミジン対の相補性は水素結合自体の特異性
によってさらに強調される。このモデルによれば，これらの結合は図5に示した様式で形成され，
各対は二つの水素結合によって特性づけられる。すなわちアデニン-チミン対では，一方にアデ
ニンのアミン基と N_1 窒素，もう一方にチミンの4位炭素に結合した酸素と N_3 窒素が水素結合
に関与し，グアニン-シトシン対では，一方にグアニンの酸素と N_1 窒素，もう一方にシトシン
のアミノ基と N_3 窒素が水素結合に関与する。Pauling-Corey はプリン塩基やピリミジン塩基を
含んだ多数の結晶の X 線回折データを調査し，グアニン-シトシン対ではグアニンのアミノ基と
シトシンの酸素との間にも第三の水素結合がおそらく存在することを指摘した[11]。

　上記のモデルにより仮定された塩基間の特異的対合は互変異性型（下記参照）の塩基を必要と
する。このようにして作られた二種の塩基対は糖-リン酸末端距離（約 11Å）がほぼ等しい。し
たがって両者は立体的に同等と考えられ，ヘリックス内では入れ替えが可能である。Donohue
によれば，水素結合距離に関して4種のヌクレオチド類から選ばれたヌクレオチド対の多く（実
際には 20 種）はうまく形成されることに留意されたい[12]。

　すでに述べたように，RNA の分子構造に関する我々の知識は DNA のそれに比べてはるかに
少ない。以下の結論は（分子量，沈降係数，固有粘度，淡色効果などの）高分子的性質に関する
研究から導かれた[13]。すなわち RNA は一本鎖分子であって，その鎖は渦巻状に巻いており，か
なりの数の分子内接触が可能である。接触の多くは適当な塩基対の間に形成される水素結合であ
る。実際，RNA では塩基の約 40～60％は水素結合しており，かつこの対合はランダムではなく，
むしろ短いらせん領域で生じる。また二本鎖部分の配列は逆平行になっており，これらの領域は
ループに適合しない少数かつ可変の塩基を含んだ鎖のヘアピン断片から構成されている。DNA
との関連で引用された塩基組成が示す規則性のうち，RNA で観察されるのは最後のもの（6-/4-
アミノ基と 6-/4-ケト基をもつヌクレオチド類の同等性）のみである[14]。にも拘らず，RNA の
らせん領域における塩基の対合は DNA のそれと同じタイプ（アデニン-チミン，グアニン-シト
シン）であった。しかし同一細胞でも部位が異なると RNA の組成は異なっていた。これらの研
究の多くは RNA の三次元配置が完全に解明される以前になされたものである。一連の合成ポリ

リボヌクレオチド類の調製やそれらを用いた二本鎖および三本鎖高分子複合体の形成はこの分野の急速な発展を期待させる[15]。

5.2 核酸類の生化学的役割

前節では核酸類の分子構造が示す主な特徴を簡単に説明した。本節では，生存細胞におけるこれらの基本要素の生化学的役割に関する現在の概念を簡単に振り返る。DNA は細胞の核に見出され，かつ染色体の主要成分の一つを構成する。この DNA は細胞から細胞へ遺伝情報を伝達する際に重要な役割を演じ，実際に遺伝の決定子と考えられる。遺伝とは DNA の性質が親細胞から娘細胞へと受け継がれることであり，後者の機能特性はこの DNA によって決定される。実際，Watson-Crick の構造モデルからは（ほぼ自発的に進行する）この遺伝物質のきわめて単純かつ巧妙な複製様式が示唆される。すなわち図6に示されるように，細胞が分裂すると親分子のDNA ヘリックスは巻き戻され，二本の鎖に分離する。これらの鎖はそれぞれ（元のヘリックスの修復に必要な）相補的ポリヌクレオチドを作るための鋳型として使われる。元の配列の厳密な複製はプリン-ピリミジン対に含まれる水素結合の特異性によって保証される。すなわち二本の娘ヘリックスは親 DNA 分子の厳密な複製である。遺伝情報は DNA の窒素塩基の配列にコードされていると考えられる。この簡単な概念に対しては数多くの改善や修正が提案されたが，この概念は本質的に遺伝情報伝達の基本的機構を正しく表していると考えられる[16]。

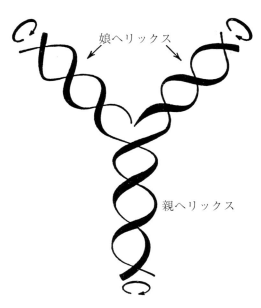

図6 DNA の半保存的複製機構
親ヘリックスは巻き戻され，別れた二本の鎖は
それぞれ娘分子の生成部位として使われる．

DNA はこの情報を伝えることにより，細胞の全代謝を支配しかつ制御している。その機構は不明であるが，おそらく RNA の作用が関与すると思われる。RNA の主な機能の一つは DNA と（細胞の化学成分としての）タンパク質との中間体として作用することである。タンパク質合成における RNA の重要性はこの酸の細胞間分布様式によってさらに具体化される。すなわち RNA は核と細胞質に広く分散しているが，その大部分は細胞質に存在するミクロソームと呼ばれる粒子体に集中している。アミノ酸からタンパク質への重合化はこのミクロソームで起こる。塩基配列の形で DNA にコードされた情報は RNA へ引き渡され，ヌクレオチドの配列に再度蓄積される。最終的に，その情報は特定タンパク質を定義し，その作用の特異性と関連した特定アミノ酸配列として現れる。情報のこの段階的変換が効率的に行われる機構の詳細についてはさらなる議論が必要である[17]。

RNA は遺伝情報の担い手として DNA とよく似た様式で機能すると考えられる。しかしその役割は DNA のそれに比べて制限される。

核酸類は自然界にはめったに見出されず，ほとんどの場合，核タンパク質の形で存在する。デオキシリボ核タンパク質（DNP）の分子構造はリボ核タンパク質（RNP）のそれよりもよく知られている[18]。DNA が結合する塩基性タンパク質には次に示す二つのタイプが存在する。(1) ヒストン類。これらは高分子量タンパク質で，その特徴はアルギニン，ヒスチジンおよびリジンを多く含み，かつトリプトファンの含量が少ない点である。(2) プロタミン類。これらは比較的小さく，かつ簡単なタンパク質である。その特徴はアルギニンを多量に含むが，他のアミノ酸の含量は少ない点である。タンパク質と核酸は前者の塩基性基と後者のリン酸基とのイオン性結合によって連結されており，この結合には（高分子間相互作用に共通する）他の因子もまた関与している[19]。たとえばこの事例では，水素結合，ファンデルワールス力，二価カチオンによるキレート化および共有結合などの因子である。DNP の立体配置を詳しく検討しなくても，核酸とタンパク質という二つのパートナーは互いにうまく適合することに注意されたい。DNA の骨格鎖の二つの隣接リン酸基間の正常距離は 3.4Å である。これはタンパク鎖を構成する個々のアミノ酸間の距離に正確に等しい。したがってこの配置は核酸とタンパク質という二つの成分間の緊密な結合を可能にする。

また遊離の DNA はタンパク質へ結合したときと同じ配置をとることが実験的に証明されている。この状況は実際上，DNA の電子構造へのタンパク質の影響を無視せざるを得ない我々の議論ではことに好都合である。

RNA へ結合したタンパク質については，それが塩基性タンパク質であることを除いてあまりよく分っていなし，RNA の構造についても同様である。にも拘らず，核タンパク質中の RNA の配座は実際には大部分タンパク質の配座によって定まると考えられる。孤立 RNA の配置が明確に定まらないのはこの因子によるものである。

5.3 生物学的に重要な関連プリン類と関連ピリミジン類

前節で取り上げたプリン類とピリミジン類は（我々にとって特に興味深い）核酸類の構成要素である。これらの塩基クラスにはその他にも生化学的に重要な塩基類が多数含まれる。本節ではそれらを取り上げる。これらの塩基類は次の二つのカテゴリーに分けられる。

(a) 核酸に存在する塩基類と代謝的に密接に関連した化合物。すなわちこれらの酸の *de novo* 合成の前駆体または代謝分解生成物

(b) 天然塩基の代謝拮抗物質。特に癌の化学療法に関与する化合物

純粋に技術的な観点からは，たとえ生化学的役割が制限されたとしても，基本的塩基類の異性体も考慮した方が望ましい。電子構造に照らして異性体の性質を比較することは，計算の精度を検証する上で特に感度の高い方法と言えよう。代謝拮抗物質の問題は後ほど本章の別の節で取り上げる。本節では，それ以外の重要な「（本来の意味での）天然」プリン類のグループについてのみ考察する。

5.3.1 代謝的に重要なプリン類とピリミジン類

(A) プリン類

プリン類における重要な *de novo* 生合成段階については Buchanan ら[20] や Greenberg ら[21] の広範な研究があり，かなり完全な描像が得られている。（後ほど別の文脈で議論されるが）生合成に関与する酵素の詳細はともかくも，これらの研究者が得た主な結果は図7と図8に示される。

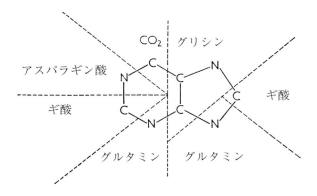

図7　プリン環の生合成

図7はプリン類の骨格を形作るさまざまなC原子とN原子の起源を示している。それらはすべて非常に簡単な前駆体に由来し，一連の酵素合成と変換によって一つの構造にまとめられる。図8はこれらの簡単な前駆体からプリン類を *de novo* 合成する際に生成する中間体の構造を示している。

156 第5章 プリン類，ピリミジン類および核酸類の分子下構造

　これらの中間体は次の三つのグループに分けられる．（1）合成の初期段階に生成する非環式リボチド類，（2）合成の中間段階で生成する一連のイミダゾールリボチド類，（3）プリンリボチド類。ただし，アデニンとグアニンのリボチド類は共通の前駆体であるイノシン酸が生成した後に

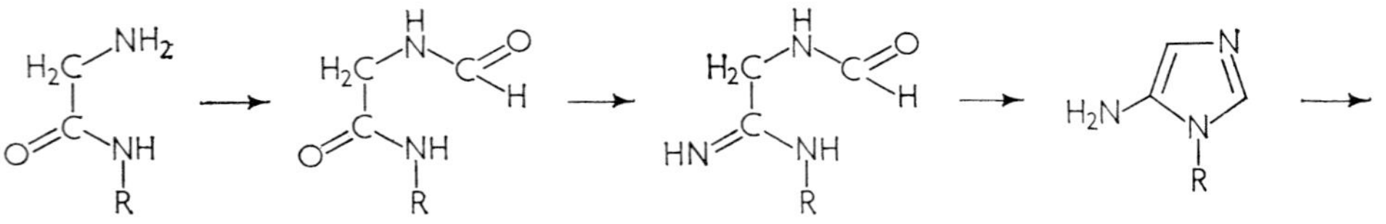

XXIII.
グリシンアミド
リボチド
（GAR）

XXIV.
ホルミルグリシンアミ
ドリボチド
（FGAR）

XXV.
ホルミルグリシンアミ
ジンリボチド
（FGAM）

XXVI.
5-アミノイミダゾール
リボチド
（AIR）

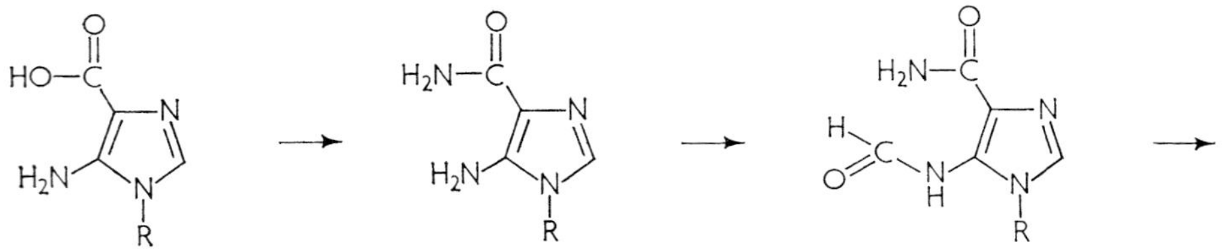

XXVII.
5-アミノ-4-イミダゾール
-カルボン酸リボチド
（CAIR）

XXVIII.
5-アミノ-4-イミダゾール-
カルボキサミドリポチド
（AICAR）

XXIX.
5-ホルムアミド-4-イミダゾール-
カルボキサミドリポチド
（FAICAR）

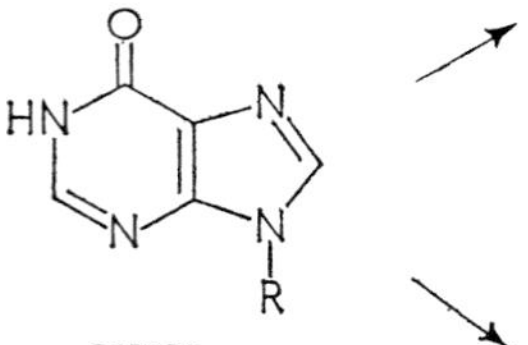

XXX.
イノシン酸
（IMP）

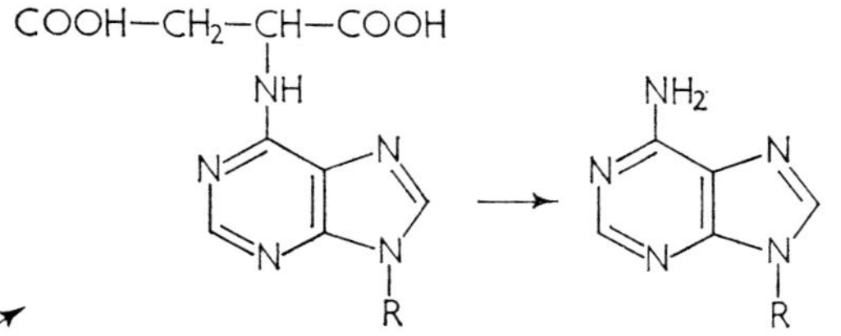

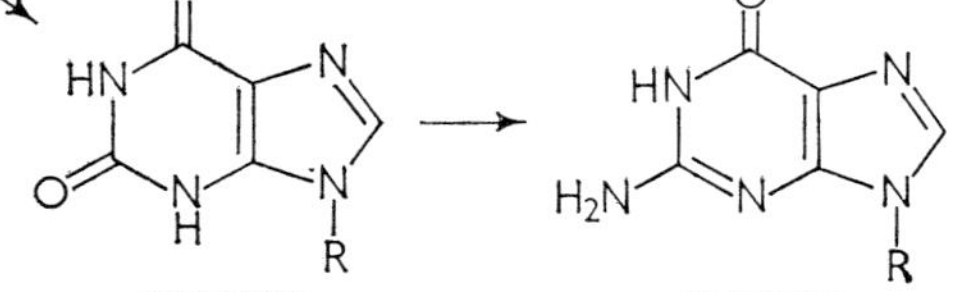

XXXI.
アデニルコハク酸
（AMPS）

XXXII.
アデニル酸
（AMP）

XXXIII.
キサンチル酸
（XMP）

XXXIV.
グアニル酸
（GMP）

図8　プリン類の *de novo* 合成における重要な中間体
（ただし，R は 5-ホスホリボシル基を表す）．

化合物のいくつかは生理条件でイオン化しているが，簡単のためすべて中性型で表された．化学変換の多くは可逆的であるが，一方向のみが示されている．括弧内の記号はしばしば用いられる慣用名である．たとえば AMP はアデノシン一リン酸を意味する．また記号Ⓟはイオン化状態とは無関係にホスホリル基を表す．

得られる。なおイノシン酸はヒポキサンチン（ⅩⅩⅩⅤ）のリボチドであり，そのヌクレオシドはイノシンと呼ばれる。ヒポキサンチン化合物は核酸類の合成に至る一連の同化反応の結果として代謝的に生成する最初のプリン類である。

　図8によれば，プリン類の de novo 合成はグリシンアミドリボチドから出発する。すなわちプリン類の生合成ではきわめて初期の段階でリボチド化が起こる。グリシンアミドリボチドの形成に先立つ段階もまた明らかにされた。この段階には興味深い反応が関与する。すなわちグリシンアミドリボチドは中間体ⅩⅩⅩⅥ～ⅩⅩⅩⅧを経て合成される。ただし Ⓟ は残基— PO_3H_2，Ⓟ—Ⓟ は残基 $P_2O_6H_3$ をそれぞれ表す。

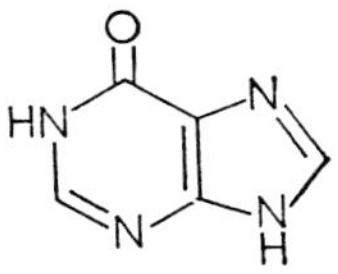

XXXV. ヒポキサンチン

　図8に現れるもう一つの重要なプリン分子はキサンチル酸（ⅩⅩⅩⅢ）である。この分子はキサンチン（ⅩⅩⅩⅨ）のリボチドであり，イノシン酸からグアニル酸が生成する際に中間体として現れる。

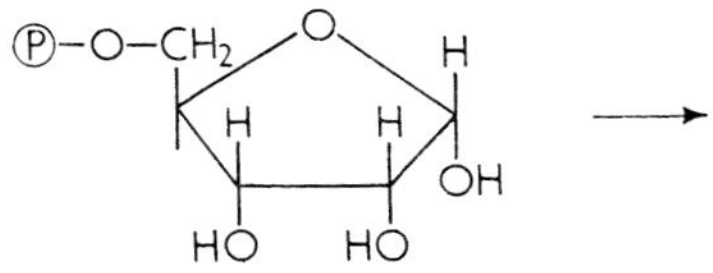

XXXVI. リボース–5–リン酸 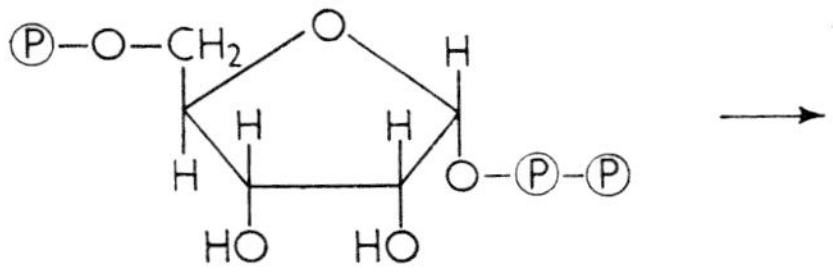　　　XXXVII. 5–ホスホリボシルピロリン酸（PRPP）

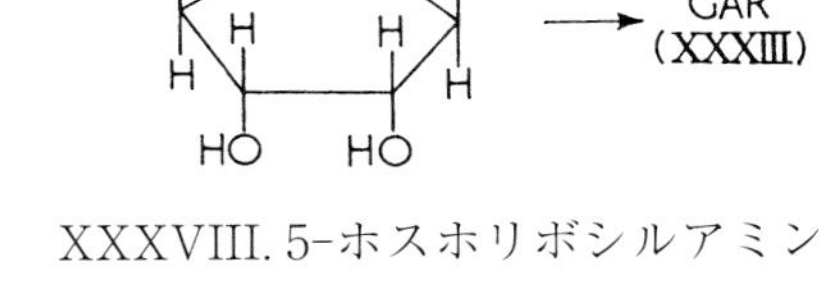

XXXVIII. 5–ホスホリボシルアミン

GAR（XXXIII）

　この化合物は核酸代謝の他の側面すなわち分解においても検出される。プリン類に関する限り，この側面はアデニン核のヒポキサンチン核への変換を伴い，後者はさらにキサンチンへと酸化される。同様にしてグアニン核もキサンチンへと変換される。後者はさらに酸化されて，（もう一つの基本的プリン単位である）尿酸（XL）を生成する。実際，尿酸はヒトなどの哺乳類におけるプリン代謝の最終異化産物である。多くの動物では尿酸はプリン環の開裂によりアラントイン

158 第5章 プリン類，ピリミジン類および核酸類の分子下構造

（XLI）へと変換される。

　魚類，両性類および原始生物の多くでは，アラントインは五員環の開裂によりアラントイン酸
（XLII）へと分解し，後者はさらに尿素とアンモニアへ分解される[22]。

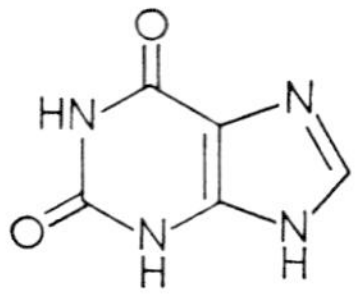

XXXIX. キサンチン 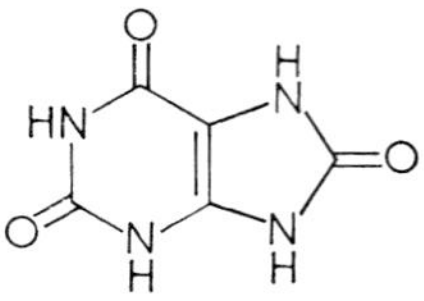　　　　　XL. 尿酸

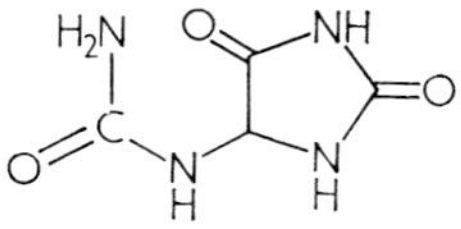

XLI. アラントイン 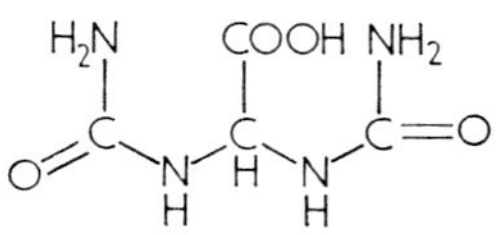　　　　　XLII. アラントイン酸

（B）　ピリミジン類

　生合成に関与する酵素的機構の研究はさて置き，本項で取り上げるのは代謝的に重要なピリミ
ジン類である[23]。これらの化合物は *de novo* 生合成過程において核酸を構成するピリミジン類の
前駆体またはそれらの代謝分解物である。

　ピリミジン環は図9に示した中間体を経て生合成される。すなわち合成の出発物質はカルバミ
ルリン酸（XLIII）であり，それとアスパラギン酸との縮合はカルバミルアスパラギン酸（XLIV）を
与える。この最終化合物の環化はジヒドロオロチン酸（XLV）を生成する。さらに XLV を脱水素
するとオロチン酸（XLV）が得られる。このオロチン酸は（*de novo* 生合成過程において）ピリミ
ジン構造をもつ最初の化合物である。

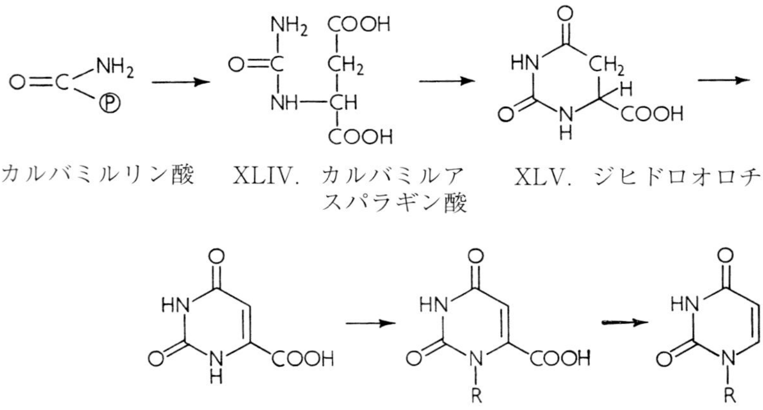

XLIII. カルバミルリン酸　　XLIV. カルバミルア　　XLV. ジヒドロオロチン酸
　　　　　　　　　　　　　　　スパラギン酸

XLVI. オロチン酸　　XLVII. オロチジル酸　　XLVIII. ウリジル酸

図9　核酸ピリミジン類の *de novo* 合成における重要な中間体
（記号は図8の場合と同じ意味合いをもつ）.

続いて一連の変換が起こり，この一次ピリミジン環は核酸の構成単位となるピリミジン類へと作り変えられる。ただしこれらの変換が起こるのは遊離ピリミジンのレベルではなくヌクレオチドのレベルにおいてである。実際，生合成の次の段階では，オロチン酸はリボース-5-リン酸と結合してオロチジル酸（オロチジン-5-リン酸）(XLVⅡ)へ変換され，さらに脱炭酸を経てウリジル酸（ウリジン-5-リン酸，ウリジン一リン酸，UMP）(XLVⅢ)へと変換される。この最後の化合物はさらにピロリン酸鎖を形成して二リン酸（UDP）および三リン酸（UTP）へとリン酸化される。シチジンヌクレオチド類はウリジンヌクレオチド類から導かれ，チミジンヌクレオチド類もまた同様である。ピリミジンリボチド類からデオキシリボヌクレオチド類への変換はおそらくグリコシド結合の開裂を伴わない。

　（リボース-5-リン酸が非環式前駆体へ結合する）プリン類の場合とは対照的に，ピリミジン類ではリボチド化が起こるのは（最初のピリミジン化合物である）オロチン酸の骨格が形成された後である。このリボチド化を引き起こす試薬は5-ホスホリボシルピロリン酸(PRPP)(XXXⅦ)である。後ほど明らかになるが，（一般にヌクレオチドピロホスホリラーゼと呼ばれる）酵素が存在すると，この試薬はさまざまなプリン塩基やピリミジン塩基と相互作用し対応するヌクレオチド類を生成する[24]。

XLIX.バルビツール酸　　　L. 尿素　　　LI.マロン酸

　少なくとも微生物では，これらの塩基の代謝分解で重要となるピリミジン骨格はバルビツール酸(XLIX)である。すなわちシトシンはウラシルへ変換された後にバルビツール酸へと代謝される。バルビツール酸はさらに分解され尿素(L)とマロン酸(LI)を与える。チミンは5-メチルバルビツール酸を経て同様に代謝される。高等動物ではピリミジン類もまた完全に分解され，それらの窒素の大部分は尿素として排泄される。代謝経路はいくつか考えられるが，イソバルビツール酸(LⅡ)が関与している可能性が高い。

LⅡ. イソバルビツール酸

5.3.2　異性体

　前節で述べたプリン類とピリミジン類は，これらの化合物系列にとって不可欠な生物学的単位である。本章の以下の部分ではそれらの電子構造を主に取り上げる。これらの塩基類の代謝拮抗物質に関しては節を改めて議論される。本項ではすでに取り上げたプリン類やピリミジン類の異

160 第5章 プリン類，ピリミジン類および核酸類の分子下構造

性体について言及する。ここでは（アデニンすなわち6-アミノプリンの異性体である）2-アミ
ノおよび8-アミノプリン（LⅢ, LⅣ），（ヒポキサンチンの異性体である）2-ヒドロキシおよび8-
ヒドロキシプリン（LV, LⅥ），イソグアニン（LⅦ），イソシトシン（LⅧ）などを取り上げる。

LIII. 2-アミノプリン   LIV. 8-アミノプリン   LV. 2-ヒドロキシプリン

　これらの分子のいくつかは（たとえば2-アミノプリンのように）代謝拮抗物質でもある。2-
アミノプリンの多くは微生物によってアデニンやグアニンへ変換され，核酸の合成に利用される。
また少量の2-アミノプリンは未変化のままDNAやRNAへ取り込まれ[25]，重要な変異誘発剤と
なる[26]。

LVI. 8-ヒドロキシプリン   LVII. イソグアニン   LVIII. イソシトシン

5.4　プリン類とピリミジン類における互変異性

　生物学的に重要なプリン類やピリミジン類の電子構造に関する詳細な議論を始めるに先立ち留
意すべき問題がある。それはこれらの分子がさまざまな互変異性形で存在することである。すな
わち中性形の化合物は原則としてさまざまなタイプの互変異性を呈する。たとえば（LⅨとLX
に示したヒポキサンチンでは）ケト-エノール（ラクタム-ラクチム）互変異性が見られ，（LⅪ
とLXⅡに示したアデニンでは）アミン-イミン互変異性が見られる。ケト形やイミン形では水
素が分子周辺のさまざまな位置へ移動するので，問題はさらに複雑である。

LIX   LX

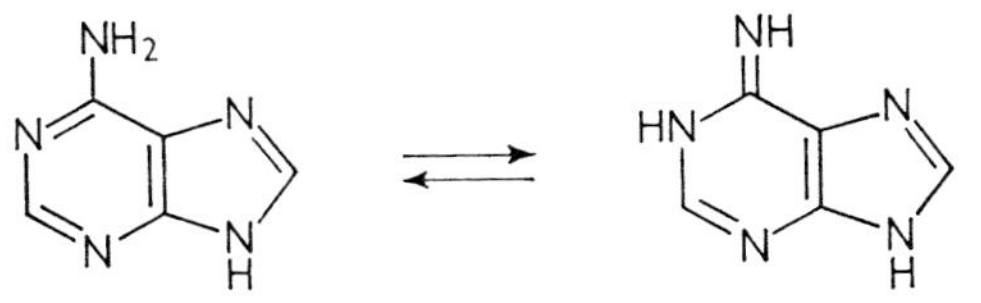

5.4 プリン類とピリミジン類における互変異性 161

LXI   LXII

問題のこの側面は基本的なプリン骨格ですでに現れている。すなわち二つのイミダゾール窒素間では水素の互変異性シフトが先験的に可能である。

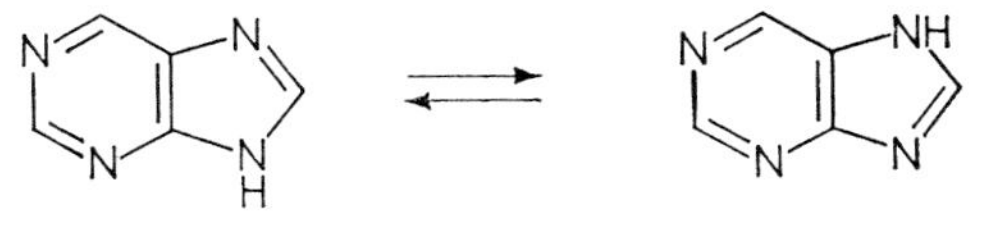

この最後の問題に関する限り，プリン類のイミダゾール環水素は一般に N_9 位に固定され，そのような互変異性形をとる。このことはこの窒素の生化学的特性に基づいて正当化される。すなわちこの窒素はプリン塩基のリボチド化の部位でもある。同様に，ピリミジン塩基の N_1 位窒素もまた常に水素原子をもつ。ただし相補的互変異性形で存在する遊離塩基ではその水素は別の窒素上に見出される。付録には H 原子が N_7 位に固定された互変異性形プリンおよび H 原子が N_7 と N_9 との間で分配された互変異性形プリンの電子構造の詳細も併せて示されている[27]。このようにすれば，必要に応じてこれらの異性体の構造の違いを説明できるからである。

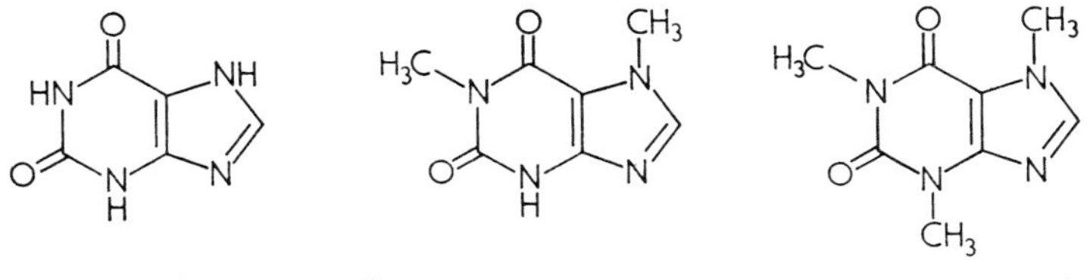

XXXIXa. キサンチン（互変異性形）   LXIII. テオブロミン   LXIV. カフェイン

実際，我々は一つの分子に対してイミダゾール環の H 原子が N_9 または N_7 へ結合した二種の互変異性形を考慮すべきである。このことはキサンチン（XXXIV）の場合にも当てはまる。この分子では N-メチル化はしばしば N_7-置換化合物［テオブロミン（LXIII），カフェイン（LXIV）など］を与える。これはおそらく近隣の N_1 位と N_3 位に付いた二つのかさ高いアルキル基の存在が N_9 から N_7 へのメチル基の移行を促すためと考えられる。したがってこの種の分子では互変異性形の役割はきわめて重要である[27a]。

その他の主な互変異性たとえばヒドロキシ化塩基のラクタム-ラクチム互変異性やアミノ化塩基のアミン-イミン互変異性に関しては，X 線研究[28]，紫外線分光法[29]，赤外分光法[30]，イオン化

定数の決定[31]などから得られた実験的証拠に基づきラクタム形とアミン形がそれぞれ主体であると考えられる。しかし場合によってはラクチム形が無視できないこともある。本章の議論では優勢な互変異性形のみを考察する。ただし付録には，優勢ではない互変異性形（たとえば，ヒドロキシ塩基のエノール形）の電子構造データも収録されている。

アミノ形におけるアミノ化塩基の存在やラクタム形におけるヒドロキシ化塩基の存在は，2種の互変異性形の相対安定性に関する大ざっぱな理論的評価と一致する。本書の第Ⅰ部（第4章）ですでに指摘した通り，互変異性体の平衡位置は次の二つの因子によって定まる。(1) 二つの形の固有安定性（intrinsic stability）。その値は結合が局在化したときの結合エネルギーの和で与えられる。(2) 共鳴エネルギーによる各異性体の過剰安定化（extra stabilization）。

さてプリン類やピリミジン類（一般にはプテリジン類のような関連ヘテロ環式塩基類）では，互変異性のタイプにより状況は全く異なる。

(a) アミン–イミン互変異性の場合には，（たとえばシトシンのⅦとⅦaのように）二つの形の固有安定性は一次近似的に等しい。

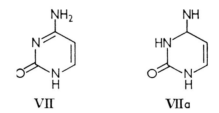

というのは互変異性シフトは結合の転位を伴うが，いずれの形も同種の結合を同じ数だけ含むからである。したがって平衡の位置は二つの形の共鳴エネルギーの相対値によって定まり，その値はアミノ形の方が大きい。たとえばⅦとⅦaの場合，この値はそれぞれ 2.28β と 2.15β に等しい。したがってアミノ形はその差 $0.13\beta \simeq 2.1$ kcal/mole だけイミノ形よりも有利である。このことはこの分子がアミノ形で存在することを意味する。

(b) ラクタム–ラクチム互変異性の場合には二つの形は固有安定性が異なる。というのは同種の結合の数が形により異なるからである。その観点からはラクタム形はラクチム形よりも安定である。しかし関与する結合の正確なエネルギー値が不明なため，固有安定性の違いを定量的に評価することは難しい。しかしその値は 14 kcal/mole のオーダーと推定される。一方，共鳴エネルギーによる過剰安定化はラクチム形の方が常に大きい。すなわち二つの因子は逆方向に作用する。そのため実際には平衡位置は優勢な因子に依存する。表1は基本的なヒドロキシ化プリン類とピリミジン類（および代表的な2種のプテリジン類）におけるラクタム形とラクチム形の共鳴エネルギーの計算値を示したものである。

表1　ヒドロキシ化複素環のラクチム形とラクタム形における共鳴エネルギーの比較

化合物	共鳴エネルギー（単位：β）[a]		
	ラクチム形	ラクタム形	エネルギー差
ヒポキサンチン	3.76	3.39	0.37
グアニン	4.16	3.84	0.32
シトシン	2.69	2.28	0.41
キサンチン	4.04	3.48	0.56
尿酸	4.32	3.37	0.95
ウラシル	2.56	1.92	0.64
2-ヒドロキシプテリジン[b]	3.94	3.60	0.34
4-ヒドロキシプテリジン[b]	3.95	3.65	0.30

[a] ポリヒドロキシ化合物ではポリラクタム形とポリラクチム形が考慮された.
[b] プテリジン骨格における原子のナンバリングについては第8章を参照されたい.

この表によれば，モノヒドロキシ化化合物ではラクチム形の共鳴エネルギーはラクタム形よりも $0.4\beta \fallingdotseq 6.4$ kcal/mole 程度大きいことが推定される。しかしこの過剰安定化はラクタム形の固有安定性に打ち勝つほど大きくはない。そのため平衡混合物ではラクタム形が優勢である。さらにポリヒドロキシ化合物では，エノール形と比べたケト形の固有安定性の増加は各ヒドロキシ基に対して一様に同量だけ増加するが，ケト形と比べたエノール形の共鳴エネルギーの増加は比較的小さい（たとえばキサンチンでは，$0.56\beta \fallingdotseq 9$ kcal/mole ほどに過ぎず，2×6.4 kcal/mole に比べて小さい）。したがってポリヒドロキシ化合物ではケト形が互変異性形として優勢である[31a]。

5.5　共鳴エネルギーの重要性

　分子の電子的特性の議論では分子全体とその一部は区別して扱われる。前者には共鳴エネルギーや個々の非局在化分子軌道エネルギーなどのエネルギー特性が含まれる。一方，後者に含まれるのは電子密度，結合次数，自由原子価などの構造的特性である。両者は明確に区別されるが，その活用は必ずしも容易ではない。というのは多くの事例において分子の性質はさまざまな指標の複雑な関数であり，ただ1個の指標に依存するわけではない。そのためここでは便宜上，これらの指標は別々に考慮される。しかしいずれはもっと広い視野に立ち，それらの相互干渉も考慮した形で兆候や結果を議論することになろう。

　我々はすでにアミノ化塩基類やヒドロキシ化塩基類における互変異性形の相対安定性との関連で共鳴エネルギーの重要性を指摘した。この問題については後ほどプリン塩基類，ピリミジン塩基類および核酸類の物理化学的性質との関連や，特にこれらの化合物に及ぼす放射線効果の解釈との関連において再度考察することになろう。ここではこれらの性質の一般的特性についてのみ取り上げる。

　表2は生化学的に重要なプリン類やピリミジン類の共鳴エネルギーを示したものである。

164　第5章　プリン類，ピリミジン類および核酸類の分子下構造

表2　生物学的に重要なプリン類とピリミジン類の共鳴エネルギー（単位：$\beta \fallingdotseq 16$ kcal/mole）

化合物	共鳴エネルギー	π電子の数[a]	π電子当たりの共鳴エネルギー	参考文献
アデニン	3.89	12	0.32	1, 2
グアニン	3.84	14	0.27	1, 2
ヒポキサンチン	3.39	12	0.28	2
キサンチン	3.48	14	0.25	2
尿酸	3.37	16	0.21	3
シトシン	2.28	10	0.23	4
ウラシル	1.92	10	0.19	4
チミン	2.05	12	0.17	4
5-メチルシトシン	2.41	12	0.20	4
オロチン酸	2.35	14	0.17	4
バルビツール酸	1.74	12	0.15	4

[a] 存左する場合には超共役も含める.

参考文献
1. Pullman, A., Pullman, B., and Berthier, G., *Compt. rend.*, **243**, 380（1956）.
2. Pullman, A., and Pullman, B., *Bull. soc. chim. France*, 766（1958）.
3. Pullman, A., and Pullman, B., *Compt. rend.*, **246**, 1613（1958）.
4. Pullman, A., and Pullman, B., *Bull. soc. chim. France*, 594（1959）.

表には化合物の全共鳴エネルギーに加えてπ電子1個当たりの共鳴エネルギーも示されている。π電子の数は分子によって異なる。しかしπ電子1個当たりの共鳴エネルギーは電子の非局在化による分子の相対安定性を測る尺度として適切である。

　表2から推測されるように，これらの窒素塩基の共鳴安定化はピリミジン類では27〜37 kcal/mole，プリン類では33〜63 kcal/mole のオーダーである。一般にπ電子当たりの共鳴エネルギーはピリミジン類よりもプリン類の方が大きい。また核酸を構成するプリン類やピリミジン類はそれらの代謝分解物に比べて一般に（特にπ電子当たりの）共鳴エネルギーが大きい。さらに *de novo* 合成された前駆体は比較的安定である。またこれらの考察と関連して，核酸の塩基類はそれらの簡単な異性体に比べて共鳴エネルギーが大きい。すなわち 2-アミノプリンと 8-アミノプリンの共鳴エネルギーはアデニンのそれよりも小さく，それぞれ 3.88β と 3.89β である。またイソグアニンとイソシトシンの共鳴エネルギーはそれぞれ 3.82β と 2.24β で，対応するグアニンやシトシンに比べて小さい。ただしこれらの観察結果の重要性を正しく把握することは容易ではない。さらに，この共鳴安定化の因子は（ある程度，持続性化合物の生成を指向した）進化の過程において一定の役割を演じている可能性がある（この問題に関しては，塩基類の共鳴安定化と放射線障害に対する感受性との相関を論じた節も参照されたい）。アデニンの問題ではこのような示唆が特に重要となる[32]。というのは本書の他のヵ所でも指摘される通りこの塩基はユニークな役割を担うからである。すなわちアデニンは基本的な補酵素類（DPN，TPN，FAD，CoA）や重要な移動剤（*S*-アデノシルメチオニン）の構成要素であり，かつ高エネルギー化合物（ATP，ADP）におけるピロリン酸鎖の担体でもある。さらに加えてこの分子は表2に示した化合物の中で最大の全共鳴エネルギーと最大のπ電子当たり共鳴エネルギーをもつ。すなわちこの分子は熱力学的に最も安定な生化学的プリン体である。ただしこの高い安定性がアデニンの生

化学的位置と関係があるか否かは不明である。これらの基本的生化学物質の（機能中心でなく）
補完成分としてプリン塩基やピリミジン塩基を利用する限り，自然選択の現象は重要な役割を演
じエネルギー的に最も安定な塩基をもたらす。

　一方，核酸の相補的対合の場合には共鳴エネルギーによる安定化ははるかに明快かつ直接的に
立証される。これらの高分子では，相補的塩基は水素結合を介して対を形成する。（本書の第Ⅰ
部で説明した簡単な手続きにより）この水素結合を計算に組み入れれば，別々に扱われていたプ
リン塩基とピリミジン塩基の共役系は表面全体に広がった分子軌道を用いて大きな一つの共役単
位へと融合される。アデニン-チミン対とグアニン-シトシン対はいずれも24個の易動性電子か
らなる独自の共役系を形成する（前者ではアデニンから12個，チミンから12個，ただしそのう
ちの2個はCH₃基の超共役による擬似易動性電子である；後者ではグアニンから14個，シト
シンから10個）。拡張されたこの共役の結果として（対を安定化させる追加因子として）相補的共
鳴エネルギーが現れる。計算によると，この相補的安定化は二つの対に対して異なる値を与え
る[33]。すなわち塩基対の共鳴エネルギーはグアニン-シトシン対では 6.33β に等しく，アデニン-
チミン対では 6.11β に等しい。この値は構成要素の共鳴エネルギーの和よりも大きい。両者の差
は水素結合の形成による共鳴エネルギーの増加に対応し，グアニン-シトシン対では 0.21β，ア
デニン-チミン対では 0.16β にそれぞれ等しい。これらはそれぞれ3.4および2.6 kcal/moleに相
当する。すなわち全共鳴エネルギーと水素結合形成による安定化に伴う共鳴エネルギーはいずれ
もグアニン-シトシン対の方がアデニン-チミン対よりも大きい。これらのエネルギーとそれらの
差はわずかである。しかし水素結合の多様性により2種の相補的塩基対の間では安定性に相当の
差が生じる。このことは実験的に観察される結果すなわちMarmur-Dotyによる核酸の融解温度
（melting temperature, T_m）の測定結果と正確に一致する[34]。なおこれらのらせん状周期高分
子の融解温度は結晶のそれと全く同じように扱われる。すなわち「融解」はこれらの規則的構造
を破壊し，ヘリックスから（ランダムコイルと呼ばれる）不規則性鎖への比較的迅速な遷移を引
き起こす。この変換は比較的狭い温度範囲で起こり，その中心は融解温度と呼ばれる。その値は
（大部分，内部水素結合に基づく）ヘリックスの安定性を表す尺度として基本的に使われる。
Marmur-Dotyによれば，グアニン-シトシン対に富んだ核酸の変性温度はアデニン-チミン対に
富んだ核酸のそれよりもかなり高い。彼らはさまざまな資料から得られたDNAデータを外挿す
ることによりアデニン-チミン対のみで作られたDNAの T_m は約70°であり，グアニン-シト
シン対のみで作られたDNAのそれは約110°であると結論づけた。進化における共鳴安定化の重
要性に関する初期の見解との関連において，DNA中に見出されるプリン-ピリミジン塩基対は
他の関連成分との間で人為的に作り出された組合せよりも安定であることが確認された[34,35,36]。
　なお共鳴エネルギーとの関連で次に示す興味深い観察結果が得られた。
（a）　プリン-ピリミジン対の共鳴安定化に関する前述の評価において，グアニン-シトシン対
　　　の計算は塩基間に2個の水素結合を必要とした。もしPauling-Coreyが仮定した3個の水素
　　　結合を許容するならば，この対の安定化はアデニン-チミン対のそれよりも大きい。水素結
　　　合を3個含んだグアニン-シトシン対の共鳴エネルギーは 6.42β である。このことは水素結

166　第5章　プリン類，ピリミジン類および核酸類の分子下構造

合が2個の場合よりも 0.30β すなわち約 5 kcal/mole だけ過剰に安定化されることを意味する。

（b）（Watson-Crick により提唱された）二重らせん中でのアデニン-チミンやグアニン-シトシンの特異的対合は塩基が最良の配向をとるという仮定に基づいている。検討すべき点は制約が少ない条件でも同一の配向が選択されるかどうかである。この問題は Hoogsteen によって検討された[37]。彼は 1-メチルチミンと 9-メチルアデニンとの間に形成される水素結合性複合体の空間配置を決定した。その際，（ヌクレオチドのデオキシリボース糖へ結合した窒素にアルキル基を取り付けた）塩基のメチル誘導体を選んだ。これは核酸内で水素結合が形成されないようにするためであった。この研究は興味深い結果を与えた。すなわち結晶中ではこれらの塩基は Watson-Crick の DNA モデルとは異なる様式で水素結合していた。図 10a は Hoogsteen の結晶における塩基の配置を示している。すなわちメチルアデニンのアミノ基はメチルチミンの C_4 に付いた酸素と結合し，かつメチルチミンの N_3 原子はメチルアデニンの N_1 ではなく N_7 へ結合している。またチミンの位置はアデニンのアミノ基の「向こう側」にある。

　この結果はヘリックスで観察されるアデニン-チミン対の優先配置が必ずしも「孤立」対における最も安定な配置と一致しないことを示している。すなわちヘリックスでは水素結合以外の安定化因子も明らかに関与しており，その中で特に重要な因子はおそらく歪が最小となるヘリックスへの塩基の適合性である。立体化学を詳しく検討すると，DNA では Watson-Crick モデルとは異なる対合は起こりえないと考えられる[38]。

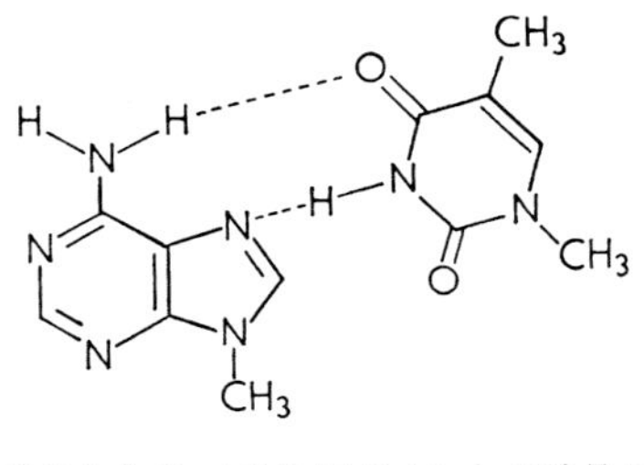

図10a　1-メチルチミンと9-メチルアデニンとの結晶における水素結合

　Hoogsteen のアデニン-チミン対に対する共鳴エネルギーの理論値は 6.11β で，Watson-Crick 対のそれよりもわずかに大きかった。

　アデニン-チミン対と同様，グアニン-シトシン対においても代替的な対合の可能性が探究された。図 10b はその結果を示したものである。

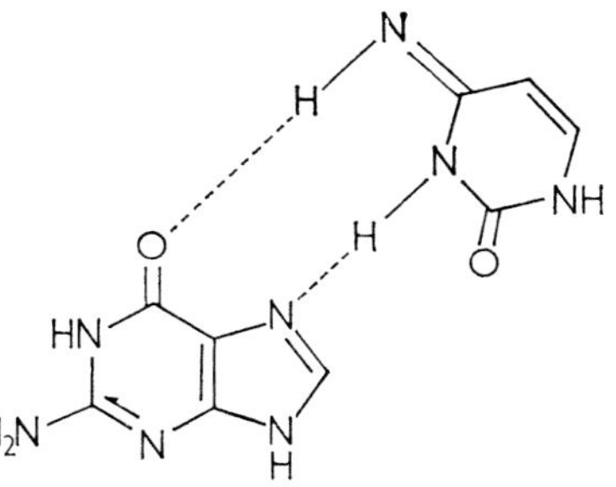

図 10b　グアニン-シトシン対に対する代替的対合

　　グアニンでは C_6 に結合した酸素と（N_1 に代わり）N_7 原子がこの代替結合に関与し，かつシトシンは比較的不安定なイミン形で存在する必要があった。計算によれば，この代替対に対する共鳴エネルギーは $6.05\,\beta$ であった。すなわち水素結合による過剰安定化は $0.07\,\beta \doteqdot$ 1.1 kcal/mole に過ぎず，Watson-Crick 対の値よりもはるかに小さい。したがってこのような代替的対合は結晶においてさえ形成されないと考えられる。

(c)　興味深い問題は核酸の *de novo* 合成過程における共鳴安定化の進展すなわち合成の連鎖において高い抵抗性を示す成分が存在するか否かである。表 3 はプリン類の *de novo* 合成におけるプリン環形成前の中間体に対する共鳴エネルギーの計算結果を示したものである。

表 3　核酸の *de novo* 合成における中間体の共鳴エネルギー（単位： β ）

化合物	共鳴エネルギー[a]	π 電子の数[b]	π 電子当たりの共鳴エネルギー
グリシンアミド	0.76	8	0.09
ホルミルグリシンアミド	1.15	10	0.11_5
5-アミノイミダゾール	2.00	8	0.25
5-アミノ-4-イミダゾール – カルボキサミド	2.57	12	0.21
5- ホルムアミド-4-イミダゾール – カルボキサミド	2.95	14	0.21

[a] Pullman A., and Pullman, B., *Compt. rend.*, **246**, 1613 （1958）.
[b] 超共役を含める.

　合成の初期段階を構成する化学種では π 電子当たりの共鳴エネルギーは小さい。一方，合成後半の中間体ではこのエネルギーは大幅に増加し，その増加は決して一本調子ではなかった。明らかに安定化のピークはイミダゾール環の形成と関係があった。また，この骨格の枝分かれは π 電子当たりの共鳴エネルギーをわずかに減少させ，この効果はヒポキサンチンでの新しいピークに達するまで続いた(表2)。すなわち核酸の *de novo* 生合成における最も安定な中間体はイミダゾールやプリンの環式ヘテロ環の形成と結びついていた。

5.6　電子供与的性質と電子受容的性質

　本書の第 I 部ですでに概要を説明した通り[39]，これらの性質は本書で述べたあらゆるタイプの

168　第5章　プリン類，ピリミジン類および核酸類の分子下構造

化合物との関連で繰返し取り上げられる。実際，生化学的過程の大部分は供与性分子から受容性分子への電子移動を伴う機構によって引き起こされる。(Mulliken が定義し，かつ簡単な化学系で広く検討された) 電荷移動錯体は生物学的においても基本的に重要な役割を演じる。このような可能性は Szent-Gyorgyi によって最初に示唆された[40]。生物学的に重要な分子グループ，特に本書で扱うような共役電子を含んだ系の電子供与的性質と電子受容的性質の検討は有意義な作業である。というのはこれらの性質は電子移動現象に関与する可能性が高いからである。またこの分野における量子力学的アプローチの有用性は明白である。しかし（電子供与能や電子受容能と関係のある）イオン化ポテンシャルや電子親和力の実験データはこれらの生化学的巨大分子ではいまだ知られていない。ここでは次に本書の第 I 部を読み飛ばした読者を対象に，これらのデータを提供する量子力学的アプローチの概要について簡単に説明する。これは LCAO 分子軌道計算に基づいてアプローチである。計算は系の易動性電子すなわち π 電子の分子軌道エネルギーを $E_i = \alpha + k_i \beta$ の形で与える。ただし α はクーロン積分，β は共鳴積分をそれぞれ表す。k_i の正値は被占（結合性）軌道に対応し，k_i の負値は空（反結合性）軌道に対応する。また最小の正値をもつ k_i は最高被占有分子軌道（HOMO）に対応し，関連化合物内でのこのパラメータの比較はそれらの化合物のイオン化ポテンシャルの相対値を与える。この値が小さいほどイオン化ポテン

表4　分子軌道のエネルギー係数（単位：β）

化合物		HOMO エネルギー	LUMO エネルギー
アデニン		0.49	-0.87
グアニン		0.31	-1.05
ヒポキサンチン		0.40	-0.88
キサンチン（A）		0.40	-1.20
キサンチン（B）		0.44	-1.01
尿酸		0.17	-1.19
1-メチル	グアニン	0.30	-1.06
9-メチル		0.30	-1.07
1-メチル		0.40	-1.20
3-メチル	キサンチン（A）	0.35	-1.20
9-メチル		0.39	-1.21
1-メチル		0.44	-1.01
3-メチル	キサンチン（B）	0.40	-1.01
7-メチル		0.43	-1.04
1-メチル		0.17	-1.20
3-メチル	尿酸	0.15	-1.20
7-メチル		0.13	-1.20
9-メチル		0.16	-1.20
ウラシル		0.60	-0.96
チミン		0.51	-0.96
シトシン		0.60	-0.80
5-メチルシトシン		0.53	-0.80
バルビツール酸		1.03	-1.30
アロキサン		1.03	-0.76
アデニン-チミン対		0.43	-0.87
グアニン-シトシン対（水素結合が2個）		0.31	-0.78
グアニン-シトシン対（水素結合が3個）		0.29	-0.78

シャルは低く，分子の電子供与能は大きい。一方，最小の負値をもつ k_i は最低空分子軌道（LUMO）に対応し，関連化合物内でのこのパラメータの比較はそれらの化合物の電子親和力の相対値を与える。値が小さいほど電子親和力は大きいと判断される。

表4は基本的なプリン類とピリミジン類における二つの最も重要な分子軌道（HOMO，LUMO）のエネルギー係数 k_i の計算結果を示したものである。またグアニン，キサンチン（2種の互変異性形）および尿酸の構造式と窒素原子に付けられた番号も併せて示した。ただし後者は N-メチル誘導体を表すための措置である。

この結果から次に示す重要な一般的結論が導かれた。すなわち，全体としてプリン類はかなり良好な電子供与体であるが，電子受容体としては制約がある。このことは特にアデニン，グアニン，ヒポキサンチンおよびキサンチンに当てはまる。これらの塩基類の中で最良の電子供与体はグアニンである。ある程度，特殊なのは尿酸の場合である。と言うのは尿酸の HOMO エネルギーは他の塩基類のそれよりもかなり高い（ただし，その LUMO エネルギーは他の塩基類のそれとほぼ同じである）。すなわち尿酸は他の塩基類よりもはるかに優れた電子供与体である。また動物ではプリン類の代謝分解物は（尿酸のような）強力な電子供与的性質を示さない。たとえばアラントインの HOMO エネルギーの係数 k_i は1に等しい。

グアニン　　　　　　　　　キサンチン(A)

キサンチン(B)　　　　　　　尿酸

プリン類の電子供与的性質を高めるには N-メチル化を行えばよい。メチル化が電子供与的性質を高める度合いは化合物の種類やアルキル基の位置に依存する。たとえば表4によれば，N-メチル化はグアニンの電子供与的性質をわずかに高めるが，その増加量は N_1 位と N_9 位ではほぼ同じであった。キサンチンでも電子供与的性質への N_1 位メチル化の影響はほとんどなかった。しかし N_3 位のメチル化は電子供与的性質を著しく高め，N_7 位のメチル化は中間的な挙動を示した。尿酸では，電子供与的性質は N_7 位のメチル化で最大化され，N_3 位のメチル化がそれに続いた。また N_9 位のメチル化も小さい効果を及ぼしたが，N_1 位のメチル化の効果は無視できる程度であった。プリン類の電子受容的性質に及ぼす N-メチル化の効果は電子供与的性質の場合に比べてはるかに重要性が低く，これらの性質をわずかに低下させるに留まった。

170　第5章　プリン類，ピリミジン類および核酸類の分子下構造

　ピリミジン類もまた適度な電子供与体かつ電子受容体であった。特に興味深いのはピリミジン類の電子供与能がプリン類に比べて低いことであった。さらにプリン類の代謝分解物とは対照的に，（ピリミジン類の高度酸化形代謝分解物である）バルビツール酸とアロキサンは電子供与能がきわめて低かった。

　最後に，DNA の相補的プリン-ピリミジン対の電子供与的性質と電子受容的性質に関して注目すべき結果が得られた。すなわちこれらの対を分子表面全体に広がった共役系と見なすと，グアニン-シトシン対はアデニン-チミン対よりも良好な電子供与体であり，かつ電子受容体であることが明らかになった。このことは対の最高被占軌道と最低空軌道の起源を孤立塩基にまで遡れば容易に理解できよう。表5はこれらの関係を示したものである。

表5　分子軌道のエネルギー（単位：β）

	アデニン	アデニン-チミン対	チミン	グアニン	グアニン-シトシン対	シトシン
LUMO エネルギー		−0.95	−0.96	−1.05	−1.07	
	−0.87	−0.87			−0.78	−0.80
HOMO エネルギー	0.49	0.43		0.31	0.31	
		0.53	0.51		0.61	0.60

　すなわちアデニン-チミン複合体の最高被占分子軌道（HOMO）はアデニンの HOMO から導かれ，かつ後者よりエネルギーが高い。このことはアデニン-チミン対の電子供与能が（その成分塩基である）アデニンのそれよりも大きいことを意味する。一方，グアニン-シトシン対の HOMO エネルギーは（成分塩基である）グアニンのそれとほぼ同じである。すなわちこの対の電子供与能はその成分塩基のそれを超えない。しかしグアニンの電子供与能はアデニンのそれを越えるため，グアニン-シトシン対はアデニン-チミン対よりも良好な電子供与体である。またグアニン-シトシン対は電子受容的性質に関してもアデニン-シトシン対よりも優先される。これはピリミジン塩基の性質によるものである。すなわちアデニン-チミン対では最低空分子軌道（LUMO）はアデニンの LUMO に由来するが，グアニン-シトシン対では（グアニンに比べてエネルギーの低い）シトシンの LUMO からもたらされる。なお他のプリン類やピリミジン類は一般に良好な電子受容体ではない。

　上述の予測を実験的に証明することはできない。にもかかわらず，電子供与能に関するこれらの考察はプリン類の性質を解釈する際に有用である。すなわちこれらの物質は一般にさまざまな相手と分子複合体を形成し[41]，電子供与能はこれらの現象に関与する可能性が高い。重要な事例としてはさまざまな化合物タイプに及ぼすプリン類の可溶化効果がある。この効果はこれらの分子の発癌活性の発現に重要な役割を演じる[42]。また芳香族炭化水素[43]，芳香族アミン類[44]およびジベンゾアクリジン類[45]も検討されており，分子複合体が形成されることも多い。実験によれば，所定の炭化水素に対するプリン類の溶媒能力はその電子供与的性質と並行関係にある。すなわち（3,4-ベンゾピレンに対する）ヒポキサンチン，キサンチンおよびアデニンの可溶化能力は低いが，グアニンのそれはかなり高い。N-メチル化は溶媒能力を高める。また実験結果の解析によ

れば，キサンチンではメチル化の効果は置換がN_3位で起きたとき最も大きい（次に大きいのはN_7位への置換である）。一方，尿酸では可溶化能力に最も強い影響を及ぼすのはN_7位でのメチル化である。ただし利用できるデータはジおよびポリメチル誘導体のみであった。しかしそれらの解析によれば，メチル化は$N_7 > N_3 > N_9 > N_1$の順に分子の溶媒能力を高めた。さらにポリメチル化したキサンチン類と尿酸類（たとえばカフェインと1,3,7-トリメチル尿酸）との比較から，メチル化尿酸類は対応するキサンチン類よりもるかに強い可溶化効果を及ぼした。相関は十分良好であり，プリン類の溶媒能力における電子供与的性質の重要性はほとんど疑う余地がなかった。しかしプリン類と炭化水素類，アミン類またはベンゾアクリジン類との間に形成される複合体がMullikenの意味での電荷移動錯体であるか否かについては疑問があった。この問題は現在もまだ解明されていない。

　重要なのは（プリン類によって可溶化される）これらの物質が発癌作用を示すことである。もし発癌物質に由来する新しい細胞特性が遺伝性であるならば，それらの特性は染色体や遺伝子の核酸または核タンパク質によって輸送されるはずである。ただし悪性細胞の生成が発癌物質と（核酸の）プリン類またはピリミジン類との相互作用（Boylandの見解[42]）によるのか，それとも発癌物質とタンパク質との結合（Heidelbergerの見解[46]）によるのかについては見解が分かれている。核酸結合仮説を支持する研究者によれば，X線回折研究に示されるように[47]，プリン類とその相手（たとえば炭化水素類）との間に形成される複合体は両者が上下に折り重なりあう並行配置で存在する。したがってプリンをプリン-ピリミジン対で置き換えれば一般に形状の適合はさらに向上し，複合体はいっそう形成されやすくなると思われる。実際，グアニン-シトシン対の形状は発癌性ジベンゾピレン類のそれとほぼ一致する[48]。もちろん発癌に関してここで述べた立場を採らなければ[49]，このような複合体の形成は必ずしも発癌現象に関与するわけではない。実際のところ，このような結論に対してはさまざまな指摘がなされている。たとえば，(a)炭化水素類に及ぼすプリン類の可溶化効果とその結果生じる二種の化合物タイプ間の複合体はグアニンやアデニンでは形成されにくいが，これらの塩基の代謝分解物（特に尿酸）ではきわめて形成されやすい。(b)すでに述べたようにアデニンやグアニンの可溶化効果は小さく，それらのリボシド類やリボチド類ではその効果はさらに小さくなる。(c)メチルコラントレンのようなきわめて強力な発癌物質は（おそらく平面性との立体的干渉により）プリン類によってほとんど可溶化されない。(d)関連発癌物質や非発癌物質も同様に可溶化される，等々。

　プリン類と発癌物質との間の電荷移動錯体の形成はプリン類の電子供与的性質が機能する唯一の領域ではない。生化学的に重要なもう一つの事例はプリン類-イソアロキサジン相互作用である。後ほど第13章で説明するように，イソアロキサジン環（LXV）は比較的エネルギーの低い空軌道をもつため良好な電子受容体である。このイソアロキサジン環はたとえば酸化還元補酵素FADのような生化学的電子担体の構成要素である。FADは多数のサブユニットからなる橋で，イソアロキサジン環とアデニン核をつないだ複雑な構造をもつ。FADの構造を単純化して表せばLX VIで与えられる（詳しくは第13章を参照されたい）。

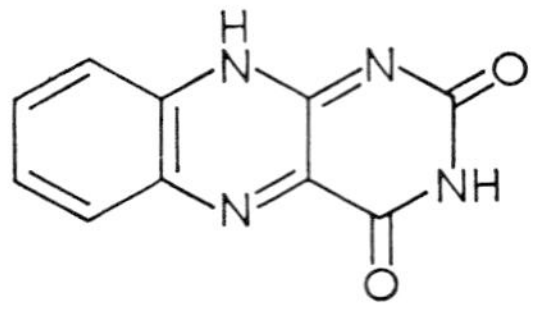

172　第5章　プリン類，ピリミジン類および核酸類の分子下構造

LXV. イソアロキサジン

　水溶液中ではイソアロキサジン誘導体とプリン類（たとえばカフェイン）との間にかなり強い相互作用が生じる[50]。またFADのイソアロキサジン部分とアデニン部分との間では内部錯体が形成されると考えられる[51]。

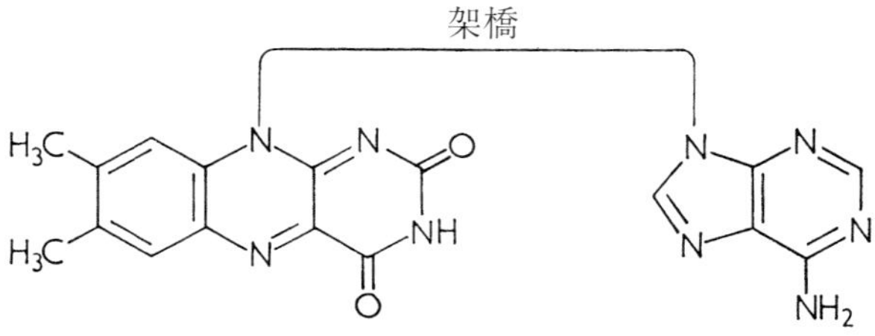

LXVI. 補酵素FADの概略図

さまざまな系における見掛けの解離定数の比較から，この錯体形成での主要因子は電子移動であると考えられる（ただし補完的に重要な因子は水素結合である）。プリン類はピリミジン類に比べてイソアロキサジンと錯体を形成しやすい[51]。この事実はプリン類の電子供与的性質が大きいという予測とよく一致する。（FADとの関連で指摘された）内部電荷移動錯体の生化学的重要性はまだよくわかっていない。しかし少なくとも分子安定性の増強に寄与していることは間違いない。実際，基本的生化学物質の「補完的」部分として現れるアデニン環ではその電子供与的性質が重要な役割を担う。Szent-Gyorgyi によれば，このことは基本的なリン酸担体である ATP（第7章参照）において特によく当てはまる[52]。彼はアデニンとピロリン酸鎖との間に内部電子移動の存在を仮定した[52a]。

　本節では核酸を構成するプリン類やピリミジン類の電子供与的性質を考察した。というのはこれらの性質は電子受容的性質よりもはるかに目立つからである。しかし塩基の物理化学的性質のいくつかでは電子受容的性質もまた重要となる。たとえばポーラログラフ的還元電位の値は電子受容的性質と関係が深い。

　計算によれば，核酸中に見出される4種の基本的窒素塩基のうち最も還元されやすいのはシトシンである。しかし残念ながら，滴下水銀電極での孤立塩基類（またはヌクレオチド類，ヌクレオシド類）の還元電位を測定してみてもこの予測は立証されず[53]，単にアデニンが唯一の還元系であることを指摘できたに過ぎない。もちろんこれらの実験は決定的なものではない。酸性溶液中で得られたアデニンのポーラログラフ波はおそらく触媒水素波であると考えられる。このことは意外に大きな電流／濃度比と（アデニン濃度増加やpH増加を伴う）負方向への電位の移動に

よって推測された。このような接触波は一般に（アデニンのみに存在する）ピリジン様構造と関係がある。中性およびアルカリ溶液中での4種の塩基類のポーラログラフ挙動も分かっていればおもしろい。というのはバックグラウンド電解液の放電前に，より広い電位域が利用できれば化合物自体の還元も観察できたからである[53a, 53b]。

5.7　局所的な構造的性質

核酸塩基類の化学的性質は構成原子や結合の局所的反応性に依存する。ここではこれらの分子の反応中心やそれらが関与する主な反応過程を順次考察する。図11は主な化合物における重要な電子的指標（π電子の電子密度，結合次数および自由原子価）の分布を示したものである[54]。付録には補足されたデータも収載されている。

5.8　炭素原子の性質

基本的なプリン骨格(LXVII)は第二級炭素（C_2，C_6 および C_8）を3個含んでいる。分子軌道（MO）計算によると，それらはすべて正電荷を帯び，電子のプールへ寄与するπ電子の数は1よりも小さい。この形式正電荷の大きさは1から図11に示した電子密度を差し引けばよい。この形式正電荷は C_8 では $0.105e$，C_2 では $0.098e$ および C_6 では $0.093e$ である。

LXVII

炭素のこの電子不足的性質はこれらの原子が求核試薬の攻撃を受けやすいことを示唆する。上記の結果によれば，反応性が特に高い炭素は明らかに C_8 である。しかし本書の第I部第4章で指摘した通り，このような結論を出すのは少し早急である。というのは問題の三つの位置の自由原子価は $C_6 > C_8 > C_2$ の順に減少するからである。第4章で指摘した通り，外部摂動に対するこれらの原子の相対分極率は自由原子価によって定まる。2種の指標（電子密度，自由原子価）の順序は一致しないので，これらの指標に基づいた判断は危険である。基本的なプリン骨格の性質は特に重要である。計算を完結させるには，これらの炭素のさまざまな局在化エネルギーを求める必要がある。置換反応における化学反応性を予測する際，局在化エネルギーは最良の指標である。表6はそれらの結果を示したものである[55]。表によると，興味深いことに3種の基本的攻撃（求核，求電子およびラジカル）はすべてプリン骨格の8位炭素で優先的に起こった。ただし求核試薬に対しては6位炭素も同様に高い反応性を示した。

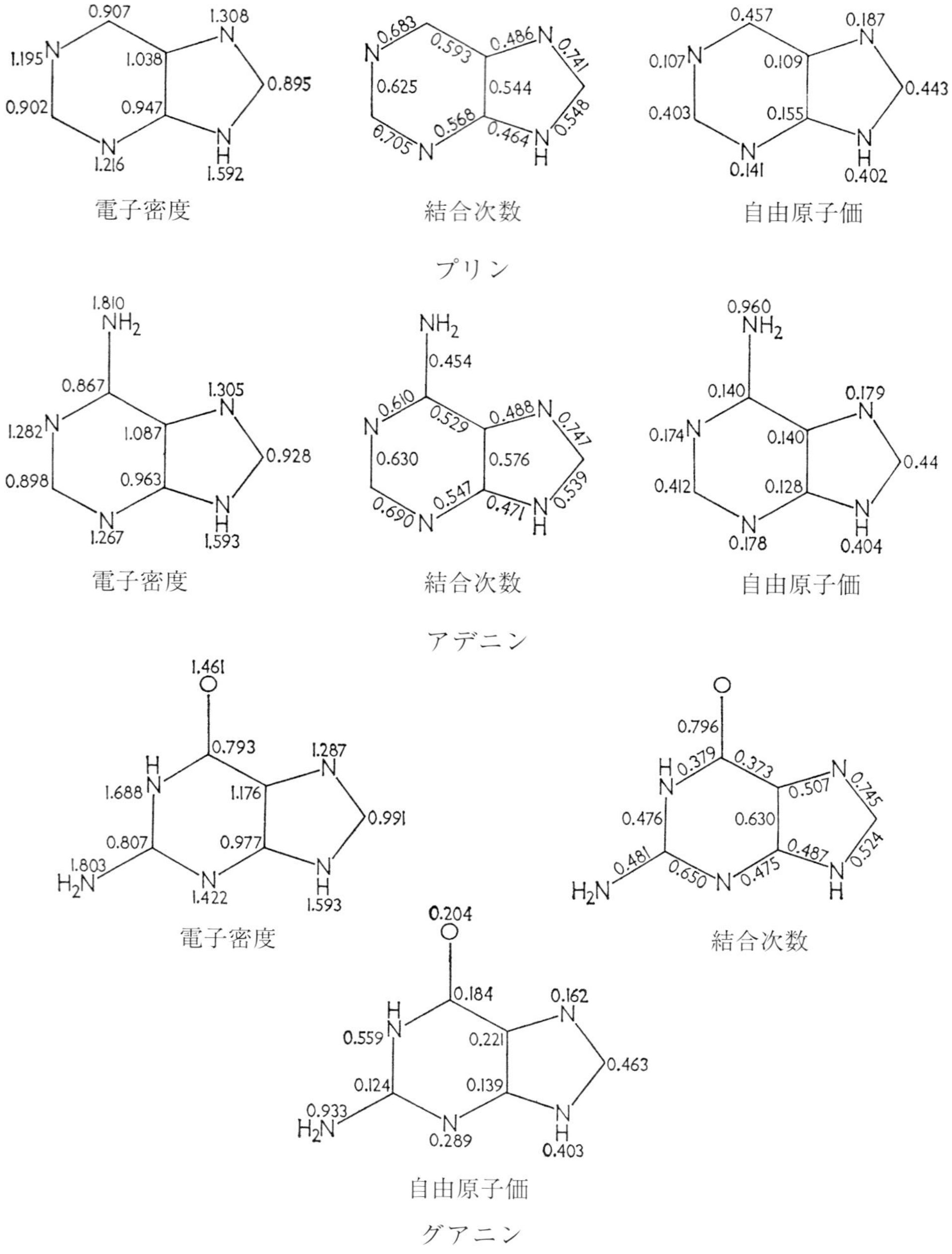

電子密度 結合次数 自由原子価

プリン

電子密度 結合次数 自由原子価

アデニン

電子密度 結合次数

自由原子価

グアニン

図 11-1 電子的指標の分布

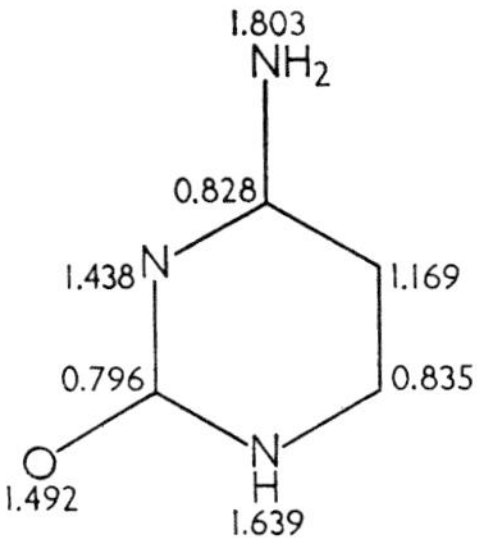

電子密度 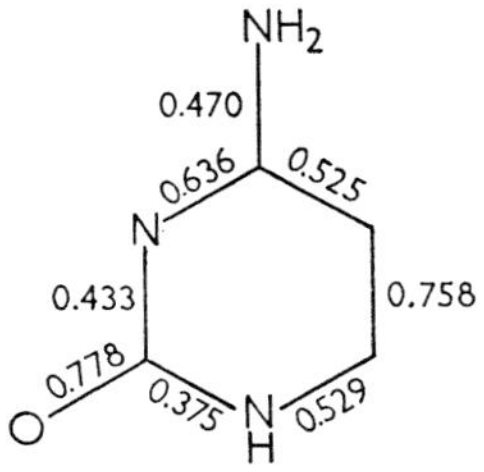 結合次数 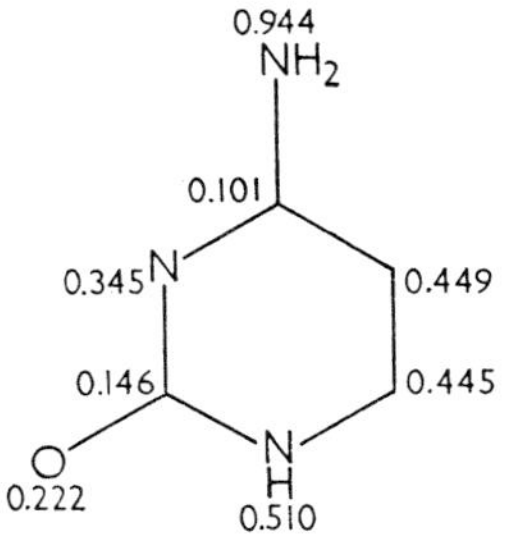 自由原子価

シトシン

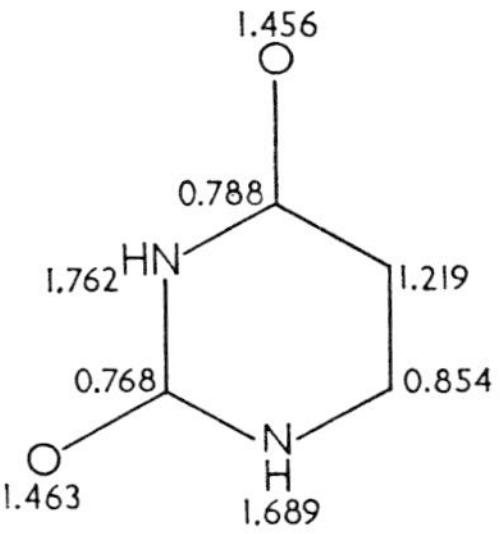

電子密度 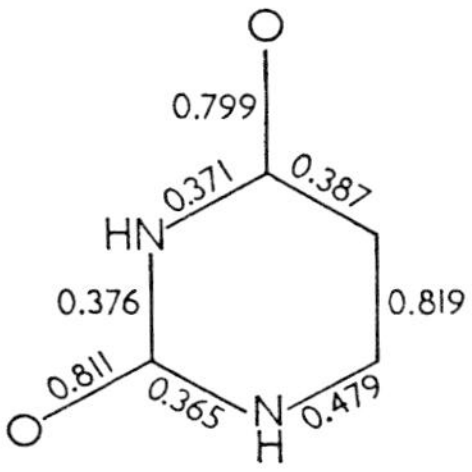 結合次数 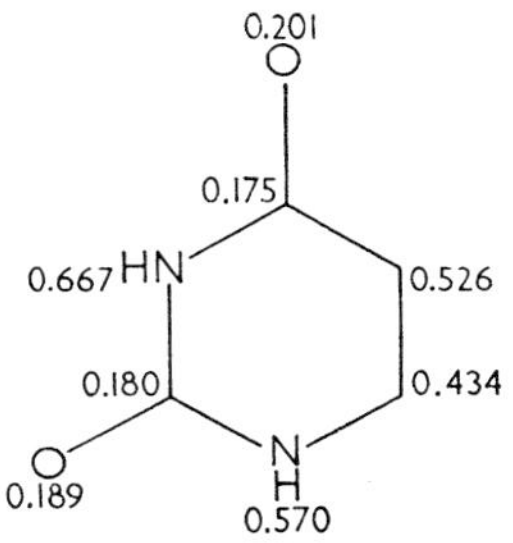 自由原子価

ウラシル

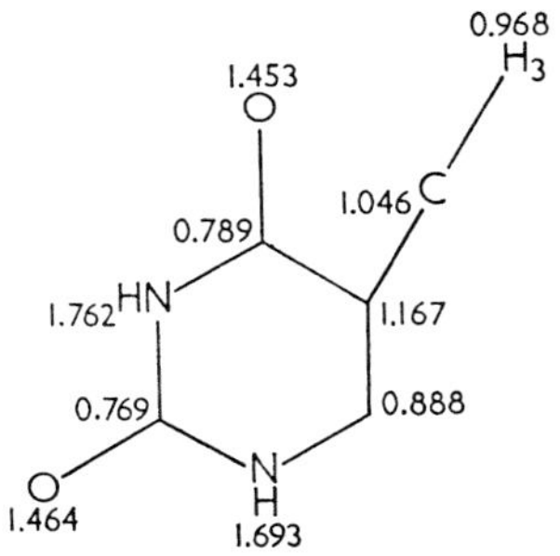

電子密度 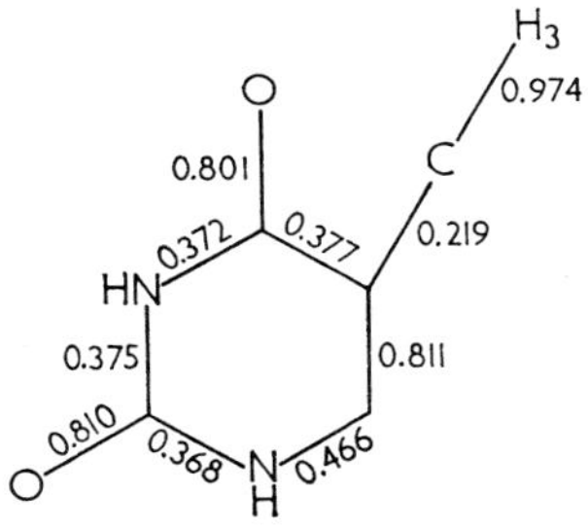 結合次数 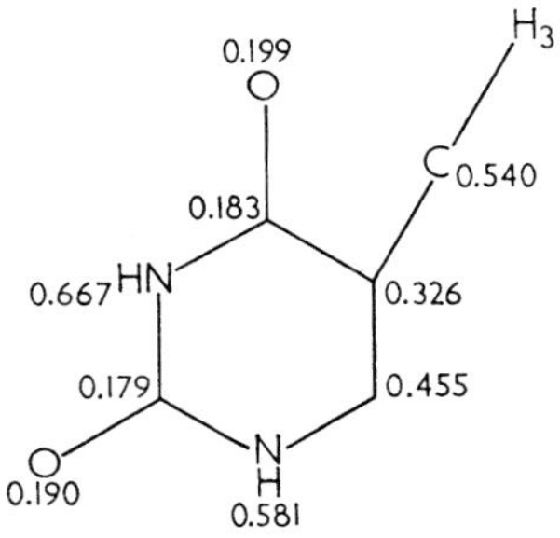 自由原子価

チミン

図 11-2　電子的指標の分布

表 6　プリン炭素原子の局在化エネルギー

プリン炭素	局在化エネルギー（単位：β）		
	求核	求電子	ラジカル
2	2.32	2.57	2.45
6	2.18	2.48	2.33
8	2.18	2.39	2.29

しかし入手可能な実験情報は未置換プリン環に関するものではなく，置換基が第二級炭素へ結合したプリン類の置換反応に関するものであった。すなわち置換基がプリン環へすでに結合し，かつさまざまな置換試薬が使われるならば，反応の詳しい経路はこれらの置換基の性質に依存する。これらのすべてに対して計算を行うことは容易ではない。しかし典型的事例を検討すれば，この分野でも一般的価値のある指摘が得られる。表7は（C_2，C_6 および C_8 を置換した）トリ置換プリンの代表例としての尿酸のエノール形（LXVIII）における電子密度，自由原子価および局在化エネルギーの計算結果を示したものである。

LXVIII

表7 エノール形の尿酸における炭素の局在化エネルギー

炭素	局在化エネルギー（単位：β）			電子密度	自由原子価
	求核	求電子	ラジカル		
2	2.63	2.75	2.69	0.863	0.173
6	2.50	2.66	2.58	0.865	0.209
8	2.53	2.54	2.53	0.869	0.196

これらの結果が意味をもち，かつ局在化エネルギーが反応性の理論的指標として最良であると見なせる限り，置換プリン類における置換炭素の相対反応性はプリン自体のそれと似ているという結論が計算から導かれた。すなわち求電子反応とラジカル反応における最も活性な反応中心は C_8 であるが，求核反応における最も活性な反応中心は C_6 であり，C_8 がそれに近い反応性を示した。

これらの予測は特に求核反応の分野では実験データによって立証された。すなわちさまざまな試薬を用いて置換プリン類に対する一連の置換反応が試みられた。ここでは，最初に 2,6,8-トリ置換プリン類の反応に関する代表的結果について考察する。たとえば 5 ～ 10℃の無水メタノール中での Cl_2 による 2,6,8-トリメチルチオプリンの処理は 6,8-ジクロロ-2-メチルスルホニルプリンを生成した。また蒸気浴上でのジメチルアミン水溶液による 2,6,8-トリス-メチルスルホニルプリンの処理は 6-ジメチルアミノ-2,8-メチルスルホニルプリンを与えた。一方，1N HCN による同一化合物の処理は 8-ヒドロキシ-2,6-ビス-メチルスルホニルプリンを与えた[56]。2,6,8-トリクロロプリンでは，アンモニアによって最も容易に置換されたのは C_6 位に結合した Cl であった[57]。ジ置換プリン類では，100℃での 6,8-ジクロロプリンとアンモニア水との反応は 6-アミノ-8-クロロプリンを生成した。また一連の第一級または第二級脂肪族アミン類との反応は対応する 6-アルキルアミノ-8-クロロプリン類を与えた。さらに還流メタノール中でのナトリウムメトキシドとの反応は 8-クロロ-6-メトキシプリンを与えた。また還流メタノール中でのチオ尿素 1

モルとの反応は8-クロロ-6-プリンチオールを生成した。さらに蒸気浴上で加熱された塩基性溶液中でのエタンチオールとの反応は8-クロロ-6-エチルチオプリンを生成し，蒸気浴上での濃塩酸による処理は6-クロロ-8-ヒドロキシプリンを与えた[58]。一方，室温での2,8-ジクロロプリンと無水ヒドラジンとの反応は2-クロロ-6-ヒドラジノプリンを生成した。またそのアミノ化は2-クロロアデニンを与え，その塩基性加水分解は2-クロロ-6-ヒドロキシプリンを生成した[59]。同様に，緩和な条件下での2,6-ジクロロ-7-メチルプリンと各種アミン類との反応は2-クロロ-7-メチル-6-置換アミノ誘導体を与えた[60]。またエタノール溶液中での7-メチルキサンチンとアミン類との反応は2-ヒドロキシ-7-メチル-6-プリンチオールを生成した[61]。さらに2,6-ビス-メチルチオプリンとCl_2との反応は6-クロロ-2-メチルスルホニルプリンを与え，ピリジン中でのキサンチンと五硫化リンとの反応は2-ヒドロキシ-6-メルカプトプリンを生成した[57]。

　これらの事例はすべて理論的予測が正しいことを立証した。すなわち求核試薬に対するプリン骨格の反応は6位炭素で優先的に起こり，8位炭素もかなりの反応性を示した。しかし2位炭素は不活性であった。

　プリン類への求電子攻撃に関するデータはあまり多くない。しかし（特にプリン類とジアゾ化アミン類とのカップリング反応から得られた）情報を分析することによりAlbertは次の結論に到達した。すなわち，「8位炭素は基底状態だけでなく，（求電子試薬が接近した）励起状態においても最も電子に富んだ炭素である」[62]。この結論は理論的計算の結果ときわめて良く一致した。このタイプの反応と関連して，グアニンの8位炭素は容易に臭素化されたが[63]，アデニンのそれは全く臭素化されなかった[64]。

　最後に，求電子反応との関連で核酸のピリミジン塩基の炭素に関して興味深い事実が観察された。すなわちウラシルとシトシンでは，3個の電子不足炭素の他に（1よりも多い）過剰のπ電子をもち，形式電荷が負となる炭素が1個存在する。それは5位炭素であり，その形式負電荷はウラシルでは$0.219e$，シトシンでは$0.169e$であった（この炭素は程度こそ低いがチミンやC-メチルシトシンでも同様に負の形式電荷を与えた）。これらの炭素の自由原子価は他の炭素のそれよりも大きかった。すなわちこれらの塩基の5位炭素は求電子反応の中心になると予想された。この予測はたとえばニトロ化，臭素化などの一連の反応で立証された。

　最近，プリン類やピリミジン類さらにはそれらのヌクレオチド類やヌクレオシド類の構造研究にプロトン磁気共鳴なる手法が使われるようになった[65]。得られた結果の中にはここで議論した問題と関係のあるものもいくつか含まれる。たとえばプロトンの化学シフト値はそれらのプロトンと結合した炭素原子の電子密度に関して有用な情報をもたらす。すなわち最も遮蔽されたプロトンは電子密度が最も高い炭素に所属する。この仮定に基づきJardetzkyは次のことを指摘した。たとえばプリンではC_6はC_2やC_8よりも電子密度が高い。またアデニンやヒポキサンチンではC_8はC_2よりも電子密度が高く，ウラシルやシトシンではC_5はC_6よりも電子密度が高い。これらの結論はすべて電子分布のMO計算の結果と合致した。

　生化学的に重要な他の反応もまたプリン骨格やピリミジン骨格を構成する炭素原子の反応性に依存する。しかしまだ言及されていない反応も多い。たとえば核酸に及ぼす電離放射線の効果と

関係のあるラジカル反応や，（変異現象で基本的役割を演じる）アミノ基が関与する反応，特に脱アミノ反応などである。（核酸のプリン類の異化作用を司る）酵素キサンチンオキシダーゼの作用機構もまたかなりの程度これらの性質に支配される。もっともこれらの反応は重要ではあるが他の塩基特性も関与するため複雑な様相を呈する。そこでこの問題はプリン類やピリミジン類の第二の構成要素すなわち窒素原子の電子的特性と性質を眺めたのち改めて取り上げられる。

5.9　環窒素原子の性質

本節では，プリン骨格やピリミジン骨格の基本的枠組みに組み込まれた窒素原子を取り上げる。環外アミノ基の窒素については後に続く第5.11節で扱われる。

環窒素自体は水素原子の有無に従い二つのタイプに分けられる。それらはピロール型窒素またはピリジン型窒素と呼ばれ別々に考察される。

5.9.1　ピリジン型窒素

このタイプの窒素原子では易動性電子プールへのπ電子の寄与は1個である。共役の結果として窒素原子は電子が過剰状態になっている。すなわち窒素原子はすべて負電荷を帯び，その形式負電荷は実際のπ電子密度から1を引いた値になる。その結果として，ピリジン型窒素は求電子試薬に対するプリン塩基やピリミジン塩基の反応中心となる。これらの窒素が関与する反応のうち最も重要なものはプロトン付加とアルキル化である。

これらの塩基へのプロトン付加部位やアミノ化窒素複素環における環窒素とアミノ窒素の相対塩基性度の議論に加えて，（特に分光学的方法による）物理化学的証拠はこのような化合物では環窒素が主なプロトン付加部位であることを示唆した[66]。たとえば一連のアミノアクリジン類はそのような事例である。すなわちアミノアクリジン類では抗菌活性もまた環窒素の塩基性度に及ぼすアミノ基の影響の関数になる[67]。印象的な事例をもう一つ挙げるとすれば，それは2-p-アミノフェニル-ピリジン（LXIX）である。この化合物ではプロトンは主に環窒素へ付加する[68]。また簡単なモデル化合物の第四級化たとえば（ヨウ化メチルやジメチル硫酸のような）アルキル化剤による2-アミノピリジンの第四級化ではアルキル基は環窒素へ優先的に結合する[66]。プリン類やピリミジン類でも状況は同じである。

LXIX

プロトン付加が特定の位置に優先的に起こる理由は共鳴理論の定性的考察から容易に理解される。すなわち共鳴理論によれば，複素環式塩基の環窒素へのプロトンの固定は電子の非局在化を促進するが，共役アミノ基へのプロトンの固定は共鳴の可能性を妨げる[69]。

残念ながら共役窒素複素環の塩基性度の定量的解釈は容易ではない[70]。特にプリン類やピリミ

ジン類のような多窒素複素環では環窒素の電子密度のみを塩基性度の尺度とすべきではない。この問題に対する最近の研究によれば，Nakajima-Pullman は SCF 分子軌道を用いてプロトン付加や複素環式窒素の孤立電子対が関与する反応が窒素の電子密度だけでなく，この原子の孤立電子対と他の π 電子とのクーロン積分にも依存することを示した[71]。彼らによると複素環式窒素の塩基性度は次式で与えられる。

$$pK_a \approx B + \sum_{l \neq p} Q_p(ll \mid pp) \mid$$

ここで B は物質群に特有の定数，Q_p は原子 p の形式電荷，$(ll \mid pp)$ は窒素の孤立電子対の電子 l と原子 p の π 電子とのクーロン積分，求和は骨格を構成するすべての原子 p について行われる。（理論的に評価しにくい）定数は代表的化合物の塩基性度に関する実験値と理論値を比較することにより半経験的に算定された。また一連の関連化合物の塩基性度の相対値は求和量の相対値から推定された。すなわち塩基性度が高ければこの求和の絶対値も大きくなった。

表8　プリン類とピリミジン類の相対塩基性度の計算値
（塩基性が最も高い窒素には下線が引かれている）．

化合物	$\sum_{l \neq p} Q_p(ll \mid pp)$（ev）			pK_a（実験値）[a]
	N_1	N_3	N_7	
プリン	<u>−1.52</u>	−0.97	−0.32	2.4
アデニン	<u>−1.91</u>	−1.72	−0.42	4.2
グアニン		−1.11	<u>−1.67</u>	3.3
ヒポキサンチン		−0.49	<u>−1.19</u>	2.0
キサンチン			−0.82	0.8
シトシン		<u>−2.25</u>		4.6

[a] A. Albert, *Heterocyclic Chemtstry*, The Athlone Press, London, 1959, pp. 336-46.

プリン類やピリミジン類の塩基性度研究へのこの理論の応用はきわめて興味深く，かつ重要な結果をもたらした。すなわち基本的なプリン類やピリミジン類において最も塩基性度が高い窒素位置の予測を可能にした。表8と図12は各種化合物におけるさまざまな窒素の塩基性度の計算結果をまとめたものである。これらの結果から予測できることはプリンやアデニンでは塩基性が最も高い環窒素は N_1 であるのに対し，グアニンやヒポキサンチンでは N_7 が最も塩基性度が高いことである。またキサンチンとシトシンでは水素を含まない窒素は1個しかない。したがって問題が生じることはない。またウラシルとチミンは事実上塩基的性質を示さなかった。

アデニンとグアニンにおける最も塩基性が高い窒素位置の予測は，これらの塩基へのプロトン付加やアルキル化部位を実験的に求める研究の観点からも興味深い。というのはこれらの研究は理論的予測と完全に一致する結果を与えたからである。すなわちアデニンやグアニンのカチオン類に関する初期の X 線結晶解析によれば[72,73]，プロトンの付加位置はアデニンでは N_1 で，グアニンでは N_7 であった。この指摘は対応するヌクレオチド類の滴定によるプロトンシフトの（プロトン磁気共鳴を介した）研究からも立証された[74]。また Lawley によれば，ジメチル硫酸によるアデノシンやアデニル酸のメチル化は主生成物として 1-メチルアデニン，副生物として 3-メ

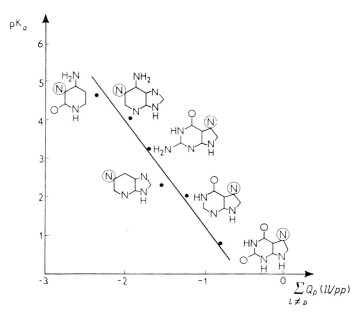

図12 プリン類とピリミジン類の塩基性度.
丸で囲んだ窒素は塩基性が最も高い窒素である.

チルアデニンをそれぞれ与えた[75]。一方，グアノシンやグアニル酸に対する同様のアルキル化は7-メチルグアニンを生成した[76]。さらにシチジンのカチオン形ではプロトンは N_3 位に付加することが分光学的に証明された[77]。赤外分光法からのデータもまたアデニンでは N_1 位にプロトンが付加することを示した[77a]。

　理論的予測を核酸自体へ拡張するのは簡単ではない。というのは水素結合における上述の窒素とプロトンとの結合やアルキル化による第四級化の度合いを確かめることが難しいからである。このような状況は大きなアルキル化剤に対する反応位置の反応性を低下させる。この因子はアデニンの N_1 やシトシンの N_3 とは関係あるが，グアニンの N_7 とは無関係である。したがって核酸ではプロトン化やアルキル化の中心となるのはグアニンの N_7 位であると推定された。この結論は実験によって完全に立証された。さまざまなアルキル化剤（ジメチル硫酸，ジエチル硫酸，ナイトロジェンマスタード，サルファーマスタード）による DNA やタバコモザイクウイルス RNA の処理は N_7 位でのグアニン核のアルキル化を引き起こした[78,79,80,80a]。他の塩基の運命はそれほど明確ではない。Lawley はシチジン核やアデニン核（1,3 位）のアルキル化も無視できないことを指摘した[81]。Reiner-Zamenhof もまたアデニンのアルキル化を観察した[80]。ただし彼らはグアニンと同様に N_7 位でアルキル化されると考えた。もしそうなるならば，（特に比較的かさ高い試薬に対する反応中心の反応性にとって重要な）環境因子の影響下でのその理由が（アデニンの N_7 位における固有塩基性度を考慮しつつ）探索されなければならない。

　DNA では，プリン骨格の N_3 はいずれの塩基対においても N_7 よりもはるかに立体障害を受け易い。というのは N_3 はリボース-リン酸基に相対的に近く，かつ核酸のヘリックスの中心に位

置するからである(それに対し N_7 はより周辺の位置を占める)。DNA において,もしこれらの因子がアデニン-チミン対のアデニン成分の反応中心を N_3 から N_7 へ移動させるのに十分であるならば,グアニン-シトシン対ははるかに高い反応性を示すはずである。

この重要な問題は明らかに補完的な検討を必要とする。Alexander によれば,アルキル化剤による核酸プリン類のアルキル化はリン酸類のエステル化後に起こる二次的な反応である[82]。(アルキル化剤による)核酸の主要骨格を形作るリン酸類のエステル化はそれ自体重要な反応である。しかし分離されたリボシド類やリボチド類のアルキル化され易さの観点からはこのような見解はほとんど問題にならない。最後に,アルキル化剤に対する核酸プリン部分の反応性の高さは動物組織の RNA に及ぼすナイトロジェンマスタード [メチル-C^{14}-ビス(β-クロロエチル)アミン] からの C^{14} を *in vivo* 固定する研究によっても示される[83]。アデニンへのプロトン付加がピリミジン部分で起こるという結論はプリン類やピリミジン類の塩基強度に及ぼすトリフルオロメチル基の影響に関する研究からも導かれた[84]。

プリン骨格の環窒素で起こり,かつ同様の電子的特性に支配されるもう一つの反応タイプは氷酢酸中での過酸化水素による直接的な酸化である[85]。この反応では塩基の N-オキシド類が形成される。検討された化合物はアデニンとその誘導体である。誘導体の中には癌化学療法で活性を示す重要な代謝拮抗物質たとえば 2,6-ジアミノプリン(LXX),8-アザアデニン(LXXI),2-アザアデニン(LXXII)および 2-メチルアデニン(LXXIII)も含まれる。これらの分子はすべて LXXIV に示されるるように基本的に N_1-オキシドである。ただし 2-アザアデニンの場合には N_1-オキシドに比べて少量ではあるが加水分解されにくい安定な(構造未知の)N-オキシドも生成する。

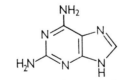

LXX. 2,6-ジアミノプリン   LXXI. 8-アザアデニン

さて理論的計算によると,これらの化合物では塩基性が最も高い位置はアデニンと同じく N_1 位であった[86]。特に興味深いのは 2-アザアデニンである。というのはこの分子では塩基性が最も高い窒素は N_1 であるが,N_2 の Σ も N_1 のそれにきわめて近い値をとる。すなわちそれらはそれぞれ -1.91 と -1.97 であった。したがってこの化合物から生成する第二の N-オキシドは少量ではあるがおそらく N_2-オキシドであると予想される。

N-オキシドはヒドロキシ化プリンたとえば 8-ヒドロキシプリン(LXXV)からも生成した。得られた化合物は N_1-オキシドであった。この結果は理論的予測とも合致した。

ピリミジン類もまたプリン類と同じく N-オキシド化を受ける。ただし核酸誘導体と関連したこのクラスの分子に対する結果は知られていない。

概して言えば,複素環式塩基の N-オキシド類に関する生化学的性質の研究は重要である。というのはこのタイプの化合物は発癌物質[87]や制癌剤[88]として利用できるからである。

182　第5章　プリン類，ピリミジン類および核酸類の分子下構造

LXXII. 2-アザアデニン　　LXXIII. 2-メチルアデニン　　LXXIV. アデニン-N_1-オキシド

LXXV. 8-ヒドロキシプリン

　実際には核酸における初期のプロトン化部位の問題は複雑な補完的要素を含んでいる。というのはプリン塩基やピリミジン塩基では過剰にπ電子を含んだカルボニル酸素が存在し，それがプロトン攻撃の潜在的部位となるからである。事実，未変性DNAのプロトン化に関する最近の分光学的研究によると，一次のプロトン化はシトシンのカルボニル酸素で起こり，このプロトン化は水素結合の Watson-Crick パターンを破壊しないという[89]。変性が起こるのはプロトンがグアニン部分へ付加した場合に限られる。

　現時点では技術的に難しいため，このような複雑な系においてプロトンが負に帯電した窒素や酸素に優先的に引き付けられるか否かを理論的に求めることはできない[90]。我々がなすべきことは窒素原子の場合と同様，どの酸素原子がプロトンを優先的に固定するかを決めることである。得られた結果によると，そのような酸素に該当するのはシトシンのカルボニル酸素であった。すなわちグアニン，ウラシルおよびチミンのカルボニル酸素の電子密度は$1.45e$〜$1.46e$（形式負電荷では0.45〜$0.46e$）のオーダーであるのに対し，シトシンのそれは$1.492e$（形式負電荷で$0.492e$）であり，明らかに前者よりも値が大きかった。またシトシンの C＝O 結合の結合次数は0.778であるが，他の塩基のそれは0.800〜0.810であった[90a]。さらにシトシン酸素の自由原子価は他の酸素のそれに比べてかなり大きかった。このことはおそらく分極率についても成り立つ。以上の結果は核酸塩基類に含まれるカルボニル酸素の中でプロトンが最も固定されやすいのはシトシンのそれであるという結論を強く支持した。

5.9.2　プリン類の N_9 窒素とピリミジン類の N_1 窒素

　これらの窒素の生化学的重要性はリボチド化の反応部位であるという事実に由来する。この過程で利用される試薬は（5.3 節で）すでに述べた 5-ホスホリボシルピロリン酸（PRPP）であり，その反応は一般にヌクレオチドピロホスホリラーゼと呼ばれる酵素によって触媒される[91]。Buchanan-Hartman によれば，これらの変換の機構は図13に示されるようにリボースの1位炭素での求核置換である。これらの条件下では反応の支配因子の一つは攻撃に関与する窒素の電子密度の値である。これらの窒素はプリン類やピリミジン類のπ電子プールへ孤立電子対を供給する。全共役の結果としてこの孤立電子対の一部は環へ移行し，これらの窒素は形式正電荷を帯び

る（その値を求めるには2から図11に示した電子密度を引けばよい）。もちろん厳密には分極性効果も考慮されなければならない。

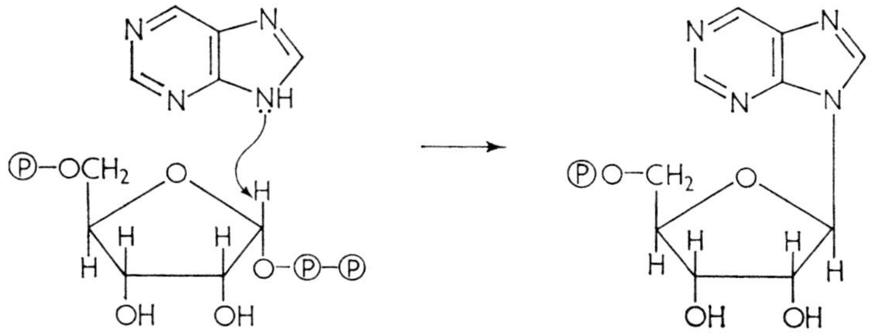

図13　PRPPによるプリンのリボチド化

　実際にはこの着想を検証することは容易ではない。というのは酵素は高い特異性を示すからである。たとえばある酵素はアデニンのリボチド化に対して特異性を示すが，別の酵素はヒポキサンチンやグアニンの反応を触媒するといった具合である。またある酵素はオロチン酸に特異的であるが，別の酵素はウラシルに特異的であるといったこともある。もちろんこの特異性を決定する要素は純粋に電子的な因子の役割を曖昧なものにしてしまう。

　プリン類のN_9やピリミジン類のN_1と関係した生化学的変換がもう一つある。それはヌクレオシドまたはヌクレオチドの糖部分とこれらの塩基との間に形成されるグリコシド結合の酵素的加水分解である。第17章でもう一度取り上げるが，反応機構の予断がなければ，これらの化合物の酵素的加水分解のされやすさは見かけ上，グリコシド結合の窒素原子の形式正電荷と関連がある。すなわちこの形式正電荷が大きいほど加水分解は起こりやすい[93]。この状況は表9に示したデータにまとめられる。

表9　リボシド類における N-グリコシド結合の加水分解

化合物	加水分解速度			グリコシド結合の窒素原子における形式電荷
	文献[a]	文献[b]	文献[c]	
アデノシン	0.89	103	490	+ 0.407
イノシン	0.95	100	470	+ 0.419
グアノシン	0.40	90	600	+ 0.406
キサントシン		< 1	150	+ 0.414
プリンリボシド		47		+ 0.408
2,6-ジアミノプリンリボシド	0.37	76		+ 0.399
尿酸リボシド		< 1		+ 0.277
シチジン	0	54	100	+ 0.361
ウリジン	0	7	0	+ 0.311
チミジン	0	4		+ 0.307

[a] Heppel, L. A., and Hilmoe, R. J., *J. Biol. Chem.*, **198**, 683 (1952).
　酵母の酵素による加水分解．値は37℃で5時間温置した後に生成した還元糖の量（μM）である．
[b] Takagi, Y., and Horecker, B. L., *J. Biol. Chem.*, **225**, 77 (1957).
　L. Delbrueckii による加水分解．値はイノシンの開裂速度を100としたときの相対速度である．
[c] Tarr, H. L. A., *Biochem. J.*, **59**, 386 (1953)．魚類筋肉のリボシドヒドロラーゼによる加水分解．
　値は37℃，pH5.5で3時間温置した後に生成したリボースの量（μg/ml）である．

表によれば，プリン類のリボシドは一般にピリミジン類のそれに比べて加水分解されやすい[94]。また前者のうち尿酸のリボシドはとりわけ高い安定性を示す。さらに後者のうちシチジンはウリジンやチミジンよりも加水分解されやすい。すでに述べたように，これらの結果は加水分解性結合を形作る窒素原子の形式正電荷と高い相関を示す。ただし特にプリンリボシド系列内では得られた相関にいくつか矛盾も認められる。このような矛盾は実験結果の間でも観察され，おそらくこれは酵素反応の特異性と関連があると考えられる。

　ラット胸腺細胞の RNA ヌクレオチド類におけるリボースの ^{14}C 標識に関する最近の結果もまたプリン類の N-グリコシド結合の分解と再合成の速度がピリミジン類のそれに比べて大きいことを示した[95]。

5.10　プリン代謝拮抗物質の抗腫瘍活性

　プリン代謝拮抗物質の構造活性相関ではプリン環の窒素の性質に関する話題がほとんどであった。しかし我々にとって関心があるのはむしろそれらの抗腫瘍活性である。この問題はきわめて重要で，かつ多くの研究がすでになされてきた。

　プリン代謝拮抗物質は「天然」プリン類と非常によく似た構造をもつ。したがって両者は各種機能や複雑な構造への関与といった面で競合し合う。癌化学療法での活性はこのような競合の現われと言える。活性はわずかな構造修飾にもきわめて鋭敏に反応する。このことは電子的特性が重要であることを示唆する。

　最も重要かつ活性な代謝拮抗物質としては6-メルカプトプリン（LXXⅥ），チオグアニン（LXXⅦ），2,6-ジアミノプリン（LXXⅧ），8-アザグアニン（LXXⅨ），6-メチルプリン（LXXX），2-アザアデニン（LXXXI）およびプリンが挙げられる[96]。しかし関連化合物の中には抗腫瘍活性を示さないものもある。たとえば8-アザ-6-メルカプトプリン（LXXXⅡ），8-アザプリン（LXXXⅢ），8-アザアデニン（LXXXⅣ），8-アザキサンチン（LXXXⅤ），6-カルボキシプリン（LXXXⅥ）および6-シアノプリン（LXXXⅦ）である。

　抗腫瘍活性を示さない他のプリン代謝拮抗物質の多くは一般に上述の活性代謝拮抗物質とはかなり構造が異なる。作用機序に関する最も重要な情報は不活性化合物の見掛けの分子構造が活性化合物のそれとほとんど違わないときに得られることが多い。また分子配置が天然塩基のそれと大きく異なる化合物は抗腫瘍活性を示さない。これに関しては明白な理由が数多く考えられる。Bendich の一般則によれば，抗腫瘍活性を示す代謝拮抗物質は天然塩基のアデニン，グアニン，ヒポキサンチンと比べて構造が1ヵ所異なるに過ぎない。

　話をさらに進める前に，抗腫瘍活性と構造との相関を確立するのは容易ではないことに留意されたい。というのは活性化合物の多くは腫瘍タイプによって特異性が異なるからである。一般的な研究を困難にしているのはこのような状況である。また活性化合物の数は限られるため，データの細分化は相関の確認を妨げる。実際，実験データの詳細な検討によれば，ここで列挙された化合物の多くは特異的活性に加えてある種の腫瘍タイプたとえば癌腫 0771 や 1025 に対して共通

LXXVI. 6-メルカプトプリン　　LXXVII. チオグアニン　　LXXVIII. 2,6-ジアミノプリン

LXXIX. 8-アザグアニン　　LXXX. 6-メチルプリン　　LXXXI. 2-アザアザニン

LXXXII. 6-メルカプト-8-アザプリン　　LXXXIII. 8-アザプリン　　LXXXIV. 8-アザアデニン

LXXXV. 8-アザキサンチン　　LXXXVI. 6-カルボキシプリン　　LXXXVII. 6-シアノプリン

した拮抗作用を示す．相関ではまずこの共通の活性を根本に据え，特異性は構造の二次的な違いに従うと考える．

　もう一つの有用な所見は分子レベルでの作用機構やプリン代謝拮抗物質の作用に関する見掛けの結果についての我々の知識である．この領域で本質的事実と言えるのは核酸の *de novo* 合成過程すなわち（6-メルカプトプリンの場合のように[98]）核酸プリンへのイノシン酸の転換段階や核酸プリン類の相互変換段階への代謝拮抗物質の介入である．またポリヌクレオチド鎖への代謝拮抗物質（たとえば8-アザグアニンや6-チオグアニン）の取込みも観察されるが，その場合には間違った異常な核酸が作り出される[99]．さらに特定の酵素に対する天然プリン類との競合やアデニン含有補酵素の阻害といった現象も観察された．これらの効果は生化学的反応の正常な順序に干渉し，その結果として反応を抑制した．当然ながら薬物は正常細胞と悪性細胞の双方に作用す

る。しかし活性は腫瘍に対して優先的に発揮される。というのは第一に，代謝的に安定な正常組織に比べて腫瘍が示す強力な細胞活性は同化作用の前駆体を多量に必要とするからである。また第二に，腫瘍はプリン類やピリミジン類に対する異化能力を低下させるからである[100]。

明らかに，この分野の状況は一般的理論によって薬物の抗腫瘍活性を説明できるほど成熟してはいない。しかし電子的レベルでのプリン代謝拮抗物質の構造と抗腫瘍活性との相関は重要な観察結果をもたらした。すなわち相関にはプリン骨格の環窒素が関与し，しかも次に示す二つの関係が重要であった[101]。

（1） 水素と結合した N_9 窒素の電子密度と抗腫瘍活性との関係

表10のデータによれば，N_9 位の電子密度は（参照化合物の）天然プリン類では $1.58e \sim 1.59e$，活性な代謝拮抗物質では $1.57e \sim 1.6e$ の範囲にあるが，不活性な類似体では $1.56e$ のオーダーである（ただし不活性ではあるが N_9 位の電子密度が比較的高い6-カルボキシプリンと6-シアノプリンは例外である）。すなわち不活性な代謝拮抗物質における N_9 位の電子密度は活性な代謝拮抗物質の値よりも一般に小さい。また後者の化合物では，その N_9 位電子密度は天然塩基類のそれとほぼ同じ大きさである。

表10　プリン代謝拮抗物質における9位窒素の電子密度

グループ	化合物	N_9 の電子密度
参照化合物（天然プリン類）	アデニン	1.593
	グアニン	1.594
	ヒポキサンチン	1.581
活性代謝拮抗物質	6-メルカプトプリン	1.581
	2,6-ジアミノプリン	1.601
	チオグアニン	1.594
	6-メチルプリン	1.592
	2-アザアデニン	1.588
	プリン	1.592
	8-アザグアニン	1.569
不活性類似体	8-アザグアニン	1.563
	8-アザ-6-メルカプトプリン	1.552
	8-アザプリン	1.559
	8-アザキサンチン	1.560
	6-カルボキシプリン	1.592
	6-シアノプリン	1.591

N_9 位窒素は生化学的重要性が高いため，その相関には高い関心が示される。すなわち最近の広範な研究によると，プリン代謝拮抗物質の抗腫瘍活性は塩基のリボチド化によって開始される。このような変換は活性にとって絶対に必要な条件である。（薬物を長期間使用した後に常に現れる）薬物作用に対する耐性は（類似体をヌクレオチド類へ同化する）薬物耐性細胞の不全によるものである[102]。一方，リボチド類への類似体の変換は通常 PRPP との直接的な縮合によってもたらされる。また間違ったプリンヌクレオチド類の形成は天然系で用いられるものと同一の酵素によって触媒される[103]。これらの条件下では，天然プリン類と類似体間での N_9 位すなわちリボ

チド化部位の電子的特性の類似性は反応の発生，難易および機構や生成したヌクレオチド類の安定性の決定に重要な役割を演じる。

(2) 他の環窒素の塩基性度と抗腫瘍活性との関係

この関係がもつ特徴は表11のデータから推測できる。すなわち抗腫瘍活性を示す化合物は不活性な化合物よりも一般に塩基性が高い。また相関の提示は活性な代謝拮抗物質の塩基性度が不活性化合物よりも（天然塩基である）アデニンやグアニンの値に近いことを示唆する。さらに活性な代謝拮抗物質では最も塩基性の高い環窒素はN_1またはN_7である。これらの窒素はそれぞれアデニンやグアニンにおける最も塩基性の高い窒素でもある。

表11　プリン代謝拮抗物質の塩基性度

化合物	塩基性が最も高い窒素の位置	$\sum_{p \neq l} Q_p(ll \mid pp)$	pK$_a$の実験値[a]	抗腫瘍活性
2,6-ジアミノプリン	N_1	-2.21	5.1	＋
2-アザアデニン	N_1	-1.96		＋
チオグアニン	N_7	-1.93		＋
アデニン	N_1	-1.91	4.2⎫	天然塩基類
グアニン	N_7	-1.67	3.3⎭	
8-アザグアニン	N_1	-1.65	2.6	－
プリン	N_1	-1.52	2.4	＋
8-アザグアニン	N_7	-1.46	1.1	＋
6-メルカプトプリン	N_7	-1.42	<2.5	＋
6-メチルプリン	N_1	-1.40	2.6	＋
6-メルカプト-8-アザプリン	N_7	-1.27		＋
8-アザプリン	N_1	-1.22	2.12	－
6-シアノプリン	N_1		0.7	－
8-アザキサンチン	N_7	-0.55		－

[a] Albert, A., *Heterocyclic Chemistry*, The Athlone Press, London, 1959.

　抗腫瘍活性と塩基性度（塩基強度，最も塩基性の高い環窒素の位置）との相関はピラゾロピリミジン類の抗腫瘍活性に関する最近の研究によってその妥当性が強く支持された。ピラゾロピリミジン類はプリンの異性体であるが，後者とはイミダゾール環内の窒素原子の位置が異なる。基本的なピラゾロピリミジン環はLXXXVIIIとLXXXIXの2種類である。また，実験的に抗腫瘍活性を測定した誘導体の数は多い[104]。たとえば活性なプリン類似体としては6-メルカプトプリンの類似体(XC, XCI)や2,6-ジアミノプリンの類似体(XCII, XCIII)などがある。アデニンの類似体(XCIV, XCV)やグアニンの類似体(XCVI, XCVII)もまた検討された。ただし抗腫瘍活性を示したのは検討した約100種の分子のうちグアニン類似体(XCVI)とその関連誘導体のみであった。

　これらの結果は抗腫瘍活性と塩基性度との関連に着目すれば理解しやすい[105]。実際，検討したピラゾロピリミジン類では最も塩基性の高い環窒素は（天然塩基のアデニンやグアニン，さらには活性な古典的プリン代謝拮抗物質の場合のように）1位や7位ではなく3位であることが理論的に見出された。ただし6-シアノプリン(LXXXVII)やグアニン類似体(XCVI)とその関連誘導体は例外で，これらの化合物では塩基性が最も高いのはN_1位の窒素であった。

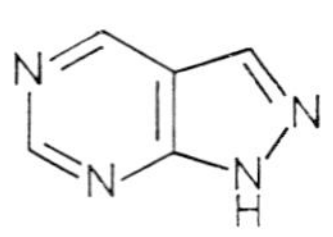

LXXXVIII 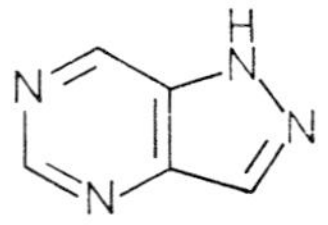   LXXXIX 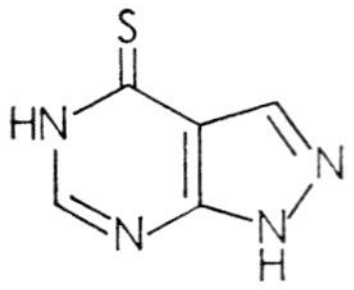   XC 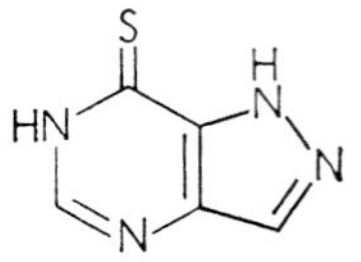   XCI

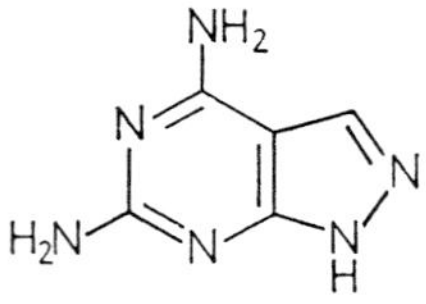

XCII 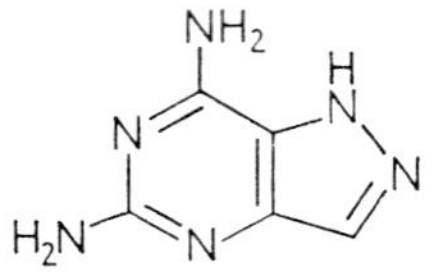   XCIII 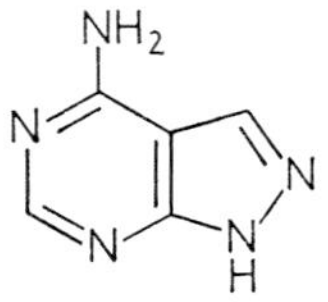   XCIV

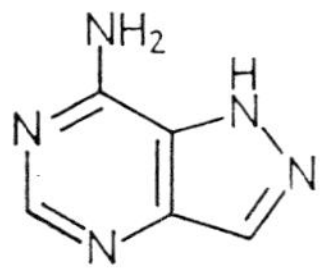

XCV 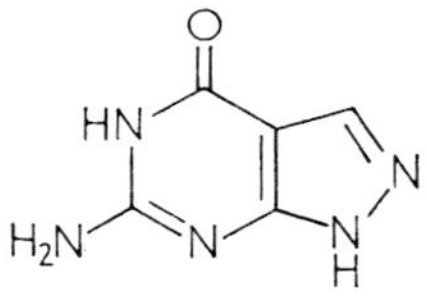   XCVI 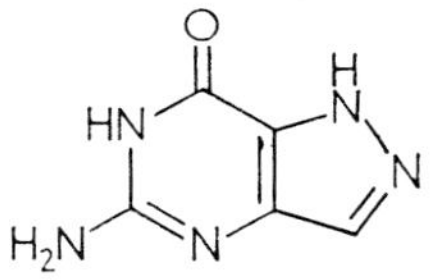   XCVII

さらに活性なグアニン類似体（XCVI）の塩基性度はアデニンのそれに近く，かつ活性な古典的代謝拮抗物質の塩基性度の区間内に見出された。一方，不活性な類似体である 6-シアノプリン（LXXXVII）の塩基性度ははるかに小さく，かつ区間の外側に位置した（これらの二種の化合物に対する $\sum Q_p(ll|pp)$ の計算値はそれぞれ -1.67 と -1.23 であった）。したがって塩基性度と抗腫瘍活性との間の前述の相関は大量の不活性化合物から活性化合物を選び出す際の選択原理として役立つ。さらにピラゾロピリミジン類の塩基性度は実験的にも測定されたことを付け加えたい[106]。またこの研究の著者らは化合物の塩基性度と抗腫瘍活性との間に関連があることを突き止めた。もっとも著者らは（理論的には例外とは見なせないが）相関に多数の例外があることを指摘した。これは理論家が塩基性の最も高い分子の周辺しか考慮しないのに対し，実験家は塩基強度と抗腫瘍活性との相関にしか注意を払わないという事実によるものである。すでに述べたように，ピラゾロピリミジン類では塩基性の最も高い窒素は一般に N_3 位の窒素である。しかしそのような化合物は理論的には抗腫瘍活性を示さないはずである。

　この結果と関連して，塩基性の最も高い環窒素は見かけ上，活性な代謝拮抗物質の N_1（または N_7）に局在するが，それはどのような理由に基づくのか。この疑問に対する明快な解答はまだ得られていない。しかしプリン骨格の N_1 は水素結合を介して DNA のプリン-ピリミジン対の形成に関与している。すなわち（抗腫瘍活性とも関連するが）天然塩基類に代わって核酸へ入り込む潜在的類似体の能力はおそらく N_1 位窒素の塩基性度の絶対値と相対値の双方に依存している。一方，N_7 位窒素はおそらく酵素の活性中心や金属イオンとの複合体形成に関与している。

後ほど明らかになるが，この複合体形成は N_7 位に特徴的な性質と考えられる。

つい最近，このタイプの相関は別のタイプのプリン代謝拮抗物質すなわち（Carbon によって実験的に検討された[108]）イミダゾ（4,5-d)-ピリダジン類へと拡張された[107]。

本書の付録には，本節で取り上げたプリン代謝拮抗物質の電子的構造に関する詳細が提示されている。メルカプト化合物はチオン形で存在すると考えられるが，この結果は最近報告された数多くの実験的指摘とよく合致する[109]。付録にはピリミジン塩基の各種類似体（5-フルオロウラシル，5-カルボキシウラシル，5-および 6-アザウラシル，2-および 4-チオウラシル，2,4-ジオウラシル，6-アザ-5-カルボキシウラシル，6-アザ-2,4-ジチオウラシル，5-フルオロシトシン，6-アザシトシン，2-チオシトシン，6-アザチミン，2-チオチミン）に対する分子軌道計算の結果も提示されている。それらのうちのいくつかは抗腫瘍活性を示した。これらの化合物の構造活性相関についても検討されたが，明快かつ発表価値のある結果はまだ得られていない。

5.11　プリン類やピリミジン類のアミノ基に関する反応

プリン塩基やピリミジン塩基のアミノ基の反応は次に示す二つのタイプに分けられる。（a）窒素原子で起こる置換反応または縮合反応，（b）アミノ基と結合した炭素原子を反応中心とする脱アミノ反応。

第一のタイプの反応で最も重要なものはアミン類から *N*-アルキル誘導体への直接的変換およびホルムアルデヒドとの反応である。一方，脱アミノ化で特に興味深いのは核酸類に対する亜硝酸の作用である。

これらの二つの反応タイプは互いに性質を異にする。窒素位置で起こる反応はその大部分が孤立電子対と関係がある。すなわちこれらの原子は（非局在化された）孤立電子対を保有するため主に求電子攻撃を受ける。一方，炭素で起こる反応は本章の第 5.8 節で論じた他の反応と同様，炭素原子の電子不足的性質に支配される。したがってこれらの C 原子は本質的に求核攻撃を受ける。局在化エネルギーが計算できない場合には自由原子価の役割も考慮されなければならない。実際，N 原子で起こる反応のいくつかはラジカル的性質を示すため自由原子価の計算と関連が深い。

アミノ基の N 原子の挙動に関する実験の結果によると，アミノピリミジン類やアミノプリン類はアルキルおよびアリールアミン類との反応により *N*-アルキル，*N*-アリールアルキルおよび *N*-アリールアミノ誘導体へと直接変換される。この反応はアデニンで特に起こりやすく，シトシンでもかなり起こった[110]。しかしグアニンやイソシトシンはこの反応を起こさなかった。一方，第 7 章でも取り上げるが，（メチル基の主な生化学的供与体である）S-アデノシルメチオニン（XCVIII）による 2,6-ジアミノプリンのメチル化は，C_2 へ結合したアミノ基で起こり 6-アミノ-2-メチルアミノプリンを生成した[111]。

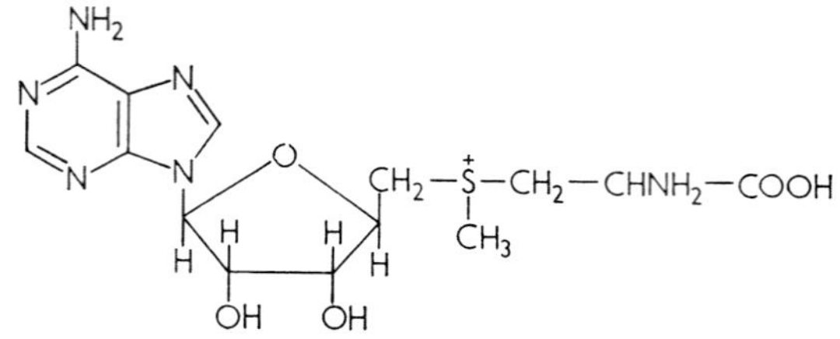

190　第5章　プリン類，ピリミジン類および核酸類の分子下構造

XCVIII. S-アデノシルメチオニン

またホルムアルデヒドとの相互作用は核酸自体を用いて検討された。Fraenkel-Conrat によれば，この反応はプリン塩基やピリミジン塩基のアミノ基に特有の反応であった[112]。RNA は DNA よりもはるかに反応性が高かった。実際，反応は遊離のアミノ基すなわち水素結合に関与しないアミノ基で起こった[113]。一次反応ではメチロール誘導体が形成された。すなわちホルムアルデヒドの低濃度（0.1%）では次のモノメチロール誘導体が生成し，

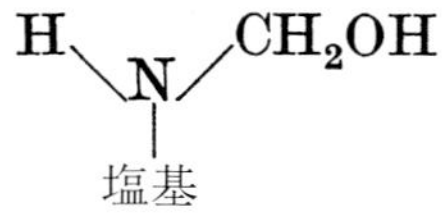

高濃度（1%）では次のジメチロール誘導体が生成した。

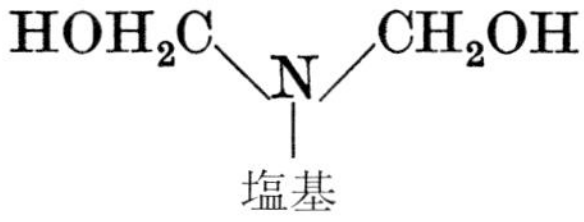

これらの不安定な中間体は続いて次のシッフ塩基へと変換されるか[112]，

あるいは他の活性水素原子と二次的な縮合反応を行った[113]。Alderson によれば，この最後の反応タイプは（メチレン架橋を介して二つのアミノ基をつないだ）ビスアデニル酸分子（XCIX）を *in vivo* で生成した[114, 114a]。

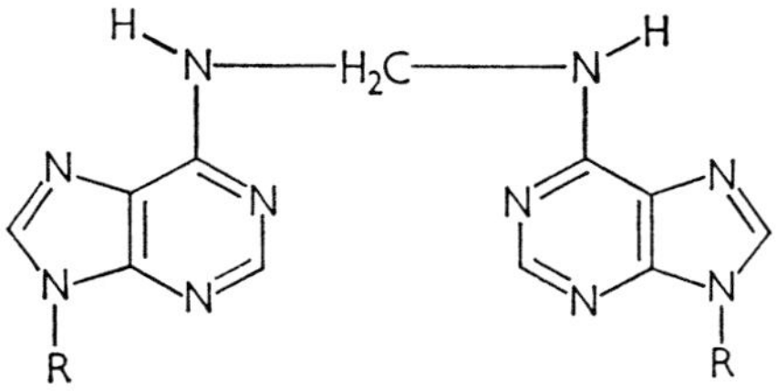

XCIX

また著者によれば，ホルムアルデヒドの変異誘発性はこのような化合物の形成にあるとされた。すなわちこの形成と一方の塩基の互変異性化は，対合相手を間違えることによりポリヌクレオチド鎖の塩基配列に変化を誘発する。アデニル酸はホルムアルデヒドとの反応でも最も高い反応性を示した。またグアニル酸の反応性は最も低く，シチジル酸は両者の中間の反応性を示した。

（もっと複雑なこともあるが）XCIX のような架橋化合物の形成は，抗白血病薬として知られるナイトロジェンマスタードやマイレラン（1,4-ジメタンスルホンオキシブタン）型の二官能性薬剤の作用の結果と考えられる[115]。

亜硝酸による脱アミノ反応では状況が異なり，反応の進行は次の様式に従う[116]。

$$RNH_2 + ONOH \rightarrow ROH + H_2O + N_2$$

すなわち反応にはアミノ基と結合した C 原子が関与している。したがってアデニン，グアニンおよびシトシンの反応生成物はそれぞれヒポキサンチン，キサンチンおよびウラシルであった。核酸上で反応が起こる場合には非天然塩基が *in situ* で生成した。したがって亜硝酸は重要な変異誘発剤と考えられる。DNA では天然と変性のいずれであっても反応性が最も高いのはグアニンで，次がシトシンであった。アデニンは反応性が低かった[117, 117a]。一方，RNA では反応性の順序は DNA とは異なった。すなわち二種のプリン塩基（グアニンとアデニン）は反応性が等しく，かつシトシンよりも高い反応性を示した。このタイプの変換では次の点に留意されたい。すなわち 6-アザシトシンはシトシンよりも微生物による脱アミノ化を受けやすい[118]。また 2,6-ジアミノプリンは *in vivo* では一般にグアニンへ代謝される。この反応は C_6 位での脱アミノ化に対応する。

引用された大多数の結果は前述の化合物に関するアミノ基の電子的特性によってうまく説明された。表 12 はこれらの電子的特性をまとめたものである。

表 12　アミノ基の電子的特性

	アミノ基の窒素原子		アミノ基と結合した炭素原子	
	電子密度	自由原子価	電子密度	自由原子価
アデニン	1.810	0.960	0.867	0.139
グアニン	1.803	0.933	0.807	0.124
シトシン	1.803	0.944	0.828	0.101
イソシトシン	1.800	0.925	0.787	0.104
6-アザシトシン	1.795	0.936	0.825	0.105
2,6-ジアミノプリン	$N_2 = 1.829$	0.978	$C_2 = 0.865$	0.107
	$N_6 = 1.810$	0.959	$C_6 = 0.862$	0.136
アデニン（AT 対）	1.763	0.908	0.854	0.127
シトシン（GC 対： 　水素結合が 2 個）	1.751	0.828	0.816	0.093
グアニン（GC 対： 　水素結合が 2 個）	1.809	0.943	0.821	0.115
グアニン（GC 対： 　水素結合が 3 個）	1.773	0.906	0.831	0.102
シトシン（GC 対： 　水素結合が 3 個）	1.751	0.828	0.816	0.093

表の上部には個々の塩基（すなわちヌクレオチド類）の値が示され，表の下部には相補的プリン‐ピリミジン対の値が示されている。

アミノ基のN原子で起こる反応（直接的アルキル化やホルムアルデヒドとの反応）の解釈は容易である。核酸の構成要素で，かつアミノ基を含んだ三種の塩基のうち，最大の電子密度と最大の自由原子価をもつのはアデニンのNH_2のN原子である。したがってこの塩基は上記の反応において最も高い反応性を示すはずであり，実際その通りになっている。一方，シトシンやグアニンのアミノ基窒素は電子密度が同じである。したがってそれらの相対反応性と関係があるのはこれらの原子の自由原子価である。その値はグアニンよりもシトシンの方が大きい。実際，これらの反応ではシトシンはグアニンよりも高い反応性を示す。

アルキル化反応においてイソシトシンは不活性であるが，この事実はそのアミノ基のN原子の相対的に低い電子密度（自由原子価）とよく合致する。最後に，2,6-ジアミノプリンでは優先的にアルキル化されるのはC_2へ結合したアミノ基のN原子（表12ではN_2と表記される）であった。このことはC_6へ結合したアミノ基のN原子（表12ではN_6と表記される）と比較し，この原子（N_2）が相対的に高い電子密度（および自由原子価）をもつ事実とよく合致する。

脱アミノ反応の解釈に当たってはさらなる注意が必要である。というのは実験結果がはるかに複雑であり，かつ電子密度と自由原子価の分布に並行関係が見出せないからである。すなわちアミノ基が結合したC原子上の形式正電荷は次の順に減少する。

　　　グアニン＞シトシン＞アデニン

この序列はDNAのこれらの三つの環のHNO_2による脱アミノ化されにくさの順序と正確に一致する。ただし自由原子価の順序は逆になる。このことは脱アミノ化における相対反応性の予測が容易ではないことを示唆する。その際，競合的に相互作用するのはおそらく分子の永久分極の効果と（DNAやRNAでの反応性の順序を左右する）外部薬剤の影響下での誘起分極率の効果である。塩基対においては立体効果もまた水素結合部位の反応に影響を及ぼすと考えられる。

5.12 金属錯体の形成

生化学における金属の役割は本書の第Ⅱ巻（序文 p.iv 参照）で詳しく議論される。しかしここでも一部，特に二価金属カチオンと核酸プリン類との錯体形成の問題を取り上げる。この問題はこれらの物質の生化学的機能の観点から見て重要であり，かつプリン骨格のヘテロ原子の反応性とも密接な関連がある。

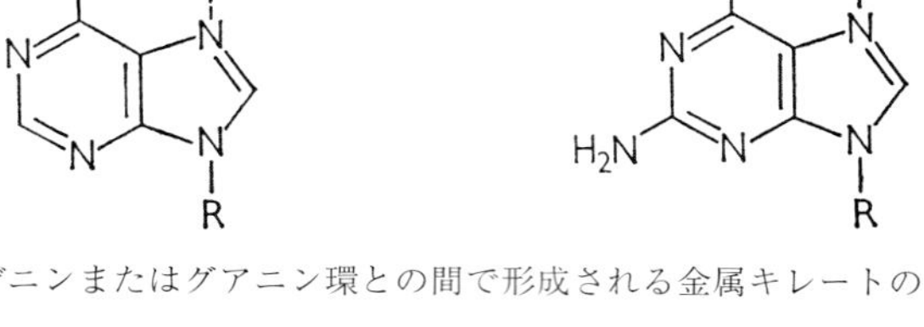

図14　アデニンまたはグアニン環との間で形成される金属キレートの推定構造

一般に認められている通り，核酸では負に荷電したリン酸基が金属カチオンと結合すると考えられる。一連の実験結果はこのようなことが起こるうることを立証した[119]。しかし最近の知見によると，リン酸基は金属カチオンの唯一の結合部位ではなく，実際には結合は大部分が窒素塩基で起こると考えられる[120, 121, 122]。このような錯体形成にはアデニンとグアニンが関与する。というのはこれらの二つの分子は金属のキレート化に適した立体配置を提供できるからである。すなわち，これらの分子にはN_7位や（C_6位へ結合した）環外ヘテロ原子といった安定なキレート五員環の形成に適した部位が存在する(図14)。この期待は（各種カチオンに対する塩基の相対的反応性を測定した）実験によって立証された。しかし実際には次の三つの理由により問題はもっと複雑である。(1) 濃度の関数で表された相対的反応性における順序の逆転，(2) さまざまな形態（遊離形，リボシド形およびリボチド形）をとる塩基類の存在，(3) さまざまな互変異性形をとる塩基類の存在。特に重要なのは（強力な錯体を生成する）第二銅イオンに関する Frieden-Alles の結果である[121]。これらの結果によれば，第二銅イオンをキレート化する塩基類の能力は次の順序になる。プリン類 ＞ プリンリボヌクレオチド類 ＞ プリンリボヌクレオシド類 ＞ ピリミジンリボヌクレオチド類。またプリンヌクレオシド類やヌクレオチド類の相対的能力はグアノシン ＞ アデノシンおよびグアニル酸 ＞ アデニル酸の順序となる。ただし遊離プリン類では逆の順序すなわちアデニン ＞ グアニンが観察された。もっとも生化学的に重要なのはヌクレオチド類やヌクレオシド類の順序である。ちなみに遊離形塩基類で得られた結果はアデニン環のイミダゾール部分における（N_9 から N_7 への水素原子の移動に伴う）互変異性によるものと思われる。Freiser らによると，銅-アデニン錯体は水溶液中ではおそらく次の構造で存在する[122]

　このような互変異性はヒポキサンチンやグアニンでは起こらない。したがってアデニンの金属錯体はグアニンのそれとは異なる機構で形成されると考えられる。もっともこのような複雑な状況はリボシド類やリボチド類では起こらないので生化学的観点からは無視される。
　金属-プリン結合によるキレート化合物の電子的安定性に関しては直接的計算がなされていない。グアニンリボシド類およびリボチド類はアデニンの対応物よりも金属カチオンに対して高い反応性を示すが，その原因はキレート化に関与する塩基類に含まれるヘテロ原子の電子的性質にあると考えられる。このようなヘテロ原子としてはアデニンのアミノ基の窒素，グアニンの酸素および両分子の N_7 位窒素が考えられる。金属キレート化合物の理論における一般則によると，供与基の電子対が多いほど金属との間で形成される共有結合は強くなる[123]。そのような観点か

ら二つの化合物（アデニン，グアニン）の N_7 位窒素を比較してみよう。Nakajima-Pullman の手順（本章の第 5.9 節参照）によれば，グアニンの N_7 位の塩基性度はアデニンのそれよりも大きい。すなわちこれらの原子に対する $\Sigma Q_p(ll|pp)$ の値はそれぞれ -1.67 と -1.42 となる[124]。したがってグアニンの N_7 が金属カチオンと結合を形成する能力は対応するアデニンのそれよりも大きい。

　金属キレート類の形成へのプリン類の N_7 位の関与は，（カフェインやテオブロミンのように）N_7 位をメチル化されたプリン類が第二銅イオンとは錯体を形成しないという事実によって証明される[125]。アデニンのアミノ基窒素原子とグアニンの酸素原子の同一場内での磁化率の比較は容易ではない。というのは N 原子や O 原子へ配位する金属の相対的傾向を比較するには概して実験量が少なすぎるのである[123]。しかし基本的には配位する傾向は O 原子よりも N 原子の方が大きい。そのため金属イオンに対して中性の窒素原子と競合できるのは負に荷電した酸素に限られる。さて，アデニンではそのアミノ基の窒素原子は適度な形式正電荷（$+0.190e$）を帯び，グアニン（ケト形）では C_6 位へ結合した酸素がかなり大きな形式負電荷（$-0.461e$）を帯びる。これらの結果からは金属カチオンと結合するこれらの原子の相対的能力に関していかなる結論も引き出せない。しかしそのような観点からは少なくともかなりの大きさであることは確かである。NH_2 基の 2 個の H 原子と関連した立体的問題を含まないため O 原子との結合もまた好まれる。電荷移動現象への局所的相互作用や π-π 相互作用の関与に関する Szent-Gyorgyi らの最近の研究からも示唆されるように[126]，この状況下ではグアニンの全電子供与的性質がアデニンのそれよりも大きいことも関係があると考えられる。

　前述の議論との関連において最近得られた Perrin の結果は多くの点で興味深い[126a]。すなわち Perrin によると，アデニン-N_1-オキシドとの金属錯体は第一級 NH_2 基や N_7 との間で生じるのに対し，アデノシン-N_1-オキシドとの錯体は第一級 NH_2 基や N-オキシドの酸素との間で形成される。これらの二種のキレートに対しては次に示す構造が提案された。

　リボヌクレオチド類やリボヌクレオシド類のキレート化能力は塩基類のそれよりも小さい。この事実はおそらくプリン骨格に対するリボースの電子求引効果や[122,127]，（たとえば塩基類の N_3 のような）二次キレート化部位に対するリボースの干渉効果に帰せられる。またリボヌクレオシド類よりもリボヌクレオチド類の方が高い反応性を示すという事実は結合エネルギーへのリン酸基の寄与によるものである。さらに核酸の変性もまた塩基の C_6 位へ結合したヘテロ原子への接近を容易にし，（たとえば Mg^{++} のような）金属の結合性を高めると考えられる[119]。

核酸類のキレート化を必要とする生化学的過程はきわめて多くかつ多様である。第一に，キレート化は核酸の「三次」構造を生成・維持することにより整然とした核酸構造の形成に寄与する（ただし「一次」構造はポリヌクレオチド鎖の基本的要素の相互配置であり，「二次」構造は相補的塩基間に形成される規則的な水素結合のパターンである[128]）。それらはポリヌクレオチド鎖を横方向に結合させ，かつ分子の三次折りたたみ構造を作り上げることにより顕著な補完的凝集を引き起こす。この後者の因子は実際に RNA の構造に寄与することが最近示された[129]。金属によるキレート化は核酸と関連タンパク質との結合にも関与すると考えられる[130]。たとえば図 15 は核酸のアデニン部分とタンパク質のアスパラギン酸またはグルタミン酸残基との間に形成される結合を示したものである。

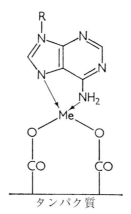

図 15 核酸とタンパク質との間の金属キレート化

同じタイプの結合はアポ酵素への補酵素の結合様式を表すものとして，たとえば補酵素ジホスホピリジンヌクレオチド（DPN，第 13 章参照）のようなアデニン環を含んだ他の生化学単位でも起こると仮定された[131]。またアデニン部分とピロリン酸鎖との間で内部キレート化が生じる ATP（第 7 章参照）でも同様に生じると考えられる[132]。

最後に，ここで論じた金属-プリンキレート化は核酸類との直接的結合や（前述の DPN のように）プリン環を含んだ他の基本的生化学物質への干渉を通じてある種の金属の発癌性におそらく関与している[133]。

多数の有機カチオン類，ことにアミノ-アクリジン類と DNA との相互作用は金属カチオン類が結合する部位と同一の吸着部位で起こると考えられる[134]。このような染料の結合は大部分，（これらの染料と塩基類の平面環との間で形成される）電荷移動型相互作用を伴う。この相互作用はプリン類と発癌性芳香族炭化水素類あるいはアミン類との間に見られるものと同じである。もちろん問題はさらに複雑な検討を必要とする[134a]。

196　第5章　プリン類，ピリミジン類および核酸類の分子下構造

5.13　キサンチンオキシダーゼによるプリン類の代謝的分解の機構

　生物学的プリン類の異化，ことに（アデニンとグアニンの中間体を経る）ヒポキサンチンとキサンチンの尿酸への代謝変換は酵素キサンチンオキシダーゼによって制御される[135]。この酵素分子は大きなタンパク質部分へ FAD 単位（第13章で述べる酸化還元の補酵素）が2個結合した構造で表される。分子はまた多数の金属カチオン類，おそらく8個の Fe と1〜2個の Mo も含んでいる。キサンチンオキシダーゼは核酸類のプリンプールを制御する主要酵素の一つと考えられる[136]。この酵素は上述の二種の基本的化合物に加えて他のプリン類[137]，プテリジン類[138]，アルデヒド類[139] などの複素環も基質として受け入れる。

　本節ではプリン類の酵素的酸化の電子的側面に限定して話を進める。キサンチンオキシダーゼによるこれらの分子の反応経路や酸化速度に関する定量的実験データの多くは F. Bergmann と彼の協力者によって提供された[137]。

　実験的には，キサンチンオキシダーゼによるプリン類の酸化は，通常の化学式で表したとき，隣接する窒素と二重結合で結合した炭素原子上で起こる。また反応は一般に次に示す二つの段階を経る。

　（1）　HC＝N 基への水和
　（2）　それに続く脱水素とエノール形またはケト形の酸化プリンの生成。

　この代謝変換の複雑さは（電子的レベルでの）詳しい機構の理論的検討をかなりむずかしくした。しかし予備研究によると，この問題は電子的因子によって一部説明可能である[140]。というのは本章ですでに述べたように，この電子的因子はプリン類の C 原子や環内 N 原子の反応性と関連があるからである。この代謝変換の議論を本節で取り上げたのはこのような理由に基づく。

　また以下の議論では，酸化の経路と速度の問題は切り離して論じられる。

　（a）　酸化の経路

　プリンやそのモノ置換誘導体では，アプリオリに酸化部位となる HC＝N 結合は一つではなくいくつも存在する。しかし反応は一般に優先的な位置で起こる。その状況は図16に示される。すなわちキサンチンオキシダーゼ作用下ではプリン類のヒドロキシ化は矢印で示した位置で起こる。

　HC＝N 結合の優先的反応性と電子的特性との相関を調べた結果，この反応性と関係があるのは結合を構成する C 原子の求核的局在化エネルギーの値であった。また HC＝N 結合が2個以上存在する場合には，（OH⁻イオンのような求核試薬の攻撃を最も受けやすい）酸化炭素が最小の求核的局在化エネルギーをもつことが確認された。このことは表13に示される。ただしこの規則には例外が一つだけある。それは8-ヒドロキシプリンである。この化合物は求核的局在化エネルギーが高い C 原子で酸化される。しかしこの例外はそれほど重要ではない。というのは二つの炭素は非常によく似た求核的局在化エネルギーをもち，かつこの化合物の全反応性は比較的小さいからである（表13参照）。

　表13の最後の欄には各位置の π 形式電荷も示されている。ただし，この指標と酸化経路との

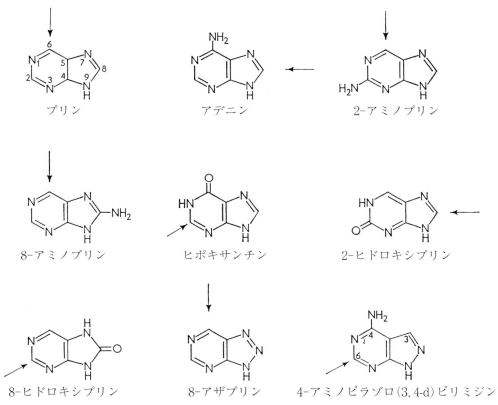

図 16 キサンチンオキシダーゼの酸化部位

間に相関は存在しなかった。

(b) 酸化の速度

すでに述べたように，キサンチンオキシダーゼによるプリン類の酸化は水和と脱水素という二つの段階からなる複雑な機構で進行する。したがって酸化の速度はこれらの二つの反応の速度に依存する。しかし実際に利用できるのは全変換に関する実験データだけである。理論的に見て，最も有意な相関が得られたのは全変換の速度と反応の初期段階で攻撃される位置の求核的局在化エネルギーとの間であった。実際，ヒドロキシ化される炭素原子の求核的局在化エネルギーが小さければ小さいほど，キサンチンオキシダーゼによるプリン基質の酸化速度は大きくなった。

表 14，15 および 16 に収載されたデータはこのことを示している。ただしこれらの表を解釈する際には注意が必要である。すなわち反応は明らかに化合物のイオン化状態に依存する。今の場合，このことは必ず考慮されなければならない。大ざっぱに言えば，ここで検討された化合物はこの観点からは三つのグループへ分類される（それらは表 14，15 および 16 の三つの表に対応する）。

(1) プリン，アミノプリン類，モノヒドロキシプリン類およびアミノヒドロキシプリン類：これらの分子は反応の最適 pH = 8.3 において主に中性形で存在する[141]。

198　第5章　プリン類，ピリミジン類および核酸類の分子下構造

表13　キサンチンオキシダーゼによるプリン類の酸化

化合物	酸化位置[a]	求核的 局在化エネルギー （単位：β）	形式電荷 （単位：e）
プリン	2 <u>6</u> 8	2.32 2.18 2.18	+ 0.098 + 0.093 + 0.105
アデニン	2 <u>8</u>	2.32 2.25	+ 0.102 + 0.072
2-アミノプリン	<u>6</u> 8	2.18 2.22	+ 0.098 + 0.084
8-アミノプリン	2 <u>6</u>	2.36 2.24	+ 0.066 + 0.059
ヒポキサンチン	<u>2</u> 8	2.04 2.35	+ 0.172 + 0.028
8-ヒドロキシプリン	<u>2</u> 6	2.38 2.35	+ 0.077 + 0.031
8-アザプリン	2 <u>6</u>	2.28 2.12	+ 0.109 + 0.110
4-アミノピラゾロ（3,4-d）ピリミジン[b]	3 <u>6</u>	2.58 2.28	− 0.047 + 0.177

[a] ヒドロキシ化は下線を引いた位置で起こる.
[b] このアデニン異性体は抗腫瘍剤として重要である（第5.10節参照）.

(2)　8-アザプリン類：これらの分子はpK_aが5付近にあり[142]，最適pHではアニオン形で存在する。プロトンはトリアゾロ環には存在しない。

(3)　ジヒドロキシプリン類：これらの分子はpK_aが8よりも小さい。またそれらのアニオン形の構造は不明である[143]。

　分子軌道計算はこれらの分子の中性形に対して行われた。ただし計算結果の信頼性は分子のクラスによって異なった。当然，分子軌道計算は第一のグループに対しても適用された。しかし求核的局在化エネルギーの相対値に関する限り，それらの順序は8-アザプリン類の一価アニオンに対するそれと同じであった。すなわちこれらの化合物はすべて同じオーダーのpK_aをもち，かつプロトンの喪失部位も同じであった。一方，第三のグループに関しては結果の取り扱いに注意が必要である。すなわち状況がどうであれ，これらの三つのグループは一緒ではなく別々に議論するのが望ましい。図17にはこれまでに言及されなかった多置換プリン類の構造式を示した。表14〜16では，化合物の名称を表すのに簡単かつ明快な表記法を用いた。ただしPはプリンを表す。

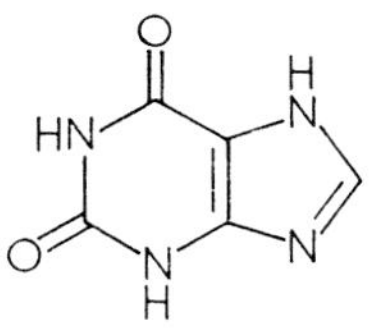

キサンチン
(2,6-OH—P)

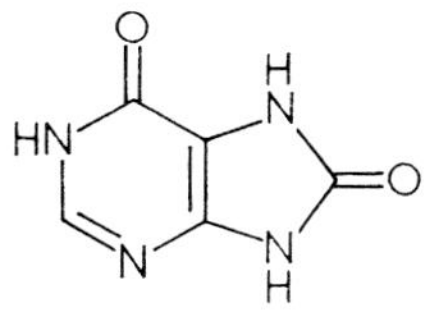

6,8-ジヒドロキシプリン
(6,8-OH—P)

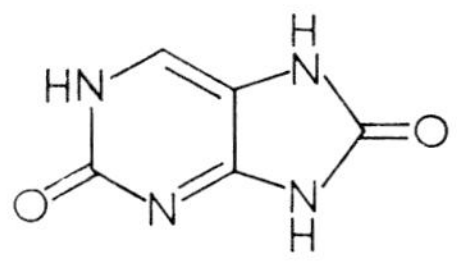

2,8-ジヒドロキシプリン
(2,8-OH—P)

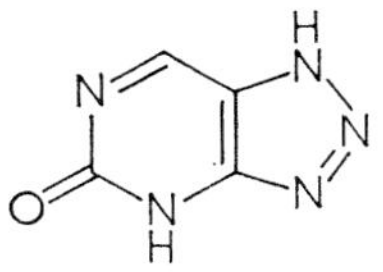

2-ヒドロキシ-8-アザプリン
(2-OH-8-Aza—P)

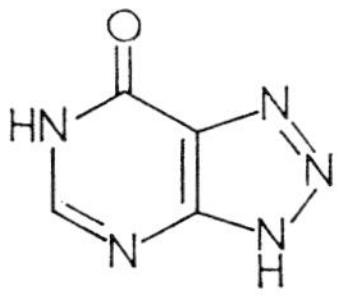

6-ヒドロキシ-8-アザプリン
(6-OH-8-Aza—P)

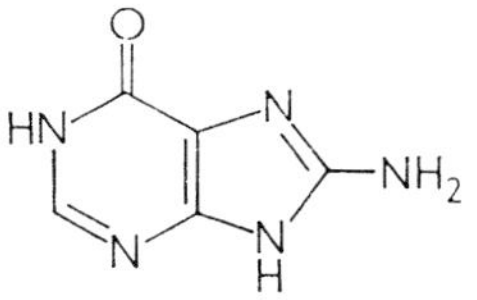

6-ヒドロキシ-8-アミノプリン
(6-OH-8-NH$_2$—P)

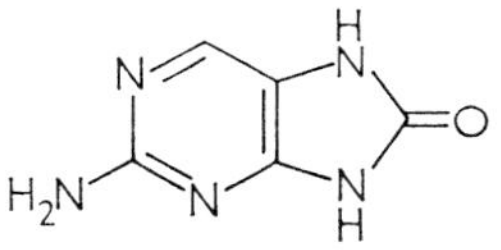

2-アミノ-8-ヒドロキシプリン
(2-NH$_2$-8-OH—P)

図17　キサンチンオキシダーゼの基質類

第一のグループ（表14参照）

　大ざっぱに言って化合物は三つのクラスへ分けられる。すなわちきわめて良好な基質群（キサンチンの速度を100とすると，ヒポキサンチンのそれは70），適度に良好な基質群（速度＝20），良好でない基質群（速度＜2）の三つである。これらの3種の速度範囲に対してそれぞれ異なる求核的局在化エネルギー範囲が対応する。この指標が最小となるのはヒポキサンチンである（2.04β）。適度に良好なな基質群の指標は$2.07\sim2.20\beta$の範囲に収まり，良好でない基質群の指標は2.25βを超える高い値となった。また最大の求核的局在化エネルギーを与えたのはグアニンであった（2.39β）。ただしこの化合物はキサンチンオキシダーゼの基質ではなかった。この相関は異性体を比較する場合にことに満足すべき結果を与えた。たとえば異性化した3種のアミノプリン類では2-アミノプリンは適度に良好な基質であったが，8-NH$_2$異性体と6-NH$_2$異性体（アデニン）は基質としてきわめて不十分であった。この結果は攻撃を受けた炭素の求核的局在化エネルギー値の順序と完全に一致した。3種のモノヒドロキシプリン異性体の場合にはさらに著明な結果が得られた。すなわちこれらの異性体は相対酸化速度の観点からはそれぞれ異なる化合物クラスに属していた（6-OH-Pは良好な基質，2-OH-Pは適度に良好な基質および8-OH-Pは良好でない基質）。この順序は求核的局在化エネルギーの値によって完全に説明された。

200 第5章 プリン類，ピリミジン類および核酸類の分子下構造

表14 キサンチンオキシダーゼの効果

化合物	実験		酸化炭素の求核的局在化エネルギー（単位：β）
	測定生成物	相対速度[a]	
6-OH-P	尿酸	70	2.04
P	尿酸	20	2.18
8-NH$_2$, 6-OH-P	2, 6-OH, 8-NH$_2$-P	18	2.07
2-NH$_2$-P	2-NH$_2$, 6-OH-P	17.5	2.18
2-OH-P	2, 8-OH-P	16	2.20
8-OH-P	2, 8-OH-P	1.5	2.35
8-NH$_2$-P	2, 6-OH, 8-NH$_2$-P	1.3	2.24
2-NH$_2$, 8-OH-P	2-NH$_2$, 6, 8-OH-P	1.3	2.34
6-NH$_2$-P	2, 8-OH, 6-NH$_2$-P	1	2.25
2, 6-NH$_2$-P	2, 6-NH$_2$, 8-OH-P	0.5	2.28
2-NH$_2$, 6-OH-P	2-NH$_2$, 6, 8-OH-P	0	2.39

[a] キサンチンを基準化合物とした（100）.

第二のグループ（表15参照）

アザプリン類の相対酸化速度の順序もまた適当な炭素の求核的局在化エネルギーの値によってうまく説明された。ただし 2-OH-8-アザ-P は例外であった。この化合物の反応性は感受性炭素の求核的局在化エネルギーから予想される値よりもはるかに小さかった。この分子は実験的観点からも例外と見なされた。というのは Bergmann らが用いた試料はキサンチンオキシダーゼの作用を受ける前に明らかに水和されていたからである。また酸化収率の低さは酵素反応の特異性との干渉によって説明された。

表15　8-アザプリン類に対するキサンチンの効果

化合物	実験		酸化炭素の求核的局在化エネルギー（単位：β）
	測定生成物	相対速度[a]	
6-OH-8-Aza-P	2, 6-OH-8-Aza-P	41	2.02
2-NH$_2$-8-Aza-P	2-NH$_2$, 6-OH-8-Aza-P	21	2.13
8-Aza-P	2, 6-OH-8-Aza-P	14	2.12
2-OH-8-Aza-P	2, 6-OH-8-Aza-P	6.1	2.04
6-NH$_2$-8-Aza-P	2-OH, 6-NH$_2$-8-Aza-P	3.1	2.29

[a] キサンチンを基準化合物とした（100）.

第三のグループ（表16参照）

この系列には良好な基質で，かつ反応が 100% 進行するキサンチンと 6,8-OH-P および事実上反応基質とはなり得ない 2,8-OH-P が含まれる。

もちろんこの最後の化合物は明らかに水和されるべき HC＝N 結合をもたない。6,8-OH-P の求核的局在化エネルギーが低いことはその酸化速度の大きさとよく合致する。一方，キサンチン

ンは納得のいく結果を与えない。その反応性炭素が示す高い求核的局在化エネルギーはキサンチンオキシダーゼに対する良好な基質としての挙動と合致しない。検討した3種の化合物の中で意外にもキサンチンは唯一の例外であった。しかしすでに述べたように，この分子は実験 pH でイオン化しており，かつアニオンの構造は不明であった。したがって中性種に対して適用された計算は実際の状況とはかけ離れていたと考えられる。

表16　ジヒドロキシプリン類に対するキサンチンオキシダーゼの効果

| 化合物 | 実験 | | 酸化炭素の求核的局在化エネルギー（単位：β） |
	測定生成物	相対速度	
2, 6-OH-P	尿酸	100	2.31
6, 8-OH-P	尿酸	100	2.07
2, 8-OH-P	尿酸	0.2	2.04^{a}

^{a} 互変異性形における値.

　本節の分子軌道計算では変換機構の解明に役立つ多数の電子的指標の評価が試みられた[140]。特に役立ったのは初期の水和に伴う共鳴エネルギーの損失量，その後の脱水素反応に伴う共鳴エネルギーの増加，酸化に伴う共鳴エネルギーの全変化および中間水和生成物の電子供与的性質などの指標であった。もちろん共鳴エネルギー変化の重要性は明らかである。また水和プリン類における電子供与的性質の重要性は反応の第二段階における電子移動と関係があると考えられる。すでに述べたように，キサンチンオキシダーゼは補酵素としてフラビン（FAD），活性化剤として金属カチオン類をそれぞれ利用する。しかしこれらの指標と反応特性との間に有意な相関は認められなかった。また初期の水和に関与する結合の電子的性質と反応特性との間にも相関は存在しなかった。生物学的に重要なプリン類の酵素的酸化機構は間違いなく複雑な過程であるが，見掛けの相関が認められたのは酸化された炭素の求核的局在化エネルギー値との間だけであった。このことは求核試薬（おそらく OH^{-} イオン）による初期の攻撃が（酸化位置と酸化速度の双方を決定する）反応の本質的段階であることを示唆する[143a]。しかしさらに詳細な検討が必要と考えられる。

5.14　放射能効果の構造的側面

5.14.1　一般的側面

　放射線生物学は近年発展した生物学の最も印象的な部門の一つである。この科学の基本的原理をまとめた書物は多数出版されているので[144]，ここではこの分野の本質的概念のみを取り上げる。

　高エネルギー放射線（波長が 100～1000 Å 以下，すなわちエネルギーが 0～100 eV よりも高い電磁放射線ならびに α および β 粒子，陽子，高速中性子などの微粒子放射線）は媒体に励起とイオン化現象を引き起こす。イオンと励起分子はいずれもしばしばフリーラジカルへと変換される。放射能効果の構造的側面に関する研究を形作るのはフリーラジカルとラジカル反応機構の概

念である。Swallow の指摘によれば[145]，一見意外ではあるが，高エネルギー放射線によって誘発された反応はほとんどの化学反応と同様にきわめて特異的である。これは初期エネルギーがすみやかに分解され，かつ観測される化学変化の多くが本来生成する遷移種によるものではなく，さまざまな転移過程の結果であるからである。一次作用は一連の事象によって開始され，未知の中間体を経て化学的および生物学的に変形されたのち観測される。

実際には，電離放射線の作用による構造的効果の解釈は次に示す二つの概念に支配される。

(1) いわゆる「標的理論」で表される直接的作用

この理論によれば，（たとえば，変異とか細胞死といった）高エネルギー放射線による生物学的兆候は直接的な単一の衝突，すなわち細胞の急所またはその近傍で起こるイオン化によって生じる。

(2) フリーラジカルによる間接的作用

これは水分子の分裂に由来する作用である。

原則として乾燥物質の化学変化は直接的効果，希薄溶液での化学変化は間接的効果によってそれぞれもたらされる。また，（生細胞に見られる）濃縮溶液やコロイド懸濁液ではそれらの中間的状況が観察される。実際には，これらの二つの概念は長い間，互いに排他的あるいは少なくとも正反対なものと考えられてきた。しかし現在では補完的なものと捉えられることが多い。もっとも生体系での主要な照射経路は一般に間接的作用であると推測される[146]。本節で議論された実験結果の大部分は核酸（またはその成分）の希薄溶液への電離放射線の作用によって得られる。したがって間接的作用の理論に関与する主要反応種を明らかにすることは意義深いことと思われる[147]。長い間，水に対する電離放射線の作用では，最も重要な一次化学過程は水素原子とヒドロキシラジカルの生成であると考えられてきた。

$$H_2O \longrightarrow\!\!\!\!\!\!\sim\!\!\!\!\!\!\longrightarrow H\cdot + \cdot OH$$

実際には，この過程は励起水分子の分解（$H_2O^* \rightarrow H\cdot + \cdot OH$）または水分子による電子の喪失または獲得を経て形成されるイオン類（H_2O^+ または H_2O^-）の解離によって引き起こされる。

H や OH のフリーラジカルに加えて分子生成物である H_2 や H_2O_2 もまた形成される。さらに溶存酸素の存在下では O_2H ラジカルも形成されると思われる。重要な反応種はもちろん H と OH のラジカルである。O_2H ラジカルは OH ラジカルに比べて酸化能力が低いため，反応性も特に高いとは思われない。実際，中性溶液では解離平衡が起こるため（$OH_2 \rightleftharpoons H^+ + O_2^-$），このラジカルは還元剤として振舞う。

反応性の高い H または OH ラジカルによって誘発された主な初期反応の一つは化学的には分子 RH から H を引き抜く反応である。

$$RH + \cdot H \text{ または } \cdot OH \rightarrow R\cdot + H_2 \text{ または } H_2O$$

この反応により生成した二次フリーラジカル $R\cdot$ は水の放射線分解から得られた一次フリーラジカルよりも反応性がかなり低い。しかしそれは寿命がかなり長く，その化学変換に対して高度な選択性を示す。なおこの二次フリーラジカル $R\cdot$ は元の分子のイオン化によって直接形成される $R\cdot$ と同一のものである。この結論はすでに述べたように放射線の直接的効果と間接的効果が

基本的に同じものであることを示唆する。もちろんいずれの場合も R に対しては一連の新しい変換が施される。

したがっていかなる場合であっても，核酸やその構成要素に対する電離放射線の効果に関する構造的側面の研究は，フリーラジカルに対するこれらの物質の反応性を調べる機会を我々に提供する。この問題はこれまでの節では扱われたことがなかった。

一方，生化学物質に及ぼす高エネルギー放射線の効果に関する研究は近年，放射線効果の分野で中心をなす話題である。有用な補完的情報は紫外線や可視光線の効果に関する関連データからも得られる。光化学の主題を形作るのはこのような研究である[148]。スペクトルの紫外領域や可視領域からの光量子の吸収は分子をその励起電子状態の一つへと移行させる。励起エネルギーは（蛍光やりん光といった形での）放射線の再放出や内部変換によって失われる。また励起分子は安定種やフリーラジカルへの開裂や（光学的解離や前期解離といった）転位反応を引き起こす。さらに別の分子では励起エネルギーを失うことによって，化学反応が開始され増感反応へと引き継がれる。明らかにこれらの変換によりもたらされる光生成物の研究は化学物質や生化学物質に及ぼす放射線作用の一般問題に関する重要な側面を形作る。エネルギー吸収の測定は最近マイクロ波領域へと拡張された。また（タンパク質，核酸，酵素などの）基本的生化学構造におけるフリーラジカルの形成は，放射線生化学の全分野においてその重要性を立証することになった[149]。

5.14.2 実験的データ

実験結果の吟味はさまざまな研究室で行われた。その結果，一般的結論として電離放射線は希薄水溶液中の核酸に対して次の化学効果を及ぼすことが確認された[150-155]。
(1) 水素結合の開裂
(2) 脱アミノと脱ヒドロキシ化
(3) 糖–塩基結合の開裂
(4) プリン塩基の遊離
(5) ピリミジン塩基の分解
(6) 糖部の酸化
(7) ヌクレオチド鎖の切断と無機リン酸の遊離

酸素存在下の照射はピリミジン塩基類のヒドロペルオキシドを生成した[156,157]。

これらの反応では糖部への攻撃は副次的な経路に過ぎず，反応性種を生成したのは主に核酸のプリン塩基類やピリミジン塩基類を攻撃する水分子であった[158,159]。我々にとって関心があるのは放射線障害に対するこれらの塩基類の挙動の違いである。この点に関して前述の結果の中で特に注意を要するのは次の点である。

(a) 核酸のピリミジン部分は放射線障害に対する感受性が一般に高い

すなわちプリン類はピリミジン類に比べて安定である。

(b) プリン塩基類のグリコシド結合はピリミジン塩基類のそれよりも不安定である

プリン塩基類の遊離に基づいたこの結論はピリミジン塩基類の場合ほど明快ではない。後者も

204　第5章　プリン類，ピリミジン類および核酸類の分子下構造

同様に遊離されるが，分解に対する感受性はより高い。

　これらの二つの結論，ことに第一の結論は対応する遊離塩基類やそれらのヌクレオシドおよび
ヌクレオチドに関する放射線効果の研究からさらなる確証と進展が得られた。すなわち

(1)　酸素存在下でのこれらの化合物に対する電離放射線の効果に関する研究はプリン類がヒ
ドロペルオキシド類の生成に抵抗することを示した[156,157]。またピリミジン類に関してはチ
ミンとウラシルはシトシンよりもはるかに高い感受性を示した。さらにヒドロペルオキシド
の構造も明らかにされた[156,157,160]。その構造は OH および OH$_2$ ラジカルがピリミジンの 5-6
結合へ付加したものに対応していた。たとえば（特に安定な）チミンのヒドロペルオキシド
は次の構造式で表される。

一方，おそらく一緒に形成されるシトシンのヒドロペルオキシドはチミンのそれとは対照的
にきわめて不安定で，さまざまな生成物へすみやかに変換された[161]。

(2)　H$_2$O$_2$ 存在下での紫外線（$\lambda < 3100\,\text{Å}$）の効果に関する研究によれば，プリン類（アデ
ニン）の抵抗やピリミジン類（チミン）の分解もまた観察された[162]。これらの条件下では
照射の効果は（H$_2$O$_2$ の開裂によって生成する）OH および OH$_2$ ラジカルの間接的作用によ
るものであった。その意味でこの研究は前述の研究と関連があった。

(3)　強い照射はプリン塩基類の開裂をも引き起こした[163]。にもかかわらず，アデニン環はグ
アニン環よりもはるかに高い抵抗性を示した。グアニル酸やグアノシンの水溶液への高エネ
ルギー電子（10^6 ラド線量に対して 15 MeV）の照射はグアニンの生成（グリコシド結合の
切断）やグアニンのイミダゾール環の開裂とそれに続く 2,4-ジアミノ-5-ホルムアミド-6-ヒ
ドロキシピリミジンの生成を促した[164]。

それに対して，アデニンの誘導体は同一条件下で遊離塩基のみを生成した。すなわちグリコシド
結合は開裂したが，生成した塩基は分解に抵抗した[165,166]。またキサントシンはグアノシンと同
じように振る舞い，対応するホルムアミドピリミジンを収率よく生成した[167]。

　これらの研究，特に遊離塩基類とそれらのヌクレオシドやヌクレオチドの研究から推測される
ように，電離放射線の直接的および間接的効果による分解に対する主なプリン塩基類とピリミジ
ン塩基類の相対的抵抗性は次の順序に従った。

　　　アデニン ＞ グアニン ≫ シトシン ＞ ウラシル ≧ チミン

しかし核酸自体においても同じ順序が観察されるとは限らない。実際，この問題に対する最近の

証拠は矛盾した結果を与えた。Hems によれば，前述の順序を満たしたのは DNA の試料であった[166]。また放射線に対するアデニン環，特に核酸に取り込まれたアデニン環は放射線に対して高い抵抗性を示した。すなわちアデニン自体は強い照射によって少量のホルムアミドピリミジンを生成したが，グアニン環が容易に開裂するような条件ではホルムアミドピリミジンは照射 DNA 中に見出されなかった。この結果は酸素の有無とは無関係であった。水溶液中のウシ胸腺 DNA 試料（5 mgm/ml）への 15 Mev の電子照射によって破壊された塩基の平均 G 値（吸収線量 100 eV 当たり変換される分子の数）は（引用文献 166 のグラフによれば）次のようになる。すなわち酸素が存在しない場合にはアデニンは 0.12，グアニンは 0.19，シトシンは 0.28 およびチミンは 0.44 であり，酸素が存在する場合にはアデニンが 0.44，シトシンが 0.53，グアニンが 0.63 およびチミンが 0.73 であった[168]。

それとは対照的に，Emmerson らはアデニン環が放射線に対して抵抗性であることを観察した[159]。さらに，核酸の希薄溶液への照射による各塩基の相対的分解性はチミン ＞ アデニン ＞ シトシン ＞ グアニンの順となり，（酸素存在下での）それらの G 値はそれぞれ 0.33，0.25，0.23 および 0.18 であった。ただしアデニンを放射線感受性塩基と見なす文献もある[168a]。

もちろん電離放射線が核酸やその成分の乾燥試料に対して引き起こす損傷に関する研究も行われた。この種の損傷は Gordy らにより電子スピン共鳴（ESR）法を用いて検討された[169]。

この方法は放射線障害によって生じたフリーラジカルを検出するのに特に適している。実際，ESR シグナルはピリミジン塩基類（チミン，ウラシル，シトシンおよび 5-メチルシトシン）の γ 照射試料で観測されたが，アデニンやグアニンの試料では観測されなかった。ピリミジンおよびプリン塩基のヌクレオシドやヌクレオチドもシグナルを与えることから，不対電子の存在が指摘された。Gordy によって観測されたラジカルはそのほとんどが電子，原子または小官能基のみを失い，電子が塩基環に捕捉された全分子型であった。しかもシグナルは他のタイプの生化学物質（たとえばタンパク質のアミノ酸）から得られたものよりもはるかに弱かった。このことは照射によって切り離された電子のほとんどがすみやかに結合することを示唆する。この再対合はピリミジン塩基よりもプリン塩基でより起こり易かった。純塩基やそのヌクレオチドまたはヌクレオシドに関する結果の比較から明らかなように，不対電子のほとんどが糖成分ではなく塩基に捕捉された場合でさえ糖環はラジカル生成に影響を及ぼしていた。

しかし最も印象的なのは核酸自体の電子スピン共鳴に関する結果であった。核酸類の共鳴パターンはそれらの構成ヌクレオチドのパターンを重ね合わせたものとは異なる。特に奇数個の電子がグアニン環やチミン環ではなくアデニン環やシトシン環に存在する場合にそうである。Gordy はこの知見を解釈するために，核酸のイオン化によって生成する奇数電子は特定の環から別の環へと移行しうると仮定した。鎖の切断や分離を伴うことなくイオン化が起こるならば，移行した電子はスピンを解消すると共に残ったラジカルと再結合するはずである。核酸への室温での照射は長寿命ラジカルを生成しにくいため，このことは大いに起こりうる。 しかし鎖はある程度切断されたり分離されたりする。そのため，奇数電子はこれらの孤立断片に捕捉されやすい。これらの理由により，奇数原子は特定の環に濃縮される傾向がある。損傷はポリマー鎖に沿って

206　第5章　プリン類，ピリミジン類および核酸類の分子下構造

ラジカルを形成しやすい単位になるまで無視される。

　最後に，核酸と関連タンパク質との結合は核酸の放射線感受性をかなり変化させる。Emmerson らによれば，核タンパク質の希薄溶液への 10^5 ラド線量の照射は核酸に実質的な損傷を与えない[159]。照射によって生成した活性種はタンパク質とのみ反応し，かつタンパク質鞘を貫通しない。また電離放射線は（たとえば鎖のコイル化，架橋，枝分かれといった）補完的効果を核酸に引き起こす。しかしこれらの変化は電子的解釈に適するほど特異的でないため，ここでは考慮されない[170]。

　核酸やその構成要素への紫外線照射の結果に関する吟味がまだ残されている。この分野でのいくつかの結果によれば，紫外線の効果は電離放射線のそれから推測されるものと同じであった。すなわちプリン類は紫外線照射に対してピリミジン類よりもはるかに高い抵抗性を示した。このことは核酸類および遊離塩基類とそれらのヌクレオシドやヌクレオチドに対する効果にも当てはまる[171-174]。利用可能なデータの詳細な吟味は有用な補完的情報をもたらした。すなわちShugar-Wierzchowski によれば，プリン類に関する限りアデニンはグアニンに比べて紫外線照射に対して高い安定性を示した。また定性的結果によれば，これらの二種のプリン類はキサンチンや尿酸よりも安定であった[174]。

　Loofbourow-Stimson は照射に対するプリン類やピリミジン類の不安定性が環内のカルボニル基の数と並行することを示した[176]。Shugar はこの結果を容認し[175]，紫外線照射に対する必須プリン類の安定性がアデニン，ヒポキサンチン，グアニン，キサンチン，尿酸の順に低下することを指摘した。一方，電離放射線に対するこれらのプリン類の抵抗性に関しては残念ながら同様のデータは存在しない。もっとも，これらの必須プリン類では電離放射線と紫外線に対する抵抗性はすべてよく似ていると考えられる。また核酸構造の一部を構成するプリン類やそれらの *de novo* 合成経路における中間前駆体は代謝分解物よりも安定であった。

　ピリミジン塩基類の光化学的挙動はいずれもよく似ていた。しかし電離放射線に対する挙動に関しては多少違いが認められた。すなわちこの系列でも，光分解に対する感受性と環内に存在するカルボニル基の数との間にはある程度の並行関係が認められた[177]。すなわち光分解に対する感受性は 2-クロロ-6-アミノピリミジン，ウラシル，バルビツール酸の順に増大した。しかし重要なのは水溶液中ではピリミジン類が次の二つのグループに分けられることである。

（a）　ウラシルやシトシン（およびそれらのヌクレオシド類とヌクレオチド類）のように 5-6 結合が未置換の化合物。これらの化合物の光分解は多かれ少なかれ可逆的で，かつ 5-6 結合への水の取込みと（酸塩基触媒による）その除去を伴う。

（b）　チミン，5-メチルシトシンおよびオロチン酸のように 5 または 6 位を置換した誘導体。これらの誘導体への照射はピリミジン環を不可逆的に破壊し，さまざまな生成物を生み出す。水分子の取込みはこれらの場合にはおそらく関与しない[156]。もちろん十分強く照射（$\lambda <$ 2537Å）されれば，ウラシルやシトシンのピリミジン環も破壊される。

　実際にはこの分類は絶対的なものではない。最近，ある種の 5-または 6-置換ピリミジン類では水の可逆的な取込みもまた観察された[175]。このことは反応性の差が単に 5-6 結合での立体障

害に依存するのではなく，もっと複雑な条件群の関数であることを示唆する。

可逆的な照射生成物は，特に1,3-ジメチルウラシルの場合には6-ヒドロキシヒドロ誘導体であった。

$$\text{（構造式：1,3-ジメチル-6-ヒドロキシヒドロウラシル）}$$

生化学的ピリミジン類において，電離放射線の研究から得られた結果との比較を妨げているのは5-6未置換体と置換誘導体との区別や照射生成物の性質である。ただしこれらの制約があったとしても，ピリミジン類の相対安定性に関しては類似性が観察される。たとえばウラシル（またはその誘導体）の光分解の量子収率（光子を吸収した分子の数に対する反応した分子の数）はシトシン（またはその誘導体）のそれよりもはるかに大きい[178,179]。またシトシンの光生成物はウラシルのそれよりもかなり不安定で，室温では元の親化合物へと容易に逆戻りする。

最後に，特に水溶液中で紫外線照射に対して抵抗性を示すチミンは，（すみやかに凍結した水溶液中やアプリン酸中のような）条件下ではこのような照射に対して高い感受性を示す[180]。もっともこのようなことは5-メチルシトシンでは報告されていない。実験条件や反応の性質によって異なるが，核酸のピリミジン塩基類の中で最も感受性が高いのはウラシルかチミンのいずれかである。それに対してシトシンは比較的感受性が低い。このような観点から眺めれば，紫外線照射に対するピリミジン塩基類の感受性は大ざっぱに言えば電離放射線に対するそれと並行関係にある。

前述の要約は概略を示しただけで詳細を無視している。にもかかわらずこのような単純化は一般的な解釈を行う際に必要である。

5.14.3　解釈

放射線障害に対する前述の化合物の相対的抵抗性に関与し，かつ生じた障害の説明に役立つ構造的特徴は次の二つである[181]。

（a）　塩基類の共鳴安定化

芳香族分子は放射線障害に対して比較的高い安定性を示す。このことは古くから知られていた。たとえばベンゼンは電離放射線による分解に対して比較的高い抵抗性を示す。このことは光化学における量子収率の低さや，ベンゼンの質量スペクトルが親イオンを高い割合で含むといった事実と並行関係にある[145]。この状況は（照射によって生じる）これらの分子の励起状態が生成したのちただちに分解されるのではなく，（分解前に起こる）衝突などの過程によってエネルギーが散逸するという仮説によって説明できる。Duchesne はこのような安定性—特に π 電子の非局在化による塩基類の安定化—に関与する因子を調べる必要があることを示唆した[182]。そしてこの非局在化を表す満足な尺度は塩基類の共鳴エネルギーであることを指摘した。すなわち塩基類

の共鳴エネルギー値と放射線障害に対する抵抗性との間にはある種の関係が認められる。

実際，これらの二量の間には確かに良好な相関が存在する。

生物学的に重要なプリン類やピリミジン類の共鳴エネルギーは本章第5.5節の表2に収載されている。この表には各化合物の全共鳴エネルギーとπ電子当たりの共鳴エネルギーが示されている。分子が異なればπ電子の数も異なるので，電子の非局在化による分子の相対的安定性を表す尺度としてはπ電子当たりの共鳴エネルギーが適切と考えられ，本書でもこの尺度が用いられた。いまの問題との関連でこれらのデータを吟味したところ興味深い結果が得られた。

すなわちほとんど例外なく，π電子当たりの共鳴エネルギーの相対値は放射線障害を調べた化合物の相対的安定性を正しく再現した。すなわち全体として，プリン類はπ電子当たりの共鳴エネルギーがピリミジン類よりも大きかった。また生化学的に重要なプリン類の中で最も安定，かつπ電子当たりの共鳴エネルギーが最も大きいのはアデニンであった。同様にシトシンは他のピリミジン塩基類に比べて放射線障害に対する抵抗性が高く，かつπ電子当たりの共鳴エネルギーも比較的大きかった。さらにプリン類におけるπ電子当たりの共鳴エネルギーはアデニン，ヒポキサンチン，グアニン，キサンチン，尿酸の順に低下したが，この順序は光分解に対する抵抗性が低下する順序と正確に一致した。生体分子，特にアデニンの共鳴安定性の生化学的重要性に関する初期の考察と関連して，核酸に取り込まれた塩基類はπ電子当たりの共鳴エネルギーが比較的大きく，かつそれらの代謝分解物（キサンチン，尿酸，バルビツール酸）よりも安定であった。一方，核酸類の *de novo* 合成における直接の前駆体（ヒポキサンチン，オロチン酸）は比較的高い安定性を示した。

この顕著な相関にも拘わらず，塩基類の放射線抵抗性の測定における共鳴安定性の重要性は完全には明らかになっていない。またここで引用した共鳴エネルギーの計算値はすべて分子の基底状態に対する値である。もちろんそれらの値は照射の一次生成物の安定性，分解に対する抵抗性，閉殻型完全共役を回復する傾向などもある程度表している。もっともこの問題への満足な解答を得るには，共役系の照射によって生成するイオン類やラジカル類の共鳴エネルギーに関する補足的計算を事前に行う必要がある。

（b） 電子構造的特徴

一方，電離放射線に対する生化学物質の感受性はこれらの照射，特に水溶液中での照射によって生成するフリーラジカル類に対する反応性と明らかに関連がある。したがってこの感受性はこのタイプの試薬（フリーラジカル）に対する有機系——ここでは特に共役系——の反応性を支配する構造的因子によって大部分決定される。

反応を構成するのはプリンまたはピリミジン塩基類の「二重」結合の一つへのフリーラジカル対の付加である。すなわち，各種化合物における反応の相対的難易度に関係する構造的特徴は次の二つである。（a）高い易動性次数（二重結合性）をもつ結合の存在，（b）この結合を形作る原子における高い自由原子価の存在。

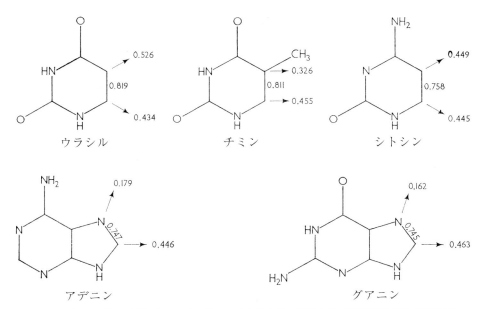

図18 核酸のプリン類とピリミジン類における最大結合次数とその両端原子の自由原子価

図18は主なプリン類やピリミジン類における結合次数の最大値とその結合の両端における自由原子価の値を示したものである。

この図からは以下のことが指摘された。

(a) 易動性結合次数が最大となる結合はピリミジン類では，5-6位の炭素—炭素結合であり，プリン類では7-8位の窒素—炭素結合であった。

(b) ピリミジン類の C_5—C_6 結合の易動性次数は概してプリン類の N_7—C_8 結合のそれよりも大きかった。すなわちこの観点からは，ピリミジン類はフリーラジカルの固定に関してプリン類よりもはるかに高い反応性を示した。さらにウラシルやチミンの C_5—C_6 結合の易動性次数はシトシンのそれよりも大きかった。すなわちこれらのピリミジン塩基では，ウラシルとチミンはフリーラジカルに対する反応性がシトシンよりも高いはずである。同様に考えると，ウラシルはチミンよりもわずかに高い反応性を示すはずである。実際，この最後の結論は感受性結合の両端炭素における自由原子価の値によって実証された。特にウラシルの5位炭素はきわめて大きな自由原子価をもち，フリーラジカルに対する反応性が特に高いと考えられる。これらの結果はいずれもフリーラジカルの付加に対する反応性が次の順序で低下することを示唆する。

　　　ウラシル ＞ チミン ＞ シトシン ＞ プリン類

この理論的予測は本節の最初の部分で引用された実験データとよく一致した。

(c) アデニンとグアニンの N_7—C_8 結合は易動性結合次数がほぼ同じである。したがってラジカルに対する反応性を左右するのは原子の自由原子価の値である。さらに言えば，この反応性に決定的な影響を及ぼすのは8位炭素の自由原子価である。この観点からはグアニンはア

210　第5章　プリン類，ピリミジン類および核酸類の分子下構造

デニンよりも反応性が高く，この結果は実験とも合致した。

概してラジカルの反応性と関連した構造的指標の分布から導かれた結論は今の場合，共鳴エネルギー的安定性から引き出された結論と並行関係にあった。電離放射線に対する核酸のプリンおよびピリミジン塩基類の相対的安定性や不安定性には二つの因子が寄与していた。

前述の結果の一つは強調に値する。すなわち DNA のプリン–ピリミジン対における電離放射線やフリーラジカルの作用部位はピリミジン環であることが多い。この問題との関連で，（ナイトロジェンマスタード類，エチレンイミン類，エポキシド類などの）求電子試薬として振舞う放射線類似作用性細胞毒剤の作用部位はこれらの対に関する限りプリン環にあることを思い出していただきたい（第5.9節）。すなわち生化学物質に対するこれらの試薬の効果はよく似ているにも拘わらず，攻撃される標的は同じではない。さらに上で指摘したように，グアニンに対するフリーラジカルの攻撃はほとんどの場合 C_8 位で起こるのに対し，ナイトロジェンマスタード類の攻撃は N_7 位の第四級化を引き起こした。

紫外線照射効果における電子構造的特徴の役割を定めることはさまざまな理由により容易ではない。すなわち第一の理由は実験条件に対する結果の感受性が大きいことである。また第二の理由は分子の励起状態の介入があることである。分子軌道計算は分子の基底状態に対しては妥当であるが，励起状態の構造に対してはあまり満足な結果を与えない。そのため第一近似的な結論しか得られないことが多い。紫外線照射による生成物はこれまでに分かっている限りではピリミジン類の水和生成物である（一方，プリン類ではこのような生成物は形成されない）。また水和はピリミジン環の 5-6 結合で生じる。これは付加反応であり，反応の起こり易さは 5-6 結合の易動性結合次数の値に依存する。反応は水の H^+ イオンと OH^- イオンが付加する形で進行する。この場合，補完的因子となるのは結合の極性である。基底状態の電子分布が反応の進展に有意に寄与する限り，結合次数に関する前述の結果は次の事実すなわちピリミジン類はプリン類よりも感受性が高く，かつウラシルやチミンにおける光分解の量子収率はシトシンのそれよりも大きいという事実と合致した。さらにこれらの3種のピリミジン塩基類における C_5 位の形式負電荷と C_6 位の形式正電荷の存在は結合に極性を付与した。この極性は C_6 位への OH^- と C_5 位への H^+ の付加を促した。この結果は実験事実ともよく符合した。

ピリミジン塩基類の光分解における重要な側面は水和の可逆性である。この点に関連し，シトシンの水和光生成物はウラシルやチミンのそれらよりも不安定であった。この状況の解釈は容易である。というのは水和生成物が元の塩基へ戻ろうとする傾向は，水和によって失われた共鳴エネルギーを回復するために完全な共役型へ戻ろうとする傾向と対応関係にあるからである。すなわち可逆性の傾向が増大すれば脱水による共鳴エネルギーの増加も大きくなる[183]。表17のデータによれば，このエネルギー増加はシトシンの方がウラシルやチミンよりも約3 cal/mole ほど大きい。この状況は光再活性化の問題と多少関係がある[175]。

表17 ピリミジン類のヒドロキシヒドロ誘導体の脱水による共鳴エネルギーの増加

ヒドロキシヒドロ誘導体の 構造と共鳴エネルギー		その塩基の 構造と共鳴エネルギー		脱水による共鳴 エネルギーの増加
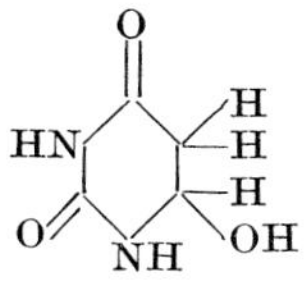 *(構造式)*	$1.13\,\beta$	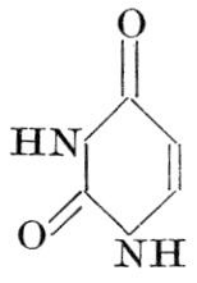 *(構造式)*	$1.92\,\beta$	$0.79\,\beta$
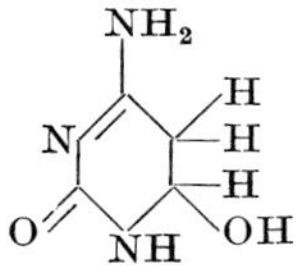 *(構造式)*	$1.29\,\beta$	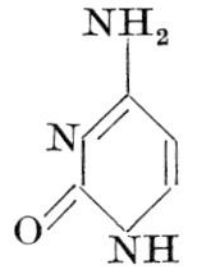 *(構造式)*	$2.28\,\beta$	$0.99\,\beta$

最後に核酸に特有な効果を取り上げる。たとえば Gordy らによる電子スピン共鳴の観測である[169]。彼らによると，核酸の乾燥試料への γ 照射によって生成する奇数電子はアデニン環やシトシン環に優先的に割り付けられる。Gordy 自身が指摘したように，この現象に対しては奇数スピン密度のエネルギーがこれらの環で最も低くなるという仮説が提出された。もっともこの状況の原因となる因子はまだ特定されていない。我々は塩基類の最低空分子軌道のエネルギーがこの因子であると考えたい。実際，シトシンやアデニンの最低空分子軌道はチミンやグアニンのそれらよりも安定であった。因みにこの軌道のエネルギー係数（k_i）はこれらの4種の塩基類に対してそれぞれ -0.80，-0.87，-0.96 および -1.05 であった。

5.15　さまざまな反応

核酸のプリン塩基類とピリミジン塩基類に関した反応はその他にも色々ある。それらはこれまでに議論した反応とある程度関連があり，かつこれまでに到達した結論を立証するものになっている。また，照射と化学誘発された損傷との対応関係を確認することもできる。

次に示すのはこれらの中で特に重要な反応である。

（1）核酸類の加ヒドラジン分解

この反応は複素環の分解を伴う。この分解に対してピリミジン類はプリン類よりもはるかに抵抗性が低かった。実際，核酸類の加ヒドラジン分解はピリミジン類の分解と脱離を経ていわゆるアピリミジン酸を生成する[184]。

一例としてウラシルによる変換を取り上げ，この反応の性質を説明する。

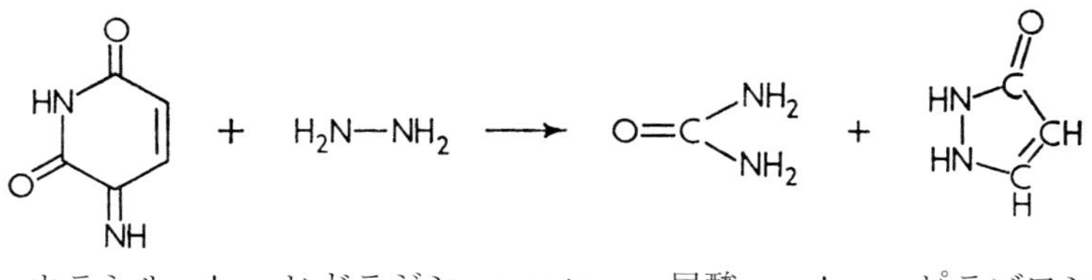

ウラシル ＋ ヒドラジン ⟶ 尿酸 ＋ ピラゾロン

212 　第5章　プリン類，ピリミジン類および核酸類の分子下構造

ピリミジン塩基類では反応性は次の順序で低下する。

　　　ウラシル ＞ シトシン ＞ チミン

反応機構はよく分かっていない。しかし関連のある複素環式化合物，たとえばヒダントインやアラントインでは，ヒドラジンの作用は環の NH—CO 結合の一つを切断し，次の化合物を生成する[185]。この観察結果は反応機構に光を投げかけた。

$$H_2N—NH—\overset{\overset{\textstyle O}{\|}}{C}—CHR—NH—\overset{\overset{\textstyle O}{\|}}{C}—NH_2$$

　この場合，反応機構を構成するのは明らかにカルボニル基の正荷電性 C 原子へのヒドラジンの求核攻撃である。

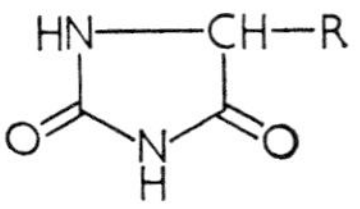

R = H →ヒダントイン，R = HN—$\overset{\overset{\textstyle C}{\|}}{\underset{}{}}$—NH$_2$ → アラントイン

残念ながら，核酸のピリミジン類で起こる反応はもっと複雑である。そのためこれらの塩基類の電子的性質の観点からなされた研究はまだない[185a]。

　(2)　過マンガン酸カリウムの作用

　(37 ℃での) 過マンガン酸カリウムは核酸のピリミジン塩基類やグアニンに対して酸化作用を呈する[186]。アデニンはここでも高い抵抗性を示し，ほとんど反応しない。実際，塩基類の酸化されやすさは次の順に低下する。

　　　シトシン ＞ チミン ＞ グアニン ＞ アデニン

チミンの場合，得られた生成物は *cis*-グリコールであった[187]。

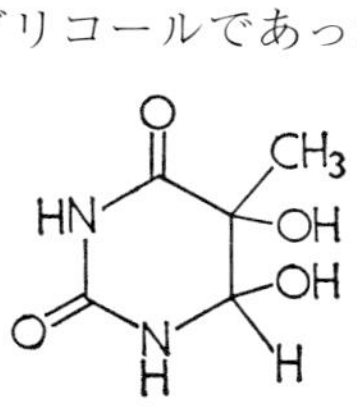

この化合物は加水分解されて尿素とアセトールを生成する。この反応と放射線障害との間には明らかに類似性が認められる。

　(3)　トリチウムガスへの曝露

　トリチウムガスへ DNA を曝露した場合，塩基類におけるトリチウムのモル比はそれぞれアデニンでは 1，グアニンでは 1.4，シトシンでは 2.4，チミンでは 9.8 であった[188]。プリン類の H 原子はこれらの交換反応に関してピリミジン類よりも高い抵抗性を示した。最も安定な塩基はここでもアデニンであった。チミンの高い反応性はメチル水素の高い交換速度によるものであった[189]。

(4) 塩基類のグリコシド結合が関与する反応

多くの反応で，プリン環はピリミジン環よりも分解に対する抵抗性が高い。それに対して，プリン類のグリコシド結合は一般にピリミジン類のそれよりも不安定である。このことは特に酵素加水分解や酸加水分解の場合に当てはまった。核酸プリン類のグリコシド結合は優先的に分解されアプリン酸を生成することもあった[190]。同様の状況は核酸類に対する電離放射線の効果に関しても報告された。この点に関して，Hems の結果は一般に採用された観点の修正を促した[168]。

ここでは，プリン類のグリコシド結合を優先的に切断する他の化学試薬を取り上げる。そのような試薬としては特にメルカプト酢酸[191]やジフェニルアミン[192]が挙げられよう。これらの試薬による DNA の分解はプリン類を優先的に遊離させた。プリン類のグリコシド結合が示す高い不安定性はラット胸腺細胞の RNA ヌクレオチド類への[14]C-グルコースの取込みに関する実験からも明らかであった[193]。取込みは次の順序で減少した。

$$\text{アデニル酸} > \text{グアニル酸} \gg \text{ウリジル酸} > \text{シチジル酸}$$

この結果はピリミジンヌクレオチド類がプリンヌクレオチド類よりも更新されにくいことを示唆する。というのは，塩基類とリボースとの間に形成される N-グリコシド結合の分解や再合成の速度にも対応する違いがあるからである。

(5) プリン類の水素化

最後にプリン類の水素化で得られた結果にも言及したい。Bendich によれば，プリン自体や（アデニン，グアニンおよびキサンチンといった）基本的な生体プリン類は，たとえ5%のパラジウム-炭素触媒が存在したとしても室温では1気圧の水素によって還元されることはない[194]。しかしプリン塩酸塩は同一条件下で還元され 1,6-ジヒドロプリン (CI) を生成する。

この特定条件下の還元では，最も重要な段階は原子状水素によるプリン骨格炭素への攻撃である。すなわちこのような攻撃に対して最も感受性の高い原子は，自由原子価が最大またはラジカル局在化エネルギーが最小となる炭素である。

問題を詳しく検討してみると[195]，プリンカチオンでは最も低いラジカル局在化エネルギーを与えるのは C_6 位であり，その値はプリン自体や生体プリン類のいかなる炭素よりも小さい。ただし第5.9節に示した考察に従えば，プリンラジカルの構造はプロトンが N_1 位に固定された CII で与えられる。すなわち Bendich が利用した条件下でプリン塩酸塩が例外的に還元されるのはこの特別な性質によるものである。

CII

5.16 概観

　核酸は生化学における重要な基本的要素であり，広範な研究の対象でもある。ここではまず前述の議論を要約する。すなわち，核酸，特に窒素塩基類の反応性の違いを簡単に指摘し，かつ分子軌道法で計算された電子構造の理論的指標の重要性を強調した。これらの知見は表18および図19〜20の形でまとめられる。

表18　核酸の窒素塩基類における電子的指標と対応する性質

電子的指標	現れ方の具体例
共鳴エネルギー π電子当たりの共鳴エネルギーが最も大きいのはアデニンで，次はグアニンである。水素結合を介した共鳴安定化は，アデニン-チミン対よりもグアニン-シトシン対の方が大きい。	電離放射線と紫外線に対するプリン類，特にアデニンの抵抗性。グアニン-シトシン対の多い核酸は，アデニン-チミン対の多い核酸よりも変性温度が高い。
最高被占分子軌道 最高被占分子軌道の相対エネルギーが最も高いのはグアニンで，次がアデニンである。	プリン類の電子供与的性質は電子受容体との電荷移動錯体を形成しやすいという傾向から明らかである。
最低空分子軌道 最低空分子軌道の相対エネルギーが最も低いのはシトシンで，次がアデニンである。	これらの塩基類の電子受容的性質は，電子を捕獲しやすいという傾向から明らかである（核酸類のγ照射試料の電子スピン共鳴に関するGordyの結果）。
環窒素の塩基性度 核酸類において最も塩基性の高い環窒素はおそらくグアニンのN_7位である。アデニンでは重要な塩基中心はN_1位である。（ただし，核酸類のアデニンではN_7位が塩基中心となる）。	核酸類のプロトン化はグアニンのN_7位で起こる。この位置はアルキル化剤によるアルキル化部位と一致する。アデニンのプロトン化，アルキル化およびN-酸化はN_1位で起こる（ただし，核酸類ではおそらくN_7位で起こる）。また金属によるキレート化は主に　グアニンのN_7位と酸素との間で起こる。
第一アミノ窒素の電荷 NH_2基の窒素は形式電荷が正である。電子密度が最も大きいのはアデニンで，次がシトシンである（正電荷が小さいほど塩基性度は高い）。	アミノ基の直接的アルキル化やホルムアルデヒドとの反応はまずアデニンのNH_2基で起こり，続いてシトシンのNH_2基で起こる。
アミノ基が結合したC原子の電荷 これらのC原子は形式電荷が正である。正電荷が最も大きいのはグアニンで，次がシトシンである。	NO_2Hによる脱アミノ化は，DNAではまずグアニンで起こり，続いてシトシンで起こる。
O原子の電荷 最も陰性な酸素はシトシンのそれである。	シトシンの酸素は未変性DNAにおけるプロトン化の一次部位である。
未置換C原子の指標 自由原子価が最大となるのはグアニンのC_8位である。形式負電荷が最大となるのはシトシンのC_5位である。	これらの炭素はいずれも求電子置換部位である。

C—C結合次数
C—C結合次数が最大となるのはチミンの5-6結合で，次がシトシンの5-6結合である。

電離放射線によるヒドロペルオキシド化と光分解の際の水和はチミンのC_5—C_6結合で起こる。一方，過マンガン酸酸化はまずシトシンのC_5—C_6結合で起こり，続いてチミンのC_5—C_6結合で起こる。

C—Nグリコシド結合の二正値性
糖と結合した窒素の形式正電荷とグリコシド結合の二正値性はピリミジン類よりもプリン類の方が顕著である。

酵素加水分解や酸加水分解では，プリン類のグリコシド結合はメルカプト酢酸やジフェニルアミンに対して優先的な反応性を示す。

表18によれば，主なエネルギー指標や電子的指標の中には塩基自体を特徴づけるものもあれば，特定の原子や原子団を特徴づけるものもある。個々の指標に関するデータは塩基，原子または原子団の最も有意な値であり，したがって本質的部位の化学的，物理化学的または生化学的性質を表している。提示の仕方はある程度概略的であり，詳細の多くは無視されている。

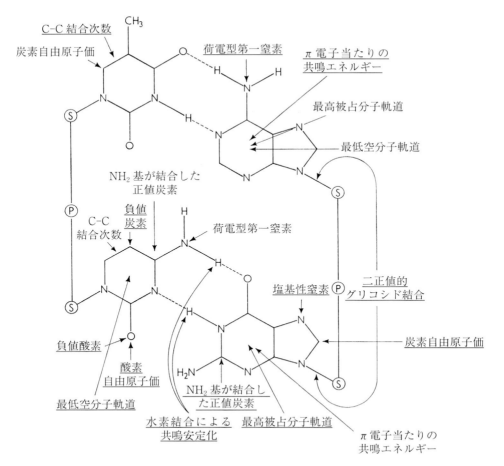

図19 核酸の塩基性窒素類における重要な電子的指標

216　第5章　プリン類，ピリミジン類および核酸類の分子下構造

　図19～20ではこの一般的概要は絵を用いて表され，かつ核酸中に存在する塩基対の形で表現される。図19は，電子構造の主な理論的指標が有意な値をとる位置を示している。実際には，最も有意な値をとる位置には太線の下線が引かれ，二番目に重要な位置には何も引かれていない。たとえばπ電子当たりの共鳴エネルギーが最大となるのはアデニンであり，二番目に大きな値をとるのはグアニンである。したがってアデニンではこの指標に太線の下線が引かれ，グアニンには引かれていない。図20では，（これらの指標によって得られた）別の化学的または物理化学的性質に関して同様のことが試みられた。

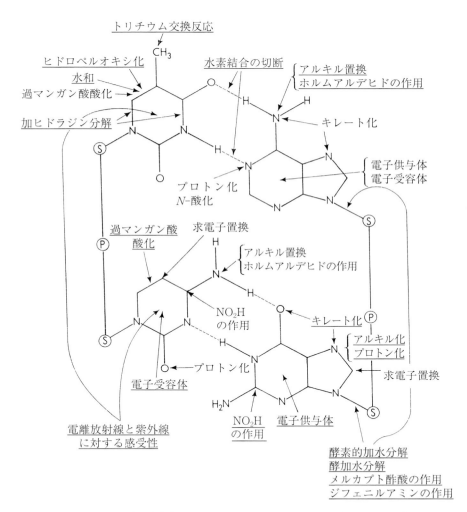

図20　核酸の窒素塩基類における主要な化学的および物理化学的性質

　図19～20では下線を引かずに指標や性質を記入した箇所もある。このことはこれらの指標や性質が対応塩基にとって重要であり，かつ他の塩基と相対値の比較ができないことを意味する。

　図19～20に示したような絵による表現は所定の試薬に対する主な反応中心の位置をすみやか

に特定できるという利点がある。たとえば図 20 において，アデニン環では下線が太線で引かれた反応はない。（ただし環外 NH_2 基の変換は例外である）。図 20 を眺めれば，外部試薬に対するアデニンの高い安定性は明らかである。この印象は図 19 でも認められる。図 19 において，強調に値するアデニン環の唯一の特徴は相対的に大きな共鳴エネルギーである。同様に，これらの図はプリン類のグリコシド結合がピリミジン類のそれよりも弱いことや，放射線効果に対するピリミジン類の高い感受性などの情報も提示する。

　最後に，本章の議論では核酸の化学的および物理化学的特徴のすべてが対象とされた。もしここで議論されなかった特徴があるとすれば，そのことは電子的な解釈が不可能であるか，あるいは後ほど議論されるかのどちらかである。第一のタイプの性質としては核酸の高分子的性質が挙げられる。たとえばピエゾ電気 [197,197]，強誘電性 [197]，反強磁性 [198]，熱伝導率や電気伝導率の高さ [199] などである。第二のタイプの性質としては核酸の淡色効果が挙げられる。この効果については生化学物質の分光学的性質を記述した本書の第 II 巻（序文 p.iv 参照）で議論されることになろう [200]。

引用文献

1. Littlefield, I. W., and Dunn, D. B., *Nature*, **181**, 254（1958）.
2. Dekker, C. A., *Ann. Rev. Biochem.*, **29**, 453（1960）.
3. Cohn, W. E., *Biochim. et Biophys. Acta*, **32**, 569（1959）.
4. Elson, D., and Chargaff, E., *Biochim. et Biophys. Acta*, **17**, 367（1955）; Chargaff, E., *Experientia*, **6**, 201（1950）; *Federation Proc.*, **10**, 654（1951）; Chargaff, E., in Chargaff, E., and Davidson, J. N., （Eds.）, *The Nucleic Acids*, Vol. I, p. 307, Academic Press, New York, 1955; Chargaff, E., in *The Origin of Life on the Earth*, Intern. Union of Biochemistry Symposium, p. 297, Pergamon, London, 1959.
5. Watson, J. D., and Crick, F. H. C., *Nature*, **171**, 737, 964（1953）; Crick, F. H. C., in McElroy, W. D., and Glass, B.（Eds.）, *The Chemical Basis of Heredity*, p. 532, Johns Hopkins Press, Baltimore, 1957. DNA の回折パターンの精密化：Wilkins, M. H. F., *et al.*, *Nature*, **171**, 738（1953）; *ibid.*, **172**, 759（1953）; *ibid.*, **175**, 834（1955）; *J. Biophys. Biochem. Cytol.*, **3**, 767（1957）.
6. Shapiro, H. S., and Chargaff, E., *Biochim. et Biophys. Acta*, **26**, 608（1957）; Reddi, K. K., *Nature*, **188**, 60（1960）.
7. Shapiro, H. S., and Chargaff, E., *Nature*, **188**, 63（1960）.
8. Chargaff, E., in Chargaff, E., and Davidson, J. N.（Eds.）, *The Nucleic Acids*, Vol. I, p. 307, Academic Press, New York, 1955.
9. Fredericq, E., Oth, A., and Desreux, V., *Biochem. Pharmacol.*, **4**, 3（1960）.
10. Zamenhof, S., *The Chemistry of Heredity*, Blackwell, Oxford, 1959.
11. Pauling, L., and Corey, R. B., *Arch. Biochem. Biophys.*, **65**, 164（1956）. しかし，この結論は，滴定研究〔Gulland, J. M., Jordan, D. O., and Taylor, H. F. W., *J. Chem. Soc.*, 1131（1947）〕や HNO_2 による脱アミノ反応〔Schuster, H., *Biochem. Biophys. Res. Comm.*, **2**, 320（1960）〕からは確認できない。
12. Donohue, J., *Proc. Natl. Acad. Sci. U. S.*, **42**, 60（1956）; Donohue, J., and Stent, G. S., *Proc. Natl. Acad. Sci. U. S.*, **42**, 734（1956）; Donohue, J., and Trueblood, K. N., *J. Mol. Biol.*, **2**, 363（1960）.

13. Doty, P., Boedtker, H., Fresco, J. R., Hall, B. D., and Haselkorn, R., *Ann. N. Y.. Acad. Sci. U. S.*, **81**, 693 (1959); Fresco, J. R., Alberts, B. M., and Doty, P., *Nature*, **188**, 98 (1960).

14. Chargaff, E., in McElroy, W. D., and Glass, B. (Eds.), *The Chemical Basis of Heredity*, p. 521, The Johns Hopkins Press, Baltimore, 1957.

15. Rich, A., *Rev. Mod. Phys.*, **31**, 191 (1959); in Zirkle, R. E. (Ed.), *A Symposium on Molecular Biology*, p. 47, Univ. of Chicago Press, 1959.

16. Delbruck, M., and Stent, G. S., in McElroy, W. D., and Glass, B. (Eds.), *The Chemical Basis of Heredity*, p. 699, The Johns Hopkins Press, Baltimore, 1957; Williams, R. C., *Rev. Mod. Phys.*, **31**, 233 (1959); Zamenhof, S., *The Chemistry of Heredity*, Blackwell, Oxford, 1959; Sinsheimer, R. L., *J. Mol. Biol.*, **1**, 218 (1959).

17. Brachet, J., in *Les Nucleoproteines*, XIe Conseil de Chimie Solvay, p. 13, Interscience, New York, 1959; Rich, A., *Ann. N. Y. Acad. Sci.*, **81**, 709 (1959); Levinthal, C., *Rev. Mod. Phys.*, **31**, 227, 249 (1959); Meister, A., *Rev. Mod. Phys.*, **31**, 210 (1959); Spiegelman, S., in McElroy, W. D., and Glass, B. (Eds.), *The Chemical Basis of Heredity*, p. 232, The Johns Hopkins Press, Baltimore, 1957; Hoagland, M. B., *Biochim. et Biophys. Acta*, **16**, 288 (1955).

18. Wilkins, M. H. F., in *Les Nucleoproteines*, XIe Conseil de Chimie Solvay, p. 45, Interscience, New York, 1959; Wilkins, M. H. F., in *The Structure of Nucleic Acids and Their Role in Protein Synthesis. Biochem. Soc. Symposia*, No. 14, 13 (1957); Vendrely, R., Knobloch-Mazen, A., and Vendrely, C., *Biochem. Pharmacol.*, **4**, 19 (1960).

19. Stockmayer, W. A., *Rev. Mod. Phys.*, **31**, 103 (1959).

20. Buchanan, J. M., Flaks, J. G., Hartman, S. C., Levenberg, B., Lukens, L. N., and Warren, L., in *The Chemistry and Biology of Purines*, Ciba Foundation Symposium, p. 233, London, 1957; Buchanan, J. M., and Hartman, S. C., *Advances in Enzymol.*, **21**, 169 (1959); Buchanan, J. M., in *The Harvey Lectures*, Series LIV, p. 104, 1958-59.

21. Greenberg, G. R., and Jaenicke, L., in *The Chemistry and Biology of Purines*, Ciba Foundation Symposium, p. 204, London, 1957.

22. 一般的な総説：Schulman, M. P., in Greenberg, D. M. (Ed.), *Chemical Pathway of Metabolism*, Vol. Ⅱ, p. 229, Academic Press, New York, 1954.

23. 一般的な総説：Reichard, P., *Advances in Enzymol.*, **21**, 263 (1959).

24. Kornberg, A., Lieberman, I., and Simms, E. S., *J. Biol. Chem.*, **215**, 389, 403, 417 (1955); Crawford, I., Kornberg, A., and Simms, E. S., *J. Biol. Chem.*, **226**, 1093 (1957).

25. Wacker, A., Kirchfeld, S., and Trager, L., *J. Mol. Biol.*, **2**, 241 (1960).

26. Freese, E., *Proc. Natl. Acad. Sci. U. S.*, **45**, 622 (1959); *J. Mol. Biol.*, **1**, 87 (1959). 化学的変異誘発物質はDNAの複製を妨害し，ヌクレオチド配列を変化させる：Sinsheimer, R. L., in Chargaff, E., and Davidson, J. N. (Eds.), *The Nucleic Acids*, Vol. Ⅲ, p. 187, Academic Press, New York, 1960; Bautz, E., and Freese, E., *Proc. Natl. Acad. Sci. U. S.*, **46**, 1585 (1960). 最近の理論的議論：Pullman, B., and Pullman, A., *Biochim. et Biophys. Acta*, **64**, 703 (1962).

27. 最終近似によるプリン類の構造計算：Fernandez-Alonso, J. I., and Domingo, R., *Anales real soc. españ. fís y quim.*, **56B**, 687 (1960); Fernandez-Alonso, J. I., in Garcia-Blanco, J. (Ed.), *Quimica Fisiologica*, Vol. Ⅱ, p. 657, Saber, Valencia, 1961.

27a. Pfeiderer, W., and Nukel, G., *Ann. Chemie*, **647**, 155 (1961).

28. Jordan, D. D., in Chargaff, E., and Davidson, J. N. (Eds.), *The Nucleic Acids*, Vol. I, p. 447, Academic Press, New York, 1955.

29. Mason, S. F., in *The Chemistry and Biology of Purines*, A Ciba Foundation Symposium, p. 60, Churchill Ltd, London, 1957; Brown, D. J., *ibid.*, p. 50; Mason, S. F., *J. Chem. Soc.*, 1253 (1959); Brown, D. J., Hoerger, E., and Mason, S. F., *J. Chem. Soc.*, 4035 (1955).

30. Blout, E. R., and Fields, M., *Science*, **107**, 252 (1948); *J. Biol. Chem.*, **178**, 335 (1949); *J. Am. Chem. Soc.*, **72**, 479 (1950); Fraser, R. D. B., *Progr. Biophys. and Biophys. Chem.*, **3**, 47 (1953); Miles, H. T., *Proc. Natl. Acad. Sci. U. S.*, **47**, 791 (1961).

31. Mason, S. F., *J. Chem. Soc.*, 674 (1958).

31*a*. 変異現象におけるプリン類やピリミジン類の互変異性の役割：Pullman, B., and Pullman, A., *Biochim. et Biophys. Acta*, **64**, 703 (1962)；*Nature*, **196**, 1137 (1962).

32. Pullman, B., and Pullman, A., in Burton, M., Kirby-Smith, J. S., and Magee, J. L. (Eds.), *Comparative Effects of Radiation*, p. 105, Wiley, New York, 1960; Pullman, B., *Acad. roy. Belg., Classe sci., Mém.*, **33**, 127 (1961).

33. Pullman, B., and Pullman, A., *Biochim. et Biophys. Acta*, **36**, 343 (1959).

34. Marmur, J., and Doty, P., *Nature*, **183**, 1427 (1959); Doty, P., Boedtker, H., Fresco, J. R., Hall, B. D., and Haselkorn, R., *Ann. N. Y. Acad. Sci.*, **81**, 693 (1959).

35. Felsenfeld, G., and Rich, A., *Biochim. et Biophys. Acta*, **26**, 457 (1957).

36. グアニン-シトシン対の水素結合はアデニン-チミン対のそれよりも安定である。この指摘は（常に数%のプリン類を含んだ）アプリン酸がシトシンよりもグアニンを多量に含むという事実からも支持される：Hodes, M. E., and Chargaff, E., *Biochim. et Biophys. Acta*, **22**, 348 (1956).

37. Hoogsteen, K., *Acta Cryst.*, **12**, 822 (1959); **16**, 28 (1963).

38. Spencer, M., *Acta Cryst.*, **12**, 66 (1959).

39. 第 4 章 4.2 節参照

40. Szent-Gyorgyi, A., *An Introduction to a Submolecular Biology*, Academic Press, New York, 1960; *Radiation Res., Suppl.*, **2**, 4 (1960); *J. Theoret. Biol.*, **1**, 75 (1961).

41. 総説：Kihlman, B., *Symbolae Botan. Upsalienses*, XI, 4 (1952).

42. Boyland, E., in *Carcinogenesis*, A Ciba Foundation Symposium, p. 193, Churchill Ltd., London, 1959.

43. Weil-Malherbe, H., *Biochem. J.*, **40**, 351 (1946); Boyland, E., and Green, B., *Brit. J. Cancer*, **16**, 347 (1962).

44. Neish, W. J. P., *Rec. trav. chim.*, **67**, 361 (1948).

45. Booth, J., and Boyland, E., *Biochim. et Biophys. Acta*, **72**, 75 (1953).

46. Heidelberger, C., in *Carcinogenesis*, A Ciba Foundation Symposium, p. 193, Churchill Ltd., London, 1959; Oliverio, V. T., and Heidelberger, C., *Cancer Research*, **18**, 1094 (1958).

47. Mason, R., *Radiation Res. Suppl.*, **2**, 452 (1960), De Santis, P., Giglio, E., and Liquori, A. M., *Nature*, **188**, 46 (1960). 最近，相互作用研究は核酸自体も含むように拡張された：Boyland, E., and Green, B., *Proc. Biochem. Soc.*, **84**, 54P (1962); *Brit. J. Cancer*, **16**, 507 (1962); Liquori, A. M., De Lerma, B., Ascoli, F., Botie, C., and Traaciatti, M., *J. Mol. Biol.*, **5**, 527 (1962).

48. Haddow, A., *Proc. 2nd Canadian Cancer Research Conf.*, p. 361, Academic Press, New York, 1957.

49. 詳細な議論：Pullman, B., and Pullman. A., *Chemical Carcinogenesis in Molecular and Quantum Biology*, The Ronald Press Co., New York, in press.

50. Harbury, H. A., and Foley, K. A., *Proc. Natl. Acad. Sci., U. S.*, **44**, 662 (1958); Harbury, H. A., La Noue, K. F., Loach, P. A., and Amick, R. M., *Proc. Natl. Acad. Sci. U. S.*, **45**, 1708 (1959).

51. Weber, G., *Biochem. J.*, **47**, 114 (1950); *J. chim. phys.*, **55**, 878 (1958).

52. Szent-Gyorgyi, A., *Bioenergetics*, Academic Press, New York, 1957.

52a. プリン類とステロイド類との相互作用における電子供与的性質の役割：Molinari, G., and Lata, G. F., *Arch. Biochem. Biophys.*, **96**, 486 (1962).

53. Health, J. C., *Nature*, **158**, 23 (1946); McGinn, F. A., and Brown, G. B., *J. Amer. Chem. Soc.*, **82**, 3193 (1960).

53a. プリン類やピリミジン類の電気化学的還元の機構に関する詳細な検討。それによると，プリンはアデニンよりもポーラログラフ的に還元されやすく，アデニンはヒポキサンチンよりも還元されやすい。この結果はこれらの分子の最低空分子軌道エネルギーの相対値の順序と一致する：Smith, D. L., and Elving, P. J., *J. Am. Chem. Soc.*, **84**, 1412, 2741 (1962).

53b. シトシンのポーラログラフ的還元能力に関する理論的予測：Palecek, E., and Janik, B., *Arch. Biochem. Biophys.*, **98**, 527 (1962).

54. Pullman, A., and Pullman, B., *Bull. soc. chim. France*, 766 (1958); 591 (1959).

55. Pullman, B., *J. Chem. Soc.*, 1621 (1959); *Tetrahedron Letters*, in press.

56. Noell, C. W., and Robins, R. K., *J. Org. Chem.*, **24**, 320 (1959); Noell, C. W., and Robins, R. K., *J. Am. Chem. Soc.*, **81**, 5997 (1959).

57. Albert, A., *Heterocyclic Chemistry*, p. 170, The Athlone Press, London, 1959.

58. Robins, R. K., *J. Am. Chem. Soc.*, **80**, 6671 (1958).

59. Montgomery, J. A., and Holum, L. B., *J. Am. Chem. Soc.*, **79**, 2185 (1957).

60. Adams, R. R., and Whitmore, F. C., *J. Am. Chem. Soc.*, **67**, 1271 (1945).

61. Prasad, R. N., and Robins, R. K., *J. Am. Chem. Soc.*, **79**, 6401 (1957).

62. Albert, A., in *The Chemistry and Biology of Purines*, p. 97, A Ciba Foundation Symposium, Churchill Ltd., London, 1957.

63. Alberts, A., *Heterocyclic Chemistry*, p. 169, The Athlone Press, London, 1959.

64. Jones, A. J., and Woodhouse, D. L., *Nature*, **183**, 1603 (1959); Ishikawa, N., Suzuki, N., and Yokoi, H., *Nature*, **182**, 1302 (1958).

65. Jardetzky, C. D., and Jardetzky, O., *J. Am. Chem. Soc.*, **82**, 222 (1960); Jardetzky, C. D., *J. Am. Chem. Soc.*, **82**, 229 (1960); Veillard, A., and Pullman, B., *Compt. rend.*, **253**, 2418 (1961).

66. 議論：Dekker, C. A., *Ann. Rev. Biochem.*, **29**, 465 (1960).

67. Albert, A., and Goldacre, R., *J. Chem. Soc.*, 454 (1943); 706 (1946); Albert, A., *Nature*, **153**, 467 (1944); Albert, A., and Phillips, J., *J. Chem. Soc.*, 2240 (1948); Longuet-Higgins, H. C., *J. Chem. Phys.*, **18**, 275 (1950); Albert, A., *Selective Toxicity*, 2nd ed., Methuen, London, 1960.

68. Karitzky, A. R., and Simmons, P., *J. Chem. Soc.*, 1511 (1960).

69. Pullman, B., and Pullman, A., *Les Théories Electroniques de la Chimie Organique*, pp. 469-77, Masson, Paris,1952.

70. *ibid.*, pp. 328-30.

71. Nakajima, T., and Pullman, A., *J. chim. phys.*, 793 (1958).

72. Cochran, W., *Acta Cryst.*, **4**, 81 (1951).

73. Broomhead, J. M., *Acta Cryst.*, **1**, 324 (1948); **4**, 92 (1951).

74. Jardetzky, C. D., and Jardetzky, O., *J. Am. Chem. Soc.*, **82**, 222 (1960).

75. Brookes, P., and Lawley, P. D., *J. Chem. Soc.*, 539 (1960); Windmueller, H. G., and Kaplan, N. O., *J. Biol. Chem.*, **236**, 2716 (1961).

76. Lawley, P. D., *Proc. Chem. Soc.*, 290 (1957); Lawley, P. D., and Wallick, C. A., *Chem. & Ind. (London)*, 633 (1957); Timmis, G. M., *Biochem. Pharmacol.*, **4**, 49 (1960); Pal, B. C., *Biochemistry*, **1**, 558 (1962); Wheeler, G. P., *Cancer Research*, **22**, 651 (1962).

77. Dekker, C. A., *Ann. Rev. Biochem.*, **29**, 453 (1960).

77a. Angell, C. L., *J. Chem. Soc.*, 504 (1961).

78. Lawley, P. D., *Biochim. et Biophys. Acta*, **26**, 450 (1957); Brookes, P., and Lawley, P. D., *Biochem. J.*, **77**, 478 (1960).

79. Timmis, G. M., *Biochem. Pharmacol.*, **4**, 49 (1960).

80. Reiner, B., and Zamenhof, S., *J. Biol. Chem.*, **228**, 475 (1957).

80a. Fraenkel-Conrat, H., *Biochim. et Biophys. Acta*, **43**, 169 (1961).

81. Lawley, P. D., *J. chim. phys.*, **58**, 1011 (1961).

82. Alexander, P., and Stacey, K. A., *IVth Intern. Congress of Biochem.*, Vol. IX, p. 98, Pergamon, London, 1959; Alexander, P., and Lett, J. T., *Biochem. Pharmacol.*, **4**, 34 (1960); Alexander, P., Cousens, S. F., and Stacey, K. A., *Drug Resistance in Microorganisms*, A Ciba Foundation Symposium, p. 294, Churchill Ltd., London, 1957.

83. Wheeler, G. P., and Skipper, H. E., *Arch. Biochem. Biophys.*, **72**, 465 (1957).

84. Giner-Sorolla, A., and Bendich, A., *J. Am. Chem. Soc.*, **80**, 5744 (1958).

85. Stevens, M. A., and Brown, G. B., *J. Am. Chem. Soc.*, **80**, 2759 (1958); Stevens, M. A., Magrath, D. I., Smith, H. W., and Brown, G. B., *J. Am. Chem. Soc.*, **80**, 2755 (1958); Stevens, M. A., Smith, H. W., and Brown, G. B., *J. Am. Chem. Soc.*, **80**, 3189 (1958); Stevens, M. A., Smith, H. W., and Brown, G. B., *J. Am. Chem. Soc.*, **82**, 1148 (1960); McGinn, F. A., and Brown, G. B., *J. Am. Chem. Soc.*, **82**, 3193 (1960).

86. Nakajima, T., and Pullman, B., *Bull. soc. chim. France*, 1502 (1958).

87. Fukui, K., Imamura, A., and Nagata, C., *Gann*, **51**, 119 (1960).

88. Furst, A., Klansner, C., and Cutting, W. C., *Nature*, **184**, 908 (1959).

89. Dove, W. F., Wallace, F. A., and Davidson, N., *Biochem. Biophys. Res. Comm.*, **1**, 312 (1959).

90. この問題に対する最近の実験的研究：Fraenkel, G., and Franconi, G., *J. Am. Chem. Soc.*, **82**, 4478 (1960); Karitzky, A. R., and Jones, R. A. Y., *Proc. Chem. Soc.*, 313 (1960); Spinner, E., *J. Chem. Soc.*, 1226 (1960).

90a. この結果はシトシンにおけるC＝O結合の赤外振動数がウラシルやグアニンの値よりも低いという観測結果と関連がある：Angell, C. L., *J. Chem. Soc.*, 504 (1961).

91. Kornberg, A., in McElroy, W. D., and Glass, B. (Eds.), *The Chemical Basis of Heredity*, p. 579, The Johns Hopkins Press, Baltimore, 1957.

92. Buchanan, J. M., and Hartman, S. C., *Advances in Enzymol.*, **21**, 199 (1959).

93. Pullman, A., and Pullman, B., *Proc. Natl. Acad. Sci. U. S.*, **45**, 1572 (1959).

94. 緩和な条件下でのDNAの酸分解は，まずプリン類を遊離したのちいわゆるアプリン酸を生成する：Thomas, Jr., C. A., and Doty, P., *J. Am. Chem. Soc.*, **78**, 1854 (1956).

95. Itzhaki, S., *Biochim. et Biophys. Acta*, **37**, 160 (1960).

96. 一般的な参考文献：Stock, C. C., *Advances in Cancer Research*, **2**, 425 (1954); Farber, S., Toch, R., Sears, E. M., and Pinkel, D., *Advances in Cancer Research*, **4**, 1 (1956); Greenstein, J. P., *Biochemistry of Cancer*, Academic Press, New York, 1954; Burchenal, J. H., *Current Res. in Cancer Chemoth., Rep.*, **4**, 3 (1956); Karnofsky, D. A., *Cancer Research*, **16**, 684 (1956); Sugiura, K., *Cancer Research, Suppl.*, **3**, 18 (1955); Toplin, I., *Cancer Research*, **19**, 959 (1959); Montgomery, J. A., *Cancer Research*, **19**, 447 (1959); Skipper, H. E., Montgomery, J. A., Thomson, J. R., and Schabel, Jr., E. M., *Cancer Research*, **19**, 425 (1959); Mandel, H. G., *Pharmacol. Rev.*, **11**, 743 (1959).

97. Bendich, A., *Proc. Roy. Soc. Med.*, **50**, 6 (1957).

98. Skipper, H. E., *Ann. N. Y. Acad. Sci.*, **60**, 315 (1954); *The Leukemias*, Henry Ford Hospital International Symposium, p. 541, Academic Press, New York, 1957.

99. Brown, G. B., and Balis, M., *The Leukemias (op. cit.)*, p. 507; Moore, E. C., and LePage, G. A., *Cancer Research*, **18**, 1075 (1958).

100. Potter, V. R., *Advances in Enzymol.*, **4**, 201 (1946); *Federation Proc.*, **17**, 691 (1958); de Lamirande, G., Allard, C., and Cantero, A., *Cancer Research*, **18**, 952 (1958); Bennett, Jr., J. L., Skipper, H. E., Simpson, L., Wheeler, G. P., and Wilcox, W. S., *Cancer Research*, **20**, 62 (1960).

101. Pullman, B., and Pullman, A., *Bull. soc. chim. France*, 973 (1958); Nakajima, T., and Pullman, B., *Bull. soc. chim. France*, 1502 (1958); Pullman, B., and Pullman, A., *Rev. Mod. Phys.*, **32**, 428 (1960).

102. Brockman, R. W., Sparks, C., Hutchison, D. J., and Skipper, H. E., *Cancer Research*, **19**, 177 (1959); Bennett, Jr., L. L., Skipper, H. E., Smithers, D., and Hayes, L. H., *Cancer Research*, **19**, 217 (1959); Brockman, R. W., Bennett, Jr., L. L., Simpson, M. S., Wilson, A. R., Thomson, J. R., and Skipper, H. E., *Cancer Research*, **19**, 856 (1959); Welch, A. D., *Cancer Research*, **19**, 1359 (1959); Davidson, J. D., *Cancer Research*, **20**, 225 (1960); Brockman, R. W., *Cancer Research*, **20**, 643 (1960); Salser, J. S., Hutchison, D. J., and Balis, M. E., *J. Biol. Chem.*, **235**, 429 (1960); Nakala, M. T., and Nichol, C. A., *J. Biol. Chem.*, **234**, 3224 (1959); Brockman, R. W., Debavadi, C. S., Stutts, P., and Hutchison, D. J., *J. Biol. Chem.*, **236**, 1471 (1961).

103. Carter, C. E., *Biochem. Pharm.*, **2**, 105 (1959); Leukens, L. N., and Herrington, K. A., *Biochim. et Biophys. Acta*, **42**, 432 (1957); Way, J. L., and Parks, R. E., *J. Biol. Chem.*, **231**, 467 (1958); Paterson, A. R. P., *Can. J. Biol. Physiol.*, **37**, 1011 (1959).

104. Skipper, H. E., Robins, R. R., Thomson, J. R., Cheng, C. C., Brockman, R. W., and Schabel, M., *Cancer Research*, **17**, 579 (1957).

105. Pullman, A., Pullman, B., and Nakajima, T., *Bull. soc. chim. France*, 590 (1959).

106. Lynch, B. M., Robins, R. K., and Cheng, C. C., *J. Chem. Soc.*, 2973 (1958).

107. Pullman, B., and Pullman, A., *Biochem. Biophys. Res. Comm.*, **2**, 239 (1960).

108. Carbon, J. A., *J. Am. Chem. Soc.*, **80**, 6083 (1958).

109. Jones, R. A., and Karitzky, A. R., *J. Chem. Soc.*, 3610 (1958); Elion, G. B., Goodman, I., Lange, W., and Hitchings, G. H., *J. Am. Chem. Soc.*, **81**, 1898 (1959); Albert, A., and Barlin, G. B., J. *Chem. Soc.*, 2384 (1959).

110. Whitehead, C. W., and Traverso, J. J., *J. Am. Chem. Soc.*, **82**, 3971 (1960).

111. Remy, C. N., *J. Biol. Chem.*, **234**, 1485 (1959).

112. Fraenkel-Conrat, H., *Biochim. et Biophys. Acta*, **15**, 307 (1954).

113. Staehelin, M., *Biochim. et Biophys. Acta*, **29**, 410 (1958); *Trans. Faraday Soc.*, **55**, 491 (1959); *Experentia*, **15**, 413 (1959).

114. Alderson, T., *Nature*, **185**, 904 (1960); **187**, 485 (1960); **191**, 251 (1961). 化学操作によるビスプリン類の調製に関しては以下の文献を参照されたい：Lister, J. H., *J. Chem. Soc.*, 3394 (1960); 3682 (1960); Woodhouse, D. L., *Nature*, **192**, 336 (1961).

114a. ホルムアルデヒドとプリンおよびピリミジン塩基との反応を定量的に検討し，ヒドロキシメチル-およびメチレン架橋誘導体が形成されることを確認：Feldman, M. Ya, *Biochemistry* (*U.R. S. S.*), **25**, 432 (1960); **25**, 727 (1961). ホルムアルデヒドとヌクレオチド類との相互作用： Grossman, L., Levine, S. S., and Allison, W. S., *J. Mol. Biol.*, **3**, 47 (1961); Sarkar, N. K., and Dounce, A. L., *Biochim. et Biophys. Acta*, **49**, 160 (1961); Haselkorn, R., and Doty, P., *J. Biol. Chem.*, **236**, 2738 (1961).

115. Timmis, G. M., *Proc. VIIth Int. Congr. of Hematology*, Vol. III, p. 657, "Il Pensiero Scientifico" Publ., Roma, 1960.

116. Schuster, H., and Schramm, G., Z. *Naturforsch.*, **13b**, 697 (1958).

117. Schuster, H., *Biochem. Biophys. Res. Comm.*, **2**, 320 (1960); Schuster, H., and Vielmetter, W., *J. chim. phys.*, **58**, 1005 (1961). ファージ T_2 における変異速度と不活性化速度との詳細な比較から，変異誘発の原因は（グアニンではなく）主にアデニンとシトシンの脱アミノ化にある：Vielmetter, W., and Schuster, H., *Biochem. Biophys. Res. Comm.*, **2**, 324 (1960).

117a. 反応性はグアニン＞アデニン＞シトシンの順に低下する：Litman, R. M., *J. chim. phys.*, **58**, 997 (1961).

118. Bresnick, E., Singer, S., and Hitchings, G. H., *Biochim. et Biophys. Acta*, **37**, 251 (1960).

119. Zubay, G., and Doty, P., *Biochim. et Biophys. Acta*, **29**, 47 (1958); Wiberg, J. S., and Neumann, W. F., *Archiv. Biochem. Biophys.*, **72**, 66 (1957); Shack, J., and Bynum, B. S., *Nature*, **184**, 635 (1959); Shooter, K. V., *Progr. in Biophys. and Biophys. Chem.*, **8**, 309 (1957).

120. Zubay, G., *Biochim. et Biophys. Acta*, **32**, 233 (1959).

121. Frieden, E., and Alles, J., *J. Biol. Chem.*, **230**, 797 (1958).

122. Harkins, T. R., and Freiser, H., *J. Am. Chem. Soc.*, **80**, 1132 (1958); Cheney, G. E., Freiser, H., and Fernando, Q., *J. Am. Chem. Soc.*, **81**, 2611 (1959); Albert, A., and Serjeant, E. P., *Biochem. J.*, **76**, 621 (1960); Yamane, T., and Davidson, N., *J. Am. Chem. Soc.*, **83**, 2599 (1961); *Biochim. et Biophys. Acta*, **55**, 609 (1962).

123. Martell, A. E., and Calvin, M., *Chemistry of the Metal Chelate Compounds*, Prentice-Hall, Inc., Englewood Cliffs, N. J. (1952).

124. Nakajima, T., and Pullman, B., *Bull. soc. chim. France*, 1502 (1958).

125. Giri, K. V., and Rao, P. S., *Proc. Indian Acad. Sci.*, **B24**, 264 (1946).

126. Szent-Gyorgyi, A., and Isenberg, I., *Proc. Natl. Acad. Sci. U. S.*, **46**, 1334 (1960); Szent-Gyorgyi, A., Isenberg, I., and McLaughlin, J., *Proc. Natl. Acad. Sci. U. S.*, **47**, 1089 (1961).

126a) Perrin, D. D., *J. Am. Chem. Soc.*, **82**, 5642 (1960).

127. Jardetzky, C. D., and Jardetzky, O., *J. Am. Chem. Soc.*, **82**, 222 (1960).

128. タンパク質構造における同様の区別については第6章を参照されたい。

129. Fuwa, K., Wacker, W. E. C., Dornyan, R., Bartholomay, A. F., and Vallee, B. L., *Proc. Natl. Acad. Sci. U. S.*, **46**, 1298 (1960).

130. Kirby, K. S., *Biochem. J.*, **66**, 495 (1957); Wallenfels, K., *Angew. Chem.*, **67**, 787 (1955).

131. Wallenfels, K., and Sund, H., *Biochem. Z.*, **329**, 59 (1957).

132. Szent-Gyorgyi, A., *Bioenergetics*, Academic Press, New York, 1957.

133. Boyland, E., *Cancer Research*, **12**, 77 (1952); Boyland, E., and Sargent, S., *Brit. J. Cancer*, **5**, 433 (1951); Haddow, A., in *Carcinogenesis Mechanism of Action*, A Ciba Foundation Symposium, Churchill Ltd., London, 1959, p. 300; Haddow, A., and Horning, E. S., *J. Natl. Cancer Inst.*, **24**, 109 (1960).

134. Cavalieri, L. F., Kerr, S. E., and Angelos, A., *J. Am. Chem. Soc.*, **72**, 4686 (1950); **73**, 2567 (1951); Irvin, J. L., and Irvin, E. M., *J. Biol. Chem.*, **206**, 39 (1954); Lawley, P. D., *Biochim. et Biophys. Acta*, **19**, 160 (1956); **22**, 451 (1956); Shooter, K. V., *Progr. in Biophys. and Biophys. Chem.*, **8**, 309 (1957); Bradley, D. F., and Wolf, M. K., *Proc. Nat. Acad. Sci. U. S.*, **45**, 944 (1959); Stone, A. L., and Bradley, D. F., *J. Am. Chem. Soc.*, **83**, 3627 (1961).

134a. 最近，アクリジン類と DNA との間に，「サンドイッチ」型複合体が形成される可能性が立証された：Lerman, L. S., *J. Mol. Biol.*, **3**, 18 (1961)；Luzzati, V., Mason, F., and Lerman, L. S., *J. Mol. Biol.*, **3**, 634 (1961); Orgel, A., and Brenner, S., *J. Mol. Biol.*, **3**, 762 (1961); Brenner, S., Barnett, L., Crick, F. H. C., and Orgel, A., *J. Mol. Biol.*, **3**, 121 (1961). 理論的議論：Pullman, B., *Compt. rend.*, **255**, 3255 (1962).

135. de Renzo, E. C., *Advances in Enzymol.*, **17**, 293 (1956).

136. Bergel, F., Bray, R. C., Haddow, A., and Lewin, I., in *The Chemistry and Biology of Purines*, A Ciba Foundation Symposium, p. 256, Churchill Ltd., London, 1957.

137. Bergmann, F., and Dikstein, S., *J. Biol. Chem.*, **223**, 765 (1956); Bergmann, F., Kwietny, H., Levin, G., and Brown, D. J., *J. Am. Chem. Soc.*, **82**, 598 (1960); Bergmann, F., Levin, G., and Kwietny, H., *Biochim. et Biophys. Acta*, **30**, 509 (1958); Bergmann, F., Levin, G., and Kwietny, H., *Arch. Biochem. Biophys.*, **80**, 318 (1959); Bergmann, F., Kwietny, H., Levin, G., and Engelberg, H., *Biochim. et Biophys. Acta*, **37**, 433 (1960); Bergmann, F., and Dikstein, S., *J. Am. Chem. Soc.*, **77**, 691 (1955); Kwietny, H., Levin, G., Bergmann, F., and Brown, D. J., *Science*, **130**, 711 (1959); Bergmann, F., and Kwietny, H., *Biochim. et Biophys. Acta*, **28**, 100 (1958); **33**, 29 (1959); Bergmann, F., and Ungar, H., *J. Am. Chem. Soc.*, **82**, 3957 (1960); Wyngaarden, J. B., *J. Biol. Chem.*, **224**, 453 (1957); Wyngaarden, J. B., and Dunn, J. E., *Arch. Biochem. Biophys.*, **70**, 150 (1957); Fridowich, J., and Handler, P., *J. Biol. Chem.*, **233**, 1578 (1958); Klenow, H., *Biochem. J.*, **50**, 404 (1952); Bergmann, F., Ungar-Waron, H., Kwietny-Govrin, H., Goldberg, H., and Leon, S., *Biochim. et Biophys. Acta*, **55**, 512 (1962).

138. Bergmann, F., and Kwietny, H., *Biochim. et Biophys. Acta*, **28**, 618 (1958); Hofstee, B. H., *J. Biol. Chem.*, **179**, 633 (1949); **216**, 235 (1956); Lowry, O. H., Bessey, O. A., and Crawford, E., *J. Biol. Chem.*, **180**, 399 (1949).

139. Booth, V. H., *Biochem. J.*, **29**, 732 (1935); **32**, 494 (1938); Blair, J. A., *Biochem. J.*, **65**, 209 (1957); Mackler, B., Mahler, H. R., and Green, D. E., *J. Biol. Chem.*, **210**, 149 (1954); Knox, W. E., *J. Biol. Chem.*, **163**, 699 (1946).

140. Pérault, A.-M., Valdemoro, C., and Pullman, B., *J. Theoret. Biol.*, **2**, 180 (1961).

141. Mason, S. F., *The Chemistry and Biology of Purines*, A Ciba Foundation Symposium, p. 60, Churchill Ltd., London, 1957; Brown, D. J., and Mason, S. F., *J. Chem. Soc.*, 682 (1957); Mason, S.

F., *J. Chem. Soc.*, 2071 (1954); Albert, A., and Brown, D. J., *J. Chem. Soc.*, 2060 (1954).

142. Bendich, A., Giner- Sorolla, A., and Fox, J. J., *The Chemistry and Biology of Purines*, A Ciba Foundation Symposium, p. 3, Churchill Ltd., London, 1957; Leese, C. L., and Timmis, G. M., *J. Chem. Soc.*, 4107 (1958).

143. キサンチンの第一イオン化は N_3 からのプロトンの脱離によるものである：Cavalieri, L. F., Fox, J. J., Stone, A., and Chang, N., *J. Am. Chem. Soc.*, **76**, 1119 (1954). 6位でエノール化が起こる場合，イオン化の原因はこの OH 基からの脱プロトン化にある：Ogston, A. G., *J. Chem. Soc.*, 1376 (1935); Albert, A., *Biochem. J.*, **54**, 646 (1953); Nakajima, T., and Pullman, B., *Bull. soc. chim. France*, 663 (1959).

143*a.* 実験による確認：Scott, R. B., and Brown, G. B., *J. Biol. Chem.*, **237**, 3215 (1962).

144. Hollaender, A. (Ed.), *Radiation Biology*, McGraw-Hill, New York, 1954; *Aspects Chimiques et Biologiques des Radiations*, M. Haissinsky (Ed.), Masson, Paris, 1955.

145. Swallow, A. J., *Radiation Chemistry of Organic Compounds*, Pergamon, London, 1960.

146. Ebert, M., in Burton, M., Kirby-Smith, J. S., and Magee, J. L. (Eds.), *Comparative Effects of Radiation*, p. 214, Wiley, New York,1960.

147. Scholes, G., and Weiss, J., *Radiation Res., Suppl.*, **1**, 177 (1959); Dainton, F. J., *Radiation Res., Suppl.*, **1**, 1 (1959); Scholes, G., in *Proc. Conf. on Radiobiology at the Intra-cellular Level*, p. 29, Pergamon, London, 1959; Hochanadel, C. J., in Burton, M., Kirby-Smith, J. S., and Magee, J. L. (Eds.), *Comparative Effects of Radiation*, p. 151, Wiley, New York, 1960.

148. 分子光化学の一般理論：Kasha, M., in Burton, M., Kirby-Smith, J. S., and Magee, J. L. (Eds.), *Comparative Effects of Radiation*, p. 72, Wiley, New York, 1960; Shugar, D., in Chargaff, E., and Davidson, J. N. (Eds.), *The Nucleic Acids*, Vol. Ⅲ, p. 39, Academic Press, New York, 1960.

149. Szent-Gyorgyi, A., *Introduction to a Submolecular Biology*, Academic Press, New York, 1960; Gordy, W., *Radiation Res., Suppl.*, **1**, 491 (1959); Gordy, W., and Shields, H., *Radiation Res., Suppl.*, **1**, 611 (1959); *Proc. Natl. Acad. Sci. U. S.*, **46**, 1124 (1960); Rexroad, H. N., and Gordy, W., *Proc. Natl. Acad. Sci. U. S.*, **45**, 256 (1959); Commoner, B., Heise, J. J., Lippincott, B. B., Norberg, R. E., Passonneau, J. V., and Townsend, J., *Science*, **126**, 57 (1957); Commoner, B., and Hollocher, T. C., Jr., *Proc. Natl. Acad. Sci. U. S.*, **46**, 405, 416 (1960); Blumenfeld, L. A., and Kalmanson, E. A., *Biofizika*, **3**, 87 (1958); Blumenfeld, L. A., *Biofizika*, **4**, 515 (1959); Isenberg, I., and Szent-Gyorgyi, A., *Proc. Natl. Acad. Sci. U. S.*, **45**, 1232 (1959).

150. Butler, J. A. V., in *Ionizing Radiations and Cell Metabolism*, Ciba Foundation Symposium, p. 59, Churchill Ltd., London, 1956.

151. Butler, J. A. V., *Radiation Res., Suppl.*, **1**, 403 (1959).

152. Dale, W. M., in Haissinsky, M. (Ed.), *Aspects Chimiques et Biologiques des Radiations*, Vol. I, p. 205, Masson, Paris, 1955.

153. Barron, E. S., in Hollaender, A. (Ed.), *Radiation Biology*, Vol. I, p. 283, McGraw-Hill, New York, 1954.

154. Swallow, A. J., *Chem. Revs.*, **56**, 471 (1956).

155. Scholes, G., Stein, G., and Weiss, J., *Nature*, **164**, 709 (1949).

156. Scholes, G., and Weiss, J., *Radiation Res., Suppl.*, **1**, 177 (1959).

157. Weiss, J., in Haissinsky, M. (Ed.), *Les Peroxides Organiques en Radiobiologie*, p. 42, Masson, Paris, 1958.

158. Hems, G., *Nature*, **186**, 710 (1960).

159. Emmerson, P., Scholes, G., Thomson, D. H., Ward, J. F., and Weiss, J., *Nature*, **187**, 319 (1960).

160. Ekert, B., and Monier, R., *Nature*, **184**, 58 (1959).

161. Ekert, B., and Monier, R., *Nature*, **188**, 309 (1960).

162. Butler, J. A. V., and Conway, B. E., *Proc. Roy. Soc. (London)*, **B141**, 562 (1953).

163. Scholes, G., and Weiss, J., *Nature*, **166**, 640 (1950).

164. Hems, G., *Nature*, **181**, 1721 (1958).

165. Hems, G., and Eidinoff, M. L., *Radiation Res.*, **9**, 305 (1958).

166. ホルムアミドピリミジンはアデニンへの同様な照射によっても少量得られることが確認された: Hems, G., *Nature*, **186**, 710 (1960); Hems, G., *Radiation Res.*, **13**, 777 (1960).

167. Hems, G., *Nature*, **185**, 525 (1960).

168. プリン塩基はピリミジン塩基よりも放出されやすいという一般的見解と関連し, DNA 水溶液への照射によって放出される塩基類の G 値は, アデニンやシトシンの方がグアニンやチミンよりも大きい (文献 166 参照)。

168a. ヌクレオシド類やヌクレオチド類に含まれるアデニン核は高い放射線抵抗性を示す。ただし, 放射線抵抗性はアデニン>キサンチン>尿酸の順に低下する: Scholes, G., Ward, J. F., and Weiss, J., *J. Mol. Biol.*, **2**, 379 (1960).

169. Shields, H., and Gordy, W., *Proc. Natl. Acad. Sci. U. S.*, **45**, 269 (1959); Gordy, W., *Radiation Res.*, *Suppl.*, **1**, 491 (1959).

170. このタイプの効果の一般的説明: Alexander, P., Lett, J. T., Maroson, H., and Stacey, K. A., *Intern. J. Radiation Biology*, Special Suppl. 1960; *Immediate and Low Level Effects of Ionizing Radiations*, p. 47, Conference held in Venice, June, 1959.

171. Errera, M., *Biochim. et Biophys. Acta*, **8**, 30 (1952).

172. Errera, M., *Progr. in Biophys. and Biophys. Chem.*, **3**, 88 (1955).

173. Christensen, E., and Giese, A. C., *Arch. Biochem. Biophys.*, **51**, 208 (1954).

174. Shugar, D., and Wierzchowski, K. L., *Postepy Biochem.*, **4**, 243 (1958).

175. Shugar, D., in Chargaff, E., and Davidson, J. N. (Eds.), *The Nucleic Acids*, Vol. Ⅲ, p. 39, Academic Press, New York, 1960.

176. Loofbourow, J. R., and Stimson, M. M., *J. Chem. Soc.*, 844 (1940).

177. Stimson, M. M., and Loofbourow, J. R., *J. Am. Chem. Soc.*, **63**, 1827 (1941).

178. Wierzchowski, K. L., and Shugar, D., *Biochim. et Biophys. Acta*, **25**, 355 (1957).

179. Wang, S. Y., *Nature*, **184**, 59 (1959).

180. Röersch, A., Benkers, R., Ijlstra, J., and Berends, W., *Rec. trav. chim.*, **77**, 423 (1958); Benkers, R., Ijlstra, J., and Berends, W., *Rec. trav. chim.*, **77**,729 (1958); **78**, 247, 879, 885 (1959); **79**, 101 (1960). 凍結水溶液中での紫外線照射は 5-6 結合を経てチミンを二量化することが最近示唆された: Benkers, R., and Berends, W., *Biochim. et Biophys. Acta*, **41**, 550 (1960); Wang, S. Y., *Nature*, **188**, 844 (1960); Marmur, J., and Crossman, L., *Proc. Natl. Acad. Sci. U. S.*, **47**, 778 (1961).

181. Pullman, B., and Pullman, A., in Burton, M., Kirby-Smith, J. S., and Magee, J. L. (Eds.), *Comparative Effects of Radiation*, p. 105, Wiley, New York, 1960; Pullman, B., *Acad. roy. Belg.*, *classe sci., Mém.*, **33**, 174 (1961).

182. Duchesne, J., *Arch. Sci. (Geneva)*, **10**, 257 (1957).

183. このタイプの考察は発癌性芳香族炭化水素類の代謝的変換を解釈する際にもきわめて有用である：Pullman, B., and Pullman, A., *Bull. soc. chim. France*, 1097 (1954); *Advances in Cancer Research*, **3**, 117 (1955); *Cancérisation par les Substances Chimiques et Structure Moléculaire*, Masson, Paris, 1955.

184. Takemura, S., *Bull. Chem. Soc. Japan*, **32**, 920 (1959); Takemura, S., and Miyazaki, M., *Bull. Chem. Soc. Japan*, **32**, 926 (1959).

185. Fosse, R., Hienke, A., and Bass, L. W., *Compt. rend.*, **178**, 811 (1924).

185a. ヒドロキシルアミンとの関連反応に関する最近の研究：Verwoerd, D. W., Kohlhage, H., and Zillig, W., *Nature*, **192**, 1038 (1961); Schuster, H., and Vielmetter, W., *J. chim. phys.*, **58**, 1005 (1961); Freese, E., Bautz-Freese, E., and Bautz, E., *J. Mol. Biol.*, **3**, 133 (1961); Brown, D. M., and Schell, P., *J. Mol. Biol.*, **3**, 709 (1961).

186. Bayley, C. R., and Jones, R. S., *Trans. Faraday Soc.*, **55**, 492 (1959).

187 Benn, M. H., Chatambra, B., and Jones, A. S., *J. Chem. Soc.*, 1014 (1960).

188 Borenfreud, E., Rosenkrantz, H. S., and Bendich, A., *J. Mol. Biol.*, **1**, 195 (1959).

189 Friedkin, M., *Federation Proc.*, **19**, 312 (1960).

190. Daly, M. M., Allfrey, V. G., and Mirsky, A. E., *J. Gen. Physiol.*, **33**, 497 (1950); Tamm, C., Hodes, M. E., and Chargaff, E., *J. Biol. Chem.*, **195**, 49 (1952); Hodes, M. E., Chargaff, E., *Biochim. et Biophys. Acta*, **22**, 348 (1956); Shapiro, H. S., and Chargaff, E., *Biochim. et Biophys. Acta*, **26**, 596 (1957).

191. Jones, A. S., and Letham, D. S., *Biochim. et Biophys. Acta*, **14**, 438 (1958); *J. Chem. Soc.*, 2573 (1956).

192. Peterson, G. B., and Burton, K., *Trans. Faraday Soc.*, **55**, 492 (1959).

193. Itzhaki, S., *Biochim. et Biophys. Acta*, **37**, 160 (1960).

194. Bendich, A., *The Chemistry and Biology of Purines*, A Ciba Foundation Symposium, p. 308, Churchill Ltd., London, 1957; ポーラログラフ的に還元された生成物の機構と性質については引用文献53aを参照されたい。

195. Nakajima, T., and Pullman, B., *J. Am. Chem. Soc.*, **81**, 3876 (1959).

196. Duchesne, J., and Monfils, A., *Compt. rend.*, **241**, 749 (1955); *J. Chem. Phys.*, **23**, 762 (1955); *Bull. classe sci., Acad. roy. Belg.*, **41**, 165 (1955).

197. Polonsky, J., Douzou, P., and Sadron, Ch., *Compt. rend.*, **250**, 3414 (1960).

198. Blumenfeld, L. A., Kalmanson, A. E., and Shen-Pei-Guen, *Doklady Akad. Nauk U. S. S. R.*, **124**, 1144 (1959); Blumenfeld, L. A., *Biophysics* (*U. S. S. R.*), **4**, 515 (1959); *Acad. roy. Belg., classe sci., Mém.* **33**, 93 (1961); Shulman, R.G., Walsh, Jr., W. M.; Williams, H. J., and Wright, J. P., *Biochem. Biophys. Res. Comm.*, **5**, 52 (1961).

199. Duchesne, J., Despireux, J., Bertinchamps, A., Cornet, N., and Van Der Kaa, J. M., *Nature*, **188**, 405 (1960); Duchesne, J., *Bull. soc. Belg. phys.*, Sec. Ⅱ , No. 5, 305 (1960).

200. この問題の一般的議論：Shooter, K. V., *Progr. in Biophys. and Biophys. Chem.*, **8**, 309 (1957); Michelson, A. M., *Nature*, **182**, 1502 (1958); Haschemeyer, R., Singer, B., and Fraenkel-Conrat, H., *Proc. Natl. Acad. Sci. U. S.*, **45**, 313 (1959); Doty, P., Boedtker, H., Fiesco, J. R., Haselkorn, R., and Litt, M., *Proc. Natl. Acad. Sci. U. S.*, **45**, 482 (1959); Spirin, A. S., Gavrilova, L. P., and Belozerskii, A. N., *Biochemistry* (*U. S. R. S.*), **24**, 556 (1959); Tinoco, Jr., I., *J. Am. Chem. Soc.*, **82**, 4785 (1960); Rich, A., and Kasha, M., *J. Am. Chem. Soc.*, **82**, 6197 (1960); Rhodes, W., *J. Am. Chem.*

Soc., **83**, 3609 (1961).

第6章 共役系としてのタンパク質

6.1 タンパク質の分子構造

　タンパク質は生体物質を形作る重要な第二の構成要素であり，核酸と同様，比較的簡単な反復単位からなる高分子である。タンパク質の基本単位は次の一般構造をもつα-アミノ酸類である。

$$R-\underset{\underset{H}{|}}{\overset{\overset{NH_2}{|}}{C}}-COOH$$

特定のタンパク質にしか見出されない珍しいアミノ酸類を無視すれば、現在知られている必須アミノ酸は表1に挙げた21種である。それらはさらに側鎖Rの性質に従い、中性、酸性および塩基性の三つのグループへ分類される。酸性と塩基性のアミノ酸類に関しては表の最後の欄にpK_aの値も示される[1]。実際には、これらの化合物のうちα-アミノ酸と言えるものは20種のみで、残りの1種（プロリン）はα-イミノ酸である。またタンパク質を構成する天然由来のアミノ酸はすべてL-配置で存在する。

　タンパク質を構成するアミノ酸類の間の結合はペプチド結合（peptide bond）と呼ばれる。この結合は第一のアミノ酸のα-アミノ基と二番目のアミノ酸のカルボキシ基とから水を取り除くことにより得られる。

$$NH_2-\underset{\overset{|}{R_1}}{CH}-COOH + NH_2-\underset{\overset{|}{R_2}}{CH}-COOH \longrightarrow$$

$$NH_2-\underset{\overset{|}{R_1}}{CH}-CO-NH-\underset{\overset{|}{R_2}}{CH}-COOH + H_2O$$

したがってタンパク質はポリペプチドである。ペプチドの構造式は通常，遊離のα-アミノ基を左側に書き、遊離のα-カルボキシ基を右側の末端とするアミノ酸の置換生成物の形で表される。

230 第6章 共役系としてのタンパク質

表1-1 タンパク質を構成するアミノ酸類

アミノ酸		残基		pK$_a$
名称	構造式	名称	記号	
中性型				
グリシン	$H-\overset{NH_2}{\underset{H}{C}}-COOH$	グリシル	-gly-	
アラニン	$CH_3-\overset{NH_2}{\underset{H}{C}}-COOH$	アラニル	-ala-	
バリン	$\overset{CH_3}{\underset{CH_3}{>}}CH-\overset{NH_2}{\underset{H}{C}}-COOH$	バリル	-val-	
ロイシン	$\overset{CH_3}{\underset{CH_3}{>}}CH-CH_2-\overset{NH_2}{\underset{H}{C}}-COOH$	ロイシル	-leu-	
イソロイシン	$CH_3-CH_2-\overset{CH_3}{\underset{}{}}CH-\overset{NH_2}{\underset{H}{C}}-COOH$	イソロイシル	-ileu-	
フェニルアラニン	$\langle\rangle-H_2C-\overset{NH_2}{\underset{H}{C}}-COOH$	フェニルアラニル	-phe-	
プロリン	$\overset{NH}{\underset{CH_2-CH_2}{CH_2\quad CH}}-COOH$	プロリル	-pro-	
トリプトファン	$\overset{}{\underset{NH}{[\text{indole}]}}-CH_2-\overset{NH_2}{\underset{H}{C}}-COOH$	トリプトファニル	-try-	
セリン	$HO-CH_2-\overset{NH_2}{\underset{H}{C}}-COOH$	セリル	-ser-	
トレオニン	$\overset{HO}{\underset{CH_3}{>}}CH-\overset{NH_2}{\underset{H}{C}}-COOH$	トレオニル	-thr-	
メチオニン	$CH_3-S-CH_2-CH_2-\overset{NH_2}{\underset{H}{C}}-COOH$	メチオニル	-met-	
シスチン	$COOH-\overset{NH_2}{\underset{H}{C}}-CH_2-S-S-CH_2-\overset{NH_2}{\underset{H}{C}}-COOH$	シスチニル	-cy S- -cy S-	

6.1 タンパク質の分子構造 231

表1-2 タンパク質を構成するアミノ酸

アミノ酸		残基		pK_a
名称	構造式	名称	記号	
アスパラギン	NH_2—CO—CH_2—$\overset{NH_2}{\underset{H}{C}}$—COOH	アスパラギニル	$-NH_2-$ $-asp-$	
グルタミン	NH_2—CO—CH_2—CH_2—$\overset{NH_2}{\underset{H}{C}}$—COOH	グルタミニル	$-NH_2-$ $-glu-$	

酸性型

アミノ酸		残基		pK_a
アスパラギン酸	COOH—CH_2—$\overset{NH_2}{\underset{H}{C}}$—COOH	アスパルチル	$-asp-$	3.9-4.7
グルタミン酸	COOH—CH_2—CH_2—$\overset{NH_2}{\underset{H}{C}}$—COOH	グルタミル	$-glu-$	3.9-4.7
チロシン	HO—⟨⟩—CH_2—$\overset{NH_2}{\underset{H}{C}}$—COOH	チロシル	$-tyr-$	8.5-10.9
システイン	HS—CH_2—$\overset{NH_2}{\underset{H}{C}}$—COOH	システイニル	$-cy\ SH-$	ca. 10

塩基性型

アミノ酸		残基		pK_a
ヒスチジン	$\overset{N}{\underset{NH}{\diagup}}$—$CH_2$—$\overset{NH_2}{\underset{H}{C}}$—COOH	ヒスチジル	$-his-$	6.4-7.0
リシン	H_2N—CH_2—CH_2—CH_2—CH_2—$\overset{NH_2}{\underset{H}{C}}$—COOH	リシル	$-lys-$	8.5-10.9
アルギニン	H_2N—$\overset{}{\underset{NH}{C}}$—NH—$CH_2$—$CH_2$—$CH_2$—$\overset{NH_2}{\underset{H}{C}}$—COOH	アルギニル	$-arg-$	11.9-13.3

アミノ酸から導かれたアミノ酸残基の名称は表1の3列目に列挙され、4列目には対応する省略記号が示される。ただし末端アミノ基を表す－H（pK_a＝7.4〜8.5）と末端カルボキシ基を表す－OH（pK_a＝3.6〜4.0）は表から除かれている。

　したがってたとえばペプチド結合の合成に使われるアミノ酸がいずれもグリシン（R_1＝H，R_2＝H）であるならば，縮合によって得られる生成物はグリシルグリシンと呼ばれ、記号 H－gly－gly－OH で表される。もしアミノ酸の一方がアラニン（R_1＝CH_3）で，もう一方がグリシン（R_2＝H）であるならば，得られるジペプチドはアラニルグリシンで，省略表記では記号 H－ala－gly－OH で表される。三種のアミノ酸すなわちグリシン（R_1＝H），チロシン（R_2＝CH_2—C_6H_5OH）およびグルタミン酸（R_3＝CH_2—CH_2—COOH）の縮合によって形成されるトリペプチドは次の構造をもち、グリシルチロシルグルタミン酸と呼ばれ，記号 H－gly－tyr－glu－OH で

$$\text{NH}_2-\underset{\underset{R_1}{|}}{\text{CH}}-\text{CO}-\text{NH}-\underset{\underset{R_2}{|}}{\text{CH}}-\text{CO}-\text{NH}-\underset{\underset{R_3}{|}}{\text{CH}}-\text{COOH}$$

　ペプチド結合によって連結されたアミノ酸残基の配列はタンパク質のいわゆる一次構造（primary structure）と呼ばれる。一連の研究によりタンパク質ホルモン，インシュリンの一次構造を最初に解明したのはSangerであった[2]。他のタンパク質に関する研究もまた多くの実験室で進行しつつある[3]。タンパク質の生物学的機能にとって最も重要なのはもちろんこの一次構造である。一次構造の遺伝的欠陥すなわちポリペプチド鎖におけるアミノ酸の「正常な」含量や配列の異常は，たとえば鎌状赤血球貧血といった分子病の原因と考えられる[4]。

　ペプチド結合は簡単な共役（共鳴）単位であり，その共役はC＝O結合のπ電子対と隣接窒素原子の孤立電子対との間で起こる。共鳴理論に従えば，ペプチド結合内での電子の非局在化は四個の易動性電子の分布が共有結合式(I)とイオン結合式(II)の共鳴構造式で表せることと関係がある。

　　　　　　　　　　　I　　　　　　　　　　II

電子のこの非局在化の結果として，C−Nペプチド結合はかなりの二重結合性を帯び，その結合は平面状になる。さまざまなペプチド類におけるC−N結合の長さは約1.32Åである。この値はC−N一重結合の長さよりもかなり短く，二重結合性を約40％含むと考えられる。すなわち結合の真の構造には，構造IとIIがそれぞれ60％と40％寄与している[5]。C−N結合がもつこの部分的二重結合性の結果として，ペプチド基はトランス形(III)とシス形(IV)のいずれかで存在する。タンパク質ではほとんどの場合，主に立体因子の関係でトランス配置をとることが多い。

　　　III．トランス形　　　　　　IV．シス形

簡単なアミド類に関する分光学的証拠によれば，C−N結合のまわりのトランス配置はシス配置よりも安定であり[6]，これらの配置間のエネルギー差は約2 kcal/moleと推定された[7]。

　ペプチド結合からα炭素への結合は正常なC−C結合またはC−N一重結合であり，それらは一重結合に特徴的な値をとる（C−C結合では1.53Å，C−N結合では1.47Å）。これらの結合のまわりでは自由回転が可能である。すなわちペプチド鎖は柔軟性に富み，溶液中ではランダムコ

イルとして存在する。ただし副次的な結合や力の作用によって，規則正しい空間構造が強要され
たり鎖の規則的な折りたたみが生じる場合は別である。副次的結合として最も重要なものは水素
結合である。このような結合の多くは骨格のカルボニル基とイミド基との間で形成される。

これらの副次的結合が作り出す折りたたみはタンパク質の二次構造と呼ばれる。主な二次構造は
Pauling-Corey が提唱した α ヘリックス（図 1）とプリーツシート（図 2）の二つである[8]。

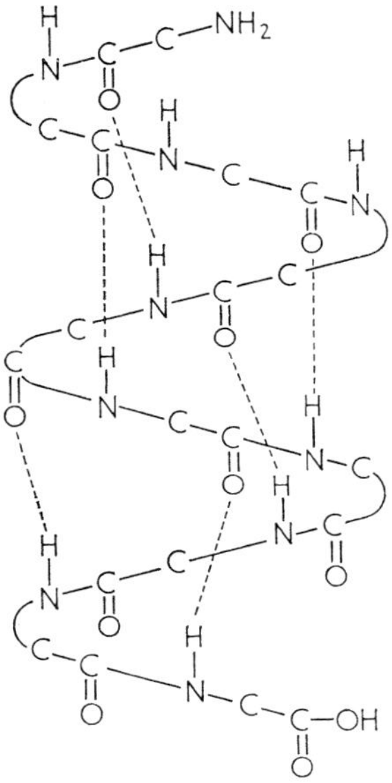

図 1　α ヘリックスにおける水素結合の配置

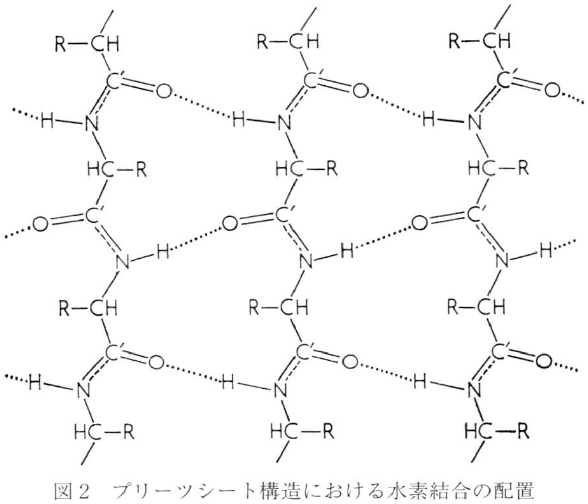

図 2　プリーツシート構造における水素結合の配置

αヘリックスでは，水素結合は或るペプチド結合の NH 基からヘリックスの次の完全ターンにある別のペプチド結合の CO 基へと向かっている。すなわち水素結合は四番目にあるペプチド基との間で形成される。一方，プリーツシート構造では水素結合は隣り合うペプチド鎖との間で形成される。

　最後に，タンパク質の一次構造と二次構造を重ね合わせると三次構造が得られる。三次構造ではヘリックスの超折りたたみ構造や超らせん構造が観察される。すなわちらせんセグメントは（骨格を折り曲げた）ペプチド鎖のゆるんだ非らせんセグメントによって連結されることもあれば，近接した非連結ヘリックス間で積み重ねが起こることもある。この三次構造はポリペプチド鎖の残基間相互作用によって安定化される。その際には次のような結合が関与する。

（a）　共有結合。特に重要なものは二つのシステイニル残基の酸化によって生じるジスルフィド結合である。

$$\begin{array}{ccc}
\text{—cy SH—} & & \text{—cy S—} \\
+ & \xrightleftharpoons[\text{還元}]{\text{酸化}} & | \\
\text{—cy SH—} & & \text{—cy S—}
\end{array}$$

橋かけ共有結合のもう一つのタイプではアミノ酸残基以外の分子が用いられる。たとえば二個のアミノ酸残基間にリン酸残基が挿入されるような場合である[9]。

（b）　側鎖間の水素結合。たとえばチロシンのフェノールヒドロキシ基と遊離のカルボキシ基との間の水素結合。

（c）　タンパク質分子の正荷電基と負荷電基との間の静電力。たとえば NH_3^+ 基と COO^- 基との間の結合[10]。

（d）　炭化水素性残基間に働くファンデルワールス力[11]。

（e）　転位によるペプチド鎖の修飾とチアゾリン環またはオキサゾリン環の形成。次の事例はシステイニル残基がペプチド結合に隣接する場合である。

$$\begin{array}{c}
\text{—NH—CHR—CO—NH—CH—CO} \quad \longrightarrow \quad \text{—NH—CHR—C=N—C—CO—} \\
| \qquad\qquad\qquad\qquad\qquad\qquad | \quad\quad | \\
\text{CH}_2 \qquad\qquad\qquad\qquad\qquad\quad \text{S——CH}_2 \\
| \\
\text{SH}
\end{array}$$

また第二の事例はセリル残基がペプチド結合に隣接する場合である。

$$\begin{array}{c}
\text{—NH—CHR—CO—NH—CH—CO—} \quad \text{—NH—CHR—C=N—C—CO—} \\
| \qquad\qquad\qquad\qquad\qquad\qquad\quad | \quad\quad | \\
\text{CH}_2 \qquad \longrightarrow \qquad\qquad\qquad \text{O——CH}_2 \\
| \\
\text{OH}
\end{array}$$

これらの事例ではシステインまたはセリンの側鎖とエノール形ペプチド基 $\underset{\displaystyle -\text{C}=\text{N}-}{\overset{\displaystyle \text{OH}}{}}$ との間で反応が起こり，（タンパク質の構造的特徴とはいえない）環構造が形成される。特にオ

キサゾリン環の形成には酵素的加水分解機構が関与すると考えられる。もっともペプチド基のエノール化は本来不利な反応と考えられる。たとえば固有安定性（結合エネルギーの和）や残基内での電子の非局在化による余剰安定性の観点からはラクタム形はラクチム形よりも安定である。というのはラクタム形ペプチド基の共鳴エネルギー（＝0.40β）はラクチム形の値（＝0.34β）よりもわずかに大きいからである。

球状タンパク質の三次元配置に関しては Kendrew や Perutz らの研究が有名である[11a]。しかし最近，その他にも重要な結果が報告されるようになった。

6.2　タンパク質の生化学的役割

タンパク質が関与しない重要な生理機能はほとんど存在せず，タンパク質と関連のない構造単位もほとんど存在しない。またある種のタンパクは不活性ではあるが，（ケラチン類，コラーゲン類として）たとえば毛髪，羊毛，角，羽毛，骨，皮膚といった生体の重要な構造要素となる。（ミオシン，アクチン，トロポミオシン，パラミオシンなどの）筋線維の収縮性物質や下等生物の鞭毛や繊毛を構成するタンパク質もある。これらの器官では，タンパク質は化学的エネルギーから機械的エネルギーへの変換を仲介する。またタンパク質の中には免疫学的機能を備えたものもある。周知のとおり，血清はある種の外来物質（抗原）と反応してタンパク質分子（抗体）を生成する。これらの抗体は外来物質と特異的に反応する。侵入した病原性細菌に対する免疫を動物に付与するのはこれらの抗体である。またホルモン類すなわち（たとえば膵臓，甲状腺，下垂体といった）内分泌腺からの分泌物はいずれもタンパク質である。生化学反応に不可欠な触媒である酵素もまたタンパク質である。さらに正確に言えば，これらの分子の大部分はタンパク質であるが多くの場合，触媒活性は非タンパク質である補欠分子族（補酵素）と密接な関係がある（ただし補酵素の構造と作用様式は本書の第Ⅲ部で詳しく議論される）。実際には，タンパク質は自然界では一般に純粋な系またはさまざまな物質の組み合わせとして見出される。タンパク質と核酸との組み合わせ（核タンパク質）についてはすでに前章で遭遇した。すなわちそれは特異性の生物学的担体として生殖や成長といった現象に関与していた。同様にタンパク質は脂質，炭水化物，さまざまな有機分子や無機イオンとも組み合わさる。生命の基本的発現とタンパク質との親密な関連は明らかである。動物界や植物界にはさまざまな種が存在するが，それらはそれぞれ特有なタンパク質を含んでいる。タンパク質，特にその二次構造や三次構造はきわめて不安定である。タンパク質の変性は一連の物理試薬や化学試薬によって容易に引き起こされる。このことは生命自体の不安定性とも関連がある。

構造的物質や生理化学反応の触媒としてのタンパク質の生化学的重要性は核酸の場合と同様，疑いもなくきわめて大きい。しかし現時点では，タンパク質構造の理解への電子的理論の寄与はごく限定される。そのため本章の長さは本来そうあるべき長さに比べてはるかに短い。このような状況は大部分技術的な理由によるものである。量子化学は本来，高度に共役した分子を研究するために開発された方法である。ところがタンパク質では，ペプチド結合を除けばアミノ酸残基

のほとんどは飽和した分子フラグメントである。タンパク質構造に含まれる芳香族アミノ酸は
フェニルアラニン，トリプトファン，チロシンおよびヒスチジンの四種類に過ぎない。しかもそ
れらはタンパク質中では孤立した共役環である。これらの環の電子的性質についてはすでに取り
上げた。しかしそれらはタンパク質の構造や挙動にとって重要であるため，本章でも別の観点か
ら少し詳しく議論しておきたい。他の非共役アミノ酸に対しては定量的に飽和系を扱う量子力学
的手法が多数開発されている[12]。それらの方法は電子的構造の分子軌道計算にもいずれ適用され
ることになろう。しかし現時点ではこのような計算はまだできないので，核酸の場合と異なりタ
ンパク質の分子下構造を記述することは不可能である[12a]。

　しかしこの状況はタンパク質やアミノ酸残基を含んだ生化学的反応の機構を電子的レベルで論
ずることを否定するものではない。実際にはα-アミノ酸に関する基本的な反応タイプはそのよ
うな方法ですでに検討されており，本書でもそれらの機構についてはある程度詳しく議論される。
ただしそのような議論はこれらの反応を触媒する主な補酵素の機作と関連づけて一般的な見地か
らなされることになろう。

6.3　エネルギーバンドの存在とタンパク質の半導体的性質

6.3.1　仮説

　この分子タイプにおける電子の非局在化と関連して特に重要なのはタンパク質の構造に関する
側面である。ここではこの問題についてまず議論したい。すでに見たように，ペプチド骨格は共
鳴単位 $-\overset{\overset{\text{O}}{\|}}{\underset{\underset{\text{H}}{|}}{\text{C}}}-\text{N}-$ の周期的繰り返しによって形作られる。共鳴単位（$-CONH-$）は骨格内では
飽和炭素によって互いに隔てられている。したがって，このような骨格に沿って電子の非局在化
が起こることはない。しかしペプチド結合はすでに見たように二次的な橋かけ結合，すなわち水
素結合によって互いに結合している。これらの結合が電子の非局在化に関与し共役効果を伝達す
る限り，このようなネットワークの存在はタンパク質の枠組み全体に広がる電子の非局在化の可
能性を示唆する。問題は共役効果が水素結合を介してどの程度伝達されるかである。もし無視で
きないほどの伝達が起こるならば，ペプチド結合はもはや孤立した4個のπ電子系とは見なせな
い。それらは伝達の度合いに応じて巨大な共役構造へと変身する。水素結合橋を介した弱い相互
作用においてさえ，共鳴単位のこのような協同的相互作用は全く新しい効果をもたらす。次節で
は水素結合を介したペプチド結合間の全共役に関する側面を取り上げる。

　タンパク質の表面全体に広がった電子の非局在化の問題は1941年にSzent-Gyorgyiによって
初めて明確に記述された[13]。彼の仮説によれば，生体系でのエネルギー伝達は結晶における伝導
現象とよく似た機構で行われる。特にタンパク質におけるペプチド結合の規則的配列は半導体の
それとよく似たエネルギーバンドの存在を示唆した。この大胆な仮説はタンパク質（および核
酸）の半導体的性質に関する多数の実験的研究を促し[14-18]，かつ多くの議論や論争を巻き起こし
た[19,20]。

6.3.2 導体と絶縁体

まず導体や絶縁体としての物質の定義とその一般的意味を思い出していただきたい。

本書の第Ⅰ部では，分子表面全体に広がった非局在化分子軌道によって共役分子の易動性電子がどのように記述されるかを説明した．個々の分子軌道はそれぞれ明確なエネルギーをもつ．我々が考察する比較的小さい化合物の場合，各分子と関係のあるエネルギー準位の数は被占準位と空準位のいずれであってもごく限られている．一連の共役ベンゼノイド炭化水素では，エネルギー準位の数は分子の大きさとともに増加し，かつこれらのエネルギー準位間の間隔は一般に小さくなる．

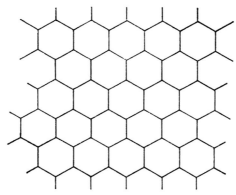

図3　グラファイトにおける縮合ベンゼン環の層

たとえばグラファイトに見られる縮合ベンゼン環の無限層のような原子の無限配列を考えてみよう（図3）．計算によると，この物質の占有準位と非占有準位はエネルギーバンドを形成する[21]．

もし隣接する $2p_z$ 炭素軌道間の重なりを無視すれば，このバンドは中点（エネルギー準位の係数 $k_i=0$）に関して対称である．易動性電子数の増加に伴うエネルギー準位のバンドへの漸進的変化は模式的で示せば図4のようになる[22]．

図の右端に示されているのはバンドのいわゆる密度関数 $N(E)$ である．この関数はバンド内での許容エネルギー準位の数の変化を模式的に示したものである．グラファイトの完全バンドは原子当たり2個の電子を収容する．π電子は原子当たり1個しかないので，バンドは半分しか占有されていない．

この状況の物理的意味を論ずる前に，グラファイトよりも一般性のある事例を考察しておこう．このような事例とは金属のことである．ここでは次にリチウムを考えてみる[23]．この金属の結晶は体心立方構造をもち，各原子は14個の隣接原子によって囲まれている．周知の通り，個々のリチウム原子は3個の電子，すなわち1s電子2個と2s電子1個からなる．内殻を構成する $(1s)^2$ は核に強く束縛されている．そのため原子間結合への寄与はほとんどない．すなわち原子間の結合性は実質的には2s電子によるものである．言い換えれば，原子当たりの価電子は1個しかなく，各原子と隣接原子との間の結合性はすべてこの価電子によるものである．明らかに価電子はすべての隣接原子とうまく重なり合うように強く非局在化されている．これは原子の分子軌道がエネ

238　第6章　共役系としてのタンパク質

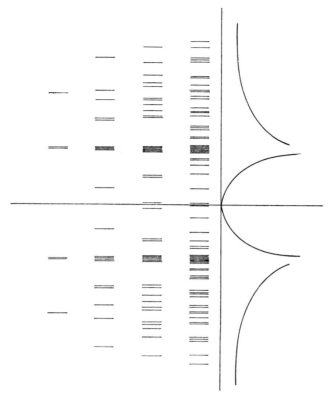

図4　ベンゼンからグラファイトへのエネルギー準位の変化

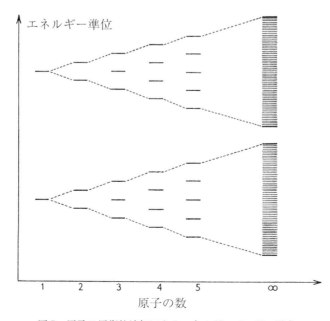

図5　原子の反復的追加によるエネルギーバンドの形成

ルギーバンドへと変化する典型的な事例である．バンドの構成は原子をさらに付け加えることで確実なものになる．この現象を模式的に示せば図5のようになる．

この図は原子の数が1個から無限へと増加したとき，原子の離散エネルギー準位が連続体へと変化する様子を示している．

図6は無限構造に対する一般的状況を模式的に示したものである．

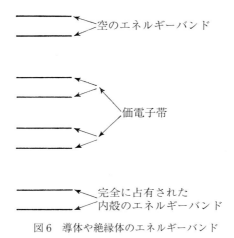

図6 導体や絶縁体のエネルギーバンド

実際には次に示す二つの状況が起こりうる：(1) 価電子の最高バンドが完全に占有される．(2) その一部しか占有されない．たとえばリチウムの場合，価電子バンドは半分しか占有されない．というのは価電子バンドは原子当たり電子を2個収容するが，価電子は原子当たり1個しか存在しないからである．一方，ダイヤモンドの場合には，価電子バンドは完全に占有される．というのは原子当たり4個の価電子と2個の価電子バンドが存在するからである．すなわちリチウムは電気的導体に対応し，ダイヤモンドは電気的絶縁体に対応する．前者の場合，外部場が物質に適用されると，電場の方向に流れる電子のいくつかはバンドの空準位へ昇位し，結果として電流が流れる．第二の場合にはバンドは完全に占有され，全方向で同数の電子が動くため電流は流れない．ただし十分なエネルギーが供給され，完全に占有された価電子バンドから空バンドへの電子の昇位が起これば電流は流れる．

このことは紫外線の作用（光伝導性）や熱の作用（真性半導性）によって達成されることが多い．また許容バンド近くの外側に位置し，（エネルギー準位を増やす）不純物の存在によっても引き起こされる（不純物半導性）．

ただし先に引用したグラファイトは特別である．というのはグラファイトでは利用できるバンドは半分しか占有されていない．そのため状況は絶縁体のそれに似ており，許容バンド間のエネルギーギャップはゼロである．実際，グラファイトは真性半導体と呼ばれる．

6.3.3 タンパク質の半導体的性質

タンパク質における伝導性の出現の問題に立ち戻ろう．すでに述べたように，Szent-Gyorgyi

の大胆な仮説によればこのような性質はタンパク質でも認められる。伝導性はこれらの生化学的物質におけるエネルギー転移の主要機作の一つとして多数の実験的研究や理論的研究を促した。実験データの大部分は Eley らによるものである[14-16]。彼らは乾燥状態のタンパク質が電気的伝導性を示すことを立証した。これらの物質の比電気伝導率 χ は半導体の古典的方程式に従い温度に依存する。

$$\chi = \chi_0 \exp -(\varDelta E/2kT)\,\mathrm{ohm}^{-1}\,\mathrm{cm}^{-1}$$

ここで，χ_0 は定数，k はボルツマン定数，T は絶対温度，$\varDelta E$ は伝導バンドへの電子励起のエネルギーギャップである。さまざまなタンパク質に対して見出されたエネルギーギャップの値は 2 ～ 3 eV の範囲にあった。たとえばグロビンは 2.97 eV，ヘモグロビンは 2.75 eV，グリシンは 2.92 eV およびポリグリシンは 3.12 eV であった。タンパク質の半導性に対する活性化エネルギーは 2 eV よりも小さいと考える研究者もいる[17,18]（ミオシン 1.75 eV；コラーゲン 0.9 eV）[24]。タンパク質の半導性は共役芳香族炭化水素のそれと似ている。この問題は Eley ら[16] や Akamatu-Inoguchi[25] によって徹底的に検討された。Eley はこの結果に基づきタンパク質における真性半導性の存在を仮定した。しかしこの見解は広く認められているわけではない。観測された半導性の電子的特性と固有特性は，イオン伝導性[19] や不純物伝導性[26] の可能性を排除できないと考える研究者によって疑問を投げかけられた。一方，Eley は共役炭化水素の一重項-三重項遷移エネルギーと半導性の活性化エネルギーとの相関に基づき[27,28]，半導性には（励起 π 電子の分子間トンネル効果による）第一励起三重項も関与すると考えた。しかしこのような仮説の物理的根拠はいまだ検討されていない。そのため，炭化水素類における半導性の活性化エネルギーと一重項-三重項遷移との相関は満足すべきものとは考えられていない[29]。結論としてタンパク質では半導体的性質が観察されるが，実験的にはその正確な本質はまだ確立されていない。

6.3.4　タンパク質の電子状態に関する量子力学的計算

　Evans-Gergely は 1949 年，タンパク質のエネルギー準位を理論的に計算し Szent-Gyorgyi 仮説の証明を試みた[30]。彼らは 4 個の π 電子からなるペプチド単位が水素結合を介して相互作用していると仮定し，単純な分子軌道モデルに基づいてこれらの物質の計算を行った。その結果，このような相互作用は無限共役層の形成を促すことが確認された（図 7）。ただしエネルギーバンドは電子の非局在化によって形成された。

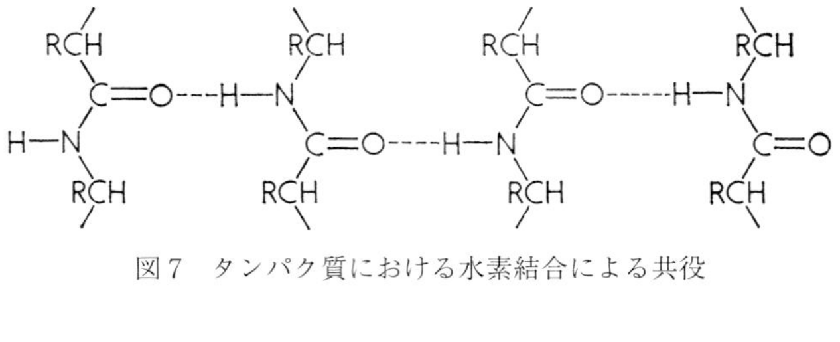

図 7　タンパク質における水素結合による共役

　Evans-Gergely はこのような無限層のエネルギー準位を分子軌道法により計算した。半経験的

LCAO法では，ペプチド結合に対して一般のパラメータとほぼ同じ値が用いられた。また水素結合に対して小さな交換積分が導入された。もちろん彼らが得た結果はパラメータの値に依存した。にもかかわらずこれらの結果にはパラメータとは無関係な一般的特徴が認められた。Evans-Gergelyによれば，タンパク質では分離した三つのエネルギーバンドの存在が予測された。これらのエネルギーバンドのうち，低い方の二つは電子で完全に満たされていたが，最も高いエネルギーバンドは完全に空であった。エネルギーバンドの幅はきわめて狭く $0.25\,\mathrm{eV}$ のオーダーであった。エネルギーバンド相互の相対位置は水素結合に対する交換積分の値に依存した。この積分に対して著者らは三つの値をあてがった。それらの値によれば，最高被占エネルギーバンドと最低空エネルギーバンドとのエネルギーギャップは $3.1\sim4.8\,\mathrm{eV}$ であった。仮定したモデルが正しいとすれば，この結果はタンパク質が基底状態では非伝導性であるが，励起状態では伝導性になることを示している。ただしエネルギーギャップが大きいため，このことは熱励起によっては達成されなかった。

　Evans-Gergelyによるこの研究は多年にわたりこの分野における唯一の研究であった。にもかかわらずこの研究は重大な欠陥を幾つも抱えることが明らかになった。それらの欠陥は採用した方法に固有のものであった。これらの難点のうち特に重要なものは次の三つである。

(1)　半導性に対するエネルギーギャップは，すでに述べたように水素結合に対する交換積分の値に依存する。ただしその値は十分確立されていない。

(2)　酸素原子の $2p$ 孤立電子対は考慮されない。にもかかわらずカルボニル基を含んだ化合物つまりペプチド類では最長の吸収波長をもたらすのはこれらのいわゆる n 電子の反結合性 π^{*} 軌道への励起であった。

(3)　励起三重項と励起一重項との区別はできない。

　採用した近似に依存するエネルギー指標の絶対値を決定する際にも，半経験的LCAO計算に伴うこれらのハンディキャップは煩わしい問題であった。

　これらの理由により最近，（これらのハンディキャップを取り除いた）はるかに洗練された理論的方法を用いてこの問題の再検討が行われた[31]。実際，使用されたのは当面の問題に適したSCF分子軌道法であった。計算では，原子間距離と分光学的観測から推定されたいくつかの原子積分値を除いて経験的なデータは用いられなかった。このかなり複雑で面倒な手順の詳細は明らかに本書の範囲を超えた話題である。興味ある読者は引用文献31を参照されたい。ここでは得られた主な結果を指摘するに留めたい。

　しかし最初に予備的な注意を喚起するのは賢明と考える。というのはSCF法のような洗練された方法では水素結合で繋がったペプチド基の無限鎖を扱うことは容易ではない。そのためここでは限られた数のペプチド基間の共役に話を限定する。幸い，計算結果によれば非隣接ペプチド基間の電子的相互作用は無視しても構わない。したがって実際には，無限鎖に対する結果は三個の共役ペプチド基から得られた結果を外挿すれば高い精度で求まる。

　以下の議論では，モノペプチド，ジペプチドおよびトリペプチドすなわち孤立したペプチド基，1個の水素結合で連結された2個のペプチド基，2個の水素結合で連結された3個のペプチド基

242   第6章　共役系としてのタンパク質

をそれぞれ取り上げる（図7参照）。ただし最後に挙げた二つの名称を通常のジペプチドやトリペプチドと混同してはならない。個々のペプチド基は6個の易動性電子，すなわちC＝O二重結合のπ電子2個と窒素原子の孤立電子対の電子2個および酸素原子の孤立電子対の電子2個の計6個からなる系と考えられる。これらの電子のうち最初の4個は，古典的表現によればこれらの間で共役しているのでπ電子と呼んでも差し支えない。しかし酸素原子の孤立電子対の非結合性電子2個は n 電子と呼ぶのが相応しい。計算では，ペプチド基に隣接した飽和炭素へ結合した原子や置換基の影響は無視される。というのは，分光学的観察によればこのような原子や置換基はペプチド結合の電子的特性に大きな影響を与えないからである[32]。同様に水素結合もタンパク質における電子伝導性の発現に不可欠である。しかし構成アミノ酸の側鎖はこの点に関しても全く影響を及ぼさない[33]。

　表2，3および4はSCF計算によって得られた結果をまとめたものである。

表2　ペプチド類のエネルギー準位（単位：eV）

	モノペプチド		ジペプチド		トリペプチド		ポリペプチド	
	π	n	π	n	π	n	π	n
π^*	+1.24		+1.74		+1.89		+1.95	
					+1.32			
			+0.82		+0.69		+0.65	
π_1		−12.63	−12.02	−12.21	−11.86	−12.08	−11.8	−12
					−12.38	−12.72		
	−12.68		−13.05	−13.14	−13.14	−13.28	−13.2	−13.3
π_2	−15.05		−14.55		−14.41		−14.4	
					−15.00			
			−15.55		−15.63		−15.7	

　表2にはモノペプチド，ジペプチドおよびトリペプチドの分子軌道エネルギーがeV単位で示され，最後の欄には無限鎖に対するエネルギーバンドの範囲も示されている。π_1，π_2，n および π^* は厳密にはモノペプチドの軌道に対する概念である。π_1 と π_2 は二つの被占π軌道，n は酸素の孤立電子対，π^* は反結合性π軌道にそれぞれ対応する。モノペプチドでは，系に含まれる6個の電子は逆平行スピン対として π_1，π_2 および n 軌道を占有し，π^* 軌道は空である。12個の電子からなるジペプチドでは，モノペプチドのエネルギー準位はそれぞれ二つの準位へ分裂する。それらは π'_1，π'_2 等の記号で表されるが，簡単のためそれらの区別は省略された。このジペプチドの基底状態では，12個の電子が6個の最低分子軌道を占有し，2個の π^* 軌道は空のままである。トリペプチドでは，全部で18個の電子がエネルギーの低い方から9個の軌道（π型が6個，n 型が3個）を占有し，π^* 軌道は3個とも空である。無限遠では4個のエネルギーバンドが存在し，それらのうちエネルギーの低い三つは完全に電子で満たされている。またエネルギーの最も高い4番目のバンドは完全に空である。中間にある二つのバンドは一つがπタイプで，もう一つが n タイプである。ただしそれらのバンドは一部互いに重なり合う。

　これらの結果のいくつかは強調に値する。

（1）　最高被占バンドと空バンドとの間には比較的大きなエネルギーギャップが存在する。こ

の結果とも関連するが，この計算で使われた SCF 法は Evans-Gergely が用いた半経験的分子軌道と異なり，あるバンドから他のバンドへの電子の昇位に必要な遷移エネルギーがこれらのバンド間のエネルギー差だけでなく電子的なクーロンおよび交換相互作用を含んだ補完項にも依存する。遷移エネルギーの値については表3や表4との関連で議論されることになる。

(2) SCF 計算で得られたエネルギーバンドの幅は Evans-Gergely が得た値よりもかなり大きい。すなわち SCF 法ではバンド幅はすべてのバンドに対して 1 eV のオーダーであるが，Evans-Gergely のモデルでは 0.25 eV 程度に過ぎない。発癌性炭化水素類とタンパク質との間のエネルギー転移に関する理論は (Evans-Gergely が仮定した) バンド幅に基づいている[34]。したがってこの分野の新しい結果を考慮するならば再検討が必要である。

(3) ここで取り上げるには複雑すぎるという技術的理由により[35]，表2に示した各種構造の被占分子軌道のエネルギー値をイオン化ポテンシャルの評価に用いることはできない[36]。同様に空軌道のエネルギーもまた電子親和力の予測に使用すべきではない。にもかかわらず表2に示したエネルギーは鎖長の関数としてのこれらの特性の変化の予測を可能にする。たとえばタンパク質はペプチド結合に比べてイオン化ポテンシャルが 0.9 eV ほど小さく，電子親和力が 0.6 eV ほど大きいと予測される。後ほど明らかになるが，これらの結果は生化学的に無視できないほど重要である。

表3 モノペプチドにおける電子遷移の計算値と実測値

遷移		計算値	実測値
$n \longrightarrow \pi^*$	S	2530	1900-2500
	T	2340	
$\pi_1 \longrightarrow \pi^*$	S	2124	1717
	T	1605	
$\pi_2 \longrightarrow \pi^*$	S	1694	1345
	T	1347	

表4 ペプチド類の電子遷移

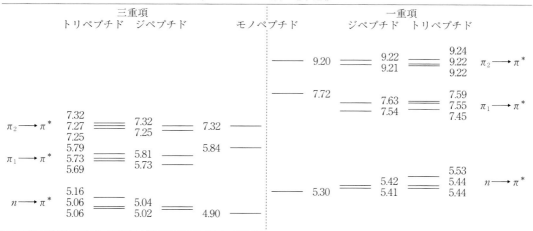

表3と表4は被占軌道から空軌道への電子の励起に対する遷移エネルギーの評価結果である。記号Sは一重項状態，記号Tは三重項状態をそれぞれ表す。表3ではモノペプチドの遷移に対する計算値と実測値が比較されている。ただし実測値はホルムアミドのデータである[37,38]。

計算の *ab initio* 性を考慮すると，実験値と理論値との一致は良好と考えなければならない。

表4はポリペプチド鎖長の関数としての遷移の変化を記述したものである。ただしジペプチドとトリペプチドに関してはモノペプチドの遷移に対応した最低エネルギー遷移しか示されていない。実際上，これらの最低エネルギー遷移はポリペプチド類においてさえ同じペプチド単位に属する軌道間でしか起こらない。そのためそれらの分光学的特性の大部分は保存される。ペプチド単位を異にする軌道間の遷移ははるかにエネルギーが大きいため，そのデータは表4には示されていない。この状況からは鎖長の関数としての遷移エネルギー，特に最低遷移エネルギーの変動はきわめて小さいことが見てとれる。したがって最低遷移エネルギーは無限鎖でもモノペプチドでも実質的に同じ値をとる。この状況はポリペプチド類のスペクトルにおいて共役効果が欠如している事実とよく一致する。

この最低遷移エネルギーはほぼ5 eV に等しい。この値は Evans-Gergely のそれよりも大きく，かつ SCF 計算では酸素原子の孤立電子対と関係のある $n \rightarrow \pi^*$ 遷移に対応する。もっとも Evans-Gergely の計算ではこのことは考慮されない。π 電子を含んだ最低遷移エネルギーは一重項では 7.7 eV に等しく，三重項では 5.8 eV に等しい。この第一励起一重項-三重項の重心は Evans-Gergely の結果と直接比較が可能である。それらの値は 6.75 eV で，これらの研究者が推定した値に比べてかなり高い。

したがって精密な計算によれば，ポリペプチド類が提案モデルに従い，かつ共役効果が仮定されたタイプのものである限り，純粋なタンパク質はきわめて良好な絶縁体であるという結論が導かれる。すなわちそれらは光伝導性効果のみを示すか，あるいはもし電子伝導性が明確に確認できるならば欠損や不純物の存在による半導性効果を示すはずである。ただしこの効果はあくまでも追加されたエネルギー準位に由来する。

しかし直接的な結論については取扱いに注意する必要がある。すなわち第一に，タンパク質での共役効果の記述に使われる計算モデルは理想化され，かつ概略的である。そのため実際の状況はこのモデルから想像されるものとは非常に異なっている。タンパク質の実験的半導性は水和の程度[39]，（たとえば水素原子の衝撃による）フリーラジカルへの転換[40]，（たとえばクロラニルのような）電子受容体との間で形成される電荷移動錯体への関与[41]といった多くの因子に依存する。この最後の条件は伝導性に対して特に大きな効果を及ぼす。たとえばウシ血漿アルブミン-クロラニル複合体フィルムは室温において 3×10^{12} ohm-cm の比抵抗と 1.06 eV のエネルギーギャップを与える。一方，ウシ血漿アルブミンの乾燥対照フィルムの値はそれぞれ 8×10^{17} ohm-cm と 2.80 eV であった。この効果は（ヨウ素のような）電子受容体と芳香族炭化水素との複合体における伝導性の著しく増加させた[25,41]。また半導性はポリペプチド類の正確な立体化学にも依存する。ただしこの立体化学はタンパク質によって異なる。特に計算で用いた均一モデルでは（短いが強力な水素結合が関与する）さまざまなタイプの局所的摂動が生じる。この現象はこれらの部

位でのエネルギーギャップを低下させた[42]。これらの理由により，現時点ではタンパク質の半導体的性質について明確な見解を示すことは難しい。しかしもしタンパク質の半導体的性質が明確に確認できたならば，それは外的起源（不純物）に基づくというのが議論から導かれる妥当な結論である。

SCF計算は問題の精巧な取扱いを可能にする。しかしこの方法にはさらなる展開の余地が残されている。たとえば水素結合と同程度の距離に対しては配置間混合（configuration mixing）と呼ばれる理論的精密化が推奨される[43]。さらに水素結合に関する最近の理論は水素の$2p$軌道を明確に考慮することの重要性を示唆した。たとえばC＝O結合の研究で得られた前述の結果は配置間相互作用の効果がSCF計算の結果を大きく変えないことを示唆した[45]。しかし水素の$2p$軌道の導入効果についても同様に確信をもって主張できるという保証はない。これらの問題の精密化は現在検討中である[45a]。

タンパク質の半導体的性質に関する議論からの結論がいかなるものであっても，SCF法から得られた結果によれば酵素反応におけるタンパク質の触媒的役割の重要性は無視できないことが示される。酵素は生化学反応にとって不可欠な触媒であるが，この問題については本書の第Ⅲ部で詳しく取り上げることにしたい。さて表2と表4の結果によれば，モノペプチドから無限鎖への遷移は最高被占エネルギー準位から最低空エネルギー準位への電子の励起に必要なエネルギーにほとんど影響を与えない。それに対し，イオン化ポテンシャルと電子親和力は同じ条件下できわめて大きな変化を生じる。すなわちタンパク質のイオン化ポテンシャルはモノペプチドのそれに比べて約 0.9 eV だけ小さいが，電子親和力は約 0.6 eV だけ大きかった。このような変動は決して大きいものではないが，酵素タンパク質による触媒現象においては無視できない大きさである。半導体による化学反応の触媒において重要な因子は触媒と基質との間の一方向または他方向への電子の移動である。このような移動は電荷移動型の結合や錯体の形成を可能にした[46,47,48]。すなわちこのような電荷移動は触媒と基質との結合にとってきわめて重要である。これらの条件下ではイオン化ポテンシャルの低下と電子親和力の増加が観察される。孤立ペプチド単位と比べたとき，ポリペプチド鎖における電子供与性や電子受容性の増加はこれらの物質の触媒能力を高めることにつながる。

タンパク質内での伝導バンドを介したエネルギー移動はエネルギー移行に対する二種の基本機構のうちの一つである。実験的証拠によれば，実際により好まれるのは第二の機構すなわちうまく切り離された原子または分子の電子系間での励起エネルギーの共鳴伝達（resonance transfer）による機構である。この機構に関しては生化学的物質の一般的な分光学的性質，特に蛍光やりん光を解説した第Ⅱ巻（Bernald Pullman（Ed.），*Electronic aspects of biochemistry*, Academic Press,1964.）で議論されることになろう。ここでは我慢できない読者のために主題への一般的参考文献をいくつか紹介するに止めたい[49]。

6.3.5　ペプチドのフリーラジカル

以前指摘したように，タンパク質内部でのフリーラジカルの形成は物質の半導体的性質を著し

く高める。Gordyらによる最近の実験的研究は天然タンパク質への電離放射線の作用により生じるフリーラジカルの性質について興味深い情報を提供した[50]。彼らは電子スピン共鳴法を用いてタンパク質への照射が二種のフリーラジカルすなわちペプチドフリーラジカルとシステイニルフリーラジカルを生成することを示した。それらの構造は次に示すVとVIで与えられる[51]。

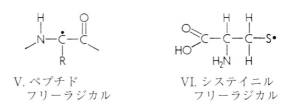

V. ペプチド　　　　　　VI. システイニル
　フリーラジカル　　　　　　フリーラジカル

　これらのフリーラジカルのうち，第一のものはタンパク質においてペプチド基をつなぐ飽和α炭素原子（おそらくグリシン残基）から水素原子をもぎ取ることにより得られる。一方，第二のものはシステインのS-H結合またはシスチンのS-S結合を切断することにより得られる。本章の観点からはそれらは特に重要なペプチドフリーラジカルである。というのはその生成はポリペプチド鎖の主要骨格に沿った伸長共役を可能にするからである。α炭素の自由電子は特定の炭素に局在化せず，$2p$形として隣接ペプチド結合の共役に関与する。もし近傍α炭素原子の多くがイオン化すれば共役経路はきわめて長くなるはずである。この通常タイプの共役は（前に検討した）水素結合タイプのそれに付け加わる。そのためその存在は価電子バンドと伝導バンドとのエネルギーギャップを局所的に低下させ，その結果として半導性を高める原因となる。

　ペプチドフリーラジカルにおける原子間距離が分からないため，半被占分子軌道における奇数電子の分布は簡単には定まらない。そこでおおよその結果を得るため多くの計算が試みられた。結果は使用したパラメータにあまり依存しなかった。図8は計算から得られた代表的な分布を示したものである[52]。奇数電子の大部分はα炭素原子に局在化するが，隣接するNH基やCO基の窒素原子や酸素原子にもかなりの電子が見出される。奇数電子の非局在化は実際には図9に見られるようにこれらの隣接基の向こうにまで広がっている。図9には伸長ペプチドラジカルにおける自由電子の分布が示されている。奇妙なことに，α炭素からの自由電子の非局在化は伸長ペプチドフリーラジカルの方が簡単なフリーラジカルに比べて小さい。

　ペプチドフリーラジカルの構造との関連においてスピン密度分布の結果を引用することは興味深い。スピン密度（spin density）は位置の関数で，その表すものは各原子におけるスピンの平均値すなわちスピン荷重電荷密度である。ここでは議論しないが，この量はさまざまな手法によって評価可能である[53]。奇数電子の分布に関する前述の結果はこの問題に対する手頃な出発点として役立つ。スピン密度はイオンやラジカルの電子スピン共鳴スペクトルにおける超微細構造の解釈に適した指標として重要である。この超微細構造は不対電子の磁気モーメントとプロトンの磁気モーメントとの相互作用によって生じる。共役フリーラジカルのプロトンからの超微細分離はプロトンに結合した原子の不対スピン密度と比例関係にある[53a]。

6.4 芳香族アミノ酸残基の電子的性質   247

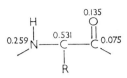

図8 ペプチドフリーラジカルにおける自由電子の分布

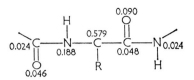

図9 伸張ペプチドフリーラジカルにおける自由電子の分布

図10はペプチドフリーラジカルにおけるスピン密度の理論的分布を示したものである[52]。この化合物ではスピン密度の分布は奇数電子の分布と密接な並行関係にある（ただしこのことは一般には成立しない）。Gordyの実験的研究によると，不対スピン密度の約70%はα炭素原子に局在化している。計算結果はこの実験的結論ときわめてよく一致する。

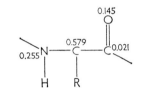

図10 ペプチドフリーラジカルにおけるスピン密度の分布

6.4 芳香族アミノ酸残基の電子的性質

6.4.1 概要

タンパク質の骨格鎖において特に興味深いのは共役型易動性電子をもつ芳香族アミノ酸である。これらのアミノ酸はタンパク質のさまざまな機能において特別な役割を担うと考えられる。該当するアミノ酸はフェニルアラニン，チロシン，ヒスチジンおよびトリプトファンの四種類である（表1参照）。これらのアミノ酸はベンゼン環，イミダゾール環(Ⅶ)およびインドール環(Ⅷ)のいずれかを含む。実際上，チロシンのπ電子系はフェノール(Ⅸ)のそれと同じと見なせる。またフェニルアラニンの場合にはベンゼン環の摂動も考慮されるため，そのπ電子系はトルエン(Ⅹ)のそれと同じと仮定される（他の三種の芳香族アミノ酸では，共役環に隣接するCH_2基の超共役は環の電子構造への影響が比較的小さいため無視されることが多い）。

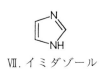
Ⅶ. イミダゾール

Ⅷ. インドール

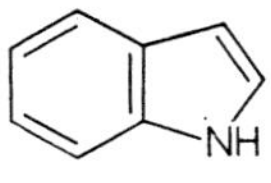

Ⅸ. フェノール

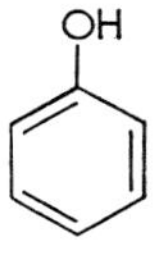

Ⅹ. トルエン

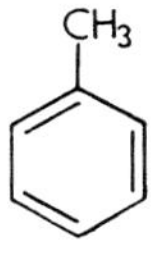

248 第6章 共役系としてのタンパク質

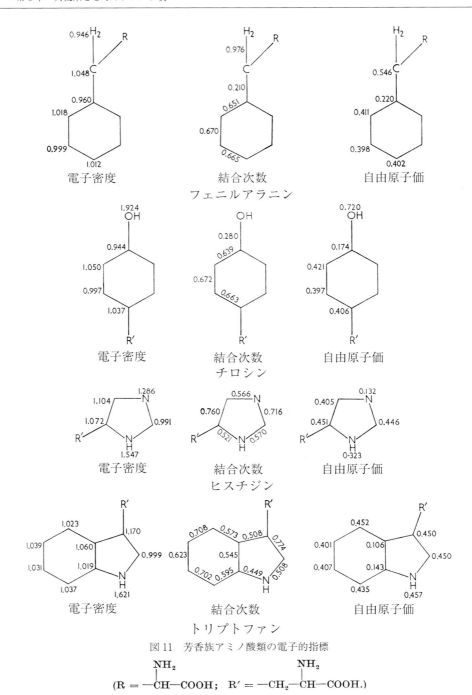

図11 芳香族アミノ酸類の電子的指標

(R = $-\overset{NH_2}{\underset{|}{CH}}-COOH$; R' = $-CH_2-\overset{NH_2}{\underset{|}{CH}}-COOH$.)

表5と図11では，フェニルアラニン，チロシン，ヒスチジンおよびトリプトファンのπ電子系の主な特徴はそれぞれトルエン，フェノール，イミダゾールおよびインドールを用いて表される[54]。

表5 芳香族アミノ酸類の軌道エネルギー（単位：β）

化合物	HOMO エネルギー	LUMO エネルギー
フェニルアラニン	0.91	−0.99
チロシン	0.79	−1.00
ヒスチジン	0.66	−1.16
トリプトファン	0.53	−0.86

6.4.2 トリプトファンの電子供与的性質

芳香族アミノ酸類のもつさまざまな電子的特性のうち，最近特に注目されているのはそれらの電子供与能である。この性質は電荷移動錯体におけるこれらの残基の研究から導かれた。すなわち表5のデータの検討から，タンパク質の芳香族アミノ酸類は電子受容体ではなく電子供与体であることが確認された。しかしそれらの供与能は決して良好ではない。例外はトリプトファンである。最高被占軌道のエネルギー係数はこの化合物が適度な電子供与体であることを示した。

トリプトファンの電子供与能はさまざまな研究者による一連の研究から立証された。たとえばSzent-Gyorgyi ら[55]，Fujimori[56]，Harbury ら[57] および Cilento-Giusti[58] によれば，トリプトファンや関連インドール誘導体はさまざまな生化学的電子受容体たとえば酸化-還元補酵素（FMN，FAD，DPN$^+$および TPN$^+$）の酸化形との間で電荷移動錯体を形成する。これらの補酵素の電子受容体系はイソアロキサジン環(XI)やピリジニウム環(XII)をその構成要素とする（これらの補酵素の詳しい構造と機能は後ほど本書で議論される。ここではこれらの環がきわめてエネルギーの低い空分子軌道をもつことを指摘したい）。これらの実験において，トリプトファンは（このような複合体を形成しうる）唯一の芳香族アミノ酸であるか，あるいは他の芳香族アミノ酸類に比べてはるかに高い反応性を示した。

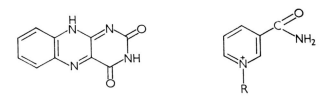

XI．イソアロキサジン　　XII．3-カルバミドピリミジウムイオン

実際には複合体におけるインドール誘導体の挙動は一見すると不可解であった。すなわちインドールは適度な電子供与体として機能し，（トリニトロベンゼン，p-ベンゾキノン，クロラニルといった）一連の電子受容体と電荷移動錯体を形成する。その能力は最高被占分子軌道のエネルギーと並行関係にあった[59]。インドールは他のタイプの電子受容体とも（その HOMO エネルギーから期待されるよりも）はるかに強力な電荷移動錯体を形成した。Szent-Gyorgyi によれば，イソアロキサジン環を含んだフラビンタンパク質において特にそうであった。Karreman によれば，この状況は（インドール環からの電子の離脱によって得られた）インドール陽イオンと（イ

250   第6章   共役系としてのタンパク質

ソアロキサジン環の電子受入れによる）イソアロキサジン陰イオンとの強力なクーロン相互作用によるものと考えられる[60]。すなわち黒い太線に沿ってこれらのイソアロキサジンイオンとインドールイオンの形式電荷を比較してみると（図12），（原子間距離や結合角も含めて）一方のラジカルの正電荷は相手の負電荷とうまく重なり合い，二つの分子間でクーロン引力の増加が観測された。一方，Harburyらはイソアロキサジン環を含んだ複合体では水素結合が重要であることを強調した[57]。

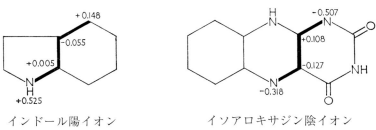

　　インドール陽イオン　　　　　イソアロキサジン陰イオン
図12　インドール陽イオンとイソアロキサジン陰イオンの形式電荷

また最近，Szent-Gyorgyiらはインドール核を含んだ別のタイプの電荷移動錯体の存在を報告した[61]。

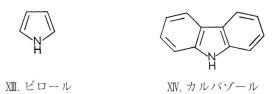

　　XIII. ピロール　　　　XIV. カルバゾール

その複合体はインドールとヨウ素との間で形成された。Szent-Gyorgyiによれば，この複合体はインドールの電子過剰特異点とI_2との「局所的」相互作用を介してインドール環のπプールからI_2分子へと電子が移動する電荷移動錯体であった。図11を眺めてみると，この特異点に該当するのは，形式負電荷が最大となるインドール骨格の3位炭素であった。ピロール(XIII)，インドール(VIII)およびカルバゾール(XIV)系列での相互作用研究はインドール-I_2相互作用の性質に関するこの解釈を支持した。ピロールとカルバゾールの電子的特性は表6と図13に示される。

6.4 芳香族アミノ酸残基の電子的性質　251

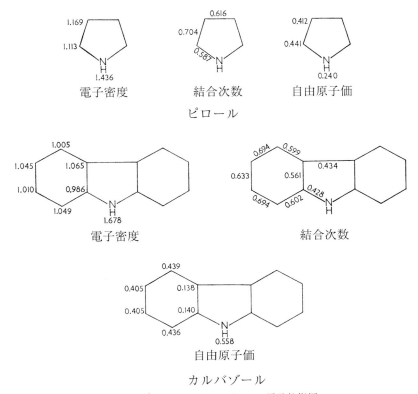

図 13　ピロールとカルバゾールの電子的指標

表 6　ピロールとカルバゾールのエネルギー指標（単位：β）

化合物	HOMO エネルギー	LUMO エネルギー
ピロール	0.618	−1.381
カルバゾール	0.539	−0.786

　最高被占軌道（HOMO）のエネルギー係数から明らかなように，これらの分子のπ電子供与的性質はピロールからインドールへと増加するが，インドールからカルバゾールではほぼ一定のままであった。一方，ピロールとインドールは高度に負の炭素原子を分子周辺（ピロールの全炭素とインドールの3位炭素）にもつが，カルバゾールにはこのような原子は存在しない。またこれらの三種の分子のうち，ピロールとインドールはヨウ素と強力な複合体を形成するが，カルバゾールは形成しない（ただしインドールとカルバゾールはトリニトロベンゼンのような全般的π電子受容体とは複合体を形成する）。したがって Szent-Gyorgyi は「π-π」相互作用と「局所的な」移動を区別した。前者ではπプールは別のπプールと相互作用し，二つの分子はサンドウィッチ型複合体を形成することが多い。一方，後者では一方のπプールは（二つの分子の特異点で起こる）局所的相互作用により他方のπプールへと電子を供与した[61a]。

　Szent-Gyorgyi 実験における供与体から受容体への電子移動の可能性は電子スピン共鳴実験に

252 第6章 共役系としてのタンパク質

よって立証された。トリプトファン‐ヨウ素複合体で特に興味深い点は，共役芳香族化合物とヨウ素との間で形成されるこのタイプの複合体が電子半導電率を著しく高めることである[62]。

反応の詳しい機構や性質が何であれ，さまざまなタイプの電子受容体との電荷移動錯体に関与するトリプトファンの能力は，もちろんこの分子や関連インドール誘導体の生化学的役割にとって重要である。

この分野で最近注目されるのは精神衛生におけるこの性質の重要性である。この問題はトリプトファンの代謝と関係が深い。

6.4.3 トリプトファンの代謝

トリプトファンはさまざまな様式で代謝される[63]。この分子はそのピロール環が酸化的に開裂して N‐ホルミル‐キヌレニン（XV）を生成する。この反応は酸素存在下で肝臓の酵素ペルオキシダーゼによって触媒され，かつ（トリプトファン内で最も二重結合性の高い）C_2—C_3 結合でのペルオキシド化を経て引き起こされる。ギ酸の酵素的放出は主要化合物であるキヌレニン（XVI）をもたらす。キヌレニンは次に閉環してキヌレン酸（XVII）を生成する。この反応は共鳴エネルギーをかなり増加させる（$= 1.87\beta \fallingdotseq 3$ kcal/mole）。

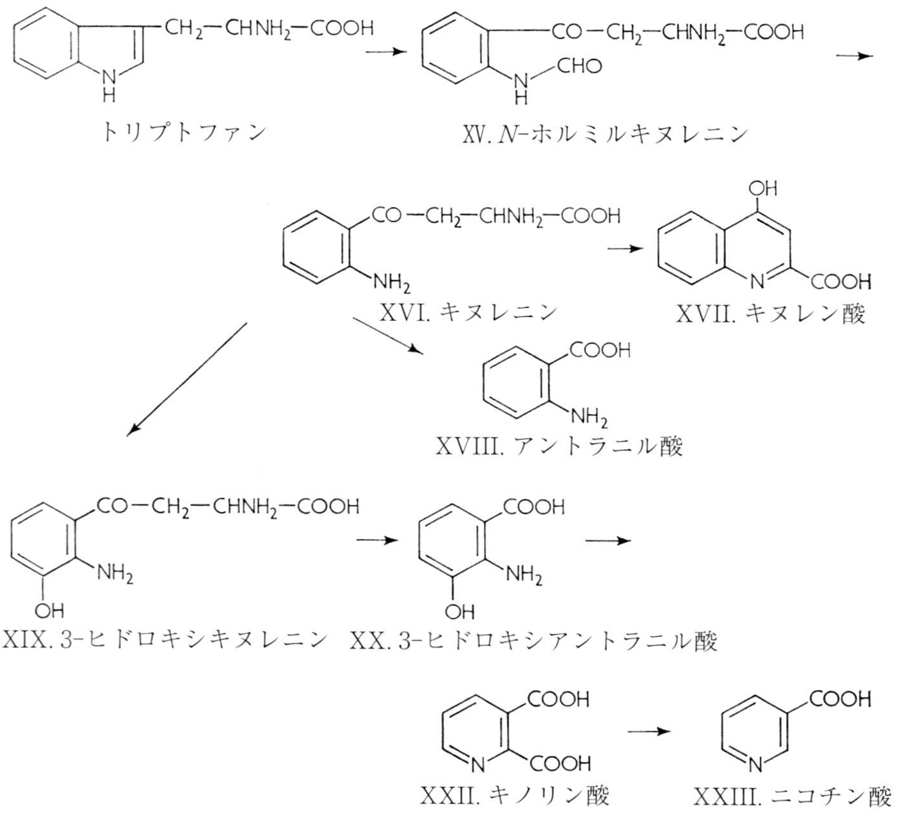

トリプトファン　　　　　　　　　　XV. N-ホルミルキヌレニン

XVI. キヌレニン　　　　　XVII. キヌレン酸

XVIII. アントラニル酸

XIX. 3-ヒドロキシキヌレニン　XX. 3-ヒドロキシアントラニル酸

XXII. キノリン酸　　　XXIII. ニコチン酸

さらにキヌレニンはアントラニル酸（XⅧ）へ分解したり，あるいはC_3位でヒドロキシ化されて3-ヒドロキシキヌレニン（XⅨ）を生成したのち3-ヒドロキシアントラニル酸（XX）へと分解されることもある（図14によると，C_3位は未置換環炭素の中で電子密度と自由原子価が最も高い位置である）。化合物XXは（対応するキノンイミン体XXIへ変換されたのち[65]），発がん性を示すことが最近見出された[64]。

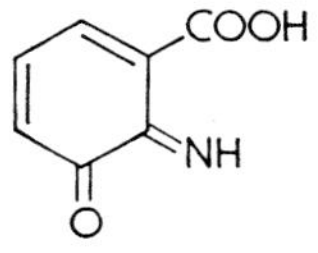

$$XXI$$

化合物XXはさらに代謝されキノリン酸（XXⅡ）やニコチン酸（XXⅢ）を生成する。

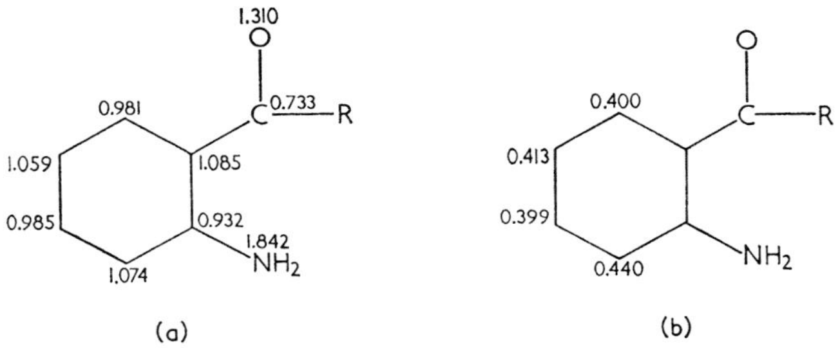

図14　キヌレニン：(a) 電子密度の分布；(b) 遊離環炭素の自由原子価

　別の代謝経路では，トリプトファンはC_5位でヒドロキシ化されて5-ヒドロキシトリプトファン（XXⅣ）となり，さらに脱炭酸されて5-ヒドロキシトリプタミンすなわちセロトニン（XXⅤ）を生成する。セロトニンのさらなる代謝は次に示す二つの経路で進行した。すなわち第一の経路では，セロトニンは酸化的に脱アミノ化され5-ヒドロキシインドール酢酸（XXⅥ）を生成した。その際，反応中間体として対応するアルデヒドが形成する。この反応はモノアミンオキシダーゼと呼ばれる酵素によって触媒される。また第二の経路では，N-メチル化が起こりブホテニン（XXⅦ）と呼ばれるジメチル誘導体が生成する。

　セロトニンを経由するこの代謝経路は我々が以前言及した金属平衡の問題に関与する。セロトニンは動物やヒトの脳内に見出され，その存在は正常な精神機能の維持に必要と思われる[66]。脳内のセロトニン含量の変化は統合失調症のような精神疾患を引き起こす。また中枢神経系でセロトニンと同様の効果を引き起こす物質は強い精神障害を引き起こす。現在よく利用される精神賦活剤と精神安定剤はいずれもこのグループに属する。セロトニンの正常な代謝様式への介入は実際にはモノアミンオキシダーゼ阻害剤やさまざまなセロトニン代謝拮抗物質によって達成される。たとえば前者の薬物としてはイプロニアジド（XXⅧ）があり[67]，後者の薬物としてはレセルピン（XXⅨ），リゼルギン酸ジエチルアミド（LSD）（XXX），ハルミン（XXXI），メドマイ

ン（ＸＸＸⅡ）などがある。

トリプトファン → XXIV. 5-ヒドロキシトリプトファン →

XXV. セロトニン → モノアミンオキシダーゼ → XXVII. ブホテニン / XXVI. 5-ヒドロキシインドール酢酸

XXVIII. イプロニアジド

　これらの代謝拮抗物質はすべてインドール核をもつ。それらの作用は（組織に対するセロトニンの作用を可能にする）特別な受容体を占有することにより発現する。代謝拮抗物質はホルモンへ結合する細胞の能力を損なう[68]。Szent-Gyorgyi らの仮説によれば，これらの薬物の薬理学的反応には適当な受容体との電荷移動錯体の形成がおそらく関与している[69]。この仮説は例外的に高い最高被占軌道をもち，かつ強力な精神安定作用を示すクロルプロマジン（ＸＸＸⅢ）がきわめて良好な電子供与体であるという観察によって示唆された（この化合物については第13章で詳しく紹介される）。

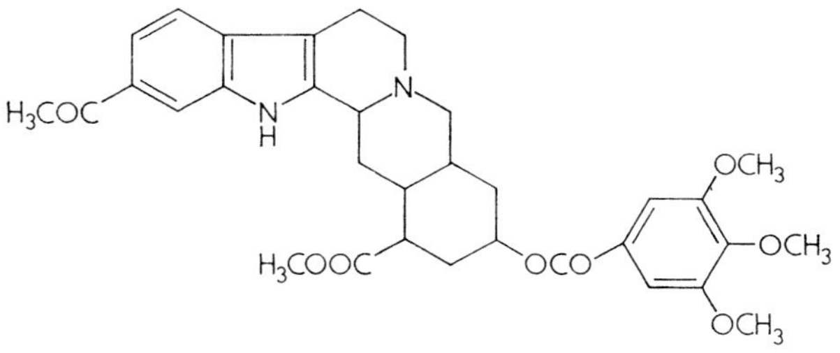

XXIX. レセルピン

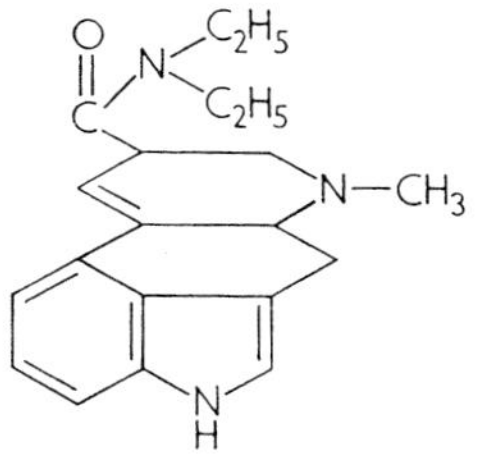

XXX. リゼルギン酸
ジエチルアミド

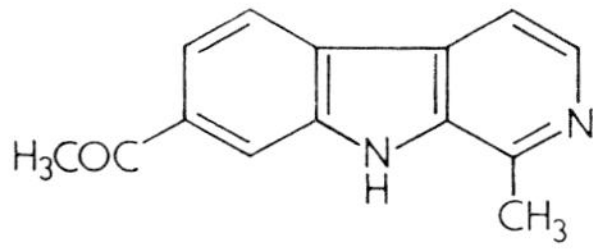

XXXI. ハルミン

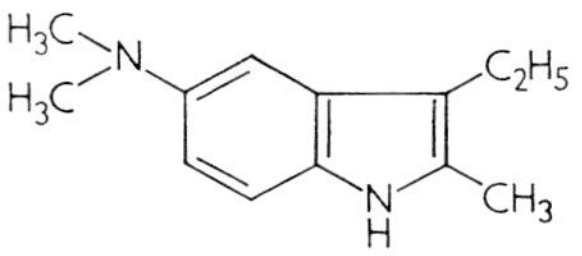

XXXII. メドマイン

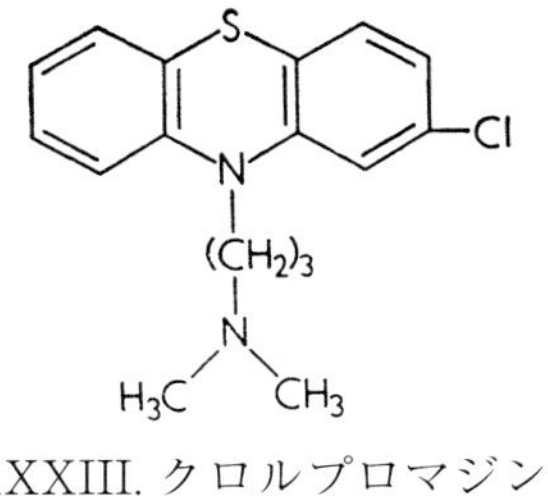

XXXIII. クロルプロマジン

　セロトニンに対する最高被占軌道エネルギーの計算はこの分子がトリプトファンよりも良好な電子供与体であることを示した。実際，その HOMO エネルギーの係数 k_i は 0.461 に等しく[64]，トリプトファンの 0.534 とは対照的であった。セロトニンのこの高い電子供与能は実験によって立証された[70]。きわめて顕著な電子供与的性質はリゼルギン酸ジエチルアミドやメドマインにおいても予想された（これらの化合物における HOMO エネルギーの係数 k_i はそれぞれ 0.218 と 0.348 であった[70]）。

　引用された薬物の薬理活性が電子供与能力や電荷移動錯体の形成能力に依存するという仮説は実験的には確認されていない。しかしその作用様式は多くの複雑な側面を提示しており，その考え方は追跡に値する有用な手がかりとなり得る。

XXXIV. インドール-3-酢酸

　トリプトファンのもう一つの代謝経路は側鎖の開裂や化学修飾といった反応から構成され，その結果としてインドール，スカトール（3-メチルインドール），インドール-3-酢酸（XXXIV）といった化合物をもたらす。

　この最後の化合物は植物における重要な成長促進物質である。同様の活性を示す薬剤は多数知られている。それらは植物ホルモンとかオーキシンといった一般名で呼ばれる。インドール酢酸の誘導体のオーキシン活性を電子項で説明する試みは行われていない。しかし報告によると，安息香酸[71]やナフトエ酸[72]の誘導体の植物成長作用と電子構造との間には相関が存在するという。

6.4.4　他の芳香族アミノ酸類に関するコメント

　他の芳香族アミノ酸類の残基は単環式である。そのためその化学的潜在能力の確認は容易である。しかし化学的潜在能力からそれらの生理学的役割や生化学的変換を推定することはできない。またそれらが関与する個々の反応や連鎖反応では，タンパク構造の協同効果とかこれらの系に作用する酵素の多様性や特異性といった因子も考慮されなければならない。しかしこのような一般的な試みはまだ行われていない。本書の付録には，これらの芳香族アミノ酸残基や代謝的に関連した構造の電子的特性に関する情報が多数収録されている。これらの情報は具体的問題を詳しく解釈する際に有用である。ここではこれらのアミノ酸残基の性質に関するいくつかの側面に若干のコメントを加えるに止める。

　イミダゾール（グリオキサリン）環の著しい性質の一つは環内に第三級（ピリジン）窒素と第二級（ピロール）窒素の両方を含むことである[73]。これらのうち第一のタイプの窒素は系の易動性電子プールへπ電子を1個提供し，かつ負の形式電荷をもつ。したがってこの窒素は求電子攻撃に対する中心となる。すなわちプロトンと結合したり金属と錯体を形成したりする（特にヒスチジンでは，そのNH₂基と連携したキレート化により比較的強い結合が形成される）。水素結合や一過性の第四級窒素錯体を形成することもある。一方，第二のタイプの窒素は系の易動性電子プールへ孤立電子対を提供し，かつ正の形式電荷をもつ。その主な反応の一つはアセチル基やホスホリル基によるプロトンの置換である。

　この一般的状況に由来する重要な分子的性質はイミダゾール環のこれらの窒素原子の相互変換の可能性である。すなわち第三級窒素のプロトン化が起こる酸性溶液では電子の非局在化が促進され，二つの窒素は区別できなくなる。もう一つの可能性はイミダゾールが「ピリジン」窒素で塩基として反応し，続いて不安定なピロール窒素からプロトンが解離することである。すなわち分子内の電子転位により元の「ピロール」窒素は「ピリジン」窒素へと変換され，元の「ピリジ

ン」窒素は安定な *N*-置換「ピロール」窒素誘導体へと変化する。図15はこの一連の変換をまとめたものである。

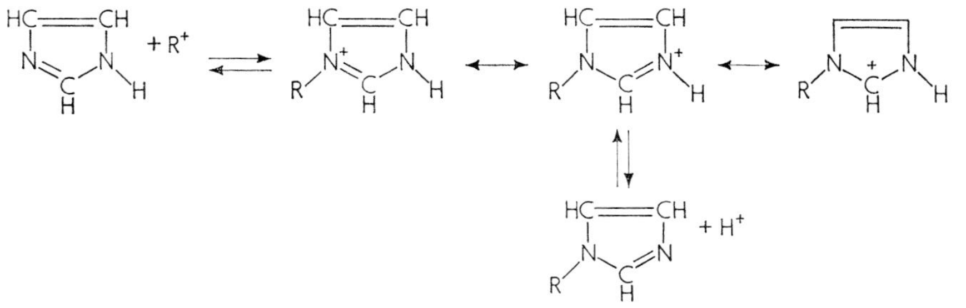

図15 イミダゾール窒素の相互変換

　反応のこれらの連鎖はイミダゾール核の生化学的性質を理解する上で基本的に重要である。特に高エネルギーイミダゾール誘導体の形成と（加水分解酵素の活性部位が関与する）イミダゾール環の触媒的役割の二つは重要である。これらの二つの性質は適切な章で多少詳しく議論される。前述のコメントはそこでも役に立つと思われる。

　本書のおける今後の議論とも関連するが，フェニルアラニンやチロシンの主要な代謝段階を思い起こすことも有用である。図16はそれらの概要をまとめたものである（さらに詳しく知りたい読者は引用文献63を参照されたい）。

　いわゆる先天性代謝異常や遺伝性分子病はフェニルアラニンやチロシンの代謝変換の障害によることが知られている。それらの疾患は中間体のどれかが分解されなかったり，あるいは変換が進まないことによって生じる。その原因はおそらくこれらの芳香族アミノ酸類の正常な代謝に関与する酵素のいくつかが不足または欠如したことにある。これらの先天性代謝異常のうち次に示すものは特に重要である：（1）フェニルアラニンからチロシンへの変換が阻害されるフェニルケトン尿性精神薄弱（phenylpyruvica oligophrenia），（2）*p*-ヒドロキシフェニルピルビン酸から2,5-ジヒドロキシフェニルピルビンへの変換が進まないチロシン症（tyrosinosis），（3）ホモゲンチジン酸が開環されないアルカプトン尿症（alcaptonuria），（4）メラニン色素の形成に関与する酵素の欠乏または不活性に起因する色素欠乏症（albinism）。

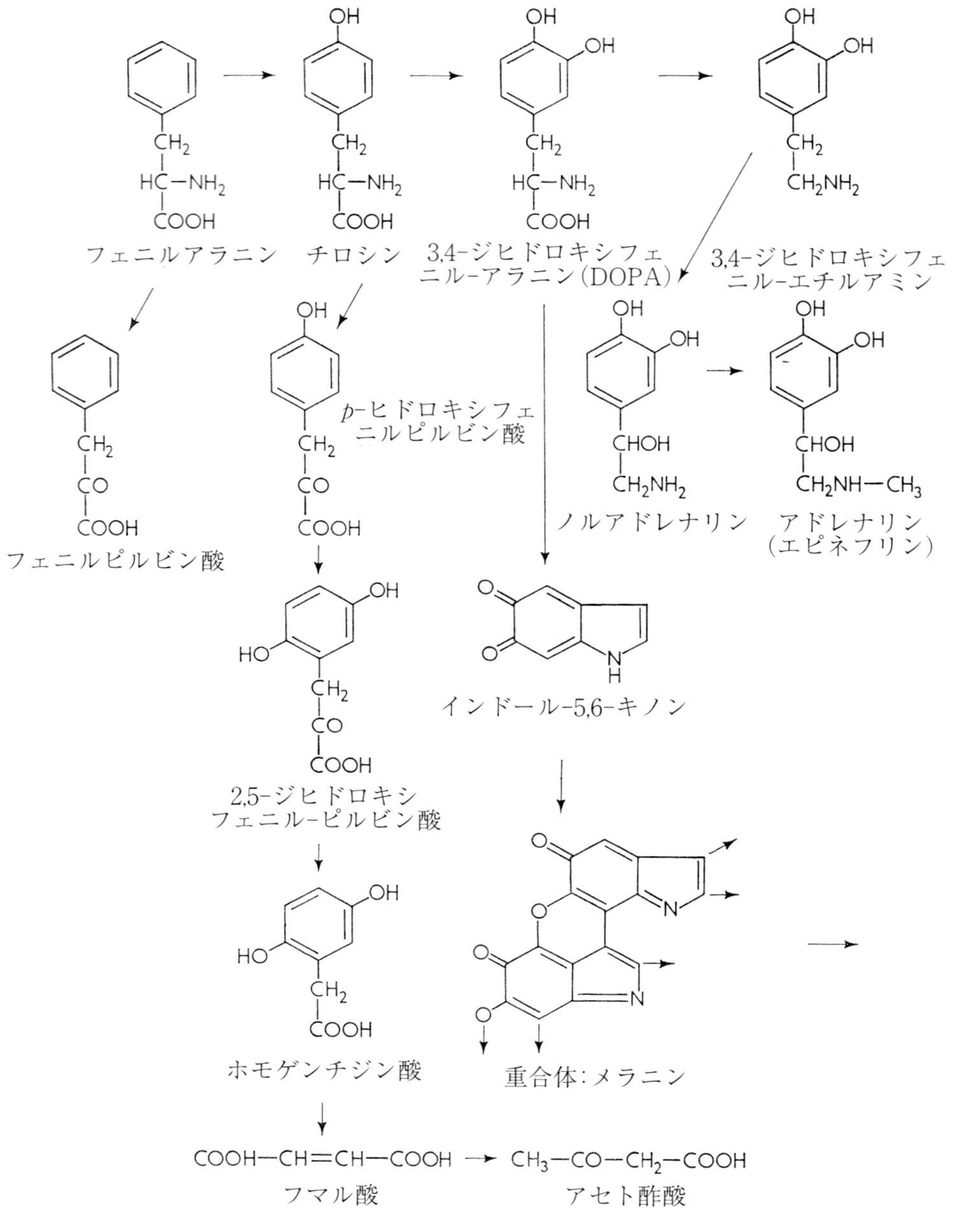

258　第6章　共役系としてのタンパク質

フェニルアラニン　チロシン　3,4-ジヒドロキシフェ
ニル-アラニン（DOPA）

3,4-ジヒドロキシフェ
ニル-エチルアミン

フェニルピルビン酸

p-ヒドロキシフェ
ニルピルビン酸

ノルアドレナリン　アドレナリン
（エピネフリン）

インドール-5,6-キノン

2,5-ジヒドロキシ
フェニル-ピルビン酸

重合体：メラニン

ホモゲンチジン酸

COOH−CH=CH−COOH → CH₃−CO−CH₂−COOH

フマル酸　　　　　　　　アセト酢酸

図16　フェニルアラニンとチロシンにおける主要な代謝的変換

引用文献

1.　Oncley, J. L., *Rev. Mod. Phys.*, **31**, 30（1959）.

2.　Sanger, F., *Biochem. J.*, **44**, 126（1949）; Sanger, F., and Tuppy, H., *Biochem. J.*, **49**, 463, 481（1951）;
　　Sanger, F., and Thompson, E. O. P., *Biochem. J.*, **53**, 353, 366（1953）; Sanger, F., Thompson, E. O. P.,
　　and Kitai, R., *Biochem. J.*, **59**, 509（1955）; Ryle, A. P., Sanger, F., Smith, L. F., and Kitai, R., *Biochem.*

J., **60**, 541 (1955); Sanger, F., in Green, D. E. (Ed.), *Currents in Biochemical Research*, p. 434, Interscience, New York, 1956.

3. Stein, W. H., and Moore, S., *Sci. Ameerican*, **204**, 81 (1961).

4. Pauling, L., Itano, H. A., Singer, S. J., and Wells, I. C., *Science*, **110**, 543 (1949); Pauling, L., *Harvey Lectures*, **49**, 216 (1954); Itano, H. A., *Advances in Protein Chem.*, **12**, 215 (1957); Itano, H. A., in Greenberg, D. M., and Harper, H. A. (Eds.), *Enzymes in Health and Disease*, p. 26, C. C. Thomas Publ., Springfield, U. S. A., 1960.

5. Pauling, L., in "Symposium on Protein Structure," Neuberger, A. (Ed.), p. 17, Methuen, London, 1958.

6. Mizushima, S. I., *Structure of Molecules and Internal Rotation*, Academic Press, New York, 1954.

7. Badger, R. M., and Rubalcara, H., *Proc. Natl. Acad. Sci. U. S.*, **40**, 12 (1954).

8. Pauling, L., Corey, R. B., and Branson, H. R., *Proc. Natl. Acad. Sci. U. S.*, **36**, 205 (1951); Pauling, L., and Corey, R. B., *Proc. Natl. Acad. Sci. U. S.*, **37**, 251 (1951). 総説：Low, B. W., and Edsall, J. T., in Green, D. E. (Ed.), *Currents in Biochemical Research*, p. 378, Interscience, New York, 1956.

9. Perlmann, G. E., *Advances in Protein Chem.*, **10**, 1 (1955).

10. Tanford, C., in "Symposium on Protein Structure", Neuberger, A., (Ed.), p. 35, Methuen, London, 1958.

11. Waugh, D. F., *Rev. Mod. Phys.*, **31**, 84 (1959).

11*a*. Kendrew, J. C., *Rev. Mod. Phys.*, **31**, 94 (1959); Perutz, M. F., Rossmann, M. G., Cullis, A. F., Muirhead, H., Will, G., and North, C. T., *Nature*, **185**, 716 (1960).

12. Brown, R. D., *J. Chem. Soc.*, 2615 (1953); Del Re, G., *J. Chem. Soc.*, 4031 (1958) ; Fukui, K., Kato, H., and Yonezawa, T., *Bull. Chem. Soc. Japan*, **33**, 1197 (1960).

12*a*. Del Re. G., Pullman, B., and Yonezawa, T., *Biochim. et Biophys. Acta*, in press.

13. Szent- Gyorgyi, A., *Science*, **93**, 609 (1941); *Nature*, **148**, 157 (1941).

14. Eley, D. D., Parfitt, G. D., Perry, M. J., and Taysum, D. H., *Trans. Faraday Soc.*, **49**, 79 (1953); Eley, D. D., and Spirey, D. L., *ibid.*, **56**, 1432 (1960); **58**, 411 (1962).

15. Cardew, H. H., and Eley, D. D., *Discussions Faraday Soc.*, **27**, 115 (1959).

16. Eley, D. D., *Research*, **12**, 293 (1959); Eley, D. D., in Kasha, M., and Pullman, B. (Eds.), *Horizons in Biochemistry*, Albert Szent-Gyorgyi's Dedicatory Volume, Academic Press, New York, 1962.

17. Duchesne, J., Depireux, J., Bertinchamps, A., Cornet, N., and van Der Kaa, J. M., *Nature*, **188**, 405 (1960).

18. Douzou, P., and Thuillier, J. M., *J. chim. phys.*, **57**, 96 (1960); Douzou, P., and Francq, J. C., *J. chim. phys.*, **59**, 578 (1962).

19. Taylor, P., *Discussions Faraday Soc.*, **27**, 237 (1959).

20. Garrett, C. G. B., *Radiation Res., Suppl.*, **2**, 340 (1960).

21. Coulson, C. A., *Nature*, **159**, 265 (1947).

22. Coulson, C. A., Schaad, L. J., and Burnelle, L., *Proc. 3rd Conference on Carbon*, p. 27, Pergamon, London, 1959.

23. Coulson, C. A., *Valence*, pp. 276-287, Oxford, 1952.

24. 半導性に対する活性化エネルギーの値は核酸においても見出される（胸腺の核酸では 2.44 eV[16]，ニシン精子の DNA では 1.80 eV である[17]）。

25. Akamatu, H., and Inokuchi, H., *Proc. 3rd Conference on Carbon*, p. 51, Pergamon, London, 1959.

26. Kasha, M., *Rev. Mod. Phys.*, **31**, 162 (1959).

27. Northrop, D. C., and Simpson, D., *Proc. Roy. Soc.（London）*, **A234**, 124 (1956).

28. Lyons, L. E., *J. Chem. Soc.*, 5001 (1957).

29. Pullman, B., *Proc. 3rd Conference on Carbon*, p. 3, Pergamon, London, 1959.

30. Evans, M. G., and Gergely, J., *Biochim. et Biophys. Acta*, **3**, 188 (1949).

31. Suard, M., Berthier, G., and Pullman, B., *Biochim. et Biophys. Acta*, **52**, 254 (1961).

32. Ham, J. S., and Platt, J. R., *J. Chem. Phys.*, **20**, 335 (1952).

33. Stryer, L., *Radiation Res., Suppl.*, **2**, 432 (1960).

34. Mason, R., *Brit. J. Cancer*, **12**, 469 (1958). 議論：Pullman, A., and Pullman, B., *Nature*, **96**, 228 (1962).

35. Julg, A., *J. chim. phys.*, **55**, 413 (1958); **56**, 235 (1959); **57**, 19 (1960).

36. 計算のこの段階ではホルムアミドのイオン化ポテンシャルは 10.2 eV であり，実験との不一致は 2 eV のオーダーであった：Hunt, H. D., and Simpson, W. T., *J. Am. Chem. Soc.*, **75**, 4540 (1953).

37. Ham, T. S., and Platt, J. R., *J. Chem. Phys.*, **20**, 335 (1952); Hunt, H. D., and Simpson, W. T., *J. Am. Chem. Soc.*, **75**, 4540 (1953); Imahori, K., and Tanaka, I., *J. Mol. Biol.*, **1**, 359 (1959); Preiss, J. W., and Setlow, R., *J. Chem. Phys.*, **25**, 138 (1956).

38. ホルムアミドなどの簡単なアミド類に対する電子構造やスペクトルの計算は多くの研究者によって試みられた：Wagner, E. L., *J. Phys. Chem.*, **63**, 1403 (1959); Baba, A., and Suzuki, S., *J. Chem. Phys.*, **32**, 1706 (1960); Nagakura, S., *Mol. Phys.*, **3**, 105 (1960).

39. Eley, D. D., and Spirey, D. I., *Nature*, **188**, 725 (1960).

40. Davis, K. M. C., Eley, D. D., and Snart, R. S., *Nature*, **188**, 724 (1960).

41. Kommandeur, J., and Hall, F. R., *J. Chem. Phys.*, **34**, 129 (1961).

42. Paoloni, L., *Discussions Faraday Soc.*, **27**, 234 (1959).

43. Coulson, C. A., and Fischer, J., *Phil. Mag.*, **40**, 386 (1949).

44. Paoloni, L., *J. Chem. Phys.*, **30**, 1045 (1959); *Sci. Repts., Inst. Super. Sanità*, **1**, 513 (1961).

45. Sender, M., and Berthier, G., *J. chim. phys.*, **55**, 384 (1958).

45a. 精密化は上述の結果にほとんど影響を与えない。しかし水素の $2p$ 軌道の導入は水素結合を介した π 電子の非局在化が起こることを示した： Suard, M., *Biochim. et Biophys. Acta*, **59**, 227 (1962); **64**, 400 (1962).

46. Garner, W. E., *Advances in Catalysis*, **9**, 169 (1957).

47. Leach, J. S., *Advances in Enzymol.*, **15**, 1 (1954).

48. Lumry, R., in Boyer, P. D., Lardy, H., and Myrbäck, K. (Eds.), *The Enzymes*, Vol. I, p. 157, Academic Press, New York, 1959.

49. Förster, Th., *Discussions Faraday Soc.*, **27**, 7 (1959); Szent-Gyorgyi, A., *J. chim. phys.*, **55**, 916 (1958); Karreman, G., Steele, R. H., and Szent-Gyorgyi, A., *Proc. Natl. Acad. Sci. U. S.*, **44**, 140 (1958); Karreman, G., and Steele, R. H., *Biochim. et Biophys. Acta*, **25**, 280 (1957); Tollin, G., *Radiation Res.*, **2**, 387 (1960); Stryer, L., *Radiation Res.*, **2**, 432 (1960); Szent-Gyorgyi, A., *Introduction to a Submolecular Biology*, Academic Press, New York, 1960.

50. Gordy, W., and Shields, H., *Proc. Natl. Acad. Sci. U. S.*, **46**, 1124 (1960); Patten, F., and Gordy, W., *ibid.*, **46**, 1137 (1960).

51. 低温（77°K）の実験ではタンパク質への照射はさまざまなフリーラジカルを生成した。しかし温度

を上げると，それらはすべて二つのフリーラジカルのいずれかへ転換された。同様の段階的機構は
フリーラジカルが室温での照射によって生成する場合にもおそらく起こっている。しかし，転換速
度が速すぎるため中間種の観察は不可能であった。

52. Pullman, B., *Acad. roy. Belg., classe sci., Mém.* **33**, 208 (1961).

53. McConnell, H. M., *J. Chem. Phys.*, **28**, 1188 (1958); **29**, 244 (1958); Weissman, S. I., *J. Chem. Phys.*, **25**, 890 (1956); McLachlan, A. D., *Mol. Phys.*, **3**, 233 (1960).

53a. 重水素置換法を用いた最近の研究によると，電子スピン共鳴において超微細構造を与えるのは主に炭素原子へ結合したプロトンであった。ヒドロキシ基，カルボニル基およびアミノ基といった極性基のプロトンは共鳴パターンの超微細構造に寄与しないか，あるいはわずかしか寄与しない：Miyagawa, I., and Gordy, W., *J. Am. Chem. Soc.*, **83**, 1036 (1961).

54. これらの基本共役系の構造はさまざまな研究者によって検討された。たとえば，メチルベンゼン：Wheland, G. W., *J. Am. Chem. Soc.*, **64**, 900 (1942); Pullman, A., and Metzger, J., *Bull. soc. chim. France*, **15**, 1021 (1948); Coulson, C. A., and Crawford, V. A., *J. Chem. Soc.*, 2052 (1953); Crawford, V. A., *J. Chem. Soc.*, 2058 (1953); I'Haya, Y., *Bull. Chem. Soc. Japan*, **28**, 369 (1955). イミダゾール：Bassett, I. M., and Brown, R. D., *J. Chem. Soc.*, 2701 (1954); Brown, R. D., *Australian J. Chem.*, **8**, 100 (1955); Brown, R. D., and Hefferman, M. L., *Australian J. Chem.*, **12**, 543 (1959). インドール：Longuet-Higgins, H. C., and Coulson, C. A., *Trans. Faraday Soc.*, **43**, 87 (1947); Berthier, G., and Pullman, B., *Compt. rend.*, **231**, 774 (1950); Brown, R. D., and Coller, B. A. W., *Australian J. Chem.*, **12**, 152 (1959).

55. Szent-Gyorgyi, A., and Isenberg, I., *Proc. Natl. Acad. Sci. U. S.*, **46**, 1334 (1960); Isenberg, I., and Szent-Gyorgyi, A., *Proc. Natl. Acad. Sci. U. S.*, **45**, 1229 (1959); Isenberg, I., Szent-Gyorgyi, A., and Baird, S. L., *Proc. Natl. Acad. Sci. U. S.*, **46**, 1307 (1960); Szent-Gyorgyi, A., *An Introduction to a Submolecular Biology*, Academic Press, New York, 1960.

56. Fujimori, E., *Proc. Natl. Acad. Sci. U. S.*, **45**, 133 (1959).

57. Harbury, H. A., and Foley, K. A., *Proc. Natl. Acad. Sci. U. S.*, **44**, 662 (1958); Harbury, H. A., LaNoue, K. F., Loach, P. A., and Amick, R. M., *Proc. Natl. Acad. Sci. U. S.*, **45**, 1708 (1959).

58. Cilento, G., and Giusti, P., *J. Am. Chem. Soc.*, **81**, 3801 (1959); Cilento, G., and Tedeschi, P., *J. Biol. Chem.*, **236**, 907 (1961); Alivisatos, S. G. A., Mourkides, G. A., and Jibril, A., *Nature*, **186**, 718 (1960); Alivisatos, S. G. A., Ungar, F., Sibril, A., and Mourkides, G. A., *Biochim. et Biophys. Acta*, **51**, 361 (1961).

59. Fujimori, E., in Szent-Gyorgyi, A. (Ed.), *An Introduction to a Submolecular Biology*, p. 63, Academic Press, New York, 1960.

60 Karreman, G., *Bull. Math. Biophys.*, **23**, 135 (1961); *Ann. N. Y. Acad. Sci.*, **96**, 1029 (1962).

61 Szent-Gyorgyi, A., Isenberg, I., and McLaughlin, J., *Proc. Natl. Acad. Sci. U. S.*, **47**, 1089 (1961).

61a. 発がんにおける局所的電子移動の重要性：Szent-Gyorgyi, A., Isenberg, I., and Baird, Jr., S. I., *Proc. Natl. Acad. Sci. U. S.*, **46**, 1444 (1960); Pullman, A., and Pullman, B., *Nature*, **196**, 228 (1962).

62. Akamatu, H., Inokuchi, H., and Matsunaga, Y., *Nature*, **173**, 168 (1954); *Bull. Chem. Soc. Japan*, **29**, 213 (1956).

63. Greenberg, D. M., in Greenberg, D. M. (Ed.), *Chemical Pathways of Metabolism*, Vol. II, p. 47, Academic Press, New York, 1954.

64. Boyland, E., *Bull. soc. chim. biol.*, **38**, 827 (1956); *Brit. Med. Bull.*, **14**, 153 (1958).

65. Pullman, B., in *Berliner Symposium über Fragen der Carcinogenese*, p. 69, Akademie-Verlag, Berlin, 1960.

66. Page, I. H., *Science*, **25**, 721 (1957); Brodie, B. B., and Shore, P. A., *Ann. New York Acad. Sci.*, **66**, 631 (1957); Wooley, D. W., and Shaw, E. N., *ibid.*, p. 649; Twarog, B. M., in Rinkel, M., and Denber, H. C. B. (Eds.), *Chemical Concepts of Psychosis*, p. 158, McDowell, New York, 1958; Wooley, D. W., *ibid.*, p. 176.

67. Zeller, E. A., Barsky, J., Fouts, J. R., Kirshheimer, F. A., and Van Orden, L. S., *Experientia*, **8**, 349 (1952); Rebhun, J., Feinberg, S. M., and Zeller, E. A., *Proc. Soc. Exptl. Biol. Med.*, **87**, 218 (1954). 実際, 多数のモノアミンオキシダーゼ阻害剤が調製された：Biei, J. H., Nuhfer, P. A., and Conway, A. C., *Ann. New York Acad. Sci.*, **80**, 568 (1959). また電子レベルでの構造活性相関も検討され, 興味深い問題が指摘された：

68. Wooley, D. W., in Rinkel, M., and Denber, H. C. B. (Eds.), *Chemical Concepts of Psychosis*, p. 176, McDowell, New York, 1958; Hess, S. M., Shore, P. A., and Brodie, B. B., *J. Pharmacol. Exptl. Therap.*, **118**, 84 (1956).

69. Karreman, G., Isenberg, I., and Szent-Gyorgyi, A., *Science*, **130**, 1191 (1959).

70. Isenberg, I., Szent-Gyorgyi, A., and Baird, Jr., S. L., *Proc. Natl. Acad. Sci. U. S.*, **46**, 1307 (1960).

71. Fukui, K., Nagata, C., and Yonezawa, T., *J. Am. Chem. Soc.*, **80**, 2267 (1958).

72. Koshimizu, K., Fujita, T., and Mitsui, T., *J. Am. Chem. Soc.*, **82**, 4041 (1960).

73. 生体系におけるイミダゾールの役割：Barnard, E. A., and Stein, W. D., *Advances in Enzymol.*, **20**, 51 (1958).

第7章　高エネルギー化合物

7.1　生体エネルギー論の基本的概念

7.1.1　自由エネルギー変化

　生体内で起こる代謝反応は便宜上，次の二つのタイプに分けられる：(1)同化反応。この反応により単純な構造単位から複雑な分子が形成される。(2)異化反応。この反応により大きな構造がより小さな分子へと分解される。同化過程はその発生に外部からのエネルギーの供給を必要とするが，異化過程は逆にエネルギーの放出を伴う。生命は本質的にこれらの分解反応と再合成反応との動的平衡に他ならない。すべての生体系は（孤立系のエネルギーの総和は一定であるという）熱力学の第一法則に従うので，同化作用に必要なエネルギーは異化過程によって供給される[1]。この状況は異化過程で放出されたエネルギーが合成反応に利用されるというエネルギー共役の考え方へと我々を導いた。この考え方は生体エネルギー論の基本的概念の一つである。

　この考え方を定量的に表現するには熱力学，特に自由エネルギーの基本的概念を知る必要がある[2]。

　化学反応はもし放置されれば平衡状態へ向かう傾向がある。平衡混合物の組成は反応物の初期モル濃度と標準条件下での自由エネルギー変化によって定まる。熱力学では自由エネルギーは物質変換の過程で得られたエネルギーの最大量を表す。化学的観点からは自由エネルギーは化学反応を推進する化学的エネルギーに他ならない。温度 T で動く自動系では自由エネルギー F は次式で定義される。

$$F = H - TS \tag{1}$$

ただし H は系の全熱含量（エンタルピー），S は系のエントロピーをそれぞれ表す。F で定義された元の状態から新しい状態へと系が移行すると，その自由エネルギーは次のように変化する。

$$F' = H' - TS' \tag{2}$$

したがって変換に伴う自由エネルギーの全変化は次式で与えられる。

$$(F' - F) = (H' - H) - T(S' - S) \tag{3}$$

通常の用語法で表せば，

$$\Delta F = \Delta H - T\Delta S \tag{4}$$

　ここで強調したいのは ΔF が系の初期状態と最終状態のみに依存する状態関数（state function）であることである。

264 　第7章　高エネルギー化合物

　もし初期状態や最終状態の濃度が変化すれば，系の状態は変化し，ΔFもまた変化するはずである。ΔFは濃度依存性であるため，さまざまな化学反応を比較するには特定濃度を用いるのが望ましい。この標準濃度すなわち基準濃度としては反応に関与する各物質の1モル溶液が使われる。これらの条件下での自由エネルギー変化は標準ΔFと呼ばれ，ΔF^0で表される。

　ΔFの基本的重要性はその値が化学的あるいは物理的に変化する物質の潜在能力についての定量的情報を直接提供できることにある。もし対応するΔFが負であるならば，外部からエネルギーを吸収することなく，反応は一定の温度と圧力で自発的に進行する。一方，自由エネルギーが増加する反応（ΔFが正値）は外部の自由エネルギー源と共役した場合のみ進行する。ΔF^0の正（または負）値が小さい場合には，ΔFが負（または正）になるまで反応物に対する生成物の比を調整すれば，反応を一方向または逆方向に進めることができる。一方，ΔF^0が大きな負値をとる場合には，反応はほぼ最後まで自発的に進行し，事実上，一方向性すなわち不可逆反応と見なせる。自由エネルギーが減少する反応（$\Delta F < 0$）は発アルゴン的（exergonic）と呼ばれ，自由エネルギーが増加する反応（$\Delta F > 0$）は吸エルゴン的（endergonic）と呼ばれる[3]。もしΔFがゼロに等しいならば，反応は両方向へ等しく進行し，系は化学的平衡を達成する。

　ΔFの変化は我々に二つの重要な情報をもたらす。一つは物質変換中に得られる有用エネルギーの最大量の尺度であり，もう一つは化学変換される物質の潜在能力である。そのような理由により，この量は自由エネルギーまたは化学ポテンシャル（chemical potential）と呼ばれ，いずれも同等の概念として扱われる。後者の術語の有用性は高エネルギー化合物の概念を議論する際に明らかになる。

7.1.2　活性化の自由エネルギー

　これまでに何度も述べたように，反応のΔFが負であるならばその反応は自発的に進行する。この記述はもっぱら反応の熱力学的可能性に言及したものである。実際には発エルゴン反応を起こすには一般に触媒（酵素）が必要である。生化学的反応の完全な取扱いでは，エネルギー的考察は反応速度因子の研究によって補われなければならない。さて大きな負のΔF値で特性づけられる過程と関連した速度の考察では陰関数的なものは何もなかった。所定の反応が本当に起こるか否かを決める際，全自由エネルギーの変化は重要な因子ではない。このような情報を得るには，中間生成物の構造やエネルギー論さらには反応機構の詳細についての知識が必要である。この分野では反応の活性化自由エネルギーの概念が不可欠となる。この概念は絶対反応速度理論によって導入された[2a]。この理論（第4章参照）の基本的な考え方によれば，反応物が結合すると一般に（活性錯体と呼ばれる）不安定な中間体が形成される。その際適用されるのは平衡理論である。活性錯体は通常の熱力学的性質をもつ普通分子と見なせるので，反応物からの生成に伴う自由エネルギー，熱含量およびエントロピーの変化といった諸量を考えることができる。これらの量は記号ΔF^+，ΔH^+およびΔS^+で表される。ただし上付き添字「$+$」は活性状態にあることを示す。反応座標の関数としての系のポテンシャルエネルギーのプロットは一般に図1に示したような形になる。

錯体は（反応を起こすために克服されねばならない）ポテンシャル障壁の頂点に位置する。反

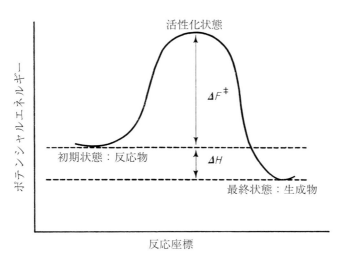

図1　ポテンシャルエネルギー図

応物が反応前に獲得しなければならないエネルギー量は$\Delta F^{\ddagger}$で与えられる。$\Delta F^{\ddagger}$は反応の進みやすさを表す尺度である。すなわち$\Delta F^{\ddagger}$が小さいほど反応物は反応しやすい。一般に触媒，特に酵素の重要性は，（基質との結合や活性錯体への関与を介して）活性化エネルギーを低下させ，反応の進展を促す能力にある。ただしそのようなことが起こるのは$\Delta F < 0$で特性づけられる反応のみである。また触媒を用いてもエネルギー的観点から不可能な反応は起こらない。触媒にできることは熱力学的に可能な反応の速度に対して（決定的な）影響を及ぼすことである。

7.1.3　ΔFの性質

　ΔFの有用な性質を二つ，ここで思い起こしていただきたい。第一は反応の平衡定数との直接的な関係である。よく知られているように，この定数は平衡方程式の右辺にある全反応種のモル濃度積と方程式の左辺にある全反応種のモル濃度積との比として定義される。たとえば次の可逆反応では，

$$A + B \rightleftharpoons C + D$$

平衡定数は次式で与えられる。

$$K = \frac{(C)(D)}{(A)(B)} \tag{5}$$

ここで(A)，(B)，(C)および(D)は各反応種のモル濃度である[4]。(C)(D)/(A)(B)がKに等しいとき反応は平衡状態にある。一方，比がKよりも大きいと反応は左側へ進む傾向があり，逆に比がKよりも小さいと反応は右側へ進む傾向がある。したがって任意の初期濃度で反応が開始されたとき反応の進行方向は平衡定数から定まる。

266   第7章　高エネルギー化合物

　これらの関係との関連で，すでに導入済みの標準自由エネルギーΔF^0についてもさらに詳しく検討するのが望ましい。液体，固体および気体は1気圧の標準状態ではいずれも純物質である。一方，溶液中の化合物は一定温度たとえば25℃では1M濃度を標準状態とする[5]。ΔF^0の上付き添字「0」は標準状態の反応物で出発し，生成物も同じ状態にあることを示す。

ΔF^0と平衡定数Kとの間には，次の関係が成り立つ。

$$\Delta F^0 = -RT\ln K \tag{6}$$

ここでRは気体定数で，その値は1.987 cal/mole/degreeである。また$T = 273 + t$℃で，$\ln K = 2.3 \log K$である。したがって$\Delta F^0 = -4.57 T \log K$で，25℃では，$\Delta F^0 = -1360 \log K$である。標準条件以外では$\Delta F$は次の方程式に従い，$\Delta F^0$および反応物と生成物の実際の濃度を用いて表される。

$$\Delta F = \Delta F^0 + RT\ln \frac{(生成物)}{(反応物)} \tag{7}$$

生理条件下での反応物と生成物の実際の濃度は標準条件の値とは大きく異なる。したがって濃度に対するΔFの依存性には注意を払う必要がある。

　ΔFに関して言及すべき第二の性質は標準酸化電位との直接的関係である。すなわち反応物が電気化学的電池の一部を構成するとき，自由エネルギーの変化はなされた電気的仕事に等しい。すなわち

$$\Delta F = -n\mathscr{F}E \tag{8}$$

ここでnは反応で移動する電子の数，$\mathscr{F}$はファラデー定数（23.068 cal/volt 当量），Eは電極電位をそれぞれ表す。Eは濃度に依存し，式(7)のΔFを$-n\mathscr{F}E$で置き換えれば容易に求まる。一般的な酸化還元反応は次式で与えられる。

　　還元形 ⇌ 酸化形 $+ ne + nH^+$

したがって次式が得られる。

$$E = E^0 - \frac{RT}{F}\ln(H^+) - \frac{RT}{nF}\ln \frac{(酸化形)}{(還元形)} \tag{9}$$

ここで（酸化形）と（還元形）は酸化形と還元形の濃度（より正確には活量）である。またE^0は標準酸化電位を表す。生化学ではE^0はしばしばE'^0で置き換えられる。ただしE'^0は単位水素原子活量ではなくpH 7の生理条件下でのE^0の値である（しばしば記号$\Delta F'^0$も同様に用いられる）。

　E^0は系のレドックス傾向の尺度である。生化学での申し合わせによれば，酸化系にはより大きな正値をあてがう。このことは$E^0 = +0.5$ vの系が$E^0 = +0.1$ vの系を酸化し，後者は続いて$E^0 = -0.1$ vの系を酸化することを意味する。このような電子移動と関連したΔFは式(8)から計算される。

　これらの計算の応用については，酸化的リン酸化を扱う第8章とキノン類を扱う第11章で取り上げることになろう。

7.1.4 反応の共役

（酵素の触媒的影響下にあって）自発的におこる生理反応は負の ΔF 値で特性づけられる。このような反応は本質的に異化反応である。にもかかわらず，生細胞では見掛け上，ΔF が正になる合成反応も絶えず起こっている。たとえばアミノ酸からの触媒タンパク質や組織タンパク質の合成，簡単な糖からの多糖類の合成，アルコール類や脂肪酸類からの油や脂肪，ワックスの合成および色素類やホルモン類などの合成である。これらの反応を推進するには何らかの方法でエネルギーが供給されなければならない。生体系では（化学反応に対する主なエネルギー源の一つである）温度は実質的に一定で，強酸や強アルカリといった強力な試薬が使われることはない。

（複雑な生化学的物質を同化するための）吸エルゴン過程を推進する主な方法はこれらの反応と発アルゴン反応との共役（coupling）である。吸アルゴン反応を推進するために発アルゴン反応に求められる唯一の熱力学的要請は，吸アルゴン反応によって消費されるよりも多くの自由エネルギーを放出し，全体として発アルゴン過程になるようにすることである。化学的観点からは，この条件がもたらす必然的結果はある反応から別の反応へのエネルギー移動が両反応に共通する化学物質を介して起こることである。操作的には，共役の目的は同化的変換がエネルギー的に有利になるように反応物の自由エネルギーを変化させることである。このことは反応物の一つに補完的グループを組み込み，高い自由エネルギー含量をもつ中間体を作り出すことにより達成される。もしそのようにして貯蔵されたエネルギーが，（同じグループの解除と共に）その後の反応の自由エネルギー変化を負にするのに十分であるならば，全体の変換は熱力学的に有利となり，適当な酵素の存在により自発的に起こることになる。

模式的には，もし A→B＋C が $\Delta F^0 = -X$ kcal/mole で自発的に起こる異化反応であるならば，生理条件下では反応物の B または C の一方へ少なくとも等しいか X kcal/mole だけ大きい自由エネルギー量を組み入れた場合のみ逆反応の B＋C→A は起こる。言い換えれば，このことは追加のグループ R を B へ組み入れ，B よりも自由エネルギー含量の高い B－R を作り出せば達成される。もし B へ組み入れられた自由エネルギーが X kcal/mole に等しいかそれよりも大きいならば，A を生成し R を放出する次の反応，B－R＋C→A＋R は $\Delta F^0 \leqq 0$ と関連がある。すなわちもし（異化反応を触媒する酵素とは一般に異なる）適当な酵素が存在すればこの反応は自発的に起こる。

反応物の一つへのグループ R の組み入れはしばしばプライミング（priming）反応と呼ばれる。生体系はプライミングラジカルの性質とプライミング反応を起こす試薬に関してきわめて明快な選択をする。一般にはラジカルは pH 7 付近で第二級アニオン $-\!\!\overset{\displaystyle O^-}{\underset{\displaystyle O}{\overset{\|}{P}}}\!\!-O^-$ の形で存在するホスホリル残基 $R = -\!\!\overset{\displaystyle OH}{\underset{\displaystyle O}{\overset{\|}{P}}}\!\!-OH$ である。また主なプライミング試薬すなわちラジカル供与体は一般に記号 ATP で表されるアデノシン三リン酸(I)なる化合物である。

268　第7章　高エネルギー化合物

I. ATP

ATP は略して Ad−O−Ⓟ−Ⓟ−Ⓟと表記される。ただし Ad はアデノシル部分，Ⓟはホスホリル残基をそれぞれ表す。

　少なくともエネルギー的には，エネルギー要求反応の推進力源としての ATP（および後ほど詳しく議論される関連化合物）の特別な役割はこの物質の熱力学的性質を考えれば明らかである。特に，より簡単なリン酸類の性質と比較してみればよい。たとえば，ATP は酵素または希酸の作用によって加水分解され末端のホスホリル基が取り除かれる。反応の生成物はアデノシン二リン酸と無機リン酸であり，それらは記号 ADP と P_i で表される。

$$ATP + H_2O \rightarrow ADP + P_i$$

反応は約 −8 kcal/mole の負の ΔF を伴う。

　続いて ADP も同様に加水分解され，アデノシン一リン酸（AMP）と無機リン酸を生成する。

$$ADP + H_2O \rightarrow AMP + P_i$$

ここでも反応は約 −8 kcal/mole の負の ΔF^0 を伴う。

　最後に，AMP もまたアデノシンと無機リン酸へと加水分解的に開裂する。この反応の自由エネルギー変化も負となるが，その値は約 −3 kcal/mole に過ぎない。実際のところ，この値は大多数の簡単な有機リン酸エステル類に対する加水分解自由エネルギーの平均値に等しい。

　この事例によれば，明らかにリン酸残基の特性はそれが結合している基質の構造に依存する。ある種のリン酸類の加水分解は他のリン酸類の加水分解に比べてはるかに大きな自由エネルギー変化を伴う。その差は数 kcal/mole に過ぎないが，（生化学的重要性の異なる）二つの化合物グループすなわち高エネルギーリン酸類と低エネルギーリン酸類を明確に区別するに十分な大きさである。第一のグループはその成員の加水分解と関連した比較的大きな自由エネルギー変化（$\Delta F^0 \leqq -7$ kcal/mole）によって特性づけられる。一方，加水分解に対する第二のグループの ΔF^0 値は第一のグループに比べてはるかに小さい。特に ATP で代表される第一のグループの化合物は共役機構を経る異化反応の達成に必要なエネルギー源となる。エネルギー要求反応はすべてその推進力の供給源としてこのかなり小さくかつ高度に特殊化された化合物グループを利用する。

　「高エネルギー」とか「低エネルギー」といった用語は移動反応中に破壊されたり，その切断が大きな負の ΔF^0 値を伴う特異的結合を設計する際にしばしば利用される。記号「〜」はこのような結合を表すのに使われる。したがって ATP の構造はしばしば Ad−O−Ⓟ〜Ⓟ〜Ⓟと表

記される。

　すなわち「高エネルギー」化合物は加水分解自由エネルギーの大きさに基づいて定義される。生化学的リン酸類の加水分解はホスファターゼ類と呼ばれる酵素の作用によって引き起こされる。この酵素が存在しなければリン酸類はきわめて安定である。ATPの加水分解が適当なトランスフォーマー（変換系[5a]）の存在下で起こると，反応で放出された自由エネルギーはさまざまな過程たとえば筋収縮や神経伝導さらには放電，光生産および濃度勾配に逆らった物質輸送などで利用される。ただし代謝反応では，同化作用に対する推進力としてのATP作用の重要性はそのプライミング作用すなわち末端〜Ⓟの移動とそれに伴う自由エネルギーの再分布にある。この直接的なリン酸移動反応は酵素ホスホキナーゼ類（ホスホラーゼ類とかトランスホスホリラーゼ類と呼ばれることもある）によって行われる。この酵素の重要な機能は加水分解やそれに続く縮合に伴う大きなエネルギー変化を回避することである。ホスホキナーゼ反応による新しいリン酸類の生産はさまざまな代謝変換においてきわめて重要な段階を構成する。

　ATPや関連化合物がもつ「エネルギー財産」の重要性の議論を続ける前に，共役反応の二つの典型事例を引用するのもおそらく有意義であろう。

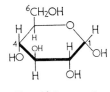

Ⅱ．グルコース

　第一の事例はグリコーゲンの合成に関するものである。グリコーゲンはヒトや動物の予備炭水化物からなる貯蔵多糖である。この多糖はグルコース分子（Ⅱ）を基本単位とする巨大な高分子である。その基本単位は1,4-グルコシド結合で互いに連結され，かつ6位のヒドロキシ基を介して枝分かれしている。多くの証拠によれば，グルコースはグリコーゲンとして貯蔵されたり解糖反応配列に入り込む前にリン酸化されなければならない。しかしグルコースのリン酸化に対するΔF^0は正であるため，リン酸を直接導入することはできない。しかしATPと適当な酵素ヘキソキナーゼの存在下ではこの反応は容易に進行する。変換全体のエネルギー収支は次に示すエネルギー変化の和で与えられる。

$$\begin{array}{ll} \text{ATP} + \text{H}_2\text{O} \rightarrow \text{ADP} + \text{P}_i & \Delta F^0 \approx -8 \text{ kcal/mole} \quad (10) \\ \underline{\text{グルコース} + \text{P}_i \rightarrow \text{グルコース-6-リン酸} + \text{H}_2\text{O}} & \underline{\Delta F^0 = +3 \text{ kcal/mole} \quad (11)} \\ \text{ATP} + \text{グルコース} \rightarrow \text{ADP} + \text{グルコース-6-リン酸} & \Delta F^0 = -5 \text{ kcal/mole} \quad (12) \end{array}$$

全体の自由エネルギー変化は-5 kcal/moleに等しい。このことはヘキソキナーゼの存在下では反応は自発的に進行し，かつ一方向性で不可逆性であることを意味する。上に示した二段階反応は反応全体のエネルギー収支の計算には役立つが，反応機構の正しい描像を与えるものではない

ことに留意されたい。反応機構を構成するのは ATP から ADP と無機リン酸への加水分解ではなく，（酵素にとって好都合な）ATP からグルコースへのリン酸残基の直接的移動である。このような反応は次に示す汎用記法を用いて表される[2c]。

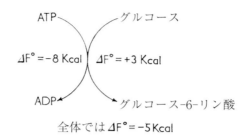

グルコースはひとたびグルコース-6-リン酸（Ⅲ）の形になると，さらに代謝されてグリコーゲンへと変化する。一連の反応はグルコース-6-リン酸からグルコース-1-リン酸（Ⅳ）への変換（この反応は酵素ホスホグルコムターゼによって触媒され，その ΔF^0 は小さいが正で，ΔF はおそらく負である）とグルコース-1-リン酸の重合によるグリコーゲン（Ⅴ）の生成（この反応は酵素ホスホリラーゼによって触媒され，その ΔF^0 はほぼゼロである）とから構成される。

Ⅲ. グルコース-6-リン酸   Ⅳ. グルコース-1-リン酸

Ⅴ. グリコーゲン

変換は全体として次式で与えられる。

グルコース+（グリコーゲン）$_n$→（グリコーゲン）$_{n+1}$+H$_2$O

この反応は，もし直接起こるならば約 4～5 kcal/mole の自由エネルギーを必要とする。しかし生理条件下では ATP の助けによりその ΔF^0 は約 -4 kcal/mole にまで低下する[2b]。

グルコース+（グリコーゲン）$_n$+ATP→（グリコーゲン）$_{n+1}$+ADP+P$_i$

$$\Delta F^0 = -4 \text{ kcal/mole}$$

考察すべき第二の事例はいわゆるローマン反応である。(クレアチンホスホキナーゼによって触媒される) この反応では，リン酸基はATPからクレアチン(Ⅵ)へ可逆的に移動し，ADPとクレアチンリン酸(Ⅶ)が形成される。

$$\underset{\text{Ⅵ．クレアチン}}{NH_2-\underset{\underset{NH}{\|}}{C}-\underset{\underset{CH_3}{|}}{N}-CH_2-COOH} \qquad \underset{\text{Ⅶ．クレアチンリン酸}}{\textcircled{P}-HN-\underset{\underset{NH}{\|}}{C}-\underset{\underset{CH_3}{|}}{N}-CH_2-COOH}$$

クレアチンへのリン酸の結合は正のΔF^0を必要とするため自発的には起こらない。しかしもし反応がATPの加水分解と共役すればΔF^0はほぼゼロとなり，全体の変換は起こりうる。すなわちこの反応は自発的に進行する可逆的反応であり，略記すれば次のように表される。

この反応でも，もちろん熱力学的エネルギー収支は反応の機構とは無関係である。ここでも反

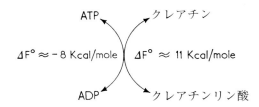

応機構はATPからクレアチンまたはクレアチニンリン酸からADPへのリン酸基の直接的移動を伴う。しかし加水分解や再合成は起こらない。高エネルギー化合物の機能機作のおけるこの特定反応の重要性については後ほど言及することになる。

グルコースへのATP末端リン酸の移動は低エネルギー化合物のグルコース-6-リン酸を生成する (加水分解のΔF^0はほぼ3 kcal/moleに等しい)。一方，クレアチンへの同じリン酸の移動は別の高エネルギーリン酸をもたらす。クレアチンリン酸の加水分解に対するΔF^0はATPの加水分解に対するΔF^0に比べて2～3 kcal/moleほど大きい。この事例によれば，実際にはΔF^0はある分子から別の分子へ移動するエネルギーの束ではなくホスホリル残基のような原子団の移動に付随したものと考えられる。明らかに反応(12)のような全反応に対するΔF^0は反応(10)と(11)のような二種の反応に由来するものと考えられ，その値は移動基を運ぶ化合物の構造に明らかに依存する。自由エネルギーの大きな加水分解はその生成物が反応物よりも安定であることを意味する。もっともこれらの化合物の相対的安定性には (後ほど言及するように) 多くの因子が関与している。

この状況は (Lipmann[6]によって導入された) 高エネルギー結合という用語が間違った印象を与えることを明確に示した。それどころかその利用に対して反対さえ起こった[7]。実際には化学結合の概念はその形成時におけるエネルギー放出の概念と関連がある。また放出されるエネルギーは化学結合の切断に必要なエネルギーに等しい。そこでLipmannは高エネルギー結合の代わりに原子団ポテンシャル (group potential) なる用語の使用を提案した[2d]。この用語は化学ポ

テンシャルと直接関連があり，自由エネルギーと等価な名称として用いられる。Lipmann によれば，原子団ポテンシャルは定義により特定の結合における原子団の活性化度を表す尺度である。基準となるのは「基底状態」とか「遊離化合物」である。たとえばホスホリル基の場合，基底状態は無機リン酸である。また原子団の活性化の尺度は基底状態への変換から導かれる。今の場合，ATP の末端へ結合したリン酸の無機リン酸への変換は加水分解によって達成される。原子団ポテンシャルが大きければ大きいほど，加水分解の過程で放出されるエネルギーは大きい。Klotz は同様の用語として原子団移動ポテンシャル（group-transfer potential）なる用語を提案した[2c]。リン酸の ΔF^0 は実際には（供与分子のホスホリル基 1 モルが標準受容体，通常 H_2O）へ移動したときの）化学ポテンシャルの変化を表す。

原子団の移動を伴う反応では，「原子団ポテンシャル」とか「原子団移動ポテンシャル」といった用語は「高エネルギー」とか「低エネルギー」といった用語に比べて明らかに優れている。すなわち ATP のリン酸移動ポテンシャルは十分大きいのでリン酸基はグルコースへ結合する。このような記述は豊かなエネルギー財産をもつ ATP といった表現よりも明快である。そのことは原子団移動ポテンシャルと電気化学的ポテンシャルとの基本的な類似性を強調した。後者は供与分子から受容分子（通常 H^+）への電子 1 モルの移動に対する化学ポテンシャルの変化に相当する。すなわちこのことは原子団ポテンシャルと酸化還元電位との間で相互変換が可能であることを示す。この表し方は呼吸とリン酸化との間の共役機構を議論する際に重要となる。にもかかわらず「高エネルギー」または「エネルギーの高い」化合物とか結合といった用語が広く行き渡っているため，ここでもその使い方が踏襲される。

7.2　高エネルギー物質の主なタイプ

生体エネルギー学の基本的概念に関する前節の要約では，多くの生理的過程における主なエネルギー源としての高エネルギー化合物の重要性を指摘した。このタイプの分子としては，核酸やタンパク質の他に生体物質を形作る第三の基本的構成要素がある。特に ATP についてはこのような物質の最も顕著な代表としてすでに言及した。本節では，その他の高エネルギー化合物も取り上げ，それらの構造や機能さらにはそのエネルギー源について詳しく検討する。

高エネルギー分子と呼ばれるグループには次のような化合物が含まれる。

（1）　リン酸類
（2）　チオエーテル類
（3）　イミダゾール類
（4）　オニウム化合物類

7.2.1　高エネルギーリン酸類
（A）　主なタイプ

高エネルギー化合物の中心をなすのはこのクラスの分子である。それらはさらに次の四つのタ

イプへ細分される。

(1) **ヌクレオシドポリリン酸類（ピロリン酸類）**

このグループには生物学的に見て基本となる化合物，すなわちアデノシン二リン酸(ADP)(Ⅷ)，アデノシン三リン酸(ATP)(Ⅸ)およびその他のヌクレオシド類（グアノシン，イノシン，シチジンおよびウリジン）の三リン酸が含まれる。

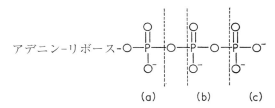

      Ⅷ. ADP   **Ⅸ. ATP**

それらの主な機能はリン酸化試薬として作用することである。特にATPはほとんどの酵素反応における主なリン酸化試薬である。より広義には，ATPはリン酸化剤やピロリン酸化剤あるいはアデニル化剤として作用する(図2)。第一の場合にはその末端ホスホリル基が開裂する（反応はキナーゼ酵素によって触媒される）。第二のタイプの反応では，ATPのピロホスホリル基は切り離され受容体へと供与される。実際にはこのタイプ反応はATPとリボース-5-リン酸との相互作用を経て5-ホスホリボシル-1-ピロリン酸（RPP）を生成する（第5章参照）。この反応はきわめて稀にしか起こらない。最後に，第三の反応ではアデニル酸部分は受容体へと移動する。

図2 ATPの開裂：(a) アデニル化反応；(b) ピロリン酸化反応；(c) リン酸化反応

高エネルギーピロリン酸結合は他の複雑な生化学的物質たとえばジおよびトリホスホピリジンヌクレオチド類（DPN, TPN）のようなヌクレオチド補酵素やフラビンアデニンジヌクレオチド（FAD），補酵素Aなどにも見出される（第13章参照）。しかしこれらの化合物の高エネルギー結合はエネルギー要求反応では利用できない。一方，たとえばピロリン酸（PP）のような無機ポリリン酸類は生体エネルギー学において重要な役割を果たす。それらはエネルギー貯蔵所として機能する（N-リン酸類に似た機能，下記参照）。すなわちホスホリル残基をADPへ移動させてATPを合成する機能である。

$$PP + ADP \Leftrightarrow P_i + ATP$$

無機ポリリン酸類は金属やタンパク質と複合体を形成して細胞代謝に影響を及ぼす。

（2） アミジンリン酸類（グアニジノリン酸類，ホスファゲン類）
一般式は次式で与えられる。

$$R_2N-\overset{\overset{\displaystyle NH}{\parallel}}{C}-NH \sim \textcircled{P}$$

このグループに属する重要な化合物はクレアチンリン酸（N-ホスホリルクレアチン，X）とアルギニンリン酸（N-ホスホリルアルギニン，XI）である。これらの化合物はそれぞれ主に脊椎動物と無脊椎動物に見出され，エネルギーの局所的プールとして機能する。それらはクレアチンやアルギニンの ATP 依存性リン酸化によって形成され，主なエネルギー貯蔵所となる。これらの貯蔵所は要求に応じて ADP から ATP を再生してエネルギーを産生する。この可逆的反応は（前節ですでに述べた）ローマン反応である。生体はさまざまな機能を果たすため絶えず ATP の供給を必要とする。しかし与えられた瞬間において処理可能な ATP の量はごく限られている。細胞活動が比較的大量の ATP を必要とする場合には，ATP はローマン反応により ADP とホスファゲン類から合成される。

X．クレアチンリン酸   XI．アルギニンリン酸

十分量の ATP が体内に蓄積し，それらがただちに使われないならば，再度ローマン反応を介してホスファゲン類の再合成が起こり，これらの化合物にエネルギーが貯蔵される。

（3） アシルリン酸類
その構造の一般形は次式で与えられる。

$$R-\overset{\overset{\displaystyle O}{\parallel}}{C}-O \sim \textcircled{P}$$

このグループを代表する重要な化合物は 1,3-ジホスホグリセリン酸（XII）（ただし高エネルギー化合物と言えるのは 1-リン酸のグループだけである）とアセチルリン酸（XIII）である。

XII．1,3-ジホスホグリセリン酸   XIII．アセチルリン酸

1,3-ジホスホグリセリン酸はエネルギーの高い 1-リン酸を ADP へ移動させて ATP を作り出す。

$$\text{1,3-ジホスホグリセリン酸} \quad + \text{ADP} \rightleftharpoons \quad \text{3-ホスホグリセリン酸} \quad + \text{ATP}$$

アセチルリン酸もまた ATP 再生のためのエネルギー貯蔵所として機能する（実際，カルボキシリン酸類は高等植物，藻類，真菌類および細菌類においてこのような貯蔵所として機能し，高等動物におけるアミジンリン酸類の役割を果たす）。また（代謝反応における酢酸の活性形である）アセチル補酵素 A の前駆体としても機能する（詳細については 7.2.2A 項を参照されたい）。

（4）　エノールリン酸類

このグループにおける重要な化合物は 2-ホスホエノールピルビン酸（PEP，ⅩⅣ）である。

$$\text{ⅩⅣ. 2-ホスホエノールピルビン酸}$$

2-ホスホエノールピルビン酸からのリン酸基転移は次の反応経路に従う。

$$\text{PEP} \quad + \text{ADP} \rightleftharpoons \text{ATP} + \quad \text{エノールピルビン酸} \rightleftharpoons \quad \text{ピルビン酸（ケト形）}$$

これはグルコースの嫌気的分解すなわち解糖における主な反応の一つである。この問題については第 13 章でさらに詳しく言及される。

フェニルリン酸もまたこのグループに属する。

これらのさまざまな高エネルギーリン酸類の検討から，ホスホリル基と結合した原子団の性質に関して共通の特徴が明らかになった。その特徴とは，ホスホリル基の易動性電子との共役に入り込むもう一つのホスホリル基または共鳴した有機ラジカルが存在することである。そのような観点から，低エネルギーリン酸たとえばアデノシン一リン酸（AMP，ⅩⅤ），グルコース-6-リン酸（ⅩⅥ），フルクトース-6-リン酸（ⅩⅦ），2-ホスホグリセリン酸（ⅩⅧ）などは次のように表される。

R—O—Ⓟ

ただし R は飽和有機ラジカルあるいは（別の飽和基によってホスホリル基から隔てられた）共役フラグメントを含んだラジカルである．化学式の簡単な検討から明らかなように，高エネルギーリン酸類と低エネルギーリン酸類との間には電子の非局在化の点で大きな違いがある．したがってエネルギー財産の存在はある程度共役効果に依存すると考えられる．

アデニン-リボース-O-P(=O)(O⁻)-O⁻

XV. AMP

XVI. グルコース-6-リン酸

XVII. フルクトース-6-リン酸

XVIII. 2-ホスホグリセリン酸

実際には，低エネルギーリン酸類のホスホリル基は一般に水素原子が二個付いた炭素原子へ結合している．このような条件下では低エネルギーリン酸類は次の一般構造で表される．

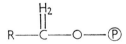

（リン酸に隣接した CH_2 基の超共役を考慮した）この表し方は高エネルギーリン酸類と同様，低エネルギーリン酸類の計算でも採用された．すなわち高エネルギー化合物に存在する共役効果は低エネルギー化合物では超共役効果で置き換えられた．これらの二つの分子グループの比較は満足のいく基盤に立脚したものと言える．

リン酸化合物の加水分解自由エネルギーに関する限り，現状は次のように要約される．

1. 低エネルギーリン酸類の加水分解自由エネルギーは 3 kcal/mole のオーダーである．
2. （主な高エネルギーリン酸化合物である）ATP の加水分解自由エネルギーはこれまで長い間，12～14 kcal/mole のオーダーと考えられてきた．しかし最近の測定によるとそれよりもはるかに小さく，6～8 kcal/mole のオーダーであると考えられる[8,9]．Huennekens-Whiteley は最近の総説において 7 kcal/mole なる値を採用した[10]．一方，Burton はそれよりも少し大きい 8.4 kcal/mole なる値を提案した[11]．自由エネルギーの値は T, pH および Mg^{++} イオンの濃度に依存する

ためその測定は容易ではない。また多くの研究者が指摘しているように[2c, 2d, 12, 13]，これらは $-\Delta F^0$ の値である。したがって（生理条件下の値である）$-\Delta F'$ の値はさまざまな反応物や生成物の実際の濃度を含んだ次式によって補正されなければならない。

$$\Delta F' = \Delta F^0 + RT\ln\frac{(\mathrm{ADP})(\mathrm{HPO_4^=})}{(\mathrm{ATP})}$$

この補正計算では ADP と ATP はほぼ濃度が等しく，かつ $\mathrm{HPO_4^=}$ の濃度はほぼ $10^{-2}\sim 10^{-3}$ M であると仮定される。このことは ATP の ΔF^0 へ約 3～4 kcal/mole を付け加えることになり，また生理条件下の加水分解自由エネルギー変化を約 12 kcal/mole とする古い評価値に近づけることになった。

　他の有機ピロリン酸類の加水分解自由エネルギーは化合物により多少異なるが，いずれもほぼ同じオーダーであった。Huennekens-Whiteley は $-\Delta F^0$ の値として，ATP の加水分解では 7.0 kcal/mole，ADP の加水分解では 6.5 kcal/mole なる値をそれぞれ採用した[10]。また彼らは ATP の末端リン酸の開裂に対しては 7.0 kcal/mole なる値を与えた。彼らによれば，ATP の末端ピロリン酸の開裂に対する $-\Delta F^0$ は約 8.6 kcal/mole であった[14]。

　他のタイプの高エネルギーリン酸類の加水分解自由エネルギーは一般に ATP の値と比較される[10, 15]。たとえばカルボキシリン酸類の加水分解自由エネルギーは ATP のそれに比べて 3～4 kcal/mole ほど大きい。またホスホエノールピルビン酸の加水分解自由エネルギーも ATP に比べて 4～5 kcal/mole ほど大きい。さらにグアニジノリン酸類の加水分解自由エネルギーもまた ATP のそれに比べて大きい。しかしその値は約 2 kcal/mole ほどに過ぎない。

　研究者によっては先に定義した二つのグループに加えて中間のエネルギーをもつ第三のグループも考え，有機リン酸類を三つのタイプへ分類することもある[16]。中間グループに属する有機リン酸類としては，たとえばグルコース-1-リン酸（Cori エステル，XIX）がある。この化合物の加水分解自由エネルギーは 5 kcal/mole のオーダーである。このような補完的分類はそれなりに有用であるがここでは無視される。

XIX. グルコース-1-リン酸

（B）　エネルギー財産の理論

（1）　定性的理論

　リン酸類の「エネルギー財産」の理論は Kalckar によって最初に導入され[17]，さらに Coryell の示唆に従い Oesper が開発した拮抗共鳴（opposing resonance）の概念に立脚した理論である[15, 18]。この概念に従えば，このタイプの化合物の例外的に大きな加水分解自由エネルギーは，

278　第 7 章　高エネルギー化合物

中心酸素原子の孤立電子対に対するリン酸類の成分間競合によるものと考えられる。Oesper によれば，最も明快な事例はアシルリン酸類のそれである。「大きな加水分解自由エネルギーは本質的に加水分解で生じたカルボキシ基が共鳴によって安定化されることによるものである。一方，カルボキシリン酸におけるカルボキシ共鳴はリン原子に正電荷をもつリン酸の共鳴形とは相容れない」。Pauling の隣接電荷則[19] と呼ばれる共鳴理論の周知の規則によれば，隣接原子が同一符号の形式電荷をもつ化学式は不安定と考えられ，分子構造へのそれらの寄与は無視できる。Oesper は次のように考えて彼の着想を定性的に実証した。すなわちカルボキシ基は周知の二種の共鳴構造（XX, XXI）で表され，リン酸基（PO_4H^-）は 29 種の共鳴式（XXIIa, XXIIb, XXIIc など）で表されるのに対し，カルボキシリン酸は 2×29 個よりも 13 個も少ない 45 個の共鳴式で表すことができる。

$$\underset{\textbf{XX}}{\overset{\displaystyle\overset{O}{\|}}{-C-OH}} \qquad \underset{\textbf{XXI}}{\overset{\displaystyle\overset{O^-}{\|}}{-\overset{+}{C}-OH}} \qquad \underset{\textbf{XXII a}}{HO-\overset{\displaystyle O^-}{\underset{\displaystyle O^-}{P}}=O} \qquad \underset{\textbf{XXII b}}{HO-\overset{\displaystyle O^-}{\underset{\displaystyle O^-}{\overset{+}{P}}}-O^-}$$

$$\underset{\textbf{XXII c}}{HO^+-\overset{\displaystyle O^-}{\underset{\displaystyle O^-}{P}}-O^-}$$

この状況は加水分解の生成物が反応物の高エネルギー化合物よりも安定であることを示すものと考えられる。現在あらゆるタイプの高エネルギーリン酸類において，重要な役割を担うのは拮抗共鳴であると考えられる。もっとも化合物によっては，他の因子も大きな加水分解自由エネルギーに寄与すると考える研究者もいる。これらの因子としては，（特にカルボキシリン酸類やグアニジノリン酸類の）加水分解で放出される原子団のイオン化自由エネルギーや（ある種のエノールリン酸類の）ケト-エノール互変異性化エネルギー，（特にホスフェノールピルビン酸やピロリン酸類における）負に荷電した酸素原子間の静電的反発[20, 21] などが考えられる。

　リン酸類の加水分解自由エネルギーへのこれらの補完的因子の寄与は，たとえばカルボン酸のイオン化では 3 kcal/mole[18]，ホスホエノールピルビン酸のエノール-ケト互変異性では 5.5～9 kcal/mole[18, 21]，ADP における静電的反発では 3～4 kcal/mole，ATP における静電的反発では 5～6 kcal/mole[21] であった。一方，拮抗共鳴の概念は長い間，純粋に定性的な概念のままであった。高エネルギーリン酸類の電子構造に関して，この因子の妥当性を検証しその寄与を定量的に評価するための量子力学的研究は（他の因子，特に静電的反発の寄与に関する以前の評価値の再検討も含めて）最近始まったばかりである。

　（2）　計算
　高エネルギーリン酸類に関する最初の理論的研究は実質的には Grabe によって行われた[22]。そ

の研究はこれらの物質のエネルギー財産に関するものではなく，これらの分子の電子密度分布と代謝経路との関係に関するものであった。この研究は電子密度分布の重要な特性を指摘することになった。この問題については後ほど吟味することになる。

リン酸類のエネルギー財産の評価に向けた計算は分子軌道法の通常の LCAO 近似を用いて行われた[23]。この研究で使われたクーロン積分と交換積分のパラメータは，異節分子を含め本書で報告された他の計算で用いられた値とは少し異なっている。たとえばカルボキシ基の共鳴エネルギー（下記参照）をできるだけ大きな値にするため，この原子団に対しては通常の値とは少し異なるパラメータ値が用いられた。またパラメータ全体の一貫性を保つため，他の異節原子のパラメータに対しても修正が加えられた。さらに P 原子や P—O 結合を特性づけるため新しいパラメータが必要となった。この問題についての Grabe による詳しい議論はこれらのパラメータの決定を大いに促進した[22]。P 原子はイオン化ポテンシャルと電気陰性度が比較的小さいため，そのクーロン積分には小さな負の δ 値が使われた（周知の記法を用いれば $\alpha_P = \alpha_C - 0.2\beta_{C=C}$ である）。P—O 交換積分に対しても比較的小さい値が付与された（$\beta_{P-O} = 0.7\beta_{C=C}$）。Grabe の計算によれば，カルボキシリン酸における距離の設定では，P—O 結合の解離エネルギーが C—O 結合のそれとあまり変わらないという事実が利用された。また P—O 結合の交換積分が小さいという事実は非平面性によるリン酸基の電子的非局在化の部分的阻害を説明した。リン酸基の負に荷電した酸素原子のクーロン積分もまたこれらの原子の電気陰性度の減少を説明するため比較的小さな値が割り付けられた（$\alpha_O = \alpha_C + 0.8\beta_{C=C}$）。

次項に示された計算の結果はこの特定パラメータ群を用いてなされたものである。議論の過程では，これらのパラメータに対する構造的特異性の影響や諸量に及ぼすこれらのパラメータの変動の影響も考慮された。一方，加水分解のエントロピーや溶媒和エネルギーの値を確かめることは容易ではなかった。そのためこれらの諸量の変動は無視された。また加水分解自由エネルギーの値はまだ正確にはわかっていない。したがってその定量的外観にも拘わらず，実際にはその結果は定性的なものに過ぎない。

分子のほとんどの部位で共役効果の関与が認められた。たとえばアシル，フェノールおよびグアニジンリン酸類やホスホエノールピルビン酸では共役は分子全体に広がっていた。また ATP や ADP ではリン酸部分のみが考慮された。さらにアデニンとリン酸鎖との間には飽和リボース環が介在するので，これらの二つの共役フラグメント間には重要な電子的相互作用は存在しないと予想される（7.2.1D 参照）[24]。

（3）　リン酸類のエネルギー財産へ寄与する因子

（a）　拮抗共鳴

表 1 には高エネルギーまたは低エネルギーリン酸類を構成する各種フラグメントとリン酸自体の共鳴エネルギー値（R）が示されている。後者については，対応フラグメントの共鳴エネルギーの和（ΣR_f）やこの和と実際のエネルギーとの差もしかるべき欄に示されている。この差は拮抗共鳴（$O.R.$）の尺度となる。ただし共鳴エネルギーの単位はすべて β である。

さらにエネルギーの組み合わせや比較を容易にするため構造には記号が宛がわれた。

第7章　高エネルギー化合物

表 1-1　リン酸類とそれらの成分の共鳴エネルギー（単位：β）

記号	化合物	R	ΣR_f	$O.R.$
X	$R-\overset{H_2}{C}-OH$	0.137		
□	$R-\overset{O}{\overset{\|}{C}}-OH$	0.525		
Δ	$HO-\overset{O}{\overset{\|}{C}}-\overset{CH_2}{\overset{\|}{C}}-OH$	1.268		
+	C_6H_5-OH	2.317		
O	$R_2N-\overset{NH}{\overset{\|}{C}}-NH_2$	1.136		
P	$HO-\overset{O}{\overset{\|}{\underset{O^-}{\overset{\|}{P}}}}-O^-$	1.185		
XP	$R-\overset{H_2}{C}-O-\overset{O}{\overset{\|}{\underset{O^-}{\overset{\|}{P}}}}-O^-$	1.319	1.322	-0.003
□P	$R-\overset{O}{\overset{\|}{C}}-O-\overset{O}{\overset{\|}{\underset{O^-}{\overset{\|}{P}}}}-O^-$	1.674	1.710	-0.036
ΔP	$HO-\overset{O}{\overset{\|}{C}}-\overset{CH_2}{\overset{\|}{C}}-O-\overset{O}{\overset{\|}{\underset{O^-}{\overset{\|}{P}}}}-O^-$	2.443	2.453	-0.010
+P	$\text{C}_6\text{H}_5-O-\overset{O}{\overset{\|}{\underset{O^-}{\overset{\|}{P}}}}-O^-$	3.490	3.502	-0.012

表 1-2　リン酸類とそれらの成分の共鳴エネルギー（単位：β）

記号	化合物	R	ΣR_f	$O.R.$
OP	$R_2N-C(=NH)-NH-P(=O)(O^-)(O^-)$	2.339	2.321	-0.018
XPP	$R-C(=H_2)-O-P(=O)(O^-)-O-P(=O)(O^-)(O^-)$	2.412	2.507	-0.095
XPPP	$R-C(=H_2)-O-P(=O)(O^-)-O-P(=O)(O^-)-O-P(=O)(O^-)(O^-)$	3.506	3.682	-0.176 [a]

[a] 4成分に対する共鳴エネルギー．XPP に対する拮抗共鳴の増分は 0.093 である．ただし XP は AMP，XPP は ADP，XPPP は ATP をそれぞれ表す．

　表1から明らかなように，拮抗共鳴の大きさはそれぞれホスホエノールピルビン酸（およびフェノールリン酸）では 0.01 β，アミノリン酸類では 0.02 β，カルボキシリン酸類では 0.04 β およびピロリン酸類では（ピロリン酸橋当たり）0.1 β であった。問題は β の値を定めてあらゆるタイプの化合物の拮抗共鳴の実際の値を近似することであった。共鳴エネルギーの計算で採用された β の値は一般に 16〜20 kcal/mole であった。これらの値は大多数の有機化合物に対して妥当な値と考えられた。たとえば β = 20 kcal/mole はフェノールの共鳴エネルギーとして 46 kcal/mole なる値を与えたが，この値は実験値とよく一致した[19]。またグアニジンの共鳴エネルギーに対する予測値は 23 kcal/mole で，この結果は Jones による最近の計算結果とよく一致した[25]。残念なことに β が 20 であるとすると，カルボキシ基の共鳴エネルギーは約 10 kcal/mole となる。最新の評価によれば，この値は真の値の約半分に過ぎない[26]。したがってこの種の原子団を含んだ化合物では少し大きな β = 40 kcal/mole なる値が採用された。拮抗共鳴はエノールリン酸類では事実上無視され，アミノリン酸類では約 0.5 kcal/mole，カルボキシリン酸類では約 1.6 kcal/mole，ピロリン酸類ではピロリン酸橋当たり 2 kcal/mole に等しいと推定された。したがってピロリン酸類では，拮抗共鳴の寄与は自由エネルギーの高い加水分解で最大になることが期待された。

　もっともピロリン酸類の場合でさえ，拮抗共鳴は加水分解自由エネルギーの実験値を十分説明できなかった。すなわち ATP や ADP では，加水分解自由エネルギーは低エネルギーリン酸類に比べて約 4〜5 kcal/mole ほど大きく，拮抗共鳴は増分の約 40〜50% を説明できるに過ぎない。したがって我々は増分の残りを説明する補完的因子を探す必要があった。このような因子は高エネルギーリン酸類の電子分布に見出された。

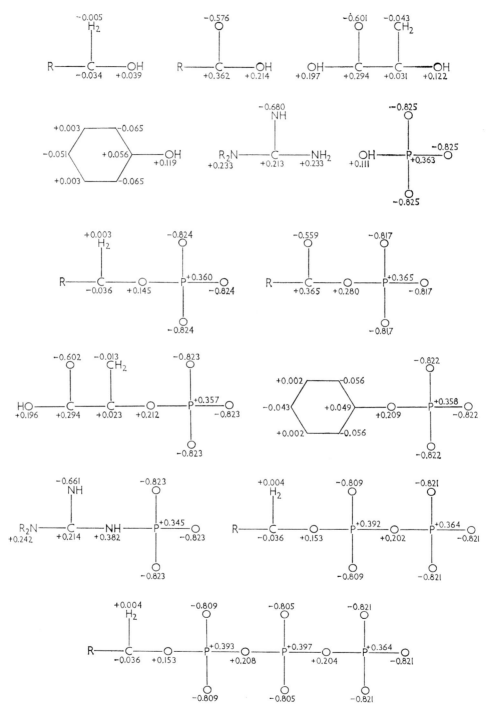

図3 生化学的に重要なリン酸類とそれらの成分における形式電荷の分布

7.2 高エネルギー物質の主なタイプ 283

このような分布の研究は実際にはその寄与の一般的増加に対応する拮抗共鳴の再評価を可能にした。この理由により，本項で評価された拮抗共鳴は「一次拮抗共鳴」と呼ばれる。

(b) 電子分布

図3は本書で考察された各種化合物における（易動性電子の変位によって生じた）形式電荷の分布を示したものである。

高エネルギーリン酸類は π 電子密度のかなり異常な配列によって特性づけられる。一般にこの配列は不安定である。というのはこのタイプの分子は形式正電荷が少なくとも 3 個続いた原子鎖を含んでいる。この鎖はしばしば 5〜6 原子にまで広がることもある。高エネルギーリン酸類がもつこの一般的性質は Grabe によりカルボキシリン酸類やピロリン酸類で最初に観察された[22]。（連続して形式正電荷をもつ原子が 2 個以下の）低エネルギーリン酸類ではこのような性質は観察されない。

このような電荷分布は強い電子反発を引き起こし，系に補完的不安定性を誘発する。すでに引用したように，Oesper は共鳴理論によるリン酸構造の定性的取扱いで隣接原子が同一の形式電荷をもつ構造式を否定した[18]。というのはこのような化学式は比較的不安定な電子配列をもち，かつ物質の真の構造への寄与が小さいからである。しかし分子軌道法を用いた評価によれば，実際には否定された化学式は真の構造に大きく寄与していた。すなわちこの物質は不安定であった。

図3に示した電荷分布に基づき，リン酸類の不安定性への静電的反発エネルギーの寄与を近似的に評価してみよう。表2はその結果を示したものである。

表 2-1　リン酸類の静電的反発エネルギー（単位：kcal/mole）

記号	化合物	E_+	E_T
X	$R-\overset{H_2}{\underset{}{C}}-OH$	0	+0.01
P	$OH-\overset{O}{\underset{O^-}{P}}-O^-$	+0.17	+0.97
XP	$R-\overset{H_2}{\underset{}{C}}-O-\overset{O}{\underset{O^-}{P}}-O^-$	+0.23	+0.94
XPP	$R-\overset{H_2}{\underset{}{C}}-O-\overset{O}{\underset{O^-}{P}}-O-\overset{O}{\underset{O^-}{P}}-O^-$	+1.48	+3.31
XPPP	$R-\overset{H_2}{\underset{}{C}}-O-\overset{O}{\underset{O^-}{P}}-O-\overset{O}{\underset{O^-}{P}}-O-\overset{O}{\underset{O^-}{P}}-O^-$	+3.27	+6.32

表 2-2　リン酸類の静電的反発エネルギー（単位：kcal/mole）

記号	化合物	E_+	E_T
□	$R-\overset{\displaystyle O}{\overset{\|}{C}}-OH$	+0.36	−1.13
□P	$R-\overset{\displaystyle O}{\overset{\|}{C}}-O-\overset{\displaystyle O}{\underset{\displaystyle O^-}{\overset{\|}{\underset{\|}{P}}}}-O^-$	+1.29	−0.81
△	$HO-\overset{\displaystyle O}{\overset{\|}{C}}-\overset{\displaystyle CH_2}{\overset{\|}{C}}-OH$	+0.48	−1.07
△P	$HO-\overset{\displaystyle O}{\overset{\|}{C}}-\overset{\displaystyle CH_2}{\overset{\|}{C}}-O-\overset{\displaystyle O}{\underset{\displaystyle O^-}{\overset{\|}{\underset{\|}{P}}}}-O^-$	+1.19	−0.31
O	$R_2N-\overset{\displaystyle NH}{\overset{\|}{C}}-NH_2$	+0.59	−1.00
OP	$R_2N-\overset{\displaystyle NH}{\overset{\|}{C}}-NH-\overset{\displaystyle O}{\underset{\displaystyle O^-}{\overset{\|}{\underset{\|}{P}}}}-O^-$	+1.60	−0.68

　ここで E_+ は正電荷の分布によって生じる静電的反発エネルギーである。また E_T は全静電相互作用エネルギーで，E_+ や分子中の負電荷間の静電的反発エネルギーおよび反対電荷間の引力による静電的吸引エネルギーを加え合わせたものに等しい。値の単位はすべて kcal/mole で，数値の前の＋符号は反発エネルギー，－符号は吸引エネルギーであることをそれぞれ表す。この評価には Hill-Morales によって初めて採用された方法が使われた[21]。その特色は形式電荷分布間の相互作用に基づいていることである。各相互作用の交替距離としては，結合角と結合長の推定値から得られた交替距離の最大値と最小値の平均が使われた。またすべての相互作用に対して $D_E=50$ なる平均有効誘電率が仮定された。これはかなり荒っぽい取扱いであるが，静電エネルギーの大きさを知るのに役立つ。

　表 2 から引き出される主な結論は次の通りである。

　1. 高エネルギーリン酸類における E_+ の値は 1～3 kcal/mole 程度であり，化合物の熱力学的不安定性への寄与はかなり大きい。一方，低エネルギーリン酸類では E_+ の値は無視できるほど小さい。

　2. E_T の観点からは高エネルギーリン酸類は二つのグループへ分けられる。一つは全静電相互作用エネルギーが不安定な反発を生じる（ADP や ATP などの）ピロリン酸類であり，もう一つは引力を生じるタイプのリン酸類である。さらに正確に言えば考慮しなければならないのは E_T の有効値である。この値を用いれば，高エネルギーリン酸類の形成は第二のグループにおい

てさえ常に吸引エネルギーの低下を伴う。しかしその効果は小さく 0.5 kcal/mole 程度に過ぎない。一方，熱力学的不安定性への静電反発の寄与はピロリン酸類ではきわめて顕著である。すなわち有効静電反発エネルギーは ADP では 1.4 kcal/mole，ATP では 3.4 kcal/mole ほどの大きさである。ADP と比べた ATP の静電反発エネルギーの有効増分は 2 kcal/mole である。また AMP と比べた ADP のそれは 1.4 kcal/mole の大きさである。この静電反発エネルギーを拮抗共鳴エネルギーに付け加えれば，全不安定化エネルギーは特に ATP の場合，低エネルギーリン酸類と異なり加水分解自由エネルギーの過剰分とほぼ正確に一致する。ただし低エネルギーリン酸類の加水分解自由エネルギーは，すでに述べたように最近の評価によれば約 3〜5 kcal/mole である。これらの基本的な生物学的ピロリン酸類の不安定性への拮抗共鳴エネルギーと静電反発エネルギーの寄与はほぼ等しい。

電荷分布がもたらす重要な効果は強調に値する。というのはこの分布はこれらの高エネルギー結合の熱力学的不安定性に関与するだけでなく，同時に生物学的水媒体における顕著な速度論的安定性にも寄与するからである。Lipmann によると，高エネルギーリン酸類のもつ真に異常な特徴はエネルギーが高いだけでなく（水中での寿命が長く）きわめて安定なことである[27]。この安定性は（中心骨格の形式正電荷とまわりの保護負電荷雲を関係づける）特定電荷分布と（少なくとも一部）関連がある。本書でも後ほど取り上げるが，同様の非交互的電荷分布の発生とその結果生じる静電反発は一般に加水分解酵素の活性に重要な役割を演じる。

Lehninger によれば，リン酸が進化的に選択された主な理由は酵素的な原子団移動反応による生物学的なエネルギー移動の媒体として硫酸，カルボン酸および HCl よりも速度論的に安定だからである[28]。実際，リン酸の無水物やアミド類は H_2SO_4，HCl およびカルボン酸のエステル類やアミド類よりも速度論的にはるかに安定である。リン酸の無水物やアミド類が生物学的に選択されたのは，エネルギー財産の点だけでなく酵素を含まない水溶液中での非反応的性質によるものである。安定性の低い誘導体は自発的に反応し酵素による制御を回避する傾向がある。Van Wazer らはリン酸類の生物学的重要性を保証する補完的因子として，これらの分子が関与する反応の遷移状態でリン原子が d 軌道を利用する可能性を指摘した[29]。

(c) 補完的拮抗共鳴

(a) 項で計算され，「一次拮抗共鳴」と呼ばれた拮抗共鳴は高エネルギーリン酸類を形作る二つの系の単なる融合によって生じる。さまざまな原子や結合を記述するパラメータはいずれの系でも同じである。この手続きは融合操作が化合物の構造に大きな変化を及ぼさないという事実によって正当化された。ただし例外もある。それは有機ラジカルとリン酸をつなぐ橋として使われる酸素原子の電荷である。一般にこの酸素の形式正電荷は孤立成分中の値に比べて著しく大きい。したがってこの特定原子の電気陰性度は無視できないほどの変化を生じる。そのためリン酸中ではそのクーロン積分は修正され，孤立成分中の値とは一致しない。正電荷の増加は δ 値の増加を伴う。たとえば正電荷の平均増加量が $0.1\ e$ のとき，δ パラメータは 0.2 だけ増加する。カルボキシ化合物ではこの種の第二の効果も考慮されなければならない。そのことは図 4 に示した結合次数の分布に認められる。すなわちリン酸類におけるこれらの量は，カルボキシリン酸類を除き，

孤立成分中のそれとよく似ている。たとえばカルボキシリン酸におけるP−O結合の結合次数は0.343であるが，他のリン酸類では0.370ほどの大きさになる。このことはカルボキシリン酸類における二成分間の電子的相互作用が他のリン酸類よりも融合によって大きく減少することを意味する。この現象はカルボキシリン酸におけるこれらの結合の交換積分が成分の値に関してわずかに減少（0.05β程度）するのに対し，他のリン酸類ではこれらの値は一定に保たれるという事実によって説明される。これらの補正を導入しβを適切な値に設定したとき，補完的拮抗共鳴はカルボキシリン酸類では3 kcal/mole，エノールおよびグアニジノリン酸類では0.8kcal/mole，ピロリン酸類ではピロリン酸当たり0.6 kcal/moleとなった。

すなわちカルボキシリン酸類は約3 kcal/moleほどの大きな補完的拮抗共鳴によって特徴づけられる。このことはこのタイプの高エネルギーリン酸の形成が他のタイプの高エネルギーリン酸類に比べてより大きな構造的変化を伴うという事実に由来する。

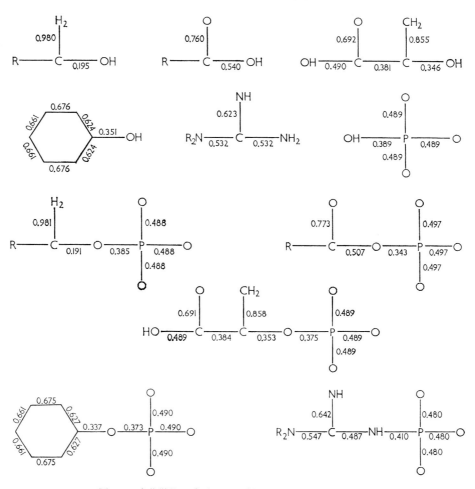

図4-1　生化学的に重要なリン酸類とそれらの成分の結合次数

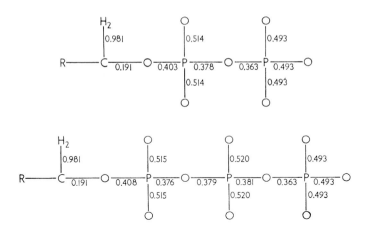

図4-2 生化学的に重要なリン酸類とそれらの成分の結合次数

(d) 補完的因子

前述のさまざまな因子を加え合わせたとき，研究のこの段階でそれらは生物学的ピロリン酸類の「エネルギー財産」をうまく説明した。しかし他のタイプの高エネルギーリン酸類の高い加水分解自由エネルギーはそれらの因子によって説明できなかった。そのため補完的因子も考慮されることになった。特に問題を引き起こさない化合物もあった。たとえばホスホエノールピルビン酸の場合には，加水分解自由エネルギーは加水分解によって形成されるエノール-ピルビン酸のケト形への互変異性変換によってもたらされた[17,18,21]。正確なことはわからないが，この変化のエネルギーは5.5〜9 kcal/moleであると推定された。ピルビン酸のエノール形とケト形（XXIII）に対して行われた計算はこの推定を立証した。

XXIII. ピルビン酸（ケト形）

二つの形の結合エネルギーを加え合わせる限り，ケト形はエノール形よりも14 kcal/moleほど安定であった。一方，エノール形の共鳴エネルギーはケト形のそれに比べて約 $0.25\,\beta$ ほど大きかった。このことはエノール形の共鳴エネルギーがケト形のそれに比べて5 kcal/moleほど過剰であることを意味する。二つの互変異性形の間では静電的相互作用エネルギーはあまり変わらない。すなわちケト形はエノール形よりも約9 kcal/moleほど安定であった。この結果は（ATPよりも4〜5 kcal/moleほど高く，低エネルギーリン酸類よりも約8〜10 kcal/moleほど高い）ホスホエノールリン酸の加水分解自由エネルギー値をうまく説明した。

（一次および補完的）拮抗共鳴の大きな寄与にもかかわらず，カルボキシリン酸の加水分解自由エネルギーの低下を計算で再現するにはなお数kcal/mole不足していた。補完的拮抗共鳴の寄与は容易に見出された。このかなりの自由エネルギー低下は加水分解によって形成されたカル

ボキシ基のイオン化に由来し，その量は pH 7 では 3 kcal/mole を少し越える程度であった。

グアニジノリン酸類では（1 kcal/mole よりも小さい）きわめて限られた拮抗共鳴が見出された。ここでも自由エネルギーのかなりの低下が予想された。この低下は加水分解により形成された塩基の中和によるものであった[2a, 18]。しかしその正確な意味はよくわかっていない。

（e）　要約

表 3 は生物学的リン酸類のエネルギー財産へのこれまでに考慮されたすべての因子の寄与をまとめたものである。

表 3　リン酸類のエネルギー財産（加水分解自由エネルギーへの寄与）（単位：kcal/mol）

| 化合物 | 実験値 | 基本値[a] | 拮抗共鳴 | | 静電的反発 | ケト-エノール互変異性 | イオン化の自由エネルギー | 合計 |
			一次的	補完的				
ATP	7-8	3	**2**	0.6	**2**			7.6
ADP	7-8	3	**2**	0.6	1.4			7
カルボキシリン酸	10-12	3	**1.6**	3	-0.7		3.2	10.1
ホスホエノールピルビン酸	11.5-12.5	3	0.2	0.8	-0.5	9		12.5
グアニジノリン酸	9-10	3	0.4	0.8	-0.7		?	?

[a] エネルギー欠乏性リン酸類の加水分解自由エネルギー約 3kcal/ モルに等しいとみなされた.

これらの分子のエネルギー財産へはさまざまな因子が寄与していることが見てとれる。表において太字で印字されているのは主な寄与因子である。計算はこれらのすべてのタイプの分子における加水分解自由エネルギーの大きな低下をうまく説明した。ただし，不確かなデータしかないグアニジノリン酸類は例外である。すでに述べたように，ここで示した計算はきわめて大雑把で問題を満足に取り扱ったものとは言いがたい。にもかかわらずさまざまなタイプのリン酸類における理論的評価と実験データとの良好な一致は，そのような取扱いが基本的に正しいことを示唆する。より精度の高い手続き（たとえば SCF 分子軌道法）によってこれらの結果を確認するのが望ましい。

生化学的物質の分光学的性質は第 II 巻で議論される。ただし本項の議論と関係の深い高エネルギーリン酸類の分光学的性質についてはここで取り上げるのが適切であろう。Gersmann-Ketelaar はフェノールリン酸（基準：フェノール）における最大吸収波長（λ_{max}）の浅色移動を観測すると共に，高エネルギーリン酸類の加水分解自由エネルギーへの拮抗共鳴の寄与を定量的に評価した[30]。彼らはこの浅色移動と拮抗共鳴との間には密接な関連があると考えた。彼らの計算では，浅色移動を再現するには（酸素の孤立電子対の非局在化とベンゼン核との共役を低下させて）フェノール性酸素のパラメータを調整する必要があった。またこれらの修正パラメータを用いて，フェノールの共鳴エネルギーの低下がリン酸化に及ぼす影響を評価した。

もちろん前節で示した計算は分子軌道のエネルギーをもたらし，さまざまなタイプのリン酸類の形成時における λ_{max} の変位方向の予測を可能にした。しかし得られた結果は Gersmann-Ketelaar のそれとは一致しなかった。すなわち分光学的移動と拮抗共鳴との間に一般的関係は

存在せず，λ_{max} の浅色移動は高エネルギーリン酸類の一般的特性とは見なせなかった。実際，彼らは高エネルギーリン酸類の形成が一般に λ_{max} の深色変位を伴うことを示した。ただしエノールリン酸類，特にフェノールリン酸類は例外であった。というのはこれらのリン酸類ではリン酸化は λ_{max} のわずかな浅色変位を伴ったからである。

　他のタイプの高エネルギーリン酸類のスペクトルを得ることも有用である。ただし利用できるデータは（たとえば ADP や ATP といった）ピロリン酸類に関するものだけであった。これらのスペクトルは実際上 AMP のスペクトルと同じであった[31]。これは正常な状況である。というのはこの場合，得られたスペクトルは本質的にアデニン核のスペクトルと同じであった。すなわちリボース核によりアデニンから切り離されたピロリン酸橋の影響は見られなかった。

(C)　求電子的反応物としてのリン酸類

　これまで我々の関心はリン酸類の生化学的役割のエネルギー論的側面にあった。この役割についての有用な補完的情報は代謝的変換への関与（特に ATP の関与）の電子的特性を調べることで得られた。

　ATP が関与する生化学的反応の多くは求核置換反応であった。またリン酸化合物の反応性は正に荷電したリン原子の電子的吸引作用に基づくものであった。この記述を立証する事例は生化学的反応の多くの分野で見出される。最近，Buchanan らは核酸プリン類の *de novo* 合成で起こる酵素反応の研究で特に顕著な事実を報告した[32]。実際，簡単な成分（第5章参照）からのプリン合成は一連の炭素-窒素結合の ATP 依存的合成と考えられる。ヒポキサンチン核ではこのような結合は 8 個形成される。そして一つの例外を除き，このような結合の形成は ATP の高エネルギー結合の加水分解と関係があった[33]。そこで我々はこの Buchanan らの研究から事例を選択することにした。

　第一にリン酸化合物，特に ATP は求電子的反応物として酵素反応に直接的に関与する。たとえばリボース-5-リン酸が（プリン類のリボチド化を引き起こす試薬である）5-ホスホリボシルピロリン酸（PRPP）へ変化する直接的ピロリン酸転移ではこのようなことが起こる（第5章参照）。

リボース-5-リン酸＋ATP → 5-ホスホリボシルピロリン酸＋AMP

Khorana らは特定の原子団を ^{32}P で標識した ATP を用いてこの反応の機構を検討した[34]。それによると，ATP のトリリン酸鎖の末端と中央のリン酸基は，PRPP のピロリン酸部分ではそれぞれ末端と内側のリン酸に対応した。このことは直接的ピロリン酸転移が ATP の中央 P 原子への求核的攻撃を伴う機構によって起こるとすればうまく説明される。

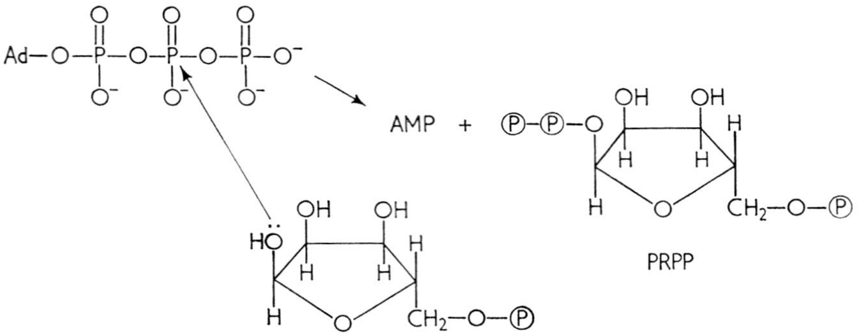

290　第 7 章　高エネルギー化合物

ATP の中央リン原子への求核的攻撃はこのリン原子が分子内で最も高い正電荷をもつ点で興味深い（図 3 参照）。しかし実際には，この中央（β）のリン原子が攻撃部位であることはきわめて稀である。入手可能な証拠によると，（キナーゼ反応や加水分解反応などの）ホスホリル転移を伴う反応では求核試薬による攻撃部位は ATP の末端（γ）リン原子であることが多い[35]。M. Cohn の最近の研究によると，ATP の酵素的加水分解は AMP と無機ピロリン酸を生じるが，この反応は ATP の β-P ではなく γ-P への攻撃によって進行すると考えられる[36]。一方，アデニル移動反応では攻撃部位は ATP の α-P であった[35]。分極効果や酵素特異性もまたおそらくこれらの配向効果と関係があると思われた。

　しかし酵素反応における ATP の電子的役割の最も興味深い事例はおそらく協奏反応（concerted reaction）に関するものであろう。この術語は溶液中の（置換，付加および転位といった）イオン反応に対して用いられる。この反応の特徴は（酸性または求電子性の）電子吸引性触媒基と（塩基性または求核性の）電子供与性触媒基が同時に関与することである。協奏機構によって進行する反応はきわめて少ない。しかしこのような過程は酵素的触媒反応では重要と考えられる。というのはこれらの反応は非極性溶媒中で進行しやすいからである。また酵素-基質相互作用の高度に立体特異的な性質により，溶媒分子は酵素の反応部位から取り除かれるので，このような反応部位は水性環境よりも非極性環境により近いと思われる[32]。図 5 は一般的図式を用いて酸-塩基触媒反応たとえば置換反応を示したものである。

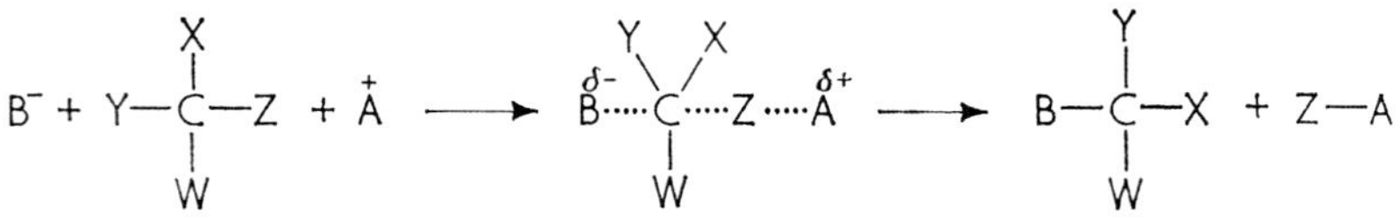

図 5　酸塩基触媒反応の機構

　たとえば C-N（アミド）結合の酵素的合成では求核試薬は含窒素反応物で，ATP は電子吸引剤となる。C-N 結合の酵素的形成は一般に図 6 に示した様式で表される。

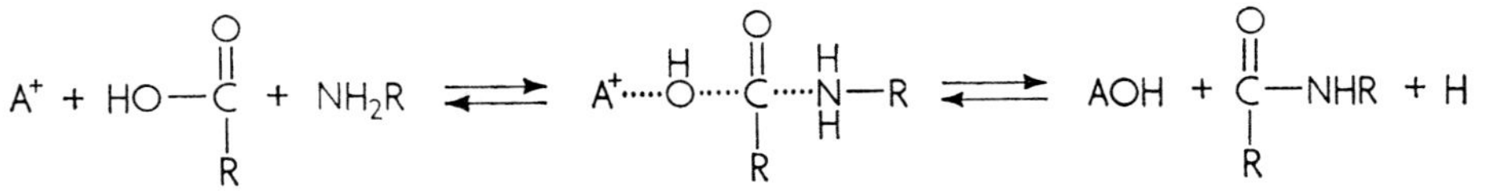

図6　酵素によるアミド結合の合成機構

　Buchananによれば，このタイプの反応としてはグリシンアミドリボチドやホルミルグリシンアミドリボチドの合成が挙げられる[32]。グリシンアミドリボチドの酵素的合成は図7に示した機構で進行する。反応には酵素部位で三種の反応物が協奏的に関与する（この場合，酵素の本質的役割の一つは三種の基質が特異的に結合するテンプレートとして機能することである）。（形式正電荷をもつ）グリシンのカルボキシ炭素は5-ホスホリボシルアミンの窒素による求核攻撃を受ける。同時に，まさに荷電したATPの末端リン原子はグリシンの酸素原子の一つに対して求電子的な引力を及ぼす。このプッシュプル反応では新しいC−N結合の形成とC−O結合の切断が起こる。同時にATPはADPとP_iへと開裂する（また反応経過中には，酵素上の塩基性基の関与により5-ホスホリボシルアミンのアミノ基からプロトンが除去される）。

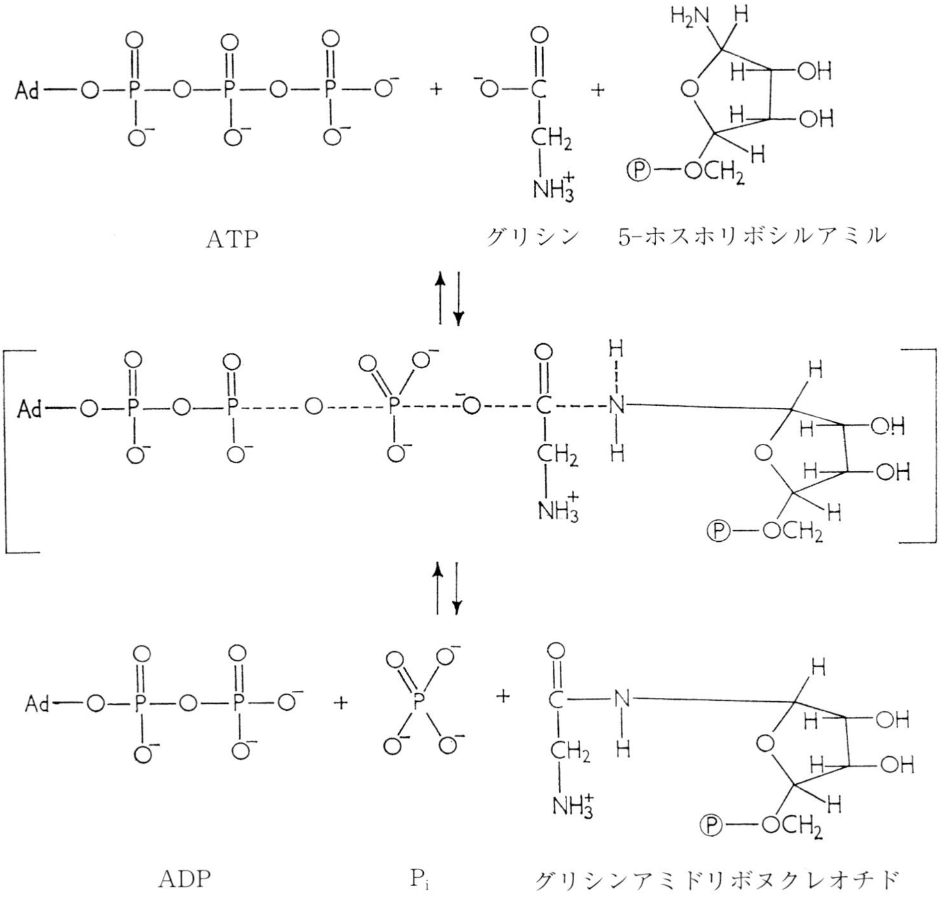

図7　グリシンアミドリボヌクレオチドの酵素的合成に対する推定機構

前述の考察では，我々はリン酸化合物，特に ATP の酵素作用に必要とされる重要な物質グループを省略した。その物質グループとは二価金属カチオン類，特に Mg^{++} である。(きわめて重要な) これらのイオンの役割は多岐にわたる。他の場合には速度論的にかなり不活性なリン酸類の活性化は，(これらのイオン類とのキレート化によって誘発される) 構造的変化を伴う。すなわちキレート化は共役系の平面性の維持にとって有利に働き，リン酸基を適切に配向させると共に酸素原子電荷の部分的中和を介して反応を促進する。図8はクレアチンと ATP との間でのホスホリル基の可逆的移動に対するキレート化の様式を示したものである。この反応は次の反応式に従う。

　　　　　クレアチン-リン酸 + ADP → クレアチン + ATP

新しい P-O 結合の形成における金属の機能は明らかである[37]。

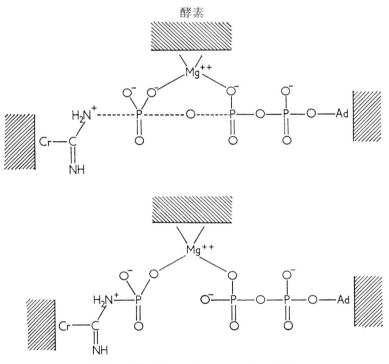

図8　可逆反応におけるキレート化の役割
ATP + クレアチン ⇌ ADP + クレアチンリン酸
(本反応における基質-酵素結合の詳細を知りたい読者は、
引用文献 37 を参照されたい).

(D)　ATP の構造

ATP 触媒反応における金属カチオンの重要性についての前述の所見は，ATP 構造の最近の提案への簡単な議論へと直接導いた。分子はリン酸末端とプリン末端を糖環でつないだ (あるいは分離された) 構造をもつ。Szent-Gyorgyi の言葉[38]を引用すれば，「ATP の構造を眺めたとき最

初に感じる印象はきわめて複雑である。というのは自然は贅沢にふけるはずはないからである。では細胞はなぜ P–O–P 結合を含んだこのような複雑な分子を用いるのであろうか。はるかに簡単な無機ポリリン酸を用いても同様なことは起こるからである。」

この疑問に対して Szent-Gyorgyi が示唆した回答は次の通りである。

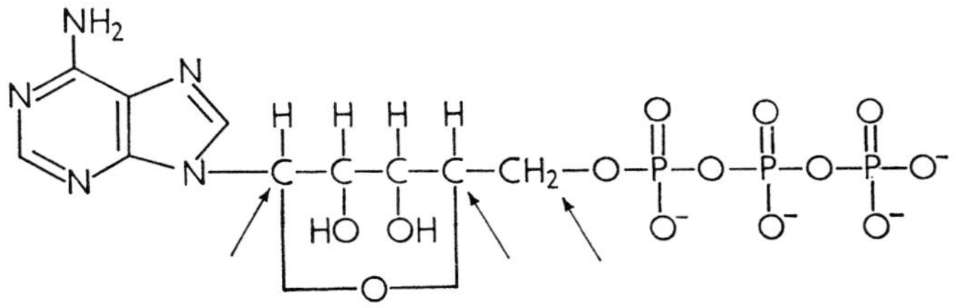

図 9　ATP

すなわち ATP は多数の結合（特に図 9 で矢印で示した結合）の回りで自由回転が可能である。そのため実際には ATP は（プリン末端とリン酸末端がつながった）さらに縮合した構造で存在すると考えられる。モデルを組み立ててみると，ATP 分子は二つの末端リン酸がプリンのアミノ基や N_7 と接触するように折りたたまれる。また Mg^{++} イオンは ATP の活性に常に必要と考えられる。そこで Szent-Gyorgyi は折りたたみ分子の二つの末端が（図 10 に示した）Mg^{++} の四座キレートを介してつながっていると考えた。

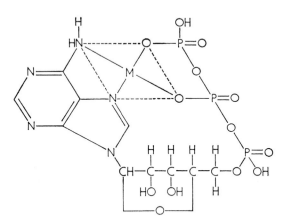

図 10　ATP の Mg 錯体の構造

また同じ Szent-Gyorgyi の見解によれば，金属は構造を安定化するだけでなくプリンからリン酸へ電子を受け渡す際の橋としても機能する[38,39]。このことはプリン環やリン酸鎖を含めた非局在化電子系の形成を可能にした。またこのような可能性は ATP の機能に関するさまざまな仮説への道を切り開いた。しかしここではそれらを数え上げることはしない。

ATP の折りたたみ構造や ATP-Mg^{++} 錯体に関する Szent-Gyorgyi の仮説は，決定的とはいえ

ないが ATP の回転分散[40],赤外スペクトル[41]および核磁気共鳴スペクトル[41a]などの研究にその証拠を見出すことができる。

ATP のアデニン環は電離放射線の作用[42]や超音波による酸化[43]に対して孤立アデニン環よりも抵抗性がある。この事実は ATP の構成要素間に内部相互作用が存在する証拠と考えられる。また ATP 分子における内部電子移動は電子常磁性共鳴による予備研究[44]からも支持された[44a]。

7.2.2 他のタイプの高エネルギー化合物
(A) アシルチオエステル類
このグループに属する主な高エネルギー化合物は次の一般構造式で表される。

$$\text{CoA—S—}\underset{}{\overset{\displaystyle O}{\underset{\|}{C}}}\text{—R}$$

ここで CoA は補酵素 A の複雑な残基を表す。このクラスに属する典型的かつ重要な分子はアセチル CoA すなわち「活性酢酸」である。その完全な構造式は次式で与えられる。

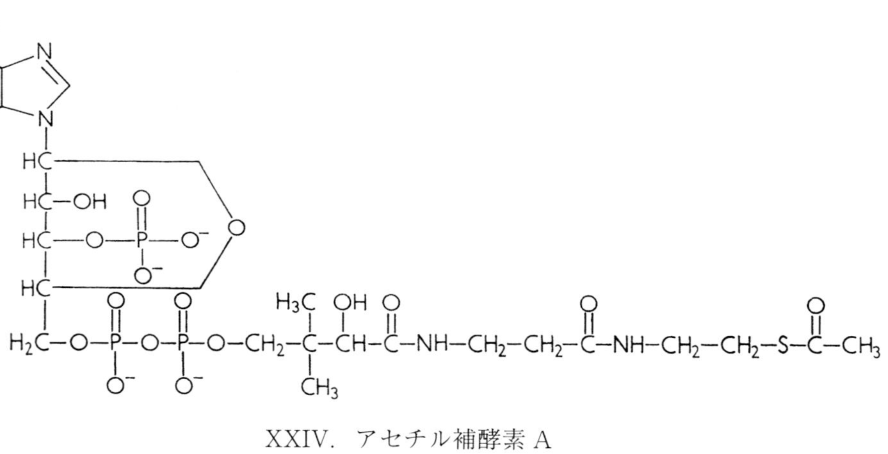

XXIV. アセチル補酵素 A

アシル CoA の加水分解に対する $-\Delta F^0$ の値は 6.3 kcal/mole である[45]。このエネルギー財産の大部分は加水分解される C–S 結合の二正値的性質に由来する。図 11 はアセチル CoA における形式電荷の分布を示したものである。

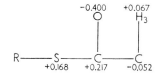

図 11 アセチル CoA の形式電荷

ただし加水分解性結合を構成する両原子はいずれも正電荷を帯びている。

アセチル CoA の生合成機構はポテンシャルの共役が同一基の移動を伴う反応に限定されないという事実を説明した。ただしリン酸類に関する前項の引用事例では間違った推論がなされた。またアセチル CoA の代謝的形成に対する基本的機構の一つでは，AMP と無機ピロリン酸への ATP の分裂で放出されるエネルギーが利用された。全体の反応は次の方程式で表される。

$$ATP + CH_3COOH + CoA = AMP + PP + アセチルCoA$$

個々の反応は $ATP + H_2O \rightarrow AMP + PP$ と $CH_3COOH + CoA \rightarrow$ アセチル $CoA + H_2O$ であり，それぞれほぼ同量の自由エネルギーを放出または消費する。反応全体では $\Delta F^0 \approx 0$ となる。もちろん個々の方程式は反応の真の機構とは何ら関係がない。真の機構はおそらくアセチル CoA の中間的形成を伴うと考えられる。

補酵素 A は（C_2 単位で）アセチル基の移動を触媒する酵素すなわちトランスアセチラーゼ（transacetylase）またはアセトキナーゼ（acetokinase）の補因子である。実際には補酵素 A はアセチル残基と結合するだけでなく，他のアシル基，特に脂肪酸類のアシル基とも結合する。得られたアシルチオエステル類は代謝反応ではアシル基の「活性形」に相当する。脂肪酸類の長鎖はアセチル基転移によって形成され分解される。これらの原子団の担体は一般に CoA である。この補酵素は酢酸自体のさらなる酸化にも関与する[46]。

これらのさまざまな反応は電子的観点からはまだ十分検討されていない。しかしこの分野では有用なコメントもいくつかなされている[47]。アセチル CoA の反応性末端基における電子分布の本質的特徴は，カルボニル炭素に形式正電荷が存在し，メチル炭素に形式負電荷が存在することである。アセチル CoA が関与する反応のタイプ（アシル化，縮合）を決めているのはこの状況である。

(1) アシル化

アセチル CoA の反応中心となるのはまさに帯電したカルボニル炭素である。一般的な機構は次式で表される。

$$CoA-S-\overset{\displaystyle O}{\overset{\displaystyle \|}{C}}-CH_3 + BH \longrightarrow CoASH + B-\overset{\displaystyle O}{\overset{\displaystyle \|}{C}}-R$$

重要な事例としてはスルファニルアミド（XXV）のようなアリールアミン類のアシル化がある（ただし反応は矢印で示したアミノ基で起こる）。

XXV. スルファニルアミド

(2) 縮合

アセチル CoA の反応中心となるのは負に帯電したメチル炭素である。このクラスの反応として特に重要なものはアセチル CoA の酢酸残基のオキサロ酢酸（XXVI）への移動とクエン酸（XXVII）の形成である。

$$\text{COOH–CH}_2\text{–CO–COOH}$$

XXVI. オキサロ酢酸

$$\text{COOH–CH}_2\text{–}\underset{\underset{\text{OH}}{|}}{\overset{\overset{\text{COOH}}{|}}{\text{C}}}\text{–CH}_2\text{–COOH}$$

XXVII. クエン酸

縮合はオキサロ酢酸のまさに帯電したカルボニル炭素で起こる（図12）。

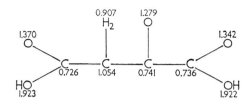

図12　オキサロ酢酸の電子密度

反応はクレブス回路（クエン酸回路, トリカルボン酸回路とも呼ばれる）として知られる代謝回路から出発する。この回路は一連の変換から成り立ち, その結果としてオキサロ酢酸が再生される。酢酸は脂肪酸類（下記参照）や炭水化物類の酸化分解の重要な生成物である。クレブス回路はこれらの生化学的物質グループに共通の代謝経路である。この回路は（その酸化段階で付随的に形成される）ATP の発生において重要な役割を演じる（酸化的リン酸化, 第13章13.8節参照）。

表に記載された二つの電子的特性すなわちカルボニル炭素の形式正電荷とメチル炭素の形式負電荷はいずれもチオラーゼ（thiolase）反応に関与する。この反応では二つのアセチル CoA は相互作用しアセトアセチル CoA（XXVIII）を生成する。

$$\text{CH}_3\text{–CO–S–CoA} + \text{CH}_3\text{–CO–S–CoA} \longrightarrow \text{CH}_3\text{–CO–CH}_2\text{–CO–S–CoA} + \text{HS–CoA}$$

2個のアセチル CoA　　　　　　　　　　XXVIII. アセトアセチル CoA

反応の第一段階は一般に C_2 単位の段階的縮合による脂肪酸類の形成である。たとえば XXVIII の還元は β-ヒドロキシブチリル CoA（XXIX）をもたらし, さらに XXIX の脱水はクロトニル CoA（XXX）を生成する。またクロトニル CoA の水素化はブチリル CoA（XXXI）をもたらす。さらに XXXI とアセチル CoA との結合は同様の反応系列の繰返しによりさらに高次の高級脂肪酸を与える。

$$CH_3-CH(OH)-CH_2-CO-S-CoA \qquad CH_3-CH=CH-CO-S-CoA$$

XXIX. β-ヒドロキシブチリル CoA　　　XXX. クロトニル CoA

$$CH_3-CH_2-CH_2-CO-S-CoA$$

XXXI. ブチリル CoA

脂肪酸類の酸化分解はβ-酸化と呼ばれる機構で進行する。これはいま述べた伸長（elongation）とは逆に脂肪酸類のカルボキシ末端からC_2フラグメントを段階的に取り除く反応である。反応は次の経路に従って進行する。

$$CH_3-(CH_2)_n-CH_2-CH_2-CO-S-CoA \longrightarrow CH_3-(CH_2)_n-CH=CH-CO-S-CoA \longrightarrow$$
$$\longrightarrow CH_3-(CH_2)_n-CH(OH)-CH_2-CO-S-CoA \longrightarrow$$
$$\longrightarrow CH_3-(CH_2)_n-CO-CH_2-CO-S-CoA \xrightarrow{CoA}$$
$$CH_3-(CH_2)_n-CO-S-CoA + CH_3-CO-CoA$$

代表的な脂肪族アシル CoA における電子密度と結合次数の分布はこれらの反応のいくつかの側面に光を投げかける（図13）。

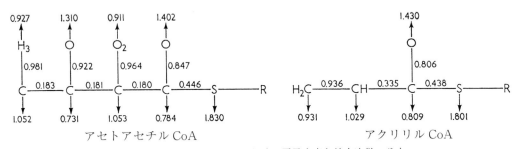

図13　脂肪族アシル CoA における電子密度と結合次数の分布

たとえばアセトアセチル CoA では，β-CO 基の結合次数が α-CO 基のそれよりも大きく，β-CO 基の炭素は α-CO 基のそれに比べて電子が不足している。この状況は脂肪酸の生合成での水素化や酸分解での CoA による攻撃が第一の結合で優先的に起こる事実を説明する。同様に（クロトニル CoA のような）アクリリル CoA における C=C 結合の結合次数が C=O 結合のそれよりも大きいという事実は，脂肪酸類の合成において C=C 結合が優先的に水素化されること，また水和成分の固定方向がその結合の極性の方向により説明されることを示した。

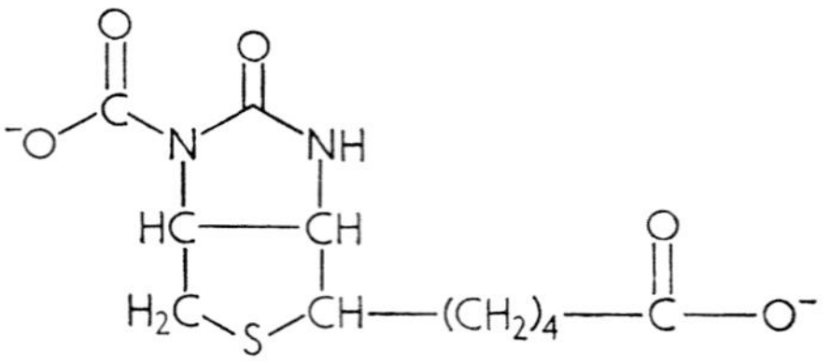

XXXII. "活性二酸化炭素"

アセチル CoA の負に帯電したメチル炭素は「活性二酸化炭素」を加えるとカルボキシ化される。ただし「活性二酸化炭素」はビオチン（XXXII）の N-カルボキシ誘導体であると仮定された[48]。この化合物の電子密度図によれば、解離性結合はきわめて強い二正値的性質を示した。

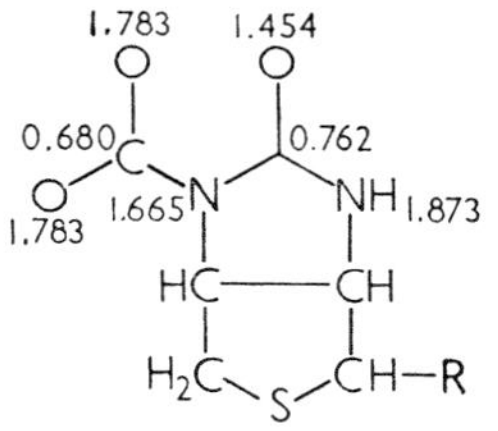

図14　「活性二酸化炭素」の電子密度

α炭素でのプロピオニル CoA の酵素的カルボキシ化は、その炭素の電子密度が β 炭素のそれよりも大きいという事実と一致した（図15）[49]。またこのタイプの反応へのエノール形アセチル CoA の関与は分子の末端炭素における非常に高い形式負電荷の存在と関係があった（図16）[50]。

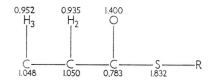

図15　プロピオニルCoA における電子密度分布

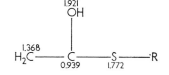

図16　エノール形のアセチルCoA における電子密度分布

(B) アセチルイミダゾール

アセチルイミダゾール（XXXIII）は最近発見された新しいクラスの高エネルギー化合物である[51]。

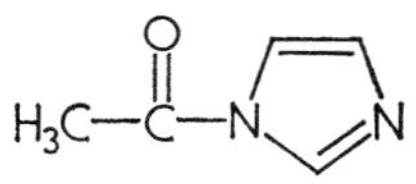

XXXIII. アセチルイミダゾール

その加水分解自由エネルギーは 13 kcal/mole ほどの大きさである。この分子の高エネルギー的性質は計算によって確認された。すなわちこの分子の拮抗共鳴は 4 kcal/mole ほどの大きさであった。またその形式電荷のパターンは高エネルギーリン酸類のそれと一致した（図17）。その結果，この分子は約 3 kcal/mole ほどの大きさの静電的反発エネルギーを伴った。イミダゾール-N-リン酸もまた高エネルギー化合物であった。

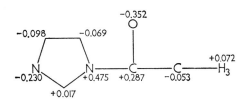

図 17　アセチルイミダゾールの形式電荷分布

アセチルイミダゾールや他のアシルイミダゾール類の最も重要な機能は酵素反応における高エネルギー結合の中間的担体となることである。たとえば以前言及したホルミルグリシンアミドリボチドの ATP 依存性合成は，Buchanan らによれば図 18 に示した機構で進行する[32]。すなわち反応は一方では ATP の求電子的性質によって促進され，もう一方では酵素の仮定的ヒスチジル残基の第二級窒素の求核的性質によって促進される。また（容易に加水分解される）高エネルギーアシルイミダゾールが一時的に形成される。

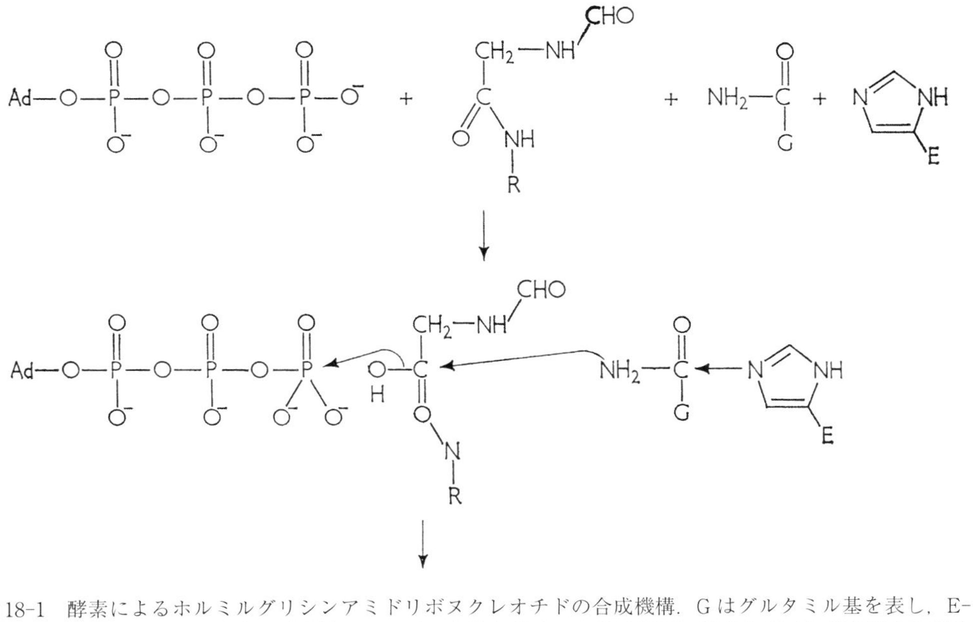

図 18-1　酵素によるホルミルグリシンアミドリボヌクレオチドの合成機構．G はグルタミル基を表し，E-イミダゾールは酵素の反応性ヒスチジル残基を表す．矢印は相互に電子的相互作用を行う位置を示す．

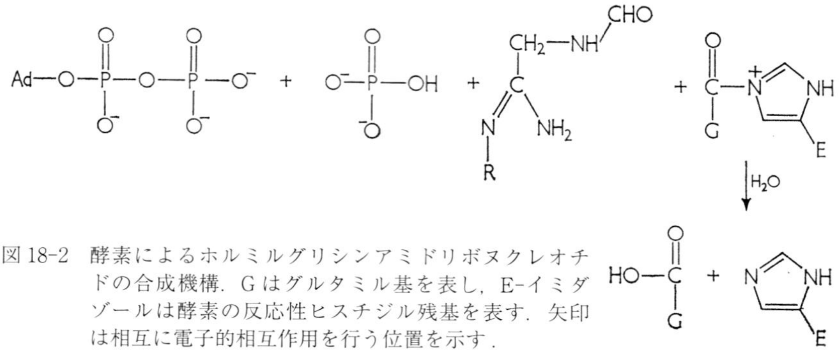

300　第7章　高エネルギー化合物

図18-2　酵素によるホルミルグリシンアミドリボヌクレオチドの合成機構．G はグルタミル基を表し，E-イミダゾールは酵素の反応性ヒスチジル残基を表す．矢印は相互に電子的相互作用を行う位置を示す．

　加水分解酵素の活性部位にはイミダゾール核もまた関与する．この問題は第17章で詳しく議論される．

（C）　オニウム化合物類[52]

　本章の初めに述べたようにオニウム化合物は高エネルギー分子に属すると考えられる．このことは代謝過程の化学エネルギー源という意味で正当化された．しかし加水分解自由エネルギーの値のみを考えた場合，このことは常に正当化されるわけではない．

　生物学で特に重要な高エネルギーオニウム分子は次のような化合物である．

（1）　スルホニウム化合物

　たとえば S-アデノシルメチオニン（XXXIV）はこのクラスに属する．この分子は生物学的メチル化において主なメチル供与体である．ただしアルキル基はメチオニンからもたらされる．

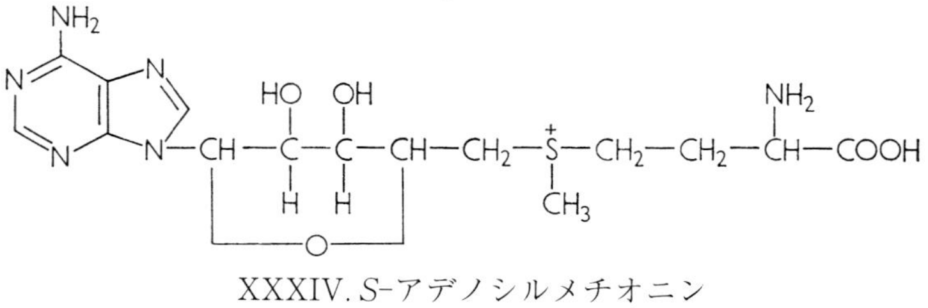

XXXIV. S-アデノシルメチオニン

（2）　脂肪族第四級アンモニウム化合物

　たとえばリン脂質類の重要な成分であるコリン（XXXV）はこのクラスに属する．

$$(CH_3)_3\overset{+}{N}-CH_2-CH_2-OH$$

XXXV.　コリン

　またコリンエステル類，特にアセチルコリン（XXXVI）は神経生理学において基本的役割を演

じる。この役割については第17章で少し詳しく議論される。

$$(CH_3)_3\overset{+}{N}—CH_2—CH_2—O—CO—CH_3$$

XXXVI. アセチルコリン

(3) 複素環式オニウム化合物

(a) チアゾリウム化合物

たとえばチアミン（XXXVII）はこのクラスに属する。

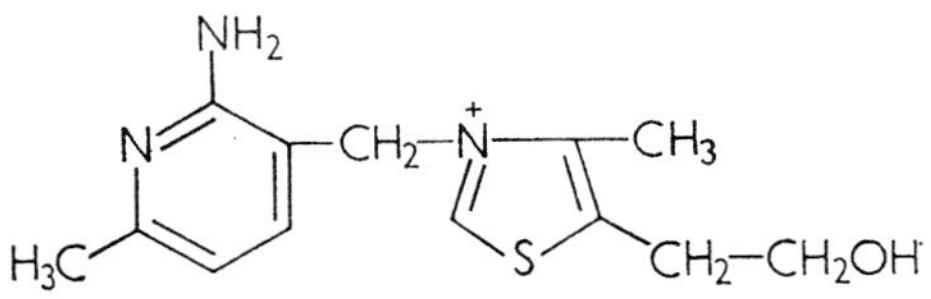

XXXVII. チアシン

いわゆるチアミナーゼ反応では，多くの窒素塩基がチアミンのチアゾリウム部分で置き換えられる。このことは合成過程のエネルギー源としてこのオニウム化合物が役立つことを示唆する。チアミンのピロリン酸は重要な補酵素であり，その構造と機能は第16章で詳しく検討される。

(b) ピリジニウム化合物

たとえば酸化還元の補酵素であるピリジンヌクレオチド類（DPN, TPN）はこのクラスに属する。それらの構造や機能は第13章で詳しく議論される。N'-メチルニコチンアミド（XXXVIII）のようなアルキルピリジニウム化合物もまたこのクラスに属する。

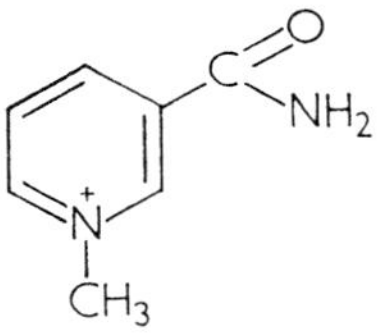

XXXVIII. N'-メチルニコチンアミド

これらの高エネルギーオニウム化合物の一般的な電子的特性は高エネルギーリン酸類と同様，解離性結合の両端における高い形式正電荷の存在である。

引用文献

1. この記述は本質的に動物に対してのみ適用される。緑色植物やある種の細菌は同化作用に太陽エネルギーを利用する。このエネルギーは太陽内部の核反応によって創りだされる。これらの反応は水

素からのヘリウムの合成とそれに伴う硬放射線の放出とから成り立つ。この硬放射線はかなりの吸収と再放出ののち太陽の表面から日光として放射される。

2. もちろん生体系への熱力学の応用に関する専門書や論文は多い。ここでは関連のある最近の総説についてのみ引用する：(*a*) Eyring, H., Boyce, R. P., and Spikes, J. D., in Florkin, M., and Mason, H. S. (Eds.), *Comparative Biochemistry*, Vol. I, p. 15, Academic Press, New York, 1960; (*b*) Pardee, A. B., and Ingraham, L. L., in Greenberg, D. M. (Ed.), *Metabolic Pathways*, Vol. I, p. 1, Academic Press, New York, 1960; (*c*) Klotz, I. M., *Energetics in Biochemical Reactions*, Academic Press, New York, 1957; (*d*) Lipmann, F., in Nachmansohn, D. (Ed.), *Molecular Biology*, p. 37, Academic Press, New York, 1960; (*e*) Baldwin, E., *Dynamic Aspects of Biochemistry*, 3rd Ed., Univ. Press, Cambridge, 1957; (*f*) George, P., and Rutman, R. J., *Progr. in Biophys. and Biophys. Chem.*, **10**, 2 (1960).

3. 「発エルゴン的」と「吸エルゴン的」を混同してはならない。これらはエンタルピーの変化に関する用語である。前者は反応過程における熱の放出，後者は熱の吸収をそれぞれ表す。

4. 厳密には濃度の代わりに活量を用いるべきである。しかしこの改良は生化学では一般に用いられない。というのは利用できるデータがあまり正確ではなく，活量の値もほとんど知られていないからである。

5. ほとんどの生化学反応では溶媒は水である。水が反応物や生成物でもある場合には，反応中に生成したり消費された水の量は溶媒としての水の量に比べて無視できるほど少ない。そのため水の濃度に関する項は一般に平衡定数の式から省かれる。

5a. Green, D. E., and Fleischer, S., in Kasha, M., and Pullman, B. (Eds.), *Horizons in Biochemistry*, Albert Szent-Gyorgyi's Dedicatory Volume, p. 381, Academic Press, 1962.

6. Lipmann, F., *Advances in Enzymol.*, **1**, 99 (1941).

7. Gillespie, R. J., Maw, G. A., and Vernon, C. A., *Nature*, **171**, 1147 (1953).

8. Mahler, H. R., *Ann. Rev. Biochem.*, **26**, 7 (1957).

9. Neilands, J. B., *Ann. Rev. Biochem.*, **27**, 455 (1958).

10. Huennekens, F. M., and Whiteley, H. R., in Florkin, M., and Mason, H. S. (Eds.), *Comparative Biochemistry*, Vol. I, p. 107, Academic Press, New York, 1960.

11. Burton, K., Nature, **181**, 1594 (1958).

12. Johnson, M. J., in Boyer, P. D., Lardy, H., and Myrbäck, K. (Eds.), *The Enzymes*, Vol. III, p. 407, Academic Press, New York, 1960.

13. Carpenter, F. H., *J. Am. Chem. Soc.*, **82**, 1111 (1960).

14. Schuegraf, A., Ratner, S., and Warner, R. C., *J. Biol. Chem.*, **235**, 3597 (1960).

15. Oesper, P., in McElroy, W. D., and Glass, B. (Eds.), *Phosphorus Metabolism*, Vol. I, p. 523, Johns Hopkins Press, Baltimore, 1951.

16. Neilands, J. B., and Stumpf, P. K., *Outlines of Enzyme Chemistry*, Wiley, New York, 1958.

17. Kalckar, H., *Chem. Revs.*, **28**, 71 (1941).

18. Oesper, P., *Arch. Biochem.*, **27**, 255 (1950).

19. Pauling, L., *Nature of the Chemical Bond*, The Cornell University Press, Ithaca, New York, 1944.

20. Hill, T., and Morales, M., *Arch. Biochem.*, **29**, 450 (1950).

21. Hill, T., and Morales, M., *J. Am. Chem. Soc.*, **73**, 1656 (1951).

22. Grabe, B., *Biochim. et Biophys. Acta*, **30**, 560 (1958); *Arkiv Fysik*, **15**, 207 (1959).

23. Pullman, B., and Pullman, A., *Radiation Res., Suppl.*, **2**, 160 (1960).

引用文献　　303

24. 引用文献 23 と同様の計算は次の文献にも報告されている：Fukui, K., Morokuma, K., and Nagata, C., *Bull. Chem. Soc., Japan*, **33**, 1214 (1960). ただしこの論文では引用文献 23 とは少し異なるパラメータが用いられた（たとえば P–O 交換積分に対して $\beta_{P-O} = 0.6\,\beta_{C=C}$, リン原子のクーロン積分として $\delta_P = -0.6$ が用いられた）. にも拘らず一般的問題を考える限り, 得られた結果は引用文献 23 のそれときわめてよく似ていた. したがって福井らは ATP の拮抗共鳴を最大 2.5～3 kcal/mole とした. この結論は, それらのパラメータが一貫性をもつ限り, 結果の本質的特徴が採用されたパラメータの正確な値にはあまり依存しないという知見を確認することになった.

25. Jones, W. J., *Trans. Faraday Soc.*, **55**, 524 (1959); Carra, S., *Rend. Acad. Nazionale Lincei*, **25**, 6 (1958).

26. Franklin, J. L., *J. Am. Chem. Soc.*, **72**, 4278 (1950).

27. Lipmann, F., *Advances in Enzymol.*, **1**, 99 (1941); in McElroy, W. D., and Glass, B. (Eds.), *Phosphorus Metabolism*, Vol. I, p. 521, Johns Hopkins Press, Baltimore, 1951; Koshland, D. E., *Proc. Natl. Acad. Sci. U. S.*, **44**, 98 (1958).

28. Lehninger, A. L., *Rev. Mod. Phys.*, **31**, 136 (1959).

29. Schmulbach, C. D., Van Wazer, J. R., and Irani, R. R., *J. Am. Chem. Soc.*, **81**, 6347 (1959).

30. Gersmann, H. R., and Ketelaar, J. A., *Rec. trav. chim.*, **77**, 1018 (1958).

31. Back, R. M., Ling, N. S., Morell, S. A., and Lipson, S. H., *Arch. Biochem. Biophys.*, **62**, 253 (1956).

32. Buchanan, J. M., *The Harvey Lectures*, Series **54**, 1958-59, p. 104; Buchanan, J. M., and Hartman, S. C., *Advances in Enzymol.*, **21**, 199 (1959); Buchanan, J. M., Hartman, S. C., Herrmann, R. L., and Day, R. A., *J. Cellular Comp. Physiol.*, **54**, 139 (1959).

33. このことはプリン骨格の合成に対するエネルギー費用が約 50～60 kcal/mole であることを意味する. この合成と関連した共鳴エネルギーの増加は $3.4\,\beta \fallingdotseq 54$ kcal/mole である.

34. Khorana, H. G., Fernandes, J. F., and Kornberg, A., *J. Biol. Chem.*, **230**, 941 (1958).

35. Cohn, M., *J. Cellular Comp. Physiol.*, **54**, Suppl. 1, 17 (1959); Cohn, M., and Hughes, T. R., *J. Biol. Chem.*, **235**, 3250 (1960).

36. Cohn, M., *Biochim. et Biophys. Acta*, **37**, 344 (1960).

37. Rabin, B. R., and Watts, D. C., *Nature*, **188**, 1163 (1960).

38. Szent-Gyorgyi, A., *Bioenergetics*, p. 64, Academic Press, New York, 1957.

39. Szent-Gyorgyi, A., *Introduction to a Submolecular Biology*, Academic Press, New York, 1960.

40. Levedahl, B. H., and James, T. W., *Biochim. et Biophys. Acta*, **21**, 298 (1956).

41. Epp, A., Ramasarma, T., and Wetter, L. T., *J. Am. Chem. Soc.*, **80**, 724 (1958).

41*a*. Cohn, M., and Hughes, Jr., T. R., *J. Biol. Chem.*, **237**, 176 (1962).

42. Barron, E. S. G., Johnson, P., and Cobure, A., *Radiation Research*, **1**, 410 (1954); Hems, G., and Eidinoff, M. L., *Radiation Research*, **9**, 305 (1958).

43. Yeel' piner, I., and Sokol' skaia, A. V., *Biofizika*, **5**, 21 (1960).

44. Isenberg, I., and Szent-Gyorgyi, A., *Proc. Natl. Acad. Sci. U. S.*, **45**, 1232 (1959).

44*a*. 最近の論文：Russell, D. B., and Wyard, S. J., *Nature*, **191**, 65 (1961); Hammes, G. G., Maciel, G. E., and Waugh, J. S., *J. Am. Chem. Soc.*, **83**, 2394 (1961); Brintzinger, H., *Helv. Chim. Acta*, **44**, 935 (1961).

45. Burton, K., *Biochem. J.*, **59**, 44 (1955); Jencks, W. P., Cordes, S., and Carriuolo, J., *J. Biol. Chem.*, **235**, 3608 (1960).

46. CoAによって触媒された代謝反応に関する最近の一般的総説：Lynen, F., *J. Cellular Comp. Physiol.*, **54**, Suppl. 1, 33 (1959); Jaenicke, L., and Lynen, F., in Boyer, P. D., Lardy, H., and Myrbäck, K. (Eds.), *The Enzymes*, Vol. Ⅲ, p. 3, Academic Press, New York, 1960; Stumpf, P. K., and Barber, G. A., in Florkin, M., and Mason, H. S. (Eds.), *Comparative Biochemistry*, Vol. I, p. 76, New York, 1960; Huennekens, F. M., and Whiteley, H. R., *ibid.*, p. 107.

47. Pullman, B., *Compt. rend.*, **251**, 1581 (1960). 酵素的アセチル基転移反応の機構に関する最近の理論的研究：Pérault, A. M., and Pullman, B., *Biochim. et Biophys. Acta*, **66**, 86 (1963).

48. Lynnen, F., *J. Cell. Comp. Physiology*, **54**, Suppl. 1, 33 (1959); *Federation Proc.*, **20**, 941 (1961); Ochoa, S., and Kaziro, Y., *Federation Proc.*, **20**, 982 (1961).

49. Flavin, M., and Ochoa, S., *J. Biol. Chem.*, **229**, 965 (1957).

50. Calvin, M., and Pon, N. G., *J. Cellular Comp. Physiol.*, **54**, Suppl. 1, 51 (1959).

51. Stadtman, E. R., in McElroy, W. D., and Glass, B. (Eds.), *The Mechanism of Enzyme Action*, p. 581, Johns Hopkins Press, Baltimore, 1954.

52. 最新の議論の詳細：Cantoni, G. L., in Florkin, M., and Mason, H. S. (Eds.), *Comparative Biochemistry*, Vol. I, p. 181, Academic Press, New York, 1960.

第8章　プテリジン類

8.1　一般的役割

プテリジン類（Ⅰ）はプリン類のイミダゾール環をピラジン環で置き換えた基本骨格をもつ。

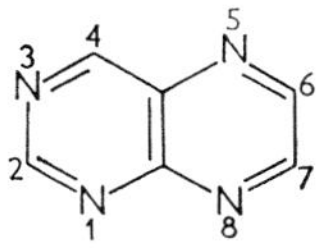

Ⅰ．プテリジン

ある種のプテリジン類は昆虫の視覚や生物発光に関与する。しかしそれらの成分は不明である。天然の分解生成物にはたとえばキサントプテリン（Ⅱ），イソキサントプテリン（Ⅲ），ロイコプテリン（Ⅳ），ルマジン（Ⅴ）などである。

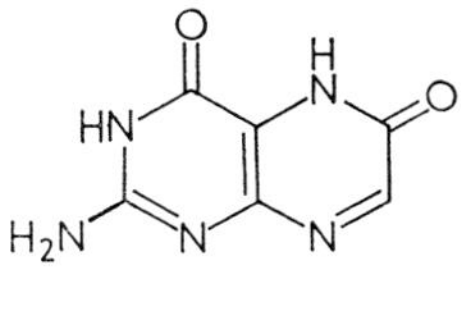

Ⅱ．キサントプテリン
（2-アミノ-4,6-
ジヒドロキシプテリジン）

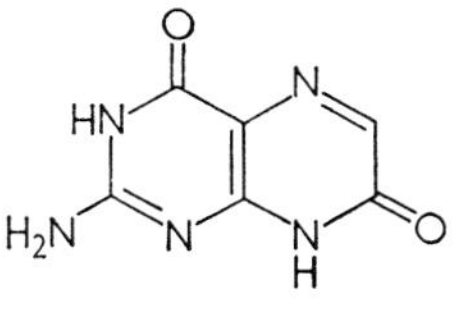

Ⅲ．イソキサントプテリン
（2-アミノ-4,7-
ジヒドロキシプテリジン）

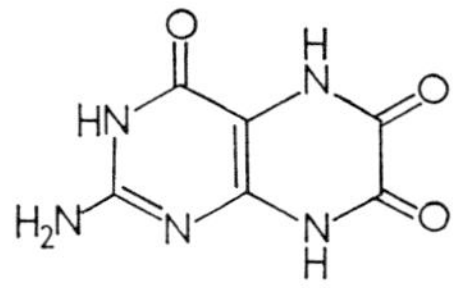

Ⅳ．ロイコプテリン
（2-アミノ-4,6,7-
トリヒドロキシプテリジン）

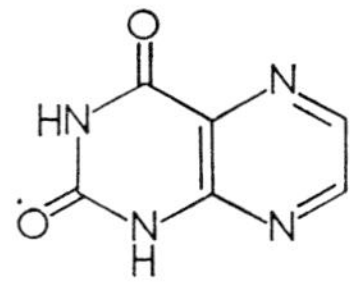

Ⅴ．ルマジン
（2,4-ジヒドロキシ
プテリジン）

ここでは成分がよく知られ，かつその生化学機能が詳しく議論されている次の二つのグループを

306　第8章　プテリジン類

取り上げる。それらは葉酸とリボフラビンのグループである。(1) 葉酸(Ⅵ)(記号 F と表記) は生体にとって不可欠な成長因子である。また1炭素代謝単位を移動させる補酵素，5,6,7,8-テトラヒドロ葉酸(Ⅶ)(FH$_4$ と表記) の供給源でもある。

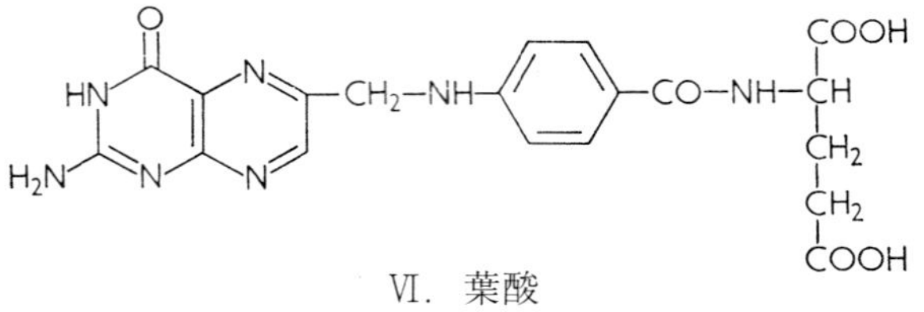

Ⅵ. 葉酸

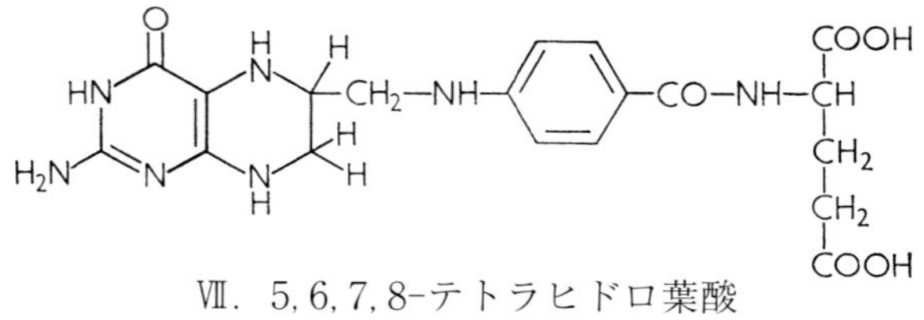

Ⅶ. 5,6,7,8-テトラヒドロ葉酸

(2) リボフラビン(Ⅷ)は酸化還元に不可欠な補酵素である。ただし R はリビチルラジカル CH_2-(CHOH)$_3-$CH$_2$OH である。Ⅷのイソアロキサジン環は置換ベンゾプテリジンに等しい（ただし Ⅰ と Ⅷ では構成原子の位置番号が異なる）。

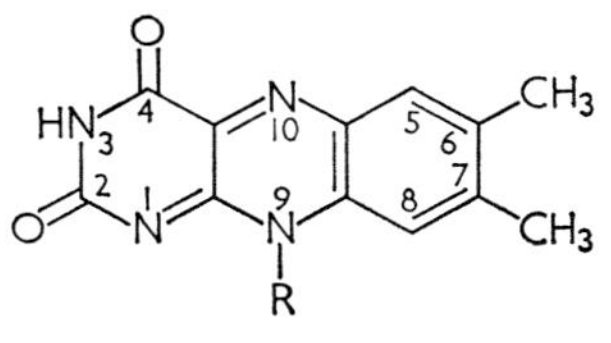

Ⅷ. リボフラビン

　我々はこれらの二つの基本的物質だけでなく，それらと代謝的に関連があるプテリジン類すなわち *de novo* 合成や分解における中間体にも関心がある。この時点においてリボフラビンや葉酸の代謝を議論することは有意義であろう。

8.2　リボフラビンと葉酸の代謝

8.2.1　リボフラビンの合成と分解

　本章で採用された観点からは，リボフラビンの生合成は次に示す二つの主要段階からなる。すなわちプテリジン環の *de novo* 生成とそれに続くリボフラビンへの変換である。

　Plaut によれば，^{14}C で標識されたギ酸と CO_2 が微生物の培養物へ取り込まれると，放射性炭

素はリボフラビンのピリミジン環の2位と4位へ導入される[1]。このことはリボフラビン合成の初期段階がプリン合成のそれと似ているという MacLaren の仮説を立証することになった[2]。その後行われた一連の研究から，プリン類自体はリボフラビンのピリミジン環の生合成における中間体となることが示された。特に McNutt ら[3]や Goodwin ら[4]によれば，プリン類を微生物へ与えたとき（C_8 を除き）プリン骨格は補酵素の合成に直接利用された。この結果はリボフラビンのプテリジン環の *de novo* 合成がプリンの *de novo* 合成を包含するという機構を示唆した（図1）。

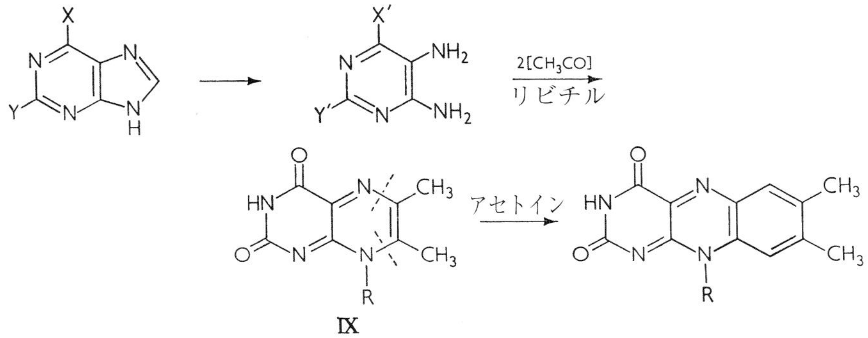

図1　リボフラビンの生合成経路

すなわちまずプリンのイミダゾール環が加水分解されて4,5-ジアミノピリミジンが生成する。続いてこのピリミジンの各アミノ基は2炭素単位（あるいはさらに大きな単位）と縮合してプテリジン環を与える。単離された最も簡単なプテリジン中間体は6,7-ジメチル-8-(1'-D-リビチル）ルマジン（IX）であった[5]。

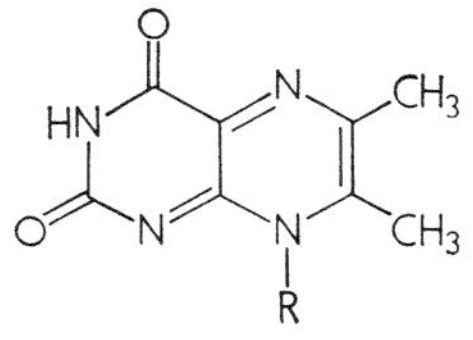

IX．6,7-ジメチル-(1'-D-リビチル）ルマジン

強調すべきはある種の微生物では4,5-ジアミノ-2,6-ジヒドロキシピリミジンが中間体として生成したことである[6]。また示唆された縮合機構はプリン類からプテリジン類への化学合成の成功によって証明された[7]。

　IX の生合成と関連した問題の多くは未解決のままである。特に問題となるのは2-および4-ヒドロキシ基[8]やリビチル鎖[9]がリボフラビン骨格へ導入される段階である。

　リボフラビン形成の第二段階は IX のピラジン環の加水分解とそれに伴う多くの代謝単位の遊離である（図1参照）。代謝単位として特に重要な分子は次のアセトインである。

308 第8章 プテリジン類

$$CH_3-\overset{\overset{\displaystyle OH}{|}}{\underset{\underset{\displaystyle H}{|}}{C}}-\overset{\overset{\displaystyle O}{\|}}{C}-CH_3$$

このアセトインはⅨのもう一方の非加水分解性部分と縮合してリボフラビンを生成する[10]。リボフラビン生合成の主鎖とは無関係な副生物もしばしば単離される[11]。たとえば6-メチル-7-ヒドロキシ-8-(1'-D-リビチル) ルマジン（X）である。この分子はⅨの高級酸化物に相当する。

X．6-メチル-7-ヒドロキシ-8-(1'-D-リビチル) ルマジン

リボフラビンの代謝分解は詳細にはまだ確立されていない。代謝経路は検討した生物の種類に依存する。しかし分解の一般的特徴は CO_2 や NH_3 といった簡単な要素への分解である[12,13]。ある系では分解はリボフラビンのピラジン環での加水分解性開裂を伴い[13]，3,4-ジメチル-6-カルボキシ-α-ピロン（XI）を与えた[14]。

すなわちリボフラビンのプテリジン環は異化作用によって常に分解されていく運命にある。

XI．3,4-ジメチル-6-カルボキシ-α-ピロン

8.2.2 葉酸の合成と分解

葉酸の主な特徴の一つはこの分子が三つの断片（プテリジン残基，p-アミノ安息香酸残基およびグルタミン酸残基）から構成されていることである。これらの断片の各々はそれぞれ別々に合成される[15]。ここでは我々にとって関心のあるプテリジン部分の歴史についてのみ考察する。

リボフラビンとの類推によって，葉酸のプテリジン環はプリン前駆体に由来すると考えられた。しかし標識されたプリン類を葉酸へ取り込む試みは長い間成功しなかった[16]。2位を ^{14}C で標識されたアデニンやヒポキサンチンが微生物の培養物へ取り込まれ，放射性葉酸が作り出されたのはつい最近のことである[17]。一方，C_8 を標識されたアデニンは微生物に取り込まれない。そのため放射性葉酸はほとんど形成されなかった。この結果は少なくともある種の微生物では，おそらくイミダゾール環の加水分解と C_8 の遊離を介して，特定のプリン類が葉酸のプテリジン環の前駆体として使われることを示唆した。

他方，C_6 位に置換基をもつ 2-アミノ-4-ヒドロキシプテリジン類は細菌細胞内では p-アミノ安息香酸や p-アミノベンゾイルグルタミン酸と縮合して葉酸を生成することが示された[18]。しかし特に興味深いのは部分還元形プテリジン，特にジヒドロ化されたプテリジン類が対応する酸化形に比べてはるかに強く葉酸の生合成を刺激した最近の一連の結果であった[19]。この結果に基づき，Brown らは葉酸補酵素類の最初の生合成形が 7,8-ジヒドロ葉酸 (7,8-FH_2) (XII) であることを示唆した[19]。

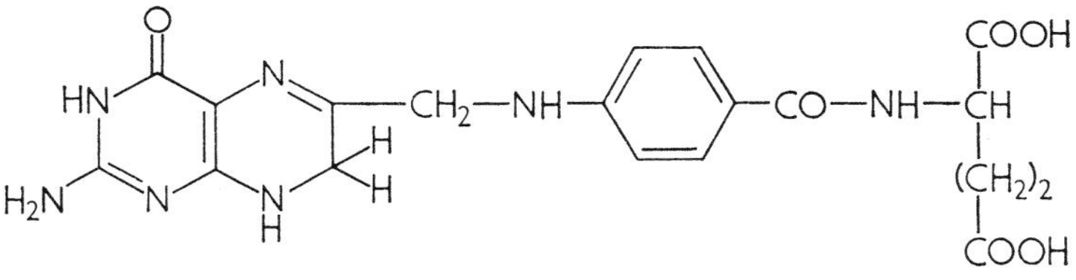

XII. 7,8-FH_2

　補因子の代謝分解に関して，葉酸の運命をリボフラビンのそれと区別する目立った特徴の一つはそのプテリジン環の安定性である。テトラヒドロ葉酸の分解における第一段階は，おそらく C_9-N_{10} 結合の開裂と 6 位を置換された 2-アミノ-4-ヒドロキシテトラヒドロプテリジンと p-アミノベンゾイルグルタミン酸の遊離であった。このようにして得られたテトラ水素化プテリジンは，より安定な形であるビオプテリン(XIII)やイソキサントプテリン(III)へとすみやかに逆戻りする。

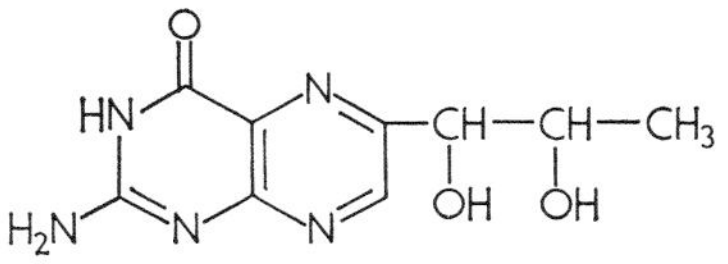

XIII. ビオプテリン

　この最後の分子(III)はプリン系列に属する尿酸のプテリジン類似体と見なせるが，その単離は次のことを示唆した。すなわち葉酸のプテリジン環の分解では，キサンチンオキシダーゼによるプリン類の分解機構とよく似た酸化機構が存在すると考えられた。Blair によれば，その機構はキサンチンオキシダーゼによる 2-アミノ-4-ヒドロキシプテリジン-6-アルデヒドから 6-カルボン酸同族体への酸化と，脱炭酸による 2-アミノ-4-ヒドロキシプテリジンの生成とから成り立つ[20]。この最後の化合物はキサンチンオキシダーゼによって III へと酸化された。すなわち分解は次の機構に従う。

8.3 電子的性質

8.3.1 異性現象と互変異性

　前述の概要から明らかなように，生化学的に重要なプテリジン類は2,4-ジヒドロキシ体または2-アミノ-4-ヒドロキシ体のいずれかである。しかし同じ置換基が他の周辺炭素へ結合したプテリジン類も知られている。それゆえ理論的観点からは，所定の置換基がプテリジン環の各種炭素に固定された異性体の電子構造を検討することは有意義である。モノ置換プテリジン類の各系列は，置換基が2,4,6 および7位炭素へ結合した4種の異性体からなる。たとえばモノアミノプテリジン類では，次の4種の異性体(XIV〜XVII)が可能である。

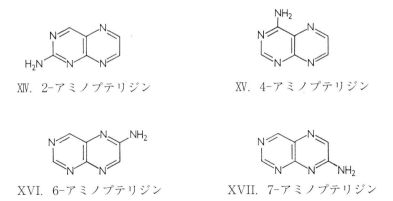

XIV. 2-アミノプテリジン　　　　　XV. 4-アミノプテリジン

XVI. 6-アミノプテリジン　　　　　XVII. 7-アミノプテリジン

　分光学的データによると，アミノプテリジン類はプリン類と同様，基本的にアミノ形で存在する[21]。それに対して対応するヒドロキシ誘導体はプリン類と同様，基本的にケト形をとる。すなわち少なくともヒドロキシプテリジン類では，最も起こりうる互変異性体は化合物 XVIII，XIX およびXXである。

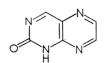 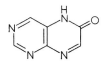

XVIII. 2-ヒドロキシプテリジン　　XIX. 6-ヒドロキシプテリジン　　XX. 7-ヒドロキシプテリジン

4-ヒドロキシプテリジンにおける優勢な互変異性構造を確かめるのは容易ではない。Masonによれば，4-ヒドロキシプテリジンでは O と N_3 が共通の水分子へ水素結合した水和形の XXI が形成されるという[21]。

XXI

一方，Albert らは水素結合が 4-OH と N_5 との間に形成されることを示唆した[22]。

紫外分光法によれば多置換プテリジン類，特に生化学的に重要な 2-アミノ-4-ヒドロキシプテリジンでは基本的に（N 原子のオルト位に位置する OH 基の水素は）ケト形で存在するという。

ヒドロキシ化プリン類では，すでに述べたように互変異性の平衡位置は基本的に次に示す二つの因子に依存する。

1. カルボニル形とエノール形の固有安定性は結合エネルギーの和を用いて評価される。そのような観点からは，モノヒドロキシ化プテリジン類のカルボニル形はエノール形に比べて約 14 kcal/mole ほど安定であった。
2. これらの形は共鳴エネルギーによってさらに安定化された。各種ヒドロキシ化プテリジン類におけるカルボニル形とエノール形の共鳴エネルギーの値は表1に示した通りである。エノール形の共鳴エネルギーはカルボニル形に比べて約 $0.26 \sim 0.38\,\beta$ すなわち 4～6.5 kcal/mole ほど大きい。しかしこの値は優勢なカルボニル形の高い固有安定性を補うには不十分である。

表1　ヒドロキシプテリジン類の共鳴エネルギー（単位：β）

化合物	エノール形	ケト形	$R_{eno} - R_{keto}$
2-ヒドロキシプテリジン	3.94	3.60	0.34
4-ヒドロキシプテリジン	3.95	3.65	0.30
6-ヒドロキシプテリジン	3.92	3.54	0.38
7-ヒドロキシプテリジン	3.93	3.58	0.35
2-アミノ-4-ヒドロキシプテリジン	4.38	4.12	0.26

312　第8章　プテリジン類

8.3.2　共鳴エネルギーの重要性

　共鳴エネルギー計算は（すでに見たように）互変異性形の決定だけでなく，それ以外にも幅広く応用された。表2は生化学的に重要なプテリジン類に対するこれらのエネルギー値をまとめたものである。

　この表からは次に示す重要な知見が得られた。

1. ヒドロキシ基またはアミノ基によるプテリジン環への置換は，π電子当たりの共鳴エネルギーを低下させた。しかしアミノプテリジン類の全共鳴エネルギーはプテリジンのそれよりも大きい。それに対し，（ケト形の）ヒドロキシプテリジン類の全共鳴エネルギーは（4-ヒドロキシ誘導体を除き）プテリジンのそれよりも小さい。

表2　プテリジン類の共鳴エネルギー（単位：β）

化合物	共鳴エネルギー	π電子当たりの共鳴エネルギー
プテリジン	3.64	0.36
2-ヒドロキシプテリジン	3.60	
4-ヒドロキシプテリジン	3.65	0.34
6-ヒドロキシプテリジン	3.54	
7-ヒドロキシプテリジン	3.58	
2-アミノプテリジン	4.07	
4-アミノプテリジン	4.10	0.30
6-アミノプテリジン	4.05	
7-アミノプテリジン	4.06	
2,4-ジヒドロキシプテリジン	3.78	0.27
2,4,7-トリヒドロキシプテリジン	3.65	0.23
2-アミノ-4-ヒドロキシプテリジン	4.12	0.29
2-アミノ-4,6-ジヒドロキシプテリジン	3.87	0.24
2-アミノ-4,6,7-トリヒドロキシプテリジン	3.95	0.22
2,4-ジアミノプテリジン	4.53	0.32
2,4,6,7-テトラアミノプテリジン	5.32	0.30
リボフラビン	5.60	0.26

2. アミノプテリジン類とヒドロキシプテリジン類では，いずれも4位を置換した異性体が最大の共鳴エネルギーを与えた。なお次に来るのは2位を置換した異性体であった。生化学的に重要なプテリジン類は常にこれらの位置で置換されている。これは興味深い結果である。

3. π電子当たりの共鳴エネルギーは2-アミノ-4,6,7-トリヒドロキシプテリジン（ロイコプテリン，Ⅳ）と2,4,7-トリヒドロキシプテリジンで最小になる。前者はキサントプテリン（Ⅱ）の酸化分解の生成物である。一方，後者は（リボフラビンの代謝分解の最終生成物である）6-メチル-7-ヒドロキシ-8-(1'-D-リビチル)ルマジン(Ⅹ)とよく似た構造をもつ。この状況はプリン系列で観察されるそれときわめてよく似ている。

4. 同じ様式でピリミジン環を置換されたプリン類とプテリジン類（たとえばプリンとプテリジン，ヒポキサンチンと4-ヒドロキシプテリジン，グアニンと2-アミノ-4-ヒドロキシプテリジン，キサンチンと2,4-ジヒドロキシプテリジン）の共鳴エネルギーを比較してみると，

π電子当たりの共鳴エネルギーはプリン類よりもプテリジン類の方が大きい。この状況はプテリジン類の *de novo* 合成においてプリン類が中間体として使われるという事実と関係がある。また最も安定な単位を生成しようとする自然界の傾向とも深い関連がある。

5. リボフラビンと（そのプテリジン環に該当する）2,4-ジヒドロキシプテリジンは，葉酸のプテリジン環である 2-アミノ-4-ヒドロキシプテリジンに比べて π 電子当たりの共鳴エネルギーが小さい。すなわち共鳴エネルギーの観点から，葉酸のプテリジン環はリボフラビンのそれに比べて安定である。この状況はリボフラビンの脆弱性とは逆に，葉酸の代謝分解に対するプテリジン環の抵抗性と一部関係がある。

リボフラビンや葉酸補酵素類（第 13 章と第 14 章を参照）の機能様式の議論で特に有用となる補足情報は，プテリジン類からそれらのジヒドロ誘導体やテトラヒドロ誘導体へ変化する際の共鳴エネルギーの損失についての評価から導かれる。表 3 はこのような共鳴エネルギー差の明細を示したものである。

表3　共鳴エネルギーの差

ペアを作る化合物対	ΔR
プテリジン——5,6,7,8-テトラヒドロプテリジン	0.91
2,4-ジヒドロキシプテリジン——2,4-ジヒドロキシ-5,6,7,8-テトラヒドロプテリジン	1.22
2,4-ジアミノプテリジン——2,4-ジアミノ-5,6,7,8-テトラヒドロプテリジン	1.05
F——FH_4	1.18
F——7,8-FH_2	0.92
7,8-FH_2——FH_4	0.26
リボフラビン——1,10-ジヒドロリボフラビン	0.12

還元形プテリジン類の再酸化は $1\beta \fallingdotseq 16$ kcl/mole ほどの共鳴エネルギーの増加を伴う。この結果はこれらの分子の電子供与性に基づいた考察（第 8.3.3 項）や，FH_4 の不安定性およびテトラヒドロプテリジンの再酸化されやすさから予想される通り，還元形の不安定性と明らかに関連があった。再酸化には，代謝分解の初期段階における補因子の 9-10 結合の開裂に伴う遊離エネルギーが用いられた。ただし還元形プテリジンの再酸化による共鳴エネルギーの増加はその置換誘導体のそれに比べて小さかった。また Taylor-Sherman の最近の結果によると，5,6,7,8-テトラヒドロプテリジンはそのヒドロキシ誘導体やアミノ誘導体に比べて酸化剤に対する抵抗性がはるかに強かった[23]。

リボフラビン環の酸化還元に伴う共鳴エネルギーの比較的小さな変化にも注意を払いたい。この現象は酸化還元補酵素として自然界がこの化合物を選んだことと関係がある。

8.3.3　電子の供与的性質と受容的性質

表 4 は一連の代表的プテリジン類における最高被占分子軌道（HOMO）と最低空分子軌道（LUMO）のエネルギー係数を示したものである。

314　第 8 章　プテリジン類

表 4　分子軌道のエネルギー（単位：β）

化合物	HOMO エネルギー	LUMO エネルギー
プテリジン	0.86	− 0.39
2-ヒドロキシプテリジン	0.66	− 0.42
4-ヒドロキシプテリジン	0.59	− 0.63
6-ヒドロキシプテリジン	0.59	− 0.43
7-ヒドロキシプテリジン	0.64	− 0.49
2-アミノプテリジン	0.63	− 0.41
4-アミノプテリジン	0.60	− 0.48
6-アミノプテリジン	0.59	− 0.42
7-アミノプテリジン	0.65	− 0.44
2,4-ジヒドロキシプテリジン	0.65	− 0.66
2,4,7-トリヒドロキシプテリジン	0.43	− 0.73
2-アミノ-4-ヒドロキシプテリジン（または F）	0.49	− 0.65
2-アミノ-4,6-ジヒドロキシプテリジン	0.25	− 0.56
2-アミノ-4,6,7-トリヒドロキシプテリジン	0.13	− 1.04
2,4-ジアミノプテリジン	0.54	− 0.51
2,4,6,7-テトラアミノプテリジン	0.34	− 0.62
リボフラビン	0.50	− 0.34
7,8-FH$_2$	0.29	− 0.75
FH$_4$	0.05	− 1.07

　プテリジンはプリンと異なり，電子供与体というよりもむしろ電子受容体として機能する。しかもそれほど強い電子受容体ではない。プテリジン環の電子受容性はヒドロキシ基やアミノ基の導入によって低下する。

　置換プテリジンへのベンゼン環の付加は最低空軌道のエネルギーを著しく低下させた。それゆえリボフラビンは良好な電子受容体であることが予測された。

　プテリジン類の適度な電子受容的性質は最近 Fujimori の研究によって確認された[24]。彼は（葉酸を含め）このタイプの化合物が（電子供与体としての）トリプトファンと電荷移動錯体を形成することを示した。

　イソアロキサジン環に関しては，リボフラビンに例示されるようにその電子受容性的性質は周知の事実である。この問題は酸化還元の補酵素との関連で第 13 章で詳しく論じられる。ここでは，イソアロキサジン誘導体を電子受容体，各種共役分子を電子供与体とする電荷移動錯体が観察されることを示すに止めたい[25,26,27]。これらの供与体にはプリン類や（トリプトファン，セロトニンといった）インドール誘導体も含まれる。それらの分子は（イソアロキサジン環とアデニン環の両者を含んだ）呼吸補酵素の内部構造として，さらにはこのような補酵素とアポ酵素タンパク質との相互作用にとっても重要である。

　表 4 の最後に挙げた二つの化合物に示されるように，還元形プテリジン環は良好な電子供与体である。このことは FH$_4$ の四水素化プテリジン環に特によく当てはまる。この状況の意味は（葉酸補酵素の作用機構を扱った）第 14 章で詳しく論じられる。

8.3.4　炭素原子の反応性

　図 2 はプテリジンにおける重要な電子的指標の分布を示したものである。

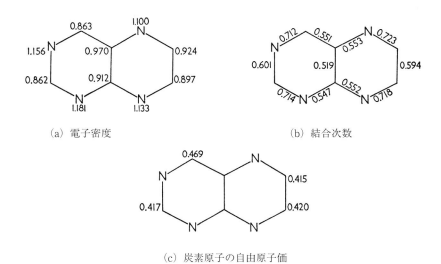

(a) 電子密度 (b) 結合次数 (c) 炭素原子の自由原子価

図2 プテリジンの電子的指標

まず電子密度の分布を眺めてみよう。そうすると炭素原子はすべて形式正電荷を帯び，しかも C_2 と C_4 の正電荷は C_6 や C_7 に比べてかなり大きい。また C_2 と C_4 の正電荷はほぼ同じである。一方，C_4 の自由原子価は他の炭素原子に比べてかなり大きい。この状況はこの原子で起こる置換反応の局在化エネルギーが小さいことを予想させる。そのことはこのようなエネルギーの計算から立証された（表5参照）。すなわち求電子，求核およびラジカルのいずれの反応でも，局在化エネルギーが最小になるのは C_4 位であった。この4位炭素は置換反応におけるプテリジンの反応中心であると考えられる。

表5 プテリジンにおける炭素原子の局在化エネルギー（単位：β）

プテリジン炭素	局在化エネルギー		
	求核	求電子	ラジカル
2	2.19	2.78	2.49
4	1.99	2.63	2.31
6	2.26	2.66	2.46
7	2.18	2.76	2.47

生化学的に重要なプテリジン類の実験データとしては，すでに置換されたプテリジン類に関する置換反応しか知られていない。したがってこのような誘導体の炭素原子の電子的性質を調べることは有意義なことと考えられる。ここでは一例としてアミノプテリジン類を取り上げ，これらの化合物の特性について検討を加えた。

表6は各種モノアミノプテリジン類においてアミノ基が結合した炭素原子の電子密度と自由原子価の値を示したものである。

316　第8章　プテリジン類

表6　モノアミノプテリジン類のアミノ基と結合した炭素原子の電子的指標

化合物	アミノ基と結合した炭素原子の性質	
	電子密度	自由原子価
2-アミノプテリジン	0.839	0.107
4-アミノプテリジン	0.831	0.145
6-アミノプテリジン	0.882	0.113
7-アミノプテリジン	0.861	0.114

表6によると，形式正電荷と自由原子価の最大値はいずれも4-アミノプテリジンの置換炭素原子と結びついていた。（たとえば2,4-ジアミノプテリジンのように）ピリミジン環でジ置換されたプテリジン類では，大きな形式正電荷と自由原子価を与えるのはC_2原子（形式正電荷＝＋0.164e，自由原子価＝0.102）ではなくC_4原子（形式正電荷＝＋0171e，自由原子価＝0.140）の方であった。一方，2,4,6,7-テトラアミノプテリジンではさらに複雑な状況が出現した。すなわちこの分子では，C_2原子（＋0146e）とC_4原子（＋0.146e）の形式正電荷はC_6原子（＋0.067e）やC_7原子（＋0.114e）に比べて大きかった。しかし自由原子価に関しては，C_6原子（0.155）とC_7原子（0.146）はC_4原子（0.141）やC_2原子（0.107）よりも大きな値を与えた。すなわちこのテトラ置換誘導体では，プテリジン環のピラジン部位はピリミジン部位よりも顕著な分極効果をもたらした。

　これらの理論的予測は多くの実験データによって裏付けられた。プテリジンにおけるC_4位の優先的反応性は，（たとえば過フタル酸による）プテリジンから4-ヒドロキシプテリジンへの酸化において観察された[28]。一方，2,4-ジ置換プテリジン類ではC_4位置換基はC_2位置換基に比べて不安定であった。このことは次に示す多くの反応によって例証された。たとえばNaOHによる2,4-ジアミノ-6（または7）-メチルプテリジンの2-アミノ-4-ヒドロキシ類似体への変換[29]；同一条件下でのアミノプテリン（第14章参照）の葉酸への変換；2-ヒドロキシメチルアミンによる2,4-ジアミノ-6,7-ジメチル（またはジフェニル）プテリジンの4-[2'-ヒドロキシエチルアミノ]類似体への変換[30,31]；加硫やナトリウムメトキシドの作用などの反応において4-クロロ-6,7-ジメチルプテリジンは2-クロロ異性体よりも高い反応性を示した[32]；同様にエタノール性アンモニアによる2,4-ジクロロ-6,7-ジメチルプテリジンの処理は4-アミノ-2-クロロ-6,7-ジメチルプテリジンを生成した，等々。最後にテトラ置換誘導体に関連し，2,4,6,7-テトラクロロプテリジンの結果は置換炭素原子の自由原子価がきわめて重要であることを示した。すなわちこの化合物は湿性エーテル中で0.75 NのNaOHと加熱すると2,4-ジクロロ-6,7-ジヒドロキシプテリジン類を生じたのに対し，−70℃の液体アンモニア（または気体アンモニアのアセトン溶液）で処理すると2,4-ジクロロ-6,7-ジアミノプテリジンを生成した。

　（置換基がケト形で存在する）ヒドロキシプテリジン類の反応は特殊な様式に従う。しかし（電子構造とも関連した）その様式はいまだ詳しく解析されていない。本書の付録には，各種の異性化ヒドロキシプテリジン類やポリヒドロキシ-およびアミノヒドロキシ-プテリジン類に関する電子的指標の分布図が収載されている。

8.3.5 窒素原子の性質

(A) ピリミジン型窒素

図2に示した通り，プテリジンのピリミジン環窒素はピラジン部分の窒素に比べて形式負電荷が大きい。形式負電荷が最も大きいのはN_1位である。(第5章のプリン類で述べた) Nakajima-Pullman法を用いてこれらの窒素の塩基性度を計算してみると，プテリジン骨格では塩基性の最も高い窒素はN_1であることが予測された（$\Sigma_{l \neq p}Q_p\,(ll\,|\,pp)$）の値はそれぞれ，$N_1$では$-0.98$，$N_3$では$-0.53$，$N_5$では$-0.06$および$N_8$では$-0.56$であった）。この予測は実験によって立証された。すなわち実験結果はプテリジン環では最も塩基性の高い窒素がN_1であることを示した[28]。またモノアミノプテリジン類では，理論は最も高い塩基中心がN_1であることを予測した。この予測もまた実験的に証明された。ただしN_3が最も高い塩基性を示した7-NH_2異性体は除外された[33]。

(B) ピロール型窒素

このタイプの窒素原子は還元形プテリジン類にのみ現れる。葉酸補酵素の機能様式に関する今後の議論で特に重要なのは5,6,7,8-テトラヒドロプテリジン類，ことに2-アミノ-4-ヒドロキシ-5,6,7,8-テトラヒドロプテリジンである。この分子のピロール型環窒素に対する電子密度と自由原子価の値は図3に示した通りである。

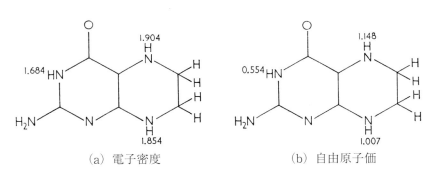

図3　2-アミノ-4-ヒドロキシ-5,6,7,8-テトラヒドロプテリジンのNH基における電子的指標

図3によると，3種のピロール型環窒素の中で電子密度が最も高く，かつ自由原子価も最も大きい窒素はN_5であった（この窒素は孤立電子対を最も多く保持していた）。この結果は第14章の議論においてきわめて重要である。

（分子のπプールへ孤立電子対をもたらす）同じタイプの窒素は環外アミノ基にも現れる。今後の議論，特に葉酸の代謝拮抗物質の作用機序に関する議論で重要となるのは2,4-ジアミノプテリジンの構造である。この分子では2-および4-アミノ基の窒素はそれぞれ電子密度が$1.813e$と$1.782e$で，自由原子価が0.999と0.976であった。すなわち2-アミノ基の電子密度と自由原子価はいずれも4-アミノ基の値に比べて大きかった。

318　第8章　プテリジン類

　もう一つの興味深い分子は2,4,6,7-テトラアミノプテリジンである。図4はこの分子の各種アミノ窒素における電子密度と自由原子価を示したものである。

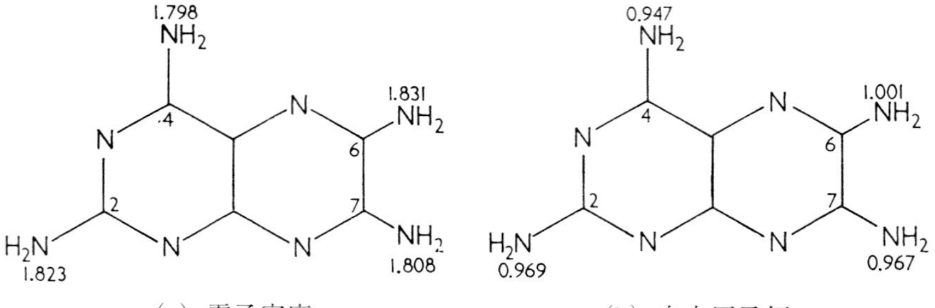

（a）電子密度　　　　　　　　（b）自由原子価

図4　2,4,6,7-テトラアミノプテリジンのアミノ基における電子的指標

　これらの二つの電子的指標は6-アミノ基の窒素原子で最大値を与えた。これらの指標に支配される反応（たとえばシッフ塩基の生成反応）でのこのアミノ基の優先的反応性はTaylor-Shermanの実験によって立証された[23]。彼らは2,4,6,7-テトラアミノプテリジンがアロキサンと縮合して中間体アニルを形成し，さらに2,4-ジアミノ-7,9-ジヒドロキシプテリジ-(6,7-g)プテリジンへと環化することを示した。すなわち反応は次の経路に従う。

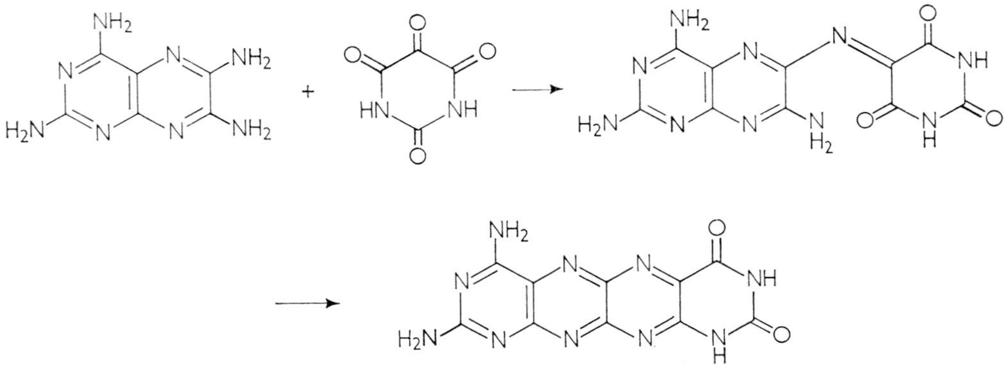

　アミノ基を伴う重要な反応としては，天然由来プテリン類（2-アミノ-4-ヒドロキシプテリジン類）を対応するルマジン類（2,4-ジヒドロキシプテリジン類）へ変換する酵素プテリンデアミナーゼによって触媒される加水分解性不可逆的脱アミノ化がある[34]。脱アミノ化が起こるのは明確な構造的条件が満たされたときである。すなわち脱アミノ化されるのは2-アミノ-4-ヒドロキシ構造をもつプテリジン類のみである。そのため置換基の反転（2-ヒドロキシ-4-アミノプテリジン類），4-ヒドロキシ基の除去（2-アミノプテリジン）またはアミノ基によるヒドロキシ基の置換（アミノプテリン）は脱アミノ化されない化合物を与える。C$_6$位での非共役置換基の固

定は重要ではない。またその位置に OH 基を固定されたキサントプテリンは不活性な化合物を与える。ピラジン環を水素化したロイコボリンもまた同様である。

反応の発現はプリン類やピリミジン類との関連ですでに考察された電子的特性を用いて解釈された（第 5 章参照）。すなわち表 7 に示したように，アミノ基を伴う炭素原子の形式正電荷は活性化合物の方が不活性化合物に比べて大きい。一方，その炭素の自由原子価に関しては両者の間に明確な関係は見出されなかった。

表7　プテリジン類の酵素的脱アミノ化

化合物	プテリン デアミナーゼ に対する 感受性	C_2 の 電子密度	C_2 の 自由原子価	C_4 の 電子密度	C_4 の 自由原子価
2-アミノ-4-ヒドロキシプテリジン	+	0.780	0.116		
葉酸	+	0.781	0.116		
2-アミノ-4-ヒドロキシ-6-メチルプテリジン	+	0.783	0.116		
2-ヒドロキシ-4-アミノプテリジン	−	0.803	0.131		
2-アミノ-4,6-ジヒドロキシ-プテリジン（キサントプテリン）	−	0.813	0.124		
2-アミノプテリジン	−	0.839	0.107		
2,4-ジアミノプテリジンまたはアミノプテリン	−	0.836	0.102	0.829	0.140
5-ホルミル-5,6,7,8-テトラヒドロ葉酸（ロイコボリン）	−	0.817	0.130		

8.3.6　キサンチンオキシダーゼによる酵素的酸化

プテリジン類はプリン類と同様，酵素キサンチンオキシダーゼによる代謝的酸化を受ける。本章で考察されたプテリジン類との関連で特に重要な結果は次の通りである。

（a）　4-ヒドロキシプテリジンは 2,4,7-トリヒドロキシプテリジンへと酸化される。モノヒドロキシ化合物とトリヒドロキシ化合物の間に形成される中間体に関してはさまざまな見解がある。Bergmann-Kwietny によると，高純度の牛乳キサンチンオキシダーゼの存在下では 4,7-ジヒドロプテリジンが中間体として形成された[35]。一方，Forrest らによると，市販のキサンチンオキシダーゼやある種の微生物の存在下では，中間に形成されたのは 2,4-ジヒドロキシプテリジンであった[36]。

（b）　キサントプテリン（2-アミノ-4,6-ジヒドロキシプテリジン）はロイコプテリン（2-アミノ-4,6,7-トリヒドロキシプテリジン）へと酸化された[37]。2-アミノ-4-ヒドロキシプテリジンは同一条件下においてイソキサントプテリン（2-アミノ-4,7-ジヒドロキシプテリジン）へと酸化されたが，酸化がそれ以上進行することはなかった。

これらの結果はプリン類の酵素的酸化で示されたのと同じ考え方に沿って解釈された。すなわち酵素的酸化の部位と容易さは酸化された CH＝N 結合に含まれる炭素原子の求核的局在化エネルギー（NLE）に依存すると考えられた。図 5 は 4-ヒドロキシプテリジンにおける感受性炭素

320　第 8 章　プテリジン類

原子の求核的局在化エネルギーの値をまとめたものである。

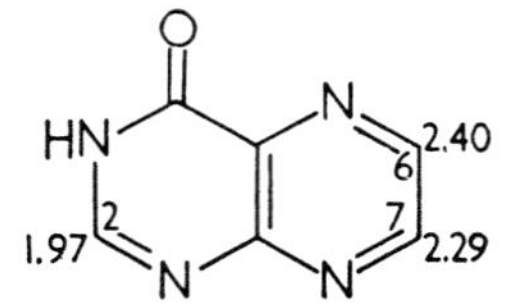

Fig.5.　4-ヒドロキシプテリジンに
おける炭素原子の求核的局在
化エネルギー（単位：β）

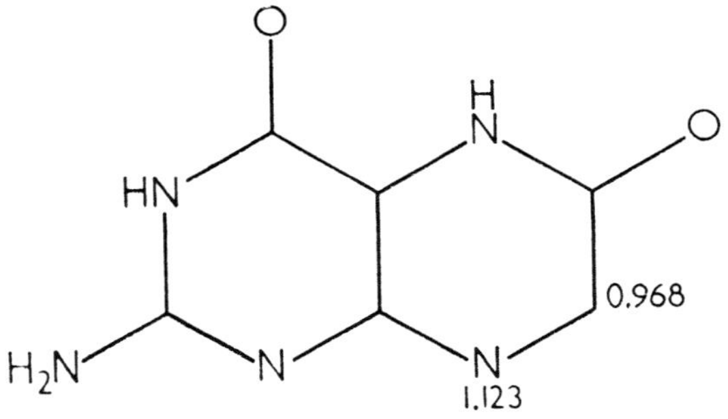

キサントプテリン

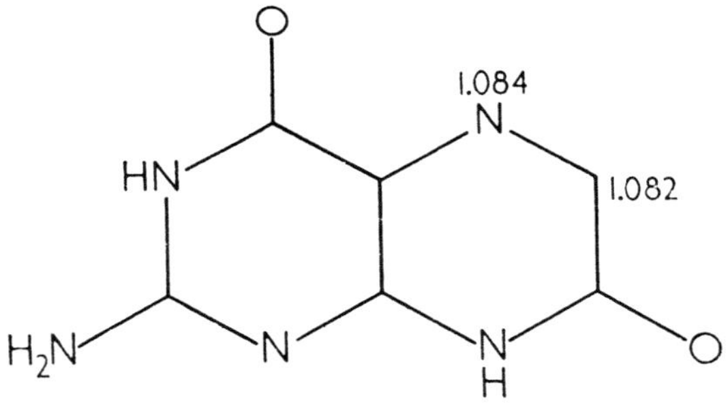

イソキサントプテリン

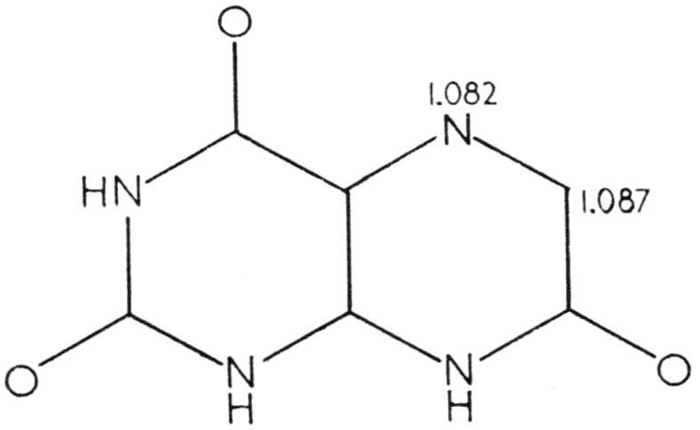

2,4,7-トリヒドロキシプテジン

図 6　酸化性 C＝N 結合部位の電子密度

このエネルギーが最小となったのは C_2 位であった。この結果は Forrest らの観察によって裏付けられた。2, 4-ジヒドロキシプテリジン類では C_6 と C_7 との間で酸化の競合が起こった。これらの原子の NLE はそれぞれ 2.58β と 1.93β であった。この結果はヒドロキシ化が C_7 位で優先的に起こる事実を説明した。同様に 2-アミノ-4-ヒドロキシプテリジンでは C_6 と C_7 の NLE はそれぞれ 2.46β と 2.28β であった。この結果はこの分子がイソキサントプテリンへ酸化される事実と合致した。

キサントプテリンはキサンチンオキシダーゼの基質であるが，イソキサントプテリンや 2, 4, 7-トリヒドロキシプテリジンはそうではない。この興味深い観察は同様の道筋に沿って解釈されよう。これらの分子では NLE の計算は行われていない。しかし電子密度の分布を調べればそれらの挙動は理解できよう。これらの三種の分子はいずれも酸化されやすい C＝N 結合を含んでいる。図 6 はこれらの結合を構成する原子の電子密度を示したものである。すなわちこれらの結合に含まれる炭素原子の形式電荷はキサントプテリンでは正であるが，イソキサントプテリンと 2, 4, 7-トリヒドロキシプテリジンでは逆に負である。もしこれらの感受性炭素がよく似た自由原子価（$0.555 \sim 0.561$）をもつならば，キサントプテリンの酸化性炭素はイソキサントプテリンや 2, 4, 7-トリヒドロキシプテリジンの対応炭素に比べて NLE がはるかに小さいはずである。

引用文献

1. Plaut, G. W. E., *J. Biol. Chem.*, **208**, 513 (1954).
2. MacLaren, J. A., *J. Bacteriol.*, **63**, 233 (1952).
3. McNutt, W. S., *J. Biol. Chem.*, **219**, 365 (1956); *Federation Proc.*, **19**, 241 (1960); *J. Am.Chem. Soc.*, **83**, 2303 (1961); Forrest, H. S., and McNutt, W. S., *J. Am. Chem. Soc.*, **80**, 739, 951 (1958).
4. Brown, F. G., Goodwin, T. W., and Jones, O. T. G., *Biochem. J.*, **68**, 40 (1958); Goodwin, T. W., and Horton, A. A., *Nature*, **191**, 772 (1961).
5. Masuda, T., Kishi, T., and Asai, M., *Chem. Pharm. Bull.*, **6**, 291 (1958); Masuda, T., *Chem. Pharm. Bull.*, **5**, 136 (1957); Maley, G. F., and Plaut, G. W. E., *J. Biol. Chem.*, **234**, 641 (1959).
6. Goodwin, T. W., and Treble, D. H., *Biochem. J.*, **67**, 10P (1957).
7. Albert, A., *Biochem. J.*, **65**, 124 (1957).
8. 引用文献 4；引用文献 8；Forrest, H. S., Hanly, E. W., and Lagowski, J. M., *Biochim. et Biophys. Acta*, **50**, 596 (1961).
9. 引用文献 4；Katagiri, H., Takeda, I., and Imai, K., *J. Vitaminol.*, **5**, 287 (1939); Kishi, T., Asai, M., Masuda, T., and Kuwada, S., *Chem. Pharm. Bull.*, **7**, 515 (1959).
10. Plaut, G. W. E., *Federation Proc.*, **19**, 312 (1960); *J. Biol. Chem.*, **235**, PC41 (1960).
11. Forrest, H. S., and McNutt, W. S., *J. Am. Chem. Soc.*, **80**, 739 (1958); Goodwin, T. W., and Horton, A. A., *Nature*, **191**, 772 (1961); Masuda, T., Kishi, T., Asai, M., and Kuwada, S., *Chem. Pharm. Bull.*, **6**, 523 (1958); McNutt, W. S., *J. Am. Chem. Soc.*, **82**, 217 (1960). IX の形成に関する理論 :Stadtman, E. R., *Vitamin Metabolism*, Symp. XI of Proc. of 4th Int. Congr. Biochem., p. 19, Pergamon Press, London, 1960; Rowan, T., Wood, H. C. S., and Hemmerich, P., *Proc. Chem. Soc.*, **260** (1961).
12. Foster, J. W., *J. Bacteriol.*, **47**, 27 (1944); **48**, 98 (1944); Yanagita, T., and Foster, J. W., *J. Biol.*

Chem., **221**, 593（1956）.

13. Stadtman, E. R., *Vitamin Metabolism*, Symp. XI of Proc. of 4th Int. Congr. Biochem., p. 19, Pergamon Press, London, 1960.

14. Smyrniotis, P. R., Miles, H. T., and Stadtman, E. R., *Bact. Proc.*, **120**（1958）; *J. Am. Chem. Soc.*, **80**, 2541（1958）.

15. 詳 細 な 解 説：Woods, D. D., in *Vitamin Metabolism*, Symp. XI of 4th Int. Congr. Biochem., p. 97, Pergamon Press, London, 1960.

16. Korte, F., Weitkamp, H., and Schicke, H. G., *Chem. Ber.*, **90**, 1100（1957）.

17. Vieira, E., and Shaw, E., *J. Biol. Chem.*, **236**, 2507（1961）.

18. Korte, F., Schicke, H. G., and Weitkamp, H., *Angew. Chem.*, **69**, 96（1957）; Elion, G. B., Hitchings, G. H., Sherwood, M. B., and Vanderwerff, H., *Arch. Biochem. Biophys.*, **26**, 337（1950）; Weygand, F., Moller, E. F., and Wacker, H., *Z. Naturf.*, **40**, 269（1949）.

19. Shiota, T., *Bact. Proc.*, 113（1958）; *Arch. Biochem. Biophys.*, **80**, 155（1959）; Brown, G. M., *Federation Proc.*, **18**, 19（1959）; Brown, G. M., Weisman, R. A., and Molnar, D. A., *J. Biol. Chem.*, **236**, 2534（1961）; Jaenicke, L., and Chan, C. Ph., *Angew. Chem.*, **72**, 752（1960）.

20. Blair, J. A., *Biochem. J.*, **65**, 209（1957）; **68**, 385（1958）.

21. Mason, S. F., in *The Chemistry and Biology of Pteridines*, A Ciba Foundation Symposium, p. 74, Churchill, London, 1954; Albert, A., Brown, D. J., and Cheeseman, G., *J. Chem. Soc.*, 474（1951）; 812, 1620（1952）.

22. Albert, A., Brown, D. J., and Cheeseman, G., *J. Chem. Soc.*, 4219（1952）.

23. Taylor, E. C., and Sherman, W. R., *J. Am. Chem. Soc.*, **81**, 2464（1959）.

24. Fujimori, E., *Proc. Natl. Acad. Sci.*, **45**, 133（1959）.

25. Isenberg, I., and Szent-Gyorgyi, A., *Proc. Natl. Acad. Sci. U. S.*, **45**, 1229（1959）; Isenberg, I., and Szent-Gyorgyi, A., and Baird, Jr., S. L., *Proc. Natl. Acad. Sci. U. S.*, **46**, 1307（1960）.

26. Harbury, H. A., and Foley, K. A., *Proc. Natl. Acad. Sci. U. S.*, **44**, 662（1958）; Harbury, H. A., La Noue, K. F., Loach, P. A., and Amick, R. M., *Proc. Natl. Acad. Sci. U. S.*, **45**, 1708（1959）.

27. Weber, G., *Biochem. J.*, **47**, 114（1950）.

28. Albert, A., *Quart. Revs.（London）*, **6**, 197（1952）.

29. Seeger, D. R., Cosulich, D. B., Smith, J. M., and Hultquist, M. E., *J. Am. Chem. Soc.*, **71**, 1753（1949）.

30. Roth, B., Smith, J. M., and Hultquist, M. E., *J. Am. Chem. Soc.*, **72**, 1914（1950）.

31. Taylor, E. C., and Cain, C. K., *J. Am. Chem. Soc.*, **73**, 4384（1951）.

32. Daly, J. W., and Christensen, B. E., *J. Am. Chem. Soc.*, **78**, 225（1956）.

33 Albert, A., Brown, D. J., and Wood, H. C. S., *J. Chem. Soc.*, 3832（1954）.

34. Levenberg, B., and Hayashi, O., *J. Biol. Chem.*, **234**, 955（1959）.

35. Bergmann, F., and Kwietny, H., *Biochim. et Biophys. Acta*, **33**, 29（1959）.

36. Forrest, H. J., Hanly, E. W., and Lagowski, J. M., *Biochim. et Biophys. Acta*, **50**, 596（1961）.

37. Wieland, H., and Liebig, R., *Ann.*, **555**, 146（1944）; Kalckar, H. M., and Klenow, H., *J. Biol. Chem.*, **172**, 349（1948）; Lowry, O. H., Bessey, O. A., and Crawford, E. J., *J. Biol. Chem.*, **180**, 389（1949）.

第9章 ポルフィリン類と胆汁色素類

9.1 ポルフィリン類

9.1.1 概観

　ポルフィリン類は強く着色した物質で、動植物の代謝で重要な役割を担う。その構造はポルフィン（I）の基本骨格から導かれる。ポルフィンは4個のピロール分子（II）が4個のCH基すなわちメテン架橋によって環状に連結された構造をもつ。

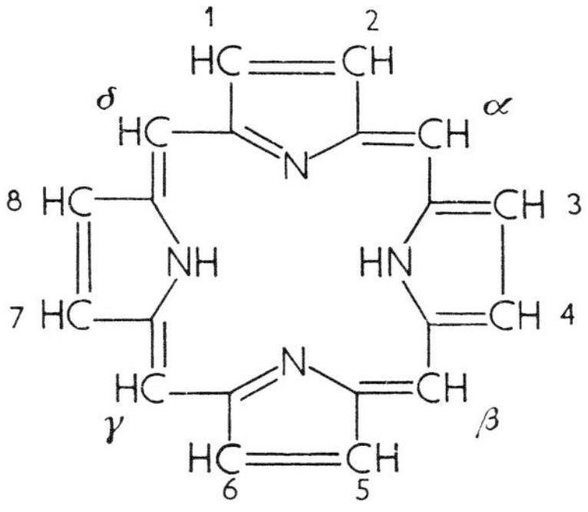

I．ポルフィン

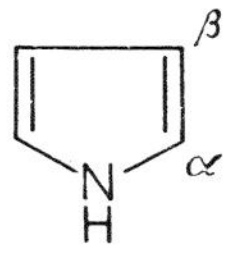

II．ピロール

　実際には遊離状態で天然に存在するポリフィリン類はごく少量で、ほとんどは金属錯体の形で見出される。錯体内では、金属原子は中心にある2個の水素と置き換わり、周囲の4個の窒素原子へ等しく結合している。これらのポルフィリン-金属錯体の中で特に重要なのは金属が鉄またはマグネシウムの場合である。鉄-ポルフィリン錯体は一連のヘムタンパク質（hemoprotein）の補欠分子族を構成する。ヘムタンパク質としては次のものが特に重要である：(a) 酸素運搬ヘムタンパク質（ヘモグロビン、分子状酸素と緩くかつ可逆的に結合する血色素）、(b) シトクロム類（呼吸鎖に関与する電子移動剤）、(c) カタラーゼ（特に過酸化水素の分解に関与）やペルオキシダーゼ（過酸化水素と共に、ある種の有機化合物の酸化に関与）。一方、ポルフィリン-マグネシウム錯体は（光合成に不可欠な）植物の緑色素クロロフィルの本質をなす。ただしこの最後のタイプの化合物では、ポルフィリンは二水素化誘導体の形で存在することに注意されたい。さらにピロール環のβ炭素に固定された側鎖の一つは、隣接するメテン炭素へ結合して第五の環（同素環）を形成する（図1参照）。

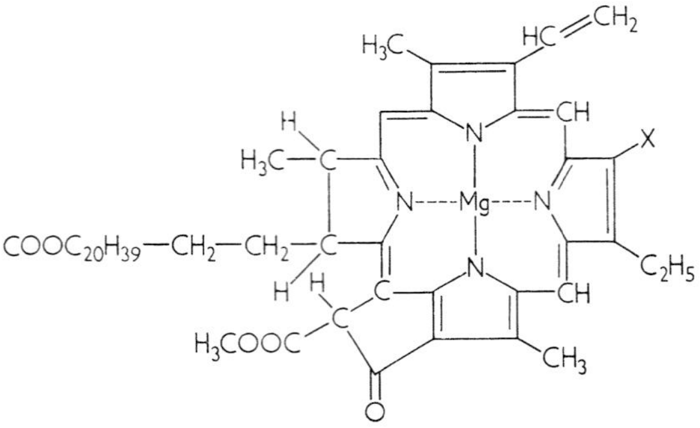

324　第 9 章　ポルフィリン類と胆汁色素類

図1　クロルフィルの化学構造. X = −CH₃, クロロフィル *a*；**X =** −**C**, 　クロロフィル *b*.

またある種の独立栄養細菌では，バクテリオクロロフィルと呼ばれるさまざまなクロロフィルが見出される。このバクテリオクロロフィルは（水素化された2個のピロール環が向かい合った）テトラヒドロポルフィリンの誘導体である[1]。

　高度に水素化されたポルフィリン環はビタミン B_{12}（Ⅲ）にも現れる。ただし，その場合の中心原子はコバルトである。

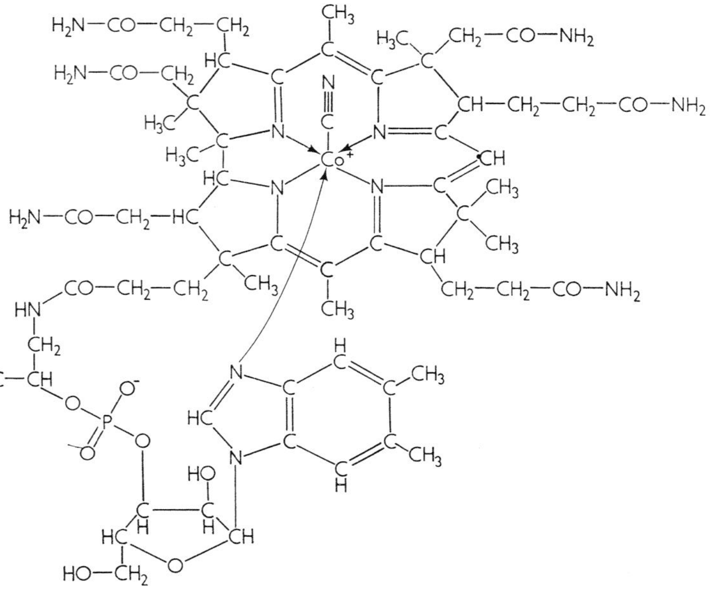

Ⅲ．ビタミン B_{12}（シアノコバラミン）

　金属の生物学的役割に関する一般的議論は本書の第Ⅱ巻（序文 p.iv 参照）で取り上げられる。そのため金属との会合に強く依存するポルフィリン類の生物活性はここでは議論されない。ただし例外が一つある。それは（呼吸酵素の作用機構との関連で吟味される）シトクロム類の電子的

特性に関する議論である。

　したがって以下の記述では，話は金属を含まない基本的ポルフィリン類の一般的性質や金属–リガンド相互作用理論の簡単な概要に限定される。後者の話題では一例として鉄–ポルフィリン錯体が扱われる。

9.1.2　金属を含まないポルフィリン類の電子構造

　ポルフィンは24個の原子に由来する26個のπ電子からなる巨大な共役系である。この系は24個の分子軌道をもち，基底状態ではそのうちの13個が占有されている。天然のポルフィリン類ではピロール環のβ水素はすべて側鎖で置換されている。これらの置換基は飽和鎖（または飽和原子によって中心環から隔てられ，かつπ電子を含んだ鎖）のこともあり，環と共鳴しうるπ電子を含むこともある。後者の場合には，これらの寄与もまた系の全π電子プールへ追加される。たとえば図2はシトクロムの3種の基本タイプa，bおよびcにおけるポルフィリン環の構造を示したものである。シトクロムcでは，置換基はポルフィンの共役環へ新しいπ電子も提供せず，小さな誘起効果によって系の基本的なπ電子分布を変化させるに過ぎない。一方，シトクロムbではピロール環と直接共役するビニル基が2個存在する。したがってこの化合物のπ電子系は30個の電子から構成される。同様の状況はシトクロムaにも当てはまる。シトクロムaではCH=CH–Rとアルデヒド基から4個の電子が提供される。シトクロムbのポルフィリン系はプロトポルフィリンと呼ばれる。これはヘモグロビンのそれと同じものである。

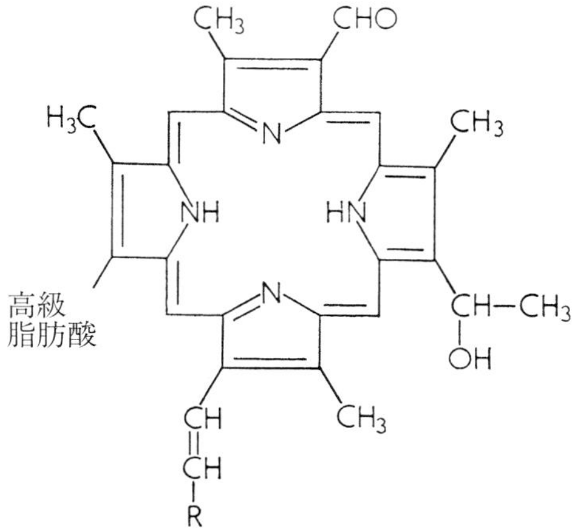

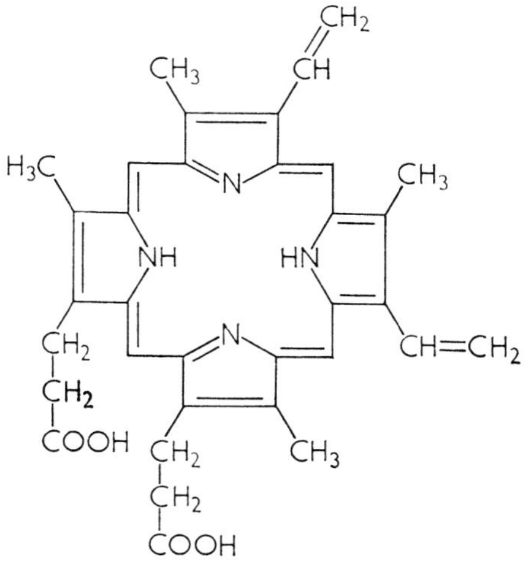

図2-1　シトクロム類のポルフィリン環

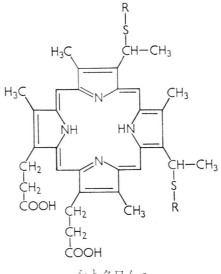

シトクロム c

図2-2 シトクロム類のポルフィリン環

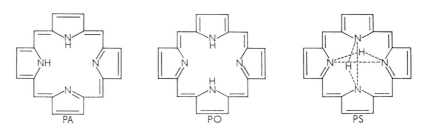

図3 ポルフィンの互変異性体

　基本ポルフィン，ジヒドロポルフィン（クロリン）およびテトラヒドロポルフィン環の電子的特性は，多くの研究者によりLCAO分子軌道法を用いて量子力学的に検討された[2-11]。計算のほとんどはポルフィリン類の特性吸収スペクトルの解釈に関するものであった。これらの研究は本書の第Ⅱ巻（序文p.iv参照）で取り上げられる。しかし結果の多くはここでの議論と関係が深い。

　金属を含まないポルフィリン類の予備計算では，中心にある2個の水素の位置が問題となる。たとえば最も簡単なポルフィン(I)の場合，2個の中心水素の相互位置（隣接あるいは向かい側）を異にする二種の互変異性構造が考えられる。また中心水素を4個の窒素へ平等に割り当てることも可能であった。分子のπ電子系の観点からは，この第三の相互配置は6個のπ電子が4個の中心窒素へ均等に配分されるため，金属ポルフィリン類で遭遇する状況に最もうまく説明した。図3は対応する互変異性体で使われる省略記号と共に，これらの三つの可能性を示したものである。

　一部水素化したポルフィンやその置換誘導体では互変異性体が多数存在するので，状況はさらに複雑である。たとえば重要な互変異性体が少なくとも5個存在するジヒドロポルフィン（DHP）をこの観点から考察してみよう（図4参照）。

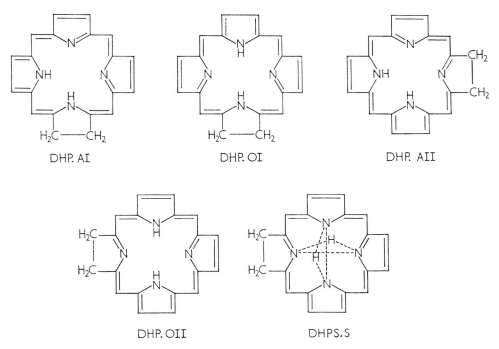

図4 ジヒドロポルフィンの互変異性体

　計算によれば，ポルフィンの二種の異性構造（PAとPO）は使用された方法の限界内でほぼ同一の共鳴エネルギー（8.92β と 8.91β）を与えた。したがって室温ではポルフィンはPAとPOの等量混合物で存在するはずである。一方，対称構造をもつPSは共鳴エネルギーがわずかに大きい（9.67β）。このことは金属ポルフィリン類の形成がポルフィン環自体の共鳴安定化を高めることを示唆する。個々の分子軌道の分布もまた異性体間でよく似ていた。電子密度や結合次数の分布も同様であった（ただし形式電荷の分布は各窒素が提供する電子の数に関する初期の仮定すなわち採用された互変異性構造に依存した）。その状況は図5と表1に示される。

表1 ポルフィン異性体のエネルギー指標（単位：β）

異性体	共鳴エネルギー	HOMOエネルギー	LUMOエネルギー
PA	8.92	0.30	−0.24
PO	8.91	0.30	−0.20
PS	9.67	0.30	−0.25

328   第9章　ポルフィリン類と胆汁色素類

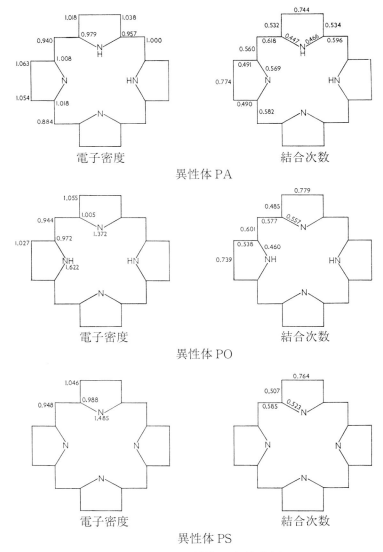

図5　ポルフィン異性体の電子的指標

これらの計算結果から証明されたポルフィン環の電子的特性は次の通りである。

(a)　共鳴エネルギーは非常に大きく，ほぼ $10\beta \simeq 160$ kcal/mole であった。また（異性体PSでは）π電子当たりの共鳴エネルギーは約 0.37β に等しかった。この値は他の系列の生化学物質で観察される値に比べてかなり大きい（たとえば比較的安定なアデニンではπ電子当たりの共鳴エネルギーは 0.32β に等しい）。したがってポルフィリン環は電離放射線による破壊効果に対して高い抵抗性を示すことが予想された。またポルフィリン類のこの大きな共鳴安定化は，これらの化合物を合成する生物種の能力や地球表面におけるそれらの出現と関係があると考えられる[11a]。

ポルフィリンの生合成では，ポルホビリノーゲンが中間に形成される（ただしポルホビリノーゲンはδ-アミノレブリン酸を二分子縮合させることにより得られる）。ポルフィン環を形成するには，このポルホビリノーゲンを四分子合体させる必要がある（図6参照）[12]。ポルホビリノーゲンの共役系はピロール環のそれと同じである。ポルフィリン骨格の形成は少なくとも 36 kcal/mole の共鳴安定化を伴う。

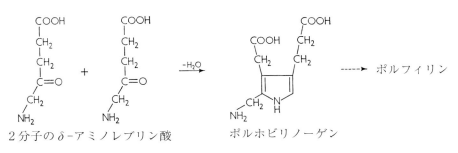

図6　ポルフィリン類の生合成

(b)　比較的良好な電子供与的性質と電子受容的性質を備える。
(c)　分子周辺には正と負の形式電荷が現れる。ピロール環のβ炭素はπ電子が過剰である。一方，メテン架橋の炭素は電子が不足している。
(d)　自由原子価はメテン炭素で最大となる。その値は比較的大きい（たとえばピロール環のβ炭素は 0.461 であるが，異性体 PS のメテン炭素は 0.562 であった）。

ポルフィン環の結果は天然の置換誘導体ではある程度修正される。このような誘導体に対する量子力学的計算はきわめて少ない。計算が行われた誘導体では飽和置換基の影響は無視された。またプロトポルフィリンは 1,3-ジビニルポルフィン（IV）で近似され，シトクロム a のポルフィリン環は 1-ビニル-5-ホルミルポルフィン（V）で近似された。

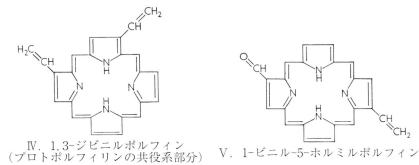

IV．1,3-ジビニルポルフィン
（プロトポルフィリンの共役系部分）
　　　V．1-ビニル-5-ホルミルポルフィン

図7～8と表2はこれらの二種の誘導体の電子的特性をまとめたものである。金属錯体でのこれらのポルフィリン類の状態に近づけるために計算は異性構造 PS に対して行われた。

表2 ポルフィン類のエネルギー指標（単位：β）

化合物	共鳴エネルギー	HOMOエネルギー	LUMOエネルギー
1,3-ジビニルポルフィン	10.57	0.29	−0.23
1-ビニル-5-ホルミルポルフィン	10.46	0.30	−0.21

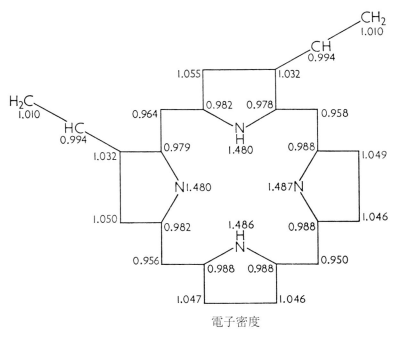

電子密度

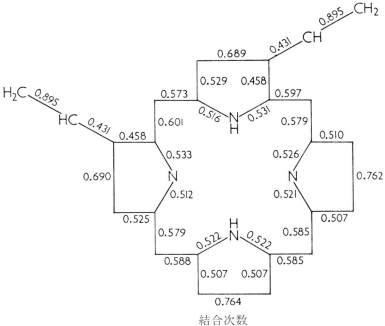

結合次数

図7 1,3-ジビニルポルフィンの電子密度と結合次数

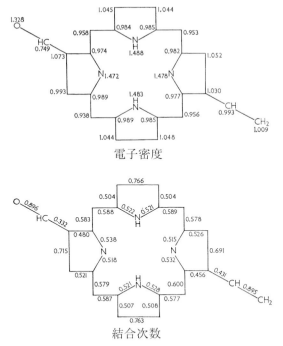

図8　1-ビニル-5-ホルミルポルフィンの電子密度と結合次数

ジヒドロ-およびテトラヒドロポルフィンの代表的異性体に対しても計算が行われた。付録にはそれらの結果も収載されている[12a]。

9.1.3　鉄-ポルフィリン錯体の一般的特性

　生化学的に重要な配位錯体は一般に金属原子がいわゆる「配位子（金属イオンへ直接結合したイオンや分子）」によって正方形状または八面体状に取り囲まれた構造をもつ。生化学で遭遇する鉄-ポルフィリン錯体は後者のタイプに属する。すなわち配位はポルフィン環の4個の中心窒素に加え，錯体平面の上部と下部にある原子団との間でも生じる。追加されたこれらの原子団はピリジン環やイミダゾール環のような含窒素化合物であってもよいし，ヘマチン触媒が作用する分子（酸素，過酸化酸素）やヘマチン酵素の研究で使われる阻害剤（シアン化物，一酸化炭素など）であってもよい。

　Mg，Ca，St，Baなどの単純なカチオン類は正反対の荷電基との間に働く静電引力を介して配位子と結合する。にもかかわらず結合の一部は常に供与体-受容体タイプである。配位子は孤立電子対を複数個もつ分子や原子団で，常に金属イオンの方向を向いている。カチオンはそのσ軌道を介して電子受容体として振舞う。しかし遷移金属ではπ軌道が関与することもある。その場合には金属カチオンは電子供与体として振舞う。

　遷移金属錯体，特に鉄-ポルフィリン錯体ではd軌道の非占有殻が重要な役割を演じる。すなわちこれらの錯体における金属-リガンド相互作用の議論では，ポイントとなるのはエネルギー

332 第9章 ポルフィリン類と胆汁色素類

や自由イオンの d 軌道の形状に及ぼす八面体環境の効果である。

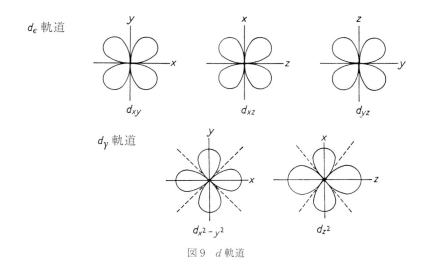

図9　d 軌道

近代の配位子場理論によれば，遷移金属に含まれる五つの $3d$ 準位は次の二つに分裂する（図9参照）[13]。

(a) エネルギー的には等価だが，幾何学的には異なる二つの軌道。それらは場の強度が最大となる方向を向く。これに属する軌道は d_{z^2} と $d_{x^2-y^2}$ 軌道で，しばしば $d\gamma$ または e 軌道と呼ばれる。

(b) 幾何学的に等価な三つの軌道。それらは軌道の方向を二分し，リガンドに挟まれた方向に振幅の最大値をもつ。これに属する軌道は d_{xy}, d_{yz} および d_{xz} 軌道で，しばしば d_ε または t 軌道と呼ばれる。

これらの軌道の相対的なエネルギー安定性に関しては，ポルフィリン類やフタロシアニン類の金属錯体に関する磁化率や電子スピン共鳴の測定結果が示すように最も可能性の高い配置は次の通りである[14]。

$$d_\gamma \begin{cases} \underline{\qquad} 3d_{x^2-y^2} \\ \underline{\qquad} 3d_{z^2} \end{cases}$$
$$d_\varepsilon \begin{cases} 3d_{xz}\underline{\qquad} \quad \underline{\qquad} 3d_{yz} \\ \underline{\qquad} 3d_{xy} \end{cases}$$

d_γ 軌道はリガンドの s, p または sp 混成軌道との間の σ 結合の形成に用いられ，d_ε 軌道はリガンドの p 軌道との間の π 軌道の形成に用いられる。図10はこのようにして形成された結合性の σ および π 分子軌道を示したものである。

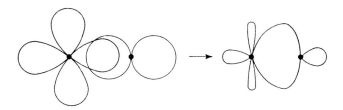

d_γ-p, σ 軌道の形成

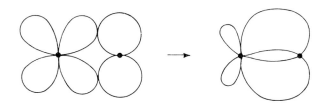

d_ε-p, π 軌道の形成

図10 d-p 軌道の形成

これらの概念は鉄-ポルフィリン錯体における電子的結合性の性質を理解するのに十分であり，またこのカテゴリーに属する各種化合物間の違いを説明するのにも役立つ。

したがって物理化学的観点からは，鉄-ポルフィリン錯体には次に示す二つの基本タイプがあると考えられる[15]：(1) 不対電子を多数含んだ「イオン錯体」(第一鉄錯体では4，第二鉄錯体では5)。顕著な事例はヘモグロビンとミオグロビンである。(2) (たとえばフェロシトクロム c のように) 不対電子をもたないか，あるいは (たとえばフェリシトクロム c のように) 1個しかもたない「共有錯体」。近代の配位子場理論では，これらの錯体タイプはそれぞれ高スピンと低スピンをもつ八面体配位の金属イオンに対する電子配置に対応する[13]。表3はその一例を示したものである (ただし Fe^{++} は6個，Fe^{+++} は5個の d 電子をもつことに留意されたい)。全スピンを求めるには最大多重度に関するフントの規則を適用すればよい。

表3 鉄-ポルフィリン錯体におけるカチオンの電子配置

イオン	電子配置	全スピン	タイプ
Fe^{++}	$(d_\varepsilon)^4 (d\gamma)^2$	2	高スピン――イオン錯体
	$(d_\varepsilon)^6$	0	低スピン――共有錯体
Fe^{+++}	$(d_\varepsilon)^3 (d\gamma)^2$	$2\frac{1}{2}$	高スピン――イオン錯体
	$(d_\varepsilon)^5$	$\frac{1}{2}$	低スピン――共有錯体

すでに指摘したように，リガンドとの相互作用においてカチオンは σ 結合の形成では電子受容体，π 結合の形成では電子供与体としてそれぞれ機能する。二つのタイプの錯体は次のようにし

334　第9章　ポルフィリン類と胆汁色素類

て区別される。すなわち d 電子が結合性に関与するのが共有錯体で，関与しないのがイオン錯体である。

9.1.4　鉄-ポルフィリン錯体の分子軌道計算

　重なりを考慮した LCAO 分子軌道法は，ポルフィリン環の電子軌道と金属カチオンのそれらとの研究にも利用された[16]。話を簡単にするため，ポルフィリン類の計算は未置換のポルフィン環を用いて行われた。にもかかわらず，金属カチオンと各種置換ポルフィリン類との電子的相互作用の一般的性質はこの計算によって的確に表現された。

　カチオン-ポルフィリン錯体へ分子軌道を適用するに当たっては対称性に関する予備知識が必要である。群論の利用はこのような知識の習得に役立つ。しかし群論の詳細は本書の範囲を越えるため，これ以上深く取り扱われない。にも拘らず，この理論で使われる表記法のいくつかは次ページ以降でも利用されている。もっともその重要性に気づかなければ，命名法にまで注意を払う必要はなく，単に結論を受け入れるだけでもよい[17]。

　（平面状の共役骨格をもつ）ポルフィン分子は対称群 D_{4h} に属する。したがってその σ および π 分子軌道はこの群の各種既約表現（A_{1g}, A_{1u}, A_{2g}, A_{2u}, B_{1g}, B_{1u}, B_{2g}, B_{2u}, E_{1g} および E_{1u}）に属する。

（A）　錯体の分子軌道の構築

（a）　π 軌道

　ポルフィンの π 軌道は A_{1u}, A_{2u}, B_{1g}, B_{2g} および E_{1g} 表現に対応する。ポルフィンと組み合わせた鉄カチオンの π 軌道もまた同じ表現に属さなければならない。この条件を満たす軌道は $3d_{xy}$ と $3d_{yz}$（E_{1g}）および $4p_z$（A_{2u}）である。

1. イオン錯体では，第一鉄，第二鉄のいかんにかかわらず鉄の d 軌道は結合性に関与しない。ポルフィリンの軌道と組み合わせられる唯一の鉄の軌道は（孤立金属では空となる）$4p_z$ 軌道である。ところが第一鉄錯体では鉄は $3d$ 孤立電子対を1個と $3d$ 不対電子を4個保有する。また第二鉄錯体でも鉄は $3d$ 不対電子を5個保有する。

2. 第一鉄共有錯体では，鉄は錯体の π 結合性へ d 電子を4個供給する。これらの d 電子は $3d_{xz}$ 軌道と $3d_{yz}$ 軌道からもたらされる。実際にはこれらの錯体では利用可能な $3d$ 電子は6個で，それらは対を作って3個の最低軌道（$3d_{xy}$, $3d_{xz}$ および $3d_{yz}$）を占有している。また π 結合性に関与するのは $3d_{xz}$ 軌道と $3d_{yz}$ 軌道を占有して正しい対称性をもつ4個の電子だけである。

　　一方，第二鉄共有錯体ではカチオンは π 結合性へ電子を3個供給するに過ぎない。これらの電子は同じ $3d_{xz}$ 軌道と $3d_{yz}$ 軌道からもたらされる。

　　ポルフィンの π 系は24個の分子軌道と26個の電子から構成される。また第一鉄または第二鉄イオン錯体の π 系はいずれも25個の分子軌道と26個の電子からなる。一方，第一鉄共有錯体の π 系は27個の分子軌道と30個の電子からなり，第二鉄共有錯体のそれは27個の分子軌道と29個の電子からなる。

(b) σ軌道

σ結合性の計算はカチオンとポルフィリンの中心窒素4個との相互作用に限られる。窒素の軌道と結びつけられる鉄の軌道は$3d_{z2}$軌道と$4s$軌道（A_{1g}），$3d_{x2-y2}$軌道（B_{1g}）および$4p_x$軌道と$4p_z$軌道（E_{1u}）である。イオン錯体では，第一鉄と第二鉄のいずれの場合も$3d$軌道は手つかずのままで，窒素のσ軌道と組み合わされるのはカチオンの$4s$，$4p_x$および$4p_y$空軌道である。この場合のσ系は4個の窒素から供給される8個の電子のみで構成される。その結果，σ分子軌道は7個形成される。共有錯体では，第一鉄または第二鉄のいかんにかかわらず，$3d_{z2}$軌道と$3d_{x2-y2}$軌道もまた窒素のσ軌道と組み合わされる。しかし鉄はここでもまた結合性へ電子を供給しない。そのためσ系は4個の窒素が供給する8個の電子で構成され，σ分子軌道は9個形成される。

関与するさまざまな原子に対してクーロン積分と交換積分のパラメータが設定され，明確な計算が行われた。これらのパラメータの詳細と計算自体については引用文献16，10および18を参照されたい。注目すべき点は重なりを考慮してこれらの計算が行われたことである。このような理由により，（次ページに示した）金属を含まないポルフィン環の結果は重なりを無視した以前の結果（表1，図5）とは少し異なる。しかし適正な計算のみを比較する限りこの状況は重要ではない。

この研究はカチオンとポルフィリンとの電子的相互作用に限定されたことに注意されたい。またヘムタンパク質では，イオン-ポルフィリン錯体平面の上下に布置された共役基などの配位効果は計算に含まれていない[18a]。

(B) エネルギー準位の分布

表4はポルフィン環や各種タイプの鉄-ポルフィリン錯体における分子軌道のエネルギーの概要を示したものである。

もちろん我々にとって関心があるのはπ軌道，特にその最高被占軌道と最低空軌道のエネルギー値である。表4のデータによれば，これらの軌道のエネルギー値に関する限りイオン錯体と共有錯体は明確に区別される。

すなわちポルフィンでは最高被占軌道と最低空軌道の係数はいずれも絶対値が比較的小さい。このことはすでに指摘したように，ポルフィンがπ電子の比較的良好な供与体かつ受容体であることを意味する。同様の状況はフェロポルフィリン類やフェリポルフィリン類のイオン錯体でも観察される。実際，これらの錯体やポルフィンにおける最低空軌道のエネルギーはほとんど同じである。一方，最高被占軌道のエネルギーはそれに比べてわずかに低いにすぎない。すなわちフェロポルフィリン類やフェリポルフィリン類のイオン錯体はいずれも電子の比較的良好な供与体かつ受容体である。しかもこれらのπ電子はポルフィン骨格のそれらとほぼ同じである。鉄の$3d$電子は結合性には関与しない。実際，これらの$3d$電子の軌道は（酸化還元過程に関与する）結合性のπ軌道よりも上にある。

それに対して共有錯体では状況はまったく異なる。これらの錯体ではπ軌道はポルフィンのp_z電子と鉄のd電子の両方を含むため，最高被占π軌道と最低空π軌道のエネルギーの分布様式

表4 分子軌道のエネルギーとそれらのタイプ

	ポルフィン		イオン性フェロ またはフェリ ポルフィリン類		共有性フェロ ポルフィリン類		共有性フェリ ポルフィリン類	
					-5.72	σ	-5.72	σ
					-5.05	π	-5.05	π
			-5.05	π	-4.32	σ	-4.32	σ
			-4.50	σ	-4.32	σ	-4.32	σ
			-4.32	π	-3.98	π	-3.98	π
			-4.32	σ	-3.98	π	-3.98	π
	-3.91	π	-3.91	π	-3.91	π	-3.91	π
	-3.88	π	-3.88	π	-3.15	σ	-3.13	σ
	-3.88	π	-3.88	π	-2.86	π	-2.86	π
空分子軌道	-3.83	π	-2.86	π	-2.68	π	-2.68	π
	-2.68	π	-2.68	π	-2.54	π	-2.54	π
	-2.23	π	-2.23	π	-2.54	π	-2.54	π
	-2.23	π	-2.23	π	-1.92	π	-1.92	π
	-1.92	π	-1.92	π	-0.81	π	-0.78	π
	-0.73	π	-0.73	π	-0.81	π	-0.78	π
	-0.25	π	-0.25	π	-0.73	π	-0.73	π
	-0.25	π	-0.25	π	-0.68	σ	-0.64	σ
	$+0.31$	π	$+0.33$	π	-0.08	π	-0.07^{a}	π
	$+0.54$	π	$+0.54$	π	-0.08	π	-0.07^{a}	π
	$+0.77$	π	$+0.77$	π	$+0.34$	π	$+0.34$	π
	$+0.77$	π	$+0.77$	π	$+0.54$	π	$+0.54$	π
	$+0.77$	π	$+0.77$	π	$+0.77$	π	$+0.77$	π
	$+0.77$	π	$+0.78$	π	$+0.78$	π	$+0.78$	π
被占分子軌道	$+0.93$	π	$+0.93$	π	$+0.87$	π	$+0.87$	π
	$+0.93$	π	$+0.93$	π	$+0.87$	π	$+0.87$	π
	$+1.16$	π	$+1.16$	π	$+0.97$	π	$+0.97$	π
	$+1.49$	π	$+1.49$	π	$+0.97$	π	$+0.97$	π
	$+1.57$	π	$+1.57$	π	$+1.16$	π	$+1.16$	π
	$+1.57$	π	$+1.57$	π	$+1.49$	π	$+1.49$	π
	$+1.62$	π	$+1.62$	π	$+1.62$	π	$+1.62$	π
			$+1.90$	σ	$+1.62$	π	$+1.62$	π
			$+1.96$	σ	$+1.62$	π	$+1.62$	π
			$+1.96$	σ	$+1.96$	σ	$+1.96$	σ
			$+1.96$	σ	$+1.96$	σ	$+1.96$	σ
					$+2.09$	σ	$+2.09$	σ
					$+2.24$	σ	$+2.26$	σ

[a] 電子を3個含んだ縮退π軌道.

はイオン錯体のそれとはまったく異なる。すなわち共有性フェロポルフィリン類では，（二重に縮退して電子を4個含んだ）最高被占軌道のエネルギーはきわめて高い。実際，そのエネルギー係数の符号は励起状態の分子軌道のそれと同じである。（他の生化学物質ではほとんど出会わない）この状況のもつ重要性は酸化還元酵素を扱う第13章で詳しく議論される。ここでは化合物が特に強い電子供与的性質をもつことを指摘するに止めたい。一方，最低空π軌道はかなり上昇するため，化合物は顕著な電子受容的性質を示さなくなる。

共有性フェロポルフィリン類の電子供与的性質に関連して，鉄$3d_{xy}$孤立電子対のエネルギーを理論的に計算することは容易ではない。しかし電子スピン共鳴研究によると，$3d_{xy}$軌道は最高被占π軌道よりも安定であった[19,20]。したがってこのタイプの錯体の酸化は，実際には（ポルフィンのπ軌道や鉄の$3d_{xz}$および$3d_{yz}$軌道からの電子を含んだ）最高被占π軌道からの電子の

離脱を伴うと考えられる．

　共有性フェリポルフィリン類の状況は，一見すると共有性フェロポルフィリン類のそれとよく似ている．すなわち二重に縮退した最高被占 π 軌道と最低空 π 軌道はいずれもエネルギー的に高い位置にある．しかしフェロポルフィリン類とフェリポルフィリン類では重要な違いが一つある．すなわち共有性フェロポルフィリン類では，二重に縮退した最高被占 π 軌道はそれぞれ2個の電子で完全に占有されている．それに対して共有性フェリポルフィリン類では，縮退した二つの最高被占軌道は3個の電子によって占有される．すなわちこれらの軌道の一つは半分しか占有されていない．電子をもう1個受け入れるには最低空軌道も考慮されなければならない．この軌道の係数は絶対値が非常に小さい．このことは化合物がきわめて強い電子受容的性質をもつことを意味する．もちろん同様の理由で，化合物は強い電子供与的性質も示すことに留意されたい．にも拘らず，共有性フェリポルフィリン類の二重に縮退した最高被占軌道からのさらなる電子1個の損失は，反応性が高く不安定なビラジカルを生成することに注意されたい．

　これらの結果の生化学的重要性は呼吸鎖でのシトクロム類の役割を論ずる際に明らかになろう（第13章参照）．

(C)　電子密度の分布

　電子密度分布の吟味は二種の鉄-ポルフィリン錯体間の構造の違いや共有錯体，特にシトクロム類におけるポルフィリンと鉄電子との相互作用の性質に関する補足情報をもたらした．

　図11は各種錯体における π 電子密度の分布を示したものである．

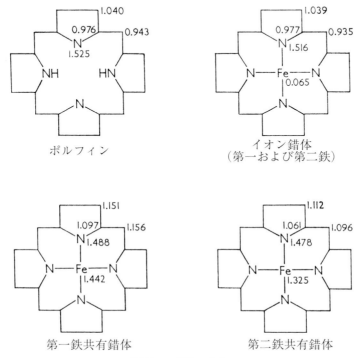

図11　π 電子の分布

得られた知見は次の通りである。
(a) （第一鉄と第二鉄のいかんにかかわらず）イオン錯体では鉄原子はポルフィリンのπ電子系の一部を利用する。
(b) 共有錯体では鉄はそのπ(d)電子の大部分をポルフィリン環へ与える。移動量は第一鉄錯体では $4e - 1.442e = 2.558e$, 第二鉄錯体では $3e - 1.325e = 1.675e$ である。予想されるように, 三価カチオンは二価カチオンに比べて弱い d_ε 電子供与体である[21]。

ただしこのπ電子の分布を完成させるには, 分子の中心部分にあり強い電荷変位と結びついたσ電子の分布を付け加えなければならない。図12はこのことを示している。

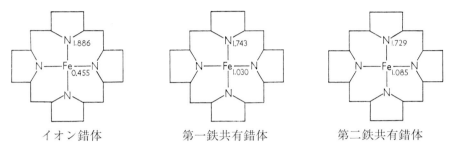

図12 錯体の中心部分におけるσ電子の分布

すなわちどのタイプの錯体でも, σ電荷の変位は鉄カチオンにとって有利である。ただし鉄カチオンはポルフィリン環の窒素から可変量のσ電荷を供与される。このσ電荷の増加は共有錯体の方がイオン錯体よりもはるかに大きく, また共有性フェリポルフィリン類は共有性フェロポルフィリン類よりもわずかに大きかった。

図11と図12に示した電荷分布を重ね合わせたものは全電荷分布を与える。すなわちカチオンの全電子密度はそれぞれイオン錯体では $0.520e$, 第一鉄共有錯体では $2.472e$ および第二鉄共有錯体では $2.410e$ であった。したがって Fe の形式電荷はそれぞれイオン性フェロポルフィリン類では $1.480e$, イオン性フェリポルフィリン類では $2.480e$, 共有性フェロポルフィリン類では $3.528e$ および共有性フェリポルフィリン類では $3.590e$ であった。明らかにシトクロムの第一鉄カチオンはその高い形式正電荷により, ヘモグロビンの第一鉄カチオンよりもかなり電気陰性度が高い。

また共有錯体における周辺炭素原子の電子密度はイオン錯体のそれに比べてはるかに大きかった。

またシトクロム類の酸化還元との関連で, この機構に関与する分子軌道の形を示すことは電子分布のもう一つの側面として有用であろう。図13は共有錯体の最高被占軌道における電子分布を示したものである。それによると電子密度は分子骨格全体に広く拡がり, かつ Fe カチオン上で最大となった。ただしこの部分は電子の 2/10 を占めるにすぎず, 残りの 8/10 はポルフィリンの16個の炭素原子に分布していた。

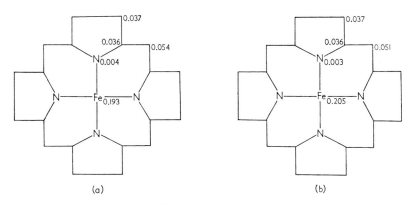

図13 HOMO における電子1個の分布．(a) 共有性フェロポルフィリン類．(b) 共有性フェリポルフィリン類．

9.2 胆汁色素類

ポルフィリン類と構造的に関連のある共役生化学物質として興味深いのは胆汁色素類（bile pigments）である．これらの化合物は開鎖型のテトラピロール類で，ヘモグロビンの代謝的分解から導かれる．その分解の第一相はプロトポルフィリン環の酸化的開裂であり，ビニル基をもつ2個のピロール環に挟まれたメテン基（α-メテン基）が脱離される．生成物のコレグロビンはグロビン（タンパク質），第二鉄イオンおよび緑色素ビリベルジン(VI)へと容易に分裂する．ただしビリベルジンは開鎖型の共役テトラピロールである．

Ⅵ．ビリベルジン

Ⅶ．ビリルビン

さらなる代謝変換は一連の還元反応からなる．すなわちビリベルジンは中心または末端メテン基（−CH=）のメチレン基（−CH$_2$−）への転換により，それぞれ橙色のビリルビン(Ⅶ)または暗褐色のウロビリン(Ⅷ)へと還元される．ビリベルジンはすべてのメテン基とビニル基の水素化によりウロビリノーゲン(Ⅸ)へと還元される．またウロビリンは2個の末端ピロール環の補完的部分水素化によってステルコビリン(Ⅴ)へと変化する[22]．

340　第 9 章　ポルフィリン類と胆汁色素類

主な胆汁色素類を形作るのはビリベルジンとビリルビンである。

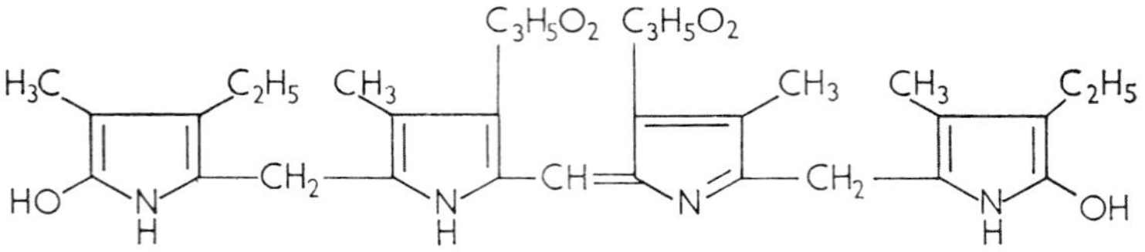

Ⅷ. ウロビリン

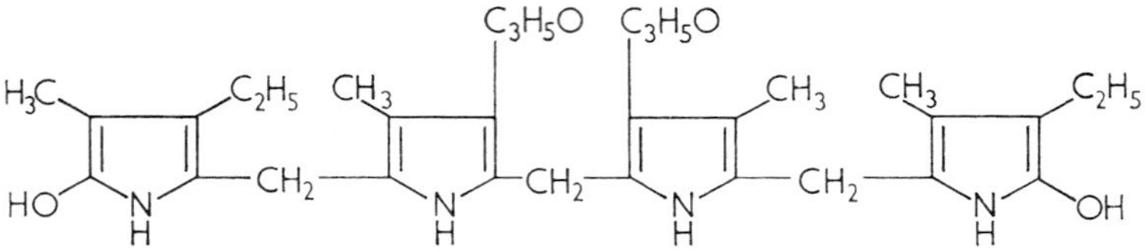

Ⅸ. ウロビリノーゲン

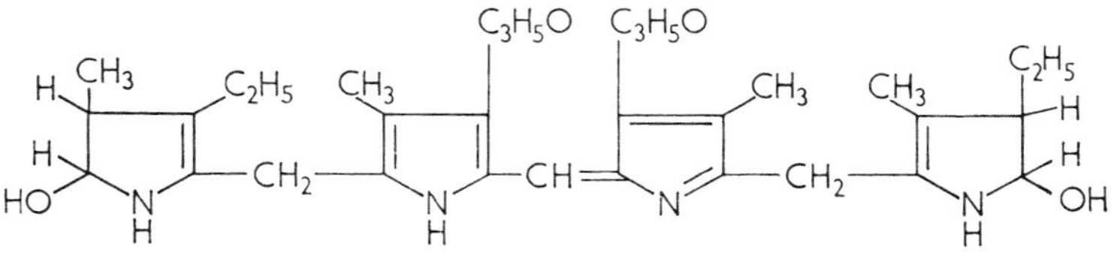

Ⅹ. ステルコビリン

　ここで列挙された化合物群はビラン（Ⅺ），ビリエン（Ⅻ），ビリジエン（XIII）およびビリトリエン（XIV）を基本骨格とする生化学的に重要な分子群である。もっとも電子構造の観点からそれらの生化学的性質を解釈する試みはまだほとんど注目されていない。量子力学的計算の観点から眺めたとき，注目に値する胆汁色素類の挙動は一つしかない。それは（初期の酸化的開裂のあと，一連の水素化によって引き起こされた）ポルフィリン環の代謝的分解過程が若干異常であるという事実である。というのは（プリン類，ピリミジン類，プテリジン類といった）共役生体物質の代謝的分解は，一般に一連の酸化反応とそれに続く加水分解から成り立つことが多いからである。この状況を解釈するため量子力学的計算が行われた[23]。

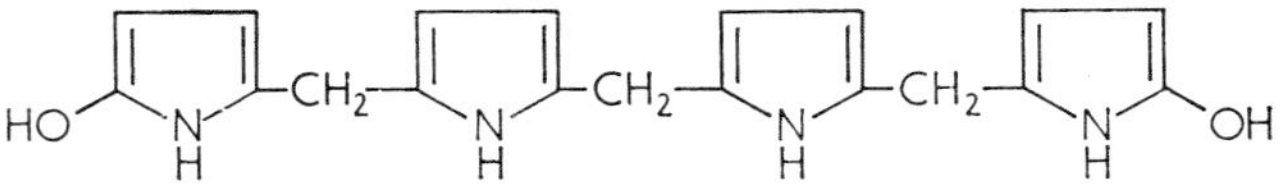

Ⅺ. ビラン

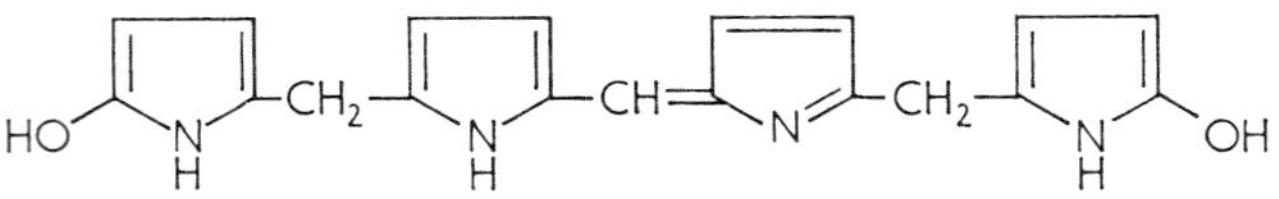

Ⅻ. ビリエン

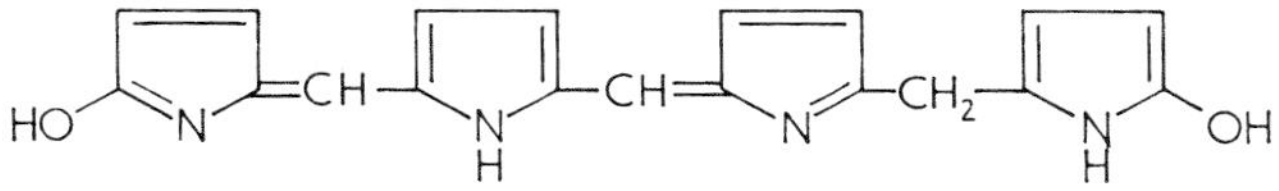

XIII. ビリジエン

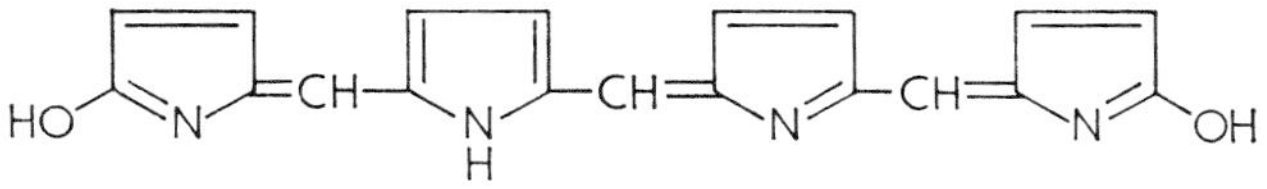

XIV. ビリトリエン

　これらの計算は例によって化合物の π 電子プールの性質に関するものであった。分子内に存在する飽和基はこれらの性質にほとんど影響を与えないので計算から除外された。またプロトポルフィリンは 1,3-ジビニルポルフィン（IV）で表され，ビリベルジンは構造式（XV）で近似された。さらにビリルビンは 切り離された二つの共役フラグメント（XVI，XVII）から構成されると見なされた。これらのフラグメントはいずれも置換ジピロールであった。ジピロール（XVIII）はウロビリンの中央部分を形作る共役フラグメントでもある。

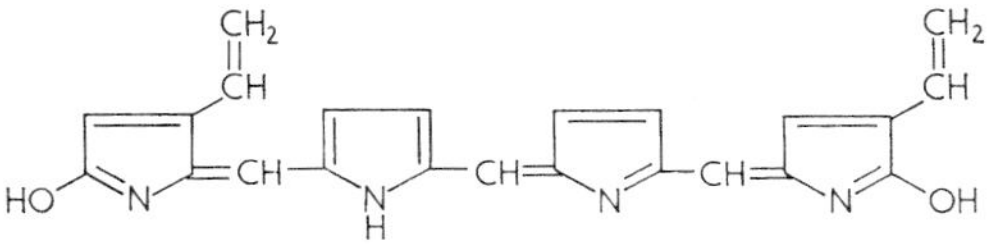

XV

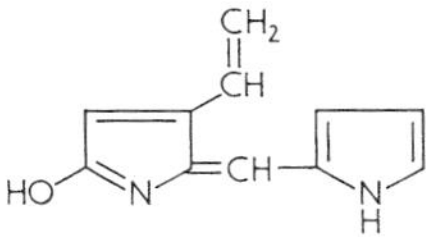

XVI 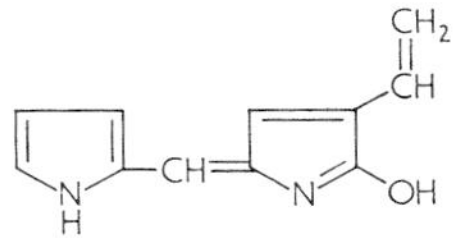　　　　　XVII 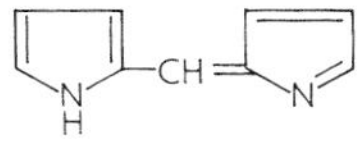　　　　　XVIII

　表5は検討した化合物の最高被占分子軌道と最低空分子軌道のエネルギーをまとめたものである。また図14はこれらの化合物の電子密度分布図である。

表5　分子軌道のエネルギー

化合物	HOMO エネルギー	LUMO エネルギー
プロトポルフィリン IV	0.29	− 0.23
ビリベルジン XV	0.46	0.02
ビニルヒドロキシジピロール XVI	0.47	− 0.25
ジピロール XVIII	0.62	− 0.25

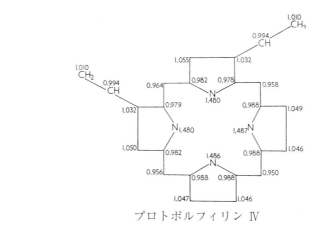

プロトポルフィリン IV

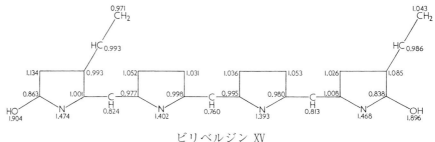

ビリベルジン XV

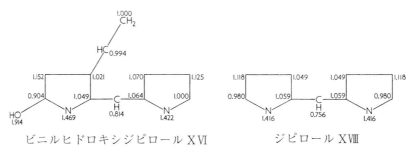

ビニルヒドロキシジピロール XVI　　　ジピロール XVIII

図14　電子密度の分布

これらのデータから引き出される主な結論は次の通りである。
1. ヘモグロビンの酸化的代謝開裂は電子が最も多いメテン架橋で生じた。しかし実際には，ポルフィリン環のメテン炭素はすべて電子が少し不足しており，電子プールへ供給するπ電子は1個よりも少なかった。すなわちこれらの炭素は実際にはわずかに正電荷を帯びていた（その値は1から電子密度を引いたものに等しい）。すなわちマクロ環の代謝的開裂は正電荷の少ないメテン炭素で起こった[23a]。
2. ポルフィリン環の開裂と開鎖型テトラピロールの形成は電子エネルギー準位，特に最高被占軌道と最低空軌道に対応する準位の思い切った再分布を伴った。そのためビリベルジンは

（他の化合物にはない）きわめて異常な性質を示した。すなわちその最低空軌道は結合性であり（$k = 0.021$），その符号は基底状態をすでに占有する軌道のそれと同じであった。このことはビリベルジンに異常に強い電子受容的性質を付与した。すなわち結合性軌道をすべて占有したためきわめて還元されやすくなった。この特性はヘモグロビンの代謝的変換機構に伴う異常な配向と関係があると考えられた。

3. ビリベルジンの還元は実質上中央のメテン炭素で起こり，末端炭素で起こることは少ない。このことと関連し，中央のメテン炭素は電子が特に不足しており，その不足を補おうとする傾向が強い。エネルギー的考察もまた中央メテン架橋での還元を支持した。この還元に対応する共鳴エネルギーの損失は無視できる程度の大きさであった（$0.05\beta < 1$ kcal/mole）。しかし末端メテン炭素の二重還元では，共鳴エネルギーの損失は 0.4β（$\fallingdotseq 6$ kcal/mole）にもなった。

4. さらなる還元を受ける共役型ピロール系はビリルビンやウロビリンにも存在する。このジピロールはビリルビンのように端にあってもよいし，ウロビリンのように中央にあってもよい。重要なのは最低空軌道が結合性になるという異常な性質をもはや示さないことである。実際にはこれらのジピロール類の最低空軌道はエネルギーがきわめて低い反結合性軌道であった。このことはこれらの系が良好な電子受容体であり還元されやすいことを意味した（ただしエネルギーが計算できたのはビニルヒドロキシジピロール（XVI）とその異性体のみであった）。

ビリベルジンの最低空軌道エネルギーの係数は正であるが，その値は非常に小さい。この事実は計算で使われたパラメータにもある程度依存する。しかしビリベルジンが比較的大きな電子親和力をもつことは確かである。

上記の計算は胆汁色素類のエノール形に対して行われた。しかし最近の証拠によると，これらの分子は実際にはケト形で存在する[24]（たとえばビリベルジンはXIX，ビリルビンはXXといった具合である）。

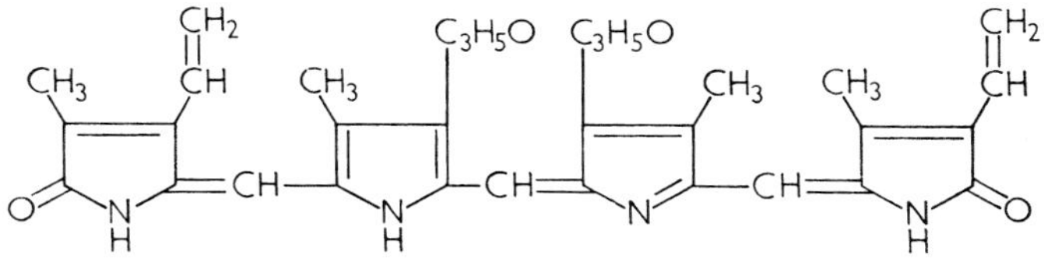

XIX. ビリベルジン（ケト形）

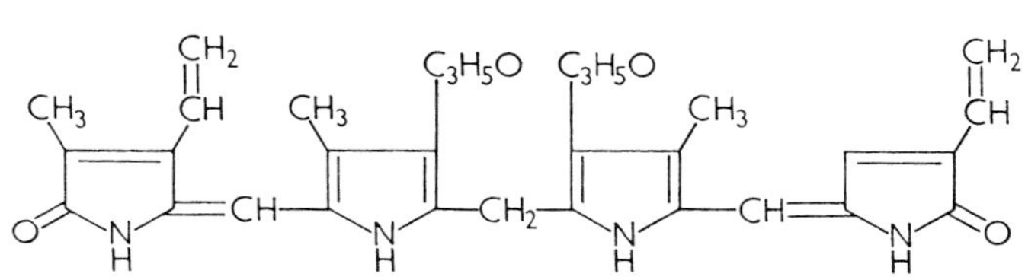

XX. ビリルビン（ケト形）

これらのケト形に対する計算からは次の結果が得られた。

(a) ビリベルジンの最高被占軌道のエネルギー係数は+0.25,（構造 XXI で近似された）ビリルビンのそれは+0.28 であった。一方，ビリベルジンの最低空軌道のエネルギー係数は−0.14,（XXI で近似された）ビリルビンのそれは−0.36 であった。すなわちケト形では，ビリベルジンの最低空軌道は正常な反結合性であった。しかしそのエネルギー係数の絶対値は非常に小さかった。すなわちビリベルジンはケト形でも良好な電子受容体であった。

XXI

(b) ビリベルジンのケト形の電子密度分布図は，中央メテン架橋の強い電子不足性に関してエノール形のそれと似ていた（図15）。

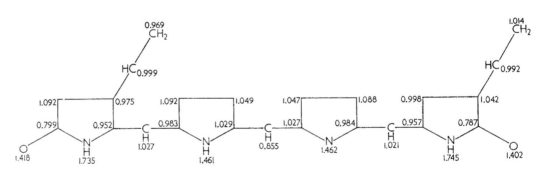

図15 ビリベルジン（ケト形）における電子密度の分布状況

すなわちビリベルジンの反応性に果たす電子密度分布の役割はこれまでの結論と同じであった。

共役型ピロール環の数の関数としてポリピロール類の電子的性質の変化を吟味することは興味深い。このことは最高被占軌道と最低空軌道のエネルギーに対して特によく当てはまる。表6はピロール（II），ジピロール（XXII），トリピロール（XXIII）およびテトラピロール（XXIV）に対する軌道エネルギーをまとめたものである。

XXII．ジピロール

XXIII.　トリピロール

XXIV.　テトラピロール

　すなわち計算の近似内で，最高被占軌道のエネルギーは共役鎖の長さとは無関係であった。一方，最低空軌道のエネルギーは同一条件下で連続的に変化した。エネルギーの低下は最初のメテン架橋が形成されたときに起こった。また3個のメテン架橋を含んだピロール環4個の共役は結合性の最低空軌道を生じるために必要と考えられた。

表6　分子軌道のエネルギー（単位：β）

化合物	HOMO エネルギー	LUMO エネルギー
ピロール II	0.62	−1.38
ジピロール XXII	0.62	−0.25
トリピロール XXIII	0.62	−0.04
テトラピロール XXIV	0.62	+0.06

引用文献

1. Mittenzwei, H., *Z. physiol. Chem.*, **275**, 93（1942）.

2. Simpson, W. T., *J. Chem. Phys.*, **17**, 1218（1949）.

3. Longuet-Higgins, H. C., Rector, C. W., and Platt, J. R., *J. Chem. Phys.*, **18**, 1174（1950）.

4. Rabinovitch, E. I., *Rev. Mod. Phys.*, **23**, 1068（1955）.

5. Matlow, L., *J. Chem. Phys.*, **23**, 673（1955）.

6. Barnard, J. R., and Jackman, L. M., *J. Chem. Soc.*, 1172（1956）.

7. Seely, R., *J. Chem. Phys.*, **27**, 25（1957）.

8. Kobayashi, H., *J. Chem. Phys.*, **30**, 1373（1959）.

9. Pullman, B., Spanjaard, C., and Berthier, G., *Proc. Natl. Acad. Sci. U. S.*, **46**, 1011（1960）.

10. Spanjaard, C., and Berthier, G., *J. chim. phys.*, **58**, 169（1961）.

11. ポルフィリン類の構造は自由電子法により理論的にも検討された：Kuhn, H., *J. Chem. Phys.*, **17**, 1198（1949）; Nakajima, T., and Kohn, H., *J. Chem. Phys.*, **20**, 2247（1952）.

11a. （さまざまな色素の中から）クロロフィルが光合成部位として進化論的に選択されたことも理由の一つである：Gaffron, H., in Kasha, M., and Pullman, B.（Eds.）, *Horizons in Biochemistry*, Albert Szent-Gyorgyi Dedicatory Volume, Academic Press, New York, 1962.

12. この生成機構に関する最近の総説：Lascelles, J., *Physiol. Rev.*, **41**, 417（1961）; Mathewson, J. H.,

and Corwin, A. H., *J. Am. Chem. Soc.*, **83**, 135 (1961).

12*a*. クロリン類は γ および δ 架橋位（飽和環に隣接するメテン炭素）で選択的求電子攻撃をきわめて受けやすい。クロリン類では，これらの位置は比較的大きな形式負電荷をもつことに注意されたい（付録参照）。それらの形式電荷はポルフィリン類では正となった：Woodward, R. B., and Skaric, V., *J. Am. Chem. Soc.*, **83**, 4676 (1961); Pullman, A., *J. Am. Chem. Soc.*, in press.

13. Williams, R. J. P., *Chem. Revs.*, **56**, 299 (1956); Williams, R. J. P., in Boyer, P. D., Lardy, H., and Myrbäck, K. (Eds.), *The Enzymes*, Vol. I, p. 391, Academic Press, New York, 1959; Griffith, J. S., and Orgel, L. E., *Quart. Revs. (London)*, **11**, 381 (1957); Orgel, L. E., *An Introduction to Transition Metal Chemistry*, Methuen, London, 1960; McClure, D. S., *Radiation Research*, Suppl. **2**, 218 (1960); Coulson, C. A., *Valence*, 3rd ed., pp. 276-302, Oxford University Press, 1961.

14. Griffith, J. S., *Discussions Faraday Soc.*, **26**, 81 (1958); Gibson, J. F., Ingram, D. J. E., and Schonland, D., *Discussions Faraday Soc.*, **26**, 72 (1958).

15. Wyman, Jr., J., *Advances in Protein Chemistry*, **4**, 407 (1948); Granick, S., in Greenberg, D. M. (Ed.), *Chemical Pathways of Metabolism*, Vol. II, p. 287, Academic Press, New York, 1954; Pauling, L., *The Nature of the Chemical Bond*, 3rd ed., pp. 145-80, Cornell University Press, Ithaca, 1960.

16. Pullman, B., Spanjaard, C., and Berthier, G., *Proc. Natl. Acad. Sci. U. S.*, **46**, 1011 (1960).

17. 化学と関連した群論とその表記法に関する一般的記述：Eyring, H., Walter, J., and Kimball, G. E., *Quantum Chemistry*, Wiley, New York, 1944; Streitwieser, A., *Molecular Orbital Theory for Organic Chemists*, Wiley, New York, 1961.

18. Spanjaard, C., Diolome d'Etudes Supérieures, Faculté des Sciences de Paris (1960).

18*a*. 最近行われた拡張： Ohno, K., Tanabe, Y., and Sazaki, F., Progress Reports No. 11, Research Group for the Study of Molecular Structure, University of Tokyo, p. 27 (1962).

19. Griffith, J. S., *Nature*, **180**, 31 (1957).

20. Gibson, J. F., and Ingram, D. J. E., *Nature*, **180**, 29 (1957)

21. Williams, R. J. P., *Chem. Revs.*, **56**, 299 (1956); in Boyer, P. D., Lardy, H., and Myrbäck, K. (Eds.), *The Enzymes*, Vol. I, p. 391, Academic Press, New York, 1959.

22. これらの変換に関する詳細：Lemberg, R., and Legge, J. W., *Haematin Compounds and Bile Pigments*, Interscience, New York, 1949; Gray, C. H., *The Bile Pigments*, Methuen, London, 1953.

23. Pullman, B., and Pérault, A.-M., *Proc. Natl. Acad. Sci. U. S.*, **45**, 1476 (1959).

23*a*. Petryka, Z., Nicholson, D. C., and Gray, C. H., *Nature*, **194**, 1047 (1962).

24. Gray, C. H., Kulczycka, A., and Nicholson, D. C., *J. Chem. Soc.*, 2264, 2268, 2276 (1961).

第 10 章　共役型ポリエン類

10.1　カロテノイド類とビタミン A 類

10.1.1　一般的側面

　生化学的に重要な共役型ポリエン類は基本的にカロテノイド構造をもつ。カロテノイド類（carotenoids）は自然界に広く分布する物質群の一つで，共役型二重結合で連結された長い炭素鎖からなる。二重結合は一部メチル基で置換されており，分子の末端は部分的に飽和された二つの環で占有されている。次に一例として，天然に存在する 4 種の炭化水素系カロテノイド類の構造式を示した。ただし構造式 I において，共役鎖へ結合した置換基は Me で示される。これはメチル基を表すが，構造式 II，III および IV では省略されている。リコペン（I）は熟したトマトに含まれる赤い色素である。β-カロテン（II）はほとんどすべての動植物系に見出される。また α-カロテン（III）は少量しか存在しないが，一般に β-カロテンと関連がある。γ-カロテン（IV）もまた β-カロテンの異性体であるが，その量はきわめて少ない。

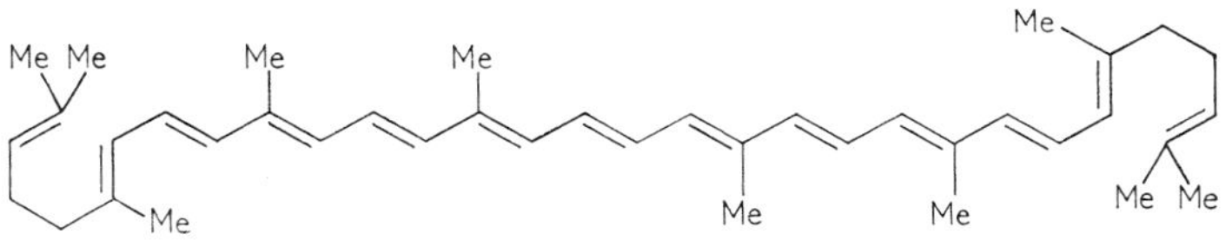

I．リコペン

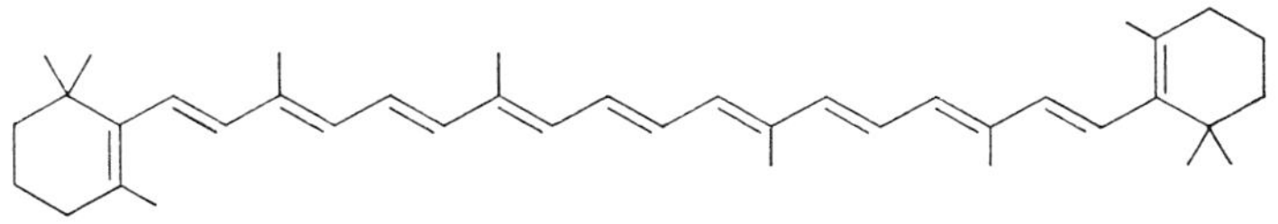

II．β-カロテン

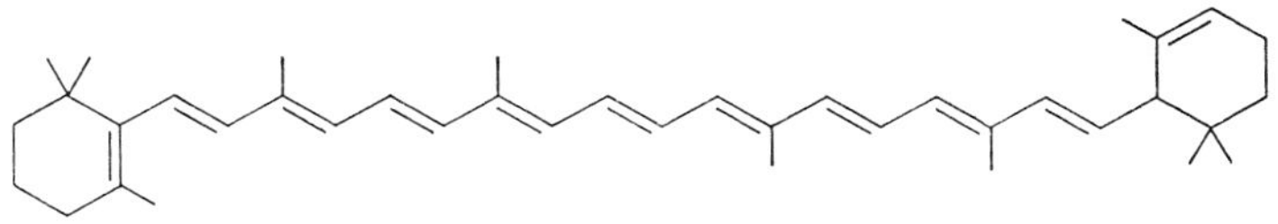

III．α-カロテン

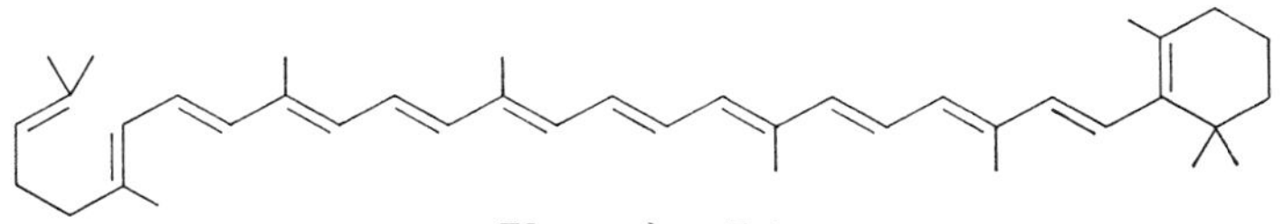

IV．γ-カロテン

348　第10章　共役型ポリエン類

これらの4種の分子は末端環の特性が互いに異なる。すなわちβ-カロテンはβ-イオノン環（Ⅴ）を2個含むのに対し，α-カロテンはβ-イオノン環とα-イオノン環（Ⅵ）を1個ずつ含み，γ-カロテンはβ-イオノン環と（リコペンのそれと同じ）開放環を1個ずつ含む。

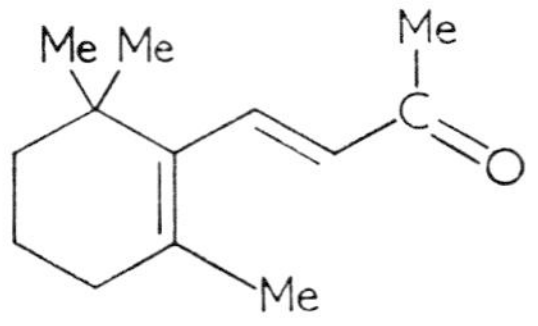

Ⅴ．β-イオノン 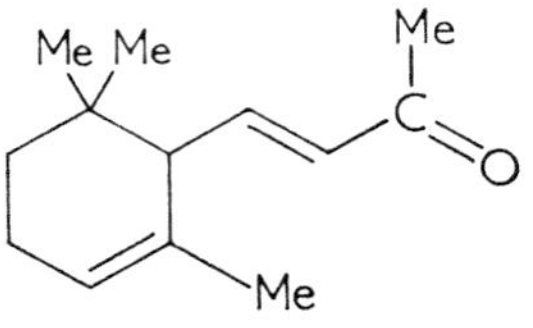　　　　　　　Ⅵ．α-イオノン

　カロテノイド類の基本骨格におけるメチル基の分布は一定で，これらの物質がイソプレノイド単位（Ⅶ）から作られていることを示唆した[1]。すなわちこれらの単位は側方メチル基が互いに1,5の関係を保つように結合している。しかし分子の中央に最も近い部分では，2個のメチル基は1,6の関係になっている。図1はこれらの関係を図解したものである。

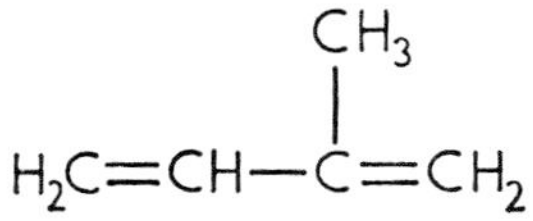

$$H_2C=CH-\overset{\overset{\displaystyle CH_3}{|}}{C}=CH_2$$

Ⅶ．イソプレン

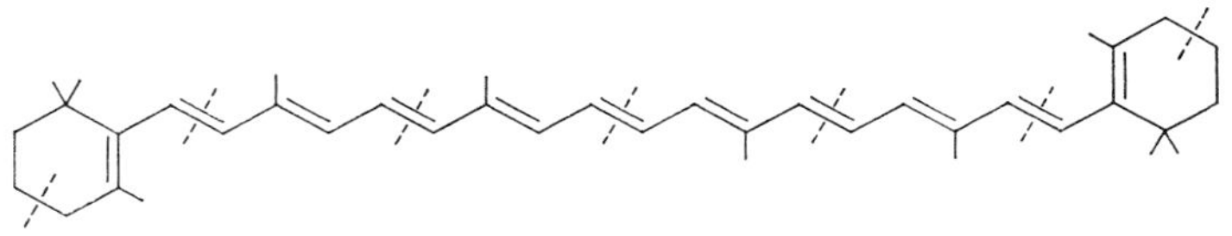

図1　β-カロテンのイソプレン単位

　既知の天然カロテノイド類はすべて，形式的には上で列挙した4種の炭化水素類から誘導される。たとえば花粉中に見出される7,7-ジヒドロ-β-カロテン（Ⅷ）[2]やリコペンと同様トマト中に見出されるニューロスポレン（Ⅸ）[3]は水素化によって得られる。また環の酸化やヒドロキシ化，カルボキシ基，アルデヒド基またはアルコール基による末端環の置換もある。なおこの置換はポリエン鎖の短縮を伴うこともあれば伴わないこともあった[4]。

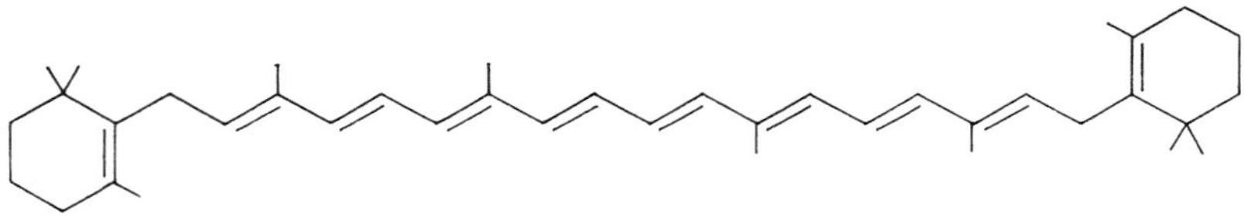

Ⅷ．7,7′-ジヒドロ-β-カロテン

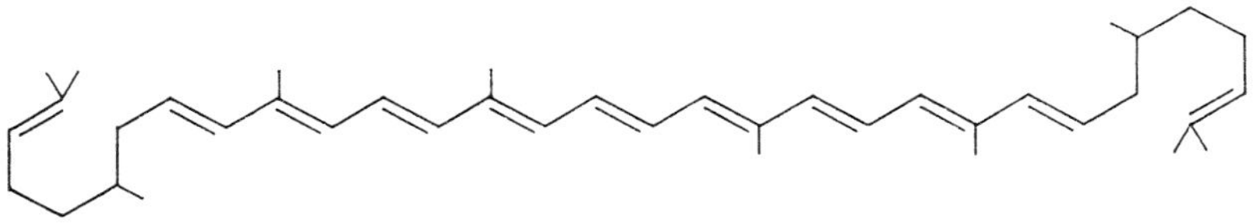

Ⅸ. ニューロスポレン

　図2はβ-カロテンを例にとって，本書で採用されたカロテノイド骨格原子のナンバリングを示したものである。

　ただし非対称なカロテノイド類では，プライムの付いた番号は分子のβ-イオノン部分と関連づけられた。

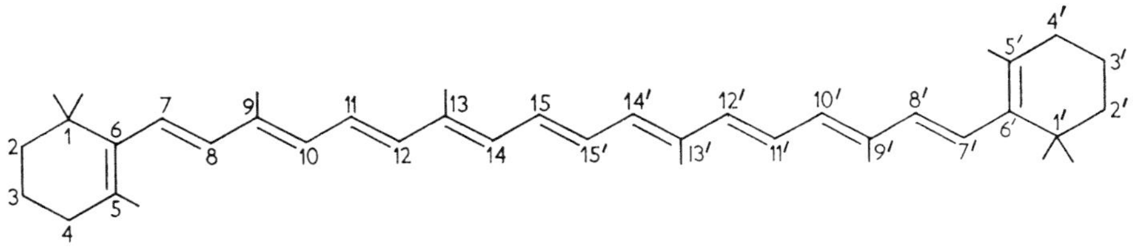

図2　β-カロテンにおける原子のナンバリング

　アポカロテノイド類（apo-carotenoids）というのは，基本的なカロテノイド骨格から一方の末端を失った生成物のことである。接頭語アポに続く数字は，最初の分子から見て最後まで残った炭素の位置を表す。たとえばβ-アポ-12'-カロテナールはアルデヒド(X)である。

　これらの表記法に従うと，構造式(XI)で与えられるビタミンAはアポアルカロイド類の一員と見なされ，β-アポ-15-カロテノールのことを表すと考えられる。

　実際にはビタミンAには2種類あり，XIは厳密にはビタミンA_1と呼ばれる。ビタミンA_2はビタミンAの3,4-デヒドロ誘導体(XII)である。本書では，添え字を明記しないビタミンAはビタミンA_1と見なされる。

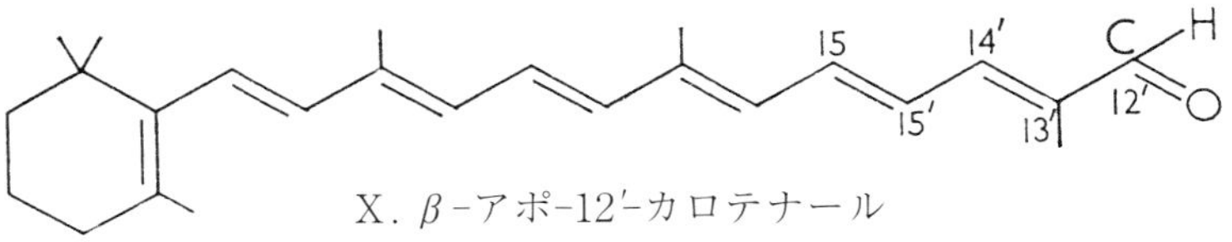

Ｘ. β-アポ-12'-カロテナール

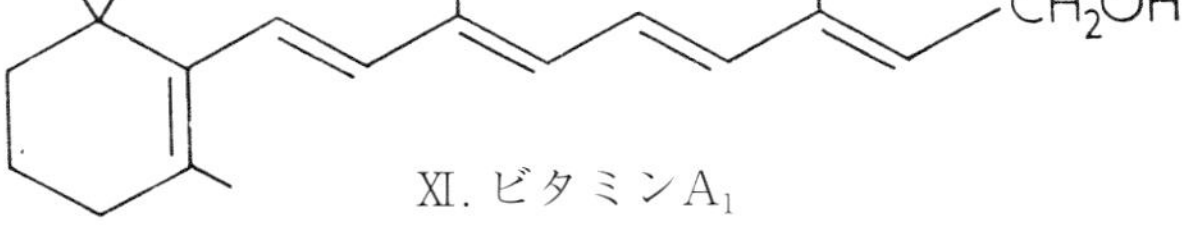

Ⅺ. ビタミンA_1

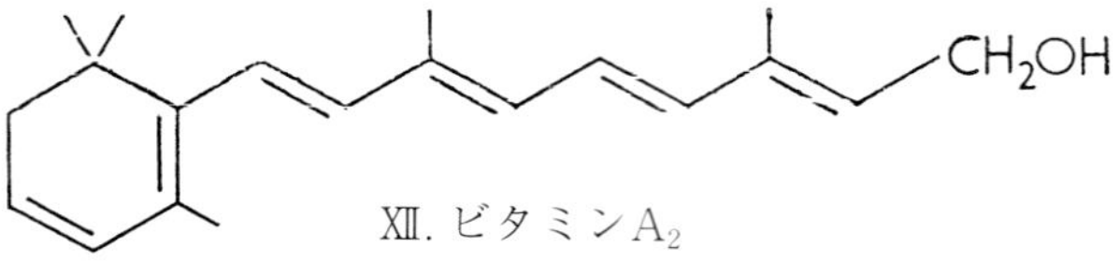

350　第10章　共役型ポリエン類

XII．ビタミンA_2

ビタミンAに対しては，図3に示した別のタイプのナンバリング方式を用いる研究者も多い。しかし本書は，全体を通じてカロテノイド類の一般的なナンバリング方式に従う。

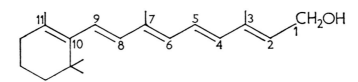

図3　ビタミンAにおける原子の代替ナンバリング方式

　カロテノイド類は自然界にきわめて広く分布している。それらは植物と動物のいずれにも見出されるが，両者の間には根本的な違いがある。すなわち植物はカロテノイド類を *de novo* 合成できるのに対し，動物はこのような合成を行うことができず，食物中に含まれるカロテノイド類を備蓄できるに過ぎない（もちろんある程度の改変は可能である）。
　カロテノイド類は植物のあらゆる部分に見出される。しかし最もよく知られ，かつ系統的に調べられているのは光合成組織におけるそれらの分布である。たとえばβ-カロテン，ルテイン（3,3'-ジヒドロキシ-α-カロテン）とそのエポキシド（ビオラキサンチン）は，（クロロフィルと関連のある）葉緑体のグラナに常に存在する。カロテノイド類の色は緑の葉に隠されるため，（クロロフィルが分解される）秋になるまでわからない。クロロフィルに対するそれらの相対分布は不明である。しかしクロロフィルとカロテノイド類は同一のタンパク質と複合体を形成することによって固定され[5]，タンパク質の変性に伴って遊離されると考えられる。この複合体の正確な性質は不明である。しかし（通常水溶性ではない）カロテノイド類は，特定の動物組織と複合体を形成することで可溶化されることはよく知られている[6]。これらの複合体の中で最もよく知られているのはオボベルジンである。この化合物は甲殻類の卵に含まれる青緑色の色素で，アスタキサンチンのエンジオール形とタンパク質の塩基性アミノ基との塩（XIII）と考えられる[7]。

XIII

つい最近，光合成系におけるクロロフィル–カロテノイド体に対して二重電荷移動錯体構造が提案された[8]。この観点と関連して，カロテノイド類が良好な電子供与体であり，かつ電子受容体であることが指摘された。このことは表1に示される通り，いくつかの代表的分子に対する最高被占軌道と最低空軌道のエネルギー係数の値から明らかである。

表1　カロテノイド類における分子軌道のエネルギー（単位：β）

化合物	HOMO エネルギー	LUMO エネルギー
α-カロテン	0.10	-0.19
β-カロテン	0.08	-0.18
ビタミン A_1	0.23	-0.31
ビタミン A_2	0.20	-0.26
レチネン（β-アポ-15-カロテナール）	0.28	-0.26

色素とクロロフィルとの結合がどうであれ，それらの間の緊密かつ恒常的な会合はカロテン類が光合成過程で重要な役割を担うことを示唆した[9]。カロテノイド類からクロロフィルへのエネルギー移動の可能性は，カロテノイド類によって吸収された光がクロロフィルの蛍光を励起するという事実によって高められた[10]。もっとも光合成系におけるそれらの本質的役割は，クロロフィルにより触媒される光酸化を妨げることであると考えられる。興味深いのは保護効果がカロテノイド共役系の長さと関連があるという事実であった[11]。

植物のカロテノイド類はその他にもさまざまな機能を備える。しかし残念ながら，それらの機能と分子の電子構造との関連はいまだ十分に解明されていない。機能の多くはこれらの色素によるスペクトル青色領域の吸収と関連があった。よく知られているのは，たとえば呼吸を刺激する光受容体としての役割，光力学的増感に対する保護剤としての機能，屈光現象への関与などである。

10.1.2　ビタミンAへのカロテノイド類の *in vivo* 変換

ある種の動物，とくに哺乳動物は炭化水素系カロテノイド類を優先的に備蓄し，（魚類，羽毛

のあざやかな鳥類といった）動物もキサントフィル類（酸素化カロテノイド類）を貯えるが，その他の動物は摂取された色素を酸化してしまう。またほとんどの動物では，色素の重要部分はビタミンAへと変換される。ただしここでは，生体におけるカロテノイド類の生化学的役割は無視された。とはいえビタミンAの前駆体としてのカロテノイド類の重要性はよく知られている。

（A） ビタミンA

生体におけるビタミンAの正確な機能に関する我々の知識は乏しい。しかし生体機能にとってそれが不可欠であることは周知の通りである。（特に哺乳動物における）その欠乏の臨床的徴候はかなり以前からよく知られていた。たとえば視力障害（夜盲症，昼盲症，眼球乾燥症），膣上皮角化，成長阻害などである。これらの症候群のほとんどは適当量のビタミンAやカロテノイド類の注入によって消失する。Mooreは1930年頃，ヒポビタミノーズAへ曝露されたラットへβ-カロテンを投与すると，肝臓の主要部分ではβ-カロテンがビタミンAの形で回復されることを示した。そのため長い間，ビタミンAへのカロテノイド類の主な変換部位は肝臓であると信じられてきた。しかし現在，この反応は適当な酵素系が存在する腸壁で起こると考えられている[12]。すなわち形成されたビタミンAは肝臓へと輸送されたのち，エステル形で肝臓に貯蔵され，遊離アルコールの形で血中へと放出される。ただしその血中濃度は一定に保たれる[13]。

ビタミンAへのカロテノイド類の変換機構は多くの研究や議論の対象であった。にもかかわらず問題はまだ完全には解決されていない。したがって関与化合物の電子的構造がその解決に寄与するか否かを知ることは興味深い問題である。

（B） ビタミンAへのカロテノイド類の変換機構

1931年Karrerらは，生体内ではβ-カロテン分子がその中央のC＝C結合で加水分解的に開裂してビタミンAになることを示唆した[14]。しかしこの反応を試験管内で行う試みはすべて失敗に終わった。そこでHunterは，まず中央二重結合への酸化的攻撃によりレチネン分子（β-アポ-15-カロテナールすなわちビタミンAアルデヒド）（XIV）が生じ，さらにアルコール体へと還元されてビタミンAになると考えた[15]。レチネンが中間に形成されないはずはないからである。しかもこの物質は in vivo では容易にビタミンAへと変換される[16]。一方酢酸中では，β-カロテンはH_2O_2によってレチネンへ酸化されるという事実はHunterの仮説を支持した[17]。適当な触媒（OsO_4）を用いることにより収率はかなり上昇した[18]。にもかかわらず，これらの実験はレチネンの形成を立証したが，β-カロテンの中央二重結合が初期攻撃に関与するという仮説を証明するものではなかった。触媒がなければ，レチネン以外に微量のβ-アポ-14'-カロテナール（XV）も生成したからである[17]。またOsO_4存在下では，酸化の主生成物はレチネン，β-イオニリデンアセトアルデヒド（XVI）および2,7-ジメチルオクタトリエンジアルデヒド（XVII）であった。このことはβ-カロテンの11-12二重結合に第二の攻撃領域があることを示唆した[18]。

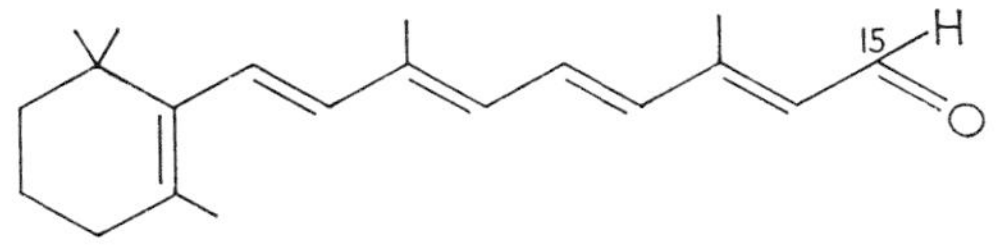

XIV. レチネン

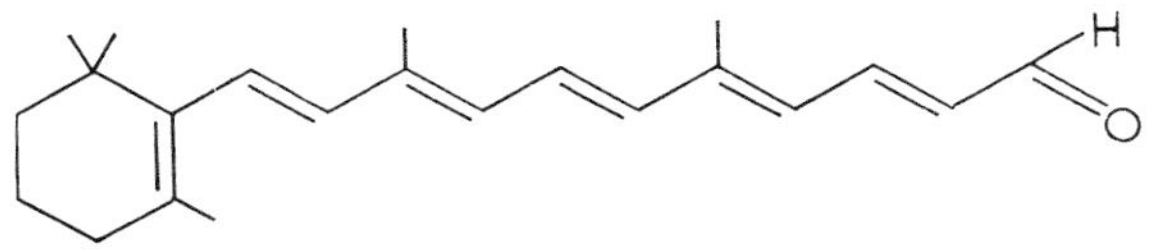

XV

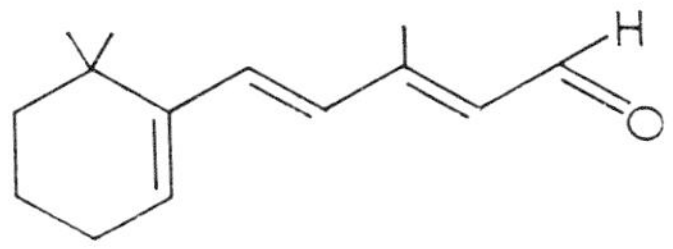

XVI

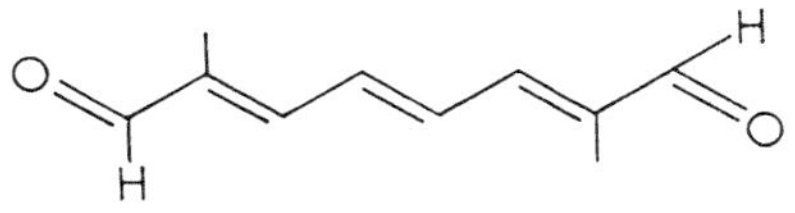

XVII

Glover-Redfearn による詳細な検討によれば，酸化的攻撃は最初にβ-カロテンのエチレン鎖の末端で起こる。酸化はさらに段階的に進行してレチネンを生成する[19]。その際，中間体としてβ-アポ-8'-，β-アポ-10'-，β-アポ-12'-およびβ-アポ-14'-カロテナール類（XVIII〜XXI）が形成される。このような末端攻撃はβ-カロテンの化学的酸化の既知経路とよく一致した。たとえばアルカリ溶液中での過マンガン酸塩による酸化は実質的にβ-アポ-8'-カロテナールを生成した（ただしこの反応ではβ-アポ-12'-カロテナールも少量形成された）[20]。もっとも興味深いことにβ-カロテンをレチネンへ変換する条件下では，H_2O_2酸化によりβ-アポ-8'-およびβ-アポ-12'-カロテナール類はレチネンを生成しなかった[17]。

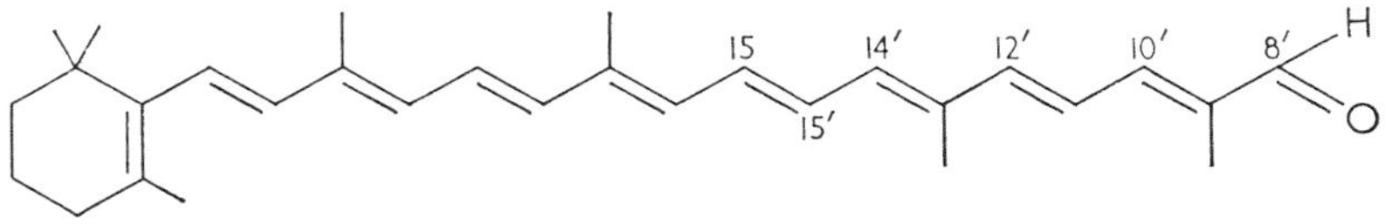

XVIII. β-アポ-8'-カロテナール

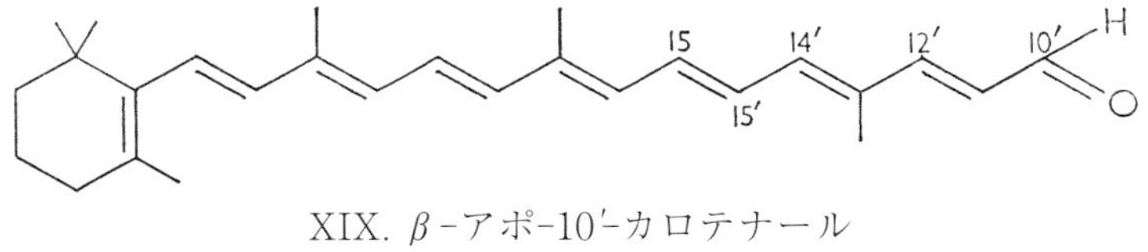

XIX. β-アポ-10'-カロテナール

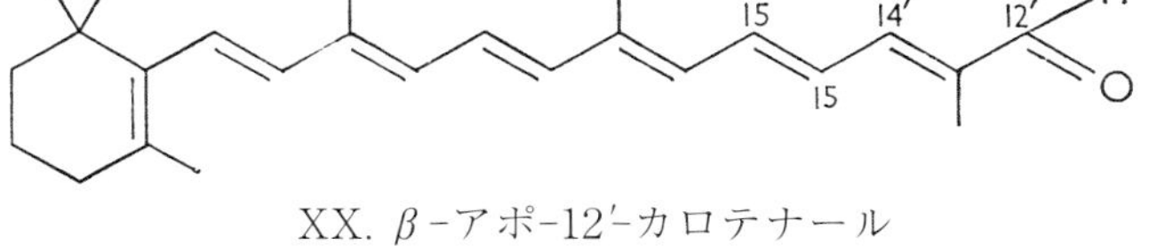

XX. β-アポ-12'-カロテナール

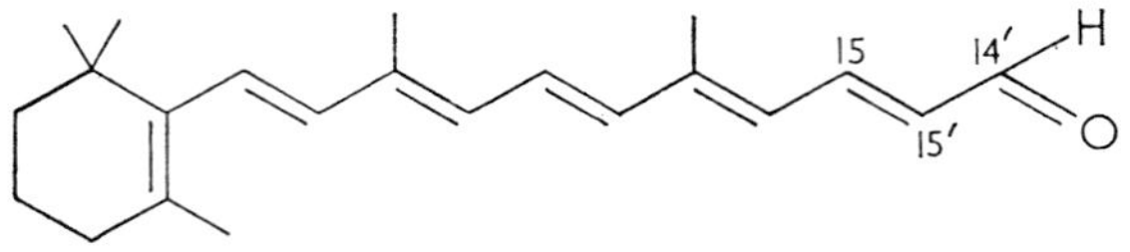

354   第 10 章　共役型ポリエン類

XXI. β-アポ-14'-カロテナール

　ここで考察した化学反応性と関連して，LCAO 法による β-カロテンの電子的特性の検討は，分子中央での開裂ではなく末端での初期攻撃を強く支持した[21]。図 4 は β-カロテンにおける電子的指標の分布を示したものである。簡単のため，図には分子の半分しか描かれていない。というのは，分子は対称性をもつため他の半分は描かなくても分かるからである。同様の理由により図には主鎖に関する指標のみが記入された。メチル基や第三級炭素の特性も含めた完全な形の電子的指標図を知りたい読者は本書の付録を参照されたい。

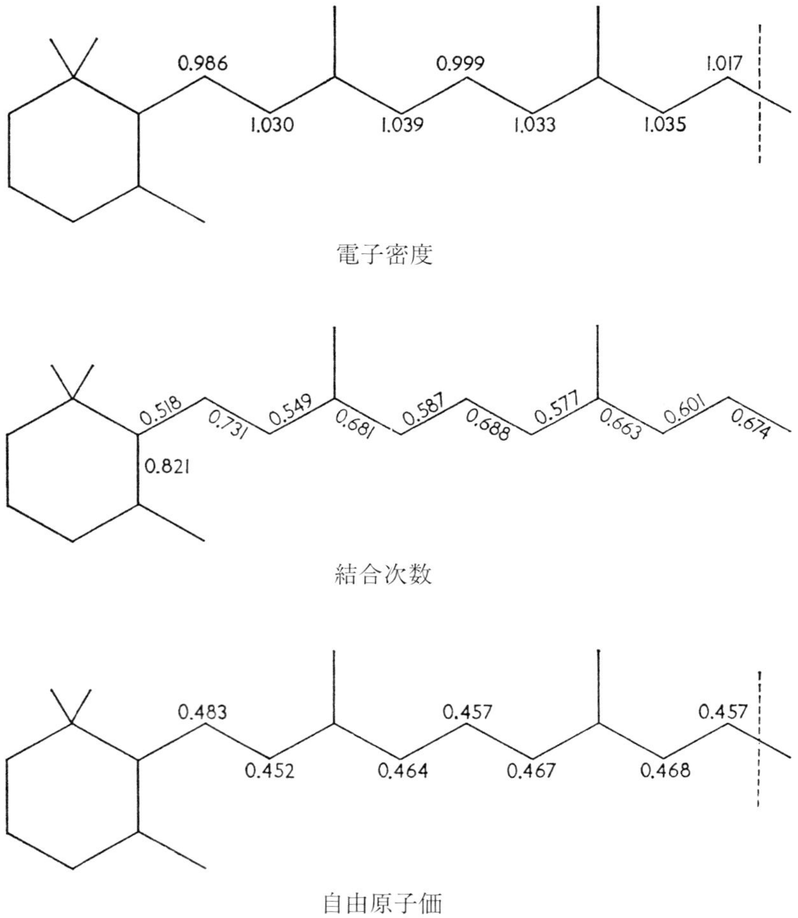

電子密度

結合次数

自由原子価

図 4　β-カロテンの電子的指標

β-カロテンの化学的性質の解釈において，我々が特に関心をもつのはその炭素-炭素「二重」結合の電子的特性である。この観点から，最も印象的なのは結合次数の最大値が環内の 5-6 結合に現れることであった。ただしその値は 0.821 に等しかった。結合次数に依存する付加に対して最も反応性が高いのはこの結合であった。このことがうまく当てはまるのは，β-カロテンとモノ過フタル酸との反応により 5,6-エポキシド（XXII）や 5-6,5'-6'-ジエポキシドが生成する場合であった[22]。この結果は D. Swern が提唱した過酸付加に対する機構と一致した[23]。

XXII

さて，過マンガン酸塩による酸化は我々にとって興味深い変換タイプである。しかしこの酸化反応はすべて同じ電子的特性に支配されているわけではなく，それらの機構も同じとはいえない。核酸のプリン類やピリミジン類ですでに見たように（第 5 章参照），この反応は結合次数が最も大きい結合で生じ，かつその分子末端の少なくとも一方は大きな自由原子価をもつ。さらにもし結合が CH_3 基で置換されているならば反応は妨げられる。この種の反応は β-カロテンの 5-6 結合で起こる必要はなく，もし構成原子の一方が大きな自由原子価をもつならば，二重結合性の高い他の結合で起こってもよい。たとえば 5-6 結合に続いて 7-8 結合が大きな結合次数をもち，かつ C_7 が最大の自由原子価をもつならば，反応は 7-8 結合で起こるはずである。したがって β-カロテンの $KMnO_4$ 酸化が β-アポ-8'-カロテナールを与えても不思議ではない。

H_2O_2 による酸化はもう少し複雑である。Fieser によれば，酢酸中の H_2O_2 はアルカリ性過マンガン酸塩と同じ様式でエチレン結合へ作用する[24]。しかしそれを実現するためには，結合次数が大きく，かつ結合の一方の端が大きな自由原子価をもたねばならない。この状況は最初に 7-8 結合が攻撃され β-アポ-8'-カロテナールを生成するという Glover-Redfearn の仮説を支持した。また少量ではあるが，β-アポ-12'-カロテナールも形成されるという事実は分子図のもつ電子的特徴と矛盾しなかった。というのは 7-8 結合に続いてこのような攻撃を受けるのは 11-12 結合であるからである。ちなみにこの結合の結合次数は 0.688 で，分子内で二番目に大きな値であった。また炭素 12 は残った炭素の中で最大の自由原子価を与えた。

さらに計算によれば，15-15'二重結合は特別な反応性を示さなかった。またこの領域はいかなるタイプの攻撃に対しても適切な結合次数と自由原子価を与えなかった。さらにこの領域の炭素は電子密度も特に高くはなかった。

β-カロテン炭素原子の相対的反応性を確かめるため，（求核，求電子およびラジカルといった）さまざまなタイプの攻撃に対する局在化エネルギーも計算された。表 2 はそれらのエネルギー値をまとめたものである。

表2　β-カロテンにおける炭素の局在化エネルギー

炭素	局在化エネルギー		
	求核	ラジカル	求電子
15	2.12	2.06	2.00
14	2.13	2.06	1.99
12	2.15	2.09	2.03
11	2.07	2.03	1.98
10	2.21	2.13	2.06
8	2.29	2.23	2.17
7	1.95	1.92	1.88

いかなるタイプの攻撃に対しても，（シクロヘキセン環を除けば）分子の主な反応中心が7位であることはこの表から明らかである。このことは自由原子価の値からも指摘された事実である。15位と15'位の炭素はかなり大きな局在化エネルギーをもつが，このこともまた分子の中心領域がいかなるタイプの反応性も示さないことを示唆した。一方，11位と12位の炭素は奇妙な結果を与えた。すなわち炭素12の自由原子価は炭素11のそれよりも大きい。にもかかわらず，炭素11の局在化エネルギーはすべて対応する炭素12のそれに比べて小さかった。この結果は11-12結合の相対的反応性に関する以前の結論を覆すものではない。

β-アポ-12'-およびβ-アポ-8'-カロテナール類は，β-カロテンと異なり同一条件下でH_2O_2処理してもレチネンを生成しなかった。このことからHunterはレチネンへのβ-カロテンの酸化では初期の末端攻撃はないと考えた。しかし電子的観点からは，β-カロテンへの末端攻撃は大いに起こりうると考えられた。さらにまたβ-アポ-8'-およびβ-アポ-12'-カロテナール類はプロビタミンAとして機能する[25,26]。状況は明らかではなく複雑である。

さらにin vivo反応を説明するため，Glover-Redfearnはラットにおける各種中間体の代謝について検討を加えた[26]。その結果，β-アポ-8'-，β-アポ-10'-およびβ-アポ-12'-カロテナール類はビタミンAの前駆体であることが見出された。さらにβ-アポ-10'-化合物はβ-アポ-12'-カロテナールへ容易に変換された。またβ-アポ-10'-およびβ-アポ-12'-カロテナール類とよく似た分光学的およびクロマトグラフ的性質を示す物質がウマ腸から単離された[27]。

これらの結果に基づき，β-アポ-8'-カロテナールからレチネンへの変換に対しては二つの機構が示唆された。第一の機構は対応する酸へのβ-アポ-8'-カロテナールの変換とそれに続くβ酸化である。このβ酸化は補酵素A（以下，SHCoAと表記）を用いた脂肪酸類のそれと類似していた。補酵素Aを触媒とするこのタイプの反応の機構は電子的観点からすでに検討済みである（第7章）。ここでは次の段階を含んだ変換の化学的側面のみを取り上げる。ただし反応式には分子の末端しか描かれていない。

この変換は一つ短くなったアポカロテン酸を生成し，全過程はビタミン A 酸が生じるまで繰り返された。著者らの初期概念に従えば，これらの反応系列はアポ-15'-化合物で終結する。というのは脂肪酸類の分解と同様，β 位のメチル基の存在は初期の水和段階を妨げるからである（ただし α-メチル基は反応の障害とはならない）[28]。

　この段階的 β 酸化過程に対しては付け加えたい事実がいくつかある。まず第一に，β-アポ-12'-カロテノン酸は β-アポ-14'-化合物に比べて良好なプロビタミン A であった[29]。すなわちもし第一の最初の化合物が β 酸化によりビタミン A を生成するならば，第二の化合物は中間体として検出されるはずである。しかし実際にはそのようなことは起こらない。また ^{14}C で一様に標識された β-カロテンのラットにおける代謝が検討され[30]，放射能の分布が計測された。その結果，β 酸化以外の機構も少なくとも一部関与していることが確認された。

XXIII. チグリル CoA

　第二の機構では中間にチグリルCoA（XXIII）が現れ，かつ五炭素単位を取り除く酵素系の介入が必要であった[29]。

　この変換は β-アポ-8'-カロテナールから β-アポ-12'-化合物へ，さらにはレチネンへの変化を可能にした。

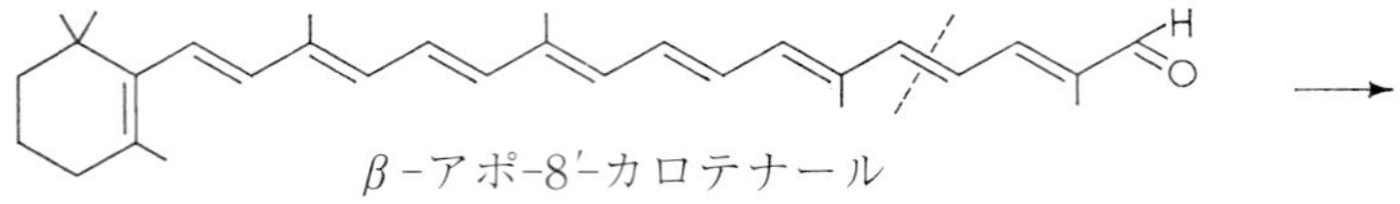

358　第 10 章　共役型ポリエン類

β-アポ-8'-カロテナール

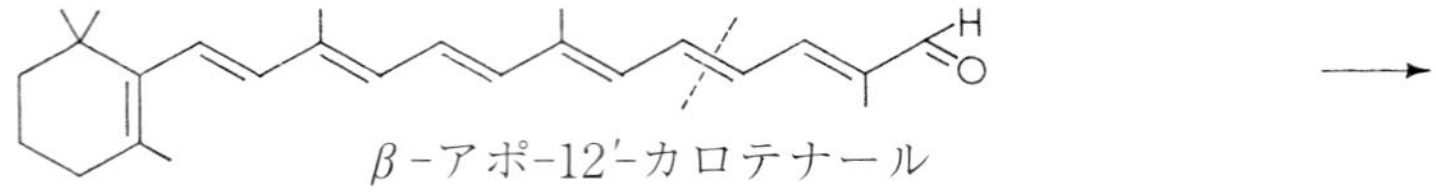

β-アポ-12'-カロテナール

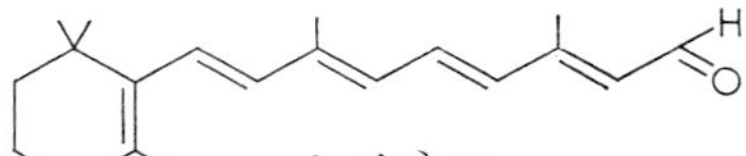

レチネン

　この機構は β-アポ-12'-カロテナールからビタミン A への変換において 14'-中間体が形成されない事実を説明した。

　　この分野の実験結果によると，ビタミン A の C_{25} 同族体(XXIV)は少量ではあるがビタミン A へ変換された[31]。すなわち末端基に対して β 位にあるメチル基は変換を常に妨げるわけではないことが実証された。しかし対応する β-メチル酸は α-メチル同族体である β-アポ-12'-カロテノン酸に比べてプロビタミン活性が低かった。

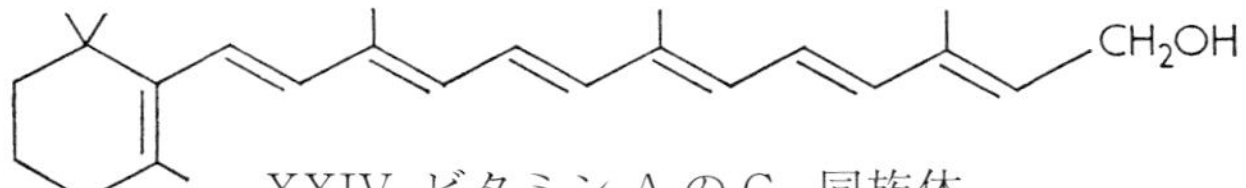

XXIV. ビタミン A の C_{25} 同族体

　　変換経路を理解するため，β-アポカロテナール類 4 種とレチネンの C_{25} 類似体(XXIV)に関する各種の電子的特性が計算された[21]。図 5 ～ 9 はこれらの化合物の電子密度，結合次数および自由原子価の分布を示したものである。

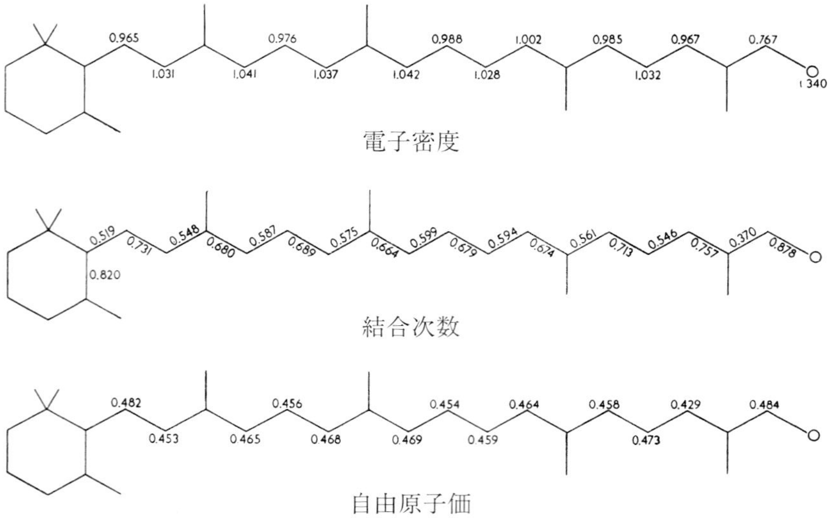

電子密度

結合次数

自由原子価

図 5　β-アポ-8'-カロテナールの電子的指標

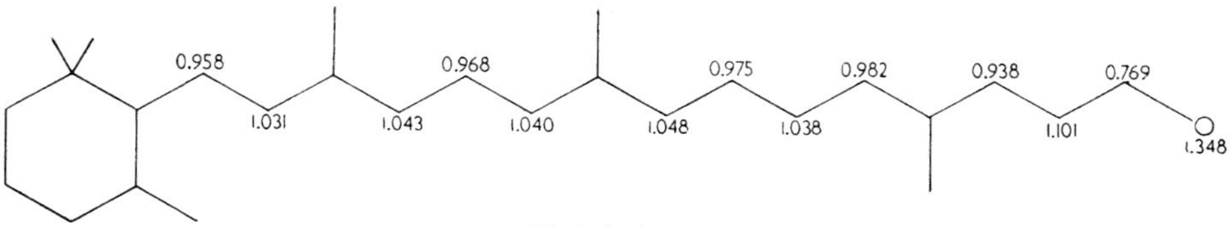

電子密度

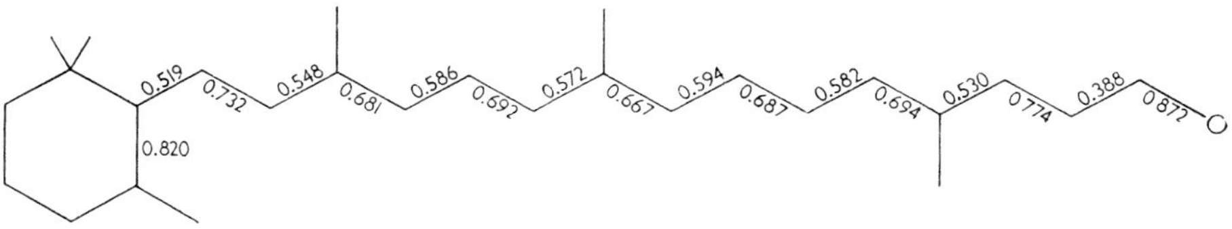

結合次数

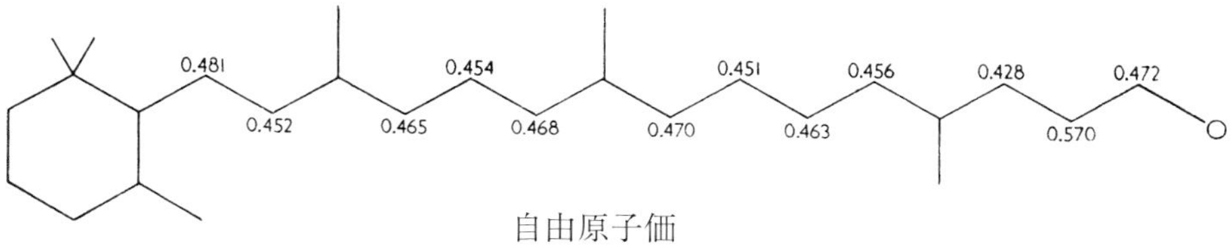

自由原子価

図6 β-アポ-10′-カロテナールの電子的指標

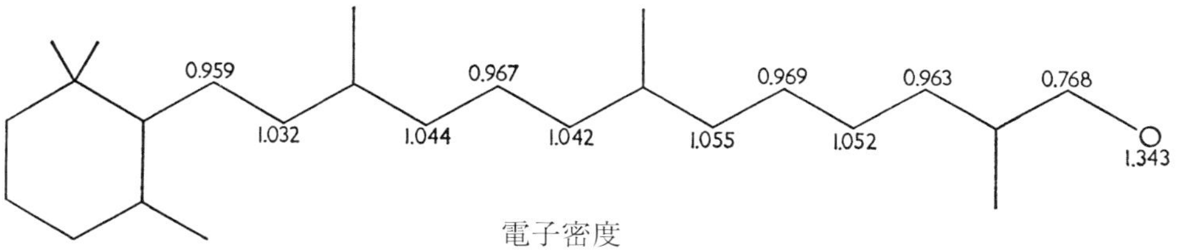

電子密度

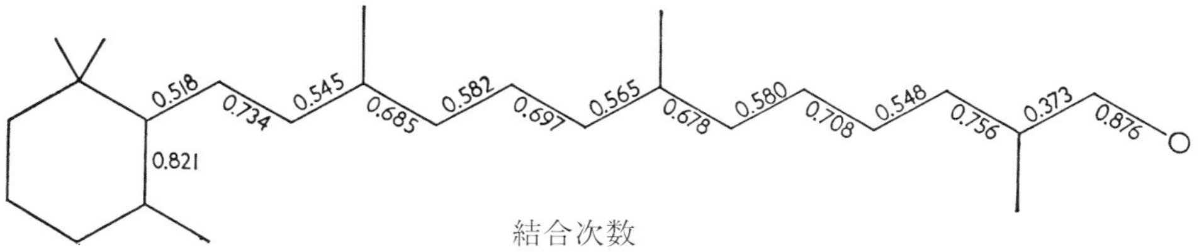

結合次数

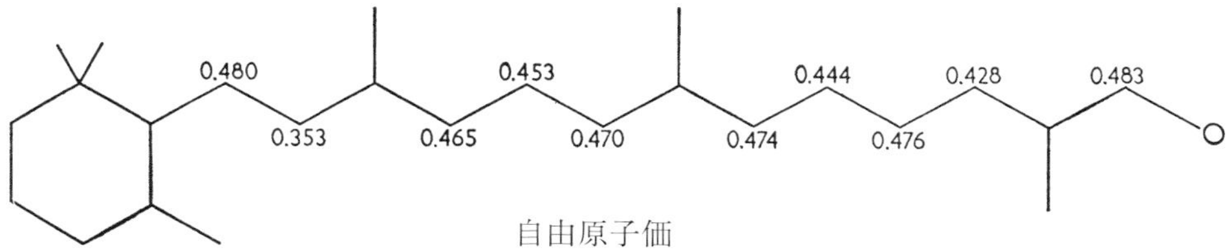

自由原子価

図7 β-アポ-12′-カロテナールの電子的指標

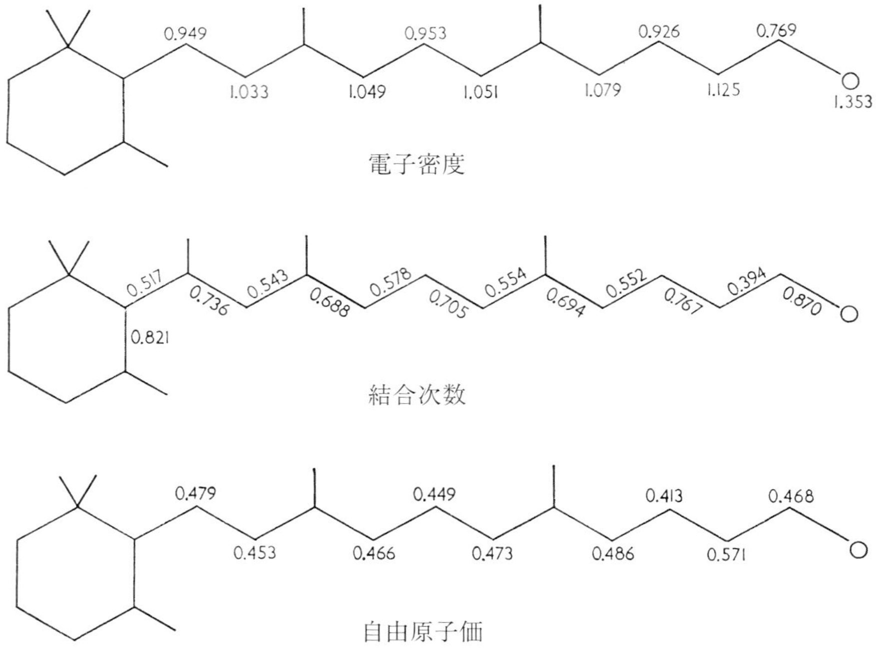

電子密度

結合次数

自由原子価

図 8 β-アポ-14'-カロテナールの電子的指標

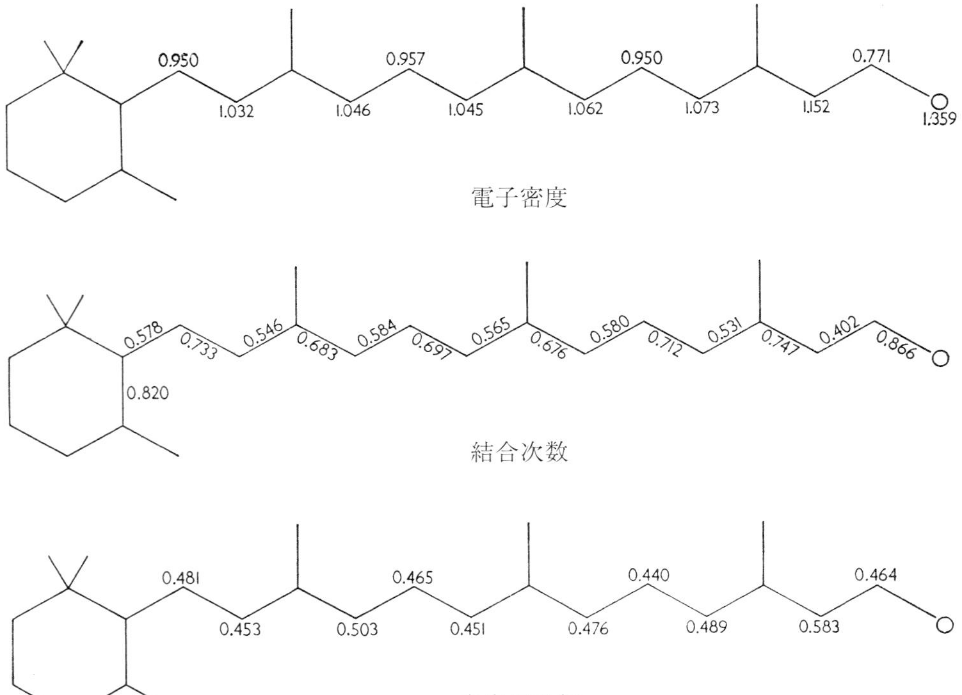

電子密度

結合次数

自由原子価

図 9   レチネンの C_{25} 類似体における電子的指標

本書の付録にはビタミンA自体の電子的指標も収載されている。

これらの計算は有用な情報を提供したが，必ずしも明快な結論をもたらすわけではない。またそれらは第二の機構を支持するわけでもなかった。というのはこの第二の機構はβ–アポ–8'–カロテナールやβ–アポ–12'–カロテナールからの五炭素単位の分離を伴うにもかかわらず，そのような分離に関与する原子的指標はいかなる観点からも明らかにならなかった。一方，アポカロテナール類の末端C＝C結合（$\alpha-\beta$結合）を巻き込んだ段階的変換は起こる可能性があった。アポカロテナール類のポリエン鎖では，C–C易動性次数の最大値は$\alpha-\beta$二重結合に現れた。すなわちこの結合は付加反応にとって最も適したC–C結合であった。ただし10'–および14'–化合物では，α位の自由原子価がきわめて大きいため反応性の増強が認められた。実際，この位置はいかなるタイプの攻撃に対しても最も高い反応性を示した。すなわち，カロテナール類の$\alpha-\beta$結合ではさまざまな反応が起こった。この状況はβ酸化機構が起こる可能性を示唆した。とはいえ，他のタイプの変換が起こる可能性を否定したわけではなかった。攻撃のタイプを明示しなければ，$\alpha-\beta$二重結合を巻き込んだ反応は反応速度に関する限り次の序列に従った。

$$\beta\text{–アポ–8'–カロテナール}\xrightarrow{遅い}\beta\text{–アポ–10'–カロテナール}\xrightarrow{速い}$$

$$\beta\text{–アポ–12'–カロテナール}\xrightarrow{遅い}\beta\text{–アポ–14'–カロテナール}\xrightarrow{速い}\text{レチネン}$$

同様の序列は別の根拠に基づき Glover-Redfearn によっても支持された[32]。

いずれにしても，なぜβ–アポ–14'–カロテナールが12'–化合物に比べてプロビタミンA活性が低いかは不明である。また化合物XXIVとレチネンとの比較から，なぜ段階的酸化がC_{25}類似体では起こるが，レチネンでは起こらない理由を示すことはできなかった。というのは，いずれの化合物もβ炭素の自由原子価が大きく，かつきわめて反応性の高い$\alpha-\beta$二重結合をもつからである。すなわち化学的に言えば，これらの分子は同様の挙動を示すべきであった。分解が炭素15で打ち切られたのは，いったんレチネンが形成されると酵素アルコールデヒドロゲナーゼの作用によってただちにビタミンAへ変換され，さらなる分解が起こらないからである。Wald-Hubbard によれば，次の反応は平衡が左側へ大きく偏っている[33, 33a]。

$$\text{ビタミンA}_1+\text{DPN}^+\xrightleftharpoons{\text{アルコール脱水素酵素}}\text{レチネン}_1+\text{DPNH}+\text{H}^+$$

(C)　構造とプロビタミンA活性

天然カロテノイド色素と関連した化合物のプロビタミンAの活性が測定された。活性の評価に当たっては研究者により異なる判定基準が用いられた。その中で最も簡単なのはビタミンA欠乏ラットを用いた成長促進作用の測定であった。この場合，化合物の活性はβ–カロテンを基準とし，その何パーセントの活性を示すかで表された。

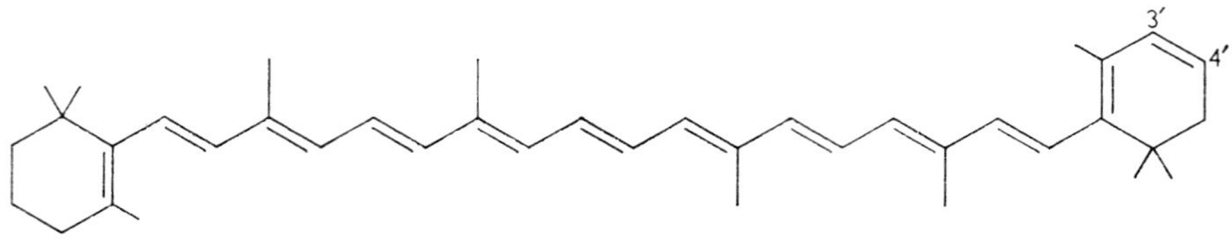

XXV. モノデヒドロ-β-カロテン

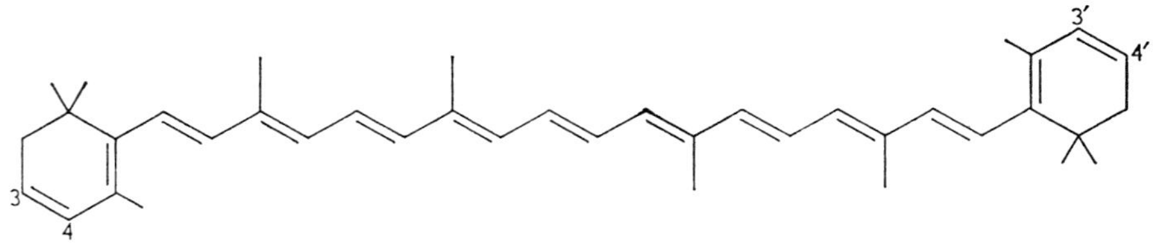

XXVI. ビスデヒドロ-β-カロテン

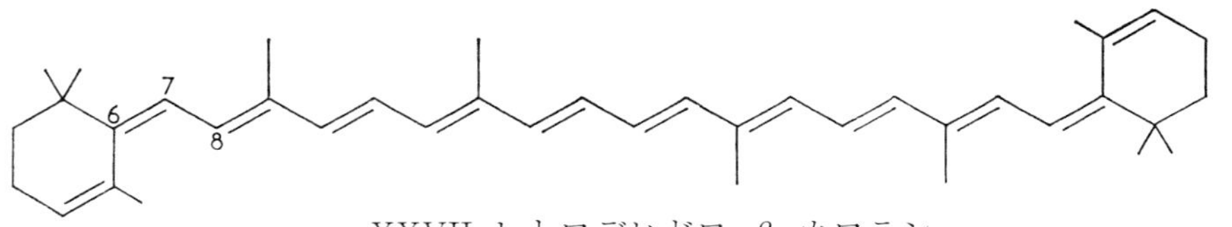

XXVII. レトロデヒドロ-β-カロテン

　カロテノイド類がプロビタミンA活性を示すのに必要な構造的条件は，一般に未置換のβ-イオノン環と未変化のイソプレン鎖の存在であった[34,35,36]。

10.1 カロテノイド類とビタミンA類　363

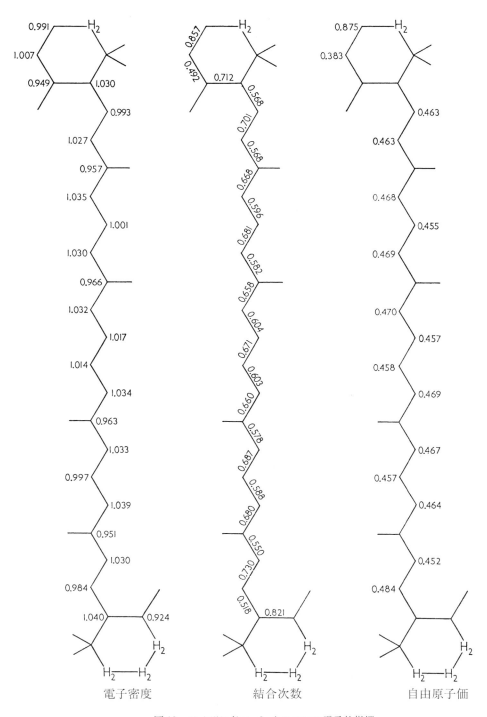

電子密度　　　　結合次数　　　　自由原子価

図10　モノデヒドロ-β-カロテンの電子的指標

顕著なプロビタミン A 活性を示した化合物は（β-カロテンの 50% の活性を示した）α-カロテンと（それぞれ 75% と 38% の活性を示した）モノデヒドロ-およびビスデヒドロ-β-カロテン類（ⅩⅩⅤ, ⅩⅩⅥ）であった。一方，リコペン，β-カロテンの C_{30} 類似体，ニューロスポレンおよびレトロデヒドロ-β-カロテン（ⅩⅩⅦ）はプロビタミン A 活性を示さなかった。

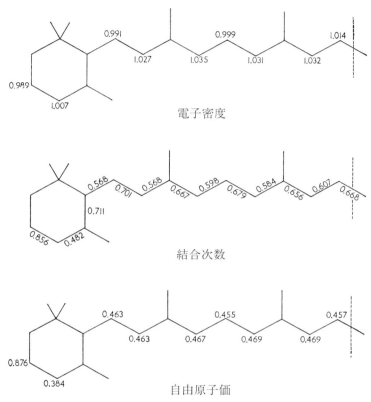

図 11　ビスデヒドロ-β-カロテンの電子的指標

電子レベルでの構造とプロビタミン A 活性との相関はまだ確立されていない。しかし本書の付録には，本章で引用された化合物の電子的指標図が多数収載されている。二種のデヒドロ化合物（ⅩⅩⅤ, ⅩⅩⅥ）は水素化により β-カロテンへ in vivo 変換されると仮定された。というのは，両化合物はいずれもきわめて良好な電子受容体で，かつそれらの最低空軌道のエネルギー係数はそれぞれ −0.17 と −0.16 に等しかったからである。両化合物はまた，（環の相補的二重結合である）3-4（または 3'-4'）結合への付加反応に対して特に高い感受性を示した。この結合は結合次数が最大で，かつ炭素 3 は自由原子価も最大値を与えた（図 10～11）。この付加反応は水素化反応であり，かつ（ビタミン A へと変換される）β-カロテンが最初に攻撃されるタイプの反応でもあった。ただし，ⅩⅩⅤ の主な分解生成物はビタミン A_1 であるのに対し，ⅩⅩⅥ のそれはビタミン A_2 であった。この状況は ⅩⅩⅥ のプロビタミン活性が低い理由を説明した。またレト

ロデヒドロ化合物におけるプロビタミン活性の欠如は，この化合物が β-カロテンに相当する電子的構造をもたない事実とおそらく関連があった（図12）。

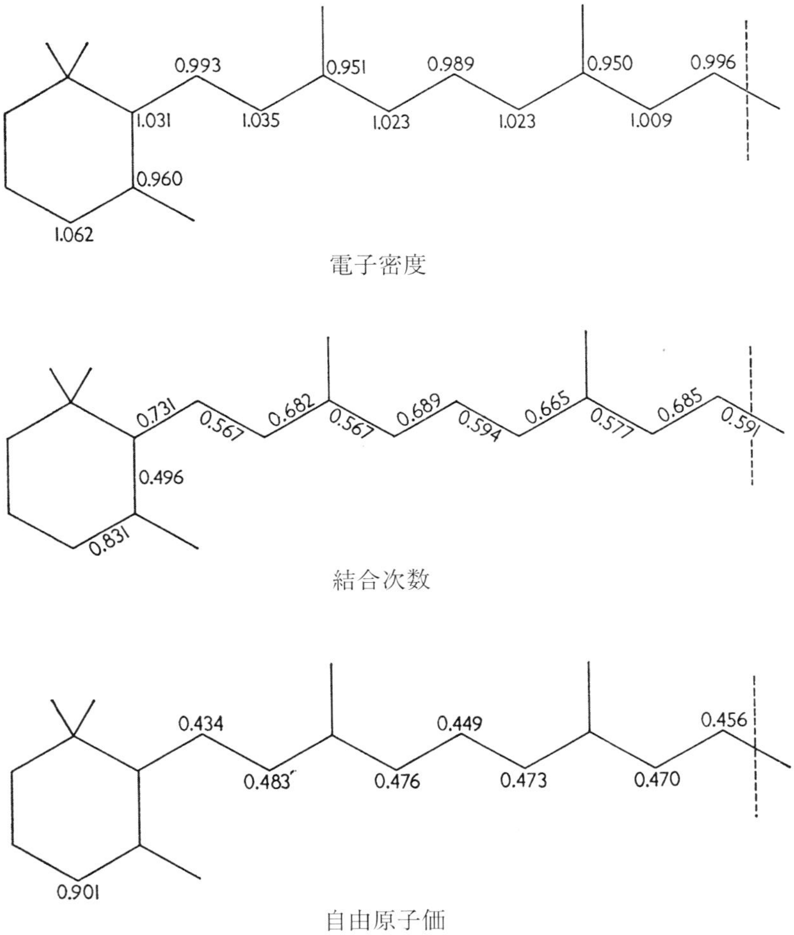

電子密度

結合次数

自由原子価

図12　レトロデヒドロ-β-カロテンの電子的指標

特に鎖内で結合次数が最大となるのは環に隣接する C_6-C_7 結合であった。また自由原子価はこれらの原子ではなく，炭素8で最大となった。もし結合 C_7-C_8 への末端攻撃がビタミン A への変換に関与するならば，レトロ化合物ではそのような反応は起こらない。

　プロビタミン A 活性は分子のシス-トランス異性にも依存した。ポリエン鎖と同様，カロテノイド類もまた，（光照射，ヨウ素触媒の有無，酸触媒，活性表面との接触，溶液の単還流，結晶の融解といった）条件下では二重結合の周囲でシス-トランス異性化を行った[37]。二重結合が多い場合には，理論的に可能な異性体の数はきわめて多い。たとえば脂肪族二重結合を9個もつ β-カロテンでは，形成される異性体の数は原理的には272個に達する。幸いにも異性化の可能

性はさまざまな因子によって制限される。たとえばポリシス化合物の形成されにくさや特定シス構造におけるメチル基と（それらと向き合う）水素との1−4相互作用による立体障害は特に重要な因子であった。その結果，β-カロテンでは実際に観察される異性体の数は12個に過ぎなかった。一般にトランス−シス異性化は生物作用能を低下させるが妨げることはない。ビタミンA自体は6個の既知異性体からなり，それらの相対的生物作用能はすでに知られていた[38]。今の場合，最大の生物作用能を示したのは全トランス異性体であった。

　生化学的ポリエン類におけるシス−トランス異性化の重要性は次に議論するレチネン類で特に顕著である。

10.2　レチネン類と視覚色素類

10.2.1　視覚色素類の組成

　視覚をもたらす一連の事象は網膜の桿状体と錐状体への光の作用によって開始される。この知覚層は感光色素を含んでいる。ただしこの色素はタンパク質オプシンと（色素のいわゆる発色団である）カロテノイド系分子とから構成される。天然の色素は4種類知られており，それらは（桿状体や錐状体に依存する）タンパク質と発色団（レチネン$_1$またはレチネン$_2$）を異にする（表3参照）。ただしレチネン$_1$とレチネン$_2$はそれぞれビタミンA$_1$とA$_2$のアルデヒドに相当する。

表3　視覚色素類の組成

発色団	オプシン	視覚色素
レチネン$_1$	スコトプシン（桿状体）	ロドプシン
レチネン$_1$	フォトプシン（錐状体）	ヨードプシン
レチネン$_2$	スコトプシン（桿状体）	ポルフィロプシン
レチネン$_2$	フォトプシン（錐状体）	シアノプシン

　視覚色素類の中で最も広く検討されているのは陸生脊椎動物や海生動物の視紅すなわちロドプシンである。ここでは議論をこのロドプシンに限定する。

　視覚色素の発色団はレチネンである。このことが分かるまでに長い歳月が必要であった。Hubbard-Wald は発色団の幾何学的形状の重要性を指摘し，この問題へ新しい光を投げかけた[40]。

　ロドプシンは光が当たると，橙黄色中間体を経て無色の生成物へと脱色される。脱色を引き起こすこの一連の事象は，遊離のレチネンとオプシンが放出されることにより終結する。ただし酵素アルコールデヒドロゲナーゼと DPNH の存在下では，レチネンは無色のビタミンAへと還元される。光の作用が長引けば反応は逆転しロドプシンが再生され，かつイソロドプシンと呼ばれる色素が形成される。

　一方，もし肝油のような天然資源からビタミンが供給されれば，アルコールデヒドロゲナーゼと DPN の存在下では，ロドプシンはビタミンAとオプシンとから溶液合成される。しかし市販の結晶性ビタミンAを用いても反応は起こらない。これは重要な知見である。というのは結晶

性ビタミン A は全トランス形でしか存在しないからである。

前節で述べたように，ビタミン A には異性体が6種類存在する。対応するレチネンの異性体は単離可能である。図13はレチネンにおける原子のナンバリングを示している。一方，表4は命名法およびレチネンの各種幾何異性体の記述に用いられる現在の名称である。もしこれらの異性体を適当な条件下でそれぞれオプシンと反応させるならば，タンパク質と実際に結合するのは二つの異性体（11-シス，9-シス）のみであった。すなわち11-シス化合物は天然のロドプシンと同一の色素を与え，9-シス異性体はイソロドプシン（isorhodopsin）と呼ばれる少し異なる色素を生成した。後者は自然界には存在せず，おそらく人工産物と思われる。他の4種のレチネン類はいずれもオプシンとは結合しなかった。

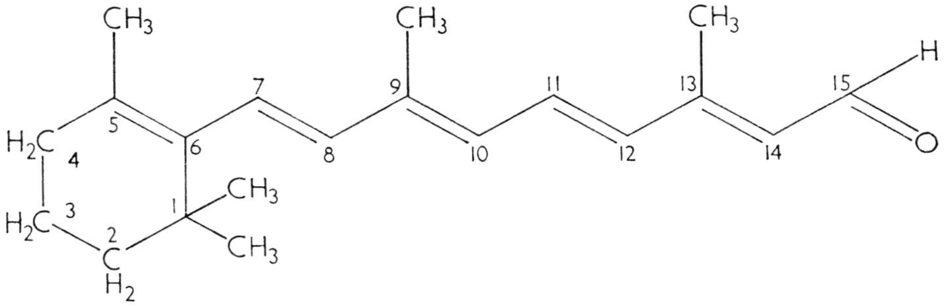

図13　レチネンにおける原子のナンバリング

全トランス異性体はオプシンとは反応しないが，結合することは知られている。実際，ロドプシンを脱色した際に生じる橙色の中間体は，その発色団が光により全トランス形へ異性化したのちオプシンと結合した[41,42]。

表4　レチネンにおける異性化

結合	命名法	名称
9-10	9-シス	イソ-a
11-12	11-シス	ネオ-b
13-14	13-シス	ネオ-a
9-10, 13-14	9, 13-ジシス	イソ-b
11-12, 13-14	11, 13-ジシス	ネオ-c

最初の照射生成物はルミロドプシン（lumirhodopsin）と呼ばれる。ロドプシンとの違いは，結合した発色団が異性化している点である。ルミロドプシンは−50℃では安定であるが，温度が上昇するとメタロドプシンや全トランス色素へと変化する。この最後の変化は構造的緩みによるオプシンの形状変化を伴った[43,44,45]。

オプシンへの発色団の結合に関しては，ロドプシン，ルミロドプシン，メタロドプシンおよびイソロドプシンのいずれにおいても，レチネンのアルデヒド基とオプシンの NH_2 基との間で

シッフ塩基が形成されると考えられる。

$$\text{レチネン-}\underset{\displaystyle\overset{\displaystyle\overset{H}{|}}{\underset{\displaystyle\overset{\|}{O}}{C}}} + \text{H}_2\text{N-オプシン} \longrightarrow \text{レチネン-}\underset{\displaystyle\overset{H}{|}}{C}=\text{N-オプシン} + \text{H}_2\text{O}$$

ただし色素はすべてシッフ塩基（XXVⅢ）のプロトン化した共役酸から誘導される[46,47]。

$$\text{レチネン-}\underset{\displaystyle\overset{H}{|}}{C}=\underset{\displaystyle\overset{H}{\underset{+}{|}}}{N}\text{-オプシン}$$

XXVⅢ

またメタロドプシンを除き，プロトンが放出されることはなかった[48]。さらに熱や各種試薬に対するタンパク質（ロドプシン，遊離オプシン）の安定性の違い[49]，メタロドプシンにおける少なくとも2個のSH基の存在[44]，（ロドプシンではなく）オプシンにおける酸結合基の存在[49]といった諸因子は，レチネンのアルデヒド末端基がオプシンへの唯一の結合部位ではないといった概念や，レチネンの炭化水素鎖の形状が静電引力や水素結合といった相互作用に関与しているといった概念を生み出した[50]。

10.2.2　ロドプシン系におけるレチネンの11-シス異性体の発生

　視覚色素類，特にそれらの発色団に関しては一連の当惑すべき問題が起こった。その中で最も重要なのはロドプシンの形成に際して自然界が選択したレチネン異性体の特性である。

　多年にわたり11-シス異性体は存在しないと考えられてきた。というのは，炭素13に固定されたメチル基の10位水素に対する立体的干渉は分子が完全な平面形をとるのを妨げ[51]，共鳴エネルギーの損失すなわち安定性の消失をもたらしたからである[52]。また天然の視覚色素類に関与するレチネン異性体は意外にも11-シス配置を採ることが観察された[53]。さらに全トランス形レチネンへ白色光を照射すると，11-シス異性体は9-シス異性体に比べて9倍速く形成された[54]。しかし全トランス，9-シス，11-シス，13-シスおよび9,13-ジシスレチネン類を比較してみると，（1%のジギトニン溶液中で3時間，70℃で温置したとき）熱的に最も不安定であったのは11-シス化合物であった[55]。この異性体はまた$\lambda>410\text{m}\mu$（u.v.を除く）の光照射[55]やヨウ素触媒型照射[56]に対しても不安定であった。これらの事実は次のことを示唆した。すなわち束縛された異性体はたとえ安定でなくても各種条件下で容易に形成された[55,57]。明らかに異性体の安定性と形成されやすさは区別されなければならない。このような区別はレチネン類の生化学的役割を考える際には特に重要である。自然界では束縛された異性体は網膜の桿状体や錐状体に見出されるが，この事実はその単離型の不安定性と矛盾しなかった。この特定異性体は形成の際にオプシン

によって捕捉され，かつオプシンと結合して安定化されたからである[50]。すなわちこの異性体の形成されやすさはその生化学的役割にとってきわめて重要であった。

レチネンの 11-シス異性体に見られる束縛は，分子の安定性にとって最初に考えたほど重要ではなかった。というのはこの束縛は二つの分子部分の共役の切断を必要としなかったからである。すなわち共役系の大部分を共平面にするため，CH_3 基は分子平面から押し出されたのである。実際，ポリエン類の束縛異性体を多数合成したところ，それらはいずれも安定であった[58]。

異性体の安定性がどうであれ，レチネンの問題では異性化の機構と速度が重要であった。

このような研究では，本書の第 I 部で説明した手順に従って，各種結合のまわりのトランス-シス異性化に対する局在化エネルギー（LEIs）を計算する必要があった。それによると長いポリエン鎖では，LEIs の結果は束縛された対応シス異性体の安定性に関するそれとはまったく異なっていた。

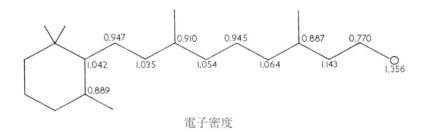

電子密度

結合次数

図 14 （LCAO 法による）レチネンの電子的指標

すなわちレチネン分子の二重結合 9-10，11-12 および 13-14 の回りの LEIs はそれぞれ 1.09β，1.15β および 1.30β なる値を与えた[59]。一方，対応する結合次数は図 14 に示す通りそれぞれ 0.696，0.724 および 0.754 であった[21]。これらの結果は全トランス形レチネンの 11-シス化合物への異性化が 13-シス化合物への異性化に比べて起こりやすいという実験結果と一致した[60]。しかしこれらの値は 9-シス異性体が最も形成されやすいことも併せて予測した。ただし実験によれば，有利なのは 11-シス化合物の方であった。

この食い違いには二つの理由が考えられた。

1. （レチノイン酸の低級同族体である）全トランス形 β-イオニリデンクロトン酸（XXIX）の X 線結晶構造解析によると，環に隣接した一重結合（6-7 結合）の長さは 1.499Å で，実質

的に環内の一重結合（結合 4-5 では 1.500 Å，結合 3-4 では 1.502 Å，結合 2-3 では 1.493 Å）の長さに等しく，鎖内のどの一重結合よりもかなり長かった。

XXIX. β-イオニリデンクロトン酸（全トランス）

このことは 6-7 結合を含んだ完全な共役は存在せず，極端なことを言えば，共役系は鎖内の 4 個の二重結合から構成されることを意味した。もし同様のことが全トランス形レチネンでも起これば，この化合物の共役系は 6 個ではなく 5 個の二重結合からなると考えられる。このような系では，11-12 結合が中央を占め最小の LEI をもつ。結合長の差を考慮して SCF 計算したレチネン分子の結果はこの説明を支持した（次項参照）。これらの計算では，11-12 結合の結合次数は 9-10 結合のそれよりも少し小さかった。このことは異性化がその回りで起こりやすいことを示唆した。

2. 9-シス異性体が 11-シス異性体に比べて形成されにくいもう一つの理由は 9-シス異性体自体の構造にある。すなわち 9-シス形レチネンと 9,13-ジシス化合物（イソ-a-およびイソ-b-レチネン類）は，光による異性化に関して他の 4 種の異性体群とは異なり特別な様式で振舞うことが実験的に示された[55,56]。すなわち他の異性体群はほぼ同等の時間で平衡混合物に達するが，イソ化合物ははるかに長い時間が掛かった。たとえば Hubbard によれば，9,13-ジシス化合物は 9-シス化合物へすみやかに異性化するが，平衡混合物の達成には長い時間を要した[56]。またイソ化合物と他の異性体との安定性の差は構造に関するかなり大胆な仮説を必要とし，我々を大いに当惑させた。その仮説とは，β-イオノン環ではなく α-イオノン環を必要とするというものであった。もっともこの仮定は放棄された。しかしもう一つの可能性が Dartnall によって示唆された[62]。すなわち，他の異性体では s-トランス形が存在するのに対し，イソ化合物は結合 6-7 の回りでレチネン分子の s-シス形を必要とした（図 15 参照）。

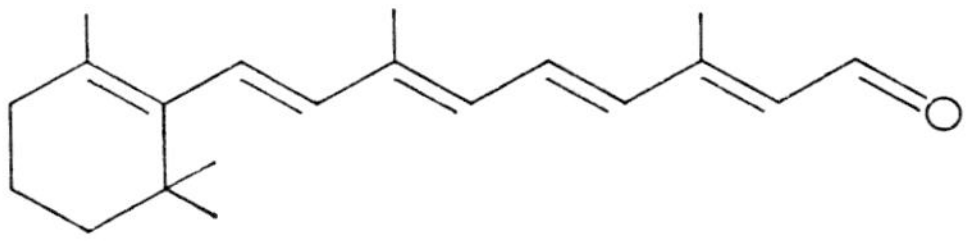

10.2 レチネン類と視覚色素類 371

s-トランス，全トランスレチネン

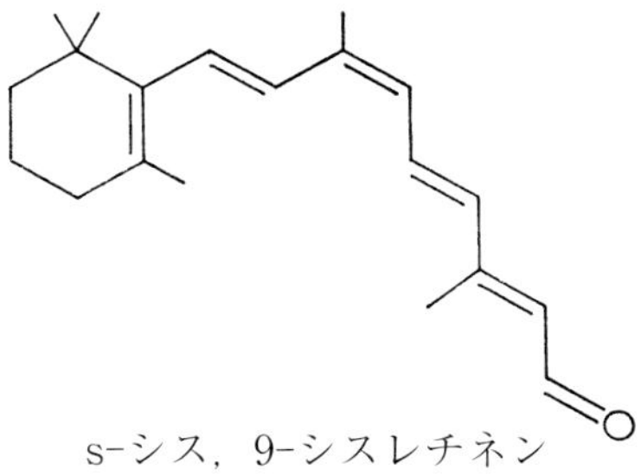

s-シス，9-シスレチネン

図15 β-イオノン環に隣接した結合の回りでのs-トランスまたはs-シス異性化を伴う全トランス
化合物とイソ-a化合物の推定構造

この知見はβ-イオニリデンクロトン酸のX線構造解析によって支持された[61]。著者らは全トランス化合物がs-トランス配置，9-シス化合物が逆のs-シス配置で存在すると考えた（ただし詳しい構造はまだ報告されていない）。

この仮説はいったん形成されたイソ化合物の異常な安定性を説明した。というのは，β-イオノン環のs-シス配置における炭素5のメチル基と共役鎖との立体的干渉は，s-トランス配置でのgem-ジメチル基による干渉に比べて弱い。そのため分子全体では良好な共役が達成され，高い安定性が維持される。そのことは全トランス形への照射により9-シス化合物が11-シスよりも形成されにくい理由を説明した。この場合，異性化は9-10二重結合だけでなくヘキシリデン環の回転も伴い，全変換に対する活性化エネルギーを増加させたからである。

興味深いのは，（第4章で定義された）異性化の過程で現れる活性化錯体では，9-シス異性体が他の異性体に比べてs-シス配置で存在する傾向が強いことであった。たとえば，9-シス（XXX）と11-シス（XXXI）の異性化に対する活性錯体を考え，かつXXXとXXXIにおける環と鎖との共役を完全に切断してみよう。ただし鎖部分は（6-7結合を標準値よりも長くとった）極限表示されている。もしこれらの活性錯体でs-トランス−s-シス異性化が起これば，環と鎖との間で共役はある程度復元される。また極限状態では，XXXとXXXIはXXXIIやXXXIIIのように完全に復元されると考えられる。

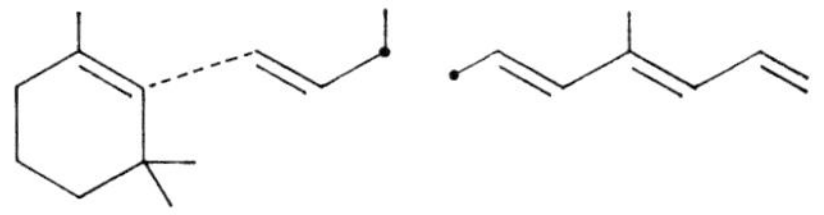

XXX

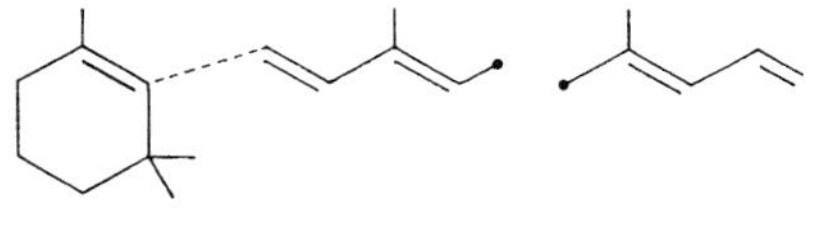

XXXI

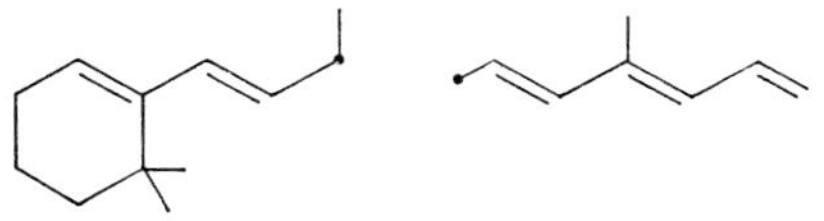

XXXII

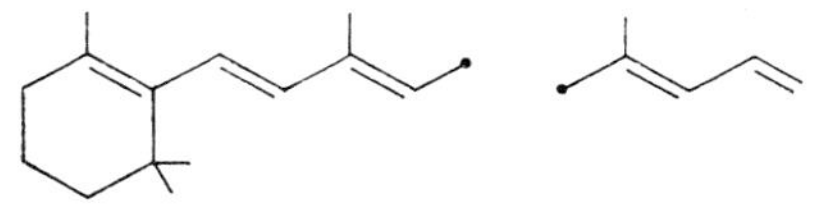

XXXIII

372 第10章 共役型ポリエン類

このように仮定すれば，完全な非共役構造（ⅩⅩⅩまたはⅩⅩⅩⅠ）と完全な共役構造（ⅩⅩⅩ
ⅡまたはⅩⅩⅩⅢ）との間の共鳴エネルギーの増加は環の回転に伴うエネルギー増加の相対尺度
となりうる。計算はレチネンの3種のモノシス異性体（9-シス，11-シスおよび13-シス）に対
して行われた。得られた値はそれぞれ $0.64\,\beta$，$0.59\,\beta$ および $0.57\,\beta$ であった。この場合，共鳴エ
ネルギーの増加は異性化の確率も併せて示した。というのは，特定の一重結合の回りの異性化の
活性化エネルギーはすべての異性体でほぼ同じであった。したがって前述の結果によれば，9-シ
ス化合物で s-異性化が起こる確率は他のシス化合物に比べてかなり高い。

　この研究が強く示すところによれば，さまざまなシス形レチネン類の生化学的重要性を決める
主要因子はシス異性体の相対的安定性ではなく，おそらくシス異性化への全トランス異性体の活
性化エネルギーであると考えられる。

10.2.3　レチネン異性体の電子構造

　すでに見たように，オプシンとレチネンとの結合はきわめて立体特異的である。この結合の可
能性と強度はおそらく幾何因子のみに依存する。しかしレチネン異性体の電子的構造の違いも重
要であると考えられる。たとえば各種異性体はタンパク質とシッフ塩基を形成するが，異性体表
面の他の部位を介してタンパク質へ結合することもある。また電子の供与的性質や受容的性質は
異性体によって異なり，タンパク質と電荷移動錯体を形成する能力も異なる。しかし残念ながら，
単純ヒュッケル法では二つの異性体間に見られる小さな差異は検出されない。実際，この方法は
非隣接炭素原子間の相互作用を考慮しないため，シス異性体とトランス異性体を区別できない。

　したがってこの目的を達成するにはもっと精密な方法が使われねばならない。そこで採用され
たのは Parr-Pariser 近似による自己無撞着場（SCF）の方法であった[63]。表5と図16はそれら
の結果をまとめたものである[64]。ただし表5では最高被占軌道（HOMO）と最低空軌道
（LUMO）のエネルギーは電子ボルト単位で表されることに注意されたい。また酸素原子の孤
立電子対のイオン化ポテンシャルは Nakajima-Pullman 法によって計算された（第4章参照）[65]。
電子密度と結合次数がもつ重要性はヒュッケル法の場合と同じである。しかし二つの方法は互い
に尺度が異なるため，直接比較することはできない。比較が可能なのは同じ方法で計算された場
合に限られる。

　表5と図16によれば，異性体間の電子的特性の違いはきわめて小さかった。とはいえ，それ
らの差異は系統的に表れるため有意になることが多い。そのためレチネンの6種の幾何異性体は
二つのグループに分けられた。すなわち第一のグループは活性化合物である 11-シス異性体と 9-
シス異性体および全トランス異性体から構成され，第二のグループは不活性化合物である 13-シ
ス異性体，9,13-ジシス異性体および 11,13-ジシス異性体から構成される。

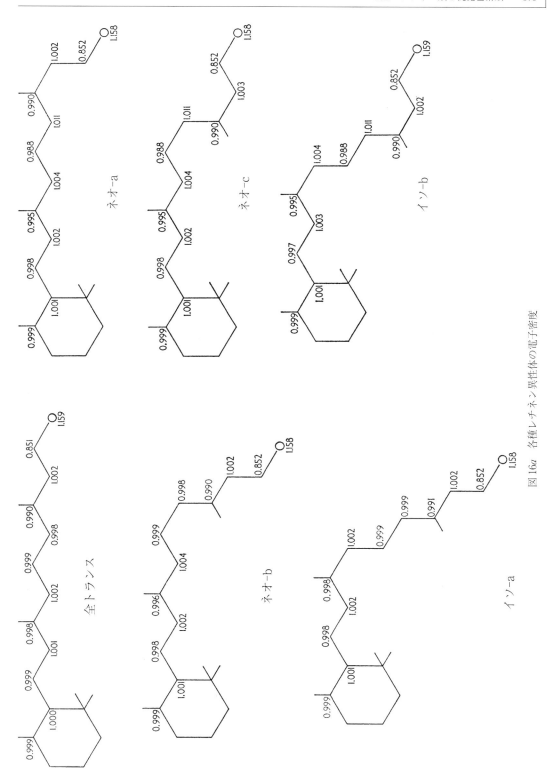

図16a 各種レチネン異性体の電子密度

374　第10章　共役型ポリエン類

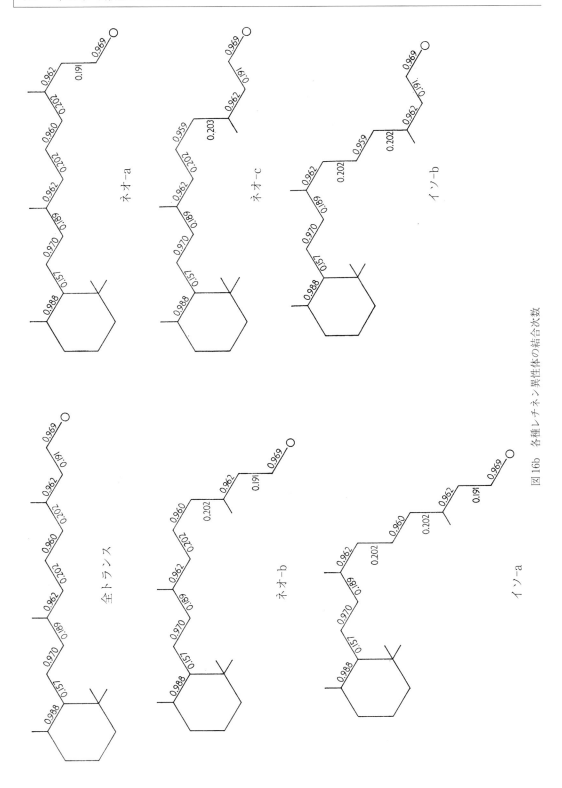

図16b　各種レチネン異性体の結合次数

表5 各種レチネン異性体におけるエネルギー指標の計算値

異性体	HOMO エネルギー	LUMO エネルギー	孤立電子対の イオン化ポテンシャル
全トランス	-9.40	0.90	C-1.02[a]
ネオ-b	-9.40	0.90	C-1.02
イソ-a	-9.40	0.90	C-1.02
ネオ-a	-9.43	0.88	C-1.04
ネオ-c	-9.43	0.88	C-1.04
イソ-b	-9.43	0.88	C-1.04

[a] C は正定数.

第一のグループでは，酸素原子の孤立電子対におけるイオン化ポテンシャルは大きな値を示した。また π 電子供与能は大きく，π 電子受容能は小さかった。さらに三種の活性化合物は電子密度分布の異常性を示した。すなわち 11 位と 12 位の炭素原子は形式正電荷をもつのに対し，活性化合物の他の C-C 結合や不活性化合物の結合では正電荷と負電荷の規則的な交替が観察された。このことは発色団とタンパク質のアニオン基との間に見られる二次的結合性と調和していた。もし色素中の発色団がシッフ塩基の共役酸であるならば，末端原子は酸素ではなく N^+ になる。このことは第四級 N^+ イオンの大きな電気陰性度によるものであり，活性異性体と不活性異性体との間の電荷分布の違いを強調することになった。また報告によると，オプシンへ直接結合しない全トランス形レチネンと他の活性化合物との間に電子的違いはなかった。

　検討中の問題において上述の電子的違いが重要でないならば（もっとも差が小さいため，それを確認する術はない），レチネンの 6 種の異性体は明らかに次の三つのグループへ分類される。

（a）　オプシンとの結合に必要な反応中心と幾何的形状を備えたグループ。このグループに含まれるのはネオ-b 異性体とイソ-a 異性体である。自然界が前者を選んだのは不安定かつ回収されやすいからである。

（b）　活性中心をもつが，オプシンとは直接結合しない全トランス異性体。この異性体は異性化によって色素内に形成されると，空間配置が大きく変化しない限りオプシンへ結合したままとなる。

（c）　オプシンとの結合に必要な反応中心をもたず，かつ幾何的形状も不十分なグループ。不活性な異性体はこのグループに属する。

引用文献

1. Karrer, P., and Jucker, E., *Carotenoids*, Elsevier, Amsterdam, 1950.

2. Isler, O., and Zeller, P., *Vitamins and Hormones*, **15**, 33 (1957).

3. Blaxter, K. L., *Ann. Rev. of Biochem.*, **26**, 275 (1957).

4. 天然の主な置換カロテノイド類の性質と発生の詳細：文献 1 と 2；Goodwin, T. W., *The Comparative Biochemistry of Carotenoids*, Chapman and Hall, London, 1952; *Ann. Rev. Biochem.*, **24**, 497 (1955); *Advances in Enzymol.*, **21**, 295 (1959).

5. Nishimura, M., and Takamatsu, K., *Nature*, **180**, 699 (1957).

6. Dzialoszynski, L. M., Mystkowski, E. M., and Stewart, C. P., *Biochem. J.*, **39**, 63 (1945); Gauguly, J., Krinskry, N. I., Mehl, J. W., and Denel, Jr., H. J., *Arch. Biochem. Bioph.*, **38**, 275 (1952); Kuhn, R., and Bielig, H. J., *Ber.*, **73**, 1080 (1940); Troïtskii, G. V., and Tarasova, L. S., *Biokhimiya*, **20**, 19 (1955); Junge, H., *Z. physiol. Chem.*, **268**, 179 (1941).

7. Kühn, R., and Sorensen, N. A., *Ber.*, **71**, 1879 (1938).

8. Platt, J. R., *Science*, **129**, 372 (1959).

9. Blinks, L. R., *Ann. Rev. Plant Physiol.*, **5**, 93 (1954).

10. Dutton, H. J., Manning, W. M., and Duggar, B. M., *J. Phys. Chem.*, **47**, 308 (1952); Duysens, L. N. M., *Dissertation*, Utrecht (1952).

11. Stanier, R., *The Harvey Lectures*, **54**, 219 (1958-59).

12. Goodwin, T. W., *Biochem. Soc. Symp.*, **12**, 71 (1954).

13. Lowe, J. S., and Morton, R. A., *Vitamins and Hormones*, **14**, 97 (1956); Moore, T., *Vitamin A*, Elsevier, Amsterdam, 1957.

14. Karrer, P., Morf, R., and Schöpp, K., *Helv. Chim. Acta*, **14**, 1036, 1431 (1931).

15. Hunter, R. F., *Nature*, **158**, 257 (1946).

16. Glover, J., Goodwin, T. W., and Morton, R., *Bioch. J.*, **43**, 512 (1948).

17. Hunter, R. F., and Williams, N. E., *J. Chem. Soc.*, 554 (1945).

18. Wendler, N. L., Rosenblum, C., and Tishler, M., *J. Am. Chem. Soc.*, **72**, 234 (1950).

19. Glover, J., and Redfearn, E. R., *Biochem. J.*, **58**, XV (1954).

20. Karrer, P., and Solmssen, U., *Helv. Chim. Acta*, **20**, 682 (1937); Karrer, P., Solmssen, U., and Gugelmann, W., *ibid.*, **20**, 1020 (1937).

21. Pullman, A., *Compt. rend.*, **251**, 1430 (1960)：分子軌道法の単純 LCAO 近似は，共役ポリエン類へ適用されたときある種の弱点が現れる．特に結合次数は鎖の中央に向かってすみやかに一様化される傾向がある（この問題に関する最近の総説：Longuet-Higgins, H. C., and Salem, L., *Proc. Roy. Soc. (London)*, **A251**, 172 (1959).）．この困難は共鳴積分 β の変化を一重結合と二重結合の交代関数で表すことにより回避される．しかしこのような改良は結合の特性の違いを強調するにすぎず，相対的順序まで変えることはできない．したがってここでは改良の操作は省略された．

22. Karrer, P., and Jucker, E., *Helv. Chim. Acta*, **28**, 427 (1945).

23. Swern, D., in Adams, R., Blatt, A. H., Cope, A. C., McGrew, F. C., Niemann, C., and Snyder, H. R. (Eds.), *Organic Reactions*, Vol. Ⅶ, p. 378, Wiley, New York, 1953.

24. Fieser, L., and Fieser, M., *Organic Chemistry*, p. 680, Heath, Boston；引用文献 23.

25. Von Euler, H., Karrer, P., and Solmssen, U., *Helv. Chim. Acta*, **21**, 211 (1938).

26. Glover, J., and Redfearn, E. R., *Biochem. J.*, **58**, XV (1954).

27. Festenstein, G. N., *PhD. Thesis*, Univ. of Liverpool (1951).

28. Kuhn, R., and Livada, K., *Z. physiol. Chem.*, **220**, 235 (1933); Carter, H. E., Osman, E., Levine, H., and Gamm, S., *J. Biol. Chem.*, **128**, XⅢ (1939); Weitzel, G., *Z. physiol. Chem.*, **287**, 254 (1951).

29. Fazakerley, S., and Glover, J., *Biochem. J.*, **65**, 38P (1957).

30. Fishwick, M. J., and Glover, J., *Biochem. J.*, **68**, 36P (1957).

31. Redfearn, E. R., *Biochem. J.*, **66**, 39P (1957).

32. Lowe, J. S., and Morton, R. A., *Vitamins and Hormones*, **14**, 97 (1956).

33. Wald, G., and Hubbard, R., *J. Gen. Physiol.*, **32**, 367 (1948-49); Wald, G., *Biochim. et Biophys. Acta*, **4**, 215 (1950).

33*a*. 実験的観点からの最近の議論。中央での開裂を支持：Olson, J. A., *J. Biol. Chem.*, **236**, 349 (1961); 末端での攻撃を支持：Glover, J., *Ann. Repts. Progr. Chem.*, **56**, 331 (1960); *Vitamins and Hormones*, **18**, 371 (1960).

34. Isler, O., and Zeller, P., *Vitamins and Hormones*, **15**, 31 (1957).

35. Moore, T., *Vitamin A*, Elsevier, Amsterdam, 1957.

36. Zechmeister, L., *Fortschr. Chem. org. Naturstoffe*, **18**, 223 (1960).

37. 最近の総説：Zechmeister, L., *Fortschr. Chem. org. Naturstoffe*, **18**, 223 (1960).

38. Harris, P. L., Ames, S. R., and Brinkman, J. H., *J. Am. Chem. Soc.*, **73**, 1252 (1951); Ames, S. R., Swanson, W. J., and Harris, P. L., *ibid.*, **77**, 4134, 4136 (1955); Ames, S. R., *Ann. Rev. of Biochem.*, **27**, 371 (1958).

39. 視覚色素類の構造についての知識の歴史的発展に関する広範な調査：Dartnall, H., *The Visual Pigments*, Chapter V, Methuen, London, 1957; Morton, P. A., and Pitt, G. A. J., *Fortschr. Chem. org. Naturstoffe*, **14**, 244 (1957); Wald, G., and Hubbard, R., in Boyer, P., Lardy, H., and Myrbäck, K. (Eds.), *The Enzymes*, 2nd ed., p. 369, Academic Press, New York, 1960.

40. Hubbard, R., and Wald, G., *J. Gen. Physiol.*, **36**, 269 (1952).

41. Hubbard R., and St. George, R. C. C., *J. Gen. Physiol.*, **41**, 501 (1956-57).

42. Kropf, A., and Hubbard, R., *Ann. N. Y. Acad. Sci.*, **74**, 266 (1958).

43. Hubbard, R., and Kropf, A., *Ann. N. Y. Acad. Sci.*, **81**, 388 (1959).

44. Wald, G., and Brown, P. K., *J. Gen. Physiol.*, **35**, 797 (1953-54).

45. Radding, C. M., and Wald, G., *J. Gen. Physiol.*, **39**, 909 (1955-56).

46. Collins, F. D., *Nature*, **171**, 469 (1953); Pitt, G. A., Collins, F. D., Morton, R. A., and Stock, P., *Biochem. J.*, **59**, 122 (1955).

47. Brown, P. K., and Brown, P. S., *Nature*, **182**, 1288 (1958).

48. Hubbard, R., and St. Geoge, R. C. C., *J. Gen. Physiol.*, **41**, 50 (1957-58).

49. Radding, C. M., and Wald, G., *J. Gen. Physiol.*, **39**, 923 (1955-56); Hubbard, R., *J. Gen. Physiol.*, **42**, 259 (1958-59).

50. Wald, G., and Hubbard, R., in Boyer, P., Lardy, H., and Myrbäck, K. (Eds.), *The Enzymes*, 2nd ed., p. 369, Academic Press, New York, 1960.

51. Pauling, L., *Fortschr. Chem. org. Natirstoffe*, **3**, 203 (1939).

52. Pauling, L., *Helv. Chim. Acta*, **32**, 2241 (1949).

53. Hubbard, R., and Wald, G., *J. Gen. Physiol.*, **36**, 269 (1952-53); Oroshnik, W., Brown, P. K., Hubbard, R., and Wald, G., *Proc. Natl. Acad. Sci. U. S.*, **42**, 578 (1956).

54. Hubbard, R., *J. Gen. Physiol.*, **39**, 935 (1955-56).

55 Hubbard, R., Gregermann, R. I., and Wald, G., *J. Gen. Physiol.*, **36**, 415 (1952-53).

56. Hubbard, R., *J. Amer. Chem. Soc.*, **78**, 4662 (1956).

57. Robeson, C. D., Blum, W. P., Dieterlé, J. M., Cawley, J. D., and Baxter, J. G., *J. Am. Chem. Soc.*, **77**, 4120 (1955); Brown, P. K., and Wald, G., *J. Biol. Chem.*, **222**, 865 (1956).

58. Karrer, P., Schwyzer, R., and Neuwirth, A., *Helv. Chim. Acta*, **31**, 1210 (1948); Elvidge, J. A., Linstead, R. P., and Sims, P., *J. Chem. Soc.*, 3398 (1951); Oroshnik, W., Karmas, G., and Mebane, A.

D., *J. Am. Chem. Soc.*, **74**, 295 (1952); Garbers, C. F., Eugsters, C. H., and Karrer, P., *Helv. Chim. Acta*, **35**, 1850 (1952); **36**, 562 (1953); Garbers, C. F., and Karrer, P., **36**, 828, 1378 (1953); Oroshnik, W., and Mebane, A. D., *J. Am. Chem. Soc.*, **76**, 5719 (1954); Isler, O., Chopard-dit-Jean, L. H., Montavon, M., Ruegg, R., and Zeller, P., *Helv. Chim. Acta*, **40**, 1256 (1957).

59. Pullman, A., and Pullman, B., *Proc. Natl. Acad. Sci. U. S.*, **47**, 7 (1961).

60. Hubbard, R., 私信 .

61. Eichhorn, E. L., and McGillavry, C. H., *Acta Cryst.*, **12**, 872 (1959).　最近の間接的証明：　Stain, C. H., and McGillavry, C. H., *Acta Cryst.*, **16**, 62 (1963).

62. Dartnall, H. J. A., *The Visual Pigments*, Chapter V, Methuen, London, 1957.

63. Pariser, R., and Parr, R. G., *J. Chem. Phys.*, **21**, 466, 767 (1953).

64. Berthod, H., and Pullman, A., *Compt. rend.*, **251**, 808 (1960).

65. Nakajima, T., and Pullman, A., *J. chim. phys.*, 793 (1958).

第11章 キノン類

11.1 一般的特徴

　キノン類は自然界に遍在する化合物である。生化学におけるその重要性は広く認識されている。主な生化学的活性の中で特によく知られているのは静菌作用[1]，抗真菌作用[2]，昆虫への毒性，（カルボキシラーゼやウレアーゼのような）特定酵素に対する抑制作用[1]，癌化学療法で使われるある種のキノン類の抗腫瘍活性[3]，血液凝固におけるビタミンKやその類似体の役割などである。さらに近年，電子移動や酸化的リン酸化におけるキノン類の役割を示す証拠も多数提示されるようになった。

　もっともキノン類の生化学的挙動の電子的側面に関する研究はまだほとんど行われていない。しかしこれは間違いなく機の熟した研究分野である。したがって本章の目的は，キノン類の一般的性質に関する重要な事実を要約し，かつそれらをさまざまな生物学的機能の解釈と関連づけたり利用したりすることである。また重要な生化学的キノン類，特にビタミンKとEおよびユビキノン類の主な性質についても簡単に要約したい。

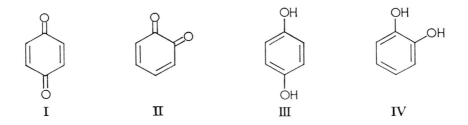

　キノン類の一般名で呼ばれる分子の特徴は環構造Ⅰ（パラキノン類）またはⅡ（オルトキノン類）をもつことである。これらの基本キノン構造へはさまざまな（芳香または非芳香）環を付け加えることによりさまざまなキノン系列がもたらされる。自然界で広く見出されるのはオルトキノン類よりもパラキノン類の方である。

　キノン類は次に示す少なくとも三つの基本的特性を備える。それらの特性は間違いなくそれらの生物学的役割と関連がある。(1) キノン類はヒドロキノン形（Ⅲ, Ⅳ）へ可逆的に還元される。ただし環は芳香族構造を備える。(2) 電荷移動錯体を形成する。(3) 高度かつ特有な化学反応性

を示す。ここではこれらの性質を別々に取り上げ，それらと化合物の電子-構造との関連を検討する。

11.1.1 キノン類の酸化還元的性質

（A） 実験的データ

水溶液中のキノンは金属イオン類の可逆的還元に匹敵する速度ですみやかに還元される。その機構は次の反応式で表される。

第一段階はキノンへの電子の付加である。さらに第二段階としてプロトンの付加が起こる。この過程は溶液の pH に依存する。所定の pH 溶液でのキノンと対応ヒドロキノンとの混合物は一定の水素圧を及ぼすと考えられる。もしこのような混合物へ白金電極を差し込み，古典的な水素電極とつなげば平衡電位が得られる。すなわち標準水素電極をゼロとすれば，それに対するキノン-ヒドロキノン混合物の電位が定まる。

すでに第 4 章で述べたように，そのように定義された電位と電極で起こる酸化還元反応の自由エネルギー変化（ΔF）との間には基本的関係が存在する。ここでは ΔF が反応から得られる最大仕事量の尺度であることを思い出していただきたい。すなわち次式が成り立つ。

$$\Delta F = -W_{max}$$

また電気的仕事は変位した電荷と電位との積で表される。

$$W = q \times E$$

したがって次の関係式が得られる。

$$\Delta F = -n \mathscr{F} E$$

ここで n は変位した電子の数，$\mathscr{F}$ はファラデー定数（$= 96,500$ クーロン，1 モルの電子によって運ばれる電荷）。

一方，酸化還元反応に関与する自由エネルギー変化は次の関係式を満たす。

$$\Delta F = \Delta F^0 + 2RT \ln(\mathrm{H^+}) + RT \ln \frac{（キノン）}{（ヒドロキノン）}$$

ここで ΔF^0 は標準自由エネルギー変化である（たとえば 1 M 濃度の反応物に対する自由エネルギー変化）。したがって，所定の条件下でのキノン／ヒドロキノン溶液の電位は次式で与えられる。

$$E = -\frac{\Delta F^0}{2\mathscr{F}} - \frac{RT}{\mathscr{F}} \ln(\mathrm{H^+}) - \frac{RT}{2\mathscr{F}} \ln \frac{（キノン）}{（ヒドロキノン）}$$

たとえばキノンとヒドロキノンの濃度が等しく，かつ水素イオン濃度が1すなわち pH = 0 のとき電位は次の簡単な式で表される。

$$E^0 = -\frac{\Delta F^0}{2\mathscr{F}}$$

ここで E^0 は標準電位と呼ばれる。すでに述べたように，標準電位は水素電極をゼロとしたときの値である。電位の符号については，基準状態に対応する条件でキノン/ヒドロキノン系を H^+/H_2 系へ酸化したときを正，逆にキノン/ヒドロキノン系が H^+/H_2 系によって酸化されたときを負とする。したがってキノン/ヒドロキノン系の電位が正になるほど系は酸化された状態となる。言い換えれば，高電位のキノン/ヒドロキノン系はより低電位の別の系を酸化する。すなわち第二の系の平衡をキノン形の方向へと移動させる。

一般にキノン類は約 0.15 v から 0.95 v の範囲の正電位をもつ。したがってそれらは強力な酸化剤で，実際に天然の有機物質の中で最も酸化作用が強い。

表1　代表的キノン類に対する標準電位 E^0 の値（25℃，アルコール溶媒，pH = 0）[a]

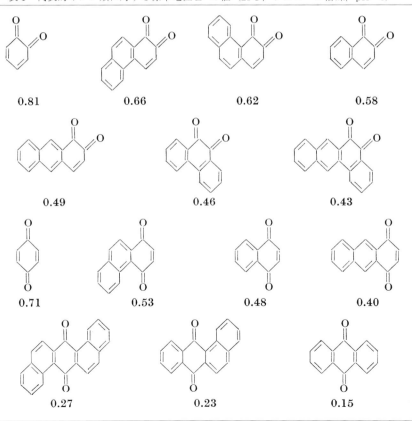

[a] Branch, G. E. K., and Calvin, M., *The Theory of Organic Chemistry*, Prentice-Hall, New York, 1941.

382 第11章 キノン類

　表1はポリベンゼン系キノン類の標準電位を示したものである。これらの系列では，分子構造
への標準電位の依存性に関して次の示すいくつかの規則が見出された。

　(1)　ベンゼン，ナフタレンおよびアントラセン系列のオルトキノン類は対応するパラキノン
　　　類よりも高電位であった。

　(2)　ベンゼン環の直線的融合はオルトおよびパラキノン系列の電位を低下させた。

　(3)　一方，パラキノン系列では縮環は電位を高めた。この規則はオルトキノン系列にも当て
　　　はまった。ただしカルボニル基に隣接した結合で縮環が起こる場合は別である。

　さらに置換基が芳香族キノンへ結合する場合には，（Fieser が提唱した）きわめて正確な経験
則が成り立つ[4]。すなわち多環式キノン類の環へ固定された（NO_2, CN, CO_2H, SO_3H といった）
m-指向性（電子求引性）置換基は一般に電位を増加させるが，（OH，NH_2，NHR，$N(CH_3)_2$,
CH_3 などの）o-p-指向性（電子供与性）置換基は電位を低下させた。またハロゲン類は第一系列
の置換基と同様に振舞った。さらに置換基が2個以上結合した場合にはそれらの効果はほぼ加成
的であった。Fieser によれば，置換基の効果は次の事実と関連があった。すなわち m-指向性置
換基とハロゲン類は電子求引性で，特に（酸素原子を末端とする）系では外部電子に対する求
引力の増加が認められた。このような電子の増加はキノンをヒドロキノンイオンへと変化させた。
置換基の第二のグループは（逆の効果をもたらす）電子供与基から構成される。そのため外部電
子を捕捉するキノンの傾向は低下した。

(B)　理論的指標との相関

　Branch-Calvin によって最初に指摘されたように，関連系列ではあるキノンから別のキノンへ
移行する際の電位変化は，系列を通してキノンとヒドロキノンの相対熱含量の変化の尺度とな
る[5]。

　このことは電位と自由エネルギーとの関係から明らかである。自由エネルギーの変化は次式で
定義される。

$$\Delta F = \Delta H - T \Delta S$$

またキノン類の還元に対するエントロピー変化はどの化合物もほぼ同じで，－32 cal/deg である。
この値は反応で失われる水素分子のエントロピーとほぼ一致する。また ΔH の変化は酸化還元
反応の決定因子と考えられる。

　この変化は二つの成分から成り立つ。すなわち結合エネルギーの変化とキノンからヒドロキノ
ンへ移行する際の共鳴エネルギーの変化である。与えられたキノン系列では，結合エネルギーの
変化は全体を通してほぼ一定であった。すなわちその変化は2個の C＝O 結合，1個の C－C 結
合および1個の H－H 結合の消失と，2個の C－O 結合，2個の O－H 結合および1個の C＝O
結合の形成を常に伴った。もっともその値はきわめて小さかった。すなわちキノンの還元に伴う
自由エネルギー変化における主な可変項はヒドロキノン-キノン間の共鳴エネルギー差であった。

$$R_{hq} - R_q$$

表2　キノン類やヒドロキノン類の標準電位と関連のあるエネルギー指標

化合物	$E°$ (25°, アルコール)	$R_{hq} - R_q$	$(HOMO)_{hq}$	$(LUMO)_q$
	0.71	1.17	0.63	−0.23
	0.53	0.98	0.45	−0.27
	0.48	0.91	0.41	−0.33
	0.40	0.84	0.30	−0.35
	0.15	0.60	0.23	−0.44

　したがってキノン系の酸化還元電位とヒドロキノン–キノン間の共鳴エネルギー差との間には次の簡単な関係が期待された

$$E^0 \sim 定数 + (R_{hq} - R_q)$$

キノンの還元は芳香環構造の回復（ⅠとⅢまたはⅡとⅣを比較されたい）を伴うので，ヒドロキノンの共鳴エネルギーは対応するキノンのそれよりも常に大きいことが予測される。共鳴エネルギーは負量であり，定数項もきわめて小さい。このことは正電位すなわち酸化系に対応している。

さらに二種のキノン-ヒドロキノン系を溶液中で混合すると，$R_{hq}-R_q$ が最も大きな系は（キノン形が優勢な）他の系と異なり，その平衡をヒドロキノン形へ移動させることが予測される。

この関係は多くの研究者によりさまざまな様式で検討された[5-10]。もっとも初期の試みのほとんどは $R_{hq}-R_q$ を計算しただけであった[11]。主な結果は使用した近似とは無関係に，どの場合も一般に同じであった。

典型的なキノン類では，表2に示されるように E^0 の変化は $R_{hq}-R_q$ のそれと並行関係にあった。もし次のタイプの水素結合の存在によるオルトヒドロキノンの過剰安定化を考慮に入れるならば，この関係はオルトキノン類とパラキノン類の両者を含めた形で成立した。

もしこれがなされなければ，オルトキノン類とパラキノン類では E^0 と $R_{hq}-R_q$ との相関に異なる曲線が当てはめられる。なおこの関係は表3と表4に示すように，キノン類の置換誘導体でも成立した。

表3 ベンゾキノンの標準電位と理論的関連指標に及ぼす2種の置換基の効果

化合物	ベンゾキノン環における ΔE^0 の符号	$R_{hq}-R_q$	$(HOMO)_{hq}$	$(LUMO)_q$
シアノベンゾキノン	+	1.19	0.65	−0.18
ベンゾキノン		1.17	0.63	−0.23
アミノベンゾキノン	−	1.06	0.43	−0.30

表4 1,4-ナフトキノンの標準電位と理論的関連指標に及ぼす特性置換基の効果

化合物	E^0_{25}（アルコール）[a]	$R_{hq}-R_q$	$(HOMO)_{hq}$	$(LUMO)_q$
1,4-ナフトキノン	0.48	0.90$_5$	0.41	−0.33
2-CH$_3$-ナフトキノン	0.41	0.88	0.39	−0.34
2-OH-ナフトキノン	0.36	0.84	0.36	−0.38
2-NH$_2$-ナフトキノン	0.27	0.79	0.28	−0.42

[a] 引用文献4からのデータ.

酸化還元電位に関する第二の相関は，電子移動に関与する分子軌道のエネルギー，すなわちヒドロキノンの最高被占軌道エネルギー（$HOMO_{hq}$）とキノンの最低空軌道エネルギー（$LUMO_q$）に関するものである[12]。表2，3および4の最後の2列には，いくつかの典型的なキノン系列に対する $HOMO_{hq}$ と $LUMO_q$ の計算値が示されている。電位の増加に対して，$HOMO_{hq}$ と $LUMO_q$ はいずれもエネルギー尺度的に増加した。

エネルギーの低い LUMO は良好な電子受容体であるが，エネルギーの低い HOMO は良好な電子供与体ではないことに注意されたい（第4章参照）[13]。観察された二つの相関は，もしキノン-ヒドロキノン系 B がもう一つの系 A に比べて高い正電位をもつならば，キノン B_q はキノン A_q に比べて良好な電子受容体であるが，同時にヒドロキノン B_{hq} はヒドロキノン A_{hq} に比べて不良な電子供与体であることを意味する。

電位と電子移動に関与する二種の軌道間のこれらの相関は，あらゆる酸化還元系に当てはまる一般的規則ではなくキノン類に特有なものである[14]。E^0 と関連した唯一の量は，すでに述べた通りヒドロキノンとキノンとの間の共鳴エネルギーの変化である。特有の構造をもつ多環式キノン類では，この変化は関与する軌道のエネルギーと結びついている。

前述の相関に加えて，酸化還元電位の展開とキノン類の他の構造的特性（たとえば C＝O 振動周波数[9,15]や C＝O 結合の結合次数[9]）との間には他の経験的関係もいくつか観察される。これらの相関の存在は共鳴エネルギーの変化との関係から示された[14,16]。

11.1.2 電荷移動錯体におけるキノン類

前述の議論では，キノン類が良好な電子受容体であるという事実が強調された。この性質は一般に最低空軌道の位置が低い事実と関連がある（表2）。キノン類が電荷移動錯体すなわち供与体-受容体タイプの分子化合物を形成しやすいのはこの性質によるものである。

このような錯体として名高いのは着色したキンヒドロン形化合物である[17]。この化合物はヒドロキノン類やフェノール類またはアミン類をキノン類と混合したときに形成される。

フェノール類やヒドロキノン類との錯体では，$(Q)_1(Hq)_2$ で表される結晶性化合物の形成に未置換の OH 基が少なくとも1個必要であった。すなわちアルキル化フェノール類やヒドロキノンのジアルキルエーテルはこのような結晶性錯体を形成せず，溶液中では $(Q)_1(Hq)_2$ なる組成をもつ化合物を与えた。このことは溶液中ではこれらの電荷移動錯体の形成に水素結合が関与しないという結論を導いた。このタイプの錯体では，受容性キノンと供与性分子は共平面にはなく，互いに重なり合っていると考えられた[17]。パラベンゾキノン類と各種供与性分子との錯体で検討されたのは結合エネルギーと電荷移動帯の位置であった[18]。ただし供与性分子としてはアニソール，フェノール，ヒドロキノン，ヒドロキノンジメチルエーテル，あるいは（ベンゼン，トルエン，o-キシレン，p-キシレン，ナフタレン，フェナントレンおよびアントラセンといった）炭化水素類が取り上げられた[18]。また（電子供与体として働くビフェニル，ベンゼン，ナフタレン，アントラセン，ペリレン，ピレン，クリセン，ジベンゾアントラセン，ベンゾアントラセン，ナフタセンといった）炭化水素類とクロラニル（V）との錯体についても検討した[19]。クロラニルは未置換のパラベンゾキノンよりも良好な電子受容体であった[20]。この性質はハロゲン化キノン類とパラフェニレンジアミン類または N, N, N', N'-テトラメチルパラフェニレンジアミン類との錯体に現れる常磁性と関連があった[21]。

V. クロラニル　　　　　Ⅵ. フルオラニル

最近，フルオラニル(Ⅵ)はクロラニルよりも良好な電子受容体であることが示された[22]。この性質はおそらく（キノンのLUMOを著しく低下させる）フッ素原子の高い電気陰性度によるものである。

前述の事例を引用したのは，（生化学的機能との関連がまだ検討されていない）キノン類の挙動を説明するためであった。生化学における電荷移動錯体の重要性は最近蓄積された多くの証拠からも支持された。

11.1.3　キノン類の化学反応性

(A)　電子的指標

キノン類はきわめて反応性の高い化合物群である。それらの反応性はα,β-不飽和ケトン類よりもさらに高い。この挙動は化合物の特異な構造と関連がある。すなわち第一に，キノン環は芳香環でないため，その共鳴安定化は比較的小さい。表5はp-ベンゾキノン，1,4-ナフトキノンおよび9,10-アントラキノンにおけるπ電子当たりの共鳴エネルギーを，それぞれベンゼン，ナフタレンおよびアントラセンに対する値と比較したものである。表によると，キノン類の共鳴安定化は炭化水素類のそれに比べてかなり小さい。

表5　キノン類のキノンの共鳴エネルギー（単位：β）

化合物	R	π電子当たりのR	対応炭化水素におけるπ電子当たりのR
p-ベンゾキノン	1.318	0.164	0.333
1,4-ナフトキノン	3.281	0.273	0.368
9,10-アントラキノン	5.239	0.327	0.379

図1，2および3は，（本章の後節で議論されるが，生化学的に重要なキノン類の骨格をなす）最も簡単なパラキノン類における電子的指標の分布を示したものである。

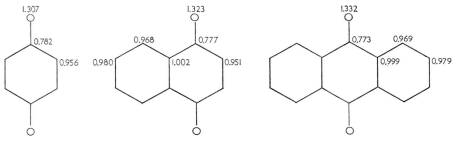

図1　$para$-キノン類の電子密度

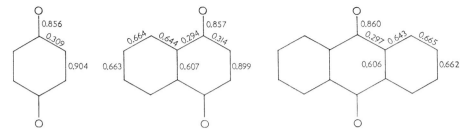

図2　*para*-キノン類の結合次数

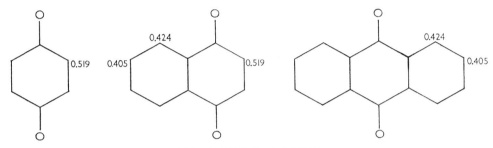

図3　反応性炭素の自由原子価

これらの分子図の検討から引き出された結論は次の通りである。

(a) カルボニル結合のπ電子は分子骨格に含まれる他のπ電子とわずかではあるが共役している。したがってC＝O結合の結合次数はいずれのキノン類でも比較的大きい。パラベンゾキノンのα,β-炭素-炭素二重結合や1,4-ナフトキノンのキノン環におけるα,β-炭素-炭素結合の結合次数もまた同様である。しかしアントラキノンでは，C—C結合次数はベンゼン環の内部共鳴によりならされ，ほぼ均一であった。

(b) 強く局在化したα,β-炭素-炭素結合の場合には，カルボニル基に隣接する炭素原子（α炭素）はきわめて大きな自由原子価をもつ。このことはその位置の反応性がきわめて高いことを意味する。またその位置に固定された置換基は他の位置に固定された置換基に比べてはるかに強く分子骨格と共役すると考えられる（第4章参照）。この状況は（ナフトキノン環の各種位置に固定された置換基による標準電位の変化に関する）Fieser-Fieserの興味深い観察と関係がある[23]。図4はナフトキノン環の各種位置へ結合したメチル基やヒドロキシ基による電位低下の効果を示したものである。効果が特に強く現れたのは置換基がキノノイド環へ結合した場合であった。

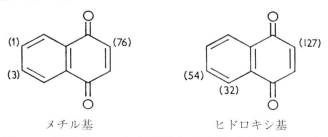

図4　1,4-ナフトキノンにおける置換基の電位低下作用（単位：mv）

388　第11章　キノン類

（c）　一般に，キノン類の炭素原子は（環外電子を引き付ける）酸素の高い電気陰性度により，形式正電荷を帯びている。その結果，カルボニル末端酸素は電子がきわめて過剰になっている。またそれらの形式負電荷は環生成に伴って増加する。

（B）　特徴的な反応性

これらの構造的特性の結果として，パラキノン類は次に挙げる特徴的な反応性を示す[24]。

（a）　エチレン形付加

前項で指摘したように，ベンゾ-およびナフト-キノン類のα, β-炭素-炭素結合は大きな結合次数と自由原子価をもつ。これは付加反応に特に適した結合特性である。実際，たとえばハロゲン類はこれらのキノン類へきわめて付加しやすい。メナジオン（Ⅶ）すなわち 2-メチル-1,4-ナフトキノンは置換基が反応性結合に存在するにも拘わらずきわめてハロゲン付加を受けやすい。このことはC_3位の自由原子価（0.531，図5参照）が元のキノリンのそれ（0519，図3参照）よりも大きいという事実に由来する。

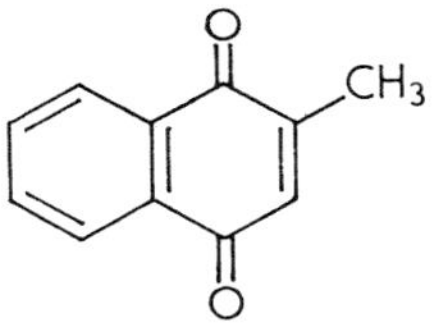

Ⅶ. メナジオン

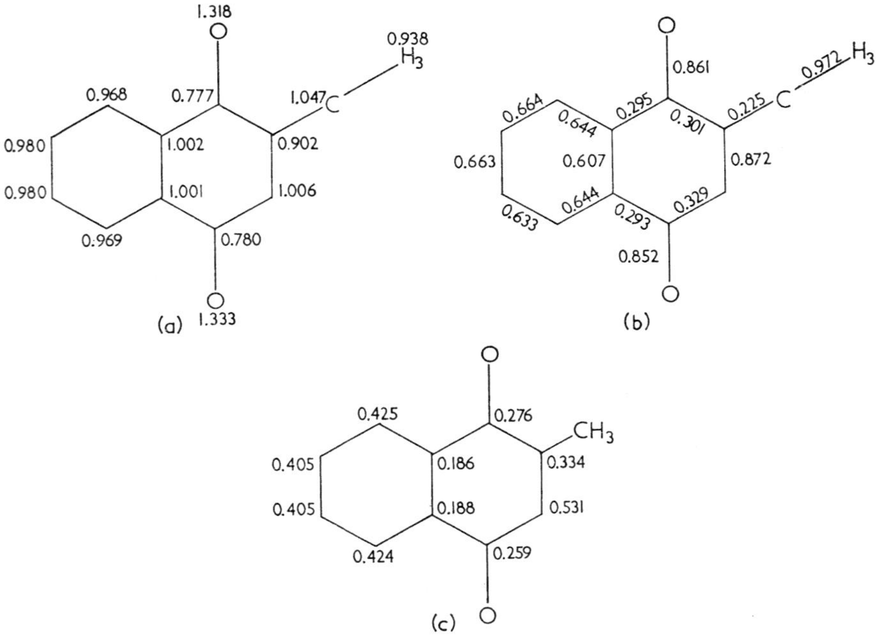

図5　メナジオン：（a）電子密度；（b）結合次数；（c）自由原子価

その他，同様の反応としてはジアゾアルカン類やアリールアジド類とのディールス-アルダーカップリングや H_2O_2 の作用によるエチレンオキシド類の生成などがある。

(b) 重合とラジカル反応

C＝O 結合の α 位と β 位における大きな自由原子価はパラキノン類が光重合しやすい事実と関係が深い[25]。同じ性質はキノン類がフリーラジカル類による置換（たとえば，ジアセチルペルオキシドによるアルキル化）を受けやすいという事実にもおそらく関与している。

(c) C＝O 基の性質

酸素の大きな電気陰性度により，カルボニル結合は極性がきわめて高い。特に酸素の形式負電荷はパラベンゾキノンでは $0.307e$ であるが，ナフトキノンでは $0.323e$ となり，アントラキノンではさらに $0.332e$ にまで増加する。酸素原子のこのような活性化はアリールヒドラジン類に対するキノン類の反応性や[26]，ベンズアルデヒドの自動酸化を抑制するキノン類の性質と関連がある[27]。

(d) 1-4 付加

生化学的性質との関連で重要なキノン類の反応は 1-4 付加である。一般形 AH で表される試薬は図 6 の第一段階に従ってキノン類へ付加する。すなわち水素原子は一方の酸素へ結合し，A フラグメントは 4 位へ付加する。続いて中間体のエノール化が起こり(b)，さらに安定な芳香環へと移行する(c)。このような付加は（第一アミン，第二アミン，エタノール，メタノール，亜硫酸水素ナトリウム，無水酢酸，HCN などの）広範な試薬で起こる。

付加様式はキノン類の 4 位正荷電炭素原子へ A⁻が求核攻撃し，かつプロトンが負荷電酸素へ付加するという機構と矛盾しない。

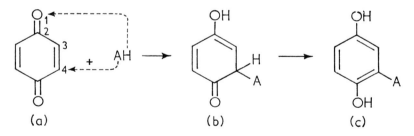

図 6　キノン類における 1-4 付加

このタイプの反応が示す次の特徴は強調に値する。すなわちもし A が CN や SO_3H のような電子求引基であるならば，ヒドロキノン（図 6 の c）は元のキノン（a）に比べて酸化還元電位が高い。また，(a) が過剰に存在する場合には生成した化合物は安定である。一方，もし AH 化合物がアミンやエタノールまたはチオールであるならば，新しい化合物は元の化合物よりも電位が低い。したがって過剰の初期キノンはヒドロキノンを酸化し，対応する置換キノン(Ⅷ)が最終生成物となる。

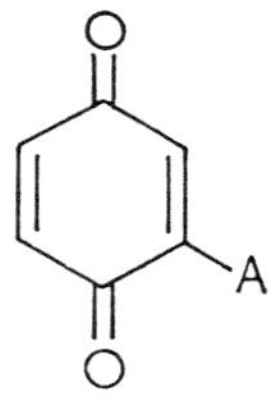

390 第11章 キノン類

VIII

　反応が続けて2回起こると，対称的なジ置換キノンが生成する。たとえばパラベンゾキノンへのアニリンの付加は化合物（IX）を与える。

　1-4付加の中で特に興味深いのはチオール化合物のそれである[28,29]。このような反応はさまざ

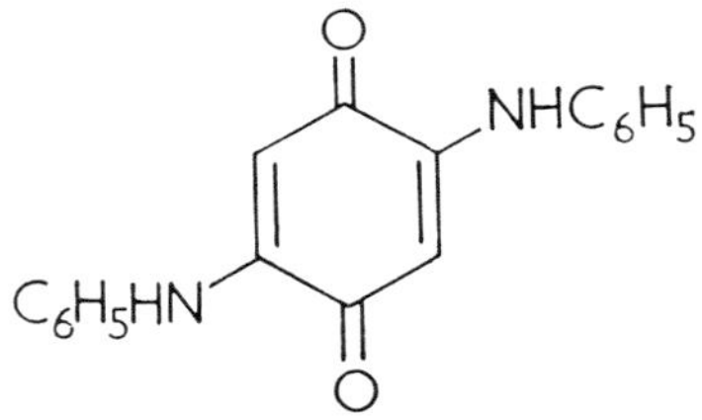

IX

ま生化学的過程で起こる。たとえばキノン類の抗菌活性[30]，抗生物質の不活性化[31]，CoQ_0 やその6-ブロモ誘導体による（ウシ心臓ミトコンドリアでの）酸化やリン酸化の阻害[32]などである。

11.2　生物学的に特に重要なキノン類

　動物において明確な生物学的機能を示すキノン類の中で特に重要なものは脂溶性のビタミンKとEおよび最近発見されたユビキノン類である。

11.2.1　ビタミンK
(A)　定義

　C_3 位に側鎖をもち，かつ2-メチル-1,4-ナフトキノンから誘導された物質群はビタミンK（X）と呼ばれる。

　ビタミン K_1 は緑色植物中に見出され，しばしばフィロキノンと呼ばれる。この化合物はフィチル基（XI，ただし $n=3$）を側鎖とする。

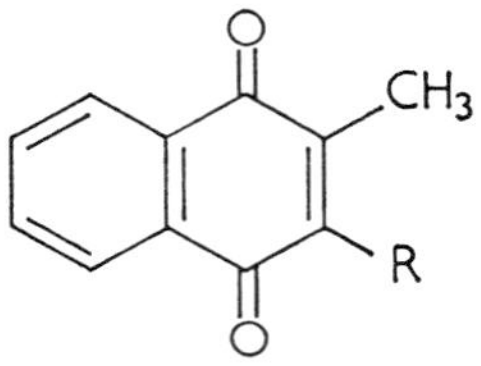

X

$$R = CH_2CH = C - (CH_2 - CH_2 - CH_2 - CH)_n - CH_3$$
$$\quad\quad\quad\quad | \quad\quad\quad\quad\quad\quad\quad\quad\quad\quad | $$
$$\quad\quad\quad\quad CH_3 \quad\quad\quad\quad\quad\quad\quad\quad CH_3$$

XI

広い意味で，ビタミン K_1 系列には n を異にし，かつフィチル基を側鎖とする化合物が多く含まれる。

一方，ビタミン K_2 は細菌内に見出され，メナキノンとも呼ばれる。その側鎖構造は XII で与えられる。

$$R = CH_2 - CH = C - (CH_2 - CH_2 - CH = C)_n - CH_3$$
$$\quad\quad\quad\quad | \quad\quad\quad\quad\quad\quad\quad\quad\quad\quad | $$
$$\quad\quad\quad\quad CH_3 \quad\quad\quad\quad\quad\quad\quad\quad CH_3$$

XII

ビタミン $K_{2(30)}$ は炭素原子 30 個からなる全トランス形のファルネシル-ファルネシルを側鎖とし，n は 5 である。またビタミン $K_{2(35)}$ は炭素原子 35 個からなる全トランス形のファルネシル-ゲラニル-ゲラニルを側鎖とし，n は 6 である。同様に，$K_{2(45)}$ は *Mycobacterium phlei* に見出され，n は 8 である。

ビタミン K_3 はメナジオン (VII) とも呼ばれ，X の未置換体に相当する。またそのジエステル体はしばしばビタミン K_4 と呼ばれる。

(B) 血液凝固活性

ビタミン K は高等動物における血液凝固因子の形成に不可欠である。

血液凝固は血漿中に存在するタンパク質フィブリノーゲンの不溶性フィブリンへの変換を伴う。この変換は酵素トロンビン（thrombin）の影響下で引き起こされる。またトロンビンは（肝臓で作られ，正常には血中に存在する）前駆体プロトロンビン（prothrombin）から形成される。ビタミン K の欠乏はプロトロンビンの血中レベルの低下と，もう一つの血液凝固因子であるプロコンベルチン（proconvertin）の欠乏をもたらす[33]。たとえばビタミン K を含まない飼料をニワトリへ投与すると，ニワトリは致命的な出血をきたす。

ビタミン K の欠乏はビタミン K_1，ビタミン K_2 またはメナジオンを与えることで打ち消される。ビタミン K の生物活性は K_1 と K_2 のいずれの場合も側鎖 R の長さと関係がある[34]。最適な長さはビタミン K_1 ではフィチル基に対応し，ビタミン K_2 では鎖中の炭素原子が 25 個の場合に対応する。またメナジオンはビタミン K 欠乏症においてビタミン K_1 と同程度の活性を示す。動物体内では，メナジオンは炭素 20 個からなるイソプレノイド側鎖を追加することによりビタミン K_2 化合物へと変換される[35]。ただし実際にはメナジオン自体は自然界には見出されない。したがって生体中でのそのビタミン K 様活性はメナジオン自体の性質ではなく，変換生成物の性質と考えられる。

血液凝固におけるビタミン K の正確な作用様式は不明である。問題解決に役立つのはビタミ

392　第11章　キノン類

ンK拮抗薬の存在である。抗凝血薬（anticoagulant）と呼ばれるこの物質グループは血液凝固を抑制するが，その作用はビタミンKの投与によって打ち消される。このグループで最もよく知られた化合物はジクマロール（XⅢ）である。

　血液凝固因子の形成における抗凝血薬とビタミンKの役割は明らかに密接な関係がある。プロトロンビン合成酵素は二つの部分すなわちアポ酵素と（補欠分子族としての）ビタミンKとから構成される[36]。ビタミンK欠乏症では補欠分子族はかなり失われた状態にある。この仮説によれば，抗凝血薬はアポ酵素に対してビタミンKと競合する。

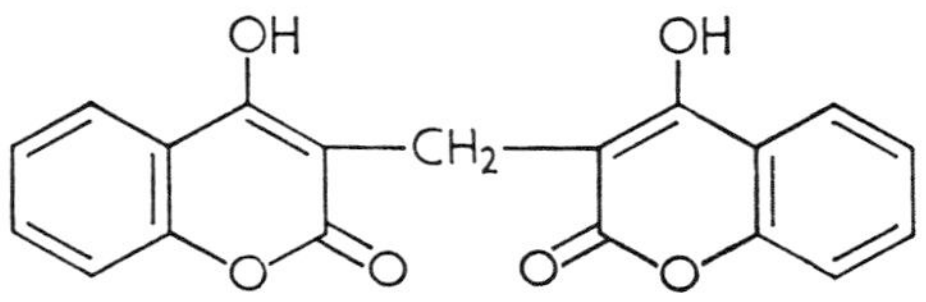

XⅢ. ジクマロール

　クマリン（XⅣ）の誘導体の多くは抗凝血薬として調製され試験されてきた[37,38]。実際の治療で最もよく使われるのは（ジクマロールのエチルエステルである）トロメキサン，ワルファリンすなわち3-（α-アセトニルベンジル）-4-ヒドロキシクマリンおよびクマクロルすなわち3-（α-クロロフェニル-β-アセチルエチル）-4-ヒドロキシクマリンである。

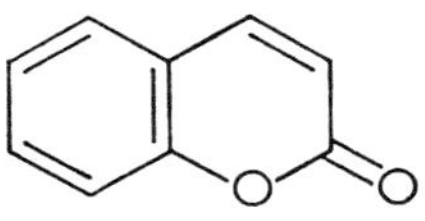

XⅣ. クマリン

　一時，抗凝血活性には4-ヒドロキシクマリン単位が少なくとも1個必要であると考えられた[37]。しかしその後，インダンジオン（XⅤ）の2-置換誘導体たとえば2-フェニルインダンジオンも活性であることが示された[38]。また硫黄によるピロン環酸素の置換は抗凝血活性を完全には消失させなかった。たとえばジチオクマロール（XⅥ）はジクマロール活性の1/10を保持した[38]。

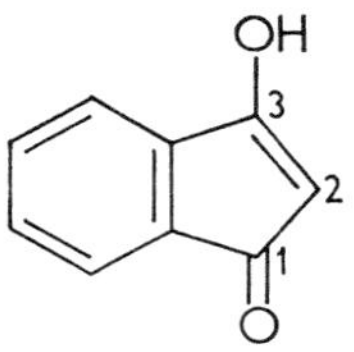

XⅤ. インダンジオン

　フチオコール（XⅦ）の誘導体もまたある程度活性を示した[38-40]。たとえばジフチオコール（XⅧ，R＝フチオコール）はその一例である。

ビタミン K 欠乏症の治療に用いられる化合物は必ずしも抗凝血効果を抑制しない。たとえばメナジオン誘導体はビタミン K 欠乏症の治療効果に比べて，その抗凝血作用ははるかに弱い。活性ビタミン K_2 化合物へのメナジオンの *in vivo* 変換は限定的であるため，メナジオンはジクマロール中毒の中和に必要な大量薬物の供給には適さない[41]。

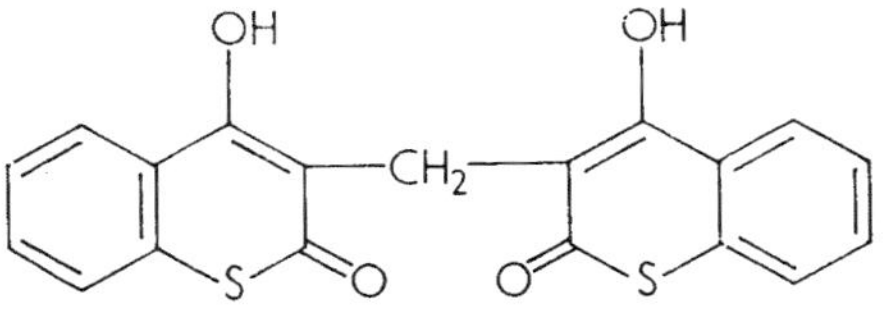

XⅥ. ジチオクマロール 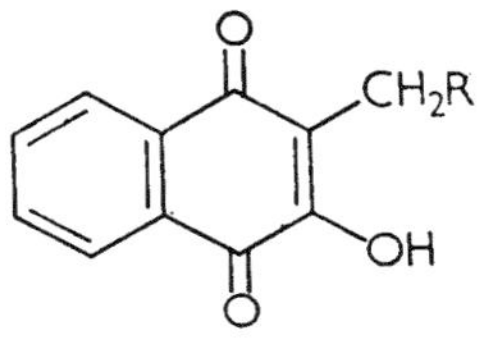　　　　　　XⅦ. フチオコール

化学構造と抗凝血活性との関係はまだほとんど解明されていない。純粋に化学的観点から眺めると，このような活性に対する一般的要請は，1）二つの環からなる共役系であること（図7），2）A 環に未置換ヒドロキシ基とその α 位に多少複雑な置換基および β 位にカルボニル基が存在すること，3）未置換ベンゼン環 B が A 環に隣接することである。特に強調されたのは構造要素（XⅧ）の必要性であった[38]。

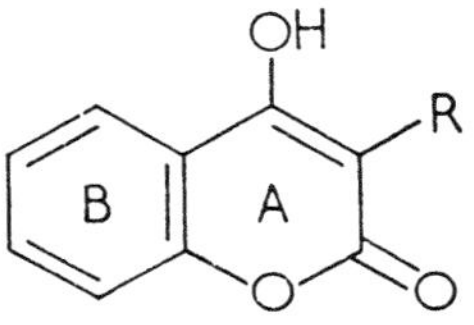

図7　抗凝血活性に必要な構造的条件

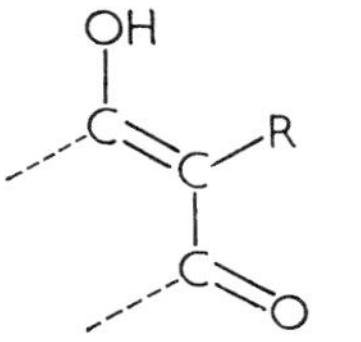

XⅧ

抗凝血薬はビタミン K やその類似体とアポ酵素の活性中心を競合し合う。このことは葉酸代謝拮抗物質の研究で遭遇する状況と似ている。というのは代謝拮抗物質は（ビタミン B 群に属する）葉酸とアポ酵素を競合し合うからである。それゆえ代謝拮抗物質の一般構造は抗凝血薬のそれとあまり変わらない。特にその抗葉酸作用は（アポ酵素への結合に関与する）構造要素 XⅨ の存在と関係がある。

$$\begin{array}{c} NH_2 \\ | \\ C \\ \diagup \quad \diagdown \quad N \\ \diagup \quad \quad \| \\ N \quad \quad C - NH_2 \\ \diagdown \quad \diagup \end{array}$$

XIX

化学構造と抗葉酸活性との関係は電子レベルでも検討されており，その結果は第 14 章で取り上げられる。化学構造と抗凝血活性との関係もまた同様の線に沿って取り扱われる。

ビタミン K 様化合物や主な抗凝血薬の電子構造については付録を参照されたい。

（C） その他の役割

ビタミン K 様物質のもつ他の生物学的役割についてはこの数年の間に二つほど示唆された。それらは次の通りである。

（a） 光合成における機能

このような光合成は本書では扱われない。関心のある読者は最近の優れた報文がいくつか報告されているのでそれらを参照していただきたい [42]。

（b） 呼吸鎖と酸化的リン酸化における役割

Martius-Nitz-Litzow によると，ジクマロールと関連抗ビタミン K 化合物はラット肝臓ミトコンドリアにおける酸化的リン酸化の速度を抑制した [43]。またビタミン K 欠乏性ニワトリにおける酸化的リン酸化も正常なニワトリと比べて抑制された [44]。一方，ビタミン K の *in vivo* 付加はリン酸化速度を正常化した [45]。このことから Martius は少なくともリン酸化と結びついた経路ではビタミン K が電子移動系に関与すると考えた [46]。しかし Martius が仮定した作用部位は実際のものとは異なっていた [47]。にも拘らず，ビタミン K は酸化的リン酸化における「エネルギー保存部位」に関与すると考えられる（第 13 章）。

11.2.2　ユビキノン（補酵素 Q）と関連化合物

ユビキノンが文献に最初に現れたのはラット肝臓およびウシ心臓ミトコンドリアの構成要素としてであった。その構造的特徴はキノン構造を含むことであった。研究者のこだわりの違いやその構造および機能のもつ不確定性により，物質の名称は幾度となく変更された。確定に至るまでにはかなり混乱した状況が続いた。しかし現在では，その構造は一般式（XX）で与えられることが知られている [48]。ただし n は 10 である。この化合物はしばしば Q_{10} と呼ばれる。

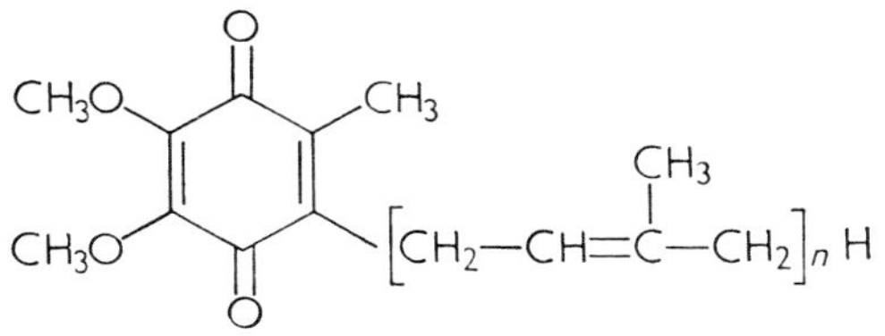

$$CH_3O-, CH_3O-, CH_3, [CH_2-CH=C-CH_2]_n H$$

XX. ユビキノン類

類縁化合物（$n = 9,8,7,6$）もまたさまざまな微生物中に見出され，それぞれ Q_9，Q_8，Q_7 および Q_6 と一般に呼ばれる。なお Q_{10} はほとんどの動物組織に含まれる[49]。

ユビキノンが呼吸鎖の不可欠な成分であるという事実はこの物質に対する関心を高めることになった[50]。電子担体としての役割によりユビキノンはしばしば補酵素 Q（coQ）と呼ばれる。

呼吸鎖におけるその正確な位置はまだ完全には解明されていない。しかし補酵素 Q の還元や補酵素 QH_2 の酸化に関与する酵素系の研究から[51]，その位置はフラビンタンパク質とシトクロム c との間にあると考えられる[52]。

なお補酵素 Q は呼吸鎖のリン酸化部位の一つに関与することが最近示された（第 14 章参照）[53]。

前述の化合物と密接な関連があり，かつ植物において対応する役割を担うもう一つの化合物はプラストキノン（XXI）である。この化合物は Kofler のキノンとも呼ばれる。プラストキノンは葉緑素を含んだ組織に広く分布し，かつ光合成において電子伝達能をもつと考えられる[54]。

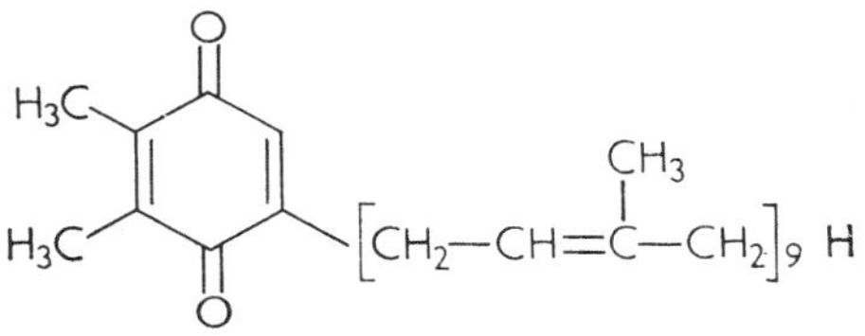

$$H_3C-, H_3C-, CH_3, [CH_2-CH=C-CH_2]_9 H$$

XXI. プラストキノン

これらの化合物の電子的指標図は本書の付録に収載されている。

11.2.3 ビタミンE

(A) 一般的特徴

天然キノン関連物質のうち脂溶性ビタミンとして分類されるもう一つのビタミンはビタミン E である。動物におけるその欠乏は多くの疾病と関係がある。特によく知られているのは不妊症や筋ジストロフィーである。

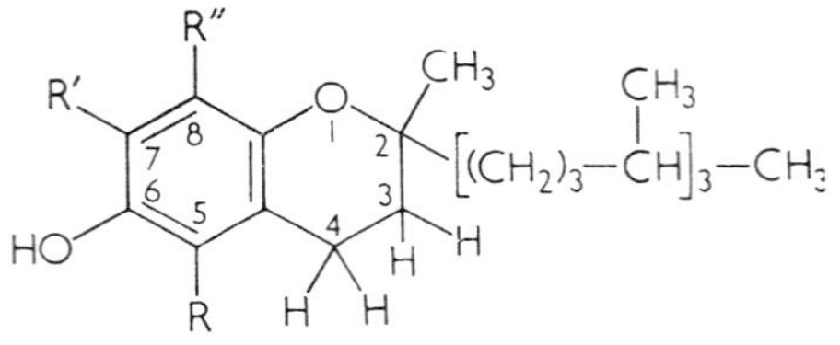

396　第11章　キノン類

XXII. トコフェロール類の一般構造

　ビタミンEなる一般名はトコフェロールと呼ばれる物質群を表すのに用いられる。トコフェロール類は6-ヒドロキシクロマン環から誘導され，かつ2位にメチル基と飽和側鎖が結合した化合物で，その一般構造はXXIIで与えられる。未置換物質（R＝R'＝R"＝H）はトコールと呼ばれ，よく知られているのはモノ-，ジ-およびトリメチルトコールである。表6は現在の命名法によるメチル化トコール類7種の名称をまとめたものである。

<table>
<tr><td colspan="2" align="center">表6　トコフェロール類の名称</td></tr>
<tr><td>α-トコフェロール</td><td>5,7,8-トリメチルトコール</td></tr>
<tr><td>β-トコフェロール</td><td>5,8-ジメチルトコール</td></tr>
<tr><td>γ-トコフェロール</td><td>7,8-ジメチルトコール</td></tr>
<tr><td>δ-トコフェロール</td><td>8-メチルトコール</td></tr>
<tr><td>ε-トコフェロール</td><td>5-メチルトコール</td></tr>
<tr><td>ζ-トコフェロール</td><td>7-メチルトコール</td></tr>
<tr><td>η-トコフェロール</td><td>5,7-ジメチルトコール</td></tr>
</table>

　これらのトコフェロール類はすべて天然の生体物質中に見出される。ただし動物組織に最も広く分布しているのはα-トコフェロールである。この化合物はビタミンEの基本形と考えられる。

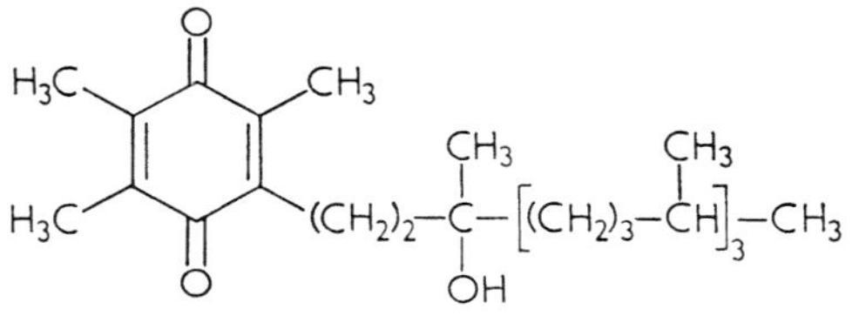

XXIII. α-トコフェリルキノン

　安定なのはヒドロキノン形であるが，ビタミンEは容易に酸化されてα-トコフェリルキノン（XXIII）へと変化する。XXIIIの構造はビタミンK群や補酵素Q系列と密接な関係がある。
　ビタミンEの生物学的役割はまだ完全には解明されていない。実際，それは矛盾した知見に遭遇することが多い生化学分野の一つである。しかしその欠乏が幅広い機能に影響を及ぼすという事実はビタミンEが基本的機構に関与していることを示唆する。現在，トコフェロール類は

次に示す二つの重要な機能をもつと考えられる。

(a)　脂肪や酸素感受性物質の酸化に対する細胞内保護剤としての役割

(b)　呼吸鎖や酸化的リン酸化への関与[55]

ここではこれらの機能のうち最初のものについてのみ考察する。

(B)　ビタミンEおよびその他のフェノール性化合物の抗酸化活性

ビタミンEは酵素酸化の重要な阻害剤の一つである。しかしこの抗酸化活性は一連のフェノール性化合物の一般的性質である[56-58]。その中にはアドレナリン（エピネフリン，ⅩⅩⅣ），セロトニン（ⅩⅩⅤ），チロキシン（ⅩⅩⅥ）などの生化学物質が含まれる。

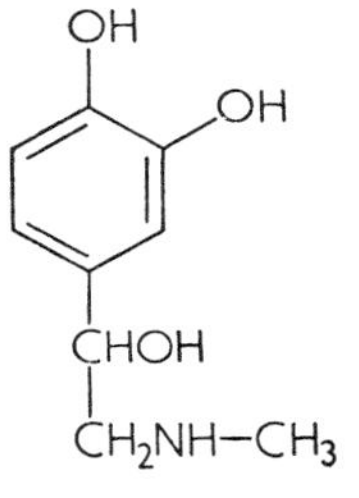

XXIV. アドレナリン

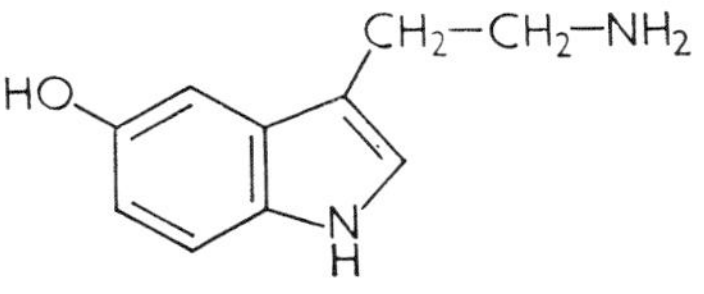

XXV. セロトニン

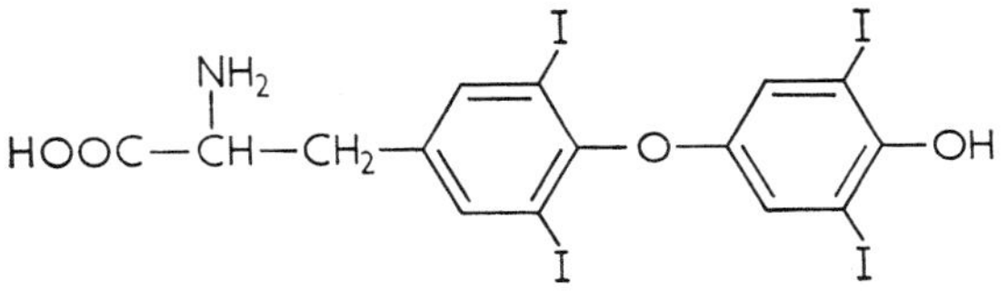

XXVI. チロキシン

抗酸化剤は（細胞にとって有害な生成物を産生する）自発酸化反応を妨げることにより，細胞代謝過程で中心的役割を果たす[59]。その機能はまず第一に，（毒性過酸化物を作り出す）不飽和脂質類（脂肪類）の酸化を抑制することである[56,57]。したがって抗酸化剤は（酸化的に変質しやすい）脂肪類を含んだ食物の安定化や，冷蔵された肉，鶏肉および魚肉の保護に利用される[57]。それらはまた哺乳類の色素細胞によるメラニン形成の調節に重要であると考えられる[60]。

398　第11章　キノン類

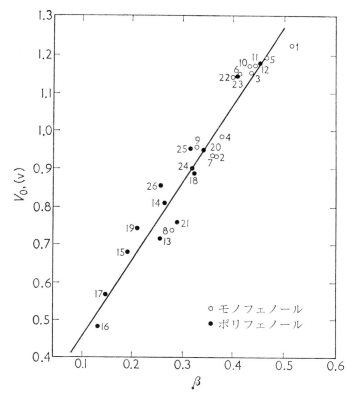

図8　HOMO エネルギーの関数として表されたフェノール性化合物の標準酸化電位．
1, フェノール；2, α-ナフトール；3, β-ナフトール；4, 1-フェナントロール；5, 2-フェナントロール；6, 3-フェナントロール；7, 9-フェナントロール；8, 1-アントロール；9, 2-アントロール；10, p-ヒドロキシビフェニル；11, o-ヒドロキシビフェニル；12, レゾルシノール；13, ヒドロキノン；14, カテコール；15, ピロガロール；16, 1,4-ナフトヒドロキノン；17, 1,2-ジヒドロキシナフタレン；18, 1,3-ジヒドロキシナフタレン；19, 1,5-ジヒドロキシナフタレン；20, 2,3-ジヒドロキシナフタレン；21, 2,6-ジヒドロキシナフタレン；22, 2,7-ジヒドロキシナフタレン；23, 2,6-ジヒドロキシフェナントレン；24, 3,6-ジヒドロキシフェナントレン；25, p,p'-ジヒドロキシビフェニル；26, p,p'-ジヒドロキシスチルベン．

　抗酸化剤の作用機構には酸化還元過程に関与する酵素を阻害する段階が含まれる．たとえばヘマチン化合物，ヘモグロビン，ミオグロビンおよび（不飽和脂肪の酸化を主に触媒する）動物組織のシトクロム類といった酵素である[56]．特にα-トコフェロールはペルオキシダーゼ，カタラーゼおよびアルコールデヒドロゲナーゼを阻害することが見出された．

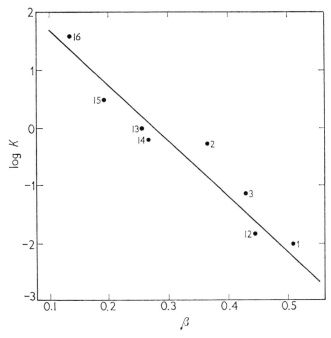

図9　HOMOエネルギーの関数としてのフェノール性化合物の抗酸化効率

　簡単なフェノール性化合物，ベンゼン誘導体，高共役芳香族炭化水素といった有機化合物の抗酸化活性は近年，量子力学的にも検討されるようになった[61]。この研究から導かれた結論はさらに複雑な生化学的抗酸化剤へも拡張された。研究の出発点はフェノール類の抗酸化効率が酸化電位と並行するという経験的観察であった[62]。

　多数のフェノール類の電位がFieserによって測定された[63]。得られたデータの注意深い検討から，電位の決定段階はフェノール類から酸化剤への電子移動とそれに続くプロトン転移を伴うことが指摘された。この状況は電位がフェノール類の最高被占軌道のエネルギーと関連があることを予想させた。したがって抗酸化活性もまたこのエネルギーと関連があると思われた。図8～9（文献61からの引用）に示されるように，これらの予測は正しいことが立証された。フェノール類の酸化力に対する抗酸化効率の定量的依存性は，自動酸化鎖の停止反応が抗酸化剤から成長ラジカルへの水素原子の移動を伴うことを示唆した[62]。遷移的電荷移動錯体の形成もまた仮定された[64]。

11.3　メラニン類のバンド構造

　ここではキノン類の生化学的役割と関連して，メラニン類がもつ構造の特殊性について言及する。
　メラニンは一般名で，（フェノール類の酸化によって得られる）重合生成物（色素類）を指す

のに用いられる[64a]。それらはタンパク質と会合していることが多い。このような色素はチロシンの代謝的変換によって得られる。ただしその際，中間体として 3,4-ジヒドロキシフェニルアラニン（DOPA）やインドール -5,6- キノン（第 6 章参照）を経る。得られた物質はいわゆる DOPA メラニンと呼ばれるが，その構造は不明である。推定構造式の一つは X X Ⅶである。

XXVII. メラニンの構造

重合がさらに起こり得る位置は矢印で示される[65,66]。ただし高分子の単位は X X Ⅶとは異なる酸化還元状態にある。

　この種の色素の構造に関する最近の電子スピン共鳴研究によると，これらの物質は（その濃度が照射によって増加する）比較的高濃度の自由電子を含んでいる。X X Ⅶを一見すれば明らかなように，このタイプの無限高分子ではエネルギーバンドの存在が示唆された。したがってキノイド単位の共重合体鎖全体と非局在化空軌道との間には関連があると仮定された。またメラニン高分子は一次元の半導体として機能し，束縛型プロトンは系内に電子を捕捉した[68,69]。この仮説は計算によって一部立証された。さらにエネルギーの充満帯と空帯の位置決めも計算によって可能となった[70]。

　表 7 は単量体（インドール -5,6- キノン）と二量体（X X Ⅶ）における分子軌道（被占軌道全部と最低空軌道）のエネルギーを示したものである。ただしエネルギーはいつも通り係数 k_i で表された。

　この表に含まれる結果を吟味すると興味深い結論が多数導かれた。第一にインドール -5,6- キノンは最低空軌道がきわめて低く，したがってきわめて良好な電子受容体であった。一方，二量体（X X Ⅶ）では例外的な現象が起こり，軌道の数は二倍になった。その結果，最低空軌道は結合性となった（すなわち，この軌道のエネルギー係数 k_i は正であった）。この状況は X X Ⅶの電子受容的性質がきわめて強いという事実に対応する[71]。

　（ほとんど無限に）大きな高分子性色素の状況は X X Ⅶに対するこの結果から予測された。すなわち元の分子軌道はエネルギー帯へと変換され，最も低い空バンドは結合性軌道部分へ入り込んだ。したがって高分子の電子受容能は異常に大きい。同時に最高被占バンドと最低空バンドとのエネルギー分離はきわめて小さく，0.2β ほどであった。したがって最高被占バンドから最低

空バンドへの電子の励起はきわめて容易であった。

表7　分子軌道のエネルギー

	インドール-5,6-キノン	二量体,XXVII
空軌道	−0.188	−0.191
		0.051
	0.327	0.271
		0.553
	1.011	1.015
		1.038
	1.285	1.120
		1.510
被占軌道	2.321	2.181
		2.292
	2.511	2.376
		2.587
	3.283	3.035
		3.199

　すなわち被占バンドからの励起や周囲からの捕獲によって，電子はメラニンの最低空エネルギー帯へ容易に入り込んだ。これらの結果はメラニンにおける自由電子の存在やその半導体的性質に関する実験観察をうまく説明した[72]。

引用文献

1. Sexton, W. A., *Chemical Constitution and Biological Activity*, 2nd ed., p. 194, Spon, London, 1953.
2. Little, J. E., Sproston, T. J., and Foote, M. W., *J. Am. Chem. Soc.*, **71**, 1124 (1949); Wholley, D. W., *Proc. Soc. Exptl. Biol. Med.*, **60**, 225 (1945).
3. Domagk, G., *Krebsarzt*, **12**, 1 (1957).
4. Fieser, L. F., and Fieser, M., *Organic Chemistry*, p. 755, Heath, New York, 1950; *J. Am. Chem. Soc.*, **57**, 491 (1935).
5. Branch, G. E. K., and Calvin, M., *The Theory of Organic Chemistry*, p. 303, Prentice-Hall, New York, 1941.
6. Diatkina, M., and Syrkin, J., *Acta Physicochim. U. R. S. S.*, **21**, 921 (1946).
7. Evans, M. G., *Trans. Faraday Soc.*, **42**, 113 (1946); Evans, M. G., Gergely, J., and de Heer, J., *ibid.*, **47**, 681 (1951); Evans, M. G., and de Heer, J., *ibid.*, **47**, 801 (1951); *Quart. Revs.* (*London*), **4**, 94 (1950); de Heer, J., *Thesis*, Amsterdam, 1950.
8. Gold, V., *Trans. Faraday Soc.*, **46**, 109 (1950).
9. Deschamps, J., *Thèse*, Bordeaux, 1958.

10. Berliner, E., *J. Amer. Chem. Soc.*, **68**, 49 (1946); Sprint, C. J. P., *Chem. Weekblad*, **43**, 544 (1947); Bonino, G. B., and Rolla, M., *Atti. acad. nazl. Lincei, classe sci. fisc. mat. et nat.*, **4**, 25, 275 (1948).

11. 一般的説明：Pullman, B., and Pullman, A., *Les Théories Electroniques de la Chimie Organique*, Masson, Paris, 1952.

12. Pullman, A., *Compt. rend.*, **253**, 1210 (1961).

13. Pullman, B., and Pullman, A., *Proc. Natl. Acad. Sci. U. S.*, **44**, 1197 (1958).

14. Pullman, A., *Tetrahedron*, in press; *J. Theoret. Biol.*, **2**, 259 (1962).

15. Josien, M. L., and Fuson, N., *Bull. soc. chim. France*, **19**, 389 (1952); Josien, M. L., Fuson, N., Lebas, J. M., and Gregory, I. M., *J. Chem. Phys.*, **21**, 331 (1953); Josien, M. L., and Deschamps, J., *J. chim. phys.*, **53**, 885 (1956) .

16. Deschamps, J., *Thesis*, University of Bordeaux, 1958.

17. Michaelis, L., and Granick, S., *J. Am. Chem. Soc.*, **66**, 1023 (1944).

18. Kuboyama, A., and Nagakura, S., *J. Am. Chem. Soc.*, **77**, 2644 (1955); Chowdhury, M., *Trans. Faraday Soc.*, **57**, 1482 (1961).

19. Petitcolas, W. L., *J. Chem. Phys.*, **26**, 429 (1957) .

20. Briegleb, G., and Czekela, J., *Z. Electrochem.*, **58**, 249 (1954).

21. Kainer, H., Bijl, D., and Rose-Innes, A. C., *Naturwiss.*, **41**, 303 (1954).

22. Wallenfels, K., and Draber, W., *Chem. Ber.*, **90**, 2819 (1957); *Tetrahedron Letters*, No. 15, 10 (1959).

23. Fieser, L. F., and Fieser, M., *J. Am. Chem. Soc.*, **57**, 491 (1935).

24. キノン類の化学反応性と電子構造との関係に関する総説：Deschamps, J., *Thesis*, University of Bordeaux (1958).

25. Schonberg, A., Mustafa, A., and Zaki Barakat, M., *Nature*, **160**, 401 (1947).

26. Paoloni, L., *J. chim. phys.*, **51**, 385 (1954).

27. Pullman, B., and Diner, E., *Calcul des Fonctions d' Onde Moleculaire*, Colloque C. N. R. S., p. 365, Paris, 1958.

28. Snell, J. M., and Weissberger, A., *J. Am. Chem. Soc.*, **61**, 450 (1939).

29. Schubert, M., *J. Am. Chem. Soc.*, **69**, 712 (1947).

30. Geiger, W. B., *Archiv. Bioch.*, **11**, 23 (1946); キノン類の抗菌活性と酸化還元電位を関連づける別の理論：Martini-Beltolo, G. B., and del Pianto, E., *Commentationes Pontif. Ac. Sci.*, **10**, 87 (1946).

31. Cavalito, C. J., *J. Biol. Chem.*, **164**, 29 (1946).

32. Smith, A. L., and Lester, R. L., *Biochim. et Biophys. Acta*, **48**, 547 (1961).

33. Dam, H., and Sondergaard, E., in Boyer, P. D., Lardy, H., and Myrbäck, K., (Eds.), *The Enzymes*, Academic Press, Vol, 3, p. 336, 1960.

34. Wiss, O., Weber, F., Ruegg, R., and Isler, O., *J. Physiol. Chem.*, **314**, 245 (1959).

35. Martius, C., *Dent. med. Wochschr.*, **83**, 1701 (1958).

36. Quick, A. J., and Collentine, G. F., *Am. J. Physiol.*, **164**, 716 (1951); Collentine, G. E., and Quick, A. J., *Am. J. Med. Sci.*, **222**, 7 (1951).

37. Overman, R. S., Stahmann, M. A., Huebner, C. F., Sullivan, W. R., Spero, L., Doherty, D. G., Ikawa, M., Graf, L., Roseman, S., and Link, K. P., *J. Biol. Chem.*, **153**, 5 (1944).

38. Mentzer, C., *Bull. soc. chim. biol.*, **30**, 872 (1948).

39. Jürgens, R., *Schweiz. med. Wochschr.*, **83**, 471 (1953).

40. Koller, F., and Jacob, H., *Schweiz. med. Wochschr.*, **83**, 476 (1953).

41. Isler, O., and Wiss, O., *Vitamins and Hormones*, **17**, 53 (1959).

42. Arnon, D. I., Wheatley, F. R., and Allen, M. B., *Science*, **127**, 1026 (1958); Wheatley, F. R., Allen, M. B., and Arnon, D. I., *Biochim. et Biophys. Acta*, **32**, 32 (1959); Wessels, J. S. C., *Biochim. et Biophys. Acta*, **35**, 53 (1959); **36**, 264 (1959); **38**, 195 (1960).

43. Martius, C., and Nitz-Litzow, D., *Biochim. et Biophys. Acta*, **12**, 134 (1953).

44. Martius, C., and Nitz-Litzow, D., *Biochim. et Biophys. Acta*, **13**, 152 (1954).

45. Martius, C., and Nitz-Litzow, D., *Biochim. et Biophys. Acta*, **13**, 289 (1954).

46. Martius, C., *Biochem. Z.*, **326**, 26 (1954).

47. Slater, E. C., *Adavances in Enzymol.*, **20**, 147 (1958); Wosilait, W. D., *Federation Proc.*, **20**, 1005 (1961).

48. ユビキノン構造の説明：Lester, R. L., Crane, F. L., and Hatefi, Y., *J. Am. Chem. Soc.*, **80**, 4751 (1958); Wolf, D. E., Hoffman, C. H., Trenner, N. R., Arison, B. H., Shunk, C. H., Linn, B. O., McPherson, J. F., and Folkers, K., *J. Amer. Chem. Soc.*, **80**, 4752 (1958); Morton, R. A., Gloor, U., Schindler, O., Wilson, G. M., Chopard-dit-Jean, L. H., Hemming, F. W., Isler, O., Leat, W. M. F., Pennock, J. F., Ruegg, P., Schwieter, U., and Wiss, O., *Helv. Chim. Acta*, **41**, 2343 (1958).

49. 各種動物種におけるこれらの化合物の発生：Lester, R. L., and Crane, F. L., *J. Biol. Chem.*, **234**, 2169 (1959); Diplock, A. T., Edwin, E. E., Green, J., Bunyan, J., and Marcinkiewicz, S., *Nature*, **186**, 554 (1960).

50. Crane, F. L., Hatefi, Y., Lester, R. L., and Widmer, C., *Biochim. et Biophys. Acta*, **25**, 220 (1957); Hatefi, Y., Lester, R. L., and Widmer, C., *Biochim. et Biophys. Acta*, **25**, 220 (1957); Hatefi, Y., Lester, R. L., Crane, F. L., and Widmer, C., *Biochim. et Biophys. Acta*, **31**, 490 (1959).

51. Doeg, K. A., Krueger, S., and Ziegler, D. M., *Arch. Biochem. Biophys.*, **85**, 282 (1959); *Biochim. et Biophys. Acta*, **41**, 491 (1960); Ziegler, D. M., and Doeg, K. A., *Biochim. Biophys. Res. Comm.*, **1**, 344 (1959); Hatefi, Y., *Biochim. et Biophys. Acta*, **34**, 183 (1959); 完全な総説：*Quinones in Electron Transport*, a Ciba Foundation Symposium, Churchill, London, 1961.

52. Hatefi, Y., Haavik, A. G., and Griffiths, D. E., *Biochim. Biophys. Res. Comm.*, **4**, 441, 447 (1961).

53. Hatefi, Y., *Biochim. et Biophys. Acta*, **31**, 502 (1961).

54. プラストキノンに関する最近の総説：Crane, F. L., in *Quinones in Electron Transport*, a Ciba Foundation Symposium, p. 36, Churchill, London, 1961.

55. ビタミンEとその役割に関する文献の最近の総説：Vasington, F. D., Reichard, S. M., and Nason, A., *Vitamins and Hormones*, **18**, 43 (1960).

56. Tappel, A. L., and Marr, A. G., *Agr. Food Chem.*, **3**, 554 (1954); Lew, Y. T., and Tappel, A. L., *Food Technol.*, **10**, 285 (1956).

57. Bernheim, F., in *Radiology at the Intracellular Level*, 1st U. C. C. A. Conference on Radiobiology, p. 44, Pergamon, London, 1959.

58. Siegel, S. M., and Frost, P., *Proc. Natl. Acad. Sci. U. S.*, **45**, 1379 (1959); Bunyan, J., Green, J., Edwin, E. E., and Diplock, A. T., *Biochim. et Biophys. Acta*, **47**, 401 (1951).

59. Hirsch, H. M., in Gordon, M. (Ed.), *Pigment Cell Biology*, p. 327, Academic Press, New York, 1959.

60. Quevedo, Jr., W. C., and Isherwood, J. E., *Experientia*, **16**, 323 (1960); *J. Invest. Dermatol.*, **34**, 309 (1960).

61. Fueno, T., Ree, T., and Eyring, H., *J. Phys. Chem.*, **63**, 1940 (1959).

62. Bolland, J. L., and ten Have, P., *Discussions Faraday Soc.*, **2**, 252 (1948).

63. Fieser, L. F., *J. Am. Chem. Soc.*, **52**, 5204 (1930).

64. Boozer, C. E., Hammond, G. S., Hamilton, C. E., and Sen, J. N., *J. Am. Chem. Soc.*, **77**, 3233, 3238 (1955); Boozer, C. E., Hammond, G. S., Hamilton, C. E., and Peterson, C., *J. Am. Chem. Soc.*, **77**, 3380 (1955).

64a. 最近の一般的総説：Thomson, R. H., in Florkin, M., and Mason, H. J. (Eds.), *Comparative Biochemistry*, Vol. III, p. 727, Academic Press, New York, 1962.

65. Mason, H. S., *Advances in Enzymol.*, **16**, 105 (1955).

66. Werz, J. E., Reitz, D. C., and Dravnieks, F., in Blois, Jr., M. S., Brown, H. W., Lemmon, R. M., Lindblom, R. O., and Weissbluth, M. (Eds.), *Free Radicals in Biological Systems*, p. 183, Academic Press, New York, 1961.

67. Mason, H. S., Ingram, D. J. E., and Allen, B. T., *Arch. Biochem. Biophys.*, **86**, 225 (1960).

68. Longuet-Higgins, H. C., *Arch. Biochem. Biophys.*, **86**, 231 (1960).

69. Allen, B. T., and Ingram, D. J. E., in Blois, Jr., M. S., Brown, H. W., Lemmon, R. M., Lindblom, R. O., and Weissbluth, M. (Eds.), *Free Radicals in Biological Systems*, p. 215, Academic Press, New York, 1961.

70. Pullman, A., and Pullman, B., *Biochim. et Biophys. Acta*, **54**, 384 (1961).

71. この空軌道の結合性は小さく，かつ計算に用いられたパラメータに依存した。しかし化合物がきわめて良好な電子受容体であることは間違いない。同様のことはヘモグロビンの代謝的分解物であるビリベルジンにも当てはまる（第9章参照）。

72. メラニン類の分子軌道計算は最近，主要な生合成経路の問題へも拡張された：Pullman, B., *Biochim. et Biophys. Acta*, **66**, 164 (1963).

第Ⅲ部　酵素反応の電子的側面

第 12 章　酵素反応の一般的側面

本書の多くの機会（特に第 4 章と第 7 章）ですでに議論したように，化学（および生化学）反応の進展は活性化と結びついたエネルギーに強く依存する。このエネルギーとは，反応を起こすために克服されなければならないエネルギー障壁のことである。生化学反応では，温度上昇や圧力増加といった刺激因子や加速因子は利用できない。そのため代謝的変換は酵素と呼ばれる高分子触媒の存在やその活性に完全に依存する。実際には酵素は触媒的に活性なタンパク質であると考えられる。

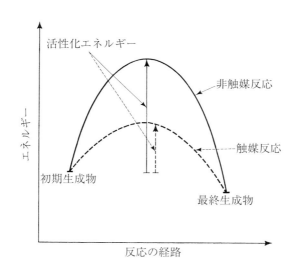

すなわち酵素の機能は狭い範囲の温度や pH における生体系の反応を触媒することである。もちろんあらゆる触媒と同様，酵素が有効に働き反応を加速させるのは，熱力学的に可能な反応すなわち発アルゴン反応だけである。またその作用は平衡状態に達するのを早めるに過ぎない。酵素は反応の活性化エネルギーを低下させて，このような結果を生み出している（図 1 参照）。すなわち酵素は（それが作用する）基質（substrate）と呼ばれる物質に新しい種類の反応性も誘発するわけではなく，単にこれらの物質がもつ本来の反応性を高めるに過ぎない。

　基質の活性化は酵素 E と基質 S との間の一時的な複合体の形成によって達成される。この形成は触媒過程の第一段階に当たる。第二段階では複合体 ES は E と S へ分解するか，あるいは酵素 E と反応生成物 P を生成する。したがって全体の反応は次式で表される。

$$E + S \rightleftharpoons ES \rightarrow E + P$$

酵素と基質との結合が示す本質的特徴の一つは特異性（specificity）がきわめて高いことである。多くの場合，特異性は絶対的で，酵素は特定の反応しか触媒しない。もっともそれほど厳密でない場合もある。その場合には，酵素は密接に関連した基質に対する反応のみを触媒する。作用のこのような顕著な特異性の存在は，酵素と基質との結合が選択的な電子的および空間的相互作用を伴うことを意味する。それは緊密な適合すなわち（鍵と鍵穴または手と手袋の関係に似た）二成分間の相互調整を必要とする[1]。次に（巨大高分子である）酵素と（それに比べてはるかに小さい）基質との分子サイズの違いについて言及しよう。酵素では，分子全体（少なくともその一部）が触媒的挙動の発現に必要である。一方，基質は酵素表面の（小さいが明確な）位置にのみ結合する。この結合は基質の特定部分と酵素の原子団との間にきわめて明確かつ特別な空間的関係を作り出す。基質–酵素複合体におけるこれらの位置は酵素の活性中心（active center）と呼ばれる。これは酵素と基質との選択的な多親和性（polyaffinity）に立脚した概念である。

またこれらと密接な関連があるのは阻害剤（inhibitor）の概念である。阻害剤とは，酵素の活性を抑制する物質のことである。阻害剤の構造はしばしば天然基質のそれと密接な関係にある。そのため阻害剤は代謝拮抗物質（antimetabolite）と呼ばれることもある。すなわち阻害剤（I）は基質(S)との間で酵素(E)を奪い合う。その結果として，酵素–阻害剤（EI）複合体が形成される。阻害には次に示す二つのタイプがある。

（a）　競合的阻害

EI の形成は可逆的である。また基質と阻害剤は酵素上の同じ位置で競合し合う。この競合は厳密には I と S の相対的濃度に依存する。ES とは対照的に，EI は E と生成物へと分解されることはない。（細菌，真菌などの生物から得られた代謝拮抗物質としての）抗生物質は治療効果を示すが，この効果はおそらく細菌酵素の競合的阻害によるものである。

（b）　非競合的阻害

この場合，阻害剤の量と基質濃度との間に関連はない。このタイプの阻害では，阻害剤は基質の攻撃位置とは異なる位置へ不可逆的に結合し EI 複合体を形成すると考えられる。

プリン代謝拮抗物質の例ですでに見たように（第 5 章参照），生化学的変換の機構を理解するには代謝拮抗物質の構造に関する量子力学的研究が重要である。この領域の補足的情報は特定酵素の作用機構に関する次章以降に見出される。

酵素–基質相互作用の重要かつ定量的な特性はミカエリス定数（Michaelis constant）である。この定数は次に示す三つの過程の速度定数と関連がある。

$$E + S \underset{k_2}{\overset{k_1}{\rightleftharpoons}} ES \overset{k_3}{\rightarrow} E + P$$

ただし定数の間には次の関係が成り立つ。

$$K_m = \frac{k_2 + k_3}{k_1}$$

ここで K_m は反応の最大速度（V_{max}）の半分を与える基質濃度（mole/l）に等しい。

酵素反応の多くでは，反応を進めるために基質とタンパク質以外にも追加すべき物質が必要となる。このような物質は補因子（cofactor）と呼ばれる。補因子はタンパク質へかなり強く結合する。しかし反応終了時には未変化の状態に戻ると考えられ，触媒機構の重要部分を構成する。実際，酵素の多くは複合タンパク質と考えられ，アポ酵素（apoenzyme）と呼ばれるタンパク質成分と非アミノ酸補因子へと分離される。これらの補因子は次に示す二つのクラスへ分けられる。

（a）　いわゆる補酵素

補酵素（coenzyme）は多少複雑な構造をもつ有機分子である。存在する場合には，これらの補酵素は常に反応自体に関与し，電子，原子または原子団が移動する触媒反応の本質的部位となる。補酵素はまた補欠分子族（prosthetic group）とも呼ばれる。ただし補欠分子族なる術語を，アポ酵素と補因子との堅固かつ永久的な会合を表すのに用いる研究者もいる。その場合，補酵素という術語は緩んだ一時的な結合を表すのに用いられる。もっともこの区別は一般的ではない。完全な酵素系（アポ酵素＋補酵素）に対してはホロ酵素（holoenzyme）なる術語が用いられる。

（b）　いわゆる活性化因子

活性化因子（activator）は無機イオンのようなきわめて簡単な物質であることが多い。その役割は酵素を触媒的に活性な状態にすることである

実際のところ，加水分解酵素（一般にタンパク質で，それが機能するためには活性化因子として金属イオンを必要とすることが多い）を除き，他の酵素，特に電子（水素）または原子団の移動を触媒する酵素は常に補酵素を必要とする。このような酵素の数はきわめて多い（2〜300個）[2]。それに対し，これらの酵素が必要とする補酵素の数は比較的少なく，12個程度に過ぎない。

各種の基質で起こる類縁反応では，アポ酵素は異なるがしばしば同一の補酵素が使われる。このような場合，触媒反応の反応中心は補酵素にあり，アポ酵素の役割は変換の特異性とその有効性を保証することにある。すなわちアポ酵素は基質の活性化にとって確かに重要である。しかしその後の変換は補酵素によって大部分行われる。

酵素反応の特異性を決める因子と同様，活性化を引き起こす因子に関しては確かなことはまだよくわかっていない。おそらく，電子雲の分極，電子の変位，分子のひずみ，反応に関与する結合のゆがみなどが関与すると考えられる。問題のこの側面は酵素反応の機構を完全に理解する上で不可欠である。しかし量子力学的に検討できるほど十分な進展は見られない[3]。それどころか，補酵素の化学的性質や（それらを反応部位とする）代謝的反応の主な特性に関する（電子的理論に照らした）検討は十分行われていないのが現状である。

実際，この観点から重要な補酵素の構造と性質が幅広く検討されたのはここ数年来のことである。このような研究は触媒による代謝的変換機構の理解にかなり貢献した。これらの研究を技術的に可能にしたのは重要な補酵素がすべて分子軌道計算に適した共役分子系であるという事実であった。ただしこれらの補酵素の詳細な記述からも明らかなように，共役系が補酵素として特に適しているというわけではない。

この第Ⅲ部では，重要な補酵素のうち酸化還元や原子団転移に関与する補酵素の構造と作用機構について検討を加えた。特に注目したのは次の担体である。

(1) 電子または水素の担体。たとえばピリジンヌクレオチド補酵素，フラビン類およびシトクロム類のヘム補欠分子族などである。

(2) 原子団の担体。たとえばテトラヒドロ葉酸，ピリドキサールリン酸およびチアミンピロリン酸などである。

リポ酸，アスコルビン酸，補酵素Aなどの関連補因子についても取り上げる。

これらの重要な補酵素の化学構造や（よく用いられる）記号については関連のある章で説明される。ここでは補酵素の多くがビタミン誘導体であることを指摘するに止める。おそらくこれらの栄養因子の機能は，補酵素を生成する際の前駆体として働き，酵素の活性部分を形作ることである。

次章以降ではさまざまな特異的酵素にもしばしば言及される。それらは一般に最もよく知られた名称で指定される。酵素では完全に統一された命名法はまだ存在しない。一般にそれらは触媒する反応に基づいて命名される。通常，酵素名は基質や機能の名前に接尾語「ase」をつけて表される。ただし時折，さらに複雑な状況も起こり得る。

引用文献

1. Koshland, Jr., D. E., in Kasha, M., and Pullman, B.（Eds.），*Horizons in Biochemistry*, Albert Szent-Gyorgyi, Dedicatory Volume, p. 265, Academic Press, 1962.

2. 酵素に関する完全な一覧表。引用された酵素の数は659種に上る。それらのうち，加水分解酵素は221種，酸化還元（水素転移）酵素は182種，電子団転移酵素は177種，その他の酵素（たとえば二重結合への原子団付加，立体配置変化の触媒など）は80種である：Dixon, M., and Webb, E. C., *Enzymes*, Longmans, London, 1958.

3. 同様の状況はアポ酵素–補酵素の性質に関しても認められる。ただしこの分野は急速に進歩しつつあることに留意されたい。

第13章 酸化還元酵素類

13.1 電子伝達系

　酸化還元反応の本質は電子の移動である。生体系における最も重要な電子供与体は有機代謝物の水素原子である。また好気性生物では最も重要な電子受容体は酸素分子である。生物学的酸化の第一段階は，デヒドロゲナーゼによる代謝物の特定水素原子の活性化である。酸化の最終段階では，水素原子は分子状酸素と結合して水を生成する。場合によっては，酸素は活性水素の受容体として直接役立つこともある。しかしほとんどの場合，代謝的酸化は（代謝物から引き抜かれた水素が担体へ移動するという）中間段階を経る。このような担体は可逆的な酸化-還元系として定義される。その酸化形は水素（電子）を受け入れて還元形となる。一方，還元形は水素（電子）を別の担体や酸素へ供与して酸化形へと変化する。代謝物から水素を受け入れ，それらを酸素へ移動させる典型的な担体（X）は次のように機能を備える。

$$MH_2 \quad + \quad X \quad \rightarrow \quad M \quad + \quad XH_2$$

　デヒドロゲナー　　　　担体の酸化形　　　酸化された　　　担体の還元形
　ゼによって活性　　　　　　　　　　　　代謝物
　化された代謝物

$$XH_2 + O_2 \rightarrow X + H_2O_2$$

　たとえば多くの生体酸化で形成される過酸化水素はカタラーゼ（catalase）と呼ばれる酵素によってすみやかに分解される：$H_2O_2 = H_2O + \frac{1}{2}O_2$

　実際には今日すでに確立されているように，生体酸化の主要部分は（細胞ミトコンドリア内の統合鎖に配置された）一連の担体を必要とする[1]。この鎖は電子移動鎖とか呼吸鎖と呼ばれる。すなわちこの鎖の一方の端は活性代謝物，もう一方の端は酸素系$\frac{1}{2}O_2/H_2O$　であり，両者の間には一連の水素（電子）担体が入り込む。

　この鎖を構成するのは次の要素すなわち（1）ピリジンタンパク質類，（2）フラビンタンパク質類，（3）シトクロム類の三つである。これらの酵素は複合タンパク質であり，その機能は特定の補酵素と連携して発現される。

412　第13章　酸化還元酵素類

[構造式 I. DPN⁺ および II. TPN⁺ の図]

1. ピリジンタンパク質（pyridinoproteins）は補酵素として二種のピリジンヌクレオチド類すなわちジホスホピリジンヌクレオチド（DPN）とトリホスホピリジンヌクレオチド（TPN）を利用する[2]。これらは比較的複雑な有機分子で，それらの酸化形（DPN⁺，TPN⁺）は構造式ⅠおよびⅡで与えられる。可逆的な還元過程は補酵素のニコチンアミド残基で起こる。すなわちニコチンアミド残基は水素（電子）移動の重要な活性中心である。酵素活性な還元形はニコチンアミド環の4位に不安定な水素をもつ。この位置は環窒素のパラ位に相当する。これらの形（DPNH，TPNH）は簡単な構造式Ⅲで表される。ただしRはリボース-ピロリン酸-リボース-(リン酸)-アデニン鎖である。同様の表記法を用いると，補酵素の酸化形は構造式Ⅳで表される。

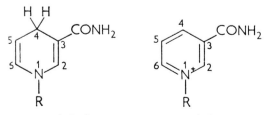

Ⅲ．DPNH または TPNH　　Ⅳ．DPN⁺ または TPN⁺

全体的に見ていずれの場合も，還元反応は H^- 単位の移動すなわち電子的には電子 2 個とプロトン 1 個の移動を伴う。またグリコシド結合のまわりの α 配置と β 配置に対応し，補酵素には二種の異性体が存在する。ただし既知酵素では活性なのは β 異性体のみである[3]。

2. フラビンタンパク質（flavoproteins）は，補酵素としてリボフラビンの二種の誘導体すなわちフラビンモノヌクレオチドであるリボフラビン-5'-リン酸，言い換えれば 6,7-ジメチル-9-（D-1'-リビチル）イソアロキサジン-5'-リン酸（FMN）と（リン酸-リボース-アデニン鎖を追加した）フラビンアデニンジヌクレオチド（FAD）を利用する。これらの補酵素の酸化形は FMN と FAD に対してそれぞれ構造式 V と VI で与えられる。

いずれの補酵素においても可逆的還元過程はイソアロキサジン環で起こり，かつ 2 個の窒素（N_1, N_{10}）への水素移動を伴う。すなわちこれらの補酵素の還元形（$FMNH_2$, $FADH_2$）は構造式 VII，また酸化形は構造式 VIII で与えられる。この場合，還元反応は 2 個の水素原子（電子 2 個とプロトン 2 個）の移動を伴う。

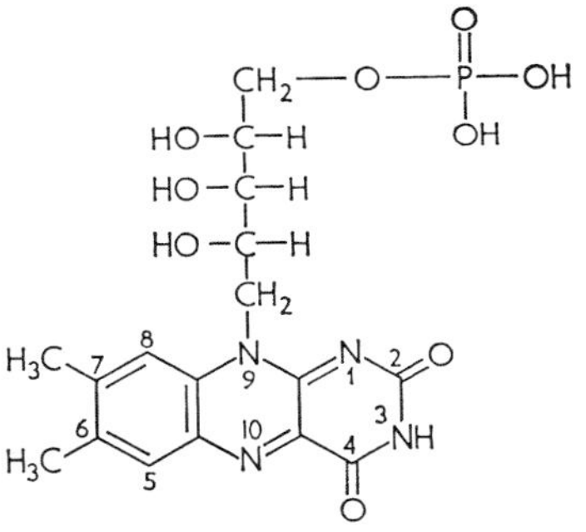

V. FMN

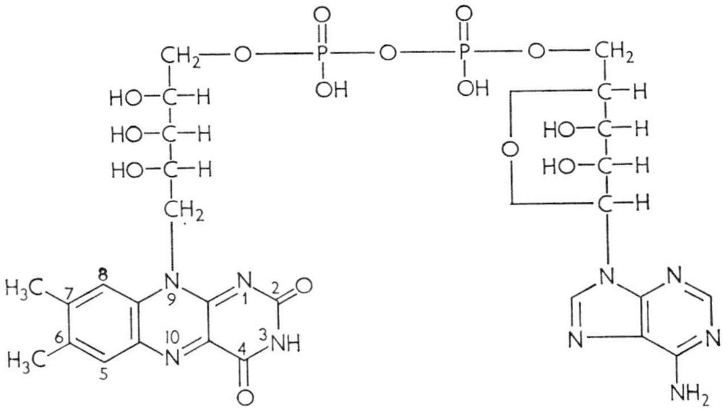

VI. FAD

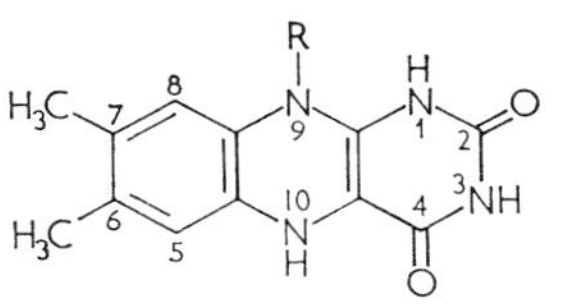

VII. $FMNH_2$ または $FADH_2$ 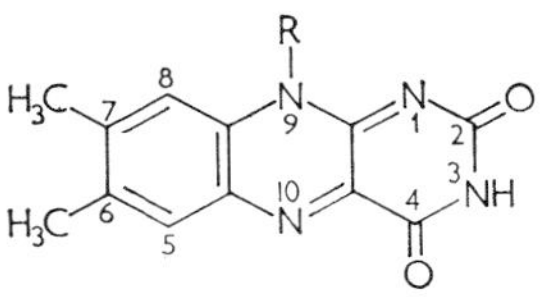   VIII. FMN または FAD

414   第13章　酸化還元酵素類

3. シトクロム類（cytochromes）は補欠分子族として鉄ポルフィリン類，一般にはヘムポル
フィリン類を利用する。ただしシトクロム a_2 ではクロリンが利用される。（呼吸鎖に沿って
機能する）シトクロム類の数は多い。それらは補欠分子族とタンパク質の構造が互いに異な
る。それらの区別には文字 a, b, c や番号文字 a_1, a_2 などが利用される。主なシトクロム鎖
はシトクロム b, c, a および a_3 である。それらの中で最もよく知られているのはシトクロ
ム c（Cyt. c）である。ポリフィリン基の構造とタンパク質への結合様式は構造式Ⅸに示され
る[4]。ただしポルフィリンはプロトポルフィリン（第9章参照）である。またアポ酵素のシ
ステイン残基から伸びた二つのSH基はヘムのビニル基と結合している。その結果，ビニル
基は飽和され，かつポルフィリンとタンパク質はチオ-エーテル結合を介して連結される。

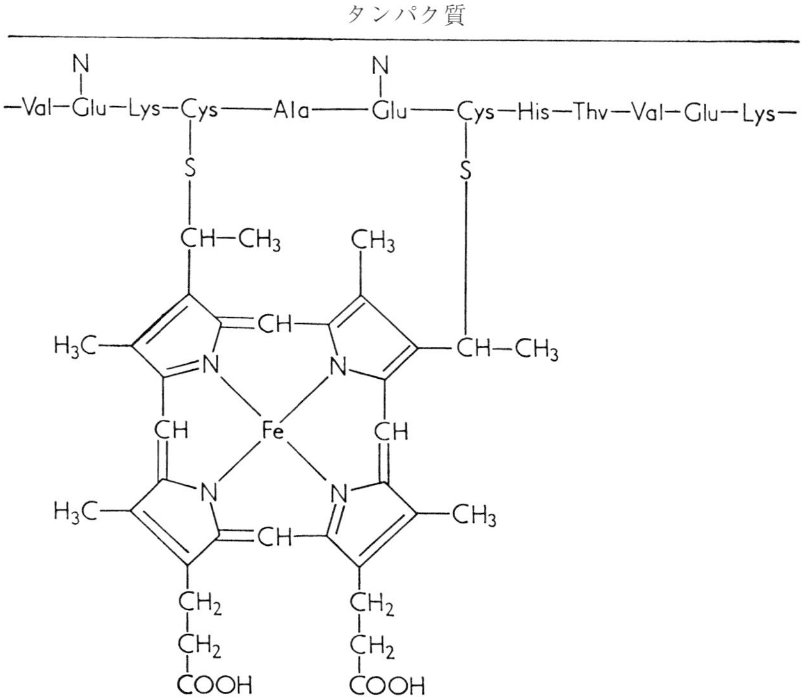

タンパク質

Ⅸ．タンパク質へのシトクロム c の結合

　本書では金属酵素は簡単に扱われ，ファミリーとしての一般的特徴のみが示される。基本的特
性の一つはそれが電子のみを移動させ，かつ水素を運ばないことである。価電子状態の Fe^{++} と
Fe^{+++} との間では酸化還元反応は鉄の酸化を伴う。次式に示されるように，プロトンはシトク
ロム系が還元されたとき放出され，酸化されたとき取り込まれる。

$$MH_2 + 2cyt.^{+++} \rightarrow M + 2cyt.^{++} + 2H^+$$

および　$2cyt.^{++} + M + 2H^+ \rightarrow 2cyt.^{+++} + MH_2$

　生物学的な酸化還元反応は互いに連続的に酸化還元される酸化還元系の鎖を必要とする[5]。第

11 章で論じた通り，もし A の酸化還元電位（$E^{'0}$）が B のそれよりも正であるならば，可逆的な酸化還元系 A はもう一つの系 B を酸化可能である。したがって呼吸鎖に沿った電子担体の分布はそれらの酸化還元電位の相対的値によって定まる。すなわち $E^{'0}$ の値は，活性代謝物から分子状酸素へと連続的により大きな正値（より小さな負値）をとる。表1はここで考察された系に対する $E^{'0}$ の代表値を示したものである。もちろん活性代謝物の電位は代謝物によって異なる。それらの最大値は -0.45 v である（水素電極の電位 $= -0.42$ v）。補酵素と関連した電位はある程度，関与した酵素系にも依存する。フラビンタンパク質の場合，その依存度はかなり大きい。

表1　酸化還元電位

系	$E^{'0}$(v)
活性化された MH_2	-0.45（最大値）
ピリジンヌクレオチド類	-0.32
フラビンタンパク質（旧黄色酵素）	-0.12
シトクロム c	$+0.26$
O_2	$+0.82$

電位の序列によれば，鎖の各成員はその下の成員を酸化し，その上の成員によって酸化される。したがってピリジンヌクレオチド類の還元形はフラビンヌクレオチド類やシトクロム類の酸化形に対する良好な還元剤となる。しかしピリジンヌクレオチド類の酸化形は，他の系の還元形によってほとんど還元されない。模式的には $E^{'0}$ 値に示されるように，担体の序列と関連した変換は第7章で導入された記法を用いて次のように視覚化される。

実際には少なくとも高等動物の組織における酸化はこの一般的パターンに従うことが多い。もちろん電位は反応が熱力学的（エネルギー的）観点から進行するか否かを示すに過ぎない。それらは反応速度に関するいかなる情報も提供しない。そのため反応が起こるか否かは必ずしも明らかではない。反応の化学的特異性は $E^{'0}$ の値とは無関係である。すなわち表1のデータは三種の担体すべての還元形が分子状酸素へ電子を移動させることを示すに過ぎない。しかもそのことがかなりの速度で起こるのはフラビンタンパク質類とシトクロム類だけである。

実際には酸化過程のパターンはさまざまである。たとえば表1に示した中間担体のいくつかを飛ばしたり，付属的な担体を利用することもある。以下の議論で特に重要なのは，ピリジンタンパク質とフラビンタンパク質との間に顕著な違いが見られることである。すなわちピリジンタンパク質は直接ではなく，中間にフラビンタンパク質を介して電子を分子状酸素へ送り届ける。それに対し，フラビンタンパク質は酸素によって直接酸化される。もっともフラビンタンパク質は

ピリジンタンパク質と同様，有機代謝物と直接相互作用してそれらから水素を受け取る。したがってフラビン類を必要とする酸化経路はピリジンタンパク質を必要とするものに比べて多様性に富む。要するにピリジンタンパク質は実質的に嫌気性デヒドロゲナーゼ類（anaerobic dehydrogenases）であるのに対して，フラビンタンパク質は嫌気性デヒドロゲナーゼ類として振る舞うだけでなく，好気性デヒドロゲナーゼ類（aerobic dehydrogenases）としても振る舞うことに注意されたい。前者の場合にはフラビンタンパク質は DPNH から H 原子を受け入れ，それをシトクロム類へ送り届ける。それに対して後者の場合には，フラビンタンパク質は代謝物から直接 H 原子を受け入れ，酸素によって直接酸化される[6]。

ピリジンタンパク質とフラビンタンパク質との間で，言及に値するもう一つの重要な違いは補酵素-アポ酵素複合体の安定性に関することである。すなわちフラビンヌクレオチド類はタンパク質へ強く結合するが，タンパク質へのピリジンヌクレオチド類の結合はそれに比べてはるかに弱い。したがって補欠分子族と補酵素を区別する研究者はフラビンヌクレオチド類を補欠分子族と見なし，ピリジンヌクレオチド類を補酵素と考える。ピリジンヌクレオチド類-タンパク質会合の不安定性の結果として，天然補酵素をモデル化合物で置き換えることも検討された。その結果，本章の終わりに述べるように補酵素の機能様式に関して興味ある情報がもたらされた。

本章の主な目的は補酵素，特にピリジンヌクレオチド類とフラビンヌクレオチド類の機能機作を説明することである。もっとも反応機構へのタンパク質部分の関与を説明する試みはまだなされていない。この問題への一般的説明ですでに述べたように，この関与については量子力学的に解釈できるほど分かっていないのが現状である。あらゆる生化学者と同様，タンパク質がもつ反応の特異性や有効性は試薬の配向，ゆがみおよび分極を通じて獲得されることを我々は認めなければならない。この結果を得る方法は無限に存在する。ただし理論による外挿は実験による確認を必要とする。もっとも Theorell らによる最近の発見は近い将来，このような情報が得られる可能性を示唆した[7]。

一方，補酵素自体の複雑な構造に関する疑問も生じる。すでに見たように，酸化還元過程には（活性部位と呼ばれる）補酵素の狭い領域のみが関与する。たとえばピリジンヌクレオチド類のニコチンアミド部分やフラビンヌクレオチド類のイソアロキサジン環といった領域である。補酵素の残されたフラグメント（残余部分）の役割についても不明なことが多い。この疑問に対してはまだ満足な解答は得られておらず，いくつかの示唆が提示されているに過ぎない。たとえばリン酸基や（ジヌクレオチド類の）アデニン部分は何らかの様式で補酵素-アポ酵素の結合に関与すると仮定せざるを得ない[8]。（もちろんこの状況はこのような結合が補酵素の活性部位を介して起こるという可能性を否定するものではない。たとえば蛍光の消光に関する研究によると，フラビン類の N_3H 基はタンパク質への補酵素の取付け部位である[9]。またピリジンヌクレオチド類のニコチンアミド部分のアミド基はこのような取付けに関与すると考えられる）[10]。実際，それらはアポ酵素，補酵素および基質との間に形成される中間的な三次複合体に深く関与している。たとえば肝臓アルコールデヒドロゲナーゼの場合には，反応原系の配置は図1のようになることが示唆された[11, 12]。

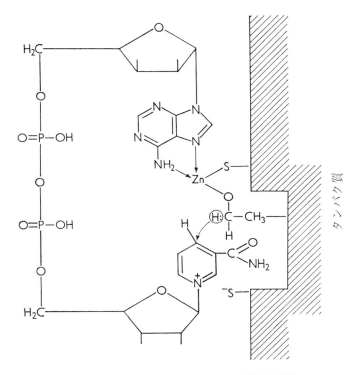

図1　肝臓アルコールデヒドロゲナーゼの推定中間体

おそらく補酵素の内部では，アデニン環とニコチンアミド環（またはイソアロキサジン環）との間に電荷移動型の電子的相互作用が存在すると思われる[13]。というのはこれらの環はピロリン酸鎖の柔軟性により，相互に比較的接近しやすいからである。

　最後に酸化還元系は，なぜユニークな触媒ではなく触媒の鎖を利用するのかについての理由を知ることは興味深い。もちろんこの疑問は酸化還元問題に特有のものではなく，他の生体系にも当てはまる。答えは複雑かつ多様である[14]。触媒の鎖を用いることの主な利点は，活性試薬空間での分離性，限定拡散の克服，細胞領域での反応生成物の形成，さらにはエネルギーを比較的小さく，かつ明確な内容へ分割するといった特別な要請を満たしやすいことである。最後の因子の重要性は，いわゆる酸化的リン酸化（oxidative phosphorylation）における ATP の代謝的生成とも関連するが，本章の第13.8節でさらに詳しく論ずることになる。

13.2　呼吸補酵素の電子供与的性質と電子受容的性質

　酸化還元補酵素が機能する実際の機構を化学的に検討する前に議論すべきは，それらの全体的な電子供与的性質と電子受容的性質の問題である。実際のところ，このような性質はこの機構において重要な役割を演ずることが期待される。それらに関する情報は通常，対応分子軌道のエネ

ルギーを調べることにより得られる。

本節ではそのような観点から，ピリジンヌクレオチド類とフラビンヌクレオチド類のみを考察する。シトクロム類の計算は特別な仮定を必要とするため，別の節で取り扱われる。

表2はDPNとFMNの酸化形と還元形における最高被占軌道と最低空軌道のエネルギーを示したものである[15]。計算に使われる近似の範囲内でそれらはそれぞれTPNとFADの値に等しい。

これらの計算ではDPN$^+$は10π電子系と考えられる。すなわち基底状態ではそれらの電子は最も安定な五つの軌道を占有する。DPNHもまた10π電子系である（そのため還元は環窒素の価電子状態の変化を伴い，かつ共役には孤立電子対も関与する）。さらにCH$_2$の超共役による擬似π電子が2個付け加わる。したがってこの分子のπ電子は全部で12個となり，分子の基底状態ではそれらは最も安定な六つの軌道に分布する。

FMNは18個のπ電子から成る系で，さらに2個のCH$_3$基の超共役による擬似π電子が4個付け加わる。したがってFMNは全部で22個のπ電子から構成され，基底状態では最も安定な11個の分子軌道に分布する。また同一近似内において，FMNH$_2$は24個のπ電子からなる系で，電子は最もエネルギーの低い12個の分子軌道に分布する。

いずれの場合も，系のπ電子数は還元によって増加することに注意されたい。それに対して共鳴エネルギーは還元によって減少した。その値はDPN$^+$では2.48β，DPNHでは1.71βに等しく，またFMNでは5.60β，FMNH$_2$では5.48βとなった。

補酵素の各種形態における分子軌道エネルギーの完全な一覧は本書の付録に収載されている。

表2　分子軌道のエネルギー（単位：β）

化合物	HOMO エネルギー	LUMO エネルギー
DPN$^+$	1.032	-0.356
DPNH	0.298	-0.915
FMN	0.496	-0.343
FMNH$_2$	-0.105	-0.949

DPN$^+$とFMNは最低空軌道が比較的低い位置にある（エネルギー係数$|k| < 0.4$）。このことはこれらの分子の電子親和力が比較的強いことを意味する。すなわち補酵素のこれらの酸化形は良好な電子受容体である。それらの最高被占軌道もまたかなり低い位置にある（特にDPN$^+$の軌道）。このことはこれらの分子が良好な電子供与体ではないことを意味する。

二種の補酵素の還元形では，二つの上記軌道でのエネルギー分布の完全な逆転が観察される。すなわち最低空軌道はかなり上昇する（$|k| > 0.7$）。このことは電子受容性的性質が消失することを意味する。一方，還元形では最高被占軌道は著しく上昇する（$k < 0.3$）。この現象は分子に強い電子供与能を付与する。

したがってFMN ― FMNH$_2$とDPN$^+$ ― DPNHのいずれの対においても，酸化還元反応は分子軌道エネルギー（特に最低空軌道と最高被占軌道のエネルギー）の瞬間的再分布を伴う。すなわち酸化形は最低空軌道，還元形は最高被占軌道とそれぞれ関連がある。言い換えれば，酸化形

は電子を受け入れる傾向があり，一方還元形は電子を与える傾向がある。

さらにこの自然振動過程では，$FMNH_2$と関連した性質の中に補完的推進力が見出される。実際のところ，この分子はきわめて異常な特性をもつと考えられる。すなわちその最高被占軌道は反結合性であり（$k = -0.105$），そのエネルギー係数の符号は一般に励起状態でしか占有されない軌道と関係がある。このことは基底状態でのこの軌道の占有が基本的に不安定な配置をもたらすことを意味する。そのためその軌道にある電子は$FMNH_2$によって追い出される傾向が強い。この結果はこの物質の顕著な電子供与的性質を説明するとともに，その自動酸化の可能性を示唆するものである（自動酸化されない DPNH は最高被占軌道が結合性であるため，その再酸化は電位の高い系すなわちフラビンタンパク質を必要とする）。

呼吸鎖での補酵素の実際的機作におけるこれらの関係の重要性は電子移動に関与する過程，特に直接的な移動単位の性質に依存する。これらの関係はもちろん化合物の非酵素的反応にとっても重要である。この問題を説明するため，次に呼吸補酵素の酵素的および非酵素的性質を詳しく吟味してみよう。

13.3 ピリジンタンパク質の機能機構

13.3.1 主な反応

DPN 結合デヒドロゲナーゼと TPN 結合デヒドロゲナーゼは一般に基質を異にするが，触媒する反応は実質的に同じである。したがって以下の議論ではこれらの酵素は一緒に考察される。理論的にも「活性」ニコチンアミド部分の電子的性質はほとんど同じである。

これらの酵素が触媒する反応はすべて可逆的である。しかし平衡位置は基質の酸化状態に応じて大きく異なる。これらの DPN または TPN 結合デヒドロゲナーゼ類が触媒する反応は次の三つのタイプに分けられる。

（a）　第一または第二アルコールからケトンへの変換

$$\begin{array}{c} R \\ R' \end{array}\!\!\Big\rangle CHOH + DPN^+ \rightleftharpoons \begin{array}{c} R \\ R' \end{array}\!\!\Big\rangle C = O + DPNH + H^+$$

このグループに属するアルコールデヒドロゲナーゼ類の中で特に重要な酵素は L-乳酸デヒドロゲナーゼ，L-リンゴ酸デヒドロゲナーゼ，グルコースデヒドロゲナーゼなどである。

（b）　アルデヒドからカルボン酸への変換

$$R-CHO + DPN^+ \rightleftharpoons R-COOH + DPNH$$

正確にはアルデヒドはおそらく水和形で存在する。

$$R-C{\overset{\textbf{H}}{\underset{OH}{\big\langle}}}OH + DPN^+ \rightleftharpoons RCOOH + DPNH + H^+$$

このグループに属する代表的酵素は 3-ホスホグリセルアルデヒドデヒドロゲナーゼとアセトアルデヒドデヒドロゲナーゼである。

（c）　アミンからケトンへの変換

正確にはこの変換の第一段階はイミンの形成である。

$${\overset{R}{\underset{R'}{\big\rangle}}}CHNH_2 + DPN^+ \rightleftharpoons {\overset{R}{\underset{R'}{\big\rangle}}}C=NH + DPNH + H^+$$

$$\Updownarrow H_2O$$

$${\overset{R}{\underset{R'}{\big\rangle}}}C=O + NH_3$$

このグループの属する代表的事例は L-グルタミン酸デヒドロゲナーゼである。

13.3.2　化学的側面

以上の変換では基質はすべて次の一般形で表される。

$${\overset{R}{\underset{R'}{\big\rangle}}}CH-XH$$

ここで X はヘテロ原子（O または N）である。これらの基質の酸化では 2 個の水素が取り除かれる。それらのうちの 1 個はヘテロ原子へ結合しており，もう 1 個（太字で表示）はカルビノール炭素へ結合している。（主に重水素化化合物を用いて得られた）これらの反応の機構に関する基本的結果は次の三つである。第一にデヒドロゲナーゼ類は基質と補酵素との間の直接的な水素移動を触媒する[16]。移動するのは基質のカルビノール炭素へ結合した水素である。この水素は反応式では太字で示される。第二に（N$^+$ のオルト位に当たる 2 または 6 位の炭素で起こるという）Karrer らの仮説[17]とは異なり，DPN$^+$ の酵素的還元は実際には第四級窒素のパラ位すなわち 4 位炭素で起こった[18]。最後に水素の移動は補酵素に関して立体特異的で[16,19]，環の片方の面でし

か起こらなかった（ただしアルコールデヒドロゲナーゼとヒドロキシステロイドデヒドロゲナーゼによって生じた立体異性体はそれぞれ A 形および B 形と呼ばれた）。また基質の酸化過程で形成された DPNH や TPNH の立体異性体は逆反応においてもまた活性な立体異性体であった。

トランスヒドロゲナーゼ反応の研究は前述の結論が正しいことを補完的に実証した。すなわち酵素は次式に示すように，二種の補酵素の C_4 位間の水素移動を直接的かつ立体特異的に触媒した[20]。

TPNH＋DPN⁺→TPN⁺＋DPNH

またトランス水素化のモデル反応によると，DPN⁺ のアセチルピリジン類似体（X）[21] あるいは 1-ベンジル-3-アセチル（または 3-カルバミル）ピリミジウムクロリド（XI）[22] は TPNH により還元される。その際，4 位への直接的な水素移動が起こる。

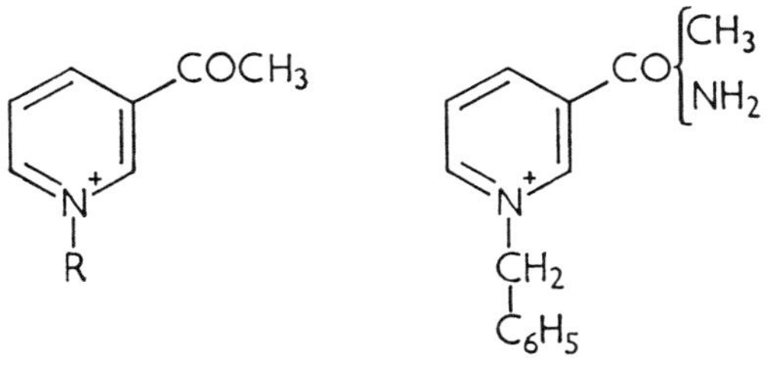

X

XI

ピリジンヌクレオチド補酵素の機構に関する基本的問題は，基質酸化の際に移動する代謝単位の化学的性質と DPN⁺ から DPNH（または TPN⁺ から TPNH）への変換の二つである。すなわち全体として H⁻単位の移動を伴い，かつ反応の実験的側面と合致する機構は次の二つである。（a）ヒドリドイオン（H⁻）の直接的移動，（b）二段階反応としての H 原子と電子の移動。

言い換えると移動はイオン機構あるいはフリーラジカルが中間に生成する機構のいずれかで起こる。

実験的証拠はヒドリドイオンを伴う機構を支持した[23]。もっとも反応の詳細は明確には分からない[24]。証拠の大部分は化学的研究，特に亜二チオン酸ナトリウム（$Na_2S_2O_4$）の作用に関する研究から得られた。この試薬による DPN⁺ の還元は酵素的に活性な DPNH を産生し，その反応は 4 位炭素で起こった[25]。この反応はおそらくスルホキシル酸付加化合物の形成とその加水分解的開裂を経て進行した[26]。

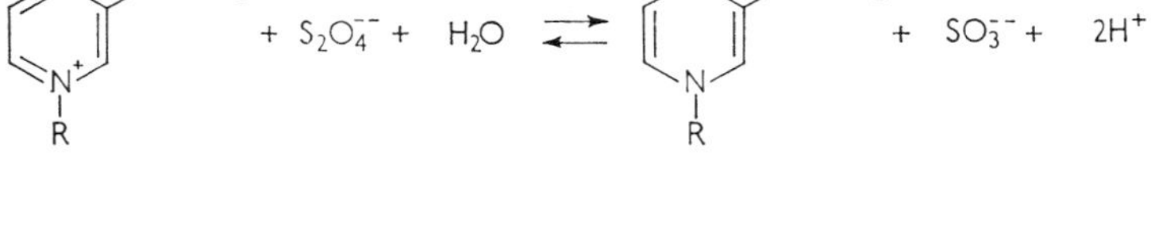

422 第13章 酸化還元酵素類

$$\text{(ニコチンアミド型構造)} + S_2O_4^{--} + H_2O \rightleftharpoons \text{(還元型構造)} + SO_3^{-} + 2H^+$$

負イオンの付加に対する DPN⁺ のニコチンアミド部分の高い反応性もまた観察された。たとえばシアン化物イオン[27]やイミダゾール[28]が DPN⁺ の C₄ 位へ付加することはよく知られている。同じ攻撃位置はジヒドロキシアセトン，アセトフェノン，ヒドロキシルアミン，パラアミノ安息香酸などにも当てはまる[29]。すなわちイオン還元機構で進行する試薬はパラ位でニコチンアミド残基を攻撃すると思われる。この機構は特に酵素過程で起こりやすい。

一方，フリーラジカルを伴う反応たとえばエタノール中での γ 線または X 線照射によって DPN⁺ が還元される場合，酵素的還元や（酵素的に不活性な）亜二チオン酸還元によって得られるものとは異なる性質の生成物が形成される[30]。このことは DPN⁺ のジヒドロ誘導体にも当てはまる。同じタイプの生成物は DPN⁺ や関連誘導体の電解還元によっても得られる。ただしこのような還元は一電子移動機構で進行する。これらの化合物では DPN⁺ は第四級窒素のオルト位炭素で還元される。すなわち得られた化合物は 1–2 または 1–6 ジヒドロピリジン類である。したがってフリーラジカル中間体を利用する試薬はオルト位でニコチンアミド残基を攻撃すると考えられる[31]。

フリーラジカル反応は第二のタイプの生成物も与える。この生成物は 2 個のピリジニウムラジカルが 6 位炭素を介して合体した二量体構造（XII）をもつ[32]。

XII. 6,6′-ジピリジル

なおこの二量体は二つの段階を経て形成される[33]。すなわち第一段階は電子を捕獲する段階である。形成されたフリーラジカルの濃度が低ければ，単量体は第二の電子とプロトンを捕獲することにより安定化される。濃度が高くなると二量化が起こる。同様の二量体は二価クロムイオン Cr²⁺ による DPN⁺ の還元によっても形成される[34]。

ピリジンヌクレオチド補酵素の酵素的機能に対してはイオン機構を支持する証拠が多いが，複雑なラジカル中間体の関与を認める研究者もいる。たとえば Commoner らの研究グループである[35]。彼らは電子スピン共鳴法（ESR）を用いて，ある種のデヒドロゲナーゼ系（たとえばアルコールデヒドロゲナーゼ）ではフリーラジカル中間体の形成を示すシグナルを得た。ただしこのシグナルは酵素的に形成された基質–デヒドロゲナーゼ–DPN を含む場合にのみ観測された。そ

れは一過性の現象であってすぐに消失した。これらの観察の重要性は不明である。特に DPN や TPN のフリーラジカルと基質のフリーラジカル形が，観測された ESR シグナルへどの程度寄与しているかは分からない。

13.3.3　電子的解釈

実験的知見の重要性は量子力学的計算に照らしたとき明らかとなる[15]。たとえば DPN^+ の電子密度分布図（図2参照）によれば，ピリジン環内で最も正電荷を帯びた炭素（電子密度が最小となる炭素）は4位炭素である。このことはこの炭素が負イオンにより優先的に攻撃されることを強く示唆する。一方，（電子密度に支配されない）フリーラジカルの反応性に関しては，炭素原子の自由原子価の値から配向性に関する重要な知見が得られる。このことは図3に示される。すなわち図3によると，自由原子価が最大となるのは2個のオルト炭素（2および6位）である。すなわちフリーラジカルはこれらのオルト炭素を優先的に攻撃する。

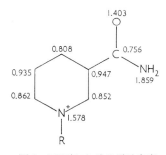
図2　DPN^+ における電子密度

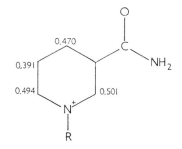
図3　DPN^+ の環炭素における自由原子価

主な結論は対応する局在化エネルギーの計算から完全に立証された（表3）。すなわち局在化エネルギーは求核攻撃では4位炭素で最小となったが，ラジカル攻撃では2位炭素と6位炭素が最小となった。このことは DPN^+ では求核攻撃に対する反応中心が4位炭素であるのに対し，ラジカル攻撃に対するそれは2位炭素と6位炭素であることを意味した。

表3　DPN^+ の局在化エネルギー

炭素	局在化エネルギー（単位：β）		
	求電子	求核	ラジカル
2（オルト）	2.47	2.03	2.25
4（パラ）	3.08	1.88	2.48
5	2.77	2.38	2.58
6（オルト）	2.46	2.04	2.25

実際，DPN^+ への攻撃のフリーラジカル機構では（電子が DPN^+ へ1個付加した）DPN^+ フリーラジカルが中間体として形成される。この奇数電子は特定の原子に局在せず，分子表面全体に広がる。その分布は図4に示された通りである。中間に生成したフリーラジカル（$DPN^+ + e^-$）に

おける電子密度の全分布は図2と図4を加え合わせたものになる。一方，図5はフリーラジカル中間体の環炭素における自由原子価の分布を示したものである。自由原子価はここでもオルト炭素で最大となった。すなわちオルト炭素はフリーラジカルによる攻撃やH原子による還元に対する反応中心である。この結論は局在化エネルギーの値からも実証された（表4）。

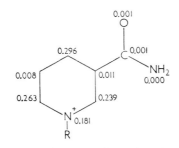

図4　DPN$^+$フリーラジカル（DPN$^+$＋e）における奇数電子の分布

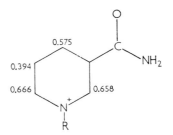

図5　DPN$^+$フリーラジカル（DPN$^+$＋e）における環炭素の自由原子価

表4　（DPN$^+$＋e）の局在化エネルギー

炭素	局在化エネルギー（単位：β）		
	求電子	求核	ラジカル
2	1.59	2.25	1.37
4	2.12	2.30	1.52
5	2.27	2.39	2.02
6	1.60	2.31	1.39

　これらの結果は，ラジカル攻撃に対する局在化エネルギーの最小値がラジカル中間体（DPN$^+$＋e）では2位炭素と6位炭素に現れることを示した。またこのようなラジカルの二量化は2位炭素ではなく6位炭素を介して引き起こされた。このことは6位炭素のまわりの立体障害がより小さいことと関係があった。

　さらに（電解）還元ではフリーラジカル中間体への第二の電子の付加とプロトンの固定が必要であった。図6は（DPN$^+$＋2e）で表される中間体の電子密度分布，図7は自由原子価の分布をそれぞれ示している。

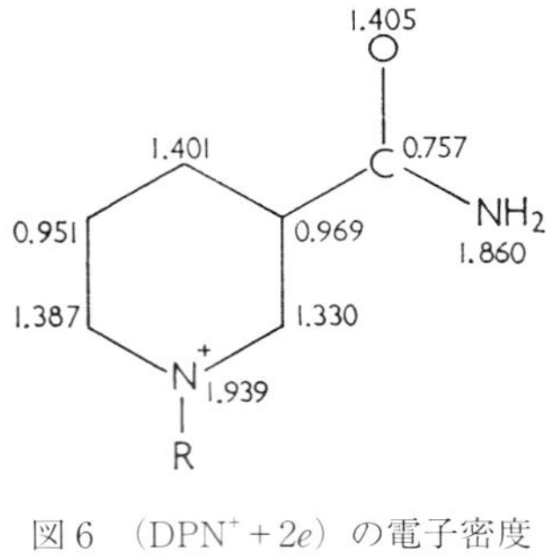

図6　（DPN$^+$＋2e）の電子密度

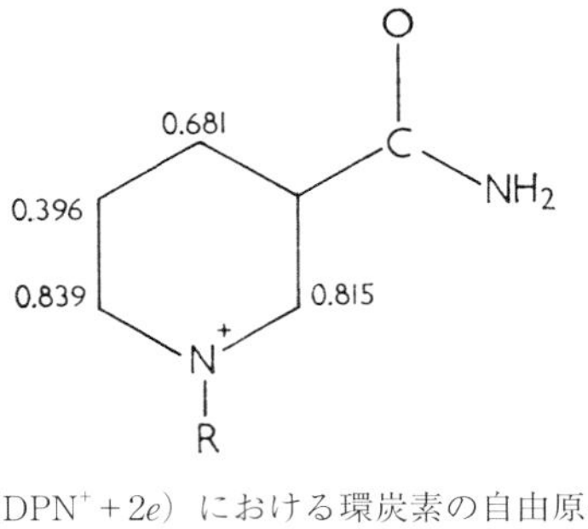

図7　（DPN$^+$＋2e）における環炭素の自由原子価

図6において最も大きな負値をとる炭素は4位炭素である。この炭素は一見するとプロトンによって優先的に攻撃されると考えられる。しかし4位炭素の自由原子価はオルト炭素のそれらに比べてはるかに小さい。一般に接近試薬による炭素の分極性は自由原子価によって正しく予想される。すなわち正イオンの接近によるオルト炭素の分極性はパラ炭素のそれよりも大きい。これらの条件下では，（$DPN^+ + 2e$）中間体によるプロトンの配向固定に関する情報は適当な局在化エネルギーの計算によってのみ得られる。

表5 （$DPN^+ + 2e$）の局在化エネルギー

炭素	局在化エネルギー（単位：β）		
	求電子	求核	ラジカル
2	0.72	2.47	1.59
4	1.17	2.72	1.64
5	1.67	2.41	1.74
6	0.73	2.57	1.92

　表5はこれらの局在化エネルギーをまとめたものである。表5によれば，ラジカルイオン（$DPN^+ + 2e$）では求電子攻撃に対する反応中心は2位と6位のオルト炭素であった。

　これらの理論的結果はDPN$^+$の還元に関する実験事実を完全に説明した。

　もちろんラジカル反応におけるDPN$^+$の全電子受容性は，最低空軌道のエネルギーに示されるようにニコチンアミド部分の電子親和力の大きさによって定まる。DPNの一連の補完的反応もまた同じ因子に依存する。DPNが一連の電荷移動錯体に関与する場合には特にそうである。このような複合体の一つのタイプについてはすでに言及した。DPNのニコチン酸アミド部分とアデニン環とに間の形成される分子内電荷移動錯体がそれである。DPNが分子間電荷移動に関与することを示す事例は他にも多数存在する。この分野で特に重要なのはDPN$^+$（または関連モデル化合物）とインドール誘導体（特にトリプトファンやセロトニン）との間に形成される複合体である[36]。これらの事例はこのような相互作用が補酵素とアポ酵素との結合に重要な役割を担う可能性を示唆した。実際，この仮説はある種のデヒドロゲナーゼ類においてはっきりと考慮された[37]。この仮説と関連し，トリプトファンはタンパク質の四種の芳香族アミノ酸の中で最良の電子供与体であることを思い出されたい（第6章参照）。なお電荷移動錯体は隣接する補酵素の間でも形成された。このタイプの相互作用はDPNHとFMNとの間でも観測される。この件については本章の第13.4節でさらに詳しく吟味される。

　（電子受容体としての）ピリジニウムイオン類と（電子供与体としての）ヨウ素との間では電荷移動錯体は容易に形成される。この問題はKosowerらによって広範かつ定量的に検討された（第4章参照）[38]。

　DPN$^+$の酵素的還元機構の性質に関する補完的確認は，DPN類似体やTPN類似体により触媒される反応に関する研究に見出されよう。ピリジンタンパク質のアポ酵素は関連補酵素に対する特異性が比較的低い。そのためこれらの補酵素は一連の類似体によって置き換えられる。このような類似体の中で最も重要なのはDPNの誘導体である。これらの誘導体では，ニコチンアミド

426　第13章　酸化還元酵素類

部分の $CONH_2$ 基は他の置換基で置き換えられる。このような類似体は Kaplan らによって多数調製され[39]，一連のデヒドロゲナーゼ類における酸化還元の（真の補酵素に代わる）補因子としての効果が検定された[40]。表6は5種類の酵素系におけるそれらの有効性をまとめたものである。

表6　DPN⁺ 類似体の有効性

X = (構造)	還元の相対速度[a]					亜ジチオン酸ナトリウムまたはシアン化物イオンによる還元可能性
	ウマ肝 ADH	酵母 ADH	ウサギ筋 LDH	ウシ心臓 LDH	ウサギ筋 GPDH	
$-C(=O)-NH_2$	1.00	1.00	1.00	1.00	1.00	+
$-C(=O)-CH_3$	>1.00	<1.00				+
$-C(=O)-H$	>1.00					+
$-C(=O)-OC_2H_5$		0				+
$-C(=O)-NHC_2H_5$		0				+
$-CHOHCH_3$		0				−
$-CH_3$		0				−
$-C(=O)-NHOH$	0.44	0.03	0.20	0.10	0.19	+
$-C(=O)-NHNH_2$	0.68	0.08	0.33	0.09	0.38	+
$-C(=NOH)-H$	0.50	0.06	0.07	0.01	0.01	+
$-C(=O)-C_6H_5$	0.31	0	0	0	0	+
$-NH_2$	0	0	0	0	0	−
$-NH-C(=O)-CH_3$	0	0	0	0	0	−
$-CH=CH-C(=O)-NH_2$	0	0	0	0	0	+
$-C(=O)-CH(CH_3)_2$	7.92	0.52	1.25	0.37	0.01	+
$-C(=S)-NH_2$	3.48	0.16	0.03	0.41	0.16	+

[a] ADH=アルコールデヒドロゲナーゼ，LDH=乳酸デヒドロゲナーゼ，
GPDH=グリセルアルデヒドリン酸デヒドロゲナーゼ．

　表6の最後の欄は亜ジチオン酸ナトリウムまたはシアン化物イオンによる還元のされやすさをまとめたものである。それによると，検討されたデヒドロゲナーゼ類の補因子として活性な類似体はすべて亜ジチオン酸塩またはシアン化物によって還元された（もちろん特異性が異なるため，補因子が同じでも反応速度は酵素のよって異なる）。一方，補因子として機能しない類似体はこ

れらの試薬によって一般に還元されない（ただし $CH=CH-C {<}^O_{NH_2}$ 基をもつ類似体は例外である）。検討された補因子の化学的還元性の有無は4位炭素の求核的局在化エネルギー値によって説明された。表7によれば，この電子的指標はいずれの類似体においても4位炭素の方が2位炭素に比べて小さく，かつ活性類似体の4位炭素は不活性類似体のそれに比べて小さかった。[40a]。

表7　DPN類似体の求核的局在化エネルギー

類似体:			亜ジチオン酸ナトリウムまたはジアゾ化物イオンによる還元可能性	求核的局在化エネルギー（単位：β）	
X	Y	Z		炭素2	炭素4
—CONH$_2$ または CONHC$_2$H$_5$	H	H	+	2.03	1.88
—COCH$_3$	H	H	+	2.02	1.87
—COH または COCH（CH$_3$）$_2$	H	H	+	2.02	1.87
—COOC$_2$H$_5$	H	H	+	2.03	1.87
—CONH$_2$	—CONH$_2$	H	+	1.80	1.64
（S, N, CH$_3$環構造）	H	H	+	2.02	1.88
—CONHOH	H	H	+	2.03	1.88
—CONHNH$_2$	H	H	+	2.03	1.88
—CHNOH	H	H	+	2.01	1.87
—CO—C$_6$H$_5$	H	H	+	2.02	1.87
—CH=CH—CONH$_2$	H	H	+	1.99	1.85
—CSNH$_2$	H	H	+	2.02	1.88
—CON（CH$_3$）$_2$	H	H	+	2.03	1.88
—H または CHOHCH$_3$ または CH$_3$	H	H	−	2.06	1.91
—NH$_2$	H	H	−	2.03	1.90
—NHCOCH$_3$	H	H	−	2.03	1.90
—CONH$_2$	H	NH$_2$	−	2.10	2.02

表に記載された化学試薬による還元性と酵素系での機能性との並行関係も併せて考慮すると，これらの結果は（酵素活性への手掛かりとして）4位炭素の還元がイオン機構で進むことを示唆した。

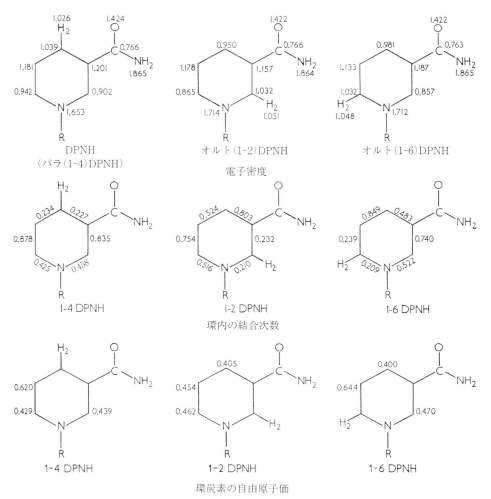

図8 DPNH とその各種異性体の電子的特性

DPN⁺の各種還元生成物の電子的特性をここで示すのは今後の議論にとって有用だからである。表8と図8はそれらのデータをまとめたものである。

表8 エネルギー指標（単位：β）

化合物	共鳴エネルギー	HOMO エネルギー	LUMO エネルギー
1-4 DPNH	1.71	0.30	−0.92
1-2 DPNH	1.83	0.28	−0.72
1-6 DPNH	1.82	0.27	−0.78

1-4 DPNH の目立った特徴の一つは強調に値する。それは C_5—C_6 結合の π 結合次数が大きいことである。この性質は酸性溶液中での DPNH の不安定性と関係がある。すなわち結合へは水

の成分が容易に付加し，化合物XIIIを生成した[41]。

$$
\begin{array}{c}
\text{XIII}
\end{array}
$$

C_5へのプロトンの固定とC_6へのOH^-の固定は結合上の電荷分布ともよく一致した（図8参照）。

13.4 フラビンタンパク質の機能機構

13.4.1 主な反応

　フラビンタンパク質酵素の補酵素はすでに述べたようにFMNまたはFADである。ここではこれらの二つの補酵素の特異性について説明するつもりはない。理論的計算が行えるのは実質的に補酵素の活性部分すなわちイソアロキサジン環に限定される。二つの補酵素は区別できないのでなおさらである。フラビンタンパク質はしばしば金属イオンと一緒に機能する。そのためこれらのカチオンの役割が明確に説明されることはない。

　フラビンタンパク質は基本的に二つのグループに分けられる。この分割はそれらが作用する基質の性質に基づいてなされる。すなわちフラビンタンパク質は還元形ピリジンヌクレオチド類を酸化するか否か（言い換えればジアホラーゼ活性をもつか否か）によって区別される。

　(a)　ジアホラーゼ活性をもたないフラビンタンパク質

　このタイプのフラビンタンパク質は基質としてDPNHやTPNHを受け入れない。水素を有機基質から酸素へ移動させる一連のオキシダーゼ類はこのクラスに属する。基質としては（グリコール酸オキシダーゼにより）アルデヒド類へと変換されるアルコール類，（グルコースオキシダーゼにより）酸類へと変換されるアルデヒド類および（グリシンオキシダーゼにより）ケトン類へと変換されるアミン類などがある。一連のデヒドロゲナーゼ類もこのクラスに属する。デヒドロゲナーゼ類はさまざまな基質から水素を受け入れるが，水素を酸素へ移動させることはない。また中間担体としてシトクロム類を必要とし，さまざまな合成染料を還元する。このクラスの酵素の基質としてはその他，（α-グリセロリン酸デヒドロゲナーゼにより）ケトン類へと変換されるアルコール類や（コハク酸デヒドロゲナーゼまたは脂肪酸アシル-CoA-デヒドロゲナーゼ類により）飽和結合（$-CH_2-CH_2-$）からエチレン結合（$-CH=CH-$）へと脱水素される化合物などがある。

　(b)　ジアホラーゼ活性を示すフラビンタンパク質

　このタイプのフラビンタンパク質はDPNHやTPNHのよって還元され，かつ次の二つの酵素クラスへ分けられる。

① 特定タイプの基質にのみ作用する酵素

Straubの古典的ジアホラーゼや一連のピリジンヌクレオチドレダクターゼ類，オキシダーゼ類またはペルオキシダーゼ類はこのクラスに属する。これらの酵素はDPNHやTPNHを酸化し，水素を他の担体（シトクロム類），酸素またはH_2O_2へと移動させる。

② さまざまな基質に作用する酵素

これらの酵素は複雑な活性を呈する。たとえばジヒドロオロト酸デヒドロゲナーゼの機能は次の図式で表される[42]。

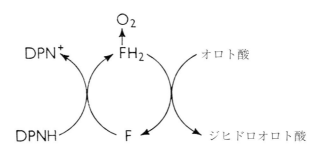

リポイル（またはジヒドロチオクト酸）デヒドロゲナーゼもこのクラスに属する。この酵素の役割は反応を仲介することである[43]。

$$DPN^+ + 還元形リポ酸 \rightleftharpoons DPNH + H^+ + 酸化形リポ酸$$

プリン類を酸化する能力との関連で議論されるが，キサンチンオキシダーゼもまたジアホラーゼ活性を示す（第5章参照）。

13.4.2 化学的側面

フラビンタンパク質によって触媒される主な反応から明らかなように，フラビンタンパク質酵素の機作は複雑かつ変化に富む。そのため電子項による解釈はピリジンタンパク質の機能機作の解釈に比べて難しい。このような複雑性と多様性は次の原因に由来する。

(a) 基質タイプの多様性

ピリジンタンパク質が作用する基質はすべて次の形で表される。

$$\begin{array}{c} R \\ R' \end{array}\!\!\!>\!CH - XH$$

一方，フラビンタンパク質は同一タイプの化合物に加え，還元形ピリジンヌクレオチド類や次の構造も基質として利用する。

$$\begin{array}{c} R \\ R' \end{array}\!\!\!>\!CH - CH\!<\!\!\!\begin{array}{c} R'' \\ R''' \end{array}$$

(b)　電子受容体の多様性

電子受容体となるのは，（シトクロム類のような）天然の電子担体や合成染料，キノン類，適当な酸化還元電位をもつピリジンヌクレオチド類似体，酸素自身などである。

(c)　補欠分子族の多様性

実際には酵素は補酵素をいくつか含んでいる。たとえばキサンチンオキシダーゼは酵素1分子当たり FAD 補欠分子族を2個含む。またある種のフラビンタンパク質は水素移動を行う活性スルフヒドリル基をもつ。さらにすでに述べたように，フラビンタンパク質酵素の多くは，たとえばキサンチンオキシダーゼのように補助活性化剤として金属カチオンを必要とする。

さらにフラビンタンパク質が介在する電子移動や水素移動の機構を実験的に確認することは容易ではない。このことは移動した原子の追跡が不可能であることと関係がある。ただしすでに見たように DPN または TPN 結合デヒドロゲナーゼ類では，重水素標識した基質を用いることにより水素移動を直接示すことができる。この可能性は基質や還元形ピリジンヌクレオチド類では移動した水素が安定した位置を占めるという事実によるものである。しかしフラビンタンパク質ではこのようなことは起こらない。というのは，イソアロキサジン環は N_1 と N_{10} で還元され，これらの窒素は（周囲との間でプロトンを交換する）酸性中心になるからである。

これらの理由により，フラビンタンパク質酵素の化学的機構はまだ大部分仮説に過ぎない。しかし本質的特徴のいくつかについては明確な証拠が存在する。

フラビンタンパク質の作用様式に関する実験データの多くは，これらの酵素の触媒活性の過程ではフラビンセミキノン類が実質的中間体であるという仮定と矛盾しない。この分野における本質的な証拠は電子スピン共鳴や吸光光度分析からもたらされた。

電子スピン共鳴データの大部分は Commoner ら[44]や Beinert[45]の報告に基づいている。もっともこれらの実験データはまだ完全に明快な結論をもたらすまでには至っていない。にもかかわらず，（コハク酸デヒドロゲナーゼ，アシル-CoA デヒドロゲナーゼ，シトクロム c デヒドロゲナーゼ，キサンチンオキシダーゼなどの）フラビン酵素類の活性発現過程ではフリーラジカルが形成されると考えられる。ここでは Commoner 自身の言葉を引用しておこう。「コハク酸デヒドロゲナーゼとその基質との間に形成される複合体では，フリーラジカルは特定電子配置の構成要素である」・・・「フラビンタンパク質酵素の場合には，観測された ESR の少なくとも一部はフラビン補欠分子族のフリーラジカルによるものである。電子の供与体や受容体を含まない状態でフラビンタンパク質酵素を照射すると，観測された ESR は酵素が作用している時のものとよく似ていた」。

吸光光度分析法からの証拠は，フラビンタンパク質への基質の添加時や酵素触媒過程では（濃く着色した）赤色または緑色の中間体が出現するというものであった（それらの吸収極大はそれぞれ $\lambda_{max.} = 465 \sim 475\,m\mu$ または $540 \sim 580\,m\mu$ であった）。この重要な観察は 1937 年に Haas によってなされ[46]，その後多くの研究者により（DPNH ペルオキシダーゼ[47]，アシル-CoA デヒドロゲナーゼ[48]，ジヒドロオロチン酸デヒドロゲナーゼ[49]，D-アミノ酸オキシダーゼ[50]，リポ酸デヒドロゲナーゼ[51]を含む）一連のフラビンタンパク質酵素で確認された。これらの中間体の吸

432　第13章　酸化還元酵素類

収スペクトルにおける重要な事実は，それらが（遊離フラビン類（黄色）からロイコ形（無色）
へ化学還元される過程で出現した）セミキノイド形中間体の吸収スペクトルとよく似ていること
であった。このことは化学的中間体と酵素的中間体がよく似た構成をもつことを示唆した[51a]。
化学的還元はさまざまな操作で引き起こされた。たとえば酸性溶媒中での還元[52]，亜ジチオン酸
還元[52]，亜鉛還元[53]，X線照射による還元[54]および光還元[55]などである。なお赤色中間体と緑色
中間体は（フラビン環への電子または水素原子の付加によって得られる）セミキノンのカチオン
形と中性形にそれぞれ対応した。また水素原子の付加では，セミキノンの最も可能性の高い互変
異性形は（中性形では）構造式 XIV[56]と XV[57]であった。

XIV. FMNH（カルボニル形）

　窒素複素環では一般にケト形が高い安定性を示す。したがってフラビンセミキノンでは最も可
能性の高い互変異性形は構造式 XIVである。

XV. FMNH（エノール形）

　フラビンセミキノン中間体の生成は，電子と水素の移動におけるフラビンタンパク質の機能機
作として妥当である。次に解決すべき疑問はこのようなセミキノンの起源と生成様式である。そ
の点に関してはさまざまな可能性が考えられた。最も簡単な機作は基質からフラビンへの電子ま
たは水素原子の直接的な移動である。このような機作はSchelenberg-Hellermanにより DPNH-
シトクロム c レダクターゼに対して提唱された[58]。さらに複雑な機構では，基質との相互作用の
結果として，タンパク質内に形成されたフリーラジカルとフラビンとの反応も関与すると考えら
れる。このような機作は最近，リポ酸デヒドロゲナーゼに対して示唆された[59]。最後にこのよう
なセミキノンは電荷移動錯体の形成を経て生じる可能性が指摘された。この仮説は多くの研究で
強く支持された。というのはリボフラビン環を電子受容体とする電荷移動錯体ではフラビン類の
関与が認められるからである[60-62]。ただし電子供与体となるのは芳香族アミノ酸類，プリン類，
ビタミン類，ホルモン類などである。特に重要と思われる現象はリボフラビンとトリプトファン
との間に電荷移動複合体が形成されることである。このような複合体は補酵素とアポ酵素との間

でも形成される可能性がある．また DPNH と FMN との間でも形成された[62]．この場合興味深いことに，電子スピン共鳴データが示唆したのは DPN フリーラジカルではなく FMN フリーラジカルの存在であった．Szent-Gyorgyi らは次の反応系列が生じるとしてこの状況を解釈した[62]．

$$DPNH + FMN \rightleftharpoons DPNH^+ \cdot FMN^- \rightleftharpoons DPNH^+ + \cdot FMN^-$$
$$2DPNH^+ \rightleftharpoons DPN^+ + DPNH + H^+$$
おそらく，$\cdot FMN^- + H^+ \rightleftharpoons \cdot FMNH$

一過性 DPN フリーラジカルは即時型不均化反応を起こし，完全に還元または酸化されてピリジンヌクレオチドを生成した．目に見える形式の結果は，フリーラジカルを生成することなく DPNH が FMN をセミキノンへと還元したことである．

フラビン酵素の作用過程におけるフラビンフリーラジカルの形成は酸化された基質の性質とは無関係である．それは特に DPNH の酸化との関連においてのみ考慮される．実際にはこのような中間体が形成されるのは DPNH のフラビン触媒型酸化においてである．しかもその形成は，DPNH からフラビンへの電子（または水素原子）の直接的移動ではなくタンパク質中間体を経て引き起こされる．たとえばリポイルデヒドロゲナーゼ存在下での DPNH の酸化では，著者らは酵素の還元が炭素 4 を介したタンパク質のジスルフィド結合への DPNH の一次固定とそれに続くジスルフィド結合と FAD との間の電子（水素）交換を伴うことを仮定した[63]．

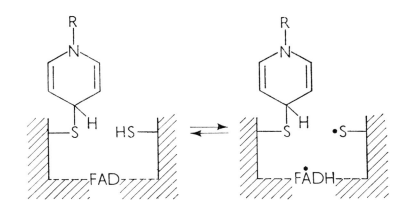

このような機作は DPNH の C_4 と媒体との間のプロトン交換に及ぼすフラビンタンパク質の一般的な触媒効果を説明した[64]．またフラビンヌクレオチド類が介入しないとき，トランスヒドロゲナーゼ類ではスルフヒドリル基のよる受容体の直接的還元もまた仮定された[65]．

しかし少なくともフラビンタンパク質酵素のジアホラーゼ活性とトランスヒドロゲナーゼ活性に対しては別の機作が示唆された．たとえば DPNH-シトクロム b_5 レダクターゼの場合である[66]．このフラビンタンパク質酵素は，DPNH の 4 位とアセチルピリジン DPN^+ の 4 位との間の水素の直接的移動を触媒すると思われた．しかし DPNH の 4 位と媒体との間のプロトン交換を触媒することはない．この場合，DPNH とタンパク質のスルフヒドリル基との間に結合は存在しないと仮定された．また水素化転移（transhydrogenation）は DPNH から FAD および $FADH_2$ から

434　**第13章　酸化還元酵素類**

DPN$^+$類似体への H$^-$イオンの移動によって起こると考えられた。

　結論として多くの場合，フラビンタンパク質酵素の作用機作の一般的特徴はフラビンセミキノンが中間体として形成されることである。このような酵素による DPNH の酸化過程には，ラジカル機構と（H$^-$イオンの直接的移動を伴う）イオン機構の両方が関与すると思われる。

　DPNH の酵素的酸化に対するこのような二重機構は，化学的酸化もまた同様に二つの機構で進行するという事実によって立証された。すなわち DPNH はたとえばポルフィレキシド（XVI），ポルフィリンデン（XVII），2,6-ジクロロフェノリンドフェノール（XVIII）などの（溶液中でセミキノン類として機能する）一電子-受容体系[67]やフリーラジカル中間体を伴う反応（たとえば光化学反応）[68]によって酸化された。

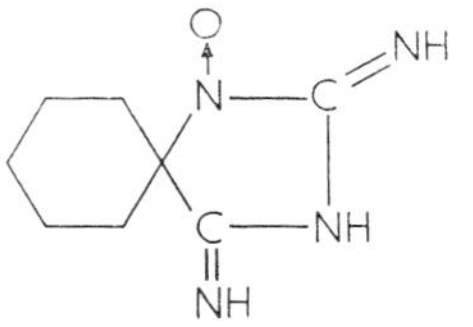

XVI.　ポルフィレキシド 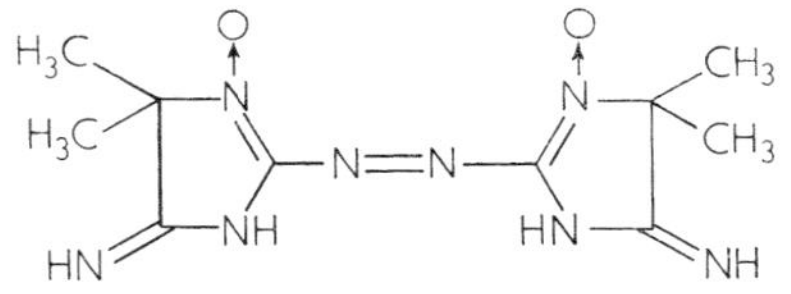　　　XVII.　ポルフィリンデン

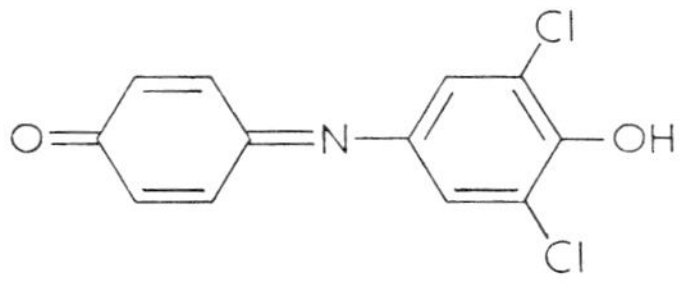

XVIII.　2,6-ジクロロフェノリンドフェノール

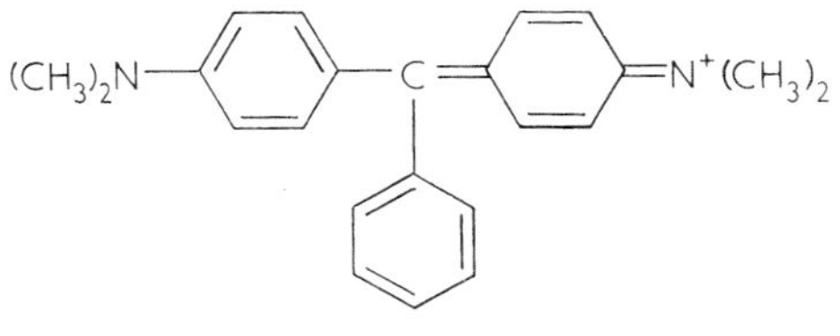

XIX.　マラカイトグリーン 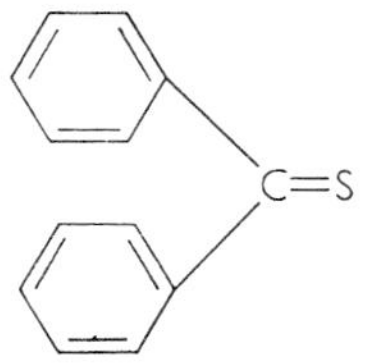　　　XX.　チオベンゾフェノン

　DPNH はまたマラカイトグリーン（XIX）[69]やチオベンゾフェノン（XX）[70]といった二電子受容体系によっても酸化された。しかし DPNH 酸化のイオン機構との関連で特に重要なのは，フラビン類によるピリジンヌクレオチド類似体の化学的酸化に関する Suelter-Metzler の研究である[71]。彼らは反応の速度論がヒドリドイオンの移動機構による酸化と矛盾しないことを見出した。すなわちリボフラビンアニオンは反応しない。この事実は分子の負電荷が負のヒドリドイオンの付加に反発するという見方と矛盾しない。一方，イソアロキサジン環の N$_1$ 位へのプロトン付加によって形成されるカチオンは H$^-$イオンに対する良好な受容体である。このカチオンは実際，中性のリボフラビンに比べて 10^4 倍の速度で反応した。溶媒の極性がさらに高く，かつイオン強

度がさらに大きくなれば，酸化の速度はさらに速くなる。ジヒドロニコチンアミド環の環窒素への置換は酸化速度を低下させた。最後に4-重水素化類似体の酸化速度はジプロトン形に比べて3.2倍遅かった。このことは水素移動段階が律速段階であることを意味する。またこれらのデータは反応がヒドリドイオン移動機構で起こることを強く示唆した。

13.4.3　電子的側面

酸化形および還元形イソアロキサジン環の電子的特性に関する量子力学的計算は，フラビン補酵素の作用機作について直接的な所見を多数もたらした[15]。

第一にFMN（またはFAD）フリーラジカル（イソアロキサジン環へ電子を付加することにより得られたFMN⁻またはFAD⁻）の相対的安定性に関与する因子についての疑問を提起した。これと対比されるのはDPN⁺へ電子を付加して得られたフリーラジカル（DPN⁺+e^-）の相対的不安定性である。この疑問に対する回答として妥当なのは対応する共鳴エネルギーの値である。すなわちリボフラビンフリーラジカルの形成は約0.5βの共鳴エネルギーの増加を伴う（イソアロキサジン環の共鳴エネルギーはFMNでは5.60β，FMN⁻では6.08βにそれぞれ等しい）。それに対してDPN⁺による電子の捕獲は約0.2βの共鳴エネルギーの損失をもたらした（ニコチンアミド環の共鳴エネルギーはDPN⁺では2.48β，フリーラジカルでは2.28βにそれぞれ等しい）。他方，DPNHの酵素的酸化のラジカル機構と関連し，DPNH（DPNH⁺）からの電子の引き抜きによって生じるフリーラジカルはDPNHに比べて共鳴エネルギーが約0.7βだけ大きい（ニコチンアミド環の共鳴エネルギーはDPNHでは1.71β，DPNH⁺ラジカルでは2.41βにそれぞれ等しい）。

次に問題となるのは，酵素過程における反応性の別の側面と関連したイソアロキサジン環の電子的特性である。FMN（またはFAD）の酵素還元がフリーラジカル機構またはイオン機構で進む限り，我々は（たとえば補酵素の電子親和力や水素原子，プロトン，H⁻イオンに対する反応性，還元全体を終結させるに必要な試薬に対する中間種の反応性といった）特性に対しても関心を示さざるを得ない。

図9はリボフラビンやフラビン補酵素における酸化形イソアロキサジン環の電子的特性を示したものである[15]。

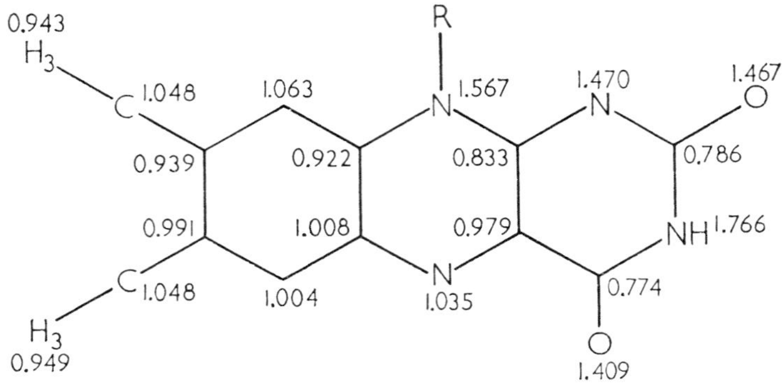

436　第13章　酸化還元酵素類

電子密度

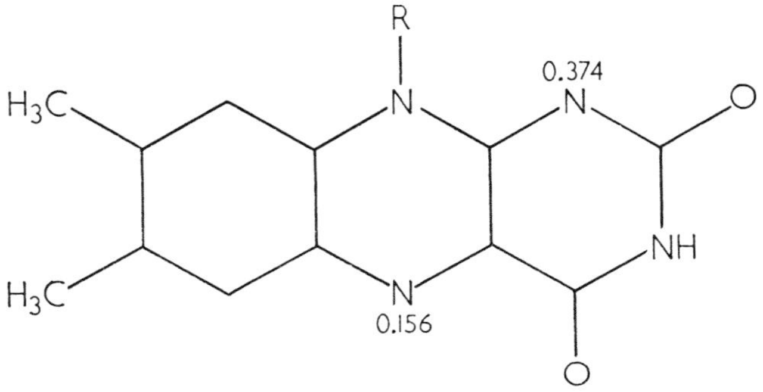

自由原子価

図9　FMN または FAD の酸化形イソアロキサジン環の電子的特性

　酵素的酸化還元機構と直接関係のあるこの構造は還元部位となる二つの窒素 N_1 と N_{10} の性質に特徴がある。もちろん還元の第一段階は電子の移動とそれに続く FMN⁻ の形成である。この反応はフラビン補酵素に関する限り，(第 13.2 節で述べた通り，比較的大きな値をとる) イソアロキサジン環の電子親和力によって定まる。そのため受け取られた電子は分子周辺に広がり，いかなる特定原子にも局在しない。図 10 はこのようなフラビンフリーラジカルにおける奇数電子の分布を示したものである。

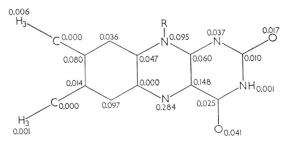

図10　リボフラビンフリーラジカル（FMN⁻ たは FAD⁻）における奇数電子の分布

しかしもし還元の第一段階が電子の移動や塩基のプロトン化から成り立つならば，これらの反応は N_1 位または N_{10} 位で起こり，かつこれらの原子の電子的性質に大部分支配される。さて図9によれば，N_1 位の電子密度と自由原子価はいずれも N_{10} 位の値よりも大きい。この状況は水素原子とプロトンの付加が優先的に N_1 位で起こることを示唆した。この予測は Nakajima-Pullman 関係（第5章参照）に基づいた塩基性パラメータの計算によって立証された。その値は N_1 と N_{10} の $\sum_{l \neq p} Q_p(ll|pp)$ に対してそれぞれ -1.76 と -1.04 であった。なお実験によるとリボフラビンの塩基性中心は N_1 であった[72]。

フリーラジカル（FMNH・）やその対応カチオン（FMNH$^+$）では水素は N_1 位に固定される必要があった。

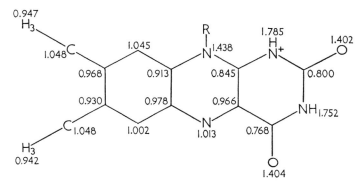

図11 FMNH$^+$ における電子密度の分布

プロトンが FMN$^-$ へ連続的に付加したフリーラジカル（FMNH・）の形成に関しても同様の結論が導かれた。そのため FMN$^-$ の奇数電子は大部分 N_{10} 位に集中した。しかし（図9と図10を加え合わせた）全電子密度は FMN$^-$ では N_{10} 位よりも N_1 位の方が大きかった。すなわちプロトンはおそらく N_1 位へ付加すると思われる。

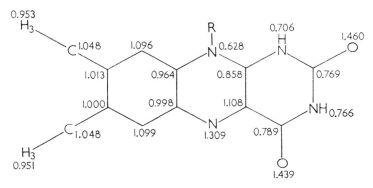

図12 FMNH における電子密度の分布

FMNH$^+$ カチオンに対する計算（図11参照）によると，N_1 位へのプロトンの固定は N_{10} 位の

負電荷を著しく低下させ，かつ H の固定を促進することになった。FMNH フリーラジカルの構造に関して，Karreman はその電子密度の分布を吟味した（図 12 参照）[73]。もっともこの著者は自由原子価の分布には言及しなかった。しかし大きな自由原子価をもつ N_{10} は H 原子に対して高い反応性を示すと考えてよい。

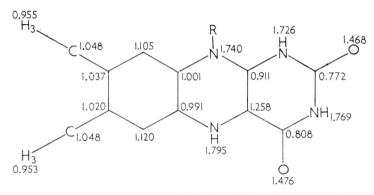

図13　$FMNH_2$ における電子密度の分布

図 13 は還元形イソアロキサジン環（$FMNH_2$ または $FADH_2$）の電子密度分布を示したものである[15]。FMN から $FMNH_2$ への還元は N_3 位の電子密度をほとんど変化させないことに注意されたい。それとは対照的に，N_9 位の電子密度はこの還元によって大きく変化した。アルキル結合が二正電荷となる可能性は，FMN に比べて $FMNH_2$ の方がはるかに低い。一方，$FMNH_2$ では孤立電子対は N_{10} 位の窒素で最大となった。

FMN，$FMNH^+$，FMN^- または FMNH の電子的性質はフラビン類のさまざまな還元機構をうまく説明した。また DPNH の酸化反応の精査はジアホラーゼ活性と関連した補足情報をもたらした。すなわちすでに見た通り，DPNH はラジカルまたはイオン機構によって酸化された。ラジカル機構は大部分 DPNH の電子供与的性質すなわち最高被占軌道のエネルギーに支配されると考えられる。この仮説は3種の異性化 DPNH と（一電子受容体としての）ビオロゲン（XXI）との反応によって実証された[69]。ただしこの様式で酸化されたのはオルト DPNH のみであった。この状況はそれらが示す電子供与的性質と合致した（表8）。一方，イオン機構による酸化は H^- の脱離とそれに続く芳香族構造の回復を伴った。この酸化を可能にしたのは H^- の脱離による共鳴エネルギーの増加であった。この観点からはパラ DPNH は異性化したオルト化合物に比べて有利であり（表8参照），かつ 三種の異性体の中でマラカイトグリーンによって酸化される唯一の異性体であった。

XXI．ビオロゲン

13.5　分子軌道と酸化還元電位

　呼吸補酵素の酸化還元的性質と関連して興味深いのは，電子移動に関与する分子軌道（酸化形の最低空軌道と還元形の最高被占軌道）のエネルギーが酸化還元電位と相関づけられるか否かという問題である。

　予備知識として次の反応を思い起こしていただきたい（第11章参照）。

$$\text{酸化形} + ne^- \rightleftharpoons \text{還元形}$$

すなわち可逆系の正常電位（E^0）と標準自由エネルギー変化（ΔF^0）との間には次の関係が成り立つ。

$$E^0 = -\frac{\Delta F^0}{n\mathscr{F}}$$

またE^0には酸化形の受容的性質と還元形の供与的性質の二つが関係する。したがってもし電位が分子軌道と関連があるならば，これらの性質の関数になるはずである。問題はこの関数を簡単な依存関係で表せるか否かである。

　第12章と第11章でも述べたように，自由エネルギー変化はエンタルピー変化とエントロピー変化の関数で表される。

$$\Delta F = \Delta H - T\Delta S$$

ΔHの主な変化部分を構成するのは，酸化形から還元形へ移行した時の系の結合エネルギー（ΔL）と共鳴エネルギー（ΔR）の和である。もしΔF^0がπ電子の分子軌道に依存するのであれば，この依存性はΔR項のみに由来する。またΔF^0（または電位）の変化と還元形の最高被占軌道または酸化形の最低空軌道のエネルギー変化との相関に対しては，それぞれ次に示す二つの条件が満たされなければならない。

（1）ΔRの変化はこれらの軌道の変化と関連がある。

（2）$\Delta L - T\Delta S$に付随する独立な変化は現象をあいまいにしてはならない。

　正常にはある系から別の系たとえば$DPN^+/DPNH$から$FMN/FMNH_2$へ移るとき，第二の条件は満たされない。したがってたとえΔRが第一の条件を満たしても，軌道と電位との関係が観察される確率は限られている。

　このような状況が有利に働くのは，先験的には一連の親化合物内での関係に対してである（というのは，これらの場合にはΔLとΔSは系列内ではほぼ一定と見なせるからである）。実際，このような相関は芳香族キノン類においてのみ存在する（第11章参照）[74]。これらの分子では，酸化還元に伴うΔRは電子移動に関与する二種の分子軌道のエネルギーと関連がある（それらのエネルギーはまた相互依存性がある）。したがってこの特定系列では個々の軌道エネルギーと酸化還元電位との間に関係が認められる。もっともこの状況はキノン類でのみ機能する特別な因子によるものである。この観点から眺めて興味深い化合物はDPNとその同族体である。原則とし

440　第 13 章　酸化還元酵素類

てこのような系列では $E^0 \sim C^e + \Delta R$ なる関係が一般に成立する。

　ここではまず DPN 類似体とキノン類との本質的違いを指摘しておこう。すなわちキノン類の場合，還元は共鳴エネルギーの増加を伴い，電位が高くなるほど ΔR の絶対値は大きくなる。一方，DPN 類似体の場合には還元は逆に共鳴エネルギーの減少を伴う。したがってこの系列では電位変化と $|\Delta R|$ との間に逆平行関係（antiparallelism）が期待される。すなわち電位が高くなるほど，還元による共鳴エネルギーの損失は少なくなる。

　表 9 は X X II の一般構造で与えられる一連の DPN 類似体に対するデータをまとめたものである[75]。

XXII

　表 9 を吟味してみてもこれらのデータから明確な結論は引き出せない。非還元形類似体の ΔR は一般に還元形類似体のそれよりも大きい。また還元形類似体における ΔR の値は実質的に一定であり，電位の変化とは無関係である。ただしこれらの変化が補酵素-アポ酵素相互作用の性質と結びついた二次的原因に由来する可能性はある。

表 9　DPA 類似体の酸化還元電位とエネルギー指標

R'	R''	E° (pH 7)[a] （単位：ボルト）	ΔR （β）	酸化形の LUMO エネルギー	還元形の HOMO エネルギー	酸化形の C_4 における求核的局在化エネルギー
COC_6H_5	H	-0.247	0.76	-0.36	$+0.30$	1.87
$COCH(CH_3)_2$	H	-0.248	0.76	-0.36	$+0.30$	1.87
$COCH_3$	H	-0.258	0.76	-0.36	$+0.30$	1.87
$CSNH_2$	H	-0.285	0.78	-0.36	$+0.25$	1.88
$CONH_2$	H	-0.320	0.77	-0.36	$+0.30$	1.88
CO NH OH	H	-0.320	0.77	-0.36	$+0.29$	1.88
CO NH NH_2	H	-0.344	0.77	-0.36	$+0.25$	1.88
CH=NOH	H	-0.347	0.77	-0.36	$+0.24$	1.88
H または CH_3	H	—[b]	0.81	-0.36	$+0.28$	1.91
NH CO CH_3	H	—[b]	0.88	-0.36	$+0.08$	1.90
NH_2	H	—[b]	0.89	-0.36	$+0.06$	1.90
$CONH_2$	NH_2	—[b]	0.90	-0.47	$+0.24$	2.02

[a]　ウマ肝臓アルコールデヒドロゲナーゼの補酵素として機能する類似体における還元の平衡定数から得られた値：Anderson, B. M., and Kaplan, N. O., *J. Biol. Chem.*, **234**, 1226（1959）; Kaplan, N. O., and Ciotti, M. M., *J Biol. Chem.*, **221**, 823（1966）. 類似のデータは，次の文献にも報告されている：
Wallenfels, K., in *Steric Course of Microbiological Reactions*, Ciba Foundation Study Group No. 2, p. 10, Churchill, Ltd., London., 1959.
[b]　酵素的または化学的に還元されない.

また表9の吟味から，キノン類とは対照的に，この系列の化合物では電子移動に関与する分子軌道のエネルギーと電位との間に相関は存在しない。すなわちこれらの軌道のエネルギーと ΔR との間に理論的相関は存在しない。これは意外な結果ではない。

一方，ΔR と π 電子系の他の構造的特性との相関はこの特性と基準電位との相関に反映されるであろう。DPN 類似体ではこの種な相関は ΔR と酸化形類似体の C_4 位の求核局在化エネルギーとの間に見出された[75]。実際，ΔR はこの局在化エネルギーの線形関数で表されることが示された。この結果は表9の最後の欄に示された計算によってある程度立証された。この関係は DPN 類似体の C_4 位が酸化されやすく，求核攻撃を受けやすいことを示している。このことはまた酸化還元の補酵素としての DPN の作用機作とも密接な関係がある。

ここで考察した観点からは，フラビン類の研究は DPN 類似体ほどには進んでいないと思われた。しかしその場合でも，標準電位，軌道エネルギーおよび N_1，N_{10} 窒素の電子密度の和との間には有意な相関の存在が示唆された[75]。すなわちこれらの窒素は可逆的酸化還元部位と考えられる。フラビン類似体の研究はその後も活発に進められつつある。

13.6 生化学的に重要な有機染料の酸化還元的性質

理論的結果は意外にも，還元形フラビンヌクレオチド類の最高被占軌道が反結合性であることを示した。またこのような化合物のイオン化ポテンシャルがきわめて低いという結論は，他の分子でも同様の異常性が見出されることを示唆した。フラビン類とよく似た一般構造をもつ非生物学的染料は（補酵素と類似した様式で）電子担体として振舞う。このことはこのような化合物の計算を促すこととなった。この分子グループを代表する化合物はメチレンブルー（ⅩⅩⅢ）である。この物質に対する計算の結果は表10に示されるが，期待通りの類似性が立証された[76]。

XXIII．メチレンブルー（MeB$^+$：酸化形，MeBH：還元形　またはロイコメチレンブルー）

すなわち MeB$^+$ における最低空軌道のエネルギー係数の絶対値は比較的小さく，DPN$^+$ や FMN の値とほぼ同じオーダーであった。このことはこの物質の電子親和力が大きく，かつ周知の電子受容的性質をもつことを説明した。一方，MeBH は FMNH$_2$ と同様に例外的な性質を示した。すなわちその最高被占軌道は反結合性で，その係数 k の符号は負であった。MeBH の自動酸化されやすさはこの傾向の直接的な結果である。電子エネルギー準位の観点からは，メチレンブルーとリボフラビンは例外的な場合でさえきわめてよく似た性質を示した。この理論的結果は，呼吸においてメチレンブルーが水素の受容体や供与体になり得るという Szent-Gyorgyi の古典的観察[77]をうまく説明した。

442　第13章　酸化還元酵素類

表10　分子軌道のエネルギー

	MeB$^+$	MeBH
LUMO エネルギー	-0.35	-1.00
HOMO エネルギー	0.40	-0.23

　実際に MeBH の最高被占軌道は FMNH$_2$ のそれよりも強い反結合的性質を示した。すなわち MeBH は FMNH$_2$ よりも自動酸化されやすい。そのため酸素によるフラビンタンパク質の酸化速度はメチレンブルーの添加によって強く促進された。染料はフラビンタンパク質と酸素との間の担体として使われる。

　実際，方法の近似内では反結合性最高被占軌道の占有は（広範な薬理効果を示す一連の分子の基本骨格となる）フェノチアジン環（XXIV）の一般的特徴である。

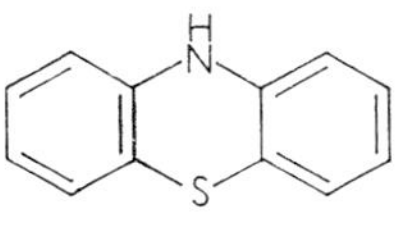

XXIV. フェノチアジン 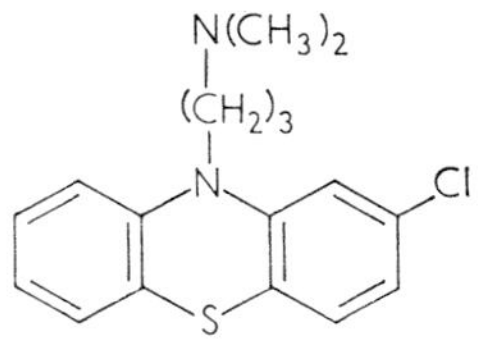　　　XXV. クロルプロマジン

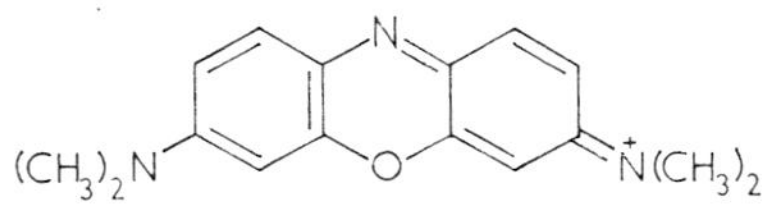

XXVI 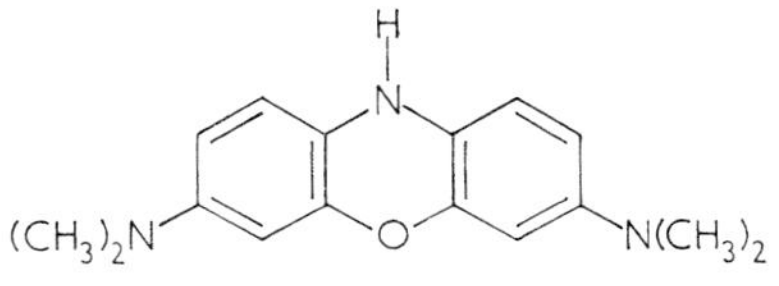　　　　　　　　　　XXVII

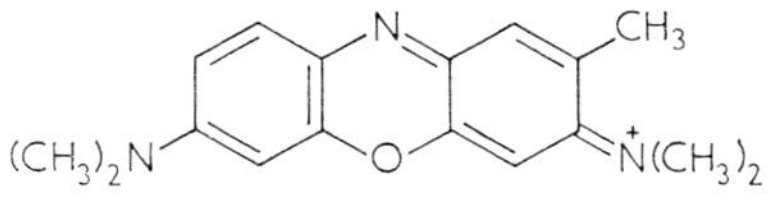

XXVIII

　この軌道のエネルギー係数はフェノチアジン（XXIV）では -0.21，強力な精神安定剤クロルプロマジン（XXV）では -0.22 であった。後者の化合物の治療効果はその顕著な電子供与的性質と関係があると考えられる[78]。

　明らかにこの異常な性質は芳香族骨格の適当な位置に孤立電子対を保有するヘテロ原子の存在に依存する。これらのヘテロ原子の電気陰性度は比較的小さい。そこでメチレンブルーの硫黄を酸素で置き換えた酸素化類似体（XXVI）に対しても同様な計算が行われた。その結果，XXVI と XXVII における最高被占軌道のエネルギー係数はそれぞれ 0.76 と 0.10 で，最低空軌道のそれらはそれぞれ -0.08 と -1.13 であった。すなわち XXVI は良好な電子受容体であるのに対し，XXVII は良好な電子供与体であった。しかも XXVII は反結合性の最高被占軌道という異常な性質を

示さなかった。この結果との関連で，ⅩⅩⅦはメチレンブルーと異なり自動酸化されないと考えられた。一方，カプリブルー（ⅩⅩⅧ）はその構造がⅩⅩⅥと似ているにも拘わらず，自発的に自動酸化されることはなかった。またたとえ自動酸化された場合でもその速度はきわめて遅い。

しかしロイコメチレンブルーとフェノチアジン類への反結合性被占軌道の寄与についての理論的結果の重要性に関しては慎重な注意を払う必要がある。すなわち第一に，このことは一般的理由により還元形フラビン類の非平面性に対しても当てはまる。双極子能率の測定から明らかなように，これらの分子は二つの末端ベンゼン環が互いに 20〜40° の角度になるように，ヘテロ原子を通る中心軸に沿って折りたたまれている[79]。このような配置の存在は電子的非局在化を弱め，平面形に対する計算結果とは明らかに異なる分子軌道分布をもたらす。さらに含硫ヘテロ分子ではこのヘテロ原子を計算に組み込む際に生じる不確定性と関連した困難も解決されなければならない。ただしここで説明した計算では電子的非局在化への d 軌道の関与は無視された[76]。最近報告された Orloff-Fitts の研究によれば，これらの軌道を導入すると最高被占軌道の反結合性は消失するという[80]。その結果，この軌道のエネルギー係数はロイコメチレンブルーでは 0.17，フェノチアジンでは 0.21 およびクロルプロマジンでは 0.19 となった。依然として分子は良好な電子供与体であるにも拘わらずその異常性は消失した。二つの計算のうちいずれが優れているかを決めることは容易ではない。含硫分子に対していずれが正しいとしても，還元形フラビン類の最高被占軌道の反結合的性質を軽視してはならない。

これらの計算から導かれた一般的かつ重要な結論は，最高被占軌道が反結合的性質をもつか否かに拘わらずフェノチアジン類がきわめて良好な電子供与体であるという事実である。この結論はこれらの分子タイプの能力と高い相関がある。特にクロルプロマジンは（リボフラビン[81]や金属イオン[82]のような）電子受容体との間で電荷移動錯体を形成した。またフェノチアジンの電気化学的酸化[83]や代謝変換過程[84]では，電子の離脱によりフリーラジカルが容易に形成されることが確認された。その直接的確証は固相イオン化電位を測定することにより得られた[85]。これらの測定によると，フェノチアジンの固相イオン化電位は 4.36 eV であった[86]。この値は（ペンタセン，ビオラントレン，デカシクレン，エチオポルフィリンまたはフタロシアニンといった）巨大共役系の値に比べて小さかった。

13.7　シトクロム類

ピリジンヌクレオチド類やフラビン補酵素類と同様，呼吸鎖におけるシトクロム類の機能に関する詳細な解釈はまだなされていない。これらの分子ではきわめて簡単かつ予備的な量子力学的計算が行われているに過ぎない。本書では第 9 章において，共役形フェロおよびフェリポルフィリン類に関してそのような計算が試みられた[87]。ここではそれらの結果に基づき，これらの生化学物質の作用機作に関する一般的な観察結果を説明したい。

一般にシトクロム類は高度に特殊化した機能をもつヘムタンパク質である。その中で最も重要なグループは多くの組織の呼吸を司る酸化鎖に関与し，特に還元形フラビンタンパク質と分子状

444　第13章　酸化還元酵素類

酸素との間の実質的な電子担体となる。そのためそれらは（第一鉄状態と第二鉄状態との間を往復する）一連の反応に関与する。主なシトクロム鎖はミトコンドリアに局在し，シトクロム類 b，c，a および a_3 から構成される。ミトコンドリアから単離され完全に精製された唯一の成員はシトクロム c である（第13.1節参照）。これに関連した計算は大部分，シトクロム類のエネルギー準位の分布，特にシトクロム c に関するものである。実際，シトクロム c のポルフィリン環の周辺には，飽和基あるいは環から離れた位置に π 電子を含み，かつ CH_2 基によって環から切り離された置換基しか存在しない。したがってそれらは複合体の π 電子雲に重要な影響も及ぼさない。

共役形フェロおよびフェリポルフィリン類の計算で例示したように（第9章参照），フェロおよびフェリシトクロム類の最高被占軌道と最低空軌道のエネルギーを吟味してみると，電子担体としてのこれらの分子の作用様式はピリジンヌクレオチド類やフラビン補酵素類の場合と同一項を用いて解釈可能であった。

したがってフェロシトクロム c における最高被占子軌道のエネルギー係数は -0.09 であった（実際，この分子ではこのエネルギー準位は二重に縮退しており，各軌道はそれぞれ電子を2個保有している）。一方，フェリシトクロム c では最低半空軌道のエネルギー係数は -0.08 であった（実際，この分子では縮退した二つの軌道がこのエネルギー準位に存在し，それらは3個の電子によって占有される）。呼吸補酵素の場合と同様，シトクロム類の酸化還元は電子の離脱や出現に関与する分子軌道の再構成を伴う。すなわち高位の被占軌道は還元形，低位の半空軌道は酸化形とそれぞれ関係がある。したがってこれらの二つの形はそれぞれ電子を供与または受容する傾向が強い。ただしこの状況は呼吸補酵素の場合と同様，関与する二つの分子軌道のエネルギー再分布を伴わない。またシトクロム類の酸化還元は電子移動のみを伴い，水素移動を伴うことはない。このことは一電子移動においてさえそうである。電子担体としてのこれらの化合物の機作は補酵素のそれよりも簡単であり，移動に関与する軌道のエネルギー値によって定まる。

ピリジンヌクレオチド類とフラビンタンパク質類は二電子移動系であるのに対し，シトクロム類は一電子移動系である。そのためこれらの系の一方から他方への移動機構に関しては未解決の問題が残されている[88]。さらに正確な酸素の還元機構もまた未解決のままである。すなわち次の中間体系列を形成するためにはシトクロム鎖による電子4個の供与が必要となる[88]。

$$O_2 \xrightarrow{+e} O_2^- \xrightarrow{+e} O_2^{--} \xrightarrow{+e} O_2^{---} \xrightarrow{+e} O_2^{----}$$

$$\downarrow 2\,H^+ \qquad\qquad\qquad \downarrow 4\,H^+$$

$$H_2O_2 \qquad\qquad\qquad\qquad 2\,H_2O$$

シトクロム類の推定配置はこの点において二電子反応を許容した。このことはシトクロム類の二量化（同様のことはピリジンヌクレオチド類[32]やリボフラビン[89]の二量化も当てはまる）や高い原子価状態を保つ中間体の存在を伴った。シトクロム類では Fe^{3+} よりも高い酸化状態は観察されていない。しかしフェリシトクロムにおける最高被占軌道エネルギーの計算値はこのよう

な状態が形成される可能性を示唆した。Slater の見解によれば[90]，このような状態が形成されても意外ではない[91]。Fe^{4+} の酸化状態にある共有型鉄-ポルフィリンは二重に縮退した最高被占軌道に不対電子が2個存在するため，きわめて反応性の高い不安定なビラジカルである。

すでに述べたように，このような状況は（シトクロム c を含め）すべてのシトクロム類に当てはまる。シトクロム b と a では，（ポルフィリン環と共役した）補完的置換基（シトクロム b ではビニル基2個，シトクロム a ではビニル基1個とホルミル基1個）が存在すると考えられる。しかしこれらの置換基の存在は未置換の鉄-ポルフィリン類の電子構造をほとんど変化させなかった。これらの条件下では，各種シトクロム類の生化学的挙動，特に自動酸化性の有無といった違いは，（計算では無視される）他の構造的因子たとえば鉄-ポルフィリン錯体平面の上下で金属へ配位した補完的置換基の性質[91a] やヘムタンパク質のタンパク質部分と錯体との相互作用に関係があると考えられた。これらの相互作用はすべて金属カチオンの有効電気陰性度に強い影響を及ぼしており，この電気陰性度はカチオンと配位原子との結合距離の変化にも敏感であった[92]。電気陰性度のこのような改変は電子的指標の分布にかなりの変化をもたらした。

13.8　酸化的リン酸化

第7章で見たように ATP は生体物質の重要な成分であり，その存在は多くの目的，特に吸エルゴン反応の推進力として必要である。ATP は末端ピロリン酸結合に含まれる自由エネルギーを放出することによりその生化学的役割を果たしている。生体における ATP の分解はそれに見合った量の再生を伴う。しかし ADP と P_i への分解は高度に発アルゴン的である。それに対し，これらの構成要素からの ATP の合成は高度に吸アルゴン的で，外部からのエネルギーを必要とする。このエネルギーは実質的に食物の異化作用によって供給される。その一部はグルコースから乳酸への解糖のような嫌気的過程である。この過程では多段階の変換が必要となる。すなわち ATP は ADP と（高エネルギーリン酸の供与体である）1,3-ジホスホグリセリン酸またはホスホエノールピルビン酸から合成される[93]。しかし一般には，エネルギーは炭水化物の酸化分解，脂肪酸の β-酸化および枝分かれアミノ酸の代謝といった好気的代謝相によって供給される。これらの三つのタイプの物質は共通の生成物である酢酸へと変換される。ただし酢酸の活性形はアセチル CoA である（第7章参照）。

446　第13章　酸化還元酵素類

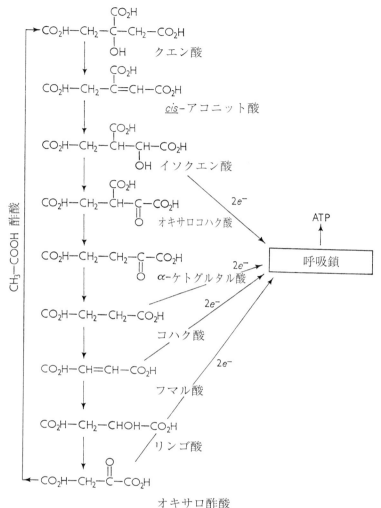

図14　クレブス回路と酸化的リン酸化

　酢酸はクエン酸回路とかクレブス回路，トリカルボン酸回路と呼ばれる段階的反応によってCO_2とH_2Oへと完全に分解される（図14参照）。この回路は好気性細胞におけるATP合成の主要部位となる。この回路に含まれる四つの酸化段階では，呼吸鎖を形作る電子担体系列を介して酢酸1モル当たり8個の電子が酸素の上を通過する。同時に全体的な分解によりADPからATPへのリン酸化が起こり，（H_2Oへ変換される）消費酸素1分子当たり形成されるATP分子は平均すると3に等しい[94]。解糖回路とは対照的に，クレブス回路の中間体はリン酸化されない。ATP合成と関連した正確な変換位置の検討から，これらのリン酸化は電子がDPNHからO_2へ流れる間に呼吸鎖に沿って引き起こされる[95]。呼吸と関連したこのリン酸化現象は酸化的リン酸化と呼ばれる（好気的リン酸化とか呼吸鎖リン酸化と呼ばれることもある）。酸化的リン酸化は脂肪酸からアセチル-CoAへの分解などでも見られる。しかし一般には，酸化的リン酸化という

名称は呼吸鎖と関連したリン酸化に対してのみ使用される[96]。

酸化的リン酸化では，ATPの合成に必要なエネルギーはDPNHから酸素への電子の移動によって供給される。第11章ですでに見たように，DPNH/DPN⁺のような酸化還元系は最終的に$H_2O / \frac{1}{2}O_2$系を還元し，次式で与えられる自由エネルギーを放出する。

$$\Delta F = -n\mathscr{F}\Delta E$$

ここで，nは移動する電子の数，$\mathscr{F}$はファラデー定数（= 23.066 kcal/volt）である。またΔEは二つの系の酸化還元電位の差に相当し，今の場合は次式で与えられる（第13.1節参照）。

$$\Delta E = 0.82 \text{ v} + 0.32 \text{ v} = 1.14 \text{ v}$$

したがって$\Delta F = -2 \times 23.066 \times 1.14 \approx -53$ kcal/mole となる。

このエネルギー量は実際には，3モルのATP形成を説明できるほどの大きさである。

この点に関して重要なのは，この大きなエネルギー量が一段階で放出されるわけではないことである。すなわち電子はDPNHからO_2へと直接渡されるのではなく，ピリジンタンパク質からフラビンタンパク質そしてシトクロム類へと段階的に流れ，小さな束の形で放出されるのである。この取り決めはATP生成の経済学と無関係ではない。というのは，もし総量53 kcal/moleがすべて一つの化学的段階で放出されるならば，共役反応では1モルのATPしか形成されないからである。すなわち呼吸鎖の主な機能の一つは，一度に1回だけリン酸化を行うに必要な量の小さな束へと大量の酸化エネルギーを分配することである。したがって個々のリン酸化は（エネルギー保存段階またはエネルギー変換位置としての）呼吸鎖の所定フラグメントと関連がある。すでに述べたように，DPNとO_2との間にはこのようなリン酸化部位が一般に3か所存在する。すなわちそれらの位置はDPNとフラビンタンパク質，シトクロムbとシトクロムcおよびシトクロムaとシトクロムa_3との間である（図15参照）[97]。

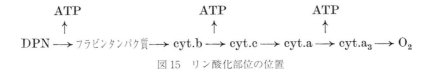

図15　リン酸化部位の位置

この時点ではリン酸化は呼吸の不可欠な副生物ではない。というのは呼吸はリン酸化が起こらなくても引き起こされるからである。実際，酸化からのリン酸化の脱共役は凍結や解凍のような簡単な処理，低張剤や高張剤，界面活性剤，微量の化学物質の作用によって容易に引き起こされる。この場合，最も広く用いられる化学物質は2,4-ジニトロフェノール（XXIX），ジクマロール（XXX），チロキシン（XXXI），メチレンブルー（XXVI）およびオーレオマイシン，グラミシジンといった抗生物質である[98]。

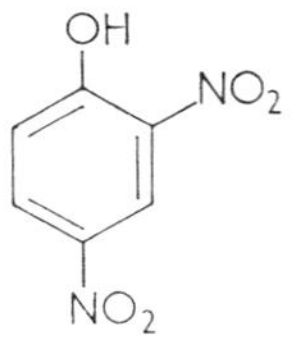

XXIX. 2,4-ジニトロフェノール

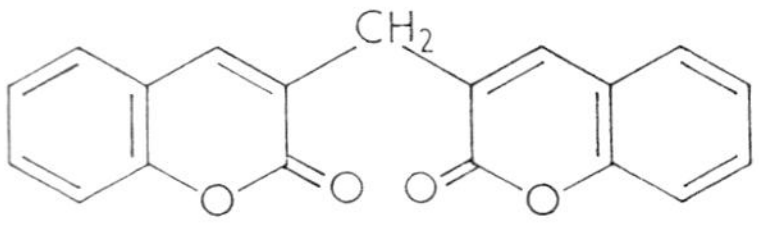

XXX. ジクマロール

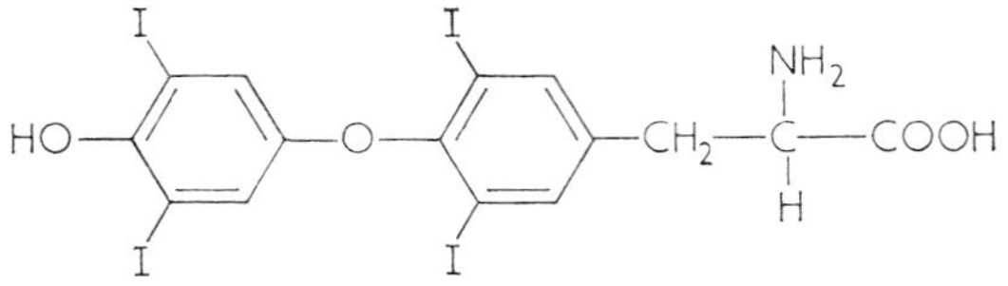

XXXI. チロキシン

　化学的観点からは，酸化的リン酸化を表す反応全体は次の一般式で記述される。

$$A_{red} + B_{ox} + ADP + P_i \longrightarrow A_{ox} + B_{red} + ATP$$

ここでAとBは鎖を構成する連続した二つの担体を表す。エネルギー的にはこの式は次のように分解される。

$$A_{red} + B_{ox} \xrightarrow{\Delta E \approx -0.25\,v} A_{ox} + B_{red}$$

$$ADP + P_i \xrightarrow{\Delta F = +8\,kcal/mole} ATP$$

ただし$-0.25\,v$は酸化的リン酸化と関連した二つの担体間のΔEの平均値である。

　問題は二つの変換の共役を説明することである。もちろん答えは（共通中間体が形成されるという）共役反応理論の一般的筋道に沿って探索されなければならない。実際，この分野ではさまざまなタイプの機構が提唱された。大雑把に言えば，機構の基本タイプは二つ存在する[99]。すなわちタイプ I の機構は呼吸担体の単なるリン酸化とそれに続く ADP へのリン酸の移動からなる。一方，タイプ II の機構は未知の化合物の存在を仮定する。この化合物は電子担体と反応して高エネルギー結合を形成し，このエネルギーを用いて最終的に ATP を作り出す。

　したがってこれらの二つの機構は次のように表される。

タイプ I (a)　担体　$+ P_i \rightarrow$　担体　$\sim P$
　　　(b)　担体　$\sim P + ADP \rightarrow ATP +$　担体
タイプ II (a)　担体　$+ X \rightarrow$　担体　$\sim X$
　　　(b)　担体　$\sim X + P_i \rightarrow X \sim P +$　担体
　　　(c) $X \sim P + ADP \rightarrow ATP + X$

ここで X は未知の中間体を表す。

いずれの機構においても，リン酸化の脱共役は（タイプ I では担体〜P，タイプ II では X〜P といった）高エネルギーリン酸化中間体の加水分解として具体化された（他の試薬による脱共役機構の議論については引用文献 98 を参照されたい）。

（補完的中間体を含め）これらの一般公式に基づいた複雑な機構が Slater[99]，Chance[100]，Lehninger[101]，Lipmann[102] および最近の研究者[103] によって提唱されている。このことは電子移動鎖の呼吸担体としてのキノン類の関与と関係があると考えられる[104]。ここではこれらの提案について説明や議論を行うつもりはない。というのはこの分野ではまだ量子力学的計算が行われていないからである[105]。次に特に魅力的な事例を用いて，関与する電子的特性のいくつかを指摘しておきたい。その事例とは電子担体としてのキノン類の役割に関する前述の研究である。第 11 章ですでに指摘したように，呼吸鎖における特定キノン類の関与は現在ではよく知られた事実である。それらはまた酸化的リン酸化にも関与している可能性がある。この仮説は Wessels によって最初に提案され[106]，Harrison によって一般化された[107]。その機構は還元形キノンのリン酸化を必要とした（図 16）。この還元形キノンは再酸化によってリン酸を失い ATP を生成した。このような一般図式を支持する実験結果は Hatefi によってもたらされた[108]。彼が検討したのは好気培養されたミトコンドリアにおける束縛補酵素 Q の酸化還元状態に及ぼす P_i と ADP の効果である。すなわち ADP を取り除くと P_i は補酵素の酸化を強く抑制したが，ADP を付け加えるとこの効果は逆転された。この結果は補酵素 Q がリン酸化過程に関与することを示した。すなわちリン酸は還元形補酵素と相互作用するが，もしリン酸を取り除くための ADP が存在しなければ，担体のさらなる酸化は強く抑制された。

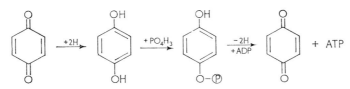

図 16　酸化的リン酸化におけるキノンの関与

このような一般図式に対するさらなる支持は特定のキノール-リン酸類の酸化に関する化学的証拠によってもたらされた[109]。ここで考察された問題との関連で次に示す重要な観察結果が得られた。

(1) キノールリン酸類は（水溶液中の Br_2 のような）酸化剤によって対応するキノン類へと酸化された。その際，酸化剤の効率とキノン-ヒドロキノン系の酸化還元電位との間に正常な相関が認められた。

(2) ナフトキノール—一リン酸の酸化はオルトリン酸の存在下ではピロリン酸を生成するが，AMP の存在下では ADP を生成した。

(3) キノールリン酸類は加水分解に強く抵抗した。しかし O_2 存在下ではそれらの O−P 結合

450 第 13 章 酸化還元酵素類

は切断された。

　これらの観察から，キノール–リン酸類は酸化的リン酸化されるが，このリン酸化は加水分解の結果ではなく明らかに酸化によるものであった[110]。またヒドロキノン骨格の 10 電子プールから電子を 2 個取り除くと残余電子雲の再分布が起こり，最も安定な電子分布であるキノイド構造が生じるという事実は O–P 結合の不安定性を説明した。

　これらの知見に照らすと，キノンを電子担体とする酸化的リン酸化は次の機構で進行すると思われる。

　すなわち第一の反応では，キノンは呼吸鎖の前述の担体（A_{red}）によって還元され，かつリン酸化された。次の担体（B_{ox}）を必要とする第二の酸化還元では，リン酸化されたヒドロキノンは酸化され，同時に脱リン酸化された。すなわち第一の酸化還元はキノンのリン酸化と共役するが，第二の酸化還元は受容体へのリン酸の移動と共役した。この受容体は直接的には ADP を必要としない。それは（ADP へリン酸を付加する）リン酸基転移酵素であった。

　この反応図式において，ジニトロフェノールと関連分子との脱共役は，これらの分子が反応の第一段階でキノンのリン酸化を触媒する酵素を阻害すると考えれば説明がつく。すなわちリン酸系と非リン酸系では同じ担体が用いられる。この見解はミトコンドリアの構造に関する現在の概念と矛盾しない[111]。すなわちリン酸化に対する共役酸化能力は電子移動鎖以外の酵素や因子と結びついており，その機能は粒子の無傷二重膜構造によって保証された。このことは脱共役系の電子移動では無機リン酸が不要であるという事実と合致した[112]。一方，リン酸受容体が存在しない場合，担体が還元状態にあるいう事実はキノールリン酸からのリン酸の放出が第一段階ではなく，酸化に続く段階であることを意味した。にも拘らず受容体の存在は *in vivo* 酸化を制御するための条件であった。またリン酸化ヒドロキノンは通常のヒドロキノンに比べて鎖内の次の担体によって酸化されにくかった。この状況は関連タイプの化合物の最高被占軌道のエネルギーによって立証された。すなわちこの値はフェノールでは 0.65β であるが，フェノールリン酸では 0.66β に等しかった。

　このような反応図式で問題となるのはキノール–リン酸の正確な生成機構である。モデル化合物を用いた最近の研究によると，この生成機構には天然由来キノン類のイソプレン側鎖が利用されると考えられた[113]。

　一方，酸化的リン酸化でキノン類が活性化するための構造的条件が最近求められた[114]。それらのデータは量子力学的に問題を吟味する上で有用な基礎情報を提供することになった。

引用文献

1. 半導体に似たミトコンドリア組織の詳細：Green, D. E., and Fleischer, S., in Kasha, M., and Pullman, B. (Eds.), *Horizons in Biochemistry*, A. Szent-Gyorgyi Dedicatory Volume, p. 381, Academic Press, New York, 1962.

2. これらの補酵素に対してはそれぞれ補酵素 I（CoI）または補酵素 II（CoII）といった名称も用いられる。一方，国際生化学連合の酵素委員会はそれらに対して NAD と NADP なる記号の使用を推奨している。ただし NAD はニコチンアミド-アデニンジヌクレオチド，NADP はニコチンアミド-アデニンジヌクレオチドリン酸の頭字語である。本書では全体を通じて最も一般的な記号である DPN と TPN を用いた。

3. Kaplan, N. O., Ciotti, M., Stolzenbach, F. E., and Bacher, N. R., *J. Am. Chem.* Soc., **77**, 815 (1955).

4. Tuppy, H., and Palens, S., *Acta Chem. Scand.*, **9**, 353 (1955); Ehrenberg, A., and Theorell, H., *Acta Chem. Scand.*, **9**, 1193 (1955); *Nature*, **176**, 158 (1955).

5. 実際には，可逆的な酸化還元変化を行う（ビタミン K，α-トコフェロール，キノン類などの）付加因子は 呼吸鎖の成員でもある。このことを立証する証拠も増加しつつある。しかし一般には，呼吸鎖における付加因子の作用部位と作用機作は不明である。

6. 酸素が存在しないと，好気性デヒドロゲナーゼ類は電子を適当な染料，たとえばメチレンブルー（本章の第 13.6 節参照）へ移動させる。この点でデヒドロゲナーゼ類はオキシダーゼ類とは異なる。後者は分子状酸素による物質の酸化を触媒するが，酸素の代わりに染料を還元することはできない。すなわちオキシダーゼ類は酸素を活性化するが，代謝物の水素を活性化することはない。それらはフラビンタンパク質でもある。

7. Theorell, H., *Federation Proc.*, **20**, 967 (1961); *Nature*, **192**, 47 (1961).

8. このような結合への FMN リン酸基の関与：Theorell, H., *Biochem. Z.*, **290**, 293 (1937); Theorell, H., and Nygaard, A. P., *Acta Chem. Scand.*, **8**, 877, 1649 (1954); **9**, 1587 (1955). DPN のアデニン部分の関与：Yagi, K., and Harada, M., *Nature*, **194**, 1179 (1962); Yagi, K., *Bull. soc. chim. biol.*, **44**, 259 (1962).

9. （Ag^+ などの）金属イオンとリボフラビンとの錯体形成は N_3 位で生じる：Theorell, H., *Biochem. Z.*, **278**, 263 (1935); **290**, 293 (1937); Kuhn, R., and Boulanger, P., *Ber.*, **69**, 1557 (1936); Theorell, H., and Nygaard, A. P., *Acta Chem. Scand.*, **8**, 1649 (1954); **9**, 1587 (1955); Rhodes, M. B., Bennett, N., and Feeney, R. F., *J. Biol. Chem.*, **234**, 2054 (1959). 最近の結果：Baard, I. F., and Metzler, D. E., *Biochim. et Biophys. Acta*, **50**, 463 (1961); Bamberg, P., and Hemmerich, P., *Helv. Chim. Acta*, **44**, 1001 (1961).

10. Dixon, M., and Webb, E. C., *Enzymes*, p. 349, Longmans, London, 1958.

11. Theorell, H., *Federation Proc.*, **20**, 967 (1961); Wallenfels, K., and Sund, H., *Biochem. Z.*, **329**, 59 (1957).

12. 活性化剤として系は Zn カチオンを必要とする：Ulmer, D. D., and Vallee, B. L., *J. Biol. Chem.*, **236**, 730 (1961).

13. Weber, G., *Biochem. J.*, **47**, 114 (1950); *Nature*, **180**, 1409 (1957); Shifrin, S., and Kaplan, N. O., *Nature*, **183**, 1529 (1959); in McElroy, W., and Glass, B. (Eds.), *Light and Life*, p. 144, Johns Hopkins Press, Baltimore, 1961.

14. Williams, R. J. P., *J. Theoret. Biol.*, **1**, 17 (1961); **3**, 209 (1962).

15. Pullman, B., and Pullman, A., *Proc. Natl. Acad. Sci. U. S.*, **45**, 136 (1959).

16. Vennesland, B., *Discussions Faraday Soc.*, **20**, 240 (1955); Fisher, H. F., Conn, E. E., Vennesland, B., and Westheimer, F. H., *J. Biol. Chem.*, **202**, 687 (1953); Loewus, F. A., Tchen, T. T., and

Vennesland, B., *J. Biol. Chem.*, **202**, 787 (1955); Westheimer, F. H., in *Steric Course of Microbiological Reactions*, Ciba Foundation Study Groups, p. 3, Churchill, London, 1959.

17. Karrer, P., Schwarzenbach, G., Benz, F., and Solmssen, U., *Helv. Chim. Acta*, **19**, 811 (1936). 一般的議論：Leach, S. J., *Advances in Enzymol.*, **15**, 1 (1954); Singer, T. P., and Kearney, E. B., *ibid.*, **15**, 79 (1954); Mahler, H. R., *Ann. Rev. Biochem.*, **26**, 17 (1957).

18. Pullman, M. E., and Colowick, S. P., *Federation Proc.*, **12**, 255 (1953); Pullman, M. E., San Pietro, A., and Colowick, S. P., *J. Biol. Chem.*, **206**, 129 (1954).

19. Levy, H. R., Loewus, F. A., and Vennesland, B., *J. Biol. Chem.*, **222**, 685 (1956); **223**, 589 (1956); Talalay, P., Loewus, F. A., and Vennesland, B., *J. Biol. Chem.*, **212**, 801 (1955); Vennesland, B., *J. Cellular Comp. Physiol.*, **47**, 201 (1956); *Federation Proc.*, **17**, 1150 (1958).

20. San Pietro, A., Nathan, N. O., and Colowick, S. P., *J. Biol. Chem.*, **212**, 941 (1955).

21. Spiegel, M. J., and Drysdale, G. R., *J. Biol. Chem.*, **235**, 2498 (1960).

22. Cilento, G., *Arch. Biochem. Biophys.*, **88**, 352 (1960).

23. 作用機序：Vennesland, B., *J. Cellular Comp. Physiol.*, **47**, 201 (1956); Westheimer, F. H., in Boyer, P., Lardy, H., and Myrbäck, K. (Eds.), *The Enzymes*, Vol. I, p. 259, Academic Press, New York (1959); Wallenfels, K., and Gellrich, M., *Chem. Ber.*, **92**, 1406 (1959); Wallenfels, K., and Dickmann, H., *Ann. Chem.*, **621**, 166 (1959).

24. Westheimer, F., in *Steric Course of Microbiological Reactions*, Ciba Foundation, p. 98, Churchill, London, 1959; Dixon, M., and Webb, E. C., *Enzymes*, pp. 351-4, Longmans, London, 1958.

25. Swallow, A. J., *Biochem. J.*, **60**, 443 (1955); Stein, G., and Swallow, A. J., *Nature*, **173**, 937 (1954); Pullman, M. E., San Pietro, A., and Colowick, S. P., *J. Biol. Chem.*, **206**, 129 (1954); Warburg, O., Christian, W., and Griese, A., *Biochem. Z.*, **282**, 152 (1935).

26. Yarmolinsky, M.B., and Colowick, S. P., *Biochim. et Biophys. Acta*, **20**, 177 (1956); Colowick, S. P., in McElroy, W. D., and Glass, B. (Eds.), *The Mechanism of Enzyme Action*, pp. 353-381, Johns Hopkins Press, Baltimore, 1954; Kosower, E. M., and Bauer, S. W., *J. Am. Chem. Soc.*, **82**, 2191 (1960).

27. Marti, M., Vicontini, M., and Karrer, P., *Helv. Chim. Acta*, **39**, 1451 (1956); Anderson, A. G., and Berkelhammer, G., *J. Org. Chem.*, **23**, 1109 (1958).

28. Van Eys, J., *J. Biol. Chem.*, **233**, 1203 (1958).

29. 一般的総説：Kaplan, N. O., in McElroy, W. D., and Glass, B. (Eds.), *The Mechanism of Enzyme Action*, p. 385, Johns Hopkins Press, Baltimore, 1954; in Boyer, P., Lardy, H., and Myrbäck, K. (Eds.)., *The Enzymes*, Vol. III, p. 105, Academic Press, New York, 1960.

30. Powning, R. F., and Kratzing, C.C., *Arch. Biochem. Biophys.*, **66**, 249 (1957); Ke, B., *J. Am. Chem. Soc.*, **78**, 3649 (1956); Stein, G., and Swallow, A. J., *J. Chem. Soc.*, 306 (1958); Stein, G., and Stiassny, G., *Nature*, **176**, 734 (1955).

31. （酵素活性な DPNH を生じる）複雑な還元では水素化ホウ素ナトリウム（NaBH$_4$）が用いられる。還元生成物はオルト DPNH とパラ DPNH の混合物である：Hutton, R. F., and Westheimer, F. H., *Tetrahedron*, **3**, 72 (1958); Manzerall, D., and Westheimer, F. H., *J. Am. Chem. Soc.*, **77**, 2261 (1955); Wallenfels, K., in *Steric Course of Microbiological Reactions*, Ciba Foundation Study Groups, p. 10, Churchill, London, 1959.

32. Wallenfels, K., in *Steric Course of Microbiological Reactions*, Ciba Foundation Study Groups, p. 10,

Churchill, London, 1959.

33. Paiss, Y., and Stein, G., *J. Chem. Soc.*, 2905 (1958).

34. Wallenfels, K., and Gellrich, M., *Ann. Chem.*, **621**, 198 (1959).

35. Commoner, B., Heise, J. J., Lippincott, B. B., Norberg, R. E., Passonneau, J. V., and Townsend, J., *Science*, **126**, 57 (1957); Commoner, B., Lippincott, B. B., and Passonneau, J. V., *Proc. Natl. Acad. Sci. U. S.*, **44**, 1099 (1958); Hollocher, Jr., T. C., and Commoner, B., *Proc. Natl. Acad. Sci. U. S.*, **46**, 416 (1960); Mahler, H. R., and Brand, L., in Blois, Jr., M. S., Brown, H. W., Lemmon, R. M., Lindblom, R. O., and Weissbluth, M. (Eds.), *Free Radicals in Biological System*, p. 157, Academic Press, New York, 1961.

36. Kosower, E. M., *J. Am. Chem. Soc.*, **78**, 3497 (1956); Isenberg, I., and Szent-Gyorgyi, A., *Proc. Natl. Acad. Sci. U. S.*, **45**, 1229 (1959); Cilento, G., and Giusti, P., *J. Am. Chem. Soc.*, **81**, 3801 (1959); Cilento, G., and Tedeschi, P., *J. Biol. Chem.*, **236**, 907 (1961); Alivisatos, S. G. A., Mourkides, G. A., and Jibril, A., *Nature*, **186**, 718 (1960); Alivisatos, S. G. A., Ungar, F., Jibril, A., and Mourkides, G. A., *Biochim. et Biophys. Acta*, **51**, 361 (1961); Alivisatos, S. G. A., *Biochem. Biophys. Res. Comm.*, **4**, 292 (1961).

37. Velick, S. F., *J. Biol. Chem.*, **233**, 1455 (1958); in McElroy, W. D., and Glass, B. (Eds.), *Light and Life*, p. 108, Johns Hopkins Press, Baltimore, 1961.

38. Kosower, E. M., and Klinedinst, P. E., *J. Am. Chem. Soc.*, **78**, 3493 (1956); Kosower, E. M., *ibid.*, **78**, 3497 (1956); **80**, 3267 (1958); **82**, 3253 (1960); Kosower, E. M., Skorcz, J. A., Schwarz, Jr., W. M., and Patton, J. W., *ibid.*, **82**, 2188 (1960); Kosower, E.M., and Skorcz, J. A., *ibid.*, **82**, 2195 (1960).

39. Zatman, L. J., Kaplan, N. O., Colowick, S. P., and Ciotti, M. M., *J. Am. Chem. Soc.*, **75**, 3293 (1953); *J. Biol. Chem.*, **209**, 467 (1954); Kaplan, N. O., and Ciotti, M. M., *J. Biol. Chem.*, **221**, 823 (1956); Dietrich, L. S., Friedland, I. M., and Kaplan, N. O., *J. Biol. Chem.*, **233**, 964 (1958); Anderson, B., Ciotti, M. M., and Kaplan, N. O., *J. Biol. Chem.*, **234**, 1219 (1959).

40. Kaplan, N. O., Ciotti, M. M., and Stolzenbach, F. E., *J. Biol. Chem.*, **221**, 833 (1956); Kaplan, N. O., and Ciotti, M. M., *J. Biol. Chem.*, **221**, 823 (1956); **234**, 1229 (1959); Anderson, B. M., and Kaplan, N. O., *J. Biol. Chem.*, **236**, 1226 (1960).

40*a*. 癌化学療法におけるこれらの結果の重要性：Pullman, B., and Pullman, A., *Cancer Research*, **19**, 337 (1959).

41. Anderson, A. G., and Berkelhammer, G., *J. Am. Chem. Soc.*, **80**, 992 (1958). 類似反応としては塩化水銀（Ⅱ）の付加がある。この反応もまたC_5-C_6結合で起こると仮定された：Kaplan, N. O., in Boyer, P. D., Lardy, H., and Myrbäck, K. (Eds.), *The Enzymes*, Vol. 3, p. 105, Academic Press, New York, 1960.

42. Friedman, H. C., and Vennesland, B., *J. Biol. Chem.*, **233**, 1398 (1958); **235**, 1526 (1960).

43. Sanadi, D. R., Langley, M., and White, F., *J. Biol. Chem.*, **234**, 183 (1959); Massey, V., *Biochim. et Biophys. Acta*, **30**, 205 (1958); **37**, 314 (1960).

44. Commoner, B., Heise, J. J., Lippincott, B. B., Norberg, R. E., Passonneau, J. V., and Townsend, J., *Science*, **126**, 3263 (1957); Commoner, B., and Lippincott, B. B., *Proc. Natl. Acad. Sci. U. S.*, **44**, 1110 (1958); Commoner, B., Lippincott, B. B., and Passonneau, J. V., *ibid.*, **44**, 1099 (1958); Commoner, B., and Hollocher, Jr., T. C., *ibid.*, **46**, 405, 416 (1960).

45. Beinert, H., and Sands, B. H., in Blois, Jr., M. S., Brown, H. W., Lemmon, R. M., Lindblom, R. O., and

Weissbluth, M. (Eds.), *Free Radicals in Biological Systems*, p. 17, Academic Press, New York, 1961; Ehrenberg, A., *ibid.*, p. 339; Beinert, H., in Boyer, P. D., Lardy, H., and Myrbäck, K. (Eds.), *The Enzymes*, Vol. II, p. 339, Academic Press, New York, 1960; Beinert, H., *J. Biol. Chem.*, **225**, 465 (1957).

46. Haas, E., *Biochem. Z.*, **29**, 291 (1937).
47. Dolin, M., *J. Biol. Chem.*, **225**, 537 (1957).
48. Beinert, H., *J. Biol. Chem.*, **225**, 465 (1957).
49. Friedmann, H. C., and Vennesland, B., *J. Biol. Chem.*, **233**, 1398 (1958).
50. Massey, V., and Palmer, G., *Biochem. J.*, **74**, 401 (1960).
51. Searls, R. L., and Sanadi, D. R., *J. Biol. Chem.*, **235**, 2485 (1960).
51*a*. Dolin, M., *J. Biol. Chem.*, **235**, 544 (1960).
52. Beinert, H., *J. Am. Chem. Soc.*, **78**, 5323 (1956); Burn, G. P., and O'Brien, J. R. P., *Biochim. et Biophys. Acta*, **31**, 328 (1959).
53. Kuhn, R., and Wagner-Jauregg, T., *Ber.*, **67**, 361 (1934).
54. Swallow, A. J., *Nature*, **176**, 793 (1955).
55. Commoner, B., and Lippincott, P., *Proc. Natl. Acad. Sci. U. S.*, **44**, 1110 (1958); Vernon, C. P., *Biochim. et Biophys. Acta*, **36**, 177 (1959); Holmstrom, B., and Oster, G., *J. Am. Chem. Soc.*, **83**, 1867 (1961).
56. Bamberg, P., and Hemmerich, P., *Helv. Chim. Acta*, **44**, 1001 (1961).
57. Beinert, H., in Boyer, P. D., Lardy, H., and Myrbäck, K. (Eds.), *The Enzymes*, Vol. II, p. 339, Academic Press, New York, 1960. 著者は（pH の関数として）他のセミキノン種についても言及した。
58. Schellenberg, K. A., and Hellerman, L., *J. Biol. Chem.*, **231**, 547 (1958).
59. Massey, V., and Verger, C., *Biochim. et Biophys. Acta*, **48**, 39 (1961); Searls, R. L., Peters, J. M., and Sanadi, D. R., *J. Biol. Chem.*, **236**, 2317 (1961).
60. Harbury, H. A., and Foley, K. A., *Proc. Natl. Acad. Sci. U. S.*, **44**, 662 (1958); Harbury, H. A., La Noue, K. F., Loach, P. A., and Amick, R. M., *ibid.*, **45**, 1708 (1959).
61. Isenberg, I., and Szent-Gyorgyi, A., *Proc. Natl. Acad. Sci. U. S.*, **44**, 857 (1958); **45**, 1225 (1959); Isenberg, I., Szent-Gyorgyi, A., and Baird, S. L., *ibid.*, **46**, 1307 (1960).
62. Isenberg, I., Baird, S. L., and Szent-Gyorgyi, A., *Proc. Natl. Acad. Sci. U. S.*, **47**, 245 (1961).
63. Massey, V., *Biochim. et Biophys. Acta*, **30**, 205 (1958); **37**, 314 (1960); Searls, R. L., and Sanadi, D. R., *J. Biol. Chem.*, **235**, 2485 (1960); Massey, V., *J. Biol. Chem.*, **235**, PC47 (1960).
64. Weber, M. M., and Kaplan, N. O., *J. Biol. Chem.*, **225**, 909 (1957); Drysdale, G. R., *J. Biol. Chem.*, **234**, 2399 (1959).
65. Weber, M. M., and Kaplan, N. O., *Science*, **123**, 844 (1956); *J. Biol. Chem.*, **225**, 209 (1957); Kaplan, N. O., San Pietro, A., and Stolzenbach, F. E., *J. Biol. Chem.*, **227**, 27 (1957).
66. Drysdale, G. R., Spiegel, M. J., and Strittwater, P., *J. Biol. Chem.*, **236**, 2323 (1961); Strittwater, P., *J. Biol. Chem.*, **237**, 3250 (1962).
67. Schellenberg, K.A., and Hellerman, L., *J. Biol. Chem.*, **231**, 547 (1958).
68. Walaas, E., *Arch. Biochem. Biophys.*, **95**, 151 (1961); Vernon, L., *Biochim. et Biophys. Acta*, **36**, 177 (1959); Frisell, W. R., and Mackenzie, C. G., *Proc. Natl. Acad. Sci. U. S.*, **45**, 1569 (1959).

69. Manzerall, D., and Westheimer, F. H., *J. Am. Chem. Soc.*, **77**, 2261 (1955).

70. Abeles, R. H., Hutton, R. F., and Westheimer, F. H., *J. Am. Chem. Soc.*, **79**, 712 (1957).

71. Suelter, C. H., and Metzler, D. E., *Federation Proc.*, **18**, 334 (1959); *Biochim. et Biophys. Acta*, **44**, 23 (1960).

72. Suelter, H., and Metzler, D. E., *Biochim. et Biophys. Acta*, **44**, 23 (1960); Michaelis, L., Schubery, M. P., and Smythe, C. V., *J. Biol. Chem.*, **116**, 587 (1936).

73. Karreman, G., *Bull. Math. Biophys.*, **23**, 55 (1961). 著者は各種中間体（FMN⁻，FMNH・，FMNH₂⁺）における最長吸収波長の位置を説明した。またトリプトファン–リボフラビン複合体における電子的相互作用のさまざまな側面を詳しく検討した：*Bull. Math. Biophys.*, **23**, 135 (1961); Karreman, G., *Ann. New York Acad. Sci.*, **96**, 1029 (1962).

74. Pullman, A., *Comp. rend.*, **263**, 1210 (1961).

75. Pullman, A., *J. Theoret. Biol.*, **2**, 259 (1962); *Tetrahedron*, in press.

76. Pullman, B., and Pullman, A., *Biochim. et Biophys. Acta*, **35**, 535 (1959).

77. Szent-Gyorgyi, A., *Biochem. Z.*, **150**, 195 (1924).

78. Karreman, G., Isenberg, I., and Szent-Gyorgyi, A., *Science*, **130**, 1191 (1959).

79. Pullman, B., and Pullman, A., *Les Théories Electroniques de la Chimie Organique*, p. 448, Masson, Paris, 1952.

80. Orloff, M. K., and Fitts, D. D., *Biochim. et Biophys. Acta*, **47**, 596 (1961).

81. Kistner, S., *Acta Chem. Scand.*, **14**, 1389 (1960); Yagi, K., Ozawa, T., and Nagatsu, T., *Biochim. et Biophys. Acta*, **43**, 310 (1960).

82. Borg, D. C., *Federation Proc.*, **20**, 104 (1961); Borg, D. C., and Cotzias, G. C., *Proc. Natl. Acad. Sci. U. S.*, **48**, 617, 623, 643 (1962).

83. Billou, J. P., Cauquis, G., Camorissou, J., and Li, A-M., *Bull. soc. chim. France*, 2062 (1960); Piette, L. H., and Forrest, I. S., *Biochim. et Biophys. Acta*, **57**, 419 (1962).

84. Forrest, I. S., Forrest, F. M., and Berger, M., *Biochim. et Biophys. Acta*, **29**, 441 (1958). フェノチアジンフリーラジカル類に関する最近の ESR 研究：Ayscough, P. B., and Thomson, C., *J. Chem. Soc.*, 2855 (1962).

85. Kearns, D. A., and Calvin, M., *J. Chem. Phys.*, **34**, 2026 (1961). フェノチアジンの半導体的性質：Gutmann, F., and Netschey, A., *J. Chem. Phys.*, **36**, 2355 (1962).

86. 気相状態における分子のイオン化電位は約 1 eV 高いと推定される：Lyons, L. E., *J. Chem. Soc.*, 5001 (1957).

87. Pullman, B., Spanjaard, C., and Berthier, G., *Proc. Natl. Acad. Sci. U. S.*, **46**, 1011 (1960).

88. Chance, B., and Williams, G. R., *Advances in Enzymol.*, **17**, 65 (1956); Mason, H. S., *Advances in Enzymol.*, **19**, 79 (1957).

89. Hemmerich, P., Prijs, B., and Erlenmeyer, H., *Helv. Chim. Acta*, **43**, 372 (1960); Bamberg, P., Hemmerich, P., and Erlenmeyer, H., *Helv. Chim. Acta*, **42**, 2164 (1960).

90. Slater, E. C., in Crook, E. M., (Ed.), *Biochemical Society Symposia*, No. 15, *Metals and Enzyme Activity*, p. 76, University Press, Cambridge, 1958.

91. ペルオキシダーゼやフェリミオグロビンではこのように高い鉄の酸化状態が観察された：Theorell, H., Ehrenberg, A., and Chance, B., *Arch. Biochem. Biophys.*, **37**, 237 (1952); George, P., and Irvine, D. H., *J. Chem. Soc.*, 3142 (1954); George, P., and Irvine, D. H., *Biochem. J.*, **60**, 596 (1955); George,

P., and Griffith, J. S., in Boyer, P. D., Lardy, H., and Myrbäck, K. (Eds.), *The Enzymes*, Vol. I, p. 347, Academic Press, New York, 1959.

91*a*. 計算への序論：Ohno, K., Tanabe, Y., and Sasaki, F., Progress Rep. No. 11, Res. Group for the Study of Mol. Struct., University of Tokyo, p. 27 (1962).

92. Williams, R. J. P., *Chem. Revs.*, **56**, 299 (1961).

93. この過程の詳細：Huennekens, F. M., and Whiteley, H. R., in Florkin, M., and Mason, H. S. (Eds.), *Comparative Biochemistry*, Vol. I, p. 107, Academic Press, New York 1960; Bueding, E., and Farber, E., *ibid.*, p. 411; Lehninger, A. L., *Rev. Mod. Phys.*, **31**, 136 (1959).

94. Belitser, V. A., and Tsibakowa, F. T., *Biokhimiya*, **4**, 516 (1939); Ochoa, S., *J. Biol. Chem.*, **151**, 493 (1943).

95. Friedkin, M., and Lehninger, A. L., *J. Biol. Chem.*, **178**, 611 (1949); Lehninger, A. L., *J. Biol. Chem.*, **190**, 345 (1951); *The Harvey Lectures*, **49**, 176 (1953-54); *Rev. Mod. Phys.*, **31**, 136 (1959).

96. 「呼吸鎖リン酸化」は（DPN$^+$のような）一次電子受容体による基質（α-ケトグルタル酸，グリセルアルデヒド-3-リン酸またはピルビン酸）の酸化と共役した「基質レベルのリン酸化」とは区別されなければならない。このタイプの酸化的リン酸化は呼吸鎖を経た（DPNH のような）還元形担体から酸素への電子の移動と共役したものと比べて重要性がはるかに低い。

97. Lehninger, A. L., *Federation Proc.*, **19**, 953 (1960); Green, D., and Hatefi, Y., *Science*, **133**, 13 (1961); Chance, B., and Williams, G. R., *Advances in Enzymol.*, **17**, 65 (1956); Chance, B., in Falk, J. E., Lemberg, R., and Morton, R. K. (Eds.), *Haematin Enzymes*, p. 597, Pergamon, Oxford, 1961.

98. Lehninger, A. L., *The Harvey Lectures*, **49**, 176 (1953-54).

99. Slater, E. C., Rev. *Pure Appl. Chem.*, **8**, 221 (1958).

100. Chance, B., and Williams, G. R., *Advances in Enzymol.*, **17**, 65 (1956); *J. Biol. Chem.*, **221**, 477 (1955).

101. Lehninger, A. L., *The Harvey Lectures*, **49**, 176 (1953-54); Wadkins, C. L., and Lehninger, A. L., *J. Am. Chem. Soc.*, **79**, 1010 (1957); Lehninger, A. L., Wadkins, C. L., Cooper, C., Devlin, T. M., and Gamble Jr., J. L., *Science*, **128**, 450 (1959).

102. Lipmann, F., *Advances in Enzymol.*, **1**, 99 (1941).

103. 要約：Conn, E. E., in Florkin, M., and Mason, H. S. (Eds.), *Comparative Biochemistry*, Vol. I, p. 441, Academic Press, New York, 1960.

104. 総説：Green, D. E., and Hatefi, Y., *Science*, **133**, 13 (1961); *Quinones in Electron Transport*, A Ciba Foundation Symposium, Churchill, London, 1961; Brodie, A. F., *Federation Proc.*, **20**, 995 (1961).

105. Grabe, B., *Biochim. et Biophys. Acta*, **30**, 560 (1958); Lindberg, O., Grabe, B., Low, H., Siekevitz, P., and Ernster, L., *Acta Chem. Scand.*, **12**, 598 (1958); Grabe, B., *Arkiv Kemi*, **15**, 323 (1960).

106. Wessels, J. S. C., *Rec. trav. chim.*, **73**, 529 (1954).

107. Harrison, K., *Nature*, **181**, 1131 (1958).

108. Hatefi, Y., *Biochim. et Biophys. Acta*, **31**, 502 (1959). 細菌におけるビタミン K の役割：Brodie, A. F., and Ballantine, J., *J. Biol. Chem.*, **235**, 226, 232 (1960); Brodie, A. F., *Federation Proc.*, **20**, 995 (1961); Wosilait, W. D., *Federation Proc.*, **20**, 1005 (1961). 還元形ビタミン K$_1$ のリン酸化中間体の単離：Russell, P. J., and Brodie, A. F., *Federation Proc.*, **19**, A38 (1960).

109. Clark, V. M., Kirby, G. W., and Todd, A., *Nature*, **181**, 1650 (1958); Clark, V. M., Hutchinson, D. W., and Todd, A., *Nature*, **187**, 59, 819 (1960); Clark, V. M., Hutchinson, D. W., Kirby, G. W., and Todd,

A., *J. Chem. Soc.*, 715 (1961); Clark, V. M., Hutchinson, D. W., and Todd, A., *J. Chem. Soc.*, 721 (1961).

110. Brodie, A. F., and Ballantine, J., *J. Biol. Chem.*, **235**, 232 (1960).

111. Green, D., and Hatefi, Y., *Science*, **133**, 13 (1961).

112. Bonner, W. D., *Biochem. J.*, **56**, 274 (1954); Slater, E. C., and Borst, P., *Nature*, **185**, 537 (1960).

113. Clark, V. M., and Todd, A., in *Quinones in Electron Transport*, A Ciba Foundation Symposium, p. 196, Churchill, London, 1961; Russell, Jr., P. J., and Brodie, A. F., *ibid.*, p. 205.

114. Brodie, A. F., and Ballantine, J., *J. Biol. Chem.*, **235**, 232 (1960).

第14章 葉酸補酵素類

14.1 一般的特徴

葉酸（F，I）は三つの主要フラグメントすなわち置換プテリジン環（R_1），パラアミノ安息香酸系（R_2）およびグルタミン酸残基（R_3）からなる複雑な分子である。

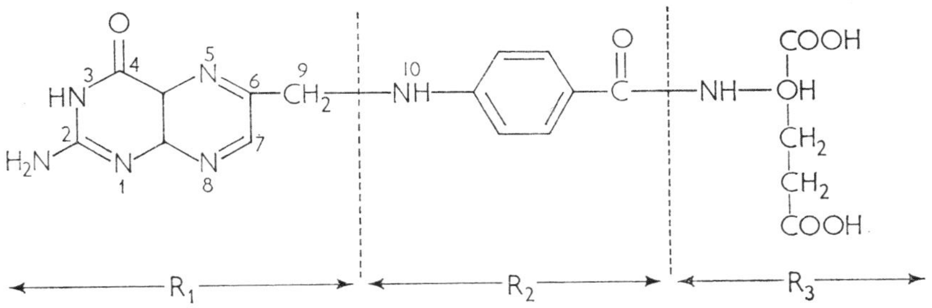

I. 葉酸（F）

実際，その生合成はこれらの成分の酵素的縮合によって得られる[1]。葉酸とそのポリグルタミン酸誘導体（特にトリおよびヘプタグルタミン酸類）はビタミン類の重要な一員である。それらは一連の酵素反応により（ビタミンの活性補酵素形である）5,6,7,8-テトラヒドロ同族体へと変換される。Blakley[2]やWright[3]によれば，*in vivo* における補因子の活性形はモノグルタミン酸ではなくポリグルタミン酸である。もっとも我々にとって関心があるのは，葉酸ではなくむしろ5,6,7,8-テトラヒドロ葉酸（FH_4，II）の方である。

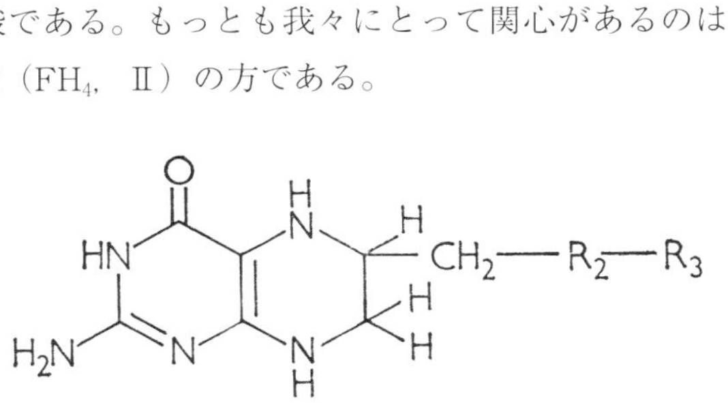

II. テトラヒドロ葉酸（FH_4）

というのは入手可能な実験結果のほとんどはこの FH_4 に関するものだからである。またグルタ

ミン酸部分は補酵素自体の機能機作ではなく，むしろ酵素変換の特異性に関与すると考えられる。
FH_4 は 1 炭素 (C_1) 単位の代謝にとって重要な補酵素で，プテロタンパク質と呼ばれる酵素クラスによって利用される。これらの単位は次の三つのカテゴリーに分類される。

(a) ホルミル基 $-CH=O$（記号 f）とホルムイミノ基 $-CH=NH$（記号 fi），一般には $-CH=$ 基，すなわちギ酸の酸化レベルでの C_1 基

(b) ヒドロキシメチル基 $-CH_2OH$（記号 h）や $-CH_2-$ 基すなわちホルムアルデヒドの酸化レベルでの C_1 基

(c) CH_2OH 基の還元によって得られるメチル基 $-CH_3$（Me）

最も重要な代謝的変換は，ある基質から別の基質へのこれらの 1 炭素単位の移動や相互変換である。すなわち FH_4 は核タンパク質の代謝において基本的な役割を担うと考えられる。

14.2 葉酸補酵素類によって触媒される主な代謝的反応

葉酸補酵素類によって触媒される主な代謝的反応は，それらが作用する基質の性質に依存して次の二つの系列に分けられる。(A) 核酸類の代謝に関係した反応，(B) タンパク質類の代謝に関係した反応。

(A) 核酸類の代謝に関係した反応

これらは次の反応から成り立つ。

(a) <u>プリン類の *de novo* 合成に関与する変換</u>

このグループの反応では，プリン骨格への炭素 C_2 および C_8 の導入に補因子 FH_4 が必要である（第 5 章参照）。この補因子はグリシンアミドリボチド（GAR，III）からホルミルグリシンアミドリボチド（FGAR，IV）へのホルミル化や，5-アミノ-4-イミダゾール-カルボキサミドリボチド（AICAR，V）から 5-ホルムアミド-4-イミダゾール-カルボキサミドリボチド（FAICAR，VI）へのホルミル化を触媒する[4]。

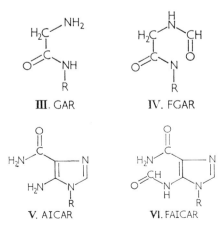

(b) プリン類, 特にキサンチンの異化作用に関与する変換

(キサンチンの分解生成物の一つである)ホルムイミノグリシン(FIG, VII)は、FIGのホルムイミノトランスフェラーゼによりグリシン(G, VIII)へと変換される。その際にFH$_4$は補酵素として利用される[5]。

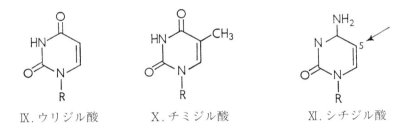

(c) チミンと5-メチルシトシンの合成

FH$_4$はウラシルのデオキシリボチド(IX)からチミジル酸(X)へのメチル化を触媒する[6]。

また5-メチルシトシンの合成では、FH$_4$の役割はシチジル酸(XI)の5位へのヒドロキシメチル基(h)の導入である[7]。

IX. ウリジル酸   X. チミジル酸   XI. シチジル酸

(B) タンパク質類の代謝に関係した反応

それらは次の反応から成り立つ。

(a) セリン-グリシンの相互変換

FH$_4$はこれらのアミノ酸の間でのヒドロキシメチル基の移動に関与する。

XII. セリン   VIII. グリシン

(b) ヒスチジンのグルタミン酸への変換

この変換過程では[9]、N-ホルミルグルタミン酸(FGLU, XIII)とN-ホルムイミノグルタミン酸(FIGLU, XIV)(N-ホルムアミジノグルタル酸とも呼ばれる)は、FH$_4$によって触媒され

る 1 炭素基の脱離を介してグルタミン酸（GLU，XV）へと変換される[10]。

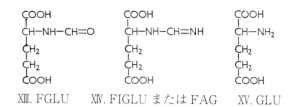

XIII. FGLU　　XIV. FIGLU または FAG　　XV. GLU

(c) コリンとメチオニンの合成

FH_4 はメチオニン（XVI）[11]やコリン（XVII）[12]へのメチル基の導入に必要な補酵素である。しかしこの合成における FH_4 の役割はまだ明確にはわかっていない。

XVI. メチオニン　　　　　　　XVII. コリン

しかしこの補酵素は共通の中間体である S-アデノシルホモシステイン（XVIIIa）の S-アデノシルヒドロキシメチルホモシステイン（XVIIIb）へのヒドロキシメチル化の触媒として関与する可能性が高い。XVIIIb は S-アデノシルメチオニン（XIX）へと還元されるが，この反応に FH_4 が関与しているか否かは不明である[1]。ただし XIX は生物学的メチル供与体として重要である（第 7 章参照）。

XVIIIa. S-アデノシルホモシステイン　　XVIIIb. S-アデノシルヒドロキシメチル-
　　　　　　　　　　　　　　　　　　　　　　　ホモシステイン

メチオニンは XIX の S-メチル基をホモシステイン（XX）へ移動させることにより得られる[13]。一方，コリンを得るにはこの基をエタノールアミンやそのモノおよびジメチル誘導体へ移動させればよい。

XIX. S-アデノシルメチオニン　　　　XX. ホモシステイン

14.3 葉酸補酵素類の主な機能：一般的概念

前節で要約された FH_4 の生化学的活性は次に示す三つの機能からもたらされる。

（a）1炭素単位の担体としての機能

ギ酸（f または fi）やホルムアルデヒド（h）の酸化レベルでは，供与体から受容体へのこのような単位の移動は酸化レベルの変化を引き起こさない。補酵素の状態は C_1 単位（f, fi および h）の移動に対してそれぞれ記号 $f\text{-}FH_4$, $fi\text{-}FH_4$ および $h\text{-}FH_4$ で表される。

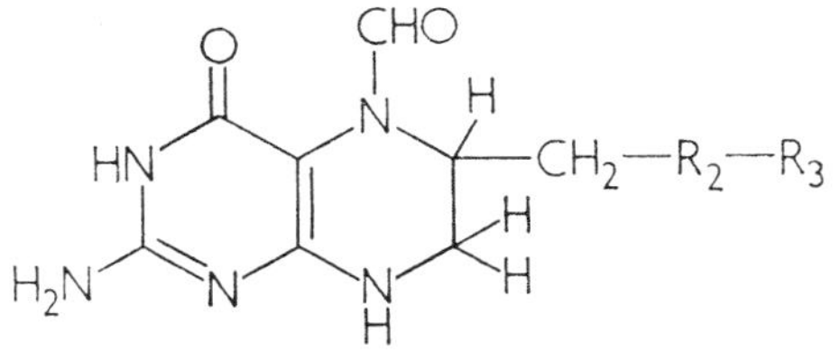

XXI. $f_5\text{-}FH_4$

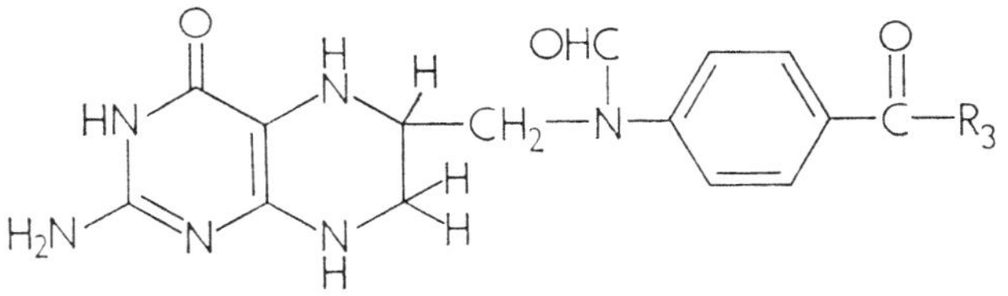

XXII. $f_{10}\text{-}FH_4$

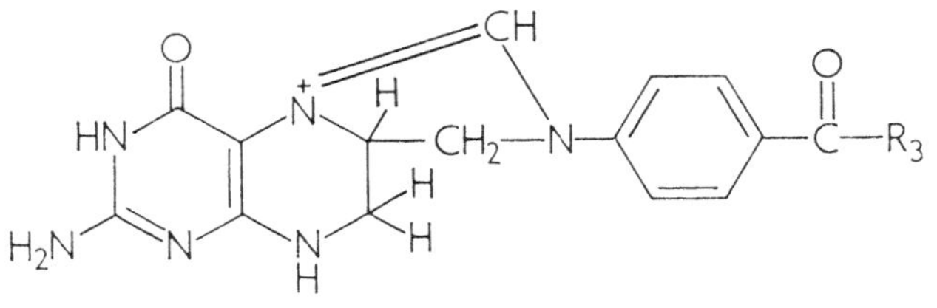

XXIII. $f_{5\text{-}10}\text{-}FH_4$

供与体から受容体への1炭素単位の移動の全過程は一般に三つの段階から成り立つ。すなわち第一段階は供与体から C_1 単位を受け入れ，一次の $f\text{-}FH_4$, $fi\text{-}FH_4$ または $h\text{-}FH_4$ を形成する段階である。第二段階は中間段階であって省略されることもあり，第一段階で得られた一次生成物を活性化する段階である。この活性化は一般に一連の異性化や一次生成物の加水分解によって達成される。最後の第三段階は活性化された中間体によって C_1 単位を適当な受容体へ供与する段階である。

464　第 14 章　葉酸補酵素類

　後ほど詳しく検討されるが，これらの C_1 移動反応における FH_4 の機能機作には分子骨格の二つの特定部位すなわち N_5 原子と N_{10} 原子が関係する。これらの反応の各種段階と関連して，我々は f-FH_4，fi-FH_4 および h-FH_4 に含まれる多数の特定構造に注意を払う必要がある。たとえば f-FH_4 の場合には，我々が特に関心をもつのは二つの異性体すなわち f_5-FH_4（XXI）と f_{10}-FH_4（XXII）である（これらはそれぞれ N_5-ホルミルテトラヒドロ葉酸と N_{10}-ホルミルテトラヒドロ葉酸であり，前者はシトロボラム因子（CF）とかロイコボリンまたはフォリン酸とも呼ばれる）。我々はまた環状誘導体である f_{5-10}-FH_4（XXIII）にも関心がある（この化合物は N_{5-10}-メテニルテトラヒドロ葉酸に他ならない）。

XXIV. h_{5-10}-FH_4

XXV. 7,8-FH_2

　fi-FH_4 の場合には，我々にとって興味があるのは N_5-誘導体の N_5-ホルムイミノテトラヒドロ葉酸（fi_5-FH_4）のみである。最後に h-FH_4 で重要なのは N_5-ヒドロキシメチル誘導体（h_5-FH_4），N_{10}-ヒドロキシメチル誘導体（h_{10}-FH_4）および環状化合物の N_{5-10}-メチレンテトラヒドロ葉酸（XXIV，h_{5-10}-FH_4）の三種である。

（b）　1炭素単位の酸化還元における基質としての機能

　この機能は実質的に h-FH_4 から f-FH_4 への相互変換と関係がある。すなわちこの変換では，1炭素 f 単位の1炭素 h 単位への可逆的変換が可能になる。この反応を触媒する酵素は補酵素としてピリジンヌクレオチド類を利用する。

（c）　1炭素単位の還元に対する補酵素としての機能

　たとえばヒドロキシメチル化基質のメチル化同族体への還元はジヒドロ葉酸（FH_2），一般には 7,8-ジヒドロ葉酸（7,8-FH_2，XXV）への FH_4 の酸化と共役する[14]。

　（本章の第 14.2 節で述べた）FH_4 によって仲介される各種酵素反応は補酵素のもつ機能のいくつかを必要とする。もちろん各機能は特定酵素によって触媒される一定の変換に対応する。たとえばウリジル酸（IX）と（ホルムアルデヒドのような）C_1 単位源からのチミジル酸（X）の合成への FH_4 の寄与を少し詳しく見てみよう。ただしホルムアルデヒドは水和形［$CH_2(OH)_2$］で存在す

ると見なされる。実際には変換を構成するのは 4 種の酵素によって触媒される四つの反応である。

反応A： $CH_2(OH)_2 + FH_4 \xrightarrow{\text{酵素A}} h\text{-}FH_4 + H_2O$

反応B： $h - FH_4 \xrightarrow{\text{酵素B}} (h - FH_4)^*$，（「 ＊ 」は活性化されたことを意味する）

反応C：$(h\text{-}FH_4)^* +$ $\xrightarrow{\text{酵素C}}$ $+\ FH_4$

反応D $+\ FH_4 \xrightarrow{\text{酵素D}}$ $+\ FH_2 + H_2O$

　最初の三つの反応では FH_4 は供与体（ホルムアルデヒド）から受容体（ウリジル酸）への h 基の移動を触媒する。一方，最後の反応では FH_4 は CH_2OH 基から CH_3 基への還元に対する補酵素として機能する。

　次に第 14.2 節で要約した変換や電子構造的解釈との関連で，葉酸補酵素の三つの機能をさらに詳しく検討してみよう。

14.4　1 炭素単位の担体としての葉酸補酵素類： 実験的データ

　FH_4 の各種構造の観点からそれらの機能を考察してみよう。ここでは C_1 受容形と C_1 供与形の二つを考慮する。また受容体から供与体への活性変換の特性についても考察する。

14.4.1　1 炭素単位受容体としての FH₄

　FH_4 による C_1 単位の受容をもたらす酵素反応の経路はさまざまである。たとえば FH_4 以外の活性化剤，特に K^+ イオンや ATP の有無に依存する経路もある。

（A）　補因子としてのみ FH₄ を必要とする反応

このタイプに属する主な反応は次の三つである。

　（a）　グルタミン酸（GLU, XV）と N-ホルミルグルタミン酸（FGLU, XIII）との相互変換

　これは（酵素 1 個と f-FH₄ の異性体を 1 個必要とする）きわめて簡単な反応である。Silverman らによればこの反応は次式で表される [15]。

$$FH_4 + FGLU \rightleftharpoons f_5\text{-}FH_4 + GLU$$

ホルミル基はFH_4のプテリジン環のN_5によってFGLUから取り込まれる。次節の議論から予想される通り，この反応はホルミル基の供与に対してf_5-FH_4が活性形となる唯一の場合である。

(b)　セリン（XⅡ）とグリシン（Ⅷ）との相互変換

この反応は（a）に比べてはるかに複雑である。

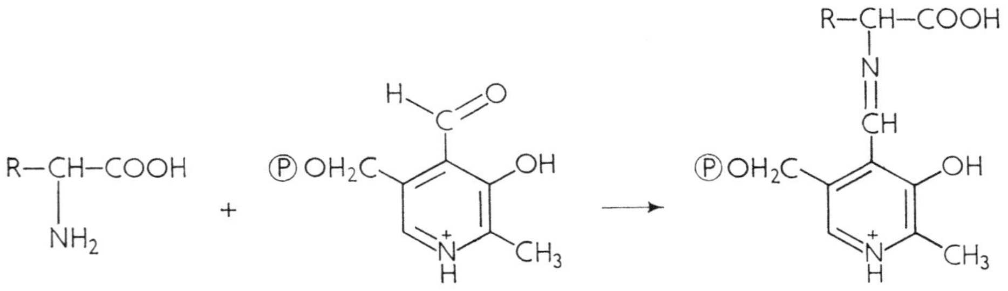

α-アミノ酸　　　　ピリドキサールリン酸　　　　シッフ塩基

図1　α-アミノ酸とピリドキサールリン酸との間に形成されるシッフ塩基

反応は可逆的である。しかしセリンのグリシンへの変換はグリシンからセリンへの変換とは異なる経路に従うと考えられる。すなわちセリンからグリシンへの変換は補酵素ピリドキサールリン酸によって触媒され，かつこの補酵素とアミノ酸との間にシッフ塩基が形成される。この反応については第15章で詳しく議論される。FH_4はグリシン→セリンの変換にのみ関与する。この変換ではFH_4は供与体（遊離ホルムアルデヒド）からCH_2OHを受け取り，それをグリシンへと移動させる。この反応におけるh基の受容体は実際にはグリシン自体ではなく，グリシンとピリドキサールリン酸との間に形成されるシッフ塩基の遷移形である。この遷移形はグリシンの活性形に他ならない（図1参照）。移動反応は次に示すように三つの段階から成り立つ。

$$CH_2(OH)_2 + FH_4 \rightleftharpoons h\text{—}FH_4 + H_2O$$

$$h\text{—}FH_4 \overset{-H_2O}{\rightleftharpoons} h_{5\text{-}10}\text{—}FH_4$$

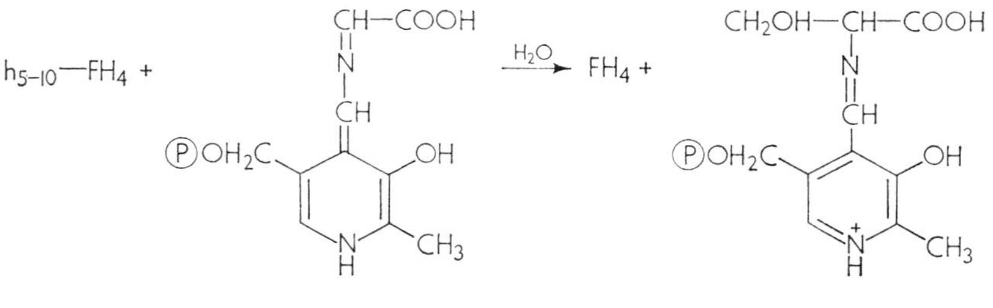

次節の議論から予想されるように，h をシッフ塩基へ供与可能な h-FH$_4$ の活性形は環状 h$_{5-10}$ 形である[16]。しかし本節で我々が関心をもつのは補酵素の窒素原子すなわち N$_5$ と N$_{10}$ のいずれがヒドロキシメチル化を最初に受けるかという問題である。この問題に対しては間接的な証拠しか提示できない。すなわち Blakley によれば[17]，ホルムアルデヒドとグリシンからのセリン合成を触媒する酵素は FH$_4$ の添加によって著しく活性化される。しかし f$_{10}$-FH$_4$ による活性化はそれほど強くなく，f$_5$-FH$_4$ に至っては活性化は全く起こらない。f$_{10}$-FH$_4$ による活性化があまり進まないのは，f$_{10}$ 基を排除しない限りヒドロキシメチル化誘導体が h$_{5-10}$-FH$_4$ へ変換されないからである。f$_5$-FH$_4$ による活性化の欠如は，h-FH$_4$ の酵素的形成では N$_{10}$ よりも N$_5$ の方がはるかに重要であることを強く示唆した。同じ著者は HCHO と FH$_4$ との一次結合が非酵素的に起こることを示した[18]。また in vivo で形成された h-FH$_4$ は中性 pH の化学的媒体中で FH$_4$ と HCHO との反応から生成したものと同じであった。Kisliuk はこのような化学反応の部位を決定するためテトラヒドロ葉酸の一連の類似体とホルムアルデヒドとの相互作用を検討した[19]。一方，Blakley が吟味したのは一連の置換プテリジン類とホルムアルデヒドとの相互作用であった[18,20]。これらの研究によれば，（pH，HCHO 濃度などの）実験条件が h-FH$_4$ から h$_{5-10}$-FH$_4$ への環化を妨げる場合には HCHO と FH$_4$ との結合は N$_5$ 位で生じた。一方，h$_{5-10}$-FH$_4$ が形成される場合には補酵素の N$_5$ 位は他のいかなる窒素よりも HCHO と反応しやすかった。さらにこれらの研究から，環状誘導体 h$_{5-10}$-FH$_4$ は FH$_4$ の他のいかなるヒドロキシメチル化誘導体や被検テトラプテリジン類よりも安定であることが確認された。

(c) ホルムイミノグリシン（FIG，Ⅶ）のグリシン（G，Ⅷ）への変換および *N*-ホルムイミノグルタミン酸（FIGLU，XIV）のグルタミン酸（GLU，XV）への変換

Rabinowitz-Pricer によれば，三種の酵素を含んだ系での FIG の温置は次の変換により G を生成した[21]。ただし酵素 I，Ⅱおよび Ⅲ はそれぞれホルムイミノトランスフェラーゼ，シクロデアミナーゼおよびシクロヒドロラーゼである。

$$
\begin{array}{c}
\text{CH}_2\text{—NH—CH=NH} \\
| \\
\text{COOH}
\end{array}
+ \text{FH}_4 \; \underset{\text{酵素 I}}{\rightleftharpoons} \;
\begin{array}{c}
\text{CH}_2\text{—NH}_2 \\
| \\
\text{COOH}
\end{array}
+ \text{fi}_5\text{-FH}_4
$$

FIG　　　　　　　　　　　　　　　　　　　　　G

$$
\text{fi}_5\text{-FH}_4 \; \xrightarrow{\text{酵素 Ⅱ}} \; \text{f}_{5-10}\text{-FH}_4 + \text{NH}_3
$$

$$
\text{f}_{5-10}\text{-FH}_4 \; \xrightarrow[\text{H}_2\text{O}]{\text{酵素 Ⅲ}} \; \text{f}_{10}\text{-FH}_4
$$

すなわち反応の第一段階は FH$_4$ の N$_5$ 位への FIG の fi 基の可逆的移動である。また NH$_3$ の脱離によって fi$_5$-FH$_4$ から形成された環状化合物 f$_{5-10}$-FH$_4$ はもっぱら f$_{10}$-FH$_4$ へと加水分解された。

Tabor らによれば，FIGLU から GLU への変換も完全に同様の様式に従った[22]。なお FIGLU は *N*-ホルミルグルタミン酸（FGLU，XⅢ）で置き換えてもよい。しかしその場合には基質から FH$_4$ への C$_1$ 単位の移動は容易ではなく，反応終了時に f$_5$-FH$_4$ が少量形成されることが多かっ

468　第 14 章　葉酸補酵素類

た[23]。

(B)　FH$_4$ に加え，補完的活性化因子として K$^+$ や ATP を必要とする反応

(a)　AICAR（V）と FAICAR（VI）との相互変換

この相互変換は K$^+$ イオンが存在する場合にのみ起こり[24]，FH$_4$ の N$_{10}$ 位へのホルミル基の可逆的移動を伴った[25]。

$$\text{FAICAR} + \text{FH}_4 \rightleftharpoons \text{AICAR} + \text{f}_{10}\text{-FH}_4$$

(b)　ギ酸（HCOOH）による FH$_4$ の酵素的合成を介した f$_{10}$-FH$_4$ の形成

「テトラヒドロ葉酸トランスホルミラーゼ」または「ギ酸活性化酵素」と呼ばれる酵素は ATP の存在下で HCOOH のホルミル基を FH$_4$ の N$_{10}$ 位へと移動させた。この可逆的反応は次式で表される。

$$\text{HCOOH} + \text{ATP} + \text{FH}_4 \rightleftharpoons \text{ADP} + \text{P}_i + \text{f}_{10}\text{-FH}_4$$

反応における ATP の正確な役割は不明である。しかし f$_{10}$-FH$_4$ が FH$_4$ の一次ホルミル化物であるという結論は，（$\text{f}_{5\text{-}10}\text{-FH}_4 \rightleftharpoons \text{f}_{10}\text{-FH}_4$ を触媒する）シクロヒドロラーゼが存在しなければ f$_{10}$-FH$_4$ しか形成されないという観察によって実証された[26]。

Huennekens ら[27] と Rabinowitz ら[28] はこの反応に対して互いに異なる機構を提唱した。すなわち Huennekens らが提唱した機構では，ATP は主に FH$_4$ と反応し，FH$_4$ の N_{10}-リン酸化物が形成され，ホスホリル基は続いてホルミル基と置き換えられた。このような機構が生じる可能性はホスホリル-FH$_4$ が合成されたことによって立証された[29]。一方，Rabinowitz-Himes が提唱した機構では，このような中間体は存在せず三種の物質からなる三元複合体で置き換えられた。

FH$_4$-触媒反応における ATP の役割と関連し，ATP が f$_5$-FH$_4$ から f$_{10}$-FH$_4$ への酵素的変換に不可欠であることに留意されたい。この反応は全体として次式で表される。

$$\text{f}_5\text{-FH}_4 + \text{ATP} \longrightarrow \text{f}_{10}\text{-FH}_4 + \text{ADP} + \text{P}_i \,(\text{または AMP} + \text{PP})$$

実際には二つの酵素系は次のように記述される。すなわち第一の系は f$_5$-FH$_4$ から f$_{10}$-FH$_4$ への変換を直接触媒するのに対し[30]，第二の系は中間体としての環状 f$_{5\text{-}10}$-FH$_4$ を介して作用した[31]。

(C)　強酸媒体中での FH$_4$ と C$_1$ 単位との化学的反応

酸性 pH での FH$_4$ と C$_1$ 単位との化学的相互作用は，ここで採用された観点から見て ATP を必要とする反応と類似性がある。

すでに述べたように，中性 pH での HCHO と FH$_4$ との相互作用は主に h$_5$-FH$_4$ を生成したのち h$_{5\text{-}10}$-FH$_4$ へと変換された。Osborn らによれば，h$_{5\text{-}10}$-FH$_4$ の形成速度は pH に強く依存した[32]。その代表的曲線は pH 3.2 と 5.2 に変曲点をもち，それぞれ N$_{10}$ と N$_5$ の塩基性 pK_a 値（2.9 と 5.3）に対応した[27]。最適 pH は約 4.45 であった。この pH では N$_5$ はプロトン化されるが，N$_{10}$ はプロ

トン化されない。Osborn らによれば，この pH では h 単位はプロトン化されていない N_{10} へ優先的に結合した[32]。したがって pH 4.45 での h_{5-10}-FH_4 の形成は次の図式に従うと考えられた（ただし FH_4 は関係部分だけを示した）。

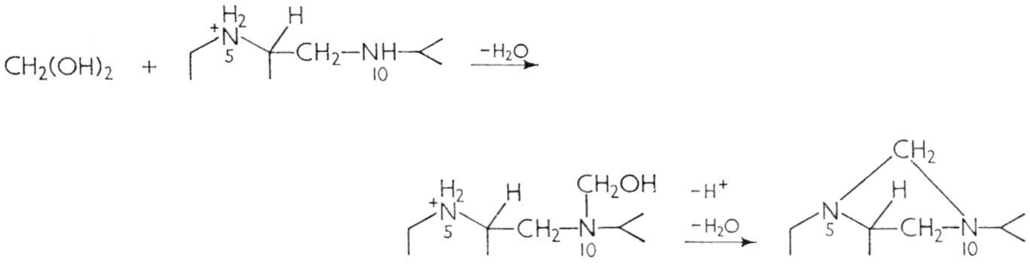

$$CH_2(OH)_2 + \quad \overset{+}{\underset{5}{N}}\!\!\text{—CH}_2\text{—}\overset{H}{\underset{10}{N}}\!\!\text{—} \quad \xrightarrow{-H_2O}$$

$$\overset{+}{\underset{5}{N}}\!\!\text{—CH}_2\text{—}\overset{\overset{CH_2OH}{|}}{\underset{10}{N}}\!\!\text{—} \quad \xrightarrow[-H_2O]{-H^+} \quad \underset{5}{N}\!\!\text{—CH}_2\text{—}\overset{\overset{CH_2}{|}}{\underset{10}{N}}\!\!\text{—}$$

同様にして強酸媒体中や脱水剤存在下では，HCOOH による FH_4 の処理は f_{10}-FH_4 をもたらし，かつ f_5-FH_4 も少量生成した。両異性体は反応 pH では（f-FH_4 の安定形である）f_{5-10}-FH_4 へと変換された[33]。f_{10}-FH_4 は f_5-FH_4 に比べてはるかに速く環状誘導体を形成した。興味深いことにアルカリ媒体中では f_{5-10}-FH_4 は加水分解され，N_5-CH_2 結合の開裂は N_{10}-CH_2 結合のそれよりもはるかにすみやかであった。

もう一つの関連反応は FH_4 と CHOCOOH との相互作用である。pH 4 ではグリオキシル酸の過剰は h_{5-10}-FH_4 のカルボニル化誘導体をもたらした。

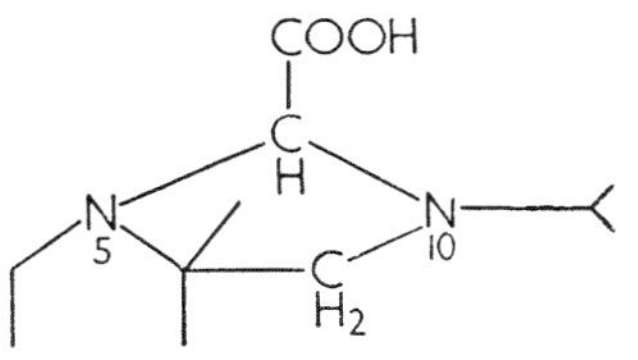

$$\underset{5}{N}\!\!\text{—}\overset{\overset{\overset{COOH}{|}}{\underset{|}{C}}}{\underset{H}{}}\text{—}\underset{10}{N}\!\!\text{—}$$

グリオキシル酸の主な攻撃部位は FH_4 の N_{10} 位であることが示された[34]。

（D） 結論

（1 炭素単位受容体としての FH_4 の機能と関連した）以上の実験結果を要約すると，*酵素反応や他の活性化剤が存在しない場合には f, fi および h 単位はすべて基質から補酵素の N_5 位へと移動した。HCHO からの同じタイプの移動は中性 pH では化学的にも可能であった。一方，補完的活性化剤（K^+ または ATP）を必要とする酵素反応や酸性 pH での化学的移動では，1 炭素単位は補酵素の N_{10} 位によって受け入れられた。*

14.2.2 　1 炭素単位の供与体としての FH_4

前述の議論は 1 炭素代謝単位の受容体としての FH_4 の機能に集中した。次に供与体としての

このような単位の機能について考えてみよう。以前検討した事例では，1炭素単位供与体としての補酵素の活性形は次の通りである。

（1）　GLU から FGLU へのホルミル化のための f_5-FH_4

（2）　AICAR から FAICAR へのホルミル化のための f_{10}-FH_4

（3）　グリシンからセリンへのヒドロキシ化のための $h_{5\text{-}10}$-FH_4

補完的情報によれば，h 基の供与に必要な h-FH_4 の活性形は $h_{5\text{-}10}$-FH_4 であった。対応する反応はウラシルのリボチドおよびシトシンのリボチドのヒドロキシメチル化である。これらの反応は（たとえばシチジル酸の場合）次の図式に従って引き起こされる[1]。

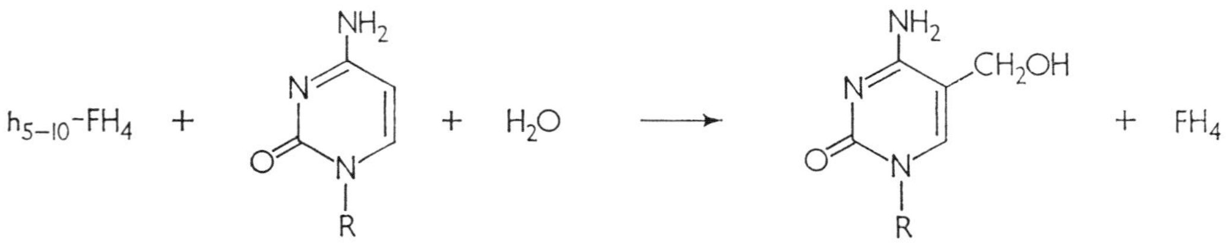

補完的情報によれば，f 基の供与に必要な f-FH_4 の活性形もまた $f_{5\text{-}10}$-FH_4 であった。このような反応はグリシンアミドリボチド（GAR）の不可逆的ホルミル化でも起こった。反応は次式で示される[35]。

$$f_{5\text{-}10}\text{-}FH_4 + GAR + H_2O \rightarrow FGAR + FH_4$$

結論として f_5-FH_4，f_{10}-FH_4 および $f_{5\text{-}10}$-FH_4 はすべて f 基を移動させた。しかし h 基を供与できるのは $h_{5\text{-}10}$-FH_4 のみであった。一般に f-FH_4 の真の活性形は f_{10}-FH_4 と $f_{5\text{-}10}$-FH_4 である。f_5-FH_4 が f 供与体として機能するのは例外的であった。

さまざまなタイプの f-FH_4 の性質と関連し，理論的議論の観点からこれらの化合物のホルミル基の加水分解自由エネルギーの結果を示しておこう[1]。pH 7 ではこれらのエネルギーは次の順序になった。

$$f_{5\text{-}10}\text{-}FH_4 > f_{10}\text{-}FH_4 \gg f_5\text{-}FH_4$$

f_5-FH_4 の加水分解自由エネルギーは通常のアミド類で観察される値とほぼ同じ大きさであった。（≈ 2 kcal/mole）一方，f_{10}-FH_4 と $f_{5\text{-}10}$-FH_4 の加水分解自由エネルギーは 6 kcal/mole よりも大きいか少なくとも等しかった。

すでに述べたように，f_5-FH_4 から $f_{5\text{-}10}$-FH_4 への酵素的変換は ATP の存在を必要とした。強酸性媒体中では反応は化学的にも引き起こされた。ただしその反応は遅かった。一方，$f_{5\text{-}10}$-FH_4 から f_{10}-FH_4 への酵素的変換は補完的補因子の助けを借りなくても起こった。この反応は化学的にもきわめてすみやかであった。

14.5 1炭素単位の担体としての葉酸補酵素類：電子的側面

14.5.1 葉酸とその誘導体の分子軌道計算に関する一般的所見

1炭素単位移動反応における葉酸補酵素類の電子的側面が分子軌道法を用いて検討された[36]。計算は本章で取り上げた化合物のほとんどを対象に行われた。

すでに見たように，葉酸（Ⅰ）は三つのフラグメントすなわちプテリジン環（R_1），パラアミノ安息香酸系（R_2）およびグルタミン酸残基（R_3）から構成される。最初の二つのフラグメントは葉酸補酵素類によって触媒される化学的変換部位であり，かつ共役系である。電子的非局在化現象に関する限り，R_3 の NH 基の孤立電子対もまた R_1 と R_2 の易動性電子と共役している。R_3 の残余部分は飽和炭素によって R_1 や R_2 から切り離され，一般の電子的共役には関与していない。したがって計算は R_1 と R_2 の易動性電子と R_3 の NH 基の孤立電子対を含めた形で行われた。この近似では，葉酸は CH_2 基の超共役を介してパラアミノベンゾイルアミンと 2-アミノ-4-ヒドロキシプテリジが連結したユニークな 28 個の π 電子系と見なされた。

一方，C_6 位が飽和した FH_4 は分離した二つの単位すなわち水素化プテリジン環（14 個の π 電子）とパラアミノベンゾイルアミン部分（12 個の π 電子）からなると考えられる。第一近似として，補酵素を構成するこれらのフラグメント間には易動性電子の相互作用は存在しないと見なされた。状況は f_5-FH_4，f_{10}-FH_4 といったホルミル化誘導体や h_{5-10}-FH_4 でも同じであった。分子の二つのフラグメント間に直接的な π 電子相互作用が認められたのはメチレン架橋した f_{5-10}-FH_4 のみであった。この化合物は 26 個の易動性電子からなるユニークな π 電子系であった。葉酸とその誘導体および他の補酵素類では原則としてケト-エノール互変異性が認められた。ヒドロキシプテリジン類はケト形で存在するので（第 8 章参照），本節で議論した化合物もまたこの形で存在すると考えられる。

14.5.2 1炭素単位の受容体としての FH_4

Koshland の定義によれば，原子団移動は酵素的置換反応と見なされる[37]。したがってそれらの解釈には一般の置換反応と同じ構造的特性が用いられる。これらの特性は置換反応を起こす共役基質を構成する原子の電子的性質によって表される。考慮すべき主な性質は原子の電子密度と自由原子価の二つである。

図 2 は 1炭素単位受容体としてのテトラヒドロ葉酸の電子密度分布を示したものである。最も簡単に解釈すれば，これは補完的活性化剤を含まない反応である。ここでは取りあえずこのような場合に話を限定する。この点に留意して，FH_4 の電子密度分布を吟味すると次の結論が導かれた。すなわち*補完的活性化剤を含まない場合，1炭素単位は水素と結合したFH_4のN原子によって受け取られる。ただしこの原子は π 電子密度が最大となる。*

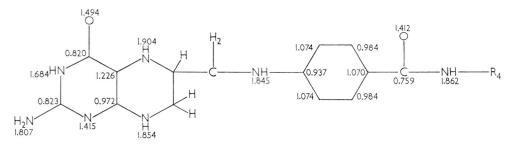

図2　FH₄における電子密度の分布

　実際には共役系へ NH 基が組み込まれると，その孤立電子対は系の π 電子との共役（非局在化）に関与する。その結果，これらの窒素原子から電子の放出が起こり，孤立電子対の一部は共役環へと移動する。電子のこの非局在化により，これらの N 原子の電子密度は 2 よりも小さくなる。すなわちこれらの原子はある程度の形式電荷を帯びる。その値は共役がないときに N 原子がもつ電子 2 個と電子密度との差に等しい。したがって FH₄ の N₅ の形式電荷は $2e - 1.904e = 0.096e$ である。この値は FH₄ の NH 基が帯びる最小の形式電荷である。すなわち類似原子の中で，孤立電子対の電子密度が最大となるのは FH₄ 骨格の N₅ であり，ホルミル基はこの原子に固定される。

　実際のところ FH₄ の N₅ は際立った性質をもう一つもつ。図3は水素が結合した FH₄ のすべての窒素の自由原子価の値を示したものである。ここでも自由原子価が最大となるのは N₅ である。すなわち*活性化剤が存在しないとき1炭素単位を受け入れるのは FH₄ の NH 基（N₅）であり，その窒素は自由原子価も最大となる*。

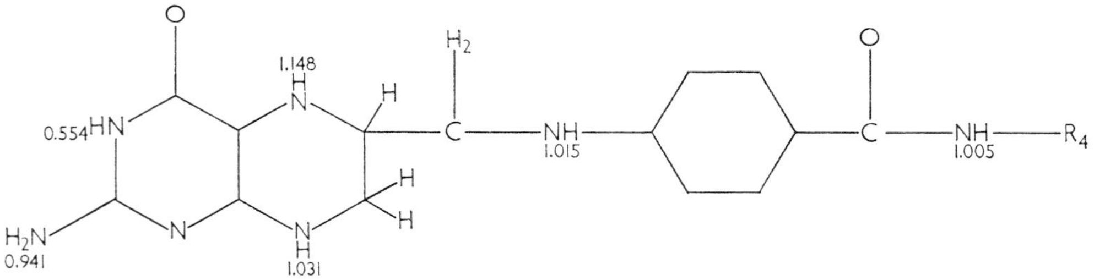

図3　FH₄ における担水素性窒素の自由原子価

　この第二の相関は二つの点で重要な意味をもつ。第一に原子の自由原子価はフリーラジカル類と置換反応を行う能力の直接的な尺度である。すなわち一般に大きな自由原子価は，フリーラジカル類に対する親和性が高いことを意味する。第二に自由原子価の大きさは，（どんな試薬でも良いが）接近試薬による原子の分極性を示す良好な指標となる。大きな自由原子価は分極性が高いことを意味する。すなわち FH₄ の N₅ がもつ大きな自由原子価はこの原子に対するラジカル置換の活性化エネルギーが小さいことを意味する。またこの原子の比較的大きな電子密度は，この

原子に対する求電子置換の活性化エネルギーが低いことを意味する.すなわち N_5 位での FH_4 のホルミル化では,これらの機構の一方または両方が適用される.

葉酸補酵素によって移動させられたホルミル基の主な生物学的受け皿の電子-構造的研究もまたホルミル化に関して同様の機構へと導いた.このような主な受け皿の中でグリシンアミドリボチド(GAR)と 5-アミノ-4-イミダゾールカルボキサミドリボチド(AICAR)はプリン類の *de novo* 合成における重要な中間体であった.これらの化合物のホルミル化は,次の構造式において矢印で示した窒素で起こった.

図 4 は GAR と AICAR における電子密度の分布を示したものである.また図 5 は先験的にホルミル化を受けやすい窒素の自由原子価を示している.GAR ではホルミル基を受け入れる窒素は電子密度が最大で,かつ自由原子価も最大となった.しかし AICAR では,ホルミル基を受け入れる窒素は自由原子価こそ最大であったが,その電子密度は他の窒素に比べて小さかった.すなわち水素が付いた窒素のホルミル化されやすさを調べる上で,自由原子価は電子密度よりも良好な指標と考えられる.

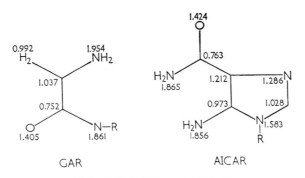

図 4　GAR と AICAR の電子密度

同じ電子的因子(窒素の電子密度と自由原子価)の主な役割は化学的なホルミル化反応においても区別される.特に引用する価値があるのは次の二つの研究である.

1. 希ギ酸による 5-アミノピリミジン類(XXVI)のホルミル化に関する Comte の研究[38].得ら

474　第 14 章　葉酸補酵素類

れた結果によれば，分子骨格上に存在する他のアミノ基とは無関係にこれらの分子は常に
5-アミノ基でホルミル化された。

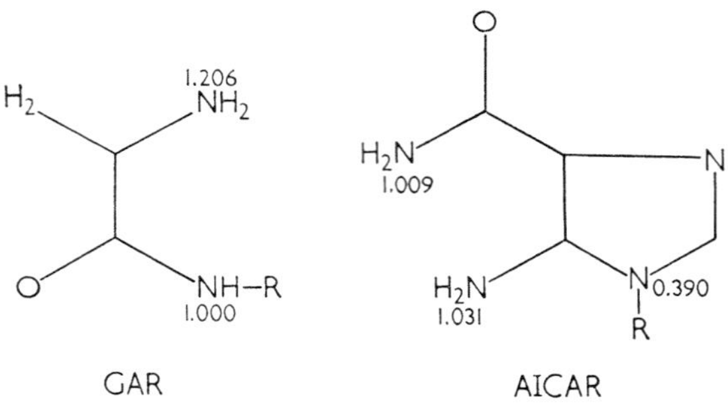

GAR

AICAR

図 5　GAR と AICAR の自由原子価

2.　一連の 5,6,7,8-テトラヒドロプテリジン類（XXVII）に関する Lister らの同様の研究[39]。その
　　結果によれば，2 位と 4 位の炭素に固定された置換基の性質とは無関係にホルミル化は常に
　　N_5 位で起こった。

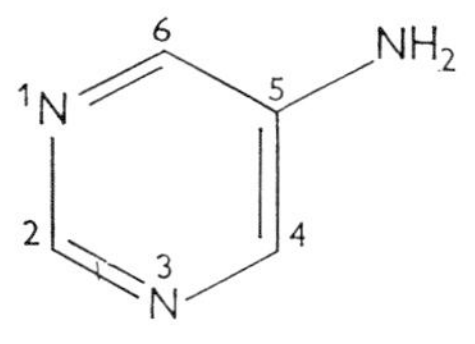

XXVI. 5-アミノピリミジン

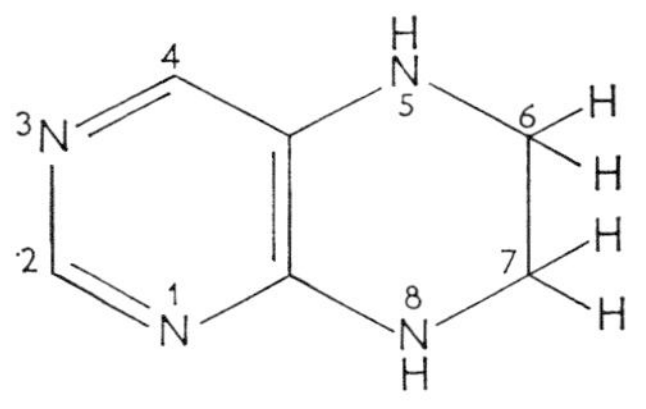

XXVII. 5,6,7,8-テトラヒドロプテリジン

ただし例外が一つある。それは 2-アミノ-4,6-ジメチル-5,6,7,8-テトラヒドロプテリジン（X
XVIII）である。この分子は N_5 位と 2-アミノ基の両方でホルミル化され，2-ホルムアミド
-4,6-ジメチル-5-ホルミル-5,6,7,8-テトラヒドロプテリジンを生成した。
　　この結果は N_5 位が最初にホルミル化され，続いて 2-アミノ基がホルミル化されることを
示唆した。

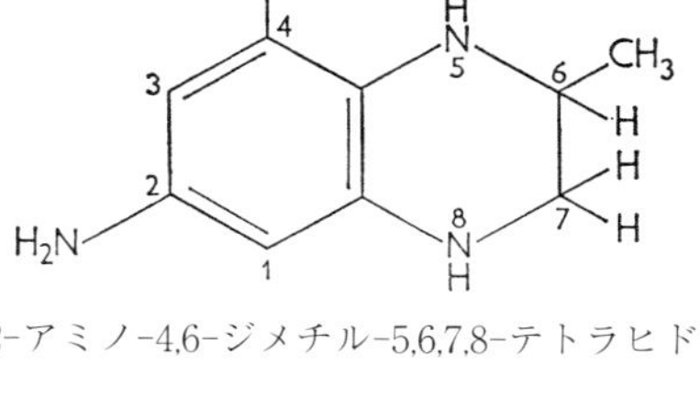

XXVIII. 2-アミノ-4,6-ジメチル-5,6,7,8-テトラヒドロプテリジン

図6は2,4,5,6-テトラアミノピリミジンのアミノ窒素における電子密度と自由原子価の分布を示したものである。

計算によれば，電子密度と自由原子価が最大となったのは5-アミノ基の窒素であった。これらの計算はComteの知見を直接立証することになった。さらに電子的観点からは，2,4,5,6-テトラアミノピリミジンは2,4-ジアミノ-5,6,7,8-テトラヒドロプテリジンと同等であった。これらの結果はListerらの一般的知見も同時に説明した。

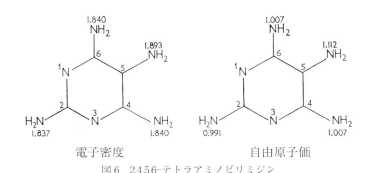

図6　2,4,5,6-テトラアミノピリミジン

図7はListerらが観察した例外に対する結果である。図7によれば，ⅩⅩⅧのN_5-ホルミル化誘導体では第二のホルミル化はほとんどの場合，（N_8に比べて電子密度と自由原子価が大きい）2-アミノ基のN原子で起こった。

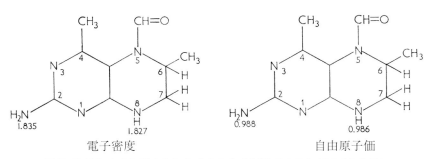

図7　2-アミノ-4,6-ジメチル-5-ホルミル-5,6,7,8-テトラヒドロプテリジン

第5章で詳しく論じたように，HCHOに対する核酸のプリン塩基とピリミジン塩基の反応性もまた同一の電子的因子（アミノ窒素の電子密度と自由原子価）に支配されることに注意されたい。

活性化剤（K^+やATP）を必要とする酵素反応では，1炭素単位を受け入れる原子はFH_4のN_{10}である。しかしそのことに対する適切な電子的説明はまだなされていない。解釈への手掛かりはこれらの反応と酸性pHでの化学的移動反応との類似性に見出される。この最後のタイプの反応ではN_5はプロトン化され，かつ1炭素単位はFH_4のモノカチオンのN_{10}によって受け取ら

れる。N_5 の優先的なプロトン化はその原子の高い塩基性度によるもので[27]，その大きな電子密度や自由原子価とおそらく関係がある。さらに FH_4 のモノカチオンにおける電子密度の分布によれば，感受性の高い窒素における最大の電子密度はグルタミン酸断片の N 原子と関連を示したのに対し，最大の自由原子価は N_{10} と関連があった（実験的には FH_4 の第二の塩基性 pK_a は N_{10} のそれであった[27]）。FH_4 のモノカチオンの N_{10} 位への 1 炭素単位の固定もまた，窒素における自由原子価の本質的役割が反応経路の決定にあることを示している。さらに FH_4 は中性溶液よりも酸性溶液中ではるかに安定であった。このことはカチオンの共鳴エネルギーが中性分子のそれに比べて約 0.25β だけ大きいという事実とも合致した。

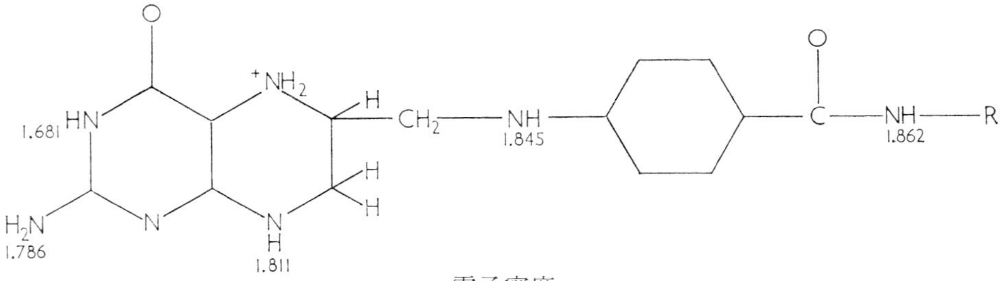

電子密度

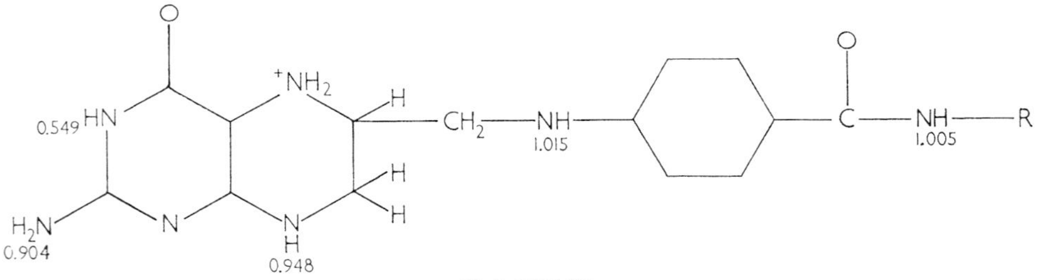

自由原子価

図8　FH_4 の N_5-カチオンにおける担水素性窒素の電子密度と自由原子価

14.5.3　1 炭素単位の供与体としての FH_4

すでに述べたように，f 基の供与に関わる f-FH_4 の活性形は f_{10}-FH_4 と $f_{5\text{-}10}$-FH_4 の二つである。一方，h 基の供与に関わる活性形は $f_{5\text{-}10}$-FH_4 のみである。

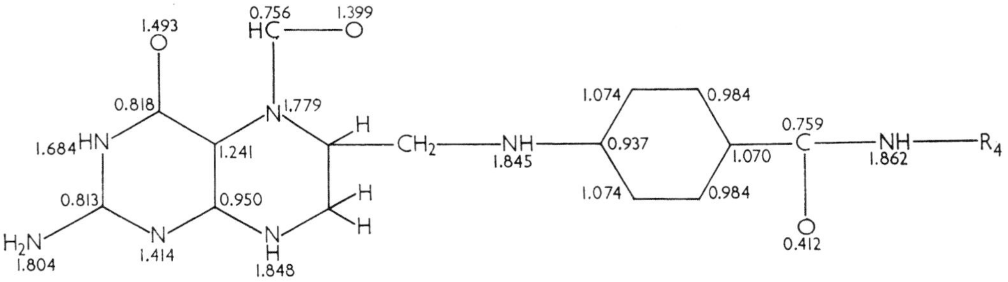

f_5-FH_4

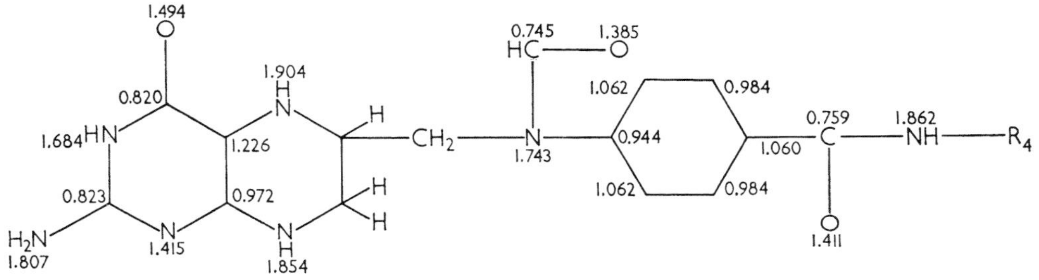

f_{10}-FH_4

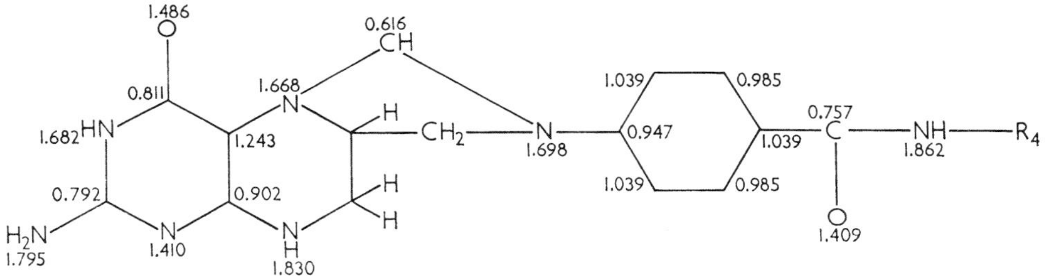

$f_{5\text{-}10}$-FH_4

図 9　f_5-FH_4，f_{10}-FH_4 および $f_{5\text{-}10}$-FH_4 における電子密度の分布

図 9 は f_5-FH_4，f_{10}-FH_4 および $f_{5\text{-}10}$-FH_4 における電子密度の分布を示したものである。本節で考察した問題とも関連するが，これらの分布の検討は次の結論をもたらした。すなわち*1 炭素単位を引き渡す補酵素の能力は開裂する N－C 結合の二正値性と関係がある。この二正値性は不活性形に比べて活性形の補酵素の方が大きい*。

「二正値性」という術語は高エネルギーリン酸の構造に関する議論ですでに遭遇している（第 7 章参照）。ホルミル基が結合した FH_4 の窒素原子とホルミル基の炭素原子はいずれも電子が不足した状態にある。形式正電荷（形式電荷）の値は 2 から窒素原子の電子密度を差し引くか，1 から炭素原子の電子密度を差し引くことによって得られる。結合の二正値性は結合を構成する両原子における形式正電荷の存在と関係がある。$f_{5\text{-}10}$-FH_4 ではこのような形式電荷は 1 炭素単位の

まわりに二つ存在する。表1はさまざまなホルミル化補酵素により開裂した結合の二正値性を評価した結果である。

表1　f_5-FH_4, f_{10}-FH_4 および $f_{5\text{-}10}$-FH_4 における結合の二正値性

化合物	ホルミル基が結合した窒素原子の形式正電荷	ホルミル基の炭素原子の形式正電荷	N-C 結合の二正値性
f_5-FH_4	+0.221	+0.244	+0.465
f_{10}-FH_4	+0.257	+0.255	+0.512
$f_{5\text{-}10}$-FH_4	$\begin{cases} N_5 = +0.332 \\ N_{10} = +0.302 \end{cases}$	+0.384	$\begin{cases} +0.716 \\ +0.686 \end{cases}$

　すでに述べたように，この二正値性は不活性形よりも活性形の方が明らかに大きい。またこの二正値性の値はある程度，1炭素単位を引き渡すさまざまな補酵素の相対能力と関係がある。たとえば二正値性が大きければ問題の結合における電子反発も大きい。また電子不足は結合を弱体化する。この結論は高エネルギーリン酸の電子構造研究で得られた結果や（第7章），酵素加水分解された主な生化学的結合の電子構造研究（第17章）によって立証された。いずれの場合も開裂した結合の二正値性はそれらの構造がもつ重要な特徴であった。すなわち不活性な f_5-FH_4 から活性な f_{10}-FH_4 や $f_{5\text{-}10}$-FH_4 への異性化は，さらに経済的に機能する f 供与体をもたらすと考えられた。このような観点は引用された化合物の（非酵素的）加水分解の相対自由エネルギーによって確認された。すでに見たようにそれらは次の順序に従った。

$$f_{5\text{-}10}\text{-}FH_4 > f_{10}\text{-}FH_4 \gg f_5\text{-}FH_4$$

この結果は同時に，$f_{5\text{-}10}$-FH_4 や f_{10}-FH_4 の1炭素単位が f_5-FH_4 のそれに比べて不安定であることや加水分解における結合の電子不足度の重要性を明らかにした。この分野でのもう一つの目立った観察は，酵素シクロヒドロラーゼによって $f_{5\text{-}10}$-FH_4 が選択的に f_{10}-FH_4 へと開裂することであった。加水分解された結合は電子が最も不足したヵ所であった。この結果は第17章で議論したように酵素的加水分解の一般的理論とよく合致した。

14.5　1炭素単位の担体としての葉酸補酵素類：電子的側面　　479

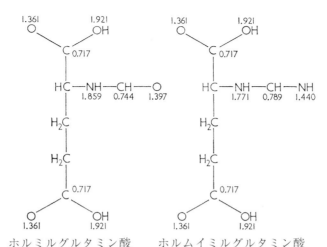

ホルミルグルタミン酸　　　ホルムイミルグルタミン酸
図10　ホルミルグルタミン酸とホルムイミノグルタミン酸の電子密度

　この分野では，他の重要な生化学的物質の1炭素単位供与性もまた同じ因子に支配されるか否かを調べる必要があった。たとえばホルムイミノグルタミン酸（FIGLU）は活性補酵素の合成における重要なホルミル化剤であるが，同一条件でのホルミルグルタミン酸は1炭素単位を容易には引き渡さなかった。図10はこれらの物質における電子密度の分布を示しており，また表2は結合の二正値性を評価したものである。

表2　ホルミルグルタミン酸とホルムイミノグルタミン酸における結合の二正値性

化合物	ホルミル基が結合した窒素原子の形式正電荷	ホルミル基の炭素原子の形式正電荷	N-C 結合の二正値性
ホルミルグルタミン酸	+0.141	+0.256	0.397
ホルムイミノグルタミン酸	+0.229	+0.211	0.440

　1炭素単位を維持する結合は不活性なホルミルグルタミン酸よりも活性なホルムイミノグルタミン酸において高い二正値性を示した。

　これらの二つの基質はいずれも f_5-FH_4 と平衡にあることに注意されたい。このことはf単位を受け入れる非共役グルタミン酸の窒素原子が完全な孤立電子対をもつという観察からも理解できよう。すなわちこの窒素に1炭素単位を固定するのに必要な活性化エネルギーは，孤立電子対が一部非局在化したN原子への固定に必要なエネルギーよりもおそらく小さい。

　同じタイプの推論は明らかにh基の移動にも適用される。言及すべき唯一の違いは，f基が f_{10}-FH_4 や f_{5-10}-FH_4 によって受容体の窒素原子へ移動するのに対し，h基は h_{5-10}-FH_4 によって受容性基質の炭素原子へ移動することである。またウラシルとシトシンのリボチド類は C_5 位でヒドロキシメチル化されるのに対し，グリシンとピリドキサールリン酸との間で形成された遷移的なシッフ塩基は C_a 位でヒドロキシメチル化された。（ピリミジン塩基は第5章，シッフ塩基は第

15章に示されるように）これらの化合物における電子密度と自由原子価の分布によれば，ヒドロキシメチル基の固定は形式電荷が最大で，かつ自由原子価も最大となる炭素原子で常に引き起こされた。すなわちh基の移動を決定する因子はf基の移動を支配する因子と全く同じであった[39a]。

14.6　1炭素単位の酸化還元反応に対する基質としての葉酸補酵素類

ヒドロキシメチルテトラヒドロ葉酸デヒドロゲナーゼは h-FH$_4$ から f-FH$_4$ への可逆的変換を触媒する。この酵素は酸化還元反応の補酵素として TPN$^+$/TPNH 系を利用する。反応は次式で与えられる[40]。

$$\text{h-FH}_4 + \text{TPN}^+ \rightleftharpoons \text{f-FH}_4 + \text{TPNH}$$

酵素シクロヒドロラーゼが存在しない場合，この反応における f-FH$_4$ と h-FH$_4$ の活性形は環状形の f$_{5-10}$-FH$_4$ と h$_{5-10}$-FH$_4$ である。

ピリジンヌクレオチド類を補酵素とする酸化還元反応の大多数はヒドリドイオン H$^-$ の移動を伴う（第13章参照）。Huennekens らはこの反応に対して次の経路を提案した[41]。

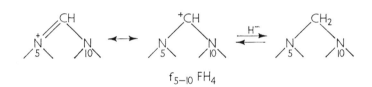

水素化ホウ素ナトリウムを介した f$_{5-10}$-FH$_4$ から h$_{5-10}$-FH$_4$ への化学的還元はこのような機構を支持した[42]。Osborn-Huennekens はヒドロキシメチルテトラヒドロ葉酸デヒドロゲナーゼによって触媒される反応とジヒドロ葉酸レダクターゼによって触媒される反応との間に相乗作用が働くことを立証した（ただしジヒドロ葉酸は 7,8-FH$_2$ で与えられる）[43]。すなわちこれらの二つの酵素は同じ補因子を利用し，よく似た反応を触媒すると考えられる。
変換（**f-FH$_4$ ⇌ h-FH$_4$**）はホルミル化剤とヒドロキシメチル化剤の代謝的等価性を立証する興味深い *in vivo* 事例である。プリン類の *de novo* 合成ではこの等価性は次の反応式で表される[44]。

$$\text{AICAR} + セリン + \text{TPN}^+ \rightleftharpoons \text{IMP} + グリシン + \text{TPNH} + \text{H}^+ + \text{H}_2\text{O}$$

ただしこの反応ではセリンはホルミル化剤として作用する。

理論的観点からは変換（**f$_{5-10}$-FH$_4$ ⇌ h$_{5-10}$-FH$_4$**）は次のように解釈される。

1. 図9は f$_{5-10}$-FH$_4$ における π 電子密度分布を与える。一方，図11は同一化合物における炭素原子の自由原子価を表す。還元が起こるホルミル原子は形式電荷（+0.384e）と自由原子

価が最大となる。すなわちこの原子はH⁻イオンを固定する際に反応中心となる。

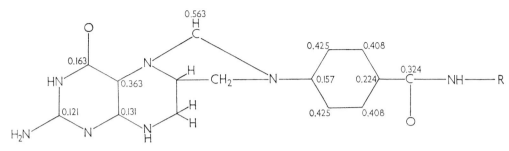

図 11　f$_{5-10}$-FH$_4$ における炭素原子の自由原子価

2. f$_{5-10}$-FH$_4$ の最低空軌道のエネルギー係数は -0.65 であった。この値は並の電子受容的性質に表すに過ぎない。一方，f$_{5-10}$-FH$_4$ の最高被占軌道のエネルギー係数は -0.05 である。この値はきわめて強い電子供与能力を表す。

3. f$_{5-10}$-FH$_4$ の共鳴エネルギーは h$_{5-10}$-FH$_4$ のそれに比べて $0.56\,\beta$ だけ大きかった。

14.7　葉酸とその補酵素類の酸化還元的変換

14.7.1　1炭素単位の還元に対する補酵素としてのFH$_4$

FH$_4$ のこの機能に関する事例で，最も重要かつよく知られているのはチミジル酸の合成である[45-47]。その合成過程においてウラシルのリボチド（またはリボシド）の5位へヒドロキシメチル基を導入したあとでは，FH$_4$ はメチル基へのこの基の還元を引き起こす。この反応はジヒドロ葉酸（FH$_2$ と略記）への FH$_4$ の酸化と共役している。ただしこの場合の FH$_2$ は C$_7$–N$_8$-FH$_2$（7,8-FH$_2$ と略記）（XXIX）のことである。FH$_4$ はレダクターゼ類の作用によって再生されるが，その際補酵素として TPNH または DPNH が利用される[45,46]。

XXIX. C$_7$–N$_8$FH$_2$　　　　XXX. N$_5$–C$_6$FH$_2$

反応の機構はまだ完全には解明されていない。しかし Humphreys-Greenberg によれば，その反応は次式で表されるという[45]。

第 14 章　葉酸補酵素類

$FH_4 +$ (5-ヒドロキシメチルウラシル構造) $\underset{\text{TPNH/TPN}^+}{\rightleftharpoons}$ (5-メチルウラシル構造) $+ 7,8\text{-}FH_2$

FH_4 と同じ機能を必要とするもう一つの反応はフェニルアラニンからチロシンへの酵素的変換である[48]。ヒドロキシ化により FH_4 は中間体へと酸化される。この中間体は（電子供与体として機能する）$N_5\text{-}C_6\text{-}FH_2$（5,6-$FH_2$）（Ｘ Ｘ Ｘ）であった[49]。中間体は TPNH によって FH_4 へ還元されるか，あるいは TPNH が存在しなければさらに安定な異性体である 7,8-FH_2 へすみやかに変換される。一連の反応は次式で表される。

$$FH_4 + \text{フェニルアラニン} + O_2 \xrightarrow{\text{酵素}} 5{,}6\text{-}FH_2 + \text{チロシン} + H_2O$$

$$5{,}6\text{-}FH_2 + TPNH + H^+ \xrightarrow{\text{酵素}} FH_4 + TPN^+$$

$$5{,}6\text{-}FH_2 \longrightarrow 7{,}8\text{-}FH_2$$

　この反応において，2-アミノ-4-ヒドロキシ-6-メチル-テトラヒドロプテリジンは FH_4 と同様活性であったが，異性化した 2-ヒドロキシ-4-アミノ-6-メチル-テトラヒドロプテリジンは不活性であった[50]。すなわちこの反応では，FH_4 のパラアミノベンゾイルグルタミン酸部分は FH_4 の機能に不可欠な補因子要素ではなかった。重要なのはプテリジン環におけるアミノ基とヒドロキシ基の適切な配置であった。

14.7.2　F → FH_4 への変換

　1 炭素単位還元の補酵素としての FH_4 は，F から FH_4（あるいは FH_4 から F）への酵素的変換の機構およびジヒドロ葉酸類の構造や重要性に対する関心を引き付けた。ジヒドロ葉酸類は F から FH_4 への還元や FH_4 から F への再酸化の際の中間段階に形成される。レダクターゼ類の多くは F → FH_2 や FH_2 → FH_4，F → FH_4 といった変換を触媒する。これらのレダクターゼ類は補酵素の性質に依存して次の二つのグループに分けられる。

（a）　Wright-Anderson によって精製されたものとよく似たレダクターゼ類[51]。ピルビン酸や補酵素 A といった電子供与体が存在すると，この種のレダクターゼ類は F から FH_2 への還元を触媒する。

$$F + \text{ピルビン酸} + CoA \rightarrow FH_2 + AcCoA + CO_2$$

もっとも FH_2 をさらに FH_4 にまで還元することはできない。

（b）　ピリジンヌクレオチド類を補酵素とするレダクターゼ類。このグループには F を FH_2 へ還元するために Peters-Greenberg が利用した酵素も含まれる[52]。pH＝5 では反応は次の経

路に従って進行する。

$$F + TPNH + H^+ \rightarrow FH_2 + TPN^+$$

このグループには FH_2 から FH_4 への可逆的変換を行うために Osborn-Huennekens[53] や Greenberg ら[54] が利用した酵素も含まれる。

$$FH_2 + TPNH + H^+ \rightleftharpoons FH_4 + TPN^+$$

さらに Futterman[55] や Zakrzewski ら[56,57] によって単離されたレダクターゼ類もこのグループに属する。これらの酵素は次式に従って F から FH_4 への全変換も可能である。

$$F + 2TPNH + 2H^+ \rightarrow FH_4 + 2TPN^+$$

ただしこの反応の可逆性はまだ確立されていない。実際には還元は二段階で進行すると思われる。すなわち最適 pH 4.6 で起こる F から FH_2 への変換と最適 pH 5.5 で起こる FH_2 から FH_4 への変換である[57]。Futterman は酵素活性部位のイオン化と pH 値を関連づけ、全体の反応には二種の酵素が関与することを示唆した[55]。すなわち関与する酵素は葉酸レダクターゼとジヒドロ葉酸レダクターゼで、基質はそれぞれ F と FH_2 であった。それに対し、Zakrzewski は一方のレダクターゼの存在のみを認め、二種の最適 pH の存在は F と FH_2 のイオン特性に基づくものと考えた[57]。

XXXI. $N_5-N_8FH_2$

これらの変換で中間体として形成されるジヒドロ葉酸の構造に関しては、Peters-Greenberg は 7,8-FH_2（ⅩⅩⅤ）または N_5-N_8-FH_2（5,8-FH_2）（ⅩⅩⅩⅠ）のいずれかであると考えた。また Osborn-Huennekens は FH_4 の酵素的再酸化で生成するのは 7,8-FH_2 であると推定した。亜ジチオン酸ナトリウムによる F の化学的還元もまた 7,8-FH_2 を生成した。

14.7.3 酸化還元的変換の機構

これらの変換機構では、ピリジンヌクレオチド酵素によって触媒される反応のみを取り上げる。第 13 章で議論した通り、ピリジンヌクレオチド類の酸化還元はヒドリドイオン（H⁻）を必要とする。以前引用した $\mathbf{FH_2 + TPNH + H^+ \rightleftharpoons FH_4 + TPN^+}$ は可逆的反応であった。（FH_2/FH_4）系の酸化還元機構は（TPN^+/TPNH）系のそれと似ている。また F は FH_2 の酵素的還元の競合的阻害剤である。このことは F と FH_2 の還元過程が似ていることを意味する。すなわち

ピリジンヌクレオチド類によって触媒された還元は，（補因子の TPNH や DPNH からもたらされる）ヒドリドイオン（H⁻）や（溶媒からもたらされる）プロトン（H⁺）を必要とする機構を介して引き起こされる。

　これらの環境では，F や FH₂ といった基質の還元性を支配する因子に関する情報は Singer-Kearney[58] や Suelter-Metzler[59] の研究に見出される。彼らは DPNH 類似体によるフラビン類の化学的還元との比較から，還元速度が化合物の基本的性質に依存することを見出した。たとえば還元速度はカチオン形フラビンの割合と共に増加した。これらの結果は以前引用された Zakrzewski のそれらと比較された。Zakrzewski によると，F から FH₄ への酵素的還元は二つの最適 pH をもち，それらの存在は F と FH₂ の pK$_a$ 値と関連があった。すなわち酵素的還元の機構は基質のプロトン化とそれに続くカチオンへのヒドリドイオン（H⁻）の結合とから成り立つと考えられる。この機構は DPN⁺ の還元とよく似ていた。

　理論的観点からは，これらの還元機構との関連で考慮すべき問題は F と 7,8-FH₂（変換 F → FH₄ における主要中間体）の基本的性質，特にこれらの化合物における塩基性の最も高い窒素位置の決定であった。この理論的決定は（すでに何度も議論された）Nakajima - Pullman の手順に従って行われた[60]。それによれば，窒素原子の塩基性度は次式で与えられる。

$$\mathrm{pK}_a = B + \sum_{p \neq l} \mathrm{Q}_p (ll/pp)$$

ここで B は関連化合物に特徴的な定数である。また Q_p は原子 p の形式電荷，(ll/pp) は窒素の孤立電子対と原子 p の π 電子とのクーロン積分である。求和は環内のすべての原子 p に対して行われる。葉酸の窒素原子に対して $\sum_{p \neq l} \mathrm{Q}_p (ll/pp)$ を計算すると，N_8 は − 1.7，N_1 は − 1.36 および N_5 は − 1.22 なる結果が得られた。すなわち葉酸内では塩基性の最も高い窒素は N_8 であり，この予測は実験からも立証された[61]。7,8-FH₂ に対しても同様の計算を行うと，N_5 は − 2.33，N_1 は − 0.65 なる値が得られた。したがって F から 7,8-FH₂ への酵素的変換や 7,8-FH₂ から FH₄ への酵素的変換では，還元に関与するのは塩基性の最も高い窒素であった。

　次に考慮すべきは F や 7,8-FH₂ のカチオンへ H⁻ イオンが付加する可能性である。これらのカチオン（F では N_8，7,8-FH₂ では N_5）の化学式から明らかなように，このような付加が最も起こりやすい位置は F のカチオンでは C_7 位，7,8-FH₂ のカチオンでは C_6 位である。これらの炭素の電子的特性の詳細な検討から，H⁻ はこれらの炭素へ容易に結合することが判明した[62]。すなわち F の N_8 カチオンの C_7 位の形式電荷は ＋0.11e で，その自由原子価は 0.52 であった。一方，7,8-FH₂ の N_8 カチオンの C_6 位の形式電荷は ＋0.26e で，その自由原子価は 0.68 であった。このことは H⁻ が F のカチオンよりも 7,8-FH₂ のカチオンへはるかに結合しやすいことを意味する。しかし対応する求核的局在化エネルギーの計算からはこの予測はいまだ立証されていない。実際にはこれらの指標の値は，7,8-FH₂ のカチオンの C_6 では 1.15β，F のカチオンの C_7 では 2.00β であった。この予測は F と 7,8-FH₂ の酵素的還元の最大速度に関する定量的結果とよく一致した。すなわちそれらの値は F と 7,8-FH₂ に対してそれぞれ 2.5 および 67/moles/l/min × 10⁶ であった[56]。

もちろんプロトン化されていない F，FH_4 および各種 FH_2 の電子供与的性質や電子受容的性質もまた他のタイプの過程たとえば電荷移動反応において重要であった。このような状況では最高被占軌道と最低空軌道のエネルギーを知る必要がある。表3は F および FH_4 と二種の FH_2 異性体（5,8-FH_2 と 7,8-FH_2）のプテリジン部分に関するデータをまとめたものである。F の水素化誘導体では電子移動の中心となるのは分子のプテリジン部分であった。この部分は化合物の他の部分から孤立しており，ここで考慮すべき唯一の部分であった。なお化合物の中央を構成するパラアミノベンズアミド部分の電子移動能は無視された（この部分の最高被占軌道と最低空軌道の係数はそれぞれ +0.555 と -1.00 であった）。

表3　分子軌道のエネルギー

化合物	HOMO エネルギー	LUMO エネルギー
F	+0.45	-0.65
FH_4 のプテリジン部分	+0.05	-1.07
5,8-FH_2 のプテリジン部分	-0.24	-0.93
7,8-FH_2 のプテリジン部分	+0.30	-0.75

表3の結果からは以下のことが指摘された。

（a）　条件しだいで，葉酸自体は適度な電子供与体にもなれば電子受容体にもなる。実際にはその適度な電子受容的性質は Fujimori によって証明された。彼はこの化合物が（電子供与体となる）トリプトファンと電荷移動錯体を形成することを示した[63]。もっとも葉酸の能力はたとえばリボフラビンに比べてはるかに小さい。

（b）　FH_4 におけるエネルギー準位の分布は元の F とは大きく異なった。FH_4 は良好な電子供与体であるが，電子受容体としての性質はない。この結論はトリプトファンとの間で電荷移動錯体が形成されないという事実によって確認された[63]。第14.6節の最後の所見との関連で，2-ヒドロキシ-7-アミノ-6-メチルテトラヒドロプテリジンの最高被占軌道のエネルギーを調べたところ +0.12 であった。

（c）　考慮された二種のジヒドロ葉酸はいずれも電子供与体であった。しかも 5,8-FH_2 の電子供与的性質は特に顕著であった。実際にはこの分子は還元形のリボフラビン補酵素（第8章）と同様に異常な性質を示した。すなわちこの分子は最高被占軌道が反結合性であった。このような性質は異常に低いイオン化ポテンシャルやきわめて高い電子供与能と結びついていた。

これらの結果から見て，FH_4 への還元が進まない条件下ではこの 5,8-FH_2 の形成は F の還元過程で起こると仮定された。この化合物の異常に強い電子供与的性質はこのような還元の継続を妨げ，可逆的な脱水素を引き起こすと考えられる。

相関的には 7,8-FH_2 は FH_4 を最終生成物とする還元における妥当な中間体と思われる。5,6-FH_2 の形成と関連し，FH_2 の三種の異性体の共鳴エネルギーは次の通りであった。すなわちそれらの値は 5,6-FH_2 では 3.04β，7,8-FH_2 では 3.20β および 5,8-FH_2 では 3.53β であった。5,6-FH_2 は三

486　第14章　葉酸補酵素類

種の異性体の中で最も不安定であった。したがって 7,8-FH$_2$ への変換は起こり得ると考えられる。

14.8　葉酸代謝拮抗物質

前節で議論したように，葉酸代謝拮抗物質の作用は酵素的還元に干渉することにより発現する。この様式で FH$_4$ 合成を遮断すれば，これらの代謝拮抗物質は FH$_4$ を補酵素とするすべての反応を抑制する。代謝拮抗物質に対する主な関心の一つはがん化学療法での利用である。というのは，代謝拮抗物質は白血病細胞に対して優先的活性を示すからである[64]。

14.8.1　抗葉酸剤のタイプ

葉酸代謝拮抗物質は次の二つのタイプに分けられる。

1. パラメチルアミノ安息香酸環への置換を経て，F から誘導される化合物[65]。このグループに属する化合物のうち最も重要なものは9-メチル葉酸（9-CH$_3$-F）（X X X II）と10-メチル葉酸（10-CH$_3$-F）（X X X III）である。

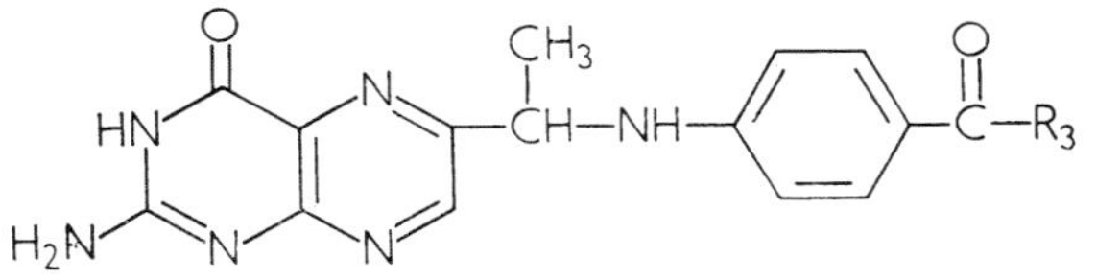

XXXII. 9-メチル葉酸(9-CH$_3$-F)

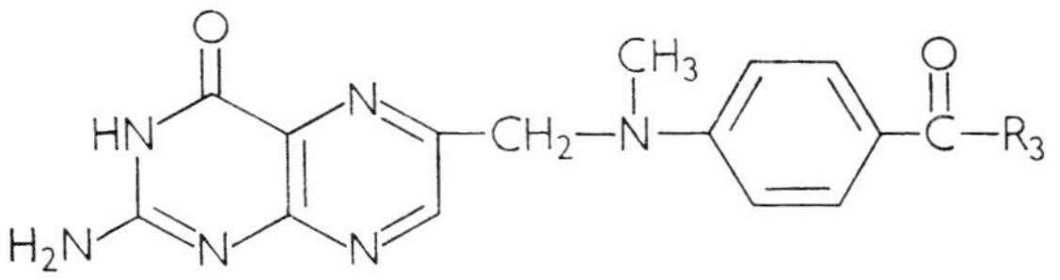

XXXIII. 10-メチル葉酸(10-CH$_3$-F)

前節で論じた両タイプのレダクターゼ類に対するこれらの代謝拮抗物質の親和性は F や FH$_4$ のそれらに匹敵する大きさであった。すなわちそれらはこれらのレダクターゼ類によって還元され，その作用は F によって競合的に逆転された[56,66]。要するにこれらの代謝拮抗物質は F や FH$_4$ と同様にレダクターゼ類の基質であった。またその代謝拮抗的性質は還元形が FH$_4$ の酵素活性と置き換われないことによるものであった。

この状況の説明は比較的簡単である。すなわち葉酸骨格の9または10位に結合したメチル基はプテリジン環の還元されやすさにあまり影響を与えない。しかしそれらは補酵素の N$_5$ から N$_{10}$ への1炭素単位の移動や N$_{10}$ の直接的反応性を抑制または阻害した。すなわちこのような単位の移動を伴う機能の一つが補酵素によって妨げられるのである。

2. Fやその9-または10-置換同族体から誘導され，かつプテリジン環の4位ヒドロキシ基が
アミノ基で置き換わった化合物[67]。このグループに属する代表的化合物は抗白血病薬として
使われるアミノプテリン（ⅩⅩⅩⅣ）とアメトプテリン（メトトレキセート）（ⅩⅩⅩⅤ）であ
る。

　これらの代謝拮抗物質が備える重要な特徴の一つは，プテリジンヌクレオチドレダクター
ゼ類に対するきわめて高い親和性である（9-CH_3-Fや10-CH_3-Fに対するミカエリス定数
は10^{-6}ではなく10^{-9}Mのオーダーである）[68]。阻害の程度は酵素の濃度に比例した。またそ
れらはレダクターゼ類によって還元されなかった[52]。さらにそれらの阻害活性はFではなく
f_5-FH_4によってのみ競合的に逆転された[69]。Winzlerらによれば，f_5-FH_4による阻害の逆転
は補酵素としてFH_4を必要とする酵素反応の特徴であり，決して（Collierが示唆したよう
に）拮抗薬とf_5-FH_4との間の競合的相互作用によるものではなかった[70]。要するにアミノ
プテリンやアメトプテリンの拮抗作用はピリジンヌクレオチド結合性レダクターゼ類に対す
る高い親和性によるものである。すなわちこれらの化合物は還元されることなく不可逆的に
レダクターゼ類と結合した。ただしアミノプテリンは他のタイプのレダクターゼ類に対して
はFと同様に振る舞うことに注意されたい[71]。

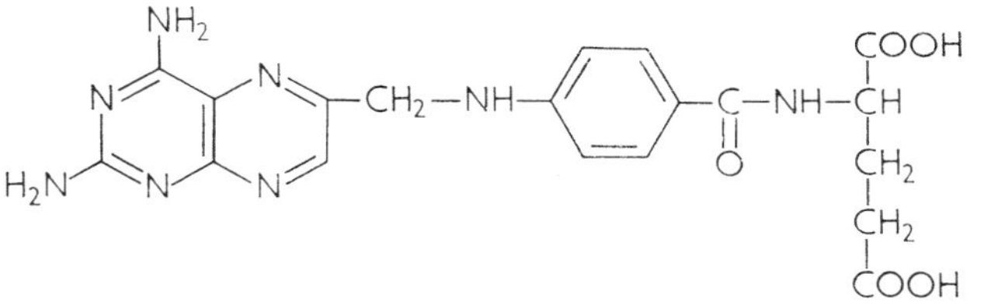

ⅩⅩⅩⅣ. アミノプテリン

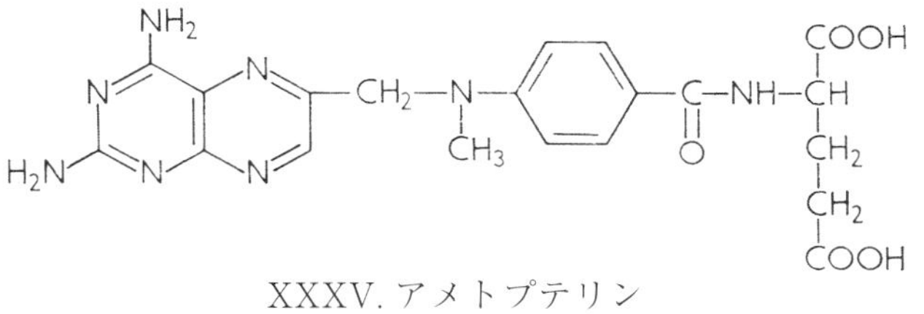

ⅩⅩⅩⅤ. アメトプテリン

　第二の拮抗薬グループには5,6,7,8-テトラヒドロアミノプテリン（ⅩⅩⅩⅥ）[72]，2,4-ジアミノプ
テリジン類[73,74]，2,4-ジアミノピリミジン類[74,75]，（アミノプテリンに比べて活性が弱いが，同様
な作用様式をもつ）2,6-ジアミノ-8-アザプリン類[74]および4,6-ジアミノ-1,2-ジヒドロトリアジ
ン類[76]といった化合物も含まれる（ただし最後の化合物グループはそれ以外の阻害薬とは作用
様式が異なる。たとえば糞便レンサ球菌（*Streptococcus faecalis*）の細胞ではジヒドロトリアジ
ン類はf_5-FH_4による抑制を逆転した。しかしその作用は競合的ではなかった）。

488　第14章　葉酸補酵素類

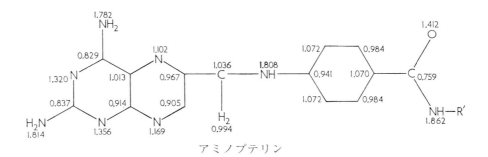

XXXVI. 5,6,7,8-テトラヒドロアミノプテリン

14.8.2　抗葉酸剤の電子構造と作用様式

　主な葉酸代謝拮抗物質に対する分子軌道計算に基づき，それらの電子的構造と拮抗作用との相関が検討された[77]。図12は電子密度分布に関する結果である。

アミノプテリン

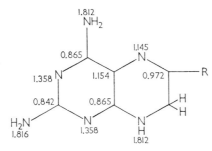

7,8-ジヒドロアミノプテリン

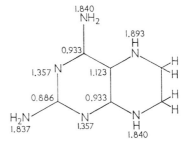

5,6,7,8-テトラヒドロアミノプテリン

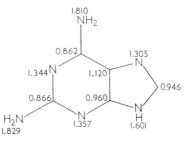

2,4-ジアミノプテリジン　　　　2,6-ジアミノプリン

図12-1　葉酸の代謝拮抗物質における電子密度の分布

14.8 葉酸代謝拮抗物質　489

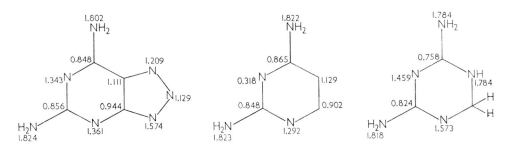

　　2,6-ジアミノ-8-アザプリン　　2,4-ジアミノピリミジン　4,6-ジアミノ-1,2-ジヒドロトリアジン
図 12-2　葉酸の代謝拮抗物質における電子密度の分布

　変換 F → FH_4 の機構に関する前述の議論や代謝拮抗物質の化学的挙動および作用機序との関係などを考慮すると，最初に考察すべき問題の一つはそれらの塩基性度である。表 4 は Nakajima-Pullman の手順に従って行われた計算の結果である。この表には天然の基質である F や 7,8-FH_2 に関するデータも含まれている。

表 4　葉酸の代謝拮抗物質の塩基性度

化合物	塩基性の最も高い窒素	$\sum_{p \neq l} Q_p (ll/pp)$
4-ヒドロキシプテリジン	N_8	-1.14
葉酸	N_8	-1.74
7,8-ジヒドロ葉酸	N_5	-2.33
4-アミノプテリジン	N_1	-1.99
アミノプテリン	N_1	-2.51
7,8-ジヒドロアミノプテリン	N_1	-2.08
5,6,7,8-テトラヒドロアミノプテリン	N_1	-2.59
2,4-ジアミノピリミジン	N_1	-1.90
2,6-ジアミノピリミン	N_3	-2.22
2,6-ジアミノ-8-アザプリン	N_3	-2.07
4,6-ジアミノ-1,2-ジヒドロトリアジン	N_3	-4.09

　重要なのは最も塩基性の高い窒素の位置に関する結果である。すなわち F と 7,8-FH_2 では塩基性の最も高い窒素はそれぞれ N_8 と N_5 と予測された。一方，代謝拮抗物質ではその窒素は（アミノプテリジン類やアミノピリミジン類では）N_1，（アミノプリン類やアミノヒドロトリアジン類では）N_3 であった。また立体的観点からは，プリン類やトリアジン類の N_3 はプテリジン類やピリミジン類では N_1 に対応した。葉酸骨格の N_1 がプロトン化された拮抗薬と N_8 または N_5 でプロトン化された天然基質の F や 7,8-FH_2 とでは計算結果に大きな違いがあった。

　（第 5 章で）すでに論じたように，Nakajima-Pullman 式のパラメータ B が定数と見なせる化合物群では，表 4 のようなデータは（これらの値がまだ知られていない）物質の pK_a を予測す

るのに利用できる。図13はそのことを示している。すなわち (a) 4-ヒドロキシプテリジン（$pK_a = -0.17$）[79]，葉酸（$pK_a = 2.31$）[80]，4-アミノプテリジン（$pK_a = 3.56$）[81] および 2,4-ジアミノプテリジン（$pK_a = 5.32$）（アミノプテリンで代用）の pK_a データを理論値である $\sum_{p \neq l} Q_p(ll/pp)$ に対してプロットすると直線が得られる。(b) この関係を利用して 7,8-FH_2 の pK_a を予測すると 4.6 となった。この値は葉酸のそれよりも大きい。

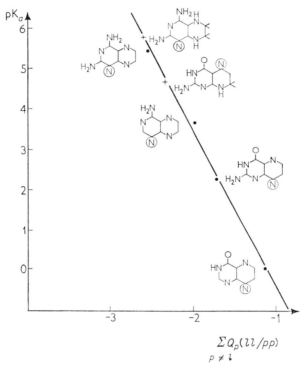

図 13　プテリジン誘導体における塩基性度の計算値と実験値
塩基性の最も高い窒素は円で囲まれている．
● は pK_a が既知の化合物に対応し，+ は pK_a が予測された化合物に対応する．

代謝拮抗物質の塩基性度に関する問題がひとまず解決したので，次に葉酸代謝拮抗物質の作用機序で重要となる電子的因子について議論しよう。中でも特に重要な因子は DPN や TPN と結合したレダクターゼ類に対する拮抗薬の親和性である。この性質に関するヒントはアミノプテリン系拮抗薬が次の構造的要素を共通にもつという Montgomery の観察結果に見出される[82]。

プテリジン環の4位をヒドロキシ化した化合物は実質的にケト形で存在すると考えられる。そのため代謝拮抗物質や葉酸およびその水素化誘導体に共通して存在するのはC_2へ結合したアミノ基（2-アミノ基）とN_1窒素のみである。このような状況下では，これらの二つの要素はアポ酵素への結合に重要な役割を演じ，かつそれらの電子的特性は酵素への基質の親和性を決定していると考えられる。

最初にアポ酵素との複合体形成に関与すると思われる置換基NH_2について考えてみよう。すでに多くの事例で見たように，この置換基で考慮すべき重要な電子的特性は窒素原子の形式電荷と自由原子価の大きさである。表5は天然の葉酸誘導体と主な代謝拮抗物質における対応データをまとめたものである。

表5　2-アミノ基の特性

化合物	窒素の形式電荷	窒素の自由原子価
アミノプテリン	+0.187	0.956
7,8-ジヒドロアミノプテリン	+0.184	0.960
5,6,7,8-テトラヒドロアミノプテリン	+0.163	0.991
2,4-ジアミノピリミジン	+0.177	0.967
2,6-ジアミノプリン	+0.171	0.978
2,6-ジアミノ-8-アザプリン	+0.176	0.971
4,6-ジアミノ-1,2-ジヒドロトリアジン	+0.182	0.957
F	+0.209	0.914
7,8-FH_2	+0.214	0.908
FH_4	+0.193	0.941

この表から明らかなように，拮抗薬の2-アミノ基の窒素は葉酸やその水素化誘導体の対応窒素と比べて形式電荷が小さく，かつ自由原子価が大きい。この結果は，拮抗薬では天然基質に比べてこの窒素原子の孤立電子対が非局在化されていないことを示すものと考えられる。

さてアミノ窒素の化学反応性の一部はその孤立電子対の非局在化率によって定まる。たとえば求電子試薬やラジカル試薬に対する反応性が大きければ，この非局在化率は小さくなる（また1炭素単位の受容に対するFH_4のN_5位の優先的反応性はその原子の孤立電子対の小さな非局在化率と関係がある）。さらに（アポ酵素の酸性中心との静電的相互作用に基づいた）代謝拮抗物質とアポ酵素との結合では2-アミノ基が重要な役割を演じる。この役割は天然基質に比べて拮抗薬の方が大きいと仮定される[83]。

この結論との関連で，葉酸の三種の誘導体のうち阻害作用を競合的に逆転させるのはFH_4であった。というのはその2-アミノ基は環と共役しにくいため最も強く酵素と結合するからである。

一方すでに見たように，一般骨格のN_1もまた代謝拮抗物質とアポ酵素との結合に関与する。表4のデータを吟味してみると，（塩基中心としての）拮抗薬のN_1は（プテリジンのピラジン

部分に塩基中心をもつ）天然基質に比べて塩基性度が高い。したがってもしN_1もまた補酵素や代謝拮抗物質とアポ酵素との結合に寄与するならば，その寄与は天然基質よりも代謝拮抗物質の方が大きいと考えられる。

　拮抗薬のいくつか，特にアミノプテリンやアメトプテリンでは酵素的還元に対する抵抗性がさらに問題となる。もし天然基質に対する仮説すなわちこのタイプの分子のDPNまたはTPN触媒型還元は対応するカチオンで起こり，かつヒドリドイオン（H^-）の付加を伴うならば，求核試薬に対するこれらのカチオンの感受性炭素（C_6とC_7）の相対的反応性を比較すれば，問題は大部分解決される。表6はこれらの特性値をまとめたものである（ただしFのカチオンはN_8，7,8-FH_2のカチオンはN_5およびアミノプテリンのカチオンはN_1でそれぞれプロトン化されるとする）。形式電荷と自由原子価の値によれば，H^-の付加はFやアミノプテリンのカチオンではC_7で起こり，7,8-FH_2のカチオンではC_6で起こると考えられる。したがってこの試薬に対するこれら三種のカチオンの相対反応性は次の順序になる。

　　　　　7,8-FH_2＞F＞アミノプテリン

表6　カチオン類における炭素6および7の性質

化合物	C_6		C_7	
	形式電荷	自由原子価	形式電荷	自由原子価
Fのカチオン	+0.061	0.400	+0.113	0.520
アミノプテリンのカチオン	+0.065	0.409	+0.100	0.421
7,8-FH_2のカチオン	+0.263	0.682		

　この結果は対応する求核的局在化エネルギーの値によって立証された。すなわち7,8-FH_2カチオンのC_6では1.15β，FカチオンのC_7では2βおよびアミノプテリンカチオンのC_7では2.18βであった。したがってアミノプテリンへのH^-の結合は天然基質への結合に比べてはるかに困難であった。Fや7,8-FH_2が還元される条件下でのアミノプテリンの非還元性はこのように考えれば理解されよう。さらにすでに見たように，アミノプテリンのN_1はアポ酵素との結合に関与している。もしその通りであれば，そのプロトン化は容易ではなく，ピリジンヌクレオチド依存性酵素による還元への抵抗もまた第二の塩基中心であるN_8の塩基性度の低さによるものと思われる（$\sum_{p \neq l} Q_p(ll/pp) = -1.65$）。

　これらの化合物の還元されやすさを議論する際に最低空軌道や最高被占軌道のエネルギー値を考慮するのも興味深い。表7は対応するデータをまとめたものである。

表7　分子軌道のエネルギー

化合物	HOMOエネルギー	LUMOエネルギー
F	+0.45	-0.65
アミノプテリン	+0.50	-0.51
7,8-FH_2	+0.29	-0.75
Fのカチオン	+0.62	-0.28
アミノプテリンのカチオン	+0.80	-0.42
7,8-FH_2のカチオン	+0.50	-0.25

表によれば，アミノプテリンカチオンの電子受容能はFや7,8-FH_2に比べて小さいと考えられる。したがってアミノプテリンカチオンはHや電子の受容性の観点からも容易に還元されるはずである。しかし，アミノプテリン自体の電子受容能はFや7,8-FH_2に比べて大きい。この予測は実験データによって確認された。すなわちFujimoriによれば，（電子供与体トリプトファンとの電荷移動錯体の形成に対する会合定数から求めた）アミノプテリンとアメトプテリンの電子受容的性質は葉酸のそれに比べて強かった[63]。

　最後にテトラヒドロアミノプテリン（ⅩⅩⅩⅥ）の抗葉酸活性について考察を加えよう。この化合物はFH_4の構造類似体で，DPNまたはTPNに対してアミノプテリンよりも高い親和性を示す[72]。しかしFH_4とは置き換えられないし，グリシンとホルムアルデヒドからのセリンの酵素的合成においても補因子として機能しない[84]。

　また表5に示したデータによれば，この化合物の2-アミノ基は環とほとんど共役しない。ただしここで示した一般理論によれば，この化合物は酵素へは強く結合する。しかしアミノプテリンのこの還元誘導体が1炭素単位の移動に対する補酵素として機能しない理由は不明である。おそらくこの現象は酵素の特異性によるものであろう。また代謝拮抗物質の電子的特性の点から解釈することもできよう。実際には（図2と図12に示した）電子密度分布図によると，テトラヒドロアミノプテリンのN_5の電子密度はFH_4のN_5の値に比べて小さい。このことはこれらの原子の自由原子価についても当てはまる。すなわちそれらの値はそれぞれ1.112と1.148であった。したがって1炭素単位の移動における葉酸補酵素の機能様式の理論に従えば，テトラヒドロアミノプテリンはFH_4と同様に1炭素単位を受け入れられないし移動させることもできない。この理論的結論は実験によっても実証された。たとえばBlakleyによれば，ホルムアルデヒドはテトラヒドロアミノプテリンよりもFH_4と結合しやすかった（すなわちHCHOはFH_4では1.08モル使われるが，テトラヒドロアミノプテリンでは0.78モルしか使われない）[85]。

引用文献

1. Huenneckens, F. M., and Osborn, M. J., *Advances in Enzymol.*, **21**, 369（1959）.

2. Blakley, R. L., *Biochem. J.*, **65**, 342（1957）.

3. Wright, B. E., in *Vitamin Metabolism*, Proc. 4th Intern. Congress of Biochemistry, p. 266, Pergamon Press, London, 1960.

4. Flaks, J. G., Warren, L., and Buchanan, J. M., *J. Biol. Chem.*, **228**, 215（1957）; Flaks, J. G., Erwin, M. J., and Buchanan, J. M., *J. Biol. Chem.*, **229**, 603（1957）; Warren, L., and Buchanan, J. M., *J. Biol. Chem.*, **229**, 613（1957）; Warren, L., Flaks, J. G., and Buchanan, J. M., *J. Biol. Chem.*, **229**, 629（1957）; Warren, L., and Flaks, J. G., *Federation Proc.*, **15**, 379（1956）; Hartman, S. C., and Buchanan, J. M., *J. Biol. Chem.*, **234**, 1812（1959）; Goldthwait, D. A., Peabody, R. A., and Greenberg, G. R., *J. Am. Chem. Soc.*, **76**, 5258（1954）.

5. Rabinowitz, J. C., and Pricer, Jr., W. E., *J. Biol. Chem.*, **222**, 537（1956）; *J. Am. Chem. Soc.*, **78**, 1513, 4176, 5702（1956）; Sagers, R. D., Beck, J. V., Gruber, W., and Gunsalus, I. C., *J. Am. Chem. Soc.*, **78**, 694（1956）.

6. Friedkin, M., *Federation Proc.*, **16**, 183 (1957); Humphreys, G. K., and Greenberg, D. M., *Arch. Biochem. Biophys.*, **78**, 275 (1958); Phear, E. A., and Greenberg, D. M., *J. Am. Chem. Soc.*, **79**, 3737 (1957); Floyd, K. W., and Whitehead, R. W., *Biochem. Biophys. Res. Comm.*, **3**, 220 (1960); McDougall, B. M., and Blakley, R. L., *Biochim. et Biophys. Acta*, **39**, 176 (1960); Blakley, R. L., *Biochim. et Biophys. Acta*, **24**, 224 (1957); Greenberg, D. M., Malkin, L. I., and Nath, R., *Biochem. Biophys. Res. Comm.*, **3**, 603 (1960); McDougall, B. M., and Blakley, R. L., *J. Biol. Chem.*, **236**, 832 (1961).

7. Flaks, J. G., and Cohen, S. S., *J. Biol. Chem.*, **234**, 1501 (1959); *Biochim. et Biophys. Acta*, **25**, 667 (1957).

8. Blakley, R. L., *Biochem. J.*, **65**, 342 (1957); Friedkin, M., *Federation, Proc.*, **16**, 183 (1957); Greenberg, D. M., Malkin, L. I., and Nath, R., *Biochem. Biophys. Res. Comm.*, **3**, 603 (1960); Sanadi, D. R., and Bennett, M. J., *Biochim. et Biophys. Acta*, **39**, 367 (1960); Brown, D. D., Silva, O. L., Gardiner, R. C., and Silverman, M., *J. Biol. Chem.*, **235**, 2058 (1960).

9. Miller, A., and Waelsch, H., *J. Biol. Chem.*, **228**, 365 (1957).

10. Broquist, H. P., and Luhby, A. L., *Federation Proc.*, **16**, 159 (1957); Tabor, H., and Wyngaarden, L., *Federation Proc.*, **18**, 336 (1959); *J. Biol. Chem.*, **234**, 1830 (1959); Miller, A., and Waelsch, H., *Biochim. et Biophys. Acta*, **17**, 278 (1955); Tabor, H., and Rabinowitz, J. C., *J. Am. Chem. Soc.*, **78**, 5705 (1956).

11. Brown, D. D., Silva, O. L., Gardiner, R. C., and Silverman, M., *J. Biol. Chem.*, **235**, 2058 (1960); Nakao, A., and Greenberg, D. M., *J. Am. Chem. Soc.*, **77**, 6715 (1955); *J. Biol. Chem.*, **230**, 603 (1958).

12. Ressler, C., Rachele, J. R., and Du Vigneaud, V., *J. Biol. Chem.*, **197**, 1 (1952); Venkataraman, R., and Greenberg, D. M., *J. Am. Chem. Soc.*, **80**, 2025 (1958); Bremer, J., and Greenberg, D. M., *Biochim. et Biophys. Acta*, **37**, 173 (1960); Artom, C., and Lofland, H. B., *Biochim. Biophys. Res. Comm.*, **3**, 244 (1960); Gibson, K. D., Wilson, J. S., and Udenfriend, S., *J. Biol. Chem.*, **236**, 673 (1961); Dalal, J. R., Nozouha, J. M., and Sreenivasan, A., *Nature*, **190**, 267 (1961).

13. Nakao, A., Greenberg, D. M., *J. Biol. Chem.*, **230**, 603 (1958); Kisliuk, R. L., *J. Biol. Chem.*, **236**, 877 (1961).

14. Osborn, M. J., and Huennekens, F. M., *J. Biol. Chem.*, **233**, 969 (1958).

15. Silverman, M., Keresztesy, J. C., Koval, G. J., and Gardiner, R. C., *J. Biol. Chem.*, **226**, 83 (1957).

16. Wright, B. E., in *Vitamin Metabolism*, Proc. 4th International Congress of Biochemistry, p. 266, Pergamon Press, London, 1960.

17. Blakley, R. L., *Biochem. J.*, **58**, 448 (1954).

18. Blakley, R. L., *Biochem. J.*, **72**, 707 (1959).

19. Kisliuk, R. L., *J. Biol. Chem.*, **227**, 805 (1957).

20. Blakley, R. L., *Biochim. et Biophys. Acta*, **23**, 654 (1957).

21. Rabinowitz, J. C., and Pricer, W. E., *J. Am. Chem. Soc.*, **78**, 5702 (1956).

22. Tabor, H., and Wyngaarden, L., *Federation Proc.*, **18**, 336 (1959); *J. Biol. Chem.*, **234**, 1830 (1959); Tabor, H., and Rabinowitz, J. C., *J. Am. Chem. Soc.*, **78**, 5705 (1956).

23. Miller, A., and Waelsch, H., *J. Biol. Chem.*, **228**, 397 (1957); Tabor, H., and Wyngaarden, L., *J. Biol. Chem.*, **234**, 1830 (1959).

24. Flaks, J. G., Warren, L., and Buchanan, J. M., *J. Biol. Chem.*, **228**, 215 (1957); Flaks, J. G., Erwin, M. J., and Buchanan, J. M., *J. Biol. Chem.*, **228**, 613 (1957).

25. Hartman, S. C., and Buchanan, J. M., *J. Biol. Chem.*, **234**, 1812 (1959).

26. Whiteley, H. R., Osborn, M. T., and Huennekens, F. M. *J. Am. Chem. Soc.*, **80**, 757 (1958).

27. Huennekens, F. M., Whiteley, H. B., and Osborn, M. J., *J. Cellular Comp. Physiol.*, **54**, 109 (1959).

28. Rabinowitz, J. C., and Himes, R. H., *Federation Proc.*, **19**, 963 (1960).

29. Whiteley, H. B., Osborn, M. J., and Huennekens, F. M., *J. Am. Chem. Soc.*, **80**, 757 (1958).

30. Kay, L. D., Osborn, M. J., Hatif, Y., and Huennekens, F. M., *J. Biol. Chem.*, **235**, 195 (1960).

31. Peters, J. M., and Greenberg, D. M., *J. Am. Chem. Soc.*, **80**, 2719 (1958).

32. Osborn, M. J., Talbert, P. T., and Huennekens, F. M., *J. Am. Chem. Soc.*, **82**, 492 (1960).

33. May, M., Bardos, T. J., Berger, F. L., Lansford, M., Ravel, J. M., Sutherland, G. L., and Shive, W., *J. Am. Chem. Soc.*, **73**, 3067 (1951); Pohland, A., Flynn, E. M., Jones, R. G., and Shive, W., *J. Am. Chem. Soc.*, **73**, 3247 (1951); Cosulich, D. B., Roth, B., Smith, J. M., Hultquist, M. E., and Parker, R. P., *J. Am. Chem. Soc.*, **74**, 3252 (1952).

34. Ho, P. P. K., Scrimgeour, K. G., and Huennekens, F. M., *J. Am. Chem. Soc.*, **82**, 5957 (1960).

35. Hartman, S. C., and Buchanan, J. M., *J. Biol. Chem.*, **234**, 1812 (1959).

36. Pérault, A-M., and Pullman, B., *Biochim. et Biophys. Acta*, **44**, 251 (1960).

37. Koshland, D. E., in McElroy, W. D., and Glass, B. (Eds.) *Symposium on the Mechanism of Enzyme Action*, p. 608, Johns Hopkins Press, Baltimore, 1954.

38. Comte, F., U. S. Pat. 2781344 of Feb. 12 (1957), *Chem. Abstr.*, **51**, 13942e (1957).

39. Lister, J. M., Ramage, G. R., and Coates, E., *J. Chem. Soc.*, 4109 (1954).

39*a*. Pérault, A-M., and Pullman, B., *Biochim. et Biophys. Acta*, **66**, 86 (1964): この研究によれば, 葉酸補酵素による1炭素単位の移動を支配する電子的因子は (酵素的トランスアセチル化における) 2炭素単位の移動や酵素的 *O*- または *N*-メチル化におけるメチル基の移動にも関係がある。したがって, 電子的因子は一般に酵素的原子団移動反応の機構において重要であると思われる。

40. Jaenicke, L., *Biochim. et Biophys. Acta*, **17**, 588 (1959); Peters, J. M., and Greenberg, D. M., *J. Biol. Chem.*, **266**, 329 (1957); Osborn, M. J., and Huennekens, F. M., *Biochim. et Biophys. Acta*, **26**, 646 (1957); Osborn, M. J., and Huennekens, F. M., *J. Biol. Chem.*, **233**, 969 (1958); Hatif, Y., Osborn, M. J., Kay, L. D., and Huennekens, F. M., *J. Biol. Chem.*, **127**, 637 (1957); Scrimgeour, K. G., and Huennekens, F. M., *Biochem. Biophys. Res. Comm.*, **2**, 230 (1960).

41. Huennekens, F. M., Whiteley, H. R., and Osborn, M. J., *J. Cellular Comp. Physiol.*, **54**, 109 (1959); Osborn, M. J., and Huennekens, F. M., *Biochim. et Biophys. Acta*, **26**, 646 (1957).

42. Osborn, M.J., Talbert, P. T., and Huennekens, F. M., *J. Am. Chem. Soc.*, **82**, 492 (1960).

43. Osborn, M. J., and Huennekens, F. M., *J. Biol. Chem.*, **232**, 969 (1958).

44. Flaks, J. G., Warren, L., and Buchanan, J. M., *J. Biol. Chem.*, **228**, 215 (1957); **229**, 629 (1957). (IMP= イノシン酸).

45. Humphreys, G. K., and Greenberg, D. M., *Arch. Biochem. Biophys.*, **78**, 275 (1958).

46. Greenberg, D. M., and Humphreys, G. K., *Federation Proc.*, **17**, 234 (1958).

47. Phear, E. A., and Greenberg, D. M., *J. Am. Chem. Soc.*, **79**, 3737 (1958); Floyd, K. W., and Whitehead, R. W., *Biochem. Biophys. Res. Comm.*, **3**, 220 (1960); McDougall, B. M., and Blakley, R. L., *Biochim. et Biophys. Acta*, **39**, 176 (1960); *J. Biol. Chem.*, **236**, 832 (1961); Greenberg, D. M.,

Nath, R., and Humphreys, G. K., *J. Biol. Chm.*, **236**, 2271 (1961).

48. Kaufman, S., *Biochim. et Biophys. Acta*, **27**, 428 (1958); *J. Biol. Chem.*, **234**, 2677 (1959).

49. Kaufman, S., *J. Biol. Chem.*, **236**, 804 (1961).

50. Kaufman, S., and Levenberg, B., *J. Biol. Chem.*, **234**, 2683 (1959).

51. Wright, B. E., and Anderson, M. L., *Biochim. et Biophys. Acta*, **28**, 370 (1958); Anderson, M. L., and Wright, B. E., *J. Am. Chem. Soc.*, **79**, 2027 (1957).

52. Peters, J. M., and Greenberg, D. M., *Biochim. et Biophys. Acta*, **32**, 273 (1959).

53. Osborn, M. J., and Huennekens, H. M., *J. Biol. Chem.*, **233**, 969 (1959); Huennekens, F. M., and Osborn, M. J., *Advances in Enzymol.*, **21**, 369 (1959); Osborn, M. J., Freeman, M., and Huennekens, F. M., *Proc. Soc. Exptl. Biol. Med.*, **97**, 429 (1958).

54. Peters, J. M., and Greenberg, D. M., *J. Am. Chem. Soc.*, **80**, 6679 (1958); Greenberg, D. M., and Humphreys, G. K., *Federation Proc.*, **18**, 234 (1958); Humphreys, G. K., and Greenberg, D. M., *Arch. Biochem. Biophys.*, **78**, 275 (1958); Peters, J. M., and Greenberg, D. M., *Nature*, **181**, 1669 (1958).

55. Futterman, S., *J. Biol. Chem.*, **228**, 1031 (1957).

56. Zakrzewski, S. F., and Nichol, C. A., *Biochim. et Biophys. Acta*, **27**, 425 (1958); Zakrzewski, S. F., *J. Biol. Chem.*, **235**, 1776 (1960); *J. Biol. Chem.*, **235**, 1780 (1960).

57. Zakrzewski, S. F., and Nichol, C. A., *J. Biol. Chem.*, **235**, 2984 (1960).

58. Singer, T. P., and Kearney, E. B., *J. Biol. Chem.*, **183**, 409 (1950).

59. Suelter, C. H., and Metzler, D. E., *Biochim. et Biophys. Acta*, **44**, 23 (1960).

60. Nakajima, T., and Pullman, A., *J. chim. phys.*, **55**, 793 (1958).

61. Brown, D. J., and Jacobsen, N. W., *Tetrahedron Letters*, **25**, 17 (1960).

62. Pérault, A-M., and Pullman, B., *Biochim. et Biophys. Acta*, **52**, 266 (1961).

63. Fujimori, E., *Proc. Natl. Acad. Sci. U. S.*, **45**, 133 (1959).

64. 総説：Broquist, H. P., *Ann. Rev. Biochem.*, **27**, 285 (1958); Schrecker, A. W., Mead, J. A. R., Lynch, M. R., and Goldin, A., *Cancer Research*, **20**, 876 (1960); Hiatt, H. H., Rabinowitch, J. C., Toch, R., and Goldstein, M., *Proc. Soc. Exptl. Biol. Med.*, **98**, 144 (1958); Nichol, C. A., and Welch, A. D., in Rhoads, C. P. (Ed.), *Antimetabolites and Cancer*, American Ass. for Advancement of Science, p. 53, Washington (1955); Ellison, R. R., and Hutchison, D. J., in *The Leukemias*, p. 467, Academic Press, New York, 1957.

65. Jukes, T. H., *Federation Proc.*, **12**, 633 (1953); Hultquist, M. E., Smith, J. M., Seeger, D. R., Cosulich, D. B., and Kuh, E., *J. Am. Chem. Soc.*, **71**, 619 (1949); Cosulich, D. B., Seeger, D. R., Fahrenbach, M. J.,Roth, B., Mowat, J. H., Smith, J. M., and Hultquist, M. E., *J. Am. Chem. Soc.*, **73**, 2554 (1951); Cosulich, D. B., Seeger, D. R., Fahrenbach, M. J., Collins, K. H., Roth, B., Hultquist, M. E., and Smith, J. M., *J. Am. Chem. Soc.*, **75**, 4675 (1953); Cosulich, D. B., and Smith, J. M., *J. Am. Chem. Soc.*, **70**, 1922 (1948); De Clercq, M., *Biologie Médicale*, **45**, 1 (1960).

66. Zakrzewski, S. F., *Federation Proc.*, **18**, 357 (1959).

67. Seeger, D. R., Cosulich, D. B., Smith, J. M., and Hultquist, M. E., *J. Am. Chem. Soc.*, **71**, 1753 (1949); Roth, B., Smith, J. M., and Hultquist, M. E., *J. Am. Chem. Soc.*, **72**, 1914 (1950); Wood, R. C., and Hitchings, G. H., *J. Biol. Chem.*, **234**, 2381 (1959).

68. Werkheiser, W. C., *Proc. Am. Ass. Canc. Res.*, **3**, 72 (1959); Huennekens, F. M., and Osborn, M. J., in Umbreit, W., and Molitor, H. (Eds.), *Vitamin Metabolism*, p. 112, Pergamon Press (1960);

Handshumacher, R. E., and Welch, A. D., in Chargaff, E., and Davidson, J. N. (Eds.), *The Nucleic Acids*, Vol. III, p. 453, New York (1960).

69. Blakley, R. L., *Biochem. J.*, **58**, 448 (1954); Welch, A. D., and Nichol, C. A., *Ann. Rev. Biochem.*, **21**, 633 (1952); Winzler, R. J., Williams, A. D., and Best, W. R., *Cancer Research*, **17**, 108 (1957); Jacobson, W., in *The Chemistry and Biology of Pteridines*, A Ciba Foundation Symposium, p. 329, Churchill, London (1954); Bellairs, R., *ibid.*, p. 356.

70. Collier, H. O. J., in *The Chemistry and Biology of Pteridines*, A Ciba Foundation Symposium, p. 272, Churchill, London (1954).

71. Huennekens, F. M. and Osborn, M. J., *Advances in Enzymol.*, **21**, 369 (1959).

72. Kisliuk, K. L., *Nature*, **188**, 584 (1960).

73. McDougall, B. M., and Blakley, R. L., *Biochim. et Biophys. Acta*, **39**, 176 (1960); Collier, H. O. J., Campbell, N. R., and Fitzgerald, M. E. M., *Nature*, **165**, 1004 (1950); Daniel, E. J., Norris, L. C., Scott, M. L., and Henser, G. H., *J. Biol. Chem.*, **169**, 689 (1947); Collier, H. O. J., and Phillips, M., *Nature*, **174**, 180 (1954).

74. Hitchings, G. H., Elion, G., and Singer, S., in *The Chemistry and Biology of Pteridines*, A Ciba Foundation Symposium, p. 290, Churchill, London (1954).

75. Timmis, G. M., *J. Pharm. Pharmacol.*, 3, 81 (1957); Winzler, R. J., Wells, W., Shapira, J., Williams, A. D., Bornstein, I., Burr, M. J., and Best, W. R., *Cancer Research*, **19**, 377 (1959); Woods, R. C., and Hitchings, G. H., *J. Biol. Chem.*, **234**, 2377 (1959); Hitchings, G. H., Falcq, E. A., Vanderwerff, H., Russell, P. B., and Elion, G. B., *J. Biol. Chem.*, **199**, 43 (1952).

76. Foley, G. E., Modest, E. J., Cataldo, J. R., and Riley, H. D., *Biochem. Pharmacol.*, 3, 18 (1959).

77. Pérault, A-M., and Pullman, B., *Biochim. et Biophys. Acta*, **52**, 266 (1961).

78. Brown, D. J., and Jacobsen, N. W., *J. Chem. Soc.*, 1978 (1960).

79. Brown, D. J., and Mason, S. F., *J. Chem. Soc.*, 3443 (1956).

80. Albert, A., Brown, D. J., and Cheeseman, G., *J. Chem. Soc.*, 4219 (1952).

81. Albert, A., Brown, D. J., and Cheeseman, G., *J. Chem. Soc.*, 474 (1951).

82. Montgomery, J. A., *Cancer Research*, **19**, 447 (1959).

83. Baker, B. R., in *Cancer Chemotherapy Reports*, **4**, 1 (1959).

84. Blakley, R. L., *Biochem. J.*, **65**, 342 (1957).

85. Blakley, R. L., *Biochim. et Biophys. Acta*, **23**, 654 (1957).

第15章　ピリドキサールリン酸酵素類

15.1　一般的側面

　ピリドキサール（ビタミンB_6）リン酸（Ⅰ）はアミノ酸，特に（タンパク質の基本的成分としての）α-アミノ酸（Ⅱ）が関与する一連の反応に対する補酵素である。これらの反応を構成するのは（アミン酸類のラジカルRの不安定化によってもたらされる）アミノ基転移[1-6]，ラセミ化[7]，脱炭酸[8-11]，脱離および（アルドール型反応や無水物縮合反応といった）一連の変換である[12]。

　Snell-Metzlerらはこれらの反応のほとんどを非酵素的に再現した[13-23]。その際に使われた主な触媒試薬はピリドキサールまたはピリドキサールリン酸と多価カチオン類であった（ただし非酵素的脱炭酸のみは金属塩類によって抑制された）。これらの条件下では少なくとも補酵素の機能に関する限り，非酵素的反応の機構が酵素過程のそれと並行すると仮定された。この仮定は以後の議論でしばしば利用される。

　実際のところ，モデル反応はピリドキサールリン酸を補酵素とする酵素的作用機構の一般的理論の確立に大いに貢献した。この理論は主に二つの研究グループすなわちBraunsteinら[24]とSnellら[25-27]によって開発された。これらの研究グループの結論は必ずしも常に一致するわけではなかった。しかし彼らの提案は一般にBraunstein-Snell理論と呼ばれて電子的解釈の基礎を形作ることになった。

Ⅰ. ピリドキサールリン酸　　　Ⅱ. α-アミノ酸

Snell-Ikawaもまた触媒過程に不可欠な構造的条件の決定に大きく寄与した。後ほど示される量子力学的計算との関連において，ここでは（ピリドキサールのヘテロ環窒素原子のような）電子陰性原子のオルトまたはパラ位や遊離フェノール基のオルト位にあるホルミル基の重要性を強調したい。また5-ヒドロキシメチル基は非酵素的反応には不要である。しかし補酵素の形成には必要で，それゆえ酵素反応には不可欠である。またリン酸は内部ヘミアセタールの形成を妨げ，

500　第15章　ピリドキサールリン酸酵素類

かつ高レベルの遊離アルデヒドを維持するのに必要である。リン酸は補酵素がアポ酵素と結合する際にも重要な補完的役割を演じる。最後に非酵素的反応に関与する金属イオン類は，ピリドキサール‐リン酸タンパク質のアポ酵素による機能のモデルと見なされる。またその活性化には次のタイプの反応性キレート中間体が関与すると仮定される。

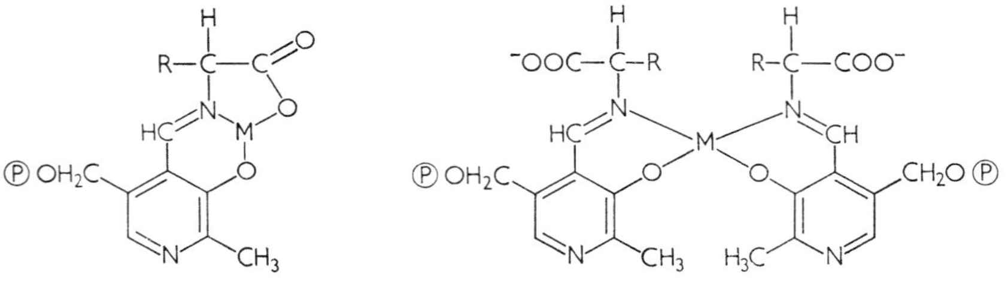

ここで M は金属イオンを表す[26,28]。理論的に考察すればさらに明確になるが，金属キレートの形成は反応に有利な影響を及ぼす。というのはキレート形成は電子密度分布へ電子的影響を直接及ぼし，かつピリドキサールのピリミジン環と外部原子団との共平面性の維持に寄与するからである。この最後の効果は系を安定化させ，かつ補酵素の作用機構に関与する π 電子の変位を助長すると考えられる。しかしピリドキサールリン酸の酵素的反応での金属イオン類の関与に関しては明確な証拠はいまだ存在しない[29]。

15.2　Braunstein–Snell 理論の概要

ビタミン B_6 触媒型反応の機構を電子的に解析するに先立ち，その基礎をなす Braunstein-Snell の提案を要約しておこう。ここでは主に Metzler-Ikawa-Snell の説明に従い，かつ反応式では金属カチオンは無視される。もちろんこれらのカチオン類の活性化効果には留意すべきであるが，それらを除外しても機構の主な側面は変わらない。簡単のため，作用機構に直接関与しないリン酸基もまた無視される。

これらの著者が提案した機構は四つの段階から構成される。

1. 第一段階では，ピリドキサールのホルミル基と α-アミノ酸のアミノ基との間でいわゆるシッフ塩基と呼ばれるイミン（Ⅲ）が形成される。このタイプのシッフ塩基を構成する原子は次のように呼ばれる。

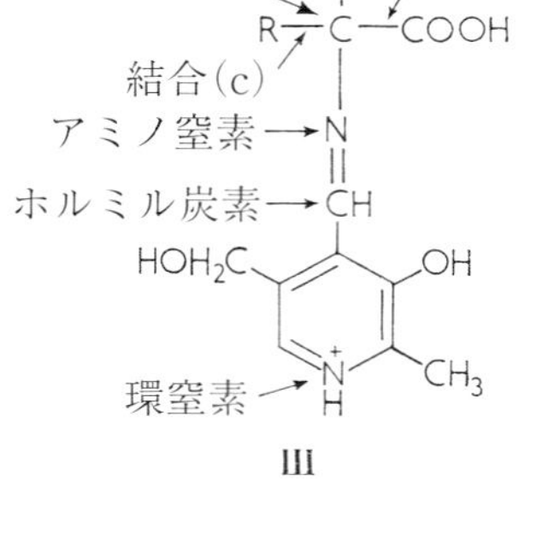

111

(ただし R が R'−CH$_2$−CH$_2$−形で表されるとき，α-炭素に隣接する炭素原子は β-炭素と呼ばれる）。Snell によれば，「このイミンでは，アミノ酸の α-炭素から電気陰性基へ広がる二重結合の共役系は α-炭素周辺の電子密度を低下させ，a，b および c…といった各結合を弱める。すなわちこの電子の変位はピリドキサール金属イオン系やピリドキサールリン酸タンパク質によるアミノ酸の活性化を促し，結合 a，b および c を弱める」[26]。

2. 不安定基（H$^+$，COOH$^+$ または R$^+$）の離脱は初期シッフ塩基を遷移型シッフ塩基へと変化させる（図1参照）。

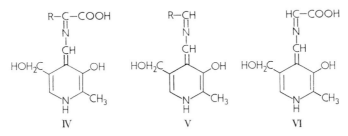

図1　各種のアミノ酸結合の不安定性に由来する遷移型シッフ塩基

3. 機構の次の段階では，著者らは α-炭素上またはホルミル炭素上で「遷移型の過剰電子対（すなわち，環窒素の孤立電子対）の局在化」が起こると考えた。たとえば α-炭素上ではラセミ化反応(VII)，脱カルボキシル化反応(VIII)，R 基の不安定化による反応(IX)といった反応が起こり，ホルミル炭素上ではアミノ基転移反応(X)が起こる。この局在化に続いて対応するプロトン化が引き起こされる（図2）。

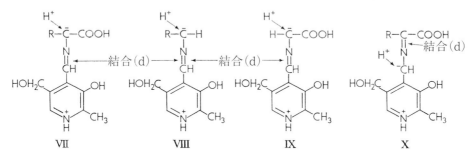

図2　ラセミ化(VII)，脱炭酸(VIII)，アミノ基転移(X)および R の不安定化(IX)の各反応における遷移的シッフ塩基のプロトン化

ただしこのことは（α-水素が不安定で，かつ α-炭素またはホルミル炭素がプロトン化される）遷移型シッフ塩基でのみ起こることに注意されたい。他のタイプの反応ではこのことは α-炭素でしか起こらない。

4. 反応の最終段階では，図2において結合(d)で示された C−N 結合が加水分解され最終生成物を与える。それらはたとえばラセミ化反応ではピリドキサールリン酸とラセミ化アミノ酸であり，アミノ基転移反応ではピリドキサミンリン酸(XI)と α-ケト酸である。

502　第15章　ピリドキサールリン酸酵素類

NH₂の構造式（ピリドキサミンリン酸）

XI．ピリドキサミンリン酸

　　特にアミノ基転移反応では反応は完全に可逆的であった。すなわちピリドキサミンリン酸と
　α-ケト酸との縮合は中間体IVを経て，ピリドキサールリン酸とα-アミノ酸をもたらした。
　ビタミン B_6 触媒型反応の機構に関するこの一般理論は Snell らによって提唱されたが，この
理論は非常に妥当で実験事実ともかなりよく一致した。しかしその基本的提案のいくつかは必ず
しも完全に満足すべきものではない。ことにこれらの著者の基本的考え方は，ピリドキサールと
のシッフ塩基の形成を介したアミノ酸の結合(a)，(b)および(c)の不安定性に関する表現にも含
まれる。この不安定性の原因は，ピリドキサールの共役系へ組み込まれたためα-炭素のまわり
の電子密度が低下したことにある。もっともこの考え方には疑問も残る。初期のシッフ塩基(III)
ではα-炭素は塩基の共役系に含まれない。共役系が広がるのはアミノ窒素原子までである。α-
炭素は飽和炭素原子で共役系の外側にある。そのためα-炭素が共役系に取り込まれるのは遷移
型シッフ塩基においてである。その場合には電子密度は低下せず，むしろ増加する。
　このような状況にもかかわらず，シッフ塩基(III)の形成はα-炭素の電子密度を低下させた。
もっともこのような低下は共役効果とは無関係で，アミノ窒素の誘起効果によるものであった。
実際，この窒素はアミノ酸ではほぼ sp^3 混成状態にあった。一方，シッフ塩基ではこの窒素は
sp^2 混成に近い状態にあり，その結果として電気陰性度の増加が認められた。この変換はα-炭素
周辺の電子密度を低下させた。しかしその大きさを見積もることはできなかった。補完的効果は
このような推定をさらに難しくした。シッフ塩基ではアミノ窒素は形式負電荷を帯びるため，そ
の存在は電気陰性度を低下させた。一方，金属カチオンによるキレート化は逆の効果を及ぼした。
これらの効果の影響を確かめることは容易ではない。しかしアミノ酸類の「活性化」がこれらの
誘起効果のみで説明できるとは考えられない。もし説明できるならば，触媒作用におけるピリド
キサール共役系の有用性が理解できなくなる。それゆえ補完的効果も考慮する必要がある。
　一方，遷移型シッフ塩基における電子的局在化に関する仮説はこれらの生成物の性質と合致す
る。しかし現時点では理論的に正当化することはできない。実際，遷移型シッフ塩基の反応形と
して採用された構造は，これらの塩基の共鳴構造のいくつかを示すにすぎず，しかもそれらの重
要性は先験的に明らかではなかった。さらに意外にもα-炭素やホルミル炭素への電子密度の高
い局在化が仮定された。これらの炭素は電気陰性窒素のオルト位にあり，かつカルボキシ基の電
子的求引効果に感受性を示した。さらに不安定なα-水素による遷移型シッフ塩基のプロトン化
がα-炭素またはホルミル炭素で起こるという事実は，反応の電子的側面についてのさらに詳し
い検討が必要であることを示している。
　実際には遷移型シッフ塩基の構造はさらに詳しい説明を必要とする。というのはピリドキサー

ルリン酸の非酵素的モデル反応では，第一イミンの互変異性転位が律速段階と考えられるからである。Braunstein-Snell 理論における最初と最後の段階は同一タイプの可逆的反応であり，シッフ塩基はその加水分解物と平衡状態にある。Metzler[30] や Matsuo[23] によれば，（シッフ塩基の安定性，平衡定数などの）関連反応では反応特性とピリドキサールリン酸の触媒能力との間に並行関係は見出されなかった。したがって α-炭素へ結合した原子団の不安定化と遷移型塩基のプロトン化が本質的段階と考えられた。

次に遷移形イミンの電子構造に関する知識が，ビタミン B_6 型触媒反応の理解と解釈にどのように役立つかを考えてみよう。

15.3　電子的解釈

15.3.1　ピリドキサールリン酸類の量子力学的計算に関する一般的所見

これから記述する計算は LCAO 近似に基づいた分子軌道法を用いて行われた[31]。

触媒活性に必要な構造的要件に関する Snell-Metzler らの結果は単純化がいくつか施された。たとえば活性にとって必要でないリン酸基は無視された。金属やアポ酵素の役割もまた明確には考慮されなかった。シッフ塩基と金属カチオンとの結合特性はカチオンの性質に依存しており，いかなる場合も完全には説明できなかった[32,33]。したがって簡単な表し方をするのが望ましいと思われた。たとえば化合物の電子的特性を表す場合，環外原子団は中性形で表現された。

このような条件下では，初期シッフ塩基（Ⅲ）は（飽和 α-炭素で隔てられた）二つの共役フラグメントすなわち置換ピリジン環とカルボキシ基から構成されると見なされた。一方，遷移型シッフ塩基では共役系ははるかに広い範囲に広がっていた。たとえばそれは分子周辺全体を覆うほどであった。

必要または有用であれば CH_2 基の超共役も計算に組み込まれた。特にピリドキサミンでは，ホルミル CH_2 基の超共役は分子骨格全体に広がる π 電子系の連続性を保証した。アミノ基転移反応における β-CH_2 基の超共役の重要性についても検討された。

15.3.2　初期シッフ塩基の構造

考慮すべき第一の結果は，ピリドキサールと α-アミノ酸との間で形成される初期シッフ塩基の電子密度分布である。

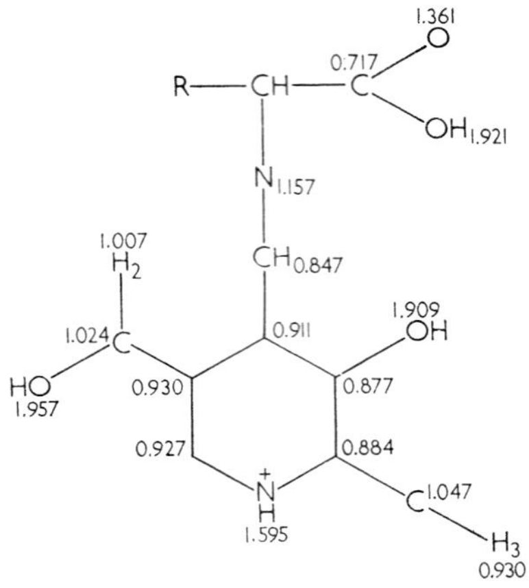

504　第15章　ピリドキサールリン酸酵素類

図3　シッフ塩基（Ⅲ）における π 電子の分布

　もちろん我々が関心をもつのは易動性電子すなわち π 電子の分布である。図3はその結果をまとめたものである。すでに述べたように，系は α‐炭素原子で隔てられた二つの共役フラグメントから構成される。また pK_a 値から予想されるようにピリジン窒素はプロトン化されている[30,32,34]。このことは本章で考察されたほとんどの化合物に当てはまる。図3の電子密度分布はそれ自体十分説明的であるため，詳細な解釈を必要としない。もっとも今後の考察では，この塩基のホルミル炭素はわずかに正であることに注意されたい。すなわち系の π 電子プールへ寄与する π 電子の数は1よりも少ないのである。したがってその形式正電荷（電子の不足）は $(1-0.847)e = 0.153e$ となる。一方，アミノ窒素は $0.157e$ の形式負電荷（電子の過剰）を帯びている。また（二つの共役フラグメントの共鳴エネルギーの和で与えられる）塩基の共鳴エネルギーは $3.38\,\beta$ に等しい。

　次に初期シッフ塩基から誘導された遷移型シッフ塩基の構造，性質および反応について考察しておこう。ただしこのシッフ塩基では α‐炭素へ結合した原子団の一方は不安定化されている。

15.3.3　α‐プロトンの不安定化に由来する反応

（A）　アミノ基転移

　このカテゴリーに属する最も重要な反応はアミノ基転移である。この反応ではピリドキサールリン酸はピリドキサミンリン酸へ変換され，同時に α‐アミノ酸は対応する α‐ケト酸へと変化する。

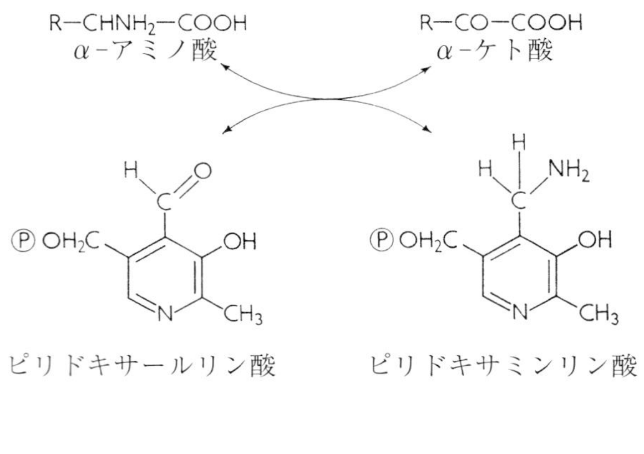

R‐CHNH_2‐COOH α‐アミノ酸

R‐CO‐COOH α‐ケト酸

ピリドキサールリン酸

ピリドキサミンリン酸

反応を触媒する酵素はトランスアミナーゼ（transaminase）またはアミノフェラーゼ（aminopherase）と呼ばれる。反応の一例は次に示す可逆的変換である。

(a) CH_3—$CHNH_2$—$COOH$ + $COOH$—CH_2—CH_2—CO—$COOH$
　　　　アラニン　　　　　　　　　　　α-ケトグルタミン酸
$\rightleftarrows$ CH_3—CO—$COOH$ + $COOH$—CH_2—CH_2—$CHNH_2$—$COOH$
　　　ピルビン酸　　　　　　　　　　グルタミン酸

または

(b) Ph—CH_2—$CHNH_2$—$COOH$ + CH_3—CO—$COOH$
　　　フェニルアラニン　　　　　　　ピルビン酸
$\rightleftarrows$ Ph—CH_2—CO—$COOH$ + CH_3—$CHNH_2$—$COOH$
　　　フェニルピルビン酸　　　　　　アラニン　　　　　　　など

　これらのアミノ基転移における平衡の位置と反応速度はα-アミノ酸の構造に依存する。ことにβ-CH_2基が遷移型シッフ塩基の主要共役骨格と超共役し，かつβ-炭素が水素しか含まないとき反応速度は大きくなる[18,26]。

　Snell らによれば，α-プロトンの不安定化はシッフ塩基形成時におけるα-炭素周囲の電子密度の低下によるものである。しかしすでに見たように，この議論は説得力に乏しい。この不安定化を促す本質的推進力は別の因子すなわちこのイオン化と関連した共鳴エネルギーの増加にあると考えられる。プロトンの脱離は遷移型塩基(Ⅳ)の形成を促し，かつ初期塩基の孤立共役フラグメントを一つの大きな共鳴系へと導く。この変換は共鳴エネルギーの増加（0.51β）を伴う。このエネルギーは約8 kcal/mole に相当する。以下で見るように，初期シッフ塩基のα-炭素の周囲に位置する結合(a)，(b)または(c)の開裂も共鳴エネルギーの同様の増加を伴う。すなわち共鳴エネルギーのこの増加は，初期シッフ塩基の遷移型への変換やピリドキサールリン酸触媒型反応におけるα-アミノ酸の活性化を司る基本的因子と考えられる。

　プロトンの脱離によって生成した遷移型シッフ塩基の電子分布はアミノ基転移反応の詳細を解釈する上できわめて有用であった。図4はこの分布図を示したものである。ただし図4に示した二つの電子密度図は次の点で異なる。すなわち B はβ-CH_2基の超共役を計算に考慮するが，A は無視する点である。

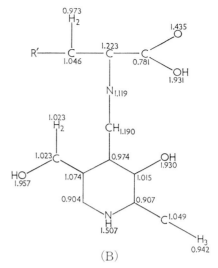

図4 遷移型シッフ塩基(IV)におけるπ電子の分布

　これらの図がもつ顕著な特徴は，環外のC_ホルミル—N_アミノ—C_α鎖と関連した電子密度分布の異常性である．これらの三つの原子はいずれもπ電子密度が過剰で，負の形式電荷を帯びている（密度図Bではこの鎖はβ-炭素にまで広がっている）．窒素原子の大きな固有電気陰性度は適当なパラメータを用いれば *ab initio* 的に説明される．にもかかわらずホルミル基やα-炭素の形式負電荷はアミノ窒素のそれよりも大きい．すなわちこれらの二つの炭素は求電子攻撃の中心であり，かつ将来的なプロトン化に対する最も重要な中心でもある．

　もちろんこの側面では最も反応性に富むのはどの原子かという疑問が生じる．図4の密度図では，α-炭素はホルミル炭素に比べて形式負電荷が常に大きい．しかしその差は小さい．このような事例では，孤立分子における電子密度の分布はその化学反応性を解釈する上で十分な指針とはなり得ない．そのため反応物の接近によって引き起こされる分極効果も考慮せざるを得ない．また攻撃される位置の自由原子価の値は，しばしば外部試薬に対する分極性の良好な尺度となり得る．表1の第4列は図4のAとBにおけるα-炭素とホルミル炭素の自由原子価をまとめたものである．

表1 反応性の指標

化合物	炭素	形式負電荷 （過剰電子密度）	自由原子価	求電子的局在化 エネルギー （単位：β）
遷移型シッフ塩基(IV):				
図4の(A)	α-	$-0.236e$	0.629	1.47
	ホルミル	$-0.197e$	0.548	1.61
図4の(B)	α-	$-0.223e$	0.429	1.63
	ホルミル	$-0.199e$	0.545	1.61

表1によると，Aでは形式負電荷と自由原子価はα-炭素で最大となる。一方，Bでは状況は微妙であり，形式負電荷はα-炭素で最大となるが，自由原子価はホルミル炭素で最大となる。すなわちプロトン化に対する反応中心は，Aでは間違いなくα-炭素であるが，Bでは予想が難しい。Bにおけるα-炭素とホルミル炭素の自由原子価の差は電子密度の差よりもはるかに大きい。したがってプロトン化を受けやすいのはホルミル炭素であると推定される。これらの結論は求電子的局在化エネルギーの計算によって実証された。これらのエネルギーは対応する反応に対する活性化エネルギーの主要部分を構成する。すなわち複雑な有機分子の化学反応性を解釈する上で，求核的局在化エネルギーは最も優れた理論的指標と考えられる。研究下の分子形に対するこれらの求電子的局在化エネルギーの値は表1の最後の欄に示される。反応は対応する局在化エネルギーの値が小さいほど起こりやすい。すなわちこれらのデータによれば，プロトン化はAでは優先的にα-炭素で起こり，Bではホルミル炭素で起こることがわかる。にもかかわらず，実際にはBの求電子的局在化エネルギーは二つの位置でよく似た値を与えた。

　これらの結果はアミノ基転移反応の基本的側面の明確な解釈を可能にした。すでに述べたように，β-CH$_2$基の超共役が起これればその反応速度はβ-置換アミノ酸類に比べて大きい。図4のBに示した事例では，プロトン化が起こる確率はα-炭素とホルミル炭素でほぼ等しい。一方，（図4のAのように）超共役が抑制されれば，プロトン化はホルミル炭素よりもα-炭素で起こり易く，ピリドキサールリン酸は優先的に修復される。したがって理論的には，β-CH$_2$基の超共役は反応過程に重要な役割を演じると考えられる。

XII

　もちろんビタミンB$_6$触媒型アミノ基転移を解釈するに当たっては，二つの可逆的変換に対して等しく注意を向けなければならない。すなわちアミノ基転移は遷移型塩基（Ⅳ）のホルミル炭素のプロトン化と遷移型塩基（XII）の形成を伴う。この塩基の加水分解はピリドキサミン（ピリドキサミンリン酸）とα-ケト酸を生成する。次に逆反応，特に遷移型塩基（XII）から遷移型塩基（Ⅳ）への移行について考えてみよう。

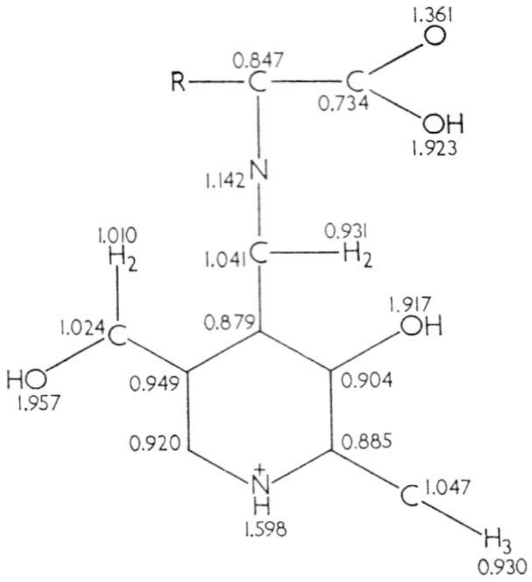

508　第15章　ピリドキサールリン酸酵素類

図5　シッフ塩基(XII)におけるπ電子の分布

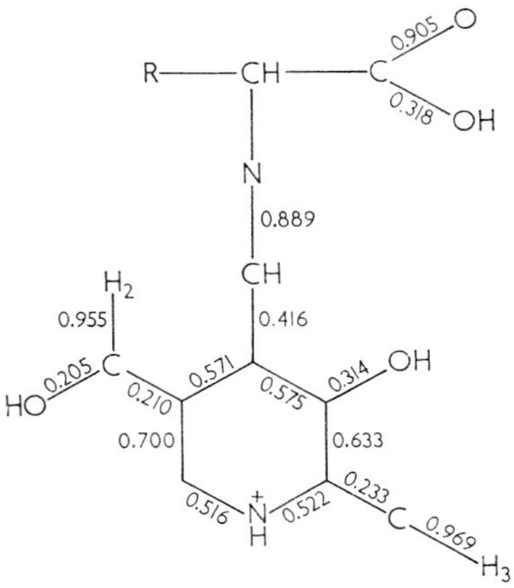

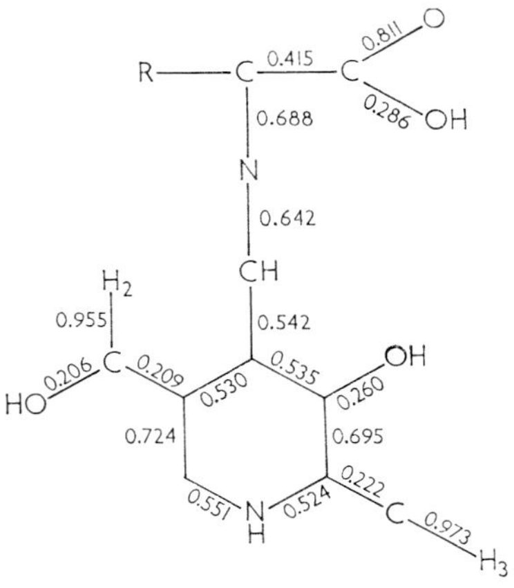

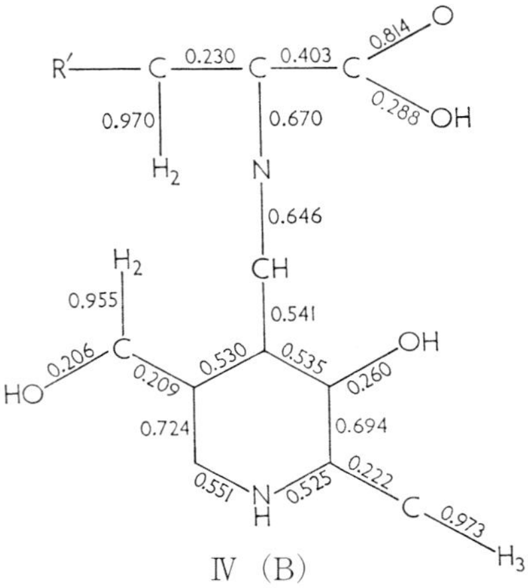

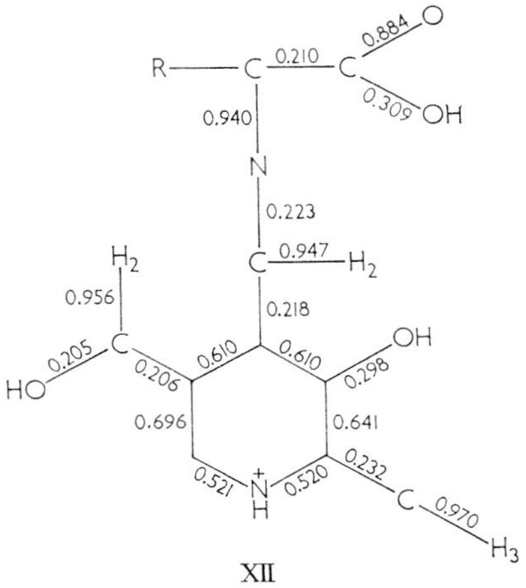

図6　シッフ塩基（III，IVおよびXII）における結合次数の分布

この変換もまた共鳴エネルギーの増加を伴う。すなわちⅫの共鳴エネルギーは 3.41β に等しく，遷移型(Ⅳ)のそれに比べて約 0.49β（$\doteqdot 8$ kcal/mole）だけ小さい。ビタミン B_6 触媒型反応において遷移型(Ⅳ)は中心をなす中間体である。この中間体はきわめて安定で，その安定性はほとんどこの共鳴安定化によるものである。

ⅫからⅣへの変換機構と関連した第二の因子はⅫの電子密度分布の研究に見出される。図5はその結果を示したものである。すなわちⅫのホルミル CH_2 基はかなり超共役している。この現象はそのプロトンを不安定化し，ⅩⅡからⅣへの変換を促進した。

最後に加水分解反応に関していくつかコメントを加えたい。第一にⅫでは α-炭素は過剰の π 電子をもたず，むしろ電子不足の状態にある。その形式正電荷は $0.153e$ である。一方，アミノ窒素は過充電されており，Ⅻではその C_α—$N_{アミノ}$ 結合の両端は反対符号の形式電荷を帯びる。この電子的分布は水の固定にとって好都合である。

加水分解されやすさと関連したさらなる結論は結合次数の分布研究からもたらされた。図6はその結果を示したものである。特に注目すべきは遷移型塩基(Ⅳ)の環外鎖 $C_{ホルミル}$—$N_{アミノ}$—C_α における結合次数の分布である。というのはこの分布は通常の化学式から推定されるものとはまったく異なるからである。すなわち環に隣接する C–C 結合の結合次数は $C_{ホルミル}$—$N_{アミノ}$ 結合のそれよりもはるかに小さい。実際にはこの外部鎖に沿った結合次数の分布はかなり均一であった。そのためどの結合へも付加反応は起こらなかった。一方，（外部鎖の結合の一つが高い結合次数を与える）ⅢやⅫでは状況はまったく異なっていた。すなわちこの場合には，適当な電子密度分布と組み合わせれば加水分解に適した条件が導かれる。

(B) ラセミ化

ラセミ化反応は次式で表される。

この反応にはラセマーゼと呼ばれる酵素が関与する。典型的な反応は L-アラニンから D-アラニンまたは L-メチオニンから D-メチオニンへの可逆的変換などである。

一見したところ，ピリドキサールリン酸によって触媒されるラセミ化反応の機構はアミノ基転移反応のそれとよく似ている。すなわちいずれの場合も α-水素の不安定化に続いて，対応する遷移型シッフ塩基とプロトンとの再結合が起こる。この再結合の機構は前節で述べた通りである。ラセミ化は α-炭素でのプロトンの再結合に依存する。

もっともさらに詳細な研究によると，これらの二つの反応タイプには基本的な違いが認められる。すなわちアミノ基転移反応の最適 pH は環窒素の pK に正確に対応する[13,32]。一方，ラセミ化は金属イオンの存在下でさえピリジン窒素がプロトン化されてない塩基性媒体中で優先的に起

こる[19]。このような条件下では，ラセミ化反応においても環窒素がプロトン化されていない遷移型シッフ塩基(XIII)も併せて考慮される。このようなアニオンの生成とそれに続くアミノ酸の活性化は，対応する非プロトン化シッフ塩基(XIV)からのプロトンの放出と関連した共鳴エネルギーの増加を伴う。この増加は 1.35β に等しい。

XIII（図7参照）における π 電子密度の分布によれば，過剰電子は α-炭素だけでなく分子全体に広がっている。もっとも最大の画分（0.292e）は α-炭素に留まる。したがってこの原子は最大の形式負電荷を帯び，プロトン固定の活性中心となる。この原子は自由原子価（0.644）もまた他の共役炭素に比べて大きい（たとえばXIIIのホルミル炭素の自由原子価は 0.563 である）。しかし分極効果がこの結論を変えることはない。

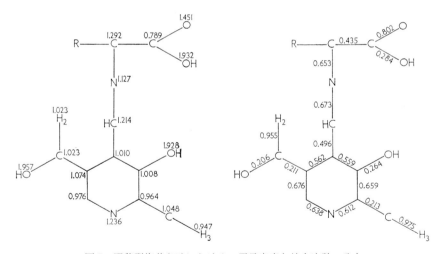

図7 遷移型塩基(XIII)における π 電子密度と結合次数の分布

(C) α-β 脱離

ピリドキサールリン酸によって触媒され，かつ α-炭素が不安定化される第三のタイプの反応は α-β 脱離である。これらの反応は β-炭素に強い求電子基 X（OH, SH など）をもつ α-アミノ酸類（セリン，システイン，トレオニンなど）で起こる[14]。反応はアミノ酸を α-ケト酸と NH_3 へと分解する。反応機構は次のように表される（図8参照）。

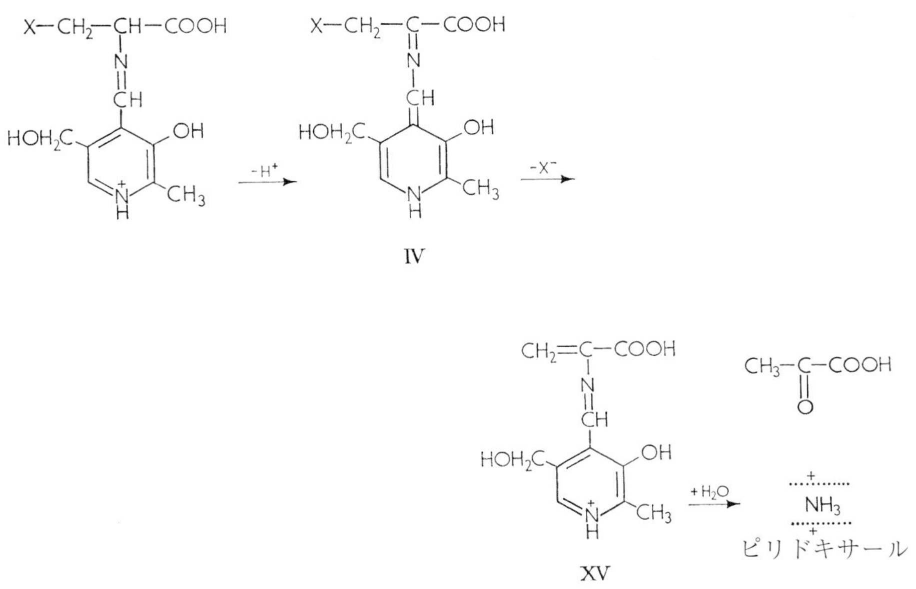

図8　α‐β脱離の経過

これらの反応の典型例はセリンデヒドラーゼによって触媒される反応である。

　（式には示されていないが）反応の最初の二段階すなわちアミノ酸とピリドキサールリン酸との間のシッフ塩基の形成と塩基のα‐炭素からのプロトンの放出はアミノ基転移反応における初期の変換と同じである。それに続く新しい段階はX⁻イオンの不安定化と新しいタイプの遷移型シッフ塩基(XV)の形成さらにはこの塩基の最終的加水分解とから成り立つ。

$$(HOCH_2-\overset{\overset{H}{|}}{\underset{\underset{NH_2}{|}}{C}}-COOH \rightarrow CH_3-CO-COOH + NH_3)$$

$$(CH_3-\overset{\overset{H}{|}}{\underset{\underset{OH}{|}}{C}}-\overset{\overset{H}{|}}{\underset{\underset{NH_2}{|}}{C}}-COOH \rightarrow CH_3-CH_2-CO-COOH + NH_3)$$

$$(HSCH_2-\overset{\overset{H}{|}}{\underset{\underset{NH_2}{|}}{C}}-COOH \xrightarrow{H_2O} H_2S + NH_3 + CH_3-CO-COOH)$$

　（XVの形成に向けての）反応進展に関係する因子は初期の遷移型シッフ塩基(IV)の形成に関係する因子とまったく同じである。したがってX⁻を放出する上で一次推進力となるのは，α‐炭素の誘起効果とIVからXVへの変換に伴う共鳴エネルギーの増加である。これらの二つの形の共鳴エ

512 第 15 章　ピリドキサールリン酸酵素類

ネルギーはそれぞれ 3.89 β と 4.19 β であり，その増加は 0.3 β（≒5 kcal/mole）である．変換が容易に起こるのは環状窒素がプロトン化されていない塩基性媒体中においてであった（XVI）．この最後の事例では X⁻ の放出に伴う共鳴エネルギーの増加は 0.35 β（≒6 kcal/mole）である．

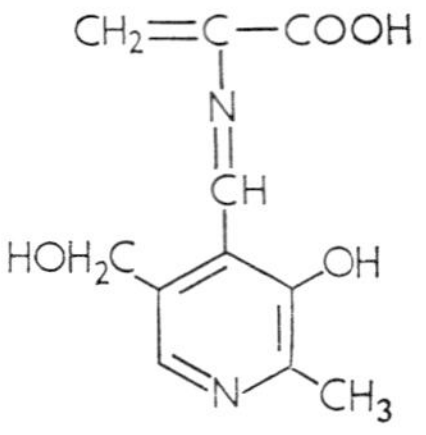

XVI

図 9 は遷移型シッフ塩基(XV)における電子密度と結合次数の分布を示したものである．

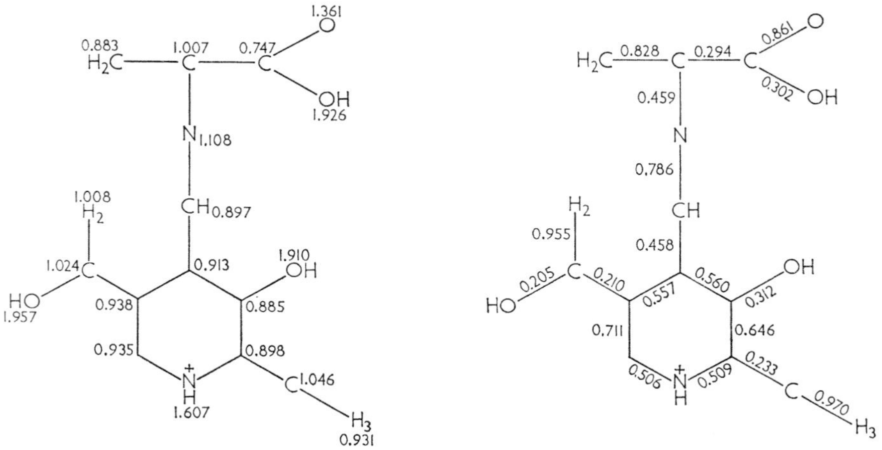

図 9　遷移型塩基（XV）における π 電子密度と結合次数の分布

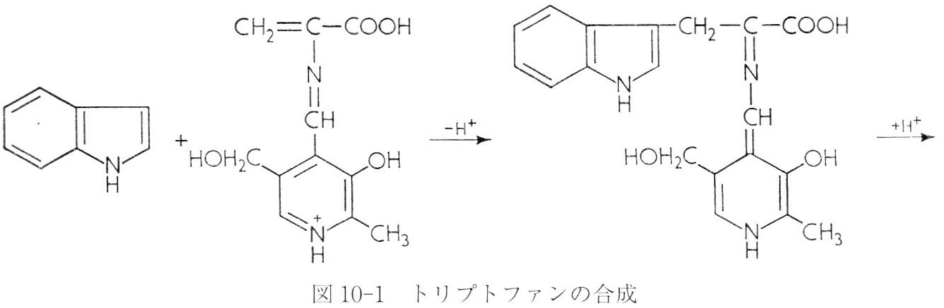

図 10-1　トリプトファンの合成

図 10-2　トリプトファンの合成

　これらの結果がもたらした最も顕著な特徴はXVの電子的分布がIVのそれとは著しく異なることであった。またこの分布は遷移型塩基(XV)のβ-炭素が示す高い反応性とそのタイプの予測を可能にした。すなわちこのβ-炭素はπ電子が著しく不足している（その形式正電荷は$0.117e$であった）。またこのβ-炭素は他の炭素に比べて自由原子価がはるかに大きく（=0.904），求核試薬による攻撃の反応中心であった。

　この状況がもたらす重要な結果は高級アミノ酸類の合成に塩基(XV)が利用できることである。たとえばトリプトファンは，インドール存在下では酵素媒体[35]またはpH 6[21]においてセリンからこのようにして調製された。この合成にはインドール環とシッフ塩基(XV)との縮合反応が利用された。反応はインドールのC_3位とXVのβ-炭素との間で生じた（図10参照）。図11はインドールの電子密度分布を示したものである。C_3位は最大の形式負電荷を帯び，反応中心としてXVのβ-炭素と相互作用した[35a]。

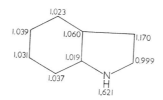

図 11　インドールにおけるπ電子密度の分布

　(IVと同じ共役系をもつ)縮合生成物のα-炭素でのプロトン化とそれに続く加水分解はトリプトファンを生成した。

(D)　γ-脱離

　α-アミノ酸類におけるγ-脱離は酵素媒体中でのみすみやかに起こる。このタイプの反応のうち重要なものはo-ホスホホモセリン(XVII)からのリン酸の脱離である。この反応はトレオニン(XVIII)の合成に利用される。

XVII　　　　　　　　　　　XVIII

514　第 15 章　ピリドキサールリン酸酵素類

　この酵素的変換を研究したのは Flavin-Slaughter であった[36]。彼らが提唱した反応機構は次の通りである（図 12 参照）。

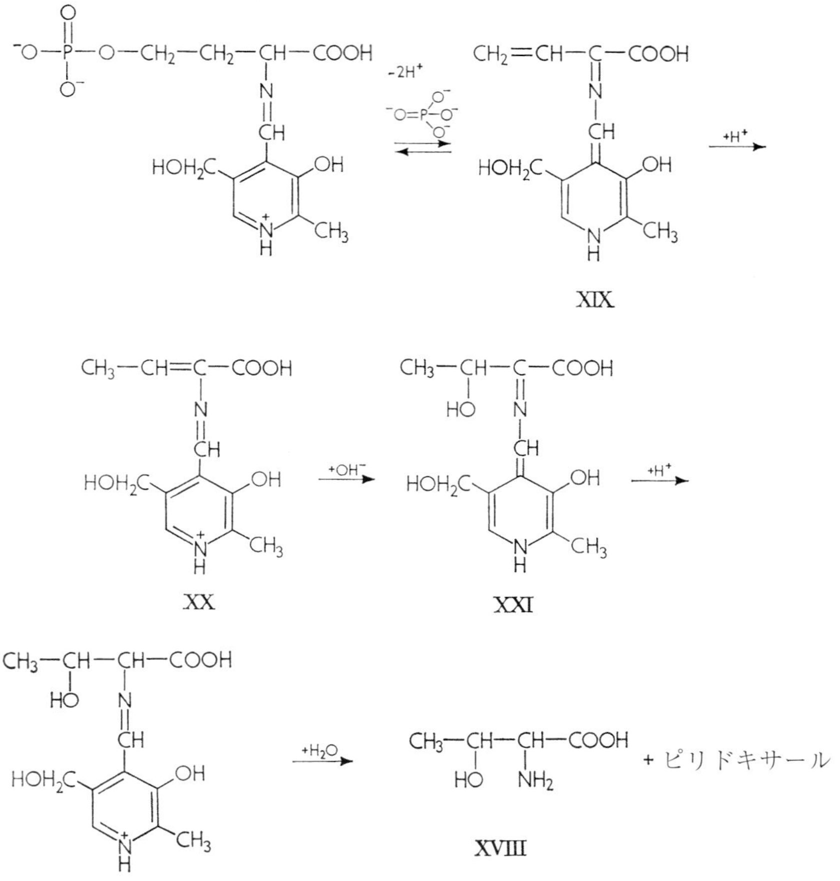

図 12　トレオニンの合成

　反応は次の主要段階から構成される。(1)（図 12 には示されていないが）ピリドキサールリン酸酵素と P- ホモセリンとの間でのシッフ塩基の形成。(2) 初期塩基から新しいタイプの遷移型シッフ塩基（XIX）への変換。その際にリン酸と 2 個のプロトンが脱離される。(3) この遷移型塩基の γ- 炭素へのプロトン付加とそれに続く化合物（XX）の生成。ただし XX は（α-β 脱離の項で説明された）遷移型シッフ塩基（XV）のメチル化誘導体である。(4) XX の β- 炭素のヒドロキシ化は化合物（XXI）を与える。XXI は遷移型塩基（IV）の誘導体である。(5) XXI の α-炭素へのプロトン付加とそれに続く加水分解は，ピリドキサールを再生すると共にトレオニン（XVIII）を生成した。

　すなわちこのタイプの反応で導入される新しい構造単位は遷移型シッフ塩基（XIX）のみである。図 13 はこの塩基における電子密度と結合次数の分布を示したものである。なおその共鳴エネル

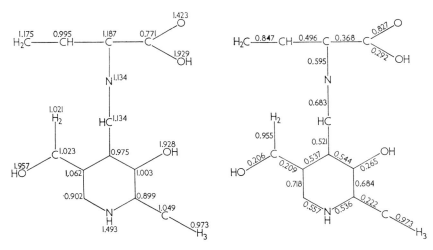

図13 遷移型シッフ塩基(XIX)におけるπ電子密度と結合次数の分布

ギーは 4.42β であった。

図12に示した変換系列の解釈は容易であった。遷移型塩基(XIX)の形成を説明する電子的特徴はここでもその大きな共鳴エネルギーである。ただし初期シッフ塩基からのXIXの形成は共鳴エネルギーを 1.041β だけ増加させた。またXIXの電子密度分布図によれば、これらの電子密度は γ -炭素に集まる傾向があった。さらにこの炭素の自由原子価もまた特に高い値を与えた（その値は α -炭素では 0.273，ホルミル炭素では 0.528 であるのに対し，γ -炭素では 0.885 であった）。すなわちこの炭素は求電子攻撃に対する最も重要な反応中心である。プロトンがこの炭素に固定されることは容易に理解できよう。一方、得られた遷移型塩基(XX)の β -炭素はXVの場合と同様に求核攻撃の反応中心となった。この状況は OH^- がこの炭素に固定されたことを意味した。得られた化合物(XXI)では求電子反応の中心が再び現れた。ただし今度はIVと同様にプロトン付加は α -炭素で起こった。最終的には加水分解により目的の生成物が得られた。したがって三種の遷移型塩基（IV，XV，XIX）は共役系の規模の違いが反応能力を左右するという興味深い事例を提示することになった。

15.3.4　α -カルボキシ基の不安定化に由来する反応

これまで α -水素の不安定性に由来する反応の電子的側面を詳細に検討した。次に α -カルボキシ基またはアミノ酸のR基の不安定性に由来する反応の機構について言及したい。これらの機構の類似性は明らかである。

ところで α -アミノ酸の不可逆的脱炭酸とそれに続くアミンの形成は次の反応経路に従う（図14参照）。

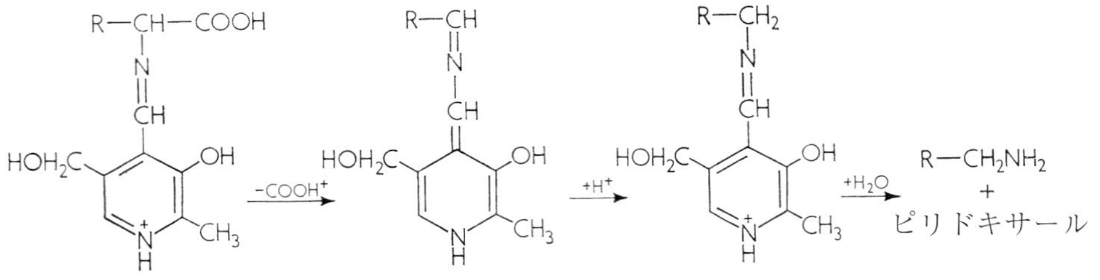

図14 脱炭酸の機構

脱炭酸の代表的事例は次の通りである。

たとえばアルギニン $NH_2-\overset{NH}{C}-NH-(CH_2)_3-\overset{H}{\underset{NH_2}{C}}-COOH$ からアグマチン

$NH_2-\overset{NH}{C}-NH-(CH_2)_4-NH_2$，リシン $NH_2-(CH_2)_3-\overset{H}{\underset{NH_2}{C}}-COOH$ からカダベリン

$NH_2-(CH_2)_5-NH_2$ およびヒスチジン $\text{[イミダゾール]}-CH_2-\overset{H}{\underset{NH_2}{C}}-COOH$ からヒスタミン

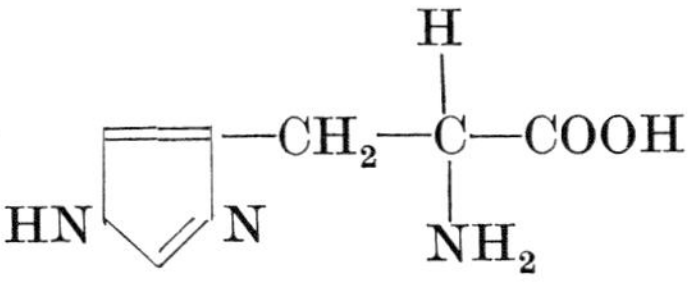

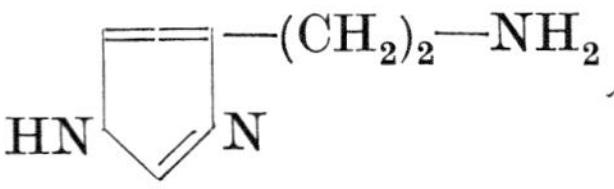

$\text{[イミダゾール]}-(CH_2)_2-NH_2$ への脱炭酸などである。

　脱炭酸における重要段階は遷移型塩基（Ⅴ）の形成である。この形成を説明する電子的因子はアミノ基転移反応における遷移型塩基（Ⅳ）の場合とまったく同じであった。特にⅤの共鳴エネルギーは 3.17β であり，この値は初期シッフ塩基のそれよりも 0.09β だけ大きい。図15はⅤの電子的構造を示したものである。

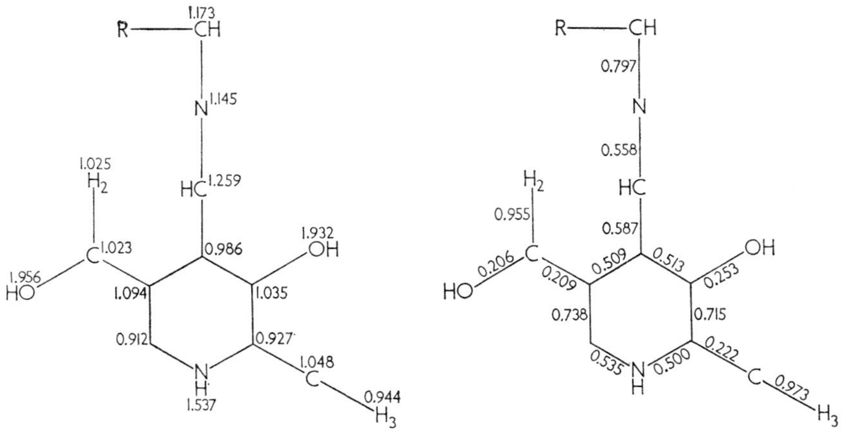

図15　遷移型シッフ塩基(V)における π 電子密度と結合次数の分布

VはⅣと同様，求電子攻撃に対する反応中心を二つもつ。すなわちそれらは α-炭素とホルミル炭素で，いずれもかなりの形式負電荷を帯びている。また α-炭素の自由原子価（0.935）はホルミル炭素のそれ（0.587）よりもはるかに大きい。したがって，二種の炭素のうち反応性が高いのは α-炭素の方である。この予測は求電子攻撃に対する局在化エネルギーの値から立証された。α-炭素とホルミル炭素に対するそれらの値はそれぞれ 1.04 β と 1.48 β であった。またVへのプロトン付加は α-炭素で起こり，それに続く加水分解は予想通りの生成物を与えた。

15.3.5　アミノ酸のR基の不安定化に由来する反応

　初期シッフ塩基のアミノ酸におけるR基の不安定性は遷移型シッフ塩基(ⅩⅩⅡ)を生じる（図16参照）。ただしⅩⅩⅡの共役系はアミノ基転移反応で形成された遷移型シッフ塩基のそれとほとんど同じであった。

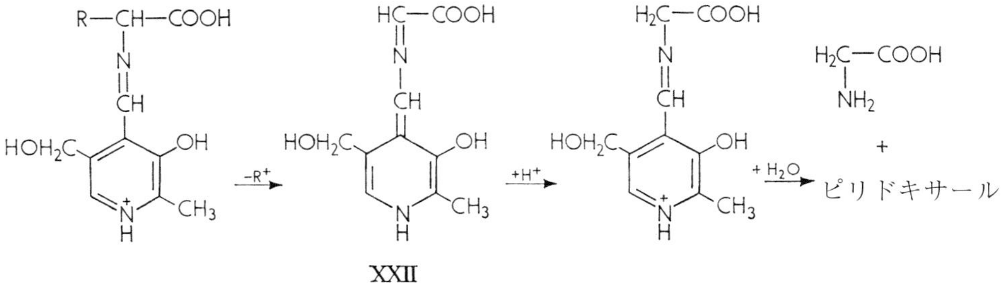

図16　アミノ酸類におけるR基の不安定性

　この遷移型では求電子試薬に対して反応性が最も高い炭素は α-炭素であった。プロトン化とそれに続く加水分解は触媒の回収とグリシンの生成を引き起こした。

　典型的な反応は（アセトアルデヒドの脱離を経た）トレオニン（$CH_3 - CHOH - CHNH_2 - COOH$）からグリシン（$CH_2 - NH_2 - COOH$）への変換である。この反応は酵素トレオニンア

518　第15章　ピリドキサールリン酸酵素類

ルドラーゼによって触媒された。また（ホルムアルデヒドの脱離を経た）セリン（CH_2OH—$CHNH_2$—COOH）からグリシンへの変換は酵素セリンアルドラーゼによって触媒された。

XXII

　グリシンや適当なR基のついた化合物から複雑なアミノ酸の合成するための逆反応もまた可能であった。これらの反応のうち最も重要なものはセリン-グリシンの相互変換である[37-39]。この反応はピリドキサールリン酸以外に第二補因子としてヒドロキシメチルテトラヒドロ葉酸（h-FH_4）を必要とした。このh-FH_4はヒドロキシメチル基（CH_2OH）の生化学的供与体であった。ただしCH_2OH基は遷移型シッフ塩基（XXII）の求電子中心へ供与された。

　生成物の加水分解はピリドキサールリン酸を再生し，同時にセリンを生成した。反応はウラシルからチミン[40,41]，あるいはシトシンから5-メチルシトシン[42]への酵素的形成とよく似ていた。これらの事例では，h-FH_4の役割は負に強く帯電した受容性炭素へCH_2OH基を移動させることであった（第14章参照）[43]。

15.3.6　結論

　ピリドキサールリン酸によって触媒される反応研究で最も印象的なことはこれらの反応がきわめて多様性に富み，かつ基礎をなす電子的変換が比較的簡単かつ類似していることである。これらの変換を支配する基本的特徴は次の三つである。1）シッフ塩基間の共鳴エネルギーの違い，2）プロトン化や脱プロトン化を介した二つの重要形（ケクレ形とキノノイド形）の間や三種の基本的な遷移型塩基（IV，XVおよびXIX）の間での塩基の振動，3）反応の逆転や共役系の規模の変化による反応中心の移動。

　基本的生化学物質の電子供与的性質と電子受容的性質に関する一般的議論とも関連し，本章で取り上げた化合物の最高被占軌道と最低空軌道のエネルギーをここで再提示することは有益であろう。表2はこれらのデータをまとめたものである。

表2　分子軌道のエネルギー（単位：β）

化合物	III	XII	XV	IV	XIX	V	XIII
HOMO エネルギー	0.834	0.864	0.613	0.137	0.104	0.059	0.084
LUMO エネルギー	-0.206	-0.375	-0.169	-0.602	-0.523	-0.708	-0.728

ここで考察した観点からは，シッフ塩基は二つのグループすなわち良好な電子受容体（Ⅲ，Ⅻおよび XV）と良好な電子供与体（Ⅳ，XⅨ，ⅤおよびⅩⅢ）に分けられる。重要な遷移型塩基類はいずれも電子供与体であった。

引用文献

1. Cammarata, P. S., and Cohen, P. P., *J. Biol. Chem.*, **187**, 439 (1950).
2. Meister, A., *Advances in Enzymol.*, **16**, 185 (1955).
3. Herbst, R. M., *Advances in Enzymol.*, **4**, 75 (1944).
4. Snell, E. E., *J. Am. Chem. Soc.*, **67**, 194 (1949).
5. Jenkins, W. T., and Sizer, I. W., *J. Am. Chem. Soc.*, **79**, 2655 (1957).
6. Jenkins, W. T., and Sizer, I. W., *J. Biol. Chem.*, **235**, 62 (1960).
7. Wood, W. A., and Gunsalus, I. C., *J. Biol. Chem.*, **190**, 403 (1951).
8. Umbreit, W. W., and Gunsalus, I. C., *J. Biol. Chem.*, **159**, 333 (1945).
9. Gale, E. F., *Advances in Enzymol.*, **6**, 1 (1946).
10. Rothberg, S., and Steinberg, D., *J. Am. Chem. Soc.*, **79**, 3274 (1957).
11. Mandeles, S., Koppelman, R., and Hanka, M. E., *J. Biol. Chem.*, **209**, 327 (1954).
12. Matsuo, Y., and Greenberg, D. M., *J. Biol. Chem.*, **230**, 545 (1958).
13. Longenecker, J. B., and Snell, E. E., *J. Am. Chem. Soc.*, **79**, 142 (1957).
14. Longenecker, J. B., and Snell, E. E., *J. Biol. Chem.*, **225**, 409 (1957).
15. Longenecker, J. B., Ikawa, M., and Snell, E. E., *J. Biol. Chem.*, **226**, 663 (1957).
16. Metzler, D. E., and Snell, E. E., *J. Biol. Chem.*, **198**, 353 (1952).
17. Kalyanckar, G. D., and Snell, E. E., *Nature*, **180**, 1069 (1957).
18. Metzler, D. E., and Snell, E. E., *J. Am. Chem. Soc.*, **74**, 979 (1952).
19. Olivard, J., Metzler, D. E., and Snell, E. E., *J. Biol. Chem.*, **199**, 669 (1952).
20. Metzler, D. E., Olivard, J., and Snell, E. E., *J. Am. Chem. Soc.*, **76**, 644 (1954).
21. Metzler, D. E., Longenecker, J. B., and Snell, E. E., *J. Am. Chem. Soc.*, **76**, 639 (1954).
22. Fasella, P., Lis, H., Siliprandi, N., and Baglioni, C., *Biochim. et Biophys. Acta*, **23**, 417 (1957).
23. Matsuo, Y., *J. Am. Chem. Soc.*, **79**, 2011 (1957).
24. Braunstein, A. E., and Shemyakin, M. M., *Biokhimiya*, **18**, 393 (1953); Braunstein, A. E., in Boyer, P. D., Lardy, H., and Myrbäck, K. (Eds.), *The Enzymes*, Vol. Ⅱ, p. 113, Academic Press, New York, 1960.
25. Metzler, D. E., Ikawa, M., and Snell, E. E., *J. Am. Chem. Soc.*, **76**, 648 (1954).
26. Snell, E. E., *Vitamins and Hormones*, **16**, 77 (1958); in *The Mechanism of Action of Water-soluble Vitamins*, Ciba Foundation Study Group No. 14, p. 18, Churchill, London, 1961.
27. Snell, E. E., and Jenkins, W. T., *J. Cellular Comp. Phys.*, **54**, 161 (1959).
28. Davis, L., Rodely, F., and Metzler, D. E., *J. Am. Chem. Soc.*, **83**, 127 (1961).
29. Patwardhan, M. V., *Biochem. J.*, **75**, 401 (1960).
30. Metzler, D. E., *J. Am. Chem. Soc.*, **79**, 485 (1957).
31. Pérault, A-M., Pullman, B., and Valdemoro, C., *Biochim. et Biophys. Acta*, **46**, 555 (1961); Pullman, B., International Symposium on Pyridoxal Catalysis, Rome, 1962 (Academia dei Lincei)
32. Christensen, H. N., *J. Am. Chem. Soc.*, **79**, 4073 (1957); **80**, 99 (1958); **81**, 6495 (1959).

33. Gustafson, R. L., and Martell, A. E., *Arch. Biochem. Biophys.*, **68**, 485 (1957).

34. Metzler, D. E., and Snell, E. E., *J. Am. Chem. Soc.*, **77**, 2431 (1955).

35. Yanofsky, C., *J. Biol. Chem.*, **224**, 783 (1957).

35a. C_3 はインドールのプロトン化に対する中心である：Hinman, R. L., and Whipple, F. B., *J. Am. Chem. Soc.*, **84**, 2534 (1962). C_2 がもつ大きな電子密度は核磁気共鳴研究からも確認された：Cohen, J. A., Daly, J. W., Kny, H., and Witkop, B., *J. Am. Chem. Soc.*, **82**, 2184 (1960).

36. Flavin, M., and Slaughter, C., *J. Biol. Chem.*, **235**, 112 (1960).

37. Kisliuk, R. L., and Sakami, W., *J. Am. Chem. Soc.*, **76**, 1456 (1954).

38. Alexander, N., and Greenberg, D. M., *J. Biol. Chem.*, **214**, 821 (1955).

39. Sanadi, D. R., and Bennett, M. J., *Biochim. et Biophys. Acta*, **39**, 367 (1960).

40. Humphreys, G. K., and Greenberg, D. M., *Arch. Biochem. Biophys.*, **78**, 275 (1958).

41. McDougall, B. M., and Blackley, R. L., *Biochim. et Biophys. Acta*, **39**, 176 (1960).

42. Flaks, J. G., and Cohen, S. S., *J. Biol. Chem.*, **234**, 1501 (1959).

43. Pullman, A., and Pullman, B., *Bull. soc. chim. France*, 594 (1959).

第16章　チアミン–ピロリン酸触媒型反応

16.1　チアミン–ピロリン酸酵素類の主な機能

　チアミン（ビタミン B_1）のピロリン酸（Ⅰ）はさまざまな生化学的反応の補酵素である。このような反応では，開裂するのはカルボニル基に隣接した炭素–炭素結合である（α–開裂反応）[1]。代表的反応は脱炭酸およびピルビン酸や α–ケト酸の酸化的脱炭酸さらにはピルビン酸の α–ケトール（アシロイン）への変換などである。ピルビン酸は各種アミノ酸の脱アミノ生成物から得られ，炭水化物代謝の重要化合物として炭水化物の代謝とタンパク質の代謝を結びつけている。

　これらの反応は図式的には次のようにまとめられる。

酸化的脱炭酸は代謝的反応として直接的な脱炭酸よりもはるかに一般的である。この反応はたとえばロイシン，イソロイシン，バリンおよびチロシンに由来するケト酸の異化作用などで生じる。もちろんこれは補完的な補因子を必要とする複雑な反応である。酸化的脱炭酸におけるチアミンピロリン酸の機能は非酸化的脱炭酸におけるそれとほぼ同じである。前者の反応における酸化剤はリポ酸（チオクト酸）（Ⅱ）である。

I. チアミンピロリン酸（TPP）

II. リポ酸（チオクト酸）

酸化的脱炭酸は次の反応系列を経て進行すると考えられる[2]。ただし反応（1）〜（5）において記号 E_i はアポ酵素を表す。

$$R-\overset{\displaystyle O}{\overset{\|}{C}}-COOH + TPP-E_1 \longrightarrow [RCHO\text{---}TPP]-E_1 + CO_2 \quad (1)$$

$$[RCHO\text{---}TPP]\,E_1 + \underset{S\quad S}{\diagup\!\!\diagdown}-(CH_2)_4-\overset{\displaystyle O}{\overset{\|}{C}}-E_2 \longrightarrow$$

$$\underset{HS\quad S}{\diagup\!\!\diagdown}-(CH_2)_4-\overset{\displaystyle O}{\overset{\|}{C}}-E_2 + TPP-E_1 \quad (2)$$

$$\underset{\underset{\displaystyle C-R}{\overset{\displaystyle O}{\|}}}{}$$

$$\underset{HS\quad S}{\diagup\!\!\diagdown}-(CH_2)_4-\overset{\displaystyle O}{\overset{\|}{C}}-E_2 + HS-CoA \longrightarrow$$

$$\underset{\underset{\displaystyle O}{\overset{\displaystyle C-R}{\|}}}{}$$

$$\underset{SH\ SH}{\diagup\!\!\diagdown}-(CH_2)_4-\overset{\displaystyle O}{\overset{\|}{C}}-E_2 + R-\overset{\displaystyle O}{\overset{\|}{C}}-S-CoA \quad (3)$$

$$\underset{SH\ SH}{\diagup\!\!\diagdown}-(CH_2)_4-\overset{\displaystyle O}{\overset{\|}{C}}-E_2 + FAD\text{---}E_3 \longrightarrow \underset{S\quad S}{\diagup\!\!\diagdown}-(CH_2)_4-\overset{\displaystyle O}{\overset{\|}{C}}-E_2 +$$

$$FADH_2-E_3 \quad (4)$$

$$FADH_2-E_3 + DPN \longrightarrow FAD-E_3 + DPNH + H^+ \quad (5)$$

　チアミンピロリン酸の作用機構の観点から最も興味深いのは反応（1）と反応（2）である。すなわち CO_2 を生じる α-ケト酸の開裂反応とアシル生成反応である。後者の反応は外見上，酵素へ結合したリポ酸の還元的アシル化である。なお反応（3）は CoA へのアシル転移で，反応

（4）はフラビンタンパク質による酵素結合型ジヒドロリポ酸の酸化である。また反応（5）は DPN によるフラビンタンパク質の再酸化である。

　本章では主に反応（1）を取り上げるが，反応（2）に言及することもある。還元型リポ酸のチオエステル生成反応は二つの S 原子のうち分子側鎖に近い方で選択的に起こる。アシル残基のこの優先的配向は二つの S 原子の電子的特性の違いに由来する。図 1 に示されるように，アシル基によって攻撃される S 原子はもう一方の S 原子に比べて大きな電子密度と自由原子価をもつ。

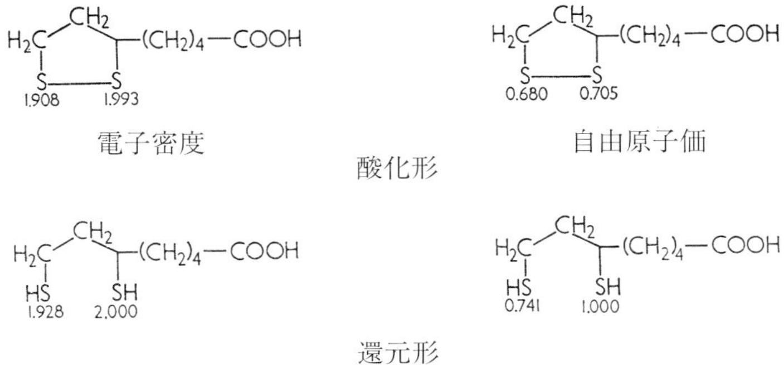

図 1　リポ酸における S 原子の電子的特性

すなわちこの S 原子はアシル残基の正に荷電した C 原子による攻撃を受けやすいと考えられる。

　アシロインの形成に関しては，反応の第一段階として α-ケト酸の活性アセトアルデヒドへの脱炭酸が起こり，続いて第二のアルデヒドと結合してアシロインが生成すると仮定される。すなわち変換は基本的には次の経路に従う。

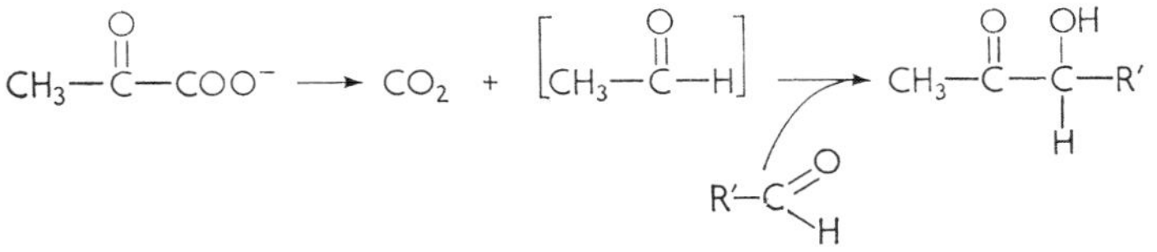

　たとえば $R' = CH_3$ のとき（すなわち第二のアルデヒド分子がアセトアルデヒドのとき）生成物はアセトイン（アセチルメチルカルビノール）（III）である。芳香族ラジカルをもつ関連分子ベンゾイン（IV）もまたチアミンの触媒作用によって合成される。

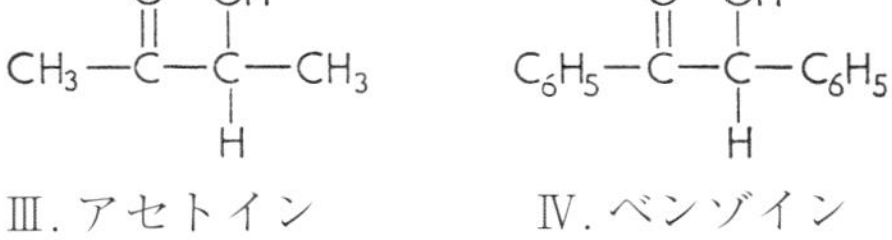

III. アセトイン　　　　　IV. ベンゾイン

　アシロインの形成と関連した反応には，「中間体」ともう一つのピルビン酸分子との縮合を介

したアセト乳酸 $CH_3-\overset{\overset{\displaystyle O}{\|}}{C}-\overset{\overset{\displaystyle OH}{|}}{\underset{\underset{\displaystyle COO^-}{|}}{C}}-CH_3$ の形成反応もある。（β-ケト酸である）アセト乳酸は容易

に脱炭酸されてアセトインを生成する。

　β-ケト酸の脱炭酸は自発的または簡単な酸や塩基さらには酵素の触媒作用によって容易に起こる。ただし酵素の場合には（ビタミン誘導型補酵素ではなく）金属イオンがしばしば補因子として必要となる。脱炭酸が起こりやすいことは，脱炭酸の初期生成物（エノラートアニオン）の大きな共鳴安定化に帰せられる。このアニオンは二種の構造の共鳴混成物と考えられる[3]。

　カルボニル基に直接隣接した結合の開裂ではこのような安定化効果は期待できない。したがってα-ケト酸はβ-ケト酸に比べてかなり安定である。

16.2　作用様式の理論

　各種反応におけるチアミンの触媒的役割を説明するための理論は多い。これらの理論では，一般に反応の活性部位は分子の各種フラグメントから構成されると仮定される。歴史的には，関心はチアミンのピリミジン部分からチアゾリウム部分へと移行しており，両者を繋ぐメチレン架橋に関心が及ぶこともある。

　ピルビン酸の脱炭酸と関連した興味深い試みとして，Langenbeck は 1933 年，チアミンのアミノ基がピルビン酸と縮合してイミン（シッフ塩基）を形成することを示唆した[4]。またアセトアルデヒドのシッフ塩基の加水分解はチアミンを再生した。一方，Breslow は反応が起こるのは（二つの共役フラグメントをつなぐ）メチレン架橋のイオン化とこのイオン化基とピルビン酸との連続的縮合の結果であると仮定した[5]。また Wiesner-Valenta は Langenbeck の示唆と Breslow の示唆を結びつけた機構を提唱した[6]。チアゾリウム環を補酵素の活性部位とする理論も多数提案された。たとえば Karrer はこの環が開いてスルフヒドリル基を遊離すると考えた[7]。また環の還元に成功した Lipmann は環が電子伝達反応に関与することを示唆した[8]。Mizuhara はチアゾリウム環の C_2 位でのチアミン偽塩基の形成と，それに続く（第三級チアゾール窒素を経た）ピルビン酸のカルボニル炭素への配位という機構を提唱した[9]。また Breslow はチアゾリウム環のイオン化を伴うチアミンの作用機構を提案した[10]。この機構ではプロトンは C_2 位から取り除かれ，かつ双性イオンの連続的形成が起こった。

16.2 作用様式の理論　525

$$R-\overset{\overset{O}{\|}}{C}-COOH + CN^- \longrightarrow R-\overset{\overset{OH}{|}}{\underset{\underset{N}{\|}}{\underset{C}{|}}}-COOH \longrightarrow$$

　この双性イオンは触媒作用を示し，そのイオン化位置は変換された分子との相互作用に対する反応中心であった。すなわちこのタイプの触媒作用は既知のシアン化物イオン触媒型アシロイン縮合とよく似ていた。後者の反応では，シアン化物イオンはα-ケト酸のカルボニル炭素へ付加してシアノヒドリンを生成した。シアノヒドリンはβ-ケト酸と電子的に似ており容易に脱炭酸された。得られたアニオンへのプロトンの付加はアルデヒドを与え，別のカルボニル化合物の付加はアシロインを生成した。一連の反応は次の形にまとめられる。

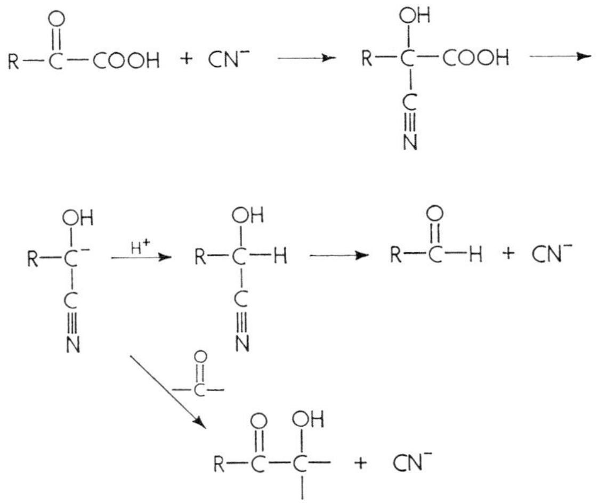

$$R-\overset{\overset{OH}{|}}{\underset{\underset{N}{\|}}{\underset{C^-}{|}}} \xrightarrow{H^+} R-\overset{\overset{OH}{|}}{\underset{\underset{N}{\|}}{\underset{C}{|}}}-H \longrightarrow R-\overset{\overset{O}{\|}}{C}-H + CN^-$$

　たとえばチアミン触媒型ベンゾイン縮合に対する Breslow 仮説は，詳しく考察してみると明らかにチアミンの作用機構とよく似ていた（図2 参照）。

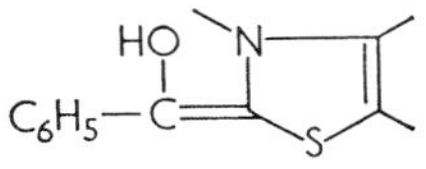

C′

　いわゆる「活性アルデヒド」と呼ばれる中間体（C）は共鳴によって安定化される。その際の重要な極限構造式は明らかに C′である。

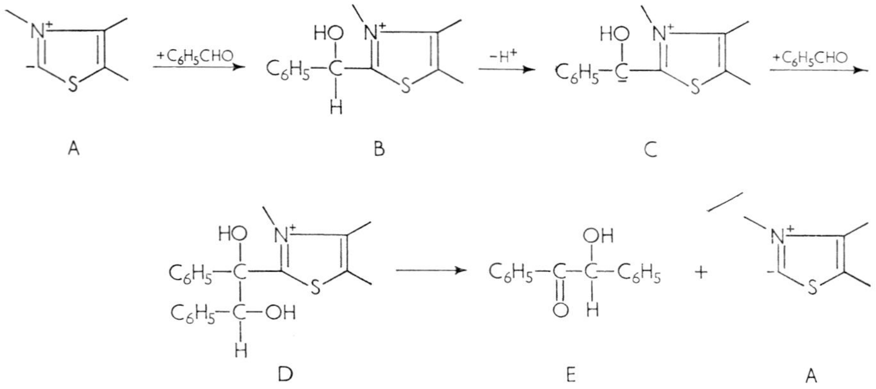

526　第16章　チアミン-ピロリン酸触媒型反応

図2　チアミン触媒型ベンゾイン縮合の機構

　これらの機構の中で最も妥当なものは Breslow によって提唱された機構である。というのは，チアミン触媒作用におけるピリミジン部分やメチレン架橋の寄与は実験的に証明されているからである。Stern-Melnick によれば，ピリミジンのアミノ基はかなり不活性である[11]。この理由により，シッフ塩基の形成にピリミジンのアミノ基が関与しているとは考えにくい。またWestheimer らによれば，チアミン触媒型脱炭酸では架橋した CH_2 基のイオン化は起こらない[12]。したがって関心は必然的にチアゾリウム環に向けられる。というのはチアゾリウム環はチアミンの触媒活性の中心と考えられ，かつ Breslow の機構を支持する議論もあるからである。これらの議論は，一方では（赤外線吸収や核磁気共鳴のデータや D_2O との交換反応に基づいた）チアゾリウム環の C_2 位の水素の不安定性によっ立証され，他方ではモデル化合物との適当な反応（たとえばアセトイン，ベンゾインまたはフロイン縮合）に基づいて立証された。このようなモデル化合物を最初に利用したのは Ugai ら[13]や Mizuhara ら[14]であった。すなわち彼らは弱塩基性溶液ではチアミン自体が完全な酵素系の触媒活性をある程度示すことを発見した。このような研究は Breslow[10]，Metzler ら[15]および Sykes ら[16]によって広範に行われた。

　モデル系を用いた研究の中には Breslow の理論を直接支持するものもあった。特に C_2 位の水素を別の基で置換すると活性は完全に消失した。ただし CH_3-CHOH 基は例外であった[17]。この基がついた誘導体は「活性アセトアルデヒド」の直接的な前駆体であった。C_2 位を CH_3CHOH で置換したチアミン類似体（α-ヒドロキシエチル誘導体）の触媒活性はチアミン自体と同じように強力であった[17]。他のチアゾリウム化合物でも，C_2 位に CH_3CHOH がついた化合物はそうでない化合物に比べてはるかに強い触媒活性を示した[10]。Breslow はまた化合物（Ⅴ）すなわち「活性ベンズアルデヒド」も合成した[10]。

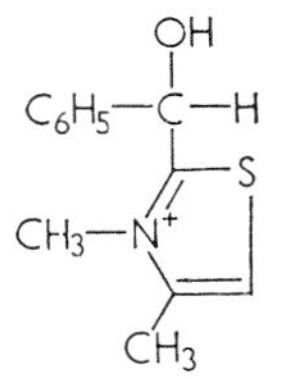

16.2 作用様式の理論　527

$$C_6H_5\text{-}\overset{\overset{\displaystyle OH}{|}}{C}\text{-}H$$

（構造式 V）

V

この化合物はピリジン中で加熱すると分解してベンズアルデヒドを与えた。ピルビン酸とチアミンピロリン酸との初期相互作用生成物は「活性ピルビン酸」と呼ばれた。この生成物もまた非酵素的反応によって直接得られ，その構造は α-ヒドロキシ-α-カルボキシエチル-2-チアミンピロリン酸であった[18]。

　最後になるが，Breslow 概念に関する補完的かつ説得力ある証明が「活性アセトアルデヒド」としての α-ヒドロキシメチルチアミンピロリン酸の酵素反応的確認という形で得られた[19]。対応する「活性プロピルアルデヒド」と「活性ピルビン酸」もまた酵素反応中間体として観察された[18]。

　チアミンピロリン酸酵素類の機能に対して Breslow が提唱した機構は現時点で最も妥当なものと考えられる。次に述べる理論的議論では，話はこの機構の電子的側面の検討に限定される。その前にモデル化合物から得られた補完的かつ印象的な結果を要約しておく。それらは次の通りで，理論的にも興味深い[19a]。

(1) C-C 二重結合によるチアゾリウム環の S 原子の置換はピリチアミン（Ⅵ）を生成するが，この置換は活性を完全な消失させた。チアゾリウム環の水素化もまた同様であった。すなわちジヒドロチアミン（Ⅶ）とテトラヒドロチアミン（Ⅷ）はいずれも不活性であった。

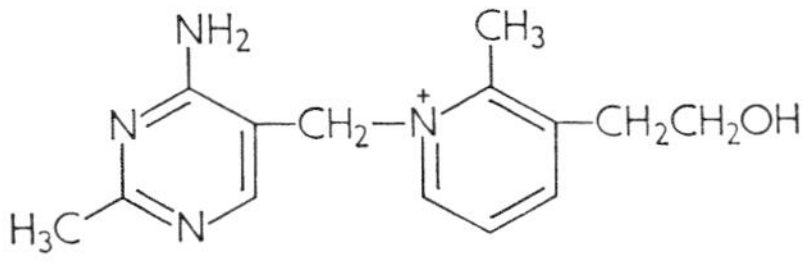

Ⅵ. ピリチアミン 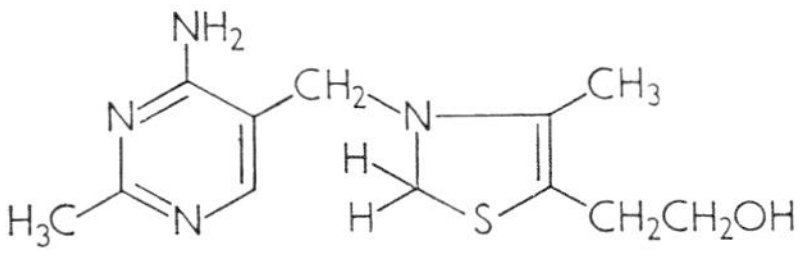　　　　　Ⅶ. ジヒドロチアミン

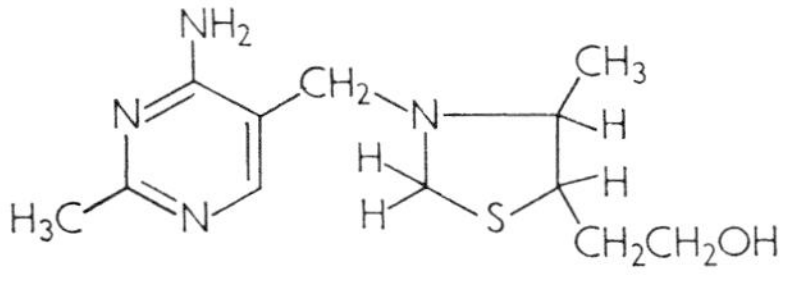

Ⅷ. テトラヒドロチアミン

(2) チアミンやモデル化合物における酸素による S 原子の置換は活性を完全に消失させた。一方，活性チアゾリウム塩に対応するイミダゾリウム塩は一般に活性であった。

(3) チアゾリウム塩の炭素 4-5 へのベンゼン環の縮合はベンゾチアゾリウム塩を生成したが，

この反応は活性を低下させた。すなわちベンゾイン試験において，臭化3,4-ジメチルチアゾリウムはわずかに活性を示したのに対し，ヨウ化3-メチルベンゾチアゾリウムはまったく不活性であった。

(4) チアミン骨格のピリミジン部分の化学修飾や他の構造単位によるこの部分の置換は常に活性を低下させ，場合によっては活性を消失させた。*N*-ベンジル塩は*N*-メチル塩よりも高い活性を示したが，*N*-フェニル塩は不活性であった。このことは（ピリミジンアミノ基をOH基で置換した）オキシチアミンでも同様であった。

モデルや酵素系のモデル反応に伴う制約により，これらの構造的影響は生体系におけるチアミンピロリン酸の触媒機能に必要な条件と関係があると考えられる。

16.3 電子的側面

16.3.1 計算

チアミンや一連の関連モデル化合物に対してLCAO分子軌道計算が行われた[20]。計算された化合物は以下の通りである。チアミン（Ⅰ），チアゾリウムイオン（Ⅸ），*N*-メチルチアゾリウムイオン（Ⅹ），4,5-ジメチルチアゾリウムイオン（Ⅺ），3,4,5-トリメチルチアゾリウムイオン（Ⅻ），4,5-ジメチルオキサゾリウムイオン（ⅩⅢ），ベンゾチアゾリウムイオン（ⅩⅣ），3-ベンジル-4,5-ジメチルチアゾリウムイオン（ⅩⅤ），3-フェニル-4,5-ジメチルチアゾリウムイオン（ⅩⅥ），（ピリチアミン（Ⅵ）の代役としての）1,2,3-トリメチルピリジニウムイオン（ⅩⅦ），「活性アセトアルデヒド」（ⅩⅧ），「活性ベンズアルデヒド」（ⅩⅨ），2,3-ジヒドロチアゾール（ⅩⅩ），チアゾールの擬塩基（ⅩⅩⅠ）およびチアゾールのチオール型擬塩基（ⅩⅩⅡ）。

IX: X = S, R₁ = R₂ = R₃ = H
X: X = S, R₁ = CH₃, R₂ = R₃ = H
XI: X = S, R₁ = H, R₂ = R₃ = CH₃
XII: X = S, R₁ = R₂ = R₃ = CH₃
XIII: X = O, R₁ = H, R₂ = R₃ = CH₃
XV: X = S, R₁ = C₆H₅CH₂, R₂ = R₃ = CH₃
XVI: X = S, R₁ = C₆H₅, R₂ = R₃ = CH₃

メチル基が明確に導入される場合には，これらの原子団の超共役やチアミンの中央メチレン架橋の超共役も考慮される。この最後の分子はユニークな共役系を形成する。すなわちメチレン架橋の超共役はピリミジン部分とチアゾリウム部分のπ電子を合体するものとして機能する。一方，補酵素のピロリン酸部分は計算に含めない。なぜならばその存在はチアミン環の電子分布に大きな影響を及ぼさないからである。

概してチアミンや関連モデル化合物の計算は他の補酵素タイプの計算に比べて満足な結果を与えず，かつ信頼性も乏しい。このことは（第四級窒素と硫黄原子を同時に含んだ）チアゾリウム環の特殊性に因るものである。

これらのヘテロ原子に対するパラメータは十分確立されていない。ことに硫黄原子の明確な導入はさらなる精密化を必要とする。それゆえ以下の議論には注意が必要である。

16.3.2　結果

図3は系の易動性（π）電子の電子密度分布を示したものである。また表1は重要なエネルギー量のいくつか，すなわち共鳴エネルギーと最高被占軌道および最低空軌道のエネルギーをまとめたものである。

表1　エネルギー指標（単位：β）

化合物	共鳴エネルギー	HOMOエネルギー	LUMOエネルギー
チアミン（Ⅰ）	6.40	0.59	−0.80
チアゾリウムイオン（Ⅸ）	2.59	0.82	−0.89
N-メチルチアゾリウムイオン（Ⅹ）	2.70	0.81	−0.89
4,5-ジメチルチアゾリウムイオン（Ⅺ）	3.18	0.64	−0.85
3,4,5-トリメチルチアゾリウムイオン（Ⅻ）	2.99	0.70	−0.89
4,5-ジメチルオキサゾリウムイオン（ⅩⅢ）	2.03	0.66	−0.58
ベンゾチアゾリウムイオン（ⅩⅣ）	4.37	0.64	−0.75
3-ベンジル-4,5-ジメチルチアゾリウムイオン（ⅩⅤ）	5.70	0.64	−0.82
3-フェニル-4,5-ジメチルチアゾリウムイオン（ⅩⅥ）	5.47	0.64	−0.71
1,2,3-トリメチルピリジニウムイオン（ⅩⅦ）	2.34	0.99	−0.39
"活性アセトアルデヒド"（ⅩⅧ）	2.29	−0.34	−1.38
"活性ベンズアルデヒド"（ⅩⅨ）	4.78	−0.23	−1.00
2,3-ジヒドロチアゾール（ⅩⅩ）	1.52	−0.25	−1.44
チアゾールの擬塩基（ⅩⅪ）	0.90	−0.27	−1.45
チアゾールのチオール型擬塩基（ⅩⅫ）	1.31	−0.22	−1.38

Breslow 理論との関連で，最も印象的な結果はチアミンや関連チアゾリウム誘導体のチアゾリウム環における C_2 位の電子密度が高いことである[21]。たとえばチアミンではチアゾール環の C_2 位の電子密度は $1.134e$ である。すなわちこの炭素は系のπ電子プールへπ電子を1個提供するので，その形式負電荷は $0.134e$ である。（電気陰性な第四級窒素の隣という位置にも拘わらず生じた）この状況は硫黄原子の孤立電子対の非局在化によるものと考えられる。この孤立電子対は

系の易動性電子の共役に関与し，硫黄電子の形式正電荷をきわめて高い状態に保つ。実際には形式正電荷の計算値は過大評価されている。これらの化合物に対してはさらに精密な SCF 分子軌道計算の適用が強く望まれる。

Breslow 理論では，C_2 原子はプロトンを放出するので，さらに大きな負電荷を帯びることになる。簡単な計算でこの現象を説明することは容易ではない。そのため，計算ではイオン化は考慮されない。もちろんイオン化位置のクーロン積分を適当に変えれば，その位置の電子密度増加を説明することができる。しかしこのような操作は結果に本質的な変化をもたらさない[22]。C_2 位が電子に富むことは非イオン化分子の計算からすでに明らかであった。すなわちこれらの計算は Breslow 機構の解釈に対して十分満足すべき基礎を与えた。C_2 炭素の高い電子密度はアセチレン炭素のそれと似ている。このことはこの炭素の電気陰性度の増加を反映した結果である。アセチレンの酸的性質はよく知られているが，これは sp 炭素の大きな電気陰性度によるものである[23]。また C_2 原子の電子過剰はチアゾリム塩の脱プロトン化とも関係が深い。実際には計算によって明らかになったのは，S の孤立電子対の非局在化と C_2 の負荷電的性質であった。その結果としてイオン構造の存在がある程度示唆された。

チアゾリウム部分に対する構造修飾の影響を調べた結果，C_2 位の高い電子密度はチアミンの触媒活性にとって不可欠な条件であることが推測された。したがって図 3 に示すように，チアゾリウム部分の C_2 位電子密度は C_4-C_5 結合へのベンゼン環の縮合によって低下し，触媒活性も併せて低下した。チアゾール環の水素化は C_2 の電子密度をさらに低下させ，触媒活性を完全に消失させた。しかし C_2 位の電子密度に対する触媒活性の依存性を最も顕著に示したのはオキサゾリウム化合物であった。チアミンのオキサゾリウム類似体は触媒的に不活性であった。計算によれば，4,5-ジメチルオキサゾリウムイオンでは C_2 位の電子密度は π 電子の過剰ではなく不足と関係があった。実際，この原子の電子密度は $0.744e$ に過ぎなかった。これは $0.256e$ の形式正電荷に相当する。すなわちオキサゾリウム化合物では，この原子の電子的特性はチアゾリウム類似体とは大きく異なる。この状況は硫黄に比べて酸素の電気陰性度が大きいことによるものである。またオキサゾリウム塩の酸素原子の孤立電子対は，チアゾリウム塩の硫黄原子のそれと比べて π 電子プールとの共役への寄与が小さかった。相関的には O-ヘテロチアミンの C_2 は高い正電荷を帯び，チアミンに比べて触媒的に不活性な擬塩基を形成しやすいと考えられる。

対応するイミダゾリウム塩では，C_2 位の電子密度に関する限り，状況はチアゾリウム塩とオキサゾリウム塩との中間であった。したがって純粋に電子的観点からは，イミダゾリウム類似体の触媒活性はチアゾリウム化合物のそれよりも低いことが期待された。しかし実際には実験的状況ははるかに複雑であった。Breslow に従えば，このことは対応する擬塩基の環開裂のしやすさと関連があると考えられた[10]。

ピリチアミンの活性不足もまた同様の考え方で説明された。チアミンのチアゾリウム環の S 原子を炭素-炭素二重結合で置換すると，系の π 電子数は変わらないが，電子的分布に重要な変化が生じた。また C_2 位の高電子密度中心は消失した。S 原子と置き換わった二個の C 原子や第四級窒素に隣接した C 原子は，ピリチアミンではいずれも電子不足性で形式正電荷を帯びていた。

16.3 電子的側面

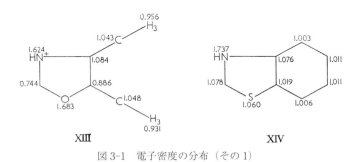

図 3-1 電子密度の分布 (その 1)

532　第16章　チアミン-ピロリン酸触媒型反応

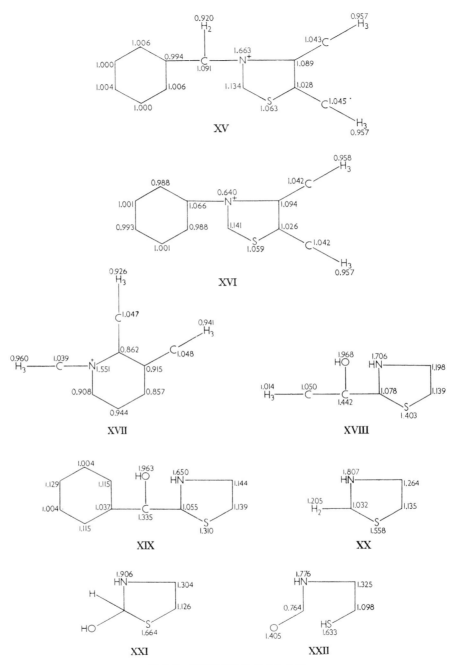

図3-2　電子密度の分布（その2）

「反応性中間体」の電子的構造は仮定された機構を補完的に支持した。

たとえばベンズアルデヒドとチアミンとの反応は最初に相互作用生成物（図2のB）を形成する。反応の次の段階（ここではベンゾイン縮合）では，環外アルデヒド炭素からプロトンが放出され，「活性ベンズアルデヒド」（図2のC；極限構造式C'も参照）が形成される。この変換に寄与する因子は共鳴による中間体の安定化である。プロトンの放出は分子周辺全体に広がるユニークな共役系を作り出した。このイオン化による共鳴エネルギーの増加は約 0.2β すなわち約 3.2 kcal/mole であった。反応機構のこの段階はピリドキサールリン酸触媒型反応（第15章参照）における遷移型シッフ塩基の形成とよく似ていた。

「活性ベンズアルデヒド」ではそのアルデヒド炭素はきわめて反応性が高い。この炭素には電子が過剰に存在し，その形式負電荷は $0.335e$ であった。したがってこの炭素は（たとえば第二の C_6H_5CHO 分子のアルデヒド炭素のような）電子不足中心と容易に結合した（図2のD）。この付加物の開裂はベンゾインを生成し，かつチアゾリウム塩を再生した。この開裂は共鳴エネルギーの増加も伴った。この効果はベンゾインのフェニル基とカルボニル基との共鳴やチアゾール環の共鳴エネルギーの増加によるものであった。

同様の考察は他のチアミン触媒型反応にも適用された。たとえば「活性アセトアルデヒド」の構造は「活性ベンズアルデヒド」のそれと同じであった。ただし「活性アセトアルデヒド」の形成は共鳴エネルギーのわずかな減少を伴うことに注意されたい。この現象は少なくとも一部，脂肪族アルデヒドの付加物が（芳香族アルデヒドのそれに比べて）安定であることによるものであった。

また「活性アセトアルデヒド」の反応性炭素の電子密度は「活性ベンズアルデヒド」のそれよりもはるかに大きかった。一方，これらの「活性アルデヒド類」における C_2 原子の電子密度は比較的低かった。

この最後の点は Breslow-McNelis の観察結果との関連で興味深い[24]。というのは2-アセチルチアゾリウム塩類は「活性酢酸」の形で表され，それらの酢酸ラジカルはきわめて不安定だからである。「活性」な酢酸類とアルデヒド類は同じ一般的性質（たとえば共鳴エネルギーの増加とか解離の際の静電的反発の減少とかいった性質，第7章を参照）をもつため，見かけ上よく似た挙動を示す。にもかかわらずこれらの化合物の不安定な結合における π 電子分布はまったく異なっていた。図4は2-アセチルチアゾリウム塩の電子密度分布を示したものである。

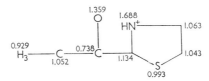

図4　2-アセチルチアゾリウムイオンの電子密度

最後に，チアミンのチアゾリウム環の性質との関連でこの環の擬塩基の構造についても言及しておこう。実際にはチアゾリウム塩はそれらの擬塩基や開環生成物（擬塩基のチオール形）と平

衡にある。これらの二つの形における電子密度分布は図3のXXIやXXIIに示された通りである。また表1によれば，チアゾリウム環の擬塩基の開環は共鳴エネルギーを0.41βだけ増加させる。この増加はベンゾチアゾリウム塩の擬塩基の開環に対する値（0.38β）に比べて大きい。にも拘らず開環型擬塩基へのチアゾリウム環の変換は，対応するベンゾチアゾリウム環の変換（1.08β）に比べて共鳴エネルギーの大きな損失（1.28β）を伴う。この状況もまたBreslowがすでに観察した通り[10]，ベンゾチアゾリウム塩の活性喪失と一部関係があった。擬塩基へのオキサゾリウム環の開裂は共鳴エネルギーのわずかな増加（0.38β）を伴った。一方，開環型擬塩基へのオキサゾリウム環の変換は共鳴エネルギーのわずかな損失（0.42β）を伴うことに注意された。対応するイミダゾリウム化合物の変換はチアゾリウム環とオキサゾリウム環との中間的状況にあった。この事実はそれらの触媒活性と関連づけられた[10]。

　次にチアミンのピリミジン部分の改変がこの分子の触媒活性に及ぼす影響について検討しよう。チアミンの触媒活性は主にそのチアゾリウム環と関連がある。その活性はピリミジン部分の存在や改変にもかなり依存する。残念ながら問題のこの側面に関した計算はまだ十分行われていない。図3の電子密度分布図によれば，計算に用いた近似ではチアゾリウム環の電子密度分布はチアミン，N-ベンジル-4,5-ジメチルチアゾリウムイオンおよびN-メチル-4,5-ジメチルチアゾリウムイオンと実質的に同じであった。しかし実験的には，これらの三種の分子ではこの順に触媒活性の低下が認められた。Breslowはこれらの活性差，特にN-ベンジル体がメチル体よりも高い活性を示すのはベンジル環の方がメチル基よりも誘起的な求引効果が大きいことに原因があると考えた[10]。この効果は確かに存在し，Metzlerらによればチアミンの方が上記類似体よりも顕著であった[15]。中央のメチレン橋のパラメータを適当に修正すれば，この効果は近似を進めた計算によって再現可能であった。もっとも不活性または低活性なN-フェニル-4,5-ジメチルチアゾリウムに対する計算は示唆された説明に疑問を投げかけた。というのはこの化合物では二つの共役フラグメント間に飽和炭素は挿入されないからである。にもかかわらず二つの環の電子的相互作用は，簡単な計算からすでに明らかなように電子密度の変化を引き起こすほど大きかった。すなわちこの化合物では誘起効果と共鳴効果が一緒に作用するため，第四級窒素の電子密度の減少とC_2位電子密度の増加が同時に観察された。この状況ではこの分子はきわめて活性であることが期待された。しかし実際にはそうではなかった。もちろんこの活性の欠如にはさまざまな理由が考えられた。それらの中で最も妥当な理由は近接したフェニル環によるC_2位での立体障害の発生である。この説明はベンゾイン縮合試験で全く不活性な化合物がアセトイン縮合試験ではある程度活性を示すという事実によって支持された[16]。もちろん前者の反応では立体効果はより大きな摂動を受ける。チアミン類似体の触媒活性を妨げる上で，立体障害の重要性は二種の異性化同族体（XXIII，XXIV）に関するBiggs-Sykesの研究からも明らかであった[16]。すなわちこれらの二種の同族体では，チアゾール環に及ぼすピリミジン部分の誘起効果はXXIVに比べXXIIIの方が小さかった。しかし立体障害に関しては，XXIIIよりもXXIVの方が大きかった。実験的には（アセトイン試験で）XXIIIはチアミンの触媒活性の67%を保存したが，XXIVは5%しか保存しなかった。すなわちこの事例では立体的因子は大きな影響を及ぼした。

XXIII   XXIV

　実際にはピリミジン部分はチアゾリン環への（誘起的および立体的）影響を介してチアミンと
その類似体の触媒活性に影響を及ぼし，併せて独立的かつ本質的機能も発揮した。たとえばこの
環は補酵素とアポ酵素との結合を促進した。しかし触媒能力に対するチアミンのピリミジン部分
の正確かつ多価的役割は現時点ではまだ明らかではない。Metzler らによれば，塩基性溶液中で
はピリミジン部分のアミノ基とチアゾリウム環との間で分子内縮合が起こる[25]。その際には中間
体として三環式構造（ＸＸＶ）が形成され，さらにＸＸⅥへと変換されるという。彼らはこれら
の構造がチアミンの生化学的活性の発現に重要な役割を演じると考えた。

XXV   XXVI

　他の補酵素に関する同様の所見との関連で，本章で扱った化合物の電子供与性と電子受容性に
ついても言及しておこう。表1には最高被占軌道と最低空軌道のエネルギーに関するデータも提
示されている。
　一般的に言って，本章で取り上げた物質は適度な電子供与体または電子受容体であった。ただ
し「活性アルデヒド類」，チアゾールの擬塩基およびジヒドロチアゾールは例外である。これら
の化合物はいずれも良好な電子供与体であった。また 4-アミノ -2-メチルピリミジンに関する未
発表データによると，その最低空軌道のエネルギー係数は − 0.89 であった。このことはチアミ
ンの適度な電子受容的性質がチアゾリウム環に由来することを示している。また C_2 位の大きな
自由原子価はこの位置が H 原子による攻撃を特に受けやすいことを示唆する[26]。ジヒドロチア
ゾールの強い電子供与的性質から判断して，チアゾリウム塩の還元は可逆的であると考えられた。
たとえばベンゾチアゾリウム塩の還元は実際に可逆的であったが，その状況はチアゾリウム塩や
チアミン自体に比べて複雑であった[8]。Lipmann によれば，これらの化合物は主に可逆的な水素
化生成物を形成した[8]。しかし場合によっては，不可逆的な転位反応を起こすこともあった。

引用文献

1.　総説：Metzler, D. E., in Boyer, P. D., Lardy, H., and Myrbäck, K.（Eds.）, *The Enzymes*, Vol. Ⅱ, p. 295,

Academic Press, New York, 1960.

2. Das, M. L., Koike, M., and Reed, L. J., *Proc. Natl. Acad. Sci. U. S.*, **47**, 753 (1961); Gunsalus, I. C., in McElroy, W. D., and Glass, B. (Eds.), *The Mechanism of Enzyme Action*, p. 545, Johns Hopkins Press, Baltimore, 1954.

3. Westheimer, F. H., in Boyer, P. D., Lardy, H., and Myrbäck, K. (Eds.), *The Enzymes*, Vol. I, p. 270, Academic Press, New York, 1960; Calvin, M., and Pon, N. G., *J. Cellular Comp. Physiol.*, **54**, Suppl. **1**, 51 (1959).

4. Langenbeck, W., *Ergeb. Enzymforsch.*, **2**, 314 (1933); Schachat, R. E., Becker, E. I., and McLaren, A. D., *J. Phys. Chem.*, **56**, 722 (1952); Weil-Malherbe, H., *Nature*, **145**, 106 (1940).

5. Breslow, R., *Chem. & Ind.* (*London*), B. I. F. Review R. 28 (1956).

6. Wiesner, K., and Valenta, Z., *Experientia*, **12**, 190 (1956).

7. Karrer, P., *Bull. soc. chim. France*, 141 (1947).

8. Lipmann, F., *Nature*, **138**, 1097 (1936); **140**, 849 (1937); Lipmann, F., and Perlman, G., *J. Am. Chem. Soc.*, **60**, 2574 (1938).

9. Mizuhara, S., and Handler, P., *J. Amer. Chem. Soc.*, **76**, 571 (1954).

10. Breslow, R., *Chem. & Ind.* (*London*), 893 (1957); *J. Amer. Chem. Soc.*, **79**, 1762 (1957); **80**, 3719 (1958); Breslow, R., and McNelis, E., *J. Amer. Chem. Soc.*, **81**, 3080 (1959); Breslow, R., *Ann. N. Y. Acad. Sci*, **98**, 445 (1962).

11. Stern, K. G., and Melnick, J. L., *J. Biol. Chem.*, **131**, 597 (1939).

12. Ingraham, L. L., and Westheimer, F. H., *Chem. & Ind.* (*London*), 846 (1956); Fry, K., Ingraham, L. L., and Westheimer, F. H., *J. Amer. Chem. Soc.*, **79**, 5225 (1957); De Tar, D. F., and Westheimer, F. H., *J. Amer. Chem. Soc.*, **81**, 175 (1959).

13. Ugai, T., Tanaka, S., and Dokowa, S., *J. Pharm. Soc. Japan*, **63**, 269 (1943).

14. Mizuhara, S., Tamura, R., and Arata, H., *Proc. Japan Acad.*, **27**, 302 (1951); Mizuhara, S., and Arata, H., *ibid.*, **27**, 700 (1951); Mizuhara, S., and Oono, K., *ibid.*, **27**, 705 (1951); Mizuhara, S., and Handler, P., *J. Am. Chem. Soc.*, **76**, 571 (1954).

15. Maier, G. D., and Metzler, D. E., *J. Amer. Chem. Soc.*, **79**, 4386 (1957); Yatco-Manzo, E., Roddy, F., Yount, R. G., and Metzler, D. E., *J. Biol. Chem.*, **234**, 733 (1954); Yount, R. G., and Metzler, D. E., *J. Biol. Chem.*, **234**, 738 (1954).

16. Downes, J., and Sykes, P., *Chem. & Ind.* (*London*), 1095 (1957); Biggs, J., and Sykes, P., *J. Chem. Soc.*, 1849 (1959).

17. Krampitz, L. O., Greull, G., Miller, C. S., Bicking, J. B., Skeggs, H. R., and Sprague, J. M., *J. Amer. Chem. Soc.*, **80**, 5893 (1958); Krampitz, L. O., Suzuki, I., and Greull, G., *Federation Proc.*, **20**, 971 (1961); Miller, C. S., Sprague, J. M., and Krampitz, L. O., *Ann. N. Y. Acad. Sci.*, **98**, 401 (1962); Krampitz, L. O., Suzuki, I., and Greull, G., *Ann. N. Y. Acad. Sci.*, **98**, 466 (1962).

18. Holzer, H., Fonseca-Wollheim, F. D., Kohlhaw, G., and Weenckhaus, Ch. W., *Ann. N. Y. Acad. Sci.*, **98**, 453 (1962).

19. Brown, G. M., *J. Cellular Comp. Phys.*, **54**, 101 (1959); Carlson, G. L., and Brown, G. M., *J. Biol. Chem.*, **235**, PC$_3$, 1960; Holzer, H., and Beaucamp, K., *Biochim. et Biophys. Acta*, **46**, 225 (1961); *Angew. Chemie*, **71**, 776 (1959); Holzer, H., Goedde, H. W., Göggel, K. H., and Ulrich, B., *Biochem. Biophys. Res. Comm.*, **3**, 599 (1960).

19a. Rogers, E. F., *Ann. N. Y. Acad. Sci.,* **98**, 412 (1962).
20. Pullman, B., and Spanjaard, C., *Biochim. et Biophys. Acta,* **46**, 576 (1961).
21. この理論的結果は塩酸チアミンの結晶構造に対する測定結果から立証された：Kraut, J., and Reed, H. J., *Acta Cryst.,* **15**, 747 (1962).
22. 双性イオンであるチアゾリウム環の C_2 は，そのクーロン積分の係数 δ として -1 が割りつけられれば，代表的なモデル化合物に対して次の電子密度分布を与える。

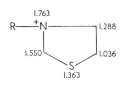 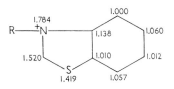

チアゾリウム双性イオン　　　　ベンゾチアゾリウム双性イオン

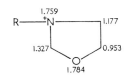

オキサゾリウム双性イオン

これらの双性イオンにおける C_2 の電子密度変化は非イオン化化合物のそれとよく似ていた。
23. Wheland, G. W., *Resonance in Organic Chemistry,* p. 350, Wiley, New York, 1955.
24. Breslow, R., and McNelis, E., *J. Amer. Chem. Soc.,* **82**, 2394 (1960).
25. Maier, G. D., and Metzler, D. E., *J. Am. Chem. Soc.,* **79**, 4386, 6583 (1957); Metzler, D. E., *Ann. N. Y. Acad. Sci.,* **98**, 495 (1962).
26. フリーラジカルの攻撃に対するチアミンのチアゾリウム環の感受性はこの物質へのX線の作用からも明らかである：Ebert, M., and Swallow, A. J., *Radiation Research,* **7**, 229 (1957).

第 17 章　酵素的加水分解

酵素的加水分解は生化学で広く取り上げられる最も基本的な代謝的変換の一つである。これらの反応には 200 種を超える酵素が関与する。それらは活性化剤として金属イオンをしばしば利用する。しかし一般には補酵素を必要とせず、かつきわめて顕著な特異性を示す。

ここでは問題を完全に提示したり議論したりはしない[1]。また話は、最近の理論的研究や実験的研究から湧き出た観察や酵素的加水分解の一般的理論に関する議論に限定される。しかし現時点ではこのような理論は存在しない。そのため確立できるのはその要素だけである。

このような試みの基礎となるのは、加水分解される基質とそれを行う酵素が一般的特徴をもつという観察である。後者はおそらく共通の一般的反応機構の存在と関係がある。なお個々の反応の特異性は二次的因子の影響によって決定されると考えられる。

17.1　酵素的加水分解における基質の一般的特徴

生化学的基質に関する限り、酵素的加水分解の機構に関する一般的理論の基礎を形作るのは次の定理である[2]。

第一の定理：酵素的加水分解される生化学的基質では、加水分解される結合はその両端に形式正電荷をもつ。すなわちそれは「二正値的結合」である。この概念には高エネルギーリン酸類（第 7 章）や葉酸補酵素類（第 14 章）の研究ですでに遭遇している。この概念は本章でもきわめて重要である。そこでもう一度その定義を考えてみよう。一例としてペプチド結合を取り上げる。

$$R_1 - \overset{\overset{\textstyle O}{\|}}{C} - \underset{\underset{\textstyle H}{|}}{\ddot{N}} - R_2$$

この結合は局在化 σ 単結合からなる基本骨格に π 易動性電子系を重ね合わせたものとして表される。いまの場合、この π 電子系は全部で 4 個（C＝O 二重結合に対する 2 個と窒素原子の孤立電子対に対する 2 個）の電子から構成される。これらの 4 個の電子は共鳴系を形作っている。一般に二重結合の隣に孤立電子対を含んだヘテロ原子が存在すると、孤立電子対は共鳴によりヘテロ原子から二重結合の末端原子へと一部移動する。この現象は次のタイプの極限構造式がペプチド結合の真の構造へ寄与した結果と考えられる。

$$
\begin{array}{c}
\overset{\displaystyle O^{-}}{\underset{\displaystyle |}{}}\\
R_1\!-\!C\!=\!\overset{+}{N}\!-\!R_2\\
\underset{\displaystyle |}{}\\
H
\end{array}
$$

この寄与の結果として窒素原子は形式正電荷を帯びることになる。このことは孤立電子対が2個の電子すべてではなく，その一部しかもたないことに対応する。

　また炭素と酸素との電気陰性度の違いにより，炭素－酸素二重結合は共有結合性 C ＝ O 構造とイオン性 C⁺—O⁻ 構造の共鳴混成体と見なせる。そのためペプチド結合の炭素原子は形式正電荷を帯びている。このことは π 電子プールへ寄与する π 電子が1個よりも少ないことを意味する。一方，酸素原子は1個よりも多くの π 電子を π 電子プールへ供与するため，形式負電荷を帯びている。これらの形式電荷のすべては電子の断片として測定される。もしこれらの断片を一般記号 δ で表すならば，ペプチド結合における形式電荷の分布は次のように表される。

$$
\begin{array}{c}
O\text{-}\delta_3\\
\underset{\displaystyle |}{}\quad +\delta_1\\
R_1\!-\!C\!-\!N\!-\!R_2\\
+\delta_2\quad \underset{\displaystyle |}{}\\
H
\end{array}
$$

すなわち明らかに次式が成立する。

$$\delta_3 = \delta_1 + \delta_2$$

および

$$(1+\delta_3)+(1-\delta_2)+(2-\delta_1)=4$$

この一般的結果は計算に用いられたパラメータの値に依存しない。第6章で示したように，分子軌道計算は4個の π 電子からなる系に対して次の分布を与えた。

$$
\begin{array}{c}
O\ 1.397\\
\underset{\displaystyle |}{}\quad 1.859\\
R_1\!-\!C\!-\!N\!-\!R_2\\
0.744\quad \underset{\displaystyle |}{}\\
H
\end{array}
$$

したがって形式電荷の分布は次のようになる。

$$
\begin{array}{c}
-0.397\\
O\\
\underset{\displaystyle |}{}\quad +0.141\\
R_1\!-\!C\!-\!N\!-\!R_2\\
+0.256\quad \underset{\displaystyle |}{}\\
H
\end{array}
$$

ペプチド結合の C ＝ N 結合は「二正値的結合」と呼ばれ，結合を構成する両原子は π 電子が不足

した状態にある。この二正値的性質は（酵素による攻撃を含め）外的摂動を受ける前から存在する。

π電子のこの分極に加えて，（結合原子間の電気陰性度の違いに基づく）σ電子の分極もある。σ結合のこの分極はπ電子雲の分極とはしばしば反対の方向を向く。すなわちC−O結合のσ結合はそのπ電子結合と同じ方向（酸素の方向）へ分極するが，C−Nσ結合はおそらく窒素原子の方向へ分極する。にも拘らずσ結合の分極は一般に考慮されない。というのは多くの事例ですでに指摘されたように，π電子をもつ系の化学的（生化学的）反応性は一般にこれらのπ電子に基づくからである。すなわちこれらのπ電子はσ電子に比べて結合が弱いため，化学反応へ関与しやすいのである。

さて第一の原理に立ち戻ろう。すなわち一つの例外を除き基本的な生化学的基質では，酵素的加水分解される結合はこの二正値的性質を備える。実際には，これらの基本的な生化学的基質にはペプチド結合以外に次のような結合がある。

1. *エステル結合*。たとえばカルボン酸エステル R_1—$\overset{\displaystyle O}{C}$—O—$R_2$，フェノールエステル Ph−O−R，リン酸エステル R—O—P，硫酸エステル R—O—S—など。

2. *酸無水物結合*。特に高エネルギーリン酸類の —P—O—P— 結合。

3. *アミン類*。たとえばアデニンやグアニンの —C—NH_2 結合。

4. *グアニジン類*。たとえばアルギニンやクレアチンの —NH—C— 結合。

5. *多糖類のグリコシド結合*。

6. *プリン類，ピリミジン類などのリボシド類の N-グリコシド結合*。

さてこれらの結合は，多糖類のグリコシド結合を除きすべて以前定義された意味での二正値的結合である。この結果は多糖類のグリコシド結合のみがπ電子系を含まず，単結合鎖のみで作られているという事実と合致した。すなわち多糖類のグリコシド結合ではσ骨格の分極のみが重要な役割を担う。これらの条件下では，中央酸素原子の誘起効果はその電子密度を少し高め，かつそれに結合した炭素を電子不足性にする。

加水分解性結合の二正値性はペプチド結合の場合と同様な一般的考察によって実証された。一般的結果は計算で採用された精確なパラメータに依存しなかった。ここでは簡単のため，各場合に対する代表的事例をいくつか紹介するに留めたい（図1参照）。

542　第17章　酵素的加水分解

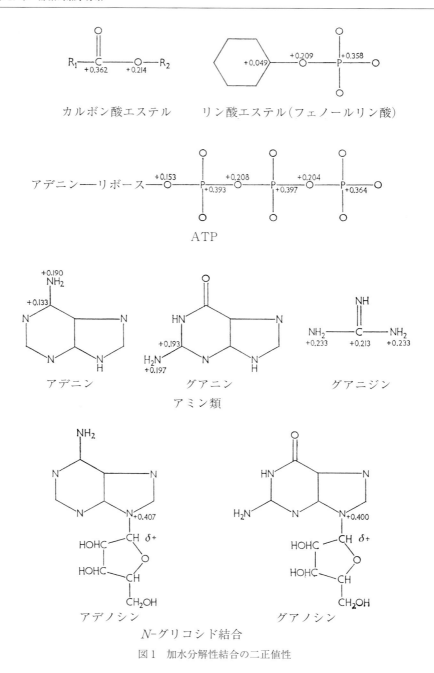

図1　加水分解性結合の二正値性

ただし図1に対しては（次に示す）注釈を二つほど付け加える必要がある。
(a)　たとえばリン酸（または硫酸）エステル類やATPでは，隣接原子が3個以上，形式正電荷を帯びることがある。その場合には二正値的な結合ではなく多正値的な鎖が形成される。この状況は高エネルギーリン酸類の一般的かつ重要な特徴である（第7章参照）。いまの場

合，このことはさまざまな加水分解的開裂の可能性と関連がある。

（b） アデノシンやグアノシンの N- グリコシド結合では，プリンの N_9 位に形式正電荷の値が記入されている。しかし糖の C 原子の形式正電荷は記号 δ を用いて定性的にしか表わされていない。これはこの炭素の正値性の評価が難しいからである。というのは（非共役性糖環の一部としての）この炭素の正値性は，π 電子の非局在化ではなく隣接酸素の誘起効果に基づいているからである。ともかくこの炭素は電子が不足した状態にある。この点と関連して興味深いもう一つの所見は，この糖炭素の形式正電荷が一連の各種塩基のリボシド類ではいずれもよく似ていることである。すなわちこれらのリボシド類の N- グリコシド結合における窒素原子の正値性はこの結合の二正値性の直接的尺度となり得る

第二の定理：酵素的加水分解が起こり易いほど，感受性結合の電子不足は顕著になる。この不足は構成原子のどちらか一方の形式正電荷が大きくなるほど増大する（その場合，この原子はおそらく反応中心の一つである）。

この定理はこれらの基質における電子分布計算の結果を比較することにより例証された。

表1　リボシド類における N- グリコシド結合の加水分解

化合物	加水分解速度			グリコシド結合における窒素原子の形式電荷
	文献[a]	文献[b]	文献[c]	
アデノシン	0.89	103	490	+ 0.407
イノシン	0.95	100	470	+ 0.419
グアノシン	0.40	90	600	+ 0.406
キサントシン		<1	150	+ 0.414
プリンリボシド		47		+ 0.408
2,6- ジアミノプリンリボシド	0.37	76		+ 0.399
尿酸リボシド		<1		+ 0.277
シチジン	0	54	100	+ 0.361
ウリジン	0	7	0	+ 0.311
チミジン	0	4		+ 0.307

[a]　Hepple, L. A., and Hilmoe, R. J., *J. Biol. Chem.,* **198**, 683 （1952）.
　　（酵母からの酵素による加水分解．37℃での5時間の温置後に形成される還元糖の量を示した（単位：μM））.
[b]　Takagi, Y., and Horecker, B. L., *J. Biol. Chem.,* **225**, 77 （1957）.
　　（*L. Delbrueckii* による加水分解．加水分解の相対速度はイノシンの開裂速度を 100 としたときの値である）.
[c]　Tarr, H. L. A., *Biochem. J.,* **59**, 386 （1953）.（魚筋リボシドヒドロラーゼ類．37℃，pH5.5 で3時間温置された後のリボースの形成量（単位：μg/ml））.

表1の結果は第5章の表9に示したものと同じである。この表には，（N- グルコシド結合をもつ）一連のリボシド類の加水分解速度の実験結果と関係窒素原子の形式正電荷の計算結果が示されている（ただしグリコシド環の C 原子上の正電荷はこれらのリボシド類では実質的に一定と見なされた。したがって N 原子上の電荷は加水分解性結合の相対的な電子不足を表す直接的尺度と考えられる）。

研究者によって実験結果が食い違うこともあったが，一般にプリン類のリボシドはピリミジン類のそれに比べて加水分解されやすかった。ただし前者のうち，尿酸のリボシドは例外的に安定

544　第17章　酵素的加水分解

であった。また後者では，ウリジンやチミジンよりもシチジンの方が加水分解されやすかった。最後になるが，ニコチンアミドのリボシドは特に加水分解されやすいことに留意されたい。

　加水分解性結合における窒素原子の形式正電荷の値はこれらの結果をうまく説明した。その値は概してプリンリボシド類の方がピリミジンリボシド類よりも大きかった。ただし尿酸のリボシドは例外で，きわめて小さい値を与えた。またピリミジンリボシド類では，その値はシチジンの方がウリジンやチミジンよりも大きかった。検討した化合物の中で最も大きな値を与えたのはニコチンアミドのリボシドであった。プリンリボシド系列内での相関を詳しく調べたところ，さらなる検討を要する食い違いがいくつか検出された。このような食い違いは実験結果にも認められた。この現象は個々の酵素反応の特異性と関連があると考えられた。

　酵素的加水分解が起こりやすく，かつ加水分解される結合で電子の不足が生じやすいもう一つの事例として，フェニルエステル類の酵素的加水分解に及ぼす置換基の影響の問題がある。これらの化合物は次の一般式で与えられる。

　実際に検討されたのはフェニル硫酸（I）[3]，フェニル-β-D-グリコシド（II）[4]およびフェニル酢酸（III）[5]の誘導体であった。ベンゾイルコリン（IV）[6]の誘導体では厳密な関連が認められた。

　これらの酵素的加水分解の詳細な機構は互いに大きく異なった。しかしフェニル環（特にオルト位とパラ位）への電子求引基の導入は加水分解を促進し，電子供与基の導入は加水分解速度を低下させた。この事実はすべての基質に共通していた。加水分解速度に及ぼす置換基のこの影響は，開裂した結合の電子密度に及ぼす置換基の効果と明らかに関連があった。このことはこれらの実験を行った研究者らによって確認された。さまざまな解釈との関連で特に有用な観察結果は次の通りであった。

（a）　これらのエステル類では，環外鎖に形式正電荷をもつ隣接原子が少なくとも3個存在する。言い換えれば二正値的結合が少なくとも二つ存在する。この状況は代表的化合物であるフェニルリン酸に対する計算結果に基づいて説明される（図2参照）。

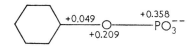

図2 フェニルリン酸における形式電荷

(b) フェニル環への電子求引基の固定はC–O結合とO–P結合の電子不足を増大させた．もっともフェニル環への置換が影響を与えたのはC原子とO原子の電子密度のみで，P原子のそれは実質的に影響を受けなかった．電子密度の摂動はC原子とO原子の形式正電荷を高めた．置換がオルト位やパラ位で起きたとき特にそうであった．図3はこの現象の一例を示したものである．図にはニトロフェニルリン酸類の三種の異性体における関連位置の形式正電荷の値が示されている．

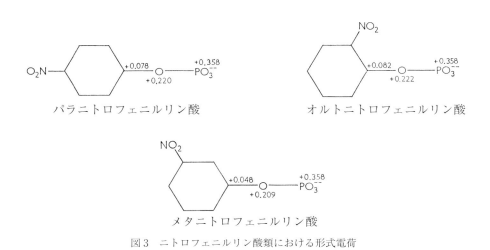

図3 ニトロフェニルリン酸類における形式電荷

なおベンゾイルコリンでは，摂動はカルボキシ基の炭素原子にまで影響を及ぼした．

この最後の所見と関連して事例をもう一つ紹介する．それは酵素的加水分解性の結合では電子の不足が重要な役割を演じることを示した事例である．具体的にはアセチルコリン（V）や関連化合物に対するコリンエステラーゼの作用が扱われた[7]．この事例は特に重要である．というのはアセチルコリンは神経インパルスの伝導に直接関与し[8]，かつその作用は生体電流の発生に不可欠だからである．周知の通り，神経インパルスが伝わる際には膜抵抗は減少し，かつ膜電位の極性は逆転する．インパルスが生じると，Na^+イオンの流入が起こり，同時に等量のK^+イオンが流出して次第に静まる．アセチルコリンはおそらく活動電位発生時における膜のイオン透過性変化に対する特異的な作動性物質である．この変化は遊離エステルと特異的タンパク質受容体との相互作用によってもたらされる．アセチルコリンの酵素的加水分解は受容体を静止条件へと戻す．アセチルコリンは次の構造式で表され，かつ二正値的なアシルエステル結合をもつ．酵素的加水分解がこの結合で起こることはさまざまな実験から確認されている．

546   第17章　酵素的加水分解

$$\text{H}_3\text{C}-\overset{\text{H}_3\text{C}}{\underset{\text{H}_3\text{C}}{\overset{+}{\text{N}}}}-\text{CH}_2-\text{CH}_2-\text{O}\,\vdots\,\overset{\text{O}}{\overset{\|}{\text{C}}}-\text{CH}_3$$

V．アセチルコリン

また次のような事実も報告された。
(a)　ハロゲノ酢酸誘導体は加水分解されやすい。ハロゲン類はカルボキシ結合のC原子の正値性を高め，アシルエステル結合を電子不足性にする。
(b)　一方，NH_2 やOHによるCH_3の置換は加水分解の発生を妨げる。これらの置換基は電子供与体であるため，アシルエステル結合の電子不足はかなり解消される。
(c)　(エーテル性酸素原子を硫黄原子で置き換えた) チオエステルはアセチルコリンよりも加水分解されやすい。というのは硫黄原子の孤立電子対は酸素のそれに比べて緩やかに結合しているからである。言い換えれば硫黄原子は対応する酸素原子に比べて形式正電荷が大きい。もっとも隣接C原子の正電荷に及ぼすこの置換の影響を確かめることは容易ではない。
(d)　一方，(C＝O結合の酸素原子を硫黄原子で置き換えた) チオエステルの形成は加水分解を抑制した。もちろん硫黄は酸素に比べて電子陰性度がはるかに小さい。そのため硫黄による酸素の置換はC＝O結合のイオン的性質を著しく低下させ，C原子の形式正電荷を実質上ゼロにした。

これらの結果は酵素的加水分解される結合に及ぼす形式正電荷の重要性を明確に立証した。この問題に考察を加えたのはF. Bergmannであった[7]。電子的観点から見たコリンエステラーゼ阻害薬の作用機構についても検討が加えられた。

　第三の定理：分子内に類似した結合が幾つも存在し，かつ立体障害や立体特異性を無視できるならば，酵素的加水分解は二正値性の最も高い結合で起こる。

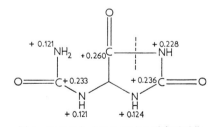

図4　アラントインにおける形式正電荷

尿酸の酸化分解物であるアラントインはこの定理の最も顕著な事例である (図4参照)。アラントインはよく似たペプチド型結合を分子内に五つ有する。そのうち酵素的加水分解を最初に受けるのは点線で示したヵ所である[9]。図には形式正電荷の値も記入されている。

図4によれば，加水分解されたのは二正値性が最も高い結合であった。すなわちそれを構成するC原子とN原子の形式正電荷は，分子内の他の類似結合における値よりも大きかった。

もう一つの事例はバルビツール酸である (図5参照)。この分子の酵素的加水分解は二正値性

の最も高い結合位置で起こり，尿素とマロン酸を与えた。

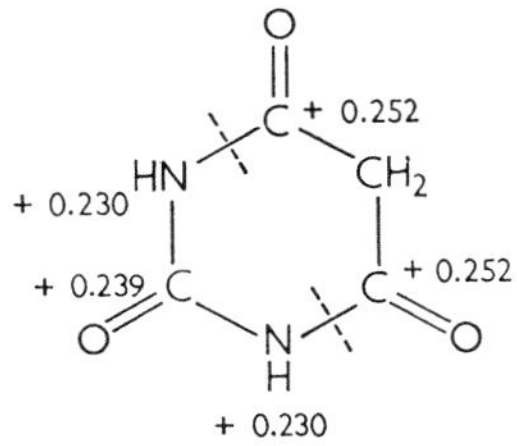

図5　バルビツール酸における形式正電荷

　前述の議論に従えば，加水分解性結合の電子不足は反応の起こりやすさを決める重要な因子である。酵素の触媒作用もまた既存の電子状態によって決められる。このことはさまざまな場合に当てはまる。感受性結合の正値性と酵素作用との関係は，最も簡単には加水分解性結合の正中心の一方への酵素の求核中心の直接的攻撃によって定まる。反応中心とのこのような直接的複合体の形成は，結合の開裂とそれに続く加水分解にとって好都合である。アセチルコリンやその誘導体へのコリンエステラーゼの作用にはこのタイプの機構がおそらく関与している[7]。この機構は有機リン剤によって阻害されるエステラーゼ類の作用にも関与すると考えられる[10]。

　酵素作用と既存の電子不足を結びつけるもう一つの機構では，酵素は反応性結合を形作る原子の形式正電荷を増やすことによってこの電子不足を高める傾向を示した。このことは酵素が方向によって電子的分布を変える基質と結合することによって可能であった。この結合形成は感受性結合に近い位置で起こり，かつ結合の開裂や求核試薬による末端の攻撃にとっても有利であった。次にこの仮説との関連で，Ronwin が提唱した酵素的加水分解の理論について言及する[11]。この理論では，酵素の役割は「感受性結合で二正値的な電荷状態を作り出し，結合の開裂とその後の加水分解を引き起こすことである」。したがって Ronwin はこの二正値的状況を誘発するような機構を想定した。このような機構は実際にすでに利用されている。

　これらの方式は加水分解反応での感受性結合の正値性と酵素触媒作用とを結びつける。ただし関連反応では別の機構が関与することも念頭に置くべきである。

　また理論のこの段階では，酵素的加水分解の起こりやすさを決める唯一の因子は感受性結合の電子不足的性質であることを強調したい。もちろん立体特異性，分子の形状と大きさ，歪みと分極，静電的相互作用および長距離力といった因子も考慮すべき因子として重要である。それらのほとんどは互いに補完的関係にある。またアセチルコリンやその誘導体とコリンエステラーゼとの反応は，酵素の求核基と結合の正中心との直接的相互作用に基づくと考えられる。もっとも第二の部位として第四級窒素が関与することを示す証拠も存在する[7,12]。もちろんこのような補完的結合は全体の反応できわめて重要な役割を演じる。前述の解析から明らかなように，重要な電子的因子の一つは感受性結合の電子不足であり，反応機構を決定しているのはこの因子であると考えられる。ただし多糖の場合には，（加水分解性結合は二正値的ではないため）このような機構は関与しない。さらに加水分解性基質に含まれる他の原子団は基本的に同じであった。σ 結合

の分極により，これらの物質の感受性結合は電子の不足した炭素原子をもち，この電子不足は反応の重要な要素を構成する。

17.2　加水分解酵素の活性部位の一般的特徴

　加水分解酵素のほとんどは補欠分子族をもたない。そのためそれらの活性部位はその酵素に特有なアミノ酸残基によって構築される。また一連の加水分解酵素では，活性部位の化学環境は同一または互いによく似ている。たとえば有機リン剤（次節参照）によって阻害される一連のタンパク質分解酵素では，反応部位は異常に反応性の高いセリン残基すなわち隣接アミノ酸残基が同一またはよく似たセリン残基によって構成される。そのためトリプシン[13]，キモトリプシン[14]，トロンビン[15]，ホスホグルコムターゼ[16]およびエラスターゼ[17]といった加水分解酵素の活性部位はそれぞれ次のアミノ酸配列を含んでいる。

トリプシン：　−Gly−Asp−Ser−Gly−

キモトリプシン：　−Gly−Asp−Ser−Gly−Glu−Ala−Val−

トロンビン：　−Gly−Asp−Ser−Gly−

ホスホグルコムターゼ：　−Asp−Ser−Gly−Glu−

エラスターゼ：　−Gly−Asp−Ser−Gly−

　もちろんよく似た配列が類似反応を触媒する酵素に常に存在するわけではない。しかし少なくともタンパク質分解酵素では，この状況は共通の反応様式が存在する可能性を示唆した[18]。

　さらに前述の酵素において「活性」セリン残基の重要性がどうであれ，実際には加水分解酵素の「活性部位」は，かなりの数のペプチド結合で分離された原子団や他の鎖に由来する原子団を含んでいる。これらの原子団は二次構造や三次構造に基づいて活性部位の空間的近傍に組み込まれ，「活性」セリンの高い反応性に寄与する。実験的には酵素的加水分解に関与する第二の原子団はヒスチジン側鎖のイミダゾール残基である[19]。すなわちセリンのヒドロキシ基とイミダゾール基の窒素が水素結合によって相互作用し，活性配置を形作るという図式が提案された[20]。反応の第一段階では，活性酵素は（エステルやペプチドといった）基質と反応しアシル誘導体を形成する。また第二段階では，この中間体は水と反応して遊離酸を生成し，かつ酵素は再生される。

　これらは多数の観察や仮説の一部に過ぎない。しかし酵素的加水分解の電子的側面が，量子力学的研究の申し分のないテーマの一つであることは確かである。

17.3　エステラーゼ類に対する有機リン剤の電子構造と活性

　「神経ガス」として知られる物質グループは次の一般式で表される。

17.3 エステラーゼ類に対する有機リン剤の電子構造と活性　549

$$\begin{array}{c} O \\ \| \\ RO-P-X \\ | \\ OR' \end{array} \quad \text{または} \quad \begin{array}{c} O \\ \| \\ RO-P-X \\ | \\ R \end{array}$$

ここでXは−F, −CNあるいは−O−C$_6$H$_4$—NO$_2$で, RとR'はアルキル基である（ただしOはNやSで置き換えられることもある）。神経ガスはエステラーゼ活性を示す酵素, 特にコリンエステラーゼやアセチルコリンエステラーゼに高度に特異的な阻害剤である[21]。それらの作用様式はいずれもよく似ている。すなわち第一段階は基質自体の酵素的加水分解の過程である。阻害剤の置換ホスホリル基は酵素へ移動し, その結果として（基質との反応で形成されるアシル化酵素とよく似た）リン酸化酵素が形成される。酵素の阻害はそのリン酸化誘導体の安定性によるものである。そのため活性中心はほぼ永久的に遮断される[22]。

　代表的な有機リン剤に対する計算によると, これらの化合物の加水分解性結合は天然基質に含まれる結合と同様, π電子不足性であった（図6参照）[23]。この状況はこれらの化合物と酵素との相互作用における第一段階の類似性をうまく説明した。

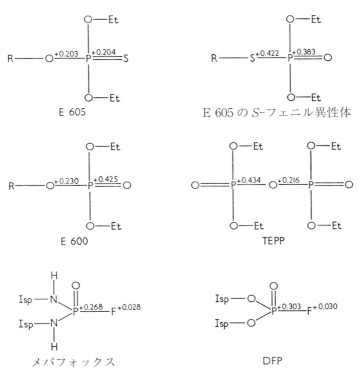

図6　エステラーゼ類に対する有機リン剤の加水分解性結合における形式正電荷
(Et＝エチル, Isp＝イソプロピル, R＝p-ニトロフェニル, TEPP＝テトラエチルピロリン酸, DFP＝ジイソプロピルホスホロフルオリダート).

550　第 17 章　酵素的加水分解

　　さらに注目すべきは，関連有機リン剤の阻害能力が P 原子の正電荷の値と並行していること
であった。すなわち Aldridge によれば，E-605 とその S-フェニル異性体および E-600 の系列で
は阻害能力はこの順に増大し，メパフォックスから DFP への移行でも同様の傾向が認められ
た[24]。この結果は他の条件，特に立体条件が同じとき，阻害能力が酵素の富電子中心に対する P
原子の親和性に依存することを意味した。

引用文献

1. 各種理論に関する総説： Dixon, M., and Webb, E. C., *Enzymes*, pp. 303-313, Longmans, London, 1958.

2. Pullman, A., and Pullman, B., *Proc. Natl. Acad. Sci. U. S.*, **45**, 1572 (1959).

3. Dodgson, K. S., Spencer, B., and Williams, K., *Biochem. J.*, **64**, 216 (1956).

4. Nath, R. L., and Rydon, H. N., *Biochem. J.*, **57**, 1 (1954).

5. Gavron, O., Grelacki, C. J., and Duggan, M., *Arch. Biochem. Biophys.*, **44**, 455 (1953).

6. Ormerod, W. E., *Biochem. J.*, **54**, 701 (1953).

7. 総説： Bergmann, F., in *Advances in Catalysis*, **10**, 130 (1958).

8. Nachmansohn, D., *Chemical and Molecular Basis of Nerve Activity*, Academic Press, New York, 1959.

9. Di Carlo, F. J., Schultz, A. S., and Ken, A. M., *Arch. Biochem. Biophys.*, **43**, 468 (1953).

10. Porter, G. R., Rydon, H. N., and Schofield, J. A., *Nature*, **182**, 927 (1958); Rydon, H. N., *Nature*, **182**, 928 (1958).

11. Ronwin, E., *Enzymologia*, **16**, 81, 179 (1953-54); *J. Am. Chem. Soc.*, **75**, 4026 (1953); Ferguson, L. N., *Enzymologia*, **17**, 95 (1954); **18**, 273 (1957).

12. Wilson, I. B., in McElroy, W. D., and Glass, B. (Eds.), *The Mechanism of Enzyme Action*, p. 642, Johns Hopkins Press, Baltimore, 1954; Wilson, I. B., in Pauling, L., and Itano, H. A. (Eds.), *Molecular Structure and Biological Specificity*, p. 174, American Institute of Biological Sciences, Washington, 1960.

13. Dixon, G. H., Kauffman, D. L., and Neurath, H., *J. Am. Chem. Soc.*, **80**, 1260 (1958).

14. Turba, F., and Gundlach, G., *Biochem. Z.*, **327**, 186 (1955).

15. Laki, K., Gladner, J. A., Folk, J. E., and Kominz, D. R., *Trombosis et Diathesis Hemorrahagica*, **2**, 2 (1958).

16. Milstein, C., and Sanger, F., *Biochem. J.*, **79**, 456 (1961).

17. Naughton, M. A., Sanger, F., Hartley, B. S., and Shaw, D. C., *Biochem. J.*, **77**, 149 (1960).

18. 「活性」セリン残基に特有な状態に関する議論：Porter, G. R., Rydon, H. N., and Schofield, J. A., *Nature*, **182**, 927 (1958); Hanson, R. W., and Rydon, H. N., *Nature*, **193**, 1182 (1962).

19. Cunningham, L. W., *Science*, **125**, 1145 (1957)；Westheimer, F. H., *Proc. Natl. Acad. Sci. U. S.*, **43**, 969 (1957).

20. Neurath, H., *Rev. Mod. Phys.*, **31**, 185 (1959); Bruice, T. C., and Schmier, G. L., *J. Am. Chem. Soc.*, **80**, 4552 (1959); Bruice, T. C., and Sturtevant, J. A., *Biochim. et Biophys. Acta*, **30**, 208 (1958); Neurath, H., and Hartley, B. S., *J. Cellular Comp. Physiol.*, **54**, Suppl. I, 179 (1959).

21. O'Brien, R. D., *Toxic Phosphorus Esters*, Academic Press, New York, 1960.

22. この安定性の理由：Bernhard, S. A., and Orgel, L. E., *Science*, **130**, 625 (1959).

23. Pullman, B., and Valdemoro, C., *Biochim. et Biophys. Acta*, **43**, 548 (1960); Fukui, K., Morokuma, K., Nagata, Ch., and Imamura, A., *Bull. Chem. Soc. Japan*, **34**, 1224 (1961).

24. Aldridge, W. N., *Biochem. J.*, **46**, 451 (1950); **57**, 692 (1954); Aldridge, W. N., and Davison, A. N., *Biochem. J.*, **51**, 62 (1952); **52**, 663 (1952).

第18章　結論：電子の非局在化と生命の過程

　本書の最後では，量子力学的手法の応用を通じて明らかになった生化学の印象的な側面を取り上げる。それは*生命現象において易動性電子を含んだ分子系すなわち電子の非局在化の重要性に関する側面である*。

　その起源を遡れば，この状況は生化学物質を構成する元素の性質に固有のものである。すなわち生命系の99％は水素，炭素，窒素および酸素から成り立っている。これらの元素のうち最後の三つは，周期表の中で特に多重結合を形成しやすい元素である。これらの第二周期の元素以外にも，化合物の中には多重結合を形成する元素として硫黄やリンを含むものもある。これらの元素は生化学においてもきわめて重要である[1]。さらに上記の五つの元素は，見かけ上一重結合に関与する場合でさえ，電子の非局在化や共役フラグメントの架橋に関与する孤立電子対を含んでいる。

　生化学的分子の構成ブロックに対して自然界が示すこの選択は，これらの元素が構造にとってきわめて重要であることを示唆する。*これまで生化学のもつ次の側面，すなわち生体物質の基本的機能に関与する生化学的物質のすべてあるいは少なくとも一部は共役系から構成されている。このことに気づかなかったとしても決して意外ではない。*

　そういうわけで，細胞の基本的な構造および機能単位は間違いなく核酸，タンパク質および高エネルギーリン酸の三つである。またすでに述べたように，核酸の最も重要な構成要素はプリン塩基とピリミジン塩基で，それらはいずれも共役複素環である。生物的に重要な高エネルギーリン酸では，ホスホリル基の易動性電子は別のホスホリル基や共鳴有機ラジカルと常に電子的相互作用をしている。このような相互作用は低エネルギーリン酸には見られない。一方，タンパク質は一見，（ペプチド結合のように）孤立共役フラグメントのみを含んだ非共鳴構造のように見えるが，全体の超分子構造は電子的にある程度非局在化している。

　核酸類，タンパク質類および高エネルギーリン酸類は生化学にとって特に重要であるが，必ずしも細胞の唯一の共役成分ではない。プテリジン類，ポルフィリン類，カロテノイド類，キノン類なども，共役化合物ファミリーに属する重要な生化学的構成要素である。

　同様によく目立つのは酵素類に関する観察である。酵素の数はきわめて多いが，それらは本質的にタンパク質である。しかし加水分解酵素を除けば，酵素のほとんどは補酵素と合わさってその触媒活性を発揮する。重要な補酵素の数はごく限られており，それらは実際には共役化合物である。このことは特に酸化還元補酵素類（DPN，TPN，FAD，FMN），シトクロム類のヘム補欠分子族およびキノン類に当てはまる。また原子団移動反応に関与する補酵素（葉酸，ピリドキ

サールリン酸，チアミンピロリン酸など）にも同様に当てはまる。

　実際には生存細胞を構成する基本的な有機物質のなかで，非共役型分子は炭水化物，脂肪およびステロイド類だけである。ただしこれらの中で炭水化物と脂肪は生体の機能成分ではなく，生体組織を動かすための単なる燃料に過ぎない。一方，ステロイド類は一般に π 電子フラグメントを含み，電子移動現象にもある程度関与すると思われる[2]。

　最後になるが，生存細胞に強い作用を及ぼす薬物の多くもまた共役系である[3]。明らかに，生命の発現は高度に共役した化合物の存在と関係がある。これらの薬物は比較的複雑な構造をもつ。「自然は贅沢をしない」と言われるが[4]，これらの化合物は生命の媒体として特に適した特徴を備える。その特徴とは言うまでもなく電子の非局在化である。この非局在化は安定性を補完する要素（たとえば放射線障害に対する抵抗性や分子レベルでの選択性）や他の分子タイプでは遭遇しない反応（たとえば活性錯体の強い共鳴安定性，電子的摂動の長距離伝播，電子移動やエネルギー移動など）を分子に付与する。補酵素はこの状況に対して特に印象的な事例を提示する。前章までに示した通り，特定の反応において補酵素が代謝過程の触媒として機能するか否かを決めているのは易動性電子の存在である。

　生命の本質的な流動性は共役分子における電子雲の流動性と合致する。すなわちこのような系は生命の揺りかごであり，かつその中枢をなすと考えられる[5]。

引用文献

1. Wald, G., in Kasha, M., and Pullman, B. (Eds.), *Horizons in Biochemistry*, Albert Szent-Gyorgyi, Dedicatory Volume, p. 127, Academic Press, New York, 1962.
2. Talalay, P., and Williams-Ashman, H. G., *Proc. Natl. Acad. Sci. U. S.*, **44**,15 (1958); Hurlock, B., and Talalay, P., *J. Biol. Chem.*, **234**, 886 (1958); *Arch. Biochem. Biophys.*, **80**, 468 (1959); Molinari, G., and Lata, G. F., *Arch. Biochem. Biophys.*, **96**, 486 (1962).
3. Pullman, A., and Pullman, B., *Electronic Aspects of Pharmacology*, 準備中.
4. Szent-Gyorgyi, A., *Introduction to a Submolecular Biology*, Academic Press, New York, 1960.
5. Pullman, B., and Pullman, A., *Nature*, **196**, 1134 (1962).

付　　　録

序　言

　この付録には基本的な生化学物質に対する分子軌道計算の結果が収められている。化合物はアルファベット順に配列されている。収録されたデータは分子軌道のエネルギー，共鳴エネルギー，電子密度の分布図および結合次数の分布図である。最高被占分子軌道と最低空分子軌道のエネルギーには下線が施されている。（空軌道ではすべての値が計算されたわけではない。そのような場合には，空軌道の後に「...」なる記号が付されている）

　経済的理由により，この付録には分子軌道の係数は収録されていない。特定の化合物に対するこれらのデータに関心のある読者には，ご要望に応じてそれらの値を提供したいと考えている。

　なお形式電荷は炭素原子では「1 － 電子密度」で定義され，孤立電子対をもつ原子では「2 － 電子密度」で定義される。

アセチルコリン Acetylcholine

分子軌道のエネルギー：
　　被占軌道：　<u>1.382</u>　1.833　2.041　2.562　3.180
　　空軌道：　　−1.446 . . .

共鳴エネルギー：　0.648

電子密度：

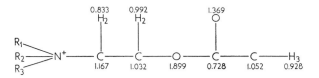

結合次数：

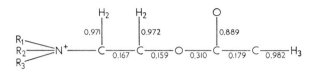

アセチルイミダゾール Acetylimidazole

分子軌道のエネルギー：
　　被占軌道：　<u>0.661</u>　1.145　1.842　2.168　3.003
　　空軌道：　　−0.990 . . .

共鳴エネルギー：　2.087

電子密度：　　　　　　　　　　　　　　結合次数：

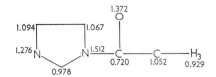
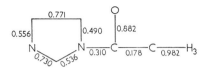

cis-アコニット酸 *cis*-Aconitic Acid

分子軌道のエネルギー：
　　被占軌道：　<u>0.961</u>　1.790　1.832　1.845　2.051　3.083　3.111　3.196
　　空軌道：　<u>−0.513</u>　−1.464　−1.855　−2.112　−2.526

共鳴エネルギー：　1.806

電子密度：

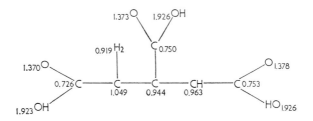

結合次数：

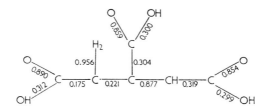

アクリジン Acridine

分子軌道のエネルギー：
　　被占軌道：　<u>0.494</u>　1　1　1.414　1.510　2　2.459
　　空軌道：　<u>−0.342</u>　−1　−1　−1.339　−1.414　−2　−2.383

共鳴エネルギー：　5.316

電子密度：　　　　　　　　　　　　　　　　結合次数：

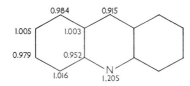
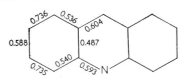

アクリジンオレンジ Acridine Orange

分子軌道のエネルギー：
    被占軌道： <u>0.657</u> 0.701 1 1.030 1.657 1.762 2.150 2.289
                <u>2.750</u>
    空軌道：   <u>−0.278</u> ...
共鳴エネルギー： 5.992

電子密度：

結合次数：

活性アセトアルデヒド Active Acetaldehyde

分子軌道のエネルギー：
    被占軌道： <u>−0.347</u> 0.815 0.941 1.923 2.118 2.549
    空軌道：   <u>−1.384</u> −1.633 −2.280
共鳴エネルギー： 2.288

電子密度： 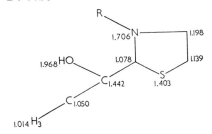   結合次数：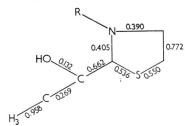

活性ベンズアルデヒド Active Benzaldehyde

分子軌道のエネルギー：
  被占軌道： -0.228　0.744　0.939　1　1.206　2　2.120　2.608
  空軌道：　-1　-1.074　-1.431　-1.699　-2.186
共鳴エネルギー： 4.778

電子密度：　　　　　　　　　　　　　　　結合次数：

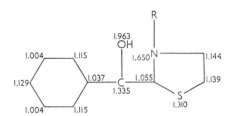
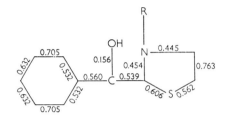

アデニン Adenine

分子軌道のエネルギー：
  被占軌道： 0.486　0.913　1.101　1.610　1.945　2.552
  空軌道：　-0.865 $\ldots$
共鳴エネルギー： 3.894

電子密度：　　　　　　　　　　　　　　　結合次数：

アデニン（互変異性体）Adenine（Tautomeric）

分子軌道のエネルギー：
　被占軌道：　<u>0.531</u>　0.819　1.121　1.663　1.915　2.553
　空軌道：　<u>−0.837</u>　−1.079　−1.396　−2.090

共鳴エネルギー：　3.884

電子密度：

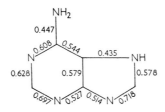

結合次数：

アデニン-チミン対 Adenine-Thymine Pair

分子軌道のエネルギー:

被占軌道: <u>0.425</u>　0.527　0.838　1.032　1.076　1.587　1.596　1.963
2.066　2.559　2.903　3.224

空軌道: <u>−0.874</u>　−0.946　−1.054　−1.351　−1.716　−2.043
−2.097　−2.417

共鳴エネルギー:　6.105

電子密度:

結合次数:

アデニン‐チミン対（代替水素結合）Adenine-Thymine (Alternative H-bonding)

分子軌道のエネルギー：
　被占軌道：　<u>0.434</u>　0.535　0.847　0.923　1.164　1.590　1.622　1.927
　　　　　　　2.065　2.567　2.904　3.223

　空軌道：　<u>−0.858</u>　−0.957　−1.091　−1.317　−1.715　−2.051
　　　　　　−2.095　−2.416

共鳴エネルギー：　6.110

電子密度：

結合次数：

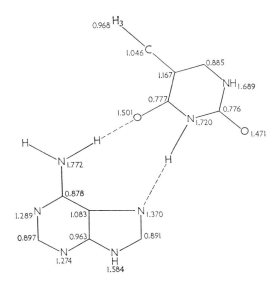

アデノシン二リン酸 Adenosinediphosphate

分子軌道のエネルギー：
　被占軌道：　0.8　0.8　0.8　0.957　1.109　1.588　2.036　2.339
　空軌道：　−0.985 . . .

共鳴エネルギー：　2.412

電子密度：

結合次数：

アデノシン一リン酸 Adenosinemonophosphate

分子軌道のエネルギー：
　被占軌道：　0.8　0.8　1.006　1.709　2.308
　空軌道：　−1.144 . . .

共鳴エネルギー：　1.319

電子密度：　　　　　　　　　　　　　結合次数：

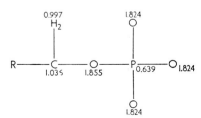
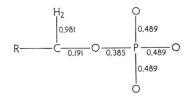

アデノシン三リン酸 Adenosinetriphosphate

分子軌道のエネルギー：
　被占軌道：　0.8　0.8　0.8　0.8　0.950　1.010　1.162　1.533　1.865
　　　　　　　2.167　2.348
　空軌道：　−0.913 ...
共鳴エネルギー：　3.503

電子密度：

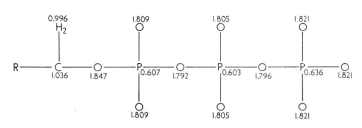

結合次数：

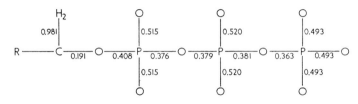

アラントイン Allantoin

分子軌道のエネルギー：
　被占軌道：　1　1.013　1.056　1.068　2.753　3.012　3.106
　空軌道：　−1.566 ...
共鳴エネルギー：　1.888

電子密度：　　　　　　　　　　　　　結合次数：

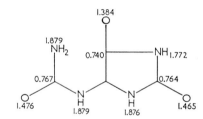
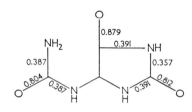

568　付　録

アロキサン Alloxan

分子軌道のエネルギー：
　　被占軌道：　1.033　1.074　2.316　2.854　2.963　3.469
　　空軌道：　−0.757　−1.687　−1.840　−2.625
共鳴エネルギー：　1.914

電子密度：　　　　　　　　　　　　結合次数：

1-アミノアクリジン 1-Aminoacridine

分子軌道のエネルギー：
　　被占軌道：　0.339　0.772　1　1.253　1.497　1.624　2.088　2.494
　　空軌道：　−0.383　−1　−1.062　−1.349　−1.451　−2.025
共鳴エネルギー：　5.692

電子密度：　　　　　　　　　　　　結合次数：

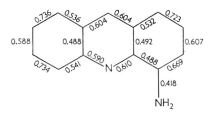

2-アミノアクリジン 2-Aminoacridine

分子軌道のエネルギー：

　　被占軌道：　　0.423　0.687　1　1.190　1.501　1.689　2.102　2.476

　　空軌道：　　−0.373　−1　−1.058　−1.340　−1.478　−2.026

共鳴エネルギー：　　5.695

　　電子密度：

　　結合次数：

3-アミノアクリジン 3-Aminoacridine

分子軌道のエネルギー：

  被占軌道： 0.387 0.716 1 1.211 1.459 1.707 2.103 2.475

  空軌道： −0.361 −1 −1.057 −1.364 −1.460 −2.026

共鳴エネルギー： 5.677

  電子密度：

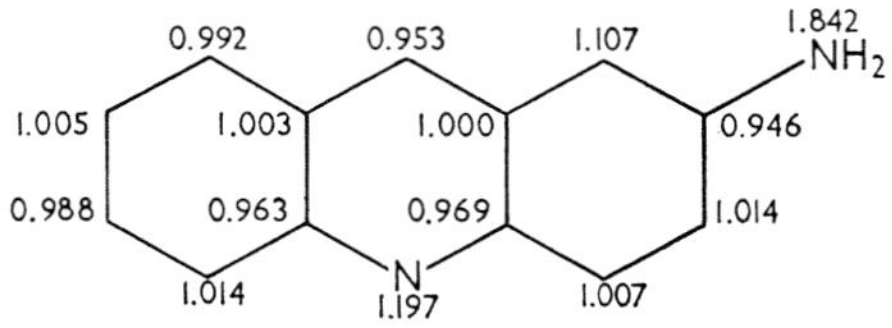

  結合次数：

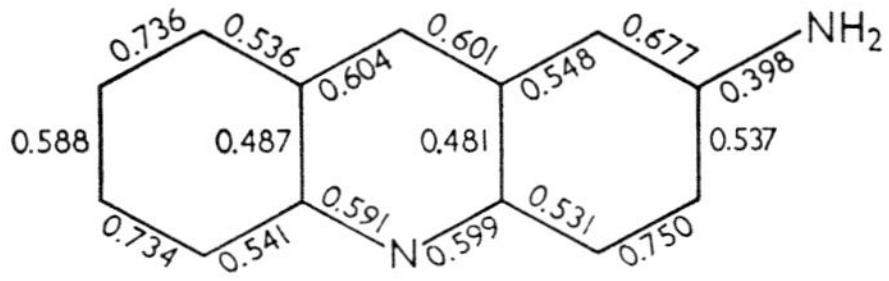

4-アミノアクリジン 4-Aminoacridine

分子軌道のエネルギー：
 被占軌道： <u>0.361</u> 0.764 1 1.279 1.414 1.675 2.092 2.491
 空軌道： <u>−0.393</u> −1 −1.061 −1.385 −1.414 −2.025
    −2.397

共鳴エネルギー： 5.712

電子密度：   結合次数：

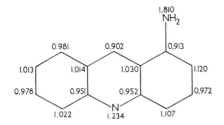
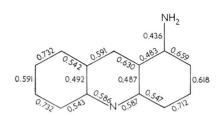

9-アミノアクリジン 9-Aminoacridine

分子軌道のエネルギー：
 被占軌道： <u>0.354</u> 1 1 1 1.481 1.759 2 2.516
 空軌道： <u>−0.476</u> ...

共鳴エネルギー： 5.782

電子密度：   結合次数：

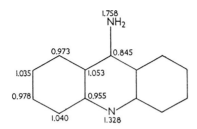

2-アミノ-4,6-ジヒドロキシプテリジン 2-Amino-4,6-Dihydroxypteridine

分子軌道のエネルギー：

被占軌道： <u>0.246</u>　0.921　1.018　1.416　1.855　2.183　2.975　3.137

空軌道： <u>−0.555</u>　−1.109　−1.508　−2.024　−2.356

共鳴エネルギー： **3.870**

電子密度：

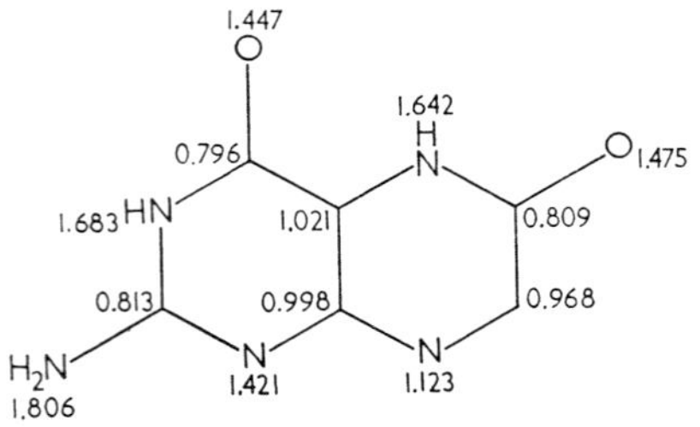

1.447
0.796
1.642
1.475
1.683 HN
1.021
0.809
0.813
0.998
0.968
H₂N
1.421
1.123
1.806

結合次数：

0.799
0.384　0.359
H
0.446　0.415
HN
0.777
0.475
0.645
0.384
0.477
0.656　N　0.461　0.497　0.793
H₂N

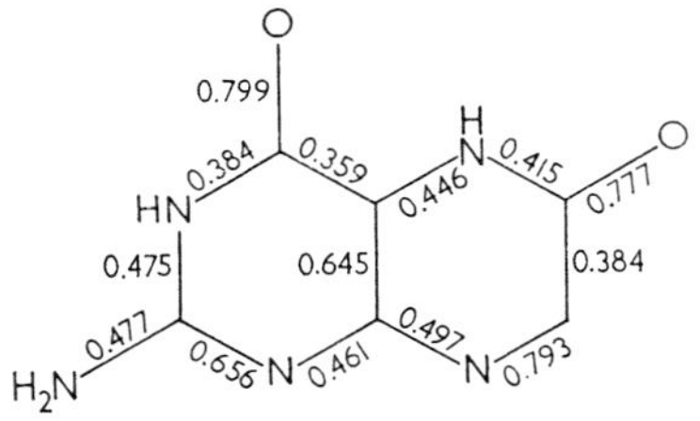

2-アミノ-4-ヒドロキシ-6-メチルプテリジン 2-Amino-4-hydroxy-6-methylpteridine

分子軌道のエネルギー：

被占軌道： <u>0.465</u>　1.017　1.150　1.308　1.886　2.120　2.307　3.085

空軌道： <u>−0.652</u>　−0.932　−1.380　−1.639　−2.227　−2.408

共鳴エネルギー： **4.253**

電子密度：

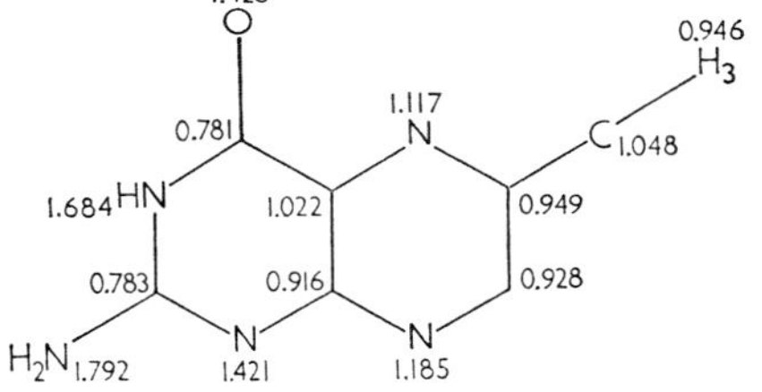

1.428
0.781
1.117
0.946
C H₃
1.684 HN
1.022
1.048
0.783
0.949
0.916
0.928
H₂N
1.421
1.185
1.792

結合次数：

O
0.817
0.378　0.633
HN　0.329　N　0.658　0.212　C　0.975　H₃
0.481
0.558
0.625
0.499
0.636　N　0.490　0.574　N　0.683
H₂N

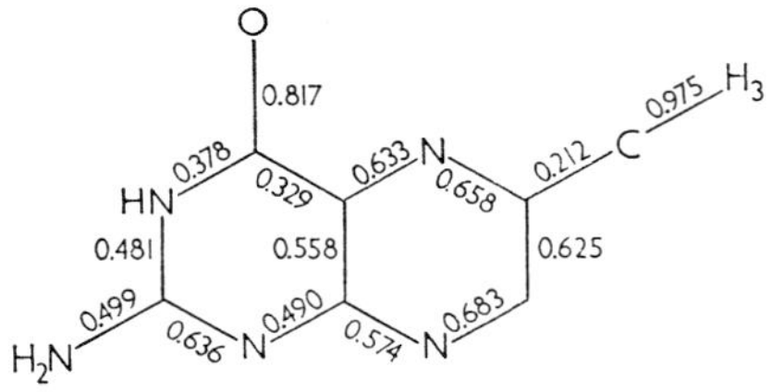

2-アミノ-4,7-ジヒドロキシプテリジン 2-Amino-4,7-dihydroxypteridine

分子軌道のエネルギー：
  被占軌道：　0.387　0.824　1.018　1.459　1.852　2.160　3.000　3.121
  空軌道：　−0.680　−1.109　−1.430　−2.033　−2.366

共鳴エネルギー：　4.008

電子密度：　　　　　　　　　　　　　　　結合次数：

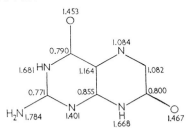

2-アミノ-4-ヒドロキシ-7-メチルプテリジン 2-Amino-4-hydroxy-7-methylpteridine

分子軌道のエネルギー：
  被占軌道：　0.487　1.017　1.074　1.377　1.887　2.096　2.319　3.084
  空軌道：　−0.656　−0.932　−1.389　−1.624　−2.237　−2.402

共鳴エネルギー：　4.261

電子密度：

結合次数：

574 付　　録

2-アミノプリン 2-Aminopurine

分子軌道のエネルギー：
　　被占軌道：　0.488　0.908　1.141　1.500　2.021　2.541
　　空軌道：　−0.769 ...
共鳴エネルギー：　3.877

電子密度：　　　　　　　　　　　　　　　　結合次数：

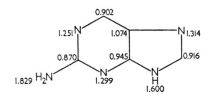 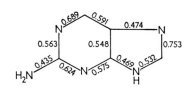

8-アミノプリン 8-Aminopurine

分子軌道のエネルギー：
　　被占軌道：　0.469　0.858　1.302　1.471　1.940　2.564
　　空軌道：　−0.808 ...
共鳴エネルギー：　3.891

電子密度：　　　　　　　　　　　　　　　　結合次数：

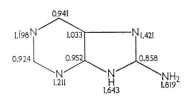 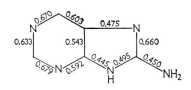

2-アミノ-4-ヒドロキシプテリジン（ラクタム体） 2-Amino-4-hydroxypteridine（Lactam）

分子軌道のエネルギー：
　　被占軌道：　　0.489　　1.018　　1.171　　1.378　　2.014　　2.255　　3.084
　　空軌道：　　−0.650　−0.933　−1.398　−1.674　−2.353
共鳴エネルギー：　4.121

電子密度：　　　　　　　　　　　　　　　　結合次数：

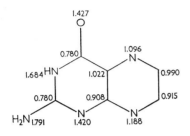
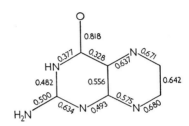

2-アミノ-4-ヒドロキシプテリジン（ラクチム体） 2-Amino-4-hydroxypteridine（Lactim）

分子軌道のエネルギー：
　　被占軌道：　　0.601　　0.915　　1.252　　1.415　　1.977　　2.237　　2.672
　　空軌道：　　−0.474　−1.003　−1.214　−1.558　−2.220
共鳴エネルギー：　4.379

電子密度：　　　　　　　　　　　　　　　　結合次数：

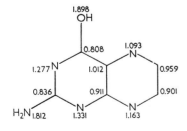
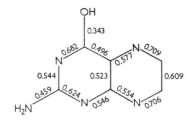

5-アミノイミダゾール 5-Amino-imidazole

分子軌道のエネルギー:
  被占軌道: <u>0.312</u> 1.114 1.421 2.372
  空軌道: <u>−1.230</u> −1.589

共鳴エネルギー: 1.998

電子密度: 結合次数:

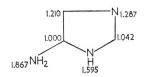
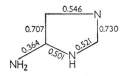

6-アミノ-4-イミダゾールカルボキサミド 6-Amino-4-imidazole-carboxamide

分子軌道のエネルギー:
  被占軌道: <u>0.332</u> 1.031 1.117 1.421 2.341 2.952
  空軌道: <u>−1.226</u> ...

共鳴エネルギー: 2.573

電子密度: 結合次数:

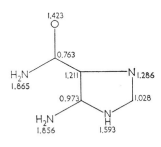
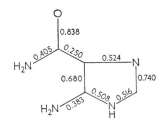

付　録　577

2-アミノ-8-アザプリン 2-Amino-8-azapurine

分子軌道のエネルギー：
　　被占軌道：　<u>0.536</u>　0.914　1.210　1.501　2.062　2.575
　　空軌道：　−0.688　−1.096　−1.337　−2.077
共鳴エネルギー：　3.918

電子密度：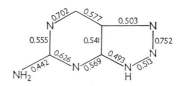

結合次数：

2-アミノ-8-ヒドロキシプリン（ラクタム体）2-Amino-8-hydroxypurine（Lactam）

分子軌道のエネルギー：
　　被占軌道：　<u>0.368</u>　0.812　1.097　1.557　1.777　2.354　3.103
　　空軌道：　−0.900　−1.216　−1.915　−2.038
共鳴エネルギー：　3.882

電子密度：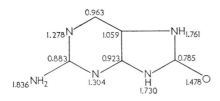

結合次数：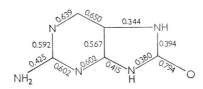

4-アミノ-2-メチルピリミジン 4-Amino-2-methylpyrimidine

分子軌道のエネルギー：
  被占軌道： <u>0.659</u> 1.057 1.528 1.973 2.357
  空軌道： <u>−0.894</u> −0.996 −1.874 −2.310

共鳴エネルギー： 2.541

電子密度：   結合次数：

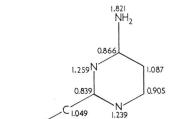
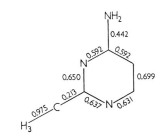

2-アミノプテリジン 2-Aminopteridine

分子軌道のエネルギー：
  被占軌道： <u>0.626</u> 0.983 1.296 1.534 1.984 2.490
  空軌道： <u>−0.413</u> −0.997 −1.159 −1.546 −2.198

共鳴エネルギー： 4.070

電子密度：   結合次数：

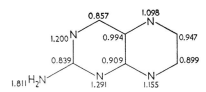
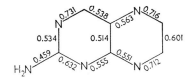

4-アミノプテリジン 4-Aminopteridine

分子軌道のエネルギー：
 被占軌道： 0.601 1.074 1.194 1.663 1.896 2.501
 空軌道： −0.481 ...

共鳴エネルギー： 4.100

電子密度：   結合次数：

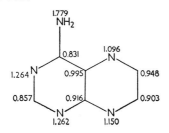

6-アミノプテリジン 6-Aminopteridine

分子軌道のエネルギー：
 被占軌道： 0.587 0.962 1.331 1.570 1.968 2.483
 空軌道： −0.423 −0.986 −1.125 −1.566 −2.201

共鳴エネルギー： 4.045

電子密度：   結合次数：

580 付録

7-アミノプテリジン 7-Aminopteridine

分子軌道のエネルギー:
    被占軌道: <u>0.652</u> 0.874 1.376 1.563 1.962 2.484
    空軌道: <u>−0.442</u> −0.967 −1.132 −1.569 −2.201

共鳴エネルギー: 4.063

電子密度: 結合次数:

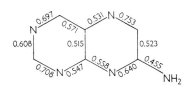

アミノプテリン Aminopterin

分子軌道のエネルギー:
    被占軌道: <u>0.501</u> 0.546 0.788 1 1.032 1.130 1.253 1.403
                    <u>1.796</u> 1.894 2.071 2.402 2.576 2.942
    空軌道: −0.506 −0.974 −1 −1.002 −1.240 −1.515 −1.753
                    −2.153 −2.194 −2.399

共鳴エネルギー: 7.732

電子密度:

結合次数:

6-アミノ-8-ヒドロキシプリン（ラクタム体） 6-Amino-8-hydroxypurine (Lactam)

分子軌道のエネルギー：
  被占軌道： 0.364 0.717 1.236 1.544 1.750 2.348 3.105
  空軌道： -1.030 -1.063 -1.914 -2.057
共鳴エネルギー： 3.873

電子密度：   結合次数：

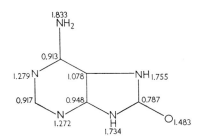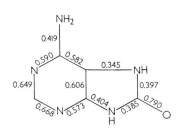

4-アミノピラゾロ (3,4-d) ピリミジン 4-Aminopyrazolo (3,4-d) Pyrimidine

分子軌道のエネルギー：
  被占軌道： 0.490 0.976 1 1.590 1.980 2.549
  空軌道： -0.813 ...
共鳴エネルギー： 3.849

電子密度：   結合次数：

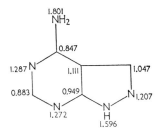

7-アミノピラゾロ (4,3-*d*) ピリミジン 7-Aminopyrazolo (4,3-*d*) Pyrimidine

分子軌道のエネルギー：

    被占軌道：   **0.503**   0.842   1.076   1.653   1.941   2.552

    空軌道：   **−0.758**   −1.077   −1.420   −2.111

共鳴エネルギー：   **3.815**

    電子密度：

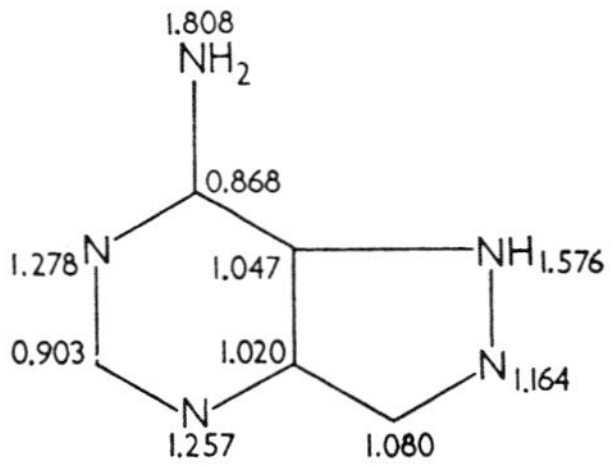

$$
\begin{array}{c}
\text{1.808} \\
\text{NH}_2 \\
\text{0.868} \\
\text{1.278 N} \quad \text{1.047} \quad \text{NH 1.576} \\
\text{0.903} \quad \text{1.020} \quad \text{N 1.164} \\
\text{N} \\
\text{1.257} \quad \text{1.080}
\end{array}
$$

    結合次数：

$$
\begin{array}{c}
\text{NH}_2 \\
\text{0.454} \\
\text{0.617} \quad \text{0.526} \quad \text{0.475} \\
\text{N} \quad\quad\quad\quad \text{NH} \\
\text{0.619} \quad \text{0.568} \quad \text{0.508} \\
\quad\quad\quad \text{0.543} \quad \text{N} \\
\text{0.707} \quad \text{N} \quad \text{0.513} \quad \text{0.750}
\end{array}
$$

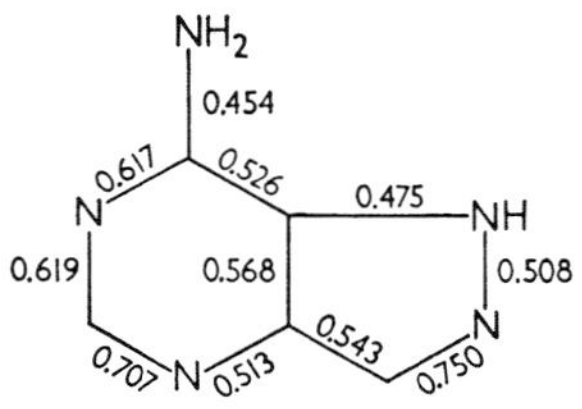

β-アポ-8'-カロテナール β-Apo-8'-carotenal

分子軌道のエネルギー：

被占軌道： <u>0.132</u>　0.459　0.744　0.987　1.224　1.530　1.620　1.696
1.756　2.046　2.075　2.143　2.179　2.211　2.859

空軌道： <u>−0.174</u>　−0.462　−0.761　−1.033　−1.274　−1.516
−1.647　−1.771　−1.836　−1.880　−2.254　−2.305
−2.321　−2.348　−2.379

共鳴エネルギー：　5.408

電子密度：

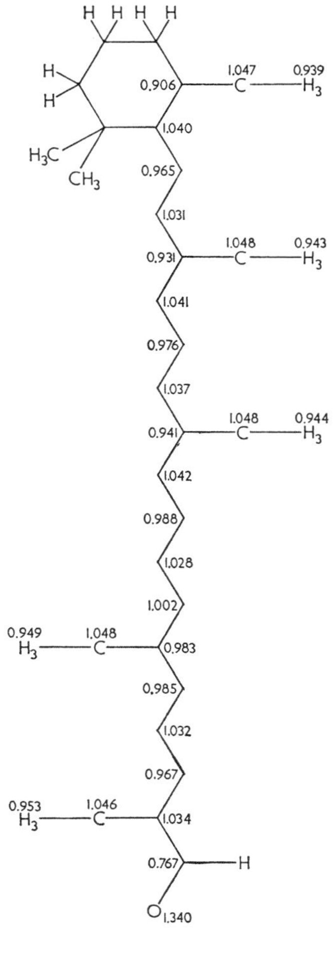

結合次数：

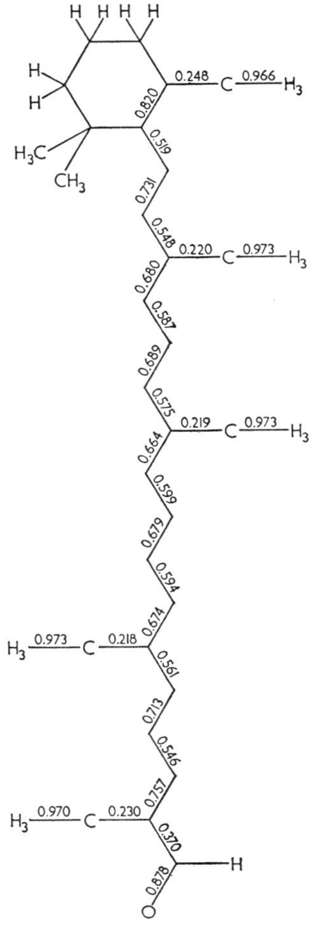

β-アポ-10'-カロテナール β-Apo-10'-carotenal

分子軌道のエネルギー：

被占軌道： 0.163 0.515 0.851 1.106 1.386 1.562 1.689 1.752
2.075 2.139 2.167 2.210 2.844

空軌道： −0.184 −0.509 −0.837 −1.129 −1.381 −1.603
−1.757 −1.833 −1.984 −2.254 −2.306 −2.332
−2.350

共鳴エネルギー： 4.712

電子密度：   結合次数：

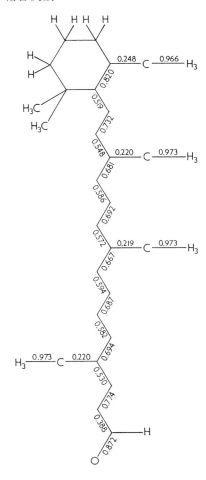

β-アポ-12'-カロテナール β-Apo-12'-carotenal

分子軌道のエネルギー：

被占軌道：　0.186　0.563　0.922　1.205　1.545　1.683　1.745　2.050
　　　　　　2.075　2.150　2.207　2.859

空軌道：　−0.206　−0.575　−0.933　−1.242　−1.544　−1.710
　　　　　−1.810　−1.888　−2.254　−2.308　−2.344　−2.374

共鳴エネルギー：　4.170

電子密度：　　　　　　　　　　　　　　結合次数：

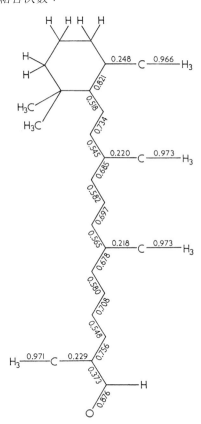

β-アポ-14'-カロテナール β-Apo-14'-carotenal

分子軌道のエネルギー:

被占軌道: <u>0.240</u>　0.663　1.034　1.451　1.618　1.714　2.075
2.146　2.204　2.844

空軌道: <u>−0.222</u>　−0.652　−1.050　−1.393　−1.649　−1.801
−2.009　−2.254　−2.310　−2.348

共鳴エネルギー: **3.478**

電子密度:

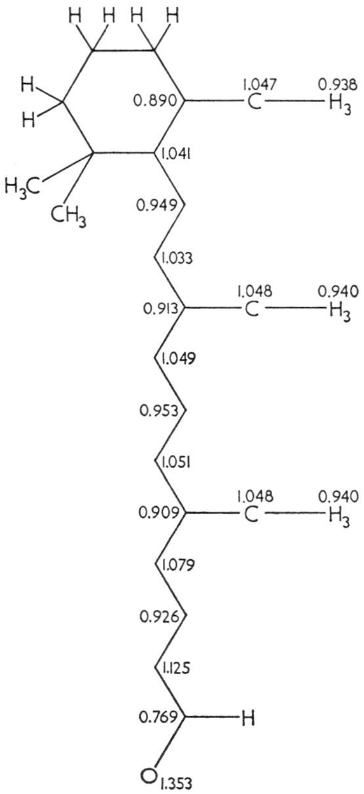

結合次数:

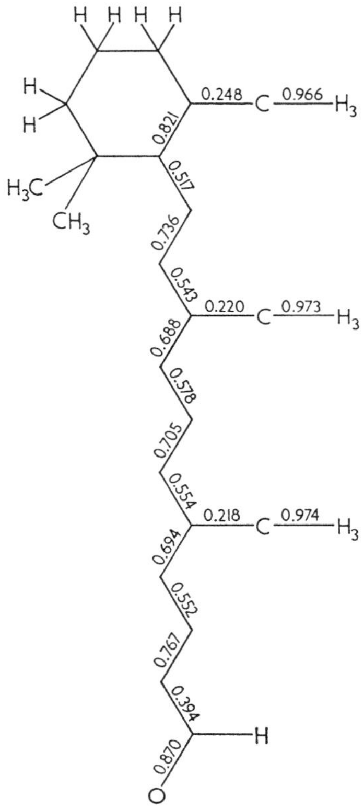

アスコルビン酸 Ascorbic acid

分子軌道のエネルギー：
　　被占軌道：　<u>0.498</u>　1.826　2.246　2.503　3.098
　　空軌道：　−1.049 ...

共鳴エネルギー：　0.965

電子密度：　　　　　　　　　　　　　結合次数：

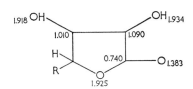
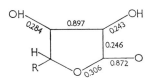

2-アザアデニン 2-Azaadenine

分子軌道のエネルギー：
　　被占軌道：　<u>0.510</u>　0.938　1.108　1.692　1.979　2.575
　　空軌道：　−0.768　−1.034　−1.324　−2.077

共鳴エネルギー：　3.925

電子密度：　　　　　　　　　　　　　結合次数：

8-アザアデニン 8-Azaadenine

分子軌道のエネルギー：
　　被占軌道：　0.528　0.978　1.102　1.626　1.991　2.585
　　空軌道：　−0.763 . . .
共鳴エネルギー：　3.941

電子密度：

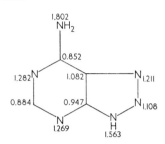

結合次数：

6-アザシトシン（ラクタム体）6-Azacytosine（Lactam）

分子軌道のエネルギー：
　　被占軌道：　0.634　0.785　1.693　2.045　3.075
　　空軌道：　−0.633 . . .
共鳴エネルギー：　2.209

電子密度：

結合次数：

6-アザシトシン（ラクチム体）6-Azacytosine（Lactim）

分子軌道のエネルギー：
　　被占軌道：　　0.648　1.027　1.600　2.083　2.623
　　空軌道：　　−0.767 ...
共鳴エネルギー：　2.641

電子密度：　　　　　　　　　　　　　結合次数：

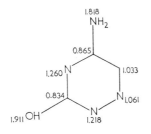
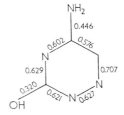

6-アザ-5-カルボキシウラシル（ラクタム体）6-Aza-5-carboxyuracil（Lactam）

分子軌道のエネルギー：
　　被占軌道：　　0.659　1.056　1.770　1.851　2.822　3.052　3.231
　　空軌道：　　−0.697　−1.606　−1.849　−2.290
共鳴エネルギー：　2.316

電子密度：　　　　　　　　　　　　　結合次数：

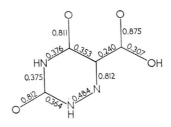

6-アザ-2,4-ジチオウラシル（ラクタム体）6-Aza-2,4-dithiouracil（Lactam）

分子軌道のエネルギー：
　　被占軌道：　<u>0.336</u>　0.434　1.523　1.749　2.506
　　空軌道：　<u>−0.756</u>　−1.455　−1.937
共鳴エネルギー：　1.856

電子密度：　　　　　　　　　　　　　　　結合次数：

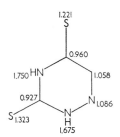

8-アザグアニン（ラクタム体）8-Azaguanine（Lactam）

分子軌道のエネルギー：
　　被占軌道：　<u>0.372</u>　1.071　1.101　1.252　2.053　2.380　3.090
　　空軌道：　<u>−0.947</u>　...
共鳴エネルギー：　3.911

電子密度：　　　　　　　　　　　　　　　結合次数：

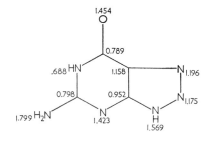

8-アザグアニン（ラクチム体） 8-Azaguanine (Lactim)

分子軌道のエネルギー：
 被占軌道： 0.504　0.870　1.196　1.324　2.026　2.323　2.705
 空軌道： −0.774 ...

共鳴エネルギー： 4.215

電子密度：　　　　　　　　　　　　　　結合次数：

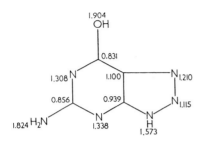

8-アザイソアロキサジン（酸化形） 8-Azaisoalloxazine (Oxidized Form)

分子軌道のエネルギー：
 被占軌道： 0.530　0.928　1.055　1.203　1.597　1.862　2.462　2.847
　　　　　　3.209
 空軌道： −0.319　−0.983　−1.080　−1.380　−1.846　−2.076
　　　　　−2.408

共鳴エネルギー： 5.314

電子密度：　　　　　　　　　　　　　　結合次数：

8-アザイソアロキサジン（還元形）8-Azaisoalloxazine (Reduced Form)

分子軌道のエネルギー：

    被占軌道： -0.083 0.745 0.975 1.056 1.317 1.747 1.899 2.486
                        2.855 3.214

    空軌道： -0.947 -1.016 -1.321 -1.772 -2.041 -2.312

共鳴エネルギー： 5.226

電子密度：

結合次数：

8-アザ-6-メルカプトプリン 8-Aza-6-mercaptopurine

分子軌道のエネルギー：

    被占軌道： 0.245 0.942 1.113 1.586 2.061 2.604

    空軌道： -0.824 -1.064 -1.339 -2.124

共鳴エネルギー： 3.460

電子密度：   結合次数：

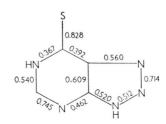

8-アザプリン 8-Azapurine

分子軌道のエネルギー：
　　被占軌道：　<u>0.742</u>　0.984　1.453　1.865　2.549
　　空軌道：　<u>−0.651</u>　−1.043　−1.247　−2.051
共鳴エネルギー：　3.507

電子密度：　　　　　　　　　　　　　　　　　結合次数：

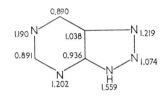

6-アザチミン（ラクタム体） 6-Azathymine (Lactam)

分子軌道のエネルギー：
　　被占軌道：　<u>0.561</u>　1.056　1.709　2.081　2.843　3.200
　　空軌道：　<u>−0.773</u> ...
共鳴エネルギー：　1.982

電子密度：　　　　　　　　　　　　　　　　　結合次数：

6-アザチミン（ラクチム体）6-Azathymine（Lactim）

分子軌道のエネルギー：
  被占軌道： 0.762 1.149 1.723 2.089 2.422 2.699
  空軌道： −0.747 ...

共鳴エネルギー： 2.642

電子密度：   結合次数：

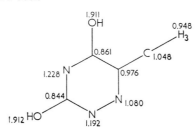

5-アザウラシル（ラクタム体）5-Azauracil（Lactam）

分子軌道のエネルギー：
  被占軌道： 0.781 1.055 1.708 2.849 3.202
  空軌道： −0.889 ...

共鳴エネルギー： 1.998

電子密度：   結合次数：

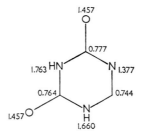
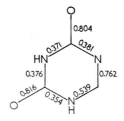

5-アザウラシル（ラクチム体） 5-Azauracil（Lactim）

分子軌道のエネルギー：
  被占軌道：　<u>0.970</u>　1.095　1.777　2.421　2.691
  空軌道：　<u>−0.873</u>　−0.990　−1.891
共鳴エネルギー：　2.590

電子密度：　　　　　　　　　　　　　　結合次数：

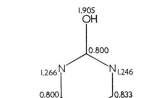
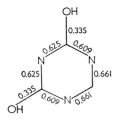

6-アザウラシル（ラクタム体） 6-Azauracil（Lactam）

分子軌道のエネルギー：
  被占軌道：　<u>0.637</u>　1.056　1.797　2.838　3.195
  空軌道：　<u>−0.768</u>　...
共鳴エネルギー：　1.853

電子密度：　　　　　　　　　　　　　　結合次数：

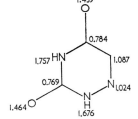
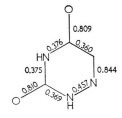

6-アザウラシル（ラクチム体）6-Azauracil（Lactim）

分子軌道のエネルギー：
　　被占軌道：　0.839　1.151　1.826　2.413　2.686
　　空軌道：　−0.745 ...
共鳴エネルギー：　2.513

電子密度：　　　　　　　　　　　　結合次数：

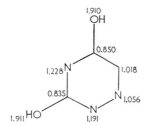
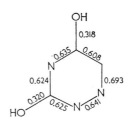

8-アザキサンチン（ラクタム体）8-Azaxanthine（Lactam）

分子軌道のエネルギー：
　　被占軌道：　0.486　1.052　1.125　1.459　2.367　2.853　3.215
　　空軌道：　−1.018 ...
共鳴エネルギー：　3.562

電子密度：　　　　　　　　　　　　結合次数：

8-アザキサンチン（ラクチム体） 8-Azaxanthine（Lactim）

分子軌道のエネルギー：
  被占軌道： <u>0.599</u>　0.941　1.323　1.518　2.317　2.433　2.753
  空軌道： <u>−0.761</u>　−1.108　−1.312　−2.103
共鳴エネルギー： 4.090

電子密度：　　　　　　　　　　　　　　結合次数：

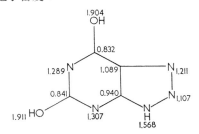 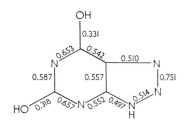

バルビツール酸（ラクタム体） Barbituric acid（Lactam）

分子軌道のエネルギー：
  被占軌道： <u>1.033</u>　1.074　1.810　2.822　2.854　3.245
  空軌道： <u>−1.295</u>　−1.687　−1.906　−2.551
共鳴エネルギー： 1.743

電子密度：　　　　　　　　　　　　　　結合次数：

バルビツール酸（ラクチム‐ラクタム体 1）Barbituric acid (Lactim-lactam 1)

分子軌道のエネルギー：
　　被占軌道：　0.545　1.055　1.377　2.470　2.838　3.201
　　空軌道：　−1.099　−1.756　−2.231

共鳴エネルギー：　2.220

電子密度：　　　　　　　　　　　　　　　結合次数：

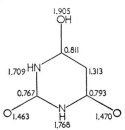

バルビツール酸（ラクチム‐ラクタム体 2）Barbituric acid (Lactim-lactam 2)

分子軌道のエネルギー：
　　被占軌道：　0.548　1.137　1.414　2.427　2.520　3.091
　　空軌道：　−0.864　−1.520　−2.153

共鳴エネルギー：　2.458

電子密度：　　　　　　　　　　　　　　　結合次数：

ベンゾイミダゾール Benzimidazole

分子軌道のエネルギー：
 被占軌道： <u>0.640</u> 0.797 1.373 1.676 2.462
 空軌道： −0.842 . . .

共鳴エネルギー： 3.458

電子密度：

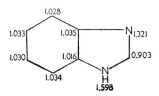

結合次数：

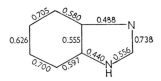

ビリベルジン（ラクタム体）Biliverdin（Lactam）

分子軌道のエネルギー：

被占軌道： 　0.248　0.465　0.672　0.738　0.889　0.905　1.009　1.319
　　　　　　1.457　1.539　1.909　2.020　2.334　2.479　3.063　3.079

空軌道：　−0.137　−0.375　−0.522　−0.998　−1.121　−1.470
　　　　　−1.569　−1.681　−1.989　−2.016　−2.033　−2.171
　　　　　−2.240

共鳴エネルギー：　9.281

電子密度：　　　　　　　　　　　　　　　結合次数：

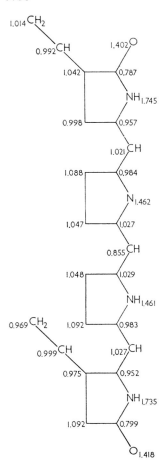 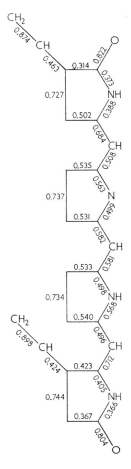

ビリベルジン（ラクチム体）Biliverdin (Lactim)

分子軌道のエネルギー：

被占軌道: 0.455　0.579　0.675　0.751　0.891　0.909　1.071　1.329
　　　　　1.435　1.555　2.005　2.074　2.325　2.469　2.660　2,671

空軌道:　−0.021　−0.261　−0.496　−0.927　−0.984　−1.424
　　　　　−1.502　−1.573　−1.798　−1.911　−2.016　−2.060
　　　　　−2.122

共鳴エネルギー：　9.851

電子密度：　　　　　　　　　　　　　結合次数：

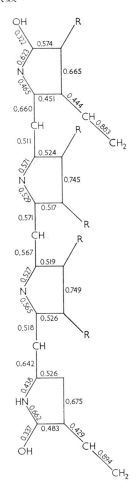

ビオチン（ラクタム体）Biotin（Lactam）

分子軌道のエネルギー：

被占軌道：　<u>1</u>　1.056　3.012

空軌道：　<u>−1.868</u>

共鳴エネルギー：　**0.761**

電子密度：

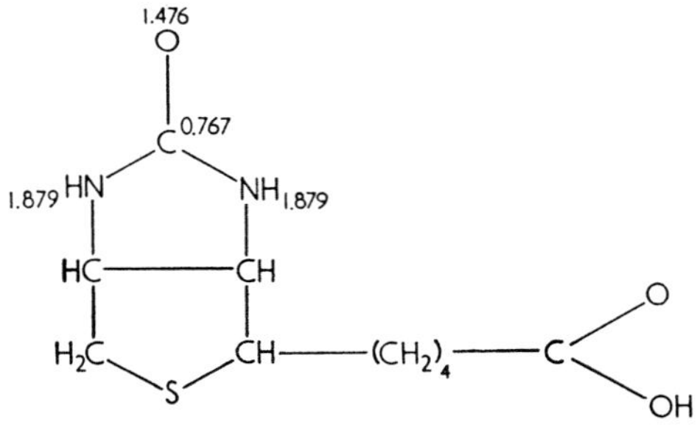

結合次数：

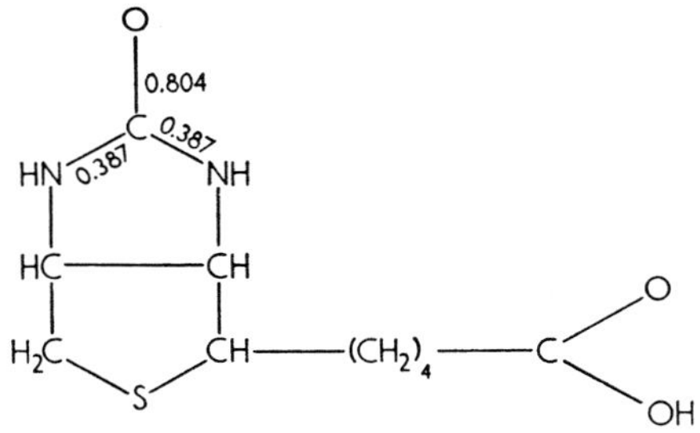

ビオチン（ラクチム体）Biotin（Lactim）

分子軌道のエネルギー：

    被占軌道： <u>0.669</u>   1.430   2.529

    空軌道：   <u>−1.228</u>

共鳴エネルギー： 0.817

電子密度：

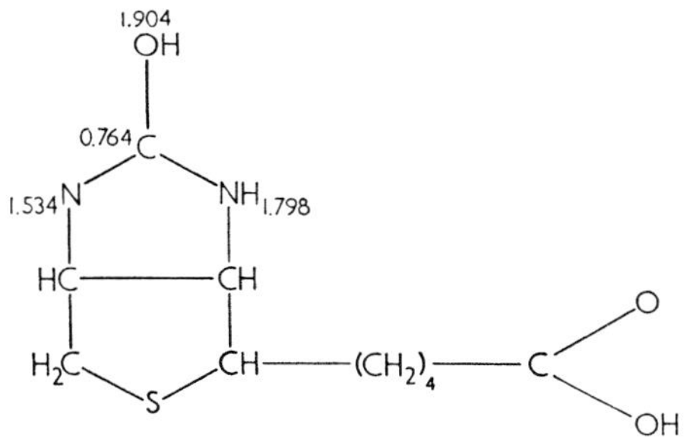

結合次数：

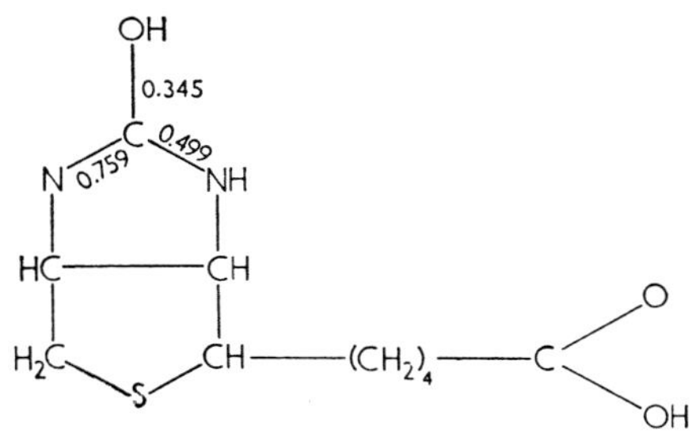

ビスデヒドロ-β-カロテン Bisdehydro-β-carotene

分子軌道のエネルギー：

被占軌道：
0.069	0.324	0.527	0.753	0.933	1.152	1.308	1.364
1.557	1.615	1.692	1.714	1.758	2.124	2.132	2.159
2.178	2.209	2.221					

空軌道：
−0.155	−0.359	−0.586	−0.795	−0.995	−1.187
−1.354	−1.462	−1.612	−1.696	−1.777	−1.814
−1.852	−2.295	−2.229	−2.317	−2.328	−2.349
−2.356					

共鳴エネルギー： **7.331**

電子密度：

結合次数：

13,13'-ビスデスメチル-β-カロテン 13,13'-Bisdesmethyl-β-carotene

分子軌道のエネルギー：

被占軌道：　0.094　0.373　0.636　0.857　1.064　1.293　1.518　1.633
　　　　　　1.679　1.797　1.939　2.076　2.076　2.183　2.185

空軌道：　　−0.171　−0.423　−0.676　−0.919　−1.137　−1.341
　　　　　　−1.536　−1.680　−1.756　−1.843　−1.952　−2.254
　　　　　　−2.254　−2.330　−2.330

共鳴エネルギー：　5.974

電子密度：

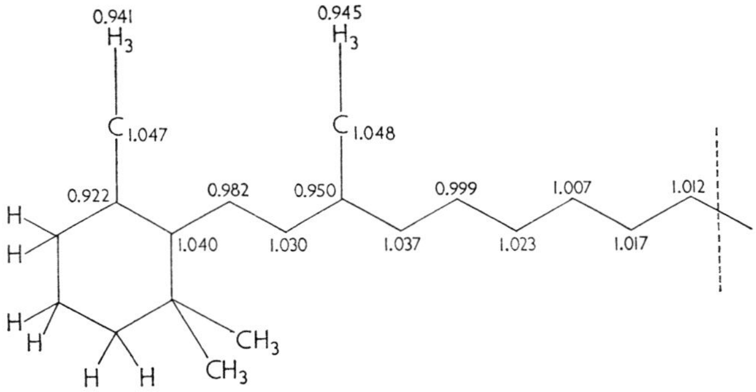

結合次数：

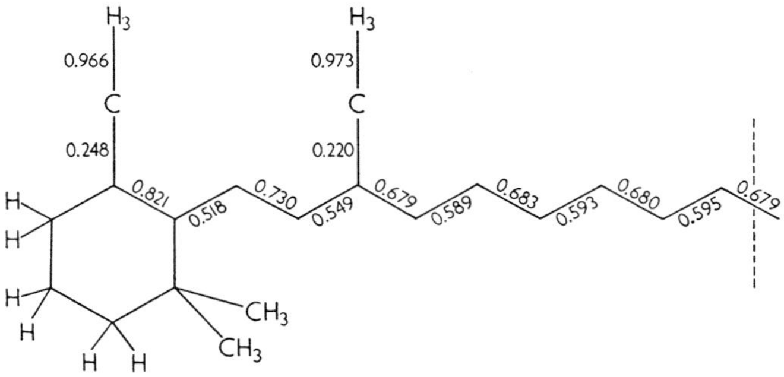

カプリブルー Capri Blue

分子軌道のエネルギー：

被占軌道： <u>0.755</u> 0.765 1 1.181 1.790 1.973 2.544 2.609

<u>2.901</u>

空軌道： <u>−0.082</u> . . .

共鳴エネルギー： 5.768

電子密度：

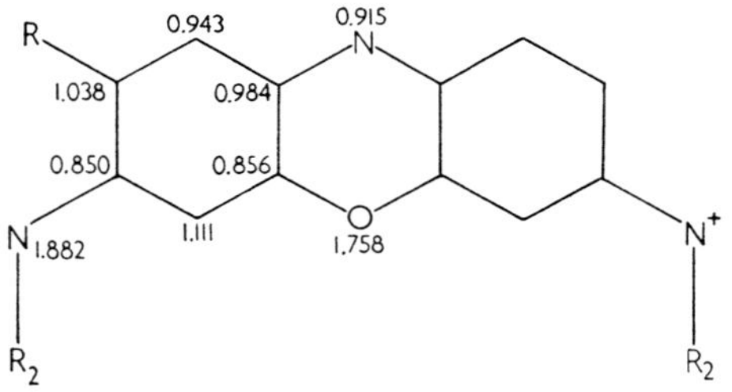

結合次数：

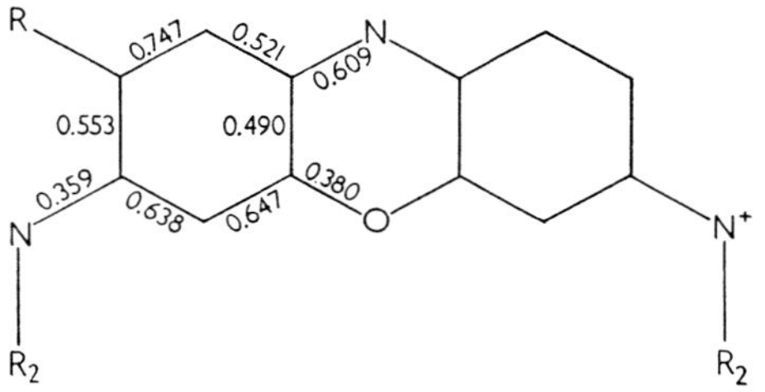

カルボニルビオチン（活性二酸化炭素）Carbonyl Biotin（"Active CO_2"）

分子軌道のエネルギー：

被占軌道： 0.8 0.920 1.036 1.814 3.040

空軌道： −0.903 −1.906

共鳴エネルギー： 1.830

電子密度：

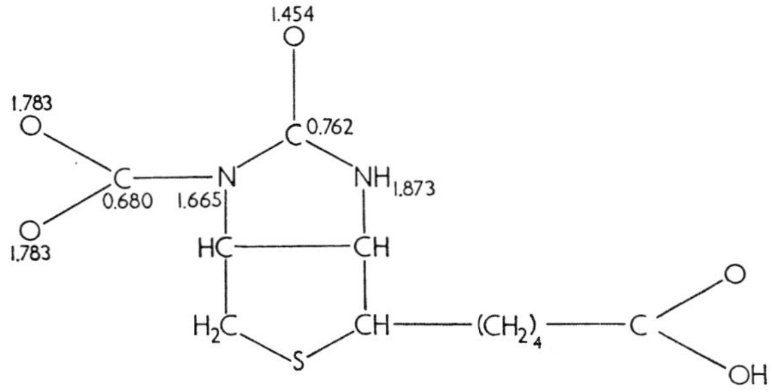

結合次数：

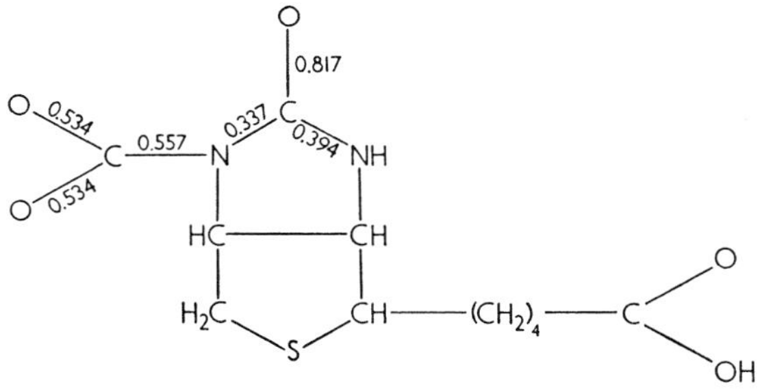

6-カルボキシプリン 6-Carboxypurine

分子軌道のエネルギー：
  被占軌道： 0.696 0.937 1.444 1.786 1.855 2.496 3.089
  空軌道：   −0.652 −1.043 −1.335 −1.689 −2.183
共鳴エネルギー： 3.910

電子密度： 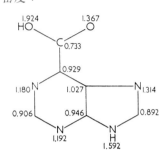　　　結合次数：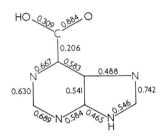

5-カルボキシウラシル（ラクタム体）5-Carboxyuracil (Lactam)

分子軌道のエネルギー：
  被占軌道： 0.624 1.055 1.647 1.836 2.822 3.052 3.224
  空軌道：   −0.894 −1.607 −1.849 −2.311
共鳴エネルギー： 2.393

電子密度：　　　結合次数：

α-カロテン α-Carotene

分子軌道のエネルギー：

被占軌道：

0.096	0.413	0.672	0.934	1.159	1.358	1.545	1.648
1.699	1.757	2.075	2.133	2.152	2.194	2.215	

空軌道：

−0.190	−0.458	−0.738	−0.995	−1.226	−1.429
−1.595	−1.721	−1.793	−1.849	−2.254	−2.300
−2.311	−2.339	−2.351			

共鳴エネルギー：　5.562

電子密度：

結合次数：

β-カロテン β-Carotene

分子軌道のエネルギー:

被占軌道: 0.079　0.370　0.602　0.852　1.033　1.233　1.513　1.579
1.677　1.707　1.758　2.075　2.075　2.137　2.157　2.199
2.216

空軌道: −0.183　−0.424　−0.682　−0.919　−1.132　−1.325
−1.535　−1.642　−1.751　−1.803　−1.851　−2.254
−2.254　−2.033　−2.314　−2,342　−2.353

共鳴エネルギー: 6.280

電子密度:

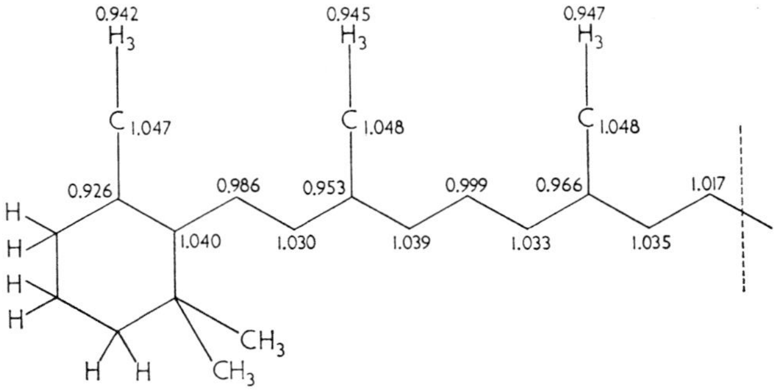

結合次数:

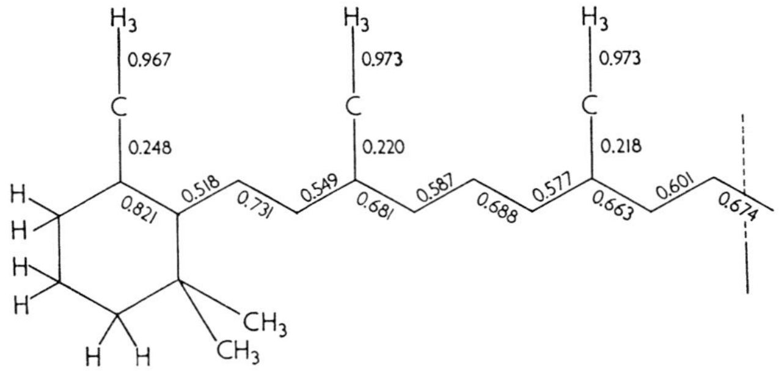

β-カロテン（C_{30} 類似体） β-Carotene（C_{30} Analog）

分子軌道のエネルギー：

被占軌道：　0.144　0.571　0.893　1.213　1.568　1.654　1.755　2.074
　　　　　　2.077　2.164　2.200

空軌道：　　−0.253　−0.629　−0.992　−1.301　−1.596　−1.734
　　　　　　−1.841　−2.254　−2.254　−2.319　−2.340

共鳴エネルギー：　3.795

電子密度：

結合次数：

クマリン Coumarin

分子軌道のエネルギー：
 被占軌道： <u>0.664</u> 0.873 1.407 1.871 2.321 3.235
 空軌道： <u>−0.575</u> −1.067 −1.310 −1.939 −2.280

共鳴エネルギー： 3.367

電子密度：   結合次数：

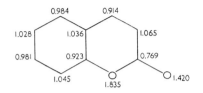
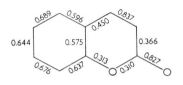

クレアチン Creatine

分子軌道のエネルギー：
 被占軌道： <u>0.528</u> 0.830 1.768 1.833 1.922 2.444 3.117
 空軌道： <u>−1.264</u> −1.480 −2.169 −2.439

共鳴エネルギー： 1.679

電子密度：

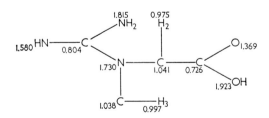

結合次数：

クレアチニン Creatinine

分子軌道のエネルギー：

被占軌道：	<u>0.539</u>	0.869	1.794	1.880	2.358	3.047
空軌道：	<u>−1.136</u>	−1.637	−2.180	−2.434		

共鳴エネルギー： **1.749**

電子密度：

結合次数：

クレアトン Creaton

分子軌道のエネルギー：
　　被占軌道：　0.593　0.898　1.817　1.835　2.194　2.688　3.361
　　空軌道：　−0.998　−1.331　−2.152　−2.406

共鳴エネルギー：　1.976

電子密度：

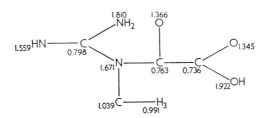

結合次数：

6-シアノプリン 6-Cyanopurine

分子軌道のエネルギー：
   被占軌道： **0.722** 0.940 1.471 1.823 2.498 2.977
   空軌道：
共鳴エネルギー： **3.647**

電子密度：

結合次数：

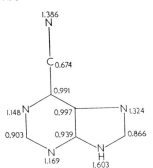

シトシン（イミン体）Cytosine (Imine Form)

分子軌道のエネルギー：
   被占軌道： **0.470** 0.849 1.602 1.983 3.077
   空軌道： -0.796 -1.553 -2.032
共鳴エネルギー： **2.146**

電子密度：

結合次数：

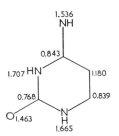
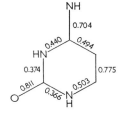

シトシン（ラクタム体 1）Cytosine (Lactam 1)

分子軌道のエネルギー：
　　被占軌道：　0.595　0.785　1.592　2.008　3.068
　　空軌道：　−0.795 . . .

共鳴エネルギー：　2.280

電子密度：

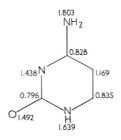

結合次数：

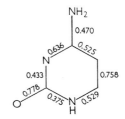

シトシン（ラクタム体 2）Cytosine (Lactam 2)

分子軌道のエネルギー：
　　被占軌道：　0.483　1.018　1.453　2.039　3.069
　　空軌道：　−0.818 . . .

共鳴エネルギー：　2.307

電子密度：

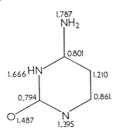

結合次数：

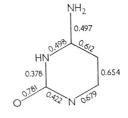

シトシン（ラクチム体）Cytosine（Lactim）

分子軌道のエネルギー：
　　被占軌道：　0.646　0.980　1.496　2.053　2.608
　　空軌道：　−0.920 . . .
共鳴エネルギー：　2.688

電子密度：　　　　　　　　　　　　結合次数：

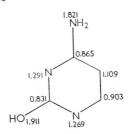 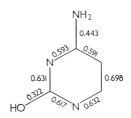

デヒドロアスコルビン酸 Dehydroascorbic Acid

分子軌道のエネルギー：
　　被占軌道：　1.821　2.363　2.895　3.291
　　空軌道：　−0.810 . . .
共鳴エネルギー：　0.612

電子密度：　　　　　　　　　　　　結合次数：

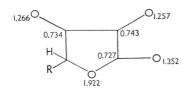 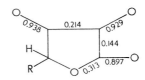

2,4-ジアミノ-5,8-ジヒドロプテリジン 2,4-Diamino-5,8-dihydropteridine

分子軌道のエネルギー：

被占軌道： −0.144 +0.596 0.791 1.214 1.531 1.860 2.066
2.577

空軌道： −0.977 −1.166 −1.432 −2.118

共鳴エネルギー： 4.105

電子密度：   結合次数：

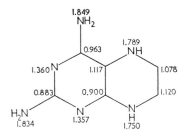 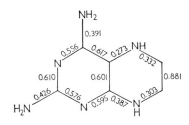

2,4-ジアミノ-7,8-ジヒドロプテリジン 2,4-Diamino-7,8-dihydropteridine

分子軌道のエネルギー：

被占軌道： 0.390 0.697 0.863 1.395 1.774 1.872 2.503

空軌道： −0.729 −1.071 −1.354 −2.141

共鳴エネルギー： 3.670

電子密度：   結合次数：

2,4-ジアミノプテリジン 2,4-Diaminopteridine

分子軌道のエネルギー：
    被占軌道： <u>0.544</u> 0.789 1.140 1.343 1.796 1.991 2.541
    空軌道：   −0.508 ...

共鳴エネルギー： 4.529

電子密度：

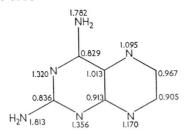

結合次数：

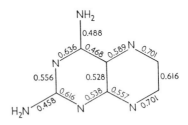

2,6-ジアミノプリン 2,6-Diaminopurine

分子軌道のエネルギー：
    被占軌道： <u>0.398</u> 0.767 1.050 1.177 1.792 2.040 2.583
    空軌道：   −0.917 ...

共鳴エネルギー： 4.299

電子密度：

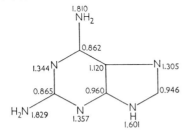

結合次数：

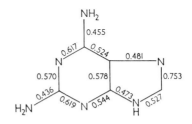

ジエチル (p-ニトロフェニル) ホスファート (E-600, パラオキソン)
Diethyl-paranitrophenylphosphate (E-600, Paraoxon)

分子軌道のエネルギー：
    被占軌道： <u>0.702</u> 0.936 1 1.3 1.528 1.6 1.936 2.351 2.674
    空軌道： <u>−0.355</u> −1 −1.009 −1.286 −2.077

共鳴エネルギー： 4.297

電子密度：

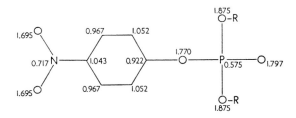

結合次数：

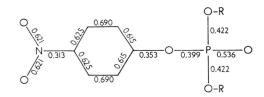

ジヒドロポルフィン Dihydroporphin

分子軌道のエネルギー：

被占軌道: $\underline{0.309}$ 0.452 0.884 0.892 0.904 1.055 1.175 1.519
$\underline{1.786}$ 1.818 2.255 2.404 2.481 2.613

空軌道: $\underline{-0.225}$ -0.392 -0.867 -1.201 -1.470 -1.574
$\underline{-1.789}$ -1.857 -2.009 -2.028 -2.133 -2.599

共鳴エネルギー: 9.044

電子密度:

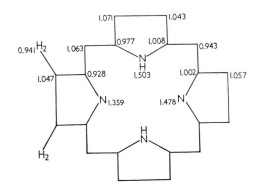

結合次数:

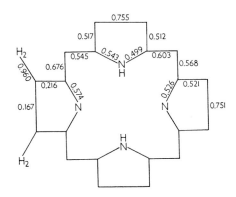

2-アミノ-4-ヒドロキシ-5,8-ジヒドロプテリジン（5,8-ジヒドロ葉酸の構成要素）

2-Amino-4-hydroxy-5,8-dihydropteridine (Representing 5,8-Dihydrofolic Acid)

分子軌道のエネルギー：
- 被占軌道： −0.237　0.544　1.018　1.245　1.629　2.058　2.327　3.086
- 空軌道： −0.927　−1.340　−1.526　−2.278

共鳴エネルギー： 3.525

電子密度：　　　　　　　　　　　　　　　結合次数：

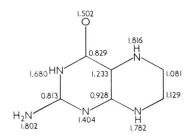
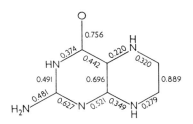

2-アミノ-4-ヒドロキシ-7,8-ジヒドロプテリジン（7,8-ジヒドロ葉酸の構成要素）

2-Amino-4-hydroxy-7,8-dihydropteridine (Representing 7,8-Dihydrofolic Acid)

分子軌道のエネルギー：
- 被占軌道： 0.293　0.782　1.018　1.459　1.903　2.191　3.081
- 空軌道： −0.784　−1.227　−1.447　−2.304

共鳴エネルギー： 3.197

電子密度：　　　　　　　　　　　　　　　結合次数：

2,4-ジヒドロキシプテリジン（ラクタム体） 2,4-Dihydroxypteridine (Lactam)

分子軌道のエネルギー：
  被占軌道： 0.653 1.054 1.208 1.519 2.209 2.852 3.211
  空軌道： −0.663 −1.023 −1.684 −1.816 −2.356

共鳴エネルギー： 3.781

電子密度：   結合次数：

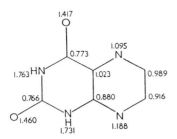

2,8-ジヒドロキシプリン（ラクタム体） 2,8-Dihydroxypurine (Lactam)

分子軌道のエネルギー：
  被占軌道： 0.321 0.798 1.304 1.628 2.039 3.025 3.137
  空軌道： −0.766 −1.600 −1.915 −2.170

共鳴エネルギー： 3.310

電子密度：   結合次数：

6,8-ジヒドロキシプリン（ラクタム体）6,8-Dihydroxypurine（Lactam）

分子軌道のエネルギー：

| 被占軌道： | 0.220 | 0.852 | 1.359 | 1.640 | 2.028 | 2.976 | 3.169 |

| 空軌道： | −0.904 | −1.374 | −1.914 | −2.251 |

共鳴エネルギー： **3.297**

電子密度：

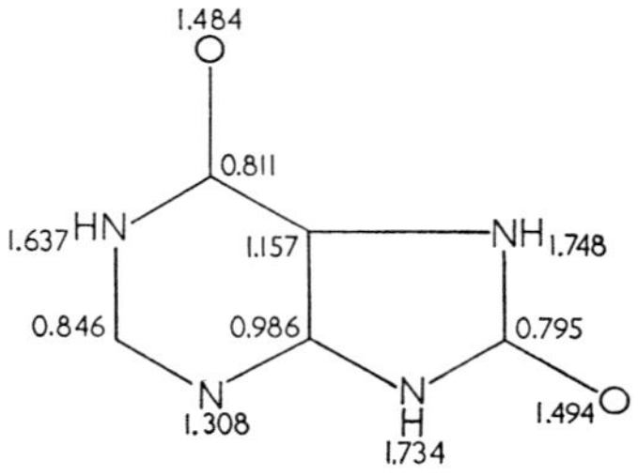

結合次数：

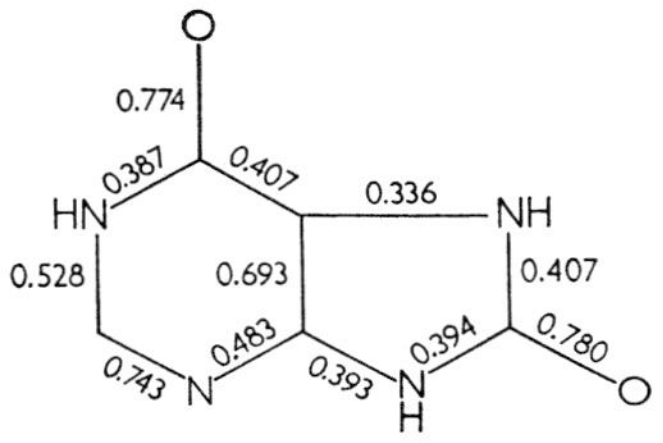

5,6-ジメチルイソアロキサジン（酸化形）5,6-Dimethylisoalloxazine（Oxidized Form）

分子軌道のエネルギー：

被占軌道： $\underline{0.499}$ 0.743 1.053 1.129 1.533 1.669 2.008 2.158
2.476 2.848 3.209

空軌道： $\underline{-0.345}$ -1.013 -1.138 -1.367 -1.841 -1.968
-2.197 -2.357 -2.498

共鳴エネルギー： **5.602**

電子密度：

結合次数：

5,6-ジメチルイソアロキサジン（還元形） 5,6-Dimethylisoalloxazine（Reduced Form）

分子軌道のエネルギー：

被占軌道： 0.105　0.669　0.816　1.055　1.228　1.677　1.739　2.010
2.169　2.498　2.855　3.214

空軌道： −0.980　−1.084　−1.302　−1.771　−1.935　−2.196
−2.289　−2.467

共鳴エネルギー： 5.480

電子密度：

1.096　1.741　1.726　1.468
1.080　1.004　0.911　0.772
1.019　0.996　1.258　1.769
1.048　1.075　0.808
0.953　1.047　1.795　1.476
0.959

結合次数：

0.633　0.652　0.328　0.391　0.417　0.373　0.806
0.663　0.579　0.726　0.375
0.212　0.626　0.360　0.234　0.413　0.363　0.780
0.976　0.616　0.215
0.975

6,7-ジメチルイソアロキサジン（酸化形）6,7-Dimethylisoalloxazine（Oxidized Form）

分子軌道のエネルギー：

被占軌道：　0.496　0.788　1.048　1.078　1.508　1.701　2.009　2.173
　　　　　　2.465　2.847　3.209

空軌道：　−0.344　−1,013　−1.142　−1.352　−1.838　−1.991
　　　　　−2.196　−2.368　−2.480

共鳴エネルギー：　5.602

電子密度：

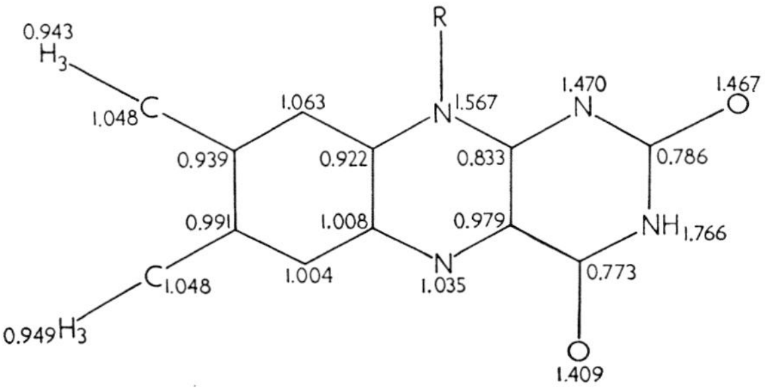

結合次数：

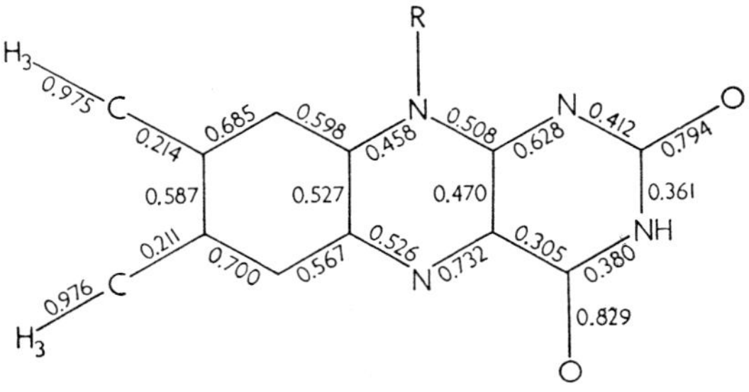

6,7-ジメチルイソアロキサジン（還元形）6,7-Dimethylisoalloxazine（Reduced Form）

分子軌道のエネルギー：

被占軌道： $\underline{-0.105}$ 0.683 0.828 1.055 1.197 1.626 1.789 2.011
2.186 2.487 2.855 3.213

空軌道： $\underline{-0.979}$ -1.088 -1.293 -1.769 -1.949 -2.196
-2.294 -2.457

共鳴エネルギー： **5.483**

電子密度：

結合次数：

6,8-ジメチルイソアロキサジン（酸化形）6,8-Dimethylisoalloxazine（Oxidized Form）

分子軌道のエネルギー：

被占軌道： 0.489　0.760　1.053　1.131　1.477　1.704　2.051　2.123
2.476　2.847　3.209

空軌道： −0.341　−1.013　−1.137　−1.365　−1.833　−1.963
−2.247　−2.349　−2.475

共鳴エネルギー： 5.595

電子密度：

結合次数：

6,8-ジメチルイソアロキサジン（還元形）6,8-Dimethylisoalloxazine（Reduced Form）

分子軌道のエネルギー：

被占軌道： $\underline{-0.103}$　0.660　0.831　1.055　1.241　1.589　1.791　2.060
　　　　　2.136　2.497　2.855　3.213

空軌道：　 $\underline{-0.980}$　 -1.083　 -1.304　 -1.769　 -1.917　 -2.246
　　　　　 -2.286　 -2.441

共鳴エネルギー：　5.482

電子密度：

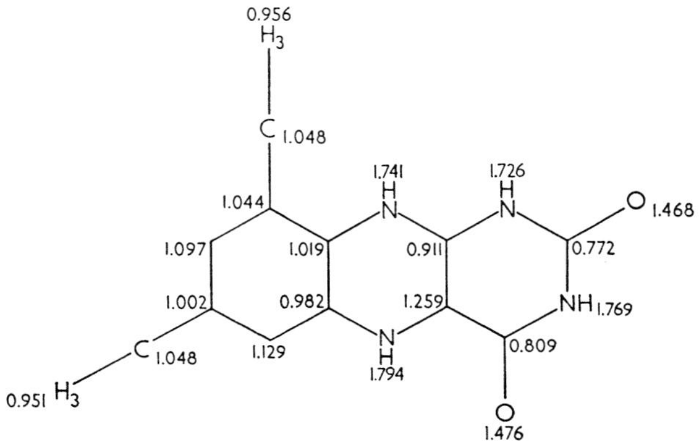

結合次数：

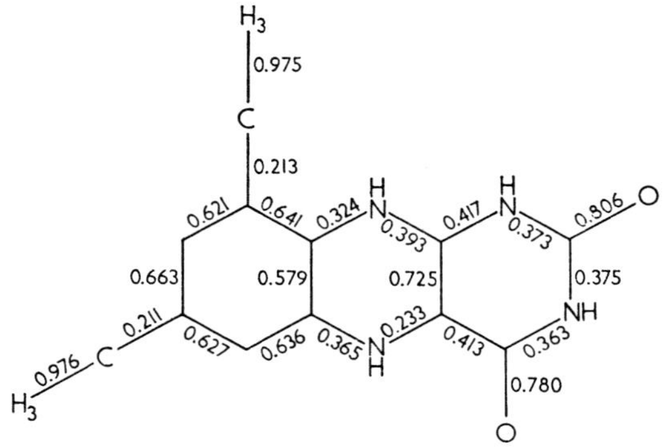

2,3-ジメチルナフトキノン 2,3-Dimethylnaphthoquinone

分子軌道のエネルギー：
 被占軌道： <u>0.814</u> 1.008 1.024 1.920 1.980 2.100 2.903 3.137
 空軌道： —0.353 . . .
共鳴エネルギー： 3.609

電子密度：   結合次数：

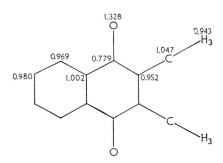

ジニトロナフトール Dinitronaphthol

分子軌道のエネルギー：
 被占軌道： <u>0.581</u> 1.015 1.189 1.570 1.6 1.6 2.101 2.529
     2.659 2.732
 空軌道： <u>—0.329</u> —0.360 —0.783 —1.065 —1.408 —1.687
     —2.345
共鳴エネルギー： 5.880

電子密度：   結合次数：

2,4-ジニトロフェノール 2,4-Dinitrophenol

分子軌道のエネルギー：
  被占軌道：　0.841　1.025　1.6　1.6　1.787　2.491　2.658　2.713
  空軌道：　−0.352　−0.354　−1.081　−1.235　−2.093

共鳴エネルギー：　4.156

電子密度：　　　　　　　　　　　　　　　結合次数：

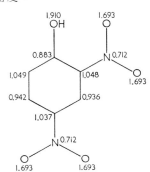

ジピロール Dipyrrole

分子軌道のエネルギー：
  被占軌道：　0.618　0.890　0.894　1.204　2.187　2.404
  空軌道：　−0.252 …

共鳴エネルギー：　4.175

電子密度：　　　　　　　　　　　　　　　結合次数：

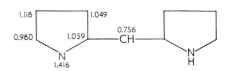
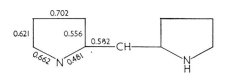

2,4-ジチオウラシル（ラクタム体） 2,4-Dithiouracil（Lactam）

分子軌道のエネルギー：

被占軌道： <u>0.304</u>　0.424　1.423　1.726　2.472

空軌道： <u>−0.924</u>　−1.456　−1.969

共鳴エネルギー： 1.899

電子密度：

結合次数：

S 1.276
0.955
1.749 HN
1.188
0.926
0.901
S 1.324
N H
1.682

S
0.825
0.355 HN 0.423
0.371
0.808
0.844
0.365
S
N H
0.465

1,3-ジビニルポルフィン（プロトポルフィリンの構成要素）
1,3-Divinylporphin (Representing Protoporphyrin)

分子軌道のエネルギー：

被占軌道： 0.293　0.523　0.623　0.703　0.892　0.898　1.150　1.160
　　　　　1.435　1.510　1.653　2.229　2.429　2.441　2.564

空軌道： −0.233　−0.234　−0.537　−0.935　−1.058　−1.400
　　　　−1.558　−1.643　−1.809　−2.011　−2.035　−2.109
　　　　−2.142

共鳴エネルギー： 10.570

電子密度：

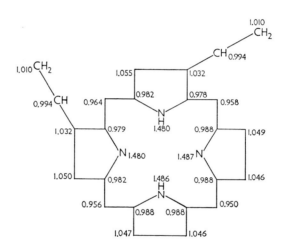

結合次数：

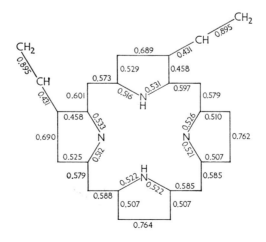

DOPA（3,4-ジヒドロキシフェニルアラニン）DOPA（3,4-Dihydroxyphenylalanine）

分子軌道のエネルギー：

被占軌道：　<u>0.666</u>　0.904　1.706　2.291　2.677

空軌道：　<u>−1.049</u>　−1.120　−2.074

共鳴エネルギー：　2.486

電子密度：

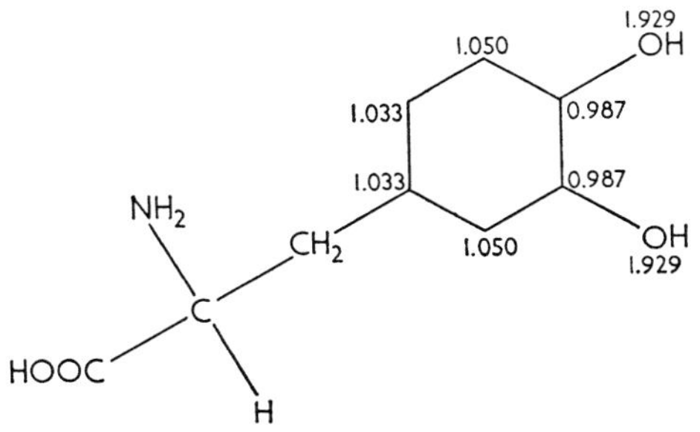

結合次数：

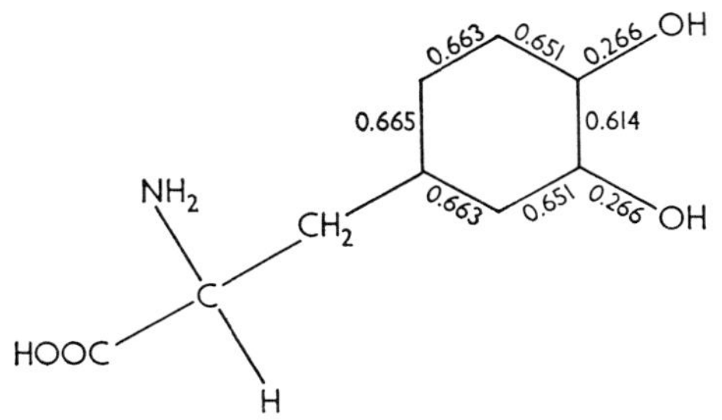

DPN⁺

分子軌道のエネルギー：
    被占軌道：　<u>1.032</u>　1.162　1.503　2.855　2.998
    空軌道：　<u>−0.356</u>
共鳴エネルギー：　2.477

電子密度：　　　　　　　　　　　　結合次数：

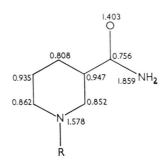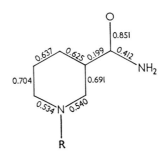

2-*ortho*-DPNH

分子軌道のエネルギー：
    被占軌道：　<u>0.272</u>　1.032　1.280　1.593　2.377　2.943
    空軌道：　<u>−0.777</u>　−1.354　−2.019　−2.349
共鳴エネルギー：　1.816

電子密度：　　　　　　　　　　　　結合次数：

6-*ortho*-DPNH

分子軌道のエネルギー：

  被占軌道： <u>0.277</u> 1.032 1.279 1.606 2.369 2.941

  空軌道： <u>−0.715</u> −1.541 −1.865 −2.383

共鳴エネルギー： **1.827**

電子密度：

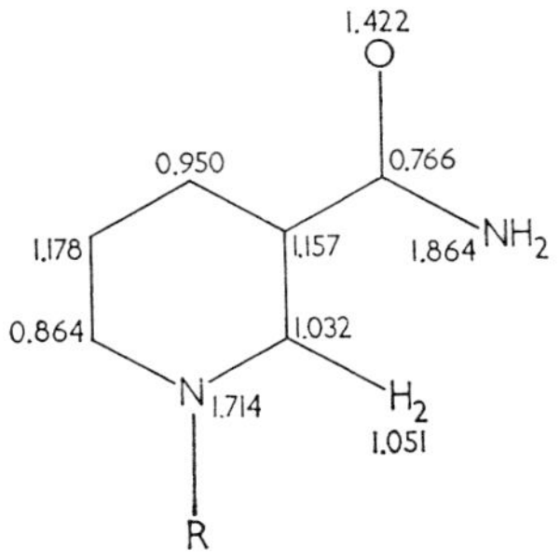

結合次数：

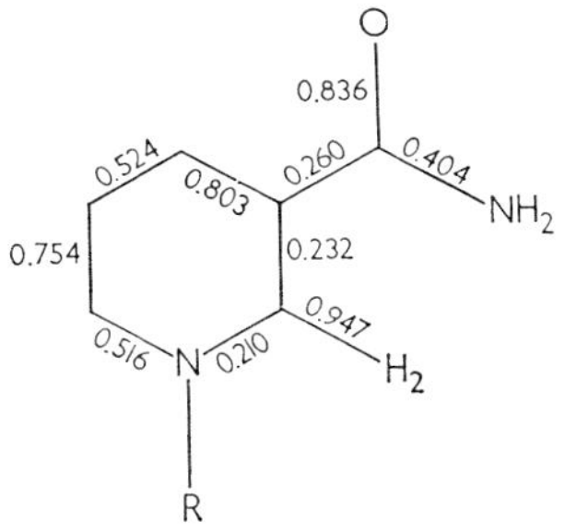

1.422
0.950
1.178
0.864
1.157
1.032
1.714
1.864 NH₂
0.766
H₂
1.051

0.836
0.524
0.803
0.260
0.404 NH₂
0.754
0.232
0.516
0.210
0.947
H₂

para-DPNH

分子軌道のエネルギー：

  被占軌道： <u>0.298</u> 1 1.037 1.880 2.289 2.940

  空軌道： <u>−0.915</u> −1.259 −1.861 −2.410

共鳴エネルギー： **1.709**

電子密度：

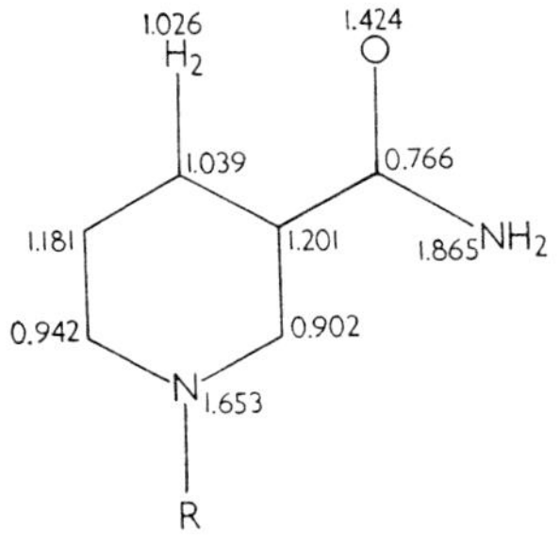

結合次数：

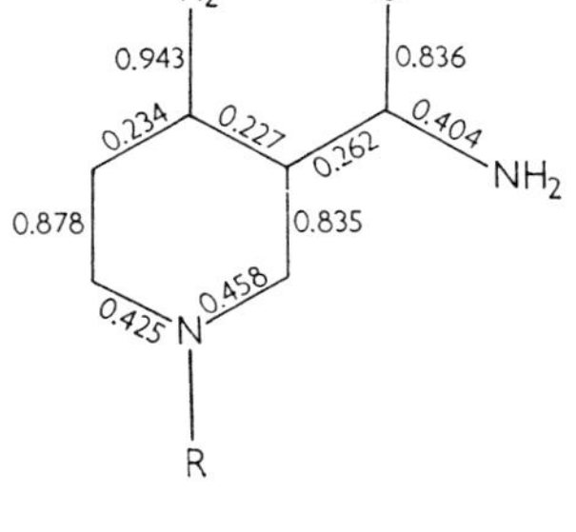

1.026
H₂
1.424
1.039
1.181
1.201
0.942
0.902
1.653
1.865 NH₂
0.766

H₂
0.943
0.836
0.234
0.227
0.262
0.404 NH₂
0.878
0.835
0.425
0.458

エルゴチオネイン（チオール体）Ergothioneine（Thiol Form）

分子軌道のエネルギー：

被占軌道： <u>−0.036</u> 0.808 1.141 2.284

空軌道： <u>−1.272</u> −1.525

共鳴エネルギー： **1.956**

電子密度：

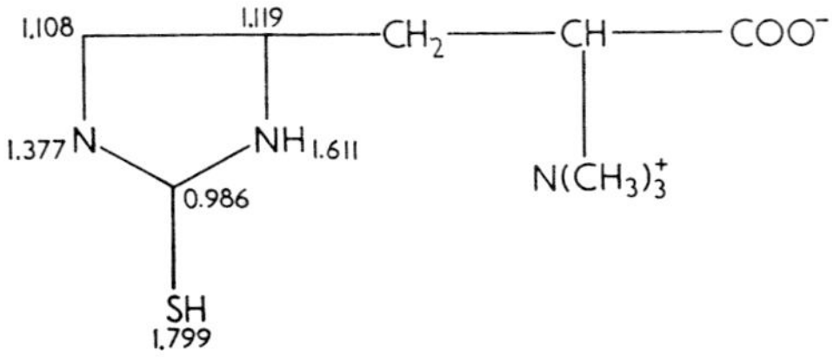

結合次数：

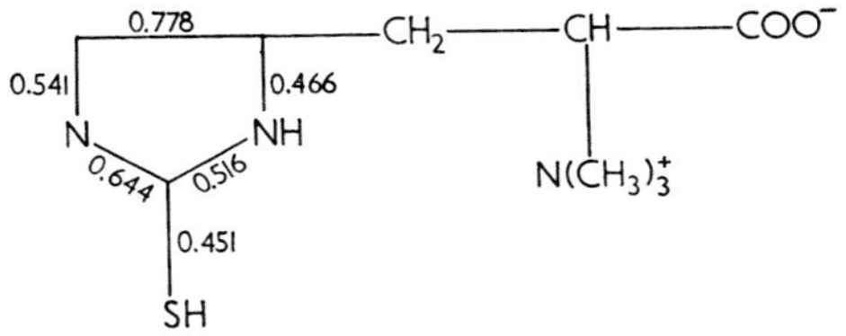

エルゴチオネイン（チオン体）Ergothioneine（Thione Form）

分子軌道のエネルギー：

被占軌道：　<u>0.063</u>　1.102　1.345　2.439

空軌道：　<u>−1.345</u>　−1.604

共鳴エネルギー：　1.499

電子密度：

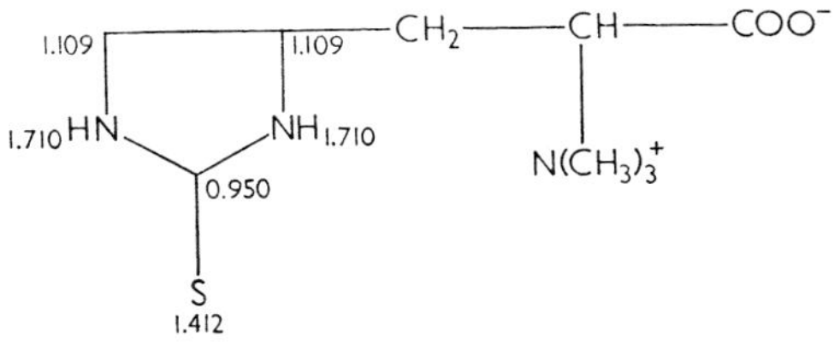

結合次数：

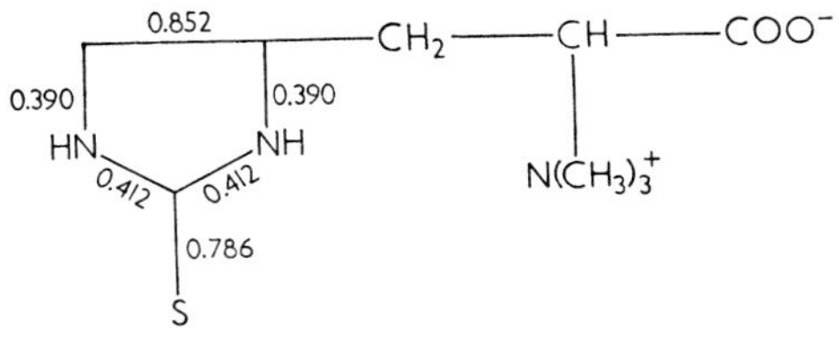

5-フルオロシトシン（ラクタム体）5-Fluorocytosine（Lactam）

分子軌道のエネルギー：

    被占軌道：   0.594 0.783 1.588 1.968 3.048 3.231

    空軌道：   −0.792 . . .

共鳴エネルギー：   2.396

電子密度：

結合次数：

5-フルオロウラシル（ラクタム体）5-Fluorouracil（Lactam）

分子軌道のエネルギー：

    被占軌道：   0.595 1.055 1.641 2.804 3.085 3.320

    空軌道：   −0.946 . . .

共鳴エネルギー：   2.039

電子密度：

結合次数：

2-アミノ-4-ヒドロキシ-5,6,7,8-テトラヒドロ-5-ホルミルプテリジン（フォリン酸の構成要素）
2-Amino-4-hydroxy-5,6,7,8-tetrahydro-5-formylpteridine (Representing Folinic Acid)

分子軌道のエネルギー：
 被占軌道： <u>0.098</u>　0.778　1.018　1.362　1.863　2.185　2.860　3.098
 空軌道： <u>−1.049</u>　−1.446　−1.694　−2.274
共鳴エネルギー： 3.333

電子密度：　　　　　　　　　　　　　　　結合次数：

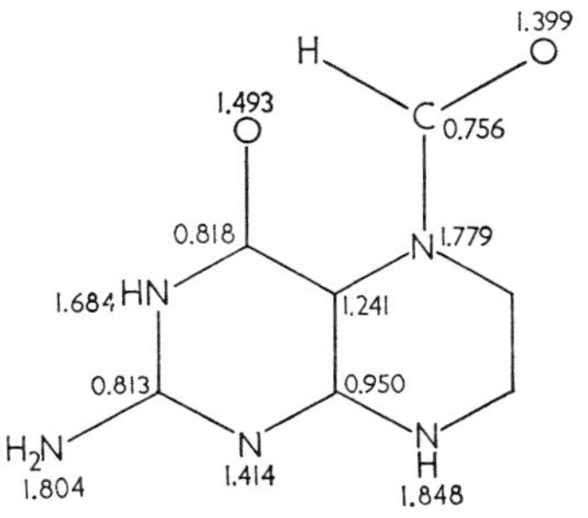

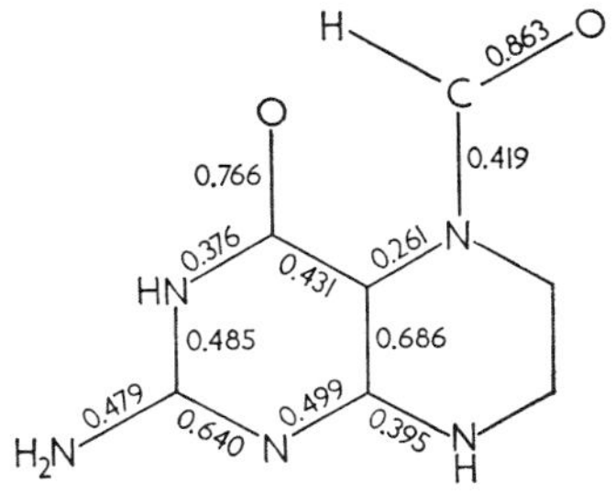

5-ホルムアミド-4-イミダゾールカルボキサミド 5-Formamido-4-imidazole-carboxamide

分子軌道のエネルギー：
 被占軌道： <u>0.371</u>　1.031　1.118　1.398　2.302　2.885　2.965
 空軌道： <u>−1.203</u> ...
共鳴エネルギー： 2.948

電子密度：　　　　　　　　　　　　　　　結合次数：

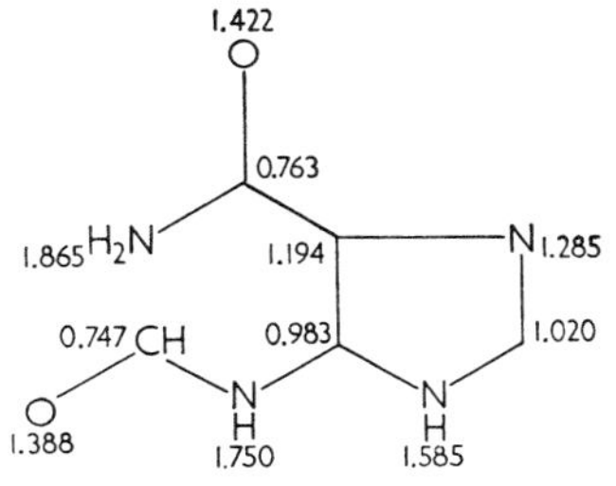

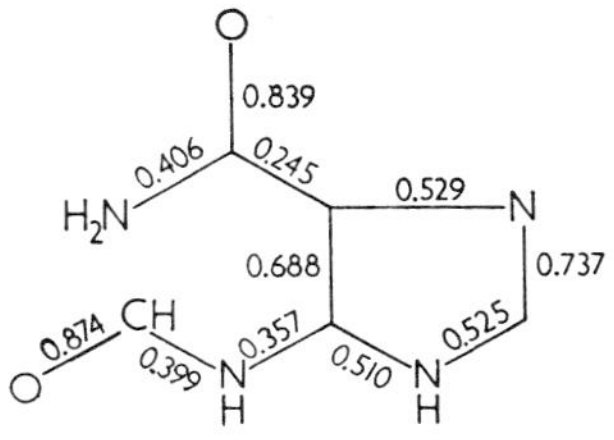

ホルムイミノグリシンアミド Formiminoglycinamide

分子軌道のエネルギー：
  被占軌道： <u>0.645</u>　1.032　1.540　2.189　2.987
  空軌道： <u>−1.054</u>　−1.520　−2.419

共鳴エネルギー： **1.166**

電子密度：　　　　　　　　　　　　　　　結合次数：

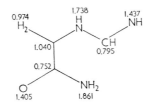

ホルムイミノグリシン Formiminoglycine

分子軌道のエネルギー：
  被占軌道： <u>0.645</u>　1.538　1.821　2.223　3.115
  空軌道： <u>−1.054</u>　−1.477　−2.410

共鳴エネルギー： **1.062**

電子密度：　　　　　　　　　　　　　　　結合次数：

ホルミルグリシンアミド Formyglycinamide

分子軌道のエネルギー:
 被占軌道: <u>0.886</u> 1.033 2.029 2.854 3.006
 空軌道: <u>−1.497</u> −1.687 −2.424
共鳴エネルギー: 1.060

電子密度: 結合次数:

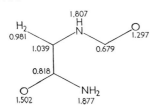

グリシンアミド Glycinamide

分子軌道のエネルギー:
 被占軌道: <u>0.839</u> 1.032 2.070 2.983
 空軌道: <u>−1.513</u> −2.412
共鳴エネルギー: 0.668

電子密度: 結合次数:

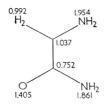
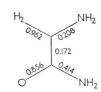

グアニジンリン酸 Guanidinephosphate

分子軌道のエネルギー：
　　被占軌道：　0.603　0.8　0.8　0.8　1.625　2.086
　　空軌道：　−1.004 . . .

共鳴エネルギー：　2.339

電子密度：　　　　　　　　　　　　　結合次数：

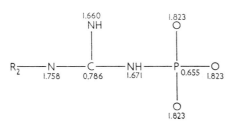

グアニン（ラクタム体）Guanine（Lactam）

分子軌道のエネルギー：
　　被占軌道：　0.307　1.016　1.067　1.209　2.032　2.328　3.088
　　空軌道：　−1.050　−1.219　−1.485　−2.293

共鳴エネルギー：　3.838

電子密度：　　　　　　　　　　　　　結合次数：

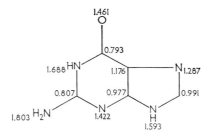 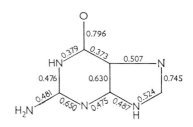

グアニン（ラクタム体の互変異性体）Guanine（Lactam-tautomeric）

分子軌道のエネルギー：
　　被占軌道：　0.339　0.892　1.018　1.341　2.050　2.304　3.089
　　空軌道：　　−1.014 …
共鳴エネルギー：　3.814

電子密度：　　　　　　　　　　　　　　結合次数：

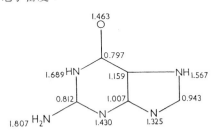 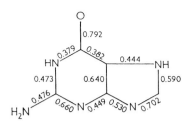

グアニン（ラクチム体）Guanine（Lactim）

分子軌道のエネルギー：
　　被占軌道：　0.452　0.864　1.126　1.323　1.998　2.287　2.691
　　空軌道：　　−0.869 …
共鳴エネルギー：　4.166

電子密度：　　　　　　　　　　　　　　結合次数：

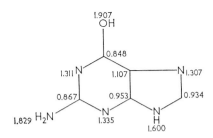 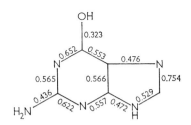

グアニン-シトシン対（水素結合が二つ）Guanine-Cytosine Pair（Two H-bonds）

分子軌道のエネルギー：

被占軌道： 0.308　0.612　0.682　0.990　1.074　1.215　1.586　1.972
　　　　　2.014　2.353　3.079　3.171

空軌道：　−0.781　−1.065　−1.215　−1.472　−1.514　−2.122
　　　　　−2.287

共鳴エネルギー：　6.328

電子密度：

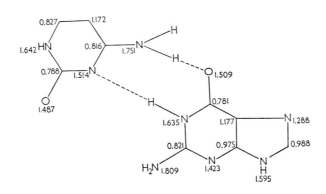

結合次数：

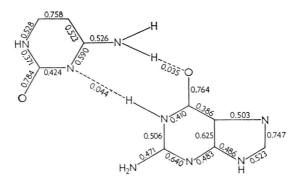

付　録　647

グアニン-シトシン対（水素結合が三つ）Guanine-Cytosine Pair（Three H-bonds）

分子軌道のエネルギー：

被占軌道：　0.288　0.617　0.644　0.978　1.043　1.206　1.591　1.960
　　　　　　2.008　2.350　3.144　3.200

空軌道：　−0.782　−1.076　−1.216　−1.464　−1.507　−2.096
　　　　　−2.288

共鳴エネルギー：　6.415

電子密度：

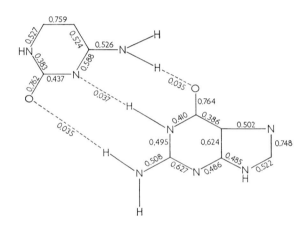

結合次数：

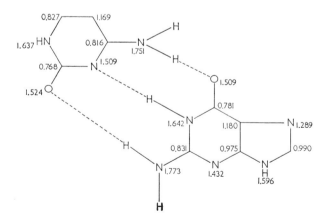

グアニン-シトシン対（互変異性体）Guanine-Cytosine Pair（Tautomeric）

分子軌道のエネルギー：

被占軌道： 0.319　0.369　0.727　1.032　1.077　1.307　1.570　1.928
　　　　　2.059　2.373　3.058　3.181

空軌道：　−0.834　−1.046　−1.160　−1.467　−1.570　−2.057
　　　　　−2.265

共鳴エネルギー：　6.048

電子密度：

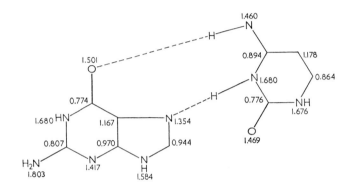

結合次数：

ヒダントイン (ラクタム体) Hydantoin (Lactam)

分子軌道のエネルギー：

被占軌道： <u>1.014</u>　1.068　2.753　3.106

空軌道： <u>−1.567</u> . . .

共鳴エネルギー： 1.128

電子密度：

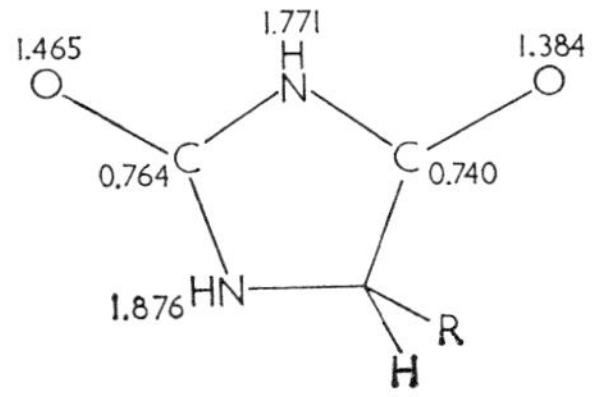

結合次数：

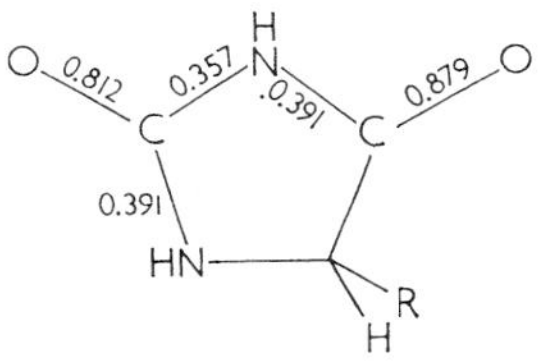

ヒダントイン (ラクタム-ラクチム体) Hydantoin (Lactam-lactim)

分子軌道のエネルギー：

被占軌道： <u>0.734</u>　1.424　2.485　2.896

空軌道： <u>−1.031</u> . . .

共鳴エネルギー： 1.264

電子密度：

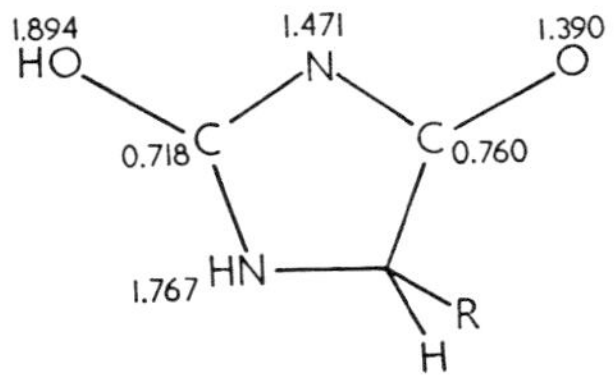

結合次数：

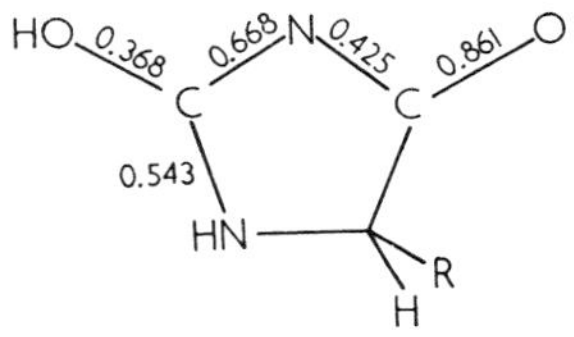

6-ヒドロキシ-8-アミノプリン（ラクタム体）6-Hydroxy -8-aminopurine (Lactam)

分子軌道のエネルギー：

  被占軌道： 0.242 0.869 1.148 1.421 1.841 2.406 3.083

  空軌道： −0.913 −1.319 −1.490 −2.287

共鳴エネルギー： 3.764

電子密度：   結合次数：

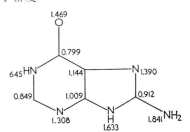
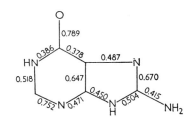

3-ヒドロキシアントラニル酸 3-Hydoroxy-anthranilic Acid

分子軌道のエネルギー：

  被占軌道： 0.464 0.879 1.468 1.811 1.933 2.567 3.086

  空軌道： −0.940

共鳴エネルギー： 3.041

電子密度：   結合次数：

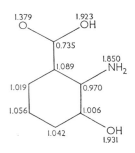

2-ヒドロキシ-4-アミノプテリジン 2-Hydroxy-4-aminopteridine

分子軌道のエネルギー：
  被占軌道： 0.660　0.752　1.176　1.511　1.865　2.343　3.081
  空軌道：　−0.529　−0.991　−1.346　−1.860　−2.263

共鳴エネルギー： 4.082

電子密度：　　　　　　　　　　　　　結合次数：

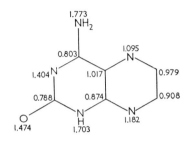
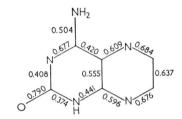

2-ヒドロキシプテリジン（ラクタム体） 2-Hydroxypteridine (Lactam)

分子軌道のエネルギー：
  被占軌道： 0.660　1.044　1.473　1.591　2.307　3.074
  空軌道：　−0.423　−0.964　−1.267　−1.859　−2.234

共鳴エネルギー： 3.602

電子密度：　　　　　　　　　　　　　結合次数：

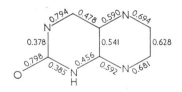

2-ヒドロキシプテリジン（ラクチム体） 2-Hydroxypteridine (Lactim)

分子軌道のエネルギー：
　　被占軌道：　　0.786　1.030　1.503　1.612　2.278　2.637
　　空軌道：　　−0.404　−0.980　−1.144　−1.525　−2.195
共鳴エネルギー：　3.937

電子密度：　　　　　　　　　　　　　結合次数：

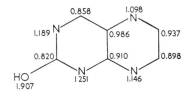 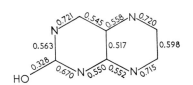

4-ヒドロキシプテリジン（ラクタム体） 4-Hydroxypteridine (Lactam)

分子軌道のエネルギー：
　　被占軌道：　　0.586　1.162　1.329　1.789　2.227　3.077
　　空軌道：　　−0.627　−0.816　−1.306　−1.674　−2.347
共鳴エネルギー：　3.645

電子密度：　　　　　　　　　　　　　結合次数：

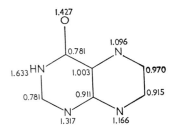 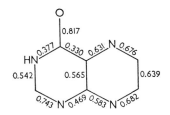

4-ヒドロキシプテリジン（ラクチム体） 4-Hydroxypteridine（Lactim）

分子軌道のエネルギー：
　　被占軌道：　0.758　1.074　1.404　1.746　2.220　2.651
　　空軌道：　−0.446 ...
共鳴エネルギー：　3.949

電子密度：　　　　　　　　　　　　　　　結合次数：

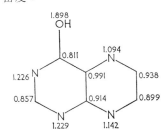 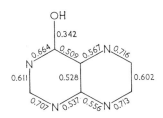

6-ヒドロキシプテリジン（ラクタム体） 6-Hydroxypteridine（Lactam）

分子軌道のエネルギー：
　　被占軌道：　0.589　0.993　1.544　1.620　2.318　3.053
　　空軌道：　−0.431　−1.013　−1.144　−1.879　−2.251
共鳴エネルギー：　3.541

電子密度：　　　　　　　　　　　　　　　結合次数：

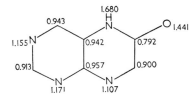

6-ヒドロキシプテリジン（ラクチム体）6-Hydroxypteridine（Lactim）

分子軌道のエネルギー：
  被占軌道： <u>0.772</u> 1.009 1.479 1.669 2.288 2.621
  空軌道： <u>−0.409</u> −0.970 −1.122 −1.541 −2.196
共鳴エネルギー： 3.918

電子密度：   結合次数：

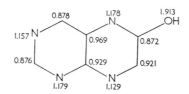

6-ヒドロキシプテリジン（互変異性体）6-Hydroxypteridine（Tautomeric）

分子軌道のエネルギー：
  被占軌道： <u>0.648</u> 1.383 1.490 2.306 2.884
  空軌道： <u>+0.075</u> −0.981 −1.096 −1.749 −2.160
共鳴エネルギー： 2.287

電子密度：   結合次数：

付　録　655

7-ヒドロキシプテリジン（ラクタム体）　7-Hydroxypteridine（Lactam）

分子軌道のエネルギー：
　　被占軌道：　<u>0.640</u>　0.956　1.556　1.619　2.314　3.054
　　空軌道：　<u>−0.494</u>　−0.950　−1.159　−1.884　−2.253
共鳴エネルギー：　3.583

電子密度：　　　　　　　　　　　　　　　結合次数：

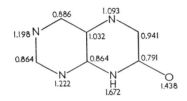
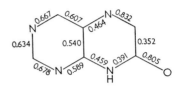

7-ヒドロキシプテリジン（ラクチム体）　7-Hydroxypteridine（Lactim）

分子軌道のエネルギー：
　　被占軌道：　<u>0.847</u>　0.924　1.495　1.672　2.284　2.623
　　空軌道：　<u>−0.422</u>　−0.956　−1.127　−1.543　−2.196
共鳴エネルギー：　3.929

電子密度：　　　　　　　　　　　　　　　結合次数：

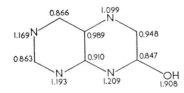

2-ヒドロキシプリン（ラクタム体 1） 2-Hydroxypurine (Lactam 1)

分子軌道のエネルギー：
  被占軌道： 0.446　0.954　1.381　1.563　2.389　3.076
  空軌道： −0.717　−1.219　−1.696　−2.176
共鳴エネルギー： 3.361

電子密度：　　　　　　　　　　　　　　　結合次数：

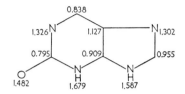
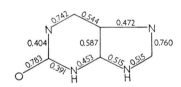

2-ヒドロキシプリン（ラクタム体 2） 2-Hydroxypurine (Lactam 2)

分子軌道のエネルギー：
  被占軌道： 0.370　1.055　1.227　1.658　2.383　3.075
  空軌道： −0.653　−1.235　−1.694　−2.186
共鳴エネルギー： 3.281

電子密度：　　　　　　　　　　　　　　　結合次数：

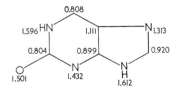
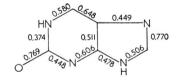

2-ヒドロキシプリン（ラクタム体の互変異性体）
2-Hydroxypurine（Lactam-tautomeric）

分子軌道のエネルギー：
　　被占軌道：　0.486　0.889　1.405　1.560　2.390　3.076
　　空軌道：　−0.657　−1.326　−1.650　−2.172

共鳴エネルギー：　3.356

電子密度：

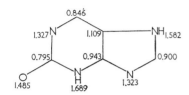

結合次数：

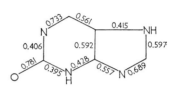

2-ヒドロキシプリン（ラクチム体）2-Hydroxypurine（Lactim）

分子軌道のエネルギー：
　　被占軌道：　0.607　0.926　1.386　1.622　2.341　2.654
　　空軌道：　−0.761　...

共鳴エネルギー：　3.754

電子密度：

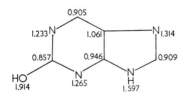

結合次数：

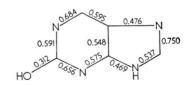

6-ヒドロキシプリン（ヒポキサンチンを見よ） 6-Hydroxypurine (see Hypoxanthin)
8-ヒドロキシプリン（ラクタム体） 8-Hydroxypurine (Lactam)

分子軌道のエネルギー：
  被占軌道： <u>0.491</u> 0.916 1.544 1.558 2.261 3.102
  空軌道： −0.892 −1.059 −1.914 −2.007
共鳴エネルギー： 3.489

電子密度：   結合次数：

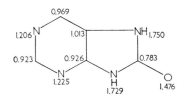

8-ヒドロキシプリン（ラクタム体の互変異性体） 8-Hydroxypurine (Lactam-tautomeric)

分子軌道のエネルギー：
  被占軌道： <u>0.409</u> 0.795 1.503 1.652 2.302 3.094
  空軌道： −0.779 −0.971 −1.933 −2.072
共鳴エネルギー： 3.255

電子密度：   結合次数：

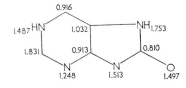 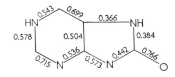

付録 659

8-ヒドロキシプリン（ラクチム体）8-Hydroxypurine（Lactim）

分子軌道のエネルギー：
    被占軌道：　<u>0.597</u>　0.895　1.439　1.675　2.241　2.694
    空軌道：　<u>−0.787</u>　...

共鳴エネルギー：　**3.762**

電子密度：　　　　　　　　　　　　　　　結合次数：

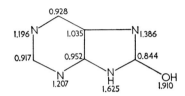
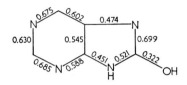

ヒポキサンチン（ラクタム体）Hypoxanthine（Lactam）

分子軌道のエネルギー：
    被占軌道：　<u>0.402</u>　1.059　1.190　1.774　2.315　3.081
    空軌道：　<u>−0.882</u>　−1.214　−1.439　−2.285

共鳴エネルギー：　**3.385**

電子密度：　　　　　　　　　　　　　　　結合次数：

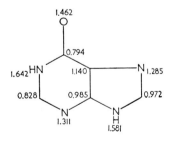

ヒポキサンチン（ラクタム体の互変異性体）Hypoxanthine（Lactam-tautomeric）

分子軌道のエネルギー：
　　被占軌道：　0.442　0.895　1.287　1.812　2.292　3.082
　　空軌道：　−0.928　−1.049　−1.569　−2.264

共鳴エネルギー：　3.366

電子密度：　　　　　　　　　　　　　　　　　結合次数：

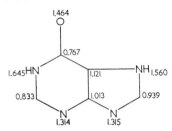
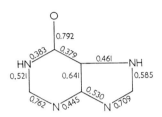

ヒポキサンチン（ラクチム体）Hypoxanthine（Lactim）

分子軌道のエネルギー：
　　被占軌道：　0.604　0.928　1.321　1.732　2.282　2.672
　　空軌道：　−0.826　…

共鳴エネルギー：　3.761

電子密度：　　　　　　　　　　　　　　　　　結合次数：

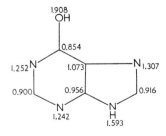

イミダゾール Imidazole

分子軌道のエネルギー：
    被占軌道：   0.660   1.141   2.254
    空軌道： -1.160 -1.495

共鳴エネルギー： 1.671

電子密度：   結合次数：

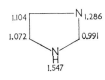 

イミダゾールホスフェート Imidazolephosphate

分子軌道のエネルギー：
    被占軌道：   0.661   0.908   1.168   1.3   1.867   2.396
    空軌道： -0.813 -1.502 -1.385

共鳴エネルギー： 2.641

電子密度：   結合次数：

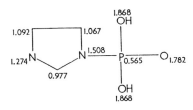 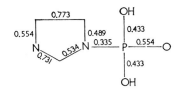

インドール Indole

分子軌道のエネルギー：
  被占軌道： 0.534　0.796　1.280　1.669　2.419
  空軌道：　−0.863 ...
共鳴エネルギー：　3.398

電子密度：

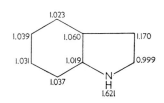

結合次数：

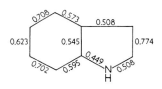

インドール-5,6-キノン-2-カルボン酸 Indole-5,6-quinone-2-carboxylic acid

分子軌道のエネルギー：
  被占軌道： 0.331　1.016　1.285　1.828　2.306　2.511　3.086　3.284
  空軌道：　−0.170　−1.069　−1.497　−1.730　−1.980　−2.601
共鳴エネルギー：　3.167

電子密度：

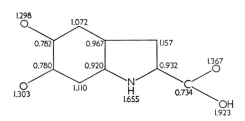

結合次数：

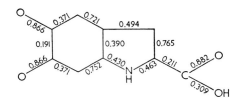

イソアロキサジン （酸化形） Isoalloxazine （Oxidized Form）

分子軌道のエネルギー：

被占軌道：　0.516　0.826　1.054　1.203　1.548　1.832　2.432　2.847
　　　　　　3.209

空軌道：　−0.336　−1.020　−1.150　−1.386　−1.851　−2.112
　　　　　−2.412

共鳴エネルギー：　5.303

電子密度：

1.042 1.566 1.467 1.466
0.969 0.917 0.831 0.785
1.021 1.003 0.972 1.766
0.982 1.032 0.773
1.408

結合次数：

0.700 0.459 0.509 0.630 0.411 0.794
0.594
0.619 0.531 0.468 0.361
0.709 0.569 0.521 0.737 0.303 0.380
0.829

イソアロキサジン（還元形）Isoalloxazine（Reduced Form）

分子軌道のエネルギー：

被占軌道： −0.096　0.721　0.875　1.055　1.317　1.700　1.874　2.460
2.855　3.213

空軌道： −0.984　−0.984　−1.095　−1.322　−1.733　−2.084
−2.317

共鳴エネルギー： 5.196

電子密度：

結合次数：

イソシトシン (ラクタム体 1) Isocytosine (Lactam 1)

分子軌道のエネルギー：
  被占軌道：　0.624　0.747　1.449　2.172　3.038
  空軌道：　−0.983　−1.192　−2.254
共鳴エネルギー：　2.243

電子密度：

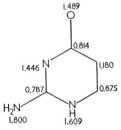

結合次数：

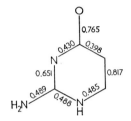

イソシトシン (ラクタム体 2) Isocytosine (Lactam 2)

分子軌道のエネルギー：
  被占軌道：　0.472　1.018　1.414　2.108　3.047
  空軌道：　−0.891　−1.387　−2.181
共鳴エネルギー：　2.302

電子密度：

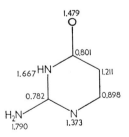

結合次数：

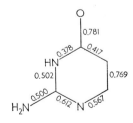

イソシトシン（ラクチム体）　Isocytosine（Lactim）

分子軌道のエネルギー：
　　被占軌道：　<u>0.637</u>　1.040　1.403　2.111　2.592
　　空軌道：　−0.895　−1.121　−1.968

共鳴エネルギー：　2.688

電子密度：

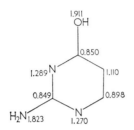

結合次数：

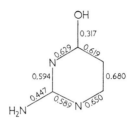

イソグアニン（ラクタム体）　Isoguanine（Lactam）

分子軌道のエネルギー：
　　被占軌道：　<u>0.429</u>　0.737　1.092　1.395　1.886　2.413　3.083
　　空軌道：　−0.889　−1.221　−1.719　−2.207

共鳴エネルギー：　3.817

電子密度：

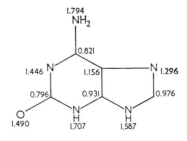

結合次数：

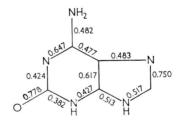

イソグアニン（ラクタム体の互変異性体）Isoguanine (Lactam-tautomeric)

分子軌道のエネルギー：
  被占軌道： 0.473 0.737 0.965 1.509 1.846 2.418 3.083
  空軌道： −0.796 −1.363 −1.671 −2.201
共鳴エネルギー： 3.806

電子密度：   結合次数：

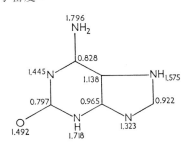
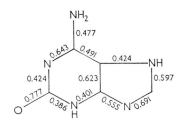

イソキノリン Isoquinoline

分子軌道のエネルギー：
  被占軌道： 0.642 1.064 1.316 1.706 2.331
  空軌道： −0.585 −0.935 −1.292 −1.560 −2.286
共鳴エネルギー： 3.676

電子密度：   結合次数：

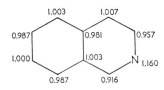
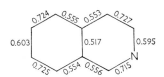

キヌレン酸 Kynurenic Acid

分子軌道のエネルギー：
  被占軌道： 0.605 1.004 1.204 1.621 1.840 2.149 2.596 3.086
  空軌道： −0.579 −0.935 −1.234 −1.513 −1.919 −2.323
共鳴エネルギー： 4.393

電子密度： 結合次数：

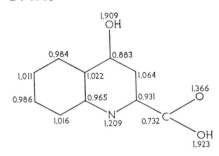
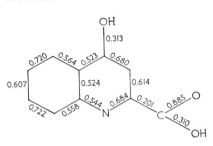

キヌレニン Kynurenine

分子軌道のエネルギー：
  被占軌道： 0.553 1.006 1.469 2.135 2.788
  空軌道： −0.880 −1.115 −1.597 −2.159
共鳴エネルギー： 2.527

電子密度： 結合次数：

リポ酸（別名：チオクト酸）Lipoic（or Thioctic）Acid

分子軌道のエネルギー：

被占軌道：　　−0.630　　0.520　　2.003

空軌道：　　　−2.193

共鳴エネルギー：　　0.182

電子密度：

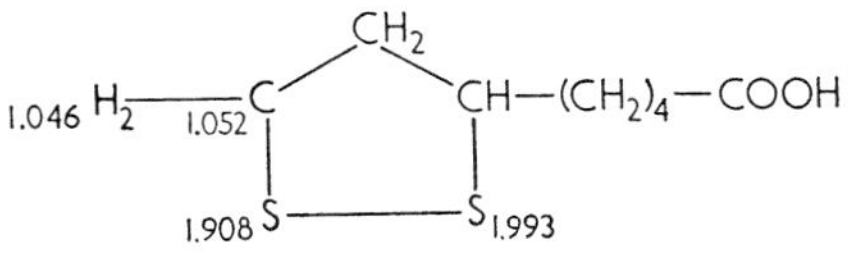

$$1.046\ H_2\text{—}C\overset{CH_2}{\underset{1.052}{\diagdown}}\ CH\text{—}(CH_2)_4\text{—}COOH$$

（図：五員環構造　1.908 S — S 1.993）

結合次数：

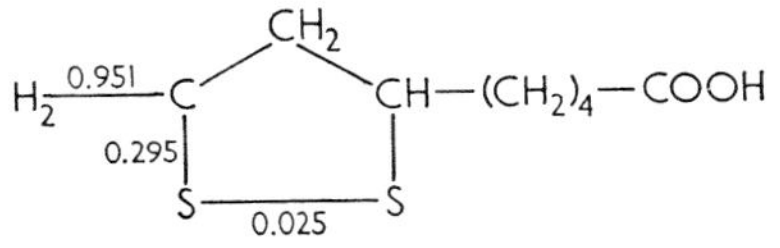

$$H_2\ \overset{0.951}{C}\overset{CH_2}{\diagdown}\ CH\text{—}(CH_2)_4\text{—}COOH$$

（図：五員環構造　0.295　S — S　0.025）

ルミクロム Lumichrome

分子軌道のエネルギー：

被占軌道： <u>0.581</u>　0.786　1.055　1.135　1.450　1.730　2.009　2.156
2.439　2.853　3.212

空軌道： <u>−0.434</u>　−0.979　−1.181　−1.404　−1.777　−2.001
−2.196　−2.343　−2.491

共鳴エネルギー： 5.766

電子密度：

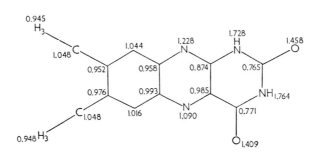

結合次数：

メナジオン Menadione

分子軌道のエネルギー：
  被占軌道： 0.916　1.008　1.027　1.923　2.049　2.900　3.130
  空軌道： −0.340　−0.911　−0.996　−1.751　−1.976　−2.227
          −2.651
共鳴エネルギー： 3.445

電子密度：　　　　　　　　　　　　　結合次数：

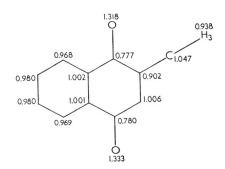
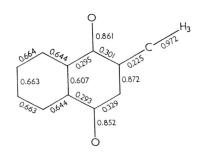

6-メルカプトプリン 6-Mercaptopurine

分子軌道のエネルギー：
  被占軌道： 0.199　0.915　1.059　1.576　2.013　2.574
  空軌道： −0.882　−1.144　−1.385　−2.125
共鳴エネルギー： 3.392

電子密度：　　　　　　　　　　　　　結合次数：

N₅, N₁₀-メテニルテトラヒドロプテロイン酸 N_5, N_{10}-Methenyltetrahydropteric Acid

分子軌道のエネルギー：

被占軌道： <u>0.245</u> 0.777 0.829 1 1.018 1.617 1.762 1.853
2.107 2.222 2.554 3.083 3.099

空軌道： <u>−0.646</u> −1 −1.007 −1.108 −1.446 −1.731 −2.172
−2.256

共鳴エネルギー： 6.296

電子密度：

結合次数：

5-メチルシトシン (ラクタム体) 5-Methylcytosine (Lactam)

分子軌道のエネルギー：
    被占軌道：   0.530 0.772 1.571 1.821 2.204 3.069
    空軌道：   −0.796 ...
共鳴エネルギー： 2.412

電子密度：　　　　　　　　　　　　　　　結合次数：

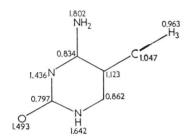
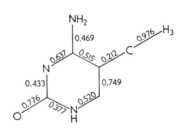

5-メチルシトシン (ラクチム体) 5-Methylcytosine (Lactim)

分子軌道のエネルギー：
    被占軌道：   0.590 0.950 1.486 1.861 2.203 2.617
    空軌道：   −0.919 ...
共鳴エネルギー： 2.827

電子密度：　　　　　　　　　　　　　　　結合次数：

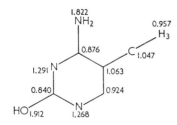
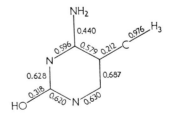

メチレンブルー（酸化形）Methylene Blue（Oxidized）

分子軌道のエネルギー：

被占軌道： <u>0.398</u> 0.755 1 1.167 1.404 1.790 2.294 2.609

<u>2.651</u>

空軌道： <u>−0.354</u> −1 ...

共鳴エネルギー： 6.869

電子密度：

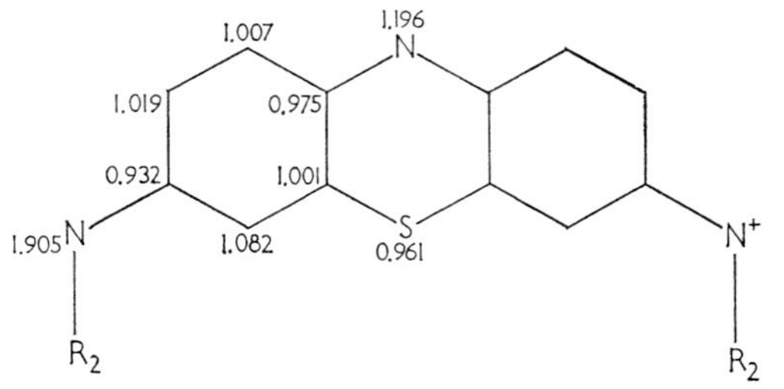

結合次数：

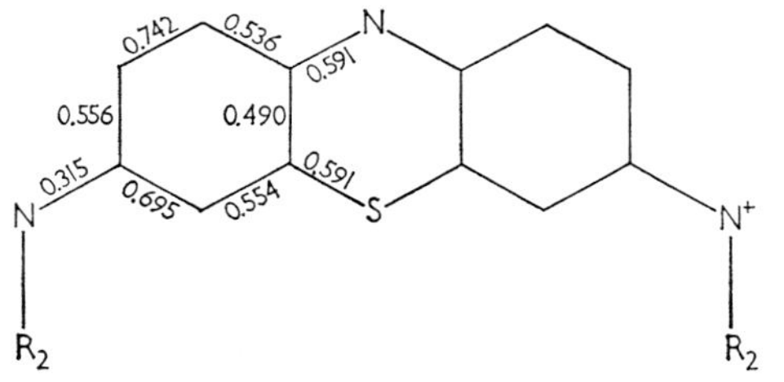

メチレンブルー（還元形）Methylene Blue（Reduced）

分子軌道のエネルギー：

被占軌道：　0.232　0.393　0.544　1　1　1.444　1.469　1.907　2.165
2.491

空軌道：　−1 . . .

共鳴エネルギー：　6.364

電子密度：

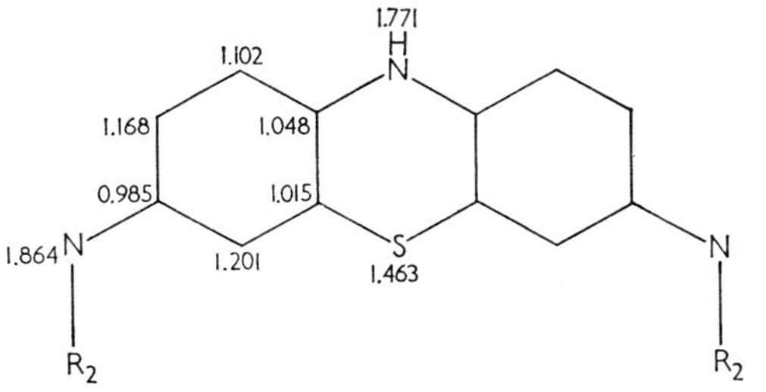

1.771
N
H
1.102
1.168　1.048
0.985　1.015
1.864 N　1.201
S
1.463
N
R₂
R₂

結合次数：

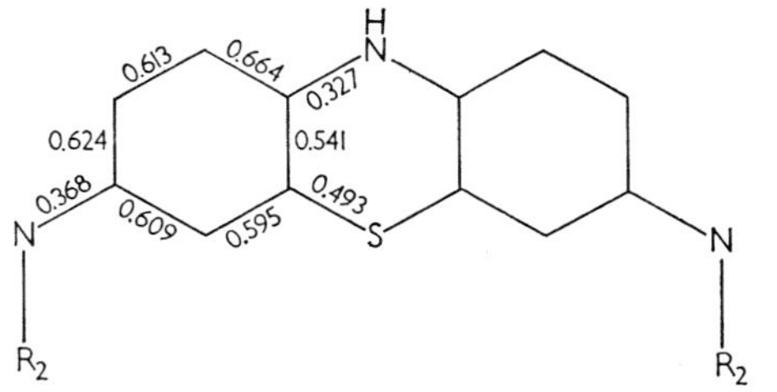

N
H
0.613　0.664　0.327
0.624　0.541
0.368　　0.493
N　0.609　0.595
S
N
R₂
R₂

6-メチルプリン 6-Methylpurine

分子軌道のエネルギー：

    被占軌道：　　0.656　　0.933　　1.382　　1.746　　2.079　　2.535

    空軌道：　　−0.747　　−1.058　　−1.342　　−1.932　　−2.351

共鳴エネルギー：　　3.616

電子密度：

結合次数：

モノデヒドロ-β-カロテン Monodehydro-β-carotene

分子軌道のエネルギー :

被占軌道 :
0.073	0.345	0.563	0.798	0.987	1.192	1.340	1.531
1.601	1.684	1.711	1.758	2.075	2.127	2.146	2.171
2.204	2.219						

空軌道 :
−0.168	−0.389	−0.630	−0.853	−1.062	−1.254
−1.417	−1.572	−1.674	−1.764	−1.810	−1.852
−2.254	−2.296	−2.307	−2.324	−2.345	−2.355

共鳴エネルギー : 6.806

電子密度 :

結合次数 :

ニューロスポレン（5-6, 5'-6' ジヒドロリコペン）Neurosporene（5-6, 5'-6' Dihydrolycopene）

分子軌道のエネルギー:

被占軌道: <u>0.117</u>　0.469　0.750　1.064　1.297　1.402　1.622　1.681
1.757　2.130　2.146　2.190　2.212

空軌道: <u>−0.200</u>　−0.498　−0.807　−1.090　−1.339　−1.502
−1.686　−1.775　−1.847　−2.299　−2.308　−2.337
−2.350

共鳴エネルギー: **4.843**

電子密度:

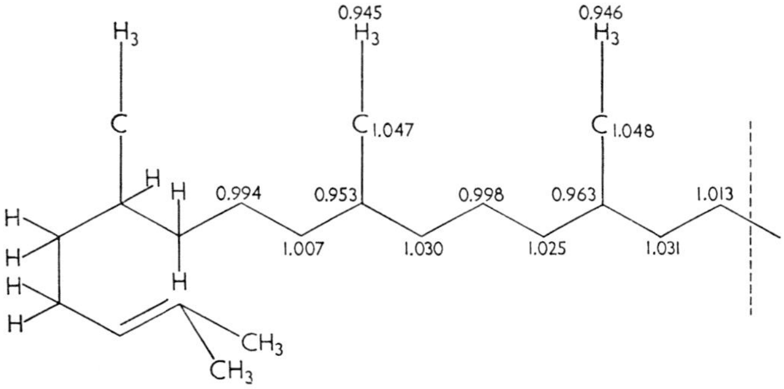

結合次数:

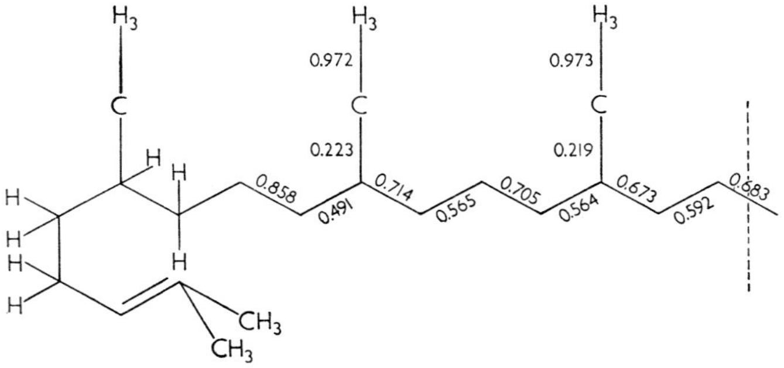

付　録　679

オロチン酸（ラクタム体）Orotic Acid（Lactam）

分子軌道のエネルギー：
　　被占軌道：　0.603　1.055　1.629　1.847　2.838　3.059　3.208
　　空軌道：　−0.800　−1.753　−1.824　−2.262

共鳴エネルギー：　2.350

電子密度：　　　　　　　　　　　　　　　結合次数：

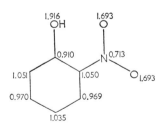

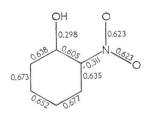

ortho-ニトロフェノール *ortho*-nitrophenol

分子軌道のエネルギー：
　　被占軌道：　0.806　1.024　1.6　1.795　2.495　2.699
　　空軌道：　−0.352 ...

共鳴エネルギー：　3.205

電子密度：　　　　　　　　　　　　　　　結合次数：

オキサロ酢酸（エノール体）Oxalacetic Acid（Enol Form）

分子軌道のエネルギー：

    被占軌道：　<u>0.804</u>　1.828　1.839　2.356　3.102　3.210

    空軌道：　<u>−0.630</u>　−1.872　−2.236

共鳴エネルギー：　**1.523**

    電子密度：

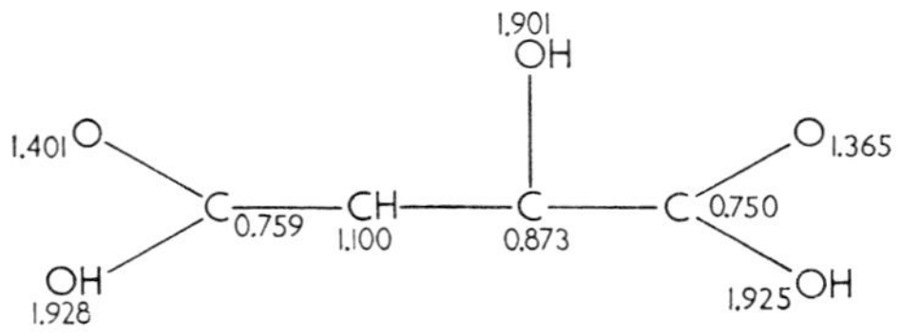

$$
\begin{array}{c}
\overset{1.901}{OH}\\
\underset{1.401}{O}\!=\!C\underset{0.759}{-}\underset{1.100}{CH}\!-\!\underset{0.873}{C}\!-\!C\underset{0.750}{-}\overset{1.365}{O}\\
\underset{1.928}{OH}\qquad\qquad\underset{1.925}{OH}
\end{array}
$$

    結合次数：

$$
\begin{array}{c}
OH\\
O\overset{0.842}{-}C\underset{0.350}{-}CH\underset{0.844}{-}\overset{0.327}{C}\underset{0.287}{-}C\overset{0.864}{-}O\\
\underset{0.296}{OH}\qquad\qquad\underset{0.302}{OH}
\end{array}
$$

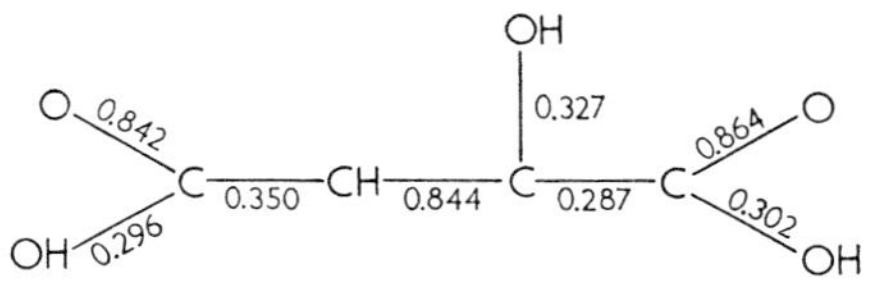

オキサロ酢酸（ケト体）Oxalacetic Acid（Keto Form）

分子軌道のエネルギー：

被占軌道： <u>**1.748**</u> **1.818** **1.900** **2.594** **3.094** **3.337**

空軌道： <u>**−0.934**</u> **−1.466** **−2.084** **−2.607**

共鳴エネルギー： **1.047**

電子密度：

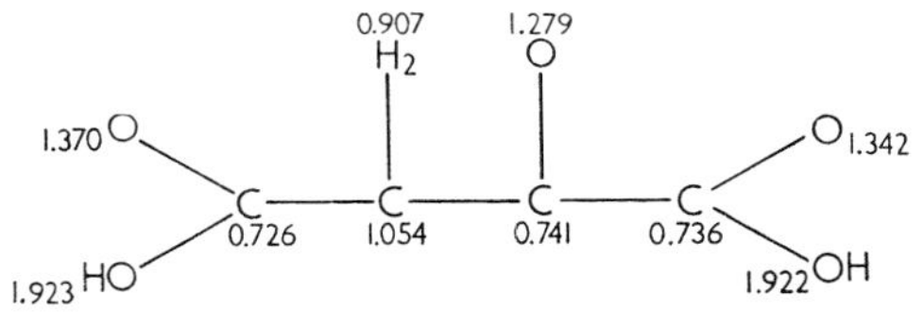

結合次数：

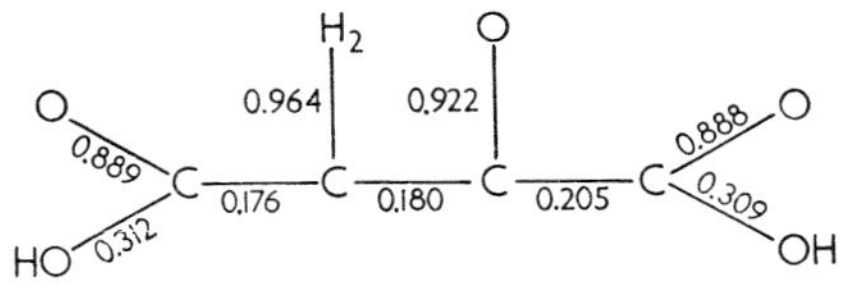

para-アミノベンズアミド *para*-aminobenzamide

分子軌道のエネルギー：
  被占軌道： <u>0.555</u> 1 1.032 1.461 2.152 2.942
  空軌道： <u>−1</u> −1.001 −1.759 −2.183

共鳴エネルギー： 2.910

電子密度：   結合次数：

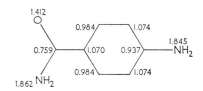
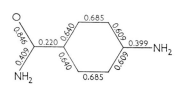

para-アミノ安息香酸 *para*-aminobenzoic Acid

分子軌道のエネルギー：
  被占軌道： <u>0.556</u> 1 1.459 1.833 2.160 3.083
  空軌道： <u>−0.989</u> −1 −1.730 −2.172

共鳴エネルギー： 2.807

電子密度：   結合次数：

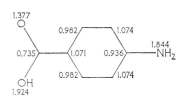
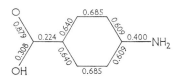

para-ホルムアミドベンズアミド *para*-formamidobenzamide

分子軌道のエネルギー：

被占軌道： <u>0.597</u>　1　1.032　1.443　2.106　2.895　2.943

空軌道： <u>−0.968</u>　−1　−1.626　−1.830　−2.192

共鳴エネルギー： **3.281**

電子密度：

結合次数：

フェノチアジン Phenothiazine

分子軌道のエネルギー：
　　被占軌道：　-0.210　0.613　1　1　1.362　1.618　2　2.466
　　空軌道：　-1　-1　-1.205　-1.367　-2　-2.277
共鳴エネルギー：　5.698

電子密度：

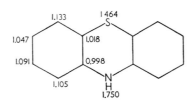

結合次数：

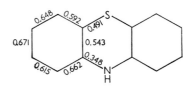

ホスホエノールピルビン酸 Phosphoenolpyruvate

分子軌道のエネルギー：
　　被占軌道：　0.635　0.8　0.8　1.166　1.443　1.998　2.447
　　空軌道：　-0.561　-1.142　-1.787
共鳴エネルギー：　2.443

電子密度：

```
            1.602   1.013         1.822
             O      CH₂             O
             ‖       |              ‖
   HO — C — C — O — P — O
   1.804  0.706  0.977  1.788  0.643  1.822
                              |
                              O
                            1.822
```

結合次数：

```
             O      CH₂             O
           0.691   0.858           0.489
   HO — C — C — O — P — O
       0.489  0.384  0.333  0.375  0.489
                              |
                            0.489
                              O
```

ポルフィン Porphin

分子軌道のエネルギー：

 被占軌道： <u>0.298</u> 0.618 0.890 0.890 0.894 0.908 1.204 1.204
      1.618 2.187 2.404 2.404 2.533

 空軌道： <u>−0.252</u> . . .

共鳴エネルギー： 9.666

電子密度：   結合次数：

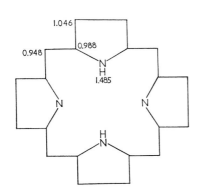 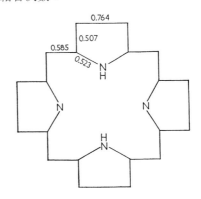

プロフラビン Proflavin

分子軌道のエネルギー：

被占軌道： 0.396 0.544 0.849 1 1.469 1.501 1.841 2.165 2.490

空軌道： −0.408 −1 −1.128 −1.341 −1.532 −2.051 −2.397

共鳴エネルギー： **6.073**

電子密度：

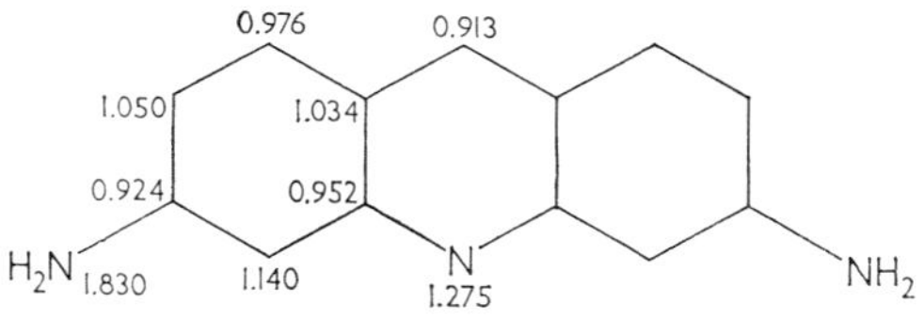

結合次数：

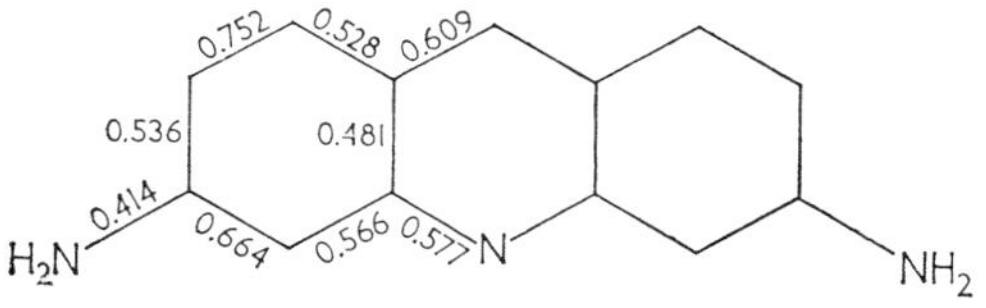

プテリジン Pteridine

分子軌道のエネルギー：

被占軌道： 0.864 1.075 1.523 1.793 2.444

空軌道： −0.386 −0.930 −1.117 −1.482 −2.184

共鳴エネルギー： **3.640**

電子密度：

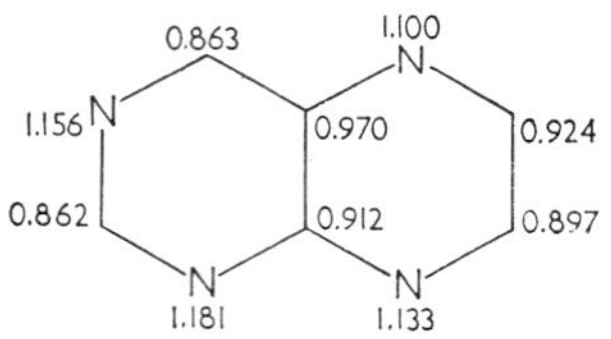

結合次数：

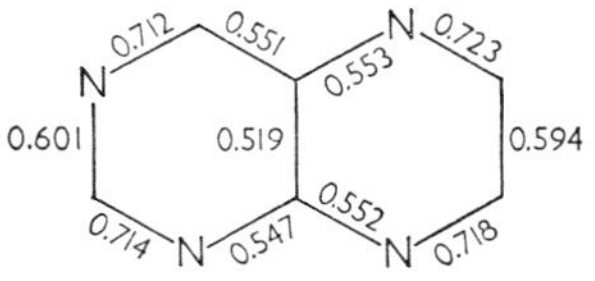

プテロイン酸（ラクタム体） Pteroic Acid (Lactam)

分子軌道のエネルギー：

被占軌道： <u>0.469</u>　0.526　1　1.017　1.153　1.281　1.415　1.824
1.926　2.073　2.234　2.462　3.083　3.085

空軌道： <u>−0.647</u>　−0.915　−0.985　−1　−1.372　−1.634
−1.726　−2.161　−2.280　−2.429

共鳴エネルギー： **7.222**

電子密度：　　　　　　　　　　　　　結合次数：

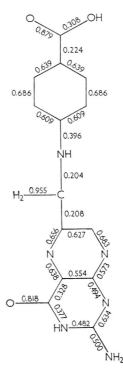

プテロイン酸（ラクチム体）Pteroic Acid (Lactim)

分子軌道のエネルギー：

被占軌道： <u>0.510</u>　0.595　0.915　1　1.191　1.353　1.426　1.823
　　　　　1.901　2.063　2.225　2.443　2.682　3.083

空軌道：　<u>−0.472</u>　−0.969　−0.993　−1　−1.214　−1.509
　　　　　−1.725　−2.144　−2.186　−2.398

共鳴エネルギー：　7.480

電子密度：　　　　　　　　　　　　　　　結合次数：

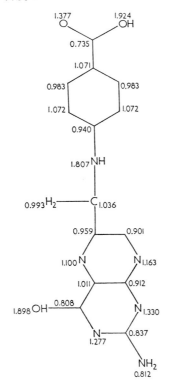 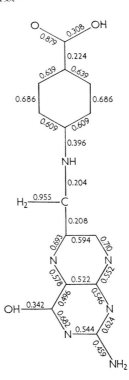

プリン Purine

分子軌道のエネルギー：
　　被占軌道：　<u>0.689</u>　0.937　1.449　1.813　2.508
　　空軌道：　　−0.739　−1.060　−1.344　−2.053
共鳴エネルギー：　3.473

電子密度：

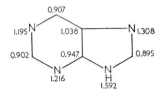

結合次数：

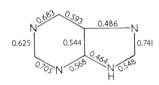

プリン（互変異性体）Purine (Tautomeric)

分子軌道のエネルギー：
　　被占軌道：　<u>0.774</u>　0.833　1.462　1.819　2.506
　　空軌道：　　−0.715　−1.079　−1.353　−2.047
共鳴エネルギー：　3.470

電子密度：

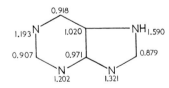

結合次数：

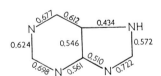

プリン（N₇とN₉は等価）Purine (with N₇ and N₉ Equivalemt)

分子軌道のエネルギー：
　　被占軌道：　<u>0.600</u>　0.828　1.398　1.762　2.473
　　空軌道：　<u>−0.750</u>　−1.128　−1.503　−2.080

共鳴エネルギー：　4.003

電子密度：　　　　　　　　　　　　　　結合次数：

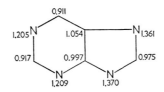
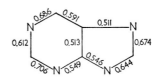

ピラゾロン Pyrazolone

分子軌道のエネルギー：
　　被占軌道：　<u>0.407</u>　1.000　1.916　3.046
　　空軌道：　<u>−1.074</u>　−2.095

共鳴エネルギー：　1.363

電子密度：　　　　　　　　　　　　　　結合次数：

ピリドキサール Pyridoxal

分子軌道のエネルギー：
- 被占軌道： 0.691 0.995 1.385 1.769 2.191 2.566 2.710 2.828
- 空軌道： −0.766 −1.041 −1.495 −1.942 −2.367 −2.525

共鳴エネルギー： 3.021

電子密度：　　　　　　　　　　　　　　結合次数：

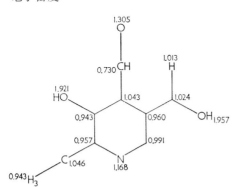

ピリミジン Pyrimidine

分子軌道のエネルギー：
- 被占軌道： 1.063 1.220 2.150
- 空軌道： −0.820 −0.930 −1.883

共鳴エネルギー： 1.985

電子密度：　　　　　　　　　　　　　　結合次数：

キノリン Quinoline

分子軌道のエネルギー：
  被占軌道： 0.687 1 1.368 1.656 2.348
  空軌道：   −0.545 −1 −1.244 −1.597 −2.273
共鳴エネルギー： 3.679

電子密度：　　　　　　　　　　　　　結合次数：

レチネン Retinene

分子軌道のエネルギー：

被占軌道：　<u>0.284</u>　0.774　1.157　1.567　1.704　2.075　2.119　2.192
　　　　　　<u>2.847</u>

空軌道：　　<u>−0.255</u>　−0.754　−1.188　−1.578　−1.780　−1.938
　　　　　　<u>−2.254</u>　−2.316　−2.356

共鳴エネルギー：　2.938

電子密度：

結合次数：

レチネンの C$_{25}$ 類似体 Retinene (C$_{25}$ Analog)

分子軌道のエネルギー：
    被占軌道： <u>0.206</u> 0.580 0.922 1.180 1.524 1.654 1.722 2.075
                   2.114 2.159 2.210 2.847
    空軌道：   <u>−0.200</u> −0.576 −0.932 −1.235 −1.535 −1.710
              −1.815 −1.938 −2.254 −2.303 −2.334 −2.359

共鳴エネルギー： 4.178

電子密度：   結合次数：

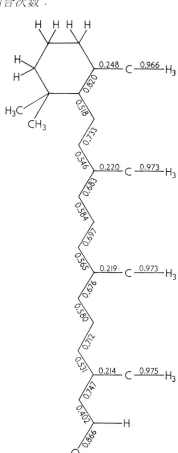

レチネンオキシム Retinene Oxime

分子軌道のエネルギー：

被占軌道: <u>0.193</u>　0.623　1.005　1.398　1.600　1.710　2.075　2.140
　　　　　2.200　2.506

空軌道: −0.263　−0.706　−1.107　−1.467　−1.688　−1.813
　　　　　−2.254　−2.308　−2.346

共鳴エネルギー: 3.340

電子密度:　　　　　　　　　　　　　　　結合次数:

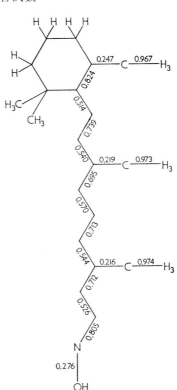

レトロデヒドロ-β-カロテン Retrodehydro-β-carotene

分子軌道のエネルギー：

被占軌道：
<u>0.115</u>　0.327　0.578　0.783　1.007　1.148　1.277　1.535
1.598　1.685　1.711　1.758　2.118　2.121　2.149　2.169
2.204　2.219

空軌道：
<u>−0.135</u>　−0.398　−0.627　−0.853　−1.064　−1.245
−1.392　−1.576　−1.672　−1.765　−1.809　−1.852
−2.290　−2.292　−2.311　−2.322　−2.346　−2.355

共鳴エネルギー：　6.761

電子密度：

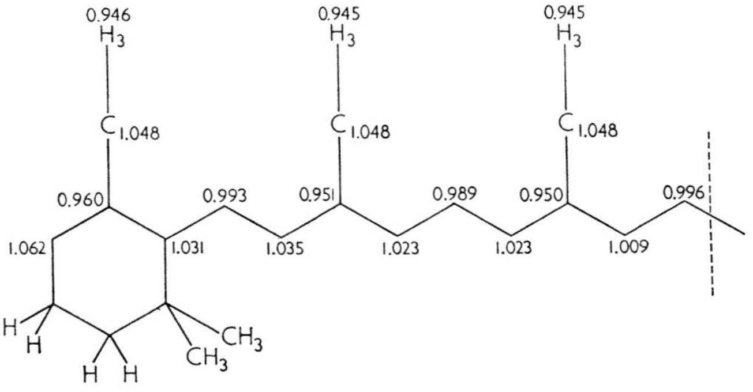

結合次数：

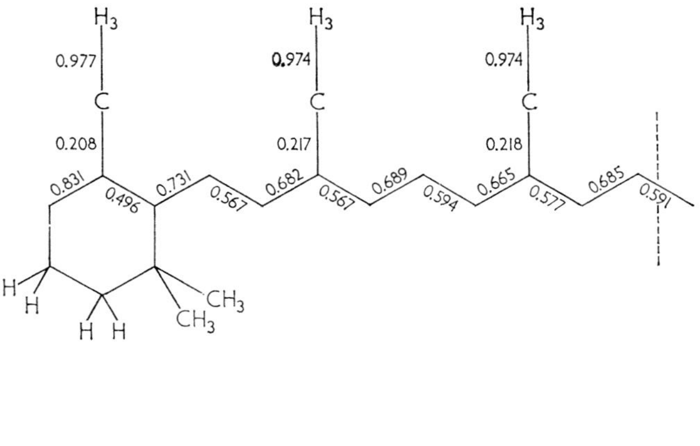

2,4,6,7-テトラアミノプテリジン 2,4,6,7-Tetraminopteridine

分子軌道のエネルギー：

被占軌道： <u>0.336</u>　0.627　0.826　1.022　1.500　1.617　1.825　2.196
　　　　　2.590

空軌道： <u>−0.624</u>　−1.099　−1.258　−1.702　−2.256

共鳴エネルギー： 5.318

電子密度：

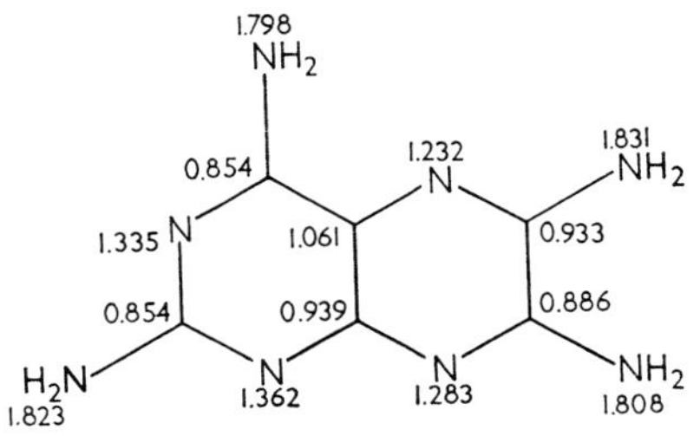

結合次数：

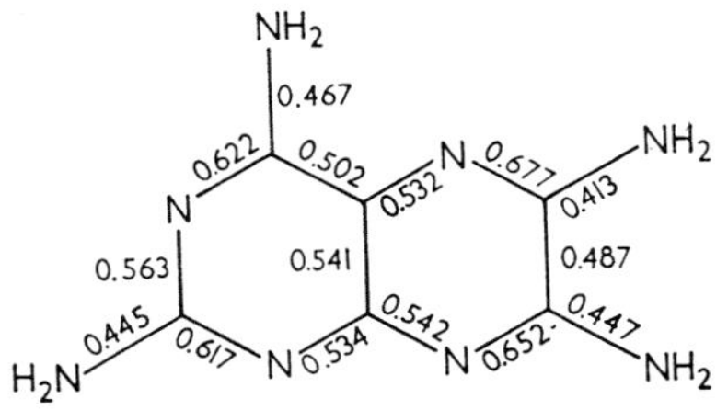

テトラヒドロポルフィン Tetrahydroporphin

分子軌道のエネルギー：
　被占軌道： <u>0.316</u>　0.319　0.834　0.901　0.940　1.147　1.399　1.737
　　　　　　 1.768　1.814　1.874　2.348　2.404　2.591　2.626
　空軌道： <u>−0.198</u> ...
共鳴エネルギー： 8.381

電子密度：

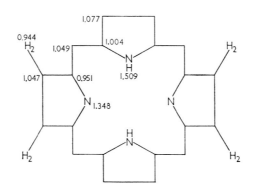

結合次数：

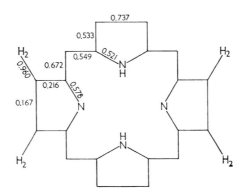

2,4-ジアミノ-5,6,7,8-テトラヒドロプテリジン (テトラヒドロアミノプテリンの構成要素)
2,4-Diamino-5,6,7,8-tetrahydropteridine (Representing Tetrahydroaminopterin)

分子軌道のエネルギー：
    被占軌道：   <u>0.184</u> 0.697 0.860 1.318 1.774 1.853 2.496
    空軌道：   −1.071 −1.227 −2.083
共鳴エネルギー： 3.484

電子密度：   結合次数：

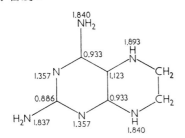

2-アミノ-4-ヒドロキシ-5,6,7,8-テトラヒドロプテリジン (テトラヒドロ葉酸の構成要素)
2-Amino-4-hydroxy-5,6,7,8-tetrahydroaminopteridine (Representing Tetrahydroforic Acid)

分子軌道のエネルギー：
    被占軌道：   <u>0.048</u> 0.777 1.018 1.380 1.885 2.189 3.078
    空軌道：   −1.071 −1.446 −2.258
共鳴エネルギー： 2.933

電子密度：   結合次数：

テトラピロール Tetrapyrrole

分子軌道のエネルギー：

被占軌道： <u>0.618</u>　0.831　0.890　0.893　0.894　0.934　1.204　1.484

2.187　2.270　2.404　2.499

空軌道： <u>0.064</u>　-0.252　-0.509　-1.381　-1.434　-1.528

-1.595　-1.618　-2.005　-2.018　-2.033

共鳴エネルギー：　8.360

電子密度：　　　　　　　　　　　　　　　　　　結合次数：

チアミン Thiamine

分子軌道のエネルギー：

被占軌道： <u>0.596</u>　0.642　0.929　1.013　1.494　1.770　2.036　2.126
　　　　　2.360　2.527　3.406

空軌道：　<u>−0.807</u>　−0.865　−0.969　−1.280　−1.690　−2.263
　　　　　−2.384　−2.493　−2.546

共鳴エネルギー：　6.402

電子密度：

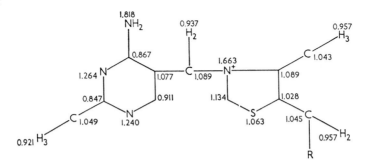

結合次数：

チオクロム Thiochrome

分子軌道のエネルギー：

被占軌道： <u>0.052</u>　0.748　0.810　1.047　1.420　1.824　1.908　2.003
2.133　2.317　2.657

空軌道： <u>−0.872</u>　−0.971　−1.297　−1.555　−1.852　−2.189
−2.278　−2.356　−2.448

共鳴エネルギー：　5.577

電子密度：

結合次数：

2-チオシトシン（ラクタム体） 2-Thiocytosine (Lactam)

分子軌道のエネルギー：
  被占軌道： <u>0.248</u> 0.769 1.341 1.775 2.419
  空軌道：   <u>−0.794</u> −1.377 −1.980
共鳴エネルギー： 2.263

電子密度： 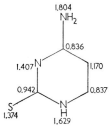   結合次数：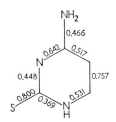

チオグアニン Thioguanune

分子軌道のエネルギー：
  被占軌道： <u>0.161</u> 0.736 1.055 1.157 1.747 2.096 2.609
  空軌道：   <u>−1.050</u> −1.145 −1.430 −2.137
共鳴エネルギー： 3.846

電子密度：   結合次数：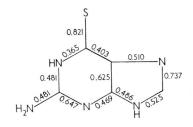

2-チオチミン（ラクタム体）2-Thiothymine（Lactam）

分子軌道のエネルギー：
　　被占軌道：　<u>0.323</u>　0.740　1.401　2.040　2.186　3.059
　　空軌道：　<u>−0.953</u>　−1.501　−1.987　−2.409
共鳴エネルギー：　2.017

電子密度：　　　　　　　　　　　　　　結合次数：

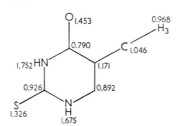
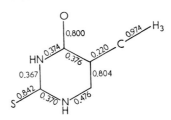

4-チオウラシル（ラクタム体）4-Thiouracil（Lactam）

分子軌道のエネルギー：
　　被占軌道：　<u>0.327</u>　0.829　1.605　2.014　3.079
　　空軌道：　<u>−0.927</u>　−1.650　−2.077
共鳴エネルギー：　1.931

電子密度：　　　　　　　　　　　　　　結合次数：

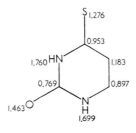
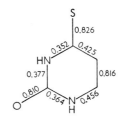

2-チオウラシル（ラクタム体）2-Thiouracil（Lactam）

分子軌道のエネルギー：
    被占軌道：　0.361　0.787　1.450　2.182　3.050
    空軌道：　−0.956 . . .

共鳴エネルギー：　1.884

電子密度：　　　　　　　　　　　　　　　結合次数：

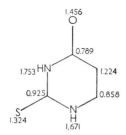 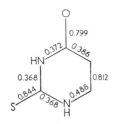

チミン（ラクタム体）Thymine（Lactam）

分子軌道のエネルギー：
    被占軌道：　0.510　1.055　1.595　2.058　2.843　3.193
    空軌道：　−0.958 . . .

共鳴エネルギー：　2.050

電子密度：　　　　　　　　　　　　　　　結合次数：

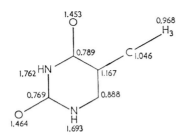

チミン（ラクチム体）Thymine（Lactim）

分子軌道のエネルギー：

被占軌道：　<u>0.743</u>　1.084　1.642　2.069　2.422　2.684

空軌道：　<u>−0.893</u> . . .

共鳴エネルギー：　2.701

電子密度：

結合次数：

α-トコフェロール α-Tocopherol

分子軌道のエネルギー：

被占軌道：　<u>0.578</u>　0.813　1.386　1.988　2.053　2.105　2.448　2.650

空軌道：　<u>−0.986</u>　−1.162　−1.815　−2.196　−2.271　−2.491

共鳴エネルギー：　2.918

電子密度：

結合次数：

α-トコフェリルキノン α-Tocopheryl-quinone

分子軌道のエネルギー：

被占軌道： <u>0.794</u>　0.945　1.980　2.022　2.097　2.895　3.106

空軌道： <u>−0.261</u>　−0.986　−1.874　−2.033　−2.223　−2.291

−2.672

共鳴エネルギー：　1.809

電子密度：

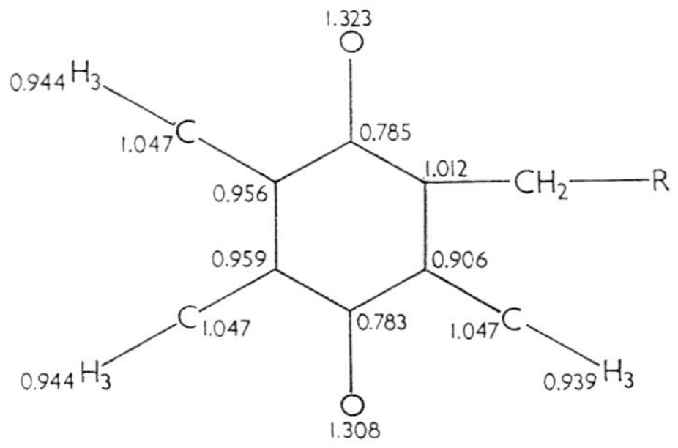

結合次数：

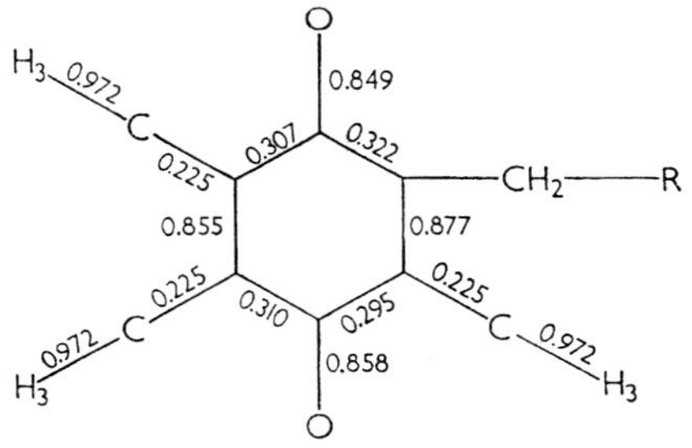

トリアミノピリミジン Triaminopyrimidine

分子軌道のエネルギー：

被占軌道：　<u>0.259</u>　0.697　1.236　1.578　1.774　2.442

空軌道：　<u>−1.060</u>　−1.070　−2.056

共鳴エネルギー：　**3.094**

電子密度：

結合次数：

2,4,7-トリヒドロキシプテリジン（ラクタム体） 2,4,7-Trihydroxypteridine（Lactam）

分子軌道のエネルギー：

被占軌道：　<u>0.426</u>　1.022　1.063　1.505　1.994　2.850　3.028　3.223

空軌道：　<u>−0.730</u>　−1.174　−1.780　−2.058　−2.368

共鳴エネルギー：　**3.654**

電子密度：

結合次数：

トリピロール Tripyrrole

分子軌道のエネルギー：

被占軌道： 0.618　0.875　0.893　0.894　1　1.400　2.187　2.316
2.474

空軌道： −0.043　−0.434　−1.381　−1.466　−1.577　−1.618
−2.008　−2.028

共鳴エネルギー： 6.275

電子密度：

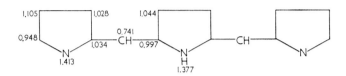

結合次数：

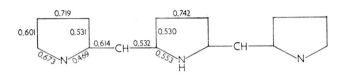

ユビキノン Ubiquinone

分子軌道のエネルギー：

被占軌道： <u>0.492</u>　0.834　1.547　1.694　1.980　2.080　2.530　2.616
2.931　3.195

空軌道：　 <u>−0.328</u>　−1.111　−1.907　−2.104　−2.165　−2.191
−2.239　−2.654

共鳴エネルギー：　2.425

電子密度：

結合次数：

ウラシル（ラクタム体）Uracil（Lactam）

分子軌道のエネルギー：
  被占軌道： 0.597 1.055 1.656 2.838 3.189
  空軌道： −0.960 . . .
共鳴エネルギー： 1.918

電子密度：   結合次数：

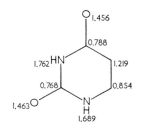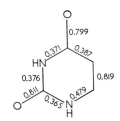

ウラシル（ラクチム体）Uracil（Lactim）

分子軌道のエネルギー：
  被占軌道： 0.830 1.086 1.719 2.413 2.672
  空軌道： −0.893 . . .
共鳴エネルギー： 2.562

電子密度：   結合次数：

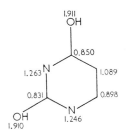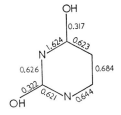

ウラシル（ラクチム-ラクタム体 1）Uracil (Lactim-lactam 1)

分子軌道のエネルギー：
  被占軌道： 0.549 1.297 1.581 2.483 3.077
  空軌道： −0.770 −1.483 −2.133
共鳴エネルギー： 2.158

  電子密度：   結合次数：

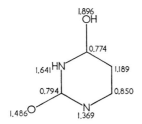
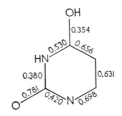

ウラシル（ラクチム-ラクタム体 2）Uracil (Lactim-lactam 2)

分子軌道のエネルギー：
  被占軌道： 0.596 1.142 1.687 2.478 3.076
  空軌道： −0.754 −1.483 −2.141
共鳴エネルギー： 2.141

  電子密度：   結合次数：

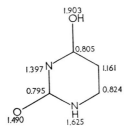
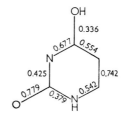

ウラシル（ラクチム-ラクタム体 3）Uracil (Lactim-lactam 3)

分子軌道のエネルギー：
  被占軌道： 0.530 1.257 1.640 2.502 3.057
  空軌道： -0.849 -1.357 -2.179

共鳴エネルギー： 2.154

電子密度：   結合次数：

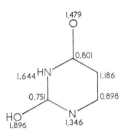 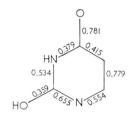

尿酸（ラクタム体）Uric Acid (Lactam)

分子軌道のエネルギー：
  被占軌道： 0.172 1.021 1.063 1.412 1.950 2.841 3.047 3.245
  空軌道： -1.194 ...

共鳴エネルギー： 3.374

電子密度：   結合次数：

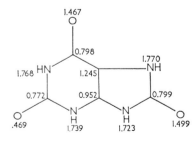 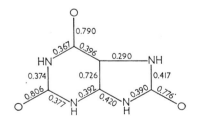

尿酸（ラクチム体）Uric Acid (Lactim)

分子軌道のエネルギー：
　　被占軌道：　　0.464　0.867　1.307　1.393　2.028　2.417　2.556　2.788
　　空軌道：　　−0.908　−1.156　−1.452　−2.106
共鳴エネルギー：　4.323

電子密度：

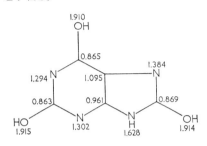

結合次数：

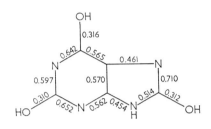

尿酸（ラクチム‐ラクタム体）Uric Acid (Lactim-lactam)

分子軌道のエネルギー：
　　被占軌道：　　0.255　0.797　1.256　1.484　1.932　2.496　3.029　3.149
　　空軌道：　　−0.875　−1.624　−1.917　−2.183
共鳴エネルギー：　3.605

電子密度：

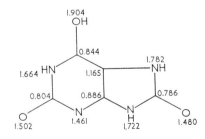

結合次数：

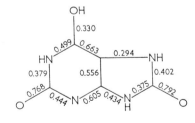

ウロカニン酸 Urocanic Acid

分子軌道のエネルギー：
  被占軌道： 0.533 0.962 1.469 1.844 2.340 3.138
  空軌道： −0.639 −1.171 −1.741 −2.135

共鳴エネルギー： 2.756

電子密度：

結合次数：

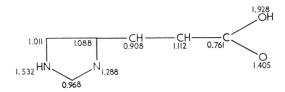

1-ビニル-2,5-ジホルミルポルフィン 1- Vinyl-2,5-diformylporphin

分子軌道のエネルギー：
被占軌道： 0.298 0.558 0.684 0.894 0.914 0.920 1.156 1.203
1.466 1.638 2.172 2.371 2.398 2.525 2.893 2.902

空軌道： −0.196 −0.238 −0.514 −0.946 −1.207 −1.319
−1.413 −1.600 −1.814 −1.948 −2.034 −2.078
−2.236 −2.251

共鳴エネルギー： 10.798

電子密度：

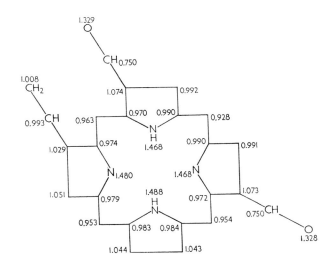

結合次数：

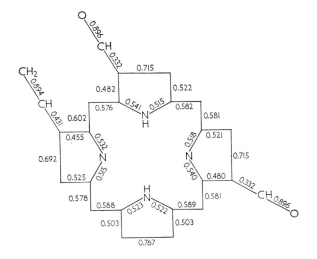

1-ビニル-5-ホルミル-7,8-ジヒドロポルフィン 1-Vinyl-5-formyl-7,8-dihydroporphin

分子軌道のエネルギー：

被占軌道： <u>0.309</u>　0.439　0.638　0.895　0.911　1.025　1.162　1.457
1.528　1.791　1.831　2.244　2.399　2.497　2.611　2.897

空軌道： <u>−0.191</u>　−0.374　−0.755　−0.994　−1.159　−1.383
−1.590　−1.669　−1.864　−1.994　−2.099　−2.126
−2.237　−2.600

共鳴エネルギー：　9.843

電子密度：

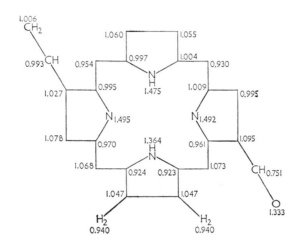

結合次数：

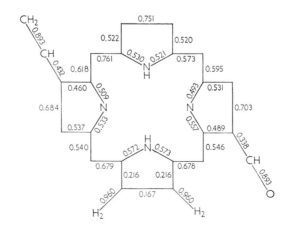

1-ビニル-5-ホルミルポルフィン 1-Vinyl-5-formylporphin

分子軌道のエネルギー：

被占軌道: $\underline{0.297}$ 0.555   0.683   0.890   0.899   0.917   1.156   1.204
$\overline{1.467}$ 1.639   2.189   2.398   2.404   2.540   2.897

空軌道: $\underline{-0.209}$ −0.252   −0.536   −0.996   −1.225   −1.411
−1.528   −1.736   −1.827   −2.018   −2.034   −2.126
−2.238

共鳴エネルギー: 10.458

電子密度:

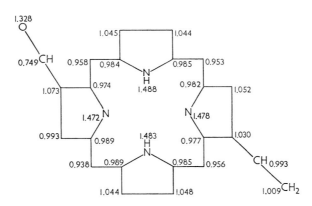

結合次数:

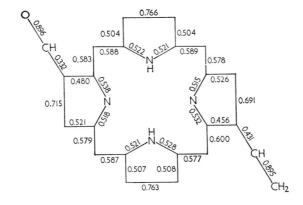

ビタミン A₁ （別名：レチノール） Vitamin A₁

分子軌道のエネルギー：

被占軌道： 0.231　0.732　1.114　1.434　1.579　1.706　2.075　2.126
2.194　2.718

空軌道： −0.309　−0.823　−1.252　−1.617　−1.796　−2.235
−2.254　−2.327　−2.396

共鳴エネルギー： 2.891

電子密度：

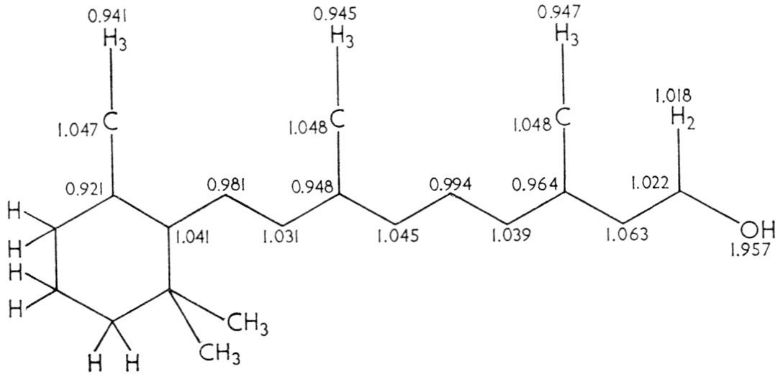

0.941　H₃
0.945　H₃
0.947　H₃
1.018　H₂

1.047 C
1.048 C
1.048 C

0.921　0.981　0.948　0.994　0.964　1.022
1.041　1.031　1.045　1.039　1.063
OH　1.957

CH₃
CH₃

結合次数：

H₃　0.967
H₃　0.973
H₃　0.976
H₂　0.947

0.247
0.218
0.209

0.827　0.511　0.745　0.533　0.707　0.553　0.740　0.499　0.811　0.241　0.205
OH

CH₃
CH₃

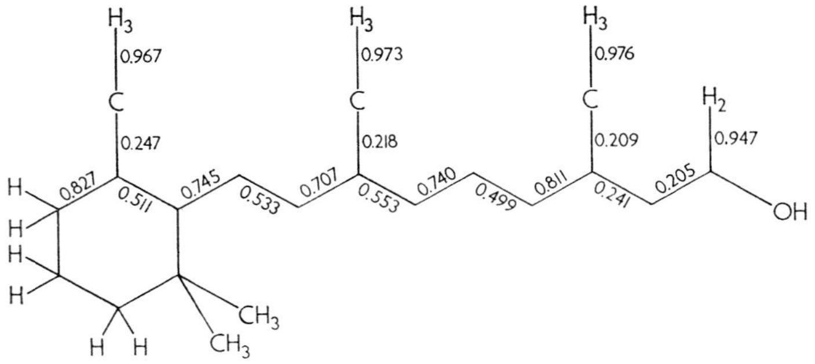

ビタミン A₁（酸形）（別名：レチノイン酸）Vitamin A₁（Acid of）

分子軌道のエネルギー：

被占軌道： <u>0.280</u>　0.773　1.157　1.567　1.704　1.839　2.075　2.125
2.194　3.138

空軌道： <u>−0.261</u>　−0.765　−1.200　−1.589　−1.787　−2.016
−2.254　−2.319　−2.364

共鳴エネルギー：　**3.205**

電子密度：

結合次数：

ビタミン A$_2$ Vitamin A$_2$

分子軌道のエネルギー：

被占軌道： <u>0.202</u>　0.644　1.030　1.322　1.450　1.614　1.713　2.118
　　　　　2.153　2.206　2.718

空軌道：　<u>−0.260</u>　−0.707　−1.113　−1.425　−1.678　−1.810
　　　　　−2.235　−2.303　−2.340　−2.396

共鳴エネルギー：　**3.411**

電子密度：

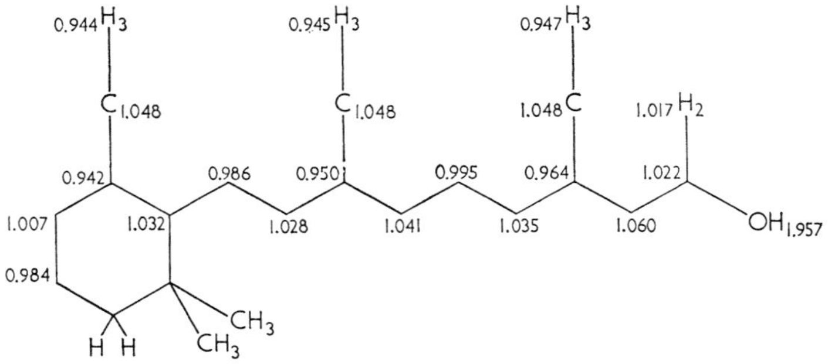

結合次数：

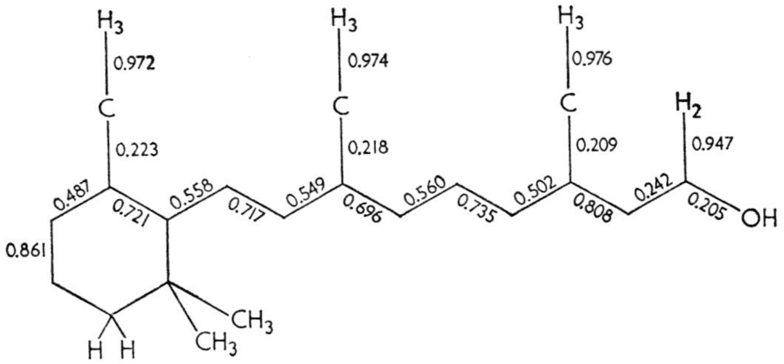

キサンチン（ラクタム体）Xanthine（Lactam）

分子軌道のエネルギー：
　　被占軌道：　<u>0.397</u>　1.051　1.121　1.400　2.303　2.852　3.214
　　空軌道：　<u>−1.197</u> ...

共鳴エネルギー：　3.484

電子密度：

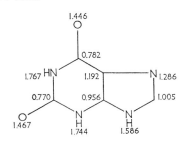

結合次数：

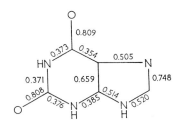

キサンチン（ラクタム-互変異性体）Xanthine（Lactam-tautomeric）

分子軌道のエネルギー：
　　被占軌道：　<u>0.442</u>　0.957　1.059　1.518　2.285　2.853　3.214
　　空軌道：　<u>−1.005</u>　−2.457　−1.778　−2.289

共鳴エネルギー：　3.464

電子密度：

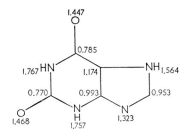

結合次数：

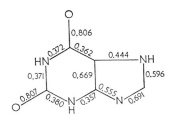

キサンチン（ラクチム体）Xanthine（Lactim）

分子軌道のエネルギー：

　　被占軌道：　0.543　0.907　1.320　1.471　2.267　2.429　2.744

　　空軌道：　−0.858　−1.137　−1.381　−2.105

共鳴エネルギー：　4.044

電子密度：

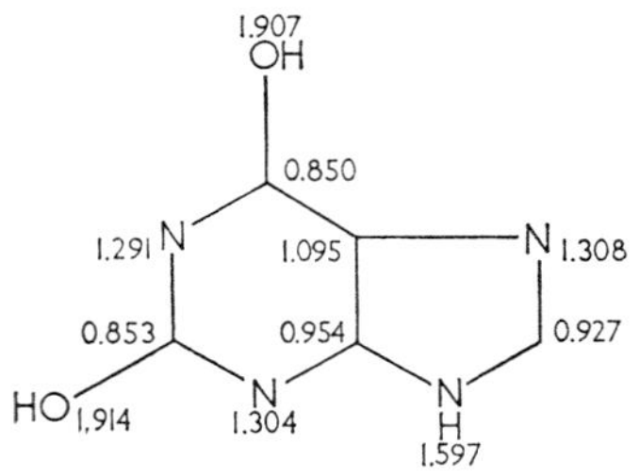

結合次数：

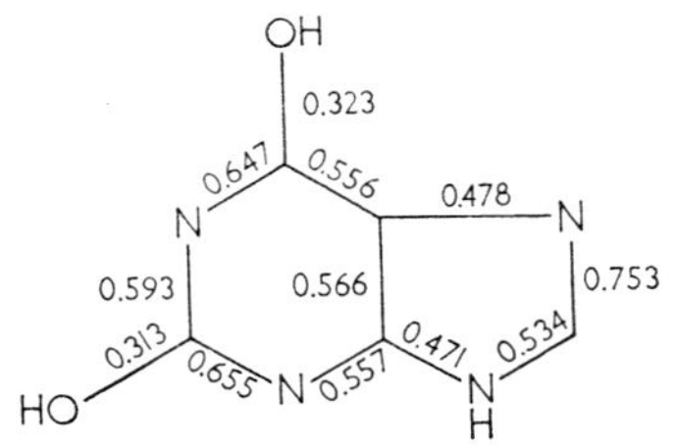

キサンチン（ラクチム-ラクタム体）Xanthine（Lactim-lactam）

分子軌道のエネルギー：

　　被占軌道：　0.327　1.055　1.224　1.417　2.274　2.545　3.092

　　空軌道：　−0.783　−1.236　−1.715　−2.201

共鳴エネルギー：　3.613

電子密度：

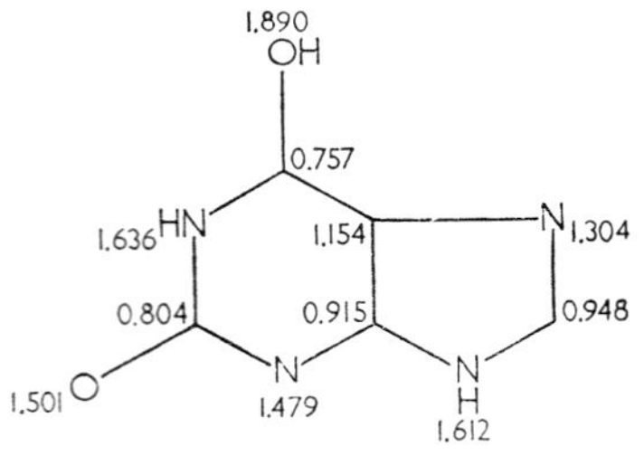

結合次数：

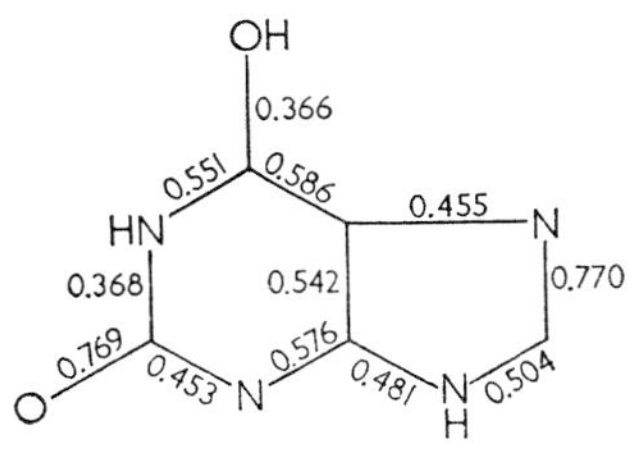

訳者あとがき

　本書は Bernald Pullman 博士（1919 ～ 1996）と Alberte Pullma 博士（1920 ～ 2011）による *Quantum Biochemistry*（Interscience Publishers, 1963）を訳出したものである。本書のダイジェスト版[1]は文庫クセジュ（白水社）からすでに出版されているが，その元となる本書を日本語へ翻訳した人は誰もいない。本書を取り上げた理由である。原書は量子生化学の基礎としての分子軌道法を解説した第Ⅰ部と基本的な生化学物質（核酸塩基類，タンパク質，高エネルギー化合物，プテリジン類，ポルフィリン類，胆汁色素類，共役型ポリエン類，キノン類）の電子構造を解説した第Ⅱ部および酵素反応の電子的側面を取り上げた第Ⅲ部とから構成される。また付録には，単純ヒュッケル法で計算された各種の生化学物質の電子的指標（分子軌道のエネルギー，共鳴エネルギー，電子密度，結合次数）の値が収録されている。

　もう 56 年も前に出版された本なので，原書で読まれた方も多いのではないかと思われる。著者の Pullman 夫妻は量子生化学の開拓者として有名な方である。特に芳香族炭化水素類の発癌性と電子構造との関連を調べた研究はよく知られている。

　訳者は 1966 年に京都大学薬学部へ入学した。当時，薬学部教養課程の担任の一人は物理学の井上健先生 (1921 ～ 2004) であった。先生は，湯川秀樹博士の研究室で助教授をしておられた方である。先生は訳者が三回生の 4 月から 6 月までの 3 ヵ月間，週 1 回のペースで，下記文献 2 を教科書にして量子力学の基礎を特別に教えてくださった。薬学部の講義室を使っての授業で，受講者は訳者を含めて 2 名であった。最初の授業の時に先生は参考図書を 2 冊紹介された。一冊は下記文献 3 で，もう一冊は本書であった。訳者が本書の存在を知った最初である。本書に掲載されたような計算を自分も行ってみたいと当時強く思った。そこで 1971 年に京都大学大型計算機センターへ「分子軌道法によるドラッグデザインの試み」というテーマで課題申請を出した。単純ヒュッケル法を用いて本書に掲載された分子や医薬品分子の電子密度を計算するだけの研究であった。その後，1973 年であったと思うが，京都大学工学部石油化学教室の 2 階講義室で B. Pullman 博士の講演会が開催されたことがあった。講演会では福井謙一教授が最初にフランス語で演者の紹介をされ，講演は英語で行われた。また聴衆の最前列には Pullman 夫人が着席しておられた。訳者は名古屋大学工学部応用化学科にも 9 年ほど在籍したが，その時の主任教授（佐々木正教授）もまた本書に注目しておられ，目を通しておくように指示された。本書との関連で訳者が思い出したのは以上のことである。

　翻訳するにあたって，訳者としては誤訳のないよう最大限努力したつもりであるが，まだ残っているかもしれない。読者諸賢のご寛容を乞う次第である。

最後に出版に当たり種々ご尽力下さった地人書館編集部永山幸男氏と関係各位に感謝いたします。

令和元年9月9日

訳　者

[1] ベルナール・プルマン著，中島威訳『電子生化学』白水社（1964）.
[2] W.ハイトラー著，久保昌二・木下達彦訳『初等量子力学』共立出版（1959）.
[3] 福井謙一著『量子化学』《近代工業化学2》，朝倉書店（1968）.

索　引

《人名索引》

【A】

Akamatu, H.　240
Albert, A.　177, 311
Alderson, T.　190
Alexander, P.　181
Alles, J.　193
Anderson, M. L.　482
Arrhenius, S. A.　123

【B】

Born, M.　20
Boyland, E.　171
Branch, G. E. K.　382
Braunstein, A. E.　500, 503
Breslow, R.　526, 527, 529, 530, 534
Brown, G. M.　309
Buchanan, J. M.　155, 182, 289, 291, 299

【C】

Calvin, M.　382
Carbon, J. A.　189
Chance, B.　449
Chargaff, E.　149, 151
Cilento, G.　249
Cohn, M.　290
Commoner, B.　422
Comte, F.　475
Corey, R. B.　118, 152, 165, 233
Crick, F. H. C.　149, 152, 153, 166, 167, 182

【D】

Dartnall, H. J. A.　370
Dewar, M. J. S.　134
Donohue, J.　152
Doty, P.　165

【D】

Duchesne, J.　207

【E】

Eley, D. D.　240
Emmerson, P.　205, 206
Evans, M. G.　240, 241, 243, 244

【F】

Fierens, P. J. C.　134
Fieser, L. F.　355, 382, 387, 399
Fieser, M.　355, 387
Fitts, D. D.　443
Flavin, M.　514
Forrest, H. J.　319
Fraenkel-Conrat, H.　190
Freiser, H.　193
Frieden, E.　193
Fujimori, E.　249, 314, 485, 493
Futterman, S.　483

【G】

Gergely, J.　241, 243, 244
Gersmann, H. R.　288
Giusti, O.　249
Glover, J.　353, 355, 361
Goodwin, T. W.　307
Gordy, W.　205, 211, 245, 247
Grabe, B.　283
Greenberg, D. M.　482, 483
Greenberg, G. R.　155

【H】

Haas, E.　431
Harbury, H. A.　249
Harrison, K.　449
Hartman, S. C.　182
Hartree, D. R.　26
Hatefi, Y.　449

【H】

Heidelberger, C.　171
Hellerman, L.　432
Hems, G.　205, 213
Hill, T.　284
Himes, R. H.　468
Hoogsteen, K.　166
Hubbard, R.　361, 366
Hückel, E.　51, 56, 62, 63, 67, 68, 70, 79, 80, 82, 87, 110, 112, 137
Huennekens, F. M.　276, 277, 468, 480, 483
Humphreys, G. K.　481
Hunter, R. F.　352, 356

【I】

Ikawa, M.　499, 500
Inoguchi, H.　240

【J】

Jardetzky, C. D.　177
Jones, W. J.　281

【K】

Kalckar, H.　277
Kaplan, N. O.　426
Karreman, G.　249, 438
Karrer, P.　352, 420, 524
Kasha, M.　108
Kearney, E. B.　484
Kendrew, J. C.　235
Ketelaar, J. A.　288
Khorana, H. G.　289
Kisliuk, R. L.　467
Klotz, I. M.　272
Koshland, D. E.　471
Kosower, E. M.　107, 425
Kwietny, H.　319

【L】

Langenbeck, W. 524
Lawley, P. D. 179
Lehninger, A. L. 285, 449
Lennard-Jones, J. E. 32, 77, 78, 80
Lipmann, F. 271, 285, 449, 524, 535
Lister, J. M. 475
Loofbourow, J. R. 206

【M】

McLaren, J. A. 307
McNelis, E. 533
McNutt, W. S. 307
Marmur, J. 165
Martin, R. H. 134
Martius, C. 394
Mason, S. F. 311
Matsen, F. A. 80
Matsuo, Y. 503
Melnick, J. L. 526
Metzler, D. E. 434, 484, 499, 500, 503, 526, 534, 535
Mizuhara, S. 524, 526
Montgomery, J. A. 490
Morales, M. 284
Mulliken, R. S. 31, 76, 102, 106, 108, 168, 171

【N】

Nakajima, T. 179, 194, 317, 372, 437, 484, 489
Nitz-Litzow, D. 394

【O】

Oesper, P. 278, 283
Oppenheimer, J. R. 20
Orgel, L. E. 76

Orloff, M. K. 443
Osborn, M. J. 469, 480, 483

【P】

Pariser, R. 372
Parr, R. G. 372
Pauli, W. 21, 22, 23
Pauling, L. 31, 32, 152, 233, 278
Perrin, D. D. 194
Perutz, M. F. 235
Peters, J. M. 483
Plaut, G. W. E. 306
Pricer, W. E. 467
Pullman, A. 179, 194, 317, 372, 437, 484, 489

【R】

Rabinowitz, J. C. 467, 468
Redfearn, E. R. 353, 361
Reiner, B. 180
Ronwin, E. 547

【S】

Sampson, R. J. 134
Sanger, F. 232
Schelenberg, K. A. 432
Schrödinger, E. 3, 9–12, 17, 20, 21
Sherman, W. R. 313, 318
Shugar, D. 206
Silverman, M. 465
Singer, T. P. 484
Sixma, F. L. J. 135
Slater, E. C. 445, 449
Slater, J. C. 26
Slaughter, C. 514
Snell, E. E. 500, 501, 503, 505
Spencer, M. 118
Stern, K. G. 526

Stimson, M. M. 206
Suelter, C. H. 434, 484
Swallow, A. J. 202
Swern, D. 355
Sykes, P. 526, 534
Szent-Gyorgyi, A. 105, 168, 172, 194, 236, 239, 240, 249, 250, 252, 254, 292, 293, 433, 441

【T】

Tabor, H. 467
Taylor, E. C. 313, 318
Theorell, H. 416

【U】

Ugai, T. 526

【V】

Valenta, Z. 524
Van Wazer, J. R. 285

【W】

Wald, G. 361, 366
Watson, J. D. 149, 152, 166, 167, 182
Wessels, J. S. C. 449
Westheimer, F. H. 526
Wheland, G. W. 78, 123, 124
Whiteley, H. R. 276, 277
Wierzchowski, K. L. 206
Wiesner, K. 524
Winzler, R. J. 487
Wright, B. E. 459, 482

【Z】

Zamenhof, S. 180
Zakrzewski, S. F. 483, 484

索　引　729

《事項索引》

【欧文略語】

ADP →アデノシン二リン酸
AMP →アデノシン一リン酸
ATP →アデノシン三リン酸
DOPA　258, 635
DPN →ジホスホピリジンヌクレオチド
DPN 類似体　426, 440
FAD →フラビンアデニンジヌクレオチド
FMN →フラビンモノヌクレオチド
LCAO →原子軌道の一次結合
TPN →トリホスホピリジンヌクレオチド
TPNA →トリホスホピリジンヌクレオチド

【あ】

アクチン　235
アクリジン　560
アクリジンオレンジ　561
cis- アコニット酸　560
2- アザアデニン　181, 182, 185-187, 587
8- アザアデニン　181, 185-187
アザウラシル類　594-596
8- アザキサンチン　184-187, 596, 597
8- アザグアニン　184-187, 590, 591
6- アザシトシン　588, 589
6- アザチミン　593, 594
亜硝酸　191
アシルチオエステル類　294
アシロイン　521, 523
アスコルビン酸　587
アスパラギン　231
アスパラギン酸　158, 231
アズレン　106, 111
アセチルイミダゾール　559
アセチルコリン　300, 547, 559
2- アセチルチアゾリウム塩　533
アセチル CoA　295
アセチルリン酸　274
アセチレン　45
アセトアセチル CoA　296
アセトイン　524, 526
アセトキナーゼ　295
アセト酢酸　258

活性アルデヒド　525, 561, 562
アデニル酸　148, 156
アデニン　113, 116, 146, 164, 168, 171, 172, 174, 179-181
アデニン-チミン対　113, 152, 168, 564, 565
S- アデノシルメチオニン　189, 190, 300, 462
アデノシン　147, 148
アデノシン一リン酸　275, 566
アデノシン三リン酸　267, 268, 273, 276, 288, 292-294, 567
アデノシン二リン酸　273, 566
アドレナリン　258, 397
アニリン　134
アポカロテナール類　349, 352, 353, 359, 360, 583-586
アポ酵素　409
アミジンリン酸類　274
アミノアクリジン類　195, 568-571
para- アミノ安息香酸　682
5- アミノイミダゾール　156, 167
5- アミノ -4- イミダゾール-カルボキサミド　156, 167, 460, 576
5- アミノ -4- イミダゾールカルボン酸　156
アミノ基転移　505
α- アミノ酸類　229
2- アミノ -4, 6- ジヒドロキシプテリジン　572
2- アミノ -4, 7- ジヒドロキシプテリジン　573
2- アミノ -4- ヒドロキシ -6- メチルプテリジン　572
2- アミノ -4- ヒドロキシ -7- メチルプテリジン　573
2- アミノ -4- ヒドロキシプテリジン　113, 575
アミノプテリジン類　310, 312, 314, 316, 578-580
アミノプテリン　487, 580
2- アミノプリン　160, 164, 574
6- アミノプリン→アデニン
8- アミノプリン　160, 164, 574
para- アミノベンズアミド　682
δ- アミノレブリン酸　329
アメトプテリン　487
アラニン　230
トランスアセチラーゼ　295

アラントイン　157, 158, 546, 567
アラントイン酸　158
アルカン類　103
アルギニン　231, 274
アルギニンリン酸　274
α ヘリックス　233, 234
アレニウスの古典的方程式　123
アロキサン　114, 568
アントラセン　58, 93, 101, 103, 105, 106, 110, 121, 125, 128
アントラニル酸　252, 253

【い】

硫黄　27, 28
β- イオニリデンクロトン酸　369
α- イオノン　348
β- イオノン　348
イオン化ポテンシャル　28, 60, 76, 102, 105, 106
イオン錯体　333, 334, 338
異性化（シス-トランス）　128, 366
イソアロキサジン環　171, 249, 314, 663, 664
イソキサントプテリン　305
イソグアニン　160, 666, 667
イソシトシン　160, 665, 666
イソバルビツール酸　159
イソプレン単位　348
イソロイシン　230
イソロドプシン　366
一次構造　232
遺伝情報伝達　153
イノシン　157
イノシン酸　156, 157
イプロニアジド　253, 254
イミダゾール　113, 247, 248, 256, 257, 661
イミダゾールリボチド類　156
イミダゾ (4, 5-d) ピリダジン類　189
インシュリン　232
インダンジオン　392
インドール -5, 6- キノン　258, 400
インドール -3- 酢酸　256

【う】

ウラシル　113, 117, 146, 163, 164,

168, 175, 204, 205, 712-714
ウリジン 148
ウリジル酸 461
ウロカニン酸 716
ウロビリノーゲン 339, 340
ウロビリン 339, 340

【え】
永年方程式 35, 51
エステラーゼ類に対する有機リン
　剤 548, 549
エステル結合 541
エチレン 45, 51, 102
エネルギーギャップ 239, 242
エネルギーバンド 236, 238, 239,
　242, 243
エノールピルビン酸 275
エノールリン酸類 275
エピネフリン→アドレナリン
エラスターゼ 548
エルゴチオネイン 638, 639
塩基性度 179
演算子 9
エンタルピー 94
エントロピー 94

【お】
オーキシン 256
オキサロ酢酸 296, 680, 681
N-オキシド類 181
オロチジル酸 158, 159
オロチン酸 113, 158, 159, 164,
　679

【か】
化学ポテンシャル 264
核酸の融解温度 165
核タンパク質類 154
確率分布関数 7
重なり積分 37, 68
カタラーゼ 323, 411
活性化因子 409
活性化エネルギー 123
活性錯体 123
活性中心 408
活性二酸化炭素 298, 607
価電子状態 29
加ヒドラジン分解 211
カフェイン 114, 161
カプリブルー 443, 606
カルバゾール 250, 251

カルバミルアスパラギン酸 158
カルバミルリン酸 158
6-カルボキシプリン 185, 186,
　608
カルボニルビオチン 607
カルボン酸類 134
カロテノイド類 347, 350-355,
　609-611

【き】
規格化条件 8
キサンチル酸 156, 157
キサンチン 113, 114, 157, 158, 163,
　164, 168, 169, 179, 723, 724
キサンチンオキシダーゼ 196, 319,
　321
キサントプテリン 305
基質 407, 408
拮抗共鳴 277, 281, 283, 287, 288
基底状態 10
軌道 11
キヌレニン 252, 253, 668
キヌレン酸 252, 668
キノリン酸 252, 253
キノン類 119, 379, 380, 386, 449
キモトリプシン 548
吸エルゴン反応 264
境界面 14
協奏反応 290
共鳴積分 37, 77
共鳴伝達 245
共鳴エネルギー 61, 88, 93, 94
共有錯体 333, 335, 338
強誘電性 217
局在化エネルギー 123
金属錯体 192
キノリン 692

【く】
グアニジノリン酸類 274
グアニン 113, 117, 146, 163, 164,
　168, 174, 179, 180, 191-193, 204,
　205, 644, 645
グアニン-シトシン対 113, 152,
　165, 166, 168, 646-648
クーロン積分 37, 77
クエン酸 296
クエン酸回路 296, 446
クマリン 392, 612
グラファイト 237, 238
グリコーゲン 269

グリシン 230, 466
グリシンアミドリボチド 156,
　291, 460, 643
クリセン 93, 106, 121, 132
グルコース 269
グルコース-1-リン酸 277
グルコース-6-リン酸 275, 276
グリコシド結合 147, 213, 541-
　543
グルタミン 231
グルタミン酸 231
クレアチニン 613
クレアチン 271, 612
クレアチンリン酸 271
クレアトン 614
クレブス回路 446
クロトニル CoA 296, 297
グロビン 240
クロラニル 386
クロリン 326
クロルプロマジン 254, 255, 442
クロロフィル 323, 324

【け】
形式電荷 88, 89
血液凝固活性 391
結合エネルギー 43
結合距離 43, 114
結合次数 63, 114
結合性 36
ケラチン類 235
原子価結合法 3
原子軌道の一次結合 32
原子団移動ポテンシャル 272
原子団ポテンシャル 271

【こ】
抗凝血薬 392
光合成 323
抗酸化活性 397
抗腫瘍活性 184
構成原理 21
酵素的加水分解 183, 539
抗体 235
抗葉酸剤 488
互変異性 95, 160
コラーゲン 235, 240
孤立電子対 29
コリン 300, 462
コロネン 106
混成 29

【さ】

最大重なりの原理　29
酸化還元電位　97, 415, 439
酸化的脱炭酸　521, 522
酸化的リン酸化　296, 394, 397, 445
三次構造　234
酸素原子　28
酸素分子　41

【し】

シアノコバラミン　324
シアノプシン　366
6-シアノプリン　184, 185, 187
ジアホラーゼ活性　429, 430
2,6-ジアミノプリン　181, 184-187, 489, 619
視覚色素　366
色素欠乏症　257
ジクマロール　392
2,6-ジクロロフェノリンドフェノール　434
ジゴナル混成　31
自己無撞着場法　26
シスチン　230
システイン　231
ジチオクマロール　392, 393
シチジル酸　461
シチジン　148
シッフ塩基　190, 368, 466, 501, 502, 524, 526
シトクロム類　323, 325, 326, 411, 414, 443
シトシン　86, 89, 113, 118, 146, 162, 164, 168. 191, 192
ジニトロナフトール　631
2,4-ジニトロフェノール　447, 448, 632
ジヒドロオロチン酸　158
7,7-ジヒドロ-β-カロテン　348
ジヒドロジオール類　99, 100, 131
ジヒドロチアミン　527
ジヒドロポルフィン　111, 326, 621
ジヒドロ葉酸類　622
1,3-ジビニルポルフィン　634
ジフェニルポリエン類　109
ジベンゾアントラセン類　103, 106, 125, 132
1,3-ジホスホグリセリン酸　274,

275
2,2-ジメチルアミノ-6-ヒドロキシプリン　147
6,6-ジメチルアミノプリン　147
ジメチルイソアロキサジン類　625-630
2,3-ジメチルナフトキノン　631
四面体軌道　30
遮蔽定数　25
自由エネルギー　94, 263
自由原子価　64, 65, 89, 131
出血　391
シュレーディンガー方程式　3, 9-12, 17, 20, 21
準位の縮重　15
植物ホルモン類　256
振動数　118

【す】

水素化　213
水素結合　236, 240, 241
水素原子　11, 12
水素分子イオン　17, 32, 33, 36
ステルコビリン　339, 340
ステロイド類　554
スピン　10
スピン軌道　11
スピン密度　246, 247
スルファニルアミド　295
スレーター軌道　26

【せ】

生合成　155, 306, 329
絶縁体　237, 239
絶対反応速度　264
セリン　230, 466
セロトニン　253, 254, 397
遷移エネルギー　61, 107
遷移状態　122
遷移モーメント　112
前期解離　203
浅色移動　289

【そ】

双極子モーメント　113, 114
阻害剤　408

【た】

脱アミノ化　191
脱炭酸　516, 521
脱離　99, 131, 510, 511, 513, 514

胆汁色素類　339, 340
淡色効果　217
炭素　27, 28

【ち】

チアゾリウム環　526
チアミン　301, 701
チアミンピロリン酸　521, 522
チオグアニン　184-187, 703
チオクト酸　521, 522, 669
チオフェン　74
チオベンゾフェノン　434
置換基　71
窒素原子　27, 28
窒素分子　41
チオクロム　702
チミジル酸　148, 461
チミジン　147, 148
チミン　118, 146, 164, 168, 175, 204, 205, 461, 705, 706
超共役　75
直交性　10
チロキシン　397, 448
チロシン　231, 248, 257, 258

【て】

2-デオキシ-D-リボース　145
デオキシリボアデニル酸　148
デオキシリボ核酸　145
テオブロミン　161
鉄　28
鉄-ポルフィリン錯体　331
テトラヒドロポルフィン　111, 698
2,4,5,6-テトラアミノピリミジン　475
2,4,6,7-テトラアミノプテリジン　318, 697
テトラヒドロチアミン　527
テトラヒドロ葉酸　306, 459
5,6,7,8-テトラヒドロ葉酸→テトラヒドロ葉酸
デヒドロアスコルビン酸　617
デヒドロゲナーゼ　411, 416, 426
電荷移動錯体　105-107, 244, 245, 385, 425
電気陰性度　31, 32, 76
電子供与的性質　101
電子受容的性質　105
電子親和力　61, 76, 104, 105
電子スピン共鳴　246, 431

電子密度　62, 88, 89, 113

【と】

動径密度関数　13
導体　237, 239
特異性　408
トコール　396
トコフェリルキノン　396, 708
トコフェロール　396, 707
トランスヒドロゲナーゼ　421
トリカルボン酸回路　446
トリゴナル軌道　30
トリフェニレン　93, 121
トリプシン　548
トリプトファン　230, 248, 249, 252, 513
トリホスホピリジンヌクレオチド　412
トレオニン　230, 514
トロンビン　548

【な】

ナイトロジェンマスタード類　180, 191
ナフタセン　93, 101, 106, 121
ナフタレン　58, 93, 101, 103-105, 121, 125, 127, 132
ナフチルアミン類　134
ナフトール類　134

【に】

ニコチン酸　252
二次構造　234
二重結合性　114
ニトロフェニルリン酸類　545
ortho-ニトロフェノール　679
ニューロスポレン　348, 349, 678
尿酸　113, 157, 163, 168, 176, 714, 715
尿素　94, 157, 159

【ぬ】

ヌクレオシド類　147
ヌクレオチド類　145, 147

【は】

ハートリー‐フォック法　26
配置間混合　245
パウリの原理　21-23
バクテリオクロロフィル　324
発エルゴン反応　264

波動関数　7, 8
波動関数の対称　22
波動方程式　9
ハミルトン演算子　9
バリン　230
バルビツール酸　113, 114, 164, 168, 546, 547, 597, 598
ハルミン　255
ハロゲン類　28
反強磁性　217
反結合性　36
反磁性異方性　112, 113
反対称　22
半導体的性質　236, 239, 240
反応の共役　267

【ひ】

ピエゾ電気　217
ビオチン　298, 602, 603
光化学　203, 206
光再活性化　210
光伝導性効果　244
ヒスチジン　231, 248, 249
13, 13'-ビスデスメチル-β-カロテン　605
ビスデヒドロ-β-カロテン　362, 364, 604
ヒストン類　154
ピセン　106, 121
ビタミンA　349-352, 720-722
ビタミンB_{12}　324
ビタミンE　395-397
ビタミンK　390-392
3-ヒドロキシアントラニル酸　252, 253
3-ヒドロキシキヌレニン　252, 253
5-ヒドロキシトリプタミン→セロトニン
5-ヒドロキシトリプトファン　253, 254
β-ヒドロキシブチリルCoA　296, 297
ヒドロキシプテリジン類　310-314, 651-655
2-ヒドロキシプリン　160, 656, 657
8-ヒドロキシプリン　160, 658, 659
5-ヒドロキシメチルシトシン　146, 147

5-ヒドロキシインドール酢酸　253, 254
ヒドロペルオキシド類　204
ヒダントイン　649
1-ビニル-5-ホルミルポルフィン　329-331
ビフェニル　103, 104, 125
ヒポキサンチン　113, 157, 163, 164, 168, 179, 659, 660
ヒュッケル近似　51
標準酸化電位　266
ピラゾロピリミジン類　187
ピラゾロン　690
ビラン　340
ビリエン　340
ビリジエン　340, 341
ピリジニウムイオン　249, 421, 425
ピリジン　71, 101, 102
ピリジンタンパク質　411, 419
ピリチアミン　527
ピリドキサール　500, 691
ピリドキサミンリン酸　504
ビリトリエン　340, 341
ビリベルジン　339, 341-344, 600, 601
ピリミジン　145, 146, 691
ビリルビン　339, 340, 343, 344
ピルビン酸　275, 287, 505, 521
ピレン　93, 103, 106, 121
ピロール　71, 250-252, 323

【ふ】

ファンデルワールス力　234
フィロキノン→ビタミンK
フェナントレン　93, 101, 103-106, 121, 125
フェニルアラニン　230, 247-249, 257, 258
フェニルリン酸　275, 544
フェノール　74, 95, 101, 132-134
フェノチアジン　442, 684
複製機構　153
ブタジエン　47, 48, 102
フチオコール　392, 393
ブチリルCoA　296, 297
プテリジン　113, 305, 315, 686
プテロイン酸　687, 688
ブホテニン　253, 254
フマル酸　258
プライミング反応　267

索　引　733

プライミングラジカル類　267
プラストキノン　395
フラノース形　145
フラビンアデニンジヌクレオチド　413, 435
フラビンタンパク質　411, 413, 429
フラビンモノヌクレオチド　449, 455, 470, 471, 473, 474
フラン　74
プリーツシート構造　233, 234
フリーラジカル　50, 97, 202, 245, 246
プリン　82, 89, 116, 145, 173-176, 179, 182-184, 460, 461, 689, 690
プリン類の可溶化効果　170
フルオラニル　386
フルオランテン　122, 125, 130, 131
フルクトース -6- リン酸　275, 276
フルベン類　110
プロコンベルチン　391
プロタミン類　154
プロトポルフィリン　325, 329
プロトロンビン　391, 392
プロトン磁気共鳴　177
プロピオニル CoA　298
プロフラビン　686
5- ブロモウラシル　150
プロリン　230
分子病　232
フントの規則　27, 28

【へ】
平衡定数　94
ヘキサトリエン　52, 56, 66
ヘテロ原子のパラメータ　75, 79
ペプチド結合　229, 232, 540
ヘムタンパク質　323
ヘモグロビン　240, 323
ヘリウム原子　24
ヘリウム分子　40
ペリレン　93, 106, 121
ペルオキシダーゼ　323
変異誘発剤　160
変換系　269
変性　235
ベンゼン　52, 58, 93, 102, 103, 105, 106, 125
1, 2- ベンゾアントラセン　93, 103, 106, 121, 125, 132
ベンゾイミダゾール　114, 599
ベンゾイン　523, 526

1, 2- ベンゾピレン　103, 125
3, 4- ベンゾピレン　106, 121, 132, 170
3, 4- ベンゾフェナントレン　93, 101, 121
ペンタフェン　121
ペントース　145
変分法　23

【ほ】
補因子　409
放射能効果　201
ポーラログラフ酸化電位　103
補欠分子族　409
補酵素　409
補酵素 A　356
補酵素 Q　395
ホスファゲン類　274
2- ホスホエノールピルビン酸　275
ホスホキナーゼ類　269
2- ホスホグリセリン酸　275, 276
3- ホスホグリセリン酸　275
ホスホグルコムターゼ　548
5- ホスホリボシル　156
5- ホスホリボシルアミン　157
5- ホスホリボシルピロリン酸　157, 182, 289
ホスホリラーゼ　270
ポテンシャルエネルギー　264, 265
ホモゲンチジン酸　258
ホモシステイン　462
ポリヌクレオチド類　145
ポルフィレキシド　434
ポルフィロプシン　366
ポルフィン　111, 323, 325-329, 685
ポルホビリノーゲン　329
ホルミルグリシンアミド　167, 643
ホルミルグリシンアミドリボチド　156, 299, 460
5- ホルムアミド -4- イミダゾールカルボキサミドリボチド　156, 460
para- ホルムアミドベンズアミド　683
ホルムイミノグリシン　461, 642
ホルモン類　235
ボルン - オッペンハイマー則　20, 32

ホロ酵素　409

【ま】
マラカイトグリーン　434
マロン酸　159

【み】
ミオシン　235, 240
ミカエリス定数　408
水　44

【め】
メタロドプシン　367
メタン　44
メチオニン　230, 462
2- メチルアデニン　147, 181
2- メチルアミノ -6- ヒドロキシプリン　147
6- メチルアミノプリン　147
1- メチルグアニン　147
5- メチルシトシン　147, 164, 168, 461
メチル親和性　125
N_1- メチルピリジニウム塩類　107
9- メチル葉酸　486
10- メチル葉酸　486
メチレンブルー　441, 674, 675
3- メチレン -1, 4- ペンタジエン　52, 57, 66
メドマイン　255
メナジオン　388, 671
メパフォックス　549, 550
メラニン　258, 399-401
6- メルカプトプリン　184, 185, 671

【も】
モノアミンオキシダーゼ　253
モノデヒドロ -β- カロテン　362-364, 677

【ゆ】
ユビキノン　395, 711

【よ】
葉酸　306, 308, 459
ヨードプシン　366

【ら】
ラセミ化　509
ラプラシアン　9

【り】

リコペン　347
リシン　231
D-リボース　145
リボース-5-リン酸　157
リボ核酸　145
リボ酸　521, 522, 669
リボチド化　157, 183, 186, 187
リボフラビン　113, 306, 313, 314
量子化　7
量子数　12, 15
リン酸化の脱共役　447

リンの電子配置　27, 28

【る】

ルマジン　305
ルミクロム　670
ルミロドプシン　367

【れ】

励起エネルギー　107
励起状態　10
レセルピン　255
レチネン　357, 358, 367-369, 372,

693
レトロデヒドロ-β-カロテン
362, 365, 696

【ろ】

ロイコプテリン　305
ロイシン　230
ローマン反応　271, 274
ロドプシン　366

【わ】

ワトソン-クリック模型　151

【訳者紹介】
江﨑俊之（えさきとしゆき）
1947 年　名古屋市に生まれる
1966 年　愛知県立明和高等学校卒業
1970 年　京都大学薬学部卒業
1975 年　京都大学大学院薬学研究科博士課程修了
1976 年〜 1985 年　名古屋大学工学部応用化学科に大学院研究生として在籍
現　　在　江崎ゴム（株）代表取締役
専　　攻　理論医薬化学
訳　　書　定量薬物設計法（地人書館, 1980）
　　　　　リチャーズ量子薬理学（地人書館, 1986）
　　　　　コンピュータ分子薬理学（地人書館, 1991）
　　　　　分子モデリング（地人書館, 1998）
　　　　　化学者のための薬理学（地人書館, 2001）
　　　　　分子モデリング概説（地人書館, 2004）
　　　　　初心者のための分子モデリング（地人書館, 2008）
　　　　　定量的構造活性相関（地人書館, 2014）
薬学博士
住　　所　〒 453-0821　名古屋市中村区大宮町 1-7

量子生化学
QUANTUM BIOCHEMISTRY

2019 年 11 月 10 日　初版第 1 刷

著　　者　B. プルマン
　　　　　A. プルマン
訳　　者　江﨑俊之
発行者　上條　宰
発行所　株式会社地人書館
　　　　162-0835 東京都新宿区中町 15
　　　　電話　03-3235-4422　　FAX 03-3235-8984
　　　　郵便振替口座　00160-6-1532
　　　　e-mail chijinshokan@nifty.com
　　　　URL http://www.chijinshokan.co.jp
印刷所　モリモト印刷
製本所　カナメブックス

Japanese edition © 2019 Chijin Shokan
Printed in Japan.
ISBN978-4-8052-0934-9 C3043

JCOPY 〈出版者著作権管理機構 委託出版物〉
本書の無断複製は，著作権法上での例外を除き禁じられてい
ます。複製される場合は，そのつど事前に，出版者著作権管
理機構（電話 03-5244-5088，FAX 03-5244-5089、e-mail:
info@jcopy.or.jp）の許諾を得てください。